U0875067

华北电力大学

NORTH CHINA ELECTRIC POWER UNIVERSITY

年鉴2020

总 第 十 九 卷

华北电力大学档案馆 编

武汉理工大学出版社
WUTP Wuhan University of Technology Press

内容提要

本书内容包括华北电力大学2019年特载，总述，机构与干部，党群工作与行政管理，学科、学位建设与教育教学，科技研究与产业开发，科研平台建设，合作交流和对外联络，院系部建设，教科研设施与服务保障，规章制度建设，重要文件，统计报表与附录资料。

本书适用于华北电力大学师生、校友及关心华北电力大学发展，乐于对其增进了解的社会各界人士。

图书在版编目(CIP)数据

华北电力大学年鉴. 2020/华北电力大学档案馆编. —武汉：武汉理工大学出版社，2020.11
ISBN 978-7-5629-6349-3

Ⅰ. ①华… Ⅱ. ①华… Ⅲ. ①华北电力大学-2020-年鉴 Ⅳ. ①TM-40

中国版本图书馆CIP数据核字(2020)第233485号

项目负责人：王嘉行　　**责任编辑**：王嘉行
责 任 校 对：夏冬琴　　**排　　版**：芳华时代
出 版 发 行：武汉理工大学出版社
社　　址：武汉市洪山区珞狮路122号
邮　　编：430070
网　　址：http://www.wutp.com.cn
经　　销：各地新华书店
印　　刷：武汉精一佳印刷有限公司
开　　本：880mm×1230mm　1/16
印　　张：32.5
插　　页：10
字　　数：1300千字
版　　次：2020年11月第1版
印　　次：2020年11月第1次印刷
定　　价：298.00元

凡购本书，如有缺页、倒页、脱页等印装质量问题，请向出版社发行部调换。
本社购书热线电话：027-87391631　87384729　87165708(传真)

·版权所有　盗版必究·

《华北电力大学年鉴2020》
编撰人员名单

顾　　问　周　坚　杨勇平

主　　编　檀勤良

副 主 编　陈　军　彭建章

执行主编　王振华　田明霞

特约编审(按姓氏笔画排列)

丁相宝　卜春梅　于喜海　马小勇　王　伟　王　家　王　鹏　王子杰　王印松
王秀梅　王迎新　王宏盛　王集令　王新军　王聚芹　王韶华　王韶坡　云　欣
牛风雷　卢占会　卢青松　付　东　包小勇　冯海群　朱正茂　乔开文　刘　威
刘云鹏　刘志远　刘明军　齐　郑　江卫春　安利强　孙　平　严　立　杜小泽
杜建国　李长青　李　东　李　宁　李　伟　李　旸　李　瑾　李　鹤　李红霞
李国有　李春祥　李彦斌　李美成　李迎春　杨万华　杨利国　肖万里　吴乐为
吴素华　沈　岚　宋　玮　张冬生　张兵仿　张顺涛　张艳斌　张栾英　张瑞雅
张新娟　张德安　陈　军　陈　志　陈　溪　陈火欣　陈立伟　武彦军　金海燕
苑英科　范　立　林长强　尚建宇　周　泽　房　方　屈朝霞　孟大伟　赵冬鸣
赵冬梅　赵秀国　赵宏宇　荀振芳　胡东星　段春明　姜　波　祝志杰　聂国欣
柴大鹏　倪景峰　徐玲玲　高　霄　郭炜煜　郭宝珠　黄向军　曹运华　曹晓新
戚银城　鹿　伟　商　雷　阎占元　梁　平　彭忠军　鲁　斌　谢　红　蒲沿洲
戴　民

特约编辑(按姓氏笔画排列)

丁晓雯　王　璐　王　成　王　艳　王　颖　王彦权　王晓燕　王瑞琪　牛辰昊
尹斐斐　孔凌楠　石世平　付　萍　白　娜　冯铁岩　年中华　朱安华　朱慧花
任　帅　刘　让　刘广林　刘关保　刘志坚　刘丽萍　刘雨薇　刘春磊　刘振增
刘　菲　刘婧一　刘献伟　安美玲　许云燕　阮艳花　孙志凌　孙清磊　孙翠亭
纪月峰　苏　群　杜红琴　李　林　李　薇　李　君　李　环　李　青　李　莹
李欢欢　李红梅　杨　博　杨永海　肖媛媛　吴　浩　吴春卿　何天枢　谷喜岭
沈　磊　张　丽　张　玮　张　玲　张　璐　张　科　张　洪　张　清　张力晖
张小桃　张亦楠　张栋峰　张思凡　张艳斌　张晓华　张晓良　张隽贤　张继红
张蓓蓓　陈　焘　陈晓蕾　陈海燕　陈雪曼　武昌杰　范建明　范晓丹　林海文
岳　宇　周慧明　周　泽　周　琦　郑如秉　郑宗明　单　鹏　赵　一　赵　凡
赵　静　赵子健　赵友君　赵军伟　赵丽香　赵怀璧　赵静静　胡建强　胡舒敏
侯文俊　侯步蟾　施　翰　姚建曦　贺江城　秦芳芳　班莹梅　倪世清　徐岸柳
爱迪娜　高　洁　高　轩　高　顺　高慧颖　郭军红　郭新勃　席新铭　唐　成
唐宁宁　黄楠楠　黄新颖　曹宇博　常雅丽　梁玉超　彭绍文　彭跃辉　董　泽
董宏伟　程养春　谢　莲　谢　晶　谢昂均　谢海洋　鄢　知　赖其军　路雨欣
窦学欣　魏　娜　魏　清　濮　妍　蹇文馨

特约摄影(按姓氏笔画排列)

赵　亲　种一川　徐保云　童勤俊

01

02

01 教育部党组书记、部长陈宝生出席华北电力大学领导班子专题民主生活会（种一川 摄）

02 教育部党组书记、部长陈宝生参加华北电力大学“不忘初心、牢记使命”主题教育——与师生面对面座谈会（童勤俊 摄）

03 教育部党组书记、部长陈宝生出席华北电力大学”不忘初心 牢记使命“主题教育——青春献给祖国勇担时代大任专题分享会(童勤俊 摄）

03

01

02

03

中国教育报

ZHONGGUO JIAOYU BAO

2019年5月4日 星期六

打造最适合学生的思政课

——华北电力大学教师创新教学方式推动思政课深入学生内心

办好学校思想政治课

新时代中国青年要担当时代责任

——四论学习贯彻习近平总书记在纪念五四运动一百周年大会上重要讲话

致青春 接续奋斗 凯歌前行

歌声嘹亮 青春飞扬

甘肃将建1400套教师周转宿舍

筹措资金1.3亿 每套不低于35平方米

天津滨海新区打出高效教学"组合拳"——

教师进"考场" 校长进课堂

壮丽70年 奋斗新时代

江西打造职业教育核心发展区

引导职业教育资源向产业和人口集聚区集中

01 华北电力大学召开 2019 年从严治党工作会议（种一川 摄）

02 华北电力大学党委书记周坚讲授"不忘初心、牢记使命"主题教育专题党课（种一川 摄）

03 《中国教育报》头版头条报道华北电力大学思政课建设经验（宣传部 提供）

01 华北电力大学召开第七届教职工代表大会暨第九次工会会员代表大会（种一川 摄）

02 华北电力大学召开“不忘初心牢记使命”主题教育动员部署会（种一川 摄）

03 华北电力大学与中国社会科学院世界社会主义研究中心联合举办“百年未有之大变局与中国共产党的领导”学术研讨会（种一川 摄）

04 华北电力大学统一战线庆祝新中国成立70周年主题交流活动（统战部 提供）

01

02

03

04

01 国家电网有限公司、华北电力大学举行共建能源互联网学院合作协议签约仪式（种一川 摄）

02 中国长江三峡集团有限公司—华北电力大学举行氢能联合实验室揭牌仪式（种一川 摄）

03 华北电力大学与中国核电工程有限公司签署战略合作协议（外联部 提供）

04 华北电力大学与中国电力企业联合会、中国国际工程咨询协会签署人才培养战略合作框架协议（外联部 提供）

05 国家电网有限公司—华北电力大学举行能源互联网学院揭牌仪式（种一川 摄）

05

01

02

03

04

01 华北电力大学举行"核机器人研究中心"签约仪式暨揭牌仪式（童勤俊 摄）

02 北京未来科学城电力大数据协同创新联盟成立（种一川 摄）

03 山西振中电力股份有限公司捐资2000万元助力学校发展（种一川 摄）

04 华北电力大学举办"领导干部上讲台"——国企公开课100讲报告会（童勤俊 摄）

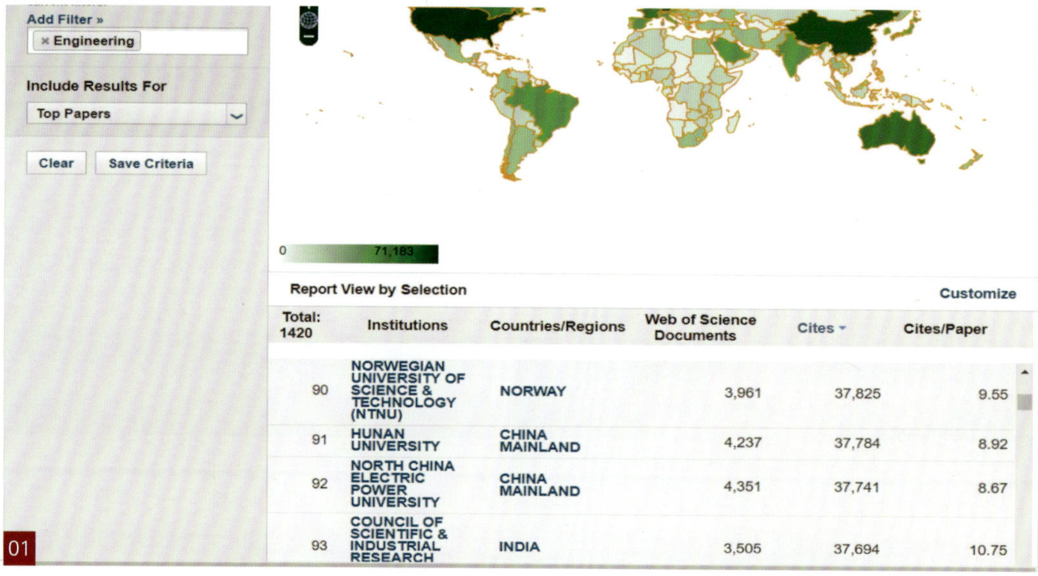

01

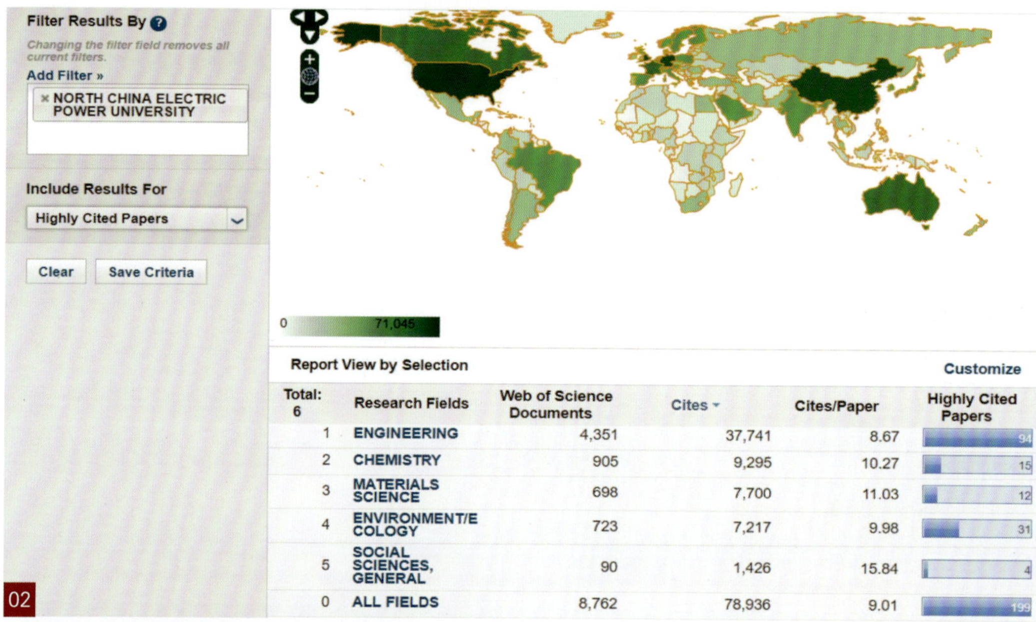

02

03

01 华北电力大学“工程学”进入 ESI 世界前 1‰，排名世界第 92 位（学科办 提供）

02 华北电力大学“社会科学”首次进入 ESI 世界前 1%（学科办 提供）

03 华北电力大学入选“中国高校外语学科发展联盟”理事单位（宣传部 提供）

01

01 02 华北电力大学杨勇平教授主持完成的“新型多温区 SCR 脱硝催化剂与低能耗脱硝技术及应用”获国家科学技术进步奖二等奖（宣传部 提供）

03 华北电力大学“千万千瓦级风光电集群源网协调控制关键技术及应用”获国家科学技术进步奖二等奖（科研院 提供）

02

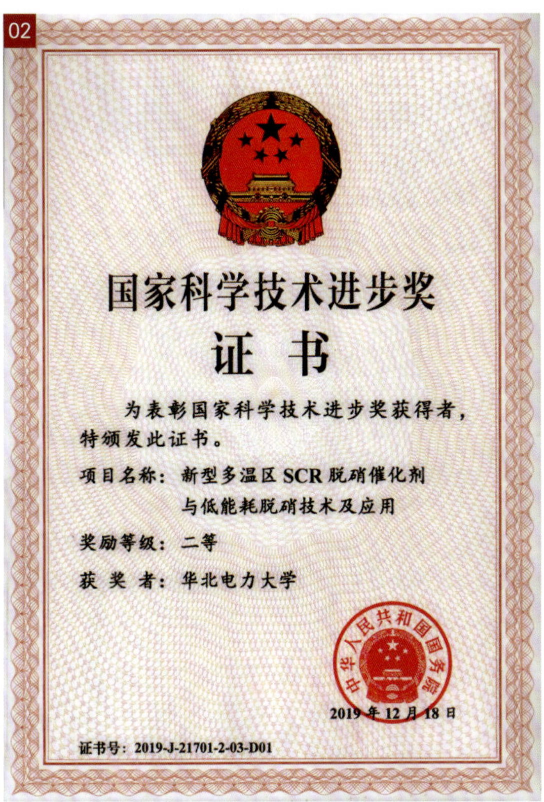
国家科学技术进步奖

证书

为表彰国家科学技术进步奖获得者，特颁发此证书。

项目名称：新型多温区 SCR 脱硝催化剂与低能耗脱硝技术及应用

奖励等级：二等

获 奖 者：华北电力大学

中华人民共和国国务院

2019年12月18日

证书号：2019-J-21701-2-03-D01

03

国家科学技术进步奖

证书

为表彰国家科学技术进步奖获得者，特颁发此证书。

项目名称：千万千瓦级风光电集群源网协调控制关键技术及应用

奖励等级：二等

获 奖 者：华北电力大学

中华人民共和国国务院

2019年12月18日

证书号：2019-J-21702-2-03-D05

华北电力大学
NORTH CHINA ELECTRIC POWER UNIVERSITY

01

nature energy
ARTICLES

Planar p–n homojunction perovskite solar cells with efficiency exceeding 21.3%

Peng Cui[1,4], Dong Wei[1,4], Jun Ji[1], Hao Huang[1], Endong Jia[2,3], Shangyi Dou[1], Tianyue Wang[1], Wenjing Wang[2,3] and Meicheng Li[1*]

Perovskite solar cells (PSCs) have emerged as an attractive photovoltaic technology thanks to their outstanding power conversion efficiency (PCE). Further improvement in the device efficiency is limited by the recombination of the charge carriers in the perovskite layer even when employing heterojunction-based architectures. Here, we propose and demonstrate a p-type perovskite/n-type perovskite homojunction whose built-in electric field promotes oriented transport of the photo-induced carriers, thus reducing carrier recombination losses. By controlling the stoichiometry of the perovskite precursors, we are able to induce n-type or p-type doping. We integrate the homojunction structure in a planar PSC combining a thermally evaporated p-type perovskite layer on a solution-processed n-type perovskite layer. The PSC with a $MAPbI_3$ homojunction achieves a PCE of 20.80% (20.5% certified PCE), whereas the PSC based on a $FA_{0.15}MA_{0.85}PbI_3$ homojunction delivers a PCE of 21.38%. We demonstrate that the homojunction structure is an effective approach, beyond existing planar heterojunction PSCs, to achieve highly efficient PSCs with reduced carrier recombination losses.

01 华北电力大学李美成教授团队在 *Nature Energy* 发表题为《Planar p–n homojunction perovskite solar cells with efficiency exceeding 21.3%》的太阳能电池最新研究成果（科研院 提供）

02 华北电力大学李美成教授“光伏发电核心装备关键技术及户外实证测试平台研发与应用”获 2019 年度电力科技创新大奖（科研院 提供）

03 华北电力大学所属企业——北京华电光大环境股份有限公司获教育部科学技术进步奖一等奖（资产经营公司 提供）

02

2019 年度电力科技创新奖

证书

成果名称：光伏发电核心装备关键技术及户外实证测试平台研发与应用

成果类别：技术类

奖励等级：电力科技创新大奖

获奖者：李美成

证书号：PIA-2019-J-D01-R01

中国电力企业联合会

2019年12月

03

为表彰在促进科学技术进步工作中做出重大贡献，特颁发此证书。

获奖项目：多温区多功能系列SCR脱硝催化剂与低能耗脱硝技术研发及应用

获奖单位：北京华电光大环境股份有限公司（第4完成单位）

奖励等级：科学技术进步奖一等奖

奖励日期：2019年1月

证书号：2018-192

教育部

二〇一九年一月十五日

01 马克思主义学院孙芳获首届全国高校思想政治理论课教学展示活动特等奖（宣传部 提供）

02 新能源学院杨世关获第十五届北京市高等学校教学名师奖（教务处 提供）

03 控制与计算机工程学院刘向杰获第十五届北京市高等学校教学名师奖（教务处 提供）

01 华北电力大学人工智能学院成立（童勤俊 摄）

02 华北电力大学开学第一课（宣传部 提供）

03 华北电力大学举行 2019 届毕业生毕业典礼（宣传部 提供）

责任编辑 刘莹 实习编辑 李晓雨 美术编辑 白晶晶
联系电话：(010)63416562 投稿平台:http://tg.cpnn.com.cn

党 建

中国电力报 3
2019年5月14日 星期二

特色实践

静水深流 育人润心

——华北电力大学党建引领培育担当民族复兴大任的时代新人

本报记者 王妍婷 见习记者 高一丁

“新时代，要做好大学党建的顶层设计，夯实院系级党组织和基层党支部建设，全面提升党建工作水平，才能真正引领带动新时代人才培养，达到静水深流、育人润心的目标。”谈起华北电力大学的党建工作经验，该校党委书记周坚深有感触。

为加强党的全面领导，华北电力大学以“一年打基础、两年上台阶、三年出成效、五年成典范”为推进时间表，在加强党建顶层设计的同时，对内，筑牢党建之基，探索“三全育人”体制机制；对外，加强校企支部联建，实现产学研一体化发展，形成了具有“华电特色”的党建工作品牌。

构建完善工作体系 促党建高质量发展

“上热中温下冷”是党建具体工作中容易出现的问题。怎样找出问题的根源、从根本上解决上下不通的症结，是该校党委一直思考并致力解决的问题。

为找到问题的根源，首先从党建调研“引向”工程切入……

学院入选首批“三全育人”综合改革试点院系，学生党支部建设形成特色品牌，多次荣获北京市高校“红色1+1”共建活动奖项。

基础的奠定为了更高质量的发展，落实的关键在于基层党支部建设。全面提升基层党组织引领能力、组织能力和执行能力的顶层设计——“3S计划”提质增效工程应运而生。

建立党建工作体系、党建质量标准评价体系和党建制度体系，为提高基层党组织的引领能力奠定基础；“不忘初心、牢记使命”主题教育、“对标争先——双创示范”和“支部建设年”三个主题，打造基层党建工作品牌，提升基层党组织的组织能力；开展院(系)级党组织换届、“师资库、课程库、教材库”学校三库建设和落实党建重点难点项目，提升基层党组织的执行力。

“强基定向”和“提质增效”两大党建工程的实施，有效提升了华北电力大学党建工作水平，培养出一批党建业务“双带头人”……

60年的办院过程中，学院党委始终强化党建与学院发展相结合，探索形成了“三抓、两建、一协同”的党建工作机制。

“三抓”即“抓发展大局、抓人才培养、抓基层组织建设”。随着国家电力体制改革和能源电力行业出现新形势，如何调整学科方向适应国家能源发展需求、如何培养适应行业发展的高素质创新人才……是该院党委始终思考谋划突破的问题。

“围绕‘培养什么样的人、如何培养人、为谁培养人’教育这一根本性问题，学院全面落实‘立德树人’的根本任务和时代使命。从学生的角度讲，就是要爱国、爱党、爱人民；从教师方面讲，要达到专业+素质+党员先锋全方位教学。我们不能为了党建而党建，党建的作用必须体现在对事业工作的引领和促进上，那就是育人润心。”能动学院党委书记徐鸿的解析一语中的。

“两建”即建立决策议事机制和“三全育人”新模式。“我们学院来自贫困家庭、边远山区的学生居多，每位学生都承载着……

的党建技术与管理创新了。

在学院电力智能机器人工程技术研究中心，“智慧党建”的设计研制者之一周扬正与指导老师吴华研究无人机检测电力线路故障的问题。说起基于什么考虑研制智慧党建，周扬腼腆地告诉记者，想运用所学的理论知识，通过信息化的手段，让看不见、摸不着的党建工作也能像电力线路的运维一样实现量化、可视化和智能化。

“我们的学生是研究计算机、大数据的，‘智慧党建’信息管理系统是由学生自主设计并开发完成的，就是用他们的专业和智慧来实现自我学习、自我成长，这个过程正是回归了育人的初心，实现了党建与科研工作的有机融合。”该院党委书记刘威谈起学生的党建创新实践非常自豪。

记者了解到，“智慧党建”信息管理系统具有理论学习、活动记录、互动交流、预警提醒、数据分析等多项功能，在加强党员学习教育的同时，也可为党员、支部考核提供依据。

以项目为纽带，形成机制上的联络和实践上的交流，达到党建载体互动、人才培养互利、科学研究互促的共建效果。通过党支部联建，在学院与企业间建立起沟通机制，在共建中让学院了解企业的生产需求，也让企业熟悉学院的专业发展情况，从而指导立项，使学生的研究方向与实际参与的企业实习项目得到统一。

王玮长舒了一口气说，三个支部发挥各自优势，资源互补，在基层党建、人才培养、科学研究等方面开展广泛合作，形成了“产学研”协同育人的互动新机制。

党建工作所取得的成果，不仅是基层党组织凝聚力、战斗力的增强，还体现在该校学生科技扶贫与服务社会的方方面面。

校团委副书记、能动学院博士生张衡，在讲述他志愿服务故事时饱含深情。

张衡从入校到博士生，一直积极投身于学院的基层党组织建设，大学生志愿扶贫服务计划，利用假期走访新疆、西藏、青海等边疆地区，结合自身的学科优势，与同学们一道开展大学生新能源志愿活动……

简讯

西安供电常态化开展安全管控

本报讯 连日来，陕西西安临潼供电公司在春季检修工作中，严格按照“安全第一、预防为主、综合治理”的原则，落实“一岗双责”，以“抓落实、转作风、保平安”为基础。推出管理干部同进同出、安全监察认真履责、突击检查平安生产等举措常态化开展现场工作安全管控，提升本质安全。 （潘世策）

徐州供电获“全国工人先锋号”

本报讯 近日，江苏徐州供电公司电力调度控制中心地区监控班获“全国工人先锋号”荣誉称号。省公司系统内4个集体、徐州市范围内仅2个集体获此殊荣。据悉，徐州供电公司调控中心地区监控班成立于1995年，负责徐州地区168座变电站的运行监控、事故及异常处理等工作，担负着徐州电网安全供电任务。 （李堃）

濂溪供电加强现场反违章督查

本报讯 为加强作业现场安全管控，近期，江西九江濂溪区供电公司通过采取不定点、不定时、不通知的方式，扎实开展各类现场的安全稽查和风险管控工作。同时，该公司建立现场到岗到位责任追溯机制，督查各级管理人员履职到位，确保安全生产可控、能控、在控。 （黄家骏）

龙南供电排查鱼塘线路隐患

01 校长杨勇平与获得“校长奖学金”荣誉称号的学生合影留念（种一川 摄）

02 《中国电力报》报道华北电力大学党建引领培育时代新人的工作经验（宣传部 提供）

华北电力大学可再生能源学院能科1602班杨雨欣同学创新团队的“电动汽车加热系统的远程遥控”项目获第二十一届中国国际工业博览会高校展区“优秀创新创业展品奖”（班莹梅 摄）

01

02

01 故宫博物院故宫学院院长、故宫博物院原院长单霁翔应邀到华北电力大学做“不忘初心 牢记使命——做中华传统文化的忠实守望者“主题讲座（种一川 摄）

03

02 华北电力大学大学生艺术节话剧团专场演出《钦差大臣》（佟忠生 摄）

03 华北电力大学举办第八期明德大讲堂——主讲人姚喜双教授以“以文化人 培根铸魂——从诗词朗诵谈起”为主题做专题讲座（宣传部 提供）

01 华北电力大学师生参加庆祝中华人民共和国成立70周年系列活动（宣传部 提供）

02 华北电力大学举办中华人民共和国成立70周年师生摄影作品展览（童勤俊 摄）

03 华北电力大学校毽绳队参加2019年首都高等学校第二十七届大学生毽绳比赛并包揽所有项目冠军（体育部 提供）

01 华北电力大学足球队获 2019 年全国青少年校园足球联赛大学男子校园组东北区冠军（体育部 提供）

02 华北电力大学街舞队参加 2019 中国学生街舞锦标赛获 locking 规定套路第一名（体育部 提供）

03 华北电力大学夺得河北省第二十届大学生运动会女子篮球冠军（体育部 提供）

04 华北电力大学经济与管理学院朱子龙参加 2019 年亚洲田径锦标赛男女混合 4×400 米比赛获第五名（体育部 提供）

01

02

01 华北电力大学保定校区学生宿舍 19 号楼建成投入使用（童勤俊 摄）

02 华北电力大学北京校部主楼（种一川 摄）

编 辑 说 明

《华北电力大学年鉴 2020》是一部资料性工具书，由学校档案馆主持编撰。

本年鉴以学校各项事业发展为主线，采用文章和条目相结合，以概述、概况和条目为主体的编撰体例，采用语文体和记述体直陈其事，力求简明扼要且不评论。

本年鉴设有 14 个栏目，以教科研及相关内容为核心，全卷约 130 万字，共选录图片 50 幅、重要文件 10 个、规章制度 10 个、各类统计表 53 个。各项数据以 2019 年 12 月 31 日为统计时间截止节点，部分统计表以各统计部门工作特点的要求为统计口径，并在卷内予以标注。

本年鉴主要反映学校 2019 年 1 月 1 日至 12 月 31 日的重大事件和重要活动，记录各个领域的新成果和新进展。本卷年鉴所收录的文章、条目、图表均由学校各参编单位年鉴特约编辑组织编写和提供。其中，一体化办公单位的组稿实行统一编写，非一体化办公单位先由校部和保定校区独自撰写，后由校部对应单位统稿。所有材料经由各参编单位特约编审予以审核。

本年鉴筹稿工作于 2020 年 1 月始，4 月底结束，7 月底完成统稿审稿工作交付出版社。

本卷年鉴编撰出版工作得到学校和参编单位领导重视和各特约编辑支持，在此谨表谢意。在编撰过程中，我们力求做到资料完整、内容翔实和数据准确。但由于年鉴编撰时间紧、涉及面广和内容庞杂等原因，加上编者水平所限，难免有疏漏或不妥之处，敬请广大师生和读者批评指正，以便勘误。

年鉴编辑部

2020 年 7 月 25 日

The Editor's Declaration

Compiled by the NCEPU Archives Center, the 2020 Volume of *Almanac of North China Electric Power University* serves as a tool and reference book.

With the development of various university causes being the main line, this almanac takes a compiling style in which articles and items are combined, and summaries, situation descriptions and items constitute the main body. It depicts the facts and matters directly in a concise descriptive style without making any comment.

This almanac is composed of 14 sections, focusing on education, teaching, researches and related matters. The whole volume has about 1. 3 million Chinese characters, 50 pictures, 10 important documents, 10 regulations, and 53 statistical charts and tables. December 31, 2019 is the statistical closing date for the various data, and marks are made for those statistical tables with different statistical calibers designed on the basis of the work characteristics of the corresponding statistical units.

This almanac mainly reflects the big events and important activities that took place in 2019, from January 1 to December 31, recording the new achievements and progresses in different fields and sectors. All the articles, items, photos, charts in this almanac were prepared and provided by the contributing editors from various university units. The units integrating the office work of the Beijing and Baoding campuses prepared the materials together. As regards those that had not integrated their office work, they prepared independently first, and then the corresponding units in Beijing campus did the final compilation work. All the materials had been checked by the contributing editors from various university units.

The materials collection work started in January, 2020, ended in April, and by the end of July, the almanac will be sent to the publishing house after the final compilation and revision work has been completed.

Much attention has been paid by leaders of the university and various compiling units to the production and publishing work of this almanac. Besides, it has also received great support from the contribution editors. Here, we would like to express our great appreciation for their help and support. In the compiling process, we try to produce an almanac with complete materials, detailed content and accurate data. However, it is inevitable to have some mistakes, omissions and errors due to the limited time, extensive subjects, complex content and the compilers' limited abilities. Therefore, we are pleased to receive your criticism and suggestions to make it better.

The Almanac Editorial Department

July 25, 2020

目　录

特　载

总　述

机构与干部

党群工作与行政管理

学科、学位建设与教育教学

科技研究与产业开发

科研平台建设

合作交流和对外联络

院系部建设

教科研设施与服务保障

规章制度建设

重要文件

统计报表与附录资料

索　　引

CONTENTS

Construction of Research Platform

Connections

Construction of Schools, Institutes and Departments

Infrastructure and Service Guarantee

Rules and Regulations Building

Important Articles

Statistics and Appendixes

Index

特　　载

Special Edition

深入贯彻落实新时代党的建设总要求
坚定不移地把全面从严治党向纵深推进

——校党委书记周坚在2019年全面从严治党工作大会上的讲话

（2019年4月23日）

同志们：

今天，学校召开全面从严治党工作会议，主要任务是以习近平新时代中国特色社会主义思想为指导，深入贯彻党的十九大、十九届中央纪委三次全会、全国教育大会和第二十六次全国高校党的建设工作会议精神，紧紧围绕新时代党的建设总要求，紧紧围绕全面落实立德树人根本任务，回顾总结2018年取得的成绩和不足，全面部署2019年学校党的建设、思想政治工作、党风廉政建设和全面从严治党等各项工作。

刚才，能源动力与机械工程学院、控制与计算机工程学院和法政系分别介绍了他们在党的建设和“三全育人”工作方面的好做法，值得大家学习；学校党委与部分基层单位党组织负责同志代表签订了党风廉政建设和意识形态工作责任书，目的是建立责任体系，层层压实责任；何华同志传达了习近平总书记在十九届中央纪委三次全会上的重要讲话精神，从落实监督责任的角度对纪委的工作做了全面部署，提出了具体要求，请大家认真学习、深入领会、抓好贯彻落实。下面，我讲三方面的内容。

一、2018年工作回顾

去年我们召开了全校首次全面从严治党工作会议。一年来，学校党委、各级党组织和广大党员干部坚持以习近平新时代中国特色社会主义思想为指导，深入学习贯彻党的十九大及十九届二中、三中全会精神，认真学习贯彻十九届中央纪委二次全会精神，学习贯彻全国教育大会精神，坚决落实中央、教育部党组、北京市委、河北省委有关决策部署，落实党对学校工作的全面领导，全面从严管党治党，全面从严办学治校，营造了安全稳定、和谐向上的校园氛围，学校党的建设和事业发展取得了新成绩，展现了新面貌。

思想引领进一步强化。学校党委把学习宣传贯彻习近平新时代中国特色社会主义思想、党的十九大精神和全国教育大会精神作为首要政治任务，充分发挥党委理论学习中心组和党员领导干部领学作用，通过“领学、导学、辅学、促学、助学”，实现全校师生学习全覆盖，广大党员干部教师政治站位和思想觉悟进一步提高。学校2个项目获评北京高校学习宣传贯彻党的十九大精神优秀项目；在北京高校教师党员在线学习单位排名中获得第1名；习近平新时代中国特色社会主义思想学习研究会被评为“首都高校十佳学生理论社团”。

政治建设进一步加强。始终将政治建设摆在首位，强化创新理论武装，树牢“四个意识”，坚定“四个自信”，坚决做到“两个维护”，坚持党对学校工作的全面领导，坚持和完善党委领导下的校长负责制，党委把方向、管大局、作决策、促改革、保落实的核心作用进一步发挥。成功举办60周年校庆，持续推进学校“双一流”建设，召开全校本科教育大会，服务国家重大战略、服务能源电力行业发展的能力进一步提升，将贯彻落实习近平总书记重要指示、贯彻落实中央和上级重要决策部署要求，融入办学治校各项工作之中。

制度体系进一步完善。将制度建设作为有力抓手，贯穿在党的建设和学校事业发展各方面。制定学校全委会、党委常委会、校长办公会议事规则，院系党组织会议制度和院系党政联席会议制度，突出政治功能，强化政治责任。制定实施《教师职业道德规范》和《师德“一票否决制”实施细则（试行）》，明确政治立场和师德表现作为教师评聘考核的首要标准。制定实施《校领导联系基层工作制度（试行）》。制定实施《关于进一步纠正“四风”加强作风建设实施方案》，中央八项规定精神贯彻落实成果得到巩固和拓展。制定《关于加强和改进新时代工会工作的意见》，新时代学校工会工作的主要任务和基本原则全面确立。

“大思政”工作格局建设稳步推进。制定《关于进一步加强全员全过程全方位育人格局建设的实施意见》，明确了以“十大育人体系”为基础的52项具体措施。以60周年校庆为契机，组织开展丰富多彩、形式多样的主题教育活动，形成了以校庆思政为特色的学习教育氛围。“明德大讲堂”等一批精品思政教育项目亮点纷呈，“一院（系）一品”学生思政精品项目建设有序推进，“做新时代‘四有’好老师和‘四个引路人’”学习实践活动成果丰硕。控制与计算机工程学院入选教育部首批“三全育人"综合改革试点学院。

基层组织建设进一步提升。开展"基层党组织建设提升年"活动，实施基层党建调研"引向"、对标争先"引领"、重点任务"引强"、双带头人"引擎"和特色品牌"引胜"五项工程，基层党组织凝聚力、战斗力显著提升。能源动力与机械工程学院党委成为教育部首批"全国党建工作标杆院系"培育创建单位，法政系党委获批"河北省党建工作标杆院系"培育创建单位。

纪律导向进一步鲜明。学校党委切实履行全面从严治党主体责任，把严明的纪律作风作为学校事业发展的坚强保证。严明政治纪律深化巡视整改工作，对2017年教育部党组巡视整改工作开展"回头看"，逐项梳理学校3方面、10大类、36个问题、114项整改任务的落实情况。深化校内政治巡察，成立巡察机构，制定校内巡察工作五年规划及实施办法，对8个二级单位党组织开展了新一轮校内巡察，发现问题涉及7大类30个。严抓作风建设落实中央八项规定精神，集中开展晒一晒身边的"形式主义、官僚主义"查摆活动，累计征集有效意见建议600多条，梳理形成学校形式主义和官僚主义七种表现。加大监督执纪问责力度，对十八大以来的信访举报材料进行重新梳理，对部分干部进行提醒谈话、诫勉谈话、党纪处分、组织调整。

从多方面调研、座谈和校内巡察情况看，学校全面从严治党工作虽然取得了整体质量上的提升，但是面对新时代新形势新要求，还存在许多问题和不足，特别是一些共性的问题要引起重视。一是"上热中温下冷"的问题，主要表现在部分二级单位党组织的政治核心作用发挥不够充分，改革发展的信心动力不足，攻坚克难的勇气、能力欠缺，对出现的新情况新问题研究不够，落实党政联席会议议事决策规则不够到位。二是"弱化虚化"的问题，主要表现在部分基层党的建设抓得不够严不够实，党内政治生活不够严肃，党支部建设不足，干部选任和管理监督不够规范。三是"不严不力"的问题，主要表现在部分院系级党组织履行全面从严治党主体责任的意识不够强，运用监督执纪"四种形态"普遍不够到位，领导班子联系群众不够深入，征求师生意见不够充分，监管不到位，存在风险隐患，对师德师风和学术学风建设的重视不够。四是形式主义官僚主义现象依然存在。部分单位和党员干部身上依然还存在形式主义和官僚主义现象，以学生为本、为师生服务意识不够强，等等。我们要敢于正视自身的问题，不断进行自我革命，不断加大工作力度，把这些问题逐个解决好。

二、以习近平新时代中国特色社会主义思想为指导，深入推进2019年全面从严治党工作

今年是新中国成立70周年，是全面建成小康社会、实现第一个百年奋斗目标的关键之年，是全面贯彻落实全国教育大会精神的开局之年。对于我们学校来说，今年也是新甲子开篇之年，是深化改革之年，是加快"双一流"建设的关键之年。国家发展、学校发展都处在关键的历史节点上，做好今年的全面从严治党工作具有更为重要的特殊意义。2019年大事多、喜事多、敏感节点多，维护校园安全稳定和谐，团结带领全校师生继续奋发进取、攻坚克难、圆满完成改革和建设的各项年度任务，是学校党委、各级党组织、全体党员和全校师生共同的责任。这就要求我们必须进一步加强自身建设，深入推进全面从严治党，推进各级党组织自我净化、自我完善、自我革新、自我提高，切实增强全面领导学校工作的能力，切实担负起管党治党、办学治校的主体责任。

今年工作的总要求是：以习近平新时代中国特色社会主义思想为指导，深入学习贯彻党的十九大精神，深入学习贯彻习近平总书记在十九届中央纪委三次全会上的重要讲话精神，全面学习贯彻全国教育大会精神，切实增强"四个意识"，坚定"四个自信"，坚决做到"两个维护"，加强党对学校工作的全面领导，推动全面从严治党落实落地见效，"严"字当头，狠抓党风、校风、学风，为学校深化改革和"双一流"建设提供坚强保证，以优异成绩庆祝新中国成立70周年。

（一）以政治建设为统领，坚持和加强党对学校工作的全面领导

习近平总书记指出，加强党对高校的领导，加强和改进高校党的建设，是办好中国特色社会主义大学的根本保证。这是新形势下高校党建工作的思想指南，是办好中国特色社会主义大学的根本遵循，是做好高校党建工作的总纲总则。坚定不移全面从严治党是新时代党的建设的首位要求，全面从严治党向纵深发展要突出抓好政治建设的这一统领。

以政治建设为统领，就是要提高政治站位。要把维护习近平总书记的核心地位、维护党中央权威和集中统一领导作为根本政治任务，做到旗帜鲜明讲政治；坚持社会主义办学方向，坚持扎根中国大地办大学，严守党的政治纪律和政治规矩，牢固树立"四个意识"、坚定"四个自信"、坚决做到"两个维护"，始终站在党中央的要求上办好具有中国特色的高水平研究型的社会主义大学。

以政治建设为统领，就是要明确历史方位。今年是我校甲子征程再出发的历史元年，是"双一流"建设的攻坚年，是基层党建质量提升的深化年，越是在学校改革发展的攻坚期，任务繁重的关键点，就越是要加强党的全面领导。这样，应对复杂局面、解决矛盾困难、促进事业提升的中流砥柱作用才能显现。要不讲部门小利益，不计部门小得失，将思想统一到大学党委的领导上来，将重心统一到学校党委的部署上来，将行动统一到坚决执行党委各项决策决议上来，统一到学校发展的大政方针上来。

以政治建设为统领，就是要找准角色定位。我们要站在党中央的要求上找准定位，要站在学校党委要求上明晰定位，要站在二级单位党组织带头人的角度上精确定位，进一步强化主业意识，切实担负起基层党建的政治责任，真正把党建工作具体化、实体化。要以身作则当表率，身先士卒做典范。在参加基层党组织学习活动中做表率，在带头履行职责和义务上成典范，成为基层党组织的“班长和班委”，带好一班人，铸好信念魂，切实发挥基层党组织的政治核心作用，为本单位和学校的发展提供政治保障和动力。

（二）突出思想引领，推动习近平新时代中国特色社会主义思想理论武装走深走实走心

理论上清醒，行动上才能坚定。要认真把学习习近平新时代中国特色社会主义思想、习近平总书记关于教育的重要论述和全国教育大会精神作为首要政治任务，把自己摆进去学、把工作摆进去学、把职责摆进去学；充分发挥党委理论学习中心组和党员领导干部的领学、促学作用，不断提高学习质量，做到学习全覆盖；用好“学习强国”等资源，发挥“明德大讲堂”等平台的作用；根据不同群体的学习需求，加大开放式、菜单式学习资源的开发使用力度。要学以致用，将学习的成效化为干事创业、促进学校事业发展的动力和源泉。

（三）聚焦立德树人，着力构建和完善“大思政”工作格局

1. 要系统化、特色化推进“三全育人”工作

一是要完善顶层设计。围绕“十大育人”体系，全面统筹办学治校各领域、教育教学各环节、人才培养各方面的育人资源和育人力量，以联席会、工作室、工作小组为中心载体，形成校领导牵头负责、相关部门有力支撑、教师学生深度参与的有效工作机制。对照全国高校思想政治工作会议要求，对标教育部高校“三全育人”综合改革试点建设标准，全面梳理、落实各职能部门、教学科研单位在推进“三全育人”方面的任务和责任，完善长效协作机制。建立领导干部、广大教师、辅导员、班主任、管理、教辅和工勤人员等多维育人共同体，厘清各群体、各岗位的育人元素和育人职责，形成育人合力。

二是要坚持特色引领。充分挖掘学校在办学历史和发展壮大过程中的育人元素，将“办一所负责任大学”的办学理念作为华电“三全育人”最大的特色，进一步深化全校师生员工对“责任”的理解和认识；各部门、各院系在育人的各个环节中都要有意植入“责任”理念，体现负责尽责；举办明德大讲堂“责任之思”系列专题报告，将责任理念与校训有机结合，邀请不同群体讲述对国家之责、社会之责、家庭之责、学校之责，体现团结之力、勤奋之路、求实之道、创新之魂。

三是要把握三个关键。一是“改革”，要想把改革改好，首先是要转变理念，要真正把“以学生为中心”作为“三全育人”工作的核心理念，所以各部门提出的各项举措不是日常工作的重复叠加，而是针对目前不符合“以学生为中心”这个理念真正改了哪些内容，体现了哪些改革的特点。二是“全面”，各单位要充分发挥党组织的政治保障功能，围绕“三全育人”认真思考“应该做什么”“可以做什么”“有哪些短板”，靶向发力，着力打通“三全育人”工作中的盲区、断点，做到全方位、无死角。三是“融入”，三全育人不是要另起炉灶，核心是要将育人的理念融入现有的教学科研工作中，融入办学治校的方方面面，让“三全育人”成为学校思想政治工作的总抓手，全面贯彻落实立德树人根本任务。

四是要解决好评价问题。建立以效果为导向的评价体系，真正把各项工作的重音和目标落在育人效果上，让教育教学更有温度、思想引领更有力度、立德树人更有效度，不断提升学生的获得感，不断提升学校的育人水平。

“三全育人”工作是一项全校性、系统性工程，今年重点要把顶层设计的相关工作完成好，为后续工作的开展打好基础；完成好控制与计算机工程学院“三全育人”综合改革试点各项工作，同时，其他各院系要成立领导小组，以科研育人和课程育人为重点，探索建立特色育人模式。

2. 要建立健全刚柔相济的教师思想政治教育体系

一是要坚持教育者先受教育。制定加强和改进教师思想政治工作的意见，打牢制度基础；编好教师服务手册，帮助教师认同学校文化、明确职责权利、熟悉政策流程、掌握行为规范，让教师遇到问题时即查即用；建立每周 1 次的集体活动制度，搭建“为师之道”线上学习教育平台，开展“看祖国、看变化、看成就”主题社会实践活动，以组织建设和文化建设助力教师思想政治水平提升。

二是要突出正面倡导、高线追求。认真梳理校内表彰奖励项目，设计建立教师荣誉体系；举行新进教师宣誓仪式和退休教职工荣退仪式，以仪式感激发责任感，以荣誉感增强归属感；积极建设具有各自特点、高品位的二级单位文化、支部文化，不断提升广大教师的道德情操；选树模范典型，建立师德榜样全媒体宣传矩阵，把旗帜举起来、把榜样树起来，让做“四有”好老师、当好“四个引路人”、坚持“四个相统一”成为全体教师的共同追求。

三是要强化负面禁止、底线要求。将师德建设作为加强教师自身建设的首要内容，教师每年必须参加 1 次师德专题教育活动；严把入口关，对新进教师的思想政治素质、师德情况和学术成果进行严格审查；严格执行新时代高校教师职业行为十项准则，健全师德考核负面清单和师德档案，在教师职业生涯发展各环节全面落实师德“一票否决”；明确各单位在师德建设工作的主体责任和师德师风建设失职失责情形，建立违规行为的受理处理机制和责任追究机制。

四是要坚持暖心关爱、成长助力。建立调查研究线上线下、常态长效机制，摸清教师的思想动态和实际需求，为做好教师思想政治工作和解决实际问题提供决策参考；健全沟通交流机制，落实领导干部联系高层次人才和青年教师制度，加强对

教师的人文关怀；加强制度保障体系建设，进一步拓宽优秀青年教师的晋升和发展通道；加强教师培训整体规划和设计，从今年开始，力争用3年的时间对全体教师进行一轮系统培训。

3. 要大力加强马克思主义学院建设

3月18日，习近平总书记主持召开学校思想政治理论课教师座谈会并发表重要讲话，强调办好思想政治理论课，最根本的是要全面贯彻党的教育方针，解决好培养什么人、怎样培养人、为谁培养人这个根本问题。他指出，思想政治理论课是落实立德树人根本任务的关键课程，要理直气壮开好，并要求思想政治理论课教师做到"六个要"，推动思想政治理论课创新做到"八个相统一"；要求各级党委要把思想政治理论课建设摆上重要议程，建立党委统一领导、党政齐抓共管，有关部门各负其责、协同配合的工作格局；要求学校党委坚持把从严管理和科学治理结合起来，书记、校长带头走进课堂，带头推动思想政治理论课建设，带头联系思想政治理论课教师，建设专职为主、专兼结合、数量充足、素质优良的思想政治理论课教师队伍，推动思想政治理论课建设内涵式发展，解决好各类课程和思想政治理论课相互配合的问题，把思想政治理论课越办越好。这是党中央首次召开思想政治理论课教师座谈会，表明了中央对思想政治理论课建设、对培养德智体美劳全面发展的社会主义建设者和接班人的高度重视。我们要认真学习贯彻落实习总书记的要求，加强思想政治理论课教师队伍建设，持续推动思想政治理论课改革创新，建好马克思主义学院。

一是要深入学习领会习近平总书记在学校思想政治理论课教师座谈会上的重要讲话精神，做到学以致用。马克思主义学院班子成员及每位教职员工要认真学习总书记讲话精神，提高政治站位，坚持用习近平新时代中国特色社会主义思想铸魂育人，牢固树立"讲好每堂课、培育一代人"的理念，把总书记对思政课建设提出的"八个相统一"和对思政课教师提出的"六个要"作为根本遵循，落实到每一项日常工作中，反映在每一次教学活动中，体现在每一项业绩成果中，理直气壮开好思政课，充分发挥其在立德树人中的关键作用。

二是要打牢课程建设基础。对标教育部《新时代高校思想政治理论课教学工作基本要求》，针对思政课教学课前、课中、课后等关键环节，从教务要求、教学要求、管理要求三个方面，结合学校实际制定具体实施意见，把上级要求落实落地。

三是要打造华电"思政金课"。充分发挥教师的主观能动性，将华电历史文化特色融入思政课教学当中，推动授课主体多样化、授课内容生动化、授课方式多样化，让思政课变得有高度、有温度、有意思、接地气，利用1—3年的时间建设3—5门全国知名、具有学校特色的华电"思政金课"。

四是要大力提升师资水平。扩大对外交流，积极学习高水平马克思主义学院好的经验做法，通过多元化引进、多样化培育，配齐建强思政课教师队伍，为教育教学改革、为马克思主义学院办学水平的提升夯实基础。学校将在人才引进和培育、考核评价等方面给予政策支持。

（四）以党建质量为准绳，全面提升基层党建工作能力

一是加强党建工作体系建设，研究建立五位一体的党建质量标准体系。以"一年打基础，两年上台阶，三年出成效，五年成典范"为推进时间表，围绕华电党建"先锋指数"，构建有目标、有引导、有落实、有督促、有保障的指数型党建质量标准体系。以此为基础，围绕党建质量建设，全面提升学校党建工作水平，形成具有华电特色的党建工作品牌。

二是重点实施基层党建"3S"提升计划，即打造3个体系，聚焦3个主题，推进3个专项。3个体系即党建工作体系、党建质量评价体系、党建制度体系，形成目标明确、责任清晰、制度完善的工作机制，提高基层党组织引领力。3个主题即聚焦"不忘初心、牢记使命"主题教育、对标争先——双创示范、支部建设年，打造基层党建工作品牌，提升基层党组织组织力。3个专项即开展院（系）级党组织换届、"师资库、课程库、教材库"党校三库建设和落实党建重点难点项目三项工作，提高基层党组织执行力。

（五）落实主体责任，持续推进党风廉政建设和反腐败工作

1."严"字当头，纵深推进党风廉政建设和反腐败工作

一是严在政治要求，严守政治纪律，严明政治规矩，严格执行新形势下党内政治生活若干准则，强化党的意识和组织观念，在加强政治建设这一根本性建设上再聚焦再发力。继续深化巡察政治属性，正确把握政治和业务关系，善于从业务上发现政治问题；压实被巡察党组织整改主体责任，巡视巡察整改不落实，就是违反政治纪律，学校党委将充分发挥校内巡察利剑作用，对整改责任不落实、敷衍整改，甚至边改边犯的要严肃问责。二是严在关键少数，坚持正确选人用人导向，严把选人用人政治关、品行关、作风关、廉洁关，严格执行领导干部个人事项报告和核查制度，推动各级领导干部修政德、敢担当、作头雁，积极营造风清气正的政治生态和干事创业的良好生态。三是严在作风建设，大兴学习之风、调查研究之风、实干奋进之风，紧盯形式主义、官僚主义新动向新表现，深入调研排查，列出问题清单，逐项剖析根源，逐项研究对策，逐项整改解决，让师生获得感成色更足、分量更重。四是严在监督执纪问责，健全完善纪律监督、监察监督、派驻监督、巡察监督等监督体系，坚持无禁区、全覆盖、零容忍，坚持重遏制、强高压、长震慑，严肃查处重点领域的违纪问题，尤其要加大教育扶贫领域腐败和

作风建设查处力度，认真开展执纪审查工作，切实维护党纪党规的严肃性和权威性。同时，还要严肃查处诬告陷害行为，要让别有用心者付出代价，及时为受到不实反映的党员干部澄清正名、消除影响，切实为敢于担当、勇于负责的干部撑腰鼓劲，积极营造干事创业的良好环境。

2. 坚持教育优先、预防为主，加强防范廉政风险体系建设

注重发挥先进典型示范引领作用和反面典型警示教育作用，推动警示教育常态化制度化，学校将适时召开警示教育大会，加大典型案件曝光力度，及时通报教育系统和学校查处的典型案件，强化用身边事教育身边人，深入剖析深层次原因，有针对性地教育引导广大党员干部遵守党的纪律、遵从党的规矩，守住底线、不越红线，筑牢拒腐防变的思想防线。深化运用监督执纪“四种形态”，坚持抓早抓小、防微杜渐、露头就打，积极推动“第一种形态”的具体化常态化，领导干部要经常与分管领域干部和教职员工谈心谈话，加强纪律教育和提醒。

3. 全力领导和支持纪委开展工作

学校党委旗帜鲜明地支持纪委开展工作，加强日常领导和监督，以党委主体责任的履行助推纪委监督责任的落实，使主体责任和监督责任贯通协同、形成合力。主动接受纪委监督，研究出台《学校党委主动接受学校纪委监督的实施办法》，定期听取纪委工作汇报，专题研究党风廉政建设相关工作，支持纪委“三转”，推动纪委进一步聚焦监督执纪问责主责主业。积极落实对党委委员、纪委委员和处级领导干部等重要问题线索“四个亲自”制度，坚持有案必查、有腐必惩、违纪必究，严肃查处违纪案件。

（六）加强党的领导，切实提升统战、群团工作能力和水平

进一步深化“大统战”工作格局，推进各党派基层组织之间的学习交流，加强党外代表人士队伍建设；深入开展“不忘合作初心，继续携手前进”主题教育活动；抓好民族宗教工作，落实教育管控责任。不断增强群团组织的政治性、先进性、群众性，新一届工会委员会要积极履职尽责，积极推进学校民主政治建设，不断提高服务质量，努力创建全国模范教职工之家。进一步深化共青团改革，做好团员代表大会各项筹备工作，更好地服务广大青年学生成长成才；要按照上级最新要求，全面加强学生会和学生社团管理。充分利用群团组织优势，广泛开展丰富多彩的体育文化活动，助力学校“一体化”建设和各项事业发展。

三、提高政治站位，确保各项工作落到实处

今年是学校的“改革年”和“落实年”，各二级单位党组织和全体党员干部要进一步增强担当精神和使命意识，不断创新工作方式方法，把落实好党委各项决策部署、履行好“一岗双责”作为自身政治建设的具体实践和直接检验；要扛起主责、抓好主业、当好主角，确保党委有号召、有部署，二级单位就有规划、有落实，形成学校党委抓总，各级党组织具体落实的工作机制。“一分部署，九分落实”，要以落实落地、实干实效为关键，做到以下两点：

一是提高政治站位，真情实意中抓落实，决不虚化搞过场。全面从严治党，是依据党的领导地位和历史使命提出的党的建设新的伟大工程，是办好中国特色社会主义大学的组织保证和力量源泉，是自上而下，一以贯之管党治党的根本方针。有些党委书记认识不到位，在落实党建工作中，“上下一般粗”，会议转会议，僵硬部署；文件转文件，不假思索；没有自己的计划和安排，没有自己的思考与融入，只在形式上执行，不在内涵上深入。对这种“空转”现象，我们必须坚决矫正。要着眼于实，着眼于细，深刻领会，消化吸收，拿出可操作的落实举措，扎扎实实推动工作。

二是切实联系实际，融合互促中保落实，绝不形成两张皮。目前学校正值新甲子的启程期，“双一流”建设的攻坚期，前途弥艰，要将全面从严治党与学习贯彻习近平总书记教育重要论述，贯彻落实全国教育大会和全国高校思想政治工作会议精神紧密结合，要将全面从严治党、党的建设与推进“双一流”建设、深化改革紧密结合，全面推动学校事业改革发展。将全面从严治党与校园文化建设相结合，全面营造风清气正、积极向上的健康生态。确保党的各项工作与事业发展有机深度融合、协同推进，真正让党的领导、党的建设成为学校改革发展的最大优势和根本保证。

同志们：责任承载使命、行动践行承诺，努力奋斗才能梦想成真。让我们以习近平新时代中国特色社会主义思想为指导，深入贯彻落实党的十九大和全国教育大会精神，全面落实立德树人根本任务，以更严明的纪律、更优良的作风、更扎实的工作，全面加强新时代党的建设和思想政治工作，坚定不移地把全面从严治党向纵深推进，为建设特色鲜明的高水平研究型大学提供坚强的政治保证，在高等教育改革发展进程中奋力谱写新时代华电的“奋进之笔”，以优异的成绩向中华人民共和国成立 70 周年献礼！

继往开来　攻坚克难
奋力谱写高水平研究型大学建设新篇章

——校长杨勇平在第七届教职工代表大会暨第九次工会会员代表大会上的报告

（2019 年 3 月 9 日）

各位代表：

现在，我代表学校向大会作工作报告，请予审议，并请列席的同志提出意见。

一、2018 年工作回顾

刚刚过去的 2018 年，是全面贯彻党的十九大精神的开局之年，也是学校加快“双一流”建设的奋进之年。在学校党委的坚强领导下，我们扎实推进第二次党代会决策部署落地生效，各项事业都取得新的可喜进展，办学水平和综合实力进一步提升，向特色鲜明高水平研究型大学前进的步伐愈发坚定有力。

（一）甲子校庆获得圆满成功

2018 年是建校 60 周年，全校上下凝心聚力，以“点亮新时代的电力之光”为主题，突出文化、学术、开放、共享的定位，成功举办了一届内涵丰富、意义重大、影响深远的甲子校庆。顺利召开建校 60 周年创新发展大会，电力央企领导“全勤”到场点赞，大学理事单位主要负责同志联袂为学校“新时代 新甲子 新征程”启航。重新编撰《校史》，新建校史馆，评选建校 60 周年华电人物和杰出校友，圆满完成校友总会和其他校友会换届工作，开展一系列富有影响力的校庆活动，全面系统展示办学成就，弘扬华电精神，扩大社会影响，凝聚发展力量，受到社会各界和主流媒体广泛关注。甲子华电继往开来，谋篇布局，更加坚毅地扬帆起航，逐梦前行。

（二）“双一流”建设扎实推进

加快“双一流”建设步伐，组织编制“双一流”建设实施方案，召开“双一流”建设推进会，确立关键环节的改革攻坚路线图。加强过程管理，出台“双一流”建设管理办法和资金管理办法，全面构建“双一流”建设基本管理制度，提升中央专项经费统筹管理能力。学科建设成绩斐然，新增水利工程、核科学与技术 2 个博士学位一级授权点，以及 2 个硕士专业学位授权点。“工程学”进入 ESI 世界前 1‰行列，“材料科学”“化学”两个学科进入 ESI 世界前 1%行列，世界前 1%学科数达到 4 个，学科整体实力和社会声誉进一步提升。

（三）人才培养质量显著提升

“大思政”工作格局初步确立，制定《进一步加强“三全育人”格局建设的实施意见》，“明德大讲堂”等一批精品思政教育项目亮点纷呈，“名师班主任”工作实现品牌化发展，控制与计算机工程学院入选教育部首批“三全育人”综合改革试点学院，“绿色电力”新能源科技教育扶贫服务行动获批教育部高校思想政治工作精品项目。本科教育中心地位全面凸显，顺利通过教育部本科教学工作审核评估，首次召开全校本科教育工作大会，全面开启建设一流本科的新篇章。研究生培养质量进一步提高，启动“双一流”研究生人才培养项目建设，完成 34 个学位授权点的自评估工作，完善博士研究生选拔机制，开展研究生优质课程建设工作，实施研究生国际交流计划。教育教学改革深入推进，2 项成果获国家级高等教育教学成果奖，16 项成果获北京市高等教育教学成果奖。积极探索多元化人才培养机制，与中科院工程热物理所联合成立吴仲华学院，成立人工智能实验班。专业建设实现新突破，电气工程及其自动化、核工程与核技术专业通过教育部工程教育专业认证。创新创业教育蓬勃发展，学生获各类国际、国家级竞赛奖 582 项，省部级奖 471 项，成功承办首届全国大学生可再生能源科技竞赛。

（四）科技创新实现新跨越

科学研究硕果累累，国家自然科学基金创新研究群体项目和教育部哲学社会科学研究重大课题攻关项目，均取得零的突破。全年共承担各类科研项目 1089 项，其中国家科技计划项目 45 项，国家自然科学基金和社科基金项目 72 项，获国家、省部级科技成果奖 49 项。高被引论文数由 2017 年的不到 100 篇一跃增长至 2018 年的 170 篇，增幅达到 85%，位列国内高校第 46 位。科研经费合同额首次突破 7 亿元，到账经费接近 5 亿元，均创历史最好水平。科技创新体系建设取得新成效，新能源电力系统国家重点实验室顺利通过评估，先后成立国家能源交通融合发展研究院、先进材料研究院、能源电力大数据研究院等跨学科研究机构，新增 1 个“111 计划”引智基地和 1 个河北省重点实验室。召开全校科技创新大会，邀请包括诺贝尔化学奖得主以及47位两院院士在内的专家学者开展前沿学术交流，校园学术氛围空前高涨。

（五）人事人才工作取得新成效

持续深化人事制度改革，开展聘期考核和新一轮专业技术岗位聘任工作，修订专业技术职务评聘办法，完成机构设置及定岗定责基础工作，推进养老保险改革，出台七级及以下职员职级晋升办法，人力资源管理水平不断提升。加大高层次人才引育力度，积极推进海外引智，成功举办2018能源电力世界青年学者论坛，一批优秀青年才俊加盟华电，新增各类高层次人才9人。教师队伍彰显新活力，3人入选国家“万人计划”，2人入选科技部中青年科技创新领军人才，2人获得国家自然科学基金优秀青年基金项目资助。

（六）对外合作迈出新步伐

大学理事会建设实现新突破，新增三峡集团、中广核集团、中国电建、中国能建、广东能源集团为副理事长单位，大学理事单位由9家扩容到14家，行业支持学校办学的能力显著增强。国内交流合作积极推进，走访大学理事单位等62家大型企业和行业机构，与大唐集团、国家能源集团、三峡集团达成全面战略合作，推进落实重要领域、重大项目的合作。与华电集团合作成立“华电‘一带一路’能源学院”，作为发起单位成立“中国电力高校联盟”。国际合作持续深化，与挪威科技大学、东京大学等10所世界知名大学建立合作关系，与“一带一路”沿线主要国家15所知名高校达成战略合作伙伴，与国际能源宪章签署合作备忘录，成功主办“能源革命与大学责任”中外大学校长论坛，启动“一带一路”能源学院伙伴计划。继续教育稳中有进，建设印尼海外继续教育基地，国际业务进一步拓展。

（七）条件保障得到新提升

圆满完成年度22亿元收入目标，为事业发展提供有力的财务支撑。建成大学主数据平台、移动端数字门户、IT运维平台、两校区视频会议系统和教师综合信息查询系统，分步推进“一表通”系统建设，升级网站群，信息化水平进一步提升。北京校部15号学生宿舍楼、保定校区20号学生宿舍楼投入使用，对校园基础设施进行大规模修缮改造，办学条件进一步改善。平安校园建设稳步推进，校园秩序、安全形势稳中向好。图书、期刊、高教研究、档案、医疗、体育等服务保障水平也进一步提升。一年来，我们努力拓展资源，不遗余力为师生做实事、办好事、解难事，教职工收入稳步增长，学生奖助学金大幅提升，竭尽所能提高离退休人员待遇，完成建设离退休职工活动中心、教室安装空调、学生宿舍设施换新等50余项实事，让改革发展成果更好惠及师生。

（八）党的建设呈现新风貌

深入学习贯彻习近平新时代中国特色社会主义思想、党的十九大和全国教育大会精神，全校上下“四个意识”更加牢固，“四个自信”更加坚定，“两个维护”更加自觉。党委领导下的校长负责制进一步完善，党对学校工作的全面领导切实加强，党委领导核心作用进一步发挥。大力推进基层党建创新，党建工作质量有效提升，能源动力与机械工程学院党委入选教育部首批“党建工作标杆院系”培育创建单位，法政系党委入选河北省党建工作标杆院系。召开全面从严治党大会，出台校内巡察工作五年规划及实施办法，以两地交叉的方式，完成了8个二级单位党组织的校内巡察，全面推行二级单位党组织书记约谈制度，推动“两个责任”落实落细。印发教师职业道德规范，落实师德“一票否决制”，开展“做新时代‘四有’好老师和‘四个引路人’”学习实践活动，教师思想政治和师德师风建设全面加强。以问题为导向，在全校大兴调查研究之风，对干事创业形成强力助推。统战、群团、安全保卫、离退休、扶贫等工作全面加强，和谐校园建设扎实推进，大学文化建设迈上新台阶，师生员工的获得感、凝聚力和向心力显著增强。

各位代表，过去一年取得的成绩，是教育部、北京市、河北省等上级部门正确领导的结果，是全校师生员工凝心聚力、锐意进取、奋力拼搏的结果，是理事单位、广大校友和社会各界长期关注和大力支持的结果。在此，我代表学校党委和行政，向全校师生员工，向离退休老同志，向理事单位、广大校友和各界朋友致以衷心的感谢和崇高的敬意！

思危方能居安。我们在总结成绩的同时，也要清醒地认识到，学校的发展与党和国家的要求、与广大师生的期待、与特色鲜明高水平研究型大学办学目标相比，还存在不少问题和不足。我们的办学基础还较为薄弱，整体发展质量不高，特别是高层次人才、原创性成果、国家级奖项、国际化水平等核心数据指标，与国内一流大学差距明显，而且还有不断拉大的趋势，提升的任务十分紧迫；我们对特色鲜明高水平研究型大学建设的重要性、紧迫性、长期性和艰巨性认识得还不深，思想观念跟不上，能力素质不适应，现代教育理念、方法、技术运用不充分，工作质量、工作标准不够高，转型发展的任务极其繁重；我们的治理体系还不够完善，治理能力有待提升，发展动力不够强劲，办学活力还需要进一步释放；我们综合改革的系统性、全局性还不够，穿透力、震撼力还不强，在管理机制、依法治校、简政放权、信息化建设、效能提升等方面还有大量功课要补。对这些问题，我们不能回避，更不能懈怠，必须提振攻坚克难的信心，坚定勇创一流的决心，花大力气一个一个加以解决。

二、工作思路和重点策略

建设一所高水平大学，始终是华电人的初心和梦想。建校60年来，一代代华电人前赴后继、勇立潮头，一步一个脚印走、一茬接着一茬干，经过长期不懈努力，学校成功实现了由单科性教学型行业院校，到多科性国内外知名大学的历史跨越，取得了令人瞩目的成就，正以崭新姿态屹立于国内外高等教育之林。2017 年，学校第二次党代会审时度势、科学研判，擘画了分“两个阶段”建设特色鲜明高水平研究型大学的宏伟蓝图。这是顺应时代发展大势，推动高水平大学建设向深层次变革的战略抉择，是履行高等教育“国家队”职责使命的必然担当。我们要乘势而上、顺势而为，咬定青山不放松，一张蓝图干到底，努力书写新辉煌。

(一)面临的形势与任务

站在新甲子的历史起点上，审视我们的发展环境，机遇和挑战交织叠加，希望和困难并行同在。党的十九大的新要求、全国教育大会的新部署、教育现代化的新方案，既为学校提供了利好政策和前进方向，也检验考验着我们的办学质量和“四个服务”能力；日益深入的能源革命和产业变革，既为学校提供了发挥优势、彰显特色的舞台，也检验考验着我们的创新水平和适应能力；“一带一路”、京津冀协同、雄安新区、粤港澳大湾区等发展战略的深入实施，既为学校提供了难得的机遇，也检验考验着我们的综合实力和服务能力；不断推进的开放办学和日趋激烈的国际国内竞争，既为学校提供了广阔的发展空间，也检验考验着我们的办学理念和治理能力。我们必须深刻认识到，新时代对高等教育提出了越来越高的要求，现代化强国建设迫切需要更高质量的高等教育。机遇千载难逢，挑战前所未有。作为一所首批入选国家“双一流”建设梯队的重点高校，唯有遵循党和国家的要求，把提升办学水平作为永恒的主题，在服务国家战略、投身行业发展、响应地方需求中不断提升贡献度、增强影响力，方能始终把握主动，在强手如林的高等教育竞争中永立不败之地。

对照党和国家重大战略目标节点，从现在到 2022 年左右，是学校攻坚克难、爬坡过坎的关键当口期，也是大有可为、非为不可的重要战略机遇期。这四年，我们将见证庆祝中华人民共和国成立七十周年、全面决胜建成小康社会、建党一百周年等党和国家重大节点，将面临“十三五”收官、“十四五”开启等关键时刻；还将迎来“双一流”检查验收、第五轮学科评估、完成特色鲜明高水平研究型大学第一阶段建设目标等关键考验。通过这四年的奋力提升，基本形成完备的高水平办学体系，显著提高立德树人成效，竞相涌现一批有影响力的标志性成果，大力增强对经济社会发展的贡献度，确保整体实力位居国内同类高校前列，初步建成特色鲜明高水平研究型大学，是我们坚定不移的奋斗目标。能否伴随着国家第一个百年目标的到来，实现我们的战略构想，为下一步向更高水平迈进夯实筑牢根基，事关学校前途命运、事关师生切身利益。成功抓住机遇、乘势实现突破，我们就能主宰自己的命运；如果痛失机遇、发展徘徊不前，则只能做历史的看客。困难不容低估，信心不可动摇，干劲不能松懈。我们要时刻保持清醒头脑，进一步解放思想、更新观念，以更大的勇气、更强的斗志、更高的智慧，加快“双一流”建设，推进高质量内涵式发展，向特色鲜明高水平研究型大学加速冲刺。

(二)加快构建“五个体系”

我们要深刻认识新时代新起点赋予的新使命新担当，牢牢把握特色鲜明高水平研究型大学建设面临的新形势新任务，以党的领导和党的建设为根本保证，以“双一流”建设为统领，以持续深化综合改革为动力，全面构建与办学目标相匹配的高水平学科发展、人才培养、科技创新、大学治理和条件保障体系，实现重点领域深度突破，带动整体工作全面提升，为最终实现特色鲜明高水平研究型大学建设目标奠定坚实基础。

构建高水平学科发展体系。就是要坚持世界一流、融合发展，顺应国际学科与技术发展趋势，站在服务生态文明和美丽中国建设的高度，进一步凝练学科方向，优化学科布局，形成优势学科与新兴学科、支撑学科互相促进，融合发展的能源电力学科新体系。经过未来几年的发展，具有引领性、公认性及卓越贡献力的优势学科高峰基本形成，能源电力科学与工程学科群整体达到国际一流水平。学科链条不断完备，在人工智能、新能源、新材料、信息科学等领域形成一批新的学科增长点。

构建高水平人才培养体系。就是要坚持立德树人，对标品德优良、身心健康、具有高度社会责任感，理论基础扎实、创新意识强的卓越人才培养方向，打造一流本科教育和卓越有灵魂的研究生教育。经过未来几年的发展，“三全”育人体系全面构建，教育教学改革不断推进，研究生比例较大幅度增长，毕业生深造率明显提高，本硕博贯通式培养全面推进，多元化人才培养模式不断健全，人才培养质量稳步提高，创新人才培养能力显著提升。

构建高水平科技创新体系。就是要坚持服务国家需求，面向世界科技前沿，不断提升原始创新能力和核心竞争力，完善科研体制机制，推进有组织的科研。经过未来几年的发展，基本构建包括基础前沿研究、关键技术攻关、军民融合发展、成果转移转化、资源合理配置等环节的全链条科技创新体系，建成若干重大科技平台，汇聚一批有重要影响力的人才队伍，承担一批重大项目，产出一批有分量的科研成果，破解一批关键领域核心技术，一流学术氛围充盈校园。

构建高水平大学治理体系。就是要遵循办学规律，坚持系统思维、法治思维，推进治理体系和治理能力现代化，全面提升管理效能。经过未来几年的发展，机构设置更加科学合理，校内规章制度体系日益健全，教授治学的学术治理架构更加完善，大学理事会等社会参与机制更加健全，二级管理有序推进，教育评价体系改革取得关键成效，两校区协同发展深入推进。

构建高水平条件保障体系。就是要坚持以师生为本、以民生为重，最大程度挖掘利用一切内外部资源，用心尽力打造与一流大学相匹配的软硬件环境，为学校办学和师生发展提供有力保障。经过未来几年的发展，多渠道筹措办学资金的机制有效建立，办学空间有序拓展，信息化建设全面提速，办学环境明显改观，文化软实力进一步彰显，美丽校园、绿色校园、智慧校园、平安校园迈入新阶段。

（三）着力实施"四个策略"

按照学校第二次党代会的决策部署，围绕"五个体系"的构建，综合考虑学校发展环境、办学实际和未来趋势，我们要着力在学科交叉融合、人才培育引进、校企校地合作、国际开放发展等四个关键领域精准施策、奋力提升，全面增强特色鲜明高水平研究型大学建设的发展动力。

着力推进学科交叉融合。就是要紧密结合国家战略、区域发展和行业需要，加快学科结构调整与优化，全面实现传统学科与新兴学科、工程技术学科与文理学科、能源电力学科与人工智能、新材料等新兴学科的深度交叉融合，进一步把能源电力学科做大做强做新，创出鲜明特色，打造独特优势。

着力加强人才培育引进。就是要进一步牢固确立人才工作的战略地位，深化体制机制改革，处理好"引""育""用"三者关系，在引才、育才、聚才上取得突破，全面提升各类人才的政治素质、业务能力和育人水平，不断优化人才生态，培养优秀青年人才，造就领军人才，全力打造一流的人才高地。

着力深化校企校地合作。就是要紧紧把握京津冀协同发展等战略机遇，用好用足行业和大学理事会制度优势，延续60周年校庆后对外合作的良好态势，积极研究对接行业、地方创新发展的新形势新趋势，以新思路推动大合作，以新机制争取大成果，以新作为争取大支持，实现校企合作兴校强校，推动共赢发展。

着力拓展国际开放发展。就是要以国际标准、国际视野审视学校学科专业、人才培养、科技创新、人才队伍、大学文化、规章制度等办学体系，推进办学特色体系化建设，加快实施国际化行动计划，不断增强国际资源汲取力和国际人才招揽力，充分发挥国际交流合作的重要支撑作用。

各位代表，在学校新甲子的开局之年提出"五个体系、四个策略"发展思路，是落实学校第二次党代会战略部署的必然要求，是实现高质量内涵式发展的必由之路。我们要正确认识学校所处的历史方位，准确把握发展的阶段性特征，在学校党委的坚强领导下，团结一致，积极有序大力推进综合改革，勇涉深水区，敢啃硬骨头，在改革创新中展现新担当，在高质量内涵式发展中实现新作为，为早日建成特色鲜明高水平研究型大学持续努力，接续奋斗！

三、2019年重点工作

2019年，是我们伟大祖国70华诞的喜庆之年，是全面建成小康社会、实现第一个百年奋斗目标的关键之年，是教育系统深入贯彻落实全国教育大会精神的开局之年。对于学校而言，是新甲子的开篇之年，是"双一流"建设和持续深化综合改革的攻坚之年。做好今年的工作，责任重大，意义非凡，必须谋好局、开好头、起好步。2019年学校工作的总要求是：以习近平新时代中国特色社会主义思想为指导，深入贯彻党的十九大和十九届二中、三中全会精神，全面贯彻落实全国教育大会精神，按照学校第二次党代会的战略部署，在学校党委的全面领导下，牢牢把握立德树人根本任务，加速推进"双一流"建设，加快构建高水平办学体系，持续深化综合改革，狠抓责任落实，推动高质量内涵式发展，向特色鲜明高水平研究型大学阔步前进。

（一）加强党对学校工作的全面领导

发挥党委领导核心作用。以党的政治建设为统领，坚持用"四个意识"导航、用"四个自信"强基、用"两个维护"铸魂，积极营造和维护良好政治生态。坚持党委领导下的校长负责制，将党的领导贯穿于学校改革发展稳定工作的全过程和各领域。加强对统战、离退休、群团等各项工作的领导，画出最大同心圆，汇聚特色鲜明高水平研究型大学建设的磅礴力量。强化对文化建设的引领，以新中国成立70周年为契机，开展各种形式的歌颂祖国、行业发展等方面的宣传及文化活动，弘扬时代精神，推进华电文化传承创新。

切实做好安全稳定工作。结合庆祝新中国成立70周年等重要时间节点，进一步提高政治站位，积极防范应对各类重大风险，开展安全稳定工作专项检查，确保学校安全稳定。扎实推进马克思主义学院建设，强化课堂及讲座、论坛、报告会等管理，加强网络舆论引导工作，筑牢意识形态主阵地，牢牢掌握意识形态工作领导权、管理权、主动权，全面提升意识形态工作能力。营造和谐、绿色、平安校园环境，不断提升师生的获得感和幸福感。

（二）高质量推进"双一流"建设

全面做好中期评估工作。探索具有华电特色的"双一流"建设成效评价体系和评价方法，建立科学、合理、有效的评价方案。启动校内中期考核工作，对"双一流"建设进度和效果进行监测评估和跟踪分析，适时动态调整资源配置，获得最大建设成效。不断提升中央专项经费统筹管理的科学化、规范化水平，推进绩效管理，提高资源配置和资金使用效率，加快执行进度。

加快学科内涵建设。在高层次人才培育引进、国家科技成果奖、国家重大科技项目、一流专业和优质课程、研究生高水平国际交流等方面，凝练并启动一批亮点项目，有效提升建设的质量和水平。完善学科交叉体制机制，对交叉学科培育和学科交叉研究给予重点支持，鼓励跨学科、跨学院、跨平台协同，在人工智能、能源互联网等领域，加快布局若干新兴学科，以新体制新机制探索成立新型交叉学院。充分尊重基础学科发展规律，积极推进文理学科振兴，完善文理学科评价体系，健全分类评价机制，在政策引导、人才引进、资源配置和资金供给等方面给予更大支持，促进文理学科与能源电力学科实效融合，加快有特色的高质量发展。持续推进 ESI 学科提升计划，力争工程学进入世界前 100 位，社会学进入前 1%行列。

（三）全面提升人才培养质量

完善立德树人落实机制。组织开展"新时代的成长与担当"等一系列主题教育活动，继续推进"三全育人"综合改革试点和"一院（系）一品"学生思政工作精品项目建设，着力提升思政工作质量。落实研究生导师立德树人职责，开展研究生基层组织改革试点，构建符合研究生特点的德育工作新体系。加快研究制定课程思政指导性意见，出台课程思政教学设计指南，建设 20 门左右课程思政示范课。加强育人协同，进一步发挥课程思政和思政课程的协同效应，研究制定辅导员与思政课教师协同育人实施方案。

构建多元化人才培养体系。加快拔尖创新人才培养，创建拔尖创新人才培养实验班，深入推进"吴仲华学院"等拔尖创新人才培养特区建设。扎实推进卓越工程人才培养，进一步发挥好"电力行业卓越工程师培养校企联盟"的作用，全面实施卓越 2.0 计划。积极探索大口径培养、多方向出口的跨学科人才培养机制。大力培育国际化人才，推动"一带一路"能源学院等重点建设项目落地落实。推动科技学院综合改革，不断提高办学质量和效益。加强实践与创新创业教育，完成"工程训练与创新创业教育中心"建设。以中国电机工程学会青年学术会议永久会址落户学校为契机，推进高水平学术文化和创新创业平台建设。加大对体育美育和劳动教育的投入，促进学生全面发展。

推进教育教学内涵式发展。积极申报国家"双万计划"。大力推进一流专业建设，加强新工科、新文科专业培育，力争申报建设 1—2 个新专业。完成自动化、环境工程等专业认证工作。课堂是教育教学的关键，课堂有质量，教育教学才能有质量。我们要紧紧牵住课堂这个"牛鼻子"，推动实施"本科人才培养质量提升工程"，进一步完善教学质量评价体系，以课堂为核心，统筹推进优质课程、高水平教材、先进教学方式、现代教学技术、一流教学管理等一揽子提升行动，特别是推进基于信息化的教学方法改革，逐步将课堂锻造成培育名师、打造金课、汇聚学子的沃土，不断提高教育教学工作的获得感和成就感，促进学习革命和质量提升。深入推进卓越研究生教育，出台《关于深化改革提高研究生教育内涵式发展的意见》，全面修订研究生培养方案，推动专业学位研究生分类培养，启动本硕博连读计划，试点博士研究生"申请—审核"选拔制度，努力让研究生培养以崭新姿态迈向更高台阶。

（四）加快建设高水平师资队伍

加强师德师风建设。制定《关于加强和改进教师思想政治工作的意见》《关于进一步加强教师党支部建设的意见》，将师德师风纳入学校人才队伍建设规划，把好"政治关"，明确把政治标准、道德素质放在聘人用人之首，将师德要求贯穿职称评聘、考核晋升、评优评奖等工作的始终，落实师德"一票否决制"，加大对先进典型和师德模范的宣传，积极引导教师以学养德、以德润身，潜心教书育人，争做传道授业解惑的良师。

夯实人力资源管理基础。科学设置校内各类机构，积极稳妥推进定岗、定责工作，进一步提升管理效能。探索推进二级单位绩效管理，科学分解目标任务，进一步改进评价方式，更加注重质量评价，强化对评价结果的科学运用，不断优化资源配置，提升人力资源效益。加快构建统一高效的教职工培训工作体系，形成大培训、大学习整体格局，提升学校人力资源整体水平。转变工作思路，强化服务意识，关心关爱教职工成长，拓展职业发展通道，让每个人都能找到施展才华的最佳舞台。

创新人才工作体制机制。坚持党管人才原则，健全人才工作体系，完善校院两级人才工作体制，构建统筹协同、分级负责管理机制，充分发挥院系主体责任，强化人才引育的实效性考核，形成上下一心、齐抓共管的良好局面。以更广泛的学科覆盖面、更灵活的机制、更大的支持力度，实施新一轮校内人才工程。青年人是华电的未来！要进一步加大对青年人才的支持力度，让一批有潜质的青年教师脱颖而出，走向更高的舞台、实现更大的发展。不断扩展引才新途径，高标准实施人才引揽计划，力争在高层次人才引进与申报上取得新的突破。深入推进师资博士后制度，不断提高博士后待遇，逐步实现设站学院新聘教师以师资博士后为主，积极储备未来领军人才。

（五）大力增强科技创新能力

加强有组织科研工作布局。重点做好重大科技项目的组织谋划和标志性科研成果的凝练培育工作，争取在承担国家重大重点科技计划任务方面有新作为，在高水平科技成果产出方面有新突破。紧密围绕学科发展前沿和国家科技创新 2030 战略需求，重点培育 10 个左右的高水平科研攻关团队，力争 5 年内形成一批具备较强学术影响力的创新群体。推动国家大学科技园实现转型升级，增强服务创新创业的能力。推进高校所属企业体制改革工作，促进科技成果转化，增强社会服务能力。

深化科技创新平台体系内涵建设。大国重器是学校服务国家战略的重要抓手，要努力做好可再生能源重大科技基础设施的前期论证工作，力争将其纳入国家"十四五"规划，并依托大设施谋划建设一批前沿科学研究中心。大力推进以新能源电力系统国家重点实验室为代表的重点科研平台的高质量建设，提升原始创新能力和人才培养水平。聚焦人工智能、能源互联网、储能、军民融合等领域，高起点再建设一批创新研究院或研究中心。对接国家区域发展战略，深度参与北京科技创新中心等区域创新体系的建设，加大对异地研究院建设支持力度。瞄准教育部人文社会科学重点研究基地申报动态，积极加强中国特色新型智库建设。

进一步营造良好学术创新生态。营造学术氛围，着力演好甲子校庆卓越学术活动"连续剧"，持续举办高规格学术交流活动，进一步提升学术品牌影响力，让创新在华电蔚然成风。强化科研管理，继续推进"放管服"改革，增权赋能，让教授有更大的技术路线决策权、更大的经费支配权、更大的资源调配权，加速科研潜能和创新活力的迸发。优化科研服务，以制度建设和信息化建设为抓手，不断提升精细化管理水平，决不让老师在找签字、跑盖章、搞报销上花费不必要的时间，腾出更多精力教书育人做学术。

(六)积极打造对外合作新高地

深化对外交流合作。加强顶层设计，制定新时期对外交流与合作发展规划。完善理事会运行机制，探索与理事单位建立新型长效实质性合作机制，共同成立实体研发机构等重要平台，开展差异化、深层次重大合作，推动关键技术攻关和创新人才培养，努力产出一批重量级合作成果，为学校发展提供关键支撑。不断深化与国内重点民营企业的合作，筹建民营企业校企合作联盟，打造对外合作新的增长极。稳步推进继续教育工作，开发一批规模和效益俱佳的高端培训项目，不断提升品牌影响力，为学校创收增效作出更大贡献。

加快国际化进程。多渠道筹措资金，设立本科生出国(境)交流专项引导基金，2019 年拿出 200 万元，重点支持一批优秀本科生交流访学，努力扩大本科生出国(境)交流规模，让更多的青年学子在国外舞台增长知识见识，逐渐崭露头角。优化政府奖学金支持策略，推进部委、企业合作项目落地，做大做实留学生招生，2019 年力争招生规模突破 300 人。落实国家创新型人才国际合作培养项目，进一步提升青年教师和研究生出国(境)交流比例。深度服务"双一流"建设，深入推进院系国际合作平台建设，鼓励教师承担更多国际合作项目和联合科研攻关项目。持续拓展"一带一路"沿线国家大学合作伙伴，探索设立中外合作办学机构。

(七)更大力度提高治理能力

有序推进内部管理体制改革。学院是大学办学的主体。我们要进一步理顺学校与学院、管理部门与学院的治理边界，健全院系权责利相统一的管理机制，逐步扩大院系自主权，不断推进管理重心下移，该由学院干的事让学院放手去干，充分激发基层活力，让每个学院都能发展的更加精彩。管理部门的本分是做好服务，服务不好就是失职。我们要进一步转换思路、调整职能、优化流程、强化协同、提高效率，合理减少事项审批，着力提升管理服务水平，让师生的诉求无论大小，都能得到及时回应和反馈，都能得到妥善处理和解决。

完善两校区协同发展机制。两校区携手发展、共同进步是广大师生的心声。我们要紧抓京津冀一体化和雄安新区建设的契机，加强对两校区功能定位、发展方向等关键问题的顶层设计，继续推动两校区运行机制改革，加强保定校区管理力量，切实落实校领导、一体化部门负责人赴保定校区办公制度，强化院系的一体化建设，创新高层次人才共享机制，加大学术、师生等各层面的交流力度，加快推进一体化数字校园建设，逐步实现多渠道全方位融合，共创共享大学更加美好的未来。

深入推进依法治校。进一步落实和完善党委领导下的校长负责制，健全对学校重大决策、重要制度的合法性审查机制，促进依法行政。加强法治工作顶层设计，完善学校法治建设规划，系统梳理现有规章制度，开展清理和规范工作，全面加强合同事务管理，有效提升争议调解及处理法律纠纷的能力，不断增强依法治校水平。

(八)进一步提升服务保障水平

全面实施政府会计制度，推进预算绩效管理，2019 年度事业收入力争达到 24 亿元，进一步提升财务支撑能力。积极与地方政府和主管部门沟通协调，加快推进北京校部东区土地性质变更及保定新校区立项论证工作，推动附属学校的规划建设，支持附属幼儿园的发展。持续改善办学基本条件，加快北京校部 16 号学生宿舍楼、保定校区 19 号学生宿舍楼工程进度，开展北京校部能源电力科研综合楼和保定校区基础实验楼的方案设计及前期工作，完成北京校部体育场改造工程的设计立项，以及保定校区接待中心等修缮改造工程。进一步推动仪器设备的开放共享，通过大型贵重仪器设备使用效益的评价，不断提高仪器设备的使用率，为学科交叉和科研工作提供更加便利的条件。加快数字化、智慧化校园建设，建设好"教师一表通"和师生网上办事大厅系统，继续增加"微服务"应用，力争让师生在办业务时"最多跑一次"。2019 年，我们还要在去年的基础上，继续办好一批事关民生的实事好事，确保教职工餐厅尽快投入使用，在解决大家的操心事烦心事上切实下功夫、见实效。我们会持续努力，善用各类资源，努力打造更加和谐美丽的校园。

各位代表，宏伟蓝图鼓舞人心，战略安排催人奋进。但幸福不会从天而降，梦想不会自动成真，美好未来召唤我们继续努力奔跑，接续拼搏奋斗。2019 年是国家“大事多、喜事多”的一年，更是学校各项重大工作的“落实年”。全校教职员工特别是广大干部要高举奋进旗帜，坚定实干强校的雄心壮志，聚焦“发展”新任务，铭记“落实”关键词，拿出真干的实劲、敢干的狠劲、善干的巧劲、常干的韧劲，勇做争朝夕、奋楫先的追梦者，勇做高目标、上水平的开拓者，勇做能闯关、会夺隘的改革者，勇做挑重担、顶大梁的实干者，不断攻坚克难，坚持一干到底，朝着既定的任务目标全力奋进，把“规划图”更好变成“施工图”，把“时间表”更好变成“计程表”，让学校发展的宏伟蓝图早日在我们手中变成美好现实。

各位代表，新时代是奋斗者的时代，没有坐等出来的辉煌，只有实干出来的精彩。让我们以习近平新时代中国特色社会主义思想和党的十九大精神为指引，在学校党委的坚强领导下，坚定信心、振奋精神，锐意进取、攻坚克难，以永不懈怠的精神状态、勇往直前的奋斗姿态，奋进在波澜壮阔的时代大潮，全力谱写特色鲜明高水平研究型大学建设新篇章，以优异的成绩庆祝中华人民共和国成立 70 周年！

总　述

Overall Review

华北电力大学发展概述

华北电力大学是教育部直属全国重点大学，是国家“211 工程”和“985 工程优势学科创新平台”重点建设大学。2017 年，学校进入国家“双一流”建设高校行列，重点建设能源电力科学与工程学科群，全面开启了建设世界一流学科和高水平研究型大学的新征程。

学校 1958 年创建于北京，原名北京电力学院。学校长期隶属于国家电力部门管理。2003 年，学校划转教育部管理，现由国家电网有限公司、中国南方电网有限公司、中国华能集团有限公司、中国大唐集团有限公司、中国华电集团有限公司、国家能源投资集团有限责任公司、国家电力投资集团有限公司、中国长江三峡集团有限公司、中国广核集团有限公司、中国电力建设集团有限公司、中国能源建设集团有限公司、广东省能源集团有限公司等 12 家特大型电力集团和中国电力企业联合会组成的理事会与教育部共建。学校校部设在北京，分设保定校区，两地实行一体化管理。学校现有教职工 3000 余人，全日制在校本科生 2 万余人，研究生 1 万余人。学校占地 1600 余亩，建筑面积 100 余万平方米。

60 多年来，学校全面贯彻党的教育方针，落实立德树人根本任务，秉承“自强不息、团结奋进、爱校敬业、追求卓越”的华电精神，培养了大批德才兼备的能源电力人才。学校始终围绕服务国家战略和行业需求，积极活跃在创新前沿阵地，攻克了我国电力行业发展过程中多项技术难题，为推进电力科技进步发挥了不可或缺的重要作用。进入新世纪以后，学校贯彻“学科立校、人才强校、科研兴校、特色发展”的方针，紧抓机遇，实现了跨越式快速发展。

学校设有电气与电子工程学院、能源动力与机械工程学院、控制与计算机工程学院、经济与管理学院、新能源学院、核科学与工程学院、环境科学与工程学院、水利与水电工程学院、数理学院、人文与社会科学学院、外国语学院、马克思主义学院、能源互联网学院、人工智能学院等学院，64 个本科专业。拥有“电力系统及其自动化”“热能工程”2 个国家级重点学科、25 个省部级重点学科；在第四轮学科评估中，电气工程和动力工程及工程热物理两个学科分别位列 A 档和 A－档；“工程学”“环境/生态学”“材料科学”“化学”和“社会科学”5 个学科进入 ESI 全球前 1%行列，其中“工程学”学科进入全球前 100 强和前 1‰行列；拥有 6 个博士后科研流动站、7 个博士学位一级学科授权点、23 个硕士学位一级学科授权点和能源动力硕士、工程管理硕士、工商管理硕士等 13 个专业学位授权类别，形成了培养本科、硕士、博士的完整教育体系。

学校拥有一支积极进取、素质优良、结构合理的高水平师资队伍，现有专任教师 1939 人，其中正高级职务的 423 人，具有副高级职务的 701 人。现有中国工程院院士 2 人，双聘院士 7 人，其他各类高层次人才百余名，有多支高水平研究团队。

学校把人才培养作为中心工作，形成了“厚基础、重实践、强能力、求创新”的人才培养特色，成为教育部首批“卓越工程师教育培养计划”实施高校，发起成立“电力行业卓越工程师培养校企联盟”。学校现有 8 个国家级一流专业，11 个国家级特色专业，4 个国家战略性新兴产业相关专业，2 门国家级精品在线开放课程，6 门国家级精品开放课程，2 个国家级教学团队，1 名国家级教学名师，3 个国家级实验教学示范中心，3 个国家级工程实践教育中心，3 个国家级虚拟仿真实验教学中心，1 个国家级人才培养模式创新实验区。

学校积极参与国家创新体系建设，在新能源、特高压、智能电网、清洁煤电、核电等重要领域都取得了显著成果，现建有 3 个国家级科技创新平台、1 个国家级国际科技合作基地，6 个高等学校学科创新引智基地，以及 29 个省部级科技平台及研究基地，学校入选国家创新人才培养示范基地。“十五”以来，承担国家重点研发计划、国家科技重大专项、“973 计划”、“863 计划”、国家科技支撑计划、国家自然科学基金等纵向课题 3700 余项，获国家级、省部级科技进步奖等 400 余项。科研经费快速增长，科技论文国际三大检索排名在教育部直属高校中位居前列。

学校依托大学理事会平台，不断深化产学研合作，与国内外 100 余家大型能源电力企业达成战略合作关系，共建“智能电网协同创新中心”“智能发电协同创新中心”“能源互联网学院”等一批重点校企合作平台，共同承担重大研发项目，加快科技成果开发与产业化；学校多方位构建政产学研合作平台，与 20 余家地方政府签署战略合作协议，围绕战略性新兴产业领域，深化交流与合作，在促进区域科技创新、推动地方经济发展上取得显著成效；学校积极推进校际合作，作为主要发起单位参与组建北京高科大学联盟，实现高校之间的优势资源共享互补，促进校际协同创新。

学校全力推进国际化办学进程，与 140 多所国际知名大学和研究机构开展实质性交流合作，全面开展学生交流、科研合作、专家互访等项目，设立各类中外合作办学项目，积极扩大来华留学生规模，国际化办学水平不断提升。学校积极践行国家“一带一路”倡议，主动承担国家外交任务，承办多个国家级援外培训项目；与俄罗斯莫斯科动力学院等 15 所海外高校共同签署“一带一路”能源学院合作伙伴备忘录；担任上海合作组织大学能源学方向中方牵头院校，建立上海合作组织大学能源智库；建设北美最大的孔子学院——西肯塔基孔子学院。

2017年11月，学校召开第二次党员代表大会，谋划了未来一段时期学校发展蓝图：经过五年左右的建设，“能源电力科学与工程”学科整体水平进入世界一流行列，实现向研究型大学的实质转型，初步建成特色鲜明高水平研究型大学，在此基础上，再用10—15年时间，到2035年左右，“能源电力科学与工程”学科整体水平进入世界一流前列，全面实现特色鲜明高水平研究型大学建设目标，为建设世界一流大学奠定坚实基础。同时明确了学校总体发展思路是坚持“一个根本”，紧扣“两大任务”，抓住“三个导向”，突出“四个重点”，即坚持党的领导这个根本，紧扣立德树人和提高质量两大任务，抓住改革创新、特色发展、开放办学三个关键导向，突出学科建设、队伍建设、科技创新、文化建设四个重点，带动学校整体水平全面提升。

2018年10月，学校汇聚全体华电人的磅礴力量，成功举办了一届内涵丰富、意义重大、影响深远的甲子校庆。通过召开建校60周年创新发展大会、重新编撰《校史》、评选建校60周年华电人物和杰出校友，展示了办学成就，弘扬了华电精神，扩大了社会影响，凝聚了发展力量。2019年，学校以加强党的政治建设为统领，以“不忘初心、牢记使命”主题教育为主线，以国庆游行思政教育为抓手，以顶层设计推动校内综合改革为重点，深入谋划、全面部署，着力推进工作落实落细，全校师生员工理想信念更加坚定，使命感责任感更加强烈，干事创业、攻坚克难的奋进意识更加强化，忠诚干净担当的政治品格更加牢固。

站在继往开来的新起点，面向欣欣向荣的新时代，学校将以习近平新时代中国特色社会主义思想和党的十九大精神为指引，深入贯彻落实全国教育大会精神，以“九个坚持”为根本遵循，加快推进“双一流”特色、高质量建设，全力培养德智体美劳全面发展的社会主义建设者和接班人，在高等教育改革发展进程中书写华电人的“奋进之笔”，为把学校早日建成特色鲜明的高水平研究型大学而努力奋斗！为实现中华民族伟大复兴的中国梦不断作出新的更大的华电贡献！

（摘自华北电力大学官网）

2019年华北电力大学十件大事

【高质量开展“不忘初心、牢记使命”主题教育】 2019年，学校党委高度重视，严格贯彻落实党中央部署和教育部党组要求，做好顶层设计，形成“四定”工作总思路，制定“一总四分多点”工作方案，创新“八学模式”，按照“选取一个问题、解剖一只麻雀、提出一个方案”认认真真做调研，践行“一线原则”，深刻检视找差距，全面精准抓整改。主题教育进一步坚定了全校党员干部理想信念，中层干部形成担当共识；优化干事创业氛围，教工支部作出行动决议；形成一批高质量的发展策略，解决一批群众急难愁盼问题。学校主题教育特色做法和典型经验得到学习强国、人民网、《中国教育报》、光明网、教育部网站等主流媒体的广泛宣传报道，取得了良好的社会反响。

【教育部党组书记、部长陈宝生出席学校领导班子专题民主生活会】 2019年12月3日，教育部党组书记、部长、部“不忘初心、牢记使命”主题教育领导小组组长陈宝生出席学校校领导班子专题民主生活会并发表重要讲话，对直属高校开好专题民主生活会，做好主题教育总结阶段工作提出要求。陈宝生充分肯定华北电力大学一年来的工作。他指出，华北电力大学党建工作取得一些具有标志性的成果，工作的方方面面都创造出自己的特色，特别是在基层党建工作方面研究的“先锋指数”，把对基层党建工作的评价量化、指标化，覆盖基层党建工作的主要方面，是有创见的；新能源电力系统国家重点实验室积极服务国家能源电力发展，研究成果实现资源利用的最大化，做得很好；学校加大对学生社会主义核心价值观的引领，实际上是在履行教育的根本使命；华电学子坚持十年将“绿色电力送上雪域高原”的扶贫行动，让人感动。12月26日，教育部党组成员、副部长翁铁慧来校调研指导工作。

【师生参加庆祝中华人民共和国成立70周年系列活动】 2019年10月1日，1454名华电师生参与组成“创新驱动”方阵参加庆祝中华人民共和国成立70周年群众游行，合唱团72名华电师生参与广场合唱环节，219名华电师生参与国庆志愿服务工作；师生参加“首都教育系统服务保障国庆活动宣讲团”，赴海南等地作专场宣讲会三场；党委学生工作部获北京市筹备和服务保障中华人民共和国成立70周年庆祝活动先进集体，5人获“先进个人”。

【党建工作取得新标志性成果】 2019年，华北电力大学党建工作创出自身特色，在基层党建工作方面研究的“先锋指数”，将基层党建工作的评价量化、指标化，覆盖基层党建工作的主要方面；以校党委书记周坚为负责人的“高校院系级党组织党建工作质量评价体系—‘先锋指数’研究”课题获北京高校党建研究会2019年度A类重大课题立项，为学校首获北京高校党建研究会重大课题立项；电气与电子工程学院四方研究所党支部、国际教育学院学生党支部获“全国党建工作样板支部”；法政系党委获河北省首批“党建工作标杆院系”培育创建单位；电子与通信工程系通信教研室党支部书记工作室入选河北省高校首批“双带头人”教师党支部书记工作室。

【获国家科学技术进步奖二等奖 2 项】 2019 年，学校作为第一完成单位获得各类省部级以上政府科技成果奖励共 9 项，其中国家科学技术进步奖二等奖 1 项，教育部高等学校科学研究优秀成果奖(科学技术)二等奖 2 项，河北省科学技术奖一等奖 2 项、二等奖 1 项、三等奖 2 项，北京市科学技术奖二等奖 1 项；校长杨勇平主持完成的“新型多温区 SCR 脱硝催化剂与低能耗脱硝技术及应用”获得国家科学技术进步奖二等奖；刘文颖参与国家电网公司的“千万千瓦级风光电集群源网协调控制关键技术及应用”获国家科学技术进步奖二等奖；崔翔获得“中国电力科学技术杰出贡献奖”，李美成主持完成的“光伏发电核心装备关键技术及户外实证测试平台研发与应用”获得电力科技创新大奖。

【人才培养质量进一步提升】 12 个专业入选一流本科专业建设“双万计划”，3 个项目获北京高等教育“本科教学改革创新项目”立项，10 个本科教学项目获北京市立项建设，学生在全国“互联网＋”大赛、“挑战杯”全国大学生课外学术作品竞赛、全国大学生节能减排竞赛、中国研究生数学建模竞赛等比赛中成绩优异；“情暖童心”教育扶贫实践团、梁海峰分别获评共青团中央 2019 年全国大中专学生“三下乡”社会实践活动优秀团队和优秀个人；“核心启智公益行”实践队获“全国优秀实践团队”；“情暖童心，科技筑梦”关爱农村留守儿童公益项目、公益青年团队分别荣获第十二届中国青年志愿者优秀项目奖和优秀组织奖；5 名学生入选共青团中央“扬帆计划”；6 名学生获评 2018 年度“中国大学生自强之星”；学校毽绳队在首都高校第二十七届毽绳比赛中，包揽八个项目的冠军，破四项高校纪录，获团体总分九连冠。

【“双一流”建设取得新突破】 2019 年，创建人工智能学院、储能技术研究院等一批跨院系、跨学科的交叉学科学院、研究院；自设人工智能、能源互联网、能源材料与装备、近代物理与核科学等若干新兴交叉学科博士点，建设清洁能源学北京市高精尖学科，新增智能科学与技术、数据科学与大数据技术、光电信息科学与工程、机器人工程、智能制造工程等新工科专业；“工程学”跻身 ESI 世界前 100 强，“社会科学”进入世界前 1％行列，世界前 1％学科由 4 个增长至 5 个。

【校企合作战略取得新进展】 2019 年，与国家电网公司共同成立能源互联网学院，双方将致力于建立代表国家水平的创新联合体，共同打造国际一流水平的能源互联网自主创新的国家队、具有重要影响的高端智库和高水平人才培养的基地，学院主要研究方向为泛在电力物联网、新能源电力系统和综合能源系统；与中国华能共同打造海上风电标杆项目；与国家能源集团等共同攻关研发中国首套“智能发电运行控制系统”，为火力发电装上“智慧大脑”；与三峡集团共建氢能实验室，双方将陆续开展相关领域一系列自主合作科研项目，共同打造氢能研究“创新高地”，为我国能源电力事业科学发展开辟一条创新之路。

【思政工作上新台阶】 2019 年，《中国教育报》头版头条报道华北电力大学思政课建设经验；马克思主义学院思政课教师孙芳获首届全国高校思想政治理论课教学展示活动特等奖；学校与中国社会科学院世界社会主义研究中心联合主办“百年未有之大变局与中国共产党的领导”学术研讨会；《“绿色电力”新能源科技教育扶贫服务行动》实践育人项目获批教育部第二批高校思想政治工作精品项目；全年共举办“明德大讲堂”报告会十一期，举办“责任之思”报告会两期，举办两期“领导干部上讲台”国企公开课报告会。

【国际交流与合作不断扩大】 2019 年，学校对外开放不断深入，同瑞士洛桑联邦理工大学、日本东京大学等 9 所世界一流大学签署合作协议；人才国际化培养取得新突破，华北电力大学—莫斯科动力学院本硕博贯通培养项目第一批 29 名学生获得国家留学基金委全额资助赴俄学习，“可再生能源高效利用技术一流创新人才国际合作培养”等 3 个项目获得国家留学基金委“2019 年创新型人才国际合作培养项目”立项，留学生规模再创新高；刘吉臻为负责人的“新能源电力系统的弹性运行与保护控制”项目获批 2019 年度国家自然科学基金委员会与英国工程与自然科学研究理事会合作研究项目；房方为负责人的“面向可再生能源消纳的灵活性电热泵供热系统及电—热综合调控技术研究”项目、米增强为负责人的“市场化环境下提升电力系统供需平衡能力的需求侧资源聚合响应关键技术研究”项目获国家重点研发计划政府间国际科技创新合作重点专项立项。

(宣传部)

2019 年大事记

1 月

3 日 华北电力大学主持完成的《适应国家能源战略需求，培养行业特色卓越人才的十六年探索与实践》和参与完成的《基于校企协同的“订单＋联合”大核电人才培养体系创新与实践》2 项成果获国家级教学成果二等奖。

10 日 河北省科学技术奖励大会在石家庄举行，华北电力大学获 9 项河北省科技奖励：其中作为主持单位，获河北省科学技术奖一等奖 1 项，二等奖 2 项，三等奖 2 项；作为参与单位，获河北省科学技术奖二等奖 3 项，三等奖 1 项，奖项等级和数量均创新高。

14 日 河北省第四届学生军训和学校国防教育科研论文报告会在石家庄召开。华北电力大学张骞等完成的"'三全育人'视域下拓展军事理论课思想政治教育功能探索研究"获高校组一等奖。

15 日 南方电网科学研究院党委副书记、纪委书记刘智宏等一行 5 人来校洽谈廉洁合作事宜。

19 日 华北电力大学与申科集团共建研究生工作站签约暨揭牌仪式在申科集团举行。

24 日 大数据与哲学社会科学实验室研究团队有 2 项科研项目获教育部 2019 年社科类项目评审通过，1 项获河北省教改项目立项。

2月

5 日 国际顶级学术刊物 *Nature Energy* 在线发表我校可再生能源学院李美成教授团队研究成果"Planar pn—homojunction perovskite solar cells with efficiency exceeding 21.3%"，研究结果发表在 Nature Energy，DOI：10.1038/s41560 — 018 — 0324 — 8（https://rdcu.be/bj4EZ）。李美成教授为唯一通讯作者，博士研究生崔鹏、卫东为共同第一作者，华北电力大学为第一完成单位和通讯单位。这标志着学校在 *Nature* 顶尖子刊上发表研究论文实现零的突破，在能源基础研究领域取得重要进展。

28 日 为进一步深化与河北省的合作，以京津冀协同发展为契机，带动学校更好更快的发展，校党委书记周坚、校长杨勇平、党委副书记郭孝锋赴河北省政府拜会河北省副省长徐建培，河北省政府副秘书长李璞、河北省教育厅厅长杨勇、河北省发改委副主任姚翠荣等参加会见。

3月

5 日 由马克思主义学院、大数据与哲学社会科学实验室联合主办的大数据与思想政治教育交叉研究专题研讨会于保定召开。

4 日—8 日 2019 年国际电气与电子工程师学会全球电气安全研讨会（2019 IEEE Industry Applications Society Electrical Safety Workshop）在美国佛罗里达州杰克逊维尔举行。华北电力大学博士生李康平参会并获大会所设的电气安全预防工程设计学生项目奖，他也是唯一获奖的中国学生。

9 日 华北电力大学第七届教职工代表大会暨第九次工会会员代表大会在北京校部召开。

15 日 第四届"艾工程、创未来"技术竞赛全国总决赛在上海艾默生过程控制有限公司举行。本届竞赛历时 6 个月，经过西安、上海等分赛区选拔后，来自华北电力大学、同济大学、华东理工大学等 7 所高校的 9 支队伍参加此次总决赛。华北电力大学获特等奖。

19 日—21 日 副校长王增平、国际教育学院负责人赴美国西肯塔基大学访问。

22 日—24 日 由河北省教育厅举办的第五届河北省大学生工程训练综合能力竞赛在河北科技大学举行。代表华北电力大学参赛的 10 支队伍，覆盖所有的四个比赛项目，其中 9 支队伍获一等奖，是本届比赛中获得一等奖数量最多的学校。

24 日 由副校长律方成教授作为项目负责人，校产企业保定市毅格通信自动化有限公司牵头，华北电力大学和长春国科精密光学技术有限公司等 6 家单位共同承担的国家重点研发计划项目"高灵敏紫外成像仪研制及应用开发"项目启动暨实施方案论证会在保定召开。

4月

15 日 曼彻斯特大学 Robin Smith 院士到华北电力大学进行学术交流。

16 日 华北电力大学与北京市计量检测科学研究院签署战略合作框架协议。双方将围绕联合建立高水平实验室，共同申报科技项目等内容，在人才培养、加强科研合作和成果应用等方面开展深度合作。

18 日 共青团河北省委授予保定校区团委"河北省优秀高校团委"荣誉称号。

4 月 21 日—24 日 2019 年亚洲田径锦标赛在卡塔尔多哈拉开大幕。华北电力大学经济管理学院会计 1601 班朱子龙代表中国田径队参加本次赛事的男子 4×400 米接力赛。

24 日 北京高校党建研究会公布 2019 年度研究课题立项结果，华北电力大学"高校院系级党组织党建工作质量评价体系——'先锋指数'研究"课题获 2019 年度 A 类重大课题立项。

21 日—24 日 2019 中国工程机器人大赛暨国际公开赛在广东韶关学院举行。华北电力大学机器人代表队分别参加仿人竞速、搬运工程、医学工程、机器人舞蹈项目。共获特等奖 2 项，一等奖 2 项，二等奖 3 项，三等奖 7 项。

24 日 副校长郝英杰、律方成带队访问内蒙古电力（集团）有限责任公司（以下简称"内蒙古电力公司"）。双方就进一步加强校企合作、实现互利共赢发展进行深入交流。

26 日 华北电力大学举行中国工程院院士汤广福聘任仪式。

5月

1 日 2019 年全国啦啦操锦标赛，华北电力大学代表队获两项集体技巧冠军、一项集体花球季军。

7日 华北电力大学通信教研室党支部韩东升工作室入选省“双带头人”教师党支部书记工作室。

11日 华北电力大学“工程学”跻身全球100强、“社会科学”首次进入前1%。

11日 中英先进能源利用技术交流暨能动学院青年学者论坛举办。

11日 华北电力大学与国家高速列车技术创新中心签署战略合作协议。

11日 晋冀鲁豫四省田径邀请赛在河南财经政法大学举行。华北电力大学共派出16名运动员进行18个项目的角逐。共夺得11枚金牌、4枚银牌、5枚铜牌。

14日 华北电力大学足球队在燕山大学体育场以3∶0战胜中国地质大学(北京)足球队，夺得全国青少年校园足球联赛校园组东北赛区冠军。

14日 华北电力大学与上海曼恒公司举行捐赠签约仪式。

17日 华北电力大学与国家电网有限公司联合成立“国家电网有限公司—华北电力大学能源互联网学院”。双方将致力于建立代表国家水平的创新联合体，共同打造国际一流水平的能源互联网自主创新的国家队、具有重要影响的高端智库和高水平人才培养的基地，为国网“三型两网”建设和“双一流”建设提供人才和科技支撑。

17日 数理系教师张世辉在2019年全国高等学校物理基础课程青年教师讲课比赛河北省赛区比赛中获一等奖。

18日 国网河北省电力有限公司—华北电力大学“技术标准(联合)科普实践基地”启动仪式暨能源互联网技术与标准创新论坛在保定校区召开。

18日 华北电力大学先进材料研究院“便携式固态储氢装置”项目在“储能国际峰会暨展览会2019”开幕式上获第三届国际储能创新大赛(ESIC)储能技术创新典范TOP10第三名。

20日 第三届“外教社杯”全国大学生能源电力人文学术英语论坛在华北电力大学举行。

22日 华北电力大学与北京知识产权运营管理有限公司举行对接交流会暨战略合作签约仪式。

22日 中国水力发电工程学会、华北电力大学人文与社会科学学院、北京能源发展研究基地共同举办院士进校园之“水力发电与扶贫攻坚”科普论坛。

27日 美国过滤集团和南京丹恒科技有限公司负责人到访。

28日 华北电力大学新增两所“一带一路”沿线国家合作伙伴大学，分别与罗马尼亚布加勒斯特理工大学、希腊雅典国立理工大学建立合作伙伴关系。

30日 科技部高新司能源与交通处处长武平、杨昕瑞到华北电力大学调研能源交通融合发展研究院工作。

6月

2日 副校长檀勤良率队赴法国和德国开展再生能源领域大科学装置专题调研工作。

2日 华北电力大学学生在第六届全国大学生工程训练综合能力竞赛中以第三名的总成绩获得此项赛事首次设立的竞赛特等奖。另外获得“智能物流机器人项目”“双8项目”“S环形项目”等3个国家级二等奖。

4日 电力系获“保定市加快建设新时代现代化强市先进集体”称号。

16日 华北电力大学大数据与哲学社会科学实验室在保定校区举行启用仪式。

24日 华北电力大学举办“领导干部上讲台”国企公开课华北电力大学报告会暨“国企骨干担任校外辅导员”聘任仪式 。

28日 国家电网有限公司牵头发起成立的中国综合能源服务产业创新发展联盟成立大会在北京召开，副校长孙忠权出席会议。

28日 中国华电集团有限公司在京召开综合能源服务生态圈启动会，发布《中国华电集团有限公司综合能源服务业务行动计划》。副校长郝英杰出席会议，曾鸣教授作主旨演讲。

29日 中央电视台新闻频道“新闻直播间”报道华北电力大学新增人工智能专业“2019高招录取 人工智能成‘最火’新专业”，重点介绍包括华北电力大学、清华大学、北京航空航天大学、上海交通大学等高校的新增人工智能专业，受到社会高度关注。

7月

2日 教育部财务司司长郭鹏来校调研指导工作。

2日 校长杨勇平会见中国华能集团清洁能源技术研究院有限公司董事长许世森一行。双方就新时代如何在新能源领域拓宽产学研合作领域、如何构建具有可持续性的合作模式，进行交流。

3日—9日 校长杨勇平率领的华北电力大学代表团访问荷兰阿姆斯特丹自由大学、荷兰格罗宁根大学、荷兰国家能源研究中心、瑞士洛桑联邦理工大学、瑞士苏黎世联邦理工大学，中国工程院院士刘吉臻等学者参加访问。

11日 华北电力大学与国家电网节能服务公司举行科技合作洽谈交流会暨共建联合实验室签约仪式。

11日 上海昱章电气捐赠1000万元资金支持华北电力大学事业发展。

11日 华北电力大学女篮在河北省第二十届大学生运动会女子篮球项目中勇夺丁组冠军。

12日 中恒博瑞创业基金捐赠协议在华北电力大学签署。该基金由北京中恒博瑞数字电力科技有限公司(以下简称“中恒博瑞”)2013年捐资500万元在华北电力大学创立,是华北电力大学第一项用于鼓励学生创业学习和实践的专项基金,此次中恒博瑞再次捐资300万元,使中恒博瑞创业基金总额达到800万元。

12日 华北电力大学23名田径运动员在第二十届河北省大学生运动会田径比赛中获个人项目10块金牌,9块银牌,8块铜牌;团体赛女子田径队获丁组团体总分第一名,男子田径获丁组团体总分第四名,田径男团和女团双双获得“体育道德风尚奖”,同时,华北电力大学代表团也获“体育道德风尚奖”。

16日 华北电力大学两项国际化人才培养项目获批。经国家留学基金管理委员会审核,华北电力大学“上合组织大学框架下高层次能源电力人才培养项目”入选留学基金委2019年“赴俄罗斯专业人才培养计划”。“可再生能源高效利用技术——一流创新人才国际合作培养项目”入选留学基金委“2019年创新型人才国际合作培养项目”。

20日 新西兰奥塔哥大学代表团访问华北电力大学。

23日 由共青团中央、全国学联共同主办的2018年度“中国大学生自强之星”活动评选结果揭晓,华北电力大学共有6名学子获评2018年度“中国大学生自强之星”,并获由新东方教育科技集团提供的“中国大学生新东方自强奖学金”。

28日 2019年中国大学生跆拳道品势锦标赛保定校区获佳绩共获3金2银5铜。

28日 由中国火力发电产业技术创新战略联盟和中国电力发展促进会主办,华北电力大学国家火力发电工程技术研究中心和清华启迪清洁能源研究院承办的“智慧电厂背景下的燃煤锅炉燃烧优化技术”研讨会在华北电力大学举行。

28日 第一届中国研究生机器人创新设计大赛总决赛在哈尔滨工业大学举办。华北电力大学“架空输电线路自动巡检机器人”项目获全国三等奖。

31日 在第十九届全国大学生田径锦标赛上,华北电力大学18名运动员共获个人项目2块金牌、3块银牌、3块铜牌,女子甲A组团体总分第三名的优异成绩。

8月

3日 保定校区“无声星球,为爱发声”志愿服务项目入选全国优秀助残志愿服务项目。

3日,华北电力大学杨文刚参加全国高校第七届基础力学青年教师讲课比赛,以笔试赛第二名、复赛第一名的优异成绩,获理论力学组一等奖。

6日 校长杨勇平、副校长律方成赴河北省科技厅进行走访。

7日 第一届中国储能学术论坛暨风光储创新技术大会(2019)在华北电力大学举行。

10日 华北电力大学在第十二届全国大学生节能减排社会实践与科技竞赛决赛中获多个奖项。保定校区推报的“新型SO_2、NO_x及重金属一体化脱除装置”获一等奖,“基于‘滨海波光’小型海水淡化装置”项目、“新能源微电网建设与运营的延庆模式及推广可行性研究”项目获二等奖。北京校部推报的“聚光光伏光热—烟气水分回收及脱碳系统”项目获二等奖。

11日 华北电力大学花广如指导的“维护之星”研究生代表队在第六届中国研究生智慧城市技术与创意设计大赛全国总决赛上获全国二等奖,学校获“优秀组织奖”。

21日 在第十八届全国大学生机器人大赛机器人创业赛上。保定校区共获一等奖1项、二等奖2项、三等奖1项、最佳人气奖1项。同时,保定校区获“优秀组织奖”。

25日 在第十四届全国大学生“恩智浦杯”智能汽车竞赛决赛中,华北电力大学两支代表队分别获国赛一等奖、二等奖。

31日 在2019中国机器人大赛上。华北电力大学六支队伍分别参加工程竞技光电搬运赛、工程竞技仿人竞速赛、FIRA仿真小型足球机器人项目。获一等奖两项、二等奖三项、三等奖一项。其中通信1701班胡旭梅、通信1702班张景化、自动化1702班胡艺杰;热动1704班李瑞、电气1703班胡广、热动1701班戴成组成的两支队伍分别获工程竞技光电搬运赛一等奖。

9月

6日 广东校友捐赠雕塑落成仪式在保定校区举行。

7日 在盐城工学院新能源学院和产业技术研究院成立大会上,华北电力大学与盐城市人民政府、盐城工学院签署关于共同培育新能源产业高质量发展战略合作框架协议。

7日 回天治理研究院揭牌仪式暨首期回天治理创新论坛在华北电力大学举办。会议由华北电力大学人文与社会科学学院和回天有我社会服务联合创新实验室联合举办。

11日 华北电力大学共有5部党员事迹纪录片入选北京市党员教育系列片。其中《艺术教育躬耕者——王新军》《学生们的“大姐姐”——周爽》为三类作品,《“互联网+教育”鉴初心——汤明润》《扶贫育人实践者——王璐》《锅炉房里的坚守卫士——秦红斌》为四类作品。

11日 由华北电力大学经济管理系邹俊雄、霍素墨和贾丁组成的“地表最靓”团队获“2019年‘创新创业’全国管理决策模拟大赛”全国总决赛一等奖。

12日 华北电力大学与中国核电工程有限公司签署战略合作协议。

17日 科睿唯安旗下学术研究事业部公布“全球同行评议奖”的获奖者名单,华北电力大学电力工程系王飞教授获“工程”和“交叉学科”两个领域的“ESI 前 1% 顶级审稿专家奖”。

18 日 智利国家电力协调委员会电力传输最高执行秘书胡安·卡洛斯·阿拉内达一行访问华北电力大学，校长杨勇平会见来访客人。

18 日 在 2019 年中国国际飞行器设计挑战赛总决赛暨科研类航空航天模型锦标赛选拔赛中，华北电力大学航模队选手获国家级三等奖两项，省部级一等奖两项，省部级二等奖一项，省部级三等奖两项。

22 日 华北电力大学承办京津冀计算机学科群第二届研究生学术会议暨院长高峰论坛。

24 日 巴基斯坦真纳大学校长穆罕默德·阿里教授一行访问华北电力大学，校长杨勇平会见来访客人。

27 日 华北电力大学技术转移管理办公室获颁“中关村科技服务平台(技术转移服务类)”。

28 日 在教育部关工委主办的 2019 年“读懂中国”活动颁奖仪式上，华北电力大学控制与计算机工程学院作品《矢志不渝的坚守与追求——华北电力大学老校长刘吉臻院士纪实》获最佳微视频奖。此外，电气与电子工程学院作品《我和我的祖国同发展、共命运》获评优秀微视频，保定校区作品《党旗飘扬映初心，红心向党育桃李》获评优秀征文。

10 月

1 日 中华人民共和国成立 70 周年庆祝大会、阅兵、群众游行在北京天安门广场隆重举行。由 1454 名华北电力大学师生代表与国有资产管理委员会职工组成的“创新驱动”方阵参加群众游行。

2 日 中央电视台农业农村频道《田间示范秀》栏目报道华北电力大学“电亮未来”实践团走进国家电网乐亭县供电公司胡坨供电所的活动。

9 日 美国肯塔基州教育者工作代表团一行 17 人到访华北电力大学，校长杨勇平、副校长王增平接见代表团成员，并召开新孔院暨西肯塔基孔子学院成立后的首次顾问委员会会议。

11 日 第十一届“高校辅导员年度人物”获得者名单揭晓。华北电力大学核科学与工程学院辅导员赵珥希获第十一届“全国高校辅导员年度人物”提名奖并作为优秀辅导员代表参加全国高校辅导员优秀骨干培训班。

13 日 华北电力大学体育健儿在首都高校第十一届秋季学生(非体育特长生)田径运动会上共获得 1 金、1 铜、2 个第四名、2 个第六名、3 个第七名、2 个第八名的成绩。核科学与工程学院核电 1702 班蔡国晓获男子三级跳远冠军，实现金牌零的突破。

17 日 国家电网有限公司一华北电力大学能源互联网学院在北京正式揭牌。校党委书记周坚与国家电网有限公司总经理、党组副书记辛保安共同为“国家电网有限公司一华北电力大学能源互联网学院”揭牌。

14 日 国家电网有限公司在北京举办世界标准日·国家电网主题活动。华北电力大学电力工程系受邀参加活动。活动中，举行国家技术标准创新基地(智能电网)正式启动仪式。同时，创新基地特别设立的“智能输配电装备标准成果孵化中心”“智能电网用户端标准成果孵化中心”和“技术标准科普教育中心”同步启动运行。

15 日 在第五届中国“互联网＋”大学生创新创业大赛全国总决赛上，保定校区参赛项目《电力之光——变压器光纤监测平台》获主赛道银奖，《芦苇花开——助力雄安新区绿色生态经济发展的实践先锋》获红旅赛道铜奖，创参赛历史最好成绩。

16 日 华北电力大学航模队在中国国际飞行器设计挑战赛(CADC)中获佳绩，获国家级二等奖 3 项，三等奖 2 项，其中模型火箭运载与返回项目获全国团体第六名，这在航模队的历史中是一次巨大突破。

18 日 为助力“一带一路”建设，进一步加强对电力企业开展国际产能合作的指导和服务，推动电力行业国际产能合作高质量发展，《电力行业国际产能合作指引》在北京发布。华北电力大学与中国电力企业联合会、中国国际工程咨询协会在发布会上签署战略合作协议。

18 日 在 2019 中国计算机大会(CNCC 2019)上，华北电力大学国家大学科技园企业北京仁和汇智信息技术有限公司王盛华总工程师及其团队完成的“基于 XML 结构化在线排版的科技期刊一体化融合出版平台”获中国计算机学会(CCF)科学技术奖科技进步杰出奖。

20 日 在第六届中国研究生能源装备创新设计大赛总决赛上。华北电力大学由房静、龚信华指导的项目“基于 3D 虚拟仿真技术和智能穿戴设备的变电站智能安全管控系统”获全国一等奖，由花广如指导的项目“风机塔筒清洁机器人”获全国二等奖，房静被评为优秀指导教师。

23 日 校长杨勇平应邀出席国家电网有限公司主办的首次大众创业万众创新主题日系列活动。杨勇平代表合作方发言，见证“泛在电力物联网双创中心”揭牌仪式。

23 日 副校长郝英杰率队赴中国长江三峡集团有限公司科学技术研究院进行合作交流。

23 日 华北电力大学举行北京海联力通经贸有限公司捐赠仪式，副校长孙忠权与公司董事长张学力出席此次捐赠仪式。

24 日 北京市委常委、组织部部长魏小东到校检查指导第二批“不忘初心、牢记使命”主题教育。

24 日 副校长律方成率队赴国网新疆电力有限公司、特变电工股份有限公司访问，就科技合作、人才培养等工作进行交流和洽谈。

25 日 第 83 届 IEC 大会在上海闭幕。校友舒印彪接任 IEC 主席。

27 日 2019 世界青年科学家峰会在浙江温州召开。副校长郝英杰受邀参加峰会。会议期间，华北电力大学乐清智能电气产业创新研究中心举行揭牌仪式。

28 日 应华北电力大学经济与管理学院邀请，美中绿色能源促进会代表团到校进行学术交流。

29 日 华北电力大学参与研发的中国首套“智能发电运行控制系统”通过技术鉴定。

29 日 华北电力大学 Unsleep 街舞代表队参加由中国大学生体育协会主办、中国大学生体育协会健美操艺术体操分会执行、黄山学院承办的“2019 年中国学生街舞锦标赛”。学校街舞健儿表现优异，发挥出色，夺得两金一银，并获街舞项目的“最佳服饰奖”。

30 日 澳洲留学辅导中心执行董事 Ursula NG 女士和资深澳洲留学顾问姚千蕙女士到访华北电力大学。副校长律方成会见 Ursula NG 一行。

30 日 佛罗伦萨政策学院校长 Jean-Michel Glachant 一行两人到访。副校长王增平会见到访代表。

11 月

3 日 在第十届“外教社杯”全国高校外语教学大赛全国总决赛上，英语系教师武艳在决赛和总决赛中发挥出色，获大学英语综合组全国二等奖。

4 日 副校长王增平带队参加第七届中国江苏产学研合作大会和江苏省首届集萃高校协同创新论坛，并代表学校与江苏省产业技术研究院签订《华北电力大学—江苏省产业技术研究院人才联合培养及研发创新合作协议》。

7 日 2019 全球能源互联网暨中－非能源电力大会在北京国家会议中心举行。来自全球 79 个国家的 1000 多位嘉宾齐聚北京，会议围绕“全球能源互联网——绿色低碳可持续发展之路”和“非洲能源互联网——非洲发展新动能”两大主题，共商全球和非洲能源互联网发展大计。校长杨勇平参加大会并做“非洲能源可持续发展与大学使命”主题演讲。

7 日，由华北电力大学和国网信通产业集团联合主办的“区块链技术在电力场景中的应用”技术论坛在北京召开，副校长郝英杰及能源互联网研究中心主任曾鸣教授受邀参加此次论坛并发表主题演讲。

8 日 第一届博鳌智能电网国际论坛（BSGIF）在海南博鳌举行。副校长律方成应邀出席此次会议并发言。

9 日 由华北电力大学牵头，清华大学、西安交通大学、浙江大学、华中科技大学及中国科学院工程热物理研究所共同承担的国家“973 计划”项目“燃煤发电系统能源高效清洁利用的基础研究”课题验收会在华北电力大学召开，杨勇平作为项目首席科学家主持本次会议。

10 日 副校长李双辰、律方成一行率队访问广州电力交易中心有限责任公司，并就发挥双方优势，深化校企合作召开校友座谈会。

11 日 副校长郝英杰率队赴河南省确山县就加快推进教育部定点扶贫任务进行工作调研。

11 日 北京市社会科学界联合会、北京市社会科学规划办公室正式批准 2019 年北京市社会科学基金项目立项名单，华北电力大学 9 个项目获准立项。

13 日 北京科技协作中心、华北电力大学、北京未来科学城发展集团等 43 家单位共同发起成立北京未来科学城电力大数据协同创新联盟。创新联盟将紧密围绕未来科学城发展定位目标，促进电力大数据融通，拓展电力大数据应用场景，构建电力大数据协同创新生态，提升能源技术和服务水平，推动电力数字经济高质量发展。

14 日 华北电力大学 3 个项目获 2019 年北京高等教育“本科教学改革创新项目”立项，分别是：王增平为负责人的“能源电力转型背景下多元化人才培养体系的构建与实践”，沈国清为负责人的“紧跟北京市和国家能源战略需求的能动专业发展探索”，杨世关为负责人的“面向新工科建设的阶梯式一体化工程能力培养体系研究”。

14 日 在 2019 全国“北体冠军杯”五人制足球比赛中华北电力大学足球队斩获季军，成为全国四强中唯一一支校园组队伍。

15 日 天地一体化信息网络产业技术创新战略联盟成立大会暨第一届理事会一次会议在北京召开。华北电力大学成为国家天地一体化信息网络产业技术创新战略联盟理事单位。

16 日 华北电力大学人工智能学院成立。中国仿真协会理事长、虚拟现实技术与系统国家重点实验室主任、北京航空航天大学赵沁平院士，华北电力大学党委书记周坚，校长杨勇平，新能源电力系统国家重点实验室主任、校学术委员会主任刘吉臻院士，百度公司高级副总裁沈抖，中国大唐集团公司总经理助理吕庭彦，国家电网公司大数据中心主任王继业，国家信息中心首席工程师李新友共同为华北电力大学人工智能学院揭牌。

16 日 核科学与工程学院陆道纲教授领衔的中国示范快堆关键工艺理论分析和实验研究团队获快堆联盟第七届中国快堆论坛暨快堆产业联盟第七次成员大会杰出团队奖。

16 日 在大连理工大学召开的“2019 年全国高校信息文化与信息素质教育研讨会”上，学校图书馆慕课“相约图书馆”获优秀微课一等奖，《科技文献实用检索教程》获优秀教材一等奖。

17 日 华北电力大学人文与社会科学院和回天治理研究院联合举办学习贯彻十九届四中全会精神研讨会暨回天治理“百生百社”调查实践启动仪式。

19 日 荷兰代尔夫特理工大学副校长 Peter Wieringa

教授到校访问。副校长王增平会见来访代表。

19 日　第二届(外语类)交叉学科与新兴学科高端论坛在华北电力大学举办,此次论坛由河北省高等学校外语教学指导委员会、河北省高等学校外语教学研究会与华北电力大学英语系联合举办,论坛主题为"新文科"发展驱动的外语学科建设。

20 日　中国教育电视台思政公开课进校园全国巡讲走进华北电力大学。教育部高等学校社会科学发展研究中心主任王炳林为学校师生作报告。专家讲座以视频形式在北京、保定两地同时举行。

22 日　中国工程院 2019 年院士增选结果公布,校友舒印彪当选中国工程院能源与矿业工程学部院士,任洪强当选中国工程院环境与轻纺工程学部院士。

22 日　复杂能源系统智能计算教育部工程研究中心获批培育建设,这是继华北电力大学电力节能教育部工程研究中心立项以来的第二家,也是保定校区第一家教育部工程研究中心,促进了计算机学科的发展,为学校"人工智能+能源电力"交叉学科的布局注入强大的新生力量。

22 日　北京校友会向母校捐赠建校六十周年主题雕塑捐赠仪式在北京举行。校党委书记周坚,副校长郝英杰,主题雕塑设计者、中央美术学院造型学院副院长吕品昌,雕塑系副教授胡泉纯,校友代表、施工方代表及学校部门代表出席仪式。雕塑外观像太阳,象征着能量之源。集风光水核等能源形式,由六块钢板扭合形成回旋上升之态,显示着能源的循环转换与守恒不变之理。再者,它也代表着电力本原。太阳光波本质是电磁波,与学校电力特色遥相呼应。另外,设计也结合人之缘。学校走过六十年风雨,广大师生因电汇聚、因电结缘,扭转上升、凝聚力量,创造不平凡的岁月历程。

22 日　中国电力企业联合会 2019 年第二次理事长会议暨华北电力大学理事会 2019 年会议在北京召开。会议审议通过《华北电力大学工作报告》,深入探讨华北电力大学"双一流"建设若干重大问题,部署大学理事会下一步重点工作。

27 日　教育部直属高校主题教育第一巡回指导组副组长范迅,成员赵蔚、党宁、崔剑一行到保定校区指导"不忘初心、牢记使命"主题教育开展工作。

27 日　南方电网综合能源股份有限公司总经理陈庆前、副总经理陈朴一行到校访问交流。副校长孙忠权、资产公司各部门负责人等参加交流会。

28 日　为期 50 天的 2019 年朝鲜电力省专业技术人员培训班顺利结业。来自朝鲜的 21 位电力专家和官员出席结业仪式。

28 日　首届全国高校思想政治理论课教学展示活动落下帷幕,华北电力大学马克思主义学院孙芳副教授获"思想道德修养与法律基础"组特等奖。

30 日　"走向人类命运共同体——外国文学研究与教学高端论坛"在华北电力大学举办。副校长王增平、上海交通大学人文社会科学资深教授、欧洲科学院外籍院士王宁教授,中国人民大学博士生导师陈世丹教授,北京外国语大学博士生导师潘志明教授,清华大学博士生导师生安锋教授,首都经济贸易大学外国语学院院长吴瑾瑾教授等来自全国二十多所高校的专家和学者出席论坛。

本月　《中国高等教育》第 21 期刊发党委书记周坚题为"建设高等教育强国 办一所负责任大学"的文章。

12 月

1 日　"华为杯"第十六届中国研究生数学建模竞赛颁奖大会在福州大学举行。华北电力大学在这次竞赛中再获佳绩,获奖队伍共 45 队,其中一等奖 2 队,二等奖 11 队,三等奖 32 队。自 2011 年以来,学校已连续九次获优秀组织奖称号。

同日,由北京市大学生体育协会毽绳分会主办、中国传媒大学承办的"第 27 届首都高校大学生毽绳比赛"在传媒大学大学生活动中心举行,华北电力大学毽绳队蝉联毽绳团体总分第一名,卫冕九连冠。

同日,党委宣传部编印出版的《华电记忆》(第六期)于读者见面,该书与《华电记忆》系列丛书前五辑一脉相承,带领读者再次走进华电过去的岁月,浮沉华电史海,品味华电情愫,感念华电师恩,体悟华电精神。

3 日　华北电力大学领导班子召开"不忘初心、牢记使命"主题教育专题民主生活会。教育部党组书记、部长、"不忘初心、牢记使命"主题教育领导小组组长陈宝生出席会议并讲话。北京市委教育工作委员会常务副书记郑吉春、教育部办公厅主任宋德民、发展规划司司长刘昌亚、思想政治工作司司长魏士强、人事司副司长吕杰,教育部直属高校"不忘初心、牢记使命"主题教育第一巡回指导组组长王鸿冰、副组长范迅及全体成员到会指导,学校全体领导班子成员参加会议。

4 日　由华北电力大学和国网研究室、国网互联网部联合主办的"泛在电力物联网与产业链现代化"专题研讨会在北京召开,副校长王增平参加会议。

6 日　第十六届中国南方电网国际技术论坛在广州举行。来自海内外的专家学者、业界代表,围绕"汇聚创新力量,建设一流企业"主题展开深入研讨和交流,副校长律方成出席活动。

7 日　由北京市人民政府和国务院发展研究中心主办的"2019 全球能源转型高层论坛"在北京昌平未来科学城举行。校长杨勇平参加大会并做"能源互联网与能源技术新发展"主题演讲。

7 日　"走在建设世界科技强国征程上的中国科学家主题展"华北电力大学站与第八届大学生科技创新作品与

专利成果展示推介会在学校篮球馆同期举行启动仪式。本次巡展由中国科协、教育部等9部委联合主办。

10日 故宫学院院长、故宫博物院原院长单霁翔做客明德大讲堂，作题为"'不忘初心 牢记使命'——做中华传统文化的忠实守望者"的专题报告。报告会以视频的形式在北京和保定两地召开，校党委书记周坚主持会议。

11日 《华北电力大学学报(社会科学版)》获评"全国高校社科精品期刊"，"能源与环境问题研究"栏目获评"全国高校社科期刊特色栏目"；《华北电力大学学报(社会科学版)》主编王佃启获评"全国高校社科期刊优秀主编"。

11日 "华北电力大学核机器人研究中心"成立。该研究中心是在深化校企合作，推进产学研融合，全面支撑中国核工业智能化和数字化升级改造的战略背景下，本着优势互补、平等互利和长期合作的原则，由浙江遨博机器人有限公司、陕西雷神智能装备有限公司、西安奥华电子仪器股份有限公司和华北电力大学联合组建。中心主要致力于核领域智能机器人装备的创新研究、产品研发和市场化，引领行业发展，服务于我国核工业和国防现代化。

13日 2019年河北省优秀博士、硕士学位论文评选结果揭晓，学校2篇博士学位论文被评为河北省优秀博士学位论文，4篇硕士学位论文被评为河北省优秀硕士学位论文。

13日 大江控股集团电力科技有限公司为学校捐资1500万元，用于支持校企合作事业发展、学校青年教师成长和校友文化建设。

17日 保定校区"情暖童心，科技筑梦"关爱农村留守儿童公益项目获第十二届中国青年志愿者优秀项目奖，公益青年团队获第十二届中国青年志愿者优秀组织奖。

18日 山西振中电力股份有限公司捐赠仪式在保定校区举行。该公司为学校捐资2000万元，用于支持学校教育事业发展。

19日 教育政务新媒体年会(2020)在哈尔滨召开。学校报送的新媒体宣传作品《利用短视频做好招生政策发布》被确定为"2019教育政务新媒体年度案例"。

19日 "时代楷模"北京榜样优秀群体"走进百所高校、走近百万大学生"报告会在华北电力大学北京校部举行。来自首都各行各业的7名报告团成员向华电师生讲述他们生动、感人的故事。北京市委宣传部精神文明宣教处副调研员宁彤彤出席报告会。

20日 "走在建设世界科技强国征程上的中国科学家主题展"华北电力大学站与第八届大学生科技创新作品与专利成果展示推介会在华北电力大学举办。华北电力大学获"最佳组织奖"。

20日 中国长江三峡集团有限公司—华北电力大学"领导干部上讲台"国企公开课华北电力大学报告会在华北电力大学举行。三峡集团党组副书记、总经理王琳走上讲台，为华电学子讲授公开课。校长杨勇平、副校长李双辰，三峡集团公司离退办主任兼人力资源部副主任花梅等出席报告会。

20日 华北电力大学与中国长江三峡集团有限公司联合成立"中国长江三峡集团有限公司—华北电力大学氢能联合实验室"。双方将共同打造氢能研究"创新高地"，为我国能源电力事业科学发展开辟一条创新之路。校长杨勇平与三峡集团党组副书记、总经理王琳共同为"中国长江三峡集团有限公司—华北电力大学氢能联合实验室"揭牌。

22日 北京大学生第三十六届田径精英赛在北京先农坛体育场落下帷幕。华北电力大学在本次比赛中夺得5枚金牌，并获得男子团体第四名、女子团体第三名的好成绩。

22日 北京市召开首都高校无偿成分献血表彰大会，首都各高校红十字会负责人和学生代表共100余人参加会议。华北电力大学获首都高校"无偿成分献血突出贡献奖"。

23日 学校举行学院二级心理辅导站授牌仪式，副校长孙忠权出席并分别为电气与电子工程学院"知心工作室"、能源动力与机械工程学院"心·动工作室"及环境科学与工程学院"开心驿站"等首批建设的三个心理辅导站进行授牌。

25日 中宣部、中央文明办、教育部、共青团中央、全国学联对2019年全国大中专学生志愿者暑期"三下乡"社会实践活动进行总结通报。北京校部获2019年全国大中专学生志愿者暑期"三下乡"社会实践活动优秀单位荣誉称号；保定校区"情暖童心"教育扶贫实践团获优秀团队荣誉称号、梁海峰获优秀个人荣誉称号。

26日 教育部党组成员、副部长翁铁慧到访华北电力大学，就"双一流"建设、思想政治和"不忘初心、牢记使命"主题教育工作进行调研。教育部思想政治工作司司长魏士强、社会科学司副司长徐艳国、学位管理与研究生教育司副司长徐维清等陪同调研。

(刘　斐)

机构与干部

Departments and Carders

华北电力大学 2019 年校级领导干部

党委书记 周　坚
校　　长 杨勇平
党委副书记 杨勇平　何　华　汪庆华　郭孝锋
副 校 长 李双辰　郝英杰　孙忠权　王增平　律方成　檀勤良

纪委书记 何　华
党委常委 周　坚　杨勇平　何　华　李双辰　郝英杰　孙忠权　汪庆华　郭孝锋　律方成　檀勤良　张天兴

（党政办　提供）

华北电力大学 2019 年机构设置及负责人

（北　京　校　部）

机构名称	姓名	职务
	张粒子	校长助理
党政办公室	陈　溪	党政办公室主任
党委组织部、党校	鹿　伟	党委组织部常务副部长、党校常务副校长
党委宣传部、新闻中心	陈　志	党委宣传部常务副部长、新闻中心主任、新闻发言人
党委统战部	张天兴	党委常委、党委统战部部长
纪委办公室、监察处	范　立	纪委副书记、纪委办公室主任、监察处处长
党委教师工作部、人事处	张新娟	党委教师工作部部长、人事处处长
政策法规研究室	郭炜煜	政策法规研究室主任
教务处、卓越工程师教育培养办公室	柳长安	教务处处长、卓越工程师教育培养办公室主任、教师教学发展中心主任（兼）
科学技术研究院	杜小泽	科学技术研究院院长
党委学生工作部、党委武装部、学生处	沈　岚	党委学生工作部部长、党委武装部部长、学生处处长、学生资助管理中心主任
研究生院、学位办公室	卢占会	研究生院常务副院长、学位办公室主任、专业学位教育中心主任
党委研究生工作部	李　林	党委研究生工作部部长、研究生院副院长（兼）
计划财务处	胡东星	计划财务处处长
审计处	（空缺）	
对外联络与合作部	胡三高	对外联络与合作部部长
国际合作处、港澳台办公室	段春明	国际合作处处长
资产管理处	于喜海	资产管理处处长
基建处、校园规划办公室	赵秀国	基建处处长、校园规划办公室主任
后勤管理处、后勤服务集团	（空缺）	
党委保卫部、保卫处	倪景峰	党委保卫部部长、保卫处处长
学科建设办公室、“双一流”建设办公室	赵冬梅	学科建设办公室主任、双一流建设办公室主任
人才工作办公室、博士后管理工作办公室	刘明军	人才工作办公室主任、博士后管理工作办公室主任
网络与信息化办公室	杨万华	网络与信息化办公室主任
教育基金工作办公室	王子杰	教育基金工作办公室主任

续表

机构名称	姓名	职务
招标中心	肖万里	招标中心主任
离退休工作办公室	李献东	离退休工作办公室主任
工会	林长强	工会常务副主席
团委、艺术教育中心	王集令	团委书记
继续教育学院	沈剑飞	继续教育学院院长
档案馆	陈　军	档案馆副馆长
电气与电子工程学院	毕天姝	电气与电子工程学院院长、电气与电子工程学院党委副书记
能源动力与机械工程学院	徐进良	能源动力与机械工程学院院长
控制与计算机工程学院	房　方	控制与计算机工程学院院长、控制与计算机工程学院党委副书记
经济与管理学院	李彦斌	经济与管理学院院长兼MBA教育中心主任、经济与管理学院党委副书记
可再生能源学院	（空缺）	
核科学与工程学院	牛风雷	核科学与工程学院院长
环境科学与工程学院	王祥科	环境科学与工程学院院长、环境科学与工程学院党总支副书记
数理学院	郭宝珠	数理学院院长
人文与社会科学学院	苑英科	人文与社会科学学院院长、人文与社会科学学院党委副书记、公共管理硕士(MPA)教育中心主任(兼)
外国语学院	赵玉闪	外国语学院院长、外国语学院党委副书记
马克思主义学院	孙　平	马克思主义学院副院长(主持工作)
国际教育学院	包小勇	国际教育学院院长、国际教育学院党总支副书记
体育教学部	曹运华	体育教学部主任、体育教学部直属党支部书记
新能源电力系统国家重点实验室	毕天姝	新能源电力系统国家重点实验室常务副主任
生物质发电成套设备国家工程实验室	陆　强	生物质发电成套设备国家工程实验室主任
国家火力发电工程技术研究中心	杨勇平	国家火力发电工程技术研究中心主任
现代电力研究院	张粒子	现代电力研究院常务副院长
苏州研究院	柴大鹏	苏州研究院常务副院长、苏州研究院直属党支部书记
期刊出版部	王佃启	期刊出版部主任
高等教育研究所	荀振芳	高等教育研究所所长
图书馆	刘宗歧	图书馆馆长
工程实践中心	刘自发	工程实践中心主任
金工实训中心	夏延秋	金工实训中心主任
校医院	刘晓峰	校医院院长、校医院直属党支部书记(兼)

（保　定　校　区）

机构名称	姓名	职务
	米增强	校长助理
党政办公室	陈立伟	党政办公室副主任、机关(保定)党委书记(兼)
党委组织部、党委统战部、党校	李　瑾	党委组织部副部长、党委统战部副部长、党校副校长
党委宣传部、新闻中心	仇必鳌	党委宣传部副部长、新闻中心副主任
纪委办公室、监察处、审计处	刘志远	纪委副书记、纪委办公室副主任、监察处副处长、审计处副处长

续表

机 构 名 称	姓 名	职 务
党委教师工作部、人事处、人才工作办公室、博士后管理办公室	姜 波	党委教师工作部副部长、人事处副处长、博士后管理办公室副主任、人才工作办公室副主任
教务处、教师教学发展中心、卓越工程师教育培养办公室	张晓宏	教务处副处长、卓越工程师教育培养办公室副主任、教师教学发展中心副主任(兼)、教科(保定)党总支书记(兼)
科学技术处(保定)	丁常富	科学技术研究院副院长、科学技术处(保定)处长
党委学生工作部、学生处、武装部、就业指导中心	李 东	党委学生工作部副部长、党委武装部副部长、学生处副处长、学生资助管理中心副主任
党委研究生工作部、研究生院、学科建设办公室、专业学位教育中心、学位办公室、“双一流”建设办公室	顾雪平	研究生院副院长、学位办公室副主任、学科建设办公室副主任、“双一流”建设办公室副主任、专业学位教育中心副主任
财务与资产管理处(保定)	丁相宝	财务与资产管理处(保定)处长
国际合作处、国际教育学院	武彦军	国际教育学院(保定)党总支书记、国际合作处副处长、国际教育学院副院长
后勤管理处(保定)	李长青	后勤管理处(保定)处长
基建处、校园规划办公室	(空缺)	
党委保卫部(保定)、保卫处(保定)	卢青松	党委保卫部(保定)部长、保卫处(保定)处长
对外联络与合作部	赵冬鸣	对外联络与合作部副部长
网络与信息化办公室	李春祥	网络与信息化办公室副主任
离退休工作办公室	赵宏宇	离退休(保定)党委书记、离退休工作办公室副主任
工会(保定)	杨实俊	工会(保定)常务副主席
团委(保定)	王 家	团委(保定)书记
艺术教育中心	吴乐为	艺术教育中心主任
招标中心	周 泽	招标中心副主任
继续教育学院	张栾英	继续教育学院副院长
高等教育研究所	(空缺)	
电力工程系	刘云鹏	电力工程系主任兼电气与电子工程学院副院长、电力工程系党委副书记
电子与通信工程系	戚银城	电子与通信工程系主任兼电气与电子工程学院副院长、电子与通信工程系党委副书记
动力工程系	韩中合	动力工程系主任兼能源动力与机械工程学院副院长、动力工程系党委副书记
机械工程系	范孝良	机械工程系主任兼能源动力与机械工程学院副院长、机械工程系党委副书记
自动化系	王印松	自动化系主任兼控制与计算机工程学院副院长
计算机系	鲁 斌	计算机系主任兼控制与计算机工程学院副院长、计算机系党委副书记
经济管理系	李 伟	经济管理系主任兼经济与管理学院副院长、经济管理系党委副书记
环境科学与工程系	付 东	环境科学与工程系主任兼环境科学与工程学院副院长、环境科学与工程系党委副书记
数理系	阎占元	数理系主任兼数理学院副院长、数理系党委副书记
法政系	梁 平	法政系主任兼人文与社会科学学院副院长、法政系党委副书记

续表

机构名称	姓名	职务
马克思主义学院(保定)	王聚芹	马克思主义学院(保定)院长兼马克思主义学院副院长、马克思主义学院(保定)党总支副书记
英语系	高　霄	英语系主任兼外国语学院副院长
科技学院	宋　玮	科技学院常务副院长、科技学院党委副书记
体育教学部	房游光	体育教学部(保定)直属党支部书记、体育教学部(保定)主任
校医院	李迎春	校医院(保定)院长
图书馆	高　强	图书馆(保定)直属党支部书记、图书馆(保定)馆长
工程训练中心	王秀梅	工程训练中心主任

(注:以上数据统计截止时间为2019年12月19日,党委组织部　刘婧一　赵书彬　提供)

华北电力大学2019年直属各党委(党总支、党支部)负责人

(北　京　校　部)

序号	直属各党委(党总支、党支部)	姓名	职务
1	电气与电子工程学院党委	李庚银	电气与电子工程学院党委书记
2	能源动力与机械工程学院党委	徐　鸿	能源动力与机械工程学院党委书记
3	经济与管理学院党委	于新华	经济与管理学院党委书记
4	控制与计算机工程学院党委	刘　威	控制与计算机工程学院党委书记
5	可再生能源学院党委	刘永前	可再生能源学院党委书记
6	核科学与工程学院党委	陆道纲	核科学与工程学院党委书记
7	人文与社会科学学院党委	黄向军	人文与社会科学学院党委书记
8	数理学院党委	吴万凯	数理学院党委书记
9	外国语学院党委	徐玲玲	外国语学院党委书记
10	国际教育学院党委	李　旸	国际教育学院党总支书记
11	马克思主义学院党总支	蔡利民	马克思主义学院党总支书记
12	环境科学与工程学院党委	马小勇	环境科学与工程学院党总支书记
13	继续教育学院党总支	卜春梅	继续教育学院党总支书记
14	机关党委	王　硕	机关党委副书记
15	教学科研党总支	朱正茂	科学技术研究院副院长、教学科研党总支书记(兼)
16	图书馆党总支	林　红	图书馆党总支书记
17	后勤服务集团党总支	杜建国	后勤服务集团党总支书记
18	离退休党委	李金全	离退休党委书记
19	体育教学部直属党支部	曹运华	体育教学部主任、体育教学部直属党支部书记
20	校医院直属党支部	刘晓峰	校医院院长、校医院直属党支部书记(兼)
21	苏州研究院直属党支部	柴大鹏	苏州研究院常务副院长、苏州研究院直属党支部书记

续表

(保　定　校　区)

序号	直属各党委(党总支、党支部)	姓　名	职　务
1	电力工程系党委	赵书强	电力工程系党委书记
2	电子与通信工程系党委	李红霞	电子与通信工程系党委书记
3	动力工程系党委	李秋夫	动力工程系党委书记
4	机械工程系党委	葛永庆	机械工程系党委书记
5	自动化系党委	严　立	自动化系党委书记
6	计算机系党委	王迎新	计算机系党委书记
7	经济管理系党委	祝志杰	经济管理系党委书记
8	环境科学与工程系党委	谢　红	环境科学与工程系党委书记
9	数理系党委	屈朝霞	数理系党委书记
10	法政系党委	戴　民	法政系党委书记
11	马克思主义学院(保定)党总支	张德安	马克思主义学院(保定)党总支书记
12	英语系党总支	张冬生	英语系党总支书记
13	国际教育学院(保定)党总支	武彦军	国际教育学院(保定)党总支书记、国际合作处副处长、国际教育学院副院长
14	科技学院党委	曹晓新	科技学院党委书记
15	机关(保定)党委	陈立伟	党政办公室副主任、机关(保定)党委书记(兼)
16	教科(保定)党总支	张晓宏	教务处副处长、卓越工程师教育培养办公室副主任、教师教学发展中心副主任(兼)、教科(保定)党总支书记(兼)
17	离退休(保定)党委	赵宏宇	离退休(保定)党委书记、离退休工作办公室副主任
18	后勤(保定)党总支	曲　涛	后勤(保定)党总支书记
19	体育教学部(保定)直属党支部	房游光	体育教学部(保定)直属党支部书记、体育教学部(保定)主任
20	图书馆(保定)直属党支部	高　强	图书馆(保定)直属党支部书记、图书馆(保定)馆长
21	校医院(保定)直属党支部	陈惠芸	校医院(保定)直属党支部书记

(注:以上数据统计截止时间为2019年12月19日,党委组织部　刘婧一　赵书彬　提供)

党群工作与行政管理

Influence of the Relations Between the Party and the Masses on Administration

○综　　述

2019年是中华人民共和国成立70周年，是全面建成小康社会、实现第一个百年奋斗目标的关键之年，也是华北电力大学新甲子的启程年、“双一流”建设的奋进年。华北电力大学以党的政治建设为统领，以“不忘初心、牢记使命”主题教育为主线，以思政教育为抓手，高标准严要求推进学校党的建设高质量开展，全面从严治党继续向纵深推进。通过主题教育，校院两级班子的理论水平和实践能力得到新提高，立德树人使命得到新强化，作风建设实现新加强，事业发展展现新作为，管理服务呈现新气象，教育部陈宝生部长出席学校领导班子专题民主生活会，对学校主题教育开展情况给予充分肯定。

一年来，学校围绕立德树人根本任务，聚焦高水平研究型大学建设目标，着力实施“四个策略”、全力构建“五个体系”，各项事业取得喜人成绩，高质量内涵式发展迈上新台阶。

扎实推进“双一流”建设，高质量完成“双一流”建设中期评估工作。大力推进学科交叉融合，成立能源互联网学院、人工智能学院、储能技术研究院等一批跨院系、跨学科的交叉学术机构；设立人工智能、能源互联网、能源材料与装备等若干新兴交叉学科博士点，获批建设清洁能源学北京市高精尖学科，新增智能科学与技术本科专业。“工程学”跻身ESI世界前100强，“社会科学”进入ESI世界前1%行列，世界前1%学科由4个增长至5个。“机械工程”跻身U. S. News 2020世界学科排名第36位，“能源科学与工程”“机械工程”和“化学工程”3个学科跻身2019软科世界一流学科排名前100强。

修订《创新人才支持和培育计划》，制定《关于加快人才引进工作的暂行办法》，强化教师分类评价制度，拓展教师职业晋升通道，首次举办两校区青年教师教学基本功大赛。持续加大高层次人才引培力度，柔性引进院士3名，全职引进海内外高层次人才长期项目人选1名、青年项目人选1名，万人计划领军人才1名。1人入选“长江学者”奖励计划特聘教授，1人入选万人计划青年拔尖人才，1人获国家自然科学基金优秀青年基金项目，4人入选北京市人才项目，3人入选中国电机工程学会青年人才托举工程，2人入选中国科协优秀中外青年交流计划。获批核科学与技术博士后科研流动站，人才工作体制机制与高层次人才聘任后服务不断完善。

以大学理事会扩容为契机，进一步深化校企合作，与国家电网公司共建能源互联网学院，与中国华能集团共同打造海上风电标杆项目，与三峡集团共建氢能联合实验室，与中电联、中国国际工程咨询协会达成战略合作，与42家单位发起成立电力大数据协同创新联盟，加入雄安能源互联网应用产业技术创新联盟，参加粤港澳大湾区电力发展合作组织，在全球能源互联网合作组织中非论坛等行业平台积极发声。持续深化国际合作，同10所国际知名高校签署合作协议，新增14所“一带一路”沿线合作伙伴大学，举办上海合作组织大学能源暨智库会议，获批3项创新型人才国际合作培养项目，获得中国一挪威、中国一伊朗、中英等政府间科技合作项目立项，267名应届毕业生出国(境)攻读硕、博士学位，在校国际学生规模达到842人。继续教育工作持续向好，建立柬埔寨海外继续教育基地。教育基金工作稳中有进，筹资渠道进一步拓宽。

成立全面深化改革领导小组，统筹推进教育教学、人事人才、校内机构、“三全育人”、二级管理等五大重点改革任务。实施新一轮人才支持计划，改革人才评价模式，探索科研新模式；推进校内二级管理改革试点，激发基层主动性，提升院系办学活力；谋划思政工作运行机制体制，深入推进育人模式创新发展。

完成年度24亿元收入目标，为事业发展提供可靠财力支撑。解决困扰学校多年的在中央编制部门的机构户头和编制台账问题，推进保定校区养老保险参保工作取得新进展。加强软硬件基础设施建设，启用网上办事大厅，推进教师“一表通”系统深化应用，实现北京校部和保定校区数据平台的数据交换。北京校部16号学生宿舍楼项目完成主体结构封顶，能源电力科研综合楼建设工作稳步推进，东区土地转化取得积极进展。保定校区19号学生宿舍顺利竣工验收，院系办公及教学环境进一步改善。深化平安校园建设，校园秩序、安全形势稳中向好。图书、期刊、高教研究、档案、后勤、医疗等服务保障水平进一步提升。

党政办工作

【概述】 2019年，党政办落实学校第二次党代会和第七届教代会的各项决策部署，组织召开加强党的政治建设专题民主生活会，协调配合推进“不忘初心、牢记使命”主题教育，切实履行“沟通上下、协调左右、咨询参谋、督查督办”

的工作职责，完成全年各项工作任务。

制度建设。研究起草8项管理制度文件，推进管理工作规范化。制定《中共华北电力大学委员会贯彻落实＜关于加强高校党的政治建设的若干措施＞实施方案》《中共华北电力大学委员会一线规则工作实施方案》《华北电力大学校级会议管理办法（试行）》《华北电力大学党委书记和校长定期沟通制度》，修订《中共华北电力大学委员会常务委员会会议议事规则》《华北电力大学校长办公会议议事规则》《华北电力大学校长信箱管理办法》，研究起草《华北电力大学印章管理办法》《华北电力大学总值班管理办法（暂行）》，推进学校管理工作的规范化、制度化、流程化，形成“工作有计划、查找有依据、参考有标准、申请有程序”的工作模式。组织开展学校各类领导小组（委员会）的清理调整工作。对学校部分领导小组（委员会）及其组成人员进行调整，共梳理各类领导小组（委员会）11个，其中，拟予保留1个、撤销1个、调整5个、新设立4个。

“三全育人”综合改革工作。由党政办公室牵头，组织召开学校思想政治工作联席会暨“三全育人”工作推进会，梳理形成60余项工作任务清单，先后3次向相关职能部门征求意见和建议，遴选出25项综合改革重点工作任务，印发《华北电力大学2019年全员全过程全方位育人综合改革重点任务》，积极构建学校“三全育人”组织领导体系、综合协调体系、服务保障体系、交融交汇体系。在2020年校领导务虚会上，专题研讨育人工作，形成“全”“融”“责”“实”“效”立体推进思路。积极开展全员导师行动，实施时代新人培育计划，打造全要素协同模式，建立项目式考评机制，强化立体式组织保障，形成全员协同参与、工作责任清晰、育人效果明显的工作格局，推动学校“三全育人”综合改革工作迈上新台阶。

组织服务工作。做好各类重要会议活动组织服务工作，完成教育部部长陈宝生、副部长翁铁慧，北京市委常委、组织部部长魏小东，中央教育工作领导小组秘书局、教育部财政司、河北省教育厅等上级领导来校调研接待工作。联系沟通校领导与河北省副省长徐建培、河北省教育厅厅长杨勇等领导的会面洽谈。迎接教育部、北京市、河北省等上级单位来校调研检查督查近30次，协助组织完成“不忘初心、牢记使命”主题教育系列会议、能源互联网学院揭牌仪式、国企公开课等大型重要活动近10次。策划组织全面从严治党大会、教职工代表大会、开学典礼、毕业典礼、安全稳定会等校内重要会议80余次。进一步规范议题提出、上会材料要求和议题申报程序等事项，组织党委常委会会议和校长办公会议33次，强化会中服务和会后执行，以钉钉子精神抓好会议决策事项的落地落实。牵头制定《提案委员会委员分工督办机制》，共完成37件提案立案、交办、督办等工作。做好日常行政管理服务工作，为各单位刻制各类印章23枚，开具介绍信45封，提供事业单位法人证书复印件和法人身份证复印件各2000余份，提供印章使用8300余人次，加盖公章材料10万余份，编辑排版学校公文及红头函件560份，共计500余万字，印刷文件材料5000余份；完成提供借阅档案2494余卷次，利用档案4988人次。

文秘工作。严格执行发文“三审两校”制度，通过新OA系统实现发文的全流程线上处理，提高公文办理效率，全年发文599件。规范收文办理，实行统一登记、分类处理、跟踪管理，全年收文1743件。学校作为庆祝新中国成立70周年群众游行第19方阵“创新驱动”的主责单位，专门成立安全保卫保密组，由保密办负责国庆活动保密工作，共处理有关涉密文件1164件（占全年涉密文件1572件的74.05%），严格按规定登记、处理、传阅密级文件，全年无发生任何泄密事件。起草各类会议活动领导讲话稿70余份，向教育部、北京市、河北省等上级部门报送专项报告材料近30份，起草贺信、邀请函等40余份。制定《中共华北电力大学委员会贯彻落实＜关于加强高校党的政治建设的若干措施＞实施方案》等重要文件24份，全年共草拟文稿、编发信息600余份，共计150余万字。

督查督办。制定印发《2019年学校工作报告任务节点目标安排表》，将63项年度重点工作任务细化为217项具体工作，制定印发《2019年学校全面从严治党工作任务节点目标安排表》，将26项年度工作任务细化为193项具体工作，每月月初对校直各单位工作进展及任务完成情况进行督促检查，通过校领导碰头会汇报重点工作任务进展情况。对校领导重要指示批示、重要文件的贯彻落实情况和常委会办公会决议事项落实情况开展专项督查，全年共开展专项督查45件。结合“不忘初心、牢记使命”主题教育，对教育部巡视反馈问题整改任务、“三全育人”年度重点工作任务、加强党的政治建设任务等落实情况开展专项督查，推动重要文件和学校决策贯彻落实到位。

信访、信息公开与信息报送工作。修订《华北电力大学校长信箱管理办法》，进一步规范校长信箱来信、流转、回复等环节，全年流转校长信箱来信300余封。全年共接待来信来访30件，妥善处理28件，保障学校与师生员工沟通渠道畅通。全年共发布信息298条，收发传真200余份，编制信息公开报告1份，编辑《每周信息》36期、《每周快讯》42期，《工作采风》5期，向教育部报送信息4条，其中被教育部办公厅收录2条，做到信息公开和信息报送的及时、准确和全面，获评“保定市2019年度信息工作优胜单位”。

2019年，北京校部党政办公室设主任1名，副主任3名，职员6名。保定校区设主任1名，副主任2名，职员8名。

（刘献伟）

【召开加强党的政治建设专题民主生活会】 7月12日，经过方案制定、理论学习、意见征集、谈心谈话、对照检查等环节，学校召开加强党的政治建设专题民主生活会。北京市委教育工委副书记、市教委主任、市政府教育督导室主任刘宇辉，北京市纪委、监委第八监督检查室主任孙利清，北京高校党建专家、清华大学原党委副书记、纪委书记韩景阳，北京市委教育工委研究室副主任杨迪雅，北京市委教育工委研究室副调研员张远贵等专题民主生活会第二指导组5人出席会议，学校党委常委、领导班子成员参加会议。

（刘献伟）

【推进不忘初心牢记使命主题教育各项工作】 2019年，党政办公室按照学校党委部署，围绕初心使命主题，科学制订学习计划，开展学习教育。紧密结合工作实际，开展调查研究，形成《党政办公室牵头的巡视整改情况调研》等实用性针对性强的调研报告8份。开展实地考察学习活动，组织党员干部参观雄安新区、“中国首台微机继电保护诞生地”、国电联合动力公司、香山双清别墅。经过集中学习、专题研讨、座谈交流、调查问卷等学习活动，党支部认真查摆差距，深挖思想根源，检视出学以致用、使命担当意识、推进工作落实自觉性主动性等方面存在的问题和不足，以刀刃向内的勇气，抓好整改落实，提升思想认识、强化责任担当、创新工作举措，推动主题教育取得实效。

（刘献伟）

【开展全校安全稳定大检查】 2019年3月5日至22日，学校组织相关部门对全校范围内的所有楼宇、设施设备、教学科研实验室等重点领域进行拉网式安全稳定大检查，分为部门自查和学校检查两个阶段进行。重点对实验室安全隐患、校园消防、食品药品、疾病防疫、治安、保密等进行排查。进一步夯实安全稳定责任，提高广大师生员工的安全稳定意识，摸清影响学校安全稳定的问题和隐患，对发现的问题进行集中整改。完成敏感时期信息上报工作，并做好节假日及敏感时期安全稳定值班工作，确保学校的和谐稳定。

（刘献伟）

组　织　工　作

【概述】 2019年，华北电力大学党委组织部积极落实中组部、教育部、上级和学校党委的各项工作部署，以政治建设为统领，深入落实全面从严治党要求，依据“党建3S”提质增效计划，以深入开展“不忘初心、牢记使命”主题教育为契机，推进各项工作开展。

“不忘初心、牢记使命”主题教育。成立学校主题教育领导小组，下设4个工作组和4个校内指导组，统筹推进“不忘初心、牢记使命”主题教育。积极构建“四纵四横”主题教育科学化工作体系，形成主题教育“一总四分多点”系统化总方案；做到全员化、全过程参与，部门全体成员参与主题教育综合协调、检视整改、校内督导全过程工作；做到制度化、一体化推进，完善工作制度、改进工作举措，制定并实施主题教育周会制度、工作组组长交流机制、设定“组织部长迎谈日”，保障规定动作不折不扣，自选动作务实有效。12月3日，教育部党组书记、部长“不忘初心、牢记使命”主题教育领导小组组长陈宝生出席学校领导班子专题民主生活会并发表重要讲话，对直属高校开好专题民主生活会，做好主题教育总结阶段工作提出要求。12月26日，教育部党组成员、副部长翁铁慧来校调研指导工作。

党建工作。实施党建“3S”计划，积极推进党建工作提质增效。落实教育部“对标争先”建设计划，校内开展“党建工作标杆院系”和“党建工作样板支部”申报培育创建工作，即“420”工程，从中选树培育，择优申报“全国党建工作标杆院系”和“全国党建工作样板支部”；完善院系级党组织运行机制，制定院（系）党组织会议、党政联席会议制度并深入推进落实，开展院（系）党组织会议、党政联席会议和党支部主题党日活动观摩交流活动；开展党建课题和特色项目研究工作，申报北京高校党建研究课题“先锋指数”党建工作质量评价体系研究；聚焦教育部“支部建设年”，以“学条例，促规范，抓提升，出特色”为切入点，编制党支部月度学习材料、观摩支部主题党日活动60余次、校内484个支部开展“我和我的祖国”暨“迎国庆、忆初心、明使命”主题党日活动，不断激发支部活力，提升支部建设水平。

干部队伍建设。党校实地培训与网络培训同步推进，举办4期中层干部“不忘初心、牢记使命”专题教育培训班、青年干部读书班、教职工党支部书记培训班、发展对象培训班等；依托网络组织处级领导干部主题教育专题网络培训班、院系级党组织书记网络培训示范班、入党积极分子网络培训班等。全年实地培训中层干部317人、教工党支部书记96人、入党积极分子4627人、发展对象2266人。分层分类、重点突出地完成干部培养工作，组织全体中层干部赴红旗渠参加实地培训，实现中层干部年度集中轮训全覆盖；开展青年干部读书班，创新干部培养模式；完成干部培养、管理和监督等日常工作，完成2018年度处级领导班子及处级干部考核工作，成立干部考核专项工作组，通过多方调研，进一步修订完善干部年度考核指标体系。完成年轻干部调研工作；完成84名处级干部试用期满考核工作等。

党建成果。学校“高校院系级党组织党建工作质量评价体系——‘先锋指数’研究”课题首获北京高校党建研究会2019年度A类重大课题立项；电气与电子工程学院四方研究所党支部、国际教育学院学生党支部获“全国党建工作样板支部”;法政系党委获河北省首批“党建工作标杆院系”培育创建单位;电子与通信工程系通信教研室党支部书记韩东升工作室入选河北省高校首批“双带头人”教师党支部书记工作室;环境科学与工程系主任兼系党委副书记付东被评为保定市优秀共产党员。

(高　洁　秦芳芳　刘婧一　赵书彬)

【概况】 至年底,华北电力大学共有26个直属党委、10个党总支、6个直属党支部、498个基层党支部,其中学生党支部288个、在职教职工党支部192个、离退休职工党支部18个。

至年底,华北电力大学共有中共党员8020名,其中在职教职工党员2252名、离退休教职工党员560名、本科生党员2026名、研究生党员2953名,其他毕业后组织关系留校党员等229名。共发展中共党员1761名。

至年底,华北电力大学共有处级干部317人,其中正处级干部124人,副处级干部193人。

(高　洁　秦芳芳　刘婧一　赵书彬)

【完善院(系)党组织运行工作制度】 2019年1月—6月,为进一步完善院(系)管理体制和运行机制,根据上级有关文件精神,结合学校实际情况,先后制定《华北电力大学院(系)党政联席会议制度(试行)》《华北电力大学院(系)党组织会议制度(试行)》和《华北电力大学院(系)党委(党总支)换届选举工作办法》并推进落实。4月,组织召开两个会议制度的培训解读和交流会议,5月－6月,成立观摩工作小组,组织开展两个会议的观摩交流活动。同时,为每个单位制作两个会议的记录手册,规范会议流程及内容。

(高　洁　秦芳芳)

【召开院(系)单位党政主要负责人述职会议】 2019年1月,学校召开落实党建工作重点任务推进会和直属党委(党总支、党支部)、院(系)单位党政主要负责人述职会议。25位直属党委(党总支、党支部)书记和23位学院(系)院长(主任)围绕2018年主要做法、存在的不足和下一步打算三个方面进行现场述职。

(高　洁　秦芳芳)

【1支部入选首批“双带头人”教师党支部书记工作室】 2019年1月,保定校区按照中共河北省委教育工委安排,组织申报河北省高校首批“双带头人”教师党支部书记工作室。电子与通信工程系通信教研室党支部书记韩东升工作室入选。

(秦芳芳)

【召开专题组织生活会】 2019年1月—3月,学校组织基层党支部召开组织生活会,开展民主评议党员工作,对标新时代党的建设总要求和新时代党的组织路线,对标合格党员标准,广泛征求意见,深刻查摆问题,开展批评和自我批评。全校共有7091名党员参加评议。其中,评议结果为“优秀”的党员1824人(教职工党员682人,学生党员1061人,离退休党员81人),“基本合格”的党员3人,“不合格”的党员1人,其他党员评议结果为“合格”。

(高　洁　秦芳芳)

【开展基层党建重点工作督查】 2019年1月—4月,由党委组织部相关人员、各组织员与直属各党组织党务工作人员共同组成五个督查小组,采取学校督查和单位互查相结合的方式,对21个直属党委(党总支、党支部)及其所辖全部党支部进行全覆盖式的基层党建重点工作督查,重点督查落实“三会一课”、组织生活会、民主评议党员等党的组织生活制度,发展党员工作、党费收缴使用等情况。

(文　丽)

【开展党支部建设年系列活动】 2019年3月—11月,为切实学习贯彻《中国共产党支部工作条例》,提升支部工作水平,学校党委组织部组织开展“党支部建设年”系列活动。充分利用“一规一表一册一网”支撑载体,持续推进党支部规范化建设工作;组织支部主题党日观摩交流,旁听会议,驻场指导;每月制定党支部月度学习活动指导意见,搜集整理并发布具体学习材料及内容;开展软弱涣散党支部排查工作。

(高　洁　秦芳芳)

【开展党建“420”培育创建和教育部“十百千万”工程申报工作】 2019年4月—6月,学校开展2019年“党建工作标杆院系”和“党建工作样板支部”申报培育创建工作,经自主申报、专家评审、集体研究,共遴选产生4个直属党委(党总支)、20个党支部作为2019年华北电力大学“党建工作标杆院系”和“党建工作样板支部”培育创建单位。组织申报全国及河北省“党建工作标杆院系”和“党建工作样板支部”。1月,法政系党委获河北省首批“党建工作标杆院系”培育创建单位;8月,电气与电子工程学院四方研究所党支部、国际教育学院学生党支部获“全国党建工作样板支部”培育创建单位。

(高　洁 秦芳芳)

【首获北京高校党建研究会重大课题立项】 2019年4月,北京高校党建研究会公布年度研究课题立项结果,华北电力大学“高校院系级党组织党建工作质量评价体系——‘先锋指数’研究”课题获年度A类重大课题立项。

(高　洁　刘婧一)

【举办入党积极分子培训班】 2019年4月—5月、11月—12月,党校与直属各党委(党总支、党支部)共同举办2019年第一期、第二期入党积极分子培训班。培训班采取课堂教学、音像教学、在线学习、实践教学等形式,共培训教师、学生入党积极分子4627名。

(张艳斌　徐　定　刘婧一　赵书彬)

【举办发展对象培训班】 2019年4月和11月,党校与直属各党委(党总支、党支部)共同举办2019年第一期、第二期党员发展对象培训班。培训班围绕“以实际行动,争取做一名合格的共产党员”开展，采取研读原著、专题报告、音像教学、实践活动、分组讨论等形式开展，培训覆盖全体党员发展对象，共2266名。

（张艳斌　徐　定　刘婧一　赵书彬）

【开展精准扶贫驻村工作】　2019年5月，学校选派崔振国、徐大圣为驻村第一书记，宋雨、龚新华、崔帅、田东恩为队员的扶贫工作队入驻阜平县龙王庙村、凹里村，开展精准扶贫驻村工作。6月，2018年龙王庙村扶贫工作队员赵会超获评2018年度全省扶贫脱贫“优秀驻村工作队员”荣誉称号；11月，龙王庙村扶贫工作队员崔帅被评为“2019年第三季度优秀省直驻村干部”。2019年12月，凹里村实现脱贫。

（张艳斌　赵书彬）

【完成河北省博导带博士生情况统计工作】　2019年5月、12月，党委组织部按照河北省人才办通知要求，完成2019年度上、下半年河北省博导带博士生情况统计工作，并配合省人才办为博士生导师发放2019年度博导津贴。

（赵书彬）

【开展共产党员爱心捐款活动】　2019年6月，按照北京市委、北京市委教育工委的统一部署，学校在全校范围内开展2019年“共产党员献爱心”捐献活动。北京校部共有1948名党员、573名入党积极分子、283名群众参加捐款，共筹集捐款128543.87元。

（高　洁）

【开展课题项目中期检查、结题验收工作】　2019年6月，保定校区对2018年高校基层党建与思想政治教育研究课题和基层党组织特色项目进行中期检查，经现场答辩和专家评审组研讨，中止1项课题、2个项目。11月，对课题和项目进行结题验收，2个课题和5个项目顺利结题，同时1个项目被延期，1个课题和1个项目被终止。

（秦芳芳）

【檀勤良挂职锻炼】　2019年7月，根据教育部工作安排，学校党委常委、副校长檀勤良到教育部科学技术司挂职任副司长。

（徐　定）

【举办专题教育培训班】　2019年7月、8月、10月，党委组织部举办四期“不忘初心、牢记使命”专题教育培训班，组织全体处级干部和教师党支部书记代表分四批赴河南省林州市红旗渠干部学院进行培训，通过现场教学、专题讲座、体验教学、音像教学等方式进行初心教育培训，共318名处级干部和教师党支部书记代表参加培训。

（刘婧一　赵书彬）

【5部党员教育系列课件入选市远程教育课件资源库】　2019年9月，根据北京市教育工作委员会发布通知要求，组织拍摄6部《初心·使命》党员教育系列片，其中5部入选北京市党员干部现代远程教育课件资源库，华北电力大学成为北京市入选资源库课件数量最多的高校。

（刘婧一）

【举办处级领导干部主题教育专题网络培训班】　2019年9月—11月，依托中国教育干部网络学院“高等教育管理干部培训平台”，以班级为单位，通过学习视频课程、参与交流互动、撰写学习心得等方式进行培训，318名处级干部全部参加培训。

（刘婧一　赵书彬）

【举办青年干部读书班】　2019年11月，学校举办“不忘初心、牢记使命”青年干部读书班。该读书班通过自主学习规定内容、集中交流心得体会、前往正定县塔元庄开展实践教学、交流总结演讲汇报等方式开展读书活动，共有年轻干部44人参加。

（刘婧一　赵书彬）

【开设先锋华电栏目】　2019年11月，华北电力大学企业微信号开设“先锋华电”栏目，实现党费查询与计算、干部培训学时统计等的移动化办理。

（刘婧一）

【举办院系级党组织书记网络培训示范班】　2019年11月—12月，依托国家教育行政学院大学生网络党校组织实施，学员通过大学生网络党校培训平台，进行课程学习、交流研讨、撰写研修心得、在线考试等学习。共有41名直属党委（党总支、党支部）书记参加培训。

（刘婧一　赵书彬）

【举办教工党支部书记培训班】　2019年12月，举办教工党支部书记培训班，近60名教工党支部书记参加培训。培训班通过专题报告、分组讨论、经验交流等形式开展，帮助支部书记准确把握十九大党章修正的精髓要义，牢固树立“四个意识”，学习党支部建设与作用发挥的实务知识，掌握支部书记基本职责和工作方法，交流工作经验，查找普遍问题，探寻解决问题的方法和途径，切实提高支部书记履职能力和群众工作本领，推进全面从严治党向高校基层党组织延伸。

（高　洁　刘婧一）

【开展课题项目立项工作】　2019年12月，保定校区组织开展2019年高校基层党建与思想政治教育研究课题、基层党组织特色项目的立项工作和优秀基层党建项目、长期资助项目评选工作。经现场答辩、专家评审组研讨，9项高校基层党建与思想政治教育研究课题、7项基层党组织特色项目和2个长期资助项目予以立项，并评选出5个优秀基层党建项目。

（秦芳芳）

统 战 工 作

【概述】 2019年，在学校党委的领导下，统一战线各项工作取得显著成效。

党外知识分子思想政治引领。2019年，以庆祝新中国成立70周年为契机，统战部精心策划组织以"重温革命精神，见证历史飞跃"为主题的两校区统一战线庆祝新中国成立70周年交流活动，北京校部组织赴北京新能源产业基地、北京世界园艺博览会参观学习活动，保定校区组织"祖国在我心中——统一战线庆祝建国七十周年"主题征文活动，以及其他集中学习、知识竞赛活动。通过多种方式，引导统一战线成员深入学习贯彻习近平新时代中国特色社会主义思想，增强"四个意识"，坚定"四个自信"，做到"两个维护"，使党外人士共同的思想政治基础进一步巩固。

完善统战工作体制机制。年内，统战部推进落实统战工作"四个纳入"，明确将统战工作纳入两级党委中心组学习内容，纳入院系领导班子年度考核内容。起草《中共华北电力大学委员会关于加强新时代统一战线工作的意见（征求意见稿）》，进一步规范联系交友、情况通报、征求意见等工作办法，明确直属党委（党总支、党支部）统战工作职责，推动统战工作重心下沉。建立统战、学工、保卫、国际教育等相关部门民族宗教工作会商通报制度，在敏感节点之前进行情况通报和工作研究部署，全年共召开4次会商通报会议，使相关部门全面掌握学校民族宗教工作状况，加强部门工作协同，协调解决重难点问题，取得良好成效。统战部与网信办联合开发统战人才信息网上填报系统，进一步完善学校统战人才信息库。

统一战线平台建设。2019年，统战部继续加强对民主党派基层组织的政治领导，支持民主党派基层组织加强思想建设、组织建设、制度建设，召开民主党派基层组织负责人两地视频会议，推进校区之间、党派之间的学习交流，支持民主党派开展丰富多样的教育实践活动，增强党派基层组织的凝聚力。2019年，保定民盟支部完成新一轮换届，武群丽当选支部主委。学校民主党派基层组织及个人获得多个奖项。2019年，统战部还筹备成立党外知识分子联谊会，努力拓宽统一战线平台，这将填补学校无党派人士活动平台的空白。

统战工作队伍建设。2019年，统战部坚持和巩固完善党外代表人士"上级部门调训、跨校联合培训、校内自主培训"三级培训体系，组织选派3批次、20余人次党外代表人士参加各级培训。全年共向上级推荐高层次党外代表人士等各类统一战线人士8批次、20余人次。按照政治坚定、业务精通、作风过硬的要求，加强统战工作队伍建设，选派两校区基层统战委员、统战干部参加北京市教工委组织的统战委员、统战干部培训班，通过专题培训、外出调研等方式提高统战干部的业务水平。

聚焦服务社会和学校发展大局。2019年进一步明确新时代统战工作凝聚人心、汇聚力量的使命任务，聚焦服务社会和学校发展大局。邀请党外代表人士参加学校各类征求意见座谈会，进一步支持和引导党外代表人士通过深入思考和调查研究形成高质量的政策建议。集中党外智慧和力量，组成建言献策小组，围绕学校重难点工作展开研究。民盟支部副主委姚建平教授发挥专业优势，作为主研人之一，承担学校2019年度高教研究项目《学校青年教师的成长机制研究》，形成6万字研究报告。通过统战基金立项方式，支持人大代表、政协委员组成团队，深入开展调查研究，提升参政议政、建言献策的质量和水平。支持鼓励党派成员承担党派各级重点调研课题，形成高水平研究成果。积极支持各级人大代表、政协委员履行职务、开展工作，协助民主党派基层组织开展各类服务社会活动。

抵御和防范校园传教渗透工作。2019年，学校将民族宗教工作纳入学校整体安全稳定工作，调整、充实学校民族宗教工作领导小组，建立民族宗教工作会商通报制度，健全部门联动、信息通报、突发事件应急处理机制。依托学生社团、班级、学生宿舍等形式健全信息通报机制，网上网下信息通报及时，早发现早处理；与地方国安、公安机关、民宗局等单位保持密切合作，建立信息会商、快速反应的联动机制；举办民族宗教工作专题培训，邀请专家为民族宗教工作领导小组成员、全体辅导员和学工干部250余人做专题辅导报告；开展两项统战基金相关课题研究；牵头做好开斋节、庆祝中华人民共和国成立70周年、新生入学教育等重要节点的安全稳定工作。通过一系列制度建设和细节落实，全面加强和改进学校民族宗教工作。

统战工作成果。2019年，北京校部民盟支部被民盟北京市委评为"先进基层组织"，工作经验入选民盟中央组织部编写的《民盟高校基层组织建设经验汇编》，保定校区民盟支部被民盟保定市委评为"优秀基层组织"。北京校部民盟支部主委李继清获民盟中央"高校盟员盟务工作先进个人"称号，被民盟北京市委评为"优秀盟员"，其事迹在"盟员身边榜样"事迹学习交流会上宣讲；副主委姚建平被民盟北京市委评为"优秀盟员"，并承担民盟中央2019年重点调研课题一项。保定校区民盟支部主委武群丽被民盟河北省委评为"优秀盟员"；副主委魏清被民盟保定市委评为“优秀盟员”。九三学社支部主委王璋奇获河北省“师德标兵”称号，并获评河北省科技进步三等奖。九三学社丁海民获评河北省科技进步奖二等奖。民进支部主委康辉当选保定开明书画院院长。张天兴当选中国高等教育学会统战工作研究分会理事，华北电力大学当选为中国高等教育学会统战工作研究分会理事单位。2019 年，民盟北京支部新发展吴学辉 1 名新盟员，民盟保定支部新发展韩凤舞 1 名新盟员。农工党发展李岩 1 名新党员。

（路雨欣　秦芳芳）

【概况】 至 2019 年年底，华北电力大学共有民主党派成员 130 名，其中民革 5 人，民盟 48 人，民建 12 人，民进 21 人，农工党 4 人，致公党 2 人，九三学社 36 人，台盟 1 人。民主党派基层组织共有 5 个，分别是中国民主同盟华北电力大学支部（北京）、中国民主同盟华北电力大学支部（保定）、中国民主建国会华北电力大学支部（保定）、中国民主促进会华北电力大学支部（保定）、九三学社华北电力大学支社（保定）。

（路雨欣　秦芳芳）

【召开党外代表人士征求意见座谈会】 2019 年 1 月 3 日，华北电力大学民主党派、无党派人士、“两代表一委员”参加校党委书记周坚在北京校部召开的党外代表人士征求意见座谈会，就开好校领导班子民主生活会，对学校领导班子、班子成员提供意见和建议。

（路雨欣）

【召开党外代表集中学习“双代会”精神】 2019 年 3 月 13 日，党委统战部通过两地视频方式组织两校区部分民主党派、无党派、侨联代表人士进行学校“双代会”精神集中学习。

（路雨欣　秦芳芳）

【承担高教研究项目】 2019 年，统战部集中党外智慧和力量，组成建言献策小组，围绕学校重难点工作展开研究。3 月 20 日，学校召开 2019 年高教研究项目两地视频启动会，由党委常委、统战部部长张天兴作为项目负责人，民盟支部副主委姚建平教授作为主研人之一，成功申请学校 2019 年度高教研究项目《学校青年教师的成长机制研究》。

（路雨欣）

【开展侨情调查】 2019 年 3 月底，为认真落实党的十九大提出的关于“广泛团结联系海外侨胞和归侨侨眷，共同致力于中华民族伟大复兴”的要求，根据北京市侨联基层组织换届工作安排，在北京校部内开展侨情调查工作。

（路雨欣）

【党外代表人士、统战委员、党派负责人培训】 2019 年 4 月，为加强党外知识分子思想政治引领，巩固团结奋斗的共同思想政治基础，学校联合北京科技大学共同举办以“不忘合作初心、继续携手前进”为主题的 2019 年党外代表人士培训班，组织 22 名党外代表人士、民主党派成员、统战委员赴重庆社会主义学院进行培训。5 月 14 日，党委统战部组织学校部分民主党派成员、无党派代表人士、侨联成员等 40 余人赴北京新能源产业基地、北京世界园艺博览会参观学习。5 月底，学校组织二级党组织统战委员杜建国、刘威、徐玲玲、屈朝霞、曲涛参加北京高校统战委员培训班。12 月，推荐民盟北京支部委员滕阳、民进支部主委康辉参加“2019 年北京高校民主党派组织校级负责人培训班”。

（路雨欣　秦芳芳）

【推荐归侨侨眷代表大会代表】 2019 年 4 月，保定校区推荐张冬生为河北省第十次归侨侨眷代表大会代表、当选河北省侨联第十届委员会委员；推荐蹇文馨为河北省第十次归侨侨眷代表大会代表。11 月，北京校部推荐师瑞峰、王素华为北京市第十五次归侨侨眷代表大会代表。

（路雨欣　秦芳芳）

【组织主题征文活动】 2019 年 5 月，按照保定市委统战部要求，保定校区组织开展“祖国在我心中——统一战线庆祝建国七十周年”主题征文活动。

（秦芳芳）

【冼海珍参加高层挂职】 2019 年 5 月 31 日，十三届北京市政协委员、台盟市委常委、华北电力大学能源动力与机械工程学院冼海珍教授参加北京市委组织部、市委统战部组织的至北京市质量技术监督局（2018 年 11 月起，北京市进行政府机构改革，改称北京市市场监督管理局）挂职任副局长工作，挂职时间为一年。同年 8 月，冼海珍被推荐为北京市政府特约人员人选（兼职）。

（路雨欣）

【统战研究课题工作】 2019 年 6 月，保定校区对 2018 年统战研究课题进行中期检查，经现场答辩和专家评审组研讨，中止 1 项统战研究课题。11 月，对课题进行结题验收，2 个统战研究课题顺利结题。11 月，北京校部召开 2019 年统战研究课题开题会，通过统战基金立项方式，支持人大代表、政协委员、党派成员等承担调研课题，有 5 个统战课题开题。

（路雨欣　秦芳芳）

【推荐各类党外人才】 2019 年 6 月，华北电力大学向北京市委教育工委推荐高层次党外代表人士 10 人，优秀正科级党外干部 1 人。11 月，向北京市委教育工委推荐民主党派代表人士 2 人。

（路雨欣）

【北京市委统战部副部长祁金利到校调研统战工作】 2019 年 7 月 16 日，北京市委统战部副部长祁金利、市委统战部党外干部处处长王斌、党外知识分子工作处处长张猛、副处长郝媛等到校，对学校统战工作调研指导，调研组一行听取汇报会，并与学校部分党外代表人士进行座谈和交流。

（路雨欣）

【开展庆祝新中国成立70周年主题交流活动】 2019年8月，华北电力大学以“重温革命精神，见证历史飞跃”为主题，举办统一战线庆祝新中国成立70周年交流活动，组织全校民主党派、无党派、侨联等统战团体成员代表70余人赴雁翎队抗战纪念馆、中国电谷保定中关村创新中心、大学科技园、雄安新区等地考察，进一步感受伟大祖国从站起来、富起来到强起来的历史进程。并召开统一战线庆祝新中国成立70周年座谈会加深对新时代、新担当、新使命、新作为的理解。

（秦芳芳　路雨欣）

【北京党外高级知识分子联谊会换届】 2019年9月12日，学校推荐李泓泽、古丽米娜作为北京党外高级知识分子联谊会理事参加北京党外高级知识分子联谊会换届大会暨第三届理事会第一次会议。

（路雨欣）

【民盟(保定)支部换届】 2019年11月，中国民主同盟华北电力大学支部(保定)换届。武群丽当选支部主委，魏清当选副主委，田金玉、翟清剑、傅水香当选委员，孟明当选秘书长。

（秦芳芳）

【筹备党外知识分子联谊会】 2019年11月—12月，经上级部门和学校党委同意，成立党外知识分子联谊会筹备工作领导小组，起草筹备工作日程表和相关文件制度，完成知联会理事推荐工作，知联会成立事宜已经学校党委常委会议审议通过，正在筹备召开知联会成立大会。

（路雨欣　秦芳芳）

【增补市政协委员】 2019年12月，为便于工作开展，根据保定市委要求，保定校区增补负责统战工作的党委组织部副部长、党委统战部副部长、党校副校长(正处级)李瑾为保定市政协委员。同时，党委组织部、党委统战部原副部长、党校原副校长黄新颖辞去保定市政协委员职务。

（秦芳芳）

【当选高教学会统战工作研究分会理事单位、理事】 2019年12月，校党委常委、统战部部长张天兴参加中国高等教育学会统战工作研究分会成立大会和新时代高校统战工作创新发展研讨会，并当选中国高等教育学会统战工作研究分会理事，学校当选为中国高等教育学会统战工作研究分会理事单位。

（路雨欣）

宣 传 工 作

【概述】 2019年，华北电力大学宣传工作坚持以习近平新时代中国特色社会主义思想为指导，贯彻落实党的十九大、十九届四中全会精神，牢固树立政治意识、大局意识、核心意识、看齐意识，重点组织新中国成立70周年爱国主义教育活动，开展好“不忘初心、牢记使命”主题教育宣传，担当起举旗帜、聚民心、育新人、兴文化、展形象的使命任务，为高水平研究型大学的建设提供思想保证、舆论支持、精神动力和文化条件。

思想建设。把深入学习贯彻习近平新时代中国特色社会主义思想、党的十九大、党的十九届四中全会精神作为首要政治任务。校党委中心组共学习25次，举办“不忘初心、牢记使命”主题教育暑期读书班和专题读书班，组织7次主题教育专题学习研讨，采取“八学”模式创新理论学习形式。印发《2019年党委理论学习中心组专题学习重点内容安排》，发放《深入学习习近平关于教育的重要论述》等学习资料，规范使用中心组学习记录本。编写“学习强国”必学清单，建立校内通报机制，形成学情数据库。加强宣传委员培训，定期召开宣传委员工作会议。

国庆系列主题教育活动。通过校报、新闻网、新媒体平台和户外媒体集中展示等方式营造氛围，印发《庆祝新中国成立70周年“我和我的祖国”爱国主义教育活动方案》，组织“小我融入大我、青春献给祖国”“青春，为祖国歌唱”等主题教育活动。征集以“我和我的祖国”等为主题的散文、短篇小说、诗歌、摄影、书法、绘画及微视频等作品，并选送优秀作品向上级报送。举办“壮丽七十年，颂歌献给党”主题歌会，“七十年光辉历程”师生摄影展等活动。挖掘学校参与国家庆典活动师生先进典型，成立师生宣讲团进行宣讲，激发师生的爱国情、强国志、报国行。

主题教育宣传。及时策划采写主题教育新闻，并以多种形式在校新闻网、微博、微信等多个平台发布，形成校内传播矩阵。积极向主流媒体推介学校主题教育经验、做法和成果，多篇稿件被学习强国、光明日报客户端等媒体转载。运营“不忘初心、牢记使命”主题教育专题网站，共更新发布信息214条。网站主题鲜明、设计独特、内容丰富、更新及时，受到教育部主题教育巡视组的肯定。

意识形态工作。全面开展并完成意识形态阵地普查，共列出9大类和31项普查内容，面向全校42个直属党委(党总支、党支部)以及7个重点部门开展普查。现阶段已基本摸清意识形态阵地底数，共计有宣传栏47组，电子显示屏38块，形成品牌例行开展的论坛、沙龙、讲座共9项，新媒体账号共计240个。学校将根据普查结果，实施意识形态阵地清单化管理。不断加强意识形态阵地管理，发布

《关于加强学校横幅(条幅)管理的通知》,制定《华北电力大学意识形态工作应急预案》《华北电力大学橱窗、宣传栏、户外楼宇电子显示屏管理办法》。全年两地共审批各类讲座、论坛 80 场。

思想政治工作。多次召开思想政治工作联席会,其中有两次会议专题推进"三全育人"改革工作,推动形成大思政工作格局。每逢重要时间节点,组织相关单位进行思想动态分析会商,形成思想动态调研报告。学校 5 支师生团队入选 2019 北京"双百行动计划"。"绿色电力"新能源科技教育扶贫服务行动获批教育部 2019 年高校思想政治工作精品项目。教育部语言文字应用管理司会同共青团中央青年发展部向"天山同语 · 民族同心"实践团队发来感谢信。

校内新闻宣传。采写校内重大活动、重要会议新闻等,选树宣传师生先进典型,制作教师宣传短视频 11 部。新闻网审核、编辑、发布华电头条新闻 21 篇,特别推荐新闻 12 篇,图片新闻 10 篇,媒体华电 46 篇,华电报道 1906 篇。设计制作宣传展板 40 块。完成对学校中英文主页、宣传部网站的内容更新与维护,共设计主页大图 136 张,发布学术信息 165 条,英文新闻 48 条。对校内各二级网站的内容管理、安全管理、更新发布进行信息监控,对部门负责的网站进行重要时期安全监控与上报。全年出版校报 10 期。完成最新版学校宣传片制作和红旗渠培训,以及《理论的力量》《十件大事》视频的制作。

校园文化建设。编印《华电记忆 6》《华电图志》以及宣传折页画册。邀请社会名家、学术大家、知名校友、先进人物等进校园,共举办"明德大讲堂"10 场。先后在北京和保定两地分别举办一场"责任之思"报告会,邀请近 20 位不同岗位的华电人诠释"办一所负责任大学"的理念。拍摄微电影《曾经的你》以及 MV《我爱你中国》。学校获 2019 年河北省经典诵读大赛获二等奖。连续三届获得河北省"省文明单位(校园)"称号。北京校部校史馆接待师生、校友共计 3500 余人次。保定校区发展成就展参观人数达 1 万人次。

发挥新媒体作用。官方微信粉丝增长 1.5 万,2 篇推送阅读量达 10 万+。官方微博粉丝增长约 11 万,日均阅读量在 10 万以上。10 月份在北京市高校排名中位列第三,单条最高阅读量超 50 万。短视频抖肩舞在微博高校抖肩舞大赛活动中排列第 14 位。增强与粉丝的互动,多次开展线下线上粉丝活动。发布抖音视频 150 余条,单条最高浏览量达 293 万。高考填报志愿政策宣讲系列短视频,总阅读量达 561 万,受到教育部新闻中心表扬。

对外宣传工作。围绕学校中心工作举办 8 次媒体开放日活动,先后邀请记者 30 余人次来校采访报道。在《人民日报》、中央电视台、《科技日报》、《中国教育报》等媒体报道学校亮点工作,刊发相关文章近 80 篇。学习强国平台发布文章 10 余篇。与《光明日报》合作光明大直播,访问量超 100 万。先后走访 10 家媒体,建立良好沟通合作机制。

舆情应对工作。全年共应对重要舆情事件 3 起,撰写舆情日报 15 篇,舆情专题报告 2 篇。同时在舆情期间 24 小时安排专人值班检测,并及时在官方微博等平台上发布信息,积极回应事件进展。按照相关舆情处理意见,及时对校史馆、宣传片等宣传内容进行整改,努力消除负面效应和不良影响。

普法工作。学校两名学子在第四届全国学生"学宪法讲宪法"活动北京赛区中获知识竞赛一等奖,一名学子获宪法演讲三等奖。其中一名学子代表北京市参加全国决赛,获团体三等奖。微视频《法律之母—宪法》获第七届北京市大中小学校法治教育作品征集展映活动二等奖。发挥人文与社会科学学院学科优势开展宪法宣传周活动。通过悬挂横幅、电子显示屏、学校主页、新闻网等多种形式营造氛围,组织开展宪法晨读、宪法知识竞赛、宪法进社区等系列活动,被首都文明网、北京昌平等多家媒体报道。

(孙翠亭)

【概况】 2019 年,华北电力大学党委宣传部和新闻中心共有工作人员 17 人,其中北京校部 12 人,保定校区 5 人。2019 年,党委宣传部出版《华北电力大学校报》共计 10 期,对外宣传稿件共计 80 篇。

(孙翠亭)

【完成意识形态阵地普查】 2019 年 3 月,华北电力大学全面启动意识形态阵地普查工作,共列出 9 大类和 31 项普查内容,面向全校各直属党委(党总支、党支部)以及重点部门开展普查。现阶段已基本摸清意识形态阵地底数,共计有宣传栏 47 组,电子显示屏 38 块,形成品牌例行开展的论坛、沙龙、讲座共 9 项,新媒体账号共计 240 个。这是学校近几年来规模最大、覆盖面最广的一次调查。

(孙翠亭)

【获河北省经典诵读大赛二等奖】 2019 年 6 月,由学校党委宣传部、团委选送的作品《青春中国》《我的南方和北方》分别获得河北省经典诵读大赛大学生组二等奖、三等奖。作品《青春中国》代表河北省参加全国复赛。本次大赛由河北省教育厅、河北省语言文字工作委员会举办。

(李梦雅)

【举办责任之思报告会】 2019 年 6 月和 9 月,华北电力大学先后以北京和保定为主会场,举办两场明德大讲堂"责任之思"报告会。两场报告会共邀请离退休教师、在职教师和辅导员、教辅人员、后勤人员、校友和学生等不同岗位的近 20 位华电人,围绕"办一所负责任大学"办学理念,讲述亲身经历、身边故事,分享各自对责任的理解、践行与传承,体现华电人的责任与担当。

(孙翠亭)

【编写《华电记忆 6》图书】 2019 年 12 月，华北电力大学编写《华电记忆 6》，该书与前五辑一脉相承。以“索隐华电历史，探赜文化传承”为旨，荟萃特稿、口述、史海、院系、名师、师恩等十余个栏目，从不同的角度追怀旧事、凝聚精神、昭示未来，共同谱写华电人的奋斗诗篇。

（孙翠亭）

纪检监察工作

【概述】 2019 年，学校纪检监察工作按照年初确定的“严、巡、转、硬”的工作思路，积极履行全面从严治党监督责任，科学推进监督执纪问责主责主业，抓好纪委自身建设。

主题教育。学校纪委通过加强监督检查和推进整改落实协助开展“不忘初心、牢记使命”主题教育，并开展自身主题教育。组织召开警示教育大会，通报有关典型案例和苗头性、倾向性问题，用身边事教育身边人，引导全校党员、教师特别是领导干部深刻吸取教训，引以为戒，努力做到查处一案、警示一批、教育一片。

从严治党。协助党委筹备召开年度全面从严治党工作会议。印发年度党风廉政建设和纪检监察工作要点，推动落实“两个责任”；与二级单位主要负责人签订《党风廉政建设责任书》，分八个方面、三个阶段对 2018 年落实党风廉政建设责任制情况进行考核。

作风建设。协助党委持之以恒抓作风建设，特别是对形式主义、官僚主义的集中整治和长效建设。学校正式下发《关于对学校形式主义、官僚主义问题开展集中整治工作的通知》，围绕推动重点工作落实、减轻基层单位负担、畅通师生交流沟通机制、优化管理服务、完善日常基础设施、加强学生活动组织管理等六方面重点内容进行集中整治和长效建设。

执纪问责。聚焦校内巡察开展政治监督，聚焦民生保障开展政治监督，稳步推进后勤服务集团派驻监督工作。日常监督工作重点集中在招生、招标、安全生产等领域。进一步规范信访件办理和问题线索处置工作程序，严肃对待和处置信访举报。

干部队伍建设。积极组织和选送纪检监察干部参加业务培训，市纪委视频会议学习，参加技能提升课堂、巡察工作研究以及校园微腐败防治等培训。完成新一届党风廉政义务监督员换届，不断充实专兼职纪检监察干部队伍。

落实政治监督。纪委办立足职能职责，紧盯贯彻执行党章党规党纪、党的路线方针政策和党中央决策部署情况，紧盯贯彻落实习近平总书记重要指示批示精神情况，强化政治监督，督促推动各级党组织和党员干部增强“四个意识”、坚定“四个自信”、做到“两个维护”，确保全党上下令行禁止、步调一致。按照“六围绕一加强”的主要内容，加强对二级党组织围绕党的教育方针和党中央关于高校党建和思想政治工作的决策部署情况，特别是包括“七个有之”“五个有的”等党的政治纪律和政治规矩的监督检查。

履行监督职责。纪委办监察处充分发挥合署办公体制优势，一体履行纪检监察两项职责。把增强对公权力和公职人员的监督全覆盖、有效性作为着力点，推进监察职能延伸，从“有形覆盖”向“有效覆盖”推进，监察工作规范化、法治化水平进一步提高。开通招标视频监控系统，加强与南方电网科学研究院等合作单位的纪检监察合作，并通过下发《纪律检查建议书》《监察建议书》《纪检监察动态》等多种形式督促各职能部门对“两个责任”的落实。

（吴春卿　蹇文馨）

【概况】 2019 年，学校纪委委员 10 人；纪检监察工作人员 11 人，其中北京校部纪委办、监察处合署办公，纪检监察工作人员 6 人（正处级 1 人，副处级 1 人，副处级纪检员 1 人，专职纪检员 3 人）；保定校区纪委办、监察处与审计处合署办公，其中纪检监察工作人员 5 人（正处级 1 人，副处级 2 人，副处级纪检员 1 人，专职纪检员 1 人）。北京校部直属党委（党总支、党支部）21 个，现配备纪检委员 21 个，因干部调整原因待换届 1 个；保定校区直属党委（党总支、党支部）21 个，现配备纪检委员 16 个。

年内，学校共收到信访举报、问题线索共 27 件次，立案 5 件，党纪处分 3 人，提醒谈话 1 人。其中，北京校部收到信访举报、问题线索共 17 件次，立案 5 件，党纪处分 3 人，谈话提醒 1 人；保定校区收到信访举报、问题线索共 10 件次，立案 0 件，党纪处分 0 人，提醒谈话 0 人。从信访举报、问题线索反映的内容来看，主要涉及生活纪律、廉洁自律、工作纪律、群众纪律等方面。年度因领导责任而问责的组织调整 1 人，诫勉 1 人，通报批评 1 人，责令 1 个二级党组织进行书面检查。

协助党委做好选人用人工作，将选人用人作为日常监督重点，把好廉政意见回复关，开展新入职员工党风廉政建设专题培训，年度就处级领导干部竞聘、民主党派推荐、评奖评优等工作进行廉政意见回复共计 163 人次，开展干部任职廉政谈话 19 人次。

年内，第二届中共华北电力大学纪律检查委员会共召开 6 次纪委全会。

（吴春卿　蹇文馨）

【开展巡察整改督查】 2019年5月，学校纪委协助党委对2018年被巡察党组织北京校部能源动力与机械工程学院党委、可再生能源学院党委、环境科学与工程学院党委、校医院直属党支部，保定校区电力工程系党委、自动化系党委、计算机系党委、英语系党总支八个二级党组织被巡察党组织开展巡察整改情况督查工作，本次巡察整改督查分成四个组，遴选校纪委委员、基层党组织书记作为组长，采取“一拖二”的方式，督查组对照巡察反馈意见、整改方案、整改报告，对照问题清单、任务清单、责任清单，通过听取汇报、查看资料、谈话了解、问卷调查等方式开展巡察整改督查。

（吴春卿　蹇文馨）

【开展巡察工作】 2019年6月—7月，学校共成立九个巡察工作组，以北京、保定两地交叉的形式，对北京校部控制与计算机工程学院党委、核科学与工程学院党委、外国语学院党委、继续教育学院党总支，保定校区动力工程系党委、经济管理系党委、数理系党委、体育教学部直属党总支和校医院直属党总支共九个二级党组织进行巡察。本次巡察工作坚持点面结合、突出问题导向，按照“六围绕一加强”的工作内容和政治巡察促进业务工作等工作要求，通过召开动员会、听取汇报、个别谈话、查阅有关会议记录和各类资料、接受来电来访、开展问卷调查等方式，深入了解情况，完成巡察任务，其中累计个别谈话近300人次，发放巡察调查问卷近500份。

（吴春卿　蹇文馨）

【召开警示教育大会】 2019年11月19日，学校召开2019年“以案为鉴、以案促改”警示教育大会。会议以视频形式在北京校部、保定校区同时召开。校领导周坚、杨勇平、何华、李双辰、郝英杰、孙忠权、郭孝锋、律方成出席会议，全体中层干部、全面从严治党部分重点领域和关键岗位的七级职员以及直属各党委（党总支、党支部）的纪检委员参加会议。大会由校长杨勇平主持。何华通报近一段时期以来在教育系统和学校查处违反党的政治纪律、组织纪律、廉洁纪律、群众纪律、工作纪律、生活纪律以及中央八项规定精神的有关典型案例和发现的苗头性、倾向性问题。周坚在讲话中指出，开展警示教育既是深入推进学校全面从严治党的客观要求，也是推动学校“双一流”和高水平研究型大学建设的内在要求，更是“不忘初心、牢记使命”主题教育的重要环节。本次警示教育大会就是要教育引导党员干部牢记初心使命，强化全校领导干部和全体党员的党章党纪党规意识，积极营造良好的校园政治生态和育人环境，坚定不移推动主题教育和全面从严治党向纵深发展。

（吴春卿　蹇文馨）

【开展专项整治】 2019年，在学校“5＋1”专项整治特色体系中，学校纪检监察部门牵头组织实施共2项，通过建立健全责任单位多部门联动的工作机制，采取“项目化＋清单式”的方式明确责任分工，确保专项整治工作取得实效。加强整改落实的监督检查。会同有关部门建立问题整改责任清单与时间表，持续督促指导、跟踪推进问题整改落实。

（吴春卿　蹇文馨）

【协助党委开展不忘初心牢记使命主题教育】 2019年，学校纪委通过加强监督检查和推进整改落实积极协助党委开展“不忘初心、牢记使命”主题教育，并积极开展自身主题教育。

会同党政办加强对主题教育征求意见问题的整改落实监督。会同整改组、党政办对前期汇总的基层意见和建议1295条进行梳理，形成意见和建议整理清单597条，监督检查有关意见建议落实推进。此外，还通过推进校内巡察整改、整治形式主义、官僚主义等多项举措推进学校“不忘初心、牢记使命”主体教育取得实效。

（吴春卿　蹇文馨）

【协助党委推动落实全面从严治党主体责任】 2019年，协助党委筹备召开年度全面从严治党工作会议，印发年度党风廉政建设和纪检监察工作要点，推动落实“两个责任”。协助党委加强党风廉政建设，与二级单位主要负责人签订《党风廉政建设责任书》；协助党委做好选人用人工作，将选人用人作为日常监督重点，把好廉政意见回复关；开展新入职员工党风廉政建设专题培训；开展干部任职廉政谈话，签署《处级干部任职廉洁自律承诺书》，并为每位新任职的处级干部发放《最新常用党内法规》《党员干部廉洁从政手册》《中国共产党纪律处分条例》等材料。

（吴春卿　蹇文馨）

【召开纪律检查委员会第十四次全体（扩大）会议】 2019年12月13日，华北电力大学召开第二届中共华北电力大学纪律检查委员会第十四次全体（扩大）会议。全体校纪委委员、派驻纪检员、二级党组织纪检委员、纪委办公室工作人员参加会议。会议传达学习十九届四中全会精神、2019年教育部直属系统纪检机构负责同志专题培训班精神、党委书记和校长列入中央管理的高校纪委书记座谈会精神；会议听取华北电力大学纪委2019年工作汇报。会上，校党委副书记、纪委书记何华对全体纪检工作者提出工作要求：一要立足主责主业抓学习，提高政治站位；二要深化主题教育抓整改，巩固主题教育成果；三要聚焦政治建设抓监督，增强监督能力；四要突出重点关键抓作风，推动工作落实；五要严肃执纪问责抓效能，提升执纪审查能力；六要依据上级部署抓改革，持续推动“三转”。

（吴春卿　蹇文馨）

【南方电网科学研究院刘智宏到访】 2019年1月15日，南方电网科学研究院党委副书记、纪委书记刘智宏一行5人到华北电力大学洽谈廉洁合作事宜。校党委副书记、纪委书记何华,纪委办公室、监察处、对外联络与合作部、计划财务处、审计处、科学技术研究院及经济管理学院相关负责人参加座谈。与会双方就党风廉政建设重点领域风险防控、深化运用监督执纪“四种形态”、科研项目廉政风险防控和管理等方面进行深入交流。为落实合作机制,双方签订廉洁合作约定书。

(吴春卿　蹇文馨)

【中国石油大学(北京)韩克飞到访】 2019 年 3 月 13 日,中国石油大学(北京)党委副书记、纪委书记韩克飞,纪委办、巡察办、监察处一行 6 人到华北电力大学访问。校党委副书记、纪委书记何华,纪委工作办公室有关负责人出席本次座谈会。双方就监督执纪和巡视巡察整改有关方面的思考和工作经验进行分享。

(吴春卿　蹇文馨)

【召开纪委班子民主生活会】 2019 年 12 月 19 日,学校召开中共华北电力大学纪律检查委员会领导班子民主生活会。会议以两地视频形式进行,校党委副书记、纪委书记何华主持生活会。本次民主生活会是学校纪委结合学校“不忘初心、牢记使命”主题教育活动开展的一次自我剖析、自我检视,是一次灵魂拷问。会上,纪委班子成员分别就在主题教育活动中的思考进行深刻总结,结合工作实际和理论学习,对照检查,认真进行批评和自我批评。

(吴春卿　蹇文馨)

【干部队伍建设】 2019 年,华北电力大学通过多种形式加强干部队伍建设。一是加强业务学习,积极组织和选送纪检监察干部参加业务培训,先后参加市纪委视频会议、市纪委技能提升大讲堂、巡察工作研究以及校园微腐败防治等培训 72 人次,提升纪检监察干部的业务水平和履职能力。二是以案代训,以工代训,通过案件的初核和审查审理,在实战中加强纪检队伍的业务能力建设,着力提高队伍的政治鉴别能力、组织协调能力和办案执纪专业能力。

(吴春卿　蹇文馨)

【整治利用名贵特产谋利】 2019 年,学校纪委开展领导干部利用名贵特产特殊资源谋取私利问题自查自纠和整治工作,认真落实中央八项规定及实施细则精神。

(吴春卿　蹇文馨)

【拓展廉政教育方式】 2019 年,学校通过“华电纪委办监察廉洁提示”短信平台和“清风华电”微信公众号子栏目,抓好元旦、春节、寒假、开学、清明、五一、端午、暑假等重要节点进行预防警示,年度通过短信平台向副处级以上领导干部发送廉洁提示 6 批次、2300 余人次。

(吴春卿　蹇文馨)

本科生学生工作

【概述】 2019 年,华北电力大学本科生学生工作围绕立德树人根本任务,在思想政治教育、学生管理、学生资助、学业辅导、心理健康教育、就业创业、招生录取及国防教育等方面取得成效。

思想政治教育。深入学习贯彻习近平新时代中国特色社会主义思想,结合新中国成立 70 周年、纪念五四运动 100 周年等重要时间节点,开展“我和我的祖国”系列教育活动。举办 6 期明德大讲堂,2 场“国企领导干部上讲台”活动,聘任 3 名校外辅导员。两地分别在 12 个院系开展“一院(系)一品(牌)”精品项目建设培育。组建“我和我的祖国”师生宣讲团、服务保障国庆活动宣讲团,实施理论宣讲“百千万”工程,在北京校部、周边社区、保定校区、海南省等地开展全国宣讲,相关工作受到学习强国、人民网、中国大学生在线、《海南日报》等媒体的报道。组建学生“青春榜样先锋班”。举办首届大学生网络文化节和网络教育优秀作品推选展示活动。学工部微信增设《习语声声》等新栏目,2019 年共发布推送 630 余篇,总阅读量近 70.2 万人次,8 篇文章被北京市教工委官微转载。稳步推进学生基层党组织建设,广泛开展红色“1+1”共建活动和特色活动示范党支部创建等活动,切实增强学生党支部的凝聚力和战斗力。

学生管理工作。以安全稳定为核心,推进“平安校园”建设,为学校的人才培养工作营造和谐的环境。定期排查安全隐患,为学生健康成长、快乐成才清扫障碍;以特殊学生群体、突发事件等工作为突破口部署相关工作,集学生工作合力,形成校内相关部门联动、家校互动系统,有效维护校园安全稳定。继续在全校学生中组织开展优秀基层组织创建评比活动。开展“我的班级我的家”示范性先进班集体创建活动,将“我和我的祖国”爱国主义主题教育纳入班级建设的活动中,以评促建,增强全体学生的爱国主义荣誉感。开展星级宿舍评选暨“我的宿舍我做主”精神文明特色宿舍创建活动,开展“三个一”进宿舍文化建设活动,正视学生个性与多样性的需求,发挥学生参与的主观能动性,持续完善院系学工干部分组每周走访宿舍、公寓中心与校系学生组织每周普查宿舍等系列制度,定期汇总分析检查结果,有针对性地指导学生宿舍建设,排除安全隐患,创建一批“卫生达标、特色鲜明”的宿舍,提高学生管理成效。在学生管理制度方面,学校使用新修订学生管理相关制度,以规范的管理,进一步巩固优良的校风学风。加强学风建设调研、讨论,找问题、究根源、促提高;成立青年榜样宣讲团,开展校园巡回宣讲活动,发挥优秀学子典型对青年学生的榜样引领作用;持续推进“双一流”项目建设，编印新版学生手册，组织全校范围内的校规校纪教育，加强学生管理工作规范化。加强学生管理信息化建设，提高管理育人效能，启动“大学生成长发展数字化平台”二期建设，探索学生工作线上“一站式服务”实现路径，启动综合测评和评奖评优办法修订，以激励学生创先争优，促进学生德智体美劳全面发展。

学业辅导工作。持续推进学业辅导工作，改善学业辅导工作模式，丰富学业辅导课程；开展学业辅导视频直播，邀请任课教师为学生在线辅导，建设线上学业辅导系统；注重学业困难学生的帮扶和引导，坚持开展学籍预警工作，强化学生学业过程管理，加强与家长的联系和沟通；鼓励学生参加科技创新活动，培养学生的创新创业意识；加强考风考纪宣传教育，增强学生学习的主动性、自律性；开展学生评优表彰活动，激励学生奋发图强、追求卓越。

辅导员队伍建设。积极完善学工队伍招聘、培训、科研、考评制度，努力提升专业化、职业化和专家化水平。构建辅导员校本培训体系，开展“学工 E 站”、“磐石计划”辅导员系列培训交流活动，组织开展辅导员素质能力大赛。加强思想政治研究课题管理，将“长城计划”专项研究课题纳入中央高校基本科研业务费项目，积极申报各类省部级思想政治研究课题。立足学生工作难点热点，做好辅导员工作室培育工作，重点建设“能思擅用”校园普法工作室和“E 声麻辣烫”网络文化工作室。规范辅导员招聘工作流程，赴京内外高校开展辅导员招聘宣讲会，2019 年北京保定两地共选聘正式专职辅导员 27 人，其中新疆籍少数民族辅导员 2 人。

学生资助工作。落实各项国家资助政策，通过经济资助、成长支持和精神关爱让每一位家庭经济困难学生顺利成长成才。继续完善以国家奖学金、国家励志奖学金、国家助学金和国家助学贷款为核心，以基层就业补偿代偿、困难补助、勤工助学、地方政府资助等为基础的多元资助体系，按照教育部最新要求修订本科生勤工助学管理办法，提升资助工作的科学性和规范性。持续推进家庭经济困难学生发展型资助育人项目，实施翱翔计划和彩虹训练营等资助育人项目，落实资助育人理念，促进学生全面发展。组织开展家庭经济困难学生认定和“奖、勤、助、代、偿”资助项目的申请、评定、发放和管理工作，充分发挥网络平台作用，推进资助工作信息化建设。发挥各项奖助措施的激励和教育作用，开展“寒假送温暖”“诚信教育月”“资助政策宣传月”“感恩教育月”“发展型资助”“励志典型评选”，培养学生的自立自强、艰苦奋斗精神。

心理健康教育。加强构建宣传教育、实践活动、咨询服务、预防干预、平台保障“五位一体”的心理育人体系，多层次、多角度开展心理健康教育活动，创新改进工作方法，多措并举服务学生多元化的心理需求，促进心理健康教育工作整体提升。积极落实教育部、北京市、河北省相关文件要求，配齐建强工作队伍，发挥心理健康教育工作的育人功能，不断提升育人实效。开设研究生心理健康课程，扩大心理健康教育覆盖面。在学工队伍开展不同层次心理培训，提升各级各类人员心理沟通和危机发现能力。加强软硬件条件建设，增设 2 个个体辅导室，在 3 个学院设置二级心理辅导站，打造心理健康教育中心 2.0 版本。继续开设“家长课堂”、华电心理公众号、树洞回声、5·25 大学生心理健康节、新生班级参观心理中心等多种形式的心理健康知识宣传和教育活动，提高师生心理健康意识。北京校部获“2019 年首都大学生心理健康节优秀组织奖”。保定校区以“用心暖心，让爱流动”为主题，开展第十七届心理健康教育宣传月活动；以“逐梦初心，伴你同行”为主题，开展第七届心理中心开放月活动；在校园开展主题团体辅导活动，在班级开展主题班会教育。加强网络宣传力度，开通“听音知心”音频心理专栏，通过网络进行答疑、传播心理健康知识。

就业创业工作。学校就业指导中心完善全程化、特色化、个性化职业指导服务；构建全方位、各类型、多元化就业市场实施人性化、细致化、专业化就业帮扶；推进西部和基层就业，提升就业创业工作水平，推进大学生就业创业。聚焦国家发展战略，鼓励学生服务国家重点领域、重点行业、新兴产业，鼓励学生深入基层，2019 届签约毕业生到重点领域、重点行业和新兴产业就业的比例达 68.63%，到西部或基层地区就业的比例达 28.33%，到“一带一路”沿线地区就业比例达 49.77%，援疆援藏计划稳步推进。学校共为 97 名学生发放 3 万元的西部基层奖励。升学比例达 34.73%，出国（境）深造比例达 5.01%。

招生录取工作。学校面向全国实施大类招生，共分 22 个专业大类（北京校部 20 个、保定校区 18 个）进行招生。严格实施招生工作“阳光工程”，组织开展普通高考招生和自主招生、高校专项等特殊类型招生工作，与 31 个省（自治区、直辖市）招生部门合作，完成本科招生录取工作。理工类录取最低分超过当地重点线的平均值保持在 100 分上下，生源位列当地前 5%；文史类录取分数最低分超过当地重点线的平均值保持在 60 分上下，生源位列当地前 3%。根据华东师范大学社会调研中心发布的《中国大学录取分数排行榜》（2019）版，华北电力大学位列全国第 38 位。

国防教育。学校保定校区顺利完成 2019 级新生军训工作。军训期间，增加轻武器射击、战术与格斗基础和战场医疗救护、核生化防护、战备规定、紧急集合、行军拉练等实践训练内容。保定校区军事理论教师在第六届河北省普通高等学校军事教师授课竞赛中获得二等奖。北京校部首次举办华北电力大学“爱我国防”主题系列比赛。制作并发布国防教育和爱国主义教育类微信推送 10 余篇，累计阅读量达 13000 余人次。两地国旗护卫队举行多场重大活动升旗仪式，保定校区当天的国庆升旗仪式上，现场千余名师生齐唱爱国歌曲。北京校部获第十届北京高校国旗护卫队检阅式二等奖，10月1日升旗仪式被人民网报道；组织学生参加北京市“爱我国防”演讲比赛，获二等奖；组织学生参加北京市兵棋推演比赛，获三等奖。

（孙清磊　爱迪娜）

【概况】 2019年，学校共有92个本科班级被评为先进班集体、8个本科班级被评为“十佳示范性优秀班集体”。此外，10人获“校长奖学金”。北京校部电气1801班获2019年北京高校“我的班级我的家”优秀示范班集体，会计1602班、电气GJ1801班、吴仲华1701班等3个班级获“北京高校示范学生基层组织（班级）”荣誉称号。保定校区电气1613班、电子1602班获省级先进班集体荣誉称号。北京校部11人获“十佳班主任”荣誉称号，91人获“优秀班主任”荣誉称号。北京校部15人获“优秀学生工作干部”荣誉称号，8人获“专项工作先进个人”荣誉称号。赵珥希获“2019年全国高校辅导员年度人物”提名，刘娜受到中国教育电视台《我是辅导员》栏目报道，余小霞获青年教师教学基本功比赛校级三等奖。学校受邀成为“高校辅导员联盟”首批成员单位。在2019年度全国高校思想政治工作优秀论文征集活动中，北京校部王栋梁获一等奖、宫凯获三等奖，保定校区张蓓蓓获二等奖。保定校区3个院系获“学生工作先进集体”称号，10人获“十佳班主任”称号，91人获“优秀班主任”称号，5人获“优秀辅导员”称号，2人获“优秀学生管理干部”称号。3人获评河北省暑期“大家访”先进个人，5人入选河北省辅导员骨干人才库；1人主持的项目在2019年河北省高校辅导员工作精品项目评选中获一等奖；3人在河北省第五届高校辅导员职业技能大赛本科组决赛中获三等奖，另外，1人获理论宣讲单项二等奖；1人在第六届全省高等学校军事教师授课竞赛中获二等奖。学校为3182名学生办理国家助学贷款，贷款金额合计2032.2495万元。为6680名家庭经济困难学生发放国家助学金，共计1185.86万元。为673名学生发放国家励志奖学金336.5万元；为210名学生发放国家奖学金168万元。为1209名学生发放服义务兵役、赴基层就业学费补偿贷款代偿金1209.4864万元。发放校长奖学金、校内综合奖学金、单项奖学金、新生入学奖学金共计701.215万元，发放企业社会奖助学金360.8万元。积极整合校内资源，开辟学生工作助理、图书管理员、网站管理员等勤工助学岗位2392个，发放勤工助学工资609.0634万元。此外还发放临时困难补助、伙食补助、路费补助、新生绿色通道补助、保险补助、发展型资助等1465.5509万元。学校事业收入中用于学生资助的支出共计3136.6293万元。学校心理健康教育中心10月至11月为新生8221人进行心理普查，回访1340人，两校区共计重点关注66人。4月至5月两校区分别开展心理健康宣传月活动，采取形式多样、内容新颖、寓教于乐的方式吸引学生参与到心理健康教育知识的学习和体验中来。北京校部获得2019年首都大学生心理健康节优秀组织奖。全年两校区共安排团体辅导和培训120余场，新生参观心理中心活动基本覆盖所有本科新生班级，提供心理咨询3200余人次，危机干预百余次，外派学工干部参加心理专业相关培训近30人次。学校持续发力不断配齐心理工作人员，筹措资金加强心理健康教育中心软硬件升级改造，筹备建设心理实验室，建设院系二级心理辅导站建设，拓展网络心理宣传教育渠道，提升第一课堂心理教育覆盖面，有效提升学校整体心理健康的工作氛围。

2019年，北京校部录取2964名本科学生，生源质量持续保持较高水平。高考改革省份（浙江、上海）录取工作顺利完成且录取分数段位分布靠前。在非改革省份，理工类录取最低分超出当地重点线99.2分，15个省份录取最低分超出当地重点线达到100分以上，河北、黑龙江、陕西、海南等省份录取最低分高出重点线120分以上；理工类录取平均分超出当地重点线110分。文史类录取最低分超出当地重点线57.97分；平均分超出重点线61.69分。保定校区录取3260名本科学生。从各省录取的平均情况来看，保定校区录取分数继续保持增长趋势，除综合改革省份，在29个省区市的理工类录取最低分超过当地控制线的平均分为83.93分，比2018年高0.9分；在27个省区市的文史类录取最低分超过当地控制线的平均分为38.78分，比2018年高0.04分。在29个省区市的理工类录取平均分超过当地控制线的平均分为95.1分，比2018年高2.8分；在27个省区市的文史类录取平均分超过当地控制线的平均分为44.19分，比2018年高2.97分。学校全年接待进校招聘单位4162家，发布招聘信息20550条，发布招聘岗位224876个，举办各省电网公司、发电集团、能源集团专场招聘会90余场，学校本科生就业率90.84%。其中，高新技术产业、战略性新兴产业、先进制造业核现代服务业等新兴领域招聘单位显著增加，京津冀、“一带一路”、长江经济带等重点区域用人需求显著增强。学校武装部完成军训、大学生征兵工作，充分发挥特色学生社团作用，广泛开展了形式多样的爱国主义教育。组织师生参加国防教育类活动，成功举办“爱我国防”系列比赛，组织国旗护卫队参加北京市比赛，选派学生参加北京市兵棋推演比赛、北京市“爱我国防”演讲比赛，均获得优异成绩。保定校区军事理论课教师在河北省普通高校军事教师授课竞赛中获奖。

（孙清磊　爱迪娜）

【组织开展“我和我的祖国”巡讲】 2019年，华北电力大学在北京校部遴选18位辅导员和63位学生组建“我和我的祖国”师生宣讲团，让身边人讲身边事，将大理论化为小故事。在校内开展理论宣讲“百千万工程”，组织师生通过采用报告会、座谈会、交流沙龙、主题班会等多种形式，让理论宣讲走进100个学生班级，覆盖1000个学生宿舍，服务10000个学生。鼓励师生宣讲团走出校园走进社会，依托红色"1+1"支部共建、社区志愿服务、企业开放日、暑期社会实践及职业体验等平台，深入农村、企业、社区等开展宣讲，相关工作活动得到人民网等主流媒体的宣传报道。

（孙清磊）

【开展首都教育系统服务保障国庆活动全国巡讲】 2019年，为深入学习贯彻习近平总书记国庆系列重要讲话精神，切实做好首都高校服务保障国庆活动宣讲团全国巡讲相关工作，华北电力大学党委、北京印刷学院党委认真组织筹备，深入挖掘国庆活动中涌现出来的先进典型和感人事迹，联合成立首都教育系统服务保障国庆活动宣讲团。宣讲团先后在北京印刷学院，华北电力大学保定校区开展宣讲。11月5日，宣讲团在海南大学为当地各大高校和中学的近千名学生代表开展集中宣讲，并分别走进海南大学法学院与海南师范大学，参加"不忘初心 牢记使命"主题教育及党团日活动。活动在多个网络平台进行全国直播。相关工作受到人民网、学习强国、中国大学生在线、《海南日报》等主流媒体的报道。

（孙清磊）

【组织开展明德大讲堂】 2019年，学校组织开展明德大讲堂系列讲座，先后邀请郭明义、杨雨、姚喜双等最美奋斗者、知名专家学者走进校园，围绕中国传统文化、国家安全等主题开展6期专题讲座，有效提升优质教育资源供给。

（孙清磊 张 骞）

【组织领导干部上讲台活动】 2019年，为深入学习贯彻全国教育大会、全国高校思想政治工作会议和全国国有企业党的建设工作会议精神，教育部、国资委联合开展"领导干部上讲台"——国企公开课100讲、国企骨干担任校外辅导员活动，首批选择50家中央企业和50所高校结对。与华北电力大学结对的企业是中国长江三峡集团有限公司。华北电力大学聘任长江三峡集团2位优秀的年轻干部王韬和罗霄凌担任校外辅导员。2019年，长江三峡集团董事长雷鸣山及总经理王琳先后来校做专题报告。校外辅导员通过与学生分享交流、指导社会实践、参与党团日活动、组织企业开放日等方式帮助学生将读无字书与有字书结合起来，深入了解国情、党情、社情、企情，增强社会责任感。

（孙清磊）

【组建学生青春榜样先锋班】 2019年，北京校部选拔优秀学生骨干，成立青春榜样先锋班。通过理论学习、实践锻炼、美育培养、带动帮扶等手段，引领优秀大学生学习和掌握党的理论创新成果，了解国情，认识社会，提高思想政治素质，坚定理想信念，践行社会主义核心价值观。发挥学生骨干在学生中的示范引领作用，依托先锋班成员在广大学生中广泛开展宣传教育，影响和带动更多学生成长为德智体美劳全面发展的时代新人。年内，先后组织先锋班学员赴香山、西柏坡、正定红色教育基地开展教育学习活动。

（孙清磊）

【组织开展时代新人培育计划本科生系列教育活动】 2019年，为深入学习贯彻习近平新时代中国特色社会主义思想，落实高等学校立德树人根本任务，结合新中国成立70周年重要时间节点，学校在北京校部全体本科生中启动实施时代新人培育计划。教育活动聚焦学生思想特点和发展需求，充分整合各方面的教育资源。横向上从德智体美劳五个维度打造品牌示范活动；纵向上面向一年级学生开展入学适应教育和立志教育为主的"逐梦工程"，面向二、三年级学生开展成才启智教育为主的"筑梦工程"，面向大四年级学生开展就业创业教育为主的"圆梦工程"。通过纵横结合、五育并举的教育培养体系，着力培养德智体美劳全面发展的社会主义建设者和接班人。

（孙清磊）

【组织开展青春告白祖国系列教育活动】 2019年，结合新中国成立70周年契机，在学生中策划开展"青春告白祖国"系列教育活动。利用网上迎新系统，开设"给伟大祖国送祝福"环节，鼓励新生通过诗歌、散文、对联等多种形式为新中国成立70周年献祝福。精心设计迎新现场，播放爱国主义相关视频，通过展板、现场微景观、发放国旗贴纸等方式，营造庆祝新中国成立70周年的热烈氛围。设计制作"爱祖国、爱华电"大型喷绘，组织新生现场撰写并张贴祝福贴纸，抒发爱国热情，提升学生对爱国主义教育活动的参与感。组织"我和我的祖国"师生宣讲团及优秀青年校友面向新生开展"我与祖国共成长"教育活动。组织师生学唱爱国主义歌曲，以歌咏活动、文艺演出、师生合唱等形式唱响主旋律、讴歌新时代。在本科班级中广泛召开"青春告白祖国"主题班会，深入学习习近平新时代中国特色社会主义思想，深入学习党史国史、改革开放史、社会主义发展史。充分利用学工新媒体平台，设计推出"青春告白祖国"系列推送，配合线下教育活动，在线上营造良好的庆祝氛围。

（孙清磊）

【学生思政工作精品项目建设通过验收】 2019年12月，北京校部首批"一院一品"学生思政工作精品项目完成验收。首批支持的项目包含"三全育人"综合改革、"十大育人体系"构建、社会主义核心价值观培育践行及院风学风建设四个方向6个选题。能源动力与机械工程学院《"爱能动""三全育人"工作新模式》验收结果为优秀，其余5个项目验收合格。

（王桂有）

【"红色1+1"共建活动获佳绩】 2019年，北京校部以"不忘初心，牢记使命"为主题，组织学生党支部深入京津冀三地大学生"村官"所在的农村，以及优秀毕业生所在的乡镇街道社区、企事业单位、驻京部队等开展对口交流活动，11月，学校组织开展校内红色“1＋1”示范活动评审会，评选出一等奖1个，二等奖3个，三等奖6个，优秀奖5个。12月，北京高校红色“1＋1”示范活动展示评审会在北京化工大学举行。经过学校推荐、现场视频成果展示、评委提问答辩等环节，经济与管理学院2017级学生党支部获北京高校红色“1＋1”示范活动二等奖，控制与计算机工程学院2017级党支部获三等奖，人文与社会科学学院党委2017级党支部等三个支部获北京市优秀奖。全市共有1300余个共建支部参加评审。

（王桂有）

【构建学工新媒体矩阵】 2019年，学工部建立学工部微信与学院新媒体平台两级联动机制，制定《学工新媒体联络人制度》和《特约撰稿人制度》。在各学院和学生处各科室设置新媒体联络人，重大活动做到事前沟通、事后协同报道，强化校内主流舆论宣传阵地的协调联动。2019年，北京保定两地学工微信共发布推送630余篇，总阅读量近70.2万人次，北京校部8篇文章被北京市教工委官微转载。

（李哲雅）

【举办首届大学生网络文化节和网络教育优秀作品展】 2019年，为进一步推进网络文化建设，运用新媒体新技术使思想政治工作活起来，引导广大师生积极参与网络文化产品创作生产，北京校部以“我和我的祖国”为主题，举办首届大学生网络文化节和网络教育优秀作品推选展示活动，面向全校师生征集优秀作品，共收到66件作品，经校内评审后，推选20件作品参加第四届全国大学生网络文化节

（李哲雅）

【开展新生主题教育活动】 2019年，学校开展“我的中国梦，我的成才路”主题教育活动，帮助新生认识和融入大学，尽早确立发展目标。制作“萌新攻略”系列推送20余期，包含思想引领、校园资讯、适应性教育等内容，阅读量70000余人次，留言互动上百条。组织新生参观校史馆、创业孵化中心，制作校史校情主题推送，增强爱校热情。

（张　骞）

【多举措做好少数民族学生教育管理工作】 2019年，为提高少数民族学生的双语和专业课学习成绩，学生处专门开设少数民族学生双语提升班、计算机基础班和学业辅导班等个性化辅导课程，为全面提高少数民族学生的道德素养、综合素质和社会竞争力创造条件。加强思想政治教育，引导学生积极向党组织靠拢。学生处少数民族专职辅导员和内派老师以多种渠道开展思想引领工作，增强爱国主义教育的针对性和实效性。组织少数民族学生参观国家博物馆、观看电影《决胜时刻》、参观北京世园会、参观北大红楼纪念馆、参加五四升旗仪式、开展“我与祖国共成长，争做时代好青年”主题宣讲等活动深化爱国主义教育，增强少数民族学生历史使命感；开展“寻访初心，打卡北京”主题教育活动，引导少数民族学生牢固树立理想信念，增强自信心和自豪感。少数民族学生积极向党组织靠拢，申请入党的学生比例不断提高。

（地瓦那夏·肉孜买买提）

【组织学生集中收看国庆阅兵式和群众游行直播】 2019年10月1日，北京校部和保定校区分别组织学生集中收听收看庆祝中华人民共和国成立70周年大会、阅兵式和群众游行直播盛况。杨勇平校长同师生们一同观看。杨勇平发表热情洋溢的讲话，指出集中观看庆祝中华人民共和国成立70周年大会、阅兵式和群众游行盛况具有重要、特殊的教育意义，是一堂生动难得的思想政治教育课和爱国主义教育课。

（张江昆　范林达）

【开展校园巡回宣讲活动】 2019年3月—5月，学校选拔12名品学兼优的优秀学生代表、校长奖学金获得者组建青年榜样宣讲团，开展4期校园巡回宣讲活动，广泛宣传优秀学子先进事迹，充分展示优秀学子风采，进一步推动优良校风学风建设，发挥优秀学子典型对青年学生的榜样引领作用。

（范林达）

【召开校长奖学金获奖学生代表座谈会】 2019年12月18日，为进一步推动落实立德树人根本任务，总结学生成长成才规律，促进全体学生德智体美劳全面发展，学校召开2018—2019学年度“校长奖学金”获奖学生代表座谈会，校长杨勇平与获“校长奖学金”荣誉称号的学生进行座谈交流，了解学生在专业学习、科研创新、志愿服务等方面的奋斗历程和成功经验，并听取学生对学校人才培养质量提出的中肯意见和建议。副校长孙忠权，党政办、教务处、学工部、研工部、研究生院、校团委主要负责人参加座谈会。

（张江昆）

【开展十佳示范性优秀班集体评审会】 2019年11月26日，北京校部举行十佳示范性优秀班集体评审会。党委组织部、党委宣传部、党委研究生工作部、教务处、校团委等部门领导和老师出席并担任评委。本次创建评比活动，注重发挥班主任在班级建设中的积极作用，将班主任参与班级建设的情况纳入评分指标，同时在自荐环节也鼓励班主任积极参与，与班级成员一起展示班级风采。评审活动为各班级提供一个展示交流的平台，通过回顾和总结示范性优秀班集体创建的点点滴滴，共同探索班级建设好的经验和做法，促进班级建设整体水平的提升。会计1602班、电气1801班等十个班级获评2019年“华北电力大学十佳示范性优秀班集体”。通过选拔，电气1801班获2019年北京高校“我的班级我的家”优秀示范班集体。

（张江昆）

【召开学生评优表彰大会】 2019年12月12日、12月13

日，学校 2018—2019 学年度学生评优表彰大会分别于北京校部、保定校区召开。校长杨勇平，副校长孙忠权，校党委副书记郭孝锋，副校长律方成，校长助理米增强，党政办、学工部、研工部、教务处、校团委以及各院系主要负责人出席了会。副校长孙忠权主持会议。杨勇平校长为“校长奖学金”获得者颁发证书并授予奖章，对华电学子提出要有追求真理，严谨治学的求实精神；要有勇攀高峰，追求卓越的进取精神；要有奋发有为，肩负大任的担当精神的要求。

（张江昆）

【受邀加入高校辅导员联盟】 2019 年 11 月 1 日，中国教育电视台正式成立“高校辅导员联盟”，华北电力大学受邀成为联盟首批成员单位，全国 39 所高校获此殊荣。

（宋辉斐）

【开展辅导员培训系列活动】 2019 年，华北电力大学通过“请进来，走出去”相结合的方式，在北京校部和保定校区开展辅导员培训系列活动。2019 年北京校部共开展 16 期“学工 E 站”辅导员系列培训活动，组织 77 人次参加省部级培训、639 人次参加校内培训。保定校区共开展辅导员“磐石计划”9 期，组织 34 人次参加省部级培训、468 人次参加校内培训。

（宋辉斐　程利敏）

【举行辅导员素质能力大赛】 2019 年 1 月，北京校部组织举行第三届辅导员素质能力大赛。比赛设笔试、案例分析、谈心谈话和理论宣讲四个环节。经评委专家组评审，崔灿获一等奖，张冬月、盖姝获二等奖，刘娜、费翔、吴薇、黄凯兰、王炜获三等奖，李伯远、孙晓琮、孙清磊、刘洋获单项奖。

（宋辉斐）

【赵珥希获全国高校辅导员年度人物提名】 2019 年 10 月，在全国高校辅导员优秀骨干培训班开班仪式上，第十一届“高校辅导员年度人物”获得者名单揭晓，一批信念坚定、师德高尚、爱岗敬业、潜心育人的优秀辅导员脱颖而出。华北电力大学核科学与工程学院辅导员赵珥希获第十一届“全国高校辅导员年度人物”提名奖。

（宋辉斐）

【中国教育电视台报道辅导员刘娜事迹】 2019 年，中国教育电视台《我是辅导员》栏目报道控制与计算机工程学院辅导员刘娜连续 17 年坚持立德树人的初心使命，筑梦学生成长成才，用“幸福”诠释辅导员的坚守，用“爱”守望学生发展方向，用“行”浇筑学生成才之路，用“情”呵护学生精神家园。

（宋辉斐）

【高校辅导员精品项目获佳绩】 2019 年 6 月 11 日，在河北省教育厅组织开展的 2019 年高校辅导员工作精品项目评选中，胡庆宇负责的《“繁星闪亮”朋辈榜样育人项目》获一等奖。

（程利敏）

【举办中国教育电视台思政公开课进校园全国巡讲活动】

2019 年 11 月 20 日，华北电力大学作为“高校辅导员联盟”成员单位，承办中国教育电视台“思政公开课进校园全国巡讲报告会”。报告会以视频形式在北京、保定两地同时举行。校党委书记周坚、中国教育电视台副台长陈宏发表重要讲话。教育部高等学校社会科学发展研究中心主任王炳林为华北电力大学师生作题为《坚持立德树人 建设教育强国——学习习近平总书记关于教育重要论述》主题报告。宣讲团成员华北电力大学孙芳、南京师范大学沈菲、燕山大学王银思、天津医科大学郭琳分别作主题宣讲。

（宋辉斐　张　骞）

【实施本科生朋辈辅导员计划】 2019 年 9 月，面向 2019 级新生继续实施新生朋辈辅导计划，共招募 160 名朋辈辅导员，按照“以宿舍为基本单元、跨院系组合、男女生混编”的原则进行分组，为每名新生配备 1 名高年级朋辈辅导员负责引领和指导。通过开展团体破冰、校史校情与保定风土人情、大学目标规划与生涯指导，以及校园认知等多项工作，帮助新生尽快适应融入大学生活。2019 年 5 月，创立“朋辈君在华电”公众号，推出原创网络作品近 20 篇，阅读量近 7000 人次。新生朋辈辅导计划获“2019 年度河北省高校思想政治工作创新案例二等奖”。

（程利敏）

【陈希原到校调研】 2019 年 5 月 9 日，全国学生资助管理中心主任陈希原到校调研，对学校校精准资助和资助育人工作表示肯定和赞扬。中国教育电视台 2019 年开学季直播特别节目《开学啦》以“精准资助 · 助力人生出彩”为主题，报道学校精准资助育人工作经验。学校受邀在 2019 年第二期全国学生资助培训会上就精准认定模型有关内容进行经验介绍。

（刘　璐）

【开展绿色通道书香传情活动】 2019 年 9 月学生报到当天，学校在迎新广场设立家庭经济困难新生服务站，布置“绿色通道”宣传展板，成立志愿服务队为新生和家长提供咨询与帮助。北京校部在开学前通过新生报到系统采集学生基本信息并运用大数据模型进行困难情况分析，进行预认定。由新生辅导员与困难学生取得联系宣传资助政策、提供资助支持。为 10 名特殊困难学生发放每人 1000 元的路费资助。“绿色通道”迎新现场办理缓交学费、优先入学手续，为 110 名家庭经济困难新生提前在其宿舍床位上铺好崭新的卧具，发放近 200 部爱心手机，此外还发放包括“营养卡”“通讯卡”“美丽卡”等在内的一套七张的资助卡片，各类卡片对应不同的资助金额，实现新生入学精准资助。保定校区发放资助政策宣传手册和诚信、感恩、励志教育宣传材料千余份，提供含有生活和学习用品的“暖心礼包”400 余套，办理助学贷款等相关手续近 500 份，为近 600 名同学进行勤工助学岗位咨询登记。在“书信传恩情”活动中，学校专门制作以校园风景为内容的明信片，同学们可以通过明信片表达对家长和老师们的感恩之情，与他们分享进入新校园、新环境的喜悦。该活动得到同学们热烈响应，至年底，收到明信片近千份，学校将免费将明信片寄到目的地。

（刘　璐　张汉军）

【开展国家助学贷款助我成长主题征文】 2019年是国家助学贷款开办20周年，为充分体现国家学生资助政策的人本情怀，展示国家学生资助政策在学生成长过程中的作用，学校举办“国家助学贷款助我成长”主题征文活动，积极寻找国家助学贷款开办20年以来，接受过国家助学贷款资助、自强不息、奋发蹈厉的成才榜样。各院系积极响应号召，报送高质量征文，在校内选拔赛阶段共收到292篇征文。广大学生结合自己的亲身经历，讲述对助学贷款的感恩之情及在国家政策呵护下的成长历程，激励在校的莘莘学子砥砺前行。

（刘　璐　张汉军）

【开展资助育人活动】 2019年，北京校部举办四期“绿色氧吧”活动，以主题教育、爱国展览参观、经验交流、朋辈互助等活动形式引导学生更好地认知自我、接纳自我、提升自我，让学生在体验式交流活动中吸取营养、提升自信，提高爱国热情。开展“成长1＋1”活动，通过聘任有热情、有能力、有经验的优秀管理干部或教师党员担任家庭经济困难学生和建档立卡学生成长导师，对学生成长成才进行有重点、全过程的引导和培养。保定校区将资助教育与具体活动相结合，通过设立“诚信教育月”“资助政策宣传月”“感恩教育月”，举办“自立自强学子”评选与“自立自强学子”报告会，开展“爱要大声说”感恩留言、“书香传情”爱心捐赠、“诚信伴我行”诚信教育报告会等活动，培养学生的自立自强、艰苦奋斗、诚实守信的精神。

（刘　璐　张汉军）

【建立新生心理档案】 2019年10月至11月，北京校部对2019级新生开展心理普查，此次普查采用新的测评系统，同时开通手机端和电脑端，方便测评，提高测评效率。学校进一步加大新生筛查和回访力度，将学生按照测评结果分类回访，增加回访时间至30分钟，为更准确地判断学生心理状况，提升心理普查实效奠定基础。北京校部本科生、研究生共计4571人参与测评。11月，心理健康教育中心对筛查出的学生进行回访，根据统计标准邀请回访1130人，涉及重点关注学生40人。建立2019级新生心理健康档案，并向院系反馈重点人群，以进一步做好心理危机的防范工作。保定校区在2019级4650新生中开展心理普查，回访210人，重点关注学生26人。

（史海松　石世平）

【完善云心理健康服务平台】 华北电力大学北京校部进一步完善云心理健康服务平台。云心理健康服务平台的内容包含心理健康普查、咨询预约、咨询个案管理、危机上报、放松减压等相关心理工作。10月，借助云平台，学校高效完成2019级新生心理普查。后期，云平台将继续不断优化，充分利用大数据技术，为开展学生心理健康教育活动提供真实有效的数据支持，促进心理健康教育工作的信息化、网络化，提升心理育人实效。

（郝一丹）

【心理健康宣传教育】 2019年，学校两地开展形式多样的心理健康教育活动。4月至5月，北京校部以“筑梦，追梦，圆梦”为主题，承办首都高校大学生心理健康节“融心创意，助梦花开”心理健康自助文创作品征集大赛，举办包括“美丽心世界”心理嘉年华、“心晴剧场”心理微视频大赛、“彩笺追忆影成画”涂色大赛、“每日高光”幸福手账、心理健康主题班会、心理电影展播、宿舍文化节等20余项校内特色活动；保定校区以“用心暖心，让爱流动”为主题，举办第十七届心理健康宣传月活动，围绕营造温暖和谐的人际关系，增强心理归属感的目标，举办积极心理学讲座、沙盘游戏体验、荧光夜跑、手绘文化衫、暖心电影放映系列活动。9月至11月，两地分别组织新生走进心理健康教育中心进行参观体验，覆盖所有新生班级，帮助学生树立心理健康观念，正确认识心理咨询，拓宽求助资源。保定校区开展主题团体辅导活动，在班级开展主题班会教育。两地加强网络宣传力度，北京校部线上宣传平台“华电心理”开设“树洞回声”专栏，每周推出一期针对学生普遍心理困扰的专业答复，全年收到学生投稿130篇；保定校区开通“听音知心”音频心理专栏，通过网络进行答疑、传播心理健康知识。

（余小霞　石世平）

【开展心理专题培训】 2019年3月至12月，北京校部心理健康教育中心以专题讲座、技能演练、案例督导、主题沙龙等形式，为大学生心理热线接线志愿者开展专业培训18次。保定校区在4月，5月和11月，每周四和周日下午开展以心理委员为主的心理健康培训，培训内容有主题班会设计、宿舍谈心谈话、心理工作交流、心理健康讲座等内容。

（余小霞　石世平）

【开设研究生心理健康课程】 2019年，心理健康教育中心探索多样化的心理健康教育形式，坚持育心与育德相结合，培育学生自尊自信、理性平和、积极向上的健康心态。中心积极改进心理健康教育教学工作，推进落实集体备课、同辈听课、试讲分享，提升心理健康教育教师队伍专业水平，增强教学效果。9月，试点为研究生开设心理健康选修课程，以网上课程加线下团体辅导形式，加强研究生心理健康教育工作，提升心理健康教育覆盖面。

（史海松）

【试点建设学院二级心理辅导站】 2019年，学校创新心理健康教育工作模式，经学院申报、现场答辩，在三个学院试点开展二级辅导站建设。中心选聘兼职心理咨询师担任驻站导师，为驻站导师颁发聘书，协助学院开展队伍建设、团体辅导、危机干预等工作。12月，学校举行学院二级心理辅导站授牌仪式，副校长孙忠权出席并分别为电气与电子工程学院“知心工作室”、能源动力与机械工程学院“心·动工作室”以及环境科学与工程学院“开心驿站”等首批建设的三个心理辅导站进行授牌。

（史海松）

【举办心理健康讲座】 2019年4月20日，保定校区邀请北京邮电大学心理素质教育中心主任张平举办“积极心理品质塑造”心理健康讲座。讲座通过具有代表性的积极品质塑造，阐释大学生自我规划的方法，引导学生积极面对生活，激发大学生的卓越意识。张平，北京邮电大学心理素质教育中心主任，国家注册心理咨询师（Z－14－060）、国家注册心理咨询委员会评审专家、北京高教学会心理研究会副秘书长。

（石世平）

【与北京师范大学共建实习基地】 2019年，华北电力大学心理健康教育中心与北京师范大学心理学部合作签署“北京师范大学心理学部与华北电力大学心理健康教育中心关于建立临床实习基地协议”，根据协议，心理健康教育中心接收北京师范大学心理学部临床与咨询方向专业硕士研究生到中心实习。实习生参与中心咨询工作，接受中心的督导和管理。

（史海松）

【组织自主招生校内测试】 2019年6月16日，北京校部组织自主招生和高校专项招生校内测试。测试包括认知和发展评测、笔试、面试等。面试环节采用“四随机”，即考官考场随机抽取、考生面试序号随机抽取、考场随机抽取、测试题目随机抽取，确保测试公平公正。入选名单在本科招生信息网公示后按教育部要求在阳光高考平台、省招生办和中学公示。北京校部自主招生入选资格2人、高校专项入选资格70人。保定校区自主招生入选资格0人、高校专项入选资格80人。

（汤明润　张春旺）

【多种形式开展招生宣传工作】 2019年，学校加大招生宣传力度，成立由各院系及各职能部门负责人为组长的招生宣传工作组。各院系参与招生宣传，印制本系宣传材料，派出骨干教师参与招生宣传工作。宣传工作组于3月、6月、10月、11月、12月奔赴全国各地走访中学。编印《华北电力大学2019年招生简章》，制作2019年报考指南，在各省免费发放50000余份宣传资料。招募寒假招生宣传大使2000余人赴全国各地1000余所重点高中开展招生宣传活动，发放宣传材料20000余份。学校首次利用抖音、今日头条等平台开展招生宣传工作，抖音视频浏览量达500万人次，今日头条阅读量达56万人次。

（汤明润　张春旺）

【举办多场大型校园双选会】 2019年华北电力大学北京校部举办10场双选会（9场综合类，1场电力人才类），共有1413家用人单位入校招聘，招聘专业涵盖学校所有专业。3月6号，举办新时代女大学生校园招聘会，30家单位入校招聘，提供岗位数800余个；3月16日、10月19日以及11月16日，与北京高校就业指导中心共同举办3场大型综合类双选会，共有430余家用人单位入校招聘；4月23日、4月27日和5月11日，举办三场“华北电力大学毕业生春季双选会”，近200家用人单位进校招聘；10月14日，中国华能集团有限公司2019年华北电力大学招聘会在北京校部举办，近500家华能下属企业入校招聘，提供岗位2000余个；11月2日，举办国网人才中心第十七届全国电力人才招聘大会（巡回）专场，4家单位入校招聘，提供岗位数80余个；12月1日，举办“华北电力大学2020届毕业生冬季双选会”，共有150多家用人单位参加。

（王栋梁　李博阳）

【开展就业创业指导及实践活动】 2019年暑假期间，华北电力大学北京校部组织了11个团队，总计200名学生到全国18家企业开展“筑梦中国”暑期职业体验、就业创业调查等活动，与用人单位合作成立2个企业英才俱乐部，形成就业创业调研报告100余篇。保定校区举办“胸怀家国梦，励志名企行”——献礼祖国七十周年华诞暑期社会实践专题活动。此次活动确定11支实训队伍，共计147人，分别前往中国南方电网、中国核能电力股份有限公司等单位开展活动。2019年9月至10月，华北电力大学启动为期一个月的就业创业指导服务月。服务月期间，学校和院系开展多场就业创业专题知识讲座，内容涉及就业形势分析、就业准备、简历制作、公务员应考、出国留学、考研准备、创新创业等多个主题，形式多样、内容丰富。

（王栋梁　宣兆卫）

【就业官网就业APP运行】 2019年，华北电力大学设计开发的就业官网、就业APP累计注册单位数量为5790家，发布招聘岗位7678个，岗位需求总数约224876个，定向推送就业信息20550条，平均网站日浏览人次达3万以上。就业官网、就业APP正有力地帮助学生找到更好的工作，协助企业进校举办招聘活动。

（吕思宇　李博阳）

【学生创新创业成果获奖】 2019年，华北电力大学学生创新创业在多个领域取得丰硕成果。靖仕寅指导的量子纳米节油器项目获全国可再生能源科技竞赛二等奖。

（王栋梁）

【创业项目获政府奖金】 2019年8月，学校获保定市科技创新创业项目竞赛一等奖一项，二等奖五项，三等奖7项，累计奖金67万元；10月，获得保定国家高新技术开发区创业竞赛二等奖一项，三等奖一项，优胜奖两项，累计奖金34万元，补助90万元；10月，获河北省第七届创新创业大赛

一等奖一项，二等奖三项，累计奖金33万元。累计获政府奖金和补助224万元

（刘明浩）

【获河北省优秀创业项目一等奖】 2019年10月，保定校区就业指导中心选送的项目参加第八届中国创新创业大赛（河北赛区）暨河北省第七届创新创业大赛决赛并获一等奖。

（刘明浩）

【举办毕业教育系列活动】 2019年4月至6月，北京校部举行2019届毕业生“为青春着色 为华电添彩 为祖国建功”主题教育活动，包括毕业生代表讲座、就业创业专题讲座、毕业纪念品制作、毕业生访谈、摄影作品征集、微视频征集、图文音乐作品征集和离校寄言等专题活动，进一步加强毕业生思想行为教育，激发毕业生爱校荣校之情、感恩奉献之心和报国成才之志，引导广大毕业生积极践行社会主义核心价值观，强化大学生对自身责任和使命的认识，树立实干精神。

（王栋梁 孟一飞）

【举办毕业典礼暨学位授予仪式】 2019年6月28日，保定校区举行2019届毕业生毕业典礼暨学位授予仪式。校党委书记周坚、校长杨勇平等校领导出席毕业典礼和学位授予仪式，为毕业生颁发毕业证书和学位证书，在毕业典礼结束后进行“我和我的祖国”爱国主义教育环节，毕业生向伟大祖国70华诞献礼。

（李兰涛）

【39人参军入伍】 2019年，学校通过多种方式广泛开展征兵宣传，落实大学生参军入伍优惠政策，激励引导学生应征入伍。北京校部拍摄征兵工作宣传短片，保定校区举办强军战歌巡回演出活动。2019年，学校报名参军人数、上站体检人数均创造历史新高，共有39人参军入伍，其中北京校部20人，保定校区19人。

（孙笑宇 赵书彬）

【国庆服务保障工作获评先进】 2019年，按照“精精益求精、万万无一失”的标准，学校高质量完成服务保障庆祝中华人民共和国成立70周年各项工作，获北京市筹备和服务保障中华人民共和国成立70周年庆祝活动先进集体。学工部1人被授予“北京市服务和保障庆祝中华人民共和国成立70周年先进个人”称号。

（孙笑宇）

研究生学生工作

【概述】 2019年华北电力大学党委研究生工作部专职工作人员共11人，其中北京校部7人，保定校区4人。年内，党委研究生工作部通过深入开展调研，进一步完善“三全育人”格局和工作机制，制定全面落实研究生导师立德树人职责实施细则等文件，明确导师立德树人职责、工作要求和组织保障，构建适应研究生教育规律的思想政治教育工作体系。开展教师党支部与研究生党支部“1+1”共建，探索导师参与和示范作用发挥的机制。以党建为龙头开展研究生思想政治教育，加强研究生党支部建设，狠抓干部队伍建设，着力提升党员干部政治理论水平、思想素质和党务工作能力。以研究生奖助激励体系建设为引导，以学术文化和创新实践为主线，促进研究生在学术成长中培养浓厚的家国情怀，提高研究生创新创业能力。以新生引航工程为契机，加强研究生新生教育、分类培训，激发研究生思想提升的内在动力。大力推进学校两地一体化建设，研究生教育管理工作，从文件制定、部署实施、宣传教育等，基本实现两地一体化，形成合力，完成研究生教育管理工作。2019年，毕业研究生一次就业率持续保持97%以上，持续保持较高的就业质量。

研究生党建。以党建为龙头开展研究生思想政治教育，加强干部队伍建设，两地先后举办三期研究生党支部干部培训班，着力提升党员干部政治理论水平、思想素质和党务工作能力，培训学员600余人次；继续开展理论宣讲活动，组织研究生宣讲团进入班级、党支部开展微党课宣讲活动，提高研究生政治素养。以研究生党支部为抓手，以新中国成立70周年等重大活动为主线开展红色“1+1”、支书沙龙、支部风采大赛等系列教育活动，组织5000余人次参观大型成就展、香山革命纪念馆等。启动研究生党建调研基金第九期资助项目，资助八支队伍对研究生基层党建、政治教育及学校建设等领域的专题问题进行深入的研究。研工在线、华电研途等新媒体活跃。

研究生文化活动。依托“前沿&创新”学术论坛，两地共举办各类学术讲座150余场次，组织研究生参加中国研究生创新实践系列大赛，获国家和省部级奖励200余项，连续九年获优秀组织奖，保持高校前列。2019年6月—9月，以祖国70周年大庆为契机，开展“小我融入大我，青春献给祖国”暑期社会实践调研，共计17支队伍150余人，奔赴祖国大江南北，切身感受祖国蓬勃发展。在“我是中国研究生，我为祖国点赞”主题活动组织评比中，获教育部学位中心评选的优秀组织单位奖。

辅导员队伍建设。自2017党委研究生工作部率先探索研究生辅导员队伍建设新模式和新机制，提出从应届毕业、中共党员的非全日制研究生中选聘研究生辅导员，2019年7月，新增7名研究生辅导员上岗，研究生辅导员达到21人。

研究生就业与创业工作。党委研究生工作部开设研究生就业与创业规划指导课，举办“名企实习有约”“名企

零距离参观”“求职培训”“模拟面试”等活动，协助完成校企合作签约仪式，先后组织研究生与联合动力、施耐德、戴勒姆、广联达、新浪等企业进行现场面对面经验交流及面试培训，深入挖掘校企和校政协同合作资源，开阔研究生就业创业视野。

（李　林　郑宗明　彭忠军　赵军伟　李欢欢）

【举行2019届研究生毕业典礼】 2019年4月3日、4月4日，学校分别在北京校部和保定校区召开2019届研究生毕业典礼暨学位授予仪式。校领导周坚、杨勇平、李双辰、郝英杰、孙忠权、王增平、郭孝锋、律方成，学校有关职能部门、各院系负责人和27名博士、2152名硕士研究生共同参加此次学位授予仪式。校学位评定委员会主席、校长杨勇平发表题为《将责任理念融入人生血脉》的重要讲话。

（李　林　彭忠军）

【举办研究生党支部书记理论与实务培训班】 2019年5月21日—6月22日，为深入学习贯彻习近平新时代中国特色社会主义思想和党的十九大精神，落实全国教育大会、全国高校思想政治工作会议部署，营造庆祝新中国成立70周年的热烈氛围，按《北京市教育系统庆祝新中国成立70周年“我和我的祖国”爱国主义主题教育活动方案》的要求，引导研究生党支部书记加强理论学习，坚定理想信念，提高工作能力，学校党委组织部、党委研究生工作部联合举办2019年研究生党支部书记理论与实务培训班活动，该培训活动历时一个月，包括十大活动版块，分别是党建调研基金项目交流与验收，“我和我的祖国”研究生党员骨干预备宣讲会，专题讲座，“微党课”学习，专题学习研讨，支部党团日活动，组织生活大讨论和西山无名英雄广场、新浪公司、戴姆勒公司、北大红楼参观访学，从各个方面切实提高党员骨干的政治理论水平，增强每位党员骨干的实务工作能力。

（李　林　郑宗明）

【开展研究生党建基金调研活动】 2019年5月，研工部开展党建基金调研活动。旨在通过调研活动加强研究生党员对习近平新时代中国特色社会主义思想的认识与理解，提高研究生基层党组织的党建工作能力。共有8支立项队伍分别就高校研究生对改革开放四十周年民生变化的认识、探索关于加强学校研究生政治理论学习成效的实践路径、师生党支部结对共建在“三全育人”环境下的创新模式研究、如何构建研究生党支部建设与班级建设的联系机制，以及关于学校研究生党员先进性状况调查研究、研究生党支部基层党建优秀组织生活案例研究、研究生党员先进性状况调查研究、研究生宪法意识及法治观念的研究等领域的专题问题开展研究。

（李　林　赵军伟）

【举办研究生党支部风采大赛】 2019年7月3日，“不忘初心、牢记使命”研究生党支部风采大赛在保定校区礼堂举行。校党委副书记郭孝锋出席活动，相关部门负责人及院系党委、党总支副书记参加本次活动。通过激烈角逐，硕自171班党支部获大赛一等奖，硕电力171班党支部、硕电子182班党支部获大赛二等奖，硕动力174班党支部、硕经管171班党支部、硕机械172班党支部获大赛三等奖。

（李欢欢）

【开展暑期社会实践调研】 2019年暑期，以祖国70周年大庆为契机，鼓励研究生走出校门，培养学生实践能力，切身感受祖国蓬勃发展，研究生院开展“小我融入大我，青春献给祖国”暑期社会实践调研，共计17支队伍150余人，奔赴祖国大江南北，收到60余篇投稿。在《中国研究生》杂志发表优秀团队摄影作品，网络投稿受到众多媒体转载。在“我是中国研究生，我为祖国点赞”主题活动组织评比中，获教育部学位中心评选的“优秀组织单位”称号。

（李　林　赵军伟）

【开展研究生新生入学教育】 2019年9月5日至6日，2019级研究生新生入学教育大会分别在北京校部和保定校区举行。研究生院、党委研工部、新聘导师代表、2019级研究生班主任、辅导员和全体研究生新生等参加大会。在北京校部大会上，党委研究生工作部部长李林做题为“在华电读研的日子——成就最好的自己”的入学教育报告。研究生院副院长张淑莉、专业学位中心副主任张磊分别就全日制研究生和非全日制研究生解读研究生培养相关工作。能源动力与机械工程学院王晓东教授和经济与管理学院侯学良教授做科学道德与学风建设宣讲教育专题报告。保定校区彭忠军和刘彦丰分别做研究生校风校纪教育和学籍及教学管理教育报告。马克思主义学院院长王聚芹、动力工程系博士生导师阎维平，先后为2019级研究生新生作科学道德、学术诚信和学风建设专题报告。

（赵军伟　李欢欢）

【开展研究生新生领航工程】 2019年9月—10月，结合学校研究生工作特点，研工部认真落实相关工作，早谋划、早部署、早落实、重实效，结合新中国成立70周年庆祝活动，开展“不忘初心、牢记使命”主题教育活动，有序推进领航工作，不断加强理想信念、爱国爱校、遵纪守法、科学道德与学风建设等教育，引导研究生尽快实现角色转换，早日投身能源电力科学研究。

（李　林　郑宗明）

【推进研究生奖助体系建设】 2019年9月—10月，学校开展研究生优秀奖学金评定和研究生先进评选工作。2019年共有5名研究生获校长奖学金，29名博士研究生和159名硕士研究生获研究生国家奖学金，69名博士荣获优秀博士奖学金，207名研究生获社会奖学金，55名研究生获优秀研究生标兵称号，766名研究生获优秀研究生称号，391名研究生获优秀研究生干部称号，33个研究生班级获先进集体称号，515名博士研究生获学业奖学金，2908名硕士研究生获一等学业奖学金，2891名硕士研究生获二等学业奖学金，1340名硕士研究生获三等学业奖学金。不断加大研究生“助研、助教、助管和兼职辅导员”(简称三助一辅)工作力度，面向全体740名博士设立助教助研岗位，设置和选聘62名研究生从事学业辅导，170名研究生从事课程助教，448名研究生(其中保定198人)从事助管，59名(其中保定25名)研究生从事研究生兼职辅导员工作。北京校部和保定校区全年共发放“三助一辅”岗位助学金995.1211万元，鼓励和支持研究生在学校教学、科研与管理服务中发挥积极作用。2019年，北京校部研究生共获得奖助学金总额为7916.3611余万元，保定校区研究生共获得奖助学金总额为2953.71万元。

(李　荣　张帅仁　李欢欢)

【举办研究生党支部培训班】 2019年11月17日—12月10日，学校校党委组织部、党委研究生工作部联合开展2019年研究生党支部干部培训班活动。该活动内容包括学生党务工作专题讲座、“习近平新时代中国特色社会主义思想解读”“中美关系及中国面临的国际环境”主旨讲座、理论研学、党部建设经验交流、香山革命纪念馆参观实践等板块。

(李　林　郑宗明)

【开展研究生党员骨干培训】 2019年11月至12月，保定校区党委组织部、党委研工部开展“不忘初心 牢记使命”研究生党员骨干培训，围绕什么是共产党人的初心和使命，怎么理解初心和使命，为什么要牢记初心和使命，如何践行初心和使命、勇做时代先锋等几个方面学习，通过集中培训、专题研讨、分组讨论、撰写论文、参观学习等方式，对习近平新时代中国特色社会主义思想、党建实务、党员定位和先锋作用发挥、干部能力提升进行全面学习和研讨，有效提升研究生政治理论水平。

(李欢欢)

【研究生理论宣讲团】 2019年1月—12月，保定校区党委研究生工作部研究生理论宣讲团以党建和思想政治教育为主要内容开发课程、开展宣讲，全面面向研究生班级和党支部宣讲14次，录制网上微宣讲7次。

(龚信华　李欢欢)

【举办研究生党支书沙龙活动】 2019年5月—11月，保定校区党委研究生工作部组织研究生党支书沙龙活动3期，学习习近平五四讲话精神，参观红色教育基地，邀请全国优秀党支部总书记开展交流，为研究生党支书开展工作提供良好的指导。

(李欢欢)

【举办研究生助管培训】 2019年11月2日，保定校区举办研究生助管培训会，2019年新聘研究生助管全体参加。本次培训详细介绍助管设立的政策、背景和相关要求，强调助管在助学和加强学校管理服务工作的同时，要全面培养和锻炼研究生的综合素质和能力，进一步提高助管的思想认识，端正助管的工作态度，增强工作能力。

(李欢欢)

【举办研究生前沿 & 创新学术论坛】 2019年，党委研究生工作部精心打造研究生“前沿 & 创新”学术论坛精品活动，举办学术论坛53期(其中保定8期)，先后邀请中国电力科学研究院郭剑波院士、瑞典皇家工学院 Victor Kimberg、新加坡高性能计算机研究院高先科博士、知网培训讲师李宁等知名人士，论坛内容从前沿技术、能源需求、创新实践，再到人工智能和能源发展，为研究生带来科技前沿讲座，营造良好的校园学术氛围。

(李　林　郑宗明　李欢欢)

【全国研究生创新实践系列赛事获多个奖项】 2019年，党委研究生工作部组织研究生参加第十五届中国研究生数学建模竞赛、第五届全国大学生能源经济学术创意大赛、第五届“互联网+”大学生创新创业大赛、第二届中国可再生能源学会大学生优秀科技作品竞赛、2019中国研究生电子设计竞赛、2019中国研究生电子设计竞赛商业计划书大赛、2019全国尖峰时刻商业模拟大赛、第20届中国机器人及人工智能大赛，取了优异的成绩。在第十五届全国研究生数学建模竞赛中，获国家一等奖1队，二等奖9队，三等奖10队，学校获“优秀组织奖”；在第五届“互联网+”大学生创新创业大赛中，获三等奖1项；在第五届全国大学生能源经济学术创意大赛中，获二等奖4项，三等奖6项；在2019年全国尖峰时刻商业模拟大赛中，获三等奖5项；在2019中国研究生电子设计竞赛中，获华北赛区三等奖1项；在大学生创新创业训练考核中获国家级良好。保定校区在全国研究生创新实践系列赛事中获国家、省部级奖项119项，获优秀组织奖3次。

(李　林　彭忠军)

【举办博士交流沙龙】 2019年12月，研工部组织开展“博士交流沙龙”主题活动，活动以“学术峥嵘，思想争鸣”为宗旨，邀请获得国家奖学金的优秀博士及有出国留学经历的优秀博士从学科前沿动态、研究领域热点话题等方面，为大家分享科研经验，交流心得体会，拓宽同学们的视野，科学规划学术生涯，合理安排课余生活。

(李　林　郑宗明)

【开展主题教育活动】 2019年，保定校区党委研究生工作部以党建思政为核心，全年开展“卓越奋进新时代，立德树人创一流”主题教育活动，组织研究生分类培训，搭建科技创新平台，依托“研读、研语、研讲、研创、研行、研途”六研系列活动，读好书、讲理论、开讲座、做拓展，全方位提升研究生综合素质。

(李欢欢)

安全保卫工作

【概述】 2019年,华北电力大学安全保卫工作结合“不忘初心、牢记使命”主题教育开展工作,筑牢意识形态阵地,深化科技创安,构建和谐有序的校园环境,确保校园安全稳定、保障学校各项事业顺利开展。

意识形态工作。抓好重点人员管控教育,对相关情况进行台账式管理,对在册重点学生建立“一人一策、一人一组、一人一案”的帮教工作机制。对有严重心理和精神疾患的学生建立台账,及时掌控其动态,确保学生及学校安全稳定。及时掌控师生思想动态,每学期对全校各院系及主要单位师生进行一次矛盾纠纷排查和思想动态调查,有针对性地开展应对工作。加大安全宣传教育力度,开展丰富多彩的安全宣传教育,充分利用电子显示屏、横幅、条幅及展板推送各种安全信息,制作并播放重点要害部位消防宣传片,发放光盘、书刊、温馨提示等宣传品,多次组织消防应急疏散演练,举办专业安全课堂讲座,提高师生员工安全防范意识。

安保工作。出色完成国庆70周年群众游行19方阵的训练、彩排、游行的安保任务。完善出入校门人脸识别系统,实现校园大门全覆盖,有效阻止社会闲杂人员的进出,降低发案率。对校园安全隐患进行专项整治,向相关部门通报办公用房夜间不锁门、发布消防隐患通知书,并限期整改,有效降低偷盗及消防事故发生率。做好校园内大型活动的安保预案,确保迎新、研究生入学考试、全国英语四六级考试、毕业典礼及各项演出活动的安全顺利举办。全年发布治安预警通告九次,编辑印发《安全动态》共8期。

校园交通管理。升级改造校门,扩宽进出通道,实现人车分离,提高车辆通行率,有效保障师生进出校园安全。上线并运行来访车辆预约平台,规范校外人员来访,提高办事效率。引进并有序管理印有华北电力大学Logo标识的哈啰共享单车,方便师生绿色骑行。贯彻北京市公安机关交通管理部门规定,制定校内电动自行车管理办法,加强校内电动自行车行驶及停放管理,发放校内电动自行车准行号牌。加强机动车驾驶人的安全驾驶教育,对违停、超速等违章人员进行教育约谈,增强驾驶人安全意识,防止校园交通事故发生。进一步规划校园道路及交通安全标识,对校内所有模糊标线重新描画,在道路交叉口新增十处人行斑马线,确保师生通行安全。

(倪景峰　卢青松)

【概况】 2019年,华北电力大学保卫处共有保卫干部18人(含保定9人),其他职工19人(含保定8人),人事代理1人(保定)。大学生治安服务队90人。

全年校内共发生各类案件共计109起,发案率较2018年下降18%,其中盗窃案22起,盗刷案29起,丢失案40起,骚扰案6起,变态案1起,诈骗案4起,破坏案1起,打架4起,纠纷2起。其中,学院105起,职能处室3起,校外人员1起。已破案50起,破案率较前一年提升29%,挽回经济损失27891.66元。

北京校部投入资金180万元完成校园安防系统建设工程,在重点区域新增45个摄像机,在校门处安装14组人脸识别速通门。投入资金261万元完成校内26个消防自动报警主机的联网联动工程,对校内学生公寓、餐饮、礼堂、图书馆等22栋楼宇,共计170000多平方米的建筑,进行“消、电”检测。更换、补配灭火器2541具,报废灭火器700多具,更新消防水带300条,报废消防水带300条。保定校区全年共检查、维修消防灭火器3649具,更换公共部位干粉灭火器2550具,检查全校现有消防应急照明指示灯、安全出口、疏散通道指示牌3587套,维修、维护、更换256套,维修维护、保养试水试压注油全校现有室内消防栓1007套(件)。

对全校重点人员实行台账式管理,现有少数民族学生中藏族179人、维吾尔族104人、蒙古族289人、回族362人、哈萨克族65人、朝鲜族27人,外籍留学生858人。港澳台学生13人,其中港籍学生9人、台湾省2人、澳门1人、华侨1人,重点关注学生116人。全年完成60余人政审,完成安全、公安机关25次协查核查工作。组织大学生治安服务队进行9次外场安全宣传活动,发放4800余册《大学生安全手册》《拒绝邪教》手册,各种安全宣传品1.6万份,通过微信公众号“安临华电”“爱失招”发布80多期安全推送,通过平安校园多媒体电子屏推送各类安全标语500多条。举办四次安全教育月活动,对全体新生进行十余次安全教育,组织多次消防应急疏散演练。

北京校部为1673名学生办理集体落户,为2252名毕业生集中办理户籍迁出,为师生员工办理相关户籍手续3000余人次,清理滞留户籍59名。保定校区共整理2019级新生和2019年入职教师户口报到手续4900余人,整理2018届毕业生户口信息4000余人,办理各类证件2200余个。

(郝　知　刘　让)

【引进共享单车】 2019年1月,哈啰共享单车正式进驻北京校部。经广泛调研与沟通协调,安排两名工作人员专职管理,共享单车的摆放及校内运行更加规范有序。印有华北电力大学logo的哈啰共享单车成为校园内一道靓丽的风景线。

(单纪胜　何明华)

【消防设施设备修缮改造和联网工程竣工】 2019年3月，北京校部完成消防设施设备修缮改造和联网工程的验收、审计工作，项目的设计、监理、工程和审计总花费261万元。实现学生公寓1号—14号楼(不含4号楼)、留学生公寓楼、教学1号—5号楼(不含3号楼)、图书馆，以及学生一、二食堂、专家楼、国际交流中心、校医院、行政楼的消防自动感烟报警主机与主楼D区校消防主控室消防报警主机联网联动，提高学校火灾防控和处置能力。

(赵风雷　韩建新)

【举办安全知识竞赛】 2019年4月，保定校区举办“校园安全与大学生活”知识竞赛。活动采用问答方式，涉及校园治安、交通常识、消防知识、心理健康、校规校纪等多项内容，全校共有12支院系代表队参加。

(刘　让　于勇坤)

【开展国家安全教育日主题活动】 2019年4月，北京校部开展“4·15全民国家安全教育日”主题系列活动。通过播放视频、张贴海报、悬挂条幅、发放知识手册等多种方式向全校师生宣传国家安全知识。活动期间，现场发放各类国家安全知识手册3000余份。同时以学院为单位开展“护航新时代”宣传活动，由保卫处提供《出国人员行前教育》《反邪教警示教育》《反恐安全知识》《国家安全宣传》等主题光盘，要求学院组织师生观看，让国家安全教育惠及更多师生。

(秦中彤　何明华)

【举办平安与我通行安全培训】 2019年4月24日，结合第二届“一带一路”国际合作高峰论坛及2019中国北京世界园艺博览会的交通安全要求，北京校部组织校内各单位集中学习“平安与我同行”交通安全培训视频，进一步提高交通安全意识。

(单纪胜　何明华)

【实现外部车辆出入学校网上预约】 2019年5月27日，为更好地服务于学校各部门对外交流与合作，北京校部通过移动微校园办事大厅开通线上“来访车辆预约”功能，提高来访车辆出入学校的审批效率。

(单纪胜　何明华)

【开展安全月系列活动】 2019年6月，北京校部开展“防风险、除隐患、遏事故”安全月系列活动。在平安校园电子屏播放防范电信诈骗、抵御宗教渗透、食品安全、交通安全、遏制安全事故、宿舍防火、防传销、防范校园贷、网络安全等内容的宣传标语100多条，组织大学生治安服务队在二食堂南侧进行外场宣传，发放各类宣传品2千余份。6月14日，大学生治安服务队进行安全扫楼活动，深入2号、10号、11号和15号学生公寓宣讲安全常识并发放宣传品3千余份。

(秦中彤　何明华)

【承担国庆70周年群众游行方阵交通安保任务】 2019年7月21日至10月1日，北京校部完成国庆70周年群众游行“创新驱动”方阵训练、彩排、游行的安保任务。由华北电力大学与国资委共同组成国庆群众游行第十九方阵。在为期两个多月的时间内，承担25次校内常规训练，5次顺义马场合练，1次沙河机场合练，2次良乡机场游行方阵集中合练，1次阅兵村验收训练，3次天安门广场彩排的交通安保任务，完成国庆群众大游行相关安保任务。

(康全起　韩建新)

【校园大门升级改造】 2019年7月，学校对校园6个大门进行升级改造，拓宽人、车进出通道，实现人车分离，提高车辆通行率，确保师生进出安全。

(单纪胜　何明华)

【开展消防安全隐患大扫除暨“五清”专项行动】 2019年9月10日至10月2日，为确保国庆期间学校消防安全稳定局面，按照北京市委、市政府关于消防安全的批示指示精神和“全面排查、滚动清理、渐次收紧、严管严控”的原则，北京校部组织各相关二级单位部门对校内进行横向到边，纵向到底，不留死角的消防安全隐患排查整改和消防安全“清扫可燃杂物，清理电动自行车，清整生命安全通道，清查仓储库房，清洗餐饮油烟管道”的“五清”专项行动。在国庆系列活动期间，学校未发生消防事故。

(赵风雷　韩建新)

【开展迎新校园安全宣传月系列活动】 2019年9月，针对新生开展系列安全教育和宣传活动。组织大学生治安服务队进行安全知识进新生宿舍活动，结合校内易发案件，发放防范电信诈骗、抵御邪教、防校园贷、防推销诈骗、消防安全知识等各类宣传品3千余份。9月17日和9月24日，对校门交通秩序进行整治，向师生发放交通知识宣传材料。开展消防安全教育宣传系列活动，组织学生宿舍火灾逃生演练、模拟火场逃生演练、初起火灾模拟灭火演练等活动。

(秦中彤　何明华)

【开展冬季防火宣传活动】 2019年11月，北京校部开展“119消防宣传月”活动。外场宣传活动地点设在二食堂南侧和三食堂南侧，共发放《消防安全常识》数千份，并进行初起火模拟灭火指导演练和有奖竞答活动。

(秦中彤　何明华)

【举行校内安全隐患大调研活动】 2019年11月，结合“不忘初心、牢记使命”主题教育，北京校部举行校内安全隐患大调研活动。针对校内非机动车摆放秩序差和学校南门快递业占道经营等交通隐患问题，征集线上和线下1000余名师生意见，协调沟通后开展专项治理，将学校南门外快递业务移进校内，很大程度上消除师生进出校园取快递的人身安全隐患。发动大学生治安服务队粘贴停车线，通过设置临时停放牌、禁停牌、上坡器设施等方法增加校内20多处自行车临时停放点，校内非机动车停放更加规范有序。

(秦中彤　何明华)

工　会　工　作

【概述】 2019年，华北电力大学工会围绕学校中心，服务大局，努力发挥群众组织的优势，在维护教职工权益、推进师德建设、参与学校民主管理、丰富校园文化生活、为教职工办实事办好事以及加强自身能力建设、提高政治站位等方面，进行创新性探索与实践。

2019年，校工会作为教代会工作机构，以深化教代会制度建设和推进教代会专委会建设为抓手，有力促进学校民主管理。学校召开第七届教职工代表大会暨第九次工会会员代表大会，北京市教育工会主席张锦出席，会议明确学校2019年的重点工作，一是加强党对学校工作的全面领导。要发挥党委领导核心作用，切实做好安全稳定工作；二是高质量推进"双一流"建设。要全面做好"双一流"建设中期评估工作，加快学科内涵建设；三是全面提升人才培养质量。要完善立德树人落实机制，构建多元化人才培养体系，推进教育教学内涵式发展；四是加快建设高水平师资队伍。要加强师德师风建设，夯实人力资源管理基础，创新人才工作体制机制；五是大力增强科技创新能力。要加强有组织科研工作布局，深化科技创新平台体系内涵建设，进一步营造良好学术创新生态；六是积极打造对外合作新高地。要深化对外交流合作，加快国际化进程；七是更大力度提高治理能力。要有序推进内部管理体制改革，完善两校区协同发展机制，深入推进依法治校；八是进一步提升服务保障水平。

教代会专门委员会根据实际工作需要，设立提案委员会、教职工职业发展委员会、思想政治与文化建设委员会、劳动人事争议调解委员会四个专门委员会。工代会设置经费审查委员会、女职工委员会、生活福利委员会、教职工服务委员会、文体工作委员会五个专门委员会。

2019年，校工会以服务教职工队伍建设为重点，通过多种形式的教育活动，提高教职工队伍的整体素质。积极开展教师师德评选、青年教师教学基本功大赛等活动。其中，北京保定首次联合组织校院两级青教赛，工科、文理分组，外请专家评委，助力青年教职工成长，促进两地实质性一体化，不断践行"三全育人"和立德树人工作。

2019年，校工会积极探索教职工服务体系建设，努力提高工会的服务能力，为教职工做实事、解难事，把学校党政对教职工的关怀直接送到教职工身边。两地联合举办第三届教职工联合乒乓球团体比赛、第三届教职工联合羽毛球团体赛等赛事，组织参与两地田径运动会等文体活动，与体育教学部合作开办教职工子女假期体育训练托管班等。举办新春茶话会、新春笔会、庆祝新中国成立70周年书画摄影展等活动。关心关注教职工的民生问题，开展节假日慰问教职工、提案督办、服务教职工系列讲座等活动。加强和完善保护妇女合法权益，组织女性主题讲座等；针对女职工的劳动保护和计划生育问题做宣传工作。

（杨永海　赵怀璧）

【概况】 2019年，华北电力大学工会共有会员3600人（其中非在编会员600人）、分工会37个、教工文体协会和艺术团15个。校工会安排20名教职工外出疗养。在学校"先进分工会"等系列先进评优中，北京校部评选出先进分工会9个，先进分工会主席23人；校工会将评选出先进教职工协会7个、先进教职工协会会长14名和协会活动积极分子若干。工会宣传积极分子11人，工会工作积极分子253人。保定校区评选出6个先进分工会、6名工会工作标兵、20名优秀工会干部、26个先进工会小组、101名优秀工会积极分子、6个优秀协会、6名优秀会长、7名优秀协会干部、20名协会积极分子。学校对从事教育工作满三十年的教职工给予表彰。赵毅被北京市劳模办评定为部级劳动模范，电力系葛玉敏、法政系夏珑、英语系刘洋、电子系韩东升被评为保定市师德个人。教职工五人获首都高校优秀书画作品展一等奖。女工和计划生育工作方面，全年无违反计划生育工作的事件。建立女会员、人口信息、劳动关系信息管理系统数据，女教职工（包括女务工人员）入会率达100%。对女教工的婚育情况进行调查研究，及时发现并解决女职工关心的难点、热点问题；对办理婚育证明的教职工，包括学生的婚育证明进行管理归类。"三八"妇女节打造节日活动特色品牌；组织女教职工开展形体舍宾、瑜伽培训。发放2019年独生子女医疗统筹20余万元；为45名退休独生子女父母，发放离退休教职工独生子女父母一次性奖励；为300人次办理准生证、婚育证、独生证等有关证明、证件；为2019届全体研究生和本科生毕业生开具婚育状况证明。为患病教工办理女工特疾保险理赔。保定校区工会为33名退休独生子女父母，发放离退休教职工独生子女父母一次性奖励99000元；为25人次办理准生证、婚育证、独生证等有关证明、证件；为2019届全体研究生和本科生毕业生开具婚育状况证明。为驻村扶贫、在外挂职、患病职工年终发放补助16500元。

（杨永海　赵怀璧）

【召开"双代会"】 2019年3月9日至10日，学校在北京校部召开第七届教职工代表大会暨第九次工会代表大会，选举产生新一届教代会专门委员会和工作委员会，对全年重点进行部署，确定学校在新甲子的开局之年"五个体系"和"四个策略"的发展思路。会议听取审议学校工作报告、学校年度财务工作报告、教代会提案工作报告；

审议教代会年度工作报告(书面)和学术委员会年度工作报告(书面)。

(杨永海　赵怀璧)

【参加雄安新区健步走风采大赛】 2019年4月13日,校工会组织有100多人参加的在雄安新区健步走风采大赛,保定市教育工会也组队参加活动,拉开了校工会全年文体活动序幕,足球、篮球、排球、羽毛球、乒乓球等各类赛事精彩纷呈,拉近教工之间的距离,促进教工之间的交流,丰富教工业余文化生活。

(赵怀璧)

【开展青年教师教学基本功比赛】 2019年6月1日,2019年青年教师教学基本功比赛在北京校部举行,经过各院系历时一个多月初赛选拔,共计推选出30名选手进入决赛,竞相展示教学风采。校长杨勇平、副校长李双辰、教代会教职工职业发展委员会主任牛东晓以及两地有关部门负责人出席比赛开幕式,校内外评委老师、院系负责人、部分教师和学生代表共同参加。最终产生工科组一等奖3名,二等奖6名,三等级8名。文理组一等奖2名,二等奖5名,三等级6名。教代会教职工职业发展委员会主任牛东晓宣读比赛结果,评选出工科组和文理组一、二、三等奖和最佳教案奖、最受学生欢迎奖。

(杨永海　赵怀璧)

【围绕70周年国庆组织教职工活动】 2019年9月底,开展"庆祝新中国成立70周年"教职工健步走暨新版"健步121"启动、"庆祝新中国成立70周年书画摄影展"等系列活动,广大教职工爱校荣校意识显著提升,凝聚力和战斗力得到加强。10月11日,校第五十一届田径运动会开幕式上近500名师生共同表演的"我和我的祖国"大型团体操项目。

(杨永海　赵怀璧)

【开展提案督办工作】 2019年,校工会重点就教育教学、综合管理、校园文化、后勤福利等提案工作进行督办落实。职业发展委员会着力推动青年教师职业发展,助力两地青教赛工作;思想政治与文化建设委员会开展明德大讲堂、教职工文化沙龙;教职工服务委员会开展健康讲座、青年交友等活动。

(杨永海)

【开展教职工精细化服务】 2019年,校工会为教职工谋福利、办实事,送"服务套餐",主要包括民生套餐和文体套餐。民生套餐,本年度为全校教职工发放福利3次,开展教职工住房团购,举办健康讲座,办理车辆保养、电话套餐等系列活动,开展北京世园会参观、自费旅游、单身交友联谊活动,开展会员送温暖、劳模专项奖励、教职工从教三十周年等活动。改善"教工之家"软硬件条件,落实教工餐厅工作餐降费工作,促进非在编教职工入会,全员入会率近100%。组织开办教职工子女托管班,有500人次的青年教职工子女参加乒乓球、篮球、书法等教学培训班。举办第三届教职工联合乒乓球团体比赛、第三届教职工联合羽毛球团体赛、教职工乒乓球单项赛,教职工篮球联赛,常年排练各种曲目和舞蹈,积极参加团拜会活动等各类演出,举办扑克牌比赛、书画沙龙、工间操等,全年约有5000人次参与到校工会组织的各项文体活动。

(杨永海　赵怀璧)

【推进工会干部队伍思想政治建设】 2019年,有序推进"不忘初心、牢记使命"主题教育,校工会党支部开展各项学习和党日活动10余次,加深对习近平新时代中国特色社会主义思想的认识。为各分工会订阅4类工会期刊,提高职工工作理论水平。

(杨永海　赵怀璧)

共青团工作

【概述】 2019年,学校共青团围绕学校中心工作和团员青年成长需求,突出思想政治引领,强化实践育人成效,深化团学组织改革,各项工作有序开展,团结带领广大团员青年为学校"双一流"和高水平研究型大学建设贡献青春力量。

增强思想引领。北京校部团委组织部开展以"青春心向党,建功新时代"为主题的团日活动,举办纪念五四运动100周年暨共青团表彰大会,完成新生团籍转入及毕业生团籍转出工作,落实"共青云"工作并完成团费收缴,发展新团员72名,开展以"不忘初心,牢记使命"为主题的团学骨干培训活动,举办以"传承五四精神,争做时代先锋"等为主题的系列学习研讨会39场,开展主题为"习近平总书记关于青年工作的重要思想"等专题报告7次,持续推进"青年大学习"行动;成立"华北电力大学习近平新时代中国特色社会主义思想学习研究会党支部",是学校首个成立党支部的学生社团,系统学习《习近平新时代中国特色社会主义思想学习纲要》,与清华大学讲师团交流,"学习研究会"访问内蒙古乌兰牧骑,确定乌兰牧骑为社会实践基地;团委社团工作部为弘扬爱国主义精神举办"一二·九"晚会;团委实践部开展以"青春告白祖国"为主题的社会实践活动,组建260余支实践团队,参与学生4700余人次。保定校区团委一是扎实开展思想政治教育。围绕"庆祝中华人民共和国成立70周年""纪念五四运动100周年",开展学习座谈会、经典诵读大赛等主题教育活动百余场,主题团日活动1645次,实现全校团员青年全覆盖,持续推进"青年大学习"行动,通过举办线下知识竞赛等活动，在团员青年中掀起学习热潮。二是深化“青年马克思主义者培养工程”，5月至11月，举办2019年团校暨“青马工程”培训班，实现对2018级团支书培训的全覆盖；3名学生获评“中国大学生自强之星”，1名学生参加“中央和国家机关大学生实习”。三是加强新媒体内容供给，出品8期“学·思·行”微团课，打造“电声华语”“榜样的力量”等专栏，传播正能量，以学校团干部为阅兵推迟婚期为热点打造的微信推送，获得“10万＋”的阅读量，推出《百年五四，华电青年这样做》等视频文化宣传产品。

推进创新创业。一是搭建创新创业平台。北京校部团委与学校各部门密切合作，开展校内外交流活动，参与大学生创新创业中心建设，完善校内比赛评价机制与指导体系，提升大学生创新能力和作品竞争力；保定校区团委开设创新创业实验班，2019年，创新创业实验班开班，组建校内外相结合的创业导师团队，构建创新创业“通识培训＋专业学习＋项目体验＋赛事参与”四位一体的课程体系。二是举办创新创业赛事。北京校部团委组织学生参加“挑战杯”首都大学生课外学术科技作品竞赛，参与学生达1200人次，在2019年首都和全国“挑战杯”大学生课外学术科技作品竞赛中取得新突破，获全国二等奖1项，省部级一等奖1项，省部级二等奖2项，省部级三等奖8项；保定校区团委组织学生参加“挑战杯”“互联网＋”等省部级以上重大创新创业竞赛26项，参与学生达5000余人次，约占全校学生总数的36.4％，共获包括全国“互联网＋”大赛银奖、“节能减排”国家一等奖、“挑战杯”大赛国家二等奖等在内的国家级奖励31项，省部级奖励96项，其中，“互联网＋”大赛获得一银两铜是学校取得的最好成绩。

推动志愿实践。一是推进志愿服务工作。北京校部“蓝之焰青年志愿者协会”以3月5日“学雷锋纪念日”为全年志愿服务活动的发起日，在12月5日“国际志愿者日”进行总结表彰，招募志愿者17093人次，月均开展志愿活动30余次，参与多项大型志愿服务活动，其中229名师生志愿者参加庆祝中华人民共和国成立70周年志愿服务，186名学生投身2019年北京世界园艺博览会志愿服务，并收到世界园艺博览会事务协调局发来的感谢信，近百名志愿者参与“一带一路”国际合作高峰论坛、亚洲文明对话大会、全球能源互联网暨中非能源电力大会、毛主席纪念堂志愿服务项目等其他大型志愿服务活动，在环境保护、爱心支教等方面，结合专业特色组织开展中国宋庆龄青少年科技文化交流中心、北京植物园、爱心支教等志愿活动，2019年两地共选拔招募14名研究生支教团志愿者，赴新疆支教，研究生支教团结合需求打造一批深受学生喜爱的品牌活动；保定校区团委举办校内志愿服务大赛，孵化培育品牌项目，“情暖童心”项目获评十二届中国青年志愿者优秀项目奖，共益青年团队获评优秀组织奖，亦获第四届中国青年志愿服务公益创业赛铜奖，收到中国电子学会、中国环境科学学会等发来的感谢信和表彰。二是开展社会实践活动。北京校部团委获共青团中央2019年全国大中专学生“三下乡”暑期社会实践活动优秀单位，5支团队获全国“三下乡”社会实践活动立项资助，4名学生入选共青团中央“扬帆计划”，7名学生入选北京市“扬帆计划”，72支团队入选“青年服务国家”2019年首都大中专学生暑期社会实践项目，8人获先进工作者，8人获先进个人，8支队伍获优秀团队，学校获2019年“青年服务国家”首都大中专学生暑期社会实践先进单位；保定校区团委学生寒暑期社会实践参与率达99％，校团委获河北省“三下乡”暑期社会实践活动优秀单位，“情暖童心”实践团获评全国优秀团队，梁海峰获评全国优秀个人，教育部语言文字应用管理司、团中央青年发展部向学校“天山同语·民族同心”推普脱贫攻坚实践团发来感谢信。

服务师生。北京校部学生会“全心全E”为同学服务，举办“青春告白祖国”迎新生文艺晚会，彰显青春活力，献礼祖国生日，制作《新生宝典》、举办“新生启航”系列讲座，让新生更好地融入大学生活，办理学生公交卡1348张，设立权益问卷，定期推出“权益小报”聚焦校园权益问题，联合商家18家，发放“E享卡”近4000张。保定校区团委在“不忘初心、牢记使命”主题教育下，建成“新青年学·思·行之家”，满足支部开展团活动的空间需求，三个月内共计43个团支部预约使用；志愿服务中心开设“自选超市”，帮助20个志愿服务项目和579人次志愿者精准对接；学生创新创业服务中心开展竞赛宣讲与培训40余次，服务800余人次；推进“千校万岗”就业精准帮扶行动，2019届建档立卡贫困毕业生升学就业率近90％。

团学组织改革。一是加强基层团组织建设。北京校部团委的“升学衔接”率达99％，“学社衔接”率达97％，其中，转出发起率达99％，已登录团员数比例为98％，已回社区报到比例为92％，注册志愿者比例为98.2％；保定校区团委“升学衔接”率达100％，“学社衔接”率达96.4％，其中，转出发起率达100％。开展好团组织整顿，完成对全部后进团支部的重点整顿工作。二是指导学生会组织改革。北京校部学生会部门由原来的11个整合为9个，人数由原来的324人缩减至203人，举办“新生启航”系列讲座，办理学生公交卡，引进“高雅艺术进校园”，坚持以文化人、以美育人，累计服务师生一万余人次，研究生会部门由10个整合至8个，人数由150人缩减至98人，组织事业启航工作坊等活动服务师生2000余人次；保定校区校学生会、研究生会部门分别由原来的10个整合为6个、5个，人数由原来的300人缩减至50人、150人。发挥好服务学生功能，成立学习互助服务中心，开展“四点半课堂”“雷锋车队”等公益项目，服务师生5000余人次。三是推进学生干部作风建设。健全学生干部队伍的选拔考核程序，实行建档测评，组织好学习培训，提升综合素质和专业技能。

社团管理工作。一是加强学生社团管理。北京校部成立社团工作部，任命专职团干部担任社团工作部负责人，将学生社团负责人纳入团学干部管理体系，按照《华北电力大学社团管理办法(试行)》规定，开展专项治理工作，严把社团成立、年审、活动审批、场地审批、资金审批等环节，确保各类活动安全可控，明确指导教师、挂靠单位的责任和义务，实现上下联动；保定校区取消社团联合会，成立学生社团管理部，配备专职教师负责，逐步改组与完善功能，开展学生组织、社团专项排查，严格社团年审制度，集中开展学生社团活动立项申请工作，严格把关社团活动预算，成立队伍进行督导评议。二是全面监管摸排。北京校部聘请教师担任理论社团指导教师，在理论社团成立党支部，全面加强对思想政治类社团的监管；保定校区开展新媒体平台排查，对校系两级 58 个团属网站、新媒体平台进行排查，清理僵尸账号 5 个，严格落实"三审"信息发布要求。

开展文化活动。北京校部将体育、科技、思想文化带进校园，社团工作部举办百团大战、文化体育嘉年华、"一二·九"晚会；学生会积极把握时代主题，组织学生、宣传学生、教育学生、引导学生，举办"谜城六纪"校园奥斯卡情景剧大赛、"年少有谓，声声不息"华电演说家大赛、辩论赛暨"百年五四魂，莘莘华电人"主题活动等，引进"高雅艺术进校园"16 场，辐射华电学子达一万余人次；广播台举办校园好声音歌手大赛、主持人风采大赛等活动，结合时代特征和学校特色，坚持以文化人、以美育人。保定校区团委围绕庆祝新中国成立 70 周年和纪念五四运动 100 周年等主题举办"百年五四 歌唱祖国"纪念五四运动 100 周年大学生合唱比赛、"青春与祖国共奋进"庆国庆迎新生文艺晚会、"拥抱新时代 拼搏创未来"第三十届体育节、"迎七十华诞 弘传统文化"第三届中华传统文化大赛、"社彩耀青春，团聚创未来"第二十届社团文化艺术节等各类文化活动 530 余场次，其中大型校园文化活动 70 余场次，活动总体覆盖人数超 3 万人次。

(谢昂均　张蓓蓓)

【概况】 2019 年，北京校部共青团共有教职工 6 人(含行政保研教师 2 人)，共有专职基层团委(团总支)书记 14 人，下设 14 个基层团总支，共有共青团员 15169 人，团支部 566 个；在学校团员教育评议工作中共评出优秀团员 456 人，优秀团干部 162 人，先进团支部 22 个，青年志愿者标兵 10 人，文体标兵 10 人，科技标兵 10 人，优秀团日活动 14 个。保定校区共青团共有教职工 5 人(含行政保研教师 2 人)，共有专职基层团委(团总支)书记 13 人，下设 11 个基层团委，2 个基层团总支，1 个直属团支部，共青团员 15121 人，团支部 407 个，学生社团 82 个；在学校团员教育评议工作中共评出先进团支部 96 个，优秀团员 794 人，优秀团干部 251 人，团员标兵 20 人，志愿服务先进集体 3 个，志愿服务先进个人 313 人，创新创业先进个人 358 人。

北京校部团委参加全国、北京市评优评选，17 人获评北京市三好学生，5 人获评北京市优秀学生干部，5 个班集体获评北京市先进班集体，在首都大学、中职院校"先锋杯"比赛中，18 人获评优秀团员，18 人获评优秀基层团干部，18 个团支部获评优秀团支部。参加全国、河北省、保定市评优，保定校区团委获"河北省五四红旗团委""2018 年度河北省优秀高校团委"荣誉称号，4 个分团委获评保定市五四红旗团委，4 个团支部获评保定市五四红旗团支部，1 名教师获"河北青年五四奖章"提名奖，4 名教师获评保定市优秀共青团干部，3 名学生获评"中国大学生自强之星"，34 名学生获保定市优秀共青团员、优秀大学生标兵、优秀大学生、自立自强大学生等荣誉称号。

北京校部团委组织学生参加创新创业竞赛 6 项，在 2019 年第十六届"挑战杯"全国大学生课外学术科技作品竞赛中取得新突破，北京校部获全国二等奖 1 项，省部级一等奖 1 项，省部级二等奖 2 项，省部级三等奖 8 项。保定校区团委组织学生参加省部级以上重大创新创业竞赛 26 项，共获国家级奖励 31 项，省部级奖励 96 项。主要包括：第五届中国"互联网＋"大学生创新创业大赛获国家级银奖 1 项、铜奖 2 项；第十二届节能减排社会实践与科技竞赛获国家级一等奖 1 项、国家级二等奖 1 项、国家级三等奖 5 项；2019 年"挑战杯"大学生课外学术科技作品竞赛获国家级二等奖 1 项；第十八届全国大学生机器人大赛机器人创业赛国家级一等奖 1 项、国家级二等奖 2 项、国家级三等奖 1 项。其中，"互联网＋"大赛一银两铜是学校取得的最好成绩。

北京校部团委开展以"改革开放再出发·青春建功新时代"为主题的寒假社会实践活动，以"青春心向党·建功新时代"为主题的暑期社会实践活动，寒假共组建团队 127 支，总计 2068 人参与，暑期共组建团队 142 支，共计 2685 人参与。校团委获全国"三下乡"社会实践活动优秀单位、北京市"青年服务国家"社会实践活动先进单位荣誉称号，3 支团队获选北京市百强团队，共计 10 支团队、8 名教师、8 名学生获北京市级表彰。保定校区团委共组建校级重点团队 25 支，院系级重点团队 320 余支，自由组队千余支，学生社会实践参与率达 99%。学校获评河北省"体验省情·服务群众"主题实践活动先进学校，校团委获评河北省"三下乡"暑期社会实践活动优秀单位，5 支团队、12 名师生在全国、河北省大学生社会实践活动中获表彰。其中，"情暖童心"实践团获评全国优秀团队，梁海峰获评全国优秀个人。教育部语言文字应用管理司、团中央青年发展部向学校"天山同语·民族同心"推普脱贫攻坚实践团发来感谢信。

北京校部团委全年开展各类志愿活动超 300 次，招募志愿者 17093 人次，月均开展志愿活动 30 余次，积极参与庆祝中华人民共和国成立 70 周年志愿服务，中国北京世界园艺博览会志愿服务、"一带一路"国际合作高峰论坛、亚洲文明对话大会、全球能源互联网暨中非能源电力大会等大型志愿服务。保定校区团委举办校内志愿服务大赛，孵化培育品牌项目十余项。"情暖童心"项目获评十二届中国青年志愿者优秀项目，共益青年团队获评优秀组织奖和第四届中国青年志愿服务公益创业赛铜奖。

北京校部举办大学生艺术节、高雅艺术进校园、社团文化节、"五月的花海"等品牌活动，全年共计26000人次参与各类学生活动。保定校区有学生会、研究生会等校级学生组织和学生社团83个，学生社团涵盖理论宣传、文化艺术、创新创业、实践公益、体育竞技等五大类别，均有校内挂靠行政单位。2019年，全年共举办各类校园文化活动530余场次，其中大型校园文化活动70场次，直接参与人数超3万人次。

（谢昂均　张蓓蓓）

【开展学雷锋志愿服务月活动】 2019年3月，北京校部"蓝之焰青年志愿者协会"举办年度志愿服务工作启动仪式并发起"学雷锋"志愿服务活动，协同各院系团组织展开系列志愿，以实际行动践行雷锋精神；保定校区团委开展以"传承雷锋精神，书写时代新风"为主题的学雷锋志愿服务月活动，各级志愿服务组织开展关爱留守儿童、慰问空巢老人、扶残助残、社区清洁、法律援助等内容丰富、形式多样的志愿活动，进一步弘扬雷锋精神，倡导服务意识，以实际行动践行社会主义核心价值观。

（谢昂均　张蓓蓓）

【参加国家大型活动志愿服务工作】 2019年4月25至27日，第二届"一带一路"国际合作高峰论坛在京举行。北京校部近40名志愿者承担语言翻译、机场接机、交通保障等工作。5月15日，亚洲文明对话大会举行。华北电力大学18位志愿者参加外宾接待、翻译交流、引导游览等工作。志愿者们始终坚持"零差错"的自我要求，细致认真、积极主动地开展志愿服务，充分展现华电志愿者"服务社会，提升自我"的良好风貌，受到主办方与中外嘉宾的高度评价。

（谢昂均）

【举行纪念五四运动100周年暨共青团表彰大会】 2019年4月25日、28日，学校分别在保定校区、北京校部举行纪念五四运动100周年暨共青团表彰大会。党委书记周坚、校长杨勇平、党委副书记何华、副校长孙忠权、党委副书记郭孝锋，相关职能部门、各院系党委、党总支负责人以及学生代表参加大会。

（谢昂均　张蓓蓓）

【举办纪念五四运动100周年歌咏比赛】 2019年4月28日，"五月的花海"歌咏比赛在北京校部主楼礼堂举办，党委书记周坚，副校长孙忠权和师生一起观看比赛；5月7日，"百年五四 歌唱祖国"纪念五四运动100周年大学生合唱比赛在保定校区礼堂举办，来自各院系的十三支参赛队伍为现场观众带来一场视听盛宴。

（谢昂均　张蓓蓓）

【举办团校暨青马工程培训班】 2019年5月14日，保定校区2019年团校暨"青马工程"培训班在一校学术报告厅举行开班仪式，校党委副书记郭孝锋出席开班仪式并讲话，培训时间自5月至11月，开展专题辅导、参观学习、素质拓展、社会实践、交流总结等内容丰富、针对性强的培训课程，取得预期效果。11月，北京校部团学骨干培训班启动，团学骨干培训主要针对校院两级学生会、学生团组织负责人，学生社团负责人，2019级团支书、班长及年级长。

（谢昂均　张蓓蓓）

【6名学生获评中国大学生自强之星】 2019年7月，由共青团中央、全国学联共同主办的2018年度"中国大学生自强之星"活动评选结果揭晓，学校共有6名学生获评2018年度"中国大学生自强之星"，并获得由新东方教育科技集团提供的"中国大学生新东方自强奖学金"。

（谢昂均　张蓓蓓）

【获评全国高校优秀学生社团】 2019年8月，由中国青年报社主办的"寻找全国高校百强学生社团"活动落下帷幕。经过高校推荐、社团自荐、社团展示、网络投票、技术筛查、专家评审等环节，保定校区大学生科学技术协会获评全国高校"优秀学生社团"（全国30项），曹志旭、侯赟艺获评"全国高校优秀学生社团指导教师"。

（张蓓蓓）

【第十二届全国大学生节能减排大赛】 2019年8月7日至10日，第十二届全国大学生节能减排社会实践与科技竞赛决赛在华北理工大学举行。保定校区推报的"新型SO_2、NO_x及重金属一体化脱除装置"获一等奖，"基于'滨海波光'小型海水淡化装置"项目、"新能源微电网建设与运营的延庆模式及推广可行性研究"项目获得二等奖。北京校部推报的"聚光光伏光热—烟气水分回收及脱碳系统"项目获二等奖。此外，还有十支队伍获三等奖，两校区均获优秀组织奖。

（谢昂均　张蓓蓓）

【入选全国优秀助残志愿服务项目】 2019年8月，为加强对优秀志愿服务项目的复制推广，中国青年志愿者协会、中国残疾人联合会共同出资支持30个优秀的阳光助残类志愿服务项目。经自主申报、专家评审、结果公示，保定校区"无声星球，为爱发声"志愿服务项目在全国240余个项目中脱颖而出，入选全国优秀助残志愿服务项目并获2万元资金支持。

（张蓓蓓）

【参加北京世界园艺博览会志愿服务工作】 2019年9月1日—8日，按照团市委统一部署，北京校部186名同学作为第19批志愿者，前往参加2019年中国北京世界园艺博览会志愿服务，累计志愿服务时长达13000小时。在为期8

天的志愿生活中，志愿者们以最佳的精神状态、踏实的态度为园区游客提供志愿服务，出色地完成主办方的任务，获得游客与世园会工作人员的好评。11月8日，北京世界园艺博览会事务协调局特发感谢信，肯定华北电力大学师生在此次志愿服务工作中所做出的突出贡献。

（谢昂均）

【举办迎新生文艺晚会】 2019年9月11日，“青春告白祖国”华北电力大学2019年迎新生文艺晚会在北京校部足球场举行。校党委书记周坚、副校长孙忠权出席晚会，学校相关职能处室、各学院党委负责人，全体2019级新生观看演出。整台晚会以学校艺术教育工作的优秀成果为基础，以“青春告白祖国”为主题，以感恩父母、感恩华电、感恩祖国为主线，充分激发华电学子的家国情怀和报国之志。9月24晚，为庆祝新中国成立70周年，由宣传部、艺教中心、学生处、校团委主办，校学生会承办的“青春与祖国共奋进”庆国庆迎新生文艺晚会在保定校区运动场举行。校党委副书记郭孝锋、校长助理米增强，学校相关职能部门及各院系负责人出席活动。2019级全体新生观看晚会。

（谢昂均　张蓓蓓）

【举办主题社会实践优秀成果宣讲活动】 2019年9月26日，为深入学习贯彻习近平新时代中国特色社会主义思想，推动落实中央关于庆祝新中国成立70周年群众性主题宣讲教育活动部署安排，北京校部举行“小我融入大我，青春告白祖国”主题社会实践活动宣讲会。校党委副书记、纪委书记何华，共青团中央机关党委二级巡视员刘敏出席宣讲会，1300名学生代表参加宣讲会。9月17日，保定校区“小我融入大我，青春献给祖国”主题社会实践优秀成果宣讲活动在文化广场举办，团校学员及各级学生组织、学生社团骨干共计400余人参加活动。

（谢昂均　张蓓蓓）

【参加70周年国庆志愿工作】 2019年10月1日，中华人民共和国成立七十周年，在天安门广场举行盛大阅兵仪式与群众游行活动。华北电力大学229名师生志愿者、72名合唱团成员圆满完成国庆70周年庆祝活动志愿、合唱工作，2人获2019年北京市筹备和服务保障中华人民共和国成立70周年庆祝活动“先进个人”。

（谢昂均）

【第五届中国互联网＋大赛获佳绩】 2019年10月12日至15日，第五届中国“互联网＋”大学生创新创业大赛全国总决赛在浙江大学举行。保定校区参赛项目《电力之光——变压器光纤监测平台》斩获主赛道银奖，《芦苇花开——助力雄安新区绿色生态经济发展的实践先锋》获红旅赛道铜奖，创华北电力大学参赛历史最好成绩。

（张蓓蓓）

【第十六届挑战杯全国赛获佳绩】 2019年11月7日至12日，第十六届“挑战杯”全国大学生课外学术科技作品竞赛全国总决赛在北京航空航天大学举行。北京校部由马卫华指导、学生李欣芝负责的参赛作品《清洁能源利用的抉择：北京市农村煤改电与煤改气政策实施的调查研究——以北京市通州区、丰台区、昌平区为例》获全国二等奖。保定校区参赛作品《流动的保障链：贫困流动家庭学前教育扶助机制研究——基于燕山、太行山地区的实地调研》获全国二等奖。

（谢昂均　张蓓蓓）

【习近平新时代中国特色社会主义思想学习研究会党支部成立】 2019年12月9日，华北电力大学习近平新时代中国特色社会主义思想学习研究会党支部成立。该支部是华北电力大学首个成立党支部的学生组织。

（谢昂均）

【暑期社会实践获多项表彰】 2019年12月，中宣部、中央文明办、教育部、共青团中央、全国学联对2019年全国大中专学生志愿者暑期“三下乡”社会实践活动进行总结通报，北京校部获全国大中专学生志愿者暑期“三下乡”社会实践活动优秀单位荣誉称号，5支团队入选全国“三下乡”项目，4名学生入选共青团中央“扬帆计划”，7名学生入选北京市“扬帆计划”。保定校区“情暖童心”教育扶贫实践团获优秀团队荣誉称号、梁海峰老师获优秀个人荣誉称号，“天山同语·民族同心”推普脱贫攻坚实践团收到教育部、团中央发来的感谢信。

（谢昂均　张蓓蓓）

【志愿服务活动获多项表彰】 2019年12月，由团中央、中国青年志愿者协会共同举办的第十二届中国青年志愿者优秀个人奖、组织奖、项目奖评选结果公布。保定校区“情暖童心，科技筑梦”关爱农村留守儿童公益项目获第十二届中国青年志愿者优秀项目奖，共益青年团队获第十二届中国青年志愿者优秀组织奖。保定校区志愿者圆满完成2019世界机器人大赛、第23届国际被动房大会等服务工作，收到中国电子学会、中国环境科学学会等发来的感谢信和表彰。

（张蓓蓓）

离退休工作

【概述】 2019年，华北电力大学离退休工作以“全心全意为离退休老同志服务”为宗旨，切实抓好离退休干部两项待遇的落实，积极组织老同志开展有益身心的活动，加强自身建设，强化服务理念，增加服务意识，为学校离退休老同志安度晚年提供保障。

党建与思想政治工作。定期召开离退休党委扩大会议和支部活动，及时向离退休老同志通报中央、教育部、北京市的有关重要精神和重大决策部署及学校发展情况。学校重大改革举措等敏感问题，均召开座谈会听取老干部的意见和建议。坚持每年组织离退休党委委员、各支部委员和党员骨干培训会。通过学习培训传达学习有关精神，使老同志们不断提高政治站位，永葆共产党员本色。离退休党委成员坚持每月到小营、花园里、育新、方庄、回龙观等支部参加组织学习活动。通过“华电离退办”微信公众号、“华电银铃族”微信群、各支部微信群，使老党员老同志第一时间了解党和国家以及学校的大事要闻，并通过网络进行学习交流，不断提高自身的学习积极性。积极营造充满正能量、和谐向上的良好氛围，在老同志中弘扬正气。集中表彰一批在党建工作、理论学习、乐于助人、文化养老等方面做出成绩的集体和个人。七一前夕，离退休党委组织各党支部积极开展“我和我的祖国”党日活动，老党员结合自身成长经历，畅谈祖国和学校的发展变化，踊跃参加“共产党员献爱心”捐款活动。保定校区组织30余名离退休党员到唐县参加“不忘初心、牢记使命”主题教育专题学习教育活动，在白求恩纪念馆开展实践教育活动。离退休第三党支部与数理系研究生党支部联合举办“初心与使命”学习分享会，追忆爱国情怀，寄托青年传承。围绕“立德树人”，为发挥老党员老同志的“政治优势、经验优势、威望优势”积极搭建平台。学校4位老领导参加学校“不忘初心，牢记使命”主题教育巡回指导组，对学校各院（系）级党组织开展主题教育进行全程全覆盖指导；支持学校关工委、本科教育督导组、老同志指导大学生科技创新项目的工作，学校认真开展“读懂中国”系列活动；为学校的建设和发展发挥正能量。离退休党委与控计学院党委和学生党支部继续开展“大手拉小手 携手共奋进”共建系列活动；邀请离退休老教授为机关党委青年党员讲授“一带一路”，使青年党员了解我国历史，增强传承“自强不息、团结奋进、艰苦奋斗、追求卓越”华电精神的自觉性，密切老同志与青年学生的心灵沟通。保定校区组织离退休老党员为大学生作科研指导报告和思想政治报告并参与学校驻阜平县龙王庙村扶贫工作。围绕“展示阳光心态，体验美好生活，畅谈发展变化”，积极开展多种有益活动。组织召开老同志庆祝新中国成立七十周年“我和我的祖国”座谈会，校领导、离退休老同志老党员代表、共和国同龄人代表、学生代表30余人参加座谈会。

文艺体育活动。年内，先后举办离退休教职工2019年迎新春联欢会；新中国成立70周年书画展；组织老同志参观《庆祝中华人民共和国成立70周年大型成就展》和北京通州大运河文化带和北京世界园艺博览会；组织离退休党支部观看电影《我和我的祖国》《小巷管家》等。支持银龄艺术团、银龄合唱团、太极拳队、舞蹈队、门球队的各种活动。银铃艺术团参加“歌颂新中国，奋进新时代”教育部在京老同志庆祝新中国成立70周年文艺汇演和北京市教工委老干部处举办的迎国庆文艺演出；参加北京市老教育工作者门球比赛并获第六名的好成绩；参加回龙观社区和西三旗社区举办的迎新中国成立70周年文艺和舞蹈演出；保定校区老年合唱团作为特邀单位参与2019年保定市庆祝老年节文艺汇演；保定校区铁球协会受邀参加央视2019“夕阳红”春晚。另外，还组织党员群众开展重阳登高、书画笔会、棋牌比赛等老同志喜闻乐见、便于参与的有益活动。

爱老敬老助老工作。离退办围绕“爱老敬老助老”，坚持开展“送温暖”活动，让老同志感受到组织的关怀。春节和“七一”前，校领导和学校有关部门，上门看望老领导、老教授、生病住院的老同志和空巢老人，给老同志们送去慰问金和慰问品；十一前夕，学校领导带队上门为北京校区13位离休老干部颁发“庆祝中华人民共和国成立七十周年”纪念章，为23位离退休人员发放特困帮扶津贴48000元，为495位离退休人员发放春节慰问金59800元。七一慰问离休干部、新中国成立前参加革命老党员及生活困难党员21人，共发放慰问津贴14000元。春节前走访慰问离休干部、老领导及特殊人群（高龄、孤寡、大病、困难）等共计70人次，购买慰问品费用14600元。保定校区春节前慰问新中国成立前入党老党员、离休干部和原校老领导、重病老党员11人次，发放慰问金5500元。看望慰问病号6人次，发放慰问金1200元。举办“2019年离退休教职工集体祝寿会”——为90岁和80岁老人集体过生日；为7位党龄60年以上的老教师举行集体“政治生日”。与学校人事处联合为34位教职工年举办荣退仪式。

队伍及制度建设。离退休工作办公室参加上级部门组织的离退休工作干部培训班；组织开展离退休党支部书记、党员骨干和老同志文体骨干培训班；逐步完善离退休工作办公室职责和各工作岗位职责以及有关制度；建立和完善离退休工作人员与离退休各党支部联系制度，及时了解离退休老同志的思想、生活状况。做好各类数据的更新统计及上报工作。

（李献东　张隽贤　张　丽　彭绍文）

人 事 管 理

【概述】 2019年，党委教师工作部根据《2019年学校全面从严治党工作任务节点目标安排表》《2019年学校工作报告任务节点目标安排表》和年初制定的工作计划，落实教育部和学校党委的各项决策部署，完善教师思想政治工作体系和师德师风长效机制。举办以“办负责任的大学，做负责任的好老师”为主题的师德建设月活动，通过召开教师节庆祝大会、新教师入职宣誓、开展师德专题学习研讨、主题创作展览、推进“四有好老师”与“四个引路人”学习实践活动理论研究及特色项目结题评审等活动，推动学校师德建设制度化、常态化、长效化，全面提升全体教师师德水平。

师德师风建设。举办“为师之道”师德师风专题培训。教育部领导和相关领域专家分别作“全国教育大会精神解读”“高校教师职业行为十项准则的法律解读”及“师德师风建设的理论与实务”等为主题的6场讲座，开展知识竞赛和分组研讨。上线“为师之道”宣传平台。利用橱窗、“两微一端”等开展习近平总书记关于教师队伍建设重要论述专题宣传，线上线下同步推进，集中展示学校教师队伍的师业、师爱、师能和师风，以文化建设助力教师思政工作水平提升。举办离退人员荣退仪式及青年教师“倾诉与聆听”茶叙会，引导广大教师在参与“看祖国看变化”活动中提高政治站位，在寻访初心和使命中提升师德涵养。出台《华北电力大学新进人员思想政治素质及师德师风考察细则(试行)》。进一步加强制度建设，全面落实立德树人根本任务，坚决把师德师风作为评价的第一标准，严把新进人员政治关、品行关、作风关。

人事制度改革。启动“校内机构改革”及“人事人才改革”。出台《华北电力大学人员招聘规程(试行)》。进一步强调党对人才工作的领导，严把思想政治素质和师德师风关，坚持标准、严格程序、公开招聘、择优录用。公布教学为主型副教授和思想政治理论课教师标志性成果评聘条件。进一步强化教师分类评价制度，拓展教师职业晋升通道，调动教师工作积极性。修订创新人才支持计划。遵循人才成长规律，完善个人价值与岗位职责、实际贡献相结合的人才支持体系，进一步加大对青年人才的支持力度。在深化改革的同时，进一步规范人事管理工作，出台《华北电力大学挂职(借调)人员管理暂行办法》。全面贯彻上级文件精神，明确标准，规范程序，进一步加大干部挂职交流力度，强化干部能力培训和实践锻炼，提升干部能力素养，拓宽干部教育培养渠道。制定《华北电力大学人事管理回避实施细则》。进一步规范学校人事管理工作，维护人事管理公平公正，加强对任职岗位和履职情况的监督约束，促进学校事业健康发展。

信息化建设。运行新的人事招聘系统和职称申报系统，启用人事证明自助打印系统，新增网上办事大厅考勤统计和探亲路费报销审批功能，进一步简化办事流程、提高服务质量，加快数字化、智慧化校园建设。

(董　剑)

【概况】 至年底，华北电力大学共有教职工2955人(北京1577人，保定1378人)。其中教师1942人(北京1091人，保定851人)，占教职工比例为65.7%；管理人员499人(北京276人，保定223人)，占教职工比例为16.9%；其他专业技术人员385人(北京198人，保定187人)，占教职工比例为13.0%；工勤人员129人(北京12人，保定117人)，占教职工比例为4.4%。拥有中国工程院院士2人，双聘院士9人，国家重大科技项目负责人7人，国家级教学名师1人。

(田　里)

【试行新进人员思想政治素质及师德师风考察细则】 2019年11月，为深入贯彻党的教育方针，全面落实立德树人根本任务，坚决把师德师风作为评价的第一标准，严把新进人员政治关、品行关、作风关，根据国家和上级有关文件要求，结合学校实际，制定并颁布《华北电力大学新进人员思想政治素质及师德师风考察细则(试行)》。

(许云燕)

【开展师德建设月活动】 为深入贯彻落实全国教育大会、全国高校思想政治工作会议精神和《中共中央国务院关于全面深化新时代教师队伍建设改革的意见》《教育部关于建立健全高校师德建设长效机制的意见》《华北电力大学落实师德建设长效机制实施细则》等文件精神，进一步加强学校师德建设，2019年9月—10月，在全校范围内开展以“办负责任的大学，做负责任的好老师”为主题的师德建设月活动。通过召开教师节庆祝大会、新教师入职宣誓、开展师德专题学习研讨、主题创作展览、推进“四有好老师”与“四个引路人”学习实践活动理论研究及特色项目结题评审等活动，不断推动学校师德建设制度化、常态化、长效化，全面提升全体教师师德水平。期间，基层党委共召开座谈会7次，开展专题学习19次，发布专题报道26篇。

(许云燕)

【为师之道宣传平台上线】 2019年11月，“为师之道”宣传专栏正式上线。学校上线该平台旨在更好利用“两微一端”等新媒体平台，深入开展习近平总书记关于教师队伍建设重要论述的专题宣传，拓展教师思政与师德师风建设工作宣传渠道，集中展示教师队伍的师业、师爱、师能和师风,以文化建设助力教师思政工作水平提升。为提高教师政治思想和业务水平,落实立德树人根本任务,学校还专门组织组织开展"为师之道"——师德师风专题培训活动。

(许云燕)

【举办离退人员荣退仪式】 2019年,为感谢退休教职工为学校发展建设做出的重要贡献,营造有温度的校园文化氛围,传承老一辈的宝贵经验和华电精神,激励后来人爱岗敬业、干事创业。党委教师工作部、人事处以庆祝新中国成立70周年及第35个教师节为契机,举行首届退休教职工荣退仪式。

(许云燕)

【举办青年教师倾诉与聆听茶叙会】 2019年,学校召开青年教师代表"倾诉与聆听"茶叙会。旨在通过茶叙会的形式摸清新形势下青年教师思想动态和实际需求,建立问题台账,准确把握教师思想政治状况和发展趋势,为做好教师思政工作和解决实际问题提供决策参考。

(许云燕)

【成立华北电力大学先进飞轮储能技术研究中心】 2019年,为进一步聚焦科学前沿领域、促进学科交叉融合,服务学校"双一流"建设,根据《华北电力大学科研机构管理办法》(华电校科〔2017〕18号)文件规定,经学校科研机构建设领导小组研究决定,成立华北电力大学先进飞轮储能技术研究中心。

(王　璐)

【成立华北电力大学先进能源利用技术研究中心】 2019年,为构建面向先进能源领域重大任务的承接平台,推动学科交叉融合,培育科研团队,服务学校"双一流"建设,根据《华北电力大学科研机构管理办法》(华电校科〔2017〕18号)文件规定,经学校科研机构建设领导小组研究决定,成立华北电力大学先进能源利用技术研究中心。

(王　璐)

【规范挂职(借调)人员管理】 2019年,为全面贯彻《关于进一步激励广大干部新时代新担当新作为的意见》及教育部党组《关于进一步激励教育部直属系统广大干部新时代新担当新作为的实施意见》等文件精神,结合学校实际情况,制订《华北电力大学挂职(借调)人员管理暂行办法》。

(王　璐)

【成立国家电网—华北电力大学能源互联网学院】 2019年,为促进校企深入合作、产教深度融合,加快推进学校"双一流"建设,经学校2019年第12次校长办公会研究通过,决定同国家电网公司联合成立"国家电网—华北电力大学能源互联网院"。

(王　璐)

【成立华北电力大学人工智能学院】 2019年,为进一步响应国家人工智能战略,围绕"能源电力科学与工程"一流学科建设,加快学校计算机及其相关学科发展,经学校2019年第12次校长办公会研究通过,决定成立"华北电力大学人工智能学院"。

(王　璐)

【调整人才工作办公室工作职能】 2019年,为进一步加强学校人才队伍建设,使人才工作办公室的工作重心集中到人才的引进、培养和服务上,经学校2019年第13次党委常委会审议通过,学校对人才工作办公室工作职能进行调整。

(王　璐)

【成立华北电力大学乐清智能电气与产业创新研究中心】

2019年,为适应学校改革和发展的需要,探索新型校地合作的新模式、新机制,更好地服务国家长三角区域一体化发展战略,经2019年第12次校长办公会研究决定,成立华北电力大学乐清智能电气与产业创新研究中心。

(王　璐)

【公布教学为主型副教授和思想政治理论课教师标志性成果评聘条件】 2019年,为进一步强化教师分类评价制度,拓展教师职业晋升通道,调动教师工作积极性,结合《华北电力大学专业技术职务评聘办法(2018年修订)》(华电校人〔2018〕23号)文件执行情况,经学校研究,制定教学为主型副教授和思想政治理论课教师标志性成果评聘条件。

(王　璐)

【规范华北电力大学人员招聘程序】 2019年,为深入实施"人才强校"战略,推进"双一流"建设,进一步规范学校人员招聘工作流程 ,经2019年第14次校长办公会审议、2019年第14次党委常委会会议审定,制定《华北电力大学人员招聘规程(试行)》。

(王　璐)

【修改课时津贴分配办法部分条款】 2019年,为进一步发挥课时津贴的激励作用,充分调动教师课堂教学的积极性和主动性,经2019年第16次校长办公会审议通过,决定对《华北电力大学校内津贴分配办法调整方案》(华电校人〔2007〕16号)部分条款进行调整。

(王　璐)

【启用人事证明自助打印系统】 2019年,学校贯彻落实本届"双代会"学校工作报告精神,加快数字化、智慧化校园建设,进一步简化办事流程、提高服务质量,8月25日,人事证明自助打印系统正式启用,共两台,分设于人事处和教工餐厅,方便教职员工使用。

(王　璐)

【李卫国教授退休】 2019年7月,李卫国教授退休。1981年12月华中工学院高电压技术学士,1987年1月重庆大学电气工程系理论电工硕士,1998年6月武汉水利电力大学高电压工程博士。曾任长沙电力学院代院长,2004年7月到华北电力大学电气学院任教,任教授,博士生导师。

主持或参与5项国家自然科学基金项目、1项省部级自然科学基金及多项国家电网公司科技项目，获7项省部级科技进步奖和教研教改成果奖，发表论文百余篇，获多项发明专利。曾获省部级优秀中青年教师、优秀中青年骨干教师等称号。

（董　剑）

【宗伟教授退休】　2019年12月宗伟教授退休。1982年7月获华北电力学院理论电工学士学位，同年分配到东北电力学院电力系电工基础教研室任教。1984年9月考入华北电力学院研究生部助教班，1985年11月回东北电力学院。1994年7月借调至浙江大学电机系电工教研室任教，1996年7月入职华北电力大学至2019年年底退休。2003年晋升教授职称。发表学术教研论文若干，承担多项横向、纵向科研项目。2004年任电工教研室主任。2005年任电工电子实验教学中心主任。带领团队于2006年荣获北京市示范中心称号，作为“电路理论”课程负责人，带领团队荣登北京市精品课程行列。曾获北京市教学研究项目二等奖，主编出版三本教材，其中一本获北京市精品教材，已发行第三版，共十四次印刷。多次获校级优秀教师。现担任学校第七届教学督导组成员。

（董　剑）

【刘连光教授退休】　2019年3月，刘连光教授退休。刘连光，男，1954年2月出生，汉族，吉林省人，硕士毕业，教授，博士生导师。1991年9月到1994年3月在华北电力学院研究生部读书。1971年1月到1974年9月在吉林省汪清县第一中学工作；1976年9月到1991年8月在东北水力水电专科学校工作；1994年2月至2019年2月在华北电力大学电气学院任教。1995年获副教授职称，2003年获教授职称，1995年到2005年担任供用电教研室主任职务。教学上承担本科生、硕士生和博士生的培养，科技上主要贡献是在国内外首先提出和组织研究中低纬电网地磁暴灾害。发表学术论文近400余篇，获授权发明专利20余项，曾获国家教学成果二等奖1项，省部级科技成果一等奖1项、二等奖3项、三等奖4项。曾获国务院政府特殊津贴、河北省省管优秀专家、北京市高等学校教学名师、能源部优秀教师等荣誉称号。

（董　剑）

【朱勇华教授退休】　2019年8月，朱勇华教授退休。1978年10月至1982年7月在武汉水利电力大学数学系学习，1982年9至1985年6月在武汉水利电力大学攻读硕士研究生，1985年6月在武汉水利电力大学留校任教，2001年11月在武汉大学获得博士学位。2003年4月到华北电力大学数理系任教，2004年获教授职称。主要研究方向是概率论与数理统计、可靠性数学和风险分析，住持和参加包括三峡工程二期导流系统风险分析、三峡工程三期提前截流风险分析、长江中下游防洪风险分析、汉江中下游防洪风险分析等16项课题的研究，发表论文50多篇，培养硕士研究生15名，编写并出版教材2部。

（董　剑）

【赵强教授退休】　2019年6月，赵强教授退休。1979年7月获西北电讯工程学院计算机系计算机工程学士学位，同年在甘肃省电力工业局工作，1996年获华北电力大学动力系热力过程自动化硕士学位，1997年至2001年赴日本留学，2001年到华北电力大学计算机学院任教。主要从事计算机教学科研工作，2010年获教授职称。其间讲授计算机相关课程十余门，承担科研项目几十项，指导硕士研究生近五十人，发表学术论文50余篇，申请国家授权发明专利，软件著作权多项，曾获校级“十佳班主任”师德标兵、大学科技园“优秀创业导师”、“优秀硕士班主任”等荣誉称号。

（董　剑）

【白焰教授退休】　2019年3月，白焰教授退休。1982年1月获大连工学院化工自动化及仪表专业学士学位，1998年10月获东北大学工业自动化专业博士学位。1992年至1993年日本京都大学访问学者。1996年到华北电力大学任教，从事自动化专业教学与科研工作。指导硕士、博士研究生110多人，发表学术论文260余篇，出版教材、专著和译著10余部。申请国家授权发明专利，软件著作权多项。曾获省部级科技进步一等奖1项、二等奖2项，教学成果二等奖1项，以及北京市教学名师等荣誉称号。

（董　剑）

【许丹娜教授退休】　2019年3月，许丹娜教授退休。1982年7月于北京大学哲学系本科毕业，获学士学位，同年8月至1985年8月在吉林农业大学马列教研室任教。1988年6月于北京大学哲学系研究生毕业，获硕士学位，自此一直在华北电力大学从事马克思主义理论课教学及管理工作。1994年后历任社科系党总支书记、社科系主任、党委宣传部部长、期刊出版部主任等职。2001年晋升教授职务。从教以来，主要讲授“马克思主义哲学原理”“马克思主义基本原理概论”等本科生思想政治理论课和“中国特色社会主义理论与实践”“中国马克思主义与当代”等研究生思想政治理论课。曾主持华北电力大学教改基金项目——“两课”教改研究与实践，主研教育部人文社会科学研究项目——马克思主义大众化专项任务项目。主要科研成果包括10余篇公开发表的论文，3部任主编、副主编的教材或工具书。在校工作期间，多次获评校级优秀共产党员。1996年被北京市总工会评为“优秀教育工作者”，同时获“北京市爱国立功标兵”称号。

（董　剑）

【戴忠信教授退休】　2019年8月，戴忠信教授退休。河北省深州市人。1989年6月获北京师范大学教育学硕士学位，同年到华北电力大学基础部外语教研室任教。1998年晋升教授。2001年担任英语语言文学专业硕士研究生导师。1992 年至 1994 年、1996 年至 2000 年担任基础部与基础科学系外语教研室主任；2000 年至 2003 年担任保定校部第一任外语系主任兼党总支书记；2003 年至 2006 年担任外国语学院第一任院长。2007 年从保定校区调到北京校部外国语学院任教。期间，先后到北京大学、英国埃克塞特大学、新西兰惠灵顿维多利亚大学做访问学者，并于 2004 年 6 月获北京师范大学教育学博士学位。发表英语教育教学研究学术论文 100 余篇，出版学术专著 3 部，主持教育部教改项目 2 项。1993 年获河北省优秀教师称号，2001 年获中华人民共和国国务院颁发的政府特殊津贴。曾获校级教学优秀、优秀共产党员、十佳班主任、“我身边的好老师”等荣誉称号。

（董　剑）

【邓英教授退休】 2019 年 9 月，邓英教授退休。1982 年 7 月获沈阳化工大学化工自动化及仪表专业学士学位，2003 年于北京师范大学工商管理专业研究生毕业。1985 年在沈阳工业大学风能技术研究所工作，2009 年 3 月到华北电力大学可再生能源学院任教。2011 年获教授职称，担任本科学生风电机组监测与控制等专业课的教学，进行风力发电系统科学技术研究工作。2010 年 10 月担任风力发电教研室直属党支部书记。主持和参加完成新能源方面的科技项目十多项，曾获国家、省、市科技进步奖 7 项。参与国家标准编写 4 项，申请专利十多项，发表学术论文近 60 余篇。

（董　剑）

【董福品教授退休】 2019 年 6 月，董福品教授退休。1984 年获清华大学工学硕士学位，1988 年获中国水利水电科学研究院工学博士学位，2005 年来华北电力大学任教。先后任能源与动力工程系教授、水利水电工程系副主任、可再生能源学院副院长。负责和参加国家重点科技攻关专题和子题 8 项；主持大、中型工程建设项目 20 余项；发表论文 25 篇；获国家科技进步奖二等奖一项；中国电力科技进步奖一等奖一项；任副院长期间建立完善本科教学培养体系，完成两次本科教学评估，制定三版本科教学培养方案，规范本科教学培养流程，成立可再生能源工程实验中心，为学院本科教学工作做出突出贡献。

（董　剑）

人　才　工　作

【概述】 2019 年，华北电力大学人才工作坚持党管人才原则，积极拓展人才引进与招聘渠道，创新人才引进手段、落实吸引人才举措，大力引进高层次人才与急需人才，有序开展各项人才计划申报工作，提升人才服务质量，学校人才工作保持健康、高效、稳步发展。

党建工作。以习近平新时代中国特色社会主义思想为引领，把学习贯彻习近平总书记关于人才工作的重要论述作为一项重大政治任务抓紧抓好，着力在学深、悟透、弄通上下功夫。通过学习党的十九大精神，及时学习党的十九届三中、四中全会精神，不断提升思想政治理论水平，领会新时代精神内涵，增强做好人才工作的思想自觉和行动自觉。人才工作办公室在各项工作中坚决落实学校党委各项决策部署，将党的领导深入到工作中的每个环节；不断推进党建工作与业务工作的有机融合，做到同部署、同总结，以党建工作指导业务工作开展，把业务工作作为党建工作落实的抓手。部门现有 5 名工作人员，其中党员干部 4 人。年度党务工作中，坚持“三会一课”制度，组织多次支部内同事谈心谈话，召开支部党员扩大会议及各类活动 20 余次，完成“不忘初心、牢记使命”主题教育活动等各项规定的学习、培训任务，使全体党员进一步明确党员的责任，增强防腐杜渐的能力，保持廉洁自律的作风，坚定为学校人才工作继续奋斗的初心。

人才引进与人才招聘。为深入实施“人才强校”战略，推进“双一流”建设，进一步规范学校人员招聘工作流程，学校出台《关于印发＜华北电力大学人员招聘规程（试行）＞的通知》（华电校人〔2019〕42 号）文件。人才引进工作，按照学院评议、学校专家组评审、人才工作领导小组审议、学校党委常委会审批四个环节进行，进一步强化学校及学院两级党委在人才工作中的审核把关作用。学校教师及非教师岗位招聘工作，人才工作办公室依据学校批复的由人事处会同各用人单位共同制定的人才规划与年度招聘计划进行。招聘过程中，遵循“公开、公正、公平”的原则。至年底，学校共引进优秀青年教师 77 人，非教师岗位招聘 37 人。开展多渠道合作模式，通过客座教授、兼职教授等方式，柔性引进汤广福、陈维江两位院士；双聘中科院常凯院士。

人才项目申报。人才工作办公室及时关注上级有关部门人才项目申报工作，主动与主管部门沟通、协调，各项人才计划申报工作有序开展。至年底，共完成人才申报项目有：北京市科技新星计划项目；北京市优秀人才培养资助项目；国家公派高级研究学者、访问学者、博士后项目；青年骨干教师出国研修项目；国外教育调研访问学者项目；清洁能源项目；高等教育教学法项目；中美富布赖特项目（研究学者）。此外，向国家留学基金委推荐评审专家 2 人，许晨入选北京市科技新星计划，王哲、丁肇豪、刘仕倡获北京市优秀人才培养资助项目。

高层次人才服务。学校围绕高层次人才，建立人才全链条发展保障机制，强化学校、院系、团队间的沟通交流，构建学校、院（系）、职能部门、团队、个人发展“命运共同体”，形成各司其职、协调高效的人才工作氛围。积极协同相关职能部门，落实高层次人才薪酬待遇，配套科研、教学软硬件资源；妥善处理 4 名高层次人才住房补贴问题，满足人才基本生活需求；积极协调国家高层次人才服务窗口，解决好高层次人才子女入学问题。积极协调校团委等部门，为高层次人才提供演出门票等事宜，提升高层次人才文化生活品位。协同人事处，充分利用好“双一流建设经费”，将有限的经费用到“刀刃”上，在遵循经费预算的基础上，发挥经费最大效用，已执行经费近 1838 万元，执行进度 100%，经费使用情况良好。强化问题导向，提升服务质量，组织召开 2019 年高层次人才引进培育工作会、高层次人才座谈会等一系列人才工作会议，深入了解各用人单位人才引进与培育工作进展，定期主动与各类人才沟通，开展谈心谈话，及时了解掌握校内高层次人才工作状态及各类需求，切实解决人才工作生活中遇到的问题的同时，为科学合理制定人事人才政策奠定基础。人才工作办公室在人才服务工作中，始终秉承以人才为中心，从小事着手，不断提升服务意识与服务水平，协助人才完成各类“琐事”“小事”“心头事”：完成公派出国教师申请的延期出国、改派及境外奖学金领取等工作，完成高层次人才申报过程中的国外老师费用报销工作，完成人才聘后合同签订、科研启动经费立项、住房租赁、办公住房改造等服务工作，协助完成“西部之光”访问学者接收及后期服务工作。从细微处着手，不断提升人才满意度。

举办国际学术交流青年论坛。为加大海外引才力度，高效能举办青年学者论坛，2019 年度，人才工作办公室在吸取往年工作经验基础上，改进工作模式，取消大规模校级学术论坛，改由二级单位组织“小而精”的专业性论坛，提升遴选的针对性，更高效的为学校相关学科的发展储备人才。2019 年 6 月、7 月，先后以学院为单位，电气与电子工程学院、能源动力与机械工程学院分别组织电力青年、动力青年专业学术论坛，吸引优秀人才来校实地考察，加深情感，继续营造良好的学术交流氛围，宣传华电品牌，增强华电国际影响力和知名度，吸引一批世界能源领域优秀青年人才加盟华电。两学院共邀请到 30 名左右海内外优秀青年学者，与学校相关领域专家、青年教师及研究生进行充分、卓有成效的学术交流，为海外高层次人才引进计划青年项目储备人选。

博士后日常工作。学校继续实施师资博士后制度，扩大博士后招收规模，提升博士后水平，稳步推进博士后队伍建设，充分发挥博士后科研生力军作用。全年招聘师资博士后 11 人，先后有刘吉、王庆乐、张衡、潘佩媛、卫慧敏、王伟佳、马秋梅、陈晓红、孙绍恒、陈磊等 10 人进站。师资博士后中孔艳强、陈晓红两人为中国博士后创新人才支持计划入选人员。鞠立伟、李凯、孔艳强、陈衡等 4 人获得国家自然科学青年基金资助。另有 5 人获得博士后基金资助。2019 年，完成博士后项目申报有：第 65 批博士后基金面上资助项目；第 66 批博士后基金面上资助项目；第 12 批博士后基金特别资助项目；第一批博士后基金特别资助（站前）项目；2019 年度博士后创新人才支持计划项目；2019 年度国际交流计划引进项目第 1、2、3 批；中德交流计划项目、香江学者计划项目等各类博士后项目申报工作。陈晓红获得 2019 年度博士后创新人才支持计划项目资助；鞠立伟、陈衡、张初晴获得第 65 批博士后基金面上资助项目；陈哲文、徐明新、张衡获第 66 批博士后基金面上资助项目；刘吉、加鹤萍获第一批博士后基金特别资助（站前）项目；Ehsan Manizheh Alipour、杨旻昊获国际交流计划引进项目资助。为提升博士后项目申报成功率，2019 年共举办 2 期博士后基金申报讲座及经验交流会。同时，已完成首批师资博士后中期考核工作，为师资博士后出站留校打下良好工作基础。

核科学与技术一级学科成功获批博士后科研流动站。根据《人力资源社会保障部 全国博士后管理委员会 关于批准新设湖南大学哲学等 339 个博士后科研流动站的通知》（人社部发〔2019〕105 号），华北电力大学核科学与技术学科获批博士后科研流动站。至此，学校共有六个博士后科研流动站，分别为电气工程、动力工程及工程热物理、工商管理、管理科学与工程、控制科学与工程、核科学与技术科研流动站。

完善体制机制。学校印发《关于调整华北电力大学人才工作领导小组组成人员的通知》（华电党〔2019〕45 号）、《关于印发〈华北电力大学人员招聘规程（试行）〉的通知》（华电校人〔2019〕42 号）文件。进一步规范学校人员招聘工作流程，明确二级单位主动选才引才育才的主体责任，强化学校及学院两级党委在人才工作中的审核把关作用。2019 年 10 月，学校为使人才工作办公室的工作重心集中到人才的引进、培养和服务上，经学校 2019 年第 13 次党委常委会审议通过，下发《关于调整人才工作办公室工作职能的通知》（华电校人〔2019〕33 号）文件，对人才工作办公室的职能进行调整。调整后的人才工作办公室职能为：负责人才的引进工作；负责高层次人才的服务、考核工作；负责各类人才项目的遴选、申报和组织协调；完成学校交办的其他各项任务。

（徐岸柳　赵友君　年中华　黄楠楠）

【概况】 2019 年，学校完成各类人才招聘 114 人。北京校部共分六批次完成 65 名教师岗位招聘工作，教师岗位实际到岗 44 人，41 人具有博士学位。分四批次完成 21 名非教师岗位招聘工作。非教师岗位实际到岗 21 人。保定校区教师岗位实际招聘到岗 33 人，29 人具有博士学位。非教师岗位实际招聘到岗 16 人。

2019 年推荐北京市科技新星计划项目 4 人，其中 3 人进入答辩环节，1人入选；3人获得北京市优秀人才培养资助项目。

2019年，国家公派高级研究学者、访问学者、博士后项目19人申报，17人获批；青年骨干教师项目16人申报，全部获批；国外教育调研访问学者项目2人申报，2人获批；清洁能源项目2人申报，1人获批；高等教育教学法项目1人申报，1人获批；中美富布赖特项目（研究学者）2人申报，1人获批。

2019年，共办理博士后进站35人，其中流动站自主招收28人，与工作站联合招收7人。办理出站25人，办理退站3人。有10名优秀博士进站从事师资博士后研究工作。华北电力大学共获批各类博士后项目资助11项，其中特别资助2项，一等资助1项，二等资助5项；1人获得博士后创新人才支持计划；2人获得“博士后国际交流计划引进项目”资助。另有5人获得国家自然科学基金项目资助。

（徐岸柳　赵友君　年中华　黄楠楠）

【许晨入选北京市科技新星计划】　2019年，许晨入选北京市科技新星计划。许晨，女，1988年5月生。2010年毕业于北京邮电大学获学士学位、2015年毕业于北京大学获博士学位。2015年入职华北电力大学，2017年被聘为硕士生导师。IEEE电气与电子工程师协会会员、中国通信学会高级会员、中国电子学会会员，担任包括IEEE *Transactions* 等多个SCI期刊审稿人，通信领域旗舰会议IEEE、ICC、IEEE Globecom技术委员会委员。研究工作集中在移动终端协作通信、协作计算、异构网络的优化传输、基于数据感知的通信系统，以及其他5G/后5G网络通信技术。主持国家自然科学基金青年项目1项、北京市科技新星计划项目1项、中央高校基本科研业务费面上项目2项、企业横向课题1项。主要参与国家高技术研究发展计划“863”子课题、国家自然科学基金面上项目、北京市自然科学基金等。出版英文学术专著1部、参与编写英文学术专著章节3章。发表SCI/EI检索文章40余篇，提交国际/国内专利、3GPP国内提案10余项。全部成果累计引用890余次，收录ESI高被引论文3篇。在IEEE顶级期刊 *Journal of Selected Areas in Communications* 发表的论文，单篇引用300余次，收录ESI热点论文，并获2016年伦纳德亚伯拉罕奖（Leonard G. Abraham Prize），是该奖项设立以来首篇以亚洲机构为第一完成单位的获奖论文。作为第三完成人，获得2017年度教育部高等学校科学研究优秀成果奖（自然科学奖）一等奖。2019年获无线通信和信号处理（WCSP）国际会议十周年杰出论文奖。

（赵友君）

【3人获北京市优秀人才培养资助项目】　2019年，王哲、丁肇豪、刘仕倡等3名教师获北京市优秀人才培养资助项目。王哲，女，博士，华北电力大学环境科学与工程学院讲师。2013年7月获西安交通大学化学工程与技术学院工学学士学位，2018年7月获清华大学化学工程与技术专业工学博士学位。2017年曾赴美国劳伦斯伯克利国家实验室进行联合培养博士访学。毕业后就职于华北电力大学，主要研究领域为碳材料的合成及其在环境污染物处理处置方面的应用，主讲课程为“电化学基础”。作为项目负责人，主持的科研工作有国家自然科学基金青年基金项目、北京市优秀人才培养资助计划、中央高校基本科研业务费面上项目等。共发表SCI收录论文17篇，发明专利2项。曾获清华大学优秀博士学位论文、研究生国家奖学金、清华大学博士研究生新生奖学金、第3届日中大学核燃料循环学术讨论会最佳演讲奖等奖项。丁肇豪，男，博士，华北电力大学电气与电子工程学院讲师，硕士生导师。2010年毕业于山东大学，获得工学学士和经济学学士；2015年毕业于美国德克萨斯大学阿灵顿分校，获得博士学位。入选2018年北京市优秀人才培养资助计划。主要研究方向包括电力市场、电动汽车、电力系统优化运行等。作为负责人/主要参与人承担30余项科研项目，资助方包括国家自然科学基金、国家能源局、英国繁荣基金、美国能源部等机构。作为主笔人之一参与国家能源局《电力市场基本规则》《电力市场监管办法》等规则的草拟工作；作为主要成员之一参与多个省市和区域电力市场建设方案的研究和起草工作。担任多项学术兼职，其中包括IEEE IAS Microgrid & Virtual Power Plant分委会主席，Distributed Energy Resources分委会副主席，中国电机工程学会能源系统专委会副秘书长，IEEE *Transactions on Industry Applications* 期刊编委，IEEE、Elsevier旗下等十余家国际知名期刊以及《电力系统自动化》等国内期刊的审稿人等。曾获IEEE *Industry Application Society*、北美电力系统年会、德克萨斯能源挑战赛等多项最佳论文奖。刘仕倡，男，博士，华北电力大学核科学与工程学院讲师，硕士生导师。2013年7月在中山大学物理科学与工程技术学院核工程与核技术专业获工学学士学位，2018年8月在清华大学工程物理系核科学与技术专业获工学博士学位，并获优秀博士毕业生称号。2016年至2017年曾赴美国麻省理工学院进行联合培养博士访学。主要从事的研究领域为：反应堆物理与蒙特卡罗方法、材料辐照效应模拟、多物理耦合模拟。主讲课程为“核反应堆物理分析”，参与建设“学堂在线”平台慕课“核反应堆物理分析”一门。主持的科研工作有国家磁约束核聚变能发展研究专项子课题、国家自然基金青年项目、北京市自然基金青年项目、北京市优秀人才培养资助、教育部重点实验室课题等。共发表SCI/EI论文50余篇，曾获第21届国际核工程大会“钱三强”最佳论文奖、亚洲反应堆物理会议的2017年最佳论文奖、清华大学优秀博士论文一等奖、清华大学学术新秀提名、中国核学会2013年学术年会优秀学术论文三等奖等。担任 *International Journal of Energy Research* 等多个SCI期

刊的审稿人。拥有发明专利1项，软件著作权1项。

（赵友君）

财务管理

【概述】 2019年，学校财务工作紧密围绕学校办学目标和重点发展需求，聚焦学校综合改革，聚力财务工作内涵建设，实现年度总收入突破24亿元既定目标，有效地支撑学校各项事业持续协调发展，为学校提升综合实力和核心竞争力创造有利的经济条件，财务状况良好。

党建引领财务工作。财务战线主动对标政治站位，增强“四个意识”、坚定“四个自信”、做到“两个维护”，落实党中央决策部署。出色完成新中国成立70周年庆祝活动重大政治任务财务服务保障工作。扎实开展“不忘初心、牢记使命”主题教育，营造干事创业担当氛围。倾斜党建思政工作经费支持，积极推进“三全育人”。支持精准脱贫，通过解决实际困难与扶志扶智相结合，激发帮扶对象的内生动力，服务脱贫攻坚政治任务。

制度建设。制定《华北电力大学关于进一步简化科研经费报销流程的通知》《关于规范学生活动费支出管理的通知》，修订《华北电力大学基本建设财务管理办法》等。

预决算管理。按教育部要求完成学校各类预决算的编制工作，包括2019年部门决算和2020年部门预算、2019年住房改革支出决算和2020年住房改革支出预算、2019年全国教育经费统计报表等。

科研经费管理。落实科研“放管服”改革，主动适应国家科研经费改革，举办科研财务工作座谈，走进科研团队、实验室开展宣讲调研，提升科研财务管理效率。进一步下放经费审批权限、简化报销流程、优化规范服务，推进科研与财务管理服务有机融合，让“数据多跑路，人员少跑腿”，为科研人员节约宝贵的科研时间。

实施政府会计制度。推进政府会计制度改革，构建财务会计与预算会计适度分离并相互衔接的会计核算模式，规范会计核算，全面反映学校财务状况，加强资产管理和债务风险防控能力，为准确计量学校运行成本、全面实施预算绩效管理打下坚实的基础。

信息化建设。落实“双代会”校长《学校工作报告》要求，推进非涉密财务数据“上网”，主动融入学校“网上办事平台”，开通“财务资料自助领用”“银行卡信息变更”等线上服务；实现财务管理系统与资产、科研系统数据同步与共享；实现学生收费系统与教务、研究生系统成功对接，学生欠费显著下降；充分利用新媒体“e财务服务”等多种形式开展财务政策宣传和主动信息服务。

服务教职工。为确保各项减税政策应知尽知、税改红利精准发放，全年开展税收政策宣传培训18次（北京16次，保定2次），协助填报个税专项附加扣除信息，开展年终绩效纳税筹划。全年缴纳个人所得税较上年降低32.31%（保定45.66%）。

基建财务管理。完成综合楼A座、G座、16号学生宿舍楼固定资产报增。顺利实施政府会计制度核算软件与基建会计核算软件双轨运行机制，为细化基本建设核算打下基础。

（胡东星　李成鹏）

【概况】 2019年，华北电力大学资产总额440109万元（其中保定116746万元），较上年度增长3.11%；固定资产269797万元（其中保定65913万元）；流动资产130738万元（其中保定32509万元）；负债总额58670万元（其中保定13599万元）；净资产总额381439万元（其中保定103147万元），较上年下降4.84%。总收入246801万元（其中保定86090万元），总支出239379万元（其中保定81432万元），比2018年增加2.64亿元，增长12.39%。

财务管理系统共录入凭证11.76万份（保定3.86万份），较上年增长17.25%；会计分录79.24万笔（其中保定22.17万笔），较上年增长134.09%。

（周　航　高　艳　李浩浩）

【实现年度总收入既定目标】 2019年，通过积极争取中央财政专项增量拨款、巩固地方政府投入、提升科研服务收入、拓展社会服务等方式发掘新的收入增长点。发挥政策激励作用、调动部门工作积极性等措施，学校总收入24.68亿元，完成年度收入突破24亿元任务目标。

（周　航　张　静　陈　蔚）

【对外挂职交流】 2019年，1人挂职教育部财务司经费统计信息处，协助开展全国教育经费统计工作；1人挂职孔子学院总部，协助开展内部控制等财务管理工作。

（李成鹏　杨利国）

【推进全面预算管理】 2019年，将校内各部门所有收支都纳入校内预算申报，让部门负责人摸清部门财务“家底”，提升各部门资金统筹能力和资金运行效率，避免因信息不对称导致的经费预算盲目申请。对校内预算新增项目实行绩效管理，树立“花钱必问效，无效必问责”的理念。

（周　航）

【项目管理信息系统上线】 2019年，学校上线中央高校改善基本办学条件项目库管理信息系统，将教育部、财政部关于项目申报、预算评审、项目库建设、执行管理、政府采购管理、绩效管理等要求与学校项目管理经验相结合，利用系统软件进行规范操作，使得项目管理过程有迹可循，实现全过程全生命周期管理。

（周　航）

【首次开展银校合作】　2019年，学校首次与中国银行开展银校合作，共筹措合作资金750万元，支持学校网络与信息化办公室用于大数据分析平台、智慧校园软件平台、业务系统等信息化建设，将互联网金融领域的现代金融服务与师生员工所需的校园服务相融合，打造互联网校园社区信息化应用生态。

（张栋峰）

【税收管理】　2019年，根据《中华人民共和国印花税暂行条例》，结合学校《合同管理办法》实施，将印花税的政策要点及操作细则进一步落实到合同归口管理部门，依据归口管理部门的申报数据及时准确进行税收申报。结合中央推出的减税降负个税改革举措，开展税收政策宣传培训工作并协助填报个税专项附加扣除信息，确保各项减税政策应知尽知、税改红利精准发放。

（陈　蔚　李　烨）

审　计　工　作

【概述】　2019年，华北电力大学审计工作围绕学校"十三五"发展规划的奋斗目标、发展战略和重大任务，以深化综合改革、提高管理成效为奋斗目标，从教学、科研、管理工作的切实需要出发，改进工作思路、创新工作方法、提高工作成效，依法依规开展审计工作。

领导干部经济责任审计。针对领导干部任职期间部门发展、责任人遵守经济法规和贯彻国家方针政策、"三重一大"制度执行、与领导干部履职有关的管理决策等经济活动效益、遵守相关廉洁规定等方面情况，有计划地实施审计工作，对领导干部履职情况进行客观公平的评价，并依据审计结果，针对经济责任人所在部门的制度建设、财务管理、资产管理等方面提出审计意见和建议。

财务收支审计。开展财务收支和预算执行审计，促进教育资金的规范管理和资金使用效益的提高，并针对被审计单位在制度建设、财务管理、资产管理中存在的不足提出审计意见和建议。

重大项目审计。通过审计关口前移，把财务收支审计、预算执行审计、内部控制审计和效益审计结合起来，发挥内部审计预警作用，促进和提高科研项目管理水平和科研经费效益，实现良好的审计效果。

科研经费审计。保障科研经费安全合理使用，重点审查科研项目的经费支出是否合理、资产管理是否完善、预算执行是否到位、外委协作是否规范等内容，并将科研经费审签、审计调查和专项审计结合起来，针对审计过程中发现的问题发表审计意见，突出科研经费审计工作的服务性和建设性。

基建、修缮工程结算审计。通过全年的工程结算审计工作，为学校节约建设资金，维护学校利益，进一步促进工程造价管理方式不断改进，取得良好的审计效果。

招标文件和招标控制价审核。进一步扩大工作范围，涵盖投资100万元以上工程的招标文件和招标控制价的审核，并通过管理建议书的方式，对修缮工程管理过程中不规范之处提出改进建议，对于防范管理风险、减少结算纠纷具有重要的指导意义。

小额工程项目审签。通过对报审合同主体资格、完整性、价款、技术质量标准、质保等方面内容提出审计建议，有效促进项目实施过程中合同风险的规避，同时也通过合同自审提升审计人员的业务能力。年内，对2万元以下基建、维修工程项目进行审签工作，完善2万元以下基建、维修工程项目的审签流程和规范，形成建设单位、审计、财务的联动机制。

队伍建设。一是加强思想建设和理论学习和职业道德教育，研究探讨上级文件，把握学校审计工作动态，树立为学校发展服务的大局意识。二是通过组织审计人员参加有关后续教育和培训及高校审计业务交流活动，开展多种形式的业务学习活动，拓宽眼界、丰富知识、增长才干，提高业务素质和工作能力。三是注重加强与中国教育审计学会、教育部直属高校审计协作组、教育部直属高校审计北京片（组）会及兄弟院校之间的业务交流和理论研究，不断提高审计人员业务水平和理论修养。

（唐　成　张继红）

【概况】　2019年，华北电力大学北京保定两地共有专职审计人员8人，其中，硕士生学历2人，本科学历6人。共有高级专业技术职务4人，中级专业技术职务3人，初级专业技术职务1人。全年完成横向和纵向科研项目经费审签140项，审计科研经费总额7671.11万元；完成基建、修缮工程结算审计175项，送审金额为2.57亿元，审减1613.26万元，审减率6.28%；完成跟踪审计2项，完成其项目招标文件、工程量清单、招标控制价审核工作；完成招标控制价审核8项，审计金额1.30亿元；全面扎实开展内部控制评价工作，提出被审计单位在内部控制6个方面存在的风险点16个，提出整体改进建议14项、业务层面改进建议14项；开展招标专项审计工作，提出问题及审计建议3项；年内，贯彻落实教育部办公厅印发的《关于做好教育系统经济责任审计工作的通知》相关要求，完成对64位领导干部的离任经济责任审计。针对经济责任人所在部门、学院的制度建设、财务管理、资产管理、内部控制等多个方面提出审计意见和建议；完成对学校国际交流中心2017年

6月—2019年12月财务收支审计，审计资金2593.33万元，针对被审计单位在制度建设、财务管理、资产管理中存在的不足提出审计意见和建议7条。继续落实审计人员定期学习制度和后续教育制度，安排业务培训12人次，促进审计人员知识更新和专业技能改进，专业胜任能力得到提升。

（唐　成　张继红）

资　产　管　理

【概述】 2019年，华北电力大学资产管理以主题教育实效助推工作开展，公用房调整基本到位，实现国有资产保值增值并持续强化实验室安全管理工作，营造平安校园环境，确保主题教育和业务工作两促进两提升。

国有资产管理。按照政府会计制度改革的新标准新要求，推进资产管理信息系统的建设，建立和完善国有资产的全寿命管理，完成资产清查和大型贵重仪器设备考核工作。严格执行采购程序，规范新增仪器设备的验收管理，建立院校两级验收审核，确保账物相符。进一步规范资产处置工作环节，严格执行先调剂后处置的程序，进一步加大调剂力度，实现资产使用价值的最大化。

房产管理。学校教学、科研、办公、产业、学生创新创业实践、服务管理功能区基本实现。主楼A、G座迁入使用后，在电气学院、核学院、环化学院搬迁调整到位的基础上，年内，对18个部门1.28万平方米的用房需求进行调整，签署各类用房合同26份。通过两批次的公用房调整到位，各院系的教学科研条件保障均得到较大改善。在充分考虑基地、平台、团队建设需求的基础上，集中在教四楼预留重大科研实验平台发展空间，在教五楼集中打造学科交叉的科研创新平台功能区。为规范公用房管理，在校内外调研和征求意见的基础上完成学校公用房管理办法初稿修订。

实验室技术安全管理。进一步夯实实验室安全管理工作责任，强化落实三级责任体系，签订年度安全责任书。实现实验室安全检查经常化，专项检查重点化。全年持续共完成教育部科技司、高教司，北京市教委、昌平区教委和学校安委会部署的5次专项检查工作，确保学校安全稳定。全面启动北京市教委、应急局、消防总队关于高校实验室危险化学品安全专项治理的部署工作。

（李福顺　何　旸　李　环）

【概况】 2019年，华北电力大学房屋构筑物总面积1136290.74平方米，其中：北京校部659268.48平方米，保定校区477022.26平方米。仪器设备总计102355台，总价值119463.92万元，其中：北京校部59846台，价值74437.10万元；保定校区42509台，价值45026.82万元。学校新增仪器设备总计7324台，总价值11460.96万元，其中：北京校部新增设备3417台，价值6603.41万元，陈列品6件，价值36.7万元，图书91件，价值234.40万元，家具19114件，价值1824.06万元，无形资产121件，价值1029.55万元；保定校区新增设备3907台，价值4857.55万元，软件145件，1007.37万元，家具8157台件，价值550.98万元。学校新增10万元以上设备总计167台，总价值4900.12万元，其中：北京校部105台，价值3220.98万元，保定校区62台(套)，价值1679.14万元；新增40万元以上设备总计24台，总价值1819.83万元，其中：北京校部14台，价值1282.82万元，保定校区10台，价值537.01万元。学校报废仪器设备家具总计7269台件，账面价值总计3740.96万元，收回残值总计26.43万元，其中：北京校部报废5458台件，账面价值2767.76万元，收回残值5.78万元；保定校区报废1811台件，账面价值973.2万元，收回残值20.65万元。北京校部完成15号学生公寓的入账手续和主楼A、G座的决算入账手续；年度住房补贴共发放1351.13万元，共计教职工952人次，其中按月发放1306.18万元、935人次，级差补贴发放44.95万元、17人次；年度房屋及场地出租面积为7924.67平方米，收益为977.05万元。保定校区年度住房补贴共发放金额506.83万元，共计教职工687人次；年度房产出租面积为1020.17平方米，收益为106.41万元。

（杜春芳　何　旸　魏　清）

【周转房管理】 2019年，资产管理处对校内、校外部分周转房进行入户检查，对9处老旧房屋进行维修及改造。

（于丹丹）

【房屋土地资产出租出借范围调整】 2019年底资产管理处会同后勤管理处、财务处、审计处召开房屋土地资产出租出借议题讨论会，界定学校房屋土地资产出租出借的范围并形成会议纪要。经讨论后确定的范围包括3个部门，59个商业网点，总建筑面积为7924.67平方米。

（李　环）

【启用危废物暂存柜】 2019年，危废物暂存柜正式启用。学校针对危废物暂存柜的使用制定专门的管理条例，同时面向校内涉化实验室组织专项培训，至年底，完成废弃物集中存放、外送处置等工作。实现实验室危废物从分散存储到集中统一管理，进一步降低危废物管控风险。

（刘　钊）

基 建 管 理

【概述】 2019年，华北电力大学基建管理工作按计划完成各项目标任务。

北京校部。认真贯彻学校工作部署，以工程建设任务为重心，切实履行部门职责，从大局出发，完成年初制定的各项工作计划，为学校的稳步发展提供保障。扎实开展基本建设领域反腐倡廉教育，加强内控体系建设。梳理各廉政风险点，规范权力运行机制，加强过程管理，开展工程建设全过程跟踪审计，全体人员签订廉政责任承诺书，进一步提高廉政风险意识和责任意识。

保定校区。根据学校发展规划，结合保定校区实际情况，编写2019年基建投资计划及三年滚动计划。规范管理，强化质量，严格遵守工程质量、工程进度、投资控制、施工安全等方面的管理，认真监管和审核工程变更、洽商签证，严格按照设计、招标文件、投标清单等要求，检查验收工程材料；按照工程合同相关规定及审计结果，对19号学生宿舍、改善办学条件专项项目及学校维修项目，按计划分批次完成各项目付款审批工作。完成19号学生宿舍的建设，完成教育部改善办学基本条件有关专项项目及各项修缮工程项目。

（赵秀国　曹宇博　张　璐）

【概况】 2019年，华北电力大学北京校部基建处有正式员工8人，岗位设置分为行政综合管理、项目前期管理、计划及投资管理、工程管理和校园规划管理等职能岗位。保定校区基建处工程管理的职能部门设置有计划管理科、工程技术科，负责校园规划、修缮工程和基建工程管理，拥有专业工程师、专业管理人员8名。

（赵秀国　曹宇博　张　璐）

【北京校部完成东区土地性质调整】 2019年，北京校部与上级单位以及地方政府沟通协商，推进北京校部东区土地规划性质调整事宜。根据2019年12月北京市人民政府批复的《昌平分区规划（国土空间规划）（2017年—2035年）》，该区域土地性质已变更为建设用地。其中回昌东路西边地块已调整为教育科研用地，东边地块为有条件建设用地。

（赵秀国　曹宇博）

【能源电力科研综合楼项目列入市重点工程建设项目】 2019年5月，北京校部能源电力科研综合楼项目被列入中央在京重点建设项目并取得前期工作函（京建计函〔2019〕011号），2019年10月取得规划设计方案审查意见［2019规自（昌）审改试点函字0002号］，批复总建筑面积23546平方米，地上建筑面积16521平方米，地下建筑面积7025平方米。

（赵秀国　曹宇博）

【北京校部16号学生宿舍楼项目主体结构封顶】 2019年12月29日，北京校部16号学生宿舍楼项目主体结构全部封顶。16号学生宿舍楼项目的建设，是为了进一步改善学校学生的住宿条件。项目建筑高30米，地下二层，地上八层，占地1352平方米，总建筑面积13587平方米，初步定位为研究生女生宿舍。

（赵秀国　曹宇博）

【校部主楼名牌匾标识整改工作】 2019年，按照北京市及教育部关于建筑物牌匾标识规范工作的相关规定及要求，华北电力大学对校部主楼名牌匾标识进行整改。在符合相关规定的前提下，最大限度地提升学校整体形象，美化校园环境，发挥环境育人功能。

（赵秀国　曹宇博）

【保定校区19号学生宿舍竣工】 2019年8月，保定校区19号学生宿舍楼建成投入使用，该项目建筑面积10978.38平方米，2019年4月开工建设，2019年8月竣工使用，该宿舍投入使用，有效地解决学生住宿紧张的现状。

（张　璐）

【保定校区5个工程项目完成改造】 2019年，保定校区对5个项目进行改造完善。其中，留学生公寓改造系列项目针对国际合作处和成教学院，对培训工作的教学和住宿场地需求进行方案设计，根据实际情况对培训房间、教师在安全性和实用性方面进行改造，更新供电系统，降低电气火灾风险，完善消防系统，保证消防设施正常运行。对热水系统、中央空调系统进行改造及完善，使用电系统替代原燃气溴化锂设备，降低风险。在教室增设多媒体设施，满足新时代教学和远程教育的需求。公共区域增设安防设施，提高留学生公寓的安全性。对图书馆及活动室防水进行更换，对五层活动室房间因漏水造成的墙面损坏进行粉刷和维修；对教三楼部分实验室、电气设备性能测试实验室进行改造，中心铸造实习区等项目在现有房屋基础上进行整体改造，铺设部分实验室内地面、粉刷墙面、改造强弱电电源线等。

（陈　平）

附属学校建设工作

【概况】 2019年，华北电力大学附属学校建设与管理办公室(以下简称华电附校办)继续深入开展针对华北电力大学附属中学(以下简称附中)、华北电力大学附属小学(以下简称附小)和华北电力大学附属幼儿园(以下称幼儿园)的共建合作事项。在上年合作共建的基础上，附校办与附属学校活动开展更加多元，合作共建成效明显。2019年，华电附校办对合作共建项目管理和处理的程序进行优化，项目的实施和财务办理效率得到提升。华电附校办先后与附中、附小及幼儿园开展专题调查互动共计15次，共30余人次参与。

(杜建国　赵静静)

【开展寒假篮球队集训】 2019年1月，在华电附校办支持下，附小篮球队前往怀柔篮球训练基地，参加为期10天的篮球队冬季集训活动。

(杜建国　赵静静)

【开展套餐式党纪学习活动】 2019年1月22日，华电附中党支部对全体党员进行党纪一小时教育，组织全体党员观看正风肃纪教育片《警钟长鸣 虽远必追——“红通”人员归案警示录》。深入学习十九届中央纪委三次全会精神，增强“四个意识”，坚定“四个自信”，做到“两个维护”，用习近平新时代中国特色社会主义思想武装头脑。

(杜建国　赵静静)

【外语系对附小进行教科研课题指导】 2019年2月—3月，华北电力大学外国语学院的专家老师持续对附小相关的教师进行课题申报培训。针对附小区级、市级课题申报进行课题撰写及教科研方面的指导。

(杜建国　赵静静)

【召开工作交流会】 2019年3月6日，华北电力大学附校办、财务处和资产处与附中、附小在主楼D238会议室召开附属学校工作部署交流会，解决后续工作推动问题。

(杜建国　赵静静)

【开展走进故宫综合实践活动】 2019年3月28日，华电附小组织四年级同学走进故宫开展综合实践活动。本次活动的主题是“走进故宫，扬传统文化”。通过开展综合实践活动，进一步丰富同学们的课余生活，帮助同学们更深入了解北京悠久的文化与历史。

(杜建国　赵静静)

【参加第三届中小学班级建设高峰论坛】 2019年3月29日　4月1日，在华电附小办支持下，附小组织任课老师参加由《新班主任》杂志社举办的第三届中小学班级建设高峰论坛，该论坛的主题是“从物理空间到成长社区——现代性班级建设的层次与建设”。

(杜建国　赵静静)

【附中小学部开展家长开放日活动】 2019年4月19日，附中小学部开展“家长开放日”活动。该活动旨在让家长真正参与学校的民主管理，深度品味学校的教育、教学工作，了解学生课堂学习状态，学习家庭教育方法。

(杜建国　赵静静)

【开展心理课程及智慧课堂培训活动】 2019年6月，附小在华电附校办的支持下，开展丰富的心理科课程并印刷相关辅助材料，促进孩子们心理健康成长。为促进家校合作，提升办学水平，附小在华北电力大学礼堂开展一系列的“智慧课堂”家长培训活动。

(杜建国 赵静静)

【开展“大学习、大调研、大提升”党员学习活动】 2019年7月10日至12日，附中党支部集中开展“大学习、大调研、大提升”党员学习活动，切实为主题教育打好基础、做好预热。认真贯彻落实中央、市委关于“不忘初心、牢记使命”主题教育工作要求。

(杜建国　赵静静)

【附中召开初一外教课启动会】 2019年9月6日，附中召开初一外教课启动会。华北电力大学外籍教师为附中初一年级8个班学生开设外教课。华北电力大学国际合作处侯志浩、外教 Jamie Lynn 及附中初一年级4位英语教师参加会议。会议由附中教务副主任于昌凤主持。

(杜建国　赵静静)

【附中组织教师参观建国70周年大型成就展】 2019年10月24日，附中组织教师到北京展览馆参观“伟大历程　辉煌成就——庆祝中华人民共和国成立70周年大型成就展”，共同走进70年时光隧道，在中华人民共和国成立70周年之际，祝愿祖国繁荣昌盛。

(杜建国　赵静静)

【附中参加市中小学生冬季运动会夺冠】 2019年11月2日至3日，附中首次组队参加在昌平体育馆举行的“2019年北京市中小学生冬季运动会陆地冰壶”比赛。本次参赛队员由初二年级的十名同学组成。最终附中男队夺得陆地冰壶赛冠军。

(杜建国　赵静静)

【附小举办新年文化节之我爱科学实践活动】 2019年12月28日，附小举办“2019新年文化节之我爱科学”实践活动。本次活动由全校师生共同参与筹备，从科技比赛及大众参与等方面促进多学科融合，在实践、体验与参与中引导学生学科学、爱科学，促进学生科学等素养的提升。

(杜建国　赵静静)

档 案 工 作

【概述】 2019年，华北电力大学档案工作贯彻落实《高等学校档案管理办法》，在档案规范化规章制度建设、档案基础资源建设、档案信息化建设、档案数字化建设、档案编研、档案管理及史志鉴工作等方面创新工作方式，服务水平进一步提升。本年开启老物件档案的收集与整理，档案工作和年鉴工作均获评先进。

档案标准化建设。为适应学校新时代档案工作的需要，进一步提高档案工作服务水平，由何天枢负责，全体馆员协助对2012年颁布的《华北电力大学档案标准化建设体系制度》进行重新修订。新修订的档案标准化体系制度，进一步规范档案业务标准共36项，推行归档责任书试点工作。

档案信息化建设。完成档案检索库六期建设任务。

档案数字化建设。完成馆藏档案数字化扫描第四期建设任务。

档案利用与编研。围绕学校中心工作完成相关编研服务和查档服务工作。

人物档案。年内完成人物档案四期建设任务，共计完成56位老领导、老干部、老校友的口述历史录制和整理。

史志鉴工作。《华北电力大学年鉴2019》由中国电力出版社出版发行，编校质量进一步提升；完成《中国教育年鉴》《中国电力年鉴》《北京教育年鉴》《昌平年鉴》稿件报送工作。王振华代表学校出席在成都举行的第六届全国年鉴综合质量评比颁奖大会，在本届全国年鉴综合质量评比中，华北电力大学共获综合质量评比一等奖、框架设计特等奖、装帧设计一等奖、条目编写二等奖、检索、编校质量和出版时效二等奖等多项奖励。

对外交流。学校积极参加中国高校、教育部部属高校、北京市和河北省有关档案和鉴史志协(学)会的各类交流培训，充分利用上述交流平台，介绍学校发展及学校档案、鉴史志方面的研究成果。2019年，华北电力大学当选为北京市教育学会档案分会秘书长单位，档案馆副馆长陈军当选秘书长。

党支部建设。档案馆党支部与资产、基建、招标三个党支部联合开展“不忘初心，牢记使命”主题教育活动。郭程程预备期满，经党组织批准转为正式党员。陈军、王振华获评学校机关党委优秀共产党员。

（王振华）

【概况】 2019年，学校有档案工作人员15人，北京校部12人、保定校区3人。学校档案馆藏7个全宗，共计139023卷、照片档案18127张、馆藏资料3900册。开展学校档案业务指导和培训200余人次。全年接收各类档案4000多卷，接受档案捐赠12人次，提供档案利用2230人次。

（王振华）

【收集老物件木制家具50件】 2019年10月，华北电力大学档案馆收集老物件木制家具50多件。上述木制家具属于学校在东郊、清河、朱辛庄等早期办学的物证，反映学校教科研发展的艰难历程。所有老物件家具按照实物档案入馆。

（林海文）

【建成经济类档案库】 2019年11月，为规范学校经济类档案管理，缓解会计档案凭证的快速增长，学校特批在教三楼建立160平方米的经济类档案专用库房。

（刘雨薇）

【推动会计凭证规格改制】 为规范会计档案凭证的的快速增长，方便此类档案的馆藏和利用便捷性，学校自2019年1月1日起，全校会计凭证全部改制为A4式立式模式。此次改制大大减轻会计凭证粘贴劳动量，方便档案的统一上架排架，也有利于复制利用，为今后凭证电子化奠定基础。

（刘雨薇）

【完成2019卷年鉴编撰出版】 2019年11月，《华北电力大学年鉴2019》由中国电力出版社出版发行，该卷年鉴是学校第18本年鉴，首印800册。全书共计1400千字、彩色插图67张，各类统计报表70个，全面体现学校2019年的工作重点和教科研、国际交流、人才培养等方面的建设成果。

（王振华）

【年鉴获评全国评比一等奖】 2019年5月9日，第六届全国年鉴综合质量评比颁奖大会在四川成都举行。华北电力大学送评的《华北电力大学年鉴2017》获综合一等奖，这是自我校年鉴创刊以来获得的最高奖，获得综合一等奖的高校还有武汉大学、北京工业大学、山东大学和暨南大学等4所高校。同时，华北电力大学还获得年鉴框架设计获单项奖特等奖，这是全国高校中唯一一所获此殊荣的高校。另外，还分别获装帧设计一等奖，条目编写二等奖，检索、编校质量和出版时效二等奖。《华北电力大学年鉴2017》保持近年来较稳定的编纂体例与框架结构，共设13个栏目，内容涉及教科研与管理各个方面，力求内容丰富，资料翔实。全书140余万字，综合反映学校年度大事要闻与亮点工作，是学校存史留志、资教育人和对外宣传的一个窗口。全国年鉴编纂质量评比由中国出版协会主办，中国出版协会年鉴工作委员会承办，每四年举行一届，是中国年鉴出版界唯一经由国务院审批的全国性评比奖项。

本届全国年鉴综合质量评比，共有来自中央级、地方综合年鉴、行业年鉴、高校年鉴等数百部正式出版的年鉴参评。

（王振华）

【获评教育部档案评比先进】 2019年10月25日，在教育部直属高校档案工作协会组织的档案工作评比中，华北电力大学档案馆获评档案规范管理先进单位，王振华获高校档案工作先进个人。

（王振华）

【当选北京高教学会档案分会秘书处】 2019年12月1日，北京市高教学会档案分会第七届会员大会在中国地质大学举行，华北电力大学当选北京市高教学会档案分会第八届常务理事单位和秘书处，副馆长陈军同时当选为副理事长兼秘书长。北京市高教学会档案分会隶属北京市高教学会，是北京市高校档案学术与业务交流的协作组织。

（赵　亲）

招　标　管　理

【概况】 2019年，招标中心遵循"依法合规、预算约束、科学合理、公平公正、廉洁高效"招标原则，创新思路，规范程序，提高管理服务水平，较好地完成全年各项任务。共计完成招标项目137项（北京61项，保定76项），预算金额25925.43万元（北京15306.55万元，保定10618.88万元），中标金额24915.13万元（北京14746.78万元，保定10168.35万元），节约率（北京3.66%，保定4.24%）。

2019年，招标中心共有在编员工5人（北京3人，保定2人），非在编员工1人（北京）。

（肖万里　周　泽　张晓华）

【完成能源电力科研综合楼建设项目招标】 2019年，完成华北电力大学能源电力科研综合楼建设项目设计、施工、监理的招标工作。能源电力科研综合楼主要用于满足华北电力大学北京校部各实验室的科研用房需要。项目总用地面积为7090平方米，总建筑面积为23545.98平方米，建设内容包括一栋能源电力科研综合楼及建筑周边室外硬化、绿化、水、暖、电等配套设施。拟建能源电力科研综合楼，地上九层，地下三层，地上建筑面积16520.57平方米，地下建筑面积7025.41平方米。建筑高度为36米。本项目总投资12192.38万元，采用申请国家拨款与学校自筹相结合的方式解决。是学校"十三五"基本建设规划的关键部分。

（肖万里　袁素东　张晓华）

【完成保定校区十九号学生宿舍楼项目招标】 2019年1月，学校完成保定校区十九号学生宿舍楼项目施工的招标工作。十九号学生宿舍楼主要满足保定校区学生扩招住宿需要。项目总用地面积为1930.41平方米，总建筑面积为10978.38平方米，建筑高度为21.86米，房间数258间，床位数1539个。本项目总投资2579.633636万元，中标金额2376.418845万元。采用申请国家拨款与学校自筹相结合的方式解决。是学校"十三五"基本建设规划的关键部分。

（周　泽　马　瑛）

【完成学生公寓家具采购项目招标】 2019年6月，学校招标中心委托中央国家机关政府采购中心就华北电力大学学生公寓家具采购项目进行公开招标，该项目总投资为287.02万元，更新部分楼宇学生公寓家具，改善学生住宿环境。招标中心精心组织，合理安排，完成项目招标工作，确保使用单位在2019级新生报到前完成家具更新工作。

（肖万里　袁素东　张晓华）

【完成保定校区学生餐厅委托经营项目招标】 2019年7月，学校完成保定校区学生餐厅委托经营项目的招标工作。华北电力大学保定校区学生餐厅委托经营项目主要用于满足学生就餐服务多样化、社会化需要。该项目中标单位入住后，就餐环境得到改善，餐饮风味丰富多样，学生就餐率大幅提升。

（周　泽　马　瑛）

【完成保定校区物业托管服务项目招标】 2019年7月，学校完成华北电力大学保定校区物业托管服务项目的招标工作。保定校区物业托管服务分成两包，二校区一包，经费预算336万元，中标金额310.8万元；一校区和科技学院校区一包，经费预算244万元，中标金额243.5946万元。校园物业中标企业进校服务后，校园环境改善明显，师生满意度大幅提升。

（周　泽　马　瑛）

【完成食堂大宗物资（米、面、油）采购项目招标】 2019年1月，完成华北电力大学保定校区后勤管理处食堂大宗物资（米、面、油）采购的招标工作。后勤管理处食堂大宗物资（米、面、油）采购经费预算233万元，中标金额187.358万元。米、面、油中标价格大大低于市场价格，且质量优良，在2019年物价大幅上涨的情况下，确保食堂运营成本，保证食堂稳定运行。

（周　泽　马　瑛）

学科、学位建设与教育教学

Discipline Construction and Degree Management Affairs, Education and Teaching

○综　述

2019年，华北电力大学学科建设再上新台阶，获批1个北京市高精尖学科，新增4个交叉学科博士点，ESI“工程学”跻身世界前100强，部分研究领域进入世界一流行列，完成“双一流”建设中期评估工作。加快布局若干新兴交叉学科，以学位点建设推进学科交叉融合，自主设置能源互联网、人工智能、能源材料与装备、近代物理与核科学4个交叉学科博士点；原有12个工程硕士专业学位授权领域对应调整为电子信息、机械、材料与化工、资源与环境、能源动力、工程管理6个专业学位授权类别，使得学校专业学位授权类别从9个增长至13个。“清洁能源学”获批北京市高精尖学科，学校一流学科建设和交叉学科建设取得重要突破。ESI学科水平显著提升，“工程学”跻身世界前100强，“社会科学”进入世界前1%行列，世界前1%学科由4个增长至5个。部分研究领域进入世界一流行列，“机械工程”跻身U. S. News2020世界学科排名第36位，“能源科学与工程”“机械工程”“化学工程”3个学科跻身2019软科世界一流学科排名前100强。

2019年，华北电力大学研究生院实现一级学科内的生源统筹，吸引更多高质量的生源。2019年学校除自设二级学科外，7个博士学位点全部实现一级学科招生；19个硕士学位点实现一级学科招生。北京校部非全日制硕士研究生招生计划完成率达100%。接收优秀应届本科毕业生直接攻读博士学位，建立直博生的“申请—考核”招生制度；在电气与电子工程学院和吴仲华学院启动本硕博贯通培养招生试点工作。开拓、建立研究生工作站培养专业学位研究生的新型合作培养模式。以云南电网公司、全球能源互联网研究院、扬中智能电气研究院等单位为试点开展研究生的联合培养工作。依托国家留学基金委的公派留学项目，资助41名博士研究生国际访学；依托研究生院“双一流”项目，资助38名博士研究生国际访学。2019年毕业的博士研究生发表SCI检索人数占年毕业总人数的77.03%，创历年毕业科研成果新高。依托国际合作处“双一流”项目，选拔74名硕士研究生国际访学。继续开展“十三五”研究生优质课程建设项目并组织验收工作，41门（保定21门）课程中，7门（保定4门）验收结果为“优秀”。

2019年，华北电力大学不断夯实本科教育工作在人才培养中的核心地位，持续推进一流本科建设和高水平人才培养体系建设。持续完善多元化人才培养体系，推进吴仲华学院、人工智能实验班、电气创新实验班等创新人才实验班建设；完善产教融合协同育人机制；在中外合作项目班探索暑期小学期制，引进国外优质教育资源。电气工程及其自动化、核工程与核技术专业通过工程教育专业认证。新增智能科学与技术本科专业。8个专业入选国家级一流本科专业建设点。32个项目获批教育部高等教育司2018年第二批产学合作协同育人项目立项；学校共立项校级教改重点项目21项，校级教改一般项目108项，建设首批课程思政示范课23门。教师教学能力不断提升，刘向杰、杨世关两位教师获第十五届北京市高等学校教学名师奖，刘彦丰、孔英会获河北省高等学校教学名师奖。“电力系统分析教学育人团队”获北京高校“优秀本科育人团队”称号，“基础力学教学团队”获河北省优秀教学团队称号。

2019年，华北电力大学继续教育工作依托学校大电力特色学科体系，联合各院系和企业共同研发多个非学历继续教育项目，打造一流的“华电培训”品牌；加强学历继续教育的相关本专科专业建设、课程建设和师资队伍建设，全面提高教育教学质量，建设一流的学历继续教育；利用电力行业继续教育联盟，加强课程资源共建共享，充分发挥电力行业远程继续教育网的优势，积极服务大学“双一流”建设。学校国家专业技术人员继续教育基地2019年培训约5800人次，并承办国家人社部2期高级研修班。响应国家“一带一路”倡议，2019年7月印度尼西亚海外继续教育基地挂牌，11月新建华电柬埔寨海外继续教育基地，举办华电印尼员工培训班、华电柬埔寨员工培训班，为“一带一路”东南亚地区本土化员工培训奠定良好基础。承办2019年上合组织国家清洁能源电力系统技术培训、印尼国家电力公司员工实训，开展工程管理、国际贸易、安全等培训，全年为12个国家200余名电力技术人员开展培训；建立海南继续教育基地，开通华北电力大学电力行业远程继续教育网海南电网公司通道；举办3期电力电气总裁班；举办170多期电力市场营销班、泛在电力物联网培训班等系列培训。

2019年，华北电力大学开展各类艺术课程10余门，涉及音乐、美术、舞蹈、戏剧、摄影等各类艺术门类，开展各类“高雅艺术进校园”文化活动，将高雅艺术、民族艺术引入校园，让广大师生能足不出户欣赏名家作品。先后邀请国家京剧院、北京民族乐团、北京交响乐团等艺术团体到校演出。参加中华人民共和国成立70周年庆祝大会广场合唱活动，受邀参与2019年“五月的鲜花”全国大中学生文艺汇演录制，蓝色动力合唱团作为四支示范合唱团之一在中国音乐学院国音堂参加第八届北京合唱节暨万人合唱季——京津冀蒙合唱音乐会。

学 科 建 设

【概述】 2019年，华北电力大学学科建设再上新台阶，获批1个北京市高精尖学科，新增4个交叉学科博士点，ESI“工程学”跻身世界前100强，部分研究领域进入世界一流行列，完成“双一流”建设中期评估工作。

学位点建设。加快布局若干新兴交叉学科，以学位点建设推进学科交叉融合，自主设置能源互联网、人工智能、能源材料与装备、近代物理与核科学4个交叉学科博士点；原有12个工程硕士专业学位授权领域对应调整为电子信息、机械、材料与化工、资源与环境、能源动力、工程管理6个专业学位授权类别，使得学校专业学位授权类别从9个增长至13个。

学科建设。“清洁能源学”获批北京市高精尖学科，学校一流学科建设和交叉学科建设取得重要突破。ESI学科水平显著提升，“工程学”跻身世界前100强，“社会科学”进入世界前1%行列，世界前1%学科由4个增长至5个。部分研究领域进入世界一流行列，“机械工程”跻身U. S. News 2020世界学科排名第36位，“能源科学与工程”“机械工程”“化学工程”3个学科跻身2019软科世界一流学科排名前100强。设置4个文理学科“双一流”建设项目，在政策引导、资源配置和资金供给等方面给予文理学科更大支持，推动文理学科与能源电力学科实效融合。

“双一流”建设。组织召开2019年“双一流”建设项目工作会议，部署2019年“双一流”建设工作，对“双一流”建设项目进行日常管理和监督。通过“单位自评＋联合会评＋学校自评＋案例展示”等多种方式开展“双一流”建设中期评估工作，完成自评报告和典型案例的撰写，组织召开“双一流”建设中期自评专家评审会，通过校外专家评审。作为试点高校参与教育部“双一流”建设动态监测指标体系试填工作，通过研究领会指标体系，摸清家底、查缺补漏，适时适度调整工作目标，推动“双一流”建设任务有效落实和建设质量全面过硬。

中央专项经费统筹管理。持续加强对八类中央专项经费的统筹和管理，进一步提高专项资金管理的科学化、规范化水平。完善经费统筹管理流程，开展督查督办和绩效管理，严格按照教育部规定的时间节点督办各部门中央专项经费的执行效率和进度。组织完成北京校部2020年中央改善基本办学条件专项经费的申报入库工作。组织召开2019年中央专项经费建设项目统筹协调委员会会议，充分发挥统筹协调委员会的顶层规划、设计作用，推动2020年中央专项经费使用效益不断提升。

监控、研究学科发展数据。实时监控各一级学科发展的主要指标数据，持续跟踪ESI和国内外主流排名情况，开展学科数据采集、填报和分析、研究工作。组织全校开展学科建设“补短板、寻突破”工作，查找问题、补齐短板、寻求突破。

（李惊涛　赵　凡）

【概况】 截至2019年底，华北电力大学拥有2个国家级重点学科和25个省部级重点学科；7个一级学科博士学位授权点，23个一级学科硕士学位授权点，13个专业学位类别；2位国务院学科评议组成员。在ESI学科排名中，“工程学”进入世界前100强和前1‰行列，“环境/生态学”“材料科学”“化学”“社会科学”4个学科进入世界前1%行列；按被引频次和发文量统计，“工程学”分别排名世界第96位和第77位，“环境/生态学”分别排名世界483位和294位，“材料科学”分别排名世界第682位和558位，“化学”分别排名世界第1037位和第892位，“社会科学”分别排名世界1468位和第1486位；在U. S. News 2020世界大学学科排名中，华北电力大学7个学科进入榜单，其中，“机械工程”学科位列世界第36位、中国大陆高校第18位，“电气与电子工程”学科位列世界第136位、中国大陆高校第40位，“工程学”学科位列世界第139位、中国大陆高校第31位；在2019软科世界一流学科排名中，华北电力大学15个学科进入榜单，其中，“能源科学与工程”“机械工程”“化学工程”3个学科进入全球前100位，“控制科学与工程”“环境科学与工程”“水资源工程”“土木工程”4个学科进入全球前200位；在2019年QS世界大学学科排名中，学校仅有“电气与电子工程”1个学科上榜，位列全球351～400位、中国大陆高校第31位。

（赵　凡）

【召开“双一流”建设项目工作会议】 2019年2月，学校组织召开2019年“双一流”建设项目工作会议，各专项工作组汇报2018年各“双一流”建设项目建设完成情况，根据2018年度考核结果部署2019年“双一流”建设工作，发布关于编制“双一流”建设项目2019年度实施任务书的工作通知。

（薛晓州）

【推进文理振兴计划】 2019年3月—12月，在政策引导、资源配置和资金供给等方面给予文理学科更大支持。统筹“双一流”引导专项和北京市与中央高校共建一流学科建设项目资金，针对文理学科设立4个“交叉学科培育专项”，投入160万元用于支持人文学院、法政系、英语系等开展“双一流”背景下面向能源电力的学科平台建设，促进传统优势学科、新兴能源学科与文理基础学科的交叉融合；统筹四类中央专项经费（包括“双一流”引导专项、教育教学改革专项、基本科研业务费、改善基本办学条件专项),北京校部和保定校区共计投入1000余万元支持文理学科建设,在科学研究、课程建设、人才培养等方面取得较好进展。

(李惊涛)

【自设4个交叉学科博士点推进学科交叉融合策略】 2019年4月—7月,学校瞄准能源电力行业的卡脖子领域,把握能源革命和数字革命深度融合趋势,争取战略主动,自设人工智能、能源互联网、能源材料与装备、近代物理与核科学4个新兴交叉学科博士点,拓展和优化学科专业布局,提升"以优势学科为基础,以新兴能源学科为重点,以文理学科为支撑"的"大电力"学科体系的整体水平。

(李惊涛)

【"工程学"跻身全球100强 "社会科学"首次进入前1%】 2019年5月9日,科睿唯安(Clarivate Analytics)公布2019年5月的ESI最新数据。华北电力大学"工程学"学科进入全球前100行列,"社会科学"学科首次进入全球前1%行列,标志着学校世界一流学科建设迈上新的台阶。至年底,学校已有"工程学""环境/生态学""材料科学""化学"和"社会科学"5个学科进入ESI全球前1%行列,学校学科整体实力显著增强。在"工程学"学科领域,全球共有1324所科研机构入围前1%行列。按高被引论文统计,华北电力大学并列全球第42位,进入全球前50强;按发文量统计,位列全球第77位;按被引频次统计,位列全球第92位。发文量和被引频次两项指标双双进入全球前100强。同时,"社会科学"首次进入全球前1%行列。在该领域,全球共有1460所科研机构入围,中国内地仅有30所高校入围。按高被引论文统计,并列全球第982位;按发文量统计,位列全球第1425位;按被引频次统计,位列全球第1452位。

(赵　凡)

【"清洁能源学"获批北京市高精尖学科】 2019年5月16日,北京市教育委员会公布北京高校高精尖学科建设名单,华北电力大学"清洁能源学"获批北京市高精尖学科,一流学科建设和交叉学科建设取得重要突破。

(赵　凡)

【工程硕士专业学位对应调整授权点】 2019年5月,经国务院学位委员会第三十五次会议审议,批准华北电力大学工程硕士专业学位对应调整授权点。根据《国务院学位委员会关于下达工程硕士、博士专业学位授权点对应调整名单的通知》(学位〔2019〕5号),该校原有12个工程硕士专业学位授权领域对应调整为电子信息、机械、材料与化工、资源与环境、能源动力和工程管理6个专业学位授权类别。2019年招生及已入学的工程硕士研究生仍按调整前的工程领域进行培养和学位授予。自2020年起,按照调整后的专业学位类别进行招生、培养和学位授予。

(贾琳恒)

【组织开展双一流建设中期自评工作】 2019年5月—6月,根据教育部关于开展"双一流"建设中期自评的要求,学校中期自评方案拟订完成,并上报教育部。7月—9月,按照学校"双一流"建设中期自评方案要求,组织各部门、各院系通过"单位自评+联合会评+学校自评+案例展示"等多种方式开展"双一流"建设中期评估工作,完成编制学校中期自评报告。9月11日,学校邀请校外院士等专家学者召开中期自评评审会议,有关评定结果上报教育部审核。

(薛晓州)

【召开"双一流"建设中期自评工作动员会】 2019年7月2日,按照教育部关于开展"双一流"建设中期自评工作的有关部署,华北电力大学召开"双一流"建设中期自评工作动员会,校长杨勇平、副校长律方成、两校区各院系主要负责人、相关职能部门主要负责人出席会议,会议由律方成主持。学科建设办公室、"双一流"建设办公室主任赵冬梅解读《华北电力大学"双一流"建设中期自评方案》的具体内容,并就本次"双一流"建设中期自评工作的总体要求、时间安排等进行具体部署。杨勇平指出,要深化对"双一流"建设重大意义的认识。对于华北电力大学而言,"双一流"建设是连接学校历史和未来的一条主线,是学校新时代的核心任务,是实现内涵式发展、建设高水平研究型大学的必然路径。学校事业发展和各项工作都要以"双一流"建设为统领和抓手,加快构建更加适应时代需要、更加契合一流大学建设的高水平学科体系、人才培养体系、科技创新体系、大学治理体系和条件保障体系,坚定不移推进学科交叉融合、人才培育引进、校企校地合作和国际开放发展四大策略。要正确认识面临的形势和任务。"双一流"建设启动以来,全校上下积极作为,已经取得一批标志性成果。5个学科进入ESI世界前1%行列,"工程学"跻身世界前1‰行列,提前完成"双一流"入选标准的一个重要指标。杨勇平对做好中期自评工作提出三点要求:一是高度重视中期自评工作,把握中期自评的内涵和要求,深刻领会"评什么""怎么评"和"谁来评"三个问题;二是全校上下要本着对学校、学科发展高度负责的态度,认真组织,各司其职、紧密配合,高质量完成"双一流"建设中期自评工作;三是各学院要紧紧抓住这次"双一流"建设中期自评机会,认真梳理阶段性成果,摸清家底,提前发现问题、分析问题、解决问题。要把"双一流"中期自评与第五轮学科评估有机结合,协同推进。律方成解读第五轮学科评估的改革思路和指标体系变化,指出各院系扎实做好"双一流"中期自评工作,按照内涵建设、特色建设、重点建设的原则和要求,根据自评情况及时调整学科建设方向、加大学科建设投入力度,以评促建、以评促改,推动学校"双一流"建设取实在成效。

(赵　凡)

【完成中央改善基本办学条件专项资金项目评审工作】 2019年7月，教育部委托北京国嘉瑞联合会计师事务所专家组对华北电力大学中央高校改善基本办学条件专项资金2020年项目进行评审，并检查2018年已执行项目。此次评审由学科办、计划财务处共同组织，各学院、各职能部门通力配合，积极准备项目资料、认真核实申报数据。经过实地考察和现场质询，专家组认为：学校2018年项目执行情况良好、成效显著。2020年学校申报的项目前期准备工作充分，项目申报文本质量高；申报项目符合教育部规定；项目实施条件成熟，具有可操作性；项目支出预算构成合理，测算依据充分。学校申报的2020年所有项目均通过专家评审。

（贾琳恒）

【召开“双一流”建设中期自评专家评审会】 2019年9月11日，华北电力大学“双一流”建设中期自评专家评审会在北京校部召开。校长杨勇平，副校长律方成出席会议，各“双一流”建设部门、各院（系）负责人参加会议，会议由校长杨勇平主持。受邀参加本次评审会的校外专家有：中国电力科学研究院周孝信院士，清华大学韩英铎院士，中国科学院工程热物理研究所金红光院士，南京航空航天大学宣益民院士，中国核动力研究设计院于俊崇院士，中国科学院化学研究所刘云圻院士，北京科技大学原校长张欣欣教授，对外经济贸易大学副校长张新民教授，中国科学院电工研究所肖立业研究员，浙江大学韩高荣教授，北京航空航天大学胡庆雷教授。周孝信院士任专家组组长。杨勇平指出，学校第二次党代会绘制以“能源电力科学与工程”学科整体水平进入世界一流行列为未来五年发展目标的高水平大学建设的新蓝图。学校围绕能源电力的转化、传输、存储和利用的产业链，构筑从基础研究到工程转化完整的学科链，初步建成多学科交叉、转型升级、优势突出、特色鲜明的世界一流“能源电力科学与工程”学科体系。通过此次专家评审会，各位专家对学校一流学科的建设与发展出谋划策、精准把脉，提出意见和建议。律方成从学校基本情况、建设路径及中期自评组织实施情况、符合度、达成度及标志性建设成效、总结诊断及改进措施四个方面，对华北电力大学“双一流”建设中期自评工作作详细汇报。他指出，学校积极推进五大建设任务和五大改革任务，在学科交叉融合、“三全育人”新格局构建、校企校地深度融合、多方协同人才培养、科研论文量质转变、国际合作空间拓展等方面取得重要进展。“工程学”ESI学科排名跻身世界前1‰和世界前100强，新增2个一级学科博士点，增设能源互联网、人工智能等交叉学科博士点，获批“清洁能源学”北京高校高精尖学科；与中科院工程热物理所共同成立吴仲华学院，与国家电网有限公司联合成立能源互联网学院，联合中国华电集团共建“一带一路”能源学院，大学理事会成员单位由9家扩容到14家，全社会全行业支持学校改革发展的能力显著增强；“适应国家能源战略需求，培养行业特色卓越人才的十六年探索与实践”等成果获国家级高等教育教学成果奖，电气工程及其自动化、核工程与核技术通过教育部工程教育专业认证；与19所世界知名大学建立合作关系，与“一带一路”沿线主要国家16所知名高校达成战略合作伙伴，世界一流大学合作网络和“一带一路”沿线国家大学合作网络初步成形。针对汇报内容，专家们从不同方面提出意见和建议。专家组一致认为华北电力大学“双一流”建设完全符合一流学科建设方案，阶段性目标均已达成，建设成效显著。

（赵　凡）

【召开中央专项经费建设项目统筹协调委员会会议】 2019年12月19日，华北电力大学中央专项经费建设项目统筹协调委员会2019年会议以视频会议形式在北京校部和保定校区召开，10位中央专项经费建设项目统筹协调委员会委员参加会议，中央专项经费建设项目统筹协调委员会办公室、研究生院、教务处、科学技术研究院等有关人员列席会议。会议由中央专项经费建设项目统筹协调委员会主任杨勇平主持。会议听取“双一流”引导专项资金、北京校部中央高校改善基本办学条件专项资金、保定校区中央高校改善基本办学条件专项资金、中央高校教育教学改革专项资金和中央高校基本科研业务费2019年执行情况的汇报，审议上述经费2020年项目安排方案。会议决定：一、同意2020年中央专项经费建设项目的安排方案，进一步做好2020年实施子项目的科学编制工作，细化项目施工图，提早发布项目申报通知，确保所有项目执行都落实到负责人。二、中央专项经费管理、执行部门和项目负责人，要高度重视中央专项经费的使用和管理工作，要勇于担当、积极作为，将中央专项经费的管理和执行作为自身的重点工作来抓。三、中央专项经费要以“双一流”建设为统领，以提高师生满意度和提升“双一流”建设水平为目标，对接国家“双一流”动态监测指标体系，重点支持能上水平、能出成果的大项目，提高经费使用效益。四、要采取科学方法，实施部门联动，科学编制预算，开展季度统计，提前规划未来2—3年的建设项目，提高项目设计的精准度。五、要以问题为导向，由管向由制度管理转变，实施奖惩制度，采取科学激励方式，明确责、权、利，通过奖惩结合的方式提高中央专项经费执行进度。六、根据项目序时执行进度即时调整执行项目，对在6月30日和9月30日两个时间节点未达到教育部规定执行进度的项目要进行调整，统筹安排项目库中其他项目提前实施，力争统筹的4类中央专项经费9月30日执行进度，在部属高校排名中进入前20位。七、“双一流”引导专项方面，为落实“推进学科交叉融合”策略，根据“主题教育整改落实台账”，决定投入280万元设立“交叉学科建设和学科交叉研究专项”，重点建设交叉学科平台，支持交叉学科高端人才和优秀博士生培养。同时，充分发挥中央专项经费统筹的优势，增加 2020 年“师资队伍建设”项目投入，以保障教职工收入的稳定增长，进一步提高经费执行进度和使用效率，积极推动“加强人才培育引进”策略的落实。

（赵　凡）

【开展学科数据监控与分析工作】 2019 年，学科办实时监控学校各一级学科发展的主要指标数据，持续跟踪 ESI 和国际四大排名情况，开展国内外学科排名分析、研究工作，为服务学校战略决策和“双一流”建设、服务院系、职能部门日常管理提供参考。4 月至 5 月，与上海软科教育信息咨询有限公司合作，编制完成《华北电力大学学科发展水平数据报告》和《华北电力大学 360 度对比分析》2 份研究报告。至年底，共计完成 6 期 ESI 学科简报和多份学科数据分析简报的编制工作。

（赵　凡）

研究生教育教学

【概述】 2019 年，华北电力大学研究生院坚持立德树人根本任务，全面聚焦提高人才培养质量的核心点，不断深化教育教学改革，以“双一流”建设为重点，各项工作有序推进，“十三五”规划进度符合预期。

招生工作。实现一级学科内的生源统筹，吸引更多高质量的生源。2019 年学校除自设二级学科外，7 个博士学位点全部实现一级学科招生；19 个硕士学位点实现一级学科招生。北京校部非全日制硕士研究生招生计划完成率达 100%。接收优秀应届本科毕业生直接攻读博士学位，建立直博生的“申请—考核”招生制度；在电气与电子工程学院和吴仲华学院启动本硕博贯通培养招生试点工作；出台《华北电力大学博士研究生招生指标分配办法》，推进博士生招生资源的优化配置。根据教育部文件要求，出台《华北电力大学硕士研究生招生工作实施细则》《华北电力大学硕士研究生招生考试自命题工作管理办法》；建立相对规范的集中命题室，首次实现研究生招生考试自命题工作的集中封闭管理。

分类培养稳步推进。开拓、建立研究生工作站培养专业学位研究生的新型合作培养模式。以云南电网公司、全球能源互联网研究院、扬中智能电气研究院等单位为试点开展研究生的联合培养工作，单列招生指标，2019 年首批专业学位研究生进入校企工作站进行联合培养。

科研成果。2019 年毕业的博士研究生发表 SCI 检索人数占年毕业总人数的 77.03%，创历年毕业科研成果新高。人均发表论文数 5.07 篇，三大检索论文人均 3.43 篇，其中个人最高发表 SCI 检索论文 8 篇。

国际交流与合作。依托国家留学基金委的公派留学项目，资助 41 名博士研究生国际访学；依托研究生院“双一流”项目，资助 38 名博士研究生国际访学。依托国际合作处“双一流”项目，选拔 74 名硕士研究生国际访学。参加高水平国际会议的研究生达 70 余人。

课程建设。继续开展“十三五”研究生优质课程建设项目并组织验收工作，41 门（保定 21 门）课程中，7 门（保定 4 门）验收结果为“优秀”，34 门（保定 17 门）验收结果为“合格”。按照“双一流”建设具体要求，2019 年继续开展 82 门（保定 30 门）“双一流”研究生优质课程建设，年底组织验收工作，22 门（保定 9 门）验收结果为“优秀”，60 门（保定 21 门）验收结果为“合格”。继续组织并资助慕课建设，2019 年录制完成 6 门，其中 4 门上线。

信息化建设。完成研究生欠缴费信息功能需求，实现与财务处信息联动。完成研究生综合管理系统培养等功能需求，并于 9 月上线。

师资队伍建设。按照“按需设岗，择优聘任”的原则，学校召开华北电力大学第五届学位评定委员会第八次会议，新增 85 名硕士生导师，认定 4 名博士生导师，新增 31 名博士生导师，有力充实研究生导师队伍。

导师队伍建设。通过导师资格遴选和招生资格确认，实现导师队伍的动态调整和不断优化，深入贯彻落实立德树人根本任务，推进导师队伍培训制度化、常态化建设。按照教育部《关于全面落实研究生导师立德树人职责的意见》文件精神，2019 年研究生院强化研究生导师育人职责，编制《导师手册》，首次举行北京、保定两地新聘导师及研究生管理人员培训。围绕学校“五个体系”“四个策略”提出的着力深化校企合作等战略部署和要求以及为学校成立的吴仲华学院、能源互联网学院等机构提供制度保障，充分整合外部人力资源，出台《外聘研究生指导教师选聘及管理办法》（华电校研〔2019〕20 号）。

（卢占会　顾雪平　李宝儒　单田雨）

【概况】 2019 年，华北电力大学研究生院、党委研究生工作部专职工作人员共 30 人，其中北京校部 15 人，保定校区 15 人。华北电力大学党委研究生工作部专职工作人员共 8 人，其中北京校部 4 人，保定校区 4 人。2019 年学校招收全日制博士研究生 250 人，招收全日制硕士研究生 2595 人（其中北京校部 1614 人，保定校区 981 人）；招收非全日制硕士研究生 1245 人（其中北京校部 842 人，保定校区 403 人）。2019 年完成两次学位授予工作，共授予 209 人博士学位、3486 人硕士学位、1 人同等学力硕士学位、5293 人普通教育本科生学士学位、29 人来华留学生学士学位、566 人成人教育本科生学士学位，共评选出校级优秀博士学位论文22篇、校级优秀硕士学位论文95篇。2篇论文获2019年河北省优秀博士学位论文、4篇获河北省优秀硕士学位论文；至2019年年底，在校学历教育研究生11472人，其中博士研究生1122人，硕士研究生10350人(全日制7333人。非全日制3017人)。在校非学历教育研究生2129人。

（卢占会　顾雪平　何　健　刘彦丰　张湘江）

【学位点合格评估】 2019年，按照国务院学位委员会、教育部于2014—2019年开展学位授权点合格评估工作要求，参照《学位授权点抽评要素》，华北电力大学编写并上传34个学位点评估总结报告。34个学位点均通过国务院学位委员会、教育部学位点合格评估。

（张磊 刘彦丰杜广微）

【研究生联合培养模式改革】 2019年，学校对研究生联合培养模式进行一系列改革。以云南电网公司、扬中智能电气研究院等单位为试点开展研究生的联合培养工作。启动《专业学位研究生专业实践培养项目》，对进入基地专业实践的40余名(保定14名)学生予以立项及资助，以项目促合作；受邀参加第七届中国江苏产学研合作大会和江苏省首届集萃高校协同创新论坛，并代表学校与江苏省产业技术研究院签订《华北电力大学—江苏省产业技术研究院人才联合培养及研发创新合作协议》，启动探索与省级产业单位联合培养研究生的新模式。与江苏省产研院共同组织我校研究生参加2020集萃冬训营项目。

（张　磊　罗格非　刘健夫　王海萍）

【与7家企业签署联合培养研究生与研究生工作站协议】

2019年，学校分别与7家企业签署联合培养研究生与研究生工作站协议，分别是国电南京自动化股份有限公司、江苏集萃安泰创明先进能源材料研究院、江苏泽宇智能电力股份有限公司、国电新能源技术研究院、河北省经济技术研究院、山西振中电力股份有限公司、大江控股集团电力科技有限公司。

（张　磊　罗格非　段保乾　王海萍）

【召开研究生工作站工作研讨会】 2019年10月15日，华北电力大学—国网四川省电力公司研究生工作站工作研讨会在四川成都召开。华北电力大学研究生院副院长张磊作主题为“依托研究生工作站，全面深化校企合作”的报告。大会对2019年度的华北电力大学优秀工作站及优秀工作个人进行表彰。云南电网有限责任公司、全球能源互联网研究院、国网四川省电力公司研究生工作站等10个单位获得2019年度“华北电力大学优秀研究生工作站”称号，张宏雁、秦妍等15位工作者获2019年度“华北电力大学研究生工作站先进工作者”称号。

（张　磊　罗格非　段保乾　王海萍）

【全面修订专业学位研究生培养方案】 2019年，学校全面开展全日制与非全日制专业学位研究生培养方案的修订工作。本次专业学位研究生培养方案的修订，主要着力优化课程体系，改革工程类研究生数学基础课，建设校企联合课程并加入技术专题课模块。

（张　磊　刘健夫　罗格非　孙忠伟）

【调整华北电力大学第五届学位评定委员】 2019年，根据《华北电力大学学位授予工作细则(2018年版)》(华电校学位〔2018〕5号)文件精神和学位工作需要，经2019年第1次校长办公会议审议通过，对华北电力大学第五届学位评定委员会进行调整。

（张　磊　刘彦丰　杜广微　张湘江）

【出台授予全日制来华留学生学位试行办法】 2019年，为做好学校来华留学生的学位授予工作，学校出台《华北电力大学授予全日制来华留学生学位试行办法》。该办法于2019年9月对入学来华留学学生实施。

（张　磊　杜广微）

本科生教育教学

【概况】 2019年，华北电力大学坚持立德树人根本任务，认真贯彻落实中央“不忘初心、牢记使命”主题教育精神及《华北电力大学关于全面提升本科人才培养质量的实施意见》(华电校〔2019〕1号)，不断夯实本科教育工作在人才培养中的核心地位，持续推进一流本科建设和高水平人才培养体系建设。持续完善多元化人才培养体系，推进吴仲华学院、人工智能实验班、电气创新实验班等创新人才实验班建设；完善产教融合协同育人机制；在中外合作项目班探索暑期小学期制，引进国外优质教育资源。电气工程及其自动化、核工程与核技术专业通过工程教育专业认证。新增智能科学与技术本科专业。8个专业入选国家级一流本科专业建设点，分别是：电气工程及其自动化、通信工程、能源与动力工程、机械工程、自动化、计算机科学与技术、新能源材料与器件、环境工程；4个专业获评2019年北京市级一流本科专业，分别是：市场营销、应用化学、应用物理学、英语，新能源科学与工程专业入选北京高校重点建设一流专业。学校共建设10门在线开放课程，“生活中的纠纷与解决”被评为国家精品在线开放课程，“动力工程”“高等数学”“理论力学”“电磁场”“电机学”“电力系统继电保护原理”6门课程获河北省精品在线开放课程立项。4门课程获北京高校“优质本科课程”立项，分别是：“电力系统自动化”“高级语言程序设计(C)”“机械设计基础”“管理学原理"。4 部教材获北京高校"优质本科教材课件"立项，分别是《工科概率统计（英文版）》《模拟电子技术实验指导书》《国际结算》《工程制图与 CAD》。

32 个项目获批教育部高等教育司 2018 年第二批产学合作协同育人项目立项；学校共立项校级教改重点项目 21 项，校级教改一般项目 108 项，建设首批课程思政示范课 23 门；3 个项目获批北京高等教育"本科教学改革创新项目"立项；22 个项目获河北省教育厅"教学改革与研究项目"立项，3 个高校英语教学改革研究与实践项目获得河北省教育厅立项。9 个项目获评第八届河北省高等教育教学成果奖，其中一等奖 2 个，二等奖 3 个，三等奖 4 个。2 个项目获评北京市 2019 年虚拟仿真实验教学项目，分别是：电力市场交易决策虚拟仿真实验项目、电网运行操作和故障处理虚拟仿真实验。新增 5 个校外实习基地。加强毕业设计资格审查，全校范围内开展学术不端检测，实施毕业设计（论文）抽查制度及二次答辩制度，进一步规范毕业设计（论文）管理工作。开展新入职教师培训，帮助新入职教师尽快适应教学岗位。分别在保定和北京举办春季、秋季两次教师集中培训。科学规划并开展教学发展工作坊系列活动，帮助教师提高教学技能。教师教学能力不断提升，刘向杰、杨世关两位教师获第十五届北京市高等学校教学名师奖，刘彦丰、孔英会获河北省高等学校教学名师奖。"电力系统分析教学育人团队"获北京高校"优秀本科育人团队"称号，"基础力学教学团队"获河北省优秀教学团队称号。贯彻落实《华北电力大学关于全面提升本科人才培养质量的实施意见》，修订或出台系列教学管理文件，进一步规范教学过程管理，不断完善教学质量保障体系。利用"雨课堂""课堂派"等平台开展混合式教学模式的实践。加强考场建设，规范考场管理，共建成 144 间标准化考场，2 个口语考试机房，为 233 间教室安装电子时钟，建设多媒体教室 37 间，升级改造多媒体教室 136 间，进一步完善教学基础设施建设。教学一体化服务平台（新教务系统）2019 年 3 月上线试运行，通过信息化在教学管理中深入融合，优化管理服务，推动管理创新。学生创新成果进一步攀升，共承担大创项目国家级 240 项，省部级 206 项。组织学生参加各项国家及省部级学科创新竞赛，共获省部级奖励 520 项，国家级奖励 554 项。在第六届全国大学生工程训练综合能力竞赛中获国家特等奖一项，在中国工程机器人大赛暨国际公开赛中获国家特等奖 2 项，在 2019 年全国大学生数学建模与计算机应用竞赛中获国家一等奖 3 项，在中国可再生能源学会大学生优秀科技作品竞赛中获国家一等奖 2 项，在第十四届全国大学生"恩智浦杯"智能汽车竞赛、全国大学生节能减排社会实践与科技竞赛、中国机器人大赛、"西门子杯"中国智能制造挑战赛、iCAN 国际创新创业大赛、全国高等院校企业竞争模拟大赛、全国 MBA 培养院校企业竞争模拟大赛、"博创杯"全国大学生嵌入式人工智能设计大赛等比赛中获国家一等奖 1 项。

（孙志凌　陈海燕）

【概况】 2019 年，华北电力大学共设自然班 850 个（含保定校区 410 个及 2 个预科班），其中实验班 15 个（含保定校区 12 个），共授课学时 224484 个（含保定校区 107408 学时）。8 个专业获评国家级一流本科专业，4 个专业获评 2019 年北京市级一流本科专业，1 个专业入选北京高校"重点建设一流专业"。2 个专业通过工程教育认证。1 门课程被评为国家精品在线开放课程，6 门课程获河北省精品在线开放课程立项，4 门课程入选北京高校"优质本科课程"立项，4 本教材入选北京高校"优质本科教材课件"立项。2 个项目获评北京市 2019 年虚拟仿真实验教学项目。32 个项目获批教育部高等教育司 2018 年第二批产学合作协同育人项目立项，3 个项目获批 2019 年北京高等教育"本科教学改革创新项目"立项，22 项教改项目入选河北省教育教学改革研究与实践项目。4 位教师获省部级高等学校教学名师奖。2 个教学团队获省部级优秀教学团队称号。

（孙志凌　陈海燕）

【1 门课程被评为国家精品在线开放课程】 2019 年，学校高度重视精品在线开放课程建设，共建设 10 门在线开放课程。1 月，教育部发布《关于公布 2018 年国家精品在线开放课程认定结果的通知》（教高函〔2019〕1 号），批准华北电力大学人文与社会科学学院赵旭光、王学棉负责的"生活中的纠纷与解决"为国家精品在线开放课程，该课程自 2017 年 5 月在"爱课程"网上线以来，受到各界关注和好评，社会反响热烈。

（孙志凌　陈海燕）

【32 个项目获批产学合作协同育人项目立项】 2019 年，华北电力大学在人才培养模式改革、专业综合改革、课程建设与改革、信息技术与教育教学深度融合、实践教学综合改革、创新创业教育、教师教学发展、教学管理等方面进行改革和创新。3 月，教育部高等教育司发布《教育部高等教育司关于公布有关企业支持的 2018 年第二批产学合作协同育人项目立项名单的函》（教高司函〔2019〕12 号），华北电力大学 32 个项目获批教育部高等教育司有关企业支持的 2018 年第二批产学合作协同育人项目立项。

（孙志凌　陈海燕）

【3 个项目获批北京高等教育本科教学改革创新项目立项】

2019 年，根据《关于公布 2019 年北京高等教育"本科教学改革创新项目"的通知》（京教函〔2019〕552 号），华北电力大学 3 个项目获批 2019 年北京高等教育"本科教学改革创新项目"立项，分别是：王增平负责的"能源电力转型背景下多元化人才培养体系的构建与实践"，沈国清负责的"紧跟北京市和国家能源战略需求的能动专业发展探索"，杨世关负责的"面向新工科建设的阶梯式一体化工程能力培养体系研究”。

（孙志凌）

【立项校级教改重点项目 21 项】 2019 年，为系统总结教育教学改革实践经验，科学凝练成效显著的教学成果，鼓励广大教师投身教育教学的积极性，根据《华北电力大学关于全面提升本科人才培养质量的实施意见》（华电校〔2019〕1 号）精神，结合学校“十三五”人才培养与教育教学专项规划和“双一流”建设要求，2019 年 12 月 31 日，学校发布《关于公布华北电力大学 2019 年本科教育教学改革立项项目的通知》（华电校教〔2019〕37 号），共立项校级教改重点项目 21 项，校级教改一般项目 108 项。

（孙志凌　陈海燕）

【立项首批课程思政示范课 23 项】 2019 年，为全面落实全国高等学校本科教育工作会议精神和《华北电力大学关于全面提升本科人才培养质量的实施意见》（华电校〔2019〕1 号），以建设“课程思政示范课”为突破口，发挥好课堂教学育人的主渠道和主阵地作用，全面加强课程思政建设，学校发布《关于公布华北电力大学 2019 年本科教育教学改革立项项目的通知》（华电校教〔2019〕37 号），建设首批课程思政示范课 23 门，在此基础上，发挥引领示范作用，推动课程思政广覆盖，赋予专业课程价值引领的重任，提升育人成效，带动全校整体课程思政质量的提升。

（孙志凌　陈海燕）

【1 个专业入选北京高校重点建设一流专业】 2019 年，根据《北京市教育委员会关于公布北京高校“重点建设一流专业”名单的通知》（京教函〔2019〕680 号），北京市教委于 2017 年和 2019 年分两批开展“重点建设一流专业”遴选工作。经北京地区高校自主申报、专家组评审、公示等程序，共遴选出 100 个北京高校“重点建设一流专业”，华北电力大学“新能源科学与工程”入选北京高校“重点建设一流专业”。

（孙志凌）

【4 位教师获省部级教学名师奖】 2019 年，华北电力大学教师教学能力不断提升，共有 4 位教师获省部级教学名师奖。根据《北京市教育委员会关于公布第十五届北京市高等学校教学名师奖和第二届北京市高等学校青年教学名师奖获奖名单的通知》（京教函〔2019〕634 号），刘向杰、杨世关获第十五届北京市高等学校教学名师奖；根据《河北省教育厅关于公布 2019 年河北省普通本科院校教学名师和优秀教学团队名单的通知》（冀教高函〔2019〕44 号），刘彦丰、孔英会获河北省普通本科院校教学名师奖。

（孙志凌　陈海燕）

【2 个教学团队获省部级优秀教学团队称号】 2019 年，根据《北京市教育委员会关于公布 2019 年“北京高校优秀本科育人团队”和“北京高校优秀本科教学管理人员”评选结果的通知》（京教函〔2019〕681 号），电气与电子工程学院李庚银带头的“电力系统分析教学育人团队”获北京高校“优秀本科育人团队”称号；根据《河北省教育厅关于公布 2019 年河北省普通本科院校教学名师和优秀教学团队名单的通知》（冀教高函〔2019〕44 号），机械系王璋奇带头的“基础力学教学团队”获河北省普通本科院校优秀教学团队称号。

（孙志凌　陈海燕）

【4 门课程入选北京高校优质本科课程】 2019 年，根据《北京市教育委员会关于开展北京高校“优质本科课程”和“优质本科教材课件”建设的通知》（京教函〔2019〕512 号），北京市教委组织“优质本科课程”的申报和评选工作，华北电力大学 4 门课程入选北京高校“优质本科课程”，分别是：电力系统自动化、高级语言程序设计（C）、机械设计基础、管理学原理。

（孙志凌）

【4 本教材入选北京高校优质本科教材课件】 2019 年，根据《北京市教育委员会关于开展北京高校“优质本科课程”和“优质本科教材课件”建设的通知》（京教函〔2019〕512 号），北京市教委组织“优质本科教材课件”的申报和评选工作，华北电力大学 4 本教材入选北京高校“优质本科教材课件”，分别是：工科概率统计（英文版）、模拟电子技术实验指导书、国际结算、工程制图与 CAD。

（孙志凌）

【8 个专业获评国家级一流本科专业】 2019 年，根据教育部办公厅《关于公布 2019 年度国家级和省级一流本科专业建设点名单的通知》（教高厅函〔2019〕46 号），公布首批国家级和省级一流本科专业建设点名单，华北电力大学 12 个专业入选一流本科专业建设“双万计划”，其中，8 个专业入选国家级一流本科专业建设点，4 个专业入选省级一流本科专业建设点。8 个专业获评国家级一流本科专业，分别是：电气工程及其自动化、通信工程、能源与动力工程、机械工程、自动化、计算机科学与技术、新能源材料与器件、环境工程；4 个专业获评 2019 年北京市级一流本科专业，分别是：市场营销、应用化学、应用物理学、英语。

（孙志凌）

【22 项教改项目入选河北省教育教学改革研究与实践项目】 2019 年 1 月 16 日，河北省教育厅下发冀教高函〔2019〕5 号文件《河北省教育厅关于公布 2018—2019 年度河北省高等教育教学改革研究与实践项目名单的通知》，华北电力大学董淑惠主持的《基于 3D 虚拟增强现实技术的“电机学”多元混合式教学方法应用研究》、韩中合主持的《以吴仲华学院为依托的能源与动力工程专业创新型人才培养模式研究与实践》、田亮主持的《新工科背景下微机单片机类课程群综合实践教学改革改革》、袁和金主持的《以学生自主学习为中心、师生协同的计算机专业核心课程建设研究》、余萍主持的《基于案例探究式及创新能力培

养的“通信电子电路”教学模式研究与实践》、商静主持的《基于产出导向法构建新时代英语类专业课教学模式的研究》、史会峰主持的《坚持立德树人，以学生为中心概率论与数理统计课程综合改革》、甄增水主持的《国家法律职业资格考试改革背景下法学教改模式的路径探索》、刘志彬主持的《以创新为导向的行业特色型大学会计专业复合型人才培养模式研究》、付东主持的《工程认证背景下化学及环境工程专业本科毕业设计改革实践》、花广如主持的《以学生学为中心的机械类专业本科生多元化人才培养体系研究与实践》、魏彤儒主持的《高校思政课堂教学中的“学生获得感”测度研究——基于大数据方法的分析》、王秀梅主持的《面向现代制造领域，在工程训练中培养学生应用创新能力的实践探索》、黄新颖主持的《为能源科学立心——能源动力专业基础课与思政课融合育人研究》、周晓兰主持的《面向信息素养能力提升的信息检索课教学改革研究与实践》、张晓宏主持的《面向培养未来能源电力人才的教师教学发展与评价机制探索》、盛四清主持的《新工科驱动下多时空深度互动的发电厂电气部分课程教学改革与实践》、鲁斌主持的《智能科学与技术专业新工科建设项目研究》、梁平主持的《新时代“德法兼修”高素质法律人才培养模式研究》、王进峰主持的《“新工科”视野下机械设计制造及其自动化专业综合改革与实践》、刘璐主持的《以成果为导向、以学习为中心打造有挑战度的“能动”专业传热学“金课”》、国宝华主持的《以育人为根本，以教学质量提升为导向的高等数学教学改革与实践》入选河北省高等教育教学改革研究与实践项目。

（陈海燕）

继续教育教学

【概述】 2019 年，华北电力大学继续教育工作始终聚焦新时代新任务，融入大学“双一流”建设，以“办好新时代的华电继续教育”为主旋律，依托学校大电力特色学科体系，联合各院系和企业共同研发多个非学历继续教育项目，打造一流的“华电培训”品牌；加强学历继续教育的相关本专科专业建设、课程建设和师资队伍建设，全面提高教育教学质量，建设一流的学历继续教育；利用电力行业继续教育联盟，加强课程资源共建共享，充分发挥电力行业远程继续教育网的优势，积极服务大学双一流建设。

党建工作。坚持以习近平新时代中国特色社会主义思想为指导，全面贯彻党的十九大和十九届四中全会精神，围绕新时代党的建设总要求，坚持和加强党的全面领导，以党的政治建设为统领，着力深化理论武装，着力夯实基层基础，着力推进正风肃纪，扎实推进党组织标准化规范化建设，深入开展“不忘初心、牢记使命”主题教育，全面提高学院党的建设质量，引领带动学院事业发展。高标准开展“三会一课”、严要求落实专项整改、持续推“两点一贯通”学习实践、大力抓党务业务紧密结合。其中“学习强国”平均每人每天学习 27.62 学分，“党员进社区”以来参与服务活动 106 人次，为学院发展提供坚强组织保证，以优异成绩庆祝中华人民共和国成立 70 周年。

基地工作。学校国家专业技术人员继续教育基地 2019 年培训约 5800 人次，并承办国家人社部 2 期高级研修班。

海外继续教育基地建设。响应国家“一带一路”倡议，2019 年 7 月印度尼西亚海外继续教育基地挂牌，11 月新建华电柬埔寨海外继续教育基地，举办华电印尼员工培训班、华电柬埔寨员工培训班，为一带一路东南亚地区本土化员工培训奠定良好基础。

学历继续教育工作。全面落实立德树人根本任务，狠抓教学质量；完善思政课程体系建设；开展“书记院长进课堂”活动；推行指纹打卡考勤，抓考勤管理；优化课程考评，推进混合式教学模式。

非学历继续教育工作。承办 2019 年上合组织国家清洁能源电力系统技术培训、印尼国家电力公司员工实训，开展工程管理、国际贸易、安全等培训，全年为 12 个国家 200 余名电力技术人员开展培训；建立海南继续教育基地，开通华北电力大学电力行业远程继续教育网海南电网公司通道；举办 3 期电力电气总裁班；举办 170 多期电力市场营销班、泛在电力物联网培训班等系列培训。

远程教育工作。制定学院信息化发展三年规划，明确发展目标与任务。其中，接管大学在线教学平台，通过自主研发完善学院微门户各项功能，聚合丰富学院公众号信息服务功能，通过宣传矩阵加大宣传力度。同时，申请获批 2019 年北京市人才培养共建项目。

两地中心工作。北京校部国际交流中心完成全年业绩指标。保定校区华电综合服务中心自 5 月上旬试营业以来，客房入住率，餐厅入座率以及收益创历史新高。

成果及获奖。获教育部在线教育研究中心 2019 年“中国最具社会影响力高校网络与继续教育学院”荣誉称号；沈剑飞、贺斌生团队获全国高校现代远程教育协作组 2019 年中国高校远程与继续教育优秀案例奖；沈剑飞教学团队获“2019 年北京市高校继续教育高水平团队”荣誉称号；能源与动力工程获批“北京市高校学历继续教育特色专业”；获校级 2019 年统计工作先进集体，高慧颖、吴卫华获 2019 年统计工作先进个人；获校级 2018 年度党内统计工作优秀单位，周慧明获评党内统计工作先进个人。

（单 鹏）

【概况】 2019年，学历继续教育在籍学生7364人，招录新生4715人，学历继续教育校内外教学站点38个，辐射全国19个省市自治区。学校非学历继续教育全年共举办培训班176期，参加培训16000人次。电力行业继续教育网现有注册学员6万余人，学院远程教育完成大学初心教育微党课、大学科研项目申报微视频、学历教育课程资源建设等各类课程资源建设696学时，完成远程培训教学计划122个。

（单 鹏）

【开展不忘初心牢记使命主题教育】 2019年9月—2020年1月，按照学校党委的统一部署，学院党总支深入开展"不忘初心、牢记使命"主题教育。通过常态化制度化开展"两学一做"学习教育，高质量开展"三会一课"、承续性推进"两点一贯通"、"贯通式"抓落实整改，提升主题教育质量。通过"学用结合"，把习近平新时代中国特色社会主义思想转化为加强党的建设和学院改革发展的实际行动，把初心使命变成砥砺奋进、争创一流的决心和行动，确保主题教育取得实效。

（周慧明）

【校党委第八巡察组进行校内巡察】 2019年6月14日至7月2日，校党委第八巡察组对学院党总支开展巡察。10月17日，巡察组向学院主要领导、学院班子和教职工代表反馈巡察意见，指出学院党总支存在的主要问题，提出整改的意见和建议。学院党总支严肃认真逐步逐项落实整改工作。

（周慧明）

【沈剑飞接受中教全媒体采访】 2019年3月15日，中教全媒体一行到华北电力大学继续教育学院，就探索继续教育发展新思路进行专题采访。院长沈剑飞教授接受采访时强调，在继续教育持续为全民终身学习的现代教育体系服务的历程中，继续教育学院也必须直面社会和新技术浪潮带来的冲击和变化，坚持改革创新，探索多种发展模式。

（单 鹏）

【举办海南电网公司企业管理及技术人员能力提升培训班】 2019年3月25日，海南电网公司企业管理及技术人员能力提升培训班在华北电力大学开班。此次培训班学员由海南电网公司培训与评价中心、三亚供电局、儋州供电局、屯昌供电局的管理人员和技术人员共30人组成，开展为期4天的培训。培训班将通过融合能源电力企业的需求，提升管理、技术人才综合能力，开拓培训人员视野、改进思维方式，提升管理效率，创新工作方法，实现人才的可持续发展，从而提高创新能力和工作绩效，实现企业高质量发展。

（施 翰）

【举办电力市场营销及场站长、项目经理管理提升培训班】 2019年3月26日，由国家电投集团北京电力有限公司主办、华北电力大学继续教育学院承办的"2019年电力市场营销及场站长、项目经理管理提升培训"在华北电力大学开班。本期培训班师资由大学、政府、企业等专家教授构成，国家电投北京公司各个分公司营销部门负责人和各场站负责人共90位学员参加本次培训。

（施 翰）

【举办电力企业内部审计理论与实务高级研修班】 2019年4月26日，由华北电力大学继续教育学院主办的2019电力企业内部审计理论与实务高级研修班在华北电力大学开班。本次培训班得到华能集团、大唐集团、华电集团、国家能源投资集团、国家电力投资集团、长江三峡集团、中国广核集团、中国能源建设集团、中国内部审计协会、清华大学、南京审计大学等的支持与帮助。为期3天的研修，26名学员通过集中授课和网络教学两种方式，对审计学的理论体系、审计署最新的条文和政策、电力企业内审工作的新思路与方法创新、基建工程项目与采购内控等重点内容进行系统的学习和研究。

（施 翰）

【举办"一带一路"能源学院国际业务培训首期班】 2019年5月14日，华电"一带一路"能源学院2019年国际业务培训首期班在华北电力大学开班。华电集团煤炭产业部负责人就"数字煤矿"的战略规划和技术需求做详细说明。学校控计学院等有关部门负责人就学校在物联网、人工智能与软件工程学科建设以及智能发电协同创新中心等科研平台的发展情况做详细介绍。华电集团人力资源部、煤炭产业部、国际业务部，学校教务处、对外联络与合作部、能源动力与机械工程学院、控制与计算机工程学院、国际教育学院、继续教育学院等部门负责人及51名学员参加活动。

（施 翰）

【沈剑飞参加中国高校网络与继续教育创新发展研修班并做主题演讲】 2019年4月25日—26日，2019中国高校网络与继续教育创新发展研修班在苏州举办。院长沈剑飞教授带队参加研修班并主持专业论坛。本次研修班聚焦"智慧教育、资源建设、平台运营及教学教务信息化"，共200余名嘉宾和代表相聚苏州，分享网络和继续教育的智慧教育、资源建设经验和探索，探寻高效的平台运营模式和继续教育信息化方法。

（施 翰）

【举办上合组织清洁能源电力系统技术培训班】 2019年7月3日，上合组织2019年清洁能源电力系统技术培训班在华北电力大学开班。来自上海合作组织成员国和观察员国电力行业13名专业技术人员参加培训，在为期二十天的培训学习过程中，国际同行们深入了解中国的清洁能源电力系统及相关智能电网，特高压输电先进技术、设备及海外输出情况等相关知识。

（施　翰）

【召开函授站工作会议】 2019年7月10日，第二十七次函授站工作会议在保定校区召开。副校长郝英杰、校长助理米增强出席会议，来自各函授站、教学点的29名代表以及继续教育学院全体工作人员参加会议，会议由继续教育学院副院长张栾英主持。郝英杰肯定学校高等学历继续教育工作所取得的成绩，表示学校会一如既往地支持高等学历继续教育工作。米增强代表学校宣读“华北电力大学（保定）关于表彰2018年度优秀函授站及函授站管理先进个人的决定”，对在2018年度高等学历继续教育管理工作中做出突出成绩的5个优秀函授站、20名函授站管理先进个人予以表彰。副院长刘锦康做2018年度工作报告。

（高慧颖）

【召开成人学历教育教学站工作会议】 2019年7月12日，2019年成人学历教育教学站工作会议在北京校部召开。副院长丁锐作2018年成人学历教育工作报告。对优秀教学站和优秀管理工作者进行表彰，并向与会代表传达华北电力大学继续教育大会精神，通报大继续教育改革试点工作情况。各教学站代表就新时期学历继续教育面临的机遇与挑战、如何贯彻落实大学继续教育改革工作要求和京外学位英语考试取消后相关应对措施三个专题展开研讨。

（单　鹏）

【举办“一带一路”能源学院首期印尼员工集控运行培训班】 2019年7月29日，华电“一带一路”能源学院首期印尼员工集控运行培训班在印度尼西亚巴厘岛电厂举行。此次培训是华电“一带一路”能源学院在海外举办的首期培训班，华北电力大学工作人员针对印尼本土化员工岗位特点，以调研结果为依据，对30名学员进行前期摸底考试，量身定制“专业理论＋贴岗实习＋仿真模拟”的授课模式；安排专业知识扎实、英语表达能力卓越的师资团队；拟定国际化的管理模式。

（施　翰）

【举办云大物移时代能源电力发展和应用高级研修班】 2019年8月26日，“云大物移”时代能源电力发展和应用高级研修班在华北电力大学开班。本次高研班列入人力资源和社会保障部2019年全国专业技术人员高级研修班计划，由中国电力企业联合会主办、华北电力大学承办。本次高研班共有学员70多名，分别来自全国及地方能源电力企业相关高层次专业技术人员、管理人员，以及部分能源相关研究机构和能源智库中高层管理人员。

（施　翰）

【获中国最具社会影响力高校网络与继续教育学院称号】 2019年10月17日，2019中国国际远程与继续教育大会在北京召开。华北电力大学继续教育学院获“2019中国最具社会影响力高校网络与继续教育学院”荣誉称号。由沈剑飞、贺斌生、单莹等撰写的《依托行业专业特色打造中国电力行业继续教育网探索信息化条件下的“产教融合，校企合作”》案例，以及由贺斌生撰写的《“双一流”背景下高校继续教育金课资源建设探索与实践——以华北电力大学为例》案例，获“2019中国高校远程与继续教育优秀案例奖”。副院长丁锐出席颁奖典礼，并在“教学改革与非学历教育发展高峰论坛”作报告。

（单　鹏）

【举办“一带一路”能源学院国际工程项目管理二期培训班】 2019年10月29日，华电“一带一路”能源学院国际业务高级管理培训班在华北电力大学开班。本期25名培训班学员均是华电集团公司下属19家单位推荐选拔的业务骨干；师资选派上，由来自高等院校、政府及企业等相关领域的资深教授、知名学者和行业专家构成。课程注重理论与实践相结合，具有较强的实用性和针对性。华电“一带一路”能源学院国际业务管理培训班连续举行，标志着该校在国际化人才培养质量更上新台阶。

（施　翰）

【举办“一带一路”能源学院柬埔寨员工培训班】 2019年11月11日，华电“一带一路”能源学院柬埔寨本地员工培训班在柬埔寨额勒赛电厂举行开班仪式。此次培训是华电“一带一路”能源学院在柬埔寨举办的首期培训班，经过前期调研，根据柬埔寨20名本土化员工的岗位特点，量身定制一系列高品质的专业理论培训课程。在师资选派、教材编写、教学管理等方面进行严格把关，授课教师均来自电力专业的权威教授。

（施　翰）

【举办内蒙古电力(集团)有限责任公司 智能电网技术培训班】 2019年11月12日，内蒙古电力（集团）有限责任公司智能电网技术培训班开班。本次培训共开展两期，来自内蒙古电力（集团）有限责任公司及其下属单位的140名学员参加培训，课程围绕习近平新时代中国特色社会主义思想、泛在电力物联网创新发展、电网前沿新技术等内容展开。

（施　翰）

【举办中国电力电气能源总裁班】 2019年6月26日，由华北电力大学、电老虎网共同主办的“2019中国电力电气能源总裁班”（第一期）在华北电力大学开班。本期总裁班师资精、课程优，帮助企业解决在经营管理中遇到的实际问题，提供行之有效的解决方案，为企业的二次发展提供强有力的智力支持，使来自不同区域、领域的企业家们，收获知识，互助共赢。9月18日，“2019中国电力电气能源总裁班（第二期）”在华北电力大学举办。本期总裁班从战略转型、资源管理、风险防范等方面全面细致解读电力电气领域中的实际问题，并提供落地的解决方案，为企业的战略升级、精优发展提供强有力的智力支持。11月21日，“2019中国电力电气能源总裁班(第三期)”举办。本期总裁班从人才管理、项目合作、价值创造、风险防范等方面为各位学员量身定制。

（施　翰）

【“相约图书馆”获优秀微课一等奖】 2019年11月15日，学院资源建设中心拍摄制作的慕课“相约图书馆”在“2019年全国高校信息文化与信息素质教育研讨会”上，获优秀微课一等奖。“相约图书馆”由学校图书馆9人组成的MOOC团队倾力制作，由刘宗歧、王宝清、何琼、马磊、陈月从等5位老师主讲，继续教育学院资源建设中心后期制作，是一门面向高校低年级学生的入门通识类在线开放课程。

（施　翰）

【举办培训班70期】 2019年，保定校区培训工作取得突破，通过广泛交流，积极拓展培训项目，在凝练精品培训项目的同时，加大对高端项目、高端人才培训及国际化项目的拓展。全年举办各级各类培训班70期，培训3000余人次。

（刘关保）

艺术教育教学

【概述】 2019年，华北电力大学以文化育人引领高校艺术教育“文化自觉”；以文化传承与创新强化大学生的民族精神认同；以艺术教育理论与艺术教学实践培育大学生人文素养。艺术教育中心学习贯彻落实教育部《关于切实加强新时代高等学校美育工作的意见》，围绕学校的中心工作和“双一流”的建设目标，实践文化传承与创新，提高广大师生艺术修养和鉴赏力，丰富校园文化生活。

艺术课程开设。开展各类艺术课程10余门，涉及音乐、美术、舞蹈、戏剧、摄影等各类艺术门类，课程通过对艺术作品的广泛涉猎和艺术鉴赏活动的参与，提升学生艺术修养和审美情趣。

艺术教育精品化。开展各类“高雅艺术进校园”文化活动，将高雅艺术、民族艺术引入校园，让广大师生能足不出户欣赏名家作品。先后邀请国家京剧院、北京民族乐团、北京交响乐团等艺术团体到校演出。参加中华人民共和国成立70周年庆祝大会广场合唱活动，受邀参与2019年“五月的鲜花”全国大中学生文艺汇演录制，蓝色动力合唱团作为四支示范合唱团之一在中国音乐学院国音堂参加第八届北京合唱节暨万人合唱季——京津冀蒙合唱音乐会。学生艺术团分团分别举办专场演出。

艺术教育专业化。充分发挥专职教师作用。大学生艺术团均有专职教师负责，年内，艺术教育取得团体及个人多项荣誉。

（苏　群　纪月峰）

【概况】 2019年，华北电力大学艺术教育中心有专职教师11人，兼职教师9人。华北电力大学艺术团下设合唱团、舞蹈团、话剧团、声工厂、民乐团、西洋乐团、管乐团、弦乐团、交响乐团、电声乐队，共有团员1000余名。各团由具有相关专业背景的教师担任艺术指导。面向本科生开设“音乐鉴赏”“戏曲鉴赏”“中外名曲欣赏”“美术鉴赏”“艺术导论”“舞蹈鉴赏”“舞蹈形体”“影视鉴赏”“戏剧鉴赏”“乐理基础”“合唱与指挥”“摄影鉴赏”等选修课程。

（苏　群　纪月峰）

【举办大学生艺术节】 2019年，华北电力大学举办年度大学生艺术节。该艺术节通过校内大学生艺术团专场演出，为大学生的健康成长营造良好文化环境，引领大学生参与“高雅艺术进校园”“民族艺术进校园”活动，弘扬优秀先进文化，提高艺术修养和文化素质。

（苏　群　纪月峰）

【话剧团参加公益话剧演出】 2019年1月9日—12日，华北电力大学话剧团在北京市西城区A33剧场参加由北京市西城区残疾人联合会扶持的公益话剧《愿望树第六季·纪念日》。

（苏　群）

【参加京津冀新春音乐诗会】 2019年3月19日，华北电力大学艺教中心全体教师参加“向春天进发——2019京津冀新春音乐诗会”，用饱满的热情表达对祖国的热爱与祝愿，对春天到来的喜悦与希望。

（纪月峰）

【参加北京市教育系统“我和我的祖国”爱国主义教育活动启动仪式】 2019年3月20日，大学生艺术团85名团员参加北京市教育系统“我和我的祖国”爱国主义教育活动启动仪式，并参与合唱节目《国家》和《歌唱祖国》的演出。

（苏　群）

【合唱团参演央视《诗歌忆清明》】 2019年3月21日，合唱团受邀参加中央电视台“诗歌忆清明”清明节晚会节目录制，与中国三大男高音之一的魏松老师同台演唱歌曲《再一次出发》。

（苏　群）

【传统文化进校园】 2019年4月21日，相声专场拉开大学生艺术节的帷幕，通过这一传统曲艺文化，助力中华传统艺术文化的发扬和传承，让传统文化的韵味在心中流淌。

（纪月峰）

【参加五月的鲜花节目录制】 2019年5月4日,大学生艺术团参演由中宣部、教育部、共青团中央联合主办,中央广播电视总台承办的中央电视台《我们都是追梦人》2019年"五月的鲜花"全国大中学生文艺汇演,华北电力大学受邀参加节目录制,参演合唱《英雄赞歌》和尾声《复兴的力量》两个节目,通过富有青春活力的表演将昂扬向上的精神风貌传递给全国观众。

(苏　群)

【开展送文化下乡活动】 2019年5月22日,华北电力大学艺教中心赴满城区长旺小学开展文化下乡活动。文艺下乡和教育下乡相结合,促进美丽乡村建设,满足基层群众、小学生的精神文化需求,也为在校大学生搭建锻炼和实践平台,增强责任感和使命感。

(纪月峰)

【开展双拥创建活动】 2019年9月25日,华北电力大学艺教中心赴空军第二通信训练基地参加"不忘初心 永葆本色" 文艺演出,11月8日,艺教中心走进66350部队,慰问国庆受阅部队官兵。

(纪月峰)

【参演合唱节目《闪亮的名字》】 2019年6月21日,大学生艺术团参演由教育部、中宣部、中央电视台联合录制的《闪亮的名字:2019最美高校辅导员、最美大学生发布仪式》。

(苏　群)

【举办歌声有我一百首优秀歌曲传唱活动】 2019年6月24日,华北电力大学艺术教育中心主办"歌声有我一百首优秀歌曲传唱暨庆祝建国七十周年倒计时100天启动活动",唱响时代主旋律,激发广大人民群众为中华民族伟大复兴的政治热情和坚强信心。

(纪月峰)

【举办庆七一主题歌会】 2019年6月27日,为庆祝中华人民共和国成立70周年,艺术教育中心联合党委宣传部等部门主办《壮丽70年,颂歌献给党》庆七一"主题歌会,用时光来见证初心,用艺术表达真情。

(纪月峰)

【参加第八届北京合唱节暨万人合唱季】 2019年7月25日,合唱团作为四支示范合唱团之一,带着《愿》《陌上桑》两首作品在中国音乐学院国音堂参加第八届北京合唱节暨万人合唱季——京津冀蒙合唱音乐会。

(苏　群)

【参加中华人民共和国成立70周年庆祝大会广场合唱】 2019年10月1日,由大学生艺术团蓝色动力合唱团、声工厂人声乐团72名师生组成的华北电力大学广场合唱团,在中华人民共和国成立70周年庆祝大会上唱响爱国强音。

(苏　群)

【参加北京阿卡贝拉全国电视邀请赛】 2019年11月25日,在由北京市文学艺术界联合会、北京电视台、北京音乐家协会、北京市海淀区文化和旅游局主办的"我们都是追梦人"庆祝中华人民共和国成立70周年——2019北京阿卡贝拉全国电视邀请赛暨第二届北京音乐家协会阿卡贝拉全国展演中,华北电力大学声工厂人声乐团获全国八强。

(苏　群)

【参加第三届"祖国在你身后"领事保护情景剧大赛】 2019年12月9日,在由北京市人民政府外事办公室携手首都精神文明建设委员会办公室、北京市文化和旅游局共同举办第三届"祖国在你身后"领事保护情景剧大赛中,华北电力大学话剧团以作品《毕业旅行》获三等奖。

(苏　群)

【举办艺术教育中心教师专场演出】 2019年12月16日"初心永在,颂歌祖国"艺术教育中心教师专场演出在主楼礼堂举办,两地艺术教育中心教师与大学生艺术团合作登台展示,千余名师生观看演出。

(苏　群　纪月峰)

【高雅艺术进校园】 2019年,华北电力大学共开展15场高雅艺术进校园活动。2019年1月11日,北京民族乐团表演《国风》。3月7日,女高音歌唱家黄华丽声乐讲座。4月22日,江柏安教授"聆听艺术的声音"艺术讲堂。4月23日,内蒙古乌兰察布市察右后旗乌兰牧骑表演《察哈尔情缘》。5月15、16日,国家京剧院表演"红军故事"。5月23日,举办美国瓦尔普莱索大学室内管弦乐团华电专场演出。5月30日,举办北京歌剧舞剧院华电专场演出。6月22、23日,开心麻花&剧萌文化表演《恋爱吧!人类》。10月22日,举办北京交响乐团"庆祝新中国成立70周年"华电专场演出。11月5日,侯乐天音乐喜剧《钢琴不是吹的》。11月29日,刘明辉"野马之梦"2019岁末围炉音乐会。12月1日,蓝斑人舞者联盟表演舞剧《蓝印》。12月7日,澳门大学话剧团表演《苦尽甘来》。12月20日,举办北京交响乐团首都市民音乐厅新年音乐会。

(苏　群)

【开展师生走进专业剧院观演活动】 2019年,华北电力大学共组织10场次师生走进专业剧院观看演出活动。1月6日,观看京剧电影工程《群英会·借东风》。1月14日,观看昆曲《牡丹亭》。4月20日,观看芭蕾舞剧《沂蒙三章》。4月30日,观看当代舞剧《匆匆那年》。5月22日,江阴市"校园小锡班"进京汇报演出。9月19日,观看京剧《红军故事》。10月24日,观看木偶剧《飞吧!丹顶鹤》。11月9日,观看北京物资学院原创舞剧《运》。11月14日,观看杂技精品展演《流动的技艺》。11月19日,观看音乐剧《或许明天》

(苏　群)

科技研究与产业开发

Sci-Tech Research and Industrial Development

○综　　述

2019 年，华北电力大学全年共承担各类科研项目 1163 项，其中国家重点研发计划专项项目 1 项，国家科技重大专项项目 1 项，国家自然科学基金项目 86 项，国家社科基金项目 7 项，融合项目 19 项。军工科研经费达到 2838 万元，科技合同总经费达 7.15 亿元，到账经费 4.79 亿元，均创历史新高。获各类科技成果奖 69 项，其中国家科技奖 2 项、省部级奖 37 项。重大科技基础设施建设工作稳步推进。论文发表质量进一步提升，首次在 *Nature* 子刊 *Nature Energy* 上发表太阳能电池最新研究成果。

2019 年，学校产业管理工作紧密围绕“双一流建设”，专注于产业规范化建设、科技成果产业化以及学校经营性资产的保值增值，加强对学校控股和参股企业的监管，保证学校经营性资产的安全、保值和增值。同时，积极研究制定鼓励学科性公司发展的政策措施，加快学校学科性公司成立步伐，重点孵化具有学科特色和优势、具有自主知识产权的科技企业。至年底，华北电力大学控股、参股企业共计 34 家，资产总额为 171113.93 万元，比 2018 年的 164158.32 万元增加 4.24%；所有者权益为 79243.70 万元，比 2018 年的 77556.74 万元增加 2.18%；负债为 91870.23 万元，资产负债率 53.68%；营业收入为 79688.92 万元，比 2018 年的 74265.12 万元增加 7.30%；实现净利润为 12316.40 万元，比 2018 年的 11162.54 万元增加 10.34%。截至 2019 年 12 月 31 日，学校所持股权对应的净资产总额为 15499.47 万元，比 2018 年的 15193.58 万元增加 1.68%；学校所持股权对应的 2019 年度净利润为 1296.35 万元，比 2018 年的 1252.72 万元增加 3.48%。

2019 年，华北电力大学高等教育研究工作围绕学校中心工作，认真履行职责，以服务学校发展为宗旨，在政策研究、资讯服务等方面开展工作，科研能力和服务学校的水平不断提高。围绕学校改革发展的重要问题，发布“2019 年学校综合改革专项项目”，其中重点项目 2 项、一般项目 3 项。由高教所牵头的“基于资源配置的学院评价体系研究”项目组，先后实地调研同济大学、中国石油大学（北京）、长安大学和西安电子科技大学。电话和资料调研华南理工大学、北京化工大学等多所高校，在充分吸取兄弟高校成功经验的基础上，明确学院考核评价的工作目标和基本原则，构建符合实际的独具特色的“233”院系评价指标体系。

2019 年，现代电力研究院（以下简称“研究院”）围绕学校“双一流”建设目标，紧跟国家能源电力改革趋势，主要开展能源市场、能源政策、储能技术等相关领域的科学研究；充分发挥高水平交流平台作用，组织“第九届现代能源发展论坛”等学术活动，积极邀请国内外专家来校交流。年内，研究院新签订科研课题 4 项，其中纵向课题 3 项，包括获批国家自然科学基金 1 项和北京市优秀人才培养项目 1 项，北京市发改委项目 1 项，全年科研经费共计 225 万元，超额完成全年科研任务。与中国电机工程学会能源系统专委会、华北电力大学现代电力研究院成功联合主办第九届现代能源发展论坛。

2019 年，华北电力大学主办的《华北电力大学学报（自然科学版）》（双月刊）、《华北电力大学学报（社会科学版）》（双月刊）、《现代电力》（双月刊）和《电力科学与工程》（月刊）按计划完成编辑出版工作，办刊质量总体上稳中有升，社会影响力进一步扩大。四个期刊共计出版正刊 30 期，其中《华北电力大学学报（自然科学版）》、《华北电力大学学报（社会科学版）》和《现代电力》各出版 6 期，《电力科学与工程》出版 12 期；发表论文共计 396 篇，四个期刊分别发表论文数为 82、97、74 和 143 篇。《华北电力大学学报（自然科学版）》入选“能源电力领域高质量科技期刊分级目录”中“能源与电力综合专业”T3 级，该专业共收录 31 种国内外期刊，其中中文期刊 4 种。

2019 年，苏州研究院联合中国环境学会 CCUS 专委会和英国爱丁堡大学共同主办的钢铁行业碳捕集利用与封存技术路线和商业发展模式国际研讨会，进一步提升研究院在国内 CCUS 领域的影响力。至年底，研究院新增服务企业 20 余家，累计科技服务企业数量 120 家，完成 4 家江苏省研究生工作站的中期检查工作，完成 2 家江苏省研究生工作站的验收工作。

科　学　研　究

【概述】 2019 年，科学技术研究院围绕学校“双一流”建设目标任务，坚持以服务国家重大战略和行业需求为牵引，在重大科研项目组织、科研平台建设、科技人才队伍建设、科技成果产出和转移转化、校地校企合作新模式探索、国家大学科技园能力建设等方面开展系列工作，实现学校科技创新工作的新发展。

科研人才队伍和平台规范化建设。承担多项国家级、省部级重大重点项目。房方承担的国家重点研发计划政府间国际科技创新合作专项项目、王晓东承担的国家自然科学基金重点项目、张锴承担的国家自然科学基金联合基金(重点支持项目)、李庆民负责的国家自然科学基金海外及港澳学者合作研究基金和陆强承担的北京市教委重大项目、国家优秀青年科学基金项目分别获批立项，曾鸣和乌云娜教授主持的课题分别获得国家社科基金重大、重点项目。融合科研经费比2018年增长9倍。3人入选中国电机工程学会青年人才托举工程，2人入选中国科协优秀中外青年交流计划。新增1个教育部工程研究中心，完成国家重点实验室仪器设备更新费的论证评审，组织完成学科创新引智基地(“111计划”引智基地)的申报、评审以及验收工作。

科技研究与学术建设。2019年组织申报各类科技奖励151项，获各类科技成果奖69项，其中，国家科技奖2项、省部级奖37项(保定校区18项)。全年共计申请知识产权2371项(保定校区628项)，同比增长119.26%。科学引文索引扩展版(SCIE)收录学校科技论文1413篇，较上年1120篇增长26.2%，收录情况在全国高校排名第62位，比上一年提升了6位。至年底，共举办各类学术活动200余次，报告470余场，邀请校外专家学者近千人，其中两院院士28人。

科技成果产出与转移转化。全年完成专利转让及实施许可54项，总额达686.67万元，同比增长39.47%。重点挖掘、培育3项高价值成果，估价238万元，单项成果转让价值创学校成交纪录。技术转移中心被中关村管委会认定为第一批中关村科技服务平台，保定技术转移分中心获批省级技术转移示范机构，加入“河北省科技服务业创新发展联盟”和“河北省知识产权研究会”。

科技园区建设与管理。大学科技园服务国家战略结构调整和社会地区经济发展的能力日臻完善，架构“公益性＋专业化＋市场化”的服务体系，融合线上线下服务功能，为学校成果转化、技术转移、创新创业、科研服务提供重要载体，构建起以科技园区为载体的深度创新服务体系。

(刘　菲　张　玲)

【概况】 2019年华北电力大学共组织申报各类纵向项目887项(保定校区211项)，其中国家重点研发计划58项，国家自然科学基金项目362项。全年承担各类科研项目1163项，获批各类纵向项目306项，合同经费共计27137.15万元，其中国家重点研发计划专项项目1项、课题6项、子课题13项，国家科技重大专项1项、子课题7项，国家科技计划项目3项，国家自然科学基金项目86项。融合项目20项，经费达到2949.8万元，比上年增长9倍。哲学社科项目立项62项，经费突破500万元，其中获国家社科基金项目7项。全年横向新增立项857项(保定校区256项)，科研经费39488.673万元(保定校区11035.6万元)，均呈大幅增长。学校科技合同总经费达71453万元，到账经费达56333.08万元。田亮团队承担的重大横向项目合同经费高达1602万元，为学校历史最大横向课题。

人才队伍建设和科研平台规范化。深化中央高校基本科研业务费专项资金项目组织方式改革，探索校院二级管理新模式，加大对国家基金项目申报的引导激励力度，强化对校内中青年顶尖科研团队的培育和支持力度。3人入选中国电机工程学会青年人才托举工程，2人入选中国科协优秀中外青年交流计划。确定围绕太阳能高效转化与利用研究基础设施编制并论证建设方案，落实国家电网公司、国家能源集团、清华大学、中科院工程热物理研究所，电工研究所等六家共建单位。完成教育部重大科技基础设施培育项目结题验收，并取得良好结果，教育部将进一步关注本设施工作进展并给予支持。未来科学城专项办将本设施列入未来科学城科技创新中心建设重点任务，并将优先向市发改委推荐，同意国家立项后将在未来科学城区域内选址建设。新增1个教育部工程研究中心——复杂能源系统智能计算教育部工程研究中心，完成国家重点实验室仪器设备更新费的论证评审，组织完成学科创新引智基地(“111计划”引智基地)的申报、评审以及验收工作。

科研成果。2019年组织申报各类科技奖励151项，获各类科技成果奖69项，其中，国家科技奖2项、省部级奖37项。华北电力大学作为第一完成单位获各类省部级以上政府科技成果奖励共8项，并首次在同一年度获2项河北省科学技术奖一等奖。作为第一完成单位、杨勇平教授等主持完成的“新型多温区SCR脱硝催化剂与低能耗脱硝技术及应用”获国家科技进步二等奖，作为第一完成单位，杨勇平教授等主持完成的“热电联产能量梯级利用与高效灵活供热技术开发与应用”获河北省技术发明一等奖、刘云鹏教授等主持完成的“基于多光谱成像和旋翼飞行器的输电线路巡检关键技术及其应用”获河北省科技进步一等奖；刘念、肖湘宁、崔翔、李美成和颜湘武教授主持的课题分别在各类奖项中取得突破。梁平教授主持完成的调研报告获得省委书记王东峰等领导的肯定性批示，王鹏教授的系列研究成果获国务院领导批示。论文方面，中国科学技术信息研究所2018年发布的结果显示，科学引文索引扩展版(SCIE)收录华北电力大学科技论文1413篇，较上年1120篇增长了26.2%，收录情况在全国高校排名第62位，比上一年提升了6位。首次在*Nature*子刊*Nature Energy*上发表太阳电池最新研究成果。

知识产权和科技成果转移转化工作。全年共计申请知识产权2371项，同比增长119.26%，其中发明专利902项，PCT国际专利10项，同比增加100%；授权1542项，同比增长20.87%，其中发明专利401项，专利创造重心持续向原创技术水平较高的发明专利倾斜。全年完成专利转让及实施许可 54 项，总额达 686.67 万元，同比增长 39.47%。重点挖掘、培育 3 项高价值成果，估价 238 万元，单项成果转让价值创学校成交记录。保定校区科技成果转化项目数量达到 32 项，经费总额达到 323.43 万元，比去年增长 164%。制定并出台学校科技成果转移转化管理办法和实施细则。华北电力大学技术转移中心被中关村管委会认定为第二批中关村科技服务平台，保定技术转移分中心获批省级技术转移示范机构。初步建立转化项目储备库，举办"科技成果直通车"，开展"定制化"服务。积极参加中国高校科技成果交易会等 10 余项成果交流活动。

校地校企合作和国家大学科技园建设。进一步创新产学研合作新模式，分别与国家电网公司、三峡集团、同方股份等共建能源互联网学院、人工智能学院、氢能联合实验室等不同形式的研究实体，合作持续深化。与国家能源集团等单位共同攻关研发中国首套"智能发电运行控制系统"，为火力发电装上"智慧大脑"。与 42 家单位发起成立北京未来科学城电力大数据协同创新联盟。加入雄安能源互联网应用产业技术创新联盟、共抓长江大保护科技创新联盟、中国知识产权研究会等联盟组织；扬中智能电气研究中心向"研发转化"和"人才培养"并重的实践型、创新型教育机构转型。园区年度在园企业 317 家(保定校区 96 家)，新入园企业 32 家(保定校区 11 家)，房租及技术服务收入 1745.57 万元(含税)，北京园区成功申报中关村管委会、北京科技协作中心等资金支持项目，获批大中小企业融通特色载体和"创客北京初赛优秀承办单位"资质认定。举办 2019 智慧电厂论坛等线上线下技术与经营论坛 62 次；举办"天德 π 客"论坛线下技术与企业经营论坛 22 次；保定园区获得省市项目资助及奖励金额共计 185 万元，比去年增加 270%，帮助企业和团队争取奖励和资助 161.2 万元，比去年增加 24%。"中小企业涉电产品公共检测服务平台"通过 CNAS 复审，技术合同登记站登记合同额达 1 亿元。科技园技术合同登记站登记合同额超过 1 亿元。

一站式科研管理服务和学术建设。建立全新线上线下科研服务标识系统，科研院网站及公众号完成改版，并扩容为科研信息服务平台学校企业号，开辟科研服务板块，面向师生发布 "科研工作日历"32 期，科研管理日趋精细化；编制一站式科研管理服务发展规划，学校网上办事大厅开辟科研服务板块，简化优化科研用印服务流程，试运行"论文认领平台"，上线间接费预算服务计算器，科研服务日趋便捷化。以提升科技创新能力为导向，年内，学校共举办各类学术活动 200 余次，报告 470 余场，邀请校外专家学者近千人，其中两院院士 28 人。举办第一届中国储能学术论坛暨风光储创新技术大会等行业技术论坛，"科技强国科研兴校"首届华电科技节、中国科学家主题展巡展华电站等品牌活动 20 余场。

(刘　菲张　玲)

【大数据与哲学社会科学实验室获科研立项】 2019 年 1 月，华北电力大学大数据与哲学社会科学实验室研究团队的教育部 2019 年社科类项目 2 项评审获通过，河北省教改项目 1 项获立项。由魏彤儒教授主持的《高校思政课堂教学中的"学生获得感"测度研究—基于大数据方法的分析》获河北省教育厅立项；魏彤儒教授主持的《习近平总书记关于新时代青年担当的重要论述研究》获 2019 年度教育部人文社会科学研究规划基金项目立项；王建红主持的《基于大数据的社会主要矛盾变化教学研究》获 2019 年度高校示范马克思主义学院和优秀教学科研团队建设项目立项。

(张　玲)

【9 项成果获河北省科学技术奖】 2019 年 1 月 10 日，河北省科学技术奖励大会在石家庄举行，华北电力大学获 9 项河北省科技奖励：其中作为主持单位，获得河北省科学技术奖一等奖 1 项，二等奖 2 项，三等奖 2 项；作为参与单位，获得河北省科学技术奖二等奖 3 项，三等奖 1 项，奖项等级和数量均创新高。电力工程系王飞、米增强教授主持完成的科技成果"光伏发电功率多时空尺度预测关键技术及应用"获河北省技术发明一等奖，这是华北电力大学作为主研单位，继去年以来二度获此殊荣，也是连续第三年获得河北省科学技术一等奖。

(张　玲)

【李美成教授团队在 *Nature Energy* 发表研究成果】 2019 年 2 月 5 日，国际顶级学术刊物 *Nature Energy* 在线发表华北电力大学可再生能源学院李美成教授团队研究成果 "Planar p—n homojunction perovskite solar cells with efficiency exceeding 21.3%"，研究结果发表在 *Nature Energy*，DOI：10.1038/s41560－018－0324－8(https://rdcu.be/bj4EZ)。李美成教授为唯一通讯作者，博士研究生崔鹏、卫东为共同第一作者，华北电力大学为第一完成单位和通讯单位。这标志着华北电力大学在 *Nature* 顶尖子刊上发表研究论文实现零的突破，在能源基础研究领域取得重要进展。李美成教授团队首次提出和构建钙钛矿 p—n 同质结结构，并通过截面的 KPFM 等测试技术证明钙钛矿同质结中内建电场的形成，并将其进一步应用于平面型钙钛矿太阳电池中，促进载流子的定向传输，减少载流子复合，获得超过 21.3%的光电转换效率。这项工作为钙钛矿太阳电池的进一步发展做出重要贡献，也大大拓宽钙钛矿材料在太阳电池以外领域的应用。研究工作得到国家自然科学基金重大研究计划、"863 计划"项目、教育部联合基金、北京市科技计划项目和中央高校经费的支持。

(刘　菲)

【高灵敏紫外成像仪研制及应用开发项目启动】 2019 年 3 月 24 日，由副校长律方成教授作为项目负责人，校产企业保定市毅格通信自动化有限公司牵头，华北电力大学和长春国科精密光学技术有限公司等6家单位共同承担的国家重点研发计划项目“高灵敏紫外成像仪研制及应用开发”项目启动暨实施方案论证会在保定召开。副校长檀勤良、科技部高技术研究发展中心赵春洋博士、河北省科学技术厅高新处处长王新、项目责任专家中国科学院微电子研究所夏洋研究员、中国航空工业集团公司北京长城航空测控技术研究所杨超研究员、保定市毅格通信自动化有限公司董事长侯思祖、华北电力大学科技处处长丁常富、保定国家高新区管委会副主任王韶坡等领导，项目技术专家组、用户委员会专家及项目承担单位人员共40余人参加会议。檀勤良指出，“高灵敏紫外成像仪研制及应用开发”项目的获批和启动，对于贯彻落实国家创新发展战略，提升学校解决国家重大需求和“卡脖子”关键技术的能力，对服务社会、地方经济及促进校地、校企合作等诸多方面均具有十分重要的意义。赵春洋对国家科技计划项目政策进行宣贯，项目责任专家夏洋讲解技术管理规范。律方成从项目研究背景、关键科学技术问题与研究内容、研究目标、项目实施关键节点与进度计划等方面进行汇报。与会专家和项目团队进行充分交流，对关键技术的阶段性成果、项目各课题实施方案的融合以及内部管理机制、知识产权保护等方面提出意见和建议。

（张　玲）

【举办汤广福院士敦聘仪式】 2019年4月26日，汤广福院士敦聘仪式暨能源互联网关键技术及发展趋势学术报告会在华北电力大学举行。聘任汤广福院士为华北电力大学先进输电技术联合研究中心主任及兼职博士生导师。敦聘仪式由华北电力大学檀勤良副校长主持。崔翔教授主持，汤广福院士作题为能源互联网关键技术及发展趋势的学术报告。汤院士首先阐述能源互联网的提出背景、挑战与机遇，根据能源生产和能源消费方面的相关数据以及国家电力领域的主要发展趋势指出能源绿色转型的背景下，在高比例清洁能源并网调控、大电网柔性互联安全运行、多元用户供需互动用电和电力体制改革等挑战下，需要坚强智能电网和泛在物联网的关键技术来构建能源互联网。汤广福院士随后对能源互联网的关键技术做全方位讲解，介绍能源互联网的作用并在此基础上对比能源互联网与信息互联网的区别，提出“不能照搬已有的信息互联网技术，必须根据能源互联的需求，使信息技术融入能源网络”的发展建议，并提出能源互联网的发展展望。

（刘　菲）

【共建能源互联网学院】 2019年5月16日，国家电网有限公司—华北电力大学共建能源互联网学院签约仪式在北京举行。校党委书记周坚，校长、党委副书记杨勇平，新能源电力系统国家重点实验室主任、中国工程院院士刘吉臻，中国工程院院士杨奇逊，党委常委、副校长郝英杰；国家电网有限公司董事长、党组书记寇伟，总经理、党组副书记辛保安，副总经理、党组成员刘泽洪，总经理助理张丽英，总信息师兼互联网部主任孙正运，出席签约仪式。学校党政办公室、科研院、对外联络部、研究生院、电气学院、控计学院、经管学院主要负责人，国网办公厅、发展部、科技部、人资部、电科院、经研院、能源院、联研院主要负责人，参加签约仪式。“国家电网有限公司—华北电力大学能源互联网学院”成立后，双方将致力于建立代表国家水平的创新联合体，共同打造国际一流水平的能源互联网自主创新的国家队、具有重要影响的高端智库和高水平人才培养的基地，为国网“三型两网”建设和学校“双一流”建设提供人才和科技支撑。

（刘　菲）

【国网河北省电力有限公司—华北电力大学“技术标准科普实践基地”启动】 2019年5月18日，国网河北省电力有限公司—华北电力大学“技术标准（联合）科普实践基地”启动仪式暨能源互联网技术与标准创新论坛在保定校区召开。华北电力大学党委副书记郭孝锋与国家电网有限公司科技部副主任沈江、国网河北省电力有限公司副总经理苑立国、国家市场监督管理总局标准创新管理司综合处处长许建军、中国标准化研究院资源与环境分院院长林翎、中国电力科学研究院新能源研究中心主任王伟胜、国家电网有限公司科技部计划处副处长赵海翔及150余名业内专家和师生代表参加启动仪式及论坛。本次创新论坛共包含3场学术报告及5个学术分论坛，学术报告涵盖能源互联网技术概述、标准化改革和综合能源管理、新能源发展现状与技术挑战三个方面，学术分论坛融合“能源互联网技术与标准创新”和“雄安新区能源互联网标准化试点”工作，重点聚焦微电网与分布式电源并网技术、电力储能技术、电动汽车充电与智慧车联网技术、电力物联网技术和电力环保技术五大关键主题。

（张　玲）

【举办水力发电与扶贫攻坚科普论坛】 2019年5月23日，中国水力发电工程学会、华北电力大学人文与社会科学学院、北京能源发展研究基地共同举办院士进校园之“水力发电与扶贫攻坚”科普论坛。著名岩土力学专家、中国科学院院士陈祖煜教授到会并发言，副校长檀勤良致辞并介绍学校精准扶贫概况，人文与社会科学学院院长苑英科主持开幕式。中国水力发电工程学会科普传播团队的首席科学家、我国著名岩土力学专家、中国科学院院士陈祖煜肯定此次科普活动的意义，并以水电开发的清洁发展、地质灾害防治与扶贫攻坚为主题做报告，详尽回答与会专家学者和新闻媒体的提问。国际水利与环境工程学会原副主席、清华大学王兆印教授以“水电开发能否减少地质灾害改善环境”为主题论述加强水电开发，加强地质灾害防治在扶贫攻坚中的重要性。中国水力发电工程学会副秘书长张博庭教授以“水电开发与扶贫攻坚之关系”

为题论述水电开发在扶贫攻坚中的重要意义和作用。国务院发展研究中心王亦楠研究员就“西南水电开发问题”进行政策论述，阐述水资源管理制度和水电开发之间的关系。华北电力大学环境学院丁晓雯教授，华北电力大学人文学院教授、中国能源扶贫与社会发展研究中心主任姚建平做相关报告。

（刘　菲）

【举办 SELF 格致论道讲坛】 2019 年 6 月 15 日，华北电力大学与中国科学院联合举办第 40 期中科院 SELF 格致论道讲坛(华电场)。来自中科院数学、天文、物理、生态等领域的 11 位著名学者，为华电师生、附中附小学生代表及校外公众等 800 多位观众开启一场探究万物“起源”和数学奥秘的视听盛宴。活动邀请中科院院士林群教授作为特别嘉宾。“SELF 格致论道”讲坛由中国科学院计算机网络信息中心和中国科学院科学传播局联合主办，是中国科学院全力推出的公益科学文化讲坛，讲坛尝试打破过去纯粹以“知识传播”为主的科普形式，致力于精英思想的跨界传播，力图从思想的源头上促进公众参与科学的积极性。本期讲坛由科学技术研究院联合党委研工部、校团委、附校办联合组织。

（刘　菲）

【与国家电网节能服务公司共建联合实验室】 2019 年 7 月 11 日，国家电网节能服务有限公司董事长任伟理一行到校进行科技合作洽谈交流会，并签署综合能源创新技术联合实验室共建协议。校长杨勇平、副校长孙忠权出席交流会与签约仪式。科学技术研究院院长杜小泽主持交流会。杨勇平简要介绍学校的发展历程、师资力量、科学研究、校企合作等基本情况，并表示学校作为以能源电力为学科特色的全国重点高校，围绕国家对能源与环境的战略需求，正在积极参与国家创新体系建设。学校积极构建“大电力”学科体系，大力推动校企合作、促进产教融合，在全面服务行业创新发展的过程中，学校在新能源发电、特高压、智能电网、高效洁净燃煤发电技术、核电技术等领域取得一系列成果。会上双方就综合能源创新技术联合实验室共建事项进行交流，并就加快推进校园综合能源项目合作进行研讨。杜小泽与国网节能服务有限公司副总经理孟凡强代表双方签约。经济与管理学院曾鸣教授、科学技术研究院和后勤管理处相关负责人参加交流会暨签约仪式。

（刘　菲）

【赴江苏推进校地合作和异地研究院建设】 2019 年 7 月 25 日至 27 日，校长杨勇平、副校长律方成赴江苏苏州和扬中，实地调研华北电力大学苏州研究院和扬中智能电气研究中心，并与地方政府就深化校地合作、推进异地研究院建设进行洽谈。7 月 26 日，杨勇平一行出席在学校扬中智能电气研究中心召开的校地合作委员会第二次会议。扬中市人民政府市长张德军、常务副市长王成明等地方负责人参加会议。会议调整研究中心的总体目标、重新明确中心的功能定位，即由研发型机构向“研发转化”和“人才培养”并重的实践型、创新型教育机构转型，着力打造创新实践型人才培养基地、高端人才集聚基地和重大科技成果产出基地，努力建设创新型智能电气服务平台。杨勇平听取苏州研究院关于当前的工作进展、未来建设方案及苏州园区政策及配套支持方式的汇报，并与苏州研究院一起分析研究院面临的形势及探讨未来发展方向。

（刘　菲）

【杨勇平带队走访河北省科技厅】 2019 年 8 月 6 日，校长杨勇平、副校长律方成赴河北省科技厅进行走访，与河北省科技厅厅长马宇骏、副厅长郭玉明进行会谈，并与郭玉明副厅长及科技厅相关部门负责人进行座谈。杨勇平指出，学校在河北省近 50 年的办学历史中，始终得到河北省科技厅的大力支持，尤其在科技项目申报、科研平台建设、科技奖励评审、科技成果转化等方面，更是为学校的快速发展提供良好条件。河北省科技厅今后将继续关注和支持学校发展，密切学校与河北省的沟通合作，通过搭大团队、谋大项目、建大平台、出大成果，为河北省科技事业、区域创新发展贡献新的华电力量。律方成对当前华北电力大学的科研情况进行介绍。郭玉明对华北电力大学多年来服务河北，支撑地方经济，特别是建设保定·中国电谷，带动保定新能源电力产业快速发展做出的贡献表示充分肯定。他表示，省委、省政府对科技工作高度重视，尤其在高水平人才引进、国家级科研平台建设和国家级奖励获得方面都给予大力支持。

（曲　伟）

【举办第一届中国储能学术论坛暨风光储创新技术大会】 2019 年 8 月 7 日—8 日，由华北电力大学、中国可再生能源学会主办，中关村华电能源电力产业联盟、中国电力云平台、中国可再生能源学会储能专委会、《太阳能学报》、《太阳能》杂志承办的“第一届中国储能学术论坛暨风光储创新技术大会”在华北电力大学召开。会议旨在推进先进储能技术的应用、推广风光储技术创新及融合，推动智能微电网、能源互联网技术在综合能源服务领域的应用。来自清华大学、东南大学、华北电力大学等高校院所 56 位专家学者出席并做报告，吸引来自国内外储能产学研领域及可再生能源领域 400 多人参会。华北电力大学校长杨勇平在大会致辞中表示，“储能科学与技术对于可再生能源的利用和节能意义重大，储能是智能电网、可再生能源接入、分布式发电、微网发展必不可少的支撑技术，储能产业正成为新能源领域投资热点方向之一。储能技术在国家电网、交通、新能源等领域的应用价值正逐步凸显。”杨勇平强调，学校将以“双一流”建设为统领，全面构建学科发展、人才培养、科技创新、大学治理和条件保障体系等“五大体系”，并着力实施学科交叉融合、人才培育引进、校企校地合作、国际开放发展等“四个策略”，精准施策、实现重点领域深度突破。在可再生能源和储能领域，华北北电力大学一直秉承“深入布局、着眼长远”的定位，从储能材料、应用场景到储能技术等方面建设储能技术链和生态链，发挥多学科交叉优势，综合布局，打造学科高地。

（刘　菲）

【郭孝锋出席河北省社会科学普及月启动仪式】 2019年9月11日，2019河北省社会科学普及月活动在保定市正式启动，活动主题为“礼赞新中国 唱响主旋律 庆祝中华人民共和国成立70周年”。华北电力大学党委副书记郭孝锋受邀与河北省人大常委会副主任、保定市委书记聂瑞平，河北省社科院党组书记、院长、省社科联第一副主席康振海等一起出席启动仪式。仪式上，学校对近年来在社会科学领域的部分成就及学术活动进行展示，仪式后，郭孝锋和与会领导一起参观社会科学普及展览。河北省社会科学普及月，是一年一度的群众性社会科学普及活动，旨在不断增强哲学社会科学的吸引力、感染力、影响力、生命力，为新时代经济社会建设做出社会科学界应有的贡献。本届河北省社会科学普及月期间全省将举办各级各类活动230余项，300多个单位的6000余名专家学者与社科工作者参加各项活动，直接受众预计超过50万人。

（张　玲）

【北京市科委领导到校调研】 2019年11月5日，北京市科学技术委员会党组书记、主任许强、北京科技协作中心副主任徐琤到校调研。校长杨勇平、副校长郝英杰陪同调研。许强参观新能源电力系统国家重点实验室、能源电力大数据研究院、工业过程测控新技术与系统北京市重点实验室，听取相关工作人员的情况介绍。许强在讲话中指出，当前，北京市正全力打造具有全球影响力的科技创新中心，其中，涵盖中关村科学城、怀柔科学城、未来科学城、北京经济技术开发区在内的“三城一区”是主平台。这需要包括华北电力大学在内的高校、科研院所对应“三城一区”规划及建设定位，进一步明确方向、促进成果转化，进一步完善人才培养模式，进一步做好京津冀协同发展与国际合作，以更好地姿态参与到科创中心的建设当中。许强指出，未来科学城的健康发展，需要得到华北电力大学一如既往地支持与参与，希望学校在以往丰富经验的基础之上，发挥自身优势，结合实际，以市场需求为中心，建设好具有前沿性的各类交叉学科，积极推动各类创新型孵化体与研发中心的创建，真正做到产学研用相结合，在服务国家重大战略科技任务、服务北京“三城一区”建设中，实现自身的新发展。

（刘　菲）

【大学科技园中小企业涉电产品公共检测服务平台通过CNAS复审】 2019年11月12日至13日，CNAS评审专家对中小企业涉电产品公共检测服务平台的管理体系运行情况进行复评审，最终确认检测平台的体系换版和技术能力符合要求，评审结果满意，同意向CNAS推荐继续认可。此次复评审包含扩项评审和不定期监督评审，所认可的检测能力范围在原有的电气设备、继电器、继电保护装置、配网自动化远动终端和信息技术设备基础上，扩展轨道交通机车车辆电子装置、道路车辆电气及电子设备、电子测量仪器等设备。新增检测标准17项，新增工频抗扰度、盐雾、振动、冲击、交变湿热、温度湿热循环等8项检测项目，检测能力覆盖电气领域的电磁兼容试验10项，环境试验8项，电气安全试验4项。CNAS是由国家认证认可监督管理委员会批准设立并授权的国家认可机构，统一负责对认证机构、实验室和检查机构的认可工作。检测平台自2017年成为CNAS认可实验室以来，遵循CNAS规则，履行相关义务，已有效运行3年。

（张力晖）

【举办大学生科技创新作品与专利成果展示推介会】 2019年12月7日，第八届大学生科技创新作品与专利成果展示推介会在华北电力大学举办。学校党委常委、副校长孙忠权与北京市科学技术协会常务副主席司马红，北京市科学技术协会党组成员、副主席刘晓勘，中国科学技术协会二级巡视员杨富国，北京市工商业联合会副主席郑勇男，北京市科学技术协会二级巡视员兼科普部部长陈维成，共青团北京市委员会大学中专工作部副部长徐洪业，中关村科技园区管理委员会创业服务处副处长王金波等相关负责人出席活动。活动启动仪式由刘晓勘主持，京津冀三地47所高校参展师生代表、企业和投资机构代表、创新创业导师、高校科协负责人和媒体代表近千人参加活动。第八届大学生展示推介会由北京市科学技术协会联合北京市教育委员会、北京市总工会、共青团北京市委员会、中关村科技园区管理委员会、北京市知识产权局、北京市工商业联合会共同主办，由华北电力大学科协与北京科技咨询中心承办。活动收到京津冀等地47所高校报送共计878件创新成果，华北电力大学等十六所高校现场被授予高校“最佳组织奖”。

（刘　菲）

【北京高校科协秘书长工作会议在校召开】 2019年12月7日，北京高校科协秘书长2019年工作会议在华北电力大学召开，来自北京地区16所高校的科协秘书长及科协干部参加会议。会议由北京市科协科技咨询中心副主任许炜主持，北京市科协副巡视员、科普部部长陈维成出席会议并讲话。北京市科协科普部相关负责人介绍2020年北京市高校科协工作思路，并对高校科协秘书长联席会议运行机制和工作任务给出指导和建议。会上，各高校围绕如何加强高校党委对高校科协工作的领导、如何推进高校科协“创新簇”工作站建设等热点问题进行探讨，并从高校科协工作实际对2020年北京高校科协工作提出建议。华北电力大学及北京航空航天大学、中国地质大学、北京大学、北京建筑大学、中国人民大学、北京理工大学、中国科学院大学等高校科协代表先后发言。陈维成做总结讲话，他指出高校科协是联系党和政府与科技工作者的桥梁，北京是全国教育和科研资源分布最密集的城市，北京高校科协要利用好地缘优势，加强联系、形成合力。本次会议主要是为探讨建立高校科协秘书长联席会议做准备，旨在为首都高校科协在科学普及、青年人才培养、科研成果培育与转化、服务社会等方面搭建平台。与此同时，"区块链数字经济产业、思维、技术与应用"学术讲座于主楼D260举办。讲座由科学技术研究院副院长朱正茂主持，中国电信区块链业务研发负责人梁伟、链石资本创始合伙人薄胜主讲，为大家介绍区块链的内涵及思维理论等。

（刘　菲）

【中国科学家主题展在北京校部举办】 2019年12月7日至16日，"走在建设世界科技强国征程上的中国科学家主题展"巡展华北电力大学站在北京校部举办。这是共和国历史上第一次以科学家群体为主题的大型展览，涵盖中国现当代科学家近700位。展览运用个性化、可视化的历史资料，介绍中国科学家群体形成、演进的曲折历程，讲述他们为国家富强、民族复兴所付出的艰苦努力和做出的巨大贡献。展览内容分为"撒播现代科学的种子""让现代科学扎根中国""动荡岁月里的科教人生""新中国·新科学""在科学的春天里""走进新世纪"和"结束语"等七个篇章。此次展览为广大科技工作者和青少年成长成才、创新创造提供学习典范，也为社会公众了解中国现代科学家群体成长史提供知识讲堂。科学研究院、校团委、学生处等部门积极组织师生参观，有组织的团体参观人数超过1500人。

（刘　菲）

【大江控股集团电力科技有限公司捐资1500万元助力学校发展】 2019年12月13日，大江控股集团电力科技有限公司捐赠仪式在保定校区举行。大江控股集团电力科技有限公司为学校捐资1500万元，用于支持校企合作事业发展、学校青年教师成长和校友文化建设。校长杨勇平、副校长律方成，大江控股集团电力科技有限公司董事长郑震、副董事长邹伟煜等一行6人和学校相关职能部门、院系负责人、教师代表出席仪式。学校与公司签署捐赠协议和研究生联合培养工作站协议。大江控股集团电力科技有限公司副董事长邹伟煜代表公司向学校捐赠支票，律方成代表学校接受捐赠并为公司颁发捐赠证书。杨勇平分别为"华北电力大学－大江控股集团电力科技有限公司研究生联合培养工作站"和"华北电力大学大江科技研究院"授牌。大江控股集团电力科技有限公司董事长郑震和电力系主任刘云鹏接受授牌。

（张　玲）

【山西振中电力股份有限公司捐资2000万元助力学校发展】 2019年12月18日，山西振中电力股份有限公司捐赠仪式在保定校区举行。山西振中电力股份有限公司为学校捐资2000万元，用于支持学校教育事业发展。校长杨勇平、副校长律方成，山西振中电力股份有限公司董事长刘振泽，总经理、2003级校友苏斌等一行7人和学校相关职能部门、院系负责人、教师代表出席仪式。苏斌代表公司向学校捐赠支票，律方成代表学校接受捐赠并为公司颁发捐赠证书。杨勇平为"华北电力大学—山西振中电力股份有限公司研究生联合培养工作站""华北电力大学振中电力泛在电力物联网研究院"授牌，刘振泽和计算机系主任鲁斌上台接受授牌。

（张　玲）

【河北省分布式储能与微网重点实验室通过验收】 2019年12月27日，华北电力大学"河北省分布式储能与微网重点实验室"通过河北省科技厅的验收。河北省科技厅副厅长张永强、科技平台与基础研究处处长李志平、保定市科技局科技平台与基础研究处负责人解东出席会议。验收专家组由石家庄铁路职业技术学院党委书记刘明生教授等5名专家教授组成。副校长律方成、校长助理米增强、科技处处长丁常富及实验室相关人员等参加会议。重点实验室主任赵书强教授做验收报告。专家组成员仔细审阅验收材料，听取重点实验室建设工作总结报告，对实验室现场进行考察，并与实验室人员进行交流。专家组经过讨论，一致认为实验室全面完成建设计划任务书规定的各项任务，达到预期建设目标，同意通过验收。

（李丽英）

【科技园技术合同认定登记金额突破1亿元】 2019年，保定校区科技园技术合同登记站2018年年底获河北省科技厅批准设立，2019年正式开展工作。至2019年年底，登记站已累计完成技术合同登记178项，完成技术合同登记总额12642.89万元，其中技术交易额11062.47万元，服务科技型企业143家。

（张力晖）

产 业 管 理

【概述】 2019年,学校产业管理工作紧密围绕“双一流建设”,专注于产业规范化建设、科技成果产业化以及学校经营性资产的保值增值,加强对学校控股和参股企业的监管,保证学校经营性资产的安全、保值和增值。同时,积极研究制定鼓励学科性公司发展的政策措施,加快学校学科性公司成立步伐,重点孵化具有学科特色和优势、具有自主知识产权的科技企业。此外,继续拓展促进交叉学科、跨行业领域的产学研合作模式,促进科技成果的产业化,致力于探索将高校智力资源与企业需求建立紧密结合长效机制的新模式。充分发挥学校的学科优势及多学科协作的技术潜力,激活学校人才、技术、实验装备等优势资源,构建“大电力”特色的智力支撑平台,促进产学研合作的良性发展。作为大学科技成果产业化平台,北京华电天德资产经营有限公司《以下简称资产经营公司》致力于打通科技成果产业化链条的“最后一公里”,提出“111”发展战略,即面向“一流企业”、提供“一流技术”、构建“一流平台”,努力促进科技创新链、产业发展链、商业价值链和风险投资链的融合,构建科技成果转化的良性生态体系。

(班莹梅)

【概况】 至年底,华北电力大学控股、参股企业共计34家,资产总额为171113.93万元,比2018年的164158.32万元增加4.24%;所有者权益为79243.70万元,比2018年的77556.74万元增加2.18%;负债为91870.23万元,资产负债率53.68%;营业收入为79688.92万元,比2018年的74265.12万元增加7.30%;实现净利润为12316.40万元,比2018年的11162.54万元增加10.34%。截至2019年12月31日,大学所持股权对应的净资产总额为15499.47万元,比2018年的15193.58万元增加1.68%;所持股权对应的2019年度净利润为1296.35万元,比2018年的1252.72万元增加3.48%。

(常雅丽)

【学校产业架构调整情况】 2019年1月,学校对经营性资产管理委员会(以下简称经资委)进行调整(华电党政办〔2019〕2号),经资委主任为杨勇平,常务副主任为郝英杰,副主任为李双辰、律方成、檀勤良,委员为资产管理处、财务与资产管理处、科学技术研究院、科学技术处、审计处、计划财务处、资产经营公司等部门主要负责人。经资委办公室设在资产经营公司,主任由资产经营公司主要负责人担任,主要负责经资委闭会期间的日常工作管理。

(常雅丽)

【组织召开两次经资委会议】 2019年9月12日,经资委主任杨勇平主持召开2019年第一次会议(两地以视频方式),经资委委员出席会议;监事、法律顾问以及资产经营公司高管列席会议。会议听取并审议《北京华电天德资产经营公司2018年度工作报告》等八项议题。11月1日,经资委2019年度第二次临时会议以传签方式召开,会议审议通过“资产经营公司拟降低公开挂牌转让所持有的北京华电天仁电力控制技术有限公司底价的临时议案”,同意将资产经营公司原挂牌价格下调10%。经资委作为学校经营性资产监督管理机构,在学校党委、行政和国有资产管理委员会的领导下开展工作,代表学校对经营性资产行使占有、使用和收益分配权。

(常雅丽)

【推进学校所属企业体制改革】 2019年,资产经营公司通过学习贯彻教育部关于所属企业体制改革相关文件精神,按照教育部和学校要求,积极有序地推进学校所属企业体制改革工作。2月,启动学校所属企业体制改革工作,学习研究教育部下发的关于高校所属企业体制改革工作的相关文件,起草“关于成立大学所属企业体制改革工作领导小组的议案”。4月22日,资产经营公司召开全面摸底工作中的清产核资审计入场工作会,启动所属控股企业全面摸底的清产核资审计工作。5月23日,成立学校所属企业体制改革领导小组和工作组,并于5月底完成大学所属企业摸底情况工作报告,向学校所属企业体制改革工作领导小组汇报后上报教育部。6月19日,召开学校所属企业体制改革工作组第一次工作会议。8月,完成资产经营公司控股企业清产核资的审计工作,针对此次审计中提到的风险事项,资产经营公司对四家控股企业提出整改要求。9月20日,完成僵尸企业调查情况报告,上报教育部。11月12日,北京华电之星科学技术发展有限公司的两家股东资产经营公司和中国电力传媒集团,就该公司历史遗留问题进行交流,并形成工作备忘录,启动相关事项的处置工作。12月,完成学校所属企业体制改革实施方案的初稿起草工作,启动资产经营公司所属三家企业(北京华电辰能科技发展有限公司、北京四方立德保护控制设备有限公司和北京华电纳鑫科技有限公司)的股权转让工作,并稳步推进学校所属企业体制改革工作的具体实施。

(常雅丽)

【两家所属企业完成无形资产评估备案工作】 2019年1月,资产经营公司协助大学资产管理处完成资产经营公司参股公司北京华电能源互联网研究院有限公司和珠海华大泰能智慧能源有限公司无形资产评估工作,并办理教育部备案等相关事宜。

(常雅丽)

【制定《华北电力大学所属企业工资总额管理办法》】 2019年11月，按照《教育部所属企业工资总额管理办法》的文件精神，制定《所属企业工资总额管理办法》(华电校产〔2020〕1号)，并于12月上报教育部备案。

(常雅丽)

【完成国有资本收益上报】 2019年6月，按照教育部的要求，完成2019年学校所属企业国有资本收益的上报工作，11月，完成所属企业2019年国有资本收益上缴工作，上缴国有资本收益共计9.72万元。

(常雅丽)

【成功孵化一家学科性公司】 2019年6月19日，资产经营公司成功孵化一家学科性公司——北京华电锐拓科技有限公司，资产经营公司代表学校持有20%股权，大学科研团队持有80%股权，该公司主要业务是大功率半导体器件检测及相关技术服务。

(常雅丽)

【完成两家企业国有产权登记工作】 2019年6月，华电智连科技(北京)有限公司和北京华电光大新能源环保技术有限公司的国有资产占有产权登记表经教育部、财政部审核通过，完成上述两家企业的产权登记工作。

(常雅丽)

【推进北京华电天仁电力控制技术有限公司股权转让】 2019年9月10日，资产经营公司所持华电天仁公司股权转让在北京产权交易所挂牌；12月9日，收购意向方——国电科技环保集团股份有限公司向北京产权交易所递交摘牌手续，取得受让资格，但因国电科环集团的管理层调整，直至2020年年初完成上述股权的产权交易手续。

(常雅丽)

【资产经营公司业绩及获奖】 2019年，资产经营公司对学校的资金回馈贡献共计635.81万元。其中包括：上缴学校分红款404万元(含四方集团上缴354万元)；代为支付处置历史遗留问题相关费用共计37.81万元；奖励并资助实验室及团队建设共计56万元(华电研发实验服务基地后补贴资金)。通过创新券促成大学横向科研经费共计138万元。因在组织实施产权进场交易方面表现突出，资产经营公司获北京产权交易所颁发的2019年度“最佳产权交易组织奖”。

(金海燕 常雅丽)

【参加中国产权协会资本投资运营专业分会理事会及业务研讨会】 2019年4月11日—12日，资产经营公司作为分会的54家发起会员单位之一，参加由中国产权协会资本投资运营专业分会主办、北京产权交易所承办的“中国产权协会资本投资运营专业分会一届三次理事会暨业务研讨会”。11月14日，资产经营公司参加“中国产权协会资本投资运营专业分会业务研讨会暨央企走进中国科技城(绵阳)助推区域经济高质量发展峰会”，加强与分会会员单位的业务联系，增强自身业务能力。

(金海燕)

【与三家央企签订战略合作协议】 2019年，资产经营公司与三家央企签订战略合作协议。5月，资产经营公司与国网电商双创中心和北京知识产权管理运营有限公司分别签署战略合作框架协议。11月，资产经营公司与南方电网综合能源股份有限公司签署战略合作框架协议。

(金海燕)

【所属企业获国家科学技术进步奖】 2019年，所属企业北京华电光大环境股份有限公司获“国家科学技术进步奖二等奖”等多个奖项。1月15日，北京华电光大环境股份有限公司“多温区多功能系列SCR脱硝催化剂与低能耗脱硝技术研发及应用”项目获教育部“科学技术进步奖一等奖”。

5月18日，北京华电光大环境股份有限公司催化剂产品入选“中国钢铁低碳清洁产业示范产品”，该产品已广泛应用于五大发电集团、各地方电力集团以及全国各地的工业窑炉烟气治理工程中。12月18日，北京华电光大环境股份有限公司参与完成的“新型多温区SCR脱硝催化剂与低能耗脱硝技术及应用”获国家科学技术进步奖二等奖。

(班莹梅)

【举办“百进千”科技服务对接活动】 2019年6月28日，“首都科技条件平台百家重点实验室进千家企业”专题活动在华北电力大学举办。本次活动由资产经营公司与北京未来科学城产业发展有限公司共同主办。会上发布首都科技条件平台“智慧电力创新工场”模式，一家小微企业现场与学校实验室实现对接，教育部科技发展中心和北京市科委科技服务业与文化科技处的相关领导出席活动。

(王成霞 焦沈芳)

【参加大型展会活动】 2019年9月17日—21日，资产经营公司组织13个项目参展第二十一届中国国际工业博览会，华北电力大学获中国高校展区“优秀组织奖”，大学科研团队项目“智能发电系统关键技术、产品及系统”获中国高校展区特等奖，大学生创新创业项目“基于PI膜的电动汽车智能加热系统”获中国高校展区优秀创新创业展品奖，资产经营公司总经理金海燕获中国高校展区“先进个人奖”。10月23日—24日，由国家发改委指导、国家电网有限公司双创示范基地主办的“大众创业万众创新主题日”活动在中关村国家自主创新示范区举行。资产经营公司携两家学科性公司——华电智连信达科技(北京)有限公司和北京华电新能源电工材料研究院有限公司共四个项目代表华北电力大学参展国家电网双创主题日活动。

(班莹梅 王成霞)

【参加非晶战略联盟第三届第一次理事大会】 2019年9月21日，“非晶节能材料产业技术创新战略联盟第三届第一次理事大会”在河南洛阳召开。资产经营公司代表华北电力大学参会。

（金海燕）

【孵化的企业与法国电力集团公司签署合作协议】 2019年11月13日，北京未来科学城电力大数据协同创新联盟成立大会在华北电力大学举办。会上，学校资产经营公司孵化的学科性公司——华电智连信达科技（北京）有限公司，与EDF（中国）投资有限公司（法国电力集团）签署合作协议。此次签约为学校资产经营公司促进科技成果产业化、开展国际领域项目合作奠定良好的基础。

（王成霞）

高等教育研究

【概述】 2019年，华北电力大学高等教育研究工作围绕学校中心工作，认真履行职责，以服务学校发展为宗旨，在政策研究、资讯服务等方面开展工作，科研能力和服务学校的水平不断提高。围绕学校改革发展的重要问题，发布"2019年学校综合改革专项项目"，其中重点项目2项、一般项目3项。由高教所牵头的"基于资源配置的学院评价体系研究"项目组，先后实地调研同济大学、中国石油大学（北京）、长安大学和西安电子科技大学。电话访谈和资料调研华南理工大学、北京化工大学等多所高校，在充分吸取兄弟高校成功经验的基础上，明确学院考核评价的工作目标和基本原则，构建符合实际的独具特色的"233"院系评价指标体系，并于2019年12月形成《华北电力大学院系评价指标体系》（征求意见稿）。充分发挥高教所的理论研究优势，完成一系列富有建设性的研究报告和领导交办的文稿工作，主要包括《学院资源配置及管理调研报告》《关于我校招生计划相关问题的研究报告》《关于我校内部管理体制改革的几点建议》等。加强与国内高教界的沟通联系，高教所所长荀振芳当选中国高等教育学会院校研究分会常务理事及高等教育学专业委员会理事、中国电力教育学会理事，同时担任全国教育规划课题评审专家与鉴定专家。开展高教信息的分类整理和专题汇编，编发《高教参考》24期，并编发《"人工智能"资料专题辑录》。配合人文学院做好"教育与经济管理"硕士研究生和公共管理硕士培养工作，开设相关课程，参加招生面试及论文开题、中期考核、毕业论文预答辩、答辩等全过程培养工作。配合附校办做好附校教师教育教学能力提升计划项目的日常管理和服务联络工作。

（高　顺）

【概况】 2019年，华北电力大学高等教育研究所共有人员7人，其中专职人员6人，外聘人员1人；人员中，拥有正高职称的研究人员2人，拥有副高职称的研究人员4人。

2019年，高等教育研究所在科研方面取得一系列标志性成果，在CSSCI的A区、B区发表文章2篇；在研全国教育规划课题1项，新获批北京社科基金项目1项、中央高校基本科研业务费"哲学社会科学繁荣计划专项项目"1项；1人入选国家留学基金委国外教育调研专项访问学者项目。

（高　顺）

【启动高教研究项目计划】 2019年3月20日，华北电力大学召开2019年高教研究项目北京保定两地视频启动会，副校长李双辰出席会议。此次项目是在学校建设高水平研究型大学和"双一流"建设的背景下、围绕学校综合改革推出的课题研究计划，旨在紧密围绕学校改革发展开展问题研究、服务学校决策。会上，李双辰从工作定位、选题背景、课题定位、研究形式、时间节点、成果形式、结题方式、课题指导等八个方面对项目的推进和实施作说明，并提出具体要求。2019年度高教研究项目计划包括2个重点项目和3个一般项目，其中"基于资源配置的院系评价体系研究"（项目指导：李双辰；负责人：荀振芳）和"新工科背景下学校的学科专业布局研究"（项目指导：王增平；负责人：柳长安）为重点项目；"院系基层学术组织的改革发展研究"（项目指导：檀勤良；负责人：王秀梅）、"学校中青年教师的成长机制研究"（项目指导：何华；负责人：张天兴）和"学校实施通识教育的机制方案研究"（项目指导：郭孝锋；负责人：苑英科）为一般项目。至年底，各项目积极推进并取得进展。

（高　顺）

【制定《华北电力大学院系评价指标体系》】 2019年，由高等教育研究所牵头的"2019年度高教研究项目计划"重点项目"基于资源配置的学院评价体系研究"项目组积极开展课题研究工作并取得进展。项目组先后三次赴兄弟院校实地调研。5月14日，副校长李双辰率领由高教所、人事处等部门成员组成的院系评价研究团队赴同济大学开展专题调研；5月28日，华北电力大学高教所院系评价课题组赴中国石油大学专题调研；9月16日—17日，由人事处、政研室和高教所组成的学校深化改革联合调研组赴长安大学和西安电子科技大学就二级机构管理和院系评价等工作开展专题调研。此外，项目组还调研华南理工大学、北京化工大学等多所高校。在深入开展案例分析、在充分吸取兄弟高校成功经验的基础上，明确学院考核评价的工作目标和基本原则，构建符合实际的"233"院系评价指标体系（包含工作绩效评价、目标导向评价两个模块，工作绩效指标、投入性指标、关键性指标三大指标体系，试图把办学质量评价、办学效益评价和办学目标考核三方面评价有机结合起来）。通过对评价实施细则和评价方案的反复研讨和分解细化，以及与学校相关职能部门的多次沟通，于12月形成《华北电力大学院系评价指标体系》(征求意见稿)，并召开北京保定两地视频会征求职能部门意见。

(高　顺)

【编发《"人工智能"专题资料辑录》】 2019年，为进一步响应国家人工智能战略，围绕学校"能源电力科学与工程"一流学科建设，加快学校自动化、计算机、数理及其相关学科发展，华北电力大学拟成立华北电力大学人工智能学院。10月，学校领导要求高等教育研究所尽快就人工智能专题开展研究，提供资讯服务。高教所按学校领导的要求组织编发《"人工智能"专题资料辑录》，设置"习近平论人工智能""人工智能及其发展概述""人工智能与大学建设发展""政策文件"等栏目，为学校决策提供理论支撑。11月16日，华北电力大学人工智能学院正式揭牌。

(高　顺)

现代电力研究院建设

【概述】 2019年，现代电力研究院(以下简称"研究院")围绕学校"双一流"建设目标，紧跟国家能源电力改革趋势，主要开展能源市场、能源政策、储能技术等相关领域的科学研究；充分发挥高水平交流平台作用，组织"第九届现代能源发展论坛"等学术活动，积极邀请国内外专家来校交流。

(李　君)

【概况】 2019年，现代电力研究院有在编教职工4人，其中，双肩挑管理人员1人，专任教师2人(教授1人，讲师1人)，管理人员1人。研究院下设4个研究中心，分别是"中国能源政策研究中心""能源系统优化研究中心""(中美)先进飞轮储能技术与工程应用研究中心"和"智慧能源与信息研究中心"。"中国能源经济监管研究院"依托现代电力研究院建设，下设3个研究中心，分别是"能源网络价格研究中心""能源市场与价格研究中心""能源成本监审研究中心"。年内，研究院新签订科研课题4项，其中纵向课题3项，包括获批国家自然科学基金1项和北京市优秀人才培养项目1项，北京市发改委项目1项，全年科研经费共计225万元，超额完成全年科研任务。承担华电集团电力现货市场交易员培训项目1项，培训收入103.67万元。研究院教师出国参会、交流访问4人次，外国专家来访4人次。

(李　君)

【举办第九届现代能源发展论坛】 2019年11月27日，由中国电机工程学会能源系统专委会、华北电力大学现代电力研究院和华北电力大学中国能源经济监管研究院联合主办、华能新能源股份有限公司承办的第九届现代能源发展论坛在北京召开，本次论坛的主题为"能源转型中的创新和实践"。论坛邀请中国能源研究会常务副理事长、能源系统专委会主任委员周大地研究员，中国华能集团有限公司新能源事业部主任、华能新能源股份有限公司党委书记、董事长、能源系统专委会副主任委员林刚，国家电力调度控制中心副主任、能源系统专委会委员孙大雁，国家开发银行资深专家、总行贷款委员会原专职委员王伟化，华北电力大学秦立军教授，华北电力大学校长助理、现代电力研究院常务副院长、专委会副主任委员兼秘书长张粒子教授等6位专家做学术报告。来自政府能源电力管理部门、能源电力企业、高校和科研院所的近百名专家和代表出席本次论坛。

(李　君)

【邀请多位专家来访】 2019年，研究院邀请英国巴斯大学李芙蓉教授、加拿大安大略省独立电力系统运营公司高级经济师何爱民、加拿大飞轮储能专家等多位国内外专家来校进行学术交流。李芙蓉，英国巴斯大学教授，可持续配电研究中心主任，西安交通大学长江学者，英国皇家学会Wolfon Fellow。主要研究方向是电力经济与市场。何爱民，经济学博士，2002年起，任职于加拿大安大略省独立系统运营公司(IESO)高级经济师，主要职责包括监测电力市场，撰写市场监测委员会报告，对电力市场设计缺陷提出建言。

(李　君)

学术期刊建设

【概述】 2019年，期刊出版部作为学校两地一体化办公的职能部门，贯彻执行党和国家有关期刊出版的方针政策和法律法规，行使对华北电力大学主办的《华北电力大学学报(自然科学版)》《华北电力大学学报(社会科学版)》《现代电力》以及《电力科学与工程》四个学术期刊的行政管理及工作指导权。

2019年9月，《现代电力》编辑部的杨秋霞调离期刊出版部。10月，经与人事处沟通，并报请副校长律方成、李双辰批准，聘请中国电力科学研究院原《电网技术》编辑部主任宋书芳编审担任华北电力大学《现代电力》编辑部主任。

2019年，华北电力大学主办的《华北电力大学学报(自然科学版)》(双月刊)、《华北电力大学学报(社会科学版)》(双月刊)、《现代电力》(双月刊)和《电力科学与工程》(月刊)按计划完成编辑出版工作，办刊质量总体上稳中有升，社会影响力进一步扩大。四个期刊共计出版正刊30期，其中《华北电力大学学报(自然科学版)》、《华北电力大学学报(社会科学版)》和《现代电力》各出版6期，《电力科学与工程》出版12期；发表论文共计396篇，四个期刊分别发表论文数为82、97、74和143篇。

按照《中国学术期刊影响因子年报》对于期刊影响力指数的统计，2018年《华北电力大学学报(自然科学版)》和《现代电力》的影响力指数CI值在118种TM类电气工程学科专业期刊中分别排名第32位和第24位(上年在106种TM类电气工程学科专业期刊中分别排名第19位和23位)；影响因子分别为1.094和1.448，(上年为1.175和1.238)。《电力科学与工程》的影响力指数CI值在118种TM类电气工程学科专业期刊中排名第41位(上年在106种TM类电气工程学科专业期刊中排名第41位)；影响因子为0.876，(上年为0.901)。《华北电力大学学报(社会科学版)》的影响力指数CI值在191种综合性人文社科期刊中排名第91位(上年在625种综合性人文社科期刊中排名第207位)；影响因子为0.567，排名第102位(上年为0.485，在625种综合性人文社科期刊排名第225位)。均较上一年度有显著提升，为创刊以来最高水平。根据中国科技信息研究所最新发布的《2018年版中国科技期刊引证报告(核心版)》，在35种电气工程类期刊中，《华北电力大学学报(自然科学版)》和《现代电力》综合评价总分别排名第8位和第11位(上年在33种电气工程类期刊分别排名第9位和第11位)。

2019年，《华北电力大学学报(自然科学版)》入选“能源电力领域高质量科技期刊分级目录”中“能源与电力综合专业”T3级，该专业共收录31种国内外期刊，其中中文期刊4种。

(王佃启　杜红琴)

【主办学术期刊获评多项优秀】 2019年，学校主办的学术期刊参加各级评比获得佳绩。在北京市高教学会社会科学学报研究会开展的评优活动中，《华北电力大学学报(社会科学版)》被评为“北京市高校人文社会科学期刊名刊”，“能源与环境问题研究”栏目获评“北京市高校人文社会科学期刊名栏”，主编王佃启获评“北京市高校人文社会科学期刊优秀主编”，编辑部主任李潇雨获评“北京市高校人文社会科学期刊优秀编辑”。在全国高校文科学报研究会开展的评优活动中，《华北电力大学学报(社会科学版)》被评为“全国高校社科精品期刊”，“能源与环境问题研究”栏目获评“全国高校社科期刊特色栏目”，王佃启主编被评为“全国高校社科期刊优秀主编”，编辑部主任李潇雨被评为“全国高校社科期刊优秀编辑”。《华北电力大学学报(自然科学版)》和《电力科学与工程》在河北省教育厅开展的高校学报和学术期刊审读工作中被评为优秀。

(杜红琴)

【《现代电力》编辑部人员调整】 2019年，经学校主管领导同意，聘任原中国电力科学研究院期刊社陈树勇教授担任《现代电力》执行主编、宋书芳编审担任编辑部主任职务。

(杜红琴)

苏州研究院建设

【概述】 2019年，华北电力大学苏州研究院不断推进校企对接，深化产学研合作，在产学研合作、纵向项目申请、科研平台建设、协同创新中心建设、教育培训工作等方面取得新进展。

产学研合作。研究院联合中国环境学会CCUS专委会和英国爱丁堡大学共同主办的钢铁行业碳捕集利用与封存技术路线和商业发展模式国际研讨会，进一步提升了研究院在国内CCUS领域的影响力。与北京中电昊海科技有限公司开展联合研发，累计合作经费6万元。与江苏固德威电源科技股份有限公司针对新型逆变器进行联合研发，并验收通过，累计合作经费40万元。完成4家江苏省研究生工作站的中期检查工作，完成2家江苏省研究生工作站的验收工作。

纵向项目申请。张一梅教授、周林成教授分别获批苏州市重点研发前瞻性研究项目，项目资助分别为10万元，8万元，研究院承担的国家重点研发计划——CO_2地质封存环境监测及预警技术，获苏州市配套立项，累计资助经费42万元。张一梅教授获批2019年江苏省第五期“333工程”人才科研项目资助一项，累计金额6.1万元。

科研平台建设。二氧化碳捕集实验室建设完成中期检查工作，获批建设经费91.25万元，下一步继续扩大与地方的科技合作，扩大与企业的合作，研究院环境修复与功能材料实验室，新增SCI论文累计收录13篇，申请发明专利1项，培养研究生2名，先进生物制品制造联合实验室顺利完成验收，获批建设经费9.12万元，年内，已开发出新型生物基环保材料及制造设备。

协同创新中心建设。研究院与北京京东方能源科技有限公司联合成立“京东方－华北电力大学能源物联网研究院”，构建国内一流的能源物联网科研创新平台。与江苏晟熙能源科技有限公司就共建高水平科研平台达成意向，主要从事节能环保领域的科学研究工作。

教育培训工作。研究院与京东方集团、新国大及苏州国网城市能源研究院就非全日制硕士的联合培养达成合作，2020年拟累计招收计算机及环境工程专业的非全日制硕士40人。国家能源局能源综合业务培训班在研究院开班，此次培训项目的成功举办，标志着研究院高端人才培养质量更上新台阶。

（侯文俊）

【概况】 2019年，华北电力大学苏州研究院有固定人员10人，其中硕士以上学历7人，主要从事基础研发工作，是一支以中青年学术骨干为主的科研团队，人员素质及结构不断提升，科研成果丰硕，获批国家级重点研发计划项目（苏州配套支持）1项，获上级拨款42万元；获批苏州市重点研发前瞻性研究项目2项，累计获得资助18万元。获批江苏省“333工程”人才科研项目1项，资助金额6.1万元。科技服务工作稳步进行，至年底，研究院新增服务企业20余家，累计服务科技企业120家，完成4家江苏省研究生工作站的中期检查工作，完成2家江苏省研究生工作站的验收工作，与北京中电昊海科技有限公司开展联合研发，累计合作经费6万元。与江苏固德威电源科技股份有限公司针对新型逆变器进行联合研发，并通过验收，累计合作经费40万元。二氧化碳捕集实验室建设完成中期检查工作，下一步继续扩大与地方的科技合作，扩大与企业的合作。环境修复与功能材料实验室，新增SCI论文累计收录8篇，培养研究生3名。先进生物制品制造联合实验室成验收，至年底，已开发出新型生物基环保材料及制造设备。

副院长：张一梅

（侯文俊）

【王祥科一行访问新国大苏研院】 2019年3月27日，华北电力大学环境科学与工程学院院长王祥科在苏州研究院常务副院长柴大鹏，副院长张一梅的陪同下访问新国大苏州研究院，新国大苏州研究院院长许国勤、副院长谢贤宁接待王祥科一行，双方就“硕士预科”联合培养项目及在苏州共同成立联合平台的事宜进行交流座谈，初步达成共识，双方将从科研、教育、创业创新等领域开展更加深入的交流与合作。

（侯文俊）

【赴苏州推进校地合作和苏州研究院建设】 2019年7月25日至26日，校长杨勇平、副校长律方成赴苏州实地调研华北电力大学苏州研究院，并与地方政府就深化校地合作、推进异地研究院建设进行洽谈。党政办、研究生院、科学技术研究院相关负责人陪同前往。7月25日，杨勇平与苏州工业园区党工委书记吴庆文举行会谈，双方围绕苏州研究院的建设等相关事宜进行交流讨论，并达成多项合作共识。

（侯文俊）

【举办钢铁碳捕集利用与封存国际研讨会】 2019年10月10日，钢铁碳捕集利用与封存技术路线和商业发展模式国际研讨会在苏州独墅湖高教区公共学院举行。研讨会由华北电力大学苏州研究院、中国环境学会CCUS专委会和英国爱丁堡大学联合主办的。生态环境部气候司综合处、苏州市生态环境局大气环境处、清华大学环境工程系、环境学会CCUS专委会、澳大利亚全球碳捕集与封存研究院、宝钢中央研究院、中石化华东分公司、国家应对气候变化战略研究和国际合作中心、英国儿童投资基金会北京代表处等多家企事业单位的代表出席本次研讨会。

（侯文俊）

【国家能源局能源综合业务培训班开班】 2019年10月28日，国家能源局能源综合业务培训班华北电力大学苏州研究院开班。国家能源局人事司副司长徐建东，华北电力大学苏州研究院直属党支部书记、常务副院长柴大鹏，继续教育学院副院长姜家宗以及来自国家能源局下属各单位的67位学员参加开班仪式。

（侯文俊）

【郝英杰参加京东方全球创新伙伴大会】 2019年11月26日，京东方全球创新伙伴大会·2019（BOE IPC·2019）在北京召开，此次大会的主题是“芯屏气/器和＋赋能应用场景”，华北电力大学副校长郝英杰、苏州研究院常务副院长柴大鹏、苏州研究院副院长张一梅参加会议。

（侯文俊）

科研平台建设

Construction of Research Platform

○ 综　述

2019年，新能源电力系统国家重点实验室组织召开学术委员会第二届第三次会议，进一步凝练研究方向，将原有3个研究方向调整为4个，分别为新能源高效转换与发电过程特性、先进输变电技术与电磁理论、新能源电力系统控制与优化、多元信息融合与综合能源系统优化。发表论文总计1081篇，其中SCI论文276篇；授权发明专利245项。实验室完成新一轮固定研究人员聘任工作，并组建6个研究团队。与全球能源互联网研究院共同组建"先进输电技术联合研究中心"，敦聘汤广福院士为中心主任。实验室共举办多场次研讨会及学术报告会。包括第三届电力电子器件可靠性国际研讨会、首届国际咨询委员会会议暨青年学者论坛、承办中国电机工程学会高电压专业委员会青年学组成立大会，协办2019可持续电力与能源国际会议（ISPEC 2019）。累计举办第十届金秋学术报告会等学术报告会及讲座15场（次）。全年共接待社会各界人士参观41场次，接待各类参观人员1000余人次。

2019年，生物质发电成套设备国家工程实验室在生物质电站集成设计与优化运行技术、燃煤锅炉内生物质混燃技术、生物质高效热化学转化技术、板式脱硝催化剂技术、生物质成型技术等方面进行专利布局，并推进自主创新科研成果的产业化。实验室新增国家和省部级纵向项目共5项，国家自然科学基金面上项目1项，国家自然科学基金青年基金项目1项，中国博士后科学基金特别资助项目1项，军工项目1项。新增中央高校基本科研业务项目6项，其中面上项目3项，军民融合创新培育专项项目1项，青年培育项目1项。发表论文49篇，其中SCI 34篇，EI 7篇。作为"中关村开放实验室"，承担国能生物发电集团有限公司、福建龙净环保股份有限公司、北京清新环境技术股份有限公司等企业，以及北京大学、北京航空航天大学等高等院校委托的技术攻关及检验测试项目共计15项。

2019年，国家火力发电工程技术研究中心继续加强与行业大型企业集团、科研院所以及依托单位重点实验室等研发单位的紧密合作，通过整合依托单位的多学科技术优势，承担国家项目、联合攻关、技术服务、技术咨询、人才培养和成果转化等方式，中心共获各级各类纵向科技项目资助32项，共签订横向科技合作项目71项；获国家和省部级科技奖励7项，授权专利68项，软件著作权9项，发表高水平论文300余篇。

2019年，电站能量传递转化与系统教育部重点实验室重新梳理凝练实验室定位、科学问题和研究方向，制定实验室整改建设的具体措施和进度安排，并将实验室名称变更为"电站能量传递转化与系统教育部重点实验室"。由实验室骨干主持完成的"新型多温区SCR脱硝催化剂与低能耗脱硝技术及应用"获国家科学技术进步奖二等奖，3项成果分别获得"中国自动化学会高等教育教学成果奖""教育部科学技术进步奖""2018年度河北省科技进步奖"等省部级奖励。

2019年，资源环境系统优化教育部重点实验室发挥科研优势，加强关键科学问题的深入研究和集成，实现若干重点领域和重要方向的跨越发展。新增各类纵向科技项目资助共19项，资助金额为1481.36万元；签订横向科技项目13项，合同金额822.52万元。与国内外多家知名院校、企业在人才培养、科技攻关、科技成果转化、产学研结合等方面展开全方位交流与合作。共邀请7人次国内外专家、学者到实验室进行指导讲座，有多名师生参加国内外重要学术会议。年内，实验室发表论文112篇，其中SCI论文95篇，3篇论文入选中国科学百篇优秀论文。

2019年，高电压与电磁兼容北京市重点实验室以新一轮的能源革命为发展契机，围绕北京市和国家电力行业建设布局合理、运行灵活、绿色智能的现代化电网和发展新型电工装备支柱专业的战略需求，重点开展电介质物理与放电机理、低温绝缘与超导输电、多物理场交互作用与复杂电磁环境、输变电装备故障诊断与状态评估等方面的研究。年内，实验室获国家自然科学基金项目5项，获省部级奖励8项。崔翔获2019年度中国电力科学技术杰出贡献奖。实验室召开太空电力传输与电磁环境研讨会，旨在形成多学科交叉，推进空间太阳能电站前沿技术的发展。

2019年，能源的安全与清洁利用北京市重点实验室成员国家自然科学基金项目申报30项，立项9项。实验室成员发表科研论文约171篇，其中SCI论文99篇；实验室成员项目总经费达3506余万元。陆强、董长青、赵莉三位教授共同参与的"新型多温区SCR脱硝催化剂与低能耗脱硝技术及应用"研究，获国家科学技术进步奖二等奖。陆强教授参与的"生物质高效清洁能源化利用技术与装备及应用"研究，获安徽省科学技术奖科技进步类二等奖。李美成教授牵头的"光伏发电核心装备关键技术及户外实证测试平台研发与应用"研究，获电力科技创新大奖一等奖。李莉参与的"海上风电场交流并网稳定运行关键技术及应用"研究，获中国电工技术学会科学技术奖一等奖。实验室获批多个重大项目。蔡墨朗教授的国家重点研发计划课题"宽带隙钙钛矿材料设计与稳定性机理研究"获立项，项目经费224万元。田德教授的国家重点研发计划课题"大型海上风电机组及关键部件优化设计及批量化制造、安装调试与运行关键技术"获立项，项目经费1399万元。

2019年，工业过程测控新技术与系统北京市重点实验室围绕工业过程特别是发电过程运行参数的快速检测与优化控制，在传统能源与新能源建模、控制与优化等方面进行深入研究。两项重点研发计划项目获得进展，2019年通过中期检查。新增中国工程院项目“海上风电支撑我国能源转型战略研究”（负责人刘吉臻，经费总额600万元）。房方获中国电力优秀科技工作者奖，中国产学研合作创新奖；黄孝彬参与完成的“对冲燃烧煤粉锅炉燃烧组织定向调控关键技术与应用”获中国电力科学一等奖（个人4/单位4）；林忠伟参与完成的“面向规模化新能源消纳的智能发电关键技术及应用”获吉林省科学技术进步奖一等奖（个人5/单位3）。与国家能源集团合作开发的中国首套“智能发电运行控制系统”于2019年10月29日通过中国电机工程学会的技术鉴定。

2019年，低品位能源多相流与传热北京市重点实验室服务学校双一流学科建设和结合国家和京津冀地区战略需要，在新型高效发电系统、微尺度传热及太阳能热利用等方面开展深入研究。实验室承担的国家重点研发计划项目顺利通过科技部中期验收。徐进良教授为第一完成人申报的国家自然科学奖进入第三轮公示，在第四轮中未获得突破。实验室研究生获国家奖学金、南瑞奖学金、优秀博士生奖学金等10余项。实验室在新型燃煤热力发电系统、大功率器件冷却方面研究成果实现企业转化及技术支持。国家能源集团就国家2030项目提供技术支持、为中兴通讯在5散热方面提供技术咨询及电力院在十四五规划方面提供指导。

2019年，北京市电力信息技术工程研究中心承担国家电网公司科技项目2项；新签国家电网公司科技项目3项；新签工信部重点项目2019年工业互联网创新发展工程项目2项，共发表学术论文20篇。参与的科技项目“全业务泛在电力物联网基础防护体系及终端层安全监测防护技术研究”在南京正式启动。与北京京航计算通讯研究所签订战略合作协议。根据协议，双方将在工控安全、信息化建设建立深入的战略合作伙伴关系。在业务发展中紧密合作，充分利用自身资源，发挥各自优势，互为渠道，互为支撑，在产品开发、技术革新、行业解决方案制定、行业拓展等全方面进行合作。

2019年，河北省输变电设备安全防御重点实验室新增主持“高灵敏紫外成像仪研制及应用开发”国家科技部重点研发计划1项，在研国家级科研项目共计2项，累计获批经费支持3000余万元；承担和完成横向科研项目36项，获研究经费支持2600余万元；发表论文30篇，其中SCI收录7篇，EI收录16篇；获得发明专利授权10余项、实用新型专利授权7项，申请发明专利30项。“华北电力大学（保定）高电压综合实验体系建设项目”获得支持，新增扫描电子显微镜、单片非晶磁性测量系统、憎水性测试仪、变压器绕组变形测试仪等仪器设备100余套，实验室新增实验用房面积500平，实验室综合实验能力大幅提升。

2019年，河北省发电过程仿真与优化控制技术创新中心与多家相关企事业单位和科研院所合作，发挥各自的优势，实现强强联合。先后与格盟国际能源有限公司、山西省煤矸石发电行业技术中心、国电投东北分公司、大唐环境集团电力设计院大气环境所等工程单位在一系列工程研究领域中进行实质性合作，共同完成“PS-1065t/h智慧检修研究与开发”“PS-300MW数字化检修平台”“汽轮发电机组虚拟检修系统研发与应用”“基于可穿戴设备的虚拟检修辅助决策系统”“超低排放火电机组智慧脱硝关键技术研究及工程示范”等多个工程研究项目和技术课题。

2019年，河北省发电过程仿真与优化控制技术创新中心充分发挥资源优势，积极利用基础设施进行对外服务，开放火电机组仿真系统等仪器设备对外进行研究和技术培训工作。年内，该中心承担建设的华北电力大学自动化系卓越工程师实验室继续为“卓越工程师计划”试验班同学的生产实践环节服务。该实验室提供的激励式仿真平台，在培养和锻炼学生的工程实践能力方面发挥重要作用。同时，该实验室还包含“卓越工程师计划”培养过程的大部分专业技术课程实验，包括自动控制理论、过程控制、电子技术基础、计算机控制技术与系统等。中心拥有“600MW超临界火电机组仿真系统”“1000MW超超临界火电机组仿真系统”“STS7激励式仿真支撑系统”等先进设备，仪器设备总值达到3240万元。中心承担和完成科研项目40余项，实到研究经费1000余万元。中心积极推动科技成果的转化与应用，为相关企业创造显著的经济效益。

2019年，北京能源发展研究基地曾鸣教授获得国家社科基金重大项目立项，这是能源基地研究员第二次获得国家社科基金重大项目立项。积极参与国家能源局、国家电网有限公司相关决策咨询工作。配合国网“三型两网”发展战略，能源基地研究员受邀为近二十家全国各地方国网电力公司做专题学习培训讲座，受众达百万人 。能源基地还为行业公司提供电力市场现货交易仿真培训，受训学员近万人。能源基地获各类纵向项目资助共计19项，其中，国家级3项，省部级16项；新签横向合同85项；获优秀成果奖励8项，其中，省部级以上奖励5项；发表能源类学术论文共计113篇，其中SSCI检索论文21篇，SCI检索论文46篇，EI检索论文6篇，CSSCI检索论文2篇；出版能源类学术著作9部。

2019年，新型薄膜太阳电池北京市重点实验室在新型无铅光电转换材料的研发及在薄膜太阳电池中应用、全无机钙钛矿太阳电池的研发及材料制备、高效电子传输材料的设计及在柔性、刚性基底上的应用、有机、无机杂化钙钛矿材料的优化及在太阳电池中的应用、空穴传输材料的设计合成及在太阳电池中的应用等 5 个方面取得进展。在实验室研发投入方面，合计经费投入 800 万元以上。实验室成员共获国家重点研发计划课 2 项；作为项目负责人承担国家自然科学基金 4 项；承担国家自然科学基金国际（地区）合作与交流项目（合作）1 项；承担北京自然科学基金一海淀原始创新联合基金 1 项。

新能源电力系统国家重点实验室

【概述】 新能源电力系统国家重点实验室是支撑国家新能源电力系统发展且在国际上具有影响力的科学研究与人才培养基地。主要面向国家能源转型发展需求，发挥能源电力学科优势，推动多学科交叉，聚集和培育优秀人才，开展新能源电力系统基础理论与关键技术创新研究。

2019 年，实验室在科学研究、研究方向凝练、队伍建设与人才培养等方面取得丰硕成果。

科学研究。年内，发表论文总计 1081 篇，其中 SCI 论文 276 篇；授权发明专利 245 项；出版专著 3 部。设立自主课题 21 项（其中重点课题 6 项），资助总金额 391 万元；设立开放课题 19 项，资助总金额 113 万元。依托开放课题，获批纵向项目 13 项；发表论文 118 篇，其中 SCI 论文 63 篇，EI 论文 27 篇。出版专著 1 部；获得研究成果奖及人才荣誉奖励 9 项。

凝练研究方向。实验室组织召开学术委员会第二届第三次会议，进一步凝练研究方向，将原有 3 个研究方向调整为 4 个，分别为新能源高效转换与发电过程特性、先进输变电技术与电磁理论、新能源电力系统控制与优化、多元信息融合与综合能源系统优化。实验室研究方向的调整，更加符合国家电力工业发展变化和国家重大战略需求，同时可进一步发挥依托单位在能源电力领域的多学科基础研究优势，开展更加前瞻的基础和应用基础研究，取得对学科和行业具有引领性的重大成果。

改善科研条件。实验室组织编制国家重点实验室科研仪器设备工作方案（2020—2022）共申请仪器购置类、升级改造类、仪器研制类和科研配套设施维修改造类等四类项目合计 84 项，经费总额 2.012 亿元。10 月，经过财政部、科技部组织专家三轮评审，实验室获批建设项目 30 项总经费 8171 万元。实验室将通过现有仪器设备的升级改造以及新设备的购置和研制，完善实验室科研条件建设，为国家能源转型发展和科技进步做出贡献。

队伍建设与人才培养。实验室完成新一轮固定研究人员聘任工作，并组建 6 个研究团队。与全球能源互联网研究院共同组建“先进输电技术联合研究中心”，敦聘汤广福院士为中心主任。

领导视察。年内，实验室多次接待主要领导视察。10 月 17 日，国家电网有限公司总经理、党组副书记辛保安在校党委书记周坚、校长杨勇平的陪同下，参观能源电力系统国家重点实验室，并听取中国工程院院士、实验室主任刘吉臻院士的汇报。12 月 3 日，教育部党组书记、部长陈宝生在校党委书记周坚、校长杨勇平的陪同下，视察新能源电力系统国家重点实验室，听取中国工程院院士、国家重点实验室主任刘吉臻关于国家重点实验室研究方向和研究成果的汇报。12 月 26 日，教育部党组成员、副部长翁铁慧在党委书记周坚、校长杨勇平的陪同下参观新能源电力系统国家重点实验室，并听取实验室崔翔教授、牛玉广教授的汇报。

举办会议。年内，实验室共举办 15 场研讨会及学术报告会。主办第三届电力电子器件可靠性国际研讨会、首届国际咨询委员会会议暨青年学者论坛，承办中国电机工程学会高电压专业委员会青年学组成立大会，协办 2019 可持续电力与能源国际会议（ISPEC 2019）。

（彭跃辉　张　洪）

【概况】 2019 年，新能源电力系统国家重点实验室有固定人员 103 名，其中研究人员 93 人，技术保障及管理人员 10 人。其中，中国工程院院士 2 人，教育部新世纪优秀人才 8 人，科技部重点领域创新团队 1 个，国家自然科学基金委创新研究群体 1 个，教育部创新团队 2 个，“111 计划”学科创新引智基地 3 个。新增科技项目 206 项，合同总额 2.19 亿元，其中，国家级项目 29 项，总金额 8438.98 万元。获国家科技进步奖二等奖 2 项，其中第一完成单位 1 项；省部级奖励 16 项，其中一等奖 5 项。实验室开展公众开放日活动，全年共接待社会各界人士参观 41 场次，接待各类参观人员 1000 余人次。

主　任：刘吉臻

副主任：毕天姝　崔　翔　牛玉广　张海波　黄永章　彭跃辉

中文网址：http://laps.ncepu.edu.cn/；英文网址 http://englaps.ncepu.edu.cn/

（彭跃辉　张　洪）

生物质发电成套设备国家工程实验室

【概述】 2019年，生物质发电成套设备国家工程实验室继续加强研发平台建设，包括生物质燃烧实验平台、生物质选择性热解实验平台、生物质热解炭化实验平台、生物质热解气化实验平台、生物质发电设备材料实验平台、生物质发电动力设备实验平台、生物质发电测控技术实验平台、生物质收储运实验平台、生物质发电仿真实验平台、生物质发电成套设备验证性实验平台、锅炉烟气污染物治理实验平台、生活垃圾热解处理实验平台、有机废液高效焚烧实验平台、无机废水处理实验平台等。实验室集理论研究、技术开发与装备研制为一体，为生物质发电锅炉烟气污染物治理等行业的理论研究与工程实践提供理论支撑与技术支持。实验室积极承担国家重点研发计划、国家自然科学基金等多项科技研发项目，并为科研院所、高新技术企业等提供技术攻关和检验测试服务。

2019年，实验室在生物质电站集成设计与优化运行技术、燃煤锅炉内生物质混燃技术、生物质高效热化学转化技术、板式脱硝催化剂技术、生物质成型技术等方面进行专利布局，并推进自主创新科研成果的产业化。

2019年，实验室培养"新能源科学与工程"专业本科生及"可再生能源与清洁能源"专业研究生，为能源行业输送高素质人才；并与挪威科技大学、法国洛林大学等国外机构开展合作和交流。

（孔凌楠）

【概况】 2019年，生物质发电成套设备国家工程实验室新增国家和省部级纵向项目共5项，其中国家自然科学基金优秀青年基金项目1项，国家自然科学基金面上项目1项，国家自然科学基金青年基金项目1项，中国博士后科学基金特别资助项目1项，军工项目1项。新增中央高校基本科研业务项目6项，其中面上项目3项，军民融合创新培育专项项目1项，青年培育项目1项。发表论文49篇，其中SCI 34篇，EI 7篇，核心4篇，其他4篇。申请发明专利11项，实用新型2项，软件著作权2项；获授权发明专利2项。作为"中关村开放实验室"，承担国能生物发电集团有限公司、福建龙净环保股份有限公司、北京清新环境技术股份有限公司等企业，以及北京大学、北京航空航天大学等高等院校委托的技术攻关及检验测试项目共计15项。实验室人员参加国内外学术会议30人（次）。实验室接待社会各界人士参观10余次，接待参观人员200余人。

主任：陆强

副主任：董长青

国家工程实验室网址：http://nelb.ncepu.edu.cn/

（孔凌楠）

【获国家科学技术进步奖二等奖】 2019年12月，实验室科研成果"新型多温区SCR脱硝催化剂与低能耗脱硝技术及应用"获2019年度国家科学技术进步奖二等奖。该成果主要完成人为杨勇平、陆强、张东晓、沈明忠、董长青、赵莉、程俊峰、朱跃、乔凯荣、曲艳超；完成单位为华北电力大学、中国华电集团有限公司、中国华电科工集团有限公司、华电电力科学研究院有限公司、北京华电光大环境股份有限公司、北京清新环境技术股份有限公司。该项目共有三大创新点：1. 首次在国际上成功研发适用于多温区与含硫含砷等复杂烟气的新型平板式高效SCR脱硝催化剂与成套生产技术；2. 首次在国内成功研发平板式中温SCR脱硝催化剂的核心技术和成套设备，突破国外技术封锁，形成国内唯一具有自主知识产权的成套技术；3. 自行开发高效低能耗的SCR脱硝工程设计技术，实现脱硝系统的安全、高效、低能耗和稳定运行以及智能化精确管控。近三年（2016—2018年），平板式SCR脱硝催化剂和SCR脱硝工程设计技术已应用于400余个脱硝工程，大幅降低氮氧化物的排放，为减少雾霾、改善我国空气质量和推动生态文明建设起了重要作用，取得显著的经济和环境效益。

（孔凌楠）

【参加分析测试能力验证总结会议】 2019年11月19日—21日，实验室人员参加在四川省成都市召开的2019年煤炭实验室能力验证总结暨检测技术交流会。会上，实验室人员与来自全国各地的检验测试同行分别就交流检测方法、仪器的操作习惯以及在操作仪器时遇到的问题进行交流。

（孔凌楠）

【举办安全培训会】 2019年9月17日，实验室在主楼B122会议室举办面对研究生新生的实验室安全培训会及考试。实验室主任陆强和实验室安全员张媛媛参会并进行安全知识讲解。培训结束，结合提前发放的实验室安全教育学习材料，组织参加培训的所有学生进行实验室安全知识测试。

（孔凌楠）

【挪威工程院院士De Chen教授到访】 2019年5月8日—13日，挪威工程院院士、挪威科技大学教授De Chen教授访问。5月8日，De Chen教授参观实验室。5月9日，De Chen教授与实验室人员围绕生物质热解炭化展开交流，并做关于"生物质热解新技术"的研究报告，其中着重介绍欧洲特别是挪威关于生物质热解油和热解炭的发展政策及发展方向。5月10日，De Chen教授做"基于生物质热解的催化剂合成及表征"的报告，从催化剂的用途、合成方法、表征方法等方面开始介绍催化剂的发展研究利用过程及发展现状，并结合他的实验室在催化剂合成特别是基于生物质热解为航油的催化剂合成方面做详细报道，使与会师生对催化剂的理解特别是基于生物质热解方面的催化剂合成有了更深的理解。5 月 12 日，De Chen 教授向实验室师生介绍挪威科技大学在国际研究生招生方面的政策、发展历史以及发展现状，并就如何撰写高水平科研论文同与会师生进行深入交流。5 月 12 日，De Chen 教授与校长杨勇平以及实验室教师代表就如何深化两校间本科生、研究生培养以及学术交流进行深入交流，并就中挪国际合作项目的申报提出有建设性的意见和建议。5 月 13 日，De Chen 教授做关于"二氧化碳捕集与转化"的报告，并与参会师生就二氧化碳捕集以及转化过程的关键问题及解决方法进行深入交流。

（孔凌楠）

【参加国内外学术会议】 2019 年，实验室陆强教授多次出席重要学术会议并做主题报告。4 月 13 日，参加"第五届全国青年燃烧学术会议"，并做大会特邀报告。9 月 19 日，参加"燃煤机组 SCR 脱硝系统运行优化及废旧催化剂寿命管理技术交流会"，并做大会报告。9 月 21 日，参加 1st International Conference on Energy and Environment（ICEE 2019），并做主题报告。11 月 16 日，实验室陆强教授参加"固体废弃物循环利用污染控制第一届学术研讨会暨固废资源化技术创新高峰论坛"，并做邀请报告。

（孔凌楠）

国家火力发电工程技术研究中心

【概述】 国家火力发电工程技术研究中心围绕火力发电的安全、清洁、高效等需求，以火电机组调峰和高效变工况运行、火电机组过程节能、火力发电清洁运行与环保减排、火力发电测控与仿真等技术为主要研究方向，探索"产、学、研、用"的新机制、新模式和新途径，实现火力发电过程的应用基础研究、技术研发、成果转化、辐射与推广的一体化创新服务体系。

2019 年，中心各项工作有序开展。中心在技术研发和创新基地、人才培训基地、中试产业化示范基地、对外交流合作、成果转化和辐射扩散基地、工程技术咨询与信息服务基地等建设方面成效显著，已逐步建成以先进电力材料技术、火力发电过程节能与机组优化运行技术、火电厂清洁运行与环保减排技术等方向为核心的大型研发及中试实验平台，建设的太阳能储能实验平台、有机朗肯循环发电平台、光煤互补发电平台、声学监测实验平台、超临界水环境金属氧化实验平台等，技术指标处于国内领先水平，平台总体利用率和研发能力处于国内先进水平。并积极承担国家重大科技研发计划等多项重大科研课题及企业委托的各类项目，建立良好的"产、学、研、用"合作交流机制。

（席新铭）

【概况】 2019 年，中心在应用基础研究和技术原理探索、关键技术攻关、新产品新系统研发等不同层次上为国家火电机组的优化运行提供技术保障。中心建成五大研发和中试基地，占地面积达 4038 平方米，仪器设备等固定资产总额 3976 万元，形成国内一流的研发平台和中试基地及集研发、中试和推广应用的完整链条。中心试验基地占地面积约 2023 平方米，实验台及仪器设备 97 台(套)，固定资产总额 2125 万元，位于主楼 F 座；培训基地 1 个，占地面积 600 余平方米，位于行政楼 4 层；火力发电空冷技术研发基地占地面积约 1013 平方米，实验台及设备 53 台(套)；能源环境科学与工程研究基地拥有大型仪器 22 台，试验平台 11 套，总资产达 2028 万元，在火力发电重金属污染的监测与控制领域处于国际领先水平。

2019 年，国家火力发电工程技术研究中心继续加强与行业大型企业集团、科研院所以及依托单位重点实验室等研发单位的紧密合作，通过整合依托单位的多学科技术优势，承担国家项目、联合攻关、技术服务、技术咨询、人才培养和成果转化等方式，中心共获各级各类纵向科技项目资助 32 项，共签订横向科技合作项目 71 项；获国家和省部级科技奖励 7 项，授权专利 68 项，软件著作权 9 项，发表高水平论文 300 余篇。

2019 年，中心拥有专业结构合理、技术水平高、创新能力强、工程化经验丰富的研发队伍，中心有固定人员 67 人、流动人员 98 人，其中教授占 40%、副教授占 29%，高层次专业技术人才比重大，是一支研究和工程相结合、固定和流动相结合，年龄与职称合理、具有创新能力和创新精神的人才队伍。中心拥有一批拔尖的高层次专业技术人才和研发团队，其中中国工程院院士 3 人，"973 计划"首席科学家 3 人，国家重大专项目首席专家 1 人。

主　任：杨勇平

常务副主任：顾煜炯

副主任：张乃强　陈海平　席新铭　董泽

网　址：www. tprc. org. cn

（席新铭）

【与中国华电集团公司进行合作交流】 2019 年 3 月 18 日，中国华电集团公司党组成员、副总经理王宏志到华北电力大学拜访，并与国家火力发电工程技术研究中心就进一步加强科研合作、提升科技创新能力等进行深入交流。会议就中心部分科研成果与中国华电集团公司相关部门领导进行深入交流，会议确定清洁高效煤电技术、生物质制气及发电技术、二氧化碳捕集封存及资源化利用、可再生能源制氢及氢能综合利用、智慧能源等领域的合作和推广应用。王宏志希望发挥各自优势，通过联合攻关、共建国家级科研平台等方式，共同推进相关技术研发工作，促进能源电力行业创新发展。

（席新铭）

【与启迪控股股份有限公司进行合作交流】 2019年4月26日，华北电力大学科研院院长杜小泽率国家火力发电工程技术研究中心到启迪控股股份有限公司进行交流合作。启迪控股副总经理赵东介绍清华科技园及启迪控股的发展历史和当前改革发展情况，并围绕“政府、大学、企业”“园区、金融、实业”“技术、资本、产业”的“立体三螺旋”模式和“集群式创新”理论阐述启迪控股的发展特色。赵东强调非常愿意与华北电力大学科技园及国家火力发电工程技术研究中心探讨深层次的合作，为能源电力行业创新发展及科技成果转化贡献自己的力量。启迪清洁能源集团副总裁刘铭介绍在清洁热力、清洁动力、清洁电力方面的布局，启迪厚德公司田力董事长介绍清华大学服务能源电力央企的经验，并建议双方共同设立能源电力科技创新产业投资基金。

（席新铭）

【开展专项检查和治理】 2019年，学校通过多次全校及中心内部安全检查和安全专项治理工作，重点对危险化学品、高压气瓶、特种设备、水电布置等常见问题进行集中整治，及时发现安全隐患，并完成整改，预防和减少安全事故，进一步提高实验室安全管理水平。在实验室公共安全设施方面，对试验基地公共安全设备进行定期检查和维护，进一步消除实验室安全隐患，提高实验室安全水平。

（席新铭）

【承办“智慧电厂背景下的燃煤锅炉燃烧优化技术”研讨会】 2019年7月28日，由中国火力发电产业技术创新战略联盟和国家火力发电工程技术研究中心联合承办的“智慧电厂背景下的燃煤锅炉燃烧优化技术”研讨会在华北电力大学举行。本次会议重点介绍和研讨三个锅炉高效燃烧技术：一、华北电力大学自主研发的智慧电厂中炉膛燃烧可视化声波测温技术；二、华北电力大学与北京中电慧能国际电力科技公司共同研发的技术——内置阵列式高声强声波吹灰技术；三、美国南方电力公司首席电气工程师、能效测试师乔治·米责(George Mizzell)团队研发的优化燃烧技术和监控系统。火力发电产业技术领域的有关领导和技术专家60余人参加会议。会议结束后，参会领导和专家参观国家火力发电工程技术研究中心。

（席新铭）

【2项目获国家及省级奖励】 2019年，国家火力发电工程技术研究中心主任杨勇平教授主持完成的“新型多温区SCR脱硝催化剂与低能耗脱硝技术及应用”获国家科学技术进步奖二等奖。杨勇平教授主持完成的“热电联产能量梯级利用与高效灵活供热技术开发与应用”获河北省技术发明奖一等奖，该项目发明了供热机组能量全过程梯级利用、供热抽汽可用能高效回收、汽轮机排汽余热深度利用及基于填充床储热的电热负荷灵活调节等关键技术和装备，突破制约低品位能直接利用的瓶颈。首次提出热源分级加热和热网梯级放热的新型供热系统，实现热电联产，能量的高效、梯级、灵活利用。

（席新铭）

电站能量传递转化与系统教育部重点实验室

【概述】 电站能量传递转化与系统教育部重点实验室面向能源动力学科前沿和能源电力科技进步的重大需求，根据能源供需格局新变化、国际能源发展新趋势，以火力发电、核电和可再生能源发电设备和装备为对象，围绕清洁、高效、安全、灵活的前沿发电技术及其蕴含的关键科学问题开展基础研究和应用基础研究，凝炼出“能量传递、存储与转化”“安全、高效与清洁发电”和“发电过程状态监测与控制”三个主要研究方向，为我国能源电力行业健康发展提供科技和人才支撑。

2019年，实验室在团队建设、人才培养、科技成果产出与落地转化、学术交流等方面取得较大成果。

换届与更名。实验室完成主任换届选举，设置主任1名，副主任3名。根据《教育部科技司关于2018年度重点实验室评估整改工作安排的通知》(教技司〔2019〕92号)要求和评估专家组反馈意见，结合《教育部重点实验室建设与运行管理办法》(教技司〔2015〕3号)、《华北电力大学“十三五”发展规划纲要》，实验室重新梳理凝练实验室定位、科学问题和研究方向，制定实验室整改建设的具体措施和进度安排，并将实验室名称变更为“电站能量传递转化与系统教育部重点实验室”。

团队建设。实验室正式引进国家特聘专家茆胜教授，组建储能技术研究团队；巨星副教授入选2019年“国际清洁能源拔尖创新人才培养项目”；孔艳强博士入选“博士后创新人才支持计划”；崔柳博士入选“北京市科协青年人才托举工程”。进站博士后4人，出站博士后5人。3名科研人员出国访学。

学术交流。实验室主办"第一届中国储能学术论坛暨风光储创新技术大会"和"电站高温设备材料服役安全研讨会"等2次学术会议，并邀请日本、英国、中国等国内外知名专家做学术报告9次，实验室研究骨干受邀做学术报告8次。

研究成果。由实验室骨干主持完成的"新型多温区SCR脱硝催化剂与低能耗脱硝技术及应用"获国家科学技术进步奖二等奖，3项成果分别获得"中国自动化学会高等教育教学成果奖""教育部科学技术进步奖""2018年度河北省科技进步奖"等省部级奖励。"风电场检修维护辅助决策系统V1.0"和"基于分隔烟道与多级空气预热的锅炉受热结构及受热方法"两项研究成果进行成果转化，合同金额达17万元。作为"中关村开放实验室"，实验室积极开放大型仪器设备，为北京乃至全国企业、科研院所提供研发和咨询服务，并获得2019年中关村科技园区管理委员会研发服务相关资助。

（唐宁宁）

【概况】 至年底，实验室获各类纵向科技项目资助共27项，资助金额为2490万元。其中，国家级项目12项，国际合作项目2项，省部级科技项目5项；实验室签订横向科技项目合同20项，合同金额734.2万元。在研究成果方面，实验室获得授权发明专利23项，实用新型专利33项；实验室发表论文共207篇，其中，SCI检索论文138篇，中文期刊论文53篇；实验室固定研究人员参编专著2部，参与编写中国电机工程学会专业发展报告1份；实验室技术研究成果实施转化2项，其中，软件著作权1项，专利转让1项；1项成果通过国家科技进步奖二等奖评审，获省部级奖励3项。在人才建设方面，引进国家特聘专家1名，培养毕业博士研究生21名、硕士研究生94名。实验室继续实施"能动之光"本科生研究训练计划，本年度设立资助"能动之光"计划项目8项。实验室主办国内学术会议2次，邀请国内外知名专家做学术报告9次，实验室科研人员受邀做学术报告8次。作为"中关村开放实验室"，实验室努力为高校、科研院所和企业提供检测和技术攻关、技术咨询服务，并获得中关村科技园区管理委员会相关资助。实验室新增固定资产共86台件，总价值522万元，其中，单价在10万元以上的设备7台件。至年底，实验室占地面积3930平方米，科研设备总资产2300余万元。

主　任：杜小泽

副主任：徐　超　房　方　张永生

重点实验室网址：http://cmc.ncepu.edu.cn

（唐宁宁）

【召开整改方案专家评审会】 2019年8月12日，教育部科技司组织专家在华北电力大学对电站设备状态监测与控制教育部重点实验室整改方案进行评审。专家组听取实验室整改方案报告并进行现场考察，经过质询和认真讨论，形成两点意见：1. 提出将实验室名称更改为"电站能量传递转化与系统"的申请；2. 学校在实验室管理体制机制、运行经费、科研用房等方面提出切实可行的方案，为实验室的发展建设提供有力保障。专家组认为，针对评估意见，实验室学术方向与实验室名称的调整建议合理，学校制定的整改方案切实可行，一致同意通过实验室的整改方案。

（唐宁宁）

【挪威科技大学到实验室开展学术交流】 2019年5月13日，挪威科技大学化学工程系陈德教授应邀到电站设备状态监测与控制教育部重点实验室进行学术交流，并做题为"Hydrogen production with CO_2 capture—Sorption Enhanced Reforming"的学术报告。交流会由徐超教授主持，参加学术交流的还有重点实验室周乐平、巨星、叶峰老等20余位师生。陈德教授围绕生物质重整制氢及CO_2补集技术，从化学反应优化、催化剂性能和反应器设计等不同角度，对其研究团队近年来的工作和成果进行介绍。

（唐宁宁）

【西安交通大学到实验室开展学术交流】 2019年9月23日，西安交通大学化工学院OMID教授到实验室进行学术访问与交流并做学术报告，OMID教授就纳米流体在传统太阳能集热器、冷却光伏系统以及太阳能发电等领域的应用进行详细讲解。报告由实验室副主任徐超教授主持，共有师生30余人参加。

（唐宁宁）

资源环境系统优化教育部重点实验室

【概述】 资源环境系统优化教育部重点实验室是依托华北电力大学环境科学与工程学院，整合学校其他优势科技资源而形成的一个研究实体，2010年12月由教育部批准立项建设，2016年12月通过教育部验收。实验室主要针对能源供需矛盾、温室气体、大气污染及与社会、政治、经济相关的复杂环境问题开展科学研究，为多区域、多种尺度的能源系统管理提供科学的决策支持，为解决与防治中国经济发展中的诸多能源与环境问题提供科学依据。实验室研究方向主要包括：不确定性优化理论与技术；多尺度资源环境模型；能源与环境系统互动机理与耦合技术研究；能源系统风险预测预警与管理决策综合研究；能源环境污染控制等。研究方向涉及能源与环境工程、热能工程、管理科学与工程、可再生能源等领域。实验室在建设过程中将依托实验室的多个学科点和相关博士后科研流动站，为国家培养能源与环境领域的专业技术人才。

2019年，实验室发挥科研优势，加强关键科学问题的深入研究和集成，实现若干重点领域和重要方向的跨越发展。新增各类纵向科技项目资助共19项，资助金额为1481.36万元，其中获批国家重点研发计划课题2项；国家重点研发计划战略性国际科技创新合作重点专项子课题2项；中国工程院咨询项目1项；国家自然科学基金面上立项3项、青年立项3项；其他部委项目3项；实验室开放纵向基金5项；签订横向科技项目13项，合同金额822.52万元。

2019年，与国内外多家知名院校、企业在人才培养、科技攻关、科技成果转化、产学研结合等方面展开全方位交流与合作。共邀请7人次国内外专家、学者到实验室进行指导讲座，有多名师生参加国内外重要学术会议。

年内，实验室发表论文112篇，其中SCI论文95篇，3篇论文入选中国科学白篇优秀论文。

（郭军红　李　薇）

【概况】 2019年，实验室现有固定在编人员41人，专任教师33人（教授11人、副教授12人，具有博士学位的教师为100%）、有实验及技术人员3人。其中包括国家杰出青年基金获得者1人、教育部长江学者特聘教授1人、优秀青年基金获得者1人、“总理基金”获得者1人、科技部“百名科技创新领军人才”1人、“万人计划”1人。实验室现有研究生200人（硕士177人，博士23人），其中留学生3人。实验室承担的科研项目包括：国家重点研发计划课题、“总理基金”、国家重点研发计划战略性国际合作重点专项子课题、高等学校学科创新引智计划项目、国家自然科学基金项目（面上、青年）等。

实验室主任：王祥科

学术委员会主任：王浩

（郭军红　郑如秉）

【北京市教委巡视组到实验室进行安全检查】 2019年1月4日，北京市教育委员会巡视组对实验室安全进行检查。华北电力大学副校长李双辰，资产处处长于喜海，学院党委书记马小勇，实验室主任王祥科等带领巡视组对实验室进行检查。教委巡视组就存在的问题与实验室师生进行指导。教委巡视组表示，北京市教育委员会高度重视“12·26北京交通大学实验室安全事故”，此类事故应该杜绝，实验安全无小事，不能为了科研成绩就轻视实验室安全，要规范使用化学试剂，对每一个进入实验室的人员进行培训。巡视组还就气体钢瓶规范使用、实验室安全制度等方面作出指示。

（郭军红　郑如秉）

【开展安全稳定工作大检查】 2019年3月18日，资产处处长于喜海带领学校安全稳定检查专家组一行，对实验室进行专项安全稳定大检查。环境学院党委书记马小勇，院长、实验室主任王祥科，以及办公室和实验室有关负责老师参加。学校安全稳定小组在检查中特别强调实验室使用过程中气瓶规范放置，以及危险化学品的管理制度的落实的重要性，指出要不断健全实验室安全管理责任体系，深入开展安全宣传教育，不断提升安全工作的规范性和有效性，确保师生安全。

（郭军红　郑如秉）

【开展实验室安全检查】 2019年9月23日，学院党委书记马小勇，院长、实验室主任王祥科等，在全院范围内开展实验室安全检查工作。本次检查对所有实验室做自查自纠，重点检查上次教育部专家组提出整改意见的落实情况，提出实验室的通风、空调、喷淋装置、药箱等实验场所中的共性问题，着重对危险化学品和危险废弃物管理进一步检查，并排查出新的安全隐患。

（郭军红　郑如秉）

高电压与电磁兼容北京市重点实验室

【概述】 高电压与电磁兼容北京市重点实验室于2004年5月获批建设。2019年，该实验室以新一轮的能源革命为发展契机，围绕北京市和国家电力行业建设布局合理、运行灵活、绿色智能的现代化电网和发展新型电工装备支柱专业的战略需求，重点开展电介质物理与放电机理、低温绝缘与超导输电、多物理场交互作用与复杂电磁环境、输变电装备故障诊断与状态评估等方面的研究。实验室成员34人，其中教授17人（含博士生导师13人），中国科学院百人计划入选者1人，教育部新世纪优秀人才1人，首都劳动奖章获得者1人，北京市优秀教师1人，获北京市优秀班组称号。近三年，实验室承担国家级科研项目35项（经费总计6600万元），获国家级奖励3项，省部级奖励13项；授权发明专利30多项；发表高水平学术论文100余篇。

（程养春）

【获得多项国家自然基金项目】 2019年，实验室获五项国家自然科学基金项目，分别是海外及港澳学者合作研究基金1项：李庆民、王忠东教授的“高频电力变压器复合绝缘介质改性设计与电气性能综合调控研究”，180万元；面上项目4项：王银顺教授的"类比特高温超导磁体磁通泵励磁机理及其闭环运行关键技术"，63万元；齐磊教授的混合式高压直流断路器大电流分断的杂散参数作用机制，60万元；程养春教授的"浸油纸板电树枝空间分形特征与局部放电序列混沌特性关联机制研究"，60万元；马国明教授的"πFBGs局部放电感知灵敏度提升方法与单光纤分布式高频自适应解调拓扑研究"，61万元。

（程养春）

【获得多项科技奖励】 2019年，高电压与电磁兼容北京市重点实验室共获省部级奖励8项。崔翔获2019年度中国电力科学技术杰出贡献奖；"大型变压器油纸绝缘老化诊断技术及抑制方法"获天津市科技进步奖二等奖，华北电力大学排名3；李庆民排名4。"复合绝缘子老化状态精细评估和寿命预测关键技术及应用"获中国电力科学技术进步奖三等奖，华北电力大学排名第2，屠幼萍排名第1，王璁排名第4。"基于陷阱电荷量和饱和吸湿介损的复合绝缘子硅橡胶伞套材料老化状态评估方法及应用"获云南省科学技术进步奖三等奖，华北电力大学排名第2，屠幼萍排名第2，王璁排名第3。"气体绝缘金属封闭开关设备局部放电特高频检测技术规范等系列标准"获电力科技创新奖二等奖，华北电力大学排名第2，唐志国排名第9。"一种复眼式光纤EFPI局部放电方向检测系统"获国网科技发明奖三等奖，华北电力大学排名2，唐志国排名4。此外，齐磊通过中国电工技术学会发明一等奖会评；赵志斌教授获天津市科技进步奖二等奖。

（程养春）

【召开太空电力传输与电磁环境研讨会】 2019年1月3日，实验室召开太空电力传输与电磁环境研讨会，研讨会由李庆民教授组织，旨在形成多学科交叉，推进空间太阳能电站前沿技术的发展。北京航空航天大学武建文教授和陈明轩博士、中国电子科技集团张鑫博士、北京交通大学张金宝副教授、高电压与电磁兼容北京市重点实验室王健博士和李庆民教授，分别针对高功率微波与电离层、大气层相互作用、空间电力系统构架及运行安全等空间电站关键科学问题作学术报告，共有60余人参会。

（王　健）

能源安全与清洁利用北京市重点实验室

【概况】 2019年，能源的安全与清洁利用北京市重点实验室在科研和学科工作中取得突出成绩。

2019年，实验室成员国家自然科学基金项目申报30项，立项9项。实验室成员发表科研论文约171篇，其中SCI论文99篇；实验室成员项目总经费达3506余万元。其中横向项经费1893万元，纵向项目经费1613万元；实验室成员共申请发明专利8项，获批授权发明专利8项。实验室共有博士生导师21人，教授25人，副教授28人。实验室硕士研究生招生103人，博士研究生招生22人，在籍研究生208人。2019年接受外国来华留学生攻读硕士研究生10名，博士研究生3名。

实验室主任：姚建曦

（姚建曦）

【重大科研成果获奖】 2019年，实验室有多项重大科研成果获奖。陆强、董长青、赵莉三位教授共同参与的"新型多温区SCR脱硝催化剂与低能耗脱硝技术及应用"研究，获国家科学技术进步奖二等奖。陆强教授参与的"生物质高效清洁能源化利用技术与装备及应用"研究，获安徽省科学技术奖科技进步类二等奖。李美成教授牵头的"光伏发电核心装备关键技术及户外实证测试平台研发与应用"研究，获电力科技创新大奖一等奖。李莉参与的"海上风电场交流并网稳定运行关键技术及应用"研究，获中国电工技术学会科学技术奖一等奖。

（姚建曦）

【重大项目】 2019年，实验室获批多个重大项目。蔡墨朗教授的国家重点研发计划课题"宽带隙钙钛矿材料设计与稳定性机理研究"获立项，项目经费224万元。田德教授的国家重点研发计划课题"大型海上风电机组及关键部件优化设计及批量化制造、安装调试与运行关键技术"获立项，项目经费1399万元。李莉的国家重点研发计划子课题"风电场选址风资源评估软件和风电机组台风风险评估软件的应用验证方法研究"获立项，项目经费83万元。

（姚建曦）

【外国专家来访】 2019年，实验室共邀请GAVIN EDMOND TULLOCH、Hongxia Wang、Toshinori Matsushima等多位国外专家作为"111计划"引智专家到实验室进行交流访问。

（姚建曦）

【出席国际学术会议并作报告】 2019年1月，戴松元教授出访日本，参加"国际太阳能材料会议"国际会议，并做题为"Progress of perovskite solar cells in China and our research on Perovskite Solar Cells"的报告。7月，王永参加"The 4th Int'l Conference on Probability and Stochastic Analysis"国际会议，并做题为"Two Probability Models for Traveling Salesman Problem Based on Frequency Quadrilaterals"的报告。

（姚建曦）

工业过程测控新技术与系统北京市重点实验室

【概况】 “工业过程测控新技术与系统”北京市重点实验室(华北电力大学)为北京市教育委员会和北京市科学技术委员会于 2008 年 12 月 30 日批复增补认定的北京地区普通高等学校北京市重点实验室。新能源电力系统国家重点实验室为科技部于 2011 年 3 月 29 日颁布的文件同意立项,并将其列入国家重点实验室 2011 年建设计划。发电过程测控新技术实验平台(原名发电过程状态监测与优化控制平台)是新能源电力系统国家重点实验室的一个重要研究平台,承担国重建设任务。工业过程测控新技术与系统北京市重点实验室与新能源电力系统国家重点实验室发电过程测控新技术实验平台共享实验设备以及人才。

2019 年,实验室围绕工业过程特别是发电过程运行参数的快速检测与优化控制,在传统能源与新能源建模、控制与优化等方面进行深入研究。以火力发电控制为核心,拓展新能源发电、燃气发电、核能发电、综合能源系统、源网荷协同控制与调度等方向。以智能发电为基础,开展泛在感知、大数据分析与处理等研究与应用。实验室各项工作开展顺利。

科学研究。两项重点研发计划项目获得进展,2019 年通过中期检查,分别是“高效灵活二次再热发电机组研制及工程示范”,负责人曾德良;“常规供热机组调节能力提升与电热综合协调调度技术”,负责人牛玉广。国家自然科学基金(重点项目)“工业炉窑燃烧场重构及能效优化控制”进展顺利,负责人曾德良。2019 年,新增中国工程院项目“海上风电支撑我国能源转型战略研究”,负责人刘吉臻,经费总额 600 万元。新增中国工程院项目“《能源生产与消费革命战略(2016－2030)》修编咨询研究”,负责人刘吉臻,经费总额 100 万元。新增国家重点研发计划专项政府间科技创新合作项目“面向可再生能源消纳的灵活性电热泵供热系统及电－热综合调控技术研究”,负责人房方。与国电新能源技术研究院有限公司及北京国电智深控制技术有限公司签订联合体项目合作“大型燃煤电厂智能发电系统研发及应用”,经费总额 1803.5348 万元。

人才培养及科技成果奖励。房方获中国电力优秀科技工作者奖,中国产学研合作创新奖;黄孝彬参与完成的“对冲燃烧煤粉锅炉燃烧组织定向调控关键技术与应用”获中国电力科学一等奖(个人 4/单位 4);林忠伟参与完成的“面向规模化新能源消纳的智能发电关键技术及应用”获吉林省科学技术进步奖一等奖(个人 5/单位 3)。与国家能源集团合作开发的中国首套“智能发电运行控制系统”于 2019 年 10 月 29 日通过中国电机工程学会的技术鉴定。

(曾德良　李　青)

【概况】 2019 年,实验室有固定研究人员及技术人员 28 名,其中工程院院士 1 人,教授 9 人,副教授 11 人,讲师 3 人,博士后 2 人,工程师 2 人。有“发电过程状态监测与优化控制”研究团队,团队负责人为刘吉臻院士。实验室占地面积 1631.55 平方米,科研设备总资产 1900 余万元,10 万元以上仪器设备 23 件。承担各类纵向科技项目资助达 16 项,资助金额达 2000 万元,其中 2019 年新增中国工程院项目 2 项,国家重点研发计划专项政府间科技创新合作项目 1 项,联合体项目合作 1 项。2019 年度新专利授权 15 项,申请发明专利 16 项,新发表学术论文 80 篇以上,其中 SCI 收录的学术论文 12 篇,EI 期刊 25 篇,中文核心 22 篇。在平台建设方面,与国家能源集团联合建设“DCS 及优化控制联合实验室”,年内,主要进行硬件环境改造,DCS 控制系统及 PLC 控制系统安装调试,操作台安装调试,控制对象安装调试等工作。2019 年毕业硕士研究生 24 名,博士研究生 3 名。在读硕士研究生 75 名,博士研究生 10 名。实验室还承担控制与计算机工程学院的教学实践任务及培训工作,包括“火电厂运行仿真实践”及“火电机组控制系统仿真实训”等课程。接待国内外专家开展多项学术交流及参观活动,并促成多项项目合作。

主任:曾德良

重点实验室网址:http://cce.ncepu.edu.cn/mcs

(曾德良　李　青)

【“智能发电运行控制系统”通过技术鉴定】 2019 年 10 月 29 日,华北电力大学与国家能源集团合作开发的中国首套“智能发电运行控制系统”通过中国电机工程学会的技术鉴定。鉴定专家组认为:该系统具有完全自主知识产权,融合工业数据分析和先进智能控制技术,构建智能感知、智能决策、智能控制和精准执行能力,具备自趋优、自学习、自恢复、自适应、自组织等特征的全新发电运行控制与管理模式,为火力发电装上“智慧大脑”,该技术填补国内行业空白,并达到国际领先水平。该系统的研发和应用全面体现国产自主化系统在技术把控、时间把控、费用把控方面的优势,为国家智慧企业和智能发电建设开创道路。

对于火力发电机组,其自动控制系统与管理信息系统已成为与机、炉、电同等重要的第四大技术装备,研发自主可控的智能发电运行控制系统,对保证火电机组安全稳定运行,打破国外垄断具有重要意义。

(李　青)

【1 项科技成果获工博会高校展区特等奖】 2019 年,通过工业过程测控新技术与系统北京市重点实验室孵化的科技成果“智能发电系统智能传感与检测产品”获工博会高

校展区特等奖，该成果负责人为黄孝彬。工业过程测控新技术与系统北京市重点实验室作为首都科技条件平台华北电力大学研发实验服务基地的成员单位，主要通过平台联系对接，与北京市企业合作进行项目开展，实现产学研用融合。

（李　青）

【房方获中国电力优秀科技工作者奖】 2019 年 9 月 26 日，2019 年度中国电力科学技术人物奖评审委员会会议在北京召开，会议评审出“2019 年度中国电力科学技术人物奖”拟授奖人共计 110 位，其中“中国电力科学技术杰出贡献奖”拟授奖人 10 位，“中国电力优秀科技工作者奖”拟授奖人 50 位，“中国电力优秀青年科技人才奖”拟授奖人 50 位。房方教授获中国电力优秀科技工作者奖。房方，男，汉族，1976 年 3 月生，博士，教授，现为华北电力大学控制与计算机工程学院院长。长期从事先进发电系统建模/控制与优化、综合能源系统智能化调控、分布式冷热电联供系统优化集成与能量管理、可再生能源发电功率与用电负荷综合预测等方面的研究工作。针对我国能源转型发展对电力自动化创新的迫切需求，进行基础理论与应用技术攻关，作为负责人承担国家重点研发计划政府间科技创新合作项目、国家“两机重大专项”课题、国家自然科学基金、国家留学回国人员科研启动基金等各类政府和企业科研项目 30 余项。2008 年入选北京市科技新星计划，2015 年入选江苏省双创计划，2017 年入选牛顿基金资助的英国皇家工程院“创新领军人才联合培养项目”，2019 年被中国电机工程学会评选为“中国电力优秀科技工作者”。获得 2017 年度中国电力科学技术进步奖一等奖、2017 年度中国电力创新奖一等奖、2017 年度北京市科学技术奖三等奖、2019 年度中国产学研合作创新奖。

（李　青）

【新增中国工程院项目】 2019 年，实验室新增中国工程院项目“海上风电支撑我国能源转型战略研究”，负责人刘吉臻，经费总额 600 万元。“海上风电支撑我国能源转型发展战略研究”是中国工程院 2019 年立项的重大咨询研究项目，由能源与矿业工程学部牵头。该项目旨在综合考虑政治、经济、安全、生态、社会、民生等各方面因素，立足高远、统筹考虑，系统地分析和研究我国海上风电的发展方向、战略布局、战略步骤、外部条件、基础支撑等重大问题，从战略高度上明确我国海上风电的发展战略，从实践层面上策划我国海上风电的发展路径，为我国经济建设和能源转型提供坚强、绿色、持续的支撑。

（李　青）

【签订联合体项目】 2019 年，实验室与国电新能源技术研究院有限公司及北京国电智深控制技术有限公司签订联合体项目合作“大型燃煤电厂智能发电系统研发及应用”，经费总额 1803.5348 万元。研究内容包括：子课题二“智能控制系统（ICS）算法与软件系统研发”，及子课题一“智能控制系统（ICS）结构与平台研发”的部分内容，负责人曾德良，经费 876.3674 万元。子课题四“深度调峰机组低负荷安全经济运行技术”，负责人牛玉广，经费 927.1674 万元。

（李　青）

低品位能源多相流动与传热北京市重点实验室

【概况】 低品位能源多相流与传热北京市重点实验室依托学校优势学科，紧密服务学校“双一流”学科建设和结合国家和京津冀地区战略需要，在新型高效发电系统、微尺度传热及太阳能热利用等方面开展深入研究。

纵向项目。实验室承担的国家重点研发计划项目顺利通过科技部中期验收，专家对项目取得的成果、研究进展等给予高度评价。完成国家自然科学基金重点项目进行结题材料等提交。与北京航空航天大学等高校合作申请航空发动机及燃气轮机“两机”专项-重大专项基础研究项目，目前已经顺利进入答辩阶段。

科研与学生获奖。徐进良教授为第一完成人申报的国家自然科学奖进入第三轮公示，在第四轮中未获得突破。实验室研究生获国家奖学金、南瑞奖学金、优秀博士生奖学金等 10 余项。

学术交流。实验室在学术交流方面坚持走出去，引进来的政策。召开 Workshop on Thermodynamics and Heat Transfer for Power Conversion 研讨会，应实验室主任徐进良教授邀请，国内外专家 40 余人参加研讨会。与会专家参观低品位能源多相流与传热北京市重点实验室，国外专家对实验室的建设、研究方向、进展和成果方面给予高度评价。邀请澳大利亚纽卡斯尔大学 Geoffrey Evans 教授、新加坡南洋理工大学 Charles Yang Chun 教授等多位知名教授到访实验室进行交流。

企业服务。在高参数燃煤二氧化碳发电方面，为国家能源集团在国家 2030 项目和电力院在“十四五”规划方面提供技术支持，在热管高效散热方面，为中兴通讯在 5G 散热方面提供技术咨询及指导。

（刘广林）

【概况】 2019 年，低品位能源多相流与传热北京市重点实验室有固定研究人员 12 人，包括实验管理人员 2 名，博士后 1 名。实验室团队以杰青、长江、玛丽居里学者为学术带头人，以中青年人员为骨干，主要从事新型动力循环、微纳尺度多相流等基础研究，依托国家重点研发计划、国家自然科学基金重点项目等支持，研究成果丰硕。在高热流密度电子冷却器、有机朗肯循环发电系统进入产业化阶段。正研新型超临界 CO_2 发电系统，对于燃煤发电系统进行系统性原始创新。年度实验室到账经费 300 万元，发表 SCI 文章 17 篇，2 篇研究论文入选 ESI 热点论文，授权发明专利 9 项，培养博士生 4 人，硕士生 15 人。成功举办学术交流会，同时实验室研究人员邀请做会议特邀报告 7 人次。

主任：徐进良

副主任：刘国华

网址：https://bjmfht.ncepu.edu.cn/

（刘广林）

【召开国家重点研发计划交流会】 2019 年 12 月，华北电力大学徐进良教授作为负责人，承担的国家重点研发计划项目“超高参数高效二氧化碳燃煤发电基础理论与关键技术研究”（2017YFB0601800）年度工作推进会在武汉召开。科技部高技术中心项目主管、总体专家组专家、项目科技管理专家组及项目组核心成员参加会议，会议就项目进展、需要解决的科学技术难题及下一步工作内容等进行探讨交流。

（刘广林）

【徐进良教授获聘教学委员会副主任委员】 2019 年，为提高高等院校能源动力类专业课程的教学质量，探索产学研相结合的协同育人新机制，中国电力教育协会对下属的能源动力工程学科教学委员会（简称教学委员会）进行换届改选，成立新一届教学委员会。实验室主任徐进良教授被聘为中国电力教育协会能源动力工程学科教学委员会副主任委员。

（刘广林）

【举办学术研讨会】 2019 年 12 月 4 日—8 日，实验室召开 Workshop on Thermodynamics and Heat Transfer for Power Conversion 研讨会，应实验室主任徐进良教授邀请，国内外专家 40 余人参加研讨会。与会专家参观低品位能源多相流与传热北京市重点实验室，国外专家对实验室的建设、研究方向、进展和成果方面给予高度评价。

（刘广林）

【多次做会议特邀报告】 2019 年，徐进良教授在 International Conference on Power Engineering－2019、16th UK Heat Transfer Conference 及 9th Nano Science& Technology 2019 及工程热物理学会工程热力学年会做特邀报告 7 人次。

（刘广林）

【企业合作稳步提升】 2019 年，实验室在新型燃煤热力发电系统、大功率器件冷却方面的研究成果实现企业转化及技术支持。与国家能源集团合作为国家 2030 项目提供技术支持、为中兴通讯在 5G 散热方面提供技术咨询，以及为电力院在“十四五”规划方面提供指导。

（刘广林）

北京市电力信息技术工程研究中心

【概述】 北京市电力信息技术工程研究中心是北京市科委与华北电力大学共建的北京市科研平台，全称为“电力信息技术北京市高等学校工程中心，Beijing Higher Institution Engineering Research Center of Electric Information Technology”（简称为“工程中心”），2010 年 3 月经北京市科委、教委核准成立。工程中心是国家科技创新体系的重要组成部分，是北京市设立的唯一一所专业从事电力行业信息技术研究和成果推广应用的工程中心。工程中心隶属北京市，依托华北电力大学建设和管理。工程中心按专业科研机构设立和建设运营，承担大学科研成果转化和市场推广的任务，是大学科研成果产业化、产品化的工程平台。该中心面向国家电力发展及智能电网建设的重大需求，研究信息技术支撑智能电网建设的前沿问题和应用技术问题，解决电力信息化和智能电网建设的关键问题，是推进电力信息技术进步和科技成功产业化的重要基地。工程中心实际使用面积 1500 平方米，拥有七个实验室、一个大数据中心、一个研究所、一个测试中心，在电力信息安全、电力智能软件、智能配电网以及电力大数据应用等方面有较好的研究基础和先进的研究成果。

（张晓良）

【概况】 2019 年，北京市电力信息技术工程研究中心承担国家电网公司科技项目 2 项：“适应源网荷互动的工控系统多层协同防御技术研究及应用”“新能源厂站网络安全防护关键技术研究”，总金额 203 万元；新签国家电网公司科技项目 3 项：“一体化电力网络安全仿真验证环境关键技术研究”“全业务泛在电力物联网基础防护体系及终端层安全监测防护技术研究”“面向物联网智能终端的基础防护和安全管控关键技术研究”，总金额 280 万元；新签工信部重点项目 2019 年工业互联网创新发展工程项目 2 项：“工业企业网络安全综合防护平台项目”“工业互联网平台试验测试体系建设项目”，总金额 500 万元。共发表学术论文 20 篇，其中 SCI 1 篇，申请发明专利 5 项，获授权发明专利 1 项，申请软件著作权 19 项；科技成果转移转化 2 项：专利《一种远程运维智能审计的方法》、著作权《高性能视频类业务可信接入服务软件 V3.2》，总金额 18 万元。工程中心共有研究人员 18 人，其中客座教授 1 人，固定研究人员 17 人。2019 年工程中心团队新增博士生 1 人、全日制硕士生 13 人、非全日制硕士生 13 人；有硕士生 16 人顺利毕业。

主　任：吴克河

（张晓良）

【2 科技项目正式启动】 2019 年 4 月 15 日，华北电力大学参与的科技项目“全业务泛在电力物联网基础防护体系及终端层安全监测防护技术研究”在南京正式启动。共同参与该项目的还有国网浙江省电力科学研究院、全球能源互联网研究院有限公司、南京南瑞信息通信科技有限公司。4 月 19 日，国网福建省电力有限公司、华北电力大学、中国电力科学研究院、中国科学院信息工程研究所、华中科技大学等共同参加的国家电网公司科技项目“一体化电力网络安全仿真验证环境关键技术研究”在福州召开项目启动会。随后项目成员到福建电科院现场做实地调研。

（张晓良　程　瑞）

【召开中期督导会】 2019 年，华北电力大学参与的两个科技项目召开中期督导会。8 月 23 日，国网甘肃省电力公司、中国电力科学研究院、中国科学院信息工程研究所、华北电力大学和电子科技大学共同参加的国家电网公司科技项目“新能源厂站网络安全防护关键技术研究”在兰州召开项目中期督导会，督导专家组对项目执行情况进行评分并就项目执行过程中存在的问题进行交流讨论。9 月 17 日，国网江苏省电力有限公司、全球能源互联网研究院有限公司、南瑞集团有限公司、华北电力大学、国网河南省电力公司共同参加的国家电网公司科技项目“适应源网荷互动的工控系统多层协同防御技术研究及应用”在南京召开项目中期督导会，与会专家对项目的研究内容、研究进度以及经费执行情况进行评审，项目顺利通过中期督导。

（程　瑞　张晓良）

【2 项工信部工业互联网创新发展工程项目中标】 2019 年 10 月，工程中心有 2 项工程项目中标。分别是由北京京航计算通讯研究所牵头，北京动力机械研究所、西安航天自动化股份有限公司、华北电力大学、北京航天紫光科技有限公司参与的工信部 2019 年工业互联网创新发展工程项目《工业企业网络安全综合防护平台项目》；由中国工业互联网研究院牵头，中国电力科学研究院有限公司、北京国电通网络技术有限公司、国网福建省电力有限公司、国网宁夏电力有限公司、中电运行（北京）信息技术有限责任公司、石化盈科信息技术有限责任公司、中能融合智慧科技有限公司、江苏未来智慧信息科技有限公司、华北电力大学参与的工信部 2019 年工业互联网创新发展工程项目《能源工业互联网赋能与公共服务平台建设项目》。

（张晓良）

【与北京京航计算通讯研究所签署战略合作协议】 2019 年 12 月，工程中心同北京京航计算通讯研究所签订战略合作协议。根据协议，双方将在工控安全、信息化建设建立深入的战略合作伙伴关系。在业务发展中紧密合作，充分利用自身资源，发挥各自优势，互为渠道，互为支撑，在产品开发、技术革新、行业解决方案制定、行业拓展等全方面进行合作。

（张晓良）

河北省输变电设备安全防御重点实验室

【概述】 河北省输变电设备安全防御重点实验室于 2009 年正式申报成立，是学校唯一一所河北省输变电设备研究领域省级重点实验室。实验室以实现校企联合，科技创新，人才培养为宗旨，围绕国家以及河北省能源电力的科技需求开展工作，主要在电磁环境与电磁兼容耦合机理及测试技术的研究、电气设备状态监测与故障诊断技术的研究、超特高压输变电关键技术的研究等方面进行重点研究。实验室涉及学科包括电气工程一级学科博士点，高电压与绝缘技术、电工理论与新技术、电机与电器 3 个二级学科博士点和 1 个电气工程博士后科研流动站。该实验室具有培养博士后、博士、硕士、本科四个层次人才的完善体系。

（范晓舟）

【概况】 至年底，实验室现有固定人员 40 人，其中具有正高级职称 13 人，副高级职称 9 人，其中 70%以上具有博士学位，是一支以中青年学术骨干为主的科研团队。实验室现有科研用房 1420 平方米，办公用房 647 平方米，主要仪器设备 146 台套，资产总值 2574.2 万元。团队拥有国家杰出青年科学基金获得者 1 人、国家级教学名师 1 人、全国模范教师 1 人、国家电网特高压交流试验示范工程特殊贡献专家 1 人、霍英东青年教师基金获得者 2 人。新增主持“高灵敏紫外成像仪研制及应用开发”国家科技部重点研发计划 1 项，在研国家级科研项目共计 2 项，累计获批经费支持 3000 余万元；承担和完成横向科研项目 36 项，获研究经费支持 2600 余万元；发表论文 30 篇，其中 SCI 收录 7 篇，EI 收录 16 篇；获得发明专利授权 10 余项、实用新型专利授权 7 项，申请发明专利 30 项。实验室现有博士点 2 个、硕士点 3 个。2019 年实验室共招收博士研究生 9 人、硕士研究生 66 人，毕业博士研究生 6 人、硕士研究生 65 人。“华北电力大学（保定）高电压综合实验体系建设项目”获得支持，新增扫描电子显微镜、单片非晶磁性测量系统、憎水性测试仪、变压器绕组变形测试仪等仪器设备100余套，实验室新增实验用房面积500平，实验室综合实验能力大幅提升。

实验室主任：律方成

（范晓舟）

【多项科研成果获奖】 2019年，河北省输变电设备安全防御重点实验室有多项科研成果获奖。“基于多信息融合的电力变压器智能化关键技术研究与应用”，“基于多光谱成像和旋翼飞行器的输电线路巡检关键技术及其应用”获河北省科技进步奖一等奖，“智能高压开关设备研制及工程应用”项目获中国电力科学进步奖一等奖，“电气工程及其自动化专业创新人才培养的研究与实践”获河北省教学成果一等奖。

（范晓舟）

河北省发电过程仿真与优化控制工程技术创新中心

【概述】 2019年，河北省发电过程仿真与优化控制技术创新中心以电力行业为背景，围绕“发电过程建模、仿真与优化控制技术”“先进工业控制系统设计与开发技术”“发电厂智能化运行、维护与管理技术”等研究方向，展开课题研究，与国内外知名科研院所和工程单位密切合作，取得多项技术突破，创造良好的社会和经济效益。

2019年，河北省发电过程仿真与优化控制技术创新中心与多家相关企事业单位和科研院所合作，发挥各自的优势，实现强强联合。先后与格盟国际能源有限公司、山西省煤矸石发电行业技术中心、国电投东北分公司、大唐环境集团电力设计院大气环境所等工程单位在一系列工程研究领域中进行实质性合作，共同完成“PS－1065t/h智慧检修研究与开发”“PS－300MW数字化检修平台”“汽轮发电机组虚拟检修系统研发与应用”“基于可穿戴设备的虚拟检修辅助决策系统”“超低排放火电机组智慧脱硝关键技术研究及工程示范”等多个工程研究项目和技术课题。

2019年，该中心充分发挥资源优势，积极利用基础设施进行对外服务，开放火电机组仿真系统等仪器设备对外进行研究和技术培训工作。年内，该中心承担建设的华北电力大学自动化系卓越工程师实验室继续为“卓越工程师计划”试验班同学的生产实践环节服务。该实验室提供的激励式仿真平台，在培养和锻炼学生的工程实践能力方面发挥重要作用。同时，该实验室还包含“卓越工程师计划”培养过程的大部分专业技术课程实验，包括自动控制理论、过程控制、电子技术基础、计算机控制技术与系统等。

（董　泽）

【概况】 2019年，河北省发电过程仿真与优化控制工程技术创新中心现拥有固定人员48人，其中教授16人，副教授18人，高级工程师1人。工程试验用房面积1480平方米，办公用房面积620平方米。中心拥有“600MW超临界火电机组仿真系统”“1000MW超超临界火电机组仿真系统”“STS7激励式仿真支撑系统”等先进设备，仪器设备总值达到3240万元。中心承担和完成科研项目40余项，实到研究经费1000余万元。中心积极推动科技成果的转化与应用，为相关企业创造显著的经济效益。发表论文和出版专著30余篇，获自主知识产权20余项，其中发明专利6项。当年入学研究生65人，当年毕业研究生66人。主办学术交流会议3次。技术中心充分利用自身的设备进行高级技术人才的培养工作，共有300余人次在技术中心参加技术培训。

主任：董　泽

（董　泽）

【2项成果通过省部级科技评价】 2019年1月22日，河北省发电过程仿真与优化控制技术创新中心与山西平朔煤矸石发电有限责任公司合作研发的“PS－1065t/h循环流化床锅炉智慧检修研究与开发”和“PS－300MW汽轮发电机组三维场景数字化检修平台”两个项目在太原市完成科技成果评价。评价会由协会科技标准部主任吕征宇主持，评价组组长由山西大学大数据科学与产业研究院院长钱宇华教授担任。评价组专家听取中心董泽教授和张悦博士的技术汇报，审阅相关资料，经讨论一致认为：两项目技术先进，成果突出，解决工程实际问题，节约生产成本，其整体技术达到国际先进水平，有助于开创复杂机械设备检修的新模式。

（王晓燕）

【董泽做《发电厂智能化技术发展及应用》讲座】 2019年5月23日，河北省发电过程仿真与优化控制技术创新中心董泽教授参加在山西格盟中美清洁能源研发中心举办的2019年度循环流化床机组清洁发电技术与山西省煤矸石发电行业技术中心专项研讨会。董泽教授分别围绕电厂智能化技术发展趋势、发电厂智能化的总体建设方案、发电厂智能化模块及相关案例展开讲解。该中心学生高金玉在现场为各位专家演示虚拟检修项目组研发的几项科技成果：汽轮发电机虚拟检修系统和锅炉检修辅助系统以及智能巡检机器人等。与会各位专家对该中心的科技成果给予高度评价。

（王晓燕）

【汽轮发电机组虚拟检修项目通过省级技术鉴定】 2019年7月15日，该中心联合国家电投东北电力有限公司、中电投东北能源科技有限公司和国家电投集团东北电力有限公司抚顺热电分公司共同开发的“汽轮发电机组虚拟检修系统研发与应用”项目召开技术鉴定会。鉴定会成员包括中国工程院院士秦裕琨教授、中国电力企业联合会党组书记杨昆教授、原电力规划设计总院候子良教授等9名专家组成，鉴定委员会专家经过听取项目组成员汇报、质询与讨论等环节后，一致认为，项目成果开创大型汽轮发电机组检修培训的新模式，实现对机组检修的动态辅助指导，且模块化的设计便于其快速推广到不同类型的大型汽轮发电机组，具有良好的经济、社会效益和推广应用前景，整体达到国际先进水平，其中在汽轮发电机组检修知识的表示与体系构建及其工程应用方面居国际领先水平。

（王晓燕）

【参加国家电投大数据及智能应用创新大赛获佳绩】 2019年11月23日，河北省发电过程仿真与优化控制技术创新中心与国家电投东北能源科技有限公司共同研发的“基于可穿戴设备的虚拟检修辅助决策系统”在“绿动未来”国家电投大数据及智能应用创新大赛总决赛中获火电及综合智慧能源类第三名、智能成果产品类三等奖。项目应用成果得到评委组组长、国家电力投资集团有限公司战略规划处处长华志刚等现场评委的充分认可，项目业绩情况也获评委组一致好评。在颁奖仪式上，获奖团队与投资公司、产业公司签署相关合作意向书。该项目的获奖印证该中心在技术创新与业务落地等方面成绩突出，同时也为该中心进一步深入能源行业、助力电力企业高质量发展提供契机。

（王晓燕）

【1项成果获鉴定国际先进水平】 2019年12月5日，由大唐环境产业集团公司承担，并委托河北省发电过程仿真与优化控制技术创新中心共同研发的“超低排放火电机组智慧脱硝关键技术研究及工程示范”项目，在北京组织召开项目技术鉴定会。该鉴定会由中国电机工程学会组织，由国电科院技术研究院副院长朱林担任主任委员。在听取相关汇报并审阅相关材料后，鉴定委员会一致认为：项目以火电机组SCR脱硝系统为研究对象，基于多边界信息融合、智能预测控制、机器学习等算法，研发入口NO_x动态预估、烟气流量软测量、喷氨量精准控制等关键技术，构建智慧脱硝控制系统，并完成工程示范，有效降低氨逃逸，解决了空预器堵塞等工程实际问题，具有显著的经济和环境效益。该项目技术先进，成果突出，解决工程实际问题，总体技术达到国际先进水平。

（王晓燕）

北京能源发展研究基地

【概述】 北京能源发展研究基地（以下简称能源基地）是全国首家开展能源决策研究的省部级哲学社会科学研究基地。主要开展国家和北京市“十三五”能源规划研究、北京市新能源发展战略研究、国家能源政策与立法研究以及能源经济与管理研究。

2019年，研究基地在科学研究、合作交流、智库发展等多个方面取得明显成效。

验收优秀。在由北京市教育委员会、北京市社会科学界联合会、北京市哲学社会科学规划办联合组织的北京市哲学社会科学研究基地2016—2018年建设验收中，获评优秀。这是能源基地自成立以来第三次获评优秀。

简报编送。2019年，能源基地延续《北京能源发展研究基地工作简报》编送制度，通过简报，能源基地向上级反映基地工作的信息、动态，使主管领导部门及时了解基地工作情况便于指导。

学术活动。举办水力发电与扶贫攻坚科普论坛、2019中国能源与环境中青年学者高峰论坛、北京市“十四五”能源发展战略和政策高端论坛，吸引国内多所高校、科研机构、企事业单位的专家学者以及媒体共计300余人参加，有效扩大能源基地的学术影响力和辐射力。

科学研究。能源基地研究员曾鸣教授获得国家社科基金重大项目立项，这是能源基地研究员第二次获得国家社科基金重大项目立项。

合作交流。国内交流共计20余人次，赴国网雄安新区供电公司、国网天津滨海供电公司、国网客户服务中心北方园区、南方电网信息部、湖南长沙、江苏常州等地开展交流调研20余次；国际交流共计10余人次，美国纽约大学Shakeel Kazmi教授、新加坡国立大学Philip Andrews－Speed教授再次受邀来能源基地访问讲学，并推动能源基地与国际可再生能源署（IRENA）的合作。

智库发展。积极参与国家能源局、国家电网有限公司相关决策咨询工作。配合国网“三型两网”发展战略，能源基地研究员受邀为近二十家全国各地方国网电力公司做专题学习培训讲座，受众达百万人 。能源基地还为行业公司提供电力市场现货交易仿真培训，受训学员近万人。在支持国家政府决策、推动行业企事业发展方面发挥智库支持作用。

（沈　磊）

【概况】 2019年，能源基地有专职和兼职研究人员98人（包括高级专家18人），与基地建立科研协作关系的研究人员28人，形成一支由能源领域专家、教授、博士、研究生组成的科研团队。能源基地获各类纵向项目资助共计19项，其中，国家级3项，省部级16项；新签横向合同85项；

获优秀成果奖励8项，其中，省部级以上奖励5项；发表能源类学术论文共计113篇，其中SSCI检索论文21篇，SCI检索论文46篇，EI检索论文6篇，CSSCI检索论文2篇；出版能源类学术著作9部。共编制《北京能源发展研究基地工作简报》73期。

（沈　磊）

【举办教育部重大课题攻关项目开题报告会】 2019年1月10日，由能源基地学术委员牛东晓教授主持并担任首席专家的教育部哲学社会科学研究重大课题攻关项目“构建清洁低碳、安全高效的能源体系政策与机制研究”开题报告会在华北电力大学举行，为后续课题研究工作打下坚实基础。

（陈　曦）

【董军团队提供仿真培训】 2019年1月—9月，能源基地研究员董军教授团队为安徽省能源集团公司、山东省电力企业协会、北方联合电力有限责任公司、河南省电力企业协会、国家电投集团北京电力有限公司等行业公司提供电力市场现货交易仿真培训，受训学员近万人。

（陈　曦）

【曾鸣做专题讲座】 2019年1月—11月，为配合国家电网有限公司“三型两网”发展战略，能源基地研究员曾鸣教授应邀为国网蒙东电力公司、国网信通产业集团、江苏电网、全球能源互联网研究院、京能集团、国网经济技术研究院等近20家全国各地方国网电力公司做专题学习培训讲座，受众达100万人。

（陈　曦）

【Philip Andrews－Speed与张素芳合著出版】 2019年2月1日，由能源基地研究员、新加坡国立大学能源研究所高级研究员Philip Andrews－Speed教授与张素芳教授合作编写的英文专著“China as a Global Clean Energy Champion: Lifting the Veil”（《中国——全球清洁能源的领跑者：揭开“面纱”》）由世界知名出版商麦克米伦（Palgrave Macmillan）出版社出版。

（杨　龙）

【研究报告出版】 2019年5月9日，《北京能源发展研究报告2018》正式出版，该报告针对我国清洁能源发电过程中存在的重大问题开展重点研究并积极建言献策，形成专题研究成果。

（陈　曦）

【举办科普论坛活动】 2019年5月23日，能源基地在华北电力大学成功举办院士进校园——“水力发电与扶贫攻坚”科普论坛活动，来自中国水力发电工程学会、清华大学、国务院发展研究中心等单位的专家学者共60余人参加此次论坛。

（陈　曦）

【曾鸣在《中国能源报》发表署名文章】 2019年6月10日，中国工程院原副院长杜祥琬院士与能源基地研究员曾鸣教授在《中国能源报》头版联合发表署名文章《关于能源与电力“十四五”规划的八点建议》。

（陈　曦）

【支撑雄安新区能源互联网标准化试点工作】 2019年6月25日，能源基地积极支撑国家电网有限公司开展雄安新区能源互联网标准化试点工作，由能源基地研究员曾鸣教授牵头，参与支撑第九、十、十一、十七、十八、二十共六项标准任务的撰写工作。

（杨　龙）

【举办北京社科基金重点项目开题研讨会】 2019年7月4日，能源基地研究员姚建平教授主持的北京社会科学基金重点项目“精准扶贫背景下北京周边地区光伏扶贫模式及效应研究”开题研讨会在华北电力大学国际交流中心第三会议室举行。

（陈　曦）

【第四期建设验收获评优秀】 2019年9月3日，北京市教育委员会、北京市社会科学界联合会、北京市哲学社会科学规划办公室联合发布《关于公布北京市哲学社会科学研究基地建设验收结果的通知》，能源基地第四期建设验收结果为优秀。

（杨　龙）

【谭忠富获聘联盟专家委员会专家】 2019年9月22日，江苏智慧海洋产业联盟第一届二次会议和海洋经济论坛在南京徐庄举行，能源基地首席专家谭忠富教授受聘担任江苏智慧海洋产业联盟专家委员会专家。

（杨　龙）

【3位国外专家应邀到访】 2019年9月23日—10月23日，新加坡国立大学Philip Andrews－Speed教授、英国苏塞克斯大学Benjamin Sovacool教授、美国纽约大学Shakeel Kazmi教授应邀来能源基地开展访问讲学活动。

（何　平）

【樊良树获聘《生态经济》编委】 2019年10月10日，能源基地研究员樊良树受聘担任《生态经济》编委。该期刊是全球创办较早的生态经济领域研究类刊物，是全国中文核心期刊、中文社会科学引文索引（CSSCI）扩展版来源期刊、中国科技核心期刊（ISTIC）、中国核心学术期刊（RCCSE）、中国人民大学《复印报刊资料》重要转载来源期刊。

（郭　如）

【张素芳研究报告正式发布】 2019年10月15日，由能源基地研究员张素芳教授担任主要作者的研究报告《中国数据中心能耗与可再生能源使用潜力研究》由绿色和平组织（Greenpeace）正式发布。

（何　平）

【协办中国能源与环境中青年学者高峰论坛】 2019年10月19日—20日，由北京能源与环境学会主办，清华大学、中国科学院大学、能源基地等单位协办的“2019 中国能源与环境中青年学者高峰论坛”在北京美泉宫饭店举行，来自全国能源与环境领域的知名中青年学者和产学研各界代表近 200 人出席会议。

（何　平）

【《地方电力立法研究》正式出版】 2019 年 10 月 20 日，由能源基地研究员王学棉教授撰写的《地方电力立法研究》由中国政法大学出版社正式出版。

（何　平）

【3 项课题获北京社科基金项目立项】 2019 年 11 月 16 日，能源基地共有 3 项课题被确立为 2019 年北京社科基金研究基地项目，其中包含 1 项重点项目和 2 项一般项目。

（郭　如）

【曾鸣获国家社科基金重大项目立项】 2019 年 11 月 30 日，能源基地研究员曾鸣教授获得国家社科基金重大项目立项，这是能源基地研究员第二次获得国家社科基金重大项目立项。

（郭　如）

【举办能源发展高端论坛】 2019 年 12 月 8 日，能源基地在华北电力大学国际交流中心第一会议室主办北京市“十四五”能源发展战略和政策高端论坛暨能源基地 2019 年学术年会。能源基地学术委员、研究员，北京燃气集团、北京城市系统工程研究中心等能源企业和科研院所参会代表共 50 余人参加论坛。

（郭　如）

新型薄膜太阳电池北京市重点实验室

【概述】 2019 年，随着新型薄膜太阳电池的快速发展，实验室逐步转向新型有机、无机杂化太阳电池及传统薄膜太阳电池相结合的研究，在科研工作中取得较大进展。

研究进展。主要在以下五个方面开展科学研究，并取得进展：1. 新型无铅光电转换材料的研发及在薄膜太阳电池中应用。2. 全无机钙钛矿太阳电池的研发及材料制备。3. 高效电子传输材料的设计及在柔性、刚性基底上的应用。4. 有机、无机杂化钙钛矿材料的优化及在太阳电池中的应用。5. 空穴传输材料的设计合成及在太阳电池中的应用。

经费投入。在实验室研发投入方面，合计经费投入 800 万元以上，包括：1. 实验室研究人员目前承担科技部和北京市等国家、省部级及企业委托项目经费 500 余万元，用于相关的科研活动。2.“双一流”工程以及北京市高精尖学科建设投入经费 200 余万元，重点用于实验室先进测试仪器的完善以及学术交流等。

项目成果。实验室成员共获国家重点研发计划课 2 项；作为项目负责人承担国家自然科学基金 4 项；承担国家自然科学基金国际（地区）合作与交流项目（合作）1 项；承担北京自然科学基金一海淀原始创新联合基金 1 项。

（濮　妍）

【概况】 2019 年，新型薄膜太阳电池北京市重点实验室现有研究人员 24 人，其中博士生导师 7 人，教授 9 人，副教授 8 人。技术人员 2 人，管理人员 1 人，研究人员全部具有博士学位。实验室成员中，“973 计划”首席科学家 1 人，教育部新世纪优秀人才 5 人，北京市科技新星 1 人，北京市优秀人才 1 人，北京市青年英才 3 人。

2019 年，实验室硕士研究生招生人数为 33 人，博士研究生招生人数为 7 人。2019 年接受外国来华留学生攻读硕士研究生 5 名，博士研究生 2 名。

2019 年，实验室获纵向经费资助共计 1077 万元，获横向经费资助 157 万元。申请发明专利 1 项，获批授权发明专利 6 项。实验室团队成员共发表论文 60 余篇，其中 SCI 检索 47 篇。

实验室主任：戴松元

（濮　妍）

【8 位访问学者到访实验室】 2019 年，新型薄膜太阳电池北京市重点实验室共有 8 位访问学者到访。他们是湖北工业大学王文君、中国科学院长春应用化学研究所秦川江、北京化工大学的邱介山、中国科学院上海硅酸盐研究所的李效民、澳大利亚昆士兰大学的 Hongxia Wang、日本九州大学的 Toshinori Matsushima、瑞士洛桑联邦理工学院的 Mohammad KhajaNazeeruddin 以及日本冲绳科学技术研究所的 Yabing Qi。访问学者们在访问期间，为实验室师生做学术报告、进行实验指导并提出研究建议。

（濮　妍）

【2 位教授出访交流】 2019 年，新型薄膜太阳电池北京市重点实验室 2 人出访参加学术交流活动。1 月，戴松元教授出访日本，参加“国际太阳能材料会议”。5 月，潘家鸿教授出访韩国，参加“2019 年光催化和光能国际会议”。

（濮　妍）

合作交流和对外联络

Cooperation, Exchange and Foreign Connections

○综　　述

2019年，学校国际化工作服务于国家外交战略、"一带一路"倡议、学校"双一流"建设和中国电力企业"走出去"战略。国际交流与合作规模和质量稳步提升，教职工因公出访、参加学术交流364人次；学生出国（境）交流学习676人次，外籍专家及外宾来访330人次，带动更高层次的国际交流合作。高层次创新型人才培养项目取得新突破。学校申报的"可再生能源高效利用技术——一流创新人才国际合作培养"等3个项目入选国家留学基金委"2019年创新型人才国际合作培养项目"。年内，与日本东京大学、洛桑联邦理工大学、瑞典皇家工学院、澳大利亚新南威尔士大学、挪威科技大学、英国诺丁汉大学、德国柏林自由大学等20所世界高水平大学签署校级或院级合作协议（或备忘录），提前完成学校"双一流"建设中世界一流大学合作网络建设的目标。

2019年，华北电力大学围绕"双一流"建设战略部署，着力深化校企校地合作。延续60周年校庆后对外合作的良好态势，年内，学校与地方、企业签署协议28份。与乐清市共建华北电力大学乐清智能电器与产业创新中心，与中国核电工程有限公司签署战略合作协议，与盐城市人民政府、盐城工学院签订关于共同培育新能源产业高质量发展战略合作框架协议，不断推动校企、校地合作做实做深做精，提升校企合作对"双一流"建设的持续贡献能力。华北电力大学校企合作工作经过多年的发展，校企合作的规模、广度、深度不断拓展，以理事会为核心的多层级校企合作平台日趋成熟，重要战略合作伙伴达到100余家，覆盖电力生产运营、设备制造、科研院所等产业，合作涵盖教育培训、高层次人才培养、重大科技攻关、战略联盟等领域。

2019年，华北电力大学理事会积极探索行业企业支持行业高校建设发展的特色办学模式，以大学理事会扩容为契机，坚持走校企合作兴校强校之路，充分发挥理事会平台作用，聚焦行业发展的迫切需要，开展多领域广泛合作。主动发起和参与粤港澳大湾区电力发展合作组织、中国综合能源服务产业创新发展联盟等行业联盟，在全球能源互联网合作组织中非论坛等行业平台上积极发声，共同响应综合能源服务生态圈倡议，努力融入行业企业发展，打造协同创新、共同发展新格局。学校与国家电网公司共同成立能源互联网学院，打造校企合作新范式；积极参与由南方电网公司牵头发起的"服务粤港澳大湾区发展电力合作倡议"，成为粤港澳大湾区电力发展合作组织理事单位；与华能集团共同打造千万千瓦级海上风电标杆项目，致力于探索海上风电创新人才培养新模式；与中电联、中国国际工程咨询协会达成战略合作，为推进电力国际产能领域的国际化人才培养和国别咨询研究提供新方案；与三峡集团共建氢能联合实验室，围绕国家未来氢能源发展战略开展联合攻关。

2019年，学校校友工作围绕学校的中心工作和发展大局，坚持"三个有利于"的原则，发挥校友会"一家一桥一平台"的作用，继续担任中国高等教育校友工作研究分会监事单位。完成校友会注册资金减资。邀请多位校友返校参加活动，增进交流。年内，学校共组织、接待校友2300余人次；依托校友之家举办各种特色活动，累计接待3000多名校友和在校师生交流座谈。

2019年，教育基金工作办公室在基金会等级评估中再次获得"4A"级。至年底，教育基金会资产总额7042.63万元，净资产额6939.94万元。其中，资金4271.73万元，股权资产价值2765.5万元，其他存在方式为5.40万元。围绕国家战略需求、社会公益事业和学校中心工作，运作基金项目168项，共有38家各类企业、社会组织及个人捐赠40笔（不含网络平台捐赠）。17个院系部处参与筹资工作，其中院系筹集资金总额为221.91万元，部处筹集资金总额为408.13万元。小额微捐70032元。通过教育基金会平台，年度内募集与吸纳的资金人民币1500.74万元；签订捐赠协议23笔，协议资金合同额为5108.67万元；申报配比资金获批712.44万元；年度合计到账资金收入788.30万元，其中捐赠到账资金637.05万元，投资收益151.25万元。

国际合作与交流及港澳台工作

【概述】 2019年，华北电力大学国际化工作服务于国家外交战略，服务于"一带一路"倡议，服务于学校"双一流"建设，服务于中国电力企业"走出去"战略，服务于特色鲜明高水平研究型大学的办学目标，在人才国际化培养、师资队伍国际化建设、中外联合科研、国际人文交流等方面取得新进展。

国际合作与交流。国际交流与合作规模和质量稳步提升，教职工因公出访、参加学术交流364人次；学生出国

(境)交流学习676人次,外籍专家及外宾来访330人次,带动更高层次的国际交流合作。

人才国际化。2019年,高层次创新型人才培养项目取得新突破。学校申报的"可再生能源高效利用技术——一流创新人才国际合作培养"等3个项目入选国家留学基金委"2019年创新型人才国际合作培养项目"。学校"上合组织大学框架下高层次能源电力人才培养项目"入选国家留学基金委"2019年赴俄罗斯专业人才培养计划",第一批29名同学赴莫斯科动力学院学习。

外专项目。长期外国专家聘请和短期外国专家来访工作有序进行,共有6个高等学校学科创新引智计划基地,另有23项高端外国专家引进计划获批。引智计划和项目涵盖华北电力大学"双一流"建设的重点学科领域布局,对学校"双一流"建设起到极大的推动作用。

"双一流"国际合作网络建设。年内,已与日本东京大学、洛桑联邦理工大学、瑞典皇家工学院、澳大利亚新南威尔士大学、挪威科技大学、英国诺丁汉大学、德国柏林自由大学等20所世界高水平大学签署校级或院级合作协议(或备忘录),提前完成学校"双一流"建设中世界一流大学合作网络建设的目标。学校已同荷兰格罗宁根大学、澳大利亚昆士兰大学、英国利兹大学等高校签署学生联合培养协议。

服务国家外交战略。积极承担国家外交任务,承办外交部亚洲区域合作专项资金项目1项、商务部援外培训项目3项;上海合作组织大学能源会议2019暨能源智库研讨会在华北电力大学召开;同美国肯塔基州辛普森郡教育局新建孔子学院。

(赵子健　阮艳花)

【概况】 2019年,华北电力大学接待来自俄罗斯、美国、英国、德国、新西兰、蒙古、哈萨克斯坦等国家和地区的国(境)外来访团组,同瑞士、挪威、意大利、英国、澳大利亚、荷兰、日本等国家和地区的合作伙伴院校签署校级或院级合作协议。

2019年,学校教职工出国(境)交流共364人次。其中,因公临时出国(境)共182个团组、314人次;参加国家公派出国研修共38人次;参加全英文授课境外培养项目共12人次,分别赴美国、日本、英国、法国、澳大利亚、德国、加拿大等国家和地区进行交流访问、学习培训,或参加国际会议、与国外合作伙伴大学进行洽谈等。各院系教师还积极参与或承担国际项目,或在国际组织、国际期刊任职。

至年底,学校已与美国、加拿大、澳大利亚、波兰、捷克、法国、俄罗斯、韩国等20多个国家(地区)的100多所大学签订合作交流协议,并根据协议开展各种形式的学生长短期海外学习交流项目。年内,学生出国(境)交流与访学共676人(次)。其中,国家公派留学175人(次),学校资助69人(次),应届毕业生出国(境)留学267人,50名本科生参加中外合作办学项目,115名本科生、硕士生和博士生参加交流交换项目和学术交流活动。

2019年,学校推出"双一流"本科生、研究生短期访学资助政策,激发学生的留学热情。通过进一步开拓并完善学生海外学习交流项目,学校将为学生提供更丰富、更多样的海外学习机会。

2019年,学校共主办5场国际会议,邀请来自美国、英国、俄罗斯、日本、韩国等国家和地区高校、科研院所的著名专家、学者、业界领袖参与活动。与会成员围绕会议主题进行卓有成效的学术交流研讨、分享研究成果和观点,促进学校在相关领域的研究工作,有助于提升科研国际化水平。

(赵子健　阮艳花)

【杨勇平一行访问荷兰、瑞士高校】 2019年7月3日至9日,校长杨勇平率领的华北电力大学代表团访问荷兰阿姆斯特丹自由大学、荷兰格罗宁根大学、荷兰国家能源研究中心、瑞士洛桑联邦理工大学、瑞士苏黎世联邦理工大学,中国工程院院士刘吉臻等学者参加访问。期间,华北电力大学代表团参加中国驻荷兰大使馆举办的国家优秀自费生奖学金颁奖典礼。

(赵子健　阮艳花)

【王增平一行访问美国西肯塔基大学】 2019年3月19日至21日,副校长王增平、国际教育学院负责人赴美国西肯塔基大学访问,期间与西肯校长 Timothy C. Caboni、教育行为学院院长 Corinne Murphy、副教务长 John Sunnygard、西肯孔院外方院长 Terrill Martin 分别就两校长期合作、"1+2"教育学硕士联合培养、科研合作、教师互换、学生联合培养、孔子学院等议题展开深入的探讨。

(赵子健　阮艳花)

【王增平一行赴罗马尼亚、捷克、希腊访问】 2019年5月16日至25日,副校长王增平一行两人参加由中国教育国际交流协会组织的访问罗马尼亚、捷克和希腊代表团,期间分别参加在罗马尼亚蒂米什瓦拉举办的第七届中国-中东欧国家教育政策对话、中国－中东欧国家高校联合会第六次会议、布拉格化学与技术大学教育交流会、中国－希腊高等教育论坛等活动,并与罗马尼亚布加勒斯特理工大学、希腊雅典国立理工大学建立合作伙伴关系。

(赵子健　阮艳花)

【王增平一行赴蒙古科技大学访问】 2019年10月14日至10月18日,副校长王增平及国际教育学院副院长齐郑应蒙古科技大学邀请出访蒙古国蒙古科技大学。本次出访与蒙古科技大学多位教授进行深入的学术交流,并与该校校长在校级合作方面进行深入交流。学术交流和项目宣讲会吸引众多蒙古科技大学年轻教师和学生的注意力,为华北电力大学未来吸引更多的高水平留学生创造条件。

(赵子健　阮艳花)

【檀勤良一行赴法国、德国开展大科学装置专题调研】 2019年5月26日至6月2日，副校长檀勤良率科学与技术研究院、可再生能源学院、能源动力与机械工程学院等部门相关负责人赴法国和德国开展专题调研工作，推进可再生能源领域大科学装置建设的准备工作，并对能动、核能、化工、材料、生物等领域的在德华人学者进行座谈交流，并欢迎他们加盟华电。

（赵子健　阮艳花）

【李双辰参加“双一流建设——中国大学校长赴耶鲁大学”研修项目】 2019年9月8日至21日，副校长李双辰出访并参加由国家留学基金委与耶鲁大学合作开展的第十期中国大学校长赴耶鲁大学培训交流研究项目。李双辰完成各项研修任务，达到学习借鉴美国一流大学治理经验、提升大学领导人员能力、服务“双一流”建设、促进“双一流”高校及学科发展的预期目标。

（赵子健　阮艳花）

【智利国家电力协调委员会电力传输最高执行秘书到访】 2019年9月18日，杨勇平校长会见到访的智利国家电力协调委员会电力传输最高执行秘书胡安·卡洛斯·阿拉内达、智利圣地亚哥大学罗莎·穆尼奥斯女士以及来自全球能源互联网发展合作组织的代表。与会期间，杨勇平提出与智利大学建立合作伙伴关系，开展专门针对智利的能源电力培训，举办中智两国能源电力企业、高校和科研院所共同参与能源电力论坛的美好愿景。

（赵子健　阮艳花）

【巴基斯坦真纳大学校长一行到访】 2019年9月24日，巴基斯坦真纳大学校长穆罕默德·阿里教授一行到访，校长杨勇平会见来访客人。杨勇平提出探索未来教育、科研合作的建议，双方签署合作伙伴协议，建立合作伙伴关系，开展教育、科研、人文合作及学生交流项目。

（赵子健　阮艳花）

【美国肯塔基州教育代表团到访】 2019年10月9日，美国肯塔基州教育者工作代表团一行17人到访，校长杨勇平、副校长王增平接见代表团成员，并召开华北电力大学新孔院暨西肯塔基孔子学院成立后的首次顾问委员会会议。签约仪式结束后，代表团参观华北电力大学机器人俱乐部。

（赵子健　阮艳花）

【举办华北电力大学—洛桑联邦理工学院高级能源学术坊】 2019年10月29日，华北电力大学—洛桑联邦理工学院高级能源学术坊在华北电力大学开幕。校长杨勇平、科技部高新司能源与交通处处长武平、瑞士联邦政府科技文化中心执行主任Felix Moesner博士、来自洛桑联邦理工学院的教授代表团成员及学校相关部门负责人出席本次学术坊。作为华北电力大学2019年“双一流”建设中国际合作与交流的重要内容，该高级能源学术坊为该校与世界一流高校开展人才联合培养和联合科学研究起到积极推动作用。

（赵子健　阮艳花）

【召开上海合作组织大学能源会议】 2019年10月18日，上海合作组织大学能源会议在华北电力大学召开，来自中国、俄罗斯、哈萨克斯坦、塔吉克斯坦、蒙古等国10所高校领导及专家学者参加会议。上海合作组织大学能源会议已连续4年在华北电力大学举行，为上海合作组织大学能源学方向各成员高校搭建学术交流、合作共享的平台。参会高校深入探讨在人才培养、科学研究和智库建设中的协调配合，推动中方和外方成员高校间的合作项目落地，积极开展跨国能源研究。

（赵子健　阮艳花）

校企、校地合作

【概述】 2019年，华北电力大学围绕“双一流”建设战略部署，着力深化校企校地合作。延续60周年校庆后对外合作的良好态势，积极研究对接行业、地方创新发展的新形势新趋势，以新思路推动大合作，以新机制争取大成果，以新作为争取大支持，实现校企合作兴校强校，推动共赢发展。

年内，学校与地方、企业签署协议28份。与乐清市共建华北电力大学乐清智能电器与产业创新中心，与中国核电工程有限公司签署战略合作协议，与盐城市人民政府、盐城工学院签订关于共同培育新能源产业高质量发展战略合作框架协议，不断推动校企、校地合作做实做深做精，提升校企合作对“双一流”建设的持续贡献能力。

（梁玉超）

【概况】 华北电力大学对外联络与合作部下设综合管理与规划办公室、理事会工作办公室、校企合作办公室和校友工作办公室 四个机构。现有教职工14人，其中北京校部8人，保定校区6人。华北电力大学校企合作工作经过多年的发展，校企合作的规模、广度、深度不断拓展，以理事会为核心的多层级校企合作平台日趋成熟，重要战略合作伙伴达到100余家，覆盖电力生产运营、设备制造、科研院所等产业，合作涵盖教育培训、高层次人才培养、重大科技攻关、战略联盟等领域。

（梁玉超）

【校领导访问内蒙古电力(集团)有限责任公司】 2019年4月24日，副校长郝英杰、律方成率队访问内蒙古电力(集团)有限责任公司，公司总经理贾振国，党委副书记郝智强等参加会见。会上，双方就进一步加强校企合作、实现互利共赢发展进行深入交流。郝英杰表示，此次走访是对双方合作框架协议的细化落实，推进深度对接，探讨更加全面、更高层次、更高战略上的合作，学校希望与内蒙古电力公司携手，集中优质资源，创新合作模式，为内蒙古电力公司建设现代化电网企业共同努力。律方成就双方下一步在科研合作、人才培养、基地建设等方面的合作计划和内容提出建议。

（梁玉超）

【律方成率队走访中国建筑上海设计研究院有限公司】 2019年5月14日，副校长律方成率队走访中国建筑上海设计研究院有限公司，公司副总经理魏立志等参加座谈。双方就保定新校园立项论证等工作进行深入交流。

（梁玉超）

【律方成率队走访上海曼恒公司并出席捐赠签约仪式】 2019年5月14日，副校长律方成率队走访上海曼恒数字技术股份有限公司，并出席捐赠签约仪式。公司董事长周清会等接待律方成一行。仪式上，律方成对曼恒公司给予学校的支持表示感谢，他希望校企双方能够精诚合作、各取所长、互利共赢，共同为国家能源电力事业发展贡献应有的力量。

（梁玉超）

【律方成率队访问浙江省电力公司等企业洽谈校企合作】 2019年5月15日至19日，副校长律方成率队访问国网浙江省电力公司、杭州源牌科技股份有限公司、国网衢州供电公司、浙江省开化七一电力器材有限责任公司等企业。在国网浙江省电力公司，律方成一行与公司总工程师、党委委员凌卫家等相关负责人座谈。律方成指出，学校与浙江省电力公司长期以来一直保持着良好的合作关系，具有强大的合作潜力，双方将进一步发挥各自优势，创新合作模式、平台及机制，探索并实践一条新型校企合作之路，在人才培养、科技创新等领域开展精准对接，校企双方共赢发展。在杭州源牌科技股份有限公司，律方成一行与公司董事长、82级校友叶水泉就人才培养和科技合作等达成合作共识。在国网衢州供电公司，律方成一行在公司总经理黄宏和的陪同下参观衢州公司电力文化展厅并举行座谈。在浙江省开化七一电力器材有限责任公司，律方成一行与开化县委常委、组织部长樊勇军、七一电器董事长余永松等在人力资源、科研及多学科交叉融合等方面开展合作洽谈。

（梁玉超）

【律方成访问国网山东电力有限公司等企业】 2019年5月21日至24日，副校长律方成率队访问国家电网山东省电力有限公司、中车青岛四方机车车辆股份有限公司、国网青岛供电公司和校友企业青岛特锐德电气股份有限公司等企业。在国家电网山东省电力有限公司，律方成一行与总经理、党委副书记孙可奇等举行座谈。双方在重大项目合作、联合攻关、联合申报重大奖项，毕业生就业见习、就业实践、研究生联合培养，科技项目合作三个方面达成共识。在中车青岛四方机车车辆股份有限公司，律方成一行与公司相关负责人就校企合作，科研项目落地等工作开展交流。在国网青岛供电公司，律方成一行会见公司党委书记卢刚、总经理孙旭日，律方成希望公司和学校加强合作，在泛在电力物联网建设过程中取得更多更好的成果。在青岛特锐德电气股份有限公司，律方成一行与公司副总裁周君校友座谈，他指出，学校将通过加强合作，为校友企业提供更多优质的服务和支撑。

（梁玉超）

【举办“领导干部上讲台”国企公开课】 2019年6月24日，中国长江三峡集团有限公司-华北电力大学“领导干部上讲台”国企公开课华北电力大学报告会暨“国企骨干担任校外辅导员”聘任仪式在华北电力大学举行。三峡集团党组书记、董事长雷鸣山走上讲台，为华电学子讲授公开课。党委书记周坚、校长杨勇平等学校领导出席报告会。近1500名华电师生到场聆听。报告会由周坚主持。周坚在主持报告会时指出，学校建校60周年之际，三峡集团正式成为校理事会副理事长单位，双方的合作进入全新的历史阶段。国企公开课将国有企业的最新发展成果、实践案例带进课堂，丰富学校思想政治教育的内容与形式，对帮助学生全面了解国有企业在我国国民经济的“顶梁柱”和“主力军”作用，进一步增强社会责任感具有重要意义，对于学校进一步营造全员育人的浓厚氛围，培养担当民族复兴大任的时代新人，将产生积极而深远的重要影响。报告会上，雷鸣山作《不忘初心、担当作为，努力建设世界一流跨国清洁能源集团》主题报告。报告从“一个工程、一家企业、一条母亲河、一个世界一流”这“四个一”介绍三峡工程的兴建与意义，三峡集团的发展与现状、责任与初心、使命与担当。报告会前，周坚、杨勇平会见雷鸣山一行，双方就新时代如何在各领域加深合作，进行交流。

（梁玉超）

【杨勇平会见中国华能集团清洁能源技术研究院有限公司董事长许世森】 2019年7月2日，校长杨勇平会见中国华能集团清洁能源技术研究院有限公司董事长许世森一行。双方就新时代如何在新能源领域拓宽产学研合作领域、如何构建具有可持续性的合作模式进行交流。副校长郝英杰参加会谈。杨勇平在讲话中指出，学校在60多年的办学历程中，学校与能源电力行业、能源电力企业形成密切良好的合作关系，走出一条校企合作兴校之路。希望双方今后能在以往良好合作的基础上，在各领域尤其是在新能源储能与消纳、海上风力发电等领域进一步增进了解、加强交流；希望双方在合作中紧抓机遇，坦诚相待、直面难题、明确目标，积极探索新型合作模式；希望双方以任务为导向、以项目为平台，在开展实质性合作的同时，努力构建具有可持续性的合作模式。

（梁玉超）

【浙江乐清市长方晖到校交流访问】 2019年7月22日，浙江省乐清市长方晖一行8人到校访问，副校长郝英杰会见客人并出席交流座谈会。郝英杰表示，乐清市政府在建设电气产业创新服务综合体、推动电气产业转型升级工作中取得的宝贵经验，对双方建设华北电力大学乐清智能电气与产业创新研究中心、探索校地合作创新模式具有重要意义。他希望校地双方进一步发挥各自优势，共同推动华北电力大学乐清智能电气与产业创新研究中心的建设，为服务地方经济社会发展、推动国家电力体制改革做出贡献。座谈还就华北电力大学乐清智能电气与产业创新研究中心的发展方向和运营模式进行深入的交流探讨，在基于研究中心平台开展的人才培养和科学研究等合作内容达成共识。

（梁玉超）

【江苏盐城政府、学校到校交流访问】 2019年7月24日，江苏省盐城市发改委、盐城工学院、华能集团江苏分公司、盐城市国能公司等单位到校访问，商谈人才培养、新能源学院共建和校地战略合作等事宜，副校长郝英杰出席交流座谈会。郝英杰表示，有地方政府的大力支持，有华能集团的积极配合，有国家海上风电创新中心的重要支撑，学校从研究型人才培养、应用型本科人才培养、运维管理人员培训服务、联合开展科技攻关、促进地方产业发展、智库建设等方面全面配合，积极落实，探索校地合作创新模式。他希望校地企三方进一步发挥各自优势，共同推动、筹建盐城工学院新能源学院、新能源产业技术研究院建设，为服务地方经济社会发展、推动新能源发展做出贡献。

（梁玉超）

【赴江苏推进校地合作和异地研究院建设】 2019年7月25日至27日，校长杨勇平、副校长律方成赴江苏苏州和扬中，实地调研华北电力大学苏州研究院和扬中智能电气研究中心，并与地方政府就深化校地合作、推进异地研究院建设进行洽谈。7月26日，杨勇平一行出席在华北电力大学扬中智能电气研究中心召开的校地合作委员会第二次会议，扬中市人民政府市长张德军等地方领导参加会议。7月25日，杨勇平与苏州工业园区党工委书记吴庆文举行会谈，双方参会人员围绕苏州研究院的建设等相关事宜进行交流讨论，并达成多项合作共识。在江苏期间，杨勇平一行还先后会见新国大苏州研究院院长许国勤、扬中市委书记潘早云和大全集团执行总裁葛飞，参观调研新加坡国立大学苏州研究院和大全集团。多方就联合培养人才、共同成立联合平台、共同推进技术合作和科技成果转化等事宜进行交流洽谈。

（梁玉超）

【柳林县委到校交流走访】 2019年8月8日，山西柳林县县委书记赵建喜一行12人来校交流走访。校长杨勇平、副校长李双辰与赵建喜一行进行座谈。杨勇平指出，华北电力大学作为教育部直属的“双一流”大学，依托大学理事会平台，不断深化校地产学研合作，是学校探索的成功发展经验之一。学校有责任也有能力融入到国家发展战略中，在人才培养、科技创新、社会服务、文化传承和国际合作等方面与柳林县政府积极开展更为深入的交流与合作。希望双方能建立长效的交流机制，面向未来、长远规划、创新发展，校地双方进一步发挥各自优势，共同为服务地方经济社会发展、推动国家能源革命做出积极贡献。会上，双方就深度合作事宜进行深入探讨。

（梁玉超）

【郝英杰会见浙江乐清市考察团】 2019年9月3日，浙江省乐清市考察团到访，副校长郝英杰会见考察团成员并出席交流座谈会。郝英杰指出，作为行业特色型院校，华北电力大学的学科发展、科学研究和人才培养工作，都离不开地方政府、行业企业的大力支持。多年来，乐清市在建设电气产业创新服务综合体、推动电气产业转型升级工作中取得诸多成绩和宝贵经验，希望双方下一步发挥各自优势，借助华北电力大学乐清智能电气与产业创新研究中心平台，开展更为广泛、高效、务实的合作。

（梁玉超）

【与盐城市人民政府、盐城工学院签署战略合作框架协议】 2019年9月7日，华北电力大学与盐城市人民政府、盐城工学院签订关于共同培育新能源产业高质量发展战略合作框架协议。根据协议，华北电力大学与盐城市人民政府、盐城工学院三方将遵循“产教融合、深度合作，项目推进、务实合作，互利共赢、长期合作”的原则，进行人才培养、科技创新和新能源产业人才继续教育培训等合作，深入贯彻创新发展理念，落实国家长三角一体化发展战略和产教融合发展方针，构筑政产学研协同创新网络，助推新能源产业高质量发展。

（梁玉超）

【召开回天治理研究院揭牌仪式暨首期回天治理创新论坛】 2019年9月7日，回天治理研究院揭牌仪式暨首期回天治理创新论坛在华北电力大学召开。学校党委副书记、纪委书记何华与北京市经济与社会发展研究所副书记、副所长王广宏分别致辞并为回天治理研究院揭牌。何华在致辞中讲到，去年8月北京市发布实施《优化提升回龙观天通苑地区公共服务和基础设施三年行动计划》，回天地区作为地处城市社区，在城市治理模式的探索和实践在全国有标志和示范性的意义。华北电力大学作为回天社区的一分子，聚焦回天治理，是高校锻炼科研队伍能力的过程，是积极服务社会发展的过程，是主动融入社会治理的过程。他希望研究院以回天地区社区治理研究为突破点，开展基层社区治理研究，打造基层治理的研究基地。

（梁玉超）

【与中国核电工程有限公司签署战略合作协议】 2019年9月12日，华北电力大学与中国核电工程有限公司签署战略合作协议。校长杨勇平、副校长郝英杰，中国核电工程有限公司总经理刘巍等出席签约仪式。杨勇平指出，华北电力大学与中国核电工程有限公司开展战略合作是校企合作的积极探索，是双方落实习近平总书记能源革命战略部署的重要举措。学校真诚希望与中国核电工程有限公司优势互补，携手同行，充分发挥双方的人才队伍、科研团队等优势，通过科研育人、实践育人，实施科教协同、产教融合，适应国家核电事业发展，促进先进核电技术研究、核电工程研究领域的人才培养和科研攻关，提高自主创新能力，为推进清洁低碳、安全高效的能源体系构建做出新的贡献，走出一条校企合作的新路子。会上，郝英杰与邢继代表双方签署战略合作协议。

（梁玉超）

【郝英杰率队赴山东大学调研】 2019年10月22日，副校长郝英杰率队赴山东大学就加快落实教育部“1＋1”定点扶贫任务进行调研。山东大学常务副校长王琪珑与郝英杰一行进行座谈交流。郝英杰表示，为全面贯彻落实党中央关于坚决打赢脱贫攻坚战、精准扶贫精准脱贫的重要指示精神，深入推进教育脱贫攻坚工作，新增华北电力大学与山东大学采取“1＋1”定点扶贫模式，共同定点帮扶河南省驻马店市确山县。学校党委高度重视扶贫工作任务，希望通过此次调研汲取脱贫攻坚工作经验，研讨下一步工作；山东大学在非经营性资产管理及优化配置方面也做出创新性举措，积累诸多宝贵经验，值得华电学习。

（梁玉超）

【律方成率队走访国网新疆电力有限公司、特变电工股份有限公司洽谈合作】 2019年10月23日至24日，副校长律方成率队赴国网新疆电力有限公司、特变电工股份有限公司访问，就科技合作、人才培养等工作进行交流和洽谈。在国网新疆有限公司，律方成一行与公司副总经理白伟举行座谈，律方成表示国网新疆电力公司长期以来与学校有着密切的合作，他希望可以发挥学校人才培养和智库优势，通过联合培养等形式，公司和学校双导师为新疆公司培养和输送更多的优秀人才，助力边疆电力发展。同时，希望学校和新疆公司在科研合作上有新的突破，实现共赢。在特变电工股份有限公司，特变电工股份有限公司副总裁罗军接待律方成一行。律方成高度评价特变电工股份有限公司30余年的发展历程，他希望学校与特变电工股份有限公司开展更加深入的合作，通过成立研究生联合培养工作站，学生到公司实习实践、共同设立课题等模式推动产学研合作与人才培养工作。新疆之行，华北电力大学与国网新疆电力有限公司就泛在电力互联网、新能源等方向确立12个课题合作意向，与特变电工股份有限公司确定10个需求合作意向。与两家公司在人才培养和人才输送深入合作方面达成合作共识。

（梁玉超）

【乐清智能电气产业创新研究中心揭牌】 2019年10月26日—27日，2019世界青年科学家峰会在浙江温州召开。副校长郝英杰受邀参加峰会。27日，在2019世界青年科学家峰会——智能制造(乐清)高峰论坛上，郝英杰与温州乐清市委副书记、市长方晖共同为华北电力大学乐清智能电气产业创新研究中心揭牌。乐清智能电气与产业创新研究中心，将面向国家战略需求，立足服务乐清经济社会发展，以提升乐清电气产业智能化、信息化、高端化为主线，构建完善的公共服务平台。

（梁玉超）

【联合主办区块链技术在电力场景中的应用技术论坛】 2019年11月7日，由华北电力大学和国网信通产业集团联合主办的“区块链技术在电力场景中的应用”技术论坛在北京召开，副校长郝英杰及能源互联网研究中心主任曾鸣教授受邀参加此次论坛并发表主题演讲。本次论坛以“互信共治，链接未来”为主题，邀请国家电网公司总部及省市电力公司、国网直属产业单位、高校及科研院所60余位负责人、专家共同研讨和挖掘区块链技术在电力及能源领域场景中的应用，共谋“区块链＋”发展之路。

（梁玉超）

【郝英杰率队赴河南省确山县进行定点扶贫工作调研】 2019年11月11日，副校长郝英杰率队赴河南省确山县就加快推进教育部定点扶贫任务进行工作调研。郝英杰与确山县县委书记路耕、副书记陶玉强、山东大学挂职副县长罗超及扶贫办部门负责人等举行座谈。郝英杰在座谈中表示，按照教育部的扶贫工作整体安排，华北电力大学与山东大学实行“1＋1”定点帮扶河南省确山县，这是一项党和国家交给学校的重要政治任务，学校党委非常重视，希望能够将华北电力大学的办学特色与确山县的县情实际相结合，同山东大学一道，发挥高校智力资源优势，凝练精准帮扶精品项目，像撒播火种一样，共同助力确山县的帮扶脱贫和今后的振兴发展。座谈结束后，郝英杰一行又到山东大学定点扶贫驻村第一书记所在的确山县三里河街道老臧庄街道和街道小提琴生产企业实地调研走访。

（梁玉超）

【北京建工集团校企合作座谈会】 2019年11月14日，北京建工集团校企合作座谈会暨校园招聘宣讲会在华北电力大学举行。校长杨勇平、副校长郝英杰，北京建工集团总经理郭明星、副总经理张传成出席本次活动。杨勇平表示北京建工是一家底蕴深厚的国企，人民大会堂、天安门城楼落架重建等一批经典建筑以及华北电力大学主楼，都出自北京建工之手。他希望双方面向未来，在创新人才培养、科研合作、技术创新等领域开展更深更广的合作，培养更多综合型高素质人才，为服务国家重大战略做出更大的贡献。

（梁玉超）

【王增平出席“泛在电力物联网与产业链现代化”专题研讨会】 2019年12月4日，由华北电力大学和国网研究室、国网互联网部联合主办的“泛在电力物联网与产业链现代化”专题研讨会在北京召开，副校长王增平出席会议。本次专题研讨会共同研讨和挖掘泛在电力物联网与产业链在电力乃至能源领域场景中的应用，共谋“泛在电力物联网与产业链现代化”发展之路。

（梁玉超）

【杨勇平参加2019全球能源转型高层论坛】 2019年12月7日，由北京市人民政府和国务院发展研究中心主办的“2019全球能源转型高层论坛”在北京昌平未来科学城举行。校长杨勇平参加大会并做“能源互联网与能源技术新发展”的主题演讲。杨勇平指出近年来，学校围绕能源互联网建设，先后成立能源互联网学院、人工智能学院、先进材料研究院、能源交通融合发展研究院、一带一路能源学院等多个学科平台，逐步构建适应能源电力清洁低碳智能发展的学科体系、人才培养体系及科学研究体系，是能源互联网建设的积极参与者和坚定践行者。学校将全力支持昌平区的科技创新工作，共同服务于国家能源战略和地方的落地工程建设，坚定不移地为能源电力提供高质量智力支撑，为把未来科学城建设成具有国际影响力的“能源谷”作出积极贡献。

（梁玉超）

【律方成率队赴深圳洽谈校企合作】 2019年12月6日至8日，副校长律方成率队赴华为技术有限公司、砺剑防务技术集团有限公司、华润电力控股有限公司就科技合作、人才培养等工作进行洽谈。在华为技术有限公司，律方成指出，华为作为中国民族企业的佼佼者，是中国制造业的骄傲。他希望双方立足能源电力行业的未来发展，充分发挥双方在人才培养、科学研究、成果转化等方面优势，加强校企合作，共同推进“产学研用”协同创新，助力能源电力行业创新发展。在砺剑防务技术集团有限公司，律方成表示，砺剑是一个尖端技术产业集聚的国家高新技术企业，未来将成为创新驱动和军民融合发展战略有机结合浪潮中的一面旗帜。学校与砺剑将在已有合作的基础上将深化合作，优势互补。律方成一行还前往华润电力控股有限公司就科学研究、人才培养等进行交流洽谈。

（梁玉超）

【大江控股集团电力科技有限公司捐资1500万元助力学校发展】 2019年12月13日，大江控股集团电力科技有限公司捐赠仪式在保定校区举行。公司为学校捐资1500万元，用于支持校企合作事业发展、学校青年教师成长和校友文化建设。校长杨勇平、副校长律方成，公司董事长郑震、副董事长邹伟煜等出席仪式。杨勇平指出，校企双方在研究生联合培养、师资力量共享及科研成果转化等方面具有广阔的合作前景，此次捐赠仪式是双方深化交流、务实合作的崭新开端，是企业与高校战略性互动合作的新尝试。仪式上，杨勇平分别为“华北电力大学—大江控股集团电力科技有限公司研究生联合培养工作站”和“华北电力大学大江科技研究院”授牌。

（梁玉超）

【山西振中电力股份有限公司捐资2000万元助力学校发展】 2019年12月18日，山西振中电力股份有限公司捐赠仪式在保定校区举行。该公司为学校捐资2000万元，用于支持学校教育事业发展。校长杨勇平、副校长律方成，公司董事长刘振泽，总经理、2003级校友苏斌等出席仪式。杨勇平指出，公司与学校有广阔的合作空间，一是国家创新驱动发展战略，二是国家电网公司提出“三型两网”战略，三是山西省是国家能源改革的先行者和排头兵，贵公司作为山西省的重点企业，将大有作为。华北电力大学将发挥人力资源、科学研究等优势，通过多学科交叉融合和校企合作，助力公司的发展。仪式上，杨勇平还为“华北电力大学山西振中电力股份有限公司研究生联合培养工作站”“华北电力大学振中电力泛在电力物联网研究院”授牌。

（梁玉超）

大学理事会工作

【概述】 2019年，华北电力大学理事会积极探索行业企业支持行业高校建设发展的特色办学模式，以大学理事会扩容为契机，坚持走校企合作兴校强校之路，推动理事会制度创新，进一步探索协同创新、共同发展的模式与机制，坚持服务学校中心工作，坚持服务理事会工作，坚持“走出去”与“请进来”相结合，加强工作力度，形成“平台化、常态化、精准化”工作机制，切实提高大学理事会的凝聚力和吸引力，在推动学校跨越式发展以及支撑行业科学快速发展等方面取得成效。

学校充分发挥理事会平台作用，聚焦行业发展的迫切需要，开展多领域广泛合作。主动发起和参与粤港澳大湾区电力发展合作组织、中国综合能源服务产业创新发展联盟等行业联盟，在全球能源互联网合作组织中非论坛等行业平台上积极发声，共同响应综合能源服务生态圈倡议，努力融入行业企业发展，打造协同创新、共同发展新格局。

大学理事会持续推进差异化、深层次、实质性合作。学校与国家电网公司共同成立能源互联网学院，打造校企合作新范式；积极参与由南方电网公司牵头发起的“服务粤港澳大湾区发展电力合作倡议”，成为粤港澳大湾区电力发展合作组织理事单位；与华能集团共同打造千万千瓦级海上风电标杆项目，致力于探索海上风电创新人才培养新模式；与中电联、中国国际工程咨询协会达成战略合作，为推进电力国际产能领域的国际化人才培养和国别咨询研究提供新方案；与三峡集团共建氢能联合实验室，围绕国家未来氢能源发展战略开展联合攻关。

（梁玉超）

【概况】 截至2019年底，华北电力大学理事会有成员单位14家，其中理事长单位为国家电网有限公司，副理事长单位有：中国南方电网有限责任公司、中国华能集团有限公司、中国大唐集团有限公司、中国华电集团有限公司、国家能源投资集团有限责任公司、国家电力投资集团有限公司、中国长江三峡集团有限公司、中国广核集团有限公司、中国电力建设集团有限公司、中国能源建设集团有限公司、广东省能源集团有限公司、中国电力企业联合会、华北电力大学。

（梁玉超）

【杨勇平出席服务粤港澳大湾区发展电力合作倡议发布会】 2019年3月18日，服务粤港澳大湾区发展电力合作倡议暨南方电网公司服务粤港澳大湾区发展举措发布会在京举行。校长杨勇平、副校长郝英杰参加大会。会上，南方电网联合71家行业协会、科研院校和企业发出服务粤港澳大湾区发展电力合作倡议，并与12家电力企业签署服务粤港澳大湾区发展战略合作框架协议，共同倡导绿色低碳的生产生活方式，共同将粤港澳大湾区打造成为世界清洁能源利用示范湾区，助力构建清洁低碳、安全高效能源体系。华北电力大学为南方电网公司“服务粤港澳大湾区发展电力合作共同倡议”单位。

（梁玉超）

【杨勇平参加中电联2019年第一次理事长会议】 2019年4月18日，中电联2019年第一次理事长会议暨2019年经济形势与电力发展研讨会在京举行，校长杨勇平出席会议。会议深入学习贯彻习近平总书记关于能源“四个革命、一个合作”和构建全球能源互联网重要指示精神，分析能源电力发展面临的新形势、新挑战，共同探讨我国能源电力转型和高质量发展等重大问题。

（梁玉超）

【与国家电网公司共建能源互联网学院】 2019年5月16日，华北电力大学与国家电网有限公司共建能源互联网学院签约仪式在北京举行。党委书记周坚，校长、党委副书记杨勇平，新能源电力系统国家重点实验室主任、中国工程院院士刘吉臻，中国工程院院士杨奇逊，党委常委、副校长郝英杰，国家电网有限公司董事长、党组书记寇伟，总经理、党组副书记辛保安等出席签约仪式。周坚在致辞中指出党的十九大开启能源电力和高等教育创新发展与内涵建设的新时代，国家电网公司提出的“三型两网、世界一流”的奋斗目标和发展愿景，必将对能源电力行业的未来产生重大而深远的影响。国网公司和华电共同组建能源互联网学院，呼应国家产教融合政策，契合双方发展目标定位，尊重彼此核心战略需求，双方合作基础牢固、时机成熟，具备“天时地利人和”等诸多有利条件，是落实党和国家对高等教育“四个服务”要求的具体体现。杨勇平在讲话中指出，能源互联网学院的建设，要始终以肩负的使命为根本遵循，始终以机制体制创新为动力，始终以遵循人才培养规律与科技创新规律为前提。学院要瞄准能源互联网发展的核心技术与学术前沿，更加聚焦能源领域的“卡脖子”技术与前沿核心技术。

（梁玉超）

【孙忠权出席中国综合能源服务产业创新发展联盟成立大会】 2019年6月28日，国家电网有限公司牵头发起成立的中国综合能源服务产业创新发展联盟成立大会在北京召开。副校长孙忠权出席会议。作为中国综合能源服务产业创新发展联盟联合发起单位，华北电力大学秉承优势互补、互利共赢、共同发展的原则，进一步深化合作，以开放共享的姿态，聚合各方资源，积极推动国家能源“四个革命、一个合作”战略落地，促进综合能源服务产业高质量发展，为保障经济社会持续发展做出积极贡献。

（梁玉超）

【郝英杰出席中国华电集团有限公司综合能源服务生态圈启动会】 2019年6月28日，中国华电集团有限公司在北京召开综合能源服务生态圈启动会，发布《中国华电集团有限公司综合能源服务业务行动计划》。副校长郝英杰出席会议，曾鸣教授作主旨演讲。倡议生态圈由上下游企业、科研机构、高校等相关企事业单位共同组成，遵循“共商、共建、共享、共赢”的原则，旨在打造“产学研用”共同参与的综合能源服务业务合作发展平台。

（梁玉超）

【郝英杰出席中电联售电与综合能源服务分会成立大会】 2019年7月9日，中国电力企业联合会在北京召开售电与综合能源服务分会成立大会，副校长郝英杰出席会议，曾鸣教授做专题演讲。中电联售电与综合能源服务分会旨在推动国家能源“四个革命、一个合作”战略落地，发挥电网在能源汇集传输和转换利用中的枢纽作用，充分利用成员单位的科技创新、人才智库、成果经验、信息共享等资源优势，为跨行业、跨领域的企业和单位搭建起链接产业上下游、横跨多行业的交流合作平台，共同推动关键技术研究、核心产品研发以及示范项目实施，推进标准制定政策完善，合力打造共建、共治、共享、共赢的综合能源服务产业生态，为构建国家清洁低碳、安全高效的能源体系做出积极贡献。

（梁玉超）

【举行庆祝新中国成立70周年全国电力行业职工文艺汇演】 2019年9月19日，庆祝新中国成立70周年全国电力行业职工文艺汇演及系列展览活动在华北电力大学举行。该活动由中国电力文学艺术协会主办，国家电网有限公司工会承办，中国电力文学艺术协会各副主席单位、华北电力大学、国网冀北电力有限公司协办。活动主题为“壮丽70年 · 奋进新时代”，广大电力人用嘹亮的歌声、优美的舞姿、动人的旋律和澎湃的激情欢庆新中国70华诞，以系列书法、美术、摄影、集邮作品展览讴歌新时代、礼赞新中国。

（梁玉超）

【华能集团一行到访】 2019年10月14日，华能集团人力资源部副主任罗楚文、华能江苏分公司副总经理钟金东一行到校访问，就国际化人才培养、海上风电科技合作等相关事宜进行交流座谈。副校长郝英杰出席座谈会。郝英杰指出，学校与华能集团长期以来有着良好的合作关系，希望双方能够在人才培养、科技合作、国际事务和产业创新等方面开展有价值、有意义、深层次合作，推进共同探索海上风电人才培养模式，培养创新型人才，更好地服务于能源电力行业发展。

（梁玉超）

【国家电网有限公司—华北电力大学能源互联网学院揭牌】 2019年10月17日，国家电网有限公司—华北电力大学能源互联网学院在北京正式揭牌。党委书记周坚与国家电网有限公司总经理、党组副书记辛保安共同为“国家电网有限公司—华北电力大学能源互联网学院”揭牌。仪式由校长杨勇平主持。周坚指出，能源互联网学院的正式揭牌，是双方合作史上的重要里程碑，掀开双方协同创新、共同发展新的篇章。学校将以此为契机，发挥高校作为科技第一生产力、创新第一驱动力和人才第一资源重要结合点的关键作用，将能源互联网学院打造成研究型、交叉型、开放型创新发展的特区；坚持扎根能源电力，打造高水平人才培养体系，为新时代国家电网有限公司和能源电力事业大发展造就高素质的建设者和接班人；坚持服务国家需求，聚焦国家战略和前沿科技方向，加强基础科学和重大技术攻关，占领世界能源电力科技制高点。杨勇平在主持仪式中指出，此次双方高标准、高起点共建能源互联网学院，携手共谱校企合作新篇章，是双方在新时期取得的又一项重要合作成果，标志着双方校企合作进入新的阶段，产教融合达到新的高度。相信在双方的共同努力下，一定能将能源互联网学院办出特色、办出影响、办出一流。仪式结束后，双方联合召开能源互联网学院管理委员会第一次会议。

（梁玉超）

【与中电联、中国国际工程咨询协会签署战略合作协议】 2019年10月18日，《电力行业国际产能合作指引》在京发布。华北电力大学与中国电力企业联合会、中国国际工程咨询协会签署战略合作协议。党委书记周坚、副校长郝英杰，国家发展改革委、中国—东盟商务理事会、中国国际工程咨询协会、中国电力企业联合会、中国电力国际产能合作企业联盟等单位领导出席发布会。周坚在致辞中指出，华北电力大学始终是我国能源科技创新和创新人才培养的重要参与者、见证者和推动者，也是“一带一路”重大倡议的积极参与者和坚定践行者。学校愿以更加开放的姿态、更加包容的心态、更加创新的机制，与政产学研用各方加强精诚合作，携手打造国际能源人才培养和“一带一路”能源智库高地，共同研究全球电力产业发展、国别政策，规划企业项目合作，提出战略性、前瞻性和政策性建议，共同推动电力企业“走出去”走深走实，共同推动“一带一路”高质量建设。郝英杰代表学校签署战略合作协议。根据战略合作协议，三方将秉持“资源共享、优势互补、互惠互利、共同发展”的原则，以华电“一带一路”能源学院、中国电力国际产能合作企业联盟、中国国际工程咨询协会国别咨询委员会为依托，建构长期稳定的全面战略合作伙伴关系。

（梁玉超）

【郝英杰赴中国长江三峡集团科学技术研究院进行合作交流】 2019年10月23日，副校长郝英杰率队赴中国长江三峡集团有限公司科学技术研究院进行合作交流。郝英杰希望双方进一步凝练合作方向，聚焦新能源研究前沿，开展基础理论、关键技术、重大装备等前瞻性、基础性研究，协作攻关重大重点项目，培养一流科技创新团队，共同提升自主创新能力和核心竞争力，共同构建央企和学校合作共赢的新模式和新机制。会议讨论确定下一步双方合作的四个科研方向，并明确每个方向双方具体负责人和参与单位；研究确定下一步工作计划，将积极开展实质性对接，协同开展前沿关键技术研究。

（梁玉超）

【杨勇平参加国网公司大众创业万众创新主题日活动】 2019年10月23日，校长杨勇平应邀出席国家电网有限公司主办的首次大众创业万众创新主题日系列活动。杨勇平代表合作方发言，见证“泛在电力物联网双创中心”揭牌仪式。杨勇平在发言中表示，华北电力大学作为与能源电力企业关系最紧密的行业高校，承载着为国家能源电力事业培养高素质人才和推进科技进步的历史使命。华北电力大学将发挥人才培养的优势，一如既往地为大中小企业和双创战略提供人才支持；将坚持扎根能源电力，与各双创示范基地、大中小企业、高等院校、科研院所加强交流合作，推动形成能源电力领域融通发展新生态。本次主题日发布系列创新创业合作需求，举行成果展示、对接路演、投资签约等活动。

（梁玉超）

【杨勇平参加全球能源互联网暨中一非能源电力大会】 2019年11月6日一7日，2019全球能源互联网暨中一非能源电力大会在北京国家会议中心举行。来自全球79个国家的1000多位嘉宾齐聚北京，会议围绕“全球能源互联网——绿色低碳可持续发展之路”和“非洲能源互联网——非洲发展新动能”两大主题，共商全球和非洲能源互联网发展大计，为世界能源转型与可持续发展绘制新蓝图。校长杨勇平参加大会并做“非洲能源可持续发展与大学使命”主题演讲。杨勇平在主题演讲中指出，学校是构建全球能源互联网倡议的积极参与者和坚定践行者，将不断融入服务“一带一路”建设的大格局。近年来，华北电力大学与非洲各国保持良好的合作关系，在读留学生涵盖大部分非洲国家，围绕可再生能源、能源互联网等重点领域，在科研、教育培训、人文交流等领域开展广泛合作。杨勇平强调学校将积极投身到全球能源互联网和非洲能源可持续发展事业之中，不断贡献新的华电智慧和华电方案，不断发挥中国高校应有的使命与担当。

（梁玉超）

【律方成出席南网公司第一届博鳌智能电网国际论坛】 2019年11月6日至8日，第一届博鳌智能电网国际论坛(BSGIF)在海南博鳌举行，国家部委领导、海南省发改委、南方电网各单位及相关机构等人士出席会议。副校长律方成应邀出席此次会议并发言。律方成在发言中表示，智能电网发展是与国家发展战略特别是能源发展紧密联系在一起的，落实习近平总书记提出的“四个革命、一个合作”能源安全战略，需要我们站在行业的全局共同谋划，华北电力大学将发挥人才培养的优势，一如既往地发挥能源电力高校应有的作用，与大家携手，为我国能源电力事业的更好更快发展做出新的更大贡献。

（梁玉超）

【召开大学理事会会议】 2019年11月22日，中国电力企业联合会2019年第二次理事长会议暨华北电力大学理事会2019年会议在京召开。中电联理事长、大学理事会理事长、全球能源互联网发展合作组织主席刘振亚主持会议，中电联副理事长、校长杨勇平，副校长郝英杰，华北电力大学理事会副理事长、理事和有关负责人出席会议。会议审议通过《华北电力大学工作报告》，深入探讨华北电力大学“双一流”建设若干重大问题，部署大学理事会下一步重点工作。杨勇平代表学校作《华北电力大学工作报告》，他全面展示学校在学科建设、人才培养、科学研究、校企合作、国际合作等方面取得的成绩。针对大学理事会近期的重点工作，杨勇平提出两点建议：一是创新理事会体制机制，不断发挥制度优势。二是发挥理事会平台优势，积极服务国家战略需求。杨勇平表示，学校将积极参与并支持理事单位的重点科技工程，加强在关键领域的战略合作，希望理事会对学校正在开展的两个重大科研计划予以重点支持。杨勇平表示，学校将继续高举理事会旗帜，坚定不移走校企合作兴校强校之路，不断适应经济社会需求，探索建立更加开放的办学体制和合作模式，以更高的人才培养质量、更有创造力的科学研究、更好的社会服务肩负起时代的重任，早日实现学校特色鲜明高水平研究型大学的办学目标，为能源电力更加美好的未来做出更大的贡献。大学理事长、副理事长和中电联理事会有关领导先后发言，并充分肯定学校一年来的工作和取得的发展成就。

（梁玉超）

【南方电网综合能源股份有限公司到访】 2019年11月27日，南方电网综合能源股份有限公司总经理陈庆前、副总经理陈朴一行到校访问交流。副校长孙忠权出席交流座谈会。孙忠权指出，六十多年来，学校承载着为国家能源电力事业培养高素质人才与推进科技进步的历史使命。从2003年划转教育部管理，学校紧抓机遇，实现跨越式快速发展。紧密围绕国家战略，充分发挥学科优势、人才优势、科研优势，坚持走校企合作的发展之路，积极服务于能源电力行业的发展。会后，陈庆前一行参观学校生物质发电成套设备国家工程实验室及学校学科性公司北京华电光大环境股份有限公司。

（梁玉超）

【律方成出席中国南方电网国际技术论坛并作主旨报告】 12月5至6日，第十六届中国南方电网国际技术论坛在广州举行。来自海内外的专家学者、业界代表，围绕“汇聚创新力量，建设一流企业”主题展开深入研讨和交流，华北电力大学副校长律方成出席活动并围绕《新型传感技术在电力系统设备监测中的应用》作主题报告。律方成指出随着电网朝着智能化、透明化、市场化、物联化方向的不断发展，对电网信息的感知和获取提出更高要求，新型传感技术对于维护电网的安全稳定运行具有重要意义。他表示在未来的“智能电网”中，新型传感技术将为电网监测提供更加全面、实时、高效的服务保障。

（梁玉超）

【举办领导干部上讲台国企公开课报告会】 2019年12月20日，中国长江三峡集团有限公司一华北电力大学“领导干部上讲台”国企公开课华北电力大学报告会在华北电力大学举行。长江三峡集团党组副书记、总经理王琳走上讲台，为华电学子讲授公开课。校长杨勇平、副校长李双辰出席会议，报告会由杨勇平主持。杨勇平在主持报告会时指出，长江三峡集团是全球最大的能源开发企业和我国最大的清洁能源集团。近年来，学校与长江三峡集团在各领域开展深入合作，建立深厚友谊。学校建校六十周年之际，长江三峡集团正式成为大学理事会副理事长单位，双方合作进入全新历史阶段。“领导干部上讲台”国企公开课活动将国有企业的最新发展成果、实践案例带进课堂，进一步丰富学校思想政治教育的形式，对帮助学生全面正确理解国有企业在我国国民经济的顶梁柱和主力军作用、进一步增强社会责任感，有着十分重要的意义。报告会上，王琳作《践行党和国家重大战略，诠释三峡集团使命担当》主题报告，报告从红色基因、蓝色海洋、绿色发展三个部分，讲述长江三峡集团的源起与责任，从长江走向海洋、践行“一带一路”倡议的历程，以及在长江大保护中发挥骨干主力作用的举措。报告会以视频形式在北京校部、保定校区同时举行。长江三峡集团、学校相关部门院系主要负责人以及近 1500 名华电师生到场聆听。

（梁玉超）

【中国长江三峡集团有限公司一华北电力大学氢能联合实验室揭牌】 2019 年 12 月 20 日，中国长江三峡集团有限公司一华北电力大学氢能联合实验室在北京正式揭牌。校长杨勇平与长江三峡集团党组副书记、总经理王琳共同为“中国长江三峡集团有限公司一华北电力大学氢能联合实验室”揭牌。揭牌仪式后，双方围绕如何将氢能联合实验室办出特色、办出影响、办出一流，进行座谈交流。座谈会由副校长李双辰主持。杨勇平指出，要把氢能联合实验室做实，就要根据国家战略确定实质性任务，做到“六个实”，即人力实——根据实际需求落实实验室人员，资金实——落实实验室科研经费，空间实——落实实验室的使用空间，硬件实——搭建设备仪器等硬件平台，制度实——落实实验室的交流机制、责任考核、制度规则，成果实——最终要落实到实验室成果的产出，转化成实际生产力；要在此基础上进一步扩大合作领域，丰富合作模式，促使合作模式多样化；根据双方发展战略，将在新能源、水电、海上风电、长江大保护、太阳能、储能及人才培养等领域进一步开展合作。

（梁玉超）

校友联络工作

【概述】 2019 年，学校校友工作围绕学校的中心工作和发展大局，坚持“三个有利于”的原则，发挥校友会“一家一桥一平台”的作用，努力做好“三个服务”，学习《社会团体登记管理条例》、社会团体评估等相关规章，学习“三严三实”、《中国共产党廉洁自律准则》和《中国共产党纪律处分条例》，保证依法依规开展校友工作。参加全国校友工作研讨会，学习校友工作先进经验。继续担任中国高等教育校友工作研究分会监事单位。完成校友会注册资金减资。邀请多位校友返校参加活动，增进交流，为今后的校友工作奠定良好基础。年内，学校共组织、接待校友 2300 余人次；依托校友之家举办各种特色活动，累计接待 3000 多名校友和在校师生交流座谈。

（王瑞琪）

【三位校友获国家科学技术进步二等奖】 2019 年 1 月 8 日，2018 年度国家科学技术奖在北京揭晓，共评出 285 个人选。其中，国家自然科学奖 38 项，国家技术发明奖 67 项，国家科学技术进步奖 173 项。华北电力大学王继业、褚景春、张波三位校友获 2018 年度国家科学技术进步奖二等奖。

（王瑞琪）

【杨勇平参加北京校友会创业校友新春座谈会】 2019 年 1 月 17 日，北京创业校友召开新春座谈会。校长杨勇平、副校长郝英杰、北京校友会名誉理事长史玉波、张成杰，理事长崔继纯、常务副理事长李斌、执行副理事长杜德安、副理事长高秀环、周庆捷，秘书长杨兆静以及在京创业校友代表齐聚一堂，共话未来，喜迎新春佳节。杨勇平代表学校向长期以来支持学校发展的各位校友表示衷心感谢和节日祝福。

（王瑞琪）

【郝英杰率队走访调研校友企业】 2019 年 2 月 23 日，副校长郝英杰率队走访调研校友企业——北京清畅电力技术股份有限公司。北京校友会名誉理事长史玉波、张成杰，理事长崔继纯，荣誉理事张虎林，常务副理事长李斌，执行副理事长杜德安，副理事长陈保卫、王万春，原党委副书记张金辉、对外联络部负责人、北京校友会秘书长杨兆静，副秘书长薛晓峰等校友陪同走访调研。“校友企业行”系列活动旨在通过深入调研校友企业的发展情况，服务校友企业，关心校友成长，增强校企合作，支持校友企业发展。

（王瑞琪）

【三位校友入选中国电机工程学会院士候选人推选名单】 2019 年 2 月 26 日，中国电机工程学会推选院士候选人专家委员会通过不记名投票方式，评选出 8 位专家为 2019 年推选院士候选人，华北电力大学崔翔、王树民、孙昕 3 位校友入选。

（王瑞琪）

【香港、加拿大校友会举行校友活动】 2019 年 3 月 9 日，香港校友会举办新春茶话会，来自香港、广东和上海校友欢聚一堂共寻合作机会，弘扬华电精神，宣传校友文化，凝聚校友力量，助力母校发展。3 月 9 日，加拿大校友会成立加拿大校友羽毛球俱乐部，积极开展海外校友沟通交流活动。

（王瑞琪）

【海南校友会召开年会】 2019年2月16日，海南百余名校友相约海南省昌江黎族苗族自治县，参加华电海南校友会年会，学习昌江核电精神，了解核能源安全知识。吴清理事长作2018年华北电力大学海南校友会工作报告以及2019年校友工作计划，潘运贵作2018年海南校友会财务报告。与会校友共同观看新春祝福视频，演唱华电校歌。

（王瑞琪）

【四川校友举办“我和我的祖国”快闪活动】 2019年3月16日，在全国两会闭幕之际，四川近百名校友相约缘道农场，共同参与“我和我的祖国”系列快闪活动，唱响“我爱你中国”，表达对祖国的热爱，祝福母校发展壮大。

（王瑞琪）

【校友参加两会】 2019年3月3日至3月15日，中国进入“两会时间”，学校校友代表舒印彪、李小鹏、曹志安分别就能源、电力、交通等关系国计民生的重要领域提出议案，并接受媒体采访。

（王瑞琪）

【华电校友会微信公众号上百强榜单】 2019年3月，“2018年度校友会微信公众号百强榜单”中，华电校友会微信公众号在最具影响力中排名第34，最受欢迎中排名第50，最勤奋中排名第27。华北电力大学校友会公众号于2014年11月申请注册，至年底，已运营5年。公众号坚持“三个有利于”原则，努力搭建校友与母校沟通交流的平台，以促进各地区校友之间以及校友与母校之间的联系为职责，以联络感情、沟通信息及充分发挥校友资源作用等为主要工作方法开展校友活动。

（王瑞琪）

【校友及校友企业走进雄安新区】 2019年3月28日，华北电力大学校友会常务理事闫晓丁、保定国家高新区管委会副主任王韶坡、学校对外联络与合作部负责人和保定校友代表、创业校友代表一行近二十人走访雄安新区市民服务中心，了解雄安新区发展规划；参观学习雄安新区供电公司绿能魔盒、电动汽车无线充电技术、走访国网信通产业集团雄安新区办事处。

（王若晗）

【赴浙江大学调研并走访校友企业】 2019年4月15日，学校党委常委、副校长郝英杰，校友会副理事长张成杰及校友企业代表赴浙江大学调研学习。双方就如何突破界域、整合资源，搭建多元化、全方位平台，使政府、学校和校友资源得到充分利用，学校如何发挥自身优势为校友企业的成长做好服务，校友企业如何助力母校人才培养、科研成果转化，学校和企业如何打造较为紧密的关系，校友和母校如何打造“发展共同体”等方面进行探讨。同日，郝英杰一行走访调研机械84级校友李国藩的企业——中光工程与浙江大学合作的太阳能热发电综合实验平台和机械82级校友叶水泉创办的建筑节能高新技术产业杭州源牌科技股份有限公司，深入了解校友企业的发展情况，增强校企合作。

（王瑞琪）

【宁夏校友“e路有你”纯电动汽车试乘体验活动】 2019年4月13日，宁夏校友代表与国网（宁夏）综合能源服务公司共同开展“e路有你”纯电动汽车试乘体验活动。国网（宁夏）综合能源服务公司负责人、宁夏校友会理事张亮汇报纯电动汽车在宁夏推广运行的阶段计划，他指出2019年公司将大力启动电动车市场零售业务，加快（合作）建设零售网点，布局公交、市政、物流等专用车市场，同时加快建设充电桩，确保社会对电动车充电的需求。

（王瑞琪）

【贵州校友与中警院贵州校友举行联谊活动】 2019年4月20日，华北电力大学贵州校友代表与中央司法警官学院贵州校友代表在贵阳市观山湖区贵阳青少年活动中心举行校友联谊活动。以竞技体育为平台，以校友交流为目的开展两校校友联谊活动，在提高竞技水平、增强身体素质的同时，增进华电校友之间，以及两校校友之间的友谊。

（王瑞琪）

【校友获西藏青年五四奖章】 2019年4月29日，西藏共青团纪念五四运动100周年暨第15届“西藏青年五四奖章”表彰大会在拉萨举行。学校热动07级校友——达瓦珠久获“西藏青年五四奖章”。

（王瑞琪）

【参加校友工作学术研讨会】 2019年5月9日，中国高等教育学会校友工作研究分会2019年第一次常务理事会议暨校友工作学术研讨会在四川大学望江校区召开。担任研究分会常务理事单位的全国51所高校的80余名代表参加会议，校友会聂国欣作为中国高等教育学会校友工作研究分会监事参加会议。

（王瑞琪）

【沈抖校友履新】 2019年5月，华北电力大学计算机97级校友沈抖晋升为百度高级副总裁。负责移动生态事业群组工作。沈抖2014年入选“北京市海外高层次人才”“北京市特聘专家”。

（王瑞琪）

【校友返校参加学校田径运动会】 2019年5月24日，学校2019年田径运动会在北京校部运动场开幕，近50位校友代表组成校友方阵参加开幕式，并组织参加4×50米迎面跑接力比赛项目。

（王瑞琪）

【召开校友企业联合会理事会扩大会议】 2019年6月6日，校友企业联合会理事会扩大会议在保定校区召开。学校党委常委、副校长、校友会常务副理事长郝英杰，保定国家高新区管委会副主任柏纪伟、王韶坡，对外联络与合作部有关负责人，校友企业联合会理事会成员，特邀创业校友参加本次会议。联合会经表决通过《关于华北电力大学校友企业联合会成立行业协会的建议》等六项决议。

（王若晗）

【聘任班级校友联络员】 2019年6月，华北电力大学举行2019届毕业生班级校友联络员聘任仪式。共聘任研究生校友联络员192名，其中北京校部130人，保定校区62人；聘任本科校友联络员404人，其中北京校部189人，保定校区215人。

（王瑞琪　王若晗）

【校友助力脱贫攻坚】 2019年7月，华北电力大学"不忘初心，爱助扶贫社会实践队""春晖暑期社会实践队"分别赴保定市阜平县史家寨乡凹里村、天生桥镇龙王庙村开展暑期社会实践活动。通过校友筹资近26万元，完成两村分布式光伏发电项目。

（王若晗）

【举办寻找"准校友"及校友法律服务团成立活动】 2019年8月3日，贵州校友会在贵州省兴义市举办寻找"准校友"主题活动及校友会法律服务团成立活动，贵州校友会理事会成员及全省各市(州)校友代表40余人参加本次活动。本次校友活动创新活动方式，得到黔西南地区校友的积极响应和支持。贵州校友会副理事长陈华作2018年寻找"准校友"活动总结，宣布2019年寻找"准校友"活动启动，号召全省校友积极投身贵州脱贫攻坚事业，实现精准扶贫助学。现场为2018级校友周振宇、刘怡梅发放助学金，缓解其经济困难。

（王瑞琪）

【广东校友捐赠雕塑】 2019年9月6日，广东校友捐赠雕塑落成仪式在保定校区举行。律方成为广东校友颁发捐赠证书，芦晓英校友代表广东校友接受证书。杨勇平与芦晓英共同为雕塑揭牌，并合影留念。

（王若晗）

【开展华电中秋月饼义卖活动】 2019年中秋节前夕，采用以捐代买的形式开展华电中秋月饼义卖活动，校友每捐赠120元，即可领取精美月饼一盒。所捐金额，除用于月饼食材购买以及物流费用外，其余款项将用于校友活动开展和校友文化建设。累计400余名校友参与购买，筹得资金46320余元。

（王若晗）

【校友获能源功勋人物】 2019年9月19日，第三届(2019)中国能源产业发展年会暨首届"能源文化节"在北京举行。由《中国能源报》发起的"能源70年·功勋人物"评选结果同期揭晓。经公开推荐、网络投票、专家评审等环节，现场颁发8大奖项，共计70人获表彰。华北电力大学刘吉臻、沈国荣、舒印彪校友获表彰。

（王瑞琪）

【朱常宝参加校友零距离主题分享会】 2019年10月18日，对外联络与合作部联合党委学生工作部共同举办壮丽七十年，奋斗新时代——"华电梦·赶考行"校友零距离主题分享会。华北电力大学原党委副书记朱常宝以"华电梦与莘莘学子的使命"为主题，为华电学子带来一场精彩的分享会。

（王若晗）

【举办校友主题教育活动】 2019年10月19日—20日，在新中国成立70周年，古田会议召开90周年，学校迎来建校61周年校庆之际，校友会联合福建校友会开展"不忘初心、牢记使命——从古田再出发"校友主题教育活动。通过此次活动，创新校友工作思路，打造校友品牌活动，激励广大校友和师生不忘初心再出发、牢记使命勇担当。

（王瑞琪）

【第五届中恒博瑞校友杯足球赛举行】 2019年10月26日至27日，第五届中恒博瑞校友杯足球赛在保定校区开赛。副校长律方成，校友俱乐部名誉理事长孙洪，校友足球俱乐部理事长付强，中恒瑞博董事、副总经理张永浩，对外联络与合作部、体育教学部、科技学院等相关部门负责人，以及来自全国各地的19支队伍，近400名校友参加活动。

（王若晗）

【校友舒印彪接任IEC主席】 2019年10月25日，第83届IEC大会在上海闭幕。大会期间，IEC候任主席、中国电机工程学会理事长、中国华能集团有限公司董事长、校友舒印彪和IEC现任主席詹姆斯·香农完成主席交接，舒印彪发表就职讲话。

（王瑞琪）

【编辑建校60周年特刊】 2019年，为了更好总结梳理校友工作取得的成绩，外联部着手起草、编辑60周年校庆电子特刊。该特刊围绕学校六十周年发展成就、建校60周年校庆回顾、校友会十五年工作成效、对外交流与合作等多个版块展示学校和校友会发展成绩。11月，60周年校庆电子特刊制作完成，并制作成电子书嵌入校友一体化服务平台，方便校友阅览。

（王瑞琪　王若晗）

【校友一体化服务平台二期建设】 2019年，校友会进行校友一体化服务平台二期建设，实现开具证明功能，面向广大校友发行电子校友卡。11月，电子校友卡正式制作并调试完成，为了增加电子校友卡的安全性，该平台还设置二维码身份验证功能。

（王若晗）

【举行"泺立杯"第四届校友羽毛球友谊赛】 2019年11月9日，"泺立杯"华北电力大学第四届校友羽毛球友谊赛在广州国际羽毛球培训中心举行。副校长李双辰、律方成，广东校友会理事长、本届赛事组委会主任芦晓英，广州电力交易中心董事长、校友会副理事长张勉荣，校友羽毛球俱乐部理事长杜德安、秘书长张庆生，泺立能源科技有限公司董事长文锋校友，艾博电力设计院院长崔小勃校友，对外联络与合作部副部长、校友工作办公室主任聂国欣以及来自全国各地的17支参赛队伍、16对百岁组合，近400名校友参加比赛。

（王瑞琪）

【举办广东校友座谈会】 2019年11月10日，学校副校长李双辰、律方成一行率队访问广州电力交易中心有限责任公司，并就发挥双方优势，深化校企合作召开校友座谈会。广州电力交易中心有限责任公司党委书记、董事长张勉荣校友参加座谈，学校对外联络与合作部相关负责人，随行校友，广州电力交易中心有限责任公司有关领导参与座谈交流。

（王瑞琪）

【两名校友当选中国工程院院士】 2019年11月22日，中国工程院2019年院士增选结果公布，舒印彪校友当选中国工程院能源与矿业工程学部院士，任洪强校友当选中国工程院环境与轻纺工程学部院士。

（王瑞琪）

【北京校友会向母校捐赠建校六十周年主题雕塑】 2019年11月22日，北京校友会向母校捐赠建校六十周年主题雕塑捐赠仪式在学校举行，校党委书记周坚，党委常委、副校长郝英杰，北京校友会理事长崔继纯，中央美术学院造型学院副院长、雕塑系主任、教授、博士生导师吕品昌出席仪式。

（王瑞琪）

【天津校友会举办参观交流活动】 2019年12月14日，天津校友会理事长杨士利及来自国网天津市电力公司、天津华电南疆热电有限公司等17个单位的40余名校友代表前往中力防雷技术有限公司、天津华能杨柳青热电有限公司参观交流，并召开座谈会。本次交流活动以增进校友情谊、推动共同发展为目的，通过搭建校友交流平台，进一步凝聚校友力量，弘扬校友文化。

（王瑞琪）

【60周年校庆地方校友祝福视频】 2019年，对外联络与合作部将2018年甲子校庆期间收集到的国内14个省市，国外3个地区，以及电力84级、热力84级等来自全球各地校友的祝福视频，和其他地方校友会换届照片，剪辑制作成地方校友祝福视频，并嵌入一体化服务平台，以便校友阅览观看，增强校友认同感。

（王若晗）

【多批校友返校】 2019年，学校发电6416班，热力76级，电力、机械、计算机85级，集控86级，环工89级，电气、热自、燃管、信息、经管、人文95级，供电96级，供电00级，电力、动力、法政、计算机、通信、机械、工业工程、电气、热能、测控电子、自动化、营销、工管、可再生、材料、物理、环工等05级，研电、研自动化、研动06级等不同年级、班级的80余批次2300余名校友相继返校开展毕业聚会纪念活动，学校领导、当年任课教师等到场参加。

（王瑞琪 王若晗）

【各院系开展校友活动】 2019年，各个院系积极开展形式各样的校友活动。人文与社会科学学院举行“青春心向党，建功新时代”毕业生主题教育活动暨2019届毕业生晚会，举办校友与在校生交流座谈会。电力系走访中国科学研究院合肥分院、南京市供电公司等多家单位，开展山东校友座谈会。电子系举办05级研究生校友刘春宇报告会，电子系校友组成的电子传奇队参加第五届中恒博瑞杯“校友杯”足球赛。动力系拜访华润华北大区，举行校友分享会，举行师生团聚会。机械系走访广东省部分电力企业，举行校友座谈会，部分机械工程系毕业生返校参加第五届中恒博瑞“校友杯”足球赛，与北京清畅电力技术股份有限公司举行校企合作签约揭牌仪式。自动化系举办校友足球赛，举办校友报告会，校友座谈会。计算机系组建分类别分层次的校友群，开展“2019届毕业生教师志愿者送站”活动，组织多场线上、线下校友技术提升专题讲座。环工系宣传及组织“你好，新校友”毕业季活动，举办校友返校座谈活动，组织参与“华电梦・赶考行”校友零距离主题分享会活动。经管系向校友募集各类院系发展建设资金，与09级创业校友牧国韬联络，签订院系与其创业公司的框架合作协议，围绕特殊困难学生，集合校友力量扶危济困。法政系开展优秀校友面对面交流活动，举办“传创业故事，习择业智慧”校友交流活动，举办校友联谊体育比赛。英语系举办校友线上线下校友分享会，为即将毕业的学生提供职业咨询和帮助。数理系召开师生座谈会，开展欢送毕业生晚会、毕业生趣味运动会、毕业生篮球赛、优秀学子采访等情牵母校系列活动，制作数理系优秀校友展。马克思主义学院举办校友座谈会，完善毕业生名册。国际教育学院开展校友意识问卷调查，在学院微信公众平台开设优秀毕业校友访谈专栏，邀请优秀毕业校友返校为在校生作报告，作专题讲座，开展座谈交流。科技学院举办首届校友足球邀请赛及校友座谈会。

（王瑞琪 王若晗）

基金会工作

【概况】 2019年,教育基金工作办公室与教育基金会秘书处贯彻落实学校的决策部署,完成年初确定的目标任务,并在基金会等级评估中再次获得"4A"级。

至年底,教育基金会资产总额7042.63万元,净资产额6939.94万元。其中,资金4271.73万元,股权资产价值2765.5万元,其他存在方式为5.40万元。2019年,围绕国家战略需求、社会公益事业和学校中心工作,运作基金项目168项,共有38家各类企业、社会组织及个人捐赠40笔(不含网络平台捐赠)。17个院系部处参与筹资工作,其中院系筹集资金总额为221.91万元,部处筹集资金总额为408.13万元。小额微捐70032元。2019年,通过教育基金会平台,年度内募集与吸纳的资金人民币1500.74万元;签订捐赠协议23笔,协议资金合同额为5108.67万元;申报配比资金获批712.44万元;年度合计到账资金收入788.30万元,其中捐赠到账资金637.05万元,投资收益151.25万元。年度支出合计1086万元,其中:业务活动成本1032.00万元,管理费用54万元。工作人员工资福利和行政办公支出占本年支出比例的2.44%。

(肖媛媛)

【基金会获免税资格】 2019年4月12日,根据北京市财政局、国家税务总局北京市税务局、北京市民政局联合下发的《关于公布北京市2018年度获得公益性捐赠税前扣除资格的公益性社会团体名单的公告》(京财税〔2019〕629号),北京华北电力大学教育基金会名列"北京市2018年度获得公益性捐赠税前扣除资格的公益性社会团体名单"。基金会免税资格年度审核备案工作完成,获免税资格。

(肖媛媛)

【参加大学基金会创新发展论坛】 2019年4月27日,教育基金工作办公室主任、教育基金会常务副秘书长王子杰以及工作人员参加在上海复旦大学举行的"多元化筹资与世界一流大学建设"研讨会暨第三届大学基金会创新发展论坛。此次论坛由中国人民大学公共治理研究院与复旦大学教育发展基金会共同主办。

(肖媛媛)

【赴上海昱章电气成套设备有限公司洽谈合作事宜】 2019年4月28日,教育基金工作办公室主任、教育基金会常务副秘书长王子杰以及工作人员走访上海昱章电气成套设备有限公司,与该公司董事长许颖、总经理崔建华等主要负责人进行深入交流,并达成合作意向。

(肖媛媛)

【赴南瑞继保有限公司自动化研究所调研】 2019年5月,教育基金工作办公室主任、教育基金会常务副秘书长王子杰及工作人员孙守伟走访南瑞继保有限公司自动化研究所,在相关领导带领下参观集团展览馆及部分工作流水线,洽谈加强校企合作相关事宜。

(肖媛媛)

【上海昱章电气捐赠1000万元支持学校事业发展】 2019年7月11日,上海昱章电气成套设备有限公司捐赠签约仪式在华北电力大学举行。上海昱章电气成套设备有限公司捐赠人民币1000万元,设奖学金及昱章电气研究院,助力学子成长和科学研究。副校长郝英杰、上海昱章电气成套设备有限公司董事长许颖、副总经理孙敏捷出席签约仪式。

(肖媛媛)

【北京中恒博瑞数字电力科技有限公司捐赠300万元设立创业基金】 2019年7月12日,北京中恒博瑞数字电力科技有限公司捐赠人民币300万元,设立华北电力大学中恒博瑞创业基金,鼓励学生创业实践。该基金主要用于助力华电学子创新创业,支持国内外知名专家学者来校学术交流,促进学校开展美育及劳育教育等。副校长郝英杰、副校长律方成,中恒博瑞公司董事长周庆捷、总经理仇向东、副总经理张永浩等出席签约仪式。

(肖媛媛)

【召开第二届理事会第九次会议】 2019年7月12日,教育基金会召开第二届理事会第九次会议,参会理事审议并通过《北京华北电力大学教育基金会章程》修改案与《北京华北电力大学教育基金会重大事项报告制度》修改案以及教育基金会2019年度上半年大额捐赠项目《2018年度基金会业务计划执行和财务决算报告》等会议议题。

(肖媛媛)

【召开理事长办公会】 2019年7月12日,基金会召开理事长办公会,讨论持有股权事宜,会议听取副秘书长王子杰关于持股企业经营情况的汇报,并讨论股权管理有关事宜。

(肖媛媛)

【设立电力创新基金】 2019年7月19日,教育基金会设立电力创新基金,支持华北电力大学创新人才培养,贴近社会需求与现场实际选拔优秀创新型成果,探索新型人才培养模式、丰富创新型人才培养手段;支持华北电力大学在能源电力及新能源领域开展的创新性教育。

(李晓伟)

【基金会工作展示室投入使用】 2019年9月23日,基金会工作展示室完工并投入使用,通过基金会概况、理事会成员、历史沿革、组织机构、工作流程、大事件、捐赠名录、慈善活动、捐赠照片、资产发展数据等模块,详细展示基金会的情况。

（李晓伟）

【基金会接受民政局社会组织等级评估】 2019年9月24日，学校迎接专家组进校考察，接受北京市民政局对学校基金会社会组织等级评估。华北电力大学副校长郝英杰、北京华北电力大学教育基金会理事长吴志功、副理事长孙平生出席迎评工作会议，评估专家组联络员及基金会秘书处全体工作人员参加会议。评估专家组就本次评估做详细介绍，郝英杰对专家组表示欢迎，并做重要讲话，他指出大学基金会是现代大学管理体系中的一部分，大学基金会的强弱也是大学办学实力的重要标志之一。吴志功表示非常重视本次等级评估，此次等级评估是基金会一次难得的学习和提高的机会，他希望各位专家多提宝贵意见和建议，提高基金会科学管理水平，助推基金会规范性、专业化发展。当日，评估专家组召开评估总结会，基金会秘书处全体工作人员参加会议，认真听取评估专家的反馈意见。此次评估为北京市民政局组织的对在北京市注册成立的基金会开展的全面系统的评估，评估结果将作为社会组织等级划分及申请免税资格的重要依据。

（肖媛媛）

【北京校友会捐赠建校六十周年主题雕塑】 2019年11月22日，北京校友会向母校捐赠建校六十周年主题雕塑捐赠仪式在北京举行。为纪念建校六十周年，北京校友会承担该雕塑建设全部费用，以此表达对母校的感谢与祝福。校党委书记周坚，党委常委、副校长郝英杰，北京校友会理事长崔继纯，中央美术学院造型学院副院长、雕塑系主任、教授、博士生导师吕品昌出席仪式。

（肖媛媛）

【大江控股集团电力科技有限公司捐资1500万元助力学校发展】 2019年12月13日，大江控股集团电力科技有限公司捐赠仪式在保定校区举行。大江控股集团电力科技有限公司为学校捐资1500万元，用于支持校企合作事业发展、学校青年教师成长和校友文化建设。校长杨勇平、副校长律方成，大江控股集团电力科技有限公司董事长郑震、副董事长邹伟煜等一行6人出席仪式。

（李晓伟）

【山西振中电力股份有限公司捐资2000万元助力学校发展】 2019年12月18日，山西振中电力股份有限公司捐赠仪式在保定校区举行。山西振中电力股份有限公司为学校捐资2000万元，用于支持学校教育事业发展。校长杨勇平、副校长律方成，山西振中电力股份有限公司董事长刘振泽、总经理、2003级校友苏斌等一行7人出席仪式。

（李晓伟）

【召开资产投资委员会会议】 2019年12月，基金会召开资产投资委员会会议，理事长吴志功、理事孙平生、监事、秘书长陈兆江参加会议，会议讨论并通过《2020年基金会筹资工作方案》等议题。

（肖媛媛）

【召开第二届理事会第十次会议】 2019年12月30日，教育基金会召开第二届理事会第十次会议，参会理事审议并通过教育基金会2019年度下半年大额捐赠项目、《2019年度基金会业务计划执行和财务决算报告》、《2020年基金会资产增值保值工作方案》、《2020年基金会工作计划及筹资工作方案》等会议议题。

（肖媛媛）

【开展30项社会奖助学金项目】 2019年11月至12月，学校组织开展社会奖助学金评选工作。共运行的奖学金包括：艾博奖学金、博纳之星奖学金、电力电子新春奖助金、东方电子奖学金、广哈通信奖助金、国能中电奖学金、昊蓬机电奖助金、江苏泽宇奖助金、节能奖学金、邦电气助学金、南瑞继保奖学金、宁波瑞宜乐奖助学金、企管87级校友奖学金、钱江电气奖学金、热动热自96届奖助学金、人文学院校友“立学”奖学金、三鹰奖学金、思源电气奖学金、四方股份奖学金、四通“自立自强学子”助学金、特高压奖学金、天河（保定）环境工程有限公司奖助金、协合新能源奖学金、协鑫奖学金、昱章电气奖学金、张保衡励学基金奖学金、中嘉鸿盛奖学金、中快餐饮贫困助学金、中力奖助学金、MR优秀新生奖学金等30个项目，共奖励学生1115人，其中研究生219人，本科生896人，奖助金额合计254.6975万元。

（李晓伟）

院系部建设

Construction of Schools, Institutes and Departments

◯综　　述

2019年，电气与电子工程学院在党建、学科建设、人才队伍建设、教学、科研、学生工作等多个方面取得多项成果。学院本部党委进入学校党建工作标杆院系培育名单；教师党支部“双带头人”培育工程取得实效，四方研究所党支部入选教育部“双创”支部。柔性引进汤广福院士，完成电机学科带头人张永昌教授的校内论证流程，填补学科人才短板。电力工程系实现教工党支部书记“双带头人”全覆盖。加强教师队伍建设，实施“双导师制”。学院本部电气工程及其自动化和通信工程2个专业通过国家一流本科专业“双万计划”会评，电力工程系电气工程及其自动化专业顺利通过国家一流本科专业“双万计划”会评。学院本部组织完成国重仪器设备费申报，获批经费8千余万元；科研合同总额1.907亿元，同比增加9.0%；电力工程系立项4164.53万元，其中纵向经费456.53万元，其中国家重点研发计划国际合作重点专项1项，国家自然基金1项；省部级纵向项目9项；论文383篇（SCI 124篇、EI 92篇）。

2019年，能源动力与机械工程学院能源与动力工程专业和机械工程专业入选“双万计划”国家级一流专业建设；“工程热力学”“传热学”“泵与风机”入选“2019年国家级一流本科课程”。机械工程系基础力学教学团队获河北省普通本科院系优秀教学团队，完成2019年河北省高校精品在线开放课程“理论力学”建设；王璋奇获河北省师德标兵。动力工程系柔性引进英国赫尔大学赵旭东教授团队，并成立华北电力大学“先进能源利用技术研究中心”；机械工程系杨文刚、江文强入选河北省“三三三人才工程”支持计划第三层次人才。北京校部继续加强对国家重点项目实施进行督导，徐进良和陈海平教授承担的科技部重点专项通过中期验收；刘宗德教授获批国家级军工重大项目，杨勇平教授获批国家科技进步奖二等奖。动力工程系获河北省技术发明奖一项，山西省科学技术奖三等奖一项；获批国家自然基金项目3项，北京市基金2项，河北省自然基金项目5项，科研合同金额共计1001.1万元；发表EI核心以上论文149篇，SCI收录93篇。机械工程系获批内蒙古自治区科技进步奖三等奖1项，河北省科技进步奖三等奖1项；获各类省部级以上纵向项目7项，全年签订14项横向项目合同，纵横向项目累计经费455万元；发表论文89篇，其中SCI收录35篇。

2019年，经济与管理学院加强师德师风建设，守牢意识形态主阵地，深化教育教学改革，通过建章立制，进一步规范学院的教学、科研、学生管理等各项管理工作。在国家社科基金重大项目和重点项目资助上取得新突破，完成学校下达的科研经费目标任务6400余万元，完成率130%，公开发表论文230余篇，其中核心期刊51篇，SCI/SSCI收录119篇，出版专著12部。学院与澳大利亚昆士兰大学商学院签订本科联合培养合作协议。学院取得北京市一流专业1个（市场营销），获批北京市虚拟仿真实验项目1项，申报国家级虚拟仿真实验项目1项，取得北京市优质本科课程（管理学原理）和优质教材（国际结算）各1项，获批全国教育科学规划课题1项。突出能源电力特色应用型管理人才的培养目标，MBA教育推进教学实践改革，切实促进校企合作，采取“走出去”和“引进来”的教学模式，开展MBA“企业课堂”建设。

2019年，控制与计算机工程学院北京校部牵头申报并获批人工智能交叉学科博士点和硕士点，成立人工智能学院，并召开第一次专家委员会会议。实施计算机学科ESI排名提升和期刊发文奖励计划，比去年同期提高8%。完成两地“双一流”建设学科（控制工程、计算机技术、软件工程）三个专业学位培养方案的修订工作。保定自动化系完成2019版培养方案修订工作；申报双万计划“自动化一流专业”；申报与筹建“机器人工程”新专业，完成培养方案制订、实验室建设、团队建设等工作。申报与筹建“机器人工程”新专业，完成培养方案制订、实验室建设、团队建设等工作。计算机系成立人工智能教研室，智能科学与技术专业是继计算机科学与技术、软件工程、网络工程、信息安全之后的又一本科专业，已形成5个门类比较齐全的专业方向。系开设研究生课程22门，完成教学680学时；开设本科生课程128门，完成教学8938学时。北京校部国家自然科学基金组织申报35项，获批基金项目9项，100%完成学校科研院下达的申报项数指标要求。保定自动化2019年度科研项目合同额总计2431.2万，完成比例104.08%。计算机系的复杂能源系统智能计算教育部工程研究中心获批立项。至年底，完成科研合同总额达到570.61万元，高水平论著持续稳定增长，发表国外期刊论文61篇。

2019年，人文与社会科学学院“能源治理与法治”学科方向纳入学校“双一流”学科建设计划，签署10部专著出版协议，发表法学顶级期刊文章1篇，管理学A类期刊文章1篇。组织申报研究生“双一流”建设项目，获得6项立项，并全部通过中期检查。保定校区推进学科平台建设，诉讼法学河北省重点学科的知名度进一步提升，法学和公共管理一级学科的影响力进一步增强，研究生招生吸引力持续提升，发表高水平学术论文、权威出版社出版专著、呈报研究报告获省级领导批示等共12项，进一步服务和支持学校“双一流”学科。学院2019年度科研经费总额总计完成261.7万元(纵向经费168.2万元、横向经费93.5万元),以105.5%的比率超额完成学校规定任务;学院累计发表论文58篇。保定校区科研经费完成率达到138%,获批国家级、省部级科研项目共11项,其中梁平教授再次获批国家社科基金1项。此外,梁平教授完成的研究报告获河北省委书记王东峰等主要领导肯定性批示1项,论文被《中国社会科学文摘》转载1篇,主持《保定市河道管理条例》的立法工作,取得历史性突破。

2019年,外国语学院英语专业入选一流本科专业建设"双万计划";通过外国语言文学一级学科硕士学位点评估;积极补学科短板,准备第五轮学科评估;举办"走向人类命运共同体—外国文学研究与教学高端论坛",举办两届(外语类)交叉学科与新兴学科发展战略高端论坛,支持研究生参加学术会议25人次并在国外期刊发表论文19篇;成为中国高校外语学科发展联盟理事单位。制作并上线慕课"社会语言学""基础笔译"2门,其中"社会语言学"入选"中国高校外语慕课联盟",英语系完成翻译专业本科学位认证;学院2017级英语、翻译专业的专业四级考试一次通过率达100%。本科毕业生一次就业率为70.7%,本科深造率39.6%,研究生毕业生一次就业率96.3%。

2019年,数理学院近代物理与核科学自主设置目录外二级学科通过国家备案,完成数学、物理学一级学科基本评估指标的动态监测。获批国家自然科学基金4项,出版专著2本。新增卢占会、李忠艳博士生指导教师2名。发表高水平学术论文SCI检索73篇,高被引论文4篇,获批国家自然科学基金项目4项。陈德刚教授获第八届吴文俊人工智能自然科学奖一等奖。承办数学图像联盟2019年会议和2019数学与交叉学科论坛。学院教师陈雷获评2018—2019学年教学优秀特等奖。引进任晓霞、聂建军、李巧欣、李辉、贺琛5名博士后,石万林1名博士,柔性引进高层次人才2人。保持毕业生深造率处在平稳区间,其中计科1501班深造率达63%,本科生就业率达90%、研究生就业率100%;实施"鸿雁"计划,大力推进学生出国。

2019年,可再生能源学院杨世关入选"北京市教学名师",新能源材料与器件专业获国家一流专业(国家双万专业);新能源科学与工程专业获批北京市"重点建设一流专业",支持5年总经费4000万元。田德教授拿到国家重点研发计划课题"大型海上风电机组及关键部件优化设计及批量化制造、安装调试与运行关键技术",项目经费1399万元。李美成团队发表学校首篇 *Nature Energy* 论文,华北电力大学为第一完成单位和通讯单位,陆强、董长青、赵莉三位教授共同参与的"新型多温区SCR脱硝催化剂与低能耗脱硝技术及应用"研究,获国家科学技术进步二等奖;李美成教授牵头的"光伏发电核心装备关键技术及户外实证测试平台研发与应用"研究,获电力科技创新大奖一等奖。"清洁能源学"学科入选北京高校高精尖学科建设名单。学院考研率44.78%,共有92名毕业研究生,一次就业率97.83%,其中深造率为5.43%。

2019年,核科学与工程学院"核工程与核技术"专业正式通过国际工程教育认证。经全国博士后管委会专家组评审,人力资源和社会保障部、全国博士后管委会研究决定,该学院获批新设"核科学与技术"博士后科研流动站。成立华北电力大学核机器人研究中心,"'订单+联合'核电人才培养"入选2019年中国高等教育博览会"校企合作双百计划"典型案例展示名单,核电厂系统与设备、核反应堆物理分析、核反应堆热工分析、核反应堆安全分析、核电子学、核辐射探测与防护、核反应堆仪表7门专业核心课程启动建设,核反应堆实体仿真实验室建设完成初步设计。学院新签科研项目合同额3136万,获评中国能源研究会核能专业委员会2019年先进单位,先后召开海南高比例核电发展专题启动会暨核电与电网协同安全研讨会、北京市重点实验室第二届学术委员会第一次会议。陆道纲教授团队获快堆产业联盟杰出团队奖。本科生就业率91.3%,硕士研究生就业率100%,博士研究生就业率100%。

2019年,国际教育学院继续以"拓展招生渠道,扩大招生规模,优化生源结构"为工作目标,开展建立多种合作,与学校各院系各部门通力合作建立品牌效应,积极申请国家资金以支持吸引更多优质生源,实现了来华留学生规模跨越式增长,生源质量稳步提高,学生结构不断优化。本科留学生纳入教务管理系统进行统一线上管理,留学研究生教学管理纳入研究生综合管理系统新系统,大大提升管理和服务水平。年内,来华留学生活动围绕"中国文化、国际文化、电力文化"三大板块活动主题,举办一系列高水平校园国际化活动。深挖中国传统文化形式,举办汉语之星大赛等活动。充分发挥来华留学生的创造性,举办多场"聊以行国"——世界各国文化沙龙活动。

2019年,环境科学与工程学院"环境/生态"学科,发文量突破1000篇,高被引论文突破40篇,新增引用6900余次,世界ESI学科排名由714位上升至483位,排名"北京高科"联盟高校第2位、"一流学科"建设高校第5位、大陆高校第23位。高被引论文指标表现最好,排名大陆高校第6位。学院在"环境/生态""工程学""材料学""化学"等领域发表高被引论文85篇,全校占比35.27%,排名第一。新增"环境科学"本科专业1个;入选首批国家级一流本科专业1个,入选首批省级一流本科专业1个。学院科研团队2019年共计发表论文112篇,其中SCI论文95篇,3篇论文入选中国科学百篇优秀论文。

2019年,马克思主义学院继续推进"专兼职融合"的"大思政"育人模式创新、"专题化"教学范式创新工程;学院引进2名正教授、1名博士后、1名具有海外留学经历的博士,及3名国内知名高校博士;学院举办"百年未有之大变局与中国共产党的领导”等多项重量级学术会议，受到学界广泛关注，会议被诸多主流媒体报道；孙芳副教授获首届全国高校思想政治理论课教学展示活动特等奖，孙芳、周作芳思政课教学被《中国教育报》头版头条报道。

2019年，体育教学部积极进行体育教学改革，丰富体育课程体系，增开5门体育选修课，并完成1项慕课项目申报工作；加快教研团队建设，获得2项省级教改项目立项。结合体育教学实际，积极进行体育科学研究，营造浓厚的学术氛围，推动科研发展，重视成果凝练，年内共发表论文30篇(保定2篇，SCI检索论文1篇)，其中核心期刊2篇、SCI 7篇、CSSCI 1篇。校足球队、篮球队、毽绳队、排球队、啦啦操队、街舞队、排舞队、跆拳道队、乒乓球队、羽毛球队、网球队、轮滑队、武术队、藤球队、铁人三项队、越野攀登队、传统养生和健身气功队、体育舞蹈队、瑜伽队在多项国字头的赛事中取得优异成绩，多个项目在北京市、河北省继续保持领先地位。

电气与电子工程学院

【概述】 2019年，电气与电子工程学院在党建、学科建设、人才队伍建设、教学、科研、学生工作等多个方面取得多项成果。

党建工作。深入开展“不忘初心、牢记使命”主题教育，保质保量完成理论学习、调查研究、检视分析和整改落实工作。学院本部党委进入学校党建工作标杆院系培育名单；教师党支部“双带头人”培育工程取得实效，四方研究所党支部入选教育部“双创”支部，2个教师支部进入学校党建工作样板支部培育名单；两个学生支部获学校特色活动示范党支部称号；建成并投入使用新的党员之家。电力工程系实现教工党支部书记“双带头人”全覆盖，开展“党员政治生日”活动，完成党员发展等日常工作，持续完善“两畅通、三要求、四模范”党建育人体系，并将原有的年级横向党支部调整为纵向党支部，实现纵向到底、横向到边的立体化育人模式。电子与通信工程系以党建“双创”为着力点，深入推进基层党建工作。系党委入选校党建创建标杆院系，1支部入选样板支部，省级“双带头人”工作室建设有序推进，持续强化“星火之音”品牌建设，推进“讲好电子故事”文化育人工作。

学科建设。完成“双一流”建设中期自评估和教育部双一流学科数据监测摸底，学院两地协同开展学科建设“补短板、寻突破”工作。学院本部举办首届国际咨询委员会会议，对学科进行国际评估；召开电力系统学科方向论证会，完成学院所有35岁以下青年教师科研方向论证；完成能源互联网自设交叉学科的申报工作。

人才队伍建设。学院本部针对遴选出的8位优秀青年教师，多次召开人才发展推进会，助推他们获得省部级科技奖励2项，许晨获得北京市科技新星；探索启动新讲师/博士后制度，为学科发展积蓄力量。电力工程系加强教师队伍建设，实施“双导师制”，在山东、江苏、安徽等地开展了为期2周的暑假教师社会实践，获全国优秀教师1人；获保定市师德先进个人1人，获“河北省青年五四奖章提名奖”称号1人；获河北省“三三三人才工程”第二层次1人。电子与通信工程系营造良好学术氛围，邀请深圳大学袁小聪教授、东北大学赵勇教授等进行学术交流10余次。

教学工作。学院本部电气工程及其自动化和通信工程2个专业通过国家一流本科专业“双万计划”会评；组织“电磁场”“电机学”等5门课程申报国家一流本科课程“双万计划”；电力系统分析教学育人团队获北京高校优秀本科育人团队；电力系统自动化获北京市优质本科课程重点项目，模拟电子技术实验指导书获北京市优质本科教材课件。将思想政治教育融入理论课程教学，修订53门本科理论课程教学大纲。完善课程责任教授制度，初步形成课程教学、实验教学和课程责任教授评价办法；实施本硕博贯通人才培养机制改革，初步制定本硕博贯通人才培养方案；率先完成专业学位硕士培养方案改革；修订实施新的研究生招生指标分配办法。电力工程系电气工程及其自动化专业顺利通过国家一流本科专业“双万计划”会评；制订电力工程系本硕(博)贯通拔尖创新人才培养计划，并完成2017级电气工程及其自动化专业本硕(博)贯通拔尖创新人才的选拔；4门本科课程被学校推荐进入国家级一流本科课程建设行列；获河北省教改项目2项；发表教改论文14篇。电力工程系完成电气工程专业学位研究生的培养方案修订工作；“双一流”建设研究生优质课程2门、教学案例资料库2门、录制教学微课程1门；获河北省优秀博士论文1篇、优秀硕士论文2篇。网络学术夏令营接收推免研究生45人。电子与通信工程系完成专业学位研究生培养方案修订，申科集团研究生工作站揭牌，完成导师资格认定办法制定及资格认定。积极谋划、认真组织，完成通信工程双万专业申报工作。积极推进教育教学改革，申报省级教改项目2项，教育部产学研协同育人项目华为公司项目1项。积极推进三全育人、课程思政工作，《移动通信》“三层次三节点”课堂思政方案获批校级课程思政项目。

科研工作。学院本部组织完成国重仪器设备费申报，获批经费8千余万元；科研合同总额1.907亿元，同比增加9.0%；酝酿提出能源互联网学院项目指南方向；获国家科技进步二等奖1项，中国电机工程学会“2019年度中国电力科学技术杰出贡献奖”1项，第一完成人电工技术学会发明一等奖1项、教育部自然科学二等奖1项、教育部科技进步二等奖1项；CSC一流创新人才国际合作培养项目和“111计划”创新引智基地先后通过会评答辩。电力工程系立项4164.53万元，其中纵向经费456.53万元，其中国家重点研发计划国际合作重点专项1项，国家自然基金1项；省部级纵向项目9项；论文383篇(SCI 124篇、EI 92篇)；获发明专利授权70项，实用新型专利授权17项，计算机软件著作权45项；省部级奖励7项(其中一等奖3项)；举办“泛在物联网下振动声学检测技术在电力设备故障诊断中的应用”交流论坛及“华北电力大学－天津大学电力·自动化青年学者论坛”。被授予“国家技术标准创新基地(智能电网)技术标准科普教育中心”，并联合国网河北省电力有限公司成立“技术标准(联合)科普实践基地”，同时举办能源互联网技术与标准创新论坛。电子与通信工程系继续推进科研团队内涵式建设和高质量发展，召开团队建设交流促进会2次，促进团队科研成果凝练，申报省级科技奖6项，获省科技进步一等奖1项，进入公示阶段4项。完成科研项目773.5万元，单项200万元以上项目1项，获国基面上项目1项，河北省基金项目4项，实施专利成果转化7项。加强科研平台建设，获批保定市光纤传感与光通信技术重点实验室。

学生工作。一院一品“‘E’网情深”项目结题；理论研究方面取得突破，宫凯撰写的学生工作论文获全国高校思想政治工作优秀论文征集三等奖；基层组织建设成效显著，3个班级获“北京高校优秀示范性班集体”等省部级荣誉称号，3个团支部获“首都先锋杯优秀团支部”荣誉称号，学院团委获大学五四红旗团委；“知心”工作室获学校首批二级心理辅导站立项支持；“电亮未来”等学生社会实践事迹，被中央电视台、人民网等主流媒体报道。电力工程系学生深造率达35.84%，同比增长5.2%；学科科技竞赛省部级以上获奖430人次；获学校学生工作先进集体、研究生教育管理工作先进集体等荣誉称号；志愿服务项目获第四届中国青年志愿服务项目大赛银奖，并入选共青团中央《为老服务优秀志愿服务项目汇编》。电子与通信工程系学生积极参加创新活动，获省部级及以上奖励78人次。

学院管理及文化建设。学院本部调研并制定学院二级管理试点方案；组织首次学院职能科室培训班，提升管理与服务水平；承办学校2019年春季田径运动会，近千名师生打造以“新甲子新梦想新征程”为主题的开幕式表演，原创歌曲《逐梦华章》被广为传唱，会务组织精简高效。学院网站改版升级；建成新的工会之家；在校内率先于教学楼配置以自动体外除颤器(AED)为主体的急救工作箱。电力工程系完成返校校友接待工作，完善院系校友接待组织建设，全年共接待返校校友349人；举办校友报告和学术活动17场；前往江苏、山东举办校友座谈会2场；完善校友信息统计，本科生校友信息入库率达86.61%。

(刘春磊)

【概况】 2019年，学院本部设在北京校部，在保定分设电力工程系、电子与通信工程系。现有1个国家重点学科、1个国家重点实验室、4个省部级重点实验室。设有1个博士后科研流动站，1个博士学位授权学科(电气工程)，4个学术型硕士学位授权学科(电气工程、电子科学与技术、信息与通信工程、农业电气化二级学科)，2个专业学位硕士学位授权专业(电气工程、电子与通信工程)，7个本科专业(电气工程及其自动化、通信工程、电子信息工程、电子科学与技术、电子信息科学与技术、农业电气化、智能电网信息工程)。学院有中国工程院院士1人(杨奇逊)。学院本部有教职工214人，其中，专任教师162人(教授63人、副教授72人，具有博士学位的教师为84.5%)、实验技术人员31人、党政及管理人员16人。学院本部有10人出国进修，新进教师4人，辅导员2人。电力工程系有教职工138人，其中，专任教师106人(教授24人、副教授26人，具有博士学位的教师为81.1%)、实验技术人员18人、党政及管理人员14人。电力工程系新进教师6人，辅导员3人。电子与通信工程系有教职工68人，其中，专任教师51人(教授9人、副教授22人，具有博士学位的教师占教师的74.5%)、实验技术人员10人、党政管理人员7人。电子与通信工程系新进教师1人。学院本部毕业学生1132人，其中博士研究生75人，硕士研究生398人，普通本科生659人；学院本部招生1172人，其中博士研究生70人、全日制硕士研究生477人、普通本科生625人；学院本部在校生4291人，其中，博士研究生264人、硕士研究生1321人。本科生就业率为92%，研究生就业率为98%。2019年，电力工程系毕业学生728人，其中硕士研究生221人，普通本科生507人；电力工程系招生749人，其中全日制硕士研究生245人，普通本科生504人；2019年电力工程系在校生2974人，全日制硕士研究生715人，普通本科生2259人。本科毕业生一次就业率为98.02%，研究生毕业生一次就业率为100%；本科考研上线率46.93%，升学率为32.87%。电子与通信工程系毕业学生217人，其中，硕士研究生82人，普通本科生135人；电子与通信工程系招生288人，其中，全日制硕士研究生83人、普通本科生205人；电子与通信工程系在校生961人，其中，硕士研究生249人，普通本科生712人。本科生的英语四级一次通过率为84.75%。学院本部设有127个学生班级，大二接收转专业学生65人，其中院内转专业25人，院外其他专业转入40人，设有辅导员岗位15个(其中副书记1人)，其中正式编制10个、聘任5个。电力工程系设有87个学生班级，其中实验班2个，设有辅导员岗位8个。电子与通信工程系设有26个学生班级，设有辅导员岗位2个，均为正式编制。学院教师承担普教本科生课程191门、留学生本科课程 44 门，总共 235 门。开设博士、全日制研究生课程 96 门，完成教学 2424 学时。电力工程系开设研究生课程 33 门，完成教学 1040 学时；开设本科生课程 171 门次，完成教学 4168 学时；实践环节 40 门次，124 周学时。电子与通信工程系开设研究生课程 26 门，完成教学 768 学时；开设本科生课程 48 门次，完成教学 4000 学时；实践环节 33 门次 2400 学时。学院本部拥有研究所 15 个，另整有本科教学实验教学中心 6 个，分别是国家级工程实践中心、北京市电工电子实验教学中心（下辖电工实验室、电子实验室），国家级电气工程专业实验教学中心（下辖电力电子教学实验室、微机保护教学实验室、电力系统仿真教学实验室、电力市场仿真实验室、高电压技术教学实验室、电机教学实验室、实习用 35KV 变电站）、电子信息实验教学中心、电子科学实验教学中心、通信工程与智能电网信息工程实验教学中心。学院本部学生实习基地 19 个（其中冀北电力公司——华北电力大学校外实习基地为国家级工程实践教育中心及北京市校外实习基地）、科技研究（创新）基地 2 个，北京高等学校示范性校内创新实践基地（电力经济管理人才培养创新实践基地）1 个，大学生科技创新乐园 1 个。电力工程系拥有教研室 7 个、科研创新团队 13 个、河北省实验教学示范中心（电气工程基础实验中心）1 个、国家级实验教学示范中心（电气工程专业实验中心）1 个（含专业实验室 4 个）、河北省输变电设备安全防御重点实验室 1 个、新能源电力系统国家重点实验室物理模拟平台 1 个，分布式储能与微网河北省重点实验室 1 个，学生实习基地 16 个。电子与通信工程系拥有教研室 3 个、实验室 2 个、学生创新实习基地 5 个、科研团队 6 个。学院本部承担各类科技项目 267 项，科技经费计 19074.35 万元，连续第 9 年过亿元。纵向项目 41 项，资助金额 5084.73 万元，其中国家科技重大专项课题 2 项，国家重点研发计划课题 2 项、子课题 4 项，国家自然科学基金重点项目 1 项、联合基金重点支持项目 1 项、面上项目 7 项、青年项目 2 项、国际（地区）合作与交流项目组织间国际（地区）合作研究与交流项目 1 项，北京市自然科学基金项目 4 项，其他省部级项目 16 项；横向项目 226 项，合同经费 13989.62 万元。纵横向项目金额之比为 36.35%。纵向项目到账经费 3886.22 万元，横向项目到账经费 9640.68 万元，到账经费总计 13526.9 万元。获奖 22 项，其中：国家级二等奖 1 项、省部级科技奖 12 项、社会力量奖 7 项、校理事会单位奖 2 项。获授权专利 216 项，其中：发明专利 191 项、实用新型 25 项。发表论文 586 篇，其中：新增 ESI 高被引论文（合作）1 篇、SCI 检索 209 篇、EI 期刊 125 篇、一级学报 43 篇、国外期刊 10 篇、其他核心期刊 122 篇、一般期刊 21 篇、会议论文 54 篇、报刊文章 1 篇。出版著作 4 部，其中：专著 2 部、译著 1 部、编著 1 部。电力工程系科研立项 4164.53 万元，其中纵向经费 456.53 万元，其中国家重点研发计划国际合作重点专项 1 项，国家自然基金 1 项；省部级纵向项目 9 项；论文 383 篇（SCI124 篇、EI92 篇）；获发明专利授权 70 项，实用新型专利授权 17 项，计算机软件著作权 45 项；省部级奖励 7 项（其中一等奖 3 项）；举办"泛在物联网下振动声学检测技术在电力设备故障诊断中的应用"交流论坛及"华北电力大学—天津大学电力·自动化青年学者论坛"。被授予"国家技术标准创新基地（智能电网）技术标准科普教育中心"，并联合国网河北省电力有限公司成立"技术标准（联合）科普实践基地"，同时举办能源互联网技术与标准创新论坛。电子与通信工程系纵横向科研项目 30 项，实现科研合同金额共计 745.64 万元，其中横向科研经费 634.14 万元、纵向科研经费 111.5 万元。专利转让 10 项，转让金额 57.36 万。发表核心期刊以上论文 81 篇，其中 SCI 收录 21 篇、EI 核心 18 篇、一级学报 7 篇。专利授权 28 项；其中发明专利 24 项，实用新型专利 4 项，出版著作 5 部，其中专著 5 部、编著 0 部、译著 0 部。学院本部设有 62 个党支部，有中共党员 1095 人，新发展党员 205 人。电力工程系设有 31 个党支部，有中共党员 555 人、新发展党员 141 人。电子与通信工程系设有 12 个党支部，有中共党员 177 人，新发展党员 44 人。学院本部本科学生获得国家奖学金 23 人；获励志奖学金 56 人。本科生社会奖学金进行评选，博纳之星奖学金 4 人、四方股份奖学金 10 人、南瑞继保 5 人、协鑫奖 1 人、特高压奖学金 6 人、巨邦奖学金 4 人、新长城自强助学金 13 人、艾博奖学金 6 人、博纳团结进步奖助学金 6 人、国能中电社会责任奖学金 1 人、国能中电西部先进奖学金 2 人、节能奖学金 2 人、钱江电气奖学金 3 人、三鹰奖学金 36 人、昱章电气奖学金 3 人。2019 年本科综合测评及奖学金三好学生优秀学生干部评选，一等奖 97 人；二等奖 197 人；三等奖 198 人；单项奖学金 384 人；校级三好学生标兵 21 人，校级三好学生 119 人，院系级三好学生 158 人；校级优秀学生干部标兵 4 人、校级优秀学生干部 21 人，院系级优秀学生干部 40 人。研究生获奖情况，校长奖学金 2 人、国家奖学金 37 人，优秀博士 21 人，企业奖学金：四方股份奖学金 16 人、南瑞继保奖学金 6 人、艾博奖学金 3 人、巨邦奖学金 8 人、昱章电气奖学金 4 人。校内奖学金：优秀研究生和优秀研究生干部 218 人次，先进班集体 5 个，优秀研究生班主任 7 人。电力工程系被评为华北电力大学"学生工作先进院系"、"研究生工作先进院系"。电力工程系学生有 35 人（含研究生 15 人）获国家奖学金，有 66 人获国家励志奖学金，有 338 人获国家助学金，另有 271（含研究生 69）人获社会奖学金、助学金。2019 学年电力工程系本科学生获批专利 50 项，发明专利 1 项，实用新型专利 15 项。本科生共发表了 170 篇学术论文，其中 SCI 收录 2 篇。参加学科创新竞赛，获省部级以上奖励 430 人次。电力工程系组建校级队伍 4 支，其他实践分队 247 支，主要围绕"青春心向党，建功新时代"为主题，开展理论普及宣讲活动、历史成就观察活动、关爱教育服务实践活动、博硕生促地区经济发展实践活动、创新创业实践活动、美丽中国节能环保行动等九类子系列的实践活动,积极参与重大专项计划,开展“三下乡”专项计划、“情暖童心,科技筑梦”专项社会实践活动等。在志愿服务方面,共举办55次大中小型志愿活动,有744人次的志愿者参与,累计服务时长总计3097小时,服务内容涵盖关爱空巢老兵、留守儿童,助力文化推广、文明出行,协助典籍修复等多个志愿项目。其中,《亲近社区,梦助夕阳》获第四届中国青年志愿服务项目大赛银奖,项目入选共青团中央《为老服务优秀志愿服务项目汇编》。6月,系青协项目分别获校铜奖和优秀奖,8月,获河北省“互联网+”红旅赛道铜奖。电子与通信工程系新立省级教改项目2项,省级精品课程4门。指导大学生科技创新项目76项,其中国家级42项、省部级特等奖0项、省部级一等奖7项、省部级二等奖10项。指导大学生创新创业项目60项,其中国家级10项,省级10项,校级40项,获“南瑞继保奖教金”2人。

书记:李庚银(电力工程系书记赵书强;电子与通信工程系书记李红霞)

院长:毕天姝(电力工程系主任刘云鹏;电子与通信工程系主任戚银城)

学院网址:http://electric. ncepu. edu. cn

(刘春磊　谷喜岭　李红梅)

【获批省部级教改项目】 2019年1月,董淑惠负责的《基于3D虚拟增强现实技术的〈电机学〉多元混合式教学方法应用研究》、盛四清负责的《新工科驱动下多时空深度互动的发电厂电气部分课程教学改革与实践》获批河北省教改项目。

(李红梅)

【获批河北省教师党支部书记“双带头人”】 2019年3月,根据中共河北省委教育工委印发《河北省高校首批“双带头人”教师党支部书记工作室建设工作实施方案》的通知(冀教工委〔2019〕2号)的通知,华北电力大学通信教研室党支部韩东升工作室,获批河北省高校首批“双带头人”教师党支部书记工作室建设。

(谷喜岭)

【多名师生获河北省表彰】 2019年,学院多名师生获省级表彰。3月,电力工程系范晓舟获河北省优秀班主任。3月,电子1602班,获省级先进班集体。梁文亮获河北省“三好学生”。4月,荆森、范新宇、李盼盼、李晶晶、燕艺薇、许智军、魏银红等7人获2019年度河北省优秀毕业生。5月,谢庆获第二十二届“河北青年五四奖章提名奖”称号。7月,孔英会获2019年河北省普通本科院校教学名师。8月,电力工程系刘云鹏获2019年度河北省“三三三人才工程”第二层次。11月,电力工程系葛玉敏获保定市师德先进个人。

(李红梅　谷喜岭　王玲玲)

【成立电气与电子工程学院(本部)教学分委员会】 2019年5月,电气与电子工程学院(本部)教学分委员会成立,第一届教学分委员会委员由艾欣等21人组成。

(吴启宏)

【成立先进输电技术研究中心】 2019年4月26日,校长杨勇平特聘中国工程院院士汤广福为华北电力大学博士生导师,同时成立先进输电技术联合研究中心。中心由汤广福院士团队与崔翔教授团队组建,汤广福院士担任中心主任,崔翔教授担任中心副主任。

(吴启宏)

【建立课程责任教授制】 2019年5月,电气与电子工程学院建立课程责任教授制,并确立首批十位核心必修课课程责任教授。

(王玲玲)

【召开首届国际咨询委员会会议暨青年学者论坛】 2019年7月22至23日,学院召开首届国际咨询委员会会议暨青年学者论坛。会议邀请美国、英国等10余名专家学者及兄弟高校青年学者参会。

(吴启宏)

【获批重大国际合作项目】 2019年8月,由李庆民教授和英国Manchester大学王忠东教授联合申报的项目“高频电力变压器复合绝缘介质改性设计与电气性能综合调控研究”,获批国家自然科学基金海外学者合作研究基金重点项目,资助金额180万元。

(吴启宏)

【盛四清获全国优秀教师称号】 2019年9月,电力工程系盛四清获“全国优秀教师”称号。

(李红梅)

【完成国庆70周年庆祝任务】 2019年10月,历时4个月,学院本部作为学校唯一一个囊括四类参与人员的学院,完成国庆70周年各项庆祝任务。361名师生代表参与群众游行“创新驱动”方阵,19名学生参与广场合唱环节,31名学生参与国庆志愿服务工作,韩璟作为全校唯一入选分列式预备役方阵成员光荣受阅。

(盖　姝)

【成立技术标准科普教育中心】 2019年10月14日是第50个世界标准日,在北京举行国家技术标准创新基地(智能电网)正式启动仪式。在启动仪式上,电力工程系被授予为“技术标准科普教育中心”。

(李红梅)

【成立本硕博贯通班】 2019年10月,电气工程及其自动化专业实施本硕博贯通拔尖创新人才培养计划,确立2017级贯通班30人和2018级贯通班40人。

(王玲玲)

【获北京市虚拟仿真实验教学项目】 2019年11月,张东英负责的“电网运行操作和故障处理虚拟仿真实验”获北京市虚拟仿真实验教学项目建设。

(王玲玲)

【获批 CSC 创新人才项目】 2019 年 11 月，学院获批 CSC 智能电网与新能源消纳领域一流创新人才国际合作培养项目。该项目外方合作院校为田纳西大学和瑞典皇家理工学院。年度选派总规模为 9～12 人，包括 2～3 名硕士研究生、4～6 名博士研究生、2～3 名青年教师。

（吴启宏）

【通过 111 引智项目评估】 2019 年 11 月，“大电网保护与安全防御”创新引智基地以“良好”结果通过评估，进入“111 计划”引智 2.0，获每年 180 万元的国家经费滚动支持。

（吴启宏）

【入选首批国家级一流本科专业】 2019 年 12 月，“电气工程及其自动化专业”和“通信工程专业”，入选教育部首批国家级一流本科专业建设。

（王玲玲）

【多个集体及个人或北京市表彰】 2019 年，学院多个集体及个人获北京市表彰。11 月，许晨获 2019 年度北京市科技新星称号。12 月，李庚银带头的“电力系统分析教学育人团队”获北京市高校优秀本科育人团队。李岩松“电力系统自动化”获北京市优质本科课程“重点项目”，其本人获“北京市高等学校优秀专业课主讲教师”。孙淑艳、赵东“模拟电子技术实验指导书”获北京市优质本科教材课件。电气 1801 班获评“北京高校优秀示范性班集体”荣誉称号。

（吴启宏　王玲玲　马　腾）

【4 篇学位论文获河北省优秀论文】 2019 年，学院共有 4 篇学位论文获评省级优秀论文。10 月，韩东升指导的《面向 5G 无线通信系统的能量域资源分配方法研究》（作者郑冰）被评为 2019 年河北省优秀硕士学位论文。12 月，刘教民指导的《级联式电力电子变压器控制技术研究》获河北省优秀博士论文，李鹏指导的《含高密度可再生能源的交直流混合微网不确定优化运行》、王毅指导的《直流配电网的分散自律控制研究》获河北省优秀硕士论文。

（李红梅　谷喜岭）

【40 余项科研成果获国家级省部级奖励】 2019 年，电气与电子工程学院科研成果获奖再获突破，全年共有 40 余项科研成果获国家及省部级奖励。1 月，刘文颖参与完成的“千万千瓦级风光电集群源网协调控制关键技术及应用”项目获 2019 年度国家科学技术进步二等奖。1 月，刘文颖参与完成的“大型风光电基地交直流协调控制关键技术及应用”获 2018 年度甘肃省科技进步二等奖；刘文颖参与完成的“基于荷网源协调控制的电力节能关键技术研究与应用”获 2018 年度甘肃省科技进步奖三等奖。1 月，黄伟参与完成的“通辽分布式电源接入对配电网双向潮流及可靠性的影响研究”获 2018 年度内蒙古自治区科学技术进步奖三等奖。1 月，王永强参与完成的《一种基于混合模型的变压器维修决策方法》获河北省专利奖二等奖；1 月，王飞、米增强完成的《光伏发电功率预测多时空尺度预测关键技术及应用》获河北省技术发明奖一等奖；王永强、律方成完成的《主变负载能力在线评估及智能调控关键技术和应用》获河北省技术发明奖三等奖；谢庆负责的《基于不停电检测的电网设备状态检修关键技术及应用》获河北省科学技术进步奖二等奖；赵洪山负责的《适应特高压多落点的受端电网安全稳定和无功优化关键技术及应用》获河北省科学技术进步奖二等奖；3 月，毕天姝参与完成的“直流送端系统次同步振荡监测与抑制技术及应用”获 2018 年度中国电工技术学会科技进步一等奖；董雷参与完成的“多源协同的主动配电网规划运行关键技术及应用”获 2018 年度中国电工技术学会科技进步奖二等奖。3 月，徐永海参与完成的“网荷协调的供电质量精细化评估与控制关键技术及应用”获 2017 年度山西省科学技术奖（科技进步类）一等奖。3 月，马国明参与完成的“气体绝缘金属封闭开关设备状态多维度监测及诊断关键技术”荣获 2018 年度广东省科技进步奖二等奖。4 月，赵志斌参与完成的“能源互联网中能源路由器的控制方法、关键技术与工程应用”荣获 2018 年度天津市科学技术进步奖二等奖。8 月，郑涛参与完成的“新能源场站集中防孤岛保护控制关键技术”荣获 2018 年度宁夏回族自治区科学技术进步奖三等奖。9 月，孙毅参与完成的“灵活互动的再电气化支撑技术及其在智慧社区中的应用”获 2018 年度江西省科学技术进步奖三等奖。9 月，王飞负责的《一种基于损失电量特征参数的光伏电站运行状态辨识方法》获河北省专利奖三等奖。9 月，赵丽娟、李永倩完成的“海底电缆实时在线监测关键技术及应用”获福建省科学技术进步奖一等奖，福建省人民政府授予（闽政文〔2019〕171 号）。10 月，刘云鹏、律方成等完成的“基于多光谱成像和旋翼飞行器的输电线路巡检关键技术及其应用”获 2019 年河北省科学技术进步奖一等奖。10 月，刘云鹏、何旺龄完成的“交流输电系统电磁环境控制技术及应用”获中国电力科学技术进步奖一等奖。11 月，王鹏参与完成的“增量配电试点项目业主市场化优选方案”获 2019 年度中国电力科技创新奖一等奖；唐志国参与完成的“气体绝缘金属封闭开关设备局部放电特高频检测技术规范等系列标准”获 2019 年度中国电力科技创新奖二等奖。11 月，崔翔获得由中国电机工程学会颁发的中国电力科学技术人物奖——中国电力科学技术杰出贡献奖。11 月，屠幼萍参与完成的“复合绝缘子老化状态精细评估和寿命预测关键技术及应用”获 2019 年度中国电力科学技术进步奖三等奖。12 月，齐磊参与完成的“特高压装备电磁瞬态宽频等效电路的建模及其应用”获 2019 年度中国电工技术学会技术发明奖一等奖。12 月，刘晋获得第五届全国高等院校工程应用技术教师大赛“新能源风光发电技术赛项”一等奖；赵国鹏获第五届全国高等院校工程应用技术教师大赛“电力电子与调速技术赛项”二等奖。

（李红梅　吴启宏　王玲玲　谷喜岭）

能源动力与机械工程学院

【概述】 2019年，能源动力与机械工程学院围绕"双一流"建设目标，以学科建设为抓手，在教育教学、科学研究、平台建设、人才培养等方面取得良好进展。

学科建设。完成双一流学科中期自评估及动态监测指标信息填报，为2021年学科评估提前做好准备。

教育教学。能源与动力工程专业和机械工程专业入选"双万计划"国家级一流专业建设；成立院系新一届教学委员会；"工程热力学""传热学""泵与风机"入选"2019年国家级一流本科课程"，获批2019年北京高等教育"本科教学改革创新项目"1项，"机械设计基础"获北京高校"优质本科课程"教改立项，《工程制图与CAD》获北京高校"优质本科教材课件"教改立项，"工程热力学"课程入选学校首批课程思政示范课建设课程；宋玉旺获北京市第十一届青教赛工科类比赛工科A组三等奖和最佳教学回顾奖；"华北电力大学火力发电科普教育基地"获批中国电机工程学会全国"电力科普教育基地"。完成"能源材料与装备"二级学位点论证建设，列入2020年博硕士招生简章，新增材料工程专业硕士学位并列入2020年招生简章。完成动力工程及工程热物理、动力工程专业硕士研究生入学考试科目改革。完成动力工程、机械工程、材料工程专业硕士研究生培养方案修订。动力工程系举办本科教学论坛和动力系青年教师教学竞赛，刘璐获学校青年教师教学基本功比赛一等奖和最受学生欢迎奖，刘彦丰获河北省教学名师称号；完成申报河北省教学成果奖1项，国家级精品课程2门，河北省高等教育教学改革与实践项目2项；举办2019年"能源之星"全国优秀大学生暑期夏令营。机械工程系基础力学教学团队获河北省普通本科院系优秀教学团队，完成2019年河北省高校精品在线开放课程"理论力学"建设；王璋奇获河北省师德标兵，杨文刚获华电青年教师教学基本功比赛一等奖、全国高校第七届基础力学青年教师讲课比赛理论力学组一等奖；新开拓建立2个本科教学实践基地，完成河北省各类教改项目8项，出版"十三五"规划教材2部。

人才培养。召开能源清洁利用青年学者论坛，20名国内外青年骨干做学术交流。广泛吸纳人才，4名青年学者申报青千人才等。国际知名学者茆胜教授加盟学院，栗永利教授入选"国家重大人才工程"。动力工程系柔性引进英国赫尔大学赵旭东教授团队，并成立华北电力大学"先进能源利用技术研究中心"；机械工程系杨文刚、江文强入选河北省"三三三人才工程"支持计划第三层次人才。

平台建设及科学研究。召开两校区领导班子务虚会，探讨两校区全方位合作，在基金申请方面形成备忘录。北京校部继续加强对国家重点项目实施进行督导，徐进良和陈海平教授承担的科技部重点专项通过中期验收；协助召开锅炉专业委员会，继续加强与大企业联系(如哈尔滨电气集团等)；对基金申请进行全面摸底，组建督导团队；刘宗德教授获批国家级军工重大项目，王晓东教授获批基金委重点项目，杨勇平教授获批国家科技进步奖二等奖1项，戈志华教授获河北省技术发明奖一等奖1项；积极培育新的研究方向，储能及燃料电池方向初具特色；与长江三峡集团合作，建立氢能联合实验室；完成教育部重点实验室研究方向论证和更名。动力工程系获河北省技术发明奖1项，山西省科学技术奖三等奖1项；获批国家自然基金项目3项，北京市基金2项，河北省自然基金项目5项，科研合同金额共计1001.1万元；出版专著1部，发表EI核心以上论文149篇，SCI收录93篇，其中TOP期刊34篇，ESI高被引7篇，Scopus前1%高被引2篇；授权发明专利12项，日本发明专利1项；举行学术交流会10次，举办中英先进能源利用技术交流暨能源动力与机械工程学院青年学者论坛；参编两项国家标准。机械工程系获批内蒙古自治区科技进步奖三等奖1项，河北省科技进步奖三等奖1项；获各类省部级以上纵向项目7项，全年签订14项横向项目合同，纵横向项目累计经费455万元；发表论文89篇，其中SCI收录35篇，获批41项专利及软件著作权；以华北电力大学为起草单位温新林等为起草人、丁海民等翻译的《电力行业耐磨管道技术条件》(英文版)以及《燃煤电厂磨煤机耐磨件技术条件第1部分：球磨机磨球和衬板》两项行业标准由国家能源局正式发布实施。

党团分工会及学生工作。有序推进"不忘初心、牢记使命"主题教育，破解学院发展瓶颈。北京校部完成2019年校内巡察回头看工作；向教育部提交"标杆院系"建设中期总结和阶段性成果；热能与动力工程教研室党支部参与学校第二批"党建样板支部"申请工作；完成学院二级关工委设置；继续保持高就业率和高就业质量，2019届本科毕业生深造率首次突破50%；落实思政工作精细化工作思路，"深度辅导"比例提高到42%，41名重点关注学生"深度辅导"全覆盖；"一院一品"学生思政工作精品项目和"做新时代'四有'好老师和'四个引路人'"学习实践活动研究项目结题，在师生党建和思想政治工作方面探索和凝炼工作方法和措施；在"读懂中国"活动中，关存和、王清照老教师寄语师生，讲述教书育人；开展"我和我的祖国""青春告白祖国"以及"青春心向党，建功新时代"主题教育活动，460名学生同唱《我和我的祖国》；82名师生在运动会闭幕式上用歌舞表演表达爱国之情；271名师生参加国庆"创新群动”群众游行方阵，合唱团和志愿服务工作。动力工程系持续推进《动力工程系学风建设实施方案》，紧跟时代主题，利用网络开展学生思想政治教育工作；注重线上线下思政教育融合工作，开展《打造动力青年网络育人平台，服务学生全面成长成才》华北电力大学“一系一品牌”学生思政工作精品项目；获批2019年“保定市五四红旗团委”，周硕获2019年“河北省教育系统志愿服务先进工作者”。机械工程系学工队伍按照“以安全稳定为基础，抓优良学风建设、抓行为习惯养成、抓双创能力提升、抓榜样作用发挥，促进深造率和就业质量再提升，全面提升人才培养质量”的工作思路开展各项工作，在学生工作年度考核中，本科生考核排名院系第一，获评“学生工作先进院系”称号，研究生考核排名院系第三，获评“研究生教育管理工作先进院系”称号。

学生科技竞赛及荣誉。北京校部获第十二届全国大学生节能减排大赛二等奖1项、三等奖5项，首届北京市节能减排大赛特等奖1项、二等奖4项、三等奖6项、优秀奖4项，第十二届全国周培源大学生力学竞赛三等奖1项、优秀奖8项，第三届全国高校无机非金属材料基础知识大赛全国二等奖1项，全国大学生工程训练综合能力竞赛全国三等奖1项，大学生程序设计大赛铜奖1项，第五届“互联网+”大学生创新创业大赛北京市三等奖2项，创行世界杯大学生社会创新创业大赛全国二等奖1项。动力工程系获得第十二届全国大学生节能减排社会实践与科技竞赛全国一等奖1项、二等奖1项，“创青春”全国大学生创业大赛国家级银奖，第十八届全国大学生机器人大赛机器人创业赛一等奖1项，全国大学生英语竞赛特等奖1项，京津冀高校暖通空调工程设计实践大赛一等奖1项，第十五届全国研究生数学建模竞赛中一等奖1项，第四届全国研究生移动终端应用设计创新大赛一等奖1项，第十八届全国大学生机器人大赛机器人创业赛二等奖1项。机械工程系学生参加各类竞赛获省部级及以上奖励217人次，立项大创项目75项，以第一作者身份公开发表学术论文25篇，获8项实用新型专利，22项外观专利。其中，获2019年全国大学生工程训练综合能力竞赛全国特等奖1项，2019中国工程机器人大赛暨国际公开赛仿人竞速项目标准赛全国特等奖1项，第十四届全国大学生恩智浦杯智能车竞赛全国一等奖1项，全国大学生互联网+创新创业大赛金奖1项，第十二届“高教杯”全国大学生先进成图技术与产品信息建模创新大赛国家级一等奖2项，美国国际大学生数学建模竞赛一等奖1项，全国大学生机器人大赛全国二等奖1项，第六届全国大学生工程训练综合能力竞赛环形“S”挑战赛全国三等奖1项，河北省工程制图大赛（二维）特等奖1项，河北省高校三维设计大赛特等奖1项。

（侯步蟾　刘志坚　谢海洋）

【概况】 2019年，学院有教职工342人，其中，专任教师271人（教授70人、副教授113人，具有博士学位的教师为74.7%）、有实验及技术人员32人、党政及管理人员39人。

2019年，学院新增教授3人、副教授13人。

2019年，学院中国工程院院士3人，享受政府津贴6人。共引进师资15人，其中教师12人。

2019年，学院有毕业学生1573人，其中博士研究生43人（实际毕业人数），硕士研究生400人，普通本科生1130人；学院招生1805人，其中博士研究生59人，硕士研究生448人，普通本科生1298人；学院在校生6429人，其中博士研究生190人，硕士研究生1272人，普通本科4967人。本科生的英语四级一次通过率87.1%，本科毕业生一次就业率94.1%，研究生毕业生一次就业率97.3%；本科考研报名574人，实际考取424人，考研率73.2%。

2019年，学院签订纵、横向科研项目164个，其中纵项67项，横项97项，实现科研合同金额共计7074.1万元，其中纵向科研经费4097.5万元，横向科研经费2976.6万元；发表论文635篇，其中三大检索收录405篇，核心期刊173篇，出版著作7本。自编教材4本；学院举行学术交流会44次，其中国外专家学术交流会16次，国内专家学术交流会40次。116人次参加国际学术会议。

2019年，学院完成科研项目16个。获省部级以上奖6（科研类，无教学奖）项。获授权专利172项，其中发明专利61项，实用新型专利84项，计算机软件著作权20项。

2019年，学院拥有教研室30个、研究所20个、实验室33个、学生实习基地41个，科技研究（创新）基地3个。

2019年，学院开设研究生课程362门，完成教学12262学时；开设本科生课程1573门，完成教学63747学时；举办各类培训班3期，共培训学员160人，其中电力系统学员160人。

2019年，学院设有77个党支部，拥有中共党员1167人、发展党员307人，其中学院本部发展党员132人，动力工程系发展党员102人，机械工程系发展党员73人。

2019年，学院设有199个学生班级，其中吴仲华班3个、实验班13个、创新班1个，设有辅导员岗位24个，其中正式编制19个、聘任4个、兼职1个；学生获各类省部级奖励582人次。

院长：徐进良

书记：徐鸿

（侯步蟾　刘志坚　谢海洋）

【参与国庆游行】 2019年，221名能动师生通过遴选参与中华人民共和国成立70周年游行方阵，历经歌曲合唱训练、步幅步速训练、方阵合练、模拟场地训练、三次天安门大排练等环节，国庆当天作为“创新驱动方阵”成员向全国乃至全世界人民展示良好的精神风貌。此外，学院51名学生入选国庆志愿者，2名学生为合唱方阵成员，8名学生担任校内物资组、宣传组保障组工作人员，圆满完成各项任务。

（张冬月）

【签订校企合作协议】 2019年4月25日，机械工程系与北京清畅电力技术股份有限公司校企合作签约揭牌仪式在北京清畅电力技术股份有限公司生产基地举行。系主任范孝良与公司董事长樊京生签订“研究生培养基地和实践教学基地”协议书。本次校企合作的建立是机械工程系与校友企业开展高水平、深层次、全方位合作的探索与实践，为进一步拓宽学生就业渠道、推进学科专业建设、提升学生实践技能夯实基础。

（谢海洋）

【先进能源利用技术研究中心成立】 2019年5月7日，华电校人〔2019〕14号发文，成立华北电力大学“先进能源利用技术研究中心”，明确该中心依托动力工程系进行建设。

（刘志坚）

【召开青年学者论坛】 2019年，学院召开多场学者论坛。5月10日至11日，保定动力系举办两国三地的中英先进能源利用技术交流暨能动学院青年学者论坛，开展学术报告12场，包括特邀报告2场，青年学者报告10场，多名老师开展专题学术报告；6月12日，北京校部召开的“能源清洁利用”青年学者论坛，15名国内外青年才俊齐聚一堂，开展学术研讨，校长杨勇平莅临指导并发表重要讲话。

（刘志坚　侯步蟾）

【获2019年保定市五四红旗团委称号】 2019年5月，动力工程系被授予“2019年保定市五四红旗团委”称号。近年来，团委以科技创新活动和社会实践工作为亮点，以努力推进网络思政引领工作为抓手，在基层团组织建设、志愿服务、创新创业、思政引领中均取得较突出成绩。

（周　硕）

【举办学术夏令营活动】 2019年7月13日－14日，动力工程系举办2019年“能源之星”全国优秀大学生暑期学术夏令营，来自湖南大学、新疆大学、河北农业大学、河北工程大学、兰州交通大学等14所高校的24名学子参加活动。本次活动旨在促进高校之间的互动与交流，加深青年学生对科学研究的了解和兴趣，选拔优秀本科生继续学业深造。

（张春明）

【获批河北省优秀教学团队】 2019年7月，机械工程系“基础力学教学团队”获批河北省优秀教学团队（冀教高函〔2019〕44号），这是华北电力大学（保定）唯一一个省级优秀教学团队。该团队注重教学改革和建设，始终以教书育人为使命，以为国家培育人才为责任，促进教学质量的不断提高，为培育输电线路专业学生的基础理论和实践创新能力做出贡献。团队骨干王璋奇、安利强、杨文刚和张新春等教师曾承担多项教改项目。

（谢海洋）

【多个党建项目结项】 2019年9月，北京校部“做新时代‘四有’好老师和‘四个引路人’”学习实践活动理论研究项目——高校二级学院青年教师思想政治工作路径探析（项目编号201801102）通过党委教师工作部验收并结项，该项目采用问卷调查了解青年教师的压力来源与发展诉求，进而对改进思想政治工作提出新思路。12月，能动学院完成“一院一品”三全育人改革项目建设和验收，作为唯一一个优秀项目结项。该项目立足学院学生党建工作、思想政治教育工作、团学品牌活动、学风建设、基层组织建设等各方面经验及成果，探索具有能动特色的三全育人新模式，最大程度带动教师全员参与，推动思政工作系统化、科学化布局。

（李　辉）

【召开两地领导班子务虚会】 2019年9月5日，学院在保定校区召开两地领导班子务虚会，吴仲华学院王晓东院长应邀参加会议。本次会议围绕两地基金申报、吴仲华学院建设，研究生培养等方面展开讨论，并形成执行备忘录。

（侯步蟾）

【召开团学双代会】 2019年11月14日，北京校部召开团员暨学生代表大会，共有学生及团员代表143人参会，大会通过《共青团华北电力大学能源动力与机械工程学院第二十三届委员会工作报告》等，选举出第二十四届委员会委员，张冬月任团委书记。大会累计收到线上、线下提案共计251件。大会作为学院青年政治生活中重要的一部分，有力地推动学院团学建设迈上新台阶。

（张冬月）

【2专业入选“双万计划”】 2019年12月30日，教育部公布首批国家级和省级一流本科专业建设点名单，学院能源与动力工程专业和机械工程专业入选“双万计划”国家级一流专业建设。“双万计划”即教育部“双一流专业”计划，是指教育部以建设面向未来、适应需求、引领发展、理念先进、保障有力的一流专业为目标，实施一流专业建设，建设一万个国家级一流本科专业点和一万个省级一流本科专业点。

（沈国清）

【获多项省部级教学荣誉】 2019年，北京校部宋玉旺获北京市第十一届青教赛工科类比赛工科A组三等奖和最佳教学回顾奖；动力工程系刘彦丰被评为河北省教学名师；机械工程系王璋奇获河北省师德标兵称号，杨文刚、江文强入选河北省“三三三人才工程”支持计划第三层次人才，杨文刚获中国力学学会全国徐芝纶力学优秀教师奖，并获全国高校第七届基础力学青年教师讲课比赛理论力学组一等奖。

（侯步蟾　刘志坚　谢海洋）

【教育部重点实验室更名】 2019年，电站设备状态监测与控制教育部重点实验室于2004年12月获教育部批准立项建设,2006 年 12 月通过验收。发展十余年以来,随着国家能源发展的不断变革,实验室的研究方向和面向的科学问题发生重大改变。结合此次实验室科学问题的凝练和研究方向的拓展,实验室名称更换为“电站能量传递转化与系统”(英文名称:Power Station Energy Transfer Conversion and System)。

(唐宁宁)

【两项标准发布实施】 2019 年,以华北电力大学为起草单位、机械工程系温新林等为起草人、丁海民等翻译的《电力行业耐磨管道技术条件》(英文版)以及《燃煤电厂磨煤机耐磨件技术条件第 1 部分:球磨机 磨球和衬板》两项行业标准由国家能源局正式发布实施。

(谢海洋)

经济与管理学院

【概述】 2019 年,经济与管理学院扎实开展“不忘初心、牢记使命”主题教育,以学校第二次党员代表大会精神为指引,使学院各项事业改革发展和“双一流”建设不断迈上新台阶。学院严格遵守中央八项规定精神,坚决执行《党政机关国内公务接待管理规定》,加强学院领导班子队伍建设,不断增强履职能力,对标“七个有力”,持续加强学院党支部建设,加强师德师风建设,守牢意识形态主阵地,深化教育教学改革,通过建章立制,进一步规范学院的教学、科研、学生管理等各项管理工作,加强学风、教风、院风建设,推动学院各项工作取得新进展。

“双一流”建设。在国家社科基金重大项目和重点项目资助上取得新突破,完成学校下达的科研经费目标任务 6400 余万元,完成率 130%,公开发表论文 230 余篇,其中核心期刊 51 篇,SCI/SSCI 收录 119 篇,出版专著 12 部。出台学院 10 大中文权威期刊目录,引导教师向发表高水平中文期刊论文方向转变。学校社会科学学科进入 ESI 排名前 1%,学院贡献率超过 75%。

国际合作。学院与澳大利亚昆士兰大学商学院签订本科联合培养合作协议,已有学生赴昆士兰大学学习。拓展与境外知名大学交流项目,邀请普渡大学、苏塞克斯大学等境外大学或机构教授举行学术交流。与日本国立环境研究所进行深入交流,并在科研、研究生派送、教师人才引进方面达成合作意向。

教育教学。学院取得北京市一流专业 1 个(市场营销),获批北京市虚拟仿真实验项目 1 项,申报国家级虚拟仿真实验项目 1 项,取得北京市优质本科课程(管理学原理)和优质教材(国际结算)各 1 项,获批全国教育科学规划课题 1 项。制定《关于实行本科生全面导师制的实施办法》、修订《教学工作奖励管理办法》等制度并实施,组织实施本科生物流管理专业创新实验班。完成教育部对学院七个学位点的评估工作,所有学位点均通过评估。突出能源电力特色应用型管理人才的培养目标,MBA 教育推进教学实践改革,切实促进校企合作,采取“走出去”和“引进来”的教学模式,开展 MBA“企业课堂”建设。

队伍建设。学院制定新的人才引进资助管理办法,在职称评聘、科研启动资助等方面推出一系列创新举措,提升优秀人才延揽竞争力,引进优秀青年教师 4 人,保研学生辅导员 2 人。学院出国学习教师 5 人,学成回国 3 人。

(董宏伟)

【概况】 2019 年,学院在北京设有学院本部,在保定校区设有经济管理系。学院现有 2 个省部级重点学科、1 个省部级重点实验室,1 个省部级示范中心、1 个国际级虚拟仿真中心,1 个省部级研究基地。设有 2 个博士后科研流动站,在站博士后 24 人;7 个博士点专业(其中具有一级学科博士学位授予权的 2 个)、15 个硕士点专业、11 个本科专业。学院有教职工 237 人(其中保定 73 人),专任教师 193 人(其中保定 60 人),教授 49 人(其中保定 14 人)、副教授 89 人(其中保定 24 人),具有博士学位的教师为 82%,有实验及技术人员 4 人(其中保定 1 人)、党政及管理人员 40 人(其中保定 12 人)。学院有享受政府津贴 2 人。共引进保研辅导员 2 人。学院有毕业学生 1300 人(保定 264 人),其中博士研究生 29 人,全日制硕士研究生 280 人(保定 116 人),在职工硕 191 人(保定 46 人),MBA 硕士 140 人(保定 1 人),普通本科生 660 人(保定 201 人);学院(系)招生 1740 人(保定 594 人),其中博士研究生 32 人,全日制硕士研究生 332 人(保定 105 人),非全日制硕士研究生 476 人(保定 131 人),MBA 硕士 108 人,普通本科生 792 人(保定 358 人);学院在校生 6172 人(保定 2139 人),其中,博士研究生 210 人,全日制硕士研究生 1044 人(保定 302 人),非全日制硕士研究生 1164 人(保定 477 人),在职工硕 319 人(保定 86),MBA 硕士 321 人,普通本科生 3114 人(保定 1274 人)。本科生的英语四级一次通过率院部 85.85%(保定 88.35%),本科毕业生一次就业率院部 83.22%(保定 90.05%),研究生毕业生一次就业率院部 98.38%(保定 90.82%);本科考研报名 351 人(保定 98 人),实际考取 145 人(保定 46 人),考研率院部 32.24%(保定 31.84%),深造率院部 46.62%。学院签订纵横向科研项目 182 个,其中纵项 34 项、横项 148 项,实现科研合同金额共计 6774.4 万元(保定 396.4 万元);共发表论文 369 篇,其中三大检索收录 189 篇,核心期刊 71 篇。出版专著 9 部,自编教材9本,国外专家学术交流会13次,国内专家学术交流会5次。有3人次参加国际学术会议。学院共获得省部级以上奖励293人次,其中,本科生获奖195人次,研究生获奖74人次,教师获奖24人次。学院拥有经济与管理系(保定)1个、教研室10个、研究所26个、实验室10个、学生实习基地42个,科技研究(创新)基地5个。学院开设研究生课程261门(保定83门),完成教学7860学时(保定2536学时);开设本科生课程460门(保定150门),完成教学15451学时(保定5980学时);举办各类培训班5期,共培训学员1584人。学院设有53个党支部(保定17个),拥有中共党员757人(保定223人)、发展党员201人(保定62人)。学院设有150个学生班级(保定52个),设有辅导员岗位19个,其中正式编制12个(保定5个)、聘任3个、兼职4个。

院长:李彦斌(李伟 保定经管系主任)

书记:于新华(祝志杰 保定经管系书记)

学院(系)网址:http://business.ncepu.edu.cn

(董宏伟 张 清 王 宁 郝险峰 史蓉辉 孙晓琼)

【两篇论文获河北省优秀硕士学位论文】 2019年1月9日,根据河北省人民政府学位委员会冀学位〔2018〕 11号文件《河北省人民政府学位委员会关于批准2016/2017学年度河北省优秀博士、硕士学位论文的通知》,经管系2017届硕士毕业生贾智杰的学位论文《基于CGE模型的电动汽车与CCS推广政策对能源经济的影响》(导师李伟教授)及2017届硕士毕业生刘默涵的学位论文《我国电力产业技术创新效率评价及影响因素研究》(导师孙薇教授),获2016/2017学年度河北省优秀硕士学位论文。

(董宏伟)

【曾鸣教授受访解读 三型两网战略布局】 2019年1月17日,国家电网公司三届四次职代会暨2019年工作会议提出:打造"枢纽型,平台型,共享型"企业,建设运营好"坚强智能电网,泛在电力物联网",即概括为"三型两网"。聚焦"三型两网"提出的背景、具体内涵、实施路径及产学研支撑等关键问题,学院曾鸣教授接受《中国电力报》、《国家电网报》、中国电力网络电视、《中国电力企业管理》、《智慧电力》等媒体、期刊的采访及约稿,对国家电网公司"三型两网"的战略布局进行解读,相关报道在电力行业形成广泛关注和强烈反响。

(董宏伟)

【主办电力市场改革政策解读及竞价仿真研讨会】 2019年1月19日—20日,为期两天的"2019年安徽电力市场改革政策解读及竞价仿真研讨会"在安徽省能源投资集团成功举办。会议由华北电力大学经济与管理学院主办、安徽省电力工程行业协会配售电专委会协办,研讨会围绕政策解读、市场分析、仿真演练、案例分享、报价策略及技巧等主题展开讨论。

(董宏伟)

【本科生深造上线率创历史新高】 2019年,学院2019届学生初试成绩过国家线(a类)的学生为195人,保研49人,出国留学40人,深造上线人数为284人,占年级总人数468人的60.68%,在去年增长8.07%的基础上,再增长5.4个百分点,创历史新高。

(董宏伟)

【召开学术委员会会议】 2019年3月26日,"新能源电力与低碳发展研究北京市重点实验室"学术委员会在华北电力大学国际交流中心第一会议室召开全体会议。会议由实验室主任乌云娜教授主持。华北电力大学副校长檀勤良、科研院副院长乔开文、经济与管理学院院长李彦斌及实验室学术委员会全体委员出席会议。

(董宏伟)

【山东大学(威海)商学院一行到访】 2019年4月19日,山东大学(威海)商学院副院长夏辉、营销管理研究中心咨询总监蒋守芬等一行到电力经济管理实验教学中心考察交流。学院副院长李泓泽、实验中心主任郭鑫、创新创业与实验教研室主任马同涛、实验员范鸿德接待考察人员,双方对相互关心的问题进行深入交流和探讨。

(董宏伟)

【举办第一期院长早餐会】 2019年5月6日,学院举办第一期以"如何在大学成就卓越的自己"为主题的"院长早餐会"。旨在为提高学院的育人水平,加强师生间的信息沟通,拓宽同学们的视野,引导同学们全面实现自我管理和自我提升。院长李彦斌、学院党委副书记谢桂庆、各年级辅导员及20余本科、研究生学生代表参加。

(董宏伟)

【张超教授应邀到经管系作学术报告】 2019年5月8日,同济大学经济与管理学院教授、联合国环境署—同济大学环境与可持续发展学院绿色经济责任教授—张超教授应经管系邀请在二校区教六举办以"物质效率评价的方法、指标与进展"为主题的学术报告会。

(董宏伟)

【举办繁星闪亮青春榜样颁奖典礼】 2019年5月21日,经管系在礼堂举办"繁星闪亮 青春榜样"颁奖典礼。校团委书记王家、学生处副处长李鹤、教务处副处长梁长屹、研工部副部长王倩,系党委书记祝志杰、系主任李伟、系副主任刘志彬、系党委副书记胡庆宇出席典礼并为获奖同学颁奖。系博士、硕士生导师和教授代表为各类别奖项开奖。系内本科、研究生各年级同学,辅导员、班主任共同参加活动。活动还特邀获奖同学家长亲友到场共同分享荣耀时刻。

(董宏伟)

【举办电力企业高管进课堂活动】 2019年5月27日至29日,华北电力大学MBA教育中心主办的"企业高管进课堂"活动暨"管理信息系统"课程,在教四楼D505教室举行。该门课程的第一讲是由现任中国电力建设集团有限公司副总经理、教授级高级工程师的姚强担任统领主讲。

（董宏伟）

【与中共国网冀北电力有限公司党校签署协议】 2019年6月14日，学院院长、MBA教育中心主任李彦斌来到中共国网冀北电力有限公司党校，就教育培训、智库建设、双向培养等方面的合作签订协议，随李院长同行的还有经济与管理学院院长助理张灿飞、辅导员李文姝、孙冬阳、MBA教育中心路茸和经管院17级部分学生代表。

（董宏伟）

【美国普渡大学姜艺教授到学院学术交流】 2019年6月23日，美国普渡大学工程管理专业姜艺教授应邀到访学院。本次交流活动由工程技术与管理研究所所长侯学良教授主持，学院副院长刘敦楠、范鸿德和相关专业学生参加活动。

（董宏伟）

【赴于都、瑞金社会实践】 2019年7月5日，为深入贯彻落实习近平新时代中国特色社会主义思想，庆祝伟大祖国成立七十周年，响应团中央大学生暑期"三下乡"、团市委"青年服务国家"社会实践的号召，华北电力大学赴江西于都、瑞金暑期社会实践团一行十四人由经济与管理学院团委书记吴薇带队前往江西于都、瑞金开展"初心与使命在心·青春与责任同行"主题社会实践活动。

（董宏伟）

【召开发展工作务虚会】 2019年7月30日，学院领导班子召开2019年暑期学院发展工作务虚会，会议由学院院长李彦斌主持。于新华书记结合即将开展的基层党委换届工作，做出有关部署。班子各成员针对自己分管的工作，谈思路、想办法，成员之间热烈讨论，互相建言献策，对学院未来发展目标达成共识，聚焦问题和短板，形成下一步工作的思路和举措。李彦斌对未来学院工作进行全面梳理，指明发展思路和方向。一是大力加强人才培养质量，坚定不移的抓深造率。二是加强学生创新创业能力与素养的培养。三是要加强人才引进力度，高度重视师德建设，加强辅导员队伍建设。四是鼓励教师和研究生发表高水平的中文文章。五是加强和国内其他高水平管理学院的交流。

（董宏伟）

【举行主题教育研讨和师德师风学习】 2019年9月23日，经管学院领导班子举行"不忘初心 牢记使命"主题教学学习研讨，全体成员参加会议，会议由于新华书记主持。会上于新华书记带领班子成员共同学习《华北电力大学"不忘初心、牢记使命"主题教育工作方案》、《华北电力大学"不忘初心、牢记使命"主题教育检视整改工作方案》、《华北电力大学开展"不忘初心、牢记使命"主题教育调研工作方案》和《华北电力大学"不忘初心、牢记使命"主题教育学习方案》。

（董宏伟）

【MBA第三期赴德国MR交流访学】 2019年10月5日，受全球变压器控制领域专家MR公司（莱茵豪森集团）的邀请，华北电力大学MBA教育中心常务副主任刘元欣、MBA教育中心吕艳霞及6名MBA学生赴德国雷根斯堡进行为期一周的交流访问，MR（中国）人力资源部总经理陪同前往。

（董宏伟）

【开展坚持和加强党的政治建设专题讲座与研讨】 2019年10月8日，学院邀请学校"不忘初心、牢记使命" 主题教育第二指导组组长、原党委副书记朱常宝教授来院开展坚持和加强党的政治建设专题讲座，学院全体教工党员参加此次活动，本次活动由学院党委书记于新华主持。朱常宝教授以《关于加强党的政治建设的几个问题》为题，结合"不忘初心，牢记使命"主题教育活动，重点就"党的政治建设的内涵""政治建设成为党的根本性建设的决定因素""讲政治是我党的优良传统""严防党的政治建设的'四种倾向'""努力提高党员干部的政治能力"等五个方面进行详细讲解。

（董宏伟）

【开展不忘初心牢记使命专题研讨】 2019年10月9日和10月10日，学院领导班子在教一楼326会议室分别召开"强化基层党组织建设，持续深化全面从严治党""学习时代楷模，弘扬良好师德师风""对标'四个服务'，加快高水平研究型大学"和"牢记科教兴国使命，做能源革命的奋进者"专题研讨，会议由于新华书记主持。

（董宏伟）

【赴西柏坡红色教育基地参观学习】 2019年10月20日，经管系党委通过实践教学的方式，重走革命圣地，感悟共产党人的初心与使命，组织系领导班子、办公室主任、实验室主任、党支部书记教研室主任共计25人赴西柏坡红色教育基地开展"重温党的光辉历史，走好新时代长征路"主题教育，重温革命历史，学习赶考精神，筑牢初心。

（董宏伟）

【赴北京林业大学经济管理学院访问交流】 2019年10月18日，经济管理学院全体学工干部在学院党委副书记谢桂庆带领下赴北京林业大学经济管理学院开展学生工作交流活动。双方就学生党建、班集体建设等学生教育管理工作进行交流与讨论。

（董宏伟）

【《管理之控制》慕课在中国大学MOOC网举办第一期课程】 2019年9月11日，由学院院长李彦斌主讲的慕课——"管理之控制"正式开课，该课程由学院课程团队精心打造。在这场别开生面的课堂中，李彦斌以幽默风趣的方式，结合漫画、实例等多种形式呈现问题，由点到面，层层递进，通过对控制的概念、控制的分类、控制系统的设计方法、控制系统的设计实例、控制的实际应用、控制的常见问题六个部分阐述如何将控制应用到日常生活中，并由此提出控制的概念中的3个核心点与3个关键点、控制系统设计中的“四定”方法、控制中常见问题中的“七个未必”。共有1178位同学参与课程学习，同学们对课程的学习非常认真，能够将课程中的知识与其他管理学知识和生活中的实例相结合，做到思维发散，学以致用，证明该课程用短的时间、简的内容让学生理解控制在管理中的重要地位，取得预期成果。

（董宏伟）

【英国苏塞克斯大学教授到学院进行学术交流】 2019年10月14日—15日，英国苏塞克斯大学（University of Sussex）教授、*Energy Research and Social Science*（SSCI期刊）总编Benjamin K. Sovacool博士到学院进行学术交流。10月14日，Sovacool教授与学院部分教师进行座谈，学院教师就各自的研究领域与Sovacool教授进行交流。

（董宏伟）

【日本一之濑俊明教授应邀到学院授课】 2019年10月26日，学院院长、MBA教育中心主任李彦斌教授特邀请日本一之濑俊明（Toshiaki ICHINOSE）教授为MBA学生讲授一堂“气候变化与亚洲城市适应策略研究案例”课程。

（董宏伟）

【开展主题教育专题党课】 2019年10月29日，学院党委邀请学校“不忘初心 牢记使命”主题教育宣讲团成员、马克思主义学院副院长孙平讲授《不忘初心不辱使命 一代代共产党人对社会主义的探索》的主题党课。党课由经济与管理学院党委副书记谢桂庆主持，经济与管理学院全体学生学生党员和部分入党积极分子参加本次专题党课。

（董宏伟）

【赴日本高校和研究所进行交流洽谈】 2019年10月16日至19日，学院院长李彦斌教授一行四人赴日本高校和研究所，围绕学术研究、科研交流、国际合作、人才培养和人才引进等领域进行探讨和交流。学院副院长刘元欣、副教授王永利和周茜随访。10月17日，李彦斌一行赴筑波大学进行交流，与日本筑波大学张振亚教授和雷中方教授就筑波大学与国内知名高校的交流情况进行交流。10月18日，李彦斌一行赴日本国立环境研究所进行学术交流和洽谈。

（董宏伟）

【参加专业实验室建设研讨会】 2019年10月25日至27日，由国家级实验教学示范中心联席会经管学科组主办、西安交通大学管理学院承办的“第二十届全国高校经管类专业实验室建设暨经济管理实验教学示范中心建设研讨会”在西安举行。电力经济管理实验教学中心和创新创业与实验教研室组织相关老师出席研讨会。本次会议是全国高校经管类专业实验教学示范中心及实验室建设的盛大年会，来自全国一百多家高校和合作企业的近400位实验教学专家参加会议。实验中心主任郭鑫获2019年经济管理实验教学“联奕奖”优秀教师称号。马同涛应邀做题为“‘行业优势’在虚拟仿真实验教学中的创新与实践”的主题报告。

（董宏伟）

【赴西安交通大学交流访问】 2019年10月25日，学院教师团队访问西安交通大学电力工程系，双方就电力市场相关领域的本科教学、实验创新、学术研究等进行广泛深入的交流。学院实验教研室的董军教授、郭鑫、马同涛、孙红星、范鸿德，以及电力经济教研室黄辉参加本次活动。西安交通大学电力工程系主任康小宁教授、王秀丽教授、副主任王建学教授和相关教师、学生代表参加本次会议。访问期间，一行还拜访了王锡凡院士。

（董宏伟）

【赴天津大学开展专题调研】 2019年11月2日，学院信息管理与信息系统教研室主任董福贵、博士生导师李存斌等一行6人赴天津大学开展专题调研。天津大学管理与经济学部信息管理与管理科学系老中青三代教师代表三人接待董福贵一行，双方就专业认证、课程体系建设以及科研等多方面进行交流座谈。

（董宏伟）

【获首批北京市虚拟仿真实验教学项目认定】 2019年11月5日，学院推荐的“电力市场交易决策虚拟仿真实验项目”获2019年度北京市虚拟仿真实验教学项目认定，这是北京市首次认定市级虚拟仿真实验教学项目。该项目同时被北京市推荐参加国家级项目认定。该省部级虚拟仿真实验教学项目的认定，为学院今后金课建设提供有益的探索。

（董宏伟）

【赴中共一大会址参观学习】 2019年11月15日—16日，为深入学习领会习近平新时代中国特色社会主义思想，认真贯彻落实中央“不忘初心、牢记使命”主题教育有关要求，学院组织前往嘉兴南湖红船和上海中共一大会址参观学习。

（董宏伟）

【召开主题教育专题民主生活会】 2019年11月21日，根据《华北电力大学开展“不忘初心、牢记使命”主题教育工作方案》的精神和要求，学院严格按照“守初心、担使命，抓差距、抓落实”的总要求，在教一楼326会议室召开领导班子专题民主生活会。学校党委副书记郭孝锋、学校原党委副书记、主题教育第二指导组组长朱常宝、组织部常务副部长鹿伟、宣传部副部长吴素华及整改组、材料组有关同志等出席会议。会议由学院党委书记于新华主持。

（董宏伟）

【举行毕业生深造表彰大会】 2019年11月21日，为提高学院本科人才培养质量，推动“双一流”建设，培养学生成长成才，激励经管学子再创佳绩，学院2019届毕业生深造表彰大会在教三报告厅举行。副校长孙忠权、国际合作处处长段春明、教务处副处长高继周、学院党委书记于新华、院长李彦斌、副院长孙华昕、MBA中心副主任刘元欣等出现表彰会。大会由学院党委副书记谢桂庆主持。

（董宏伟）

【召开学习贯彻党的十九届四中全会精神报告会】 2019年11月27日，为深入开展好“不忘初心、牢记使命”主题教育，学习贯彻党的十九届四中全会精神，学院党委在主D260会议室举办专题辅导报告会，邀请中国社会科学院城市发展与环境研究所、院生态文明研究智库理论部主任黄承梁研究员作专题辅导报告。学院师生党员、入党积极分子200余人参加报告会。报告会由学院党委副书记谢桂庆主持。

（董宏伟）

【举行MBA毕业生创业交流座】 2019年12月15日，华北电力大学MBA毕业生创业交流座谈会在教一326会议室召开。出席本次活动的领导和嘉宾有华北电力大学经济与管理学院院长、MBA教育中心主任李彦斌、MBA教育中心副主任刘元欣、MBA教育中心老师和历届MBA毕业生创业代表。本次交流会由华北电力大学MBA教育中心副主任刘元欣主持。

（董宏伟）

【繁星闪亮朋辈育人项目获河北省高校辅导员工作精品项目一等奖】 2019年，经管系“繁星闪亮”朋辈育人项目成为学校首批立项的学生思政工作精品项目。同年6月，该项目获评河北省高校辅导员精品项目一等奖，队伍成员包括负责人胡庆宇，成员刘东旭、李冰、梁博通。通过搭建朋辈榜样“培育孵化、选树宣传、培养提升、引领践行”四平台，培育“立得住、叫得响、过得硬、用得上”的朋辈榜样，构建起“院系搭平台，朋辈榜样唱主角”的工作模式。推动朋辈榜样由“静态”示范引领向“动态”践行服务转变，使教育者更亲和、教育内容更贴近、教育形式更灵活、教育效果更显著。

（张　清）

【赴北京交通大学等高校开展深造专题调研】 2019年7月，为提升本科生深造率，经管系学工队伍在副书记胡庆宇的带领下，先后走访中央财经大学金融学院、北京交通大学经济管理学院，就深造率工作进行深入交流，掌握经管类相关专业学生国内考研的经验和规律。同时，出台《经济管理系应届本科生深造奖励办法（试行）》等文件进行政策性鼓励，全面提升国内升学率、国（境）外率情况。

（张　清）

控制与计算机工程学院

【概述】 2019年，控制与计算机工程学院在党建工作、学科建设、教育教学、科研工作、师资队伍建设、对外交流合作、学生工作、工会工作等方面取得进展。

党建工作。北京校部落实全面从严治党主体责任。加强师风师德建设，落实师德建设长效机制。制定《控计学院师德建设长效机制实施细则》，为每位入职新教师举行工作导师授予仪式和表彰工作满三十年的老教师等活动。围绕“甘守三尺讲台，争做四有教师”为主题开展“论教”系列活动。落实立德树人的渠道创新，推进课程思政建设取得实效。开展课程思政经验交流会，3门课程思政示范课初步建成。深入推进“111”党支部结对共建，通过党建引领，与三家能源电力企业联合共建校企课程。保定自动化系开展以解决学生实际问题为重点的“我在你身边”作风建设项目，联系基层制度不断巩固；切实加强党风廉政建设，召开党风廉政专题会议，本年度无违法违纪现象发生。深入完成主题教育工作。按照“四个一、三个多”推进做细、“学思悟、研查改”严格要求、“建机制、求实效”持续发展的工作思路，扎实开展特色教育、专题研讨、主题调研、检视整改等工作，重点解决学习不深入、支部缺活力、干事少魄力等问题，院系工作展现新气象。支部书记教育培训进一步加强。严格按照上级党委要求，针对实际工作开展的问题，积极开展支部书记培训与交流，不断提升党支部书记业务水平。先后邀请组织部老师对全体党支部书记进行基层党建实务工作培训，制定《自动化系党委党务干部教育培训制度》，通过开展多方位的全面培训。为研究生党支部配备“党建导师”。为提升研究生支部工作水平，制定《自动化系党委研究生“党建导师”工作实施方案》。主题教育期间，通过现场活学，进行党性洗礼；组织党员观看电影，开展爱国主义教育；开展“我与祖国共奋进 喜迎国庆70周年——学习强国知识竞赛月”活动，依托“学习强国”平台开展知识竞赛月活动，激发党员学习积极性和主动性，并形成长效督导机制。师德师风建设工程进一步强化。师风师德建设常抓不懈，院系召开“自动化系师德典型人物经验分享交流会”，教工党支部开展“师风师德建设”专题讨论会。推进师风师德建设，“身边的榜样”师德师范工程稳步推进，保证师风师德建设的延伸性。计算机系党委深入学习“不忘初心、牢记使命”主题教育精神，认真贯彻执行中央和学校党委的决策部署，严格落实基层党建工作重点任务，着力发挥基层党组织的政治核心和保障作用，尽职尽责，推进党建主体责任的落实；开展基层党建工作整改部署会议，开展基层党支部书记培训，组织党员前往教育基地开展党员学习，发展学生党员59名；强化政治学习，宣传典型事迹，邀请学校“不忘初心、牢记使命”主题教育宣讲团成员魏彤儒和孙芳开展党员讲座2次，邀请校党委原副书记宁文玉书记讲党课1次。

学科建设。北京校部牵头申报并获批人工智能交叉学科博士点和硕士点，成立人工智能学院，并召开第一次专家委员会会议。实施计算机学科ESI排名提升和期刊发文奖励计划，比去年同期提高8％。完成两地“双一流”建设学科（控制工程、计算机技术、软件工程）三个专业学位培养方案的修订工作。保定自动化系完成2019版培养方案修订工作；申报双万计划“自动化一流专业”；申报与筹建“机器人工程”新专业，完成培养方案制订、实验室建设、团队建设等工作。申报与筹建“机器人工程”新专业，完成培养方案制订、实验室建设、团队建设等工作。计算机系成立人工智能教研室，智能科学与技术专业是继计算机科学与技术、软件工程、网络工程、信息安全之后的又一本科专业，已形成5个门类齐全的专业方向。系开设研究生课程22门，完成教学680学时；开设本科生课程128门，完成教学8938学时。

教育教学。北京校部组织申报“自动化”专业国家一流专业，通过初评。完成学院7个本科专业的培养方案修订工作，招收第一届“智能科学与技术”本科专业学生。组织承担2门通识导论课教材出版项目、1个“人工智能”选修课程群建设任务。组织承担2项校级本科重点教改项目，2项公共课教改项目，11项专业课程教改项目。完成相关的GPU计算、云平台实验室、球杆系统建设；筹建人工智能教研室。“适应电力创新发展的自动化类专业‘三全育人’培养模式探索与实践”获2019年中国自动化学会高等教育教学成果一等奖。刘向杰当选北京市教学名师。保定自动化教学改革工作成绩突出。强化基层教学组织建设，加强教学团队建设，教学改革、课堂思政建设和教师发展工作进一步推进，2019年获教学优秀、教改项目立项等共计11项。通过强化基础，培育文化，整合资源、深度对接，构建“全过程、全方位、全参与”的考研提升体系，助力学生考研升学，考研录取率稳步上升，深造率达42.99％，保定校区排名第一。计算机系围绕高等教育“立德树人”的根本要求，积极开展专业建设、课程建设、教学改革、实验室建设等工作，完成计算机科学与技术专业的“国家一流本科专业”的申报工作；成功申报含深度学习、无人驾驶、机器鱼、三维扫描仪、大数据平台等内容的人工智能实验室修购基金建设项目，共计370万元；成功申报河北省教改项目2项、全国高等院校计算机基础教育研究会项目24项、教育部产学研项目22项；两名青年教师获学校青年教师支持计划项目资助，1名教师在学校青年教师讲课比赛中获奖；出台计算机系教学工作支持计划，初步实现理论课程的闭卷考试和流水判卷；出版教材1部；举办学校“第七届计算机应用大赛”，学生在蓝桥杯、水中机器人等大赛中取得优异成绩。

科研工作。北京校部国家自然科学基金组织申报35项，获批基金项目9项，100％完成学校科研院下达的申报项数指标要求。申报获批国家重点研发计划专项课题6项，获省部级一等奖2项、省部级二等及其他奖项4项。ESI高被引论文比去年同期新增7篇、热点论文4篇。保定自动化2019年度科研项目合同额总计2431.2万，完成比例104.08％。2019年国家自然科学基金申报数量为12项，立项2项。制定实施《自动化系青年教师培养工作计划》，建设院系科研团队，组织举办青年教师座谈会、青年教师学术交流会。制定完善《自动化系科研团队管理办法》《研究生导师工作细则》等制度，用标准和制度引导教师教学科研的积极性。共邀请12名专家学者为师生做9场学术报告。其中包括CSIG（中国图象图形学学会）图像图形中国行活动、华北电力大学—天津大学电力·自动化青年学者论坛。计算机系的复杂能源系统智能计算教育部工程研究中心获批立项。保定市知识计算与数据安全重点实验室获批立项。至年底，完成科研合同总额达到570.61万元（纵向0万元），积极组织国家级、省部级等各种科研基金项目的申报工作，本年度共组织申报国家自然基金10项，河北省自然基金13项，中央高校基本科研业务费项目4项，高水平论著持续稳定增长，发表国外期刊论文61篇，中文核心期刊及以上论文14篇（SCI 9篇、EI 5篇）；获得计算机软件著作权194项，发明专利10项，实用新型4项，外观设计5项，省部级奖1项。

师资队伍建设。北京校部引进全国百篇优博获得者、教授1名，引进青年教师4名、博士后4名。保定自动化系加强院系制度建设，以形成“设规范、立制度、讲执行、抓落实”的长效机制为目标，完成《自动化系管理文件汇编》，进一步加强干部聘用考核，激发青年教师工作活力和战斗力。制定出台《自动化系教研室主任聘任办法》与《自动化系教研室主任考核办法》。细化人才引进工作分工，坚持政治“一票否决”。对引进人才制定启动基金和工作用房等配套政策；并提出人才引进工作激励政策，动员全系教工深度挖掘，同时制定《自动化系人才引进工作中政治素质及师德师风考察实施细则》，进一步细化人才选拔的各个环节。年内，师资引进签约6人。计算机系拟引进应届博士毕业生2人，两位教师出国做访问学者。

对外合作交流。北京校部与英国利兹大学、英国巴斯大学等国际知名高校正式签署研究生“1＋1＋1”、本科生“2＋2”以及博士生联合培养和科研合作协议。计算机系邀请英国皇家学会院士、爱丁堡皇家学会院士、欧洲科学院院士到访计算机系，并作题为“Adaptive Parallelization of Sequential Graph Algorithms”的学术报告。

学生工作。北京校部扎实推动实践育人，学院有200余名师生参与国庆群众游行相关活动，30余支队伍广泛开展形式多样的社会实践活动。学生创新团队分别获ICAN国际创新创业大赛全国一等奖，中国“AI＋”创新创业大赛全国二等奖，中国工程机器人大赛全国特等奖等荣誉。至年底，研究生就业率为98%，本科生就业率为93%，其中本科生的境内外深造率为43%。保定自动化系党委统一组织，教工学生党支部紧密协同，广泛宣传动员、积极组织培训、深入细致指导，形成自动化系特色鲜明的大学生创新创业活动指导机制。学生参加第十四届全国大学生“恩智浦杯”智能汽车竞赛全国总决赛获得全国一等奖1项、二等奖1项，华北赛区一等奖4项；参加“西门子杯”中国智能制造挑战赛总决赛获全国一等奖2项，赛区特等奖1项、省特等奖1项。计算机系2019年毕业学生313人，其中硕士研究生96人(学术硕士35人，专业学位硕士40人，在职研究生21人)，普通本科生217人；招生468人，其中硕士研究生144人(学术型硕士为36人，全日制专业学位43人，非全日制专业学位硕士65人)，普通本专科生324人；在校生1385人，其中，硕士研究生231人，普通本专科生1154人。本科毕业生一次就业率为94.77%，研究生毕业生一次就业率为100%；本科毕业生考研上线率51.15%，考研录取率为34.56%。

工会工作。北京校部分工会选举学院新一届校双代会代表，大力支持院羽毛球协会、合唱协会等团体开展日常活动，组织广大教职员工参加校院两级各项文体活动，开展慰问离退休教师等活动。学院获2019年度两校区羽毛球比赛冠军，学院分工会被评为2019年度先进分工会。保定自动化系通过承办校“自动化杯”健步走等活动，组织教工参加送毕业晚会演出，组织元旦联欢等活动，连续三年获先进分工会。计算机系连续2年被评为校级优秀工会。在校田径运动会、讲课比赛、篮球比赛、两校区羽毛球联赛等比赛中取得多项集体荣誉，获校篮球赛女篮亚军、校运动会团体二等奖、2019年校讲课比赛三等奖、2019年小板书比赛二等奖2项，三等奖1项、校运动会入场式优秀方队(已连续5年获此项荣誉)、两校区羽毛球比赛团体冠军等荣誉，通过调研走访，组织“亲子运动会”，让老师们丰富课余生活，保持激情战斗力；以“暖人心 促发展”为工作理念，为退休老教师开展“荣退”仪式，党委领导班子带头开展“校园小路细又长”文化建设活动，利用课间时间同广大教职工谈心谈话，帮助解决教职工工作和生活中的困难。推行除系工会主席外，全体工会委员兑现岗位报酬制度，提升工会干部的工作责任感，调动工会干部工作积极性。

(李　莹　陈亚东　胡建强　艾书剑　曹英如　张芳娥　王江涛)

【概况】 2019年，学院有教职工290人，校本部131人，其中专任教师106人、教授31人、副教授44人。具有博士学位的老师为74人，实验室及技术人员10人，党政及学生管理人员15人。自动化系现有教职工69人，其中专任教师48人，教授15人，具有博士学位的老师为40人，实验教师11人，党政及学生管理人员10人。保定校区计算机系教职工90人，其中专任教师67人，教授8人，副教授19人，出国留学2人，实验室及技术人员6人、公共机房7人，系领导及管理人员14人。学院有在校生5307人，其中包括北京校本部校本科生1830人，全日制研究生729人。自动化系本科生1037人，全日制硕士研究生326人。保定校区计算机系本科生1154人、硕士研究生231人。学院拥有控制科学与工程一级学科博士点、博士后科研流动站。拥有控制科学与工程、计算机科学与技术、软件工程3个一级学科硕士点。其中，控制科学与工程一级学科博士点下设控制理论与控制工程、检测技术与自动化装置、模式识别与智能系统、信息安全、系统分析运筹与控制等5个二级学科博士点。拥有控制工程、计算机技术、软件工程3个工程硕士专业学位授予权。学院设立有自动化、检测技术与仪器、计算机科学与技术、软件工程、信息安全、物联网工程、网络工程、智能科学与技术8个本科专业。学院围绕“宽口径、重实践、强能力”的人才培养目标，依托国家级、北京市教学团队和特色专业、北京市及校级教学名师、北京市示范性校内创新实践基地，努力培养拔尖创新型人才，为社会培养2万余名本科生、硕士生和博士生。学院有多个省部级以上科研平台(新能源电力系统国家重点实验室发电过程测控新技术实验平台、工业过程测控新技术与系统北京市重点实验室、北京市店里信息技术工程研究中心、河北省发电过程仿真与优化控制工程技术研究中心、燃烧及先进检测技术教育部创新团队、智能化分布式能源系统教育部“111计划”引智基地)。自动化系有1个纳入河北省工程技术中心序列进行管理的“河北省发电过程仿真与优化控制工程技术研究中心”。设有1个一级学科博士点专业、1个一级学科硕士点专业、1个工程硕士点专业和2个本科专业。

党委书记：刘　威(严立任保定自动化系党委书记，王迎新任保定计算机系党委书记)

院　　长：房　方(王印松任保定自动化系主任兼控制与计算机工程学院副院长，鲁斌任保定计算机系主任)

(李　莹　陈亚东　胡建强　艾书剑　曹英如　张芳娥　王江涛)

【参加中国工程机器人大赛暨国际公开赛获佳绩】 2019年4月22日—25日，依托学院Hunters实验室的学子组成5支队伍参加机器人赛车项目竞技赛，共获特等奖1项，一等奖1项，二等奖1项，三等奖2项。获奖同学中，有5人是2018级新生。

(李　莹)

【中国高校学生人工智能训练营开营】 2019年7月22日，2019年"中国高校人工智能人才国际培养计划"高校学生人工智能训练营在华北电力大学正式开营。与国家电网有限公司联合成立"国家电网有限公司—华北电力大学能源互联网学院"，共同打造国际一流水平的能源互联网自主创新国家队、具有重要影响力的高端智库和高水平人才培养基地。

（李　莹）

【获评首届党支部风采大赛一等奖】 2019年，硕自171班党支部通过系党支部风采大赛、学习强国积分赛等特色活动，树立工作典型，依托党建项目化工作，促进党建工作增质提效，获评华北电力大学首届研究生党支部风采大赛一等奖。

（陈亚东）

【创新培训工作显成效】 2019年，学院创新培训工作蓬勃开展，成立大学生创新创业导师团，建立1个校级智能车俱乐部＋无人机、机器人、西门子校园学习中心3个系级俱乐部＋N个双创兴趣小组的"1＋3＋N"创新实践平台体系，同时通过举办内容丰富的科技创新培训班提升学生创新能力。

（陈亚东）

【学工队伍获奖】 2019年，学院多位学工老师获得表彰。韩亮亮获评保定市暑期"三下乡"先进个人；陈亚东获评河北省辅导员技能大赛三等奖及理论宣讲单项二等奖；张明获评河北省"大家访"先进个人及华北电力大学优秀辅导员。

（陈亚东）

【工程研究中心获批立项】 2019年，学院复杂能源系统智能计算教育部工程研究中心获批立项，该中心由鲁斌牵头，多位教师参与，中心获批立项后将进入两年期培育建设阶段。

（胡建强）

【召开研究生学术会议暨院长高峰论坛】 2019年9月22日，京津冀计算机学科群第二届研究生学术会议暨院长高峰论坛在学校国际会议中心举办。此次大会由中国计算机学会主办，华北电力大学计算机系承办。

（张长明）

【学工案例获省级二等奖】 2019年，学院党委副书记陈火欣撰写的学生工作案例被评为河北省第二届高校辅导员工作案例二等奖。

（艾书剑）

【召开校内巡察反馈会】 2019年10月15日，第六巡察组组长张金辉代表巡察组全面反馈对学院的巡察情况，并从六个方面指出存在的问题，并提出整改意见。

（李　莹）

【刘吉臻院士为新生上入学教育第一课】 2019年9月25日，中国工程院院士、原校长刘吉臻教授在学校礼堂为学院2019级新生上入学教育第一课并作专业介绍报告。自2002年开始，刘吉臻教授已经连续18年为学院新生做专业介绍。《光明日报》在教科文新闻版对刘吉臻院士为新生上的第一课进行头条报道。

（李　莹）

【两专业入选"双万计划"】 2019年，教育部公布首批国家级和省级一流本科专业建设点名单，学院自动化专业和计算机科学与技术专业入选国家级一流本科专业建设点。

（李　莹）

【召开京津冀计算机学科群第二届研究生学术会议】 2019年9月22日，京津冀计算机学科群第二届研究生学术会议暨院长高峰论坛在华北电力大学国际会议中心举办。此次大会由中国计算机学会主办，华北电力大学计算机系承办。

（张长明）

人文与社会科学学院

【概述】 2019年，人文与社会科学学院认真开展"不忘初心、牢记使命"主题教育活动。通过主题教育，党员同志"理论学习有收获、思想政治受洗礼、干事创业敢担当、为民服务解难题、清正廉洁作表率"。学院领导班子围绕"守初心、担使命，找差距、抓落实"的总体要求，积极担当作为，密切联系实际推进基层党组织建设、学科建设、学生培养、人才引进、课程思政、意识形态、服务师生等各项工作，特别是在回天治理研究院建设、课程思政试点工作、宪法宣传周活动、学院师生办公学习条件改善等方面取得良好效果。保定校区坚持以习近平新时代中国特色社会主义思想为指导，深入学习贯彻党的十九大精神和十九届四中全会精神。扎实推进"不忘初心、牢记使命"主题教育，多次组织召开党政联席会、全体教师大会等，认真学习习近平新时代中国特色社会主义思想，积极开展调查研究，认真剖析检视问题，扎实落实整改措施。开展"寻根狼牙山顶，不忘初心使命"教育活动，以及"五说五增强""过好政治生日、不忘初心使命"等活动，增强党员先锋模范作用等，强化广大师生"守初心、担使命、找差距、抓落实"的意识，夯实思想政治工作基础。全面落实教工党支部书记"双带头人"，探索河北省党建工作标杆院系建设工作。举办"国家宪法日"活动，加强党风廉政建设和师德师风建设。

“双一流”学科建设。学院的“能源治理与法治”学科方向纳入学校“双一流”学科建设计划，至年底签署10部专著出版协议，发表法学顶级期刊文章1篇，管理学A类期刊文章1篇。组织申报研究生“双一流”建设项目，获6项立项，并通过中期检查。保定校区推进学科平台建设，诉讼法学河北省重点学科的知名度进一步提升，法学和公共管理一级学科的影响力进一步增强，研究生招生吸引力持续提升，发表高水平学术论文、权威出版社出版专著、呈报研究报告获省级领导批示等共12项，进一步服务和支持学校“双一流”学科。

人才引进。刘冰博士、徐颖博士先后入职，学院的师资力量得到加强。学位点建设。法学与公管两个学术型硕士点通过评估，完成首届法律硕士的招生工作，MPA招生与培养质量稳步提升，签订研究生联合培养基地2个，教学实践基地1个。保定校区新开设法律硕士专业课，研究生优质课程结项优秀2门。

课程思政建设与教育教学改革。启动本科课程思政和法学、公管、广告三个专业的专业导论课程建设，王伟教授主讲的“西方行政思想史”本科生课程获全校课程思政示范课建设立项。赵旭光、王学棉、李红枫、方仲炳、田海鑫五位教师主讲的慕课“生活中的纠纷与解决”入选国家级精品在线课程，王伟教授主讲慕课“《易经》的政治智慧”在学堂在线上线3轮，选课人数突破3万人。保定校区完成本科教学工作。组织青年教师参加讲课比赛获保定市二等奖1项，3位教师入选2019年青年教师教学支持计划项目，对3位新入职教师进行教学指导。

科研工作。学院2019年度科研经费总额总计完成261.7万元(纵向经费168.2万元、横向经费93.5万元)，以105.5%的比率超额完成学校规定任务；学院累计发表论文58篇(其中CSSCI检索文章11篇，SCI检索文章1篇，人大报刊复印资料转载2篇，中文核心期刊9篇，EI会议检索文章3篇，光明网置顶文章1篇，出版专著和编著等著作10部)。刘妮娜的国家社科基金项目获得立项批准，刘冰的《论我国个人破产制度的构建》文章在《中国法学》2019年第4期发表，这是法学专业自创办以来首次在法学“三大刊”发表。保定校区科研经费完成率达到138%，获批国家级、省部级科研项目共11项，其中梁平教授再次获批国家社科基金1项。此外，梁平教授完成的研究报告获河北省委书记王东峰等主要领导肯定性批示1项，论文被《中国社会科学文摘》转载1篇，主持《保定市河道管理条例》的立法工作，均取得历史性突破。组织召开雄安新区社会建设与司法保障研究院2019年学术会议等3场，举办“法政讲堂”、法政“创新%前沿”论坛等学术报告13场，进一步营造学术氛围。

基地建设。北京能源发展研究基地第四期建设评估获得优秀，智库化发展能力进一步提升。此次评估共有17个基地参与北京市社科规划办的验收，其中北京能源发展研究基地等4个基地获评优秀。

成立回天治理研究院。为了更好的服务北京市“回天治理三年行动计划”，2019年7月23日，学院正式成立“回天治理研究院”，打造人才培养、科学研究、政策咨询三位一体综合性研究平台。9月，回天治理研究院和回天有我社会服务联合创新实验室联合举办首期回天治理创新论坛。11月，回天治理研究院启动“百生百社”调查实践活动，围绕十余项调研项目，组织100人次学生进入回天100个社区开展实践调查活动。12月，牵头四家单位在华北电力大学共同举办第四期回天治理论坛，聚焦绿色能源和基层社区治理，分享研究成果。

学生工作。“互联网+新型水域污染治理系统”项目在第5届中国“互联网+”大学生创新创业大赛(北京赛区)比赛中获三等奖，“太阳能自动水上垃圾收集系统”获北京市节能减排大赛三等奖，沿着总书记足迹实践调研团队获全国优秀团队称号和优秀调研成果奖，学院获学校“小我融入大我、青春告白祖国”主题社会实践活动先进集体称号，王思萌、肖世瑾在第四届全国学生“学宪法 讲宪法”中获北京赛区一等奖，杨颖芳获宪法演讲三等奖，研人文1739班获“北京高校示范学生基层组织(班级)”荣誉称号，广告1501班刘苏雯获校长奖学金。保定校区探索构建精准思想政治工作模式，开展6F谈心谈话行动；培育思想政治工作品牌项目，启动实施“人文茶座”“思政讲堂”“校友开讲”等主题教育活动，累计开展庆祝新中国成立70周年“爱国”主题教育活动共18期。出台《法政系班主任“54321”工作要点》《法政系辅导员、班主任谈心谈话工作制度》等学生工作制度。发布《法政系科技创新竞赛组织管理办法》，支持鼓励教师、学生参加大学生科技创新活动。2019年，在“挑战杯”大学生课外学术科技作品竞赛、互联网+大学生创新创业大赛等比赛中，22人次获国家级奖励，114人次获省部级奖励，其中，《流动的保障链：贫困流动家庭学前教育扶助机制研究》获国家二等奖。推进志愿服务品牌项目建设，“无声星球，为爱发声”项目入围全国30个示范助残青年志愿服务项目，法政系青年志愿者协会获“2019年河北省最美公益团体”称号。法政系学生组荣膺校运会团体第一名；学生连续第三年获“校长奖学金”

文体活动开展。学院黄向军、姜良杰、马冬3名教师和77名学生参加庆祝新中国成立70周年群众游行活动，顺利完成游行活动各项工作。学院学生党员排练的《百年对话》等系列节目展演深获学生喜欢。2017级本科学生党支部与回龙观社区支部共同组织风雅园社区文艺汇演，深情演绎《看！可爱的中国》情景朗诵剧，与明欣学校携手开展纪念新中国成立70周年文艺演出，活动先后被新华网、人民网、V思想等主流媒体报道。学院分工会与校工会共同主办举办“庆祝新中国成立70周年书画摄影展”；姜良杰、张永华两位教师在“七十载盛世画卷与国同行同梦”首都高校教职工优秀书画作品展中获一等奖。保定校区分工会定期召开工会小组会议，认真开展“不忘初心、牢记使命”主题教育和“学讲话、抓落实、促工作”专题培训。教职工方队获学校运动会精神文明队，比赛成绩名列前茅；举办“我与法政共成长”教职工集体生日会3次，为25位教师集体庆祝生日；举行“忆初心，担使命”青年教师座谈会和新入职教师工作导师聘任仪式；组织教师参加校工会最美板书比赛获一等奖、二等奖各1项；参加校工会教职工包饺子比赛获竞速组优胜奖，同时凭借“中国梦”主题获创意组优胜奖；组织包饺子比赛、新年联欢会、拖拉机比赛以及赴北京校部参加联合羽毛球团体赛等形式丰富多样的工会活动，注重精神传承，体现人文关怀，丰富教职工业余生活，增强院系归属感和凝聚力。

学习办公用房改善。学院教代会代表提出关于修缮教三楼内部环境的提案获得学校支持，教三楼内部环境得到整体提升，通过安装净水机解决学生饮水问题；学院办公用房申请调整获得学校支持，各专业教研室、办公室、实验室用房得到改善；分别建设法学专业和公管专业研究生培养室，面积翻番；重新建设学院公共会议室，为师生提供开展学术讲座、会议活动空间。

（胡舒敏　陈　焘）

【概况】 2019年，人文与社会科学学院在北京设有学院本部，在保定校区设立法政系。学院有省部级能源发展研究基地1个。设硕士点专业4个、本科专业5个。学院（系）有教职工104人（含保定39人），其中，专任教师88人（含保定32人），其中教授15人（含保定3人）、副教授44人（含保定14人），具有博士学位的教师为69%（含保定21人）、有实验及技术人员2人（含保定1人）、党政及管理人员14人（含保定6人）。学院新增副教授4人（含保定3人）。学院享受政府津贴1人（含保定1人）。学院共引进师资6人（含保定3人），其中教师6人（含保定3人）。学院有毕业学生323人（含保定99人），其中硕士研究生64人（含保定14人）、普通本科生259人（含保定85人）；学院招生478人（含保定254人），其中硕士研究生133人（含保定74人）、普通本专科生345人（含保定180人）；学院在校生1520人（含保定701人），其中硕士研究生236人（含保定65人）、普通本专科生1284人（含保定636人）。本科生的英语四级一次通过率为85.3%（保定为92.86%），本科毕业生一次就业率为77.01%（保定为85.88%），研究生毕业生一次就业率为86%（保定为100%）；本科考研报名128人（含保定41人），实际考取82人（含保定25人），考研率为32.75%（保定为29.41%）。

2019年，学院签订纵横向科研项目33个（含保定11个），其中纵项23项（含保定10个）、横项10项（含保定1个），实现科研合同金额共计433.3万元（含保定164.6万元），其中纵向科研经费287.8万元（含保定119.6万元），横向科研经费145.5万元（含保定45万元）；承担校内科研项目8个（含保定4个）；共发表论文97篇（含保定39篇），其中三大检索收录20篇（含保定8篇），核心期刊33篇（含保定11篇）。出版专著14部（含保定4部），自编教材1本；学院举行学术交流会16次（含保定11次），其中国外专家学术交流会2次，国内专家学术交流会15次（含保定11次）。有8人次参加国际学术会议。学院（系）共完成科研项目14个（含保定8个），通过验收14个（含保定8个）。学院（系）拥有教研室7个（含保定3个），研究所16个（含保定3个），实验室8个（含保定3个），学生实习基地22个（含保定15个），科技研究（创新）基地2个（含保定2个）。学院（系）开设研究生课程166门（含保定88门），完成教学5540学时（含保定2776学时）；开设本科生课程435门（含保定218门），完成教学16300学时（含保定9608学时）。

2019年，学院（系）设有17个党支部（含保定6个），拥有中共党员256人（含保定92人）、发展党员84人（含保定30人）。学院（系）设有53个学生班级（含保定23个），设有辅导员岗位7个（含保定2个），其中正式编制5个（含保定2个）、聘任编制1个、兼职编制1个；学生获各类省部级奖励262人次（含保定114人次），其中教育部奖励48人次、北京市奖励100人次、河北省奖励111人次。

院长：苑英科（保定法政系主任 梁平）

书记：黄向军（保定法政系书记 戴民）

学院网址：http://law.ncepu.edu.cn/

保定法政系网址：http://dlp.ncepu.edu.cn/

（胡舒敏　陈　焘）

【举行双代会代表选举大会】 2019年1月8日，学院举行新一届教职工代表大会、工代会代表选举大会，会议由分工会主席姜良杰主持。根据选举结果，张绪刚、姜良杰、苑英科、郑路、赵旭光、黄向军当选双代会代表，任期5年。

（姜良杰）

【崔灿获辅导员素质能力大赛一等奖】 2019年1月15日，崔灿在华北电力大学第三届辅导员素质能力大赛决赛中获一等奖，凭借正确的政治导向、扎实的理论功底、准确的问题把握、娴熟的沟通技巧，在比赛各个环节发挥出色，展现出良好的精神风貌和较高的职业素养。

（姜良杰）

【召开首届创新社区互助养老模式学术研讨会】 2019年4月14日，首届创新社区互助养老模式学术研讨会暨中国老年学和老年医学学会社区居家养老分会成立大会在华北电力大学北京校区举办，来自全国各高校、科研院所、养老企业的该领域专家、学者、一线从业者以及相关领域的社会组织、企业负责人参加，共同探讨互助养老这一具有中国特色的新型社会养老服务模式。与会专家学者普遍认同互助养老是延续中国传统养老特色、并且能够激发社会活力、推动社会共同体构建的一种有效方式。

(刘妮娜)

【牛津大学 Robert Walker 教授到访】 2019年4月16日,应人文与社会科学学院姚建平教授邀请,牛津大学教授(北京师范大学外籍教授)Robert Walker 对学院进行学术访问,就未来合作等议题展开深入的座谈。并应邀开展主题为"中国能否继续引领世界减贫"的学术讲座,向同学们介绍中国当前在减贫领域的成就及挑战。

(姚建平)

【保定市人大常委会基层立法联系点挂牌】 2019年3月21日,保定市人大基层立法联系点揭牌仪式在保定校区举行,保定市人大常委会副主任陈春霞、校党委副书记郭孝锋出席,"基层立法联系点"在法政系挂牌。

(陈　焘)

【赴南京大学哲学系开展调研交流】 2019年5月8日,系副主任夏珑、党委副书记王博超等赴南京大学哲学系调研,围绕"如何把学科专业优势转化为党建优势""如何建设线上线下党建金课"等进行深入交流。

(陈　焘)

【举办青年教师教学基本功比赛】 2019年5月7日,学院举行青年教师教学基本功比赛。评审组对参赛选手的教案、课堂教学演示、教学反思等进行评审打分核算。最终来自法学教研室的田海鑫获一等奖和最佳教案展示奖,并代表学院参加学校2019年度青年教师教学基本功比赛。郑路、呼占平获二等奖,胡建、陈建国、刘妮娜、刘冰获三等奖,郑路获最佳课堂教学展示奖和最受学生欢迎奖两个奖项。

(赵旭光)

【赴京举行师资引进专场洽谈会】 2019年4月8日,系主任梁平等赴北京举行师资引进专场洽谈会,来自北京大学、清华大学、中国人民大学、中国政法大学、中国社会科学院、外交学院等高校和科研院校的10余位博士参加,此次大胆创新师资引进方式,取得良好效果。

(陈焘)

【举办水力发电与扶贫攻坚科普论坛】 2019年5月23日,中国水力发电工程学会、华北电力大学人文与社会科学学院、北京能源发展研究基地共同举办院士进校园之"水力发电与扶贫攻坚"科普论坛。我国著名岩土力学专家、中国科学院院士陈祖煜教授到会并发言,华北电力大学副校长檀勤良致辞并介绍学校精准扶贫概况,人文与社会科学学院院长苑英科主持开幕式。

(王平稳)

【一堂学生党员自编自导的思政课】 2019年6月20日,学院党委2015级学生党支部在毕业前夕致敬五四精神,献礼祖国七十华诞,以"学"五四精神、"抒"爱国情怀、"讲"成长故事、"做"栋梁之才为主要内容主题教育活动在科学会堂展开。学校党委副书记、纪委书记何华、学校宣传部副部长吴素华、党委学工部副部长卜叶蕾、学院党委书记黄向军、党委副书记姜良杰以及全体辅导员和同学们一同参加这次主题教育活动。

(姜良杰)

【举行法律硕士实践导师聘任仪式】 2019年7月11日,为响应教育部《关于深入推进专业学位研究生培养模式改革的意见》中实行"双导师制"培养模式的要求,提升法律硕士专业学位研究生教育教学培养工作,切实提高法律硕士应用能力、实践能力,培养高层次应用型、复合型法律人才,学院法律硕士实践导师聘任仪式在主楼会议室举行,21位受聘法律硕士实践导师代表出席并接收聘书,学院院长苑英科主持聘任仪式。

(赵旭光)

【举行谈判与企业法律风险防范专业委员会成立大会】 2019年7月11日,由华北电力大学人文与社会科学学院主办、中国政法大学绿色发展战略研究院、北京法律谈判研究会承办的北京法律谈判研究会"谈判与企业法律风险防范专业委员会"成立大会暨"企业绿色发展与法律风险防范研讨会"在华北电力大学国际交流中心举行。中国政法大学绿色发展战略研究院院长侯佳儒教授、中国海外控股集团党委副书记、总裁于建忠、航天五院512所战略咨询中心主任、航天五院风险管理研究咨询中心主任夏禹等来自企业法律实务部门和律师事务所的领导、专家以及法学专业师生代表参加会议。

(赵旭光)

【回天治理研究院揭牌】 2019年9月7日,回天治理研究院揭牌仪式暨首期回天治理创新论坛在华北电力大学举办。该会议由华北电力大学人文与社会科学学院和回天有我社会服务联合创新实验室联合举办,来自政府、高校、科研院所、社区、社会组织的领导、专家、学者及相关领域负责人参加论坛,共同探讨超大型社区社会治理问题。回天治理研究院揭牌仪式由华北电力大学人文与社会科学学院院长苑英科主持,华北电力大学党委副书记、纪委书记何华和北京市经济与社会发展研究所副书记、副所长王广宏分别致辞,并为回天治理研究院揭牌。

(苑英科)

【受聘保定护蕾未成年人司法社会服务中心成员单位】 2019年11月8日,"保定护蕾未成年人司法社会服务中心"揭牌仪式暨成员单位志愿者聘任仪式在保定市检察院举行,主任梁平参加并接受成员单位授牌。

(陈　焘)

【启动百生百社社会实践活动】 2019年11月17日,回天治理研究院启动"百生百社"社会实践活动,同时与天通苑北街道签署成立教学实践基地,这也是研究院参与回天地区治理的又一落地项目。从11月到2020年1月,研究院将安排100名师生进入回天地区100社区，针对社区党建、幼儿教育、养老、物业、社区治理、社区法治等开展社会实践和社会调研活动。启动仪式上，华北电力大学党委副书记、纪委书记何华致辞并向回天治理“百生百社”学生代表授旗。

（苑英科）

【召开主题教育专题民主生活会】 2019年11月22日，学院召开“不忘初心、牢记使命”主题教育学院领导班子专题民主生活会，校党委副书记、纪委书记何华，第一指导组组长徐大平及学校主题教育工作组成员参加会议。按照议程，由学院党委书记黄向军汇报本次专题民主生活会征求意见情况，并代表学院班子作对照检查。学院领导班子成员黄向军、苑英科、姜良杰、王伟、赵旭光逐一进行对照检查，开展批评与自我批评。

（黄向军）

【举行回天治理研讨会】 2019年12月2日，北京市回天工作专班、市经济与社会发展研究所相关领导和研究人员赴华北电力大学，与回天治理研究院以“深化回天治理”为主题进行专题研讨。出席研讨会的有北京市发改委社会处处长石威，市发展改革委社会处副处长焦春生，市发展改革委社会处调研员刘存良，市发展改革委社会处干部吴聪、荀怡、逯楠楠，昌平区发展改革委副主任徐丽君，市经济与社会发展研究所社会部负责人冯丹，市经济与社会发展研究所社会部助理研究员刘烨，华北电力大学人文与社会科学学院院长、回天治理研究院院长苑英科，华北电力大学人文与社会科学学院党委书记黄向军，回天治理研究院各研究中心主任以及人文学院公共管理、法学学科部分师生。

（苑英科）

【开展宪法宣传周活动】 2019年12月4日，正值第6个国家宪法日，中宣部、司法部和全国普法办在全国部署开展以“弘扬宪法精神，推进国家治理体系和治理能力现代化”为主题的“宪法宣传周”活动。学院在回天地区策划以“壮丽七十年，宪礼新时代”为主题的系列活动，结合主题日相应的活动在回天地区展开。在学生、职工、居民群众中掀起全民知法、懂法、学法、用法新高潮。让宪法宣传“活”起来，宪法条文“落”下来，宪法精神“传”下去。

（苑英科）

【参加教育系统“宪法晨读”活动】 2019年12月4日，在第六个国家宪法日到来之际，为进一步普及宪法知识，弘扬宪法精神，由人文与社会科学学院主办的华北电力大学“宪法晨读”活动在教三楼举行。人文与社会科学学院院长苑英科、党委书记黄向军、副书记姜良杰、18级辅导员马海红和人文与社会科学学院、控制与计算机工程学院、外国语学院和数理学院学生代表参加活动。本次活动的主题是弘扬宪法精神、厚植爱国主义情怀。

（苑英科）

【召开雄安新区社会建设与司法保障研究院学术委员会会议】 2019年12月7日，雄安新区社会建设与司法保障研究院学术委员会在保定法政系多功能厅召开。河北省委政法委、河北省高级人民法院、雄安新区公共服务局、河北省委党校、容城县发改局、容城县人民法院等单位的专家学者及法政系领导班子、部分教师和研究生参加，系主任梁平主持。会议围绕雄安新区规划建设的现状介绍、热点问题和需求及高校如何为雄安新区规划建设提供智力支持等主题展开深入研讨。

（陈　焘）

【举办北京市“十四五”能源发展战略和政策高端论坛暨能源基地学术年会】 2019年12月8日，为了研讨国家和北京市能源发展中亟待解决的重大问题，为国家和北京市“十四五”能源发展建言献策，提高能源决策研究学术水平，北京能源发展研究基地联合华北电力大学人文学院、回天治理研究院在华北电力大学国际交流中心共同主办北京市“十四五”能源发展战略和政策高端论坛暨能源基地学术年会。能源基地学术委员、研究员，北京燃气集团、北京城市系统工程研究中心等能源企业和科研院所的参会代表共50余人参加本次论坛。

（王　伟）

【举办第四期回天治理论坛】 2019年12月21日，第四期回天治理论坛在华北电力大学举办。论坛由华北电力大学回天治理研究院、北京市经济与社会发展研究所回天有我社会服务联合创新实验室、北京联合大学首都法治研究中心、中国人民大学国家发展与战略研究院社会转型与法治研究中心与清华大学社会学系五家单位联合举办。来自政府、高校、科研院所的领导、专家学者及回天地区社区的居委会主任、社会工作者、社会组织负责人、媒体记者及华北电力大学人文学院师生等80余人参加，围绕“绿色能源与社区建设”主题进行研讨交流。华北电力大学回天治理研究院院长苑英科教授主持开幕式。开幕式上，回天治理论坛的五家联办方发布第三届回天治理论坛集刊。

（苑英科）

【当选河北省法学会副会长】 2019年12月23日，河北省法学会第六次会员代表大会在石家庄召开。省委书记、省人大常委会主任王东峰，省委副书记、省长许勤，省政协主席叶冬松，省委副书记赵一德等出席，中国法学会党组成员、副会长王其江在开幕式上讲话。梁平教授当选河北省法学会副会长，并连任河北省法学会学术委员会委员；陈奎副教授当选河北省法学会理事；李雷副教授作为会员代表参加大会。

（陈　焘）

【举办“未来回天”论坛首期开坛仪式】 2019年12月29日，为了深入贯彻落实党的十九届四中全会精神，研究探索国内外大型社区治理的现有制度经验和制度效能，基于回天治理的现有实践，致力于探索超大型社区治理的未来模式和制度体制。学院回天治理研究院主办召开“未来回天”论坛首期开坛仪式，开坛仪式由学院院长苑英科主持，校党委副书记、纪委书记何华到会致辞。

（苑英科）

【研究报告获河北省委书记等主要领导批示】 2019 年，梁平教授主持河北省委政法委重大研究课题，完成的《加强和创新我省社会治理研究报告》，获得河北省委书记王东峰，省委副书记赵一德，省委常委、政法委书记董仚山的肯定性批示，认为该报告对近年来河北省加强社会治理工作进行了全面梳理和深入分析，提出了建设性意见建议，对河北省切实当好首都政治“护城河”具有重要决策参考和转化应用价值。

（陈　焘）

【首次主持地方立法】 2019 年，受保定市人大常委会委托，梁平教授主持《保定市河道管理条例》立法工作，全面负责立法调研、条文起草、论证并参与立法议程，该条例已通过河北省人大常委会审议备案，为华北电力大学首次主持的地方立法项目，推动服务社会取得新突破。

（陈　焘）

【学术论文转载取得新突破】 2019 年，法政系教师的学术论文被《人大复印资料》转载 2 篇，其中梁平教授的论文被《中国社会科学文摘》转载，此为被《高等学校文科学术文摘》转载以来的再次突破，论文被“三大文摘”转载是对高水平学术论文的重要肯定。

（陈　焘）

【创办人文茶座特色育人项目】 2019 年，法政系面向全校学生举办“人文茶座”，校党委副书记、纪委书记何华应邀参加首场主题交流，以茶座的形式，小角度切入、大视野聚焦，采取畅谈、访谈、座谈等方式，突出参与自主性、体验式和互动性，精准关注学生诉求，不断提升大学生的人文素养、思想道德水平和综合能力。

（陈　焘）

外国语学院

【概述】 2019 年，外国语学院以习近平新时代中国特色社会主义思想为指引，以党建为统领，深入开展“不忘初心、牢记使命”主题教育，坚持人才培养和教学质量为中心，规范管理，推进改革，学院各项工作稳中有进。

学科建设。英语专业入选一流本科专业建设“双万计划”；通过外国语言文学一级学科硕士学位点评估；积极补学科短板，准备第五轮学科评估；举办“走向人类命运共同体—外国文学研究与教学高端论坛”，举办两届（外语类）交叉学科与新兴学科发展战略高端论坛，支持研究生参加学术会议 25 人次并在国外期刊发表论文 19 篇；成为中国高校外语学科发展联盟理事单位。

教育教学。学院举办第七届“教学质量月”活动；大学英语教学改革稳步推进，制作“学术英语”标准化课件、教学微课，录制慕课“六级攻略”，举办院内国际化人才培养背景下学术英语教学与测试评估研讨会，出版电力英语系列教材之《电力英语泛读教程》，成立英语写作指导中心进行大学英语四六级一对一写作辅导，被推选为北京高校大学英语教学改革经验交流会两所经验交流院校之一。学院学科专业建设相互支撑，制作并上线慕课“社会语言学”“基础笔译”2 门，其中“社会语言学”入选“中国高校外语慕课联盟”；推进教学研究，获批校级教改重点项目 1 项、课程思政示范课 1 门，获河北省教改项目立项 3 项，虚拟仿真实验教学项目《能源英语及国际交流 VR 情境化教学实训》获河北省级立项（为省内语言类唯一）；英语系完成翻译专业本科学位认证；学院 2017 级英语、翻译专业的专业四级考试一次通过率达 100%，英语系专业四级一次通过率为 87%。学院注重英语第二课堂建设，举办学校“英语文化节”活动，组织学生参加全国大学生英语竞赛、英语演讲比赛、英语写作大赛、英语阅读大赛等多项学科竞赛及英语戏剧展演活动；与中国学术英语教学研究会、北京高科大学联盟等共同主办第三届全国大学生能源电力人文学术英语论坛；主办第二届全国大学生 5 分钟科研英语演讲大赛及北京赛区比赛，全国参赛团队 1132 个，指导老师共 306 人；英语系承办“外教社杯”全国高校外语教学大赛河北区比赛，全省 78 所本科院校的 127 位教师参加比赛，增进校际交流；举办暑期考研英语强化班，助力学校深造率提升；学院指导学生在外语竞赛并获国家省部级奖励 13 人次，大学生创新创业项目获奖 12 项。

科学研究。学院举办第三届“学术交流月”活动，全年聘请国内外专家学术讲座 14 场；科研项目立项 7 项，其中获教育部人文社科研究一般项目 1 项，发表论文 54 篇，出版专著 1 部、译著 4 部。英语系共发表科研论文 50 篇、译著 1 部、专著 7 部、纵向科研项目立项 3 项；王珊博士主持的《金·斯坦利·罗宾逊的生态乌托邦诗学研究》项目获批 2019 年度教育部人文社会科学研究项目，实现保定校区外语类教育部项目零的突破；周圆博士的论文 Toward Gender Sensitivity: Women and Climate Change Policies in China 被 SSCI 源刊 *International Feminist Journal of Politics* 录用，为英语系首例；启动并组织 5 期“一带一路”能源话语系列学术沙龙活动，努力盘活师资队伍存量；邀请知名专家学者进行学术讲座报告16次。

师资队伍。学院举办青年教师教学基本功比赛，推选优秀教师参加学校、北京市和河北省讲课比赛、演讲比赛获佳绩。在第五届外语微课大赛中，2个团队获全国决赛三等奖，7个团队分获北京市一、二、三等奖；张倩、王皎皎老师分获第十届“外教社杯”全国高校外语教学大赛（大学英语组）北京赛区一等奖和三等奖，岳剑英团队获外研社“教学之星”大赛全国复赛二等奖；武艳在“外教社杯”全国高校外语教学大赛中跻身全国十强并获二等奖，沈茜获河北省一等奖、孙淑婷获河北省三等奖；汪越在学校2019年青年教师教学基本功比赛中获二等奖。学院鼓励和资助教师参加专业培训和研修，选派56人次参加研修培训35场，英语系组织教师外出研修30余人次；英语系索佳、武艳入选校“优秀青年教师”培育计划；岳剑英、郑晶、安国平3人入选校“教学名师”培育计划；8名教师获校级教学优秀奖（含保定4人），其中刘辉获教学优秀特等奖。学院选派7名（含保定5人）教师出国访学交流，8名（含保定4人）教师结束访学回国；增选硕导1人；学院引进教师3名，退休教师3名（含保定1人）。

实验室安全与建设。执行学校和学院实验室安全制度，及时开展大检查并将安全隐患台账上报，完善安全责任体系；完成外语智能学习平台升级建设和多功能语言与翻译实验室建设四期；英语系《“一带一路”能源·电力语言服务中心建设》专项项目正在实施建设中。

党建工作。学院党委深入开展“不忘初心，牢记使命”主题教育，夯实党建工作；推进支部政治功能和服务功能的有机统一；加强立德树人重点工作，研讨并形成决议；开展师德建设月工作，制定学院相关制度；推进课程思政建设工作，优化升级并实施党员导师制2.0；做好党风廉政和意识形态工作，接受校内巡察，认真整改落实；积极推荐年轻后备干部，引进高级人才并进行相关考察；参观70周年成就展、香山革命纪念馆、双清别墅和参观能动、经管、控计学院相关实验室等党员教育实践活动；完成党建项目研究工作；抓好安全稳定工作。英语系党总支贯彻落实学校相关文件及精神，积极开展基层党建工作，注重提升党员政治理论学习和党性修养，思想建设与制度建设同向发力，持续推进全面从严治党；按照中央和学校部署，开展“不忘初心、牢记使命”主题教育活动和师德师风建设月活动，编制《英语系“不忘初心、牢记使命”主题教育骨干党员学习金句摘编》，组织集体观影《一生只为一事来》和《决胜时刻》，利用学习强国平台推出积分奖励办法，在办公区域打造党建特色楼宇文化建设，营造热烈学习氛围，提升政治理论学习效果；努力打造学者型领导班子、锻炼解决实际问题的技术性干部，全年进行13次中心组学习，就师德师风、立德树人、党建思政等分别开展专题集中学习，与教师、学生开展多次座谈，了解实际需求，解决实际问题；英语系领导班子率领支部书记和教师代表先后前往计算机系、电子系开展实地调研，学习党建经验，探索合作机会；召开每学年领导班子述职评议、基层党支部书记述职评议和二级教职工代表大会；以校内巡查回头看、基层党建工作检查为契机，加强英语系党总支基层党建工作，启动“外语思政”支部建设实施方案，出台《英语系关于示范党支部建设的指导意见》；进一步完善英语系党总支制度建设，修订英语系三重一大、年度考核等相关文件，运用“不忘初心、牢记使命”主题教育成果，明确培育“深爱中国、领秀世界”复合型人才的育人使命。

学生工作。学院紧抓关键时间节点，开展形式多样的主题教育活动，夯实优良学风建设和优秀基层组织建设；加强班主任工作，形成辅导员—班主任—学生三位一体的良好工作网络，孙利获评校十佳班主任；以第二课堂建设为平台，举办学校第十一届英语文化节，协助举办第三届全国大学生能源电力人文学术英语论坛；组织学生参加庆祝新中国成立70周年国庆游行活动，学生报名率居各学院第一；组织师生参加纪念五四运动100周年庆祝活动，在国庆、一带一路峰会、中非合作论坛、世界园艺博览会等活动中学生志愿参与达541人次；翻译1601团支部被评为首都大学“先锋杯”优秀团支部，英语1701班被评为“示范性优秀班集体”；两支队伍获第十二届“电力科技杯”竞赛校级二等奖。2019届毕业生就业质量良好，本科毕业生一次就业率为70.7%，本科深造率39.6%，研究生毕业生一次就业率96.3%。英语系2019年学生工作以“思政工作大写意，学生培养工笔画”为思路，在学生思政教育、升学深造、国际交流等方面精准发力，直面实际需求，解决实际困难；以中华人民共和国成立70周年为契机，开展丰富多彩、形式多样的思政教育活动，激发学生爱国热情，发挥党员骨干先锋模范作用；立足专业特色和学校背景，组织开展“一带一路”国际文化节、英语夏令营、定向运动等系列活动，寓教于乐，专业优势和政策形势完美融合；承办全国第五届大学生学生研讨会河北分会场，提升学术研究氛围，拓展学生视野；举办首届英语系元旦晚会，获得巨大反响；抓住河北省高校外语教学大赛和河北省机器人大赛等契机，鼓励学生积极投身志愿服务工作，2019年来全系学生参与校内外大型志愿服务活动达222人次；注重考研升学、国际交流，汇总整理全国104所高水平大学和全球qs排名前100境外高校的招生申报信息，积极开展本科生升学深造培训和经验交流工作，制定《英语系本科生深造工作激励计划》；注重毕业生求职工作，2019年英语系成立就业信息小组，专为求职毕业生发布语言类岗位招聘信息，辅导员为毕业生提供一对一进行就业指导交流、简历修改和结构化面试模拟等服务。

国际交流与合作。学院选派4名（含保定3人）学生赴境外学习交流；选派7名（含保定5人）教师到国外进行长短期访学、进修。

学院一体化工作。学院两地班子他通过召开见面会、视频会共商学院发展；成立学院教学分委员；重新组建学院翻译硕士教育中心；通过翻译硕士两地一体化管理办法。

工会工作。院系分工会结合院系实际，主动融入院系各项重点工作，创新开展各项文体活动，营造积极向上的氛围。学院分工会获评校级先进工会、二级教代会规范单位；英语系分工会积极组织参加校工会雄安健步走、趣味运动会和板书大赛等活动，均取得优异成绩，丰富教职工课余生活，增强工作活力；传承优良作风，首次举办英语系教师荣退仪式；为全系教职工谋福利，组织英语系迎新年包饺子活动。

（杨　博　窦学欣）

【概况】 2019年，外国语学院在北京设学院本部，在保定校区设英语系。学院拥有外国语言文学一级学科硕士学位授予权和翻译硕士专业学位授予权，设有学术型硕士学位授权专业2个（英语语言文学和外国语言学及应用语言学）、专业学位硕士学位授权专业2个（英语笔译和英语口译）、本科专业2个（英语和翻译）。学院有教职工137人（含保定67人），其中，专任教师119人（含保定59人），专任教师中教授12人（含保定6人）、副教授39人（含保定16人），讲师61人（含北京28人 保定33人），助教7人（含北京3人 保定4人），具有博士学位教师23人（含保定7人）；有实验及技术人员3人（含保定1人）、党政及管理人员14人（含保定6人）。新增硕导1人，新进教师3人，退休教师3人（含保定1人）。学院有毕业学生167人（含保定82人），其中硕士研究生43人（含保定16人），普通本科生124人（含保定66人）；招生183人（含保定97人），其中硕士研究生47人（含保定19人），普通本科生136人（含保定78人）；在校生663人（含保定363人），其中硕士研究生118人（含保定49人），普通本科生545人（含保定314人）。校部本科生英语专业四级一次通过率为100%，本科毕业生一次就业率为70.7%，本科深造率39.6%，研究生毕业生一次就业率96.3%。保定校区本科生的英语专业四级一次通过率87.1%，本科毕业生一次就业率82.81%，本科考研率18.75%，研究生毕业生一次就业率57.89%。学院科研项目立项10项（含保定3项），其中2019年度教育部人文社会科学研究项目2项（含保定1项）；共发表论文104篇（含保定50篇），出版专著8部（含保定7部），译著5部（含保定1部）。举行国内外专家学术交流会30场（含保定16场）。8人获校级教学优秀奖（含保定4人），1人获评学校十佳班主任。3人入选学校“名师培育计划”（含保定1人），2人选校“优秀青年教师”培育计划（含保定2人）。1个团队在第五届外语微课大赛中获全国决赛三等奖，6个团队分获北京市一、二、三等奖；2人分获第十届“外教社杯”全国高校外语教学大赛（大学英语组）北京赛区一等奖和三等奖；1个团队获外研社“教学之星”大赛全国复赛二等奖；1人跻身“外教社杯”全国高校外语教学大赛全国十强并获二等奖，2人分获河北省一等奖、三等奖。学院设有教研室10个（含保定5个）、实验室8间（含保定4间）。校部开设研究生课程60门，完成教学5476学时；开设本科生课程107门，完成教学16949学时。保定校区英语系开设研究生课程57门，完成教学5380学时；开设本科生课程102门，完成教学13686学时。学院设有11个党支部（含保定5个），拥有中共党员170人（含保定75人），其中教师党员87人（含保定41人）；发展党员38人（含保定17人）。学院设有33个学生班级（含保定18个），学生获各类省部级奖励76人次（含保定42人次），其中北京市奖励34人次，河北省奖励42人次。

院长：赵玉闪

党委书记：徐玲玲

网址：http://sfl.ncepu.edu.cn/

（杨　博　窦学欣）

【参加北京高校大学英语教学改革经验交流会】 2019年4月4日，北京高校大学英语教学改革经验交流会在北京工商大学召开，学院应邀作经验交流。参加会议的有北京市教委高教处、北京市高教学会大学英语研究会以及来自40余所在京高校的100多名院系负责人和骨干教师，作为两所经验交流高校之一，张倩做“学术英语教学：任务与使命”的主旨发言，学校大学英语改革的成果以及学术英语教学的探索得到宣传与认可。

（窦学欣）

【举行教学基本功决赛】 2019年4月30日，学院举行2019年青年教师教学基本功比赛决赛。本次比赛首次由外国语学院、国际教育学院共同主办，是学院3月份“教学质量月”活动的重要环节，通过专家课堂听课推荐，共选出7名青年教师参加比赛。本次大赛采取教案评比与现场教学演示相结合的形式，邀请专家和学生评委共同评审，新增教学反思环节。通过教学展示和专家评委现场打分，评出一、二、三等奖，并择优推荐参加学校和北京市讲课比赛。由教授汉语、英语、法语、德语四个语种的教师共同参赛，课程种类丰富，为青年教师提供学习观摩和讲课展示的平台。

（窦学欣）

【启动外语思政支部建设实施方案】 2019年5月6日，院系正式启动“外语思政”支部建设，将外语思政融入支部“三会一课”等日常党建环节，以最终实现“孵化一个外语思政项目”“培育一名外语思政名师”“打造一堂外语思政金课”和“提炼一套有效育人方法”为目标导向，坚持不懈、久久为功。12月10日，院系通过启动教工党支部调整相关工作，实现党支部书记“双带头人”全覆盖。

（杨　博）

【举办外教社杯英语论坛】 2019年5月18日，第三届“外教社杯”全国大学生能源电力人文学术英语论坛在华北电力大学举行。本届论坛由中国学术英语教学研究会、华北电力大学、北京高科大学联盟、上海外语教育出版社共同主办。副校长郝英杰、孙仲权分别出席开、闭幕式并致辞。活动采用征文形式，面向全国高校本科生与研究生。主题为“绿色能源与电力发展”(Green Energy & Electric Power Development)。论坛从3月份开始启动，共收到来自全国20多所高校的129份稿件，50多人参加论坛的现场答辩和作品展示。参与高校数量、学生数量、论文数量和质量上均取得新突破，产生一批优秀学术成果，论坛影响力不断提升。本次论坛是英语教学和能源电力学科有机融合的积极尝试，对提高大学生人文素养和提升大学生学术英语交流能力起到积极作用，还有利于促进学术英语教学和活跃学术思想。

(窦学欣)

【举办“一带一路”系列活动】 2019年5月至12月，英语系举办服务“一带一路”导向型系列活动。包括成立“华北电力大学‘一带一路’能源语言服务研究中心”，启动国内首个“一带一路”能源话语语料库建设，组织“一带一路”能源话语系列学术沙龙活动，举办“一带一路”国际文化节和“一带一路”青少年英语拓展夏令营。

(杨　博)

【承办外教社杯河北区比赛】 2019年5月31日，英语系组织承办“外教社杯”全国高校外语教学大赛河北区比赛。全省78所本科院校的127位教师参加比赛，教师沈茜获省一等奖、孙淑婷获省三等奖。其中武艳作为河北省唯一代表参加全国总决赛，位居前十名，是河北省参赛以来最好成绩。

(杨　博)

【获授中国高校外语学科发展联盟理事单位】 2019年6月13，“中国高校外语学科发展联盟”授予华北电力大学理事单位称号授牌仪式在华北电力大学举行。副校长孙忠权，中国高校外语学科发展联盟常务理事、秘书长李维屏出席授予仪式。“中国高校外语学科发展联盟”(英文简称CUAFLL)现有理事单位高校153所，遵循“共商共享共同发展”的原则，积极推动我国外语学科的长远发展。成为“中国高校外语学科发展联盟”理事单位，将推动学校外语学科发展迈上新台阶，服务学校“双一流”建设。

(窦学欣)

【英语专四考试通过率达100%】 2019年10月，学院2018级学生全国英语专业四级考试(TEM－4)通过率达100%。本次参加考试的是英语、翻译专业2017级本科生，第一次参加考试并全部通过，通过率远高于全国高校英语专业四级平均通过率，创学院历史最佳成绩。英语专业四级考试作为英语、翻译专业本科阶段全国性专业等级考试，是检验学生综合英语知识和技能的重要参考指标之一，是学生继续深造、就业的重要基石。

(窦学欣)

【举办外国文学研究与教学高端论坛】 2019年11月30日，学院举办“走向人类命运共同体——外国文学研究与教学高端论坛”。副校长王增平出席开幕式并致辞，教育部长江学者特聘教授、欧洲科学院外籍院士、上海交通大学人文社会科学资深教授王宁作主旨发言，来自清华大学、北京外国语大学、中国人民大学、首都经济贸易大学等20多所高校的专家学者、研究生150余人参加会议。论坛为全国各地本领域的学者搭建一个学习与交流的广阔平台，带来外国文学研究领域的最新动态。本次论坛是外国语学院在学科发展的关键时期举办的大型重要学术论坛，将为学院科研创新工作带来新的更大机遇。

(窦学欣)

【周坚到英语系走访调研】 2019年12月12日，校党委书记周坚一行到英语系走访调研。英语系主要负责人汇报“不忘初心、牢记使命”主题教育开展的情况，并重点介绍班子的办学共识：“为院系谋出路，为师生拼未来。厚植责任担当，坚持法治先行。恪守实事求是，密切联系学生。筑牢师资底板，特色语言服务；打造金课思政，建设良心专业；培育深爱中国领秀世界之人才。”周坚书记对英语主题教育开展情况给予充分肯定，并提出四点要求：一是认真贯彻落实陈宝生部长的讲话精神和要求。二是抓整改，要从思想根源上找不足，在思想上重视整改，提高站位，下定决心，狠抓整改落实。三是抓学习，要优化学习形式，增强学习深度。四是抓落实，要对照年初工作目标和任务，对标对表进一步梳理尚未完成的工作，用时不我待的精神高质量地完成各项任务。

(杨　博)

【英语专业入选一流本科专业建设“双万计划”】 2019年12月，教育部公布首批国家级和省级一流本科专业建设点名单，学校12个专业入选一流本科专业建设“双万计划”，其中外国语学院英语专业入选首批省级一流本科专业建设点。学院将根据要求，加强英语专业建设，确保英语专业在建设期结束时通过教育部组织的专业认证评估，成为省级一流本科专业。

(窦学欣)

数 理 学 院

【概述】 2019 年,数理学院在组织建设、学科建设、师资培育、人才培养等方面进一步发展。

党建与思想政治工作。扎实开展主题教育,学习贯彻习近平新时代中国特色社会主义思想更加深入。邀请学校“不忘初心、牢记使命”主题教育宣讲团成员徐大平作《华电人的初心与使命》专题报告。围绕“坚守立德树人初心,办好社会主义大学”“强化基层党组织建设,持续深化全面从严治党”等专题,开展 10 次集中学习研讨。组织学院党委领导班子参观校史馆,现场学习学校校史。围绕强化基层党组织政治功能、基础学科拔尖创新人才培养、新时代大学生理想信念教育机制、数理学科的教学科研团队等方向,改进调研方法,提升调研质量。学院党委广泛听取学院教职员工和学生的意见和建议,共征集各类意见建议 33 条。坚持把“改”字贯穿全过程,坚持即知即改、应改尽改,确保主题教育取得实效。全面推进党的建设,基层党组织政治功能发挥更加显著。学院党委严格执行党委会、党政联席会议事规则和制度,建立边界明确、运行顺畅、执行到位的学院议事机制。认真贯彻落实党委理论学习中心组学习制度,定计划、改方式、抓落实,学院理论学习中心组集中学习 14 次。坚持“两个巩固”根本任务,落实意识形态工作责任制,加强对意识形态领域形势、师生思想动态等分析、自查、研判,牢牢掌握意识形态工作领域主动权。利用新中国成立 70 周年重大时间节点,广泛组织各教工党支部和学生支部开展“迎国庆、忆初心、明使命”“我和我的祖国”主题党日活动,组织教工党支部书记赴红旗渠干部学院参加专题培训,组织师生党员参观建国 70 周年成就展、北大红楼新文化运动纪念馆、中国人民革命军事博物馆等。推进“两学一做”学习教育常态化制度化和“三会一课”制度的落实。教工党支部书记讲党课取得新进展,形成“支部书记和支部委员带头讲党课,支部成员轮流讲党课”的浓厚氛围。信息与计算科学教研室党支部获评学校“党建工作样板支部”培育创建单位;本科生党支部获 2019 年学校特色活动示范党支部评选奖项“大满贯”,获评“校级特色活动示范党支部”称号。深入开展围绕立德树人根本任务的“大学习、大讨论、大落实”活动。《参军让梦想远航》获学校社会主义核心价值观微视频大赛一等奖。组织 50 余名师生参与新中国成立 70 周年系列庆祝活动,召开学院第一次团代会,学院“青春筑梦社会实践观察团”获评校级重点团队和全国百强社会实践团队。

学科平台建设。近代物理与核科学自主设置目录外二级学科通过国家备案,完成数学、物理学一级学科基本评估指标的动态监测。获批国家自然科学基金 4 项,出版专著 2 本。新增卢占会、李忠艳博士生指导教师 2 名。发表高水平学术论文 SCI 检索 73 篇,高被引论文 4 篇,获批国家自然科学基金项目 4 项。陈德刚教授获第八届吴文俊人工智能自然科学奖一等奖。承办数学图像联盟 2019 年会议和 2019 数学与交叉学科论坛。

师资队伍建设。数理学院陈雷获评 2018－2019 学年教学优秀特等奖,潘志、魏军强、李社强、李宁、赵引川等 5 名教师获教学优秀奖;陈雷、张业奇、刘纪彩、彭慧春、张可铭、张学梅、潘志、陈德刚、赵引川、黄霞、付星球、张化永、吴立飞等 13 名教师获华北电力大学 2018—2019 学年度考核优秀荣誉。派出张振华、胡冰 2 名教师出国访问各 1 年,派出谷云东到新疆财经大学支援边疆建设,引进任晓霞、聂建军、李巧欣、李辉、贺琛 5 名博士后,石万林 1 名博士,柔性引进高层次人才 2 人。

教育教学。学院按计划完成全校本科及研究生公共数学、物理学课程的教学任务。申报“双万计划”,应用物理学专业入选省级一流本科专业建设点。成立学院第一届教学委员会,六人获评学校教学优秀奖,陈雷获评教学优秀特等奖。组织学院青年教师教学基本功初赛和决赛,付星球获北京市三等奖。组织参加第五届北京市高校数学微课程教学设计竞赛,邱启获北京市二等奖。2 人入选华北电力大学教学名师培育计划。“数学分析”课程入选学校首批课程思政示范课。获校级教改重点项目 1 项、一般项目 3 项。魏军强的《工科概率统计》(英文版)获北京高校“优质本科教材课件”项目。出版教材 1 部。指导学科竞赛,获美国大学生数学建模竞赛一等奖 2 项、二等奖 8 项;全国大学生数学建模竞赛全国二等奖 1 项,北京市一等奖 18 项、二等奖 18 项;北京市大学生数学竞赛一等奖 12 项、二等奖 12 项、三等奖 12 项;全国部分地区大学生物理竞赛省部级一等奖 8 项、二等奖 18 项、二等奖 19 项;北京市大学生物理实验竞赛二等奖 1 项;研究生数学建模竞赛全国一等奖 1 项、二等奖 5 项、三等奖 12 项;指导学生科技创新创业训练计划项目获国家级优秀 2 项。

学生工作。围绕“立德树人”根本任务,以学生党建为龙头,以学风建设为基础,以团学组织为依托,努力培养造就出具有坚定信念,良好品格,过硬本领的拔尖创新型人才。以强化思想引领为根本,引导学生树立远大理想。激发学生爱国主义热情,组织 56 名学生参与新中国成立 70 周年系列庆祝活动;按照“守初心、担使命,找差距、抓落实”的总要求,学生党支部高质量高标准严要求完成“不忘初心、牢记使命”主题教育各项工作;学院申报的“一院一品”项目结题;加强学生党支部建设质量,本科生党支部收获2019年学校特色活动示范党支部奖项“大满贯”，获评校级特色活动示范党支部，两个微视频获校级微党课，学院获优秀组织奖，研究生2018级党支部获院级优秀特色活动示范党支部称号；加强对共青团工作的指导，召开学院第一次团代会。以强化学风建设为核心，引导学生练就过硬本领：加强学业辅导团队建设，科学规范管理，实现2018、2019级本科学生学业辅导全覆盖；全面推进研究生考前动员、考中激励、考后指导等工作，保持毕业生深造率处在平稳区间，其中计科1501班深造率达63%，本科生就业率达90%、研究生就业率100%；实施“鸿雁”计划，大力推进学生出国。

留学工作。与荷兰格罗宁根大学签订本科学生交流合作协议1项、研究生交流合作项目1项，与德国柏林自由大学物理专业本科生交流合作协议即将签订完成，有1名学生获国家留学基金委资助（学院历史上首次），有4名学生获荷兰格罗宁根大学合作交流项目资格。

评比表彰。学生在数学建模大赛、国内外数学竞赛、全国大学生节能减排社会实践与科技竞赛、校大学生创新实验项目等竞赛中取得可喜成绩；“青春筑梦社会实践观察团”获评校级重点团队并参与全国百强社会实践团队评比；学院团委获评2019年五四红旗团委；数理1802团支部获评2018－2019年度首都大学、中职院校“先锋杯”优秀团支部；“明欣支教”项目作为学院团委的品牌活动被评为学校年度优秀志愿项目；获2019年学校田径运动会学生优秀组织奖。

工会工作。学院分工会获“先进分工会”荣誉称号，王晓霞、王莉获“先进分工会主席”荣誉称号，王莉获“工会福利先进工作者”，陈学刚、雍雪林、侯居跃、黄霞、王爱平、吴立飞、赵红涛、严稳利、刘纪彩、吴万凯、石玉英、霍冠良、周继泉、彭武安等14人获学校工会工作积极分子。学院分工会全年开展文化体育活动16次；慰问与关心学院困难职工3人次；获两地乒乓球比赛冠军，篮球比赛第4名，棋牌赛甲组组织奖等荣誉；圆满举行二级教代会，向学校提交高质量提案9项。

（冯铁岩）

【概况】 2019年，数理学院有数学、物理学2个一级学科硕士点，应用统计硕士专业学位授权点。应用数学、理论物理为河北省重点学科。学院在编教职工197人（北京101人，保定96人），专任教师173人（北京89人，保定84人），教授37人（北京22人，保定15人），副教授71人（北京41人，保定30人），实验技术人员12人（北京7人，保定5人），党政及管理人员12人（北京5人，保定7人）。学院设有18个党支部（北京9个，保定9个），拥有中共党员259人（北京144人，保定115人），发展党员54人（北京30人，保定24人）。学院设有33个班级（北京18个，保定15个），设有辅导员正式岗位5个（北京3个，保定3个）。学院毕业学生227人（北京135人，保定92人），其中硕士研究生82人（北京65人，保定17人），普通本科生145人（北京70人，保定75人）；招生347人（北京177人，保定170人），其中硕士研究生95人（北京69人，保定26人），普通本科生227人（北京83人，保定144人），民族预科班北京校区25人，保定校区72人；在校生1089人（北京529人，保定560人），其中硕士研究生277人（北京202人，保定75人），普通本科生813人（北京327人，保定486人），民族预科班北京校区24人，保定校区74人。校部、保定校区本科毕业生一次就业率分别为88.57%和90.66%，硕士毕业生一次就业率分别为100%和100%。

（冯铁岩）

【获北京市教学比赛奖项】 2019年，付星球获北京高校第十一届青年教师教学基本功比赛三等奖，邱启获第五届北京高校数学微课程教学设计竞赛二等奖。

（冯铁岩）

【指导学生参加数学、物理建模竞赛获佳绩】 2019年，由数理学院教师指导学科竞赛，获美国大学生数学建模竞赛一等奖2项、二等奖8项；全国大学生数学建模竞赛全国二等奖1项，北京市一等奖18项、二等奖18项；北京市大学生数学竞赛一等奖12项、二等奖12项、三等奖12项；全国部分地区大学生物理竞赛省部级一等奖2项、二等奖12项、三等奖19项；北京市大学生物理实验竞赛二等奖1项；研究生数学建模竞赛全国一等奖1项、二等奖5项、三等奖12项；指导学生科技创新创业训练计划项目获国家级优秀2项。

（冯铁岩）

可再生能源学院

【概述】 2019年，可再生能源学院在学科建设、人才培养、科研、教学等方面取得良好成绩。

党建与思想政治工作。开展“不忘初心、牢记使命”主题教育工作。党委班子组织专题研学10次；开展调查研究，讲授专题党课；通过对照自查、意见征询及专项整治工作梳理汇总问题清单与台账，认真整改工作；开展师德建设月系列活动；指导师生党支部通过集中学习、主题党日领悟初心使命。发展学生党员88名，其中本科生63人，研究生25人；培训62名发展对象和135名入党积极分子。

开展“不忘初心、牢记使命”主题教育工作，学院通过自学、集中研学、网络学习等形式进行理论学习，深入开展调查研究，讲授专题党课。通过对照自查、意见征询及专项整治工作梳理汇总问题清单与台账21项并落实整改。

人才工作。杨世关入选“北京市教学名师”，葛铭纬获北京市青年教师讲课比赛三等奖，古丽米娜获校青年教师讲课比赛二等奖，姜冰、高攀、古丽米娜、门宝辉4人获校教学优秀奖。李莉获校“十佳班主任”，褚立华、丁勇、高攀、古丽米娜、胡笑颖、花之蕾、李芊芊、李玉华、张验科9人获校“优秀班主任”，刘琳获“优秀研究生班主任”荣誉称号；李鹏获校“优秀学生工作干部”、李易炜获“专项工作先进个人”称号。

教学工作。新能源材料与器件专业获国家一流专业(国家“双万”专业)；新能源科学与工程专业获批北京市“重点建设一流专业”，支持5年总经费4000万元。组织学院教师参加教务处组织的春秋两季教师集中培训，累计参加培训教师达33人，占全院专职教师总人数的1/3。5月，学院举行青年教师讲课比赛，共有22名青年教师参加比赛。葛铭纬获北京市青年教师讲课比赛三等奖；古丽米娜获全校青年教师讲课比赛二等奖，北京校区第一名。参加校级教改项目的申报工作，共有1个校级重点项目，13个校级普通项目立项。申报并获批国家留学基金委“可再生能源高效利用技术”一流创新人才国际合作培养项目。完成水利工程博士培养方案，动力工程、材料工程专业全日制及非全日制硕士学位培养方案修订工作。启动新能源科学与工程、水文与水资源工程、水利水电工程三个专业的专业认证工作。

科研工作。田德教授拿到国家重点研发计划课题“大型海上风电机组及关键部件优化设计及批量化制造、安装调试与运行关键技术”，项目经费1399万元；蔡墨朗教授拿到国家重点研发计划课题“宽带隙钙钛矿材料设计与稳定性机理研究”，项目经费224万元；李莉拿到国家重点研发计划子课题“风电场选址风资源评估软件和风电机组台风风险评估软件的应用验证方法研究”，项目经费83万元。学院“可再生能源高效利用技术——一流创新人才国际合作培养项目”获批学校首个国家留学基金委创新人才国际合作培养项目。李美成团队发表学校首篇*Nature Energy*论文，华北电力大学为第一完成单位和通讯单位，陆强、董长青、赵莉三位教授共同参与的“新型多温区SCR脱硝催化剂与低能耗脱硝技术及应用”研究，获国家科学技术进步奖二等奖；李美成教授牵头的“光伏发电核心装备关键技术及户外实证测试平台研发与应用”研究，获电力科技创新大奖一等奖；张成牵头的“基于水动力学模型的内河船舶航行安全预警关键技术”研究，获中国航海科技奖一等奖；何理教授参与的“挥发性有机物污染土壤与地下水联合修复新技术及应用”研究，获得教育部科学技术进步奖二等奖；陆强教授参与的“生物质高效清洁能源化利用技术与装备及应用”研究，获安徽省科学技术奖科技进步类二等奖；肖峰教授参与的“膜水界面调控及膜法净水效率提升技术与应用”研究，获环境保护科学技术奖二等奖；李莉参与的“海上风电场交流并网稳定运行关键技术及应用”研究，获中国电工技术学会科学技术奖一等奖；肖峰教授参与的“重介质混凝污水深度处理耦合工艺智能成套设备”研究，获中国机械工业科学技术奖三等奖。

学科与科研平台建设。2019年，北京市教委公布由学院主要参与的“清洁能源学”学科入选北京高校高精尖学科建设名单，对于入选学科，将采取项目管理方式，在建设周期内按照每个学科最高5000万元的总额予以支持。民革中央—华北电力大学能源软科学研究中心被评为民革中央参政议政先进集体；李晓华执笔的《关于加强新能源学科建设的提案》成为全国政协提案，获教育部正式答复，《关于当前我国能源供给侧改革若干重大问题的建议》，得到中央有关领导同志重要批示。

学生工作。学院2019届共有268名本科毕业生，考研率44.78%，共有92名毕业研究生，一次就业率97.83%，其中深造率为5.43%。1人入伍。能科1701班团支部获“2018－2019年度首都先锋杯优秀团支部”荣誉称号；能科1701班和研可再生1834班获得“示范性优秀班集体”荣誉称号；能科1701班和水利1801班获“校级优秀团支部”荣誉称号；15号楼618宿舍和619宿舍获“十佳示范性优秀宿舍”荣誉称号；研可再生1735班和研可再生1834班获得研究生先进集体荣誉称号。吴琦获“北京市三好学生”；戴冰清获“中国大学生自强之星”；胡斌获“校长奖学金”；杨泽州等21名同学获“国家奖学金”；鹿希雨等47名同学获“国家励志奖学金”；谭羿鏚、杨双维获“2018—2019年度首都先锋杯优秀团干部”荣誉称号；张东昊获“2018—2019年度首都先锋杯优秀团员”荣誉称号。

工会工作。学院分工会获“二级教代会规范单位”，校田径运动会教工乙组第二名。学院启动“暖心驿站”暨教工之家改造升级工作，对墙壁进行粉刷，制作主题宣传墙，并增加健身和娱乐器材，营造“家”的浓厚氛围。

（刘振增　张亦楠）

【概况】 2019年，学院有教职工113人，其中教授28人，副教授31人。学院在校生1492人，其中本科生1111人，硕士298人，博士111人。学院有53个行政班级，其中本科40个，研究生9个，博士生4个，共有班主任53人。本科班主任中，硕士及以上学历40人，博士及以上学历37人。学院发展党员88名，培训发展对象和入党积极分子197名。学院科研经费累计金额4384.219万元，其中纵向项目30项，项目总金额2533.8万元，横向项目46项，项目总金额1850.419万元。申请专利91项，专利授权总计21项。共发表高水平论文189篇，其中ESI论文7篇，SCI&SSCI论文160篇，CSSCI论文1篇，EI论文21篇。学院共申报国家自然科学基金38项，获批立项11项，其中优青项目1项。完成可再生能源学院实验教学中心建设四期项目,学院新增设备389万元。学院共有学生1492人,其中本科生40个班1111人,男生798人,女生313人,少数民族196人(维吾尔族6人,哈萨克族8人,藏族27人);研究生13个班381人(硕士研究生9个班298人,博士研究生4个班83人),男生270人,女生111人,少数民族39人。学院获"首都先锋杯优秀团支部""优秀团干部""优秀团员"各1项;获"校长奖学金""北京市三好学生""中国大学生自强之星"各1人;获"国家奖学金"21人;"国家励志奖学金"47人;学生获国家级竞赛奖15项,省部级奖5项;172名同学参加新中国成立70周年群众游行。

书记:刘永前

学院网址:http://kzsxy.ncepu.edu.cn/

(张亦楠)

【入选北京高校高精尖学科建设名单】 2019年5月17日,北京市教委公布北京高校高精尖学科建设名单,学院牵头申报的"清洁能源学"入选。这也是该校首个入选学科,北京市将在建设周期内按照每个学科最高5000万元的总额予以支持。

(刘振增)

【入选北京高校"重点建设一流专业"】 2019年12月25日,北京市教委公布2019年遴选出的50个北京高校"重点建设一流专业",新能源科学与工程专业作为学校首个入选专业,获得5年总经费4000万元支持。

(刘振增)

【纵向项目申报】 2019年,学院获批国家自然科学基金项目11项,其中优青项目1项;申报国家重点研发计划20项,项目数列全校第1;申报科技部创新人才推进计划1项;申报北京市自然科学基金15项;申报北京教育科学规划课题1项。

(濮 妍)

【重大科研项目】 田德教授的国家重点研发计划课题"大型海上风电机组及关键部件优化设计及批量化制造、安装调试与运行关键技术",项目经费1399万元;蔡墨朗的国家重点研发计划课题"宽带隙钙钛矿材料设计与稳定性机理研究",项目经费224万元;李莉、的国家重点研发计划子课题"风电场选址风资源评估软件和风电机组台风风险评估软件的应用验证方法研究",项目经费83万元;陆强教授的国家自然科学基金优秀青年科学基金项目"生物质选择性热转化",项目经费130万元。

(濮 妍)

【重大科研成果获奖】 陆强、董长青、赵莉三位教授共同参与的"新型多温区SCR脱硝催化剂与低能耗脱硝技术及应用"研究,获得国家科学技术进步奖二等奖;李美成教授牵头的"光伏发电核心装备关键技术及户外实证测试平台研发与应用"研究,获电力科技创新大奖一等奖;张成牵头的"基于水动力学模型的内河船舶航行安全预警关键技术"研究,获中国航海科技奖一等奖;何理教授参与的"挥发性有机物污染土壤与地下水联合修复新技术及应用"研究,获得教育部科学技术进步奖二等奖;陆强教授参与的"生物质高效清洁能源化利用技术与装备及应用"研究,获安徽省科学技术奖科技进步类二等奖;肖峰教授参与的"膜水界面调控及膜法净水效率提升技术与应用"研究,获环境保护科学技术奖二等奖;李莉参与的"海上风电场交流并网稳定运行关键技术及应用"研究,获中国电工技术学会科学技术奖一等奖;肖峰教授参与的"重介质混凝污水深度处理耦合工艺智能成套设备"研究,获中国机械工业科学技术奖三等奖。

(濮 妍)

【获评民革中央参政议政先进集体】 2019年,民革中央—华北电力大学能源软科学研究中心被评为民革中央参政议政先进集体。李晓华执笔的《关于加强新能源学科建设的提案》成为全国政协提案,获教育部正式答复。

(刘振增)

【李继清获评先进个人】 2019年,李继清获得多项奖励。分别获民盟中央"中国民主同盟高校基层组织服务工作先进个人"、民盟北京市委"优秀盟员",昌平区政协"优秀政协委员""提案工作先进个人"及"年度优秀提案"奖励。

(刘振增)

【举办青年教师讲课比赛】 2019年5月,学院举办青年教师讲课比赛,共有22名青年教师参加比赛。古丽米娜获特等奖,胡笑颖、陆强、王福芝获一等奖,赵莹、阎洁、张验科、王体朋、覃昊、夏昕等获二等奖。古丽米娜代表学院参加全校青年教师讲课比赛并获二等奖,也是北京校区的第一名。葛铭纬代表学校参加北京市青年教师讲课比赛,获三等奖。

(张愉宁)

【学生党建工作取得优异成绩】 2019年,学生党建工作取得多项成绩。学生第二党支部获学校红色"1+1"评选三等奖、可再生1848班党支部和可再生1834班党支部获优秀奖;在特色活动示范党支部评选中学生第二党支部获得"校级优秀特色活动示范党支部",可再生1735班党支部、可再生1835班党支部、可再生1848班党支部获"系级优秀特色活动示范党支部",学院获"优秀组织奖"。

(李 鹏)

【学生参加科技竞赛获奖】 2019年,学院学生参加各类科技竞赛活动中取得优异成绩。其中,全国节能减排大赛三等奖3项、全国可再生能源科技竞赛三等奖8项、全国机械创意设计大赛一等奖1项、全国大学生水利创新大赛二等奖1项、大学生数学建模北京市二等奖2项、全国大学生英语竞赛二等奖2项、首都挑战杯科技竞赛三等奖3项等。

(李 鹏)

核科学与工程学院

【概述】 2019年，核科学与工程学院完成庆祝建国70周年群众游行任务，开展“不忘初心、牢记使命”主题教育活动，在学科建设、科研工作、师资队伍建设、校企合作等方面取得多项成果。

学科建设。该学院“核工程与核技术”专业正式通过国际工程教育认证。经全国博士后管委会专家组评审，人力资源和社会保障部、全国博士后管委会研究决定，该学院获批新设“核科学与技术”博士后科研流动站。

教学工作。该学院成立华北电力大学核机器人研究中心，“‘订单＋联合’核电人才培养”入选2019年中国高等教育博览会“校企合作双百计划”典型案例展示名单，核电厂系统与设备、核反应堆物理分析、核反应堆热工分析、核反应堆安全分析、核电子学、核辐射探测与防护、核反应堆仪表7门专业核心课程启动建设，核反应堆实体仿真实验室建设完成初步设计。李向宾获2018－2019学年校级教学优秀特等奖，张钰浩获2019年校级青年教师教学基本功比赛二等奖，赵强获第一届全国核工程类专业青年教师教学比赛二等奖。

科研工作。该学院新签科研项目合同额3136万，获评中国能源研究会核能专业委员会2019年先进单位，先后召开海南高比例核电发展专题启动会暨核电与电网协同安全研讨会、北京市重点实验室第二届学术委员会第一次会议。陆道纲教授团队获快堆产业联盟杰出团队奖，张斌获国家自然科学基金面上项目资助，张钰浩、刘仕倡、赵后剑分别获国家自然科学基金青年项目资助。

师资队伍建设。该学院接收青年教师赵后剑、刘雨、许祎萍，周涛因个人原因调离，马续波、黄美受聘博士生导师，隋丹婷、王汉、王升飞专业技术职务晋升为副教授，靳周、朱卉平通过首聘期考核签订无固定期限合同。王升飞获评2018－2019年度校级十佳班主任，刘仕倡、陆道纲、吴英、钟达文、靳周分别获评2018－2019年度研究生和本科生校级优秀班主任，李向宾获评2019年副处级干部考核优秀，郭张鹏、黄美、李玲、刘芳、张钰浩获评2018－2019学年度教职工考核优秀。赵珥希获全国高校第十一届辅导员年度人物提名，其主创的《榜样》微视频获第三届全国高校网络教育优秀作品推选展示活动二等奖。牛风雷被任命为核科学与工程学院院长(试用期一年)。

学生工作。该学院组织学生参与国家安全日、中国国际核工业展览会、中国核电周、全国高校“核＋X”大赛等活动，选派75名学生完成庆祝建国70周年群众游行任务。连续五年超额完成学院征兵任务，连续三年援疆、援藏，输送学生到祖国需要的地方。

对外交流与合作。该学院与中国核电工程公司、中国原子能科学研究院签署战略合作协议，与东京大学签订正式合作协议，与国核示范电站新签实习基地协议，受邀参展第十三届中国国际核电工业展览会。王升飞通过国家公派项目出国访问一年，刘洋、郝祖龙完成国家公派任务按时返岗工作。

(张　科　赵珥希)

【概况】 2019年，该学院有一级学科博士授权点1个，博士后科研流动站1个，本科专业2个。有在编教职工44人，非在编教职工5人，其中专任教师38人(教授10人、副教授13人，具有博士学位的教师为100%)、实验员2人、行政4人，辅导员5人。有博士生导师11人，双聘院士1人。该学院党委下设党支部7个，其中教工党支部2个，研究生党支部4个，本科生党支部1个。有教工党员31人，其中核反应堆工程教研室党支部转入1人。学生党员111人，其中本科生党员48人，研究生党员63人。共发展党员37人，入党积极分子91人，递交入党申请书115人。学院本科生在校人数542人，新招本科生138人，本科毕业生135人。在读研究生185人(其中硕士168人、博士17人)，新招硕士研究生61人，新招博士研究生6人，新招外国留学研究生1人，毕业45人。本科生就业率91.3%，硕士研究生就业率100%，博士研究生就业率100%。开设研究生课程13门，完成教学384学时。开设本科生课程40门，完成教学1160.5学时。举办联合培养班1期，学员共37人，其中中广核学员31人(北京校区学员10人，保定校区学员21人)、中核学员6人。新增科研项目62项，其中国家自然科学基金面上项目1项、国家自然科学基金青年项目3项、国家科技重大专项子课题8项、国家重点研发计划子课题2项、北京市自然科学基金面上项目2项。新签项目合同额3136万元，其中纵向项目955万元、横向项目2181万元。该学院有教研室2个，实体化科研团队4个，实验室28个(教学实验室13个，科研实验室15个)，学生实习基地9个，省部级重点实验室2个，国家级虚拟仿真实验教学中心1个，国家级实践教育中心1个。

书记：陆道纲

院长：牛风雷(2019年5月30日任)

学院网址：https://snse.ncepu.edu.cn/

(张　科　吴　军　李　玲　梁婷婷)

【国防科工局一行访问核学院】 2019年3月13日，国家国防科技工业局军用核设施核安全技术审评监督中心主任南滨、书记王军、副主任范选林一行10人到华北电力大学核科学与工程学院调研核学科建设情况，参观非能动核能安全技术北京市重点实验室，双方就未来可能合作的方向和内容展开讨论。华北电力大学副校长檀勤良、核科学与工程学院党委书记陆道纲及教师代表出席相关活动。中国原子能科学研究院反应堆工程研究设计所所长周培德陪同访问。

（张　科）

【获高校辅导员年度人物提名奖】 2019年9月23日，核科学与工程学院辅导员赵珥希获“第十一届高校辅导员年度人物”提名并作为优秀辅导员代表参加全国高校辅导员优秀骨干培训班。全国高校辅导员年度人物推选展示活动由教育部主办，中国高等教育学会辅导员工作研究分会和中国教育报承办，光明日报、新华网和中国大学生在线提供网络支持。该活动于2019年4月3日正式启动，受到全国各地、各高校广泛关注，全国高校共推荐265人参加。经过匿名通讯评审、现场答辩和实地考察，最终推选出“第十一届高校辅导员年度人物”10人、“第十一届高校辅导员年度人物”提名40人，“第十一届高校辅导员年度人物”入围150人。

（张　科）

【新增博士后科研流动站】 2019年9月27日，人力资源社会保障部、全国博士后管委会联合发布《关于批准新设湖南大学哲学等339个博士后科研流动站的通知》，批准华北电力大学新设“核科学与技术”博士后科研流动站。该流动站设有核电厂控制与仿真、核反应堆中子物理及辐射防护、核反应堆热工与安全、新材料及其在核能领域中的应用、核科学前沿理论及粒子探测等研究方向。

（张　科）

【获得快堆杰出团队奖】 2019年11月16日，第七届中国快堆论坛暨快堆产业联盟第七次成员大会在南京召开，大会宣布第三届快堆联盟“凤凰奖”的获奖名单。其中，陆道纲教授领衔的中国示范快堆关键工艺理论分析和实验研究团队获快堆联盟杰出团队奖。该团队承担中国示范快堆本体热工水力学和结构力学的科技攻关任务，其研究成果为中国示范快堆的设计与制造提供有力支撑。

（张　科）

【获全国优秀实践团队荣誉称号】 2019年11月22日，教育部语言文字应用管理司、共青团中央青年发展部联合给华北电力大学寄出感谢信和表扬信，书面感谢和表扬核科学与工程学院“核心启智公益行”推普脱贫攻坚团队在2019年“推普脱贫攻坚”全国大学生暑期社会实践专项活动中的突出表现，授予该团队“全国优秀实践团队”荣誉称号。

（张　科）

【召开民主生活会】 2019年11月27日，核科学与工程学院党委召开“不忘初心、牢记使命”专题民主生活会，副校长孙忠权，学校主题教育第二指导组组长朱常宝及学校主题教育工作组成员参加会议。学院党委书记陆道纲汇报本次专题民主生活会征求意见情况及对校内巡查情况，代表学院班子作对照检查。学院领导班子成员陆道纲、赵珥希、李向宾逐一进行对照检查，开展批评与自我批评。孙忠权和朱常宝对学院党委民主生活会的准备和召开给予肯定，对学院在党建、学院发展及班子建设等方面提出相关建议。

（张　科）

【举办研讨会】 2019年12月13日，海南高比例核电发展专题启动会暨核电与电网协同安全研讨会在华北电力大学召开。会议由中国电力发展促进会主办，华北电力大学承办，来自国家能源局、中国电力发展促进会、中国南方电网公司、中国核能电力股份有限公司、海南核电有限公司、海南电网有限责任公司、华能海南昌江核电有限公司、中核工程咨询有限公司和华北电力大学23名领导和专家出席会议。本次会议统一研究思想，明确研究要求，建立交流渠道，为后续研究工作的开展打下坚实基础。会议由核科学与工程学院陆道纲教授主持，华北电力大学副校长郝英杰和国家能源局核电司副司长史立山出席会议并致辞。

（张　科）

国际教育学院

【概述】 2019年，国际教育学院党委深入学习开展“不忘初心、牢记使命”主题教育，以习近平新时代中国特色社会主义思想为引领，坚持“一切工作到支部”导向，以政治建设为根本、制度建设为基础、思政工作为重点，狠抓基层党建工作。国际教育学院进一步推进来华留学生招生工作，继续以“拓展招生渠道，扩大招生规模，优化生源结构”为工作目标，开展建立多种合作，与学校各院系各部门通力合作建立品牌效应，积极申请国家资金以支持吸引更多优质生源，实现了来华留学生规模跨越式增长，生源质量稳步提高，学生结构不断优化。

党建与思想政治工作。将政治建设作为根本性建设。强化政治理论学习，提高全体党员的理论水平。支部开展征求意见座谈会及“一人一心得，一人一谏言，一人一行动”等活动，对照党章党规找差距。严格执行党内政治生活，切实提高政治能力，实现组织的团结统一、行动一致。

将“不忘初心、牢记使命”主题教育列入组织生活基本制度，进一步细化党组织会议和党政联席会议制度，创新建立“三个一”党课制度，实施“五个一”谈心谈话制度，深入推进学院的“法治”建设进程。围绕“讲好中国故事”这一核心，全面加强师德师风建设，提高育人意识和业务水平。以国庆70周年为契机，全院师生同上一堂爱国主义教育大课。聚焦“双一流”，引领学院事业蓬勃发展。党委充分发挥引领作用，带领师生投身学院改革发展。来华留学生招生实际报到人数再创历史新高；中外合作办学学生人才培养质量得到提升；孔子学院成功转型，开创孔院在美国发展的新模式。把握意识形态领导权，确保校园安全稳定。注重对教学、学术等发挥把关作用，做好抵御宗教渗透、防范校园传教等工作。深化标本兼治，推进党风廉政建设和反腐败工作。认真履行“一岗双责”，强化廉政风险防范管理。严格监督监管重点领域，做到公开、公正、公平。

招生工作。国际教育学院继续发展华北电力大学与英国斯莱斯克莱德大学和曼彻斯特大学合作办学项目，进一步推进来华留学生招生工作，积极开展多种合作，实现来华留学生生源质量稳步提高，学生结构不断优化。本着对社会、家庭学校学生高度负责的态度，学院精心组织、周密安排，完成17级国际合作项目班的出国选校、面试、签证办理、出国临行教育和送机等工作。

教育教学。本科留学生纳入教务管理系统进行统一线上管理，留学研究生教学管理纳入研究生综合管理系统新系统，大大提升管理和服务水平。坚持“立德树人、目标导向、内涵发展、协同推进”为基本原则，以教学改革与课程建设为抓手提升教学管理水平和国际化人才的培养质量。积极组织申报教育教学改革项目，学院培育资助的22项教改项目获学校批准立项建设。进一步修订、完善各项教育教学规章制度，继续完善国际教育多元化人才培养模式，深入推进国际化人才培养内涵式发展。牵头修订《华北电力大学授予来华留学生学位试行办法》。修订完善《华北电力大学国际教育学院推荐优秀应届本科毕业生免试攻读硕士学位研究生工作实施办法（试行）》，规范2020年推荐免试攻读硕士研究生工作。修订《国际教育学院评教机制具体实施办法》并实施，激励教师持续提高为国教学院学生授课的积极性和教学水平。根据学校华留学生新情况，制定《国际学生教学必修环节助教工作实施办法（试行）》。

学生工作。开展多种主题教育活动，加强学生的思想教育引领。以纪念“五四”运动100周年，新中国成立70周年为契机，组织学生参加庆祝中华人民共和国成立七十周年群众游行活动，参观“伟大历程，辉煌成就——庆祝中华人民共和国成立70周年大型成就展”，以及到北大红楼进行实地参观学习。成立“我和我的祖国”师生宣讲团，以“人类命运共同体”为主题，宣传党和国家的时政热点。成立爱国读书会，组织学生通过读原著、学原文学习党的理论知识，关心时事政治，提高人文素养。以“我的中国心”“感动你我的爱国瞬间”为主题，开展主题党日、团日活动，让前辈留学报国的光荣传统，在青年学子的心中生根发芽。学生党支部获校级优秀特色活动示范党支部、优秀组织奖，校级红色“1+1”示范活动评选三等奖。作为唯一一个学生党支部被创建为华北电力大学“党建工作样板支部”，并获评全国党建工作样板支部。校十佳团日活动评选中，电气GJ1801班团支部获第二名；校十佳示范性优秀班集体评选中，获第三名。学院针对参加雅思考试的学生进行综测加分及相应经济奖励，制定《国际教育学院关于雅思考试综合测评加分及奖励》，鼓励学生提升英语成绩，出国留学深造。学院首批4+0项目学生毕业。多人赴海外名校留学深造，深造率超过50%，总体就业率超过90%。在第十三届校园奥斯卡大赛中，《大疆白杨》获金奖和最佳男配角。获春季运动会优秀组织奖，获秋季运动会排球联赛冠军。同时，学院还组织“华夏况味”中国文化体验系列活动。

留学生管理。学院制定《华北电力大学国际学生违纪处分规定》和《华北电力大学国际学生评奖评优工作办法》，以制度建设为引领规范来华留学生管理工作，构建科学合理的管理方式，不断提高来华留学生管理水平和管理质量。

年内，来华留学生活动围绕“中国文化、国际文化、电力文化”三大板块活动主题，举办一系列高水平校园国际化活动。深挖中国传统文化形式，举办汉语之星大赛等活动。充分发挥来华留学生的创造性，举办多场“聊以行国”——世界各国文化沙龙活动。依托大学理事会单位，组织“一带一路”沿线国家来华留学生走进中能建总部、上海电力公司、中国长江三峡集团等中国知名电力企业。通过这些活动充分展示国际化办学水平，展现来华留学生的良好形象，进一步培养来华留学生“知华、友华、亲华”的感情。

（赵　静　任　帅）

【概况】 2019年，国际教育学院开展中外合作办学项目1个，专业为电气工程及其自动化，从181名报名学生中选拔出70人。中外合作办学项目及校际转学分项目共计英、美两国5个项目，派出人数北京校部25人，保定校区11人，共计36人。其中北京校部赴爱丁堡大学10人，曼彻斯特大学3人，巴斯大学6人，斯莱斯克莱德大学5人，伊利诺伊理工大学1人。签证通过率100%。年内，学校招收正式注册的各类奖学金及自费留学生411人。其中有博士生37人，硕士生120人，本科生239人，普通和高级进修生8人，汉语进修生7人，学历生比例为95.38%，远高于北京市来华留学生学历生比例。411名留学生中有中国政府奖学金生137人，北京市政府奖学金生245人，紫禁城奖学金6人，孔子学院奖学金生1人，自费生3人，校际奖学金生12人，企业委培7人。留学生新生分别来自54

个国家，学生较多的国家包括巴基斯坦、孟加拉国、卢旺达、蒙古、苏丹、津巴布韦、俄罗斯等7个国家。年内，国际教育学院党委通过严格考察共发展党员23名，教工支部成员周爽作为典型入选北京高校党员教育系列片《初心使命》；学生支部获教育部第二批“全国党建工作样板支部”，实现学院基层党建历史性突破。学院中外合作办学学生获省部级以上奖励34人次，获各类奖学金126人次。电气GJ1703班获北京市先锋杯优秀团支部，1人获北京市先锋杯优秀团干部，1人获北京市先锋杯优秀团员。电气GJ1703班被评为校级十佳示范优秀班集体。2019届毕业生有8人被评为华北电力大学优秀毕业生，4人被评为北京市优秀毕业生。中外合作办学项目有1个专业，设2个教学班，在籍在校学生人数240人，国外合作办学在籍人数51人，分别就读于爱丁堡大学、曼彻斯特大学、斯莱斯克莱德大学、卡迪夫大学、巴斯大学、伊利诺理工大学、威斯康星大学等。学校有29名本科留学生、70名硕士留学生、14名博士留学生完成教学计划全部内容，取得毕业资格并被授予学士、硕士和博士学位。年内，学院与驻华使馆、北京市公安局、保险公司等相互协作，有效化解安全事故、紧急疾病、矛盾纠纷、舆论危机、治安违法等5类共计10余起安全稳定事件。学院组织共计800多名来华留学生参加感知中国——走进中国电力企业活动，相继走进中能建总部、上海电力公司、中国长江三峡集团等知名电力企业，参观新能源电力系统国家重点实验室、北京电力展示厅、2019全球能源互联网暨中非能源电力大会、2019新能源智能汽车展、北京市外国留学生汉语之星大赛、“聊以行国”——各国文化沙龙活动等20余次。至年底，西肯塔基孔院共有汉语教师38人，13个学区，22所孔子课堂，40个教学点，汉语学生19800名。年内，来华留学生规模继续扩大，全年长短期学生共1028人，秋季在校生844人。学院始终以安全稳定为重点，通过构建留学生办公室、留学生公寓、留学生组织三位一体的网格化管理模式，全面做好安全教育、签署承诺书、留学生保险等基础性工作，为学校国际化事业发展大局奠定扎实基础。来华留学生教育教学环境得到改善。国际教育学院中外合作办学项目和来华留学生教育教学圆满完成教学管理、学籍管理、学位审核、考试安排、教学督导、教学研究等各项教学工作。西肯塔基大学孔子学院受美国“国防授权法案”的影响宣布关闭，转型为西肯塔基孔子学院。组织西肯塔基孔子学院2019－2020学年教师招聘宣讲及选拔、培训、赴任等工作，为西肯塔基孔子学院输送20名汉语教师。完成西肯塔基大学教育学院代表访华工作、西肯塔基春季高中生24名访华团来华培训工作、西肯塔基孔子学院教育工作者16名访华工作，以及其他共计49名美国师生来华访问及培训工作。学院组织举办美国西肯塔基孔子学院第三届“墨读中国”书画艺术展。组织西肯塔基孔子学院教师招聘宣讲及派出培训、“1＋2”MAT项目宣传。接待西肯塔基大学短期团组共计50多名美国师生。

（赵　静　任　帅）

【学生党支部获评全国党建工作样板支部】 2019年，国际教育学院学生党支部在2019年华北电力大学“党建工作标杆院系”和“党建工作样板支部”申报培育创建工作中，作为北京校部唯一入选的学生党支部，获评“党建工作样板支部”。在教育部思想政治工作司对第二批新时代高校党建示范创建和质量创优工作中，该党支部获“全国党建工作样板支部”。

（周　爽）

【留学生管理工作获市级奖励】 2019年12月17日，北京高教学会外国留学生工作研究会公布2019年北京高校来华留学生管理优秀干部个人奖、终身成就奖及优秀团队奖获奖名单，华北电力大学留学生管理干部齐郑获2019年“北京市高校来华留学生管理优秀干部二等奖”。

（胡金光）

【出台《华北电力大学国际学生违纪处分规定》】 2019年，为进一步规范国际学生管理，提高国际学生教育培养质量，创造文明、和谐、有序、安全的校园学习和生活环境，根据上级有关规定，结合学校国际学生实际情况，制定《华北电力大学国际学生违纪处分规定》。办法确定学校国际学生违纪处分的种类和适用原则，学习类和校园生活类违纪处分条例等内容，为来华留学生教育的提质增效提供支持。

（胡金光）

【留学生受邀参加全球能源互联网暨中非电力合作大会】 2019年11月6日至7日，2019全球能源互联网暨中一非能源电力大会在北京召开。大会围绕全球能源互联网促进绿色低碳可持续发展、非洲能源互联网推动非洲创新发展等主题，研讨并规划非洲能源互联网和“电一矿一冶一工一贸”联动发展新思路。华北电力大学组织近120名来华留学生参加大会，并现场聆听校长杨勇平大会演讲。

（胡金光）

【获批国家留学基金委项目】 2019年6月，华北电力大学来华留学生“感知中国——电力科技”项目申报获国家留学基金委批准通过。结合学校的能源电力特色，依托学校理事会单位和电力科普教育基地，国际教育学院经过精心策划和组织安排，带领来华留学生走进中国电力企业，举办一系列“感知中国——电力科技”活动。学校组织300多人次走进中能建总部、上海电力公司、中国长江三峡集团等知名电力企业，参观新能源电力系统国家重点实验室、北京电力展示厅，参加2019全球能源互联网暨中非能源电力大会及2019新能源智能汽车展。

（胡金光）

【《中国教育电视台》报道留学生活动】 2019年5月15日，亚洲文明对话大会在北京国家会议中心开幕。国家主席习近平出席开幕式并发表主旨演讲。华北电力大学组织30余名汉语优秀的来华留学生收看亚洲文明对话大会开幕式直播。大会前夕，学校巴基斯坦博士研究生大海携带其女儿协助录制大会音乐主题短片《声声慢·致文明》。5月16日，中国教育电视台对学校组织留学生观看亚洲文明对话大会开幕式直播的活动进行报道。

（胡金光）

【举办聊以行国留学生活动】 2019年12月7日，“聊以行国”第九站——卢旺达、孟加拉国在学校国际交流中心举办。此次活动吸引全校200多名中外学生参加，来自世界各地的留学生们欢聚一堂，共同欣赏由卢旺达和孟加拉国留学生带来的精彩歌舞表演和美食、文化展示。

（胡金光）

【举行汉语之星大赛】 2019年4月16日，第八届北京外国留学生“汉语之星”大赛华北电力大学分赛区海选活动在华北电力大学举行。这是该校连续第三次承办分赛区海选活动，比赛共吸引来自20个国家近50名汉语优秀留学生参加，选手们充分展示汉语水平和风采。蒙古国留学生平支晋级大赛复赛。

（胡金光　刘　松）

【实施留学生全英语授课】 2019年，留学生全英语授课专业范围稳步扩大，全英语授课的博士专业有6个，分别为电气工程、动力工程及工程热物理、工商管理、管理科学与工程、可再生能源与清洁能源、控制科学与工程；全英语授课的硕士专业有15个，分别为电气工程、动力工程及工程热物理、核科学与技术、环境科学与工程、计算机科学与技术、可再生能源与清洁能源、控制科学与工程、企业管理、数学、物理学、法学、公共管理学、外国语言文学、管理科学与工程、英语，其中管理科学与工程和英语为今年首次招生；全英语授课的本科专业有2个，为电气工程及其自动化、机械工程。

（赵　薇）

【开展留学生2+2项目】 2019年，学校与蒙古科技大学联合“2+2”项目继续执行，年内有13名电气工程及其自动化专业、13名可再生能源专业、10名热能专业蒙古学生来校学习。

（赵　薇）

【开展国际合作项目临行教育会】 2019年6月26日，国际教学院举办2017级出国学生临行教育会，该临行教育会是学院一系列出国留学服务培训活动之一。培训会内容丰富、紧凑、针对性强；所发放培训材料涵盖留学政策、爱国主义教育、领事保护、留学安全知识、海外法律法规、跨文化交流、学习与生活心理辅导、留学目的国教育制度及学术准备等。

（齐　郑　王　娟）

【签订留学生培养三方协议】 2019年4月25日，巴基斯坦安格鲁能源公司和中国机械设备股份有限公司代表团莅临华北电力大学国际教育学院签署三方合作协议，巴基斯坦安格鲁能源公司和中国机械设备股份有限公司将共同资助巴基斯坦籍留学生到华北电力大学攻读硕士学位。巴基斯坦安格鲁能源公司人力资源部部长卡希夫苏姆罗、商业及大学伙伴关系负责人里达巴凯和人力资源副理阿贝尔巴万尼，中国机械设备工程股份有限公司巴基斯坦分公司董事吴光，华北电力大学国际教育学院院长包小勇、电气与电子工程学院副院长刘崇茹、国际教育学院副院长齐郑及国际教育学院招生负责人王娟参加签约仪式。此次的签约，开启新的合作方式，即“高校－中企－外企”三方合作，对培养兼具专业技能、语言能力和国际化视野的高层次国际化复合型人才，落实国家“一带一路”倡议，助力中国企业发展海外业务具有重要意义。

（齐　郑　王　娟）

【埃及阿拉旺大学代表团来访】 2019年6月20日，埃及阿拉旺大学工程学院院长Mohamed Fatouh Ahmed Ghatas及其随行人员到校访问。双方深入探讨联合培养本科生、研究生的相关合作，并访问能源动力与机械工程学院，深入商讨建立科研项目合作和科研人员互访机制。双方签订合作协议，积极推进巩固会议成果。阿拉旺大学选派的学生于9月入校学习。

（葛　超　齐　郑　王　娟）

【召开学院第一届教学委员会】 2019年，国际教育学院召开首届教学委员会第一次会议，审定《华北电力大学国际教育学院教学委员会工作章程》，通报学院第一届教学委员会的人员组成情况：主任委员魏军强，副主任委员火月丽、齐郑，委员包小勇、李旸、李博、葛超、刘松。

（魏军强　王志红）

【试行三学期制】 2019年，学院在中外合作项目班试行三学期制改革，聘请校外优质资源为2018级学生开设英语提高课程“雅思英语”，选修人数57人，申请免修7人。

（王志红）

【留学生汉语统一考试】 2019年，国际教育学院首次面向2019级300余名留学生开展“汉语综合1”课程统一教学进度、统一命题、统一考试、统一阅卷的“四统一”教学工作。

（刘　松）

【获批汉语水平考试(HSK)考点】 2019年，华北电力大学获批汉语水平考试(HSK)国内考点。考试管理与考生服务等相关工作由国际教育学院负责。

（刘　松）

【留学生文化体验活动】 2019年，对外汉语教研室为在校留学生开设中国传统文化体验活动。该活动每学期一期，本年度开设的主题分别为“国画艺术之工笔团扇”与“赏味中国——妙手剪纸、制药泥兔”。

（刘　松）

【美国西肯塔基孔子学院实现转型】 2019年，华北电力大学与美国西肯塔基大学孔子学院合作建设的西肯塔基大学孔子学院于美国时间4月22日受“国防授权法案”的影响宣布关闭。为了保障中美文化交流渠道的畅通，华北电力大学与外方努力尝试成立一所新的孔子学院，尽力保全过去八年所取得的来之不易的成果。华北电力大学与美方积极行动，获得大部分学区支持，最终确定由肯塔基州辛普森郡教育局承办新建孔子学院工作，并于6月28日与孔子学院总部正式签约，成立西肯塔基孔子学院，简称西肯孔院。截至2019年12月，西肯孔院共有汉语教师40人，20个学区，22所孔子课堂，41个教学点，汉语学生逾19800名。

（李　博　章自华）

环境科学与工程学院

【概述】 2019年，环境科学与工程学院开展“不忘初心，牢记使命”主题教育，做好学院党建、人才培养、师资筹建、学科建设及教学科研等各项工作。专业和学科平台建设取得重要突破。

党建工作。学院深入开展“不忘初心、牢记使命”主题教育，班子开展13次中心组集中专题研学，各成员自学习近平总书记主题教育文献50篇，为师生讲授专题党课5人次、开展5个方面的专题调研，干部领学，深入调研，忠诚担当，树牢“四个意识”，坚定“四个自信”，做到“两个维护”。组织师生观看电影《决胜时刻》《小巷管家》，参观“国庆70周年大型成就展”。学院副书记担任70周年国庆“创新驱动”方阵行进指挥长。学院教工支部书记完成“双带头人”标准支部建设3个；新增教师发展对象1名；发展学生党员24名；新增学生发展对象40名，入党积极分子50名。1人入选北京市第十五届侨联委员，1名教工书记获校年度“优秀党支部书记”。环工系聚焦支部建设，组织学生干部集中培训，提高担当意识；发展党员数量比2018年增长43%，获校组织部党建项目1项，1名党员获保定市优秀共产党员称号；加强思想力引领，学习“强国学习”稳居校区院系第一名。环境科学与工程系（以下简称环工系）落实党管人才，加强过程管理，发挥老教师教学科研“传帮带”和教学督导作用，传授项目申请、论文和专利撰写经验，引导青年教师过教学关、科研关；积极改善青年教师工作环境；推动人才队伍建设取得成效。发挥支部书记及教研室主任的双带头人作用，将支部工作与教研室工作深度融合，示范引领党员及群众在教学、科研、人才培养等各方面争当一流。贯彻校党委“找差距、抓落实”精神，班子集体研究、组织学科调研，寻找差距，补短板。发扬红旗渠精神，组织全系力量，为完成保定校区首个专业工程教育认证、国家和北京市双万专业申报提供保障。

主题教育。环工系严格按“不忘初心 牢记使命”主题教育要求，通过集中学习讨论、现场教学、扶贫捐助、党课、主旨报告等形式，提高认识；以刀刃向内的勇气检视问题、寻找不足，统一思想、促进工作；深入调研、制定整改落实方案。

制度建设。环工系认真落实党委会制度、党政联席会制度、中心组学习制度。年内，召开党委会15次，党政联席会21次，中心组学习13次。形成良好的民主决策机制。出台实验室管理、意识形态工作和信息公开等五项制度，加强环工系网站建设和管理，为环工系安全稳定运行奠定基础。落实大学教代会制度。召开环工系二级教代会，凝心聚力，共谋发展，讨论审议试点改革方案和发展规划。

学科建设。学院“环境/生态”学科，发文量突破1000篇，高被引论文突破40篇，新增引用6900余次，世界ESI学科排名由714位上升至483位，排名“北京高科”联盟高校第2位、“一流学科”建设高校第5位、大陆高校第23位。高被引论文指标表现最好，排名大陆高校第6位。学院在“环境/生态”“工程学”“材料学”“化学”等领域发表高被引论文85篇，全校占比35.27%，排名第一。

教学工作。新增“环境科学”本科专业1个；入选首批国家级一流本科专业1个，入选首批省级一流本科专业1个；1人获“十佳班主任”，2人获“教学优秀奖”、1人青年教师基本功比赛三等奖。5名研究生前往国际知名大学联合培养；研究生30余人次参加国际会议，发表论文60余篇，申请发明专利6项。1人材料报送“北京高校优秀教师典型事迹网络宣传”。定期组织青年教师参加2019年学校教学业务培训20余人次，形成本科教学梯队和研究生培养教学梯队，博士学历教师覆盖率100%。环工系专业认证专家评估、国家和北京市一流专业评审工作顺利完成；获省级教改1项、省教学成果二等奖1项、教学优秀特等奖1人，1门课程入选课程思政示范课堂。

科研工作。学院科研团队2019年共计发表论文112篇，其中SCI论文95篇，3篇论文入选中国科学百篇优秀论文。获批国家重点研发计划课题2项；国家重点研发计划战略性国际科技创新合作重点专项子课题2项；中国工程院咨询项目1项；国家自然科学基金面上立项3项、青年立项3项；其他部委项目3项；实验室开放纵向基金5项；横向项目13项；申请发明专利获批2项；累计完成纵向经费1481.36万元，横向经费822.52万元。环工系科研绩效总量13.5万，比上一年度提高18%，人均绩效连续5年保持保定校区第一名；获国家基金4项、省基金重点项目1项、北京市和河北省基金4项。保定市重点实验室通过评估验收，成绩优秀，河北省重点实验室获立项。

师资建设。逐步建成一支思想素质过硬、科研能力强、具有创新意识和团队精神的师资队伍；召开师德师风专题学习全院大会、开展新进青年教师“工作导师”聘任4人次；开展6次师德师风建设主题调研座谈会，制定《环境学院师德建设长效机制实施细则》。建立师德师风建设长效机制，严格落实师德“一票否决制”。新招环境专业博士教师6名，高层次人才引进2人；形成33名师资，2个教研室专业教学团队，组建和完善本科教学团队和研究生培养教学团队。环工系新进博士4人，3名教师出国访学，1名讲师晋升副教授。新增硕导4人、博导1人。2名教师申报长江学者/青年长江学者，均通过学校评审；6名教师申报副高职称，1名教师申报正高职称；青年讲师年度科研绩效超5.4万分。

工会工作。学院2019年设置独立工会与工会委员会，参加各项学校工会活动，在春季学校运动会、校工会体育赛事中取得优异成绩，获个人运动赛事项目第一名3人，第二名8人，多人获其他比赛项目计分成绩名次；获校运动会教工乙组团体总分第四名。环工系充分发挥分工会职能作用，积极开展党群工作，1人获学校青年教师教学基本功比赛三等奖，分工会获秋季运动会团体总分第一。

学生工作。学院建成“不忘初心、牢记使命”党团教育基地1个，实施“党员带思政”工程；深度推进“导员有约”系列活动，将德育建设贯穿始终，形成“三全育人”学院自主品牌项目：化学1601班获“北京市先进班集体”，1人获学校“优秀学生干部”。建设“环科科创俱乐部”，建立20余个校外社会实践基地；1人获“北京地区就业工作先进个人”荣誉称号；1团队入选“全国百强社会实践团队”。环工系积极践行立德树人要求，构建五位一体育人模式；持续开展四期“环工大咖课堂”；获大学“精神文明特色宿舍”创建活动先进单位；暑期社会实践团被评为河北省第九届全省教育系统优秀志愿服务品牌；农村环保科普行动和“天山同语 民族同心”实践团获中国环境科学学会、河北省环境科学学会表彰，产生较大社会影响，少数民族学生思政工作成果显著。

对外交流与合作。学院加强国内外科研学术会议交流和研讨，邀请30余名国内外知名专家、期刊编委到校做科研学术交流报告，主办华北电力大学能源环境国际学术研讨会；协办“十四五”VOCs减排策略与监测治理研讨会。

（丁晓雯　李　薇　倪世清　王　成）

【概况】 2019年，环境科学与工程学院入选国家级一流本科专业“环境工程”1个；有“环境科学与工程”一级学科硕士点1个，在该学科下设有“环境科学”“环境工程”目录内二级学科硕士点2个；在一级学科“环境科学与工程”下设的二级学科“环境工程”本科学位点，以及一级学科“化学工程与技术”下的二级学科“应用化学”本科学位点这两个具体学科。在“动力工程及热物理”一级学科下自设有“能源环境”二级学科博士点。有在编教职工41人，非在编教职工2人。其中，专任教师33人（教授11人、副教授12人，具有博士学位的教师为100%）、有实验及技术人员3人、管理人员4人、辅导员2人。学院现有学术带头人5名，博士生导师9名，“长江学者”1人，“杰青”1人，“优青”1人“总理基金”获得者1人，科技部“百名科技创新领军人才”1人，“万人计划”1人。新增教师发展对象1名；发展学生党员24名；新增学生发展对象40名，入党积极分子50名。本科生在校人数达263人，新开设“环境科学”本科专业1个，新招本科生106人。在读研究生250人。开设研究生课程12门，完成教学496学时。开设本科生课程22门，完成教学616学时，认识实习2周。该院新签合同额5000余万元，在研项目31项（新增科研项目7项）。新增项目中，获批国家重点研发计划课题2项；国家重点研发计划战略性国际科技创新合作重点专项子课题2项；中国工程院咨询项目1项；国家自然科学基金面上立项3项、青年立项3项；其他部委项目3项；实验室开放纵向基金5项；横向项目13项。2019年，该学院教师共发表高水平学术论文论文112篇，其中SCI论文95篇，3篇论文入选中国科学百篇优秀论文。建设本科教研室2个，研究生教学团队2个。实体化科研团队5个（环境放射化学方向、大气污染综合防治方向、火电厂排放脱硫脱硝方向、水资源保护与研究、土壤修复与重金属离子祛除）。建成本科教学实验室研究生科研实验室30余个。至年底，环境科学与工程系共有“环境工程”“环境科学”“应用化学”“能源化学工程”4个本科专业；“环境科学与工程”和“化学工程与技术”等一级学科硕士点和“能源环境工程”二级学科博士点；可面向全国招收本科生、硕士生和博士生。拥有“环境工程”国家级特色专业、河北省“环境教育高地”、“环境工程”河北省重点学科、“能源环境工程”北京市交叉重点学科和“燃煤电站烟气多污染物协同控制”河北省重点实验室、“能源电力行业环境污染控制”保定市重点实验室、“电厂节水及废水零排放实验室”特色实验室、“白洋淀湿地校级研究中心”等学科平台，教学和科研基础雄厚。环境科学与工程系拥有一支知识结构合理、学术水平较高、教学科研经验丰富的师资队伍。环工系现有教职工65人，其中“国家模范教师”1人、河北省杰出青年科学基金获得者2人、“教育部新世纪优秀人才支持计划”3人、教授11人，副教授14人，博士生导师8人、硕士生导师32人；系办公室职员3人，党委学生工作办公室辅导员4人，行政保研辅导员1人。师资队伍的学缘结构、学历结构、年龄结构合理，为学科的可持续发展奠定良好的人才基础。教师博士化率近80%，国际化率超过60%。现有教研室4个，实验室53个，研究所2个，研究室1个。环工系现有党员148名，其中教工党员52名，学生党员96名，全年共新发展预备党员43名。环境科学与工程系在校本科生31个班910

人、硕士研究生6个班168人、博士研究生44人(保定培养),共计1100余人。一年来,学生参与学术类竞赛获得省部级以上奖项38项,参与创新创业类竞赛获得省部级以上奖项33项,参与文体类竞赛获得省部级以上奖项19项,参与社会实践类获省部级以上奖励7项;发表学术论文123篇(其中SCI收录59篇),专利、软件著作权18项。环工系新签科研合同额1006万元,在研项目246项(新增项目33项)。新增项目中,国家自然科学基金青年项目1项,国家自然科学基金面上项目3项,河北省自然科学基金重点项目1项。全系教师共发表SCI收录论文121篇,人均科研绩效3140。

党委书记:马小勇

院　　长:王祥科

环工系党委书记:谢　红

环工系主任:付　东

(丁晓雯　李　薇　谢　晶　倪世清　王　成)

【环境/生态学、材料科学、化学ESI世界前1%行列排名稳中有进】 2019年华北电力大学环境/生态学、材料科学、化学ESI世界前1%行列稳中有进,环境科学与工程院贡献度分别排名全校第1、第3、第2。

(丁晓雯　李　薇　谢　晶)

【2个专业被推荐为"双万计划"国家级、北京市一流专业】 2019年6月,环境工程专业被学校推荐为"双万计划"国家级一流专业,应用化学专业被推荐为北京市一流专业。

(丁晓雯　李　薇　谢　晶)

【邀请法国国家科研中心Gilles Montavon教授到校做学术报告】 2019年,法国国家科研中心Gilles Montavon教授应邀到校做学术报告。Gilles Montavon教授是法国国家科研中心Subatech实验室放射化学研究室的负责人,主要从事环境放射化学和医用放射性核素化学性质方面的研究,在*Nature Chemistry*,*AngewandteChem*,*Environmental ScienceandTechnology*,*Geochimica et CosmochimicaActa*等国际著名学术刊物上发表研究论文数十篇;主持完成十余项法国和欧盟关于高放废物地质处置以及医用核素性质的科研项目,代表科学领域最新的研究成果。

(丁晓雯　李　薇　谢　晶)

【1项科研项目获立项】 2019年1月,由付东主持的《工程认证背景下化学及环境工程专业本科毕业设计改革实践》获河北省高等教育教学改革研究项目立项。

(倪世清)

【檀勤良到环工系调研】 2019年3月18日,副校长檀勤良到环工系调研。听取领导班子汇报,随后参观部分实验室并走访学生宿舍。

(王　成)

【3名青年教师入选教学名师培育计划、优秀青年教师教学支持计划】 2019年6月,齐立强教授入选华北电力大学教学名师培育计划项目、檀玉和王茹洁入选华北电力大学优秀青年教师教学支持计划项目。

(倪世清)

【1名教师在大学青年教师教学基本功比赛中获奖】 2019年6月,王茹洁获2019年度华北电力大学青年教师教学基本功比赛三等奖。

(倪世清)

【3名教师获教学优秀奖励】 2019年8月,王淑勤获华北电力大学2018—2019学年教学优秀特等奖,李晶欣、李志勇、许佩瑶获华北电力大学2018—2019学年教学优秀奖。

(倪世清)

【迎评CEEAA工程教育认证专家组进校】 2019年11月18日,环境科学与工程系环境工程专业迎接CEEAA工程教育认证专家组进校,专家组由天津大学季民教授、中南大学薛生国教授、中国环境科学研究院宋永会研究员和专家组秘书常州大学崔文龙老师组成。副校长律方成出席进校工作会,现场考察历时三天。

(倪世清)

【获评组织单位银奖】 2019年11月7日,环境科学与工程系团委受河北省环境科学学会表彰,在2019年"暑期大学生科普志愿者农村环保科普行动"中被评为"组织单位银奖"。

(王　成)

【首期人师讲堂开讲】 2019年11月27日,环工系首期"华电因你而不凡——人师讲堂"开讲,首邀本系获2018年华电首届"我身边的好老师"荣誉称号的王淑勤教授做专题报告。

(王　成)

【召开学术委员会议】 2019年11月28日,环工系组织召开"燃煤电站烟气多污染物协同控制重实验室"第二届学术委员会会议。

(倪世清)

【周坚到环工系调研】 2019年12月12日,校党委书记周坚、副校长律方成到环工系调研。周坚考察实验室、听取系负责人工作报告,并对环工系的工作提出三点要求:以党建工作为抓手,凝心聚力,提升干事创业积极性;以主题教育整改为契机,抓好学习,提升思想水平和能力;以"时不我待"的精神,抓好年度工作收官,对照工作目标检视促事业发展。

(倪世清)

【获评精神文明特色宿舍创建活动先进单位】 2019年12月21日,环工系学生宿舍精神文明建设初显成效,以全校第二名的成绩获评华北电力大学"精神文明特色宿舍"创建活动先进单位。

(王　成)

【获暑期社会实践优秀小分队称号】 2019 年 12 月 25 日，中国环境科学学会授予环工系“共赴绿色冬奥，共筑美丽中国”暑期社会实践小分队“优秀小分队”荣誉称号。

（王　成）

【1 门课程入选课程思政示范课堂】 2019 年 12 月，朱洪涛负责的“化工基础”入选建设华北电力大学课程思政示范课堂。

（倪世清）

【获河北省教学成果奖】 2019 年 12 月 27 日，王淑勤等完成的《“新工科”视野下能源化学工程专业”创新型人才培养体系构建与实践》获河北省高等教育教学成果奖二等奖。

（倪世清）

马克思主义学院

【概述】 2019 年，马克思主义学院以习近平新时代中国特色社会主义思想为指导，在学校党委、行政坚强有力的领导下，不忘初心，牢记使命，继续全面贯彻落实党的十九大精神、全国教育大会精神、习近平总书记在学校思想政治理论课教师座谈会上的讲话精神、华北电力大学第二届党代会及第七届教代会精神，按照中办、国办《关于深化新时代高校思想政治理论课建设的若干意见》及教育部《普通高等学校马克思主义学院建设标准(2019 年本)》的具体要求，在党建工作、主题教育、学科建设、师资队伍建设、教学科研、学生工作、工会工作、宣传工作等方面均取得较大成绩。

2019 年，学院深入开展“不忘初心、牢记使命”主题教育活动，深入开展专项调研，牢牢抓住“思政课建设”这一核心问题，开展列优化探索，完成全校 3 万余名本科生、研究生思政课教学任务。学院起草《华北电力大学关于加强和改进思想政治理论课建设实施方案》，并经学校党委常委会审议通过，为大学思政课建设明确方向；学院继续推进“专兼职融合”的“大思政”育人模式创新、“专题化”教学范式创新工程；学院引进 2 名正教授、1 名博士后、1 名具有海外留学经历的博士，及 3 名国内知名高校博士；学院举办“百年未有之大变局与中国共产党的领导”等多项重量级学术会议，受到学界广泛关注，会议被诸多主流媒体报道；孙芳副教授获首届全国高校思想政治理论课教学展示活动特等奖，孙芳、周作芳思政课教学被《中国教育报》头版头条报道；赵鲁臻、黄晓霓两位教师分别获学校 2019 年青年教师教学基本功比赛文理组一等奖、三等奖；北京校部研思政班被评为北京市先进班集体、研思政 18 级团支部获评北京市优秀团支部，2 名学生分别获评北京市优秀基层团干部、优秀团员，1 名学生获评“北京市优秀毕业生”，2 名学生分别获 2019 年度北京市马克思主义理论专业研究生学术奖学金、新生奖学金。保定校区学生获第三届“我心中的思政课”全国高校大学生微电影展示活动优秀奖。

（武昌杰　陈晓蕾）

【概况】 2019 年，马克思主义学院设有马克思主义理论一级硕士学位授权点，承担马克思主义理论一级学科及所属二级学科思想政治教育、马克思主义中国化研究、马克思主义基本原理等学科建设和人才培养任务。学院现有专职教师 48 人，其中，教授 9 人，副教授 25 人，讲师 14 人，教师队伍中 34 人拥有博士学位(含博士后)，18 人为硕士生导师。另有行政人员 6 人。学院有 4 个教师党支部，2 个学生党支部。共有中共党员 74 名，其中教工党员 44 名，学生党员 30 名。学院全日制硕士研究生春季答辩毕业 19 人，共毕业 19 人，就业率 94.7%；其中，获校级优秀硕士毕业论文 1 篇，考取武汉大学博士研究生 1 人。招收 2019 级马克思主义理论一级学科学生共 19 人。

2019 年，马克思主义学院发表学术论文 57 篇，其中中文核心期刊 6 篇；出版学术著作 4 部；申报市级及以上纵向项目 12 项，其中，教育部课题 4 项，北京市社会科学基金项目 1 项，北京教育科学规划课题 1 项，河北省传统文化教育科学研究课题 1 项；中央高校基本科研业务专项资金项目 5 项；校级研究生优质课题建设结题 3 项；申报河北省教改项目 1 项，校级教改项目 5 项。

2019 年，学院通过国务院学位办硕士点合格评估；新成立研究生思政课教研室和研究生专业课教研室，在博士研究生课程中开设“守正创新”系列讲座，邀请国家级教学名师走进课堂。加强思政课程与课程思政的相互融合，组织 9 位思政课青年教师参与学校教务处组织的“一院一课”课程思政建设工作。

2019 年，学院教学督导组共组织集体听课 20 次，检查试卷 1 次，提出整改意见 15 条；举办学院第二届教师教学基本功比赛；全面推广专题化教学，学生对专题化教学组织模式满意度近 90%。学院与全体思政课教师签订《意识形态安全责任书》，严守课堂政治安全底线。学院制定并颁布《马克思主义学院本科生思想政治理论课考试管理暂行办法(试行)》，进一步规范本科生思政课命题、阅卷工作。

2019 年，马克思主义学院主办“百年未有之大变局与中国共产党的领导”学术研讨会、“先秦诸子的争鸣与共识”学术研讨会暨第六届诸子学论坛、第二届大数据与哲学社会科学研讨会；大数据与思想政治教育交叉研究专题研讨会；举办首届“日新杯”教学改革创新展示活动；举办学术交流10余次；国外学者来院学术访问交流1人；学院与浙江省委党校开展共建，设立浙江调研基地，并受邀到海南电网公司开展党建项目合作深度探讨；学院赴全国技术转移公共服务平台开展大数据技术转化应用项目合作深度交流；全国技术转移公共服务平台调研团到学院进行科技成果转化工作调研。

2019年，马克思主义学院深入开展“不忘初心，牢记使命”主题教育活动，学院选派优秀教师十人开展面向全校师生的主题教育宣讲活动，主要以党课、主题党日活动、研讨会等形式进行，共进行22次宣讲活动；举办“强化基层党组织建设，持续深化全面从严治党”专题读书班；学院领导为学院全体师生讲专题党课；召开主题教育调研成果交流会；组织师生拍摄《我和我的祖国》快闪活动；组织开展《我和我的祖国》观影主题教育活动；组织党员师生赴北京香山革命纪念馆和香山双清别墅开展“重温党的光辉历史，走好新时代长征路”专题学习。

2019年，马克思主义学院教师获首届全国高校思想政治理论课教学展示活动特等奖1人；获学校青年教师教学基本功比赛文理组一等奖1人，三等奖1人；获保定市第八届大中专院校青年教师说课比赛（人文社会科学）三等奖1人；获学校教学优秀特等奖1人；入选保定市哲学社会科学专家3人；学院教师指导的作品《天下无谋》获“我心中的思政课”第二届河北省高校学生微电影展示活动优秀奖1项。

2019年，马克思主义学院学生获河北省大学生人文知识竞赛一等奖1项，三等奖1项，优秀组织奖1项。研思政班获“北京市优秀班集体”称号，研思政18级团支部获“北京市优秀团支部”，1名学生获“北京市优秀基层团干部”称号，1名学生获“北京市优秀团员”称号，1名学生获“北京市优秀毕业生”称号，2名学生分别获2019年度北京市马克思主义理论专业研究生学术奖学金、新生奖学金。1名学生获“2019年北京高校师生马克思主义经典著作学术论文征文比赛”三等奖。学院直属团支部获保定市“五四红旗先进团支部”称号。学院研究生党支部获评学校“我和我的祖国”微党课一等奖。学院学生首次代表全校学生在毕业典礼发言。

书记：蔡利民、张德安（保定）

副院长：孙平（主持工作）、王聚芹（马克思主义学院（保定）院长）

副书记、副院长：侯丹娟、王建红（保定）

组织员：武昌杰、孙芳（保定）

（武昌杰　陈晓蕾）

【校领导参加思想政治理论课建设专题工作会】 2019年1月9日，校党委副书记、纪委书记何华，副校长王增平共同主持召开思想政治理论课建设专题工作会，宣传部、人事处、教务处、学生处、研工部、团委等6个相关职能部门的负责人及马克思主义学院全体领导班子成员参加会议。会上分别就如何在思政课课堂落实十九大精神和全国教育大会精神、如何改进思政课教学水平及管理方式、如何做好思政课师资队伍建设和资源保障及思政课发展规划建设等方面提出意见。

（武昌杰）

【举办首届日新杯教学改革创新展示活动】 2019年1月10日，马克思主义学院举办首届“日新杯”教学改革创新展示活动。本次活动学院教师从教材内容创新、教学手段创新、教学方法创新、教学理念创新、总体设计创新五个方面进行综合展示，最终评选出教学改革创新突出奖和优秀奖。

（陈晓蕾）

【周坚到保定校区马克思主义学院调研】 2019年3月4日，校党委书记周坚在党委副书记郭孝锋等陪同下到保定校区马克思主义学院进行调研。周坚认真听取学院的汇报和教师们的意见建议。她充分肯定马克思主义学院成立以来所取得的成绩，同时强调学院要清醒地认识到差距和不足，着力创新发展。一是进一步建强建好马克思主义学院。要坚持“马院姓马，在马言马”的鲜明导向和办学原则，贯彻落实中央和上级有关要求和精神，主动对标对表，做好顶层设计，规划发展路径，明确工作重点，扎实推进马克思主义学院建设，充分发挥思想政治理论课的主渠道作用，打造马克思主义理论教学、研究、宣传和人才培养的坚强阵地；二是切实加强师资队伍建设。要做好人才队伍培养规划，采取有力措施，打造一支素质过硬、结构合理、具有较高教学科研水平的教师队伍。特别是要高度重视青年教师的培养，为他们的发展制定方案，创造条件，促进青年教师快速成长；三是持续提升教学质量和科研水平。要坚决突出教学的核心地位，教师要潜下心来，努力练好教学这项“看家本领”，把提升思政课教学水平作为重点工作，创新教学方式，打造“金课”，杜绝“水课”，将“三进”工作落到实处。同时，加强马克思主义理论和习近平新时代中国特色社会主义思想理论研究。要以学校“双一流”建设为契机，结合能源电力特色，整合资源，激发活力，实现马克思主义学院特色发展。

（陈晓蕾）

【召开大数据与思想政治教育交叉研究专题研讨会】 2019年3月5日，学院召开大数据与思想政治教育交叉研究专题研讨会，本次研讨会由马克思主义学院、大数据与哲学社会科学实验室联合主办，开幕式由马克思主义学院（保定）院长王聚芹主持，华北电力大学党委副书记郭孝锋致开幕词，北京师范大学思想政治工作研究院院长冯刚、河北农业大学马克思主义学院院长郭跃军、华北电力大学大数据与哲学社会科学实验室主任王建红等专家学者参会。冯刚教授作《思想政治教育的政策设计和发展趋势》

主题报告。

（陈晓蕾）

【改善学院办学环境】 2019 年 3 月 5 日—8 日，学院整体搬迁至教三楼 C 区二层，全院办公面积实现翻番，增加两个校级科研平台工作用房和学院资料室，实现教授独立用房目标。

（武昌杰）

【何华到保定校区马克思主义学院调研】 2019 年 3 月 18 日，校党委副书记、纪委书记何华到马克思主义学院（保定）调研，院长王聚芹汇报党建、教学、科研、学科建设、人才队伍建设、人才培养等方面工作。何华充分肯定学院现阶段所取得的成绩，同时对学院今后的工作提出宝贵意见：一是进一步完善学习制度，将政治学习放在首位；二是积极推进课堂改革，结合新技术探索现代化教学手段，在把握好思政课主阵地的同时，结合学校特色，打造亮点、树立品牌、做出特色；三是开放思维，推进大数据与哲学社会科学实验室的建设，将思政教学研究放在首位，围绕"大思政育人"在学校教学、管理中发挥积极作用，加强校内、外联系，寻找新的理论、实践增长点；四是要引进急需人才，用好现有人才，加快学院人才队伍建设，培养教学科研中坚力量。最后，何华与学院新入职青年教师进行座谈，他提出，要充分认识做好思想政治工作的重要性，把思政工作贯穿教育教学全过程，作为教师要坚持教书和育人相统一，要敬畏讲台、珍惜讲台、热爱讲台，用好课堂教学这个主渠道，同时也要了解学生、贴近学生、围绕学生对他们进行正确的思想理论教育和价值引领，让学生终身受益。

（陈晓蕾）

【参加校党委中心组（扩大）专题学习会议】 2019 年 3 月 25 日，学校召开党委中心组（扩大）专题会议，专题学习习近平总书记在学校思想政治理论课教师座谈会上的讲话，校领导、党委常委、思想政治理论课建设领导小组成员、学院全体教师参加学习。会议以视频形式在北京校部、保定校区同时举行。校党委书记周坚主持会议。

（武昌杰）

【设立浙江调研基地并签署合作协议】 2019 年 4 月 2 日，马克思主义中国化研究协同创新中心与中共浙江省委党校社会学文化教研部对接，在浙江建立教研基地，孙平副院长和浙江省委党校社会学文化学部主任李涛共同为基地揭牌。骆小平副教授与浙江省委党校社会学文化学教研部副主任董敬畏教授进行合作协议签署，双方将在教学科研、师资共享、课题申报、学术交流、咨政智库等方面开展共建。

（武昌杰）

【王蔷蔷获评北京市优秀毕业生】 2019 年 4 月 3 日，学院 2019 届毕业生王蔷蔷代表全校研究生在毕业典礼发言，这也该院学生首次在全校研究生毕业典礼上发言。王蔷蔷学业成绩优异，获评"北京市普通高等学校优秀毕业生"称号。

（武昌杰）

【召开先秦诸子的争鸣与共识学术研讨会】 2019 年 4 月 19 日至 21 日，由华北电力大学国学研究中心和马克思主义学院联合主办的"先秦诸子的争鸣与共识"学术研讨会暨第六届诸子学论坛在华北电力大学举行，来自中国内地、澳门和台湾的 70 余位专家学者参加会议。

（武昌杰）

【何华参加形势与政策集体备课会】 2019 年 4 月 25 日，形势与政策教研室召开集体备课会，教研室主任徐唐棠作题为《经济全球化的困境与挑战》的微课展示。校党委副书记、纪委书记何华从四个方面作备课指导：一、正确认识"形势与政策"课的定位、意义；二、学校"形势与政策"课的现状分析；三、以《经济全球化的困境与挑战》为例，为大家作一次生动的"形势与政策"课示范教学；四、"形势与政策"课的学时分配建议及其他注意事项。何华强调，任课教师不要害怕回应社会问题，要充分利用好集体备课会群策群力的优势，正面回应社会热点，将似是而非的观点在备课会上提出集体讨论，保证课堂授课内容严守正确的政治方向。他还建议教研室统筹教师力量，结合各位教师专业背景和擅长优势，积极探索"小组备课、专题授课"创新模式。

（武昌杰）

【思政课教学经验被〈中国教育报〉头版头条报道】 2019 年 5 月 4 日，《中国教育报》头版头条以"打造最适合学生的思政课——华北电力大学教师创新教学方式推动思政课深入学生内心"为题报道华北电力大学孙芳、周作芳等教师根据自己的特长和学生专业特点，采取不同的方式讲活讲好思政课，介绍该校利用特有资源，打造最适合学生的思政课的经验。

（武昌杰）

【举办第二届青年教师教学基本功比赛】 2019 年 5 月 7 日，学院举办第二届青年教师教学基本功比赛暨青教赛预赛。黄晓霓、王昱洪、侯丹娟、武昌杰参加比赛。本次比赛既重视授课内容、讲授方式、演示形式、互动效果，也注重学生受众的听、看、学三个方面。本次比赛是马克思主义学院贯彻落实习总书记在学校思想政治理论课教师座谈会上的讲话精神的具体形式之一，有助于全院教师深入领会习总书记的六个要求和"八个相统一"思政课教学理念，不断增强课程的思想性、理论性和亲和力、针对性，用习近平新时代中国特色社会主义思想铸魂育人，引导学生增强"四个自信"，做到"两个维护"，牢记"四个意识"，为国家培养优秀的社会主义建设者和接班人而努力奋斗。经评审委员会综合评议，决定推荐黄晓霓参加大学 2019 年青年教师教学基本功比赛决赛。

（武昌杰）

【召开第二届大数据与哲学社会科学研讨会】 2019 年 6 月 15 日—16 日，学院承办第二届大数据与哲学社会科学研讨会。本次研讨会由北京大学中国特色社会主义理论大众化与国际传播协同创新中心、华北电力大学大数据与哲学社会科学实验室、华北电力大学马克思主义学院（保定）、华北电力大学英语系等 12 家单位联合主办，由华北电力大学大数据与哲学社会科学实验室、马克思主义学院（保定）承办，该研讨会共计 200 余位专家学者参会，整个大会共分 6 大板块，共有 20 余位国内学界专家作主旨报告，百度、京东、知网等 3 家大数据企业高管作特别报告。

（陈晓蕾）

【大数据与哲学社会科学实验室启用】 2019 年 6 月 16 日，华北电力大学大数据与哲学社会科学实验室在教十一 B107 举行启用仪式。以大数据与社会科学实验室为依托，百度云智学院与华北电力大学共同建设“华北电力大学·百度云智学院大数据实训室”，将致力于为华北电力大学师生带来最前沿的大数据产业实践，以及为大数据相关的教学、科研提供大力支持。

（陈晓蕾）

【成立研究生思政课教研室】 2019 年 6 月，学院成立研究生思政课教研室，以加强全校研究生思想政治理论课建设，并任命宁阳为教研室主任。

（武昌杰）

【研究生党支部荣获微党课比赛一等奖】 2019 年 7 月 7 日，在 2019 年研究生党支部“我和我的祖国”微党课比赛中，学院研究生党支部获唯一一名一等奖。原校党委副书记朱常宝评价马克思主义学院研究生党支部微党课在马言马，特色鲜明，理论突出，鼓励党支部不忘初心，砥砺前行。

（武昌杰）

【周坚到马克思主义学院调研】 2019 年 7 月 9 日，校党委书记周坚到马克思主义学院调研，并与学院领导班子进行座谈，校党委副书记、纪委书记何华一同调研。周坚听取学院主要负责人的工作汇报后，对学院取得的成绩表示肯定，并就如何进一步贯彻落实好习近平总书记在学校思想政治理论课教师座谈会上的讲话精神、如何办好思政课、如何建设好马克思主义学院等方面提出要求。周坚指出，建设好马克思主义学院、办好思政课、充分发挥思政课在培养社会主义建设者和接班人过程中的应有作用，是政治工作、政治任务，学院要按照习近平总书记的讲话精神，结合学校实际，将党和国家赋予的历史使命转化为具体工作的落实落细落地。学院要按照习近平总书记提出的“八个相统一”的具体要求，全力建设好马克思主义学院，要狠抓思政课课堂教学，不断提升思政课课堂教学质量，充分发挥思政课在“立德树人”过程中“主阵地主战场”的应有作用；要结合习近平总书记讲话精神，结合教育部《高等学校思想政治理论课建设标准》的具体要求，持续全面推动思政课课堂教学的改革创新，切实打造体现时代要求、学生喜爱、富有华电特色的思政课“金课”；要做好包括形势与政策课在内的各类思政课课堂的把关、审核、监督、考核，要发挥好引导、指导作用，要有底线、有门槛。周坚指出，办好思政课，教师队伍是关键。要按照习近平总书记对思政课教师提出的“六点要求”，切实加强思政课教师队伍建设，真正使思政课教师成为为学为人的表率、成为让学生尊敬和喜爱的好老师。要从“立德树人”的高度，使思政课教师铭记作为一名思政课教师的初心与使命、责任与担当；要在机制体制建设、制度政策创新等层面为思政课教师教育教学营造一个积极健康、风清气正的氛围，充分发挥思政课教师的积极性、主动性、创造性。周坚强调，学校始终坚守立德树人根本任务，高度重视思政课建设。新时代，办好思政课，建设好马克思主义学院，要进一步学习贯彻好习近平总书记在学校思想政治理论课教师座谈会上的讲话精神，结合学校实际、学院实际，制定切实可行、富有操作性、符合实际的目标和措施。要进一步夯实基础，发挥特色，对标对本，找出差距，找准问题，分析原因，提出解决问题的方式方法。要加大力度改革创新，拓展思路，完善举措，抓住重点，真正做到有方案、有思路、有重点、有目标、有路径、有方法。

（武昌杰）

【赴京参加 2019 产教融合发展论坛】 2019 年 7 月 20 日，由教育部高等教育学会主办的“2019 产教融合发展论坛”在北京·天下第一城召开，大数据哲学社会科学实验室主任王建红作为受邀嘉宾，与百度公司代表就“大数据实训环境建设合作项目”举行签约仪式。双方决定将以此次签约为契机继续深化合作，加强交流，共同建设好“华北电力大学·百度云智学院大数据实训室”，为学校师生打造更好的大数据实训平台。

（陈晓蕾）

【赴浙江省嘉兴市调研】 2019 年 8 月 19 日至 23 日，为深入贯彻落实党中央、国务院办公厅《关于深化新时代学校思想政治理论课改革创新的若干意见》，全面提高本校思政课教学质量，做好国情调研，在教学中做好理论联系实际，学院与浙江省委党校组成联合调研组赴浙江省嘉兴市秀洲区进行实地调研。4 月初，马克思主义学院在浙江省委党校挂牌设立教研基地，双方签订战略合作协议。这次联合调研也是双方合作后的第一次活动。

（武昌杰）

【骆小平获批教育部国外教育调研项目】 2019 年 9 月 16 日，骆小平获批教育部国外教育调研项目：爱国主义教育的形式与载体，将于 2020 年赴英国牛津大学公费留学半年。

（武昌杰）

【承办高端学术研讨会】 2019 年 9 月 21 日，学校与中国社会科学院世界社会主义研究中心联合主办“百年未有之大变局与中国共产党的领导”学术研讨会。研讨会由学院马克思主义中国化协同创新中心与中国社科院《世界社会主义研究》编辑部、北京大学马克思主义学院联合承办，全国 30 多所高校、科研机构 200 余位专家学者参会，新华社、《光明日报》、《人民日报(海外版)》等多家主流媒体报道。

（武昌杰）

【华北电力大学马克思主义中国化协同创新中心揭牌】 2019 年 9 月 21 日，华北电力大学马克思主义中国化研究协同创新中心揭牌仪式在马克思主义学院举行。中国社会科学院马克思主义研究院副院长研究员、中国特色社会主义理论体系研究中心副主任辛向阳，中国社会科学院习近平新时代中国特色社会主义思想研究中心执行副主任龚云为协创中心揭牌。华北电力大学马克思主义学院副院长孙平，华北电力大学马克思主义协同创新中心执行主任骆小平参加揭牌仪式。

（武昌杰）

【马克思主义理论一级学科北京教研基地揭牌】 2019 年 9 月 22 日，中共浙江省委党校与嘉兴秀洲区委党校一行 3 人来校调研学院与马克思主义中国化研究协同创新中心相关情况，并举行中共浙江省委党校马克思主义理论一级学科北京教研基地揭牌仪式和马克思主义中国化协同创新中心特聘研究员的聘任仪式。

（武昌杰）

【成立不忘初心牢记使命主题教育工作小组】 2019 年 9 月 26 日，学院“不忘初心 牢记使命”主题教育工作小组成立并召开动员部署会议。蔡利民、孙平担任工作小组组长，侯丹娟、武昌杰担任副组长，党总支委员、各党支部书记、党务助管为工作小组成员。

（武昌杰）

【成立关工委】 2019 年 9 月 29 日，学院“关心下一代”工作委员会成立并举行聘任仪式，特聘张文化担任关工委名誉主任，黄庆业、许丹娜担任关工委副主任，刘佰玲担任关工委委员。

（武昌杰）

【全体党员教师佩戴党徽讲思政课】 2019 年 10 月，为贯彻落实“不忘初心、牢记使命”主题教育精神，学院党总支号召全体党员教师佩戴党徽讲思政课，筑牢意识形态阵地安全篱笆。党员教师佩戴党徽，亮明身份讲思政课，让有信仰的人讲信仰，展示一线党员教师的风采。

（武昌杰）

【召开主题教育专题党课报告会】 2019 年 11 月 8 日，学院党总支书记蔡利民和副院长孙平为全院党员教师开展专题党课报告会。蔡利民讲授题为《践行初心使命，加强党性修养，在成为合格思政课教师的行动中发挥党员先锋模范作用》的主题教育专题党课。孙平讲授题为《初心不改，使命不弃——三代共产党人对社会主义道路的探索与发展》的主题教育专题党课。

（武昌杰）

【获思政课比赛全国优秀奖】 2019 年 11 月 12 日，第三届“我心中的思政课”全国高校大学生微电影展示活动评选结果揭晓，由马克思主义学院教师指导的作品《天下无谋》获优秀奖。

（陈晓蕾）

【北京工业大学沈震应邀来校作专题讲座】 2019 年 11 月 12 日，北京工业大学马克思主义学院沈震受邀到学院作题为《新时代新媒体新模式新课堂——基于中成智慧课堂的思想政治理论课全员互动教学研究》的讲座。

（陈晓蕾）

【大学生人文知识竞赛再创佳绩】 2019 年 11 月 16 日至 18 日，河北省大学生人文知识竞赛暨华北五省(市、自治区)大学生人文知识竞赛河北赛区竞赛落下帷幕，马克思主义学院的两支队伍分别获河北省一等奖和三等奖，徐岿然、李书萍获优秀指导教师奖。学校获评优秀组织奖。

（陈晓蕾）

【宁阳在《光明日报》发表理论文章】 2019 年 11 月 18 日，研究生思政课教研室主任宁阳在《光明日报》发表理论文章《多措并举推动实现乡村振兴》，带头深入贯彻落实十九届四中全会精神。

（武昌杰）

【赴香山开展主题党日活动】 2019 年 11 月，马克思主义学院组织师生党员赴香山革命纪念馆和香山双清别墅开展主题党日活动。全体党员聆听展馆工作人员对新中国发展历程的细致讲解，全方位了解中国共产党领导中国人民夺取全国胜利和党中央筹建中华人民共和国的光辉历史，缅怀毛泽东同志等老一辈革命家的丰功伟绩，重温历史岁月，感悟初心和使命，进一步激发师生党员的爱国热情。

（武昌杰 陈晓蕾）

【获北京市马克思主义理论专业双百奖学金】 2019 年 11 月，北京校部研思政班研究生刘洋洋、裴泽瑜分别获 2019 年度北京市马克思主义理论专业研究生学术奖学金、新生奖学金。

（武昌杰）

【孙芳获首届全国高校思想政治理论课教学展示活动特等奖】 2019 年 11 月，教育部社科司主办首届全国高校思想政治理论课教学展示活动，按照教学展示活动方案，经过河北省选拔与教育部的网络评审、现场评审等环节，孙芳获“思想道德修养与法律基础”组特等奖。该活动旨在深入学习贯彻习近平总书记在学校思想政治理论课教师座谈会上的重要讲话精神，深入实施“新时代高校思想政治理论课创优行动”。校党委书记周坚在活动评选结果的通知文件中批示：号召全体思政课教师向孙芳老师学习，讲好思政课，做“四有好老师”，落实立德树人根本任务。

（陈晓蕾）

【成立研究生专业课教研室】 2019年12月，学院成立研究生专业课教研室，以加强学院研究生专业课建设、提升研究生培养质量。学院任命刘玮玮为教研室主任。

（武昌杰）

【成立国家安全与制度反腐研究中心】 2019年12月，学院成立国家安全与制度反腐研究中心（院级），以推进国家治理体系和治理能力现代化研究，并任命杨海为研究中心主任。

（武昌杰）

【2项目1课题获批立项】 2019年，学院有2个项目获批教育部立项资助。分别是魏彤儒主持申报《习近平总书记关于新时代青年担当的重要论述研究》和王建红主持申报《基于大数据的十八大以来社会主要矛盾变化教学研究》。王建红主持申报教育部委托课题《高校思政课教师评价机制研究》也获批立项。

（陈晓蕾）

体育教学部

【概述】 2019年，体育教学部深入学习十九大、十九届三中、四中全会的会议精神，积极开展“不忘初心、牢记使命”主题教育活动，认真贯彻和落实全国教育大会精神，立德树人，围绕学校“双一流”建设，搞好各项工作。从多方面提高和改进师生的健身理念，创造良好的锻炼环境，为高水平大学建设提供身体支撑和保障。做到体育竞赛成绩显著，全民健身蓬勃开展，体育教学改革不断深化，打造华电特色的体育文化。通过大力推进校园足球和群众性体育活动的开展，在各级各类比赛中多次取得优异成绩，学生体质健康水平不断提高。在党建工作、教学工作、科研工作、人才培养、群体工作、高水平运动队建设等方面取得突出成绩。

党建工作。2019年，体育教学部深入开展“主题教育”活动，形成文字材料20余份；深挖体育课程思政要素，落实“三全育人”，推进思政课的“三进”；践行服务精神，通过服务国庆游行方阵训练、课外体育义务辅导班等形式加快特色化服务型党支部建设；加强政治引领，通过理论学习（“三会一课”、学习强国）和参观学习（改革、建国成果展、中共一大会址、嘉兴革命圣地）推进学习型支部建设；全面从严治党，严格落实中央八项规定精神和党风廉政建设责任制，把廉政教育贯穿工作始终，基层党组织党建工作能力不断增强，服务意识不断提高，基层党组织特色项目《创建服务型党支部，促进师生身心健康可持续发展对策研究》通过验收。

教学工作。积极进行体育教学改革，丰富体育课程体系，满足不同层次学生体育课的需求，做到以学生为中心，因材施教。加速课程建设，增开5门体育选修课，加强教学督导，完成部门、学校督导看课14次；并完成1项慕课项目申报工作；加快教研团队建设，获得2项省级教改项目立项，1项校内重点教改立项；1名教师获得学校青年教师教学基本功比赛一等奖。1名教师获得省部级教学基本功比赛二等奖。4人获得教学优秀奖；通过体育专项课教学，立德树人，推进课程思政建设，对思政课程与课程思政的有机融合，体育教师和思政教师的有机结合，球类专项课程思政建设进行积极探索；严格教学管理，提高科学管理水平，加强对体育教育的科学研究工作，全面提高体育教学水平。

科研工作。结合体育教学实际，积极进行体育科学研究，营造浓厚的学术氛围，推动科研发展，重视成果凝练，年内共发表论文30篇（保定2篇，SCI检索论文1篇），其中核心期刊2篇、SCI 7篇、CSSCI 1篇。获得大学生创新创业训练计划项目10项，其中2项国家级，8项北京市级。

人才培养。加大对中青年教师的培养支持力度。1名教师入选学校“教学名师培育计划”，1名教师入选学校“优秀青年教师教学支持计划”，选派青年教师出国学习1人，国内学习2人。通过加强青年教师的师德、教学训练和科研水平，提高全体教师的体育专项能力和综合业务水平。通过校代表队训练、校园足球活动、院系课余体育活动和各单项体育协会协调配合，全方位培养体育人才。

群体工作。校足球队、篮球队、毽绳队、排球队、啦啦操队、街舞队、排舞队、跆拳道队、乒乓球队、羽毛球队、网球队、轮滑队、武术队、藤球队、铁人三项队、越野攀登队、传统养生和健身气功队、体育舞蹈队、瑜伽队，在多项国字头的赛事中取得优异成绩，多个项目在北京市、河北省继续保持领先地位。足球队获中国大学生足球联赛（校园组）河北冠军、东北赛区冠军、总决赛第七名，五人制足球队获全国季军；街舞队获中国学生街舞锦标赛2金1银；啦啦操队获全国啦啦操锦标赛2金3银；网球队获华北赛区2个第5名，获得总决赛第8名；轮滑队获得中国自由式轮滑公开赛2金2银1铜；跆拳道队获中国大学生跆拳道（品势）锦标赛3金2银5铜；田径队获晋冀鲁豫邀请赛11金4银5铜，获河北大运会11金9银8铜，毽绳队包揽八个项目的团体冠军。

开展阳光体育运动。引导组织各院系开展趣味运动会，要求学生在上好体育课基础上，积极参加各种体育活动，结合自己实际，在不同的时间和场合进行有效体育锻炼。积极开展1小时校园体育活动，确保每天锻炼1小时。力争做到人人有体育项目、班班有体育活动。因地制宜地开展丰富多彩和卓有实效的课外体育活动，指导全校师生进行科学的体育锻炼。引导全校师生利用体育课、课间活动、课外活动强身健体，确保学生体质逐年提高。以足球运动为代表的体育文化成为华北电力大学的办学特色和校园文化品牌，在文化育人方面发挥积极作用。完成学校春、秋季(保定)51届田径运动会和秋季综合运动会的准备、组织和裁判工作。体育部与校工会、团委、学生处密切配合，完成教职工篮球、排球、乒乓球、羽毛球比赛和体育节、社团节等各项群众体育工作。

高水平运动队建设工作。2019年，完成高水平运动队招生测试工作，高水平运动队建设是学校运动竞赛的窗口，在认真搞好教学和课外体育的同时，认真搞好高水平运动队建设和各种竞赛活动。女篮获河北省大运会冠军、东北赛区第7名。田径队获第57届首都高校田径运动会男、女甲组团体总分第四名，仅次于清、北、北科大；在第十九届全国大学生田径锦标赛中获得2金、3银、3铜，并跻身女子甲A组团体第三名；学生朱子龙代表国家参加2019年第三十届世界大学生运动会。

(曹运华　赖其军)

【概况】 2019年，体育教学部有教职工63人(保定29人)，其中，专任教师58人(保定27人)，教授5人(保定2人)、副教授24人(保定13人)，具有硕士学位的教师(北京)90%，(保定)70%。管理人员3人(保定1人)，实验及技术人员2人(保定1人)，体育教学部有中共党员48人(保定22人)。华北电力大学体育教学部分北京和保定2个教学部。现有体育运动中心1座，有标准塑胶田径场3块(保定2块)，场内均设有标准足球场地。室外篮球场49块(保定35块)，排球场14块(保定12块)，塑胶网球场地11块(保定5块)，羽毛球场地6块(保定)，小足球场4块(保定)，乒乓球台110张(保定60张)。教学器材种类齐全，数量充足，各运动项目器材配备完善。运动场总面积11.57万平方米(保定65950平方米)，室内运动场面积为8244.55平方米(保定3150.55平方米)。室内运动场地包括400平方米综合训练场1个(保定)，414.75平方米健美操教室2个(保定1个，193.75平方米)，1780平方米乒乓球室3个(保定1个，500平方米)，111平方米健美教室1个(保定)，404.5平方米武术，跆拳道教室1个(保定)，205.5平方米形体教室1个(保定)，637.8平方米综合体育教室1个(保定)，869.5平方米大学生体质健康测试室两个(保定1个，169.5平方米)，528.5平方米体育活动中心跑廊1个(保定)，为体育教学、训练、竞赛和课外体育活动创造良好的环境，满足体育教学、竞技体育和群众性体育的场地需求。2019年共有11526人(北京)参加《大学生体质健康标准》测试，参测率：97.52%，合格率：90.29%；11572人(保定)参加《大学生体质健康标准》测试，参测率为97.6%，达标率91.56%。

书记、主任：曹运华　房游光(保定)

副书记：云　欣(保定)

副主任：张晓栋　赵金花(保定)

体育部网址：http://ty.ncepu.edu.cn

http://txb.ncepu.edu.cn(保定)

(赖其军　王　艳)

【女篮2018—2019 CUBA中国大学生篮球一级联赛获佳绩】 2019年3月，华北电力大学女篮在2018—2019中国大学生篮球一级联赛(东北赛区)中挺进八强，并取得第七名。这是球队历史中的一次重要突破。本次赛事由中国大学生体育协会主办，北京大学和清华大学联合承办。比赛于3月16日拉开帷幕，12支女篮队分成两个小组，每组取前四晋级八强，继而争夺前6晋级全国24强。

(赖其军)

【全国青少年校园足球联赛获八连冠】 2019年3月20日，华北电力大学足球队在2018—2019全国青少年校园足球联赛(校园组)河北赛区预选赛决赛中以2∶0战胜对手夺得冠军，同时获取进军东北赛区的比赛资格。华北电力大学足球队在此项赛事中共获得9次冠军，取得八连冠，继续保持着河北霸主的地位。本次赛事由河北省教育厅主办，燕山大学承办，来自全省各地共11支高校队伍参加校园组比赛。

(赖其军)

【朱子龙入选国家队参加亚锦赛】 2019年，4月21日—4月24日，亚洲田径锦标赛在卡塔尔多哈拉开帷幕。来自44个国家和地区的近700名运动员参加比赛，在42项赛事中争夺共计186枚奖牌。朱子龙入选国家队阵容，代表中国田径队参加本次赛事的男子4×400米接力赛。

(王　艳)

【全国啦啦操锦标赛夺冠】 2019年4月25日至5月1日，由国家体育总局体操运动管理中心主办的“2019年全国啦啦操锦标赛”在天津市东局子体育馆开幕。来自全国30多个省、市、自治区的63支高校队伍，约1500人参赛。华北电力大学啦啦操代表队共获两项集体技巧冠军、一项集体花球季军。

(赖其军)

【获全国跳绳联赛冠军】 2019年4月26日，2019年全国跳绳联赛—河北唐山站开幕。来自全国14个省(市、自治区)60支代表队537名运动员参加比赛。华北电力大学毽绳协会共六名运动员参加本次比赛，共进行计数赛、集体速度赛、花样赛、集体自编赛、规定赛和传统特色跳绳等五大项29个小项目的角逐。最终毽绳代表队获得30秒单摇跳、3分钟单摇跳、30秒交互绳速度跳、4×45秒交互绳接力、4×30秒单摇接力各组别第一名，并获全国联赛竞速项目的总冠军。

（王　艳）

【中国自由式轮滑公开赛获冠军】 2019年5月2日至4日，由中国轮滑协会主办的“滑启杯”2019年北戴河自由式轮滑公开赛在河北奥林匹克公园举行，共计700余名选手参赛。华北电力大学轮滑队最终获得大学生女子组速度过桩个人计时赛冠军与淘汰赛冠军，并且打破大学生女子组速度过桩个人计时赛记录。

（赖其军）

【获全国青少年校园足球联赛东北区冠军】 2019年5月6日，全国青少年校园足球联赛在秦皇岛燕山大学举行，本次比赛由全国青少年校园足球工作领导小组办公室主办。来自京津冀鲁豫及东北三省共八个省、直辖市的16支球队(各省前两名)参赛。学校足球队在决赛中以3∶0战胜对手夺得冠军，并获得赛区最佳教练员、最佳运动员和最佳守门员3项荣誉称号。华北电力大学足球队已取得省内赛冠军、北区冠军、东北区冠军和全国总决赛冠军4项赛事大满贯。

（赖其军）

【参加田径邀请赛创佳绩】 2019年5月11日，由河南省学生体育总会主办的晋冀鲁豫四省田径邀请赛在河南财经政法大学举行。共有晋冀鲁豫16所高校的200余名运动员参加比赛，华北电力大学共派出16名运动员进行18个项目的角逐，共夺得11枚金牌、4枚银牌、5枚铜牌。

（赖其军）

【首都高校田径运动会创佳绩】 2019年5月16日—5月19日，首都高校第57届大学生田径运动会在中国地质大学举行。本届运动会共有70支代表队1300余名运动员参赛。华北电力大学派出由曹运华带队，王建军、王莹琪、耿爱华3名教练员和田径队23名队员组成的代表队参加甲组比赛。副校长孙忠权出席开幕式。学校田径队夺得4枚银牌、5枚铜牌，以153分创造参加本项赛事以来的最高分。朱子龙获“最佳运动员”、王莹琪获“最佳教练员”荣誉称号，学校获“体育道德风尚奖”。

（王　艳）

【举行春季田径运动会】 2019年5月24日，华北电力大学2019年春季田径运动会开幕。校领导周坚、杨勇平、何华、郝英杰、檀勤良，相关职能部门、各学院主要负责人及广大师生参加开幕式。开幕式由副校长檀勤良主持，校党委书记周坚致运动会开幕词，校长杨勇平宣布华北电力大学2019年田径运动会开幕。本届运动会由体育教学部和电气与电子工程学院承办。最终，学生组：经济与管理学院以284分获得第一名，电气与电子工程学院以281分获得第二名，能源动力与机械工程学院以220分获得第三名。教工甲组：后勤集团分工会以336分获得第一名，电气与电子工程学院分工会以289分获得第二名，机关一分工会以218分获得第三名，能源动力与机械工程学院以184分获得第四名。教工乙组：图书馆分工会以231分获得第一名，可再生能源学院分工会以91分获得第二名，外国语学院分工会以72分获得第三名，环境科学与工程学院分工会以54分获得第四名。电气与电子工程学院获突出贡献奖。保定校区也派出代表队助阵校运会。下一届运动会协办单位是能源动力与机械工程学院。

（王　艳）

【首都高校乒乓球锦标赛获佳绩】 2019年5月25日—5月26日，由北京市大学生体育协会主办的北京市第十三届“和谐杯”乒乓球比赛暨2019年首都高校乒乓球锦标赛“校长杯”乒乓球比赛在北京工业职业技术学院体育馆举行。来自首都的60所高校500余名运动员参加比赛，华北电力大学代表队由那铎担任教练，共10名运动员参加比赛，最终取得乙组女子团体第三名。

（王　艳）

【首都高校武术比赛获佳绩】 2019年5月26日，首都高校武术集体项目比赛在北京林业大学举行。华北电力大学由张晓栋和曹运华带领武术代表队参加比赛，获集体太极剑一等奖，集体太极拳一等奖，集体初级拳(一路)二等奖以及(三路)三等奖，并获综合得分第四名的优异成绩。

（王　艳）

【召开全国青少年校园足球联赛总结座谈会】 2019年6月，学校足球队取得全国青少年校园足球联赛第七名的优异成绩。为总结经验、再创佳绩，6月28日，学校召开2019年全国青少年校园足球联赛参赛总结座谈会。校长杨勇平、副校长王增平、党委副书记郭孝锋、副校长律方成，相关部门负责人和体育教学部领导班子、足球队教练员与全体队员参加座谈会。在听取足球队矢志不渝的拼搏经历和屡次取得全国八强的战绩后，杨勇平指出足球队的自身实力不断提高，连获佳绩，这是对“自强不息、团结奋进、爱校敬业、追求卓越”的华电精神完美诠释。他要求足球队要做好技术水平与精神文化的“传帮带”工作，在按照更高水准打造一流球队的同时，将攻坚克难的奋斗精神与拼搏向上的昂扬姿态发扬光大，使足球队成为华电的一张靓丽名片，带动学校“双一流”大学建设的各项事业取得更大的突破。

（赖其军）

【参加全国大学生田径锦标赛获佳绩】 2019年7月27日—7月30日，第十九届全国大学生田径锦标赛在内蒙古师范大学盛乐校区举办。来自全国各省(市、区)及香港、澳门特别行政区308所高校共3800余名运动员参加比赛。华北电力大学18名运动员共获个人项目2金、3银、3铜及女子甲A组团体总分第三名的优异成绩。杨子叶包揽女子甲A组800米和1500米两枚金牌；韩孟迪获女子甲A

组 800 米银牌、1500 米铜牌；焦安静获女子甲 B 组 5000 米、10000 米铜牌；董金楠、秦苑、刘天天、邓璐获女子甲 A 组 4×400 米接力银牌；金伟璇获女子甲 A 组七项全能银牌。

（王　艳）

【女篮参加河北省第二十届大运会获冠军】 2019 年 7 月 11 日，女篮在河北省第二十届大学生运动会女子篮球项目中勇夺丁组冠军，这是华北电力大学女篮建队以来第一次参加河北省大学生运动会。本次赛事由河北省教育厅主办，河北省大学体育协会协办，河北机电职业技术学院承办，比赛为期 5 天，篮球项目中，男女篮共有 29 支队伍参赛。

（赖其军）

【第二十届河北省大学生运动会田径队获佳绩】 2019 年 7 月 12 日，第二十届河北省大学生运动会在河北机电技术职业学院举办。华北电力大学 20 名田径运动员在比赛中获得个人项目 11 块金牌，9 块银牌和 8 块铜牌；女子获丁组团体总分第一名，男子获丁组团体总分第四名。田径男团和女团均获"体育道德风尚奖"，学校获得"体育道德风尚奖"。

（赖其军）

【中国大学生跆拳道品势锦标赛跆拳道队获佳绩】 7 月 25 日，中国大学生跆拳道（品势）锦标赛在浙江省绍兴市举行。本次比赛由中国大学生体育协会主办。共有 77 个高校 559 名运动员参赛。华北电力大学获得 3 金 2 银 5 铜的好成绩。

（赖其军）

【举行五十一届田径运动会】 2019 年 10 月 11 日，华北电力大学举行第五十一届田径运动会。校领导李双辰、王增平、郭孝锋、律方成，校长助理米增强及各院系、职能部门相关负责人参加开幕式。开幕式由副校长、本届运动会组委会副主任律方成主持，副校长、校体育运动委员会主任王增平致开幕词。最终学生团体法政系获第一名，电力系和动力系分列第二名、第三名。教职工团体环工分工会、经管分工会、计算机分工会分获前三甲。学生趣味项目动力系、电信系、经管系分获前三名。

（赖其军）

【参加首都高校学生田径运动会获佳绩】 2019 年 10 月 12—13 日，由北京市大学生体育协会主办，北京市田径分会承办的首都高校第十一届秋季学生田径运动会在北京警察学院举行。华北电力大学派出曹运华担任领队，曾玉华、张福生、李亮和陈锡航担任教练，25 名运动员组成的代表队参加比赛。最终获 1 金、1 铜、2 个第四名、2 个第六名、3 个第七名、2 个第八名，获得男子甲组团体总分第八名。蔡国晓获男子三级跳远冠军、王奥宇获男子 110 米栏季军。学校获"最佳参赛组织奖"。

（王　艳）

【首都高校三对三篮球挑战赛获得亚军】 2019 年 10 月 20 日，第七届"奥体杯"首都高校三对三篮球挑战赛在国家奥林匹克体育中心体育馆举行。华北电力大学由张慧智带队，孙志鹏、罗宗保、刘丛、安思洋和肖智仁 5 名运动员组成的代表队参加比赛，最终获得男子组亚军，学校获最佳组织奖。

（王　艳）

【UNSLEEP 街舞队参加中国学生街舞锦标赛创佳绩】 2019 年 10 月 24 日—29 日，Unsleep 街舞代表队参加 2019 年中国学生街舞锦标赛获 2 金 1 银的好成绩，并获得街舞项目的"最佳服饰奖"。本次大赛设普通高校、专业院系、高职高专、中学组以及个人 battle、集体套路、原创齐舞三个项目以及个人 battle 项目的比赛，来自 19 个省市、48 所院校的 600 余名运动员参赛。

（赖其军）

【首都高校户外挑战赛获佳绩】 2019 年 10 月 26 日—27 日，首都高校学生户外挑战赛暨京津冀户外邀请赛在延庆玉渡山风景区举行。来自京津冀三地 18 所高校的 21 支队伍参加比赛。比赛分为高水平组和普通学生组，每支队伍男女各 2 人。华北电力大学派出王建军担任教练和领队，骆家涛、许铭员、杨子叶、韩梦迪 4 名学生参加高水平组的比赛。最终，华北电力大学分别夺得高水平组、北京高科大学联盟组、全场组等三座亚军奖杯。

（王　艳）

【足球队获全国五人制足球比赛季军】 2019 年 11 月 9 日，2019 全国"北体冠军杯"五人制足球比赛在北京体育大学足球训练基地拉开帷幕。来自全国的 28 支球队参加比赛，华北电力大学夺得季军。此次比赛是华北电力大学足球队建队以来第一次以组建五人制足球队的方式参加，成为全国四强中唯一一支校园组队伍，一名队员获赛事最佳射手称号。

（赖其军）

【首都高校第二十届传统养生比赛夺 2 金】 2019 年 11 月 17 日，首都高等学校第二十届传统养生体育比赛在北京建筑大学举行。来自 28 所首都高校 29 支代表队 300 余名运动员参赛。华北电力大学派出由肖慧带队，14 名学生组成的代表队参赛，参加集体赛的两支队伍双双夺取冠军。

（王　艳）

【首都高校大学生毽绳比赛蝉联九连冠】 2019 年 12 月 1 日，由北京市大体协毽绳分会主办、中国传媒大学承办的"第 27 届首都高校大学生毽绳比赛"在传媒大学大学举行。来自首都高校的 25 支代表队 1000 余人参加比赛。华北电力大学派出由曹运华作领队，奚彩莲、张立新、杜新雨、漆小红担任教练的毽绳队参加比赛。以总分 408 分取得本届 8 个第一大满贯，卫冕九连冠。其中长绳队以总数

466个的成绩获得第一名，并刷新自己2016年461个的纪录；小绳队获1个第一名、3个第二名、2个第三名、3个第四名、1个第六名、2个第七名的优异成绩，张文浩以135个三摇的成绩打破北京市纪录；交互摇队的女子4×45秒交互摇接力跳绳项目以657个获第一名并打破北京市纪录，男子4×45秒交互摇接力跳绳项目以768个获第一名，打破北京市纪录，超出自己原纪录100多个；花样跳绳团体赛最终以85.5分的成绩获第一名；毽子队男团、女团均获第一名。

（王　艳）

【首都高校校园越野赛获冠军】 2019年12月7日，由北京市大学生体育协会主办，北京建筑大学承办的2019年首都高等学校校园越野赛开赛。华北电力大学代表队获得乙组男子团体冠军和乙组女子团体亚军。比赛采取校园5千米长跑的竞赛方式。

（王　艳）

【第四届北京高等院校健身舞蹈大赛获佳绩】 2019年12月07日，第四届北京高等院校健身舞蹈大赛在北京林业大学田家炳体育馆举行。华北电力大学代表队排舞队取得规定套路《卡奇》小集体组第一名、规定套路《冠军》小集体组第一名、规定套路《如何去做》大集体第一名的佳绩。

（王　艳）

【举行两地体育教学部一体化交流活动】 2019年12月，两地体育部在保定校区开展为期两天的教职员工学习交流活动。体育部全体教职工在热闹欢快的气氛中完成各项竞赛与游戏活动。副校长王增平参加活动并出席总结表彰大会。总结表彰会上，北京校部那铎演示“乒乓球”慕课，两地体育教学部负责人对各自一年来在党建工作、教学、竞赛、师资培养、科研、管理等方面工作进行总结并对2020年工作进行规划设计。王增平对体育教学部在推进实质性一体化建设工作以及在竞赛和教学上取得的成绩表示肯定。他指出，随着经济发展、社会进步和人民生活水平的不断提高，体育日益成为人民群众生活的一部分，在经济社会生活中发挥着越来越重要的影响和促进作用。学生在大学期间应该掌握一到两项适合终身体育的项目，体育教师应在培养学生运动兴趣、提高学生参加体育锻炼积极性上发挥指导作用。他希望两地教师继续团结协作、求实创新，在保持现有高水平的基础上，力争再进一步，为推进学校“双一流”建设助力。

（王　艳）

【第十一届首都高校体育舞蹈比赛获佳绩】 2019年11月30日，由北京市大学生体育协会主办的2019年第十一届首都高等院校体育舞蹈比赛，在北京联合大学体育馆举办，华北电力大学获得女子六人拉丁舞伦巴单项第一名。

（王　艳）

【第三十六届田径精英赛获佳绩】 2019年12月22日，北京大学生第三十六届田径精英赛在北京先农坛体育场开赛。来自首都的24所高校参加比赛。华北电力大学派出由曹运华老师担任领队，王建军、王莹琪和耿爱华担任教练，24名运动员组成的代表队参加比赛，共获得5枚金牌，取得男子团体第四名、女子团体第三名的好成绩。朱子龙获得男子200米、400米双料冠军，杨子叶获得女子800米、1500米双料冠军。

（王　艳）

教学科研设施与服务保障

Infrastructure and Service Guarantee

◯综　　述

2019年，华北电力大学图书馆围绕学校“双一流”建设目标，拓展服务方式。北京校部图书馆采取课程与慕课《相约图书馆》相结合、线上与线下相结合、理论与实践相结合的教学模式，取得显著效果。慕课《相约图书馆》获全国高校信息文化与信息素质教育研讨会优秀微课一等奖。通过ESI、Web of Science、EI等检索数据库为校内外人员查收查引，检索1540人次，9561篇。年进新书40930册，订阅中外文报刊797种。保定校区图书馆完善图书馆“ESI专栏”与服务，为学校保存ESI的更新周期的往期存档数据，开发ESI历史数据检索系统以便读者查询；综合利用国家科技图书文献中心（NSTL）、北京地区高校图书馆文献资源保障体系（BALIS）、CALIS外文期刊网等处理文献请求2900篇（北京和保定两地）；通过ESI、Web of Science、Ei等检索数据库为校内外人员查收查引，检索1337人次，2873篇。年进新书28143册，订阅中外文报刊737种。

网络与信息化办公室深入贯彻落实“从严治党”各项要求，把师生利益放在首位，突出服务面向师生和教学一线，年内上线52项办事流程，提升师生办事效率。推进教师“一表通”系统深化应用。北京校部完成主楼核心改造建设项目，实现校园网4个核心节点间的双万兆互连，主楼各座的万兆上联；完成教三、教四、教五楼的无线网升级改造，提升网速显著。保定校区完成一卡通系统二期建设，启用电子校园卡，实现电子支付。

华北电力大学工程训练中心共开设实践课程15门，承担机械系实践课程2门，课程实验7项，共完成实践教学30多万人时数，申报并获批国家级教学研究项目1项，校级教研项目1项，横向在研项目4项，授权专利11项。与海南供电公司、上海曼恒科技有限公司等12家企业开展实验室建设、科技项目交流活动。接待院士团、国网冀北技术培训中心、校庆校友参观；邀请美国宾夕法尼亚大学阿科大中心Langdon Morris和北京航空航天大学伍朝晖博士做创新讲座和虚拟现实＋交通应用技术讲座。

华北电力大学金工实训中心完成电气学院、能动学院、控计学院、可再生学院、核学院、国际教育学院、经管学院等七个学院十五个专业72个班2087人为期2－3周的实习任务，教学运行机制和教学质量进一步提升。指导学生参与创新实践，取得良好成绩。获2019中国工程机器人大赛暨国际公开赛特等奖一项、一等奖一项，二等奖一项、三等奖两项；获北京市第八届大学生工程训练综合能力竞赛二等奖三项、三等奖三项。

华北电力大学后勤管理与服务工作积极创新，着力推进后勤制度、文化建设，推进节能减排与重点项目工作，不断完善和提高后勤管理服务质量与水平。北京校部全年承担每天6万人次的就餐任务、70周年国庆方阵107895人就餐任务，完成2019年迎新期间、“双代会”等各类就餐接待任务；通过合理运用平抑资金、加强成本核算等管理措施，在青菜、猪肉原材料持续上涨的严峻形势下保证菜品质量不下降、菜品种类不减少。保定校区华电微后勤系统已上线并投入使用。后勤保障条件持续改善，如期完成学19舍配套、后勤信息化建设、餐厅提升改造、供暖系统改造等项目，全年校区各类能源（水、电、燃气、热力）总支出较2018年下降0.23％；完成2019年教育部改善办学条件基金项目5项，全年验收工程项目14项。完成一、二校区、科技学院三个校区在校生的供餐任务，餐饮收入较上年增长20.9％。

华北电力大学医院秉承“奉献华电、保障健康”的服务理念，在公共卫生和传染病防控、健康教育、常见病诊疗、院前急救、公费医疗管理和硬件建设上取得显著成效，门急诊人次增幅达15.34％，全年无疫情发生，无医疗事故。获北京市高校无偿成分鲜血突出贡献奖。华北电力大学医院（保定）坚持以病人为中心，以提高医疗质量为重点，推动医院各项工作持续健康发展。全年无传染病疫情暴发，未发生医疗事故。全体医师参加保定市两年一次执业医师定期考核通过率100％，外请专家开展霍乱相关知识、心脏常见疾病及心电图报告相关知识、院前急救、自救互救技术、乳腺健康常识、预防艾滋病宣传讲座等相关培训共计7次，医务人员外派到省外、省内、本市参加相关培训共计10次。

图书馆建设

【概述】　2019年，华北电力大学图书馆围绕学校“双一流”建设目标，拓展服务方式，开拓服务功能。在宣传教育、读者培训、信息服务、阅读推广、立德树人教育等方面取得新成绩。

开展“不忘初心、牢记使命”主题教育。北京校部图书馆全面贯彻党中央的路线、方针、政策，高保量完成“不忘初心、牢记使命”主题教育的工作任务。按照主题教育“守初心、担使命，找差距、抓落实”的总要求，将学习教育、调查研究、检视问题、整改落实四项重点措施贯穿教育全过程。图书馆党总支、党支部列出学习清单，党员自学通读《习近平关于“不忘初心、牢记使命”重要论述选编》《中国共产党章程》等学习材料。组织集中专题学习，采用专家专题讲座教学：邀请宣讲团成员黄晓霓给全体党员及入党积极分子宣讲，上题目为“弘扬红船精神、不忘初心使命——中共一大代表人生道路给我们的启示”的党课；采用干部领学教学：图书馆三位处级干部，党总支书记林红、馆长刘宗歧、副馆长付国分别给党员讲授主题教育专题党课；采用典型教学：组织全体党员集体观看时代楷模黄文秀同志先进事迹的电视片，引导广大教职工把主题教育中激发出的爱国热情、奉献精神转化为服务育人、无私奉献的实际成效；采用活动促学：开展“奋斗的我，美丽的国”主题宣传教育活动，为全校主题教育活动扎实有效开展提供强大的文化支撑和精神动力；采用视频教学：组织全体党员观看电影《小巷管家》，并组织讨论心得，引导广大教师以德立身，做好图书馆的服务工作。

党建工作。北京校部图书馆坚持“三会一课”常态化，主题党日有特色。七一前，组织全体党员赴毛主席纪念堂开展主题党日活动，内容包括：重温入党誓词、聆听《学领袖风范，做合格党员》的宣讲、观看文献纪录片《千秋伟业》、参观革命文物陈列室。喜迎国庆70周年，开展“我和我的祖国”主题党日。开展红色经典阅读推广活动，利用新媒体平台在图书馆党总支微信公众号定期推送“红色经典”书目等信息，提供在线阅读全文服务。党员陈普被推荐为明德大讲堂“责任之思”的演讲人，展现一名基层普通党员的风采。建立共产党员服务岗，党员在日常工作生活中亮明党员身份，增强党员的服务意识和责任意识。

教学模式改革。北京校部图书馆探索“图书馆与文献检索”课程教学模式改革，采取课程与慕课“相约图书馆”相结合、线上与线下相结合、理论与实践相结合的教学模式，取得了显著效果。慕课“相约图书馆”自2018年11月上线以来，每学期选修人数都近3000人，极大地拓宽教学受益面。慕课“相约图书馆”获全国高校信息文化与信息素质教育研讨会优秀微课一等奖，主编教材《科技文献实用检索教程》获优秀教材一等奖。

学科及知识产权服务。北京校部图书馆尝试开展学科服务，共完成学科分析报告2份：《华北电力大学电气与电子工程学院科研论文绩效分析报告（2013—2018年）》《华北电力大学计算机学科ESI前1%接近度计算及分析》；完成学者团队分析报告2份：《杨勇平教授太阳能方向学术简报》和《李美成教授团队在*Nature Energy*发表太阳能电池最新研究成果》；完成科研数据简报3份：《八所高校电气与电子工程学科2013—2018年发文期刊排名》《八所高校可再生能源、可持续性和环境学科2013—2018年发文期刊排名》《八所高校能源工程与电力技术学科2013—2018年发文期刊排名》。

信息服务。北京校部图书馆完成《华北电力大学专利竞争力分析报告》和专利查新和布局分析报告多份。

文化建设。北京校部图书馆开展以“读经典、学新知、链接美好生活”为主题的2019年全民阅读宣传推广月系列活动，创新阅读推广模式，开展形式多样、内容丰富的线上、线下阅读推广活动共15项，积极营造阅读氛围，促进校园文化建设。

环境建设。北京校部图书馆机房加装实时监控摄像头和温度监控设备，随时监视机房运行状况，确保设备正常运行；挤出有限课件，新增书架37组，扩大图书排架容量；完成图书馆主馆五层和分馆中央空调机组及共享空间通风管道的维修改造工作，改善图书馆学习环境。

群众性体育活动。北京校部图书馆获第十二届北京地区高校图书馆运动会的举办权。

表彰奖励。北京校部图书馆制作的慕课“相约图书馆”荣获优秀微课一等奖，主编教材《科技文献实用检索教程》获优秀教材一等奖；在2019年BALIS馆际互借服务评估中，北京校部图书馆在88家成员馆中排名第10，获先进集体二等奖、个人先进一等奖；在2019年BALIS文献传递服务评估中，北京校部图书馆在58家成员馆中排名第3，获BALIS文献传递服务工作一等奖，两人获先进个人奖；在北京数字图书馆年会上，北京校部图书馆的《基于微信的基本库图书预约平台》获二等奖；主研完成图工委课题项目《基于社交激励模型的图书馆空间管理微信平台的研究及应用》和《华北电力大学电力特色数据库建设研究》结题，获良好评级。刘宗歧、吴京红、马磊在2018—2019学年度支教活动中表现突出，被昌平区教委评为支教先进个人；吴京红、王宝清、方燕虹参与北京大学图书馆主持的《中文核心期刊要目总览》（2017版）研究项目，完成TK类中文核心期刊评价研究工作，该项目研究成果以印刷型图书形式出版。

宣传教育。北京校部图书馆开展多项读书节活动，以多种形式揭示馆藏，开展资源推广；通过将习近平用典加以解读的方式，制作书签、摆件、挂件及装裱作品置于馆内，把文化环境和思政教育结合在一起，强化环境育人的作用。

读者培训。保定校区图书馆举办主题为“图书馆数字资源全景导览”“学科前沿发展追踪”“CADAL资源使用”等6个专题的讲座7场；完成本科生、研究生938人次的检索课教学工作；电子阅览室举办“常用中文数据库使用指南”“常用考试相关数据库使用指南”“网上‘Free’学术信息资源的获取与利用”“NoteExpress使用指南”等八个专题的“半小时讲座”16场；开展2019级本科新生入馆教育培训，共有 91 个班级的 2823 人通过集体入馆教育培训及测试，其余通过个人自学方式通过相关入馆测试。

信息服务。2 月，保定校区图书馆向教育部科技发展中心汇报查新站年检各项工作，通过教育部的年度检查；完成中国电机工程学会电力查新机构的年检评审工作，电力查新报告被评为优秀报告；共完成国内外科技查新课题 116 项；完善图书馆“ESI 专栏”与服务，为学校保存 ESI 的更新周期的往期存档数据，开发 ESI 历史数据检索系统，以便读者随时查询；综合利用国家科技图书文献中心(NSTL)、北京地区高校图书馆文献资源保障体系(BALIS)、CALIS 外文期刊网等处理文献请求 2900 篇(北京和保定两地)；通过 ESI、Web of Science、EI 等检索数据库为校内外人员查收查引，检索 1337 人次，2873 篇。

阅读推广。4 月，保定校区图书馆举办“世界读书日”活动 3 项；6 月，面向 2019 届毕业生推出专项活动 3 项；9 月至 10 月，保定校区图书馆举办第十届读书节“我读书、我成长、我快乐”系列活动 6 项，参与达千人次；图书馆主页及微信平台同步推送系列馆藏推荐活动：“好书推荐”电子期刊 8 期，共推荐 80 本馆藏新书，总阅读量达 9512 人次，每期平均浏览量达 1189 人次；一校图书馆流阅部推出各类书展 15 期，推荐图书 126 种；“我来推荐”栏目共推荐图书 158 册；每月统计并张贴发布本室图书借阅排行榜，共计发布 10 期。

发挥教育职能。保定校区图书馆志愿者服务注册报名 185 人，年内累计上岗服务时间 5265.5 小时，年内上岗服务时间满 40 小时的志愿者 121 人，年内上岗服务时间满 100 小时的志愿者 24 人，注册报名人数及累计工作时间较上一年均有明显增多。至年底，注册志愿者 1334 人，上岗服务时间满 40 小时的 512 人，上岗服务时间满 100 小时的 71 人，志愿者累计上岗服务时间 33036 小时；诚信书屋接受捐赠图书 4581 册，至年底，累计接受捐赠 160145 册。

表彰奖励。保定校区图书馆在河北省教育厅开展的第九届河北省教育系统优秀志愿者和志愿服务工作先进单位等的评选中获“志愿服务工作先进单位”称号；张轩、赵丽香等申报的案例获河北省教育厅、河北省高等学校图书情报工作委员会举办的“第三届‘知网杯’河北省高校图书馆服务创新案例大赛”三等奖；张轩、赵丽香等申报的案例获得教育部高等学校图书情报工作指导委员会、北京大学图书馆举办的“全国高校图书馆服务本科教育教学创新案例大赛”中被评为优秀案例；邵燕霞、陈力等申报的案例获上海市图书馆学会举办的“2019 图书馆阅读推广及服务创新培训交流会”优秀案例一等奖；李亚非、辛玲、郭少坤获“河北省高校图书馆先进工作者”称号。

(周　琦　赵丽香)

【概况】 2019 年，北京校部图书馆馆舍总面积 18689 平方米(注：经校资产处重新核定)，阅览座位 1984 个。实际完成年度文献购置经费 1015.71 万元，其中购置中外文图书 156.78 万元，中外文报刊 44.45 万元，电子资源 814.49 万元。年进新书 40930 册，订阅中外文报刊 797 种。接收博硕士学位论文 2298 册，新增随书光盘 149 种。至年底，共拥有纸质文献 127.06 万册，其中图书 116.06 万册，期刊合订本 8.28 万册，博硕士学位论文 2.78 万册；随书光盘 1.08 万种；电子图书 135.12 万折合册，电子论文 211.82 万册，电子期刊 30 万种，34.12 万折合册(按教育部计量标准统计)。年内，北京校部图书馆全年共接待读者近 150.30 万人次；外借图书 11.03 万册；图书馆网站访问量达 146.56 万人次；移动图书馆访问量(挂载华电小图公众号)38041 人次，访问人数 27514 人；座位预约平台全年提高服务 750536 人次，座位仲裁 83 人次，审核实名认证 2690 人。微博、微信等新媒体平台总计关注人数达 34987 人，图书馆各类服务 QQ 群共 4244 人。新媒体平台可以实时在线解决在校及非在校师生在使用图书馆和文献资源使用中遇到的各类问题，受到师生好评。北京校部图书馆完成教育部 2019 年修购项目，完成已有 63 个数据库的续订工作，根据本校专业完成 5 个新增数据库的招标以及订购程序：文泉学堂——清华大学出版社电子书、*wiley* 电子书、*wiley* 电子教材、*Elsevier* 电子书、*wiley* 期刊、*Innography*。做好读者调研工作，深入系、学院和教研室，了解教师的实际需求，根据教师科研的需求，开通试用数据库 60 余个。

2019 年，保定校区图书馆馆舍面积 2 万平方米，阅览座位 1800 余个。实际完成年度文献购置经费 624.61 万元，其中购置中外文图书 120.83 万元，中外文报刊 35.67 万元，电子文献 372.95 万元。年进新书 28143 册，订阅中外文报刊 737 种。接收博硕士学位论文 1374 册，至年底，拥有纸质文献 154.27 万册，其中图书 143.78 万册，报刊合订本 8.74 万册，博硕士论文 1.75 万册。电子图书 26.13 万折合册，电子期刊 13.84 万折合册。(按教育部计量标准统计)全年接待读者 31.5 万人次，外借图书 10.47 万册，网页访问量 163.5 万人次。至年底，官方微信平台“华电微图”关注总人数 15650 人。开通“dialogue 数据库平台”“北大法宝”“圣才数字图书馆”，新增“HighWire Press 斯坦福学术文献电子期刊”“皮影数字博物馆”“ 发展中国家联合期刊库”3 个开放资源，试用数据库 44 个。

(周　琦　赵丽香)

【成功申办北京地区高校图书馆第十二届运动会】 在 2019 年 3 月北京图工委会议上，北京校部图书馆获得北京地区高校图书馆第十二届运动会举办权。5 月，在北京地区高校图书馆第十一届运动会闭幕式中，在北京图工委领导以及各高校图书馆代表队的见证下，中国人民大学图书馆副馆长张丹东将会旗递交给学校图书馆馆长刘宗歧。

(周　琦)

【开展世界读书日主题活动】 2019 年 4 月 23 日，为迎接

"4·23世界读书日",倡导全民阅读,不断创新阅读推广模式,北京校部图书馆开展"同城共读,万卷共知"4·23世界读书日主题活动:根据中国图书馆学会提供的推荐书目,采购部分纸质书目,在"读书日"当天在图书馆楼二层大厅进行"读经典"主题书展;利用中国图书馆学会提供的免费电子书资源,开展线上"读经典"网络活动,在图书馆网站及华电小图公众号设置"读经典"链接及阅读推送;根据中国图书馆学会推荐的深度阅读的书目,图书馆尽力提供纸质图书供读者借阅,并开展宣传阅读竞答活动。

(周　琦)

【华电特藏向师生开放】　2019年4月,北京校部图书馆"华电特藏"正式向全校师生开放。"华电特藏"收藏自2015年以来校内外老专家、老教授,捐赠图书共计1085种,1171册。这部分图书中有很大一部分是小语种专业书籍,有的甚至是国内孤本。

(马磊)

【举办第五届书香传递活动】　2019年4月—5月,北京校部图书馆联合学校研究生会博士部,组织华电学生走进华电附小开展"我和我的祖国"主题阅读推广活动,推荐合适小学生阅读的爱国主义书目。活动内容包括支教课堂、书签设计大赛及爱国主义朗诵比赛等,旨在培养小学生"多读书、读好书、好读书"的阅读习惯,丰富他们的知识储备,感受中国文化的魅力,弘扬民族精神。

(吴京红)

【开展全民阅读活动】　2019年4月—6月,为迎接"4.23世界读书日",倡导全民阅读,北京校部图书馆举办以"读经典 学新知 链接美好生活"为主题的全民阅读系列活动。活动分为三部分:通过馆长带领馆员诵读、大屏幕播放、制作宣传海报等方式,积极响应图书馆学会与国家图书馆联合发出的《服务全民阅读 共创美好生活—中国图书馆界4·23全民阅读活动倡议书》;依托图书馆学会搭建的网络平台及免费电子书资源,在读书日开展线上线下的"同城共读,万卷共知"4·23世界读书日主题活动;开展17项阅读推广特色活动,丰富活动内容,创新阅读推广模式,确保活动效果,营造全民阅读氛围。

(周　琦)

【编制《2018年图书馆资源与利用白皮书》】　2019年7月,北京校部图书馆联合保定校区图书馆编制完成《2018年图书馆资源与利用白皮书》。该白皮书包括图书馆概况、图书馆文献资源、图书馆资源服务、图书馆资源利用、学校发表论文数据分析和教育部科技查新站等6部分内容,为学校教学科研及学科发展提供参考。

(周　琦)

【举办奋斗的我最美的国主题书展】　2019年10月—11月,为庆祝新中国成立70周年,全面落实"不忘初心、牢记使命"主题教育部署,北京校部图书馆举办"奋斗的我,最美的国"主题书展。采用线上及线下形式,展出庆祝中华人民共和国成立70周年主题阅读书目以及"新中国70年70部长篇小说典藏"丛书。

(周　琦)

【获评优秀微课、优秀教材一等奖】　2019年11月,由教育部高等学校图书情报工作指导委员会主办,《图书情报工作》杂志社协办,大连理工大学图书馆承办的"全国高校信息文化与信息素质教育研讨会"在大连理工大学召开,旨在推进高校信息素质教育的课程改革,启发和激励高校信息素质教育不断演进与创新。来自全国高校图书馆的专家学者和代表200余人参加会议。研讨会共收到微课、教材、案例、论文等各类作品166项,北京校部图书馆申报的慕课"相约图书馆"获优秀微课一等奖,主编的《科技文献实用检索教程》获优秀教材一等奖。

(周　琦)

【开展杜绝占座文明使用图书馆宣传月活动】　2019年11月,为保障读者的正当权益,建立良好的学习秩序,营造和谐、舒适、安静的学习氛围,提高阅览座位的利用率,北京校部图书馆联合学校研工部开展"杜绝占座,文明使用图书馆"宣传月活动,通过在图书馆网站、"华电小图"公众号、QQ学生群等发出倡议书,倡议读者自觉使用座位预约管理系统,杜绝占座等现象的发生,文明使用图书馆,提高图书馆阅览座位利用效率。

(易　彬)

【制订《图书馆师德建设长效机制实施细则(试行版)》】　2019年11月,为全面落实"立德树人"根本任务,引导职工"以德立身、服务育人",培养和造就"四有"好馆员,根据《华北电力大学师落实师德建设长效机制实施细则》的文件精神,结合北京校部图书馆的实际,制订《图书馆师德建设长效机制实施细则(试行版)》,并于11月13日试行。

(林　红)

【首次推送ESI高被引论文和热点论文】　2019年12月,北京校部图书馆首次推送华北电力大学的ESI高被引论文、热点论文和ESI来源期刊。ESI的数据每两个月更新一次,为保存ESI的历史数据,便于师生日后使用,图书馆将会持续推送ESI的最新数据,并提供下载。

(李世琮)

【完成华北电力大学计算机学科ESI分析报告】　2019年12月,校部图书馆首次完成华北电力大学计算机学科ESI分析报告。我校的计算机学科尚未进入ESI前1%,因此在ESI数据库中没有我校该学科的数据。校部图书馆在研究ESI的评价指标的基础上,人工检索并统计学校计算机学科的论文和被引情况,计算该学科学科入围ESI前1%的接近度,并对统计结果进行分析,最后给出计算机学科的发展策略,报告对于计算机学科的发展及尽早进入

ESI前1%具有非常高的参考价值。

（李世琮）

【启用党建学习活动空间】 2019年4月9日，位于保定校区一校图书馆三层的“党建学习活动空间”正式启用。该空间包括有以入党誓词、党员权利、党员义务、我国社会主要矛盾变化以及“三会一课”制度等为主要内容的党建主题墙，还有学习资源区、阅读交流区，并拥有习近平总书记原著、原文、图书资料等党建书籍及期刊报纸等。党建学习活动空间的设立将成为加强基层党建文化建设、创新基层党建工作的重要载体，是图书馆党员提高政治素养、做好支部活动的学习空间，更是面向全校师生党员开放的共享阵地。

（高玉平）

【举办消防培训及消防演练活动】 2019年4月25日，保定校区图书馆与保卫处、校医院联合，特邀政安公益消防培训中心关盼教官举办一场消防安全知识培训，并在一校图书馆开展实地消防演练，校党委副书记郭孝锋、图书馆馆长高强、副馆长黄慧及图书馆全体工作人员参加活动。关盼结合真实案例，阐述如何预防火灾的发生、火情紧急情况处置、如何逃生等知识，并对灭火器的使用作重点讲解。实地演练中，图书馆、保卫处和校医院工作人员在统一指挥下，分头迅速开启消防通道、疏散人员并组织救援。疏散结束后，校党委副书记郭孝锋对所有参加演练人员强调图书馆安全稳定工作的重要性，嘱托大家增强安全意识，共建平安校园。

（赵丽香）

【举办首期读佳记忆读书分享会】 2019年4月25日，保定校区图书馆在二校图书馆清心阁，举办“时光的故事，生命的反思”为主题的首期“读佳记忆”读书分享会。主分享嘉宾是马克思主学院孙芳副教授。孙老师讲述自己的读书历程，号召同学们在大学时期珍惜时间，从阅读中开阔眼界，充实自己。随后，孙老师和同学们分享自己与亲人的日常生活以及对亲情的理解，师生共同对三代人之间亲情的表达与理解进行探讨，现场气氛活跃。

（赵丽香）

【举办第十届读书节系列活动】 2019年9月24日至10月29日，保定校区图书馆举办主题为“我读书、我成长、我快乐”的华北电力大学第十届读书节系列活动。通过多种宣传方式展示馆藏，引导读者了解图书馆、利用图书馆、热爱图书馆，营造书香氛围，促进校园文化建设。读书节期间举办“2019年校十佳读者评选”“好书推荐”“好书交换”“数字资源及信息服务推广周”“第五届研究生科研知识竞赛”“庆祝建国70周年微书评大赛”“读佳记忆——读书分享会”“庆祝建国70周年主题征文大赛”“庆祝建国70周年主题书展”等9项活动。读书节参加者从本科大一到大四的学生，再到硕士、博士研究生近千人，覆盖全学段在校生。华北电力大学读书节自2010年开始举办，已经成为华电的著名品牌校园活动之一。

（赵丽香）

【修订《华北电力大学图书馆志愿者管理办法》】 2019年9月30日，为了进一步明确志愿服务的宗旨，弘扬志愿服务精神，促进图书馆志愿活动的健康可持续发展，保定校区图书馆对原有志愿者管理办法进行修订并公布，自2019年10月1日起执行。本次主要修订志愿者服务时间和表彰方式：服务时间从“保证每周能服务2小时，连续服务40小时”调整为“保证每周能服务3小时，连续服务60小时”；表彰方式从“连续服务时数达40小时，颁发证书；服务满一年者且服务时间满100小时以上者，本馆公开表扬，颁发证书及纪念品”调整为“连续服务时数达60小时，颁发证书；服务满一年者且服务时间满120小时以上者，本馆公开表扬，颁发证书及纪念品。”

（赵丽香）

【举办庆建国70周年征文活动】 2019年10月1日到10月18日，保定校区图书馆和校团委主办、读者协会、书画协会、星韵文学社承办“庆祝建国70周年征文”活动，面向华北电力大学全体学生征集原创征文，征文分为两大板块，一是三行情诗，二是书法作品。整个活动共计300余人参与，两个板块分别评选出一等奖1名、二等奖2名、三等奖3名及优秀奖5名。三行情诗作品展现出大学生非凡的创作力和昂扬的爱国热情，书法组则将爱国情怀浓缩于笔墨纸上，字里行间流露出对祖国满满的祝福。

（赵丽香）

【举办读书分享会】 2019年10月26号，保定校区图书馆在二校图书馆“3W学创空间”（原清心阁）举办以“览时代更迭，品百家辛味”为主题的读书分享会。主分享嘉宾是马克思主学院徐岿然副教授。徐岿然倡导师生读书不应有太多的门户之见，应该读好书，好读书，在好书中汲取丰富的实践信息。读书应该泛观博览，视野开阔，不画地为牢，这样才能培养多维思维，读有“浩荡气，英雄气，快哉风”的好书，实乃“览时代更迭，品百家辛味”。徐岿然还在主题后加入“悟人生真谛”五字，并结合《明朝那些事儿》中王阳明的事迹，告诉我们应该坚持不懈，不忘初心，敢于批判，对人生有追求，从而在书中悟人生真谛。共80多名本科生、研究生参加分享会。

（赵丽香）

【ESI历史数据检索系统启用】 2019年12月20日，ESI历史数据检索系统开始启用。本系统是基于ESI历史数据，结合信息咨询和学科服务中读者关注的ESI高被引论文和热点论文的检索问题，由保定校区图书馆信息中心及自动化部共同研发，访问地址：http://lib.ncepu.edu.cn/front/sIEsiSearch.aspx。检索系统分为“高被引论文检索”和“热点论文检索”两个模块，分别涵盖自2017年5月以来，华北电力大学被ESI收录的高被引和热点论文历史数据。检索字段包括标题、入藏号、DOI、作者、文献来源、作者共6个字段，字段间的逻辑关系为“与”，用户可任意选择其中一个或多个进行检索。

（李晓志）

网络与信息化工作

【概述】 2019年网络与信息化办公室深入贯彻落实“从严治党”各项要求，把师生利益放在首位，突出服务面向师生和教学一线。坚决贯彻落实学校主要领导关于信息化工作的重要指示，以信息化促进两校区管理一体化。树立“用户思维”工作意识，持续推进网信办一体化运行和管理模式，进一步加强统筹管理北京保定两地信息化建设，在以下四个方面开展了卓有成效的工作。

党建工作。2019年网络与信息化办公室在学校党委的领导下，按照校党委及校纪委的部署，强化党的建设，深入推进从严治党工作，以扎实的党建促进队伍建设和工作开展。圆满完成“不忘初心、牢记使命”主题教育工作各项任务，全年开展主题教育学习活动15次，发挥党员担当精神和先锋模范作用，通过对标列表，积极整改落实在主题教育中发现的问题，持续提升师生获得感和部门工作精细化管理水平。按时全部完成2019年校长工作报告任务分解表和2019年重点工作年历中网信办所列重点工作任务。开展“支部是堡垒、党员是先锋、体现在工作中、发挥到岗位上”的主题活动，梳理2019年网信办重点工作任务27项，列标列表，上墙公示，明确责任人，按期完成。完成《2019年学校工作报告任务节点目标安排表》中网上办事大厅建设任务，全部完成年初工作计划中全面加强党的建设、落实从严治党、数据共通共享、网络基础设施建设、落实网络安全责任制等5项工作计划。

平台建设。建设网上办事大厅，上线52项办事流程，提升师生办事效率。推进教师“一表通”系统深化应用。建设统一数据开放平台，采集学校人财物等各应用系统数据，建立15个数据子集，77个API接口，为8个应用提供数据服务。自主建设20个二级网站。建设正版化平台二期，月均支持办公软件下载近2000次。建设师生网信服务大厅，为师生上门处理网络、软件等各类故障1800余次。整合保定校区各应用系统，实现和北京校部数据平台的数据交换，建成保定校区网站群平台，保定校区完成一卡通系统二期建设，启用电子校园卡，实现电子支付。

网络安全保障。在主楼D201建设完成学校网络安全监控大厅并升级改造相关安全设备，抵御网络攻击800万余次，处置网络安全事件10余起，处理网站和信息系统安全漏洞约3.8万个；完成国庆70周年等重要敏感时期网络安全保障工作（含夜间保障641小时），完成83个网站（含信息系统）的年度备案工作，组织新生参加网络安全培训约5000人次。

服务保障。完成主楼核心改造建设项目，实现校园网4个核心节点间的双万兆互连，主楼各座的万兆上联；完成教三、教四、教五楼的无线网升级改造，提升网速显著。实现学生宿舍区双千兆互联，带宽扩至5G，有效缓解学生上网慢的问题。保定校区完成教学区无线网全覆盖。

统计工作。完成2019年度校内外各类统计工作，累计报表达100余份，报送数据项1万余条。完成2019年互联网舆情监控任务，对于影响学校发展的敏感事件做到早发现早预警早处理。

（牛辰昊）

【概况】 2019年，华北电力大学网络与信息化办公室工作人员为23人。北京校部14人，其中高级职称6人，博士学位2人，硕士学位4人；保定校区9人，其中高级工程师2人，博士学位2人，硕士学位5人。网络与信息化办公室下设信息管理部、网络管理部、系统开发部、师生服务部、网络安全部、发展规划部。

2019年，华北电力大学北京校部校园网IPv4出口总带宽7800兆，出口平均流量6500兆，其中教育网出口带宽1000兆，平均流量400兆；公网出口带宽6800兆，平均流量6100兆；IPv6出口带宽2000兆，平均流量900兆。共有IPv4地址29440个，信息点16000余个，无线接入点4450个。校园网用户26000余人，全部采用实名认证方式上网。计算机教学实践基地机房5间，共有计算机620多台，接待自由上机2.5万余人次，共计3万余机时，承担教务处、研究生院、学校其他职能处室的教学、上机实验、考试、测评任务，共计54门，21万人次、30万机时。计算机教学实践基地对本校师生提供耳机借用、软件安装、系统维护、技术咨询、失物招领等常态化服务共13项，共计提供服务2401次；平均每月服务师生260余次。2019年计算机教学实践基地承接校外考试任务，共完成大小项目32个，359场次，考生约2.9万人次。

2019年，华北电力大学保定校区校园网IPv4出口总带宽共11.9Gbps，其中教育网IPv4出口带宽1Gbps，公网出口带宽共10.9Gbps。IPv6出口带宽1Gbps。共有前缀为48位的IPv6地址两段，C类教育网IPv4地址88个。

2019年，保定校区完成校园网各类设备、服务器、信息和应用系统的安全稳定运行保障任务，全年未发生重大网络安全事件。其中架设、更换各类网络设备76台，新增校园网各类认证用户1000余个，受理用户故障维修326次，校园网接入布线71条。安排校园网一、二校运行和维护值班700余人次。新增室内室外34个区域无线覆盖，安装AP共97台。部门托管服务器新增1台，承载各部门业务虚拟机新增11个，UPS电池更新192块，总容量19200AH。36个网络间新增运行环境监测系统，20个网络间启用射频卡门禁，更换网络间空调16台。

（张　玮　尹斐斐）

【研究部署党风廉政工作】 为贯彻落实学校全面从严治党工作会议精神，推进全面从严治党向纵深发展，3月27日下午，网信办召开党风廉政建设工作部署会，会议由党支部书记杨万华主持。会上杨万华与部门领导班子成员以及各科室主任分别签订《2019年网信办党风廉政建设目标责任书》。

（朱徐飞）

【召开网络安全工作会议】 2019年7月5日，学校召开2019年网络安全工作两地视频会议。党委书记周坚，党委副书记、纪委书记何华，副校长孙忠权，党委副书记郭孝锋，副校长律方成，网络安全和信息化领导小组成员单位主要负责人，以及各学院分党委（或党总支）书记和其他有关部门负责人参加会议。会议由何华主持。网信办杨万华主任汇报学校网络安全工作开展情况，学校主要领导就做好2019年网络安全工作作出指示。

（朱徐飞）

【开展网络安全宣传周活动】 2019年9月16日至9月24日，网信办组织开展2019年国家网络安全宣传周系列活动：举办校园主题日宣传活动、现场活动、张贴海报、发放各类宣传材料1000余份。通过组织动员广大师生广泛参与，倡导依法文明上网，增强网络安全意识，普及网络安全知识，提高网络素养，营造健康文明的网络环境，共同维护国家网络安全。

（朱徐飞）

【举办网络安全专题讲座】 2019年9月19日，网信办邀请中国政法大学网络法研究院副院长王立梅教授在主楼礼堂就网络安全开展专题讲座，学生管理部门组织学生在主楼礼堂和60余个教室进行观看与学习，近5000名新生实现全覆盖，其他年级在校生、教职工和保定校区师生通过网络直播的方式进行学习和观看。

（朱徐飞）

【开展网络安全应急演练】 2019年9月24日，网信办组织开展网络安全应急演练活动，网络安全应急演练采取突发情况下真实场景的模拟，就突发网络安全事件从预警、检测发现、上报、协调配合、应急处置、漏洞修复、处置总结等方面进行全面的演练，提升发生突发性网络安全事件时的应急处置能力。

（朱徐飞）

【建成网络安全监控大厅】 2019年，学校升级完成网络安全监控大厅设备，全面推行网站与系统备案工作，完成国庆70周年等重要敏感时期网络安全保障工作，提升网络安全总体防护水平。

（朱徐飞）

【升级改造校级视频会议系统】 2019年，学校完成北京、保定校区共6个校级视频会议室的升级改造工作，升级后，大大提升视频会议清晰度和参会体验感，有效促进两校区沟通和交流。

（朱徐飞）

【主楼网络万兆改造工程完成】 2019年10月7日，学校主楼网络万兆改造工程全部完成，项目分网络设备升级和基础传输环境改造两部分，项目总投资105万元。网络交换设备升级中，充分考虑到网络技术发展方向和学校实际应用环境，经过多方调研比较，选用华三公司提供的AD-Campus技术方案，共采购S10508核心交换机2台，S6520汇聚交换机15台，H3C R4900G3服务器3台；在基础传输环境改造中，考虑到学校网络发展对光缆数量和质量的需要，故选用国际先进的超高密度光纤配线方案，产品由以色列Rit公司提供，共布设48芯光缆2200米。项目完成后，实现主楼各座间的双万兆互连，可靠性和传输速度得到极大提升，为学校教学、管理、科研提供良好的网络基础环境保障。

（胡　涛）

【教二楼主机房改造完成】 2019年8月16日，学校教二楼主机房改造工程完成，项目对原光缆配线系统进行超高密度的改造，设备空间压缩到原来的五分之一，同时清理拆除各类停用设备、线缆以及机柜，更换可靠的供电电源、加装环境监测设备。通过项目实施明显改善网络传输标准，消除多个安全隐患，提高招生等学校重点工作的网络保障等级。

（胡　涛）

【完成保定一卡通系统升级改造】 2019年，升级改造浴室水控570台；开水房水控124台；食堂POS机251台；新增5台自助补卡机；新增2台成绩单打印机、升级4台；新增自助圈存机2台、升级42台、升级改造4台自助现金充值机；新增微信线上充值、食堂POS机扫码消费功能。

（尹斐斐）

【建成师生服务大厅】 2019年，为更好的服务师生，学校利用暑期在教2楼125房间设计和新建网信办师生服务大厅。并于2019年12月30日起将网信办师生服务大厅从教2楼317房间搬至教2楼125房间，以减少师生们上下楼办理业务的诸多不便。

（荆振宇）

【建设网上办事大厅】 2019年，按照“让师生少跑腿，让数据多跑路”的工作理念，开展网上办事大厅建设，推进52项办事流程上线，提升师生办事效率。

（马新科　吴　爽　张至柔　周　辉）

【建设学校大数据平台】 2019年，在学校原有数据平台建设应用的基础上，开展大数据平台建设，支撑学生大数据分析，服务学校领导决策。

（张至柔　吴　爽）

【建设统一数据开放平台】 2019 年，为进一步提升数据采集和流转效率，开展统一数据开放平台建设，实时采集学校人财物等各应用系统数据，建立 15 个数据子集，77 个 API 接口，为 8 个应用实时提供数据服务。

（吴　爽　张至柔　马新科）

【开展二级网站建设】 2019 年，共建设“不忘初心、牢记使命”主题教育等 20 个网站，节省办学经费和信息化建设经费。

（马新科　吴　爽）

【建设正版化平台二期】 2019 年，学校继续推进正版化平台建设和运维服务，月均支持 Windows 系统和 Office 软件下载近 2000 次。

（马新科　吴　爽　张至柔　周　辉）

【升级移动微校园平台】 2019 年，为进一步支持业务应用移动化，升级移动微校园平台，先锋华电、清风华电、华电云盘等栏目先后上线。

（马新科　吴　爽　张至柔　周　辉）

工程训练中心建设

【概述】 华北电力大学工程训练中心于 2005 年 3 月由原实习工厂、机械制造实验室和保定华电配电设备有限公司组建成立，是集教学、科研和产业为一体的校直属单位。其主要任务是承担学生的工程训练、教学综合实验和创新实践活动、为机械学科提供科研平台和开展对外技术服务。经过多年的建设，华北电力大学工程训练中心已成为特色鲜明，机械工程与电力工程结合的，集教学、科研、生产为一体的工程实践教学基地。中心在建设过程中进行教学改革研究，逐步形成“以培养学生工程意识和工程能力，提高学生工程素质和创新能力为目标”的实践教学理念，完成以操作技能训练和课程验证实验为主到以综合性工程训练和创新实践为主的教学观念和教学实践的转变。中心按照“覆盖面大、层次多、强调工程性、系统性、开放性和特色性”的建设思路，以能力培养为核心，构建与理论教学有机结合，具有鲜明特色四年不断线的工程实践教学体系，并在实践中不断加以完善。作为特色鲜明的、具有国内先进水平的大型综合性实践教学基地。

教学工作。2019 年中心共开设实践课程 15 门，承担机械系实践课程 2 门，课程实验 7 项，共完成实践教学 30 多万人时数。

中心申报并获批国家级教学研究项目 1 项，校级教研项目 1 项；具体为：依托工程训练中心，构建面向先进制造的应用型人才培养模式；在金工实习中开展“大思政”教育的研究与实践；共发表论文 1 篇，横向在研项目 4 项，授权专利 11 项。

创新实践及学科竞赛。按照学校规划，组织完成综合性创新基地建设。充分利用新增场地和设备，学生在参与面上和创新实践水平上得到较大提升。参与创新实践的学生达 180 人次。中心负责管理全校国家级大学生创新实践项目。在研项目 60 余项，参与学生 180 余人次；省级、校级创新项目 22 项，参与学生 70 余人次；其中学生在各类竞赛中获国家级特等奖 2 项；国家级一等奖 3 项；国家级二等奖 5 项；国家级三等奖 11 项；省级一等奖 2 项；省级二等奖 3 项；校级机器人竞赛共 193 人次。

队伍建设。针对中心队伍老化，知识更新不足的问题，采用请进来、送出去的办法，先后三次安排青年教师外出学习；组织人员 3 次调研国内高校工程训练中心。到企业考察先进制造技术设施。逐步推进技术和知识。

党建与思想政治工作。中心党支部定期组织政治理论学习，提高党员和职工的政治思想水平，积极培养和发展积极分子，抓党风廉政工作，经常性开展党风廉政教育，组织民主生活会，党员和干部职工没有违法违纪行为，保证中心各项工作的顺利进行。

青少年创新教育。中心与河北小学、保定市十三中、保定市特殊教育中心、顺平县北神南小学、新疆达坂城东沟乡小学，200 余名中小学生进行机器人视频课和科技体验活动。

企业交流。与海南供电公司、上海曼恒科技有限公司等 12 家企业开展实验室建设、科技项目交流活动。

对外交流。年内，中心参加综合能源培训、服务机器人、技术创新与技术管理国际研讨会等培训和交流活动 10 余次。接待院士团、国网冀北技术培训中心、校庆校友参观；邀请美国宾夕法尼亚大学阿科夫中心 Langdon Morris 和北京航空航天大学伍朝晖博士做创新讲座和虚拟现实＋交通应用技术讲座。

（范建明）

【概况】 至年底，工程训练中心有员工 28 人，其中教授 1 人，高级工程师 2 人，工程师 4 人，技师 10 人，中心拥有加工中心、三坐标测量机、快速成型机、数控铣床、数控车床、数控线切割机床、电火花机床等先进设备，教学设备达 300 余台套，总值 1400 余万元，房屋面积 5500 余平方米。中心可开出金工实习、电工实践训练、机电结合训练、先进设计与制造系统训练、创新实践等训练项目，已经培养学生 40 多届，具有每年接受学生 8000 多人次的培训能力。

（范建明）

金工实训中心建设

【概述】 2019年，华北电力大学金工实训中心作为面向全校学生的工程实践训练基地，秉承“以传统金工实习为基础，以现代加工为特色”的发展方针，努力建设成为具有华电特色的综合型实践教学基地。

教育教学。实训中心将实习安全和积累教学经验作为首要职责。举行教师技能比赛以提高业务水平，教师王春丽在第五届全国高等院校工程应用技术教师大赛中获三等奖；利用微信平台，定期发布金工实习调查问卷，收集学生反馈信息，不断提高车间环境和教学质量；制作金工实习慕课，详解理论与操作重难点，提高教学水平。年内，实训中心完成电气学院、能动学院、控计学院、可再生学院、核学院、国际教育学院、经管学院等七个学院十五个专业72个班2087人为期2—3周的实习任务，教学运行机制和教学质量进一步提升。

硬件设施建设。在钳工实习区增加激光雕刻机一台，方便学生在自己制作的鸭嘴锤上雕刻特色标记；在现代加工区增加优秀实习作品展柜，并在校运动会期间面向全校师生展示，提高金工实训中心在学校的知名度；在镀膜、3D打印等用到化学试剂的区域增加化学试剂柜，联合后勤相关部门，更换厂区卷帘门，加强实习安全性。

创新创业。实训中心指导学生参与创新实践，取得良好成绩。获2019中国工程机器人大赛暨国际公开赛特等奖一项、一等奖一项，二等奖一项、三等奖两项；获北京市第八届大学生工程训练综合能力竞赛二等奖三项、三等奖三项。

对外交流。年内，实训中心多次利用课余时间接待中小学生、高校同行及相关专业师生。积极参加各级金工会议，学习教育部和国内院校的政策和经验，并与各兄弟单位进行广泛交流。

（夏延秋　吴　浩）

【概况】 2019年，华北电力大学金工实训中心有员工19人，其中在职管理人员2人，外聘指导教师16人(包括3名实习生)，返聘退休指导教师1人。中心拥有加工中心、三坐标测量仪、真空镀膜设备、三维扫描仪、快速成型机(含工业机与桌面机)、激光打标机、激光淬火成套设备、激光内雕机(含三维照相机)、激光雕刻机、费斯托机电一体化系统、数控车床、数控模拟系统、数控线切割机床、电火花成型机床、高速数控雕铣机、机器人工作站等先进设备。中心建筑面积约2200平方米，各类设备仪器两百余台套件，累计投入经费超过1800万元。中心可开设金工实习、先进设计与制造系统训练、创新实践等训练项目。中心已运行的工种有：车工、钳工、铣工、焊工、数控加工、电加工、激光加工、快速制造、数控模拟、机器人拼装等。目前，教学秩序井然，运作状况良好。

（夏延秋　吴　浩）

【中国工程机器人大赛获佳绩】 2019年4月，中国工程机器人大赛暨国际公开赛在广东省韶关市韶关学院举行。华北电力大学共派出6支队伍参加包括四足仿生、交叉足、全地形和机器人赛车项目竞技赛的比赛，获特等奖一项、一等奖一项、二等奖一项、三等奖两项。

（夏延秋　吴　浩）

【参加工程训练综合能力竞赛获佳绩】 2019年12月，由北京市教育委员会主办，清华大学承办的2019年北京市大学生工程训练综合能力竞赛在清华大学李兆基科技大楼举行，经过校内竞赛，华北电力大学选拔出六支队伍参赛，共获二等奖三项、三等奖三项。

（夏延秋　吴　浩）

【举行教师技能比赛】 2019年5月，金工实训中心举行教师技能比赛。16位教师分别利用实习设备设计制作特色作品，赛后与学生优秀实习作品一同在校运动会期间展示。

（夏延秋　吴　浩）

【获教改项目3项】 2019年10月，中心获教育部协同育人项目两项：《华北电力大学金工实训中心智能制造系统课程建设》和《新工科建设增材制造实训室建设》；夏延秋主持参加学校题为《面向新工科要求的金工实习新模式研究与实践》的教学改革与研究项目。

（夏延秋　吴　浩）

【金工实训中心制作金工实习慕课】 2019年12月，实训中心将车工、钳工、数控加工等五个知识点较多的实习环节制作成慕课，详解其中重难点，以便学生预习与查阅。

（夏延秋　吴　浩）

后勤管理与服务

【概述】 2019年，华北电力大学后勤管理与服务工作积极创新，着力推进后勤制度、文化建设，推进节能减排与重点项目工作，不断完善和提高后勤管理服务质量与水平，努力构建与高水平研究型大学相适应的后勤服务保障体系，按计划完成全年工作。

制度建设。加强规范化、精细化、标准化管理，努力构建与高水平大学相适应的后勤服务保障体系。北京校部后勤建立健全制度保障体系，制订发布《华北电力大学合同管理办法后勤实施细则》《后勤管理处、后勤服务集团非食品类物资管理办法（试行）》《后勤管理处后勤服务集团质量监控管理办法》《后勤管理处、后勤服务集团信息发布管理规定（试行）》等文件。保定校区发布《后勤管理处处长办公会会议制度（试行）》《华北电力大学（保定）后勤合同管理实施细则（试行）》《华北电力大学（保定）物业外包服务考核办法（暂行）》《后勤服务师生满意度调查先进集体评选办法（试行）》《后勤管理处印章管理办法（2019 年修订）》等文件，进一步规范和完善相关管理服务工作。

节能减排。积极推进节能减排工作，从思想节能、技术节能、管理节能三个方面，努力构建全方位的节约型校园。北京校部后勤建立节能巡视、巡查工作机制，保障安全供电 2850.27 万度、供水 105.02 万吨、全校 63 万平方米的供暖工作。截至 2019 年 12 月底，供暖季燃气用量 326.6 万立方米，比去年同期下降 9.6%；获国管局、发改委、财政部颁发的“节约型公共机构示范单位”荣誉称号。保定校区发布《后勤管理处重点用能单位节能管理办法（试行）》《后勤管理处能源计量与收缴管理办法（试行）》，初步建立节能激励机制；开展“绿色发展、节能先行”节能宣传周活动。

重点项目。北京校部后勤完成学校全年的水电气暖的有效供应，完成学校包括 70 周年国庆方队就餐、学校教代会、新中国成立 70 周年全国电力行业职工文艺展演等各类大型活动的服务保障任务；积极改善教职工就餐环境，在学一食堂三层新建教工食堂一个；利用信息化手段，推动智慧后勤建设工作，新建在线报修、公寓管理系统，通过开通在线选房系统完成近 3000 名（占比本科新生 96%）本科新生网上选宿工作；完成学生公寓 2 号楼等 6 个楼宇的综合修缮工作和学生公寓 3 号楼装修工作；正式实施教学楼各楼宇楼长负责制；对接校办和其他职能处室，确保各类大型活动和各类会务工作的保障落实，对接教务处、学生处、研究生院，确保教室管理无重大教学事故；完成包括学生公寓 3 号楼东侧、一食堂南侧等三处景观改造和教五楼天井绿化改造，建成首处石榴观赏园、首座温室大棚等示范性工程。保定校区推进校园直饮水项目建设，积极开展热费调研工作，与大唐保定供热公司就学校热费标准达成降价协议，全面梳理二校区变压器分布情况，做好电力增容相关准备工作。

后勤保障。餐饮保障方面，加大食品安全监督检查力度，在满足广大师生日常用餐需求的基础上，加快后勤餐饮服务创新步伐，努力构建健康安全、师生喜爱的就餐环境。北京校部全年承担每天 6 万人次的就餐任务、70 周年国庆方阵 107895 人就餐任务，完成 2019 年迎新期间、“双代会”等各类就餐接待任务；通过合理运用平抑资金、加强成本核算等管理措施，在青菜、猪肉原材料持续上涨的严峻形势下保证菜品质量不下降、菜品种类不减少；通过与上海电力大学开展厨师交流活动，进一步提高餐饮服务质量，提升厨师业务水平，加强兄弟院校的交流与合作。其他服务保障方面，完成各类修缮工程项目 50 个，总金额 800 余万元，完成服务类项目 59 个，总金额 430 余万元；实行专人负责管理“校长信箱”处理回复工作，力求第一时间了解学生动态，为学生解决问题，全年处理校长信箱问题 30 余个，校长信箱问题率下降近 70%，回复率达到 100%；做好后勤学生社团大学生自服会的指导工作，与院系、职能部门党支部和学生社团共同探索创新“1＋1＋n”共建模式，通过学生参与到后勤的工作中，实现与服务对象的无缝对接，提高后勤与服务对象的互动程度及师生的参与感、获得感。保定校区积极开展“优质服务月”活动，每学期召开师生座谈会，加强常态化劳动纪律检查；通过常态化师生满意度评价和师生座谈会等手段，拓宽师生投诉与评价渠道，确立师生、后勤管理处、中心三级监管机制。

后勤信息化建设。保定校区通过与学校相关部门、厂家技术人员及后勤内部各模块的沟通与协调，经过反复测试和修改，华电微后勤系统已上线并投入使用。后勤保障条件持续改善，如期完成学生 19 号宿舍楼配套工程、后勤信息化建设、餐厅提升改造、供暖系统改造等项目，改善了师生教学生活条件。开展垃圾分类宣传贯彻工作，完成爱卫会及后勤事务各项工作。

食品安全和生产安全工作。保定校区增加日常监控频次和力度。完成第一学生餐厅二层和第三学生餐厅二层风味餐厅经营模式改革；更新部分厨房加工设备，对一、二校区部分硬件设施进行改造。聚缘阁在“优质服务月”活动期间，延长工作时间增加深夜食堂，聚缘阁和聚博园增加自选餐服务，组织召开餐饮单元师生座谈会，进一步规范和固化外卖送餐人员的着装、服务用语和配送时间；聚缘阁餐厅标准化建设初显成效，餐厅管理更加规范化、服务更加人性化、精细化，环境得到明显改善。

校园安全。北京校部后勤坚持执行分级值班制度与不定期安全检查相互结合的方式做好安全检查工作，积极开展安全生产大检查、安全隐患大排查大清理大整治等专项活动；定期开展业务培训、消防安全培训，定期排查安全隐患，保证安全生产；后勤一站式服务大厅全天候服务，校长信箱专人管理，全年接到报修 22351 次，修复率达到 99%次，校长信箱问题数量减少明显，校长信箱问题均及时回复并安排整改和解决，同时，建立信息收集与反馈机制对所有问题进行后续回访跟踪，回访效果良好。保定校区后勤增强安全生产意识，制定相关安全管理制度，签订《安全生产责任书》，定期对专业人员进行专题培训，落实安全工作职责备案的同时督办安全责任分解到班组、到岗位。召开安全工作会议，布置安全隐患排查工作，初步建立安全生产常态化检查机制。组织开展“安全宣传周”“安全生产月”“安全生产周” 等专项活动及各类专项安全排查和安全培训活动。

文化建设。继续坚持以人为本的后勤文化理念，加强文化建设，通过“两微一端一号”宣传后勤动态和成果，展示后勤风采，推动和谐发展。北京校部后勤加强人文关怀，切实解决员工生活困难、住宿困难、子女教育等问题；组织各类文化体育活动，组建后勤乒乓球协会、羽毛球协会、排球协会等，进一步丰富员工业余文化生活；开展“榜样的力量一身边的好员工”等集体和个人评优评先活动，营造争先创优的良好氛围；加强与学生自我服务委员会的指导和互动，与院系党组织共建，举办公寓、自服会趣味运动会等共建活动增进学生与公寓员工了解，营造和谐共建氛围，充分发挥学生与学校后勤之间的桥梁纽带作用。

支持脱贫攻坚。北京校部后勤响应国家和教育部扶贫攻坚号召，对口帮扶内蒙古自治区太仆寺旗，采购当地合格农副产品，让太仆寺旗农副产品走进校园、走进食堂、走上餐桌；搭建“太仆寺旗农产品进华电”平台，与太仆寺旗合作举办主题为“绿色扶贫，教育助力”的农副产品进校园活动，当天共有来自太仆寺旗 13 家农副产品（带贫）企业参与本次活动。

物业管理服务。保定校区规范工作标准，完善制度体系建设，制定《运行监督管理办法（试行）》《绿化工作标准和考核标准》《关于规范延伸信息沟通反馈机制的规定》等文件，对照公寓建设相关标准化，建章立制，改善条件，优化配置。注重服务需求，全年落实师生座谈会意见建议和上级领导反馈及有关部门转接各类工作任务整改共计 183 项。加强引进服务治理，提升保障能力，通过公开招标，择优筛选引进确定物业保洁外包服务机构，制定《物业外包服务考核办法（试行）》和《质量考核标准》，并加强对相关引进服务的监管力度。落实安全工作，确保安全运行，重要设备和重点领域贴标签、明责任，制定安全责任提示牌 116 块；对重要设备、办公场所、员工宿舍及值班地点加强综合治理和有效整改；根据实际工作现状，分类组织开展安全生产、业务技能、岗位要求等培训和学习教育。

综合经营管理规范化建设。保定校区幼儿教育部健全规章制度，明确工作职责；全面提高员工服务育人意识，注重职工的思想素质教育；定期组织教师外出学习，参加比赛、观摩研讨活动，6 人次在莲池区各类比赛中获奖；幼儿园硬件设施逐步完善；利用宣传橱窗、家长座谈会、校园安全平台等方式向家长宣传科学育儿知识。商贸经营部坚持安全管理工作常抓不懈，严格落实商品优胜劣汰制度，注重品牌效应，深入内部挖潜，增设收银结账系统，节省师生购物排队等待时间。

党建工作。北京校部后勤党总支根据后勤工作特点和实际，运用“理论学习＋实践”模式，不断丰富后勤党建内涵：一是领导干部带头上党课，积极组织并参加专题学习研讨，带头做好行动榜样。开展讲座、观影、参观、读书交流会、邀请主题教育宣讲团讲师给党员上党课等多种形式的学习和党员专题活动。二是面对面听取一线师生建议，深入调研、找准问题、立行立改。整改落实各类问题，解答学校整改反馈意见 35 条，解决师生饮水问题、末端的宿舍内加装保温问题、学校南街安装路灯等问题。凡涉及师生利益的事情，条件具备的立行立改，不具备条件的，在做好解释工作的同时，认真做好调研工作，逐项逐步实施。保定校区积极组织开展“不忘初心，牢记使命”主题教育活动；围绕国庆七十周年实现全年无安稳问题发生；完善体制机制，制定发布《后勤（保定）党总支关于加强文化舆论阵地管理的若干规定》《后勤管理处师德师风建设长效机制实施细则（试行）》《后勤管理处师德师风建设责任制》；完成 2018 年党风廉政建设自查，继续执行党风廉政建设责任承诺书备案制度；做好党支部工作条例贯宣工作及组织发展工作。

（冯海群　李长青）

【概况】 2019 年，北京校部后勤管理处（后勤服务集团）事业编制职工 35 人，非事业编制员工 540 人，主任助理以上管理干部 32 名，设党总支 1 个，党支部 5 个（2019 年新增加公寓管理中心党支部），党员 62 人。下设“四科室、四部门、四中心”（综合管理科、计划财务科、后勤管理科、节能办公室；人力资源部、物资管理部、信息化管理部、质量监控部；餐饮管理中心、物业管理中心、能源与修缮管理中心、公寓管理中心）北京校部全年安全用电保障 2850.27 万度，保障用水 105.02 万吨，生产中水约 80 万吨；保障学校 63 万平方米的供暖工作，2018－2019 年度供暖季燃气用量 326.6 万立方米，比 2017－2018 年度供暖季燃气用量下降 9.6％；学生浴室实施集中洗浴与分散式洗浴相结合的方式，其中太阳能开水供应开水量约 1090 吨，满足约 140 万人次的学生洗浴需求；完成北京市生态环境局碳核查工作和节能考核目标，比节能目标任务下降 7.7％；餐饮管理中心投入 141 万余资金用于设备更新，保证每餐 2 万人左右就餐，每天主副食 80 余种，全年 200 多种，为师生提供营养丰富、种类齐全的菜式选择；公寓管理中心首次尝试上线新生在线选房系统，96％的新生参与在线自主选房和在线办理入住手续，迎新期间完成 2019 级本科新生 2908 名、硕士新生 1594 名、博士新生 235 名、留学生 403 名，共计 5140 名的新生住宿的分配和入住及新生行李的发放等工作；完成学生公寓 6 个楼宇衣柜、公寓床的更新工作；物业管理中心完成学校 1756 场各类型会议的物业服务和接待任务；完成全校 299 间教室的教学服务工作；做好 12.5 万余平方米公共空间的卫生保洁工作，完成小营家属区物业管理和服务工作。

保定校区后勤事业编制员工93人，人事代理制员工19人，中心正副主任及以上管理人员19人。后勤（保定）党总支现有正式党员45人，下设4个党支部。保定校区后勤收到学校及外部来文32份，学校批转请示、报告19份；回复校领导和处长信箱问题260个；新登记固定资产设备3865件，调转固定资产1813件，报废空调、打印机等715件；签订各类合同或协议101份，累计金额1019.103074万元；办理学生借用品审批程序104次，规范并发布学生借用物品流程图；用印审批单共计354张，其中合同用印单246张，行政用印单108张。编撰工作信息34条，其中保定校区通知通告发布14条，后勤网站发布20条；后勤网站发布宣传报道28篇，大学新闻中心1篇。全年校区各类能源（水、电、燃气、热力）总支出较2018年下降0.23%；完成2019年教育部改善办学条件基金项目5项，全年验收工程项目14项。完成一、二校区、科技学院三个校区在校生的供餐任务，餐饮收入较上年增长20.9%。处理各类投诉、报修、咨询服务11000多个。加装一、二校区各公寓楼公共部位和部分宿舍及科技学院餐厅暖气片5609片。分别完成320个毕业生房间的粉刷，学生6舍卫生间、一校区老浴室的改造工程，学生19舍周边硬化、晾晒场建设、二校区北区泵房改造房屋建设工程以及教室窗帘更新购置项目的招标工作，并安置维修工作点。加装改造研究生公寓和单身楼公寓楼道晾衣架500余米，增装卫生间镜子372面以及二校区洗浴用品、暖水瓶置物架53米；更新补充教室老旧破损桌椅约500座。校内超市引进适销对路商品500余种，增加货架60余组、商品促销架20个、商品展示柜10组，商品的展销数量增加到3000余种。

（刘丽萍　魏　娜）

【孙忠权检查后勤开学准备工作】 2019年2月24日，北京校部后勤管理处、后勤服务集团领导班子在副校长孙忠权的带领下，检查新学期准备工作。孙忠权一行深入教学楼、学生公寓、学校商户、教工食堂等地进行检查，要求做好安全防范工作，消除安全隐患，为新学期各项工作的有序开展、平稳运行奠定坚实基础。

（刘丽萍　安美玲）

【获节约型公共机构示范单位荣誉称号】 2019年，根据《关于2017—2018年节约型公共机构示范单位创建和能效领跑者遴选有关工作的通知》要求，国管局、发展改革委、财政部组织各地区、各部门开展2017—2018年评选节约型公共机构示范单位创建工作。经过申报、创建、初评和复核等环节，确定示范单位，华北电力大学获中央国家机关“节约型公共机构示范单位”荣誉称号。

（刘丽萍　安美玲）

【开展植树节活动】 2019年3月12日是第41个全民义务植树节，北京校部后勤与电气与电子工程学院联合开展的植树活动。校党委书记周坚、副校长孙忠权和师生代表共158人参加活动。此次植树活动共种植50棵枫树，以绚丽的色彩和多姿的树形丰富校园景观，改善植物群落的视觉效果，形成“三季有彩四季绿”的校园景色。

（刘丽萍　安美玲）

【入选中国教育后勤协会能源管理专业委员会常务委员】

2019年4月12日—15日中国教育后勤协会能源管理专业委员会第一届第五次全体委员大会暨2018年年会在广西桂林召开。因北京校部节能工作成绩突出，会上将学校增补为中国教育后勤协会能源管理专业委员会常务委员。会议还对2018年全国高校节能工作进行总结和表彰，北京校部后勤管理处副处长周劲松编写的关于“节能降耗，保卫蓝天——华电在行动”的方案获“你我共建一教育节能者优秀节能宣传活动方案”奖。这是继2018年《2017—2018节约型公共机构示范单位》和“北京市节水型单位”之后，学校获得的又一项全国高校节能领域荣誉。

（刘丽萍　安美玲）

【开展对外交流工作】 2019年4月29日，中国传媒大学副校长刘守训及后勤保障处、校医院、财务处、后勤各职能部门负责人一行15人调研北京校部后勤工作。5月30日，北京信息科技大学餐饮管理中心科长谢南贵一行10人到北京校部餐饮管理中心进行交流。

（刘丽萍　安美玲）

【赴圆明园开展主题教育活动】 2019年，为加强爱国主义教育，激发党员青年干部群众爱国热情，4月28日，北京校部后勤服务集团机关党支部和餐饮管理中心党支部部分党员、预备党员及入党积极分子一行34人，前往圆明园遗址公园开展一次“勿忘国耻，坚定信念”为主题的爱国主义教育活动。

（刘丽萍　安美玲）

【校运会获团体总分第一名】 2019年5月24日—25日，学校举行2019年田径运动会，北京校部后勤集团分工会70名运动员参与42个比赛项目，经过两天激烈的比赛，后勤集团分工会以336分的好成绩夺得教工甲组团体总分第一名，并获得优秀组织奖。

（刘丽萍　安美玲）

【通过节能目标考评】 2019年5月29日，昌平区发展改革委员会组织2018年度节能目标责任考核工作，本次考核主要考核2018年度重点用能单位节能目标完成情况和节能措施落实情况，北京校部节能管理办公室常务副主任和节能管理员李一帆参加考核工作，考核结果优秀。

（刘丽萍　安美玲）

【赴内蒙古自治区太仆寺旗开展脱贫攻坚工作】 2019年9月3日—4日，为响应教育部办公厅《转发财政部、国务院扶贫办关于运用政府采购政策支持脱贫攻坚的通知》文件精神，北京校部后勤选定内蒙古自治区太仆寺旗作为帮扶对象，后勤管理处副处长冯海群带领餐饮管理中心负责人等一行6人赴内蒙古自治区太仆寺旗进行实地考察，并与当地相关部门进行座谈。

（刘丽萍　安美玲）

【开展师德建设月主题党日活动】 2019年9月20日，北京校部后勤服务集团党总支召开师德建设月主题党日活动。会议由后勤服务集团党总支书记杜建国主持，后勤管理处、后勤服务集团领导班子成员以及全体党员参加本次活动。

（刘丽萍　安美玲）

【开展《新中国70年辉煌历程与基本经验》专题教育报告】 2019年10月15日，北京校部后勤邀请马克思主义学院教师宁阳为集团全体党员开展《新中国70年辉煌历程与基本经验》专题教育报告。集团领导班子成员、后勤职能科室等50名党员聆听报告。专题教育报告从多角度、广角度地进行党史、新中国史专题宣讲。

（刘丽萍　安美玲）

【举行内蒙古太仆寺旗农副产品进校园活动】 2019年11月1日，主题为“绿色扶贫，教育助力”的太仆寺旗农副产品进校园活动，在北京校部学二食堂南广场举行。副校长郝英杰、对外联络与合作部部长胡三高出席活动启动仪式，太仆寺旗委副书记乔建强、后勤管理处副处长冯海群以及校工会副主席张利等领导出席活动并讲话致辞。该活动是太仆寺旗消费扶贫走进北京商超、社区、机关、院校等系列活动之一，也是太旗特色农副产品及电商文旅资源首次走进北京市高校进行展示推介和宣传营销。活动当日，共有来自太仆寺旗13家农副产品（带贫）企业参与活动，发放消费扶贫、电商、文旅等各类宣传品3000余份，共吸引5000余名教职工参与活动，现场销售各类农特产品3.74万元。

（刘丽萍　安美玲）

【成立公寓管理中心党支部】 2019年11月4日，根据工作需要，北京校部后勤经党总支工作会议研究，决定成立公寓管理中心党支部，并任命汪美科为公寓管理中心党支部书记。

（刘丽萍　安美玲）

【处级干部带头讲党课】 2019年11月13日，按照学校“不忘初心、牢记使命”主题教育工作安排，北京校部后勤处级领导干部为全体党员开展主题教育专题党课，后勤全体党员、各科室、中心负责人及入党积极分子70多人聆听本次党课，党课由后勤党总支书记杜建国主持。杜建国、冯海群、白静、周劲松、杨利以通俗易懂、精彩生动的党课形式，从不同侧重点对党的纪律和当前后勤工作进行授课。

（刘丽萍　安美玲）

【开展第一届榜样员工身边好员工评选活动】 2019年，北京校部后勤为进一步大力宣传身边好员工的感人事迹，掀起“树榜样、找差距、学先进”的热潮，诠释后勤人坚定信念、无私奉献、执着坚守、有所作为、敢于担当、勇于创新和承担责任的高尚品格，11月初启动第一届“榜样员工”“身边好员工”评选活动。经过各科室、中心民主评议推荐、人力资源部审核、线上投票和线下选拔，结合投票结果和综合考评情况。经集团党政联席会议研究决定，党志亮、张红、岳清平、王春雁、韩延敏被评为“榜样员工”，龚文秀、刘东峰、杨育均、张灿、计永杰被评为“身边好员工”。

（刘丽萍　安美玲）

【举办法律顾问签约仪式】 2019年，为进一步提高各项工作的合法化、制度化、科学化，切实将工作纳入到法制轨道，经研究，后勤管理处、后勤服务集团决定聘请常年法律顾问。12月6日，北京校部后勤在行政楼举行聘请法律顾问的签约仪式。副处长、副总经理周劲松与北京市亿中律师事务所律师王京平出席仪式，双方签订《常年法律顾问合同》。

（刘丽萍　安美玲）

【通过昌平区健康示范机构督导检查】 2019年12月19日，北京市昌平区卫生健康委员会、昌平区市场监督管理局对北京校部学生一食堂二层健康示范机构开展督导检查工作。此次督导工作有助餐饮工作中把健康生活方式行动工作与日常工作有机结合，通过多种方式为广大师生提供更加健康的饮食。

（刘丽萍　安美玲）

【直饮水系统BOT项目建设】 2019年9月，保定校区后勤完成直饮水系统BOT项目建设。直饮水系统BOT项目共分为两期，经过多次学生座谈会需求调研和公开招标，一期工程自2月开始施工至5月中旬完工并投入使用，二期工程自暑期施工至9月完工并投入使用。两期工程涵盖一、二校区所有学生宿舍楼，二校区所有教学楼及一校区部分教学楼，全校共安装管线机520台，一体式饮水机32台。师生可通过扫码下载APP客户端，利用微信或支付宝支付取水，为师生提供干净便捷的饮用水服务。

（魏娜　刘洁）

【开展优质服务月活动】 2019年4月，保定校区后勤开展以“增强服务意识、提升服务形象”为主题的“优质服务月”活动。各中心结合各自工作特点，充分动员职工参与，适度宣传营造氛围，开展一系列特色鲜明的主题活动。餐饮管理与服务中心各餐厅积极研发，推出新菜品；美化就餐环境，统一更换员工服装；加强服务培训，规范库房物品存放；主动征求师生意见，提升服务质量；积极宣传食品安全和卫生相关知识。物业管理与保障中心开展“走进家属区便民服务”“办公场所设备设施主动巡检巡修和意见征询”“创造公寓公房健康工作环境”“为教职工提供花卉植物专业养护指导”“公寓管理员技能培训、违章电器检查”等专项活动。综合经营与服务中心加大商品促销力度，改善购物环境，发放商品需求调查表，增设教工商品专架；聚缘阁餐厅增加深夜食堂和自选餐服务，规范外卖送餐服务，开展餐厅满意度调查活动；幼儿园开展家长进课堂活动，开辟种植园，组织教师参加莲池区文化艺术节活动并学习和宣传预防春季传染病知识。

（魏　娜　刘　洁）

【召开师生座谈会】　2019年3月和10月，保定校区后勤分别在国际会议中心第一会议室召开后勤服务师生座谈会。后勤管理处领导、各职能科室及中心相关负责人，一、二校区教工代表、研究生和本科生代表等参加会议。座谈会上，师生代表就硬件条件改善、公共设施维修维护、卫生间保洁、热水供应、自行车存放、节能降耗等方面提出意见和建议。后勤相关负责人逐一进行回应。

（魏　娜　刘　洁）

【开展师生满意度调查】　2019年5月—12月，保定校区后勤开展师生满意度调查活动。5月10日，在后勤管理处网站利用二维码开展为期两周的师生满意度调查活动；11月中旬，根据后勤管理工作内容，有针对性设计师生满意度调查问卷，并发至各院系、职能处室和各学生公寓，设置回收箱，开展为期一个月的师生满意度调查活动。通过获取相关数据信息，不断改进后勤工作，提升后勤服务保障水平，初步构建后勤、中心和师生三个层次的监督运行机制。同时为规范后勤师生满意度调查工作，制定《后勤服务师生满意度调查先进集体评选办法（试行）》文件。

（魏　娜　刘　洁）

【学生餐厅风味餐厅经营模式改革】　2019年9月，保定校区后勤完成第一学生餐厅二层和第三学生餐厅二层风味餐厅的经营模式改革。在充分学习和借鉴校内外引入社会餐饮企业经验的基础上，依据中国教育后勤协会《高等学校引入社会餐饮企业承办学生食堂管理规范》等文件的指导意见，通过公开招标，择优选择两家优秀餐饮企业，并利用暑期对原餐厅进行装修和硬件改造。新的运营模式，优美的就餐环境，特色多样的风味美食和温馨周到的服务赢得广大师生的认可和喜爱。

（魏　娜　刘　洁）

【开展不忘初心牢记使命主题教育】　2019年9月24日，保定校区后勤党总支组织召开二级理论学习中心组（扩大）会议。后勤领导班子成员、党支部书记参加。会上，党总支书记领学习近平总书记在“不忘初心、牢记使命”主题教育工作会议上的重要讲话精神等；重点解读开展“不忘初心、牢记使命”主题教育的重大意义和准确把握主题教育的目标要求。会议同时传达学校“不忘初心、牢记使命”主题教育部署会精神及周坚书记的讲话，对后勤“不忘初心、牢记使命”主题教育进行全面部署，提出具体要求。在整个主题教育活动中，党总支采取个人与集中学习相结合，网络学习和充分研讨相结合等多种形式促进理论学习有收获；开展红色教育活动，到爱国主义教育示范基地和革命场馆，重温入党誓词，缅怀革命先烈，使党员思想政治受洗礼；立足于后勤管理与服务保障工作实际，围绕与师生员工切身利益密切相关的问题，积极开展调查研究，努力提升服务水平；组织召开师生座谈会，对照初心找差距，立足实际抓落实，不断改进和完善后勤管理服务工作。

（魏　娜　刘　洁）

【保定校区智慧后勤平台试运行】　2019年7月—11月，保定校区后勤配合开发方完成智慧后勤平台各模块的需求调研、设计、开发、安装、部署、调试工作。11月12日服务监督系统和网络报修系统等模块进行上线试运行。学校师生通过微信登录智慧后勤平台，可以方便地实现投诉建议、报修以及学生宿舍电费查询等多项功能。

（魏　娜　刘　洁）

医　疗　服　务

【概述】　2019年，华北电力大学医院秉承“奉献华电、保障健康”的服务理念，在公共卫生和传染病防控、健康教育、常见病诊疗、院前急救、公费医疗管理和硬件建设上取得显著成效，门急诊人次增幅达15.34%，全年无疫情发生，无医疗事故。获北京市高校无偿成分鲜血突出贡献奖，获学校春季田径运动会乙组组织奖等。年内，华北电力大学医院（保定）坚持“以病人为中心，以提高医疗质量为重点”，推动医院各项工作持续健康发展。结合“不忘初心，牢记使命”主题教育活动，落实国家医药卫生体制改革政策，坚持以预防为主，实现从“患病求医”到“健康管理”转变，积极改善师生就医环境，优化就医流程，加强健康教育，努力为广大师生提供安全、高效、便捷的就医环境。在医药改革、公共卫生、健康教育、常见病诊疗、硬件设施、医疗环境、人才培养等各方面取得成效，全年无传染病疫情暴发，未发生医疗事故。

（贺江城　岳　宇）

【概况】　2019年，华北电力大学医院共有职工45人（含在编职工24人），其中高级职称14人，设12个临床及辅助科室，开设病床26张。公共卫生和传染病防控方面：医院及时隔离治疗确诊或疑似肺结核、水痘、带状疱疹、麻疹等学生75例（包括肺结核确诊7例疑似19例、水痘21例、甲型流感9例、乙型流感4例、疑似麻疹1例、带状疱疹14例），密接者流行病学调查553人次。急诊急救方面：全年每天24小时急诊值班，共处置院内急诊、校内院前急救过敏性哮喘、药物性休克、心梗等急重症20余人次。常见病诊疗方面：全年门急诊73862人次（含发热2281人次），较上年增幅15.34%;输液750人次,肌肉注射526人次,外伤处置2436人次,理疗7820人次,各种化验25356份,X线透视及摄片11356人次,心电图5748人次,动态心电图69人次,动态血压38人次,彩超992人次,C13尿素呼气试验214人次,肢体动脉检测5人次,液态氮冷冻治疗269人次,黑光治疗600余部位。健康教育、免疫接种和健康体检方面:为本科新生中320名结核菌素试验强阳性同学组织专场专家报告会(其中72位同学参加为期3个月的自愿预防用药),为全体本科新生举办"艾滋病防控和毒品危害"专题报告会,为800名本科毕业生进行艾滋病"哨点监测",组织结核病、艾滋病等传染病全校性宣传活动3次,发放宣传手册12000余份;12月份举办"华电健康大讲堂"宣教月活动;完成各种预防接种3539人次(其中国庆方阵师生应急接种流感疫苗277人次、学生应急接种麻风疫苗169人次、接种宫颈癌疫苗91人次);各类学生体检8576人次(含本科新生2894人次,研究生新生1848人次,毕业生1948人次,研究生复试1886人次);协调教工前往北大国际医院体检近2000人次。公费医疗管理方面:完成3842人次师生门诊转诊、354人次住院转诊的公费医疗审核报销工作。硬件建设:自筹资金近70万元购置X光机后处理系统、疫苗接种系列设备、安装医院监控系统、建设医院健康教育教室等。此外,全年师生无偿成分捐献血小板计1117单位;完成国庆第十九方阵(创新驱动方阵)演练、全国电力行业文艺汇演、学校运动会、研究生招生及四六级英语考试等20余次大型活动保健任务。

2019年,华北电力大学医院(保定)共有职工43人(含在编18人,人事代理2人,返聘1人,外聘22人),其中高级职称12人,设有13个临床及辅助科室,开设病床34张。全年完成门急诊(含二校医务室)86416人次,留观输液1375人次,各类注射1095人次,各类换药、清创缝合及小手术466人次,理疗5650人次;彩超检查2103人次,胸透检查400人次、DR拍片15315人次,上消化道造影10人次,化验室各类检查34678人次;心电图检查2804人次。全年无医疗事故和医疗纠纷发生。完成各种预防接种3800人次,发现上报和隔离治疗传染病61例(含水痘49例,结核病7例,风疹1例,流行性感冒4例),全年无疫情爆发和流行。全年抢救过敏性休克、高血压急症、急性心肌梗死、房颤、血管神经性晕厥等28人次。新生和毕业生体检11606人次,教职工及离退休人员体检1658人次。完成约6279名本科新生军训、第51届校运会、河北省英语讲课大赛、学生体测、校友足球赛、四六级英语考试、老干部外出活动和处级干部红旗渠爱国主义教育、大学自主招生等大型活动的保健任务。开展健康教育讲座84学时,组织结核病、艾滋病等传染病全校性宣传活动2场,心肺复苏、骨折固定等急诊急救实操培训2场,聘请三甲医院专家对师生开展急诊急救知识、传染病、常见病等知识宣讲3场。将45岁以下教职工体检由两年一次改为每年一次;发放2019级新生《校医院宣传手册》6600册,对急救知识、传染病防控知识、学生医保政策及医院自身进行宣传。全体医师参加保定市两年一次执业医师定期考核通过率100%;加强"三基三严"培训考核力度,外请专家开展霍乱相关知识、心脏常见疾病及心电图报告相关知识、院前急救、自救互救技术、乳腺健康常识、预防艾滋病宣传讲座等相关培训共计7次,医务人员外派到省外、省内、本市参加相关培训共计10次。

(贺江城　岳　宇)

【完成新中国70周年庆典第十九方阵演练等健康保障工作】 2019年,校医院出色完成国庆第十九方阵(创新驱动方阵)、全国电力行业文艺汇演等重大活动保健近20场。国庆第十九方阵保健,校医院精心设计应急预案,抽调精干医护人员,配备除颤仪等急救设备,并协调一台救护车全时段、全天候随队保健,保证2000多位方阵队员的生命健康。10月1日凌晨,校医院派遣两个保健小组随方阵前往天安门区域执行任务,并出色完成任务。

(贺江城)

【门急诊首破7万人次】 2019年,校医院门急诊73,862人次,首次突破7万人次,较上年增幅15.34%。首次开展中医药饮片服务,共服务师生2498人次,占当年门诊增幅的25.43%。

(贺江城)

【首次聘请北京知名医院专家到院坐诊】 2019年,校医院聘请北京知名医院多名专家到院坐诊。聘请中日友好医院中西医结合心内科黄力教授每周三下午到院坐诊;邀请北京积水潭医院妇产科主任孙丽芳教授、急诊科主任赵斌教授、医务部主任及消化内科李笠副教授,北京大学国际医院内分泌科主任张晓梅教授、心内科李东副主任医师,北京市疾控中心艾滋病所所长卢红艳主任医师等10余位专家到医院义诊咨询并开展学术讲座。

(贺江城)

【完成北京市"4+7"药品集中采购改革和医耗联动综合改革工作】 2019年,根据北京市卫健委统一部署,医院组织各科室开展前期筹备和培训工作,3月22日完成"4+7"药品集中采购改革工作;6月15日零点成功切换系统,完成医耗联动综合改革工作。

(贺江城)

【获首都高校成分献血突出贡献奖】 2019年,学校无偿成分捐献血小板1117个单位,居北京高校首位,获2019年首都高校无偿成分献血突出贡献奖。

(贺江城)

【开展不忘初心牢记使命主题教育】 2019年,校医院按照校党委的部署,结合医院实际情况,开展主题教育。校医院通过专家辅导报告、书记专题党课、培训、书籍、网络、心得体会交流等形式学习；赴小营家属区、昌平区真顺村义诊志愿活动；赴香山双清别墅、北京展览馆、校史馆参观学习。班子深入一线科室召开院内职工座谈会、校内师生座谈会，赴中国政法大学等地调研，凝练“加强医院人才队伍建设，更好服务师生健康”等调研报告。通过多层面谈心谈话和座谈会等征求意见建议；召开班子“对照党章找差距”专题会、班子“主题教育专题民主生活会”和民主评议党员大会查找问题。在整改阶段，医院从多方面梳理问题18项，班子成员从多方面梳理自身问题9项，均建立台账，逐一整改。校医院（保定）通过理论中心组学习，落实支部“三会一课”制度，采取线下集体学习和通过“学习强国”“校医院党员”微信群等线上学习，以及观影和到红色教育基地实地学习等形式，推进“两学一做”学习教育，提升组织生活质量；集中学习研讨、专家导学（邀请魏彤儒教授做专题报告）、干部领学、现场活学（观看爱国主义教育影片、赴狼牙山缅怀先烈、参观校史馆）、参加培训、相关知识测验、针对如何进一步做好医院优化管理服务，领导班子成员带头正风肃纪，认真查摆问题，落实落细责任进行整改，不断提升服务能力；加强党风廉政建设，贯彻落实中央八项规定精神，严格落实党组织会议和党政联席会议议事规则，倡导良好医德医风，党员干部未发生违法违纪行为。年内，培养1名优秀青年医生成为入党积极分子。通过深入院系，与学生、职工代表座谈及医院公众号等线上线下形式调研，收集整理意见50条，归纳梳理后，形成建议意见17条，逐条分析原因，责任到人，实施整改，已立行立改8条，限定解决时限5条，需长期完善3条，与学校相关部门沟通后落实1条。

（贺江城　岳　宇）

【完成校党委第四巡察组巡察】 2019年6月14日—7月2日，华北电力大学党委第四巡察组对校医院（保定）开展巡察。10月18日，校党委第四巡察组到校医院召开校内巡察意见反馈会，校党委常委、副校长律方成，第四巡察组副组长赵振东、纪检委副处长王知春出席此次反馈会。校医院领导班子成员、全体职工参加会议就巡察组反馈的党的政治建设、思想建设、组织建设、作风建设、纪律建设、反腐败斗争等五方面提出的整改建议，制定《关于落实中共华北电力大学委员会第四巡察组反馈意见的整改方案》，校医院认真梳理出15项具体整改问题，建立台账，逐一明确整改措施、主要负责人和整改时间，至年底，整改完成8项，达到初步整改效果5项，制定整改计划2项，确保规定时间内落实整改到位。

（岳　宇）

【学生家长送锦旗】 2019年6月24日，计算机系学生家长赠予校医院（保定）写有“妙手仁心、救死扶伤”的锦旗，以感谢医生韩志敏、护士种凤彩对过敏性休克学生争分夺秒的抢救，为学生建立起生命的绿色通道。

（岳　宇）

【软硬件建设】 校医院（保定）为使用29年的独立消毒供应室、洗衣房更换配电线路，由铝芯电线更换为铜芯电线，保证设施正常使用及用电安全，消除院内安全隐患；更换病房床头柜共33个，安装病房内输液轨道30套，改善就医环境，为师生提供更优质、温馨、舒适的服务；中医科引进磁振热治疗仪，为患者提供辅助治疗，加强中医非药物疗法；完成门诊挂号信息系统升级，教职工就诊实行校园卡挂号，使就诊流程更简便、就诊信息更精准，公费医疗使用更科学。

（岳　宇）

【提高外聘人员待遇】 2019年4月，校医院（保定）为充分调动外聘人员工作积极性，实行外聘人员岗位技术津贴机制，提高外聘人员工资待遇，稳定医院外聘人才队伍。

（岳　宇）

【成立党政办公室】 2019年10月，校医院（保定）正式成立党政办公室，由王晓娜担任负责人。

（岳　宇）

【实行药品网络集中采购、完成卫材招标】 2019年，为积极响应《河北省跟进落实国家组织药品集中采购和使用试点工作实施方案的通知》（〔2019〕90）精神，按照《河北省落实跟进国家药品集中采购试点工作试点政策》相关规定，7月1日，校医院（保定）药品采购逐步实行河北省药品集中采购，透明药品信息。根据《华北电力大学招标管理办法（修订）》规定，7月11日，完成2家医用试剂供货商招标工作。

（岳　宇）

【获保定责任示范单位】 2019年11月20日，中国医药教育协会召开2019《健康中国行动全国行》公益活动河北站暨“保定责任”学习交流会。校医院（保定）获中国医药教育协会《健康中国行动全国行》公益活动“保定责任”示范单位。

（岳　宇）

【分工会工作获多项佳绩】 2019年11月，中国教育工会华北电力大学（保定）委员会授予校医院（保定）分工会2018—2019年度先进分工会称号；庆“三八”校医院杯踢毽子比赛中，祖娜、李洁、肖利平囊括个人赛前三名；4月13日，校医院健康护航队9名队员参加“追梦雄安”自动化杯健步走大赛，并向广大师生表演和推广颈腰操，在此次比赛中校医院健康护航队获最佳人气奖。

（岳　宇）

规章制度建设

Rules and Regulations Building

华北电力大学院(系)党政联席会议制度(试行)

华电党组〔2019〕1号

第一章　总　　则

第一条　为进一步强化学校院(系)管理,优化运行体制,更好地贯彻执行民主集中制原则,促进院(系)重要事项决策制度化、规范化,保证决策民主化、科学化,依据《中华人民共和国高等教育法》、《中国共产党普通高等学校基层组织工作条例》、《中共中央国务院关于加强和改进新形势下高校思想政治工作的意见》、《关于坚持和完善北京普通高等学校院(系)党组织会议和党政联席会议制度的指导意见(试行)》和《华北电力大学章程》,结合学校实际,制定本制度。

第二条　院(系)是学校开展教学科研管理的基本单位,在学校党委的领导下开展工作,全面贯彻执行党的路线方针政策,贯彻执行党的教育方针,坚持社会主义办学方向,集体讨论决定重大事项,监督重大决议执行,依靠师生共同推动院(系)科学发展。

第三条　院(系)党政联席会议是院(系)重要事项的决策机构,在管理职权和议事范围内具有最高决策权。围绕院(系)学科建设、人才培养、科学研究和社会服务等工作进行科学决策、民主决策和依法决策。

第四条　院(系)党政联席会议实行院(系)集体领导、党政分工合作、协调运行的工作机制。

第五条　院(系)党政联席会议实行民主集中制。按照"集体领导、民主集中、个别酝酿、会议决定"的原则,集体讨论作出决定。

第六条　院(系)党政联席会议的成员为院(系)领导班子成员。院(系)党委(党总支)纪检委员应参加会议。会议列席人员由院(系)党组织书记和院长(系主任)共同研究确定。

第七条　院(系)党政联席会议一般每两周召开一次。如遇特殊情况,可随时召开。

第八条　院(系)党组织会议与党政联席会议是院(系)管理决策的基本形式,院(系)通过党政联席会议,讨论和决定本单位重要事项。有关党的建设,包括干部任用、党员队伍建设等工作,由党组织会议研究决定;涉及办学方向、教师队伍建设、师生员工切身利益等重大事项,由党组织会议先研究再提交党政联席会议决定;涉及教师引进、高层次人才、课程建设、教材选用、学术活动等工作中的重大问题,一般应先由院(系)党组织把好政治关后,再提交党政联席会议决定。

第二章　议事范围

第九条　院(系)党政联席会议讨论决定的重要事项主要包括:

(一)学习传达党和国家方针政策,学校党委和行政的决议、决定和重要会议精神,研究本单位贯彻落实各项决议、决定的措施。

(二)讨论决定本单位的发展目标、发展规划和建设方案,年度工作计划和总结。

(三)讨论决定本单位重要改革措施和重要规章制度。

(四)讨论决定本单位人才培养、学科建设、教学科研、师资队伍建设、实验室建设、国际合作交流等方面的重要事项。

(五)讨论决定本单位内部机构和岗位调整设置,教职工聘用、管理、晋级晋职、评奖评优等方面的事项;学术委员会、学位委员会等组织的组建、换届等重要事项。

(六)讨论决定本单位年度经费预算,大额资金使用,重要项目安排,大宗设备采购,奖酬金发放,资源调配等事项。

(七)讨论决定本单位思想政治工作和德育工作、安全稳定工作、保密工作等重要事项和重大突发事件处置。

(八)讨论决定涉及本单位改革发展稳定和师生员工切身利益的其他重要事项。

(九)通报本单位党组织会议研究决定的党的建设重要事项。

(十)研究决定其他需要党政联席会议讨论决定的事项。

第三章　会议议题

第十条　院(系)党政联席会议实行议题制,一事一议。

第十一条　院(系)党政联席会议议题由党政联席会议成员提出,经院(系)党组织书记和院长(系主任)共同商讨后确定。

第十二条 院(系)党政联席会议的议题确定后,议题有关材料应提前送交会议成员。

第十三条 院(系)党组织书记和院长(系主任)会前应充分沟通,主动就相关议题交换意见。

第十四条 除突发重大事件外,未经院(系)党组织书记和院长(系主任)同意的议题,不得列入会议议题。

第十五条 涉及院(系)发展方向、教师队伍建设、师生员工切身利益等重要事项的议题,院(系)党政联席会议讨论决定前应先参考本单位党组织会议研究讨论意见。涉及教师引进、高层次人才、课程建设、教材选用、学术活动等院(系)重大问题,院(系)党政联席会议应在院(系)党组织会议政治把关的前提下讨论决定。

第十六条 需要决策的重要议题,提议人应提供相应的调查研究报告,专业评估意见及政策、法律咨询参考,广泛收集的意见建议等,便于辅助决策。

第四章 议事规则

第十七条 院(系)党政联席会议必须有半数以上成员到会方可召开,讨论决定重大事项时,应有三分之二以上成员到会方可召开。且党组织书记和院长(系主任)至少有一人出席,方可召开。

第十八条 院(系)党政联席会议议题涉及与会人员及其亲属或重大利益关系时,本人须回避。

第十九条 因故不能参加会议的成员,须在会前向党组织书记和院长(系主任)请假。

第二十条 会议列席人员依据议题可扩大到院(系)非班子成员党的委员会(总支部委员会)委员、党支部书记、教研室主任、研究所所长以及学术、学位委员会成员、院(系)教学指导委员会成员等。列席人员可参与讨论,无表决权。

第二十一条 会议一般由院(系)党组织书记主持。

第二十二条 院(系)党政联席会议议事程序如下:

(一)提出议题人员介绍情况,提出初步意见和建议。

(二)与会人员充分讨论。

(三)党政联席会议成员逐一发言并有明确表态,党政主要负责人末位表态。

(四)采取口头表决、举手表决或者无记名投票等方式进行表决。

第二十三条 表决事项时,以超过应到会人数的半数同意为通过。

第二十四条 对存在较大意见分歧的议题,由主持人决定暂缓表决决定。并安排会后补充调查研究,寻求主要分歧解决办法。条件成熟的,再列议题予以讨论决定。

第五章 决议执行和监督

第二十五条 院(系)党政联席会议重要事项须形成会议纪要,经院(系)党组织书记、院长(系主任)审定后,在院(系)网站或通过院(系)公开渠道予以公布。涉及保密事项及个人隐私事项,可不公开,应根据工作需要传达至有关人员。

第二十六条 院(系)党政联席会议作出的决议,院(系)班子成员要认真执行,根据职责分工组织落实,定期向党政联席会议汇报实施进展情况,其他成员要积极支持配合。

第二十七条 对会议作出的决定有不同意见的,可以保留意见,也可通过正常渠道向校党委或有关校领导反映,但在本级组织或上级组织未作出改变之前必须无条件执行。

第二十八条 院(系)党政联席会议不宜公开的有关内容、决定和形成的过程,不得以任何形式对外泄露。

第二十九条 院(系)党政联席会议必须有专人负责记录,记录内容应包含会议议题、参加人员、决策事项及内容等详细信息,记录要妥善保管,便于存档备查。学校定期对院(系)贯彻执行会议制度情况进行指导督查。

第六章 协调机制

第三十条 院(系)党组织书记和院长(系主任)是院(系)党政主要负责人,共同承担院(系)改革发展稳定的重要责任。重要事项应充分酝酿,提前沟通。

第三十一条 院(系)党政联席会议与院(系)党组织会议不能互相代替,应加强合作和配合,保证党政联席会议对院(系)重要事项的决定权。

第三十二条 院(系)可根据需要召开院长(系主任)办公会议,主要研究提出拟由党政联席会议讨论决定的重要事项方案,具体部署落实党政联席会议决定的有关措施,研究处理教学、科研、行政管理工作的具体事务。

第七章　附　　则

第三十三条　学校党委把院(系)执行本规定的情况作为考核的重要内容,定期检查。对违反相关纪律的人员,按照有关规定追究相应责任。

第三十四条　学院每学年至少集中在北京校部、保定校区各召开一次联席会,集中研究学院(系)建设发展事宜。

第三十五条　本制度适用于学校各院(系)。其他单位参照本制度执行。

第三十六条　本制度自颁布之日起实施。

2019 年 1 月 9 日

华北电力大学院(系)党组织会议制度(试行)

华电党组〔2019〕2 号

第一章　总　　则

第一条　为进一步加强院(系)党组织政治核心作用,完善院(系)管理体制和运行体制,规范院(系)党组织议事机制,全面落实从严治党的各项要求,依据《中国共产党章程》、《中国共产党普通高等学校基层组织工作条例》、《中共中央国务院关于加强和改进新形势下高校思想政治工作的意见》、《关于坚持和完善北京普通高等学校院(系)党组织会议和党政联席会议制度的指导意见(试行)》,结合学校实际,制定本制度。

第二条　院(系)党组织须全面贯彻执行党的路线方针政策,贯彻执行党的教育方针,坚持社会主义办学方向,全面落实立德树人根本任务,培养又红又专、德才兼备、全面发展的中国特色社会主义合格建设者和可靠接班人。

第三条　院(系)党组织在学校党委的领导下,履行党章等规定的各项职责,支持行政负责人行使职权,保证以人才培养为中心的各项任务完成,在院(系)改革发展稳定工作中发挥政治核心作用。

第四条　院(系)党的委员会(总支部委员会)(以下简称院(系)党的委员会)是院(系)党组织的决策机构,实行民主集中制,与党政联席会议一起共同决策院(系)重要事项。

第五条　院(系)党的委员会负责监督和保证党的路线方针政策的贯彻执行,对重大问题把好政治关;严格落实党管干部、党管人才原则;全面推进从严治党各项工作;组织和实施师生思想政治工作;领导群团工作和统一战线工作;做好学校党委部署的其他工作。

第六条　院(系)党组织会议的成员为院(系)党的委员会委员。可根据工作需要设列席人员。

第七条　院(系)党组织会议一般每月召开一次。如遇特殊情况,可随时召开。

第八条　院(系)党组织会议与党政联席会议是院(系)管理决策的基本形式。有关党的建设,包括干部任用、党员队伍建设等工作,由党组织会议研究决定;涉及办学方向、教师队伍建设、师生员工切身利益等重大事项,由党组织会议先研究再提交党政联席会议决定;涉及教师引进、高层次人才、课程建设、教材选用、学术活动等工作中的重大问题,一般应先由院(系)党组织把好政治关后,再提交党政联席会议决定。

第二章　议事范围

第九条　院(系)党组织会议讨论决定的重要事项主要包括:

(一)学习贯彻党的路线方针政策及上级党组织有关会议、文件和重要决定、指示精神。

(二)研究决定党的建设,包括干部任用、党员队伍建设等工作。

(三)讨论涉及院(系)发展方向、教师队伍建设、师生员工切身利益的重大事项,以及教师引进、高层次人才、课程建设、教材选用、学术活动等重大问题,并提交党政联席会议决定。

(四)讨论决定院(系)党的政治建设、思想建设、组织建设、作风建设、纪律建设的重要事项,深入推进反腐败工作,研究分析问题,定期听取基层党支部工作汇报;讨论决定内设部门、科(室)和所属研究所、科研中心等单位负责人教育、培训、选拔、考核和监督等重要事项;负责党内表彰及向上级党组织推荐人选的有关事项;讨论党员发展、转正和不合格党员的处置、违纪党员的处理等事项,并根据党内有关规定作出决定。

（五）研究思想政治工作、意识形态工作、安全稳定工作、保密工作等重要事项，分析研判教职工和学生的思想状况。

（六）研究统一战线工作，工会、共青团、学生会、研究生会等群团组织和教职工大会（教职工代表大会）等工作的重要事项，并根据有关规定作出决定。

（七）研究决定其他需要党组织会议研究决定的事项。

第三章　会议议题和会议组织

第十条　院（系）党组织会议实行议题制，一事一议。会议议题由院（系）党的委员会委员提出，党组织书记确定。未经书记同意的议题，不得列入会议议题。

第十一条　会议议题应提前送交参会人员。与会议议题相关的调研报告、专家评估意见、政策参考、咨询意见以及师生意见建议等应一并送达。

第十二条　院（系）党组织会议列席人员由党组织书记确定。依据议题内容可扩大到院（系）内设部门、科室、研究所、科研中心等单位负责人、党支部书记、教研室主任以及学术、学位委员会成员、院（系）教学指导委员会成员等。列席人员可参与讨论，无表决权。

第十三条　院（系）党组织会议由院（系）党组织书记召集并主持，党组织书记不能参加会议时，可委托副书记召集并主持。

第十四条　院（系）党组织会议议题涉及与会人员及其亲属或重大利益关系时，本人须回避。

第十五条　因故不能参加党组织会议的委员，须在会前向召集人请假。

第四章　会议决策机制

第十六条　院（系）党组织会议必须有半数以上委员到会方可召开，讨论决定干部任免等重要事项时，应有三分之二以上委员到会方可召开。

第十七条　院（系）党组织会议决策程序：

（一）提出议题委员介绍情况，提出初步意见和建议。

（二）与会人员充分讨论。

（三）参会委员逐一发言并明确表态。

（四）党组织书记末位表态。

（五）采取口头表决、举手表决或者无记名投票等方式进行表决。

第十八条　表决以超过应到会委员的半数同意为通过。

第十九条　涉及人选推荐、内设部门、科室、研究所、科研中心等单位负责人选任等有关议题，在院（系）党的委员会会议研究决定前，应在党组织书记、院长（系主任）、纪检委员等范围内进行充分酝酿，如有必要同时向学校相关部门征询意见。

第二十条　涉及院（系）发展方向、教师队伍建设、师生员工切身利益等重大事项，院（系）党组织会议须先行研究；涉及教师引进、高层次人才、课程建设、教材选用、学术活动等院（系）重大问题，院（系）党组织会议应把好政治关，做好审查工作。会议研究结果由党组织书记提交党政联席会议讨论决定。

第二十一条　对存在较大意见分歧的议题，由主持人决定暂缓表决决定。并安排会后补充调查研究，寻求主要分歧解决办法。条件成熟的，再列议题予以讨论决定。

第五章　执行和监督

第二十二条　院（系）党组织会议决策重要事项须形成会议纪要，由党组织书记审定。会议纪要在院（系）网站或院（系）公开渠道予以公布。涉及保密事项及个人隐私事项，可不公开，应根据工作需要传达至有关人员。

第二十三条　院（系）党组织会议决策事项应同时告知院（系）非党员领导班子成员。

第二十四条　院（系）党组织会议决策事项由党组织书记指定副书记或委员负责落实，定期向院（系）党的委员会汇报实施进展。

第二十五条　对会议通过事项有不同意见的，按照党内有关规定执行。

第二十六条　院（系）党组织会议不宜公开的有关内容、决定和形成的过程，不得以任何形式对外泄露。

第二十七条　院（系）党组织会议必须有专人负责记录，记录内容应包含会议议题、参加人员、决策事项及内容等详细信息，记录要妥善保管，便于存档备查。学校定期对院（系）党委（党总支）贯彻执行会议制度情况进行指导督查。

第六章　附　　则

第二十八条　对违反民主集中制原则，拒不执行或者擅自改变院（系）党的委员会作出的重大决定，或者违反议事规则，个人或者少数人决定重大问题的，依照《中国共产党纪律处分条例》、《中国共产党问责条例》等规定处理。

第二十九条　学校党委对院（系）党的委员会贯彻执行党组织会议制度情况纳入年度考核。对不遵守规定、不履行职责的，要视情况进行批评教育、追究责任。

第三十条　学校非院（系）基层党组织根据实际情况参照本制度执行。

第三十一条　本制度由党委组织部负责解释。自颁布之日生效。

2019 年 1 月 9 日

华北电力大学科技成果转移转化管理办法（试行）

华电校科〔2019〕2 号

第一章　总　　则

第一条　为贯彻落实创新驱动发展战略，充分调动学校科技人员积极性，盘活学校科技资源，加快推进科技成果转移转化工作，根据《中华人民共和国促进科技成果转化法》、国务院《实施〈中华人民共和国促进科技成果转化法〉若干规定》（国发〔2016〕16 号）及《教育部 科技部关于加强高等学校科技成果转移转化工作的若干意见》（教技〔2016〕3 号）、教育部《促进高等学校科技成果转移转化行动计划》（教技厅函〔2016〕115 号）等有关法规、文件，结合我校实际情况，特制定本办法。

第二条　本办法所称的科技成果是指执行学校的工作任务或利用学校技术、资源、物质等条件完成的具有实用价值的职务科技成果。

第三条　本办法所称科技成果转移转化，是指为提高生产力水平而对科学研究与技术开发所产生的具有实用价值的科技成果所进行的后续试验、开发、应用、推广直至形成新技术、新工艺、新材料、新产品，发展新产业等活动。

第四条　科技成果转移转化应遵守国家法律法规，尊重市场规律，遵循自愿、互利、公平、诚实信用的原则，依照合同的约定，享受利益，承担风险，不得侵害学校及有利害关系者的合法权益。

第二章　体系建设

第五条　学校设立科技成果转移转化领导小组（简称领导小组），作为学校科技成果转移转化工作决策机构，统筹全校科技成果转移转化工作，负责学校科技成果转移转化重大事项的决策。

第六条　学校在科学技术研究院（简称科研院）设立科技成果转移转化管理办公室（简称科转办），作为学校科技成果转移转化工作统一的执行机构和管理、服务平台，负责汇聚学校各类成果转移转化资源，协调全校参与科技成果转移转化工作各相关部门，对学校科技成果转移转化相关事宜进行统筹管理。

第七条　建立多部门联动的科技成果转移转化协同机制，明确各参与部门主体责任。

1. 科研院负责科技成果转移转化全面工作。重点负责知识产权管理，科技成果转让、许可类转移转化核准管理工作，科技成果转移转化年报及技术开发、技术服务、技术咨询、技术转让（简称“四技合同”）合同全流程管理等工作。

2. 资产管理处负责学校国有资产的登记、管理、使用、处置、汇总、报备，审批资产类权属变更转移转化事项。负责科研成果转化用房、大型贵重仪器设备共享平台等条件保障；明确技术类无形资产登记、核销的程序与规则等工作。

3. 北京华电天德资产经营有限公司（以下简称资产公司）代表学校管理经营性资产。学校科技成果作价入股新产生的股权，由资产公司持有管理。资产公司行使国有股东职责，为科技成果转化企业提供专业化的服务，促进科技成果转化企业持续健康发展。

4. 人事处负责学校科技成果转化岗位设置，考核管理，职称晋升，完善科技成果转移转化激励与绩效奖励制度及教师离岗创业，在岗兼职，返岗任职等方面的管理工作。

5. 计划财务处负责成果转化收益财务管理，会计核算和收益分配。

6. 学生处、教务处、团委、研究生院等部门负责大学生创新创业相关管理，负责学生休学创业的申请与受理工作；负责科教融合，开设创新创业、技术转移转化课程等工作。

7. 各院系作为科技成果转移转化依托单位，负有培育科技成果并促进其转移转化的责任，对科技成果转移转化项目进行初步审核、确认权属、督促落实。

8. 科技成果持有人（或团队、课题组）作为科技成果转移转化直接参与人，对科技成果转移转化工作负有直接责任。

第八条 发挥学校外派科技合作机构、异地研究院等驻外机构的辐射、带动作用，将其作为学校科技成果转移转化体系的重要组成部分，通过与地方政府、企业开展多种形式的合作，促进学校科技成果转移转化落地。

第九条 鼓励各学院及团队（课题组）根据自身专业情况，积极参与各级各类产业创新战略联盟及产学研协同创新组织，联系所处行业（产业）或区域上下游企事业单位，依托国家、省市各级产学研专项，共同促进科技成果转移转化。

第三章　组织实施

第十条 学校科技成果可以采用下列方式进行转移转化：

1. 团队或个人自行投资实施转化；
2. 向他人转让该科技成果；
3. 有偿许可他人使用该科技成果；
4. 以该科技成果作为合作条件，与他人共同实施转化；
5. 以该科技成果作价投资，折算股份或者出资比例。
6. 通过协议方式全权委托学校转移转化。
7. 其他协商确定的方式。

第十一条 不论以何种方式实施科技成果转移转化，都应依法签订合同，并有偿使用、处置相关科技成果；明确各方享有的权益和各自承担的责任，并在合同中约定在科技成果转化过程中产生的后续改进技术成果的权属。

第十二条 科研院定期组织相关单位及人员采取多种形式，进行科技成果遴选、论证，建立科技成果信息平台，对科技奖励、专利、结题项目进行评估，深入挖掘可转化成果，纳入学校科技成果转化项目储备库；对有一定成熟度、市场认可度的科技成果，提出转化方案，通过路演、项目对接会、成果交易会等多种方式寻找与政府、企业、资本等方面的合作，推动科技成果转移转化的实施。

第十三条 科技成果完成人应积极对科技成果提出转移转化建议或方案，推动科技成果转移转化；对于超过三年，未进行转移转化的科技成果，项目完成人可以向学校提出自行转化申请，经领导小组同意后，可由完成人自行进行转移转化；对于以专利、软件著作权、电路布线等为代表的专有技术，超过三年及以上的，科技成果完成人无力进行转移转化的，可与科转办签订放弃权益协议，由科转办会同相关部门全权处理相关技术转移转化后续事宜。

第十四条 对科技成果可以采用协议定价、技术市场挂牌交易、拍卖等多种方式确定科技成果交易价格和作价入股价格。对于作价入股、权属变动的科技成果转移转化，原则上须聘请有资质的第三方评估机构评估或按照届时法律、法规要求执行。

第十五条 对拟转化的科技成果，由科技成果完成人或成果转化负责人拟定合同，经所在单位审核后交科转办，由科转办、资产管理处依据相应管理办法和流程履行审批、报批手续。

第四章　奖励分配

第十六条 以技术转让或许可方式转化的，学校从转让或许可净收益中提取70%的比例作为对科技成果完成人、团队（课题组）及为转移转化工作做出重要贡献人员的奖励；提取5%作为对完成人、团队（课题组）所在院（系、所）的发展基金；提取20%作为学校收益（其中5%作为学校科技成果转移转化基金）；剩余5%作为中介组织等第三方的奖励（若科技成果未经第三方成交，该部分收益纳入学校科技成果转移转化基金统筹管理使用）。

第十七条 以科技成果作价入股实施转化的，将科技成果形成的股权中的70%（股权或出资比例）奖励给完成人、团队（课题组）及为转移转化工作做出重要贡献人员，30%（股权或出资比例）由资产经营公司持有管理。

第十八条 学校正职领导以及学校所属具有独立法人资格单位的正职领导，是科技成果的主要完成人或者对科技成果转化做出重要贡献的，可以按照本办法的规定获得现金奖励，原则上不得获取股权激励。其他担任领导职务的科技人员，是科技成果的主要完成人或者对科技成果转化做出重要贡献的，可以按照本办法的规定获得现金、股份或者出资比例等奖励和报酬。

对担任领导职务的科技人员的科技成果转化收益分配实行公开公示制度，不得利用职权侵占他人科技成果转化收益。

第五章　配套措施

第十九条　建立重大事项集体决策制度。以下事项原则上由领导小组集体决议。

1. 单项或是批量科技成果转让、许可超过200万元时；

2. 科技成果作价入股；

3. 科技成果转移转化岗位的设置及教师离岗、大学生休学创业申请的核准；

4. 涉及科技成果转移转化产生重大争议时；

5. 领导小组认为有必要进行集体决议的其他事项；

6. 涉及学校“三重一大”的，需由领导小组呈报学校党委会、党委常委会、校长办公会或其他重要会议集体研究并做出决策。

第二十条　完善有利于科技成果转移转化的岗位聘用、晋升培养和评价激励等方面的各项政策，在教师岗位序列中，根据个人申请，经院系审核和学校领导小组批准，确定科技成果转化岗位；对于应聘在科技成果转化岗位的科研人员，其科技成果转化工作业绩作为科研考核内容。

第二十一条　教师完成岗位职责的前提下，征得所在单位同意后，可以到企业及其他组织兼职从事科技成果转化工作，并按照有关法律法规和政策取得相应的劳动报酬；担任领导职务的科技人员到企业兼职及取酬按国家及学校有关规定办理。原则上允许具备一定条件的教师离岗创业，申请离岗创业的教师应向院系提出书面申请，学院主要负责人签署意见后，报科转办，由科转办会同人事处组织专家评议通过后，报领导小组决议。

第二十二条　在满足正常科研、教学需要的前提下，建立学校大型贵重仪器设备共享平台，提升科技成果转移转化服务能力。加大对实验室开放课题支持的力度，积极与企业联合共建实验室或研究中心，支持联合开展重大课题攻关。具体细则由资产管理处制定。

涉及科技成果资产评估备案工作、评估备案材料的审核及档案管理，由资产管理处依据有关规定组织实施。

第二十三条　学校鼓励教师支持、指导、帮助学生创新创业；学校在大学科技园提供一定的孵化空间给予政策、工商注册、综合服务等多方位的支持；学生处、教务处、团委、研究生院根据各自职责，采取多种形式支持大学生“双创”工作；原则上允许大学生休学创业。相关细则由学生处、教务处、团委、研究生院制定。

第二十四条　学校支持科转办聘用专业服务人员开展知识产权价值分析等工作，促进科技成果市场推广，扩展横向科研项目来源渠道。

学校授权科转办自主择优选择（选定）专门从事科技成果转移转化社会服务的中介服务机构，由其协助学校拓展科技成果转移转化渠道和横向科研项目来源渠道，开展知识产权价值评估、分析及委托开展科技成果转化等工作。受托机构可根据协议和实际促成的科技成果转化、横向科研项目等情况获得收益（合同约定）。

第六章　相关责任

第二十五条　职务科技成果所有权归学校所有，未经学校书面授权同意，任何单位或个人不得擅自实施或擅自与他人合作实施；有未经学校同意，而擅自实施者，学校有权追缴其既得利益并追究相关人员的法律责任。

第二十六条　科技成果完成人、团队（课题组），不得阻碍科技成果转移转化，不得将科技成果及其技术资料和数据占为己有，不得侵犯学校及团队（课题组）其他成员的合法权益。

第二十七条　从事科技成果转化的相关人员，应当保守技术秘密，未经批准，不得披露、允许他人使用该项成果；科技成果首先要在境内使用，向境外转让、独占许可的，应当依法履行审批程序，涉及国家安全、国家利益和重大社会公共利益的，依照相关法律规定执行。

第二十六条　科技成果转化过程中，要严格执行国有资产管理的相关规定，加强对知识产权的管理和保护；科技成果作为学校国有资产不得用于委托贷款、赞助、捐赠等；科技成果转化不得进行承担无限连带责任的对外投资；不得从事其他国家法律法规禁止的业务。

第二十七条　科技成果转化过程中，要严格执行党风廉政相关规定，切实防范道德风险、廉政风险和法律风险；加强对科技成果转移转化工作的监督检查，对不作为、乱作为的行为严肃问责，对借机谋取私利、搞利益输送的违纪违法问题依法依规严肃查处。

第二十八条　科技成果转移转化工作未达到预期效果或彻底失败，符合以下条件者，可以免于追究相关人员的责任，不影响相关人员考核、晋升。

1. 立项程序完备，流程合规，原始记录能够证明相关人员已经履行了勤勉尽责义务仍不能完成该项目的；

2. 相关个人和单位没有牟取私利的；

3. 未与其他单位或者个人恶意串通，损害学校利益的；

4. 符合其他情形者。

第七章　附　　则

第三十条　凡与本管理办法不一致的校内文件，以本办法为准；本办法与国家有关规定不一致时，按国家有关规定执行。

第三十一条　本办法授权科学技术研究院负责解释。

第三十二条　本办法自发布之日起实施。

2019 年 1 月 18 日

华北电力大学国有资产管理办法(修订)

华电校资〔2019〕5 号

第一章　总　　则

第一条　为了进一步规范和加强学校国有资产管理，维护国有资产的安全和完整，合理配置和有效利用国有资产，保障和促进学校各项事业发展，根据财政部《事业单位国有资产管理暂行办法》(财政部令第 36 号)、《教育部直属高等学校国有资产管理暂行办法》(教财〔2012〕6 号)、《教育部直属高等学校、直属单位国有资产管理工作规程(暂行)》(教财函〔2013〕55 号)、《教育部等五部门关于深化高等教育领域简政放权放管结合优化服务改革的若干意见》(教政法〔2017〕7 号)、《教育部关于规范和加强直属高校国有资产管理的若干意见》(教财〔2017〕9 号)、《关于落实直属高校国有资产管理有关政策的通知》(教财司函〔2018〕33 号)等文件精神，结合学校实际，对本办法进行修订。

第二条　学校国有资产是指学校占有和使用的、依法确认为国家所有、能以货币计量的各种经济资源的总称，包括国家拨给学校的资产、学校按国家政策规定运用国有资产组织收入形成的资产以及接受捐赠和其他经法律确认为国家所有的资产。其表现形式为流动资产、固定资产、在建工程、无形资产和对外投资等。

(一)流动资产是指可以在一年内变现或者耗用的资产，包括现金、存款、零余额账户用款额度、应收及预付账款等货币类流动资产，材料、燃料、包装物、低值易耗品等存货类流动资产。

(二)固定资产是指单位价值在规定标准以上、使用期限在一年以上并在使用过程中基本保持原有物质形态的资产，或单价虽未达到规定标准，但耐用时间在一年以上的大批同类资产。固定资产包括房屋及构筑物，专用设备，通用设备，文物和陈列品，图书、档案，家具、用具、装具及动植物等。

1. 房屋及构筑物是指学校拥有占有权和使用权的房屋构筑物及其附属设施。房屋包括办公用房、业务用房、库房、食堂、锅炉房等；构筑物是指房屋以外的建筑，包括各种塔、池、井、棚、场、路、围墙等；附属设施是指安装在房屋和建筑物内部的、与房屋和建筑物不可分割的各种配套设施，如水暖管道、除尘通风设备、通讯设施、输电线路等；

2. 专用设备是指具有专门性能和专业用途的设备；

3. 通用设备是指通用性、一般性设备，如服务器、台式机、防火墙、软件等计算机设备及软件，交通工具及复印机、传真机、电话机等办公设备；

4. 文物和陈列品是指各种文物和陈列品、纪念品、展品、教学模型等；

5. 图书、档案是指学校统一使用的图书与档案，包括学校图书馆和二级单位使用的图书与档案。具体包括纸质和电子藏书、期刊、档案、特种文献资料、缩微资料等；

6. 家具、用具、装具及动植物是指各种家具、用具、被服装具和特种用途动植物等，如办公桌椅、文件柜等办公家具，厨卫用具，实验用动物，名贵树木花卉等。

(三)在建工程是指已经发生必要支出但尚未达到交付使用状态的建设工程，如对固定资产的新建、改建、扩建或技术改造、大修工程等。

(四)无形资产是指不具有实物形态而能为使用者提供某种权利的资产,包括专利权、商标权、著作权、非专利技术、商誉、土地使用权、特许经营权及其他财产权利等。

(五)对外投资是指学校利用货币资金、实物或无形资产等方式向附属单位、经济实体或其他单位的投资。

第三条 学校国有资产管理,坚持资产管理与预算管理相结合的原则;坚持所有权与使用权相分离的原则;坚持资产管理与财务管理、实物管理与价值管理相结合的原则;坚持安全完整与注重绩效相结合的原则。

第四条 学校国有资产管理的主要任务是:建立适应社会主义市场经济和国家财政要求的学校资产管理体制;建立健全学校资产管理的规章制度;推动资产的优化配置和有效利用;对学校资产实施产权管理,维护资产的安全、完整;加强对经营性资产的监督管理,维护学校作为出资人的合法权益,确保学校国有资产的保值增值。

第五条 学校国有资产管理的内容包括:产权管理、使用管理、配置管理、处置管理、收益管理、绩效管理、监督管理和统计报告等。

第六条 学校国有资产实行“统一领导,归口管理,分级负责,责任到人”的管理体制。学校国有资产管理工作由学校国有资产管理委员会实施统一管理,按资产的不同形态和分类,对国有资产实施归口管理;各归口管理部门对归口管理的国有资产负监督责任;各资产使用部门、单位负责人及其使用人对本部门、本单位管理、使用的学校国有资产的安全性、完整性和使用的有效性负责。

第二章　管理机构及其职责

第七条 学校承担本校占有、使用国有资产的具体管理职责,校长是国有资产管理工作第一责任人,分管校领导是国有资产管理工作的主要责任人。学校成立国有资产管理委员会,委员会主任由校长担任,副主任由分管校领导担任,成员由财务、资产、监察、审计、基建、后勤、资产经营公司、科学技术研究院等单位负责人组成,下设国有资产管理委员会办公室,办公室主任由资产管理处负责人兼任。国有资产管理委员会代表学校对全校国有资产的重大事项协调、管理和监督。

其主要职责是:

(一)贯彻执行国家及上级主管部门国有资产监督管理的法律、法规和有关文件,负责审定学校国有资产监督和管理的规章制度,并对执行情况进行检查和监督。

(二)研究和审定学校国有资产管理的工作规划、审核学校年度资产购置计划、总结学校年度资产工作。

(三)对国有资产管理中的重大问题进行咨询、监督、协调、指导。对学校国有资产配置、资产使用、资产处置、绩效考核、资产清查、对外投资等重大事项进行审议;审议后报学校党委常委会或校长办公会议审批。

(四)负责审定学校国有资产优化配置方案,推动建立学校国有资产的共享机制。

(五)依法对学校各资产归口管理部门的工作进行监督与检查。

第八条 学校党政办公室、计划财务处、财务与资产管理处、基建处、后勤管理处、资产经营公司、图书馆、科学技术研究院、保卫处、校医院、档案馆、资产管理处等职能部门为学校资产的归口管理部门,代表学校管理相应的学校国有资产,其主要职责是:

(一)贯彻执行有关国有资产管理的法律、法规和制度,负责制定本部门国有资产管理的具体办法,并负责组织实施;

(二)按照管理权限,负责办理本部门归口管理的国有资产的申报、购置、使用及处置等审核、审批手续;

(三)负责本部门归口管理资产的登记、日常信息统计报告、资产清查及日常监督检查工作;

(四)负责本部门管理资产的合理配置,盘活存量资产,提高资产的使用效率;

第九条 各职能部门分别按下列分工对学校国有资产实施归口管理:

(一)资产管理处负责全校房屋及建筑物、专用设备、一般设备等固定资产的管理;负责学校土地使用权和教职工公有住房的管理;

(二)计划财务处负责学校各类资产的财务管理和会计核算工作;是学校货币资金、应收及预付款等资产的归口管理单位;

(三)后勤管理处负责后勤经营资产、教室、学生宿舍等的管理;

(四)资产经营公司负责对学校授权经营的国有资产和学校所投资企业的管理;

(五)科学技术研究院负责全校专利权、非专利技术、著作权等科研成果类无形资产的管理;

(六)图书馆负责全校图书、期刊等各类文献(含电子文献)的管理;

(七)档案馆负责学校文物、陈列品及国有资产档案的管理。

(八)基建处负责学校在建工程的管理;

(九)保卫处负责安防类设备及器材等固定资产的管理;

(十)校医院负责药品和医用耗材等资产的管理;

(十一)党政办公室负责校名、校誉类无形资产的管理。

第十条 学校各使用单位也是学校资产的二级管理单位,负责对本部门的国有资产实施管理,履行以下职责:

(一)执行学校国有资产管理的各项规章制度;根据需要制定本单位国有资产管理的实施细则并组织实施。

(二)负责本单位资产购置、使用、维护、处置、对外出租、出借、效益评价等相关管理工作。

(三)负责本单位国有资产的账、卡、物的日常管理;负责本单位国有资产的日常清理清查。

(四)向学校资产归口管理部门报送本单位国有资产的统计报表,及报告相关工作。

(五)学校规定的其他国有资产管理工作。

第十一条 学校的资产管理实行岗位责任制,单位主要负责人为本单位资产管理第一责任人。

第十二条 各使用单位要明确资产主管领导和资产管理员,接受学校国有资产管理办公室业务指导与培训。

第三章 资产配置

第十三条 学校资产配置是指学校根据校内单位履行职能的需要,按照国家有关法律法规和校内规章制度规定的程序,通过购置、调剂及接受捐赠等方式为校内单位配备固定资产的行为。

第十四条 学校国有资产主管部门及各归口管理部门,要按照有关规定制定相应的资产配置标准及配置办法,严格按照标准进行配备;对没有规定配备标准的资产,应当加强论证,从严控制,合理配置。

第十五条 对于校内单位长期闲置、低效运转或者超标准配置的固定资产,资产管理处有权收归学校,重新调剂配置;各单位的配置需求能通过调剂或共享解决的,原则上不重新采购。

第十六条 为加强资产购置的预算管理,各单位每年对教学、办公、服务等购置需求按照时间要求统一报资产管理处,由资产管理处根据资产存量状况、配置标准和购置资金来源等情况,提出配置意见,报计划财务处审批,纳入学校预算。

第十七条 购置中央政府采购目录内的资产,要按照《中华人民共和国政府采购法》、《中央单位政府集中采购管理实施办法》规定的审批程序和采购方式依法实施政府采购。达到学校招标规定限额非政府采购目录中的需按照《华北电力大学招标管理办法》的有关规定执行。

第十八条 购置大型贵重仪器设备须在上报经费预算前,由经费主管部门、使用单位及资产管理处按照学校大型贵重仪器设备管理办法进行必要性、可行性论证,论证通过后方能纳入采购预算。

第十九条 大批量的低值仪器、设备及低值易耗品应采取集中采购的方式。

第二十条 自制仪器设备实行立项管理,按照学校自制设备管理办法,经学校相关部门审批后执行研制、验收、报增手续。

第二十一条 学校接受捐赠等方式形成的各类资产属国有资产,由学校依法占有、使用,应由校内接收单位及时办理入账手续,加强管理。

第二十二条 学校自建资产应及时办理工程竣工验收、竣工财务决算编报以及按照规定办理资产移交,并根据资产的相关凭证或文件及时进行账务处理。

第二十三条 新增固定资产的验收:

(一)购入、调入、自制、捐赠的固定资产,不分经费或实物来源,统一由资产管理处组织验收,技术部分主要由采购单位负责组织验收;验收合格后,凭发票、验收报告、固定资产调拨单、基建项目交付使用验收单据等凭证,办理入账、财务报销等有关手续。

(二)学校新的基本建设项目,必须按基建审批购建程序办理。竣工验收合格后,必须有竣工报告及验收报告以及土地、房屋、设备等资产使用清单,交归口管理单位管理。

(三)购置大型贵重仪器设备要有技术验收报告,必须按合同及产品说明书内容逐项检验技术指标,进口设备要在索赔期满以前验收完毕。

(四)自制仪器设备验收时需提交产品说明书,内容包括:设备组成、技术指标、主要用途、使用说明等基本内容,设备通过鉴定、验收后,按照经费使用明细结算单,办理资产入账手续。

第四章 资产使用

第二十四条 学校国有资产的使用包括单位自用和对外投资、出租、出借、担保等方式。

第二十五条 学校各资产归口管理部门要建立、健全资产购置、验收、登记、保管、使用等管理制度，要对国有资产定期清理、检查。各单位对各种资产至少每年盘点一次，做到家底清楚、账账相符、账卡相符、账实相符，防止国有资产流失。

第二十六条 学校实施国有资产使用管理责任人制度。各资产使用单位的主要负责人为本单位国有资产使用管理的责任人，各使用单位还必须指派专职或兼职人员负责本单位国有资产账、卡、物的日常管理工作，建立健全资产领用制度，规范交接手续，实行资产管理的责任制，并层层分解落实到具体的部门、负责人和经办人。

第二十七条 各单位不得私自将货币资金、固定资产以及无形资产等学校资产对外投资、出租、出借，在不影响教学、科研等工作的前提下，如需开展上述活动，要由使用单位进行必要的可行性论证，并提出书面申请，提交可行性分析报告等相关材料，报国有资产管理委员会办公室审核，并提交学校及上级主管部门备案或审批。

第二十八条 学校各单位不得利用国有事业资产为任何校外单位或个人的经济行为提供抵押、担保。

第二十九条 学校利用国有资产对外投资、出租、出借等事项，按以下规定权限履行审批手续：

（一）学校利用货币资金对外投资 50 万元（人民币，下同）以下的，由学校审批后，报教育部备案；50 万元以上（含 50 万元）至 800 万元以下的，由学校审核后报教育部审批；800 万元以上（含 800 万元）的，由学校审核后报教育部审核，教育部审核后报财政部审批。

（二）学校利用固定资产、无形资产对外投资、出租、出借，单项或批量价值（账面原值，下同）在 500 万元以下的，由学校审批后，报教育部备案；单项或批量价值在 500 万元以上（含 500 万元）至 800 万元以下的，由学校审核后报教育部审批；单项或批量价值在 800 万元以上（含 800 万元）的，由学校审核后报教育部审核，教育部审核后报财政部审批。

第三十条 学校利用非货币性资产进行对外投资，应当聘请具有相应资质的中介机构，对拟投资资产进行评估，资产评估事项按规定履行备案或者核准手续；学校国有资产出租，原则上应采取公开招租的形式确定出租的价格，必要时可采取评审或者资产评估的办法确定出租的价格。高校国有资产出租、出借，期限一般不得超过 5 年。

第三十一条 学校对外投资收益以及利用国有资产出租、出借、开展社会服务和科研成果形成的无形资产等取得的收入应当纳入学校预算，统一核算，统一管理。

第五章 资产处置

第三十二条 国有资产处置是指学校对其占有、使用的国有资产进行产权转让或者注销产权的行为。处置范围包括：闲置资产，报废、淘汰资产，产权或使用权转移的资产，盘亏、呆账及非正常损失的资产，以及依照国家有关规定需要处置的其他资产。

处置方式包括：报废报损、出售、出让、转让（含股权减持）、无偿调拨（划转）、对外捐赠、置换、货币性资产损失核销等。

第三十三条 学校有关单位处置资产，应向资产归口管理部门提出申请，按照审批权限，在校内进行逐级审批，并向上级主管部门报批报备后方可执行。未经批准，任何单位和个人不得自行处置。

第三十四条 学校国有资产处置应当遵循公开、公正、公平和竞争、择优的原则，出售、出让、转让资产数量较多或者价值较高的，应通过招标、拍卖等市场竞价方式公开处置。未达到使用年限的固定资产报废、报损，要组织论证，从严控制。

第三十五条 学校资产处置所得必须全部上交学校，纳入预算，统一管理，任何单位不得截留。

第三十六条 学校资产处置的具体工作，由各资产归口管理部门按有关规定组织实施，学校相关部门负责协调与监督。

第六章 产权登记与产权纠纷处理

第三十七条 学校国有资产产权登记是对学校占有、使用的国有资产进行登记，依法确认国家对国有资产的所有权和学校对国有资产的占有、使用权的行为。

第三十八条 学校国有资产管理委员会办公室根据法律法规规定和财政部门、主管部门的要求，组织国有资产产权登记工作。

第三十九条 产权纠纷是指由于国有资产所有权、经营权、使用权等产权归属不清而发生的争议。

第四十条 学校与其他国有单位和国有企业之间发生国有资产产权纠纷的，由资产归口单位与之协商，提出解决方案，并报学校国有资产管理委员会审批解决；协商不能解决的，由学校向上级主管部门申请调解或者依法裁决。

第四十一条 学校与非国有单位和非国有企业或者个人之间发生产权纠纷的，由学校国有资产管理委员会提出拟处理意见，经上级主管部门审核同意后，与对方当事人协商解决；协商不能解决的，依照司法程序处理。

第七章　固定资产评估与资产清查

第四十二条　学校有下列情形之一的，必须对相关资产进行评估：

（一）整体或者部分改制为企业。

（二）以非货币性资产对外投资。

（三）与校外单位间的合并、分立、清算。

（四）学校资产对外拍卖、转让、置换。

（五）学校整体或者部分资产租赁给非国有单位。

（六）确定涉讼资产价值。

（七）法律、行政法规规定的其他需要进行评估的事项。

第四十三条　学校有下列情形之一，应当进行资产清查：

（一）根据各级政府及其财政部门专项工作要求，纳入统一组织的资产清查范围的。

（二）进行重大改革或者改制的。

（三）遭受重大自然灾害等不可抗力造成资产严重损失的。

（四）会计信息严重失真或者国有资产出现重大流失的。

（五）会计政策发生重大变更，涉及资产核算方法发生重要变化的。

（六）学校认为应当进行资产清查的。

第四十四条　资产清查内容包括：基本情况清理、账务清理、财产清查、损溢认定、资产核实和完善制度等。

第四十五条　学校资产评估和资产清查前必须由相关单位向学校国有资产管理委员会办公室提交资产评估立项和资产清查申请书，经学校审核、审批并按规定报教育部、财政部备案、审批后组织实施；

第四十六条　国有资产评估工作应当委托具有资产评估资格的评估机构进行。资产评估申请单位必须如实向资产评估机构提供有关情况和资料，并对所提供的情况和资料的客观性、真实性和合法性负责。不得以任何形式干预资产评估机构独立执业。

学校资产清查工作中的资产盘盈、资产损失和资金挂账认定和结果确认等，按照财政部关于印发《行政事业单位资产清查核实管理办法》有关规定执行。国家另有规定的，从其规定。

第八章　资产信息管理与报告

第四十七条　学校各资产归口管理部门应按照上级主管部门和学校要求，建立国有资产管理信息系统，对由不同资金渠道形成的学校国有资产实行统一入账管理，不得另建账或在账外滞留。并及时做好资产变动信息记录，加强对资产的动态管理。

第四十八条　学校的二级单位（国有资产使用单位）应当按照国有资产管理信息化的要求，按照职责权限及时录入、更新资产变动信息，要认真做好资产的日常管理工作，建立资产管理台账，健全资产的使用和保管制度，将资产的管理责任层层分解，落实到具体部门和责任人。

第四十九条　学校各级资产管理部门应当充分利用资产管理信息系统，及时统计和分析学校国有资产的占有、使用和处置状况，报告本部门资产管理状况。

第五十条　校内单位因机构变动或撤销、合并等，原单位必须到学校资产归口管理单位办理资产转移手续；各使用单位资产管理人员工作变动时，必须办理账务资料的移交手续，必要时要编制资产移交清册，经各使用单位负责人审批后，报国有资产管理委员会办公室审核、审批。

第五十一条　已经入账的固定资产在下列情况下可变动账面价值，并由资产管理处负责办理，并及时通知计划财务处，对固定资产有关账目作相应调整。

（一）根据国家规定对固定资产进行重新估价的。

（二）增加补充设备或改良装置的。

（三）将固定资产一部分拆除或改扩建的。

（四）根据实际价值调整原来暂估价值的。

（五）发现原来记录固定资产价值有误的。

（六）公有住房出售产权归属个人所有的。

第五十二条 固定资产计价标准：

（一）购入、调入的固定资产，按实际支付的价格、调拨价以及运杂费、保险费、安装费及其他附加费等汇总入账。

（二）自制的固定资产，按建造过程中实际发生的全部支出入账。

（三）在原有固定资产基础上改建、扩建的固定资产，按原值加改建、扩建发生的支出之和入账。

（四）接受捐赠的固定资产，按照同类固定资产的市场价格或者有关凭证记账，接受捐赠固定资产时发生的相关费用纳入固定资产价值。

（五）无偿调入固定资产，不能查明原值的，按照估价入账。

（六）已投入使用，但尚未办理移交手续的固定资产，可先按估价入账，待确定实际价值后，再进行调整。

（七）进口设备，按当时的汇率折合成人民币金额，加上国外部分的运费、支付的关税及海关进口手续费等计价入账。

第九章 绩效考核与监督检查

第五十三条 学校各资产归口管理部门及使用单位要针对管理内容，逐步建立和完善国有资产管理绩效考核制度和考核体系，就资产管理、使用效益进行定性和定量的科学考核和评价。

第五十四条 学校国有资产管理委员会对全校资产进行统一监督管理，对全校各归口管理部门执行国家及学校资产管理有关法规制度的情况进行监督。

资产管理处按国有资产管理委员会的要求，对全校资产的总量及权益变动过程实施监督管理。

纪检、监察、审计、财务等部门应发挥各自的监督职能，维护国有资产的安全完整和合法权益。

各资产归口管理部门对所管理范围内的国有资产实施监督。

各资产占有、使用单位要建立健全内部监督管理制度。

第五十五条 学校资产管理工作接受上级主管部门、学校主管部门、纪检监察审计部门和全校师生员工的监督。任何单位和个人可对学校资产管理中的违纪违法行为进行举报。各资产归口管理部门和使用单位应自觉接受有关部门的监督和检查。

第五十六条 学校国有资产管理部门和使用单位由于个人疏忽或过错造成学校资产损失的，有关责任人必须予以赔偿；情节严重，造成资产大量流失的，学校除责成责任人予以赔偿外，还要追究其单位主管领导的责任；对造成重大损失而触犯法律的，学校将移交司法机关处理。

第十章 附 则

第五十七条 本办法自公布之日起开始施行，未尽事宜按有关规定办理，凡此前发布的有关管理办法与本办法相抵触的，以本办法为准。

第五十八条 本办法由华北电力大学国有资产管理委员会负责解释。

第五十九条 本办法将根据国家有关规定和学校发展需要，不定期进行修订。

2019年1月24日

华北电力大学合同管理办法（试行）

华电政研〔2019〕1号

第一章 总 则

第一条 为深入推进依法治校，规范学校合同管理，防范合同风险，维护学校合法权益，根据《中华人民共和国合同法》及相关法律法规，结合学校实际，制定本办法。

第二条 本办法所称合同，是指学校在开展教学、科研及其他活动时，与自然人、法人或其他组织之间为明确双方的权利义务关系而形成的书面协议。

第三条 本办法适用于华北电力大学及其所属单位的合同管理。所属单位包括学校职能部门、院（系）、教辅部门、科研机构及附属单位等。

第四条 合同的签订和履行，必须遵守国家法律法规和相关政策，遵循公平、有效、完整的原则，不得侵害国家公共利益，不得损害学校及他人合法权益。

第五条 学校规范各类合同的全过程管理，实行统一指导监督、分类归口管理、分级审批授权的管理体制。加强合同信息化建设，积极推进合同线上管理，不断提高合同管理水平。

第二章 合同管理机构

第六条 学校合同事务管理机构主要有合同管理领导小组、综合管理部门、归口管理部门、承办部门等，各机构依照各自权限和职责对合同实施管理。

第七条 合同管理领导小组统一指导监督学校合同事务，协调处理合同管理中的各类重大问题，防控廉政风险，确保学校资产安全，保障学校权益。领导小组成员由有关校领导和党政办、监察、政策法规、财务、审计、资产、基建、后勤、招标等部门负责人及学校法律顾问组成，办公室设在政策法规部门。

第八条 政策法规部门是学校合同事务的综合管理部门，承担以下主要职责：

（一）制定学校合同管理基本制度，解释或修订合同管理办法；

（二）对学校重大合同进行合法合规性审核；

（三）审核学校法人授权委托书的授权范围和授权期限，负责合同印章管理；

（四）在学校法律顾问的配合下，为校内各单位办理合同事务提供法律咨询服务；

（五）根据工作需要，组织开展合同管理相关业务知识培训。

第九条 学校授权相关职能部门作为特定类型合同的归口管理部门，承担以下主要职责：

（一）制定并完善归口管理合同的管理细则、工作流程及合同范本；

（二）拟定、审核、签订归口管理范围内的各类合同；

（三）监督和指导合同承办部门正确行使合同权利、履行合同义务；

（四）协调处理归口管理范围内的合同纠纷及法律诉讼；

（五）对归口管理范围内的合同进行统一编号、备案归档；

（六）学校授权范围内的其他工作。

涉及两个及以上管理部门的合同，依据合同所涉及的主要业务或经费管理部门确定归口管理部门。如有争议，可由学校合同管理领导小组决定归口管理部门。

第十条 学校授权各合同归口管理部门的业务范围如下：

（一）授权基建处归口管理学校基本建设相关合同，包括基本建设工程、大型修缮、改造工程及相关工程类服务等合同；

（二）授权北京校部资产管理处、保定校区财务与资产管理处归口管理学校资产管理相关合同，包括除药品以外的货物及服务类项目等合同；

（三）授权后勤管理处归口管理学校后勤管理相关合同，包括小型修缮工程、基础设施维修改造、后勤服务等合同；

（四）授权校医院归口管理学校药品采购相关合同，包括药品以及医用试剂、卫生材料等合同；

（五）授权审计处归口管理学校审计咨询服务合同；

（六）授权科学技术研究院归口管理学校科研相关合同；

（七）授权人事处（人才办）归口管理学校人事管理和劳动（聘用）相关合同；

（八）授权党政办公室归口管理涉及校名、校标、校誉等无形资产使用的相关合同；

（九）授权对外联络与合作部归口管理国内交流合作及校友相关合同；

（十）授权教务处、学生处（学工部）归口管理本科生业务相关合同；

（十一）授权研究生院（研工部）归口管理研究生业务相关合同；

（十二）授权国际合作处（港澳台办公室）归口管理学校与港澳台及国际交流与合作相关合同；

（十三）授权继续教育学院归口管理学校继续教育和培训等相关合同。

其他未列入上述部门管理范围的合同，经合同综合管理部门协调、学校合同管理领导小组同意，可由校领导临时授权具体管理部门。

如学校对职能部门等内设机构进行职责调整，按调整后的职责范围对合同进行归口管理。

第十一条 经费的使用单位或经济活动的行为主体为相应合同的具体承办部门，对所签合同的可行性、真实性、合法性、合理性负责，其承担的主要职责为：

（一）负责合同的可行性论证与项目立项；

(二)提出指标参数和具体要求;

(三)指定本部门的合同承办人,负责具体事务的管理与落实;

(四)及时反馈合同履行中出现的问题,处理合同纠纷及遗留问题,妥善保存相关材料;

(五)合同管理的其他具体工作。

合同内容涉及两个或多个单位的,可根据工作分工和学校授权,确定具体承办部门。合同归口管理部门可作为合同承办部门。

第三章　合同审批

第十二条　依据合同的性质、重要程度和标的额大小,学校合同分为重大合同和一般合同。重大合同主要包括:

(一)涉及学校形象、名誉等无形资产的办学合同或对外合作协议等;

(二)涉及学校“三重一大”事项的合同;

(三)履行期限在3年以上的经济合同;

(四)学校或相关职能部门认为应该按重大合同管理的其他合同。

除重大合同以外的其他合同为一般合同。

第十三条　对于单笔支出金额小于3万元(不含)的经济活动,原则上可由承办部门自主办理合同审核签订等事宜,但应按照学校有关管理办法,强化集体决策,规范管理流程,并报归口管理部门备案。

第十四条　凡单笔支出金额超过3万元(含)的经济活动及其他对外活动,应一律订立书面合同,履行合同审批程序。

第十五条　一般合同由承办部门报送项目立项等完整材料至归口管理部门进行业务审核;合同内容涉及其他职能部门的,归口管理部门须组织相关部门会审。审核通过后,由归口管理部门签署,确有必要时,报主管校领导审批。

第十六条　重大合同在通过业务审核后,须履行以下审查程序:

(一)对于需要由学校党委常委会或校长办公会研究决定的重大合同,合同归口管理部门应及时报政策法规部门进行合规合法性审查,通过后方能提请会议审议。

(二)对于其他类重大合同,在合同订立前,归口管理部门应及时报政策法规部门进行程序性及合规合法性审查,通过后方能签署。

第十七条　国家法律法规或学校规章制度规定必须通过招投标等程序签订合同的,或对相关合同的审批权限、流程、订立有特别规定的,从其规定办理。

第十八条　业务审核、程序性及合规合法性审查应坚持规范高效的原则,相关部门需在规定时间做出通过、建议修改或不予通过等结论,并及时书面通知送审单位。

送审单位应根据审核或审查意见修改完善合同文本,并送相关部门复审通过;对相关意见有异议的,应报合同管理领导小组研究决定。

第十九条　合同文本通过学校审核或审查后,在实际签订时对合同条款有实质性变更的,应重新履行审批手续。

第二十条　未经学校授权及审核,任何单位和个人不得以学校或本单位名义对外签订合同。各单位不得签订经济担保合同,未经批准不得签订投资合同和借贷合同。

第四章　合同的订立与履行

第二十一条　合同文本应主要条款完备、权利义务明确、违约责任具体、文字表达准确。合同条款一般应包括当事人的名称或姓名、住所,标的,数量或范围,质量标准,价款或者报酬,履行期限、签约时间、地点和方式,违约责任,争议解决方法等。

第二十二条　合同文本的选择应按照如下顺序进行:

(一)优先使用国家、行业规定或推荐使用的标准文本,并根据需要对合同内容予以补充和完善;

(二)没有可适用的标准文本的,归口管理部门应结合学校实际,按照有关规定制定相关合同范本,经合同综合管理部门审核确认后使用;

(三)无标准文本或合同范本的,应积极争取由我方草拟合同文本,主导合同的谈判和订立;

(四)确有必要由对方起草合同文本的,我方有关部门应就合同条款积极进行谈判,严格审核合同内容。

第二十三条　合同订立前,合同承办和归口管理等部门应从维护学校权益出发,对合同当事人的资质和履约能力进行调查,对合作事项的可行性和合法性进行必要论证。

第二十四条 合同双方若对重要条款存在重大分歧或需要法律专业知识的，承办部门或归口管理部门可邀请相关单位和政策法规部门参与合同谈判和文本起草。

第二十五条 学校建立合同签署授权制度，学校法定代表人可授权分管校领导、各职能部门负责人代表学校签署合同。授权期限以受托人任职期限为准。

根据工作职责和学校授权，一般合同由归口管理部门负责人或承办部门主要负责人签署，重大合同由校长或被授权人签署。

第二十六条 合同一经签订，即具有法律效力。法律、法规规定应当办理批准、登记等手续方能生效的，从其规定。合同生效后，承办和归口管理部门应对合同执行情况进行动态监督，加强对合同履行全过程的跟踪管理，保质、保量按期完成合同约定事项。

第二十七条 财务部门在办理价款结算等财务手续时，应视合同是否正常履行予以相应处理。

第二十八条 合同履行过程中，承办部门若发现明显有失公平、条款有误或对方有欺诈行为等情形，或因政策调整、市场变化等客观因素，已经或可能导致学校利益受损，应立即采取相应措施，及时报告归口管理部门，按照规定权限和程序办理合同补充、变更、撤销或解除事宜，将损失降到最低。

变更或补充后的合同视同新合同，需要重新履行相应的合同审批管理程序。

第二十九条 合同履行过程中发生纠纷的，由合同双方协商解决。协商不成的，通过仲裁或法律诉讼程序解决。

第三十条 合同履行完毕的标准，应以合同条款或法律规定为准。合同条款或法律没有规定的，一般应以货物交清、工程竣工并验收合格、价款结清、无遗留问题为准。

合同履行完毕后需要续签的，必须按前述流程报相关部门审批后再续签，必要时要对合同条款进行修改。除在合同中明确约定外，任何单位或个人不得擅自续签合同。

第五章 合同印章与档案管理

第三十一条 为加强规范管理，签订经济合同原则上一律使用合同专用章。若合同方对合同用章有特别规定或要求的，经学校同意，可特别处理。

签订各类非经济合同，根据实际情况，可使用合同专用章，也可使用学校公章，但不得使用部门公章。

第三十二条 学校根据合同审批管理的实际需要，分类刻制华北电力大学合同专用章，统一编号，在学校授权范围内使用。

合同专用章由合同综合管理部门负责统一管理，分别授权基建、资产、后勤、医院、科研等相关归口管理部门使用和保管。

其他非经济合同归口管理部门如需刻制合同专用章，需报政策法规部门备案。

第三十三条 合同专用章应严格按照《华北电力大学印章管理规定》执行，明确使用范围、登记、审批、会签、存档等。除学校授权外，严禁超出授权范围使用合同专用章。

第三十四条 学校归口管理部门是合同档案管理的责任主体，应对合同文本统一分类登记、编号、造册及存档，健全合同分类管理台账和总台账。

各归口管理部门负责对职责范围内合同的存档工作，并应根据学校档案管理的相关规定，将有关合同档案交档案馆保管；合同承办部门负责收集整理合同履行过程中产生的各种文件资料，定期报归口管理部门存档；政策法规部门应妥善保存合同的合规合法性审查等材料。

第六章 责任追究

第三十五条 学校各二级单位和相关责任人在对外签订合同中，应严格遵守本办法，认真履行职责，维护学校利益。因渎职、失职给学校造成损失的，学校将依照有关规定追究责任。

第三十六条 有下列行为之一的，学校将视其情节轻重，追究当事人校内行政责任；给学校造成损失的，追究其民事责任；构成犯罪的，移交国家司法机关处理：

（一）未经授权，擅自对外签订合同的；

（二）超越学校委托授权范围或滥用委托授权的；

（三）与合同对方当事人串通，损害学校利益的；

（四）篡改合同内容和有关事项的；

（五）倒签合同或恶意拆分合同的；

（六）在签订和履行合同中失职、渎职或以权谋私，使学校利益受到损失的；

（七）在签订和履行合同中泄漏国家机密、学校机密的；

（八）档案保管不善或故意销毁、隐匿合同材料的；

（九）未及时处理合同纠纷，或者擅自放弃权利的；

（十）其他违反法律法规和学校纪律，在合同签订和履行中给学校造成损失的。

第七章　附　　则

第三十七条　合同归口管理部门应依据本办法制定与自身业务相适应的合同管理实施细则，报政策法规部门备案。

第三十八条　具有独立法人资格的学校二级单位，以华北电力大学名义订立的对外合同，须按重大合同进行审批管理；以法人单位名义订立的属于重大合同范畴的合同，须报学校政策法规部门备案；以法人单位名义订立的属于一般合同范畴的合同，可由二级单位自行签订。

第三十九条　本办法自发布之日起施行。学校在本办法生效前制定的其他管理规定中涉及合同管理条款的，且与本办法不符的，以本办法为准。

第四十条　本办法授权政策法规研究室负责解释。

2019 年 1 月 24 日

华北电力大学数据管理办法（试行）

华电校信〔2019〕2 号

第一章　总　　则

第一条　本办法旨在全面统筹整合学校各类数据资源，规范学校数据管理工作，明确各单位职责分工，有序推进数据的采集、共享、使用、维护、安全等数据管理工作，切实提高学校数据质量和应用水平，以信息化促进“双一流”建设，推动学校综合改革。

第二条　本办法依据《国务院关于印发促进大数据发展行动纲要的通知》（国发〔2015〕50 号）《大数据产业发展规划（2016—2020 年）》《中华人民共和国网络安全法》等国家法律法规及政策，结合学校实际制定。

第三条　数据是学校的基础性战略资源和高价值重要资产，是推进智慧校园建设的基础。本办法所提及的数据是指北京校部和保定校区所属的基础网络设施、信息化公共服务平台、各类信息系统及网站、教育教学资源、校园各类终端等产生、保存和使用的所有相关电子数据。

第四条　学校各单位的数据是学校资产，所有权归属学校，必须予以共享，以共享为常态，不共享为例外。

第五条　数据管理是指通过建立数据标准和各类规范，对数据产生、集成、共享、运维、使用过程及数据安全保障的管理。

第六条　数据管理的基本原则是将集成数据进行统一存储，统一管理，统一发布，规范使用，保证数据的权威性、安全性和准确性。

第二章　管理职责与分工

第七条　网络安全和信息化领导小组负责全校信息数据共享工作的统一规划、顶层设计、协调和管理。数据管理组织架构包括数据管理单位、数据生产单位和数据使用单位。

第八条　网络与信息化办公室是学校的数据管理单位，负责学校数据统筹管理工作。

数据管理单位主要职责：监督实施数据管理办法，推动促进数据共享和交换工作开展；统一规划全校范围数据资源；制定和维护学校数据的各类标准、技术规范、管理规范；建设学校数据共享与交换平台；指导按照规范开展数据采集工作，审核数据使用需求，督促数据共享交换执行；牵头进行数据综合治理，建立数据质量管控机制；建立数据安全保障体系；建设和推动促进学校发展的大数据分析应用和服务等。

第九条 校属各单位根据其单位职责和业务分工，被确定为数据权威源的单位，属于数据生产单位。

数据生产单位主要职责：负责执行学校相关数据标准和编码标准；编制本单位数据采集和开放目录；进行数据质量管理和数据更新维护，开展数据比对、核查、纠错等工作；审核本单位数据使用的授权；根据学校规划向数据共享与交换平台提供权威数据，并按照“谁产生，谁负责、谁维护”的原则进行数据管理，对数据的质量和安全负责。

数据生产单位负责人为所有职责第一责任人。

第十条 学校各使用共享数据的单位，属于数据使用单位。

数据使用单位主要职责：负责编制数据需求目录，提出数据共享需求、申请数据支撑服务；遵循学校统一的数据标准，在使用获取的共享数据过程中不得篡改数据；负责监督共享数据的数据质量，及时向数据管理单位反馈发现的数据问题；保障所用共享数据的安全。

数据使用单位负责人为所有职责第一责任人。

第三章 数据采集

第十一条 数据建设要从源头抓起，严把数据入口关。数据生产单位是数据的单一权威来源，学校数据采取“一次录入，多次使用”原则，根据业务分工明确本单位相应数据的采集维护人员，制定数据采集维护规范，在学校数据管理单位的指导下按规范采集数据并及时更新维护数据，所有操作均应有详细日志，并按照《中华人民共和国网络安全法》的规定保存6个月以上。

第十二条 数据采集应遵循准确性、完整性、规范性、及时性的原则。准确性是指要准确采集或伴随式产生数据，不得随意增加、删除和修改；完整性是指必须按照规范要求录入全部数据项目，确保数据齐全，避免数据缺失，保证数据操作过程可追溯；规范性是指数据应遵循学校的数据标准和编码标准；及时性是指要在规定时间内采集、更新数据，确保数据与业务同步。

第十三条 网络与信息化办公室根据国家标准牵头组织编制学校数据标准，国家标准不适用或无法覆盖的数据类别，由相应数据生产单位制定并提交学校数据标准方案，网络与信息化办公室审核通过后作为补充标准进行实施。

第四章 数据集成与共享

第十四条 除涉密数据和学校明确要求不能共享的数据外，其他数据均须进入学校数据共享与交换平台进行集成共享。

第十五条 各单位要根据学校的统一规划对数据实行授权管理，制定数据共享的开放目录和需求目录，明确数据共享的范围边界和使用方式，严格界定数据访问对象、权限范围及授权周期，确保共享交换的数据按规范使用。

第十六条 数据管理单位负责建设数据共享与交换平台和数据集成共享机制，数据集成共享应通过数据共享与交换平台与各信息系统的接口自动实现。数据生产单位负责数据准备(包括数据字典)并提供与数据共享与交换平台的推送接口，数据使用单位负责提供与数据共享与交换平台的接收接口。

第十七条 北京校部建设和管理大学数据共享与交换平台。保定校区建设校区数据共享与交换平台，负责保定校区内部数据采集与共享工作，并向大学数据共享与交换平台集成数据。

第十八条 数据生产、使用单位以及其他组织、个人不得建设独立的数据共享与交换平台，不得直接或通过其他途径进行数据共享。原有非规范数据共享交换方式应当逐步向统一的数据共享交换方式转换。

第十九条 数据生产单位在信息系统的数据结构或数据集成方式发生变更前，须向网络与信息化办公室提出变更申请并备案，避免发生数据混乱，导致数据服务异常。

第二十条 数据生产单位在新建信息化项目启动前应向网络与信息化办公室报备数据结构；项目验收前，应建立向数据共享与交换平台集成数据的机制；项目上线运行后，应及时向数据共享与交换平台集成相关数据。

第二十一条 数据管理单位负责建立数据共享与交换平台和日志系统，制定数据集成共享的相关制度，统计校内数据的集成共享情况，及时发现并解决数据共享交换中出现的问题。

第五章 数据使用与服务

第二十二条 数据使用单位需要使用其他单位的共享数据时，应向数据管理单位提出使用申请，填写《华北电力大学数据使用申请表》，经数据管理单位会同数据生产单位审核并授权后，由学校数据共享与交换平台统一提供，并签订《华北电力大学共享数据使用协议》。

第二十三条 学校各单位应避免使用无明确来源的数据。如果数据使用单位需要使用的数据没有进行集成共享，需要提交数据管理单位，由数据管理单位会同数据生产单位完成数据集成共享后，再进行使用申请。除经数据管理单位批准的特殊情况外，数据生产单位不得直接向数据使用单位提供数据。

第二十四条 数据使用单位对获取的数据只能引用和衍生，不得在使用过程中对源数据进行增加、删除和更改。

第二十五条 数据使用单位在数据使用过程中应遵守数据的使用规范，采取有力措施保证数据安全，未经数据管理单位许可，不得将数据提供给第三方或用于经营性活动。

第二十六条 校内团体、组织或个人出于科研或教学等需求，需要使用学校数据，须向数据管理单位提出数据使用申请，数据管理单位会同数据生产单位审核后，决定是否开放使用。除法律法规另有规定外，涉及个人信息、隐私等敏感数据，开放使用前应当进行脱敏处理。

第二十七条 数据使用单位向提供信息化服务的第三方开放数据访问权限，双方须签订《华北电力大学数据共享使用协议》明确相关职责，并向数据管理单位报备。

第二十八条 数据管理单位负责建立综合数据决策支持系统和信息服务系统，提高数据集成和应用水平，面向业务需求，为学校和师生提供创新型、多层次的数据应用服务。

第六章 数据维护

第二十九条 数据维护遵循“谁产生，谁负责，谁维护”的原则，数据生产单位在其职责范围内负责数据维护，开展数据比对、核查、纠错，确保数据质量。

第三十条 数据管理单位应会同数据生产单位建立数据维护机制，实施数据质量全生命周期监控、定期检查、指导整改。

第三十一条 数据管理单位将以数据生产单位的数据采集、共享服务等执行情况作为项目验收或者资金安排的重要依据。凡不符合学校数据标准和数据集成共享要求的建设项目，不予审批立项。

第三十二条 数据使用单位是数据管理的重要参与者，为促进数据的规范准确，数据使用单位应按照“谁使用数据，谁提出数据整改意见”的原则，对获取的共享数据进行监督审查，及时发现并向数据管理单位和数据生产单位反馈数据问题，数据管理单位要及时进行相关数据治理工作。

第三十三条 为保障各单位数据的规范性和准确性，学校各单位须向数据管理单位提供信息系统的设计文档、数据字典和数据接口等相关资料。

第三十四条 学校各单位须依照其业务数据运维的权限和职责，明确数据的修正、补充、更新、删除等操作流程的规定，须保存数据运维过程中所有相关的日志记录。

第七章 数据存储与安全

第三十五条 数据管理单位应牵头建立规范完善的数据安全防护机制，根据网络安全等级保护要求制定相应的管理措施和技术方案，对数据共享与交换平台等重要基础平台加强安全管理，对数据操作有详细记录，建立数据备份与恢复机制。

第三十六条 数据管理单位应规范数据介质管理措施，对存储一般数据介质（特别是移动介质）应加强存放管理，对存储关键数据或敏感数据介质应实施全生命周期管理（包括存放、使用、传输、销毁等）。

第三十七条 学校各单位负责本单位数据的存储、备份和归档。各单位的信息系统管理员需要定期对数据安全进行检查，并做好检查记录。

第三十八条 数据管理、生产和使用单位应加强人员安全意识和安全技术培训，加强数据采集、共享、使用、维护过程中的存储备份等安全保障工作，建立应急处理、备份及恢复机制，日志审计机制，数据内控机制等，保障数据的安全性、可靠性和可追溯性。

第三十九条 任何单位和个人均不得越权操作数据。数据管理工作人员及相关接触数据人员必须签署《华北电力大学数据安全保密承诺书》（见附件 3）。如有违反协议行为，将追究其法律责任。

第四十条 涉及个人信息、隐私等敏感数据，应严格遵照相关国家法律、法规和规定进行管理和应用。

第四十一条 本办法不涉及涉密数据，涉密数据按学校保密管理相关规定执行。

第八章 附　　则

第四十二条 本办法由网络与信息化办公室负责解释。

第四十三条 本办法经校长办公会议审定通过，自公布之日起施行。

2019年3月18日

华北电力大学教学委员会工作章程

华电校教〔2019〕8号

第一条 总则

为了全面贯彻执行党的教育方针，不断提高学校的办学水平和教学质量，加强民主决策，根据《中华人民共和国教育法》和《华北电力大学章程》，决定成立华北电力大学教学委员会。华北电力大学教学委员会是在校长领导下，对教育教学工作进行审议和咨询的机构。

第二条 工作职责

1. 审议教学工作规划、教学管理制度、人才培养方案。
2. 审议教学质量标准，指导教学质量评估工作。
3. 为教育教学改革和人才培养工作提出咨询建议，包括专业建设、课程建设、教材建设、教学实验室建设、创新创业教育、教师教学发展等工作。
4. 评审和推荐教学改革与建设项目、教学成果和教学奖励。
5. 指导教风和学风建设。
6. 审议教学争议处理规则，受理教学争议。
7. 指导院系部教学分委员会开展工作。
8. 完成学校委托的其他事项。

第三条 组织机构及人员组成

1. 教学委员会由主管教学工作的校领导、各院系主管教学工作的领导、有关部门领导以及有丰富教学经验的专家教授组成。
2. 教学委员会设立主任委员1人，副主任委员若干人。
3. 教学委员会委员在本校在职教师中聘任，聘期一般为三年。
4. 教学委员会办公室设在教务处。

第四条 工作制度和方式

1. 教学委员会将根据学校教学工作需要不定期开展工作。全体委员会议由主任委员负责召集，每年至少开一次全体会议。
2. 教学委员会根据实际情况可按属地开展工作。

第五条 附则

1. 教学委员会工作经费由学校根据预算拨款。
2. 各院系(部)可参照本章程设立院系(部)教学分委会，制定其章程，并经院系(部)党政联席会议讨论通过后，报校教学委员会备案；也可结合本院系(部)实际，采用其他组织形式，承担相关工作，并报教学委员会备案。
3. 本章程经校长办公会讨论通过后生效，自公布之日起实施，由教学委员会办公室负责解释。

2019年3月22日

华北电力大学挂职(借调)人员管理暂行办法

华电校〔2019〕6号

第一条 为全面贯彻《关于进一步激励广大干部新时代新担当新作为的意见》及教育部党组《关于进一步激励教育部直属系统广大干部新时代新担当新作为的实施意见》文件精神和要求，加大干部挂职交流力度，有计划地选派干部到困难艰苦地区和脱贫攻坚主战场进行锻炼，强化干部能力培训和实践锻炼，提升干部能力素养，拓宽干部教育培养渠道，根据干部人事管理有关规定，特制定本办法。

第二条 本办法所指挂职（借调）人员指由学校组织选派到国家和地方党政机关、企事业单位以及参加援藏援疆（青）或定点扶贫工作的学校事业编制人员。

第三条 处级及以上人员由党委组织部参照教育部及学校有关挂职（借调）干部遴选的程序和办法进行选拔，并商人事处、派出人员所在部门确定。其他人员由人事处商相关部门确定。严格禁止各种形式的非组织借调行为。

第四条 所有挂职（借调）人员，均按以下程序办理：

(1)相关单位（部门）发挂职（借调）函；

(2)党委组织部、人事处会同相关部门商定派出人选；

(3)挂职（借调）人员填写《华北电力大学挂职（借调）审批表》，在人事处办理相关派出手续；

(4)挂职（借调）结束后，本人需及时到人事处办理校内报到手续，并提交个人工作总结和体会、对方单位（部门）出具的思想政治和工作表现等的书面鉴定。

第五条 挂职（借调）人员不在岗期间其人事关系不变，占所在单位（部门）的编制，挂职（借调）超过 6 个月的，学校依据挂职（借调）单位出具的书面鉴定进行考核，不占用所在单位（部门）指标。

第六条 挂职（借调）人员不在岗期间校内工资、津贴及各项福利待遇不变，其校内岗位所对应的工作量视同满工作量。

第七条 根据上级有关干部挂职锻炼和援疆、援藏、扶贫等工作文件要求，结合学校实际情况，按照如下标准给予挂职（借调）人员一定的生活补贴（人民币）：

(1)援疆、援藏、援青干部每月 3000 元；

(2)定点扶贫干部每月 2500 元；

(3)其他人员每月 2000 元。

第八条 学校为援疆、援藏、援青和定点扶贫干部在挂职（借调）期间购买人身保险。

第九条 异地挂职（借调）时间超过半年的，可据实报销往返差旅费（一般一年不超过 3 次）。

第十条 同城挂职（借调），学校不解决住宿；异地挂职（借调），本人可凭挂职（借调）单位所在地房屋租赁合同向学校申请租房补贴，学校视派出地点和时间确定租房补贴金额。挂职（借调）地点和家庭所在地为同一城市的，学校不提供租房补贴。

第十一条 挂职（借调）人员是中共党员且挂职（借调）时间超过 6 个月的，应按照规定及时转移党组织关系。

第十二条 所有人员挂职（借调），需明确工作期限。挂职（借调）期满，确有需要延续的，应重新履行审批手续。

第十三条 挂职（借调）人员应严格遵守对方单位各项规章制度，因病、因事及其他特殊情况需请假的，需按照有关规定认真履行请假手续。请假一周以上的，征得挂职（借调）单位同意后，还需向学校党委组织部或人事处请假，经双方准假后方可离开挂职（借调）单位。

第十四条 本办法自 2019 年 5 月 15 日起执行。目前仍在校内外挂职（借调）的有关人员，请按照本通知规定于 2019 年 5 月 31 日前补齐有关手续。

2019 年 5 月 23 日

中共华北电力大学委员会常务委员会会议议事规则

华电党〔2019〕43 号

一、总　　则

第一条 根据《中国共产党章程》《中华人民共和国高等教育法》《中国共产党普通高等学校基层组织工作条例》《关于印发普通高等学校党委常务委员会会议和校长办公会议（校务会议）议事规则示范文本的通知》《关于坚持和完善普通高等学校党委领导下的校长负责制的实施意见》等法规文件，制定本规则。

第二条 坚持和加强党对学校工作的全面领导，以政治建设为统领全面加强党的建设，全面贯彻党的教育方针，坚持社会主义办学方向，落实立德树人根本任务，把党的领导贯穿办学治校、教书育人全过程。

第三条 坚持党委领导下的校长负责制。学校党的委员会对学校工作实行全面领导，履行管党治党、办学治校的主体责任，发挥把方向、管大局、作决策、抓班子、带队伍、保落实的领导作用，支持校长依法独立负责地行使职权，保证以人才培养为中心的各项任务完成。

第四条 坚持民主集中制，实行集体领导和个人分工负责相结合的制度。凡属重大问题必须按照集体领导、民主集中、个别酝酿、会议决定的原则，由党委集体研究决定。

第五条 学校党的委员会经党员代表大会选举产生，对党员代表大会负责并报告工作。学校党的委员会全体会议在党员大会闭会期间领导学校工作。党委常务委员会(以下简称党委常委会)主持党委经常工作。

二、议事决策范围

第六条 学校党委通过召开全体会议的方式，讨论决定以下事项：

(一)学习贯彻习近平新时代中国特色社会主义思想、落实党中央和上级党组织决策部署、执行同级党代表大会决议决定的重大措施。

(二)学校章程、学校总体发展规划、综合改革方案等事关学校改革发展稳定的重大事项。

(三)学校党的建设的重大事项。

(四)学校党委及领导班子任期目标，党委常委会工作报告、纪委工作报告、校长工作报告等。

(五)决定召开学校党员代表大会和党代表会议，并对提议事项先行审议、提出意见。

(六)选举学校党的委员会书记、副书记和常委会其他委员；通过学校党的纪律检查委员会全体会议选举产生的书记、副书记；增补和撤销党委委员等。

(七)推选出席上级党的代表大会或代表会议的代表。

(八)事关师生员工切身利益的重大事项。

(九)需要由党委全体会议决定的其他重要事项。

第七条 党委常委会会议讨论决定以下事项：

(一)学校党的建设重要事项。

1.学习贯彻习近平新时代中国特色社会主义思想，落实党的路线方针政策和上级党组织决策部署的重要措施；

2.加强党的政治建设的重要事项、重要措施；

3.学校党建工作规划和年度工作计划；

4.师生思想政治工作、师德师风建设的重要事项；

5.意识形态工作和民族宗教工作的重要事项；

6.基层党组织和党员队伍建设的重要事项；

7.党的纪律检查工作、党风廉政建设和巡察工作的重要事项；

8.加强对学校工会、共青团、学生会、研究生会、学生社团等群众组织，学术委员会、学位委员会等学术组织，教职工代表大会、统一战线、老干部和离退休等工作领导的重要事项。

(二)事关学校改革发展稳定及教学、科研、行政管理工作的重要事项。

1.教师队伍建设、学生培养、学科建设、校园建设等学校内涵发展的重要工作规划和工作计划，重要改革措施，重要规章制度；

2.学校内部组织机构和人员编制的设置与调整；

3.学校年度财务预算方案、决算情况的审定，未列入年度预算的300万元以上追加预算和调整方案，重大捐赠项目，100万元以上的投融资等资金运作事项；

4.一次性处置已达使用年限且账面原值300万元以上的固定资产、学校重要办学资源配置、无形资产授权使用方案；

5.国家或地方各类重点建设项目、国内国(境)外科学技术文化交流与合作重要项目、重大合资合作项目、使用非科研经费购置单台件50万元以上的重要设备、批量购置200万元以上的大宗物资采购或购买服务、重大基本建设和200万元以上的基建修缮项目等学校重大项目设立和安排方案；

6.学术委员会、学位委员会等学术组织建设，以及学校学术评价、审议、评定工作中的重要事项；

7.省部级以上重大表彰推荐，校级重大表彰事项；

8.学校安全稳定重要事项和重大突发事件的处理。

(三)干部选拔任用和干部队伍建设的重要事项。

1.学校干部队伍建设规划和干部教育、管理、监督的重要事项；

2.学校党政机构、学院(系)、直属附属机构、科研机构等内部组织机构领导班子成员的选拔任用；

3.学校全资、控股企业校方董事、监事及企业主要负责人人选；

4.学校中层以上干部在企业、社会团体的兼任职务；

5.推荐优秀年轻干部和上级党代会代表、人大代表、政协委员等人选。

(四)人才工作的重要事项。

1.学校人才工作规划、重要人才政策和重要人才工程计划；

2.人才工作体制机制创新、人才成长环境优化的重要措施；

3.人才政治把关的重要措施。

(五)大学文化建设和校风教风学风建设的重要事项。

(六)教职工薪酬体系、收入分配及福利待遇、奖励、惩处和其他事关师生员工切身利益的重要事项。

(七)决定召开党委全体会议,并对提议事项先行审议、提出意见。

(八)需要党委常委会会议讨论决定的其他事项。

三、议事决策原则和程序

第八条 党委常委会会议一般每2周召开一次,遇有重要情况经党委书记同意可以随时召开。会议由党委书记召集并主持。党委书记不能参加会议的,可以委托党委副书记召集并主持。

第九条 党委常委会会议的出席成员为党委常委会委员。会议必须有半数以上党委常委会委员到会方可召开;讨论决定干部任免等重要事项,必须有三分之二以上党委常委会委员到会。党委常委会委员因故不能出席时,须在会前向党委书记请假。

不是党委常委会委员的行政领导班子成员可以列席党委常委会会议,非党委常委的组织、宣传、统战部门主要负责人及党政办公室主任、纪委副书记列席会议(除干部任免议题),议题相关单位负责人可以列席会议,涉及师生切身利益的重大议题可以邀请师生代表列席。列席人员有发言权,没有表决权。

第十条 党委常委会会议议题由党委书记提出,也可以由党委常委会其他委员或学校领导班子其他成员提出建议、经党委书记综合考虑后确定。重要议题党委书记应当在会前听取校长意见,意见不一致的议题应暂缓上会。集体决定重大事项前,党委书记、校长和有关领导班子成员要个别酝酿、充分沟通。

凡属学校党委常委会委员自身职权范围内决定的事项,一般不提交党委常委会研究讨论。

第十一条 党委常委会会议应当健全决策咨询机制,对拟研究讨论的重要事项,议题相关单位应深入开展调查研究,充分听取各方面意见,进行合法合规性审查和风险评估。对专业性、技术性较强的重要事项,应经过专家评估及技术、政策、法律咨询,涉及学术事务的重要事项,应充分听取学术委员会等学术组织意见;对事关师生员工切身利益的重要事项,应通过教职工代表大会或其他方式,广泛听取师生员工的意见。

第十二条 党委常委会会议议题实行一事一报制度,议题相关材料应提前提交至学校党政办公室,学校党政办公室提前将会议议题及相关材料送达有关参会人员。

第十三条 党委常委会会议按既定议程逐项进行,无特殊情况或未经会议主持人同意,一般不临时动议议题。

第十四条 党委常委会会议议题由党委常委会委员或分管校领导汇报,相关单位也可以参加汇报。

第十五条 党委常委会会议议事和决策实行民主集中制,在充分讨论的基础上,按照少数服从多数的原则形成决议或决定。如对重要问题发生较大意见分歧,一般应当暂缓作出决定。党委书记、校长应当最后表态。

第十六条 党委常委会会议讨论决定重要事项时应当进行表决,表决可以根据讨论和决定事项的不同,采用口头、举手、无记名投票或者记名投票等方式进行,赞成票超过应到会党委常委会委员半数为通过。未到会党委常委会委员的意见可以用书面表达,但不得计入票数。会议讨论和决定多个事项,应当逐项表决;决定多名干部任免时,应当逐人表决。

紧急情况下不能及时召开党委常委会会议决策的,党委书记、副书记或者党委常委会其他委员可以临机处置,事后应当及时向党委常委会报告并按程序予以确认。

第十七条 党委常委会会议议题审议时应当通知相关单位负责人到会,听取意见,回答问询。

第十八条 党委常委会会议决议分为以下几种:批准或通过;原则批准或通过,按要求作相应修改后实施或发布;暂不形成决议,责成相关单位另行提出意见再行研究;不予批准。

第十九条 党委常委会会议议题涉及与会人员本人及其亲属的,本人必须回避。

第二十条 党委常委会会议作出的决定或决议，适合公开的应当依据有关规定及时公开。对需保密的会议内容和尚未正式公布的会议决定，参会人员应当遵守保密规定。

四、议定事项执行与监督

第二十一条 党委常委会会议决定的事项，由学校分管领导或相关单位负责组织实施。执行情况应当及时向党委书记或党委常委会汇报。明确由相关单位负责的，由学校党政办公室负责传达和督促检查。

学校党委将建立健全督查、评估和反馈机制，确保决策落实。

第二十二条 党委常委会会议决定的事项，学校单位和个人应当及时执行；对执行不力的，应当依照有关规定问责追责；决策执行过程中需作重大调整的，应当提交党委常委会会议决定；需要复议的，按第十条规定重新提交议题。

五、附则

第二十三条 学校党政办公室负责党委常委会会议的会务工作，主要包括：收集议题，印发会议材料，通知参会人员，做好会议记录，编发会议纪要，分送学校领导和有关单位，归档会议材料。

第二十四条 本规则由学校党委常委会负责解释，具体工作由学校党政办公室承担。

第二十五条 本规则自发布之日起施行。原《中共华北电力大学委员会常委会会议制度》同时废止。

2019年12月19日

华北电力大学校长办公会议议事规则

华电党〔2019〕43号

一、总则

第一条 根据《中华人民共和国高等教育法》《中国共产党普通高等学校基层组织工作条例》《关于坚持和完善普通高等学校党委领导下的校长负责制的实施意见》等法规文件，制定本规则。

第二条 坚持党委领导下的校长负责制。校长在学校党委领导下，组织实施学校党委有关决议，行使高等教育法等规定的各项职权，全面负责教学、科研、行政管理工作。

第三条 校长办公会议是学校行政议事决策机构，坚持全面贯彻党的教育方针，坚持社会主义办学方向，落实立德树人根本任务，紧密围绕学校改革发展稳定，科学决策、民主决策、依法决策，推进学校人才培养、科学研究、社会服务、文化传承创新、国际交流合作等工作。

二、议事决策范围

第四条 校长办公会议主要研究提出拟由党委常委会讨论决定的重要事项方案，具体部署落实党委常委会决议的有关措施，研究决定教学、科研、行政管理工作。

第五条 校长办公会议研究提议的重要事项：

1. 教师队伍建设、学生培养、学科建设、校园建设等学校内涵发展的重要工作规划，学校教学、科研、行政管理的重要改革措施、重要规章制度、重要工作计划等。

2. 学校行政管理组织机构和人员编制的设置与调整方案，学术组织机构的设置与调整方案。

3. 学校人才工作规划、重要人才政策、重要人才工程计划，涉及人才工作体制机制创新、人才成长环境优化等重要事项。

4. 学校年度财务预算方案、决算情况的审定；未列入年度预算的300万元以上追加预算和调整方案；重大捐赠项目；100万元以上的投融资等资金运作事项。

5. 一次性处置已达使用年限且账面原值300万元以上的固定资产、学校重要办学资源配置、无形资产授权使用方案。

6. 国家或地方各类重点建设项目、国内国(境)外科学技术文化交流与合作重要项目、重大合资合作项目、使用非科研经费购置单台件50万元以上的重要设备和批量购置200万元以上的大宗物资采购或购买服务、重大基本建设和200万元以上的大额度基建修缮项目等学校重大项目设立和安排方案。

7. 学术委员会、学位委员会等学术组织建设，以及学校学术评价、审议、评定工作中的重要事项。

8. 教学、科研、行政管理的省部级以上重大表彰推荐和校级重大表彰事项。

9. 大学文化建设和校风教风学风建设的重要事项。

10. 教职工薪酬体系、收入分配及福利待遇、奖励、惩处和其他事关师生员工切身利益的重要事项。

11. 校长认为需要提交党委常委会讨论决定的其他事项。

12. 党委常委会认为需要先由校长办公会议审议的事项。

第六条 校长办公会议讨论决定的事项：

1. 贯彻落实党的教育工作方针政策以及上级部门决策部署，加强教学、科研、行政管理的工作措施。

2. 执行学校党委常委会决定或决议事项的实施方案和重要措施。

3. 学校教学、科研、行政管理等具体规章制度和工作计划安排。

4. 学校人才引进、培养、使用工作的重要事项。

5. 学校教师以及内部其他工作人员的人事聘任、解聘、考核、晋升、管理等重要事项。

6. 学校年度财务预算方案的执行，未列入年度预算的50万以上(含)300万元以下(含)追加预算和调整方案；50万以上(含)100万元以下(含)的投融资等资金运作具体安排，以及财务管理与监督审计的重要事项。

7. 学校重要资产处置、重要办学资源配置、无形资产授权使用方案实施中的重要事项。

8. 学校重大建设、合作、采购项目实施中的重要事项，50万元以上(含)200万元以下(含)的基建修缮项目。

9. 学校年度审计计划安排、重点审计项目执行等年度审计事项。

10. 学校学科设置、建设与评估，专业设置与调整，学位授权点的申报与建设等重要事项。

11. 人才培养方案制定与修订，课程体系建设和调整，教材编审，年度招生就业和学生毕业等重要事项。

12. 科研项目设立，科研经费管理，科研成果申报、奖励与转化等重要事项。

13. 学校服务国家和地方经济社会发展的重要事项。

14. 学校对外交流与合作的重要事项。

15. 实施思想品德教育，推进课程思政建设和教师、学生社会实践的重要措施。

16. 学校学术委员会、学位委员会等学术组织提交审议的相关事项。

17. 教师及内部其他工作人员政纪处分，学生学籍管理、奖励及违规处理等重要事项。

18. 学校安全稳定和后勤保障工作的重要事项。

19. 教职工代表大会、学生代表大会、研究生代表大会、工会会员代表大会和团员代表大会有关行政工作的提案、意见办理事项。

20. 其他事关学校事业发展、师生员工切身利益的重要行政事项。

21. 按规定需要由校长办公会议审议的其他事项。

三、议事决策原则和程序

第七条 校长办公会议原则上每2周召开一次，遇有重要情况经校长同意可以随时召开。会议由校长召集并主持。校长不能参加会议的，可以委托副校长召集并主持。

第八条 校长办公会议成员一般为学校行政领导班子成员。会议必须有半数以上成员到会方能召开。会议成员因故不能出席时，应当在会前向校长请假。

学校党委书记、副书记、纪委书记等可视议题情况参加会议。校长助理、党政办公室主任、纪委副书记和监察处处长列席会议，议题相关单位负责人可以列席会议；涉及师生切身利益的重大议题可以邀请师生代表列席。

第九条 校长办公会议议题由校长提出，也可以由学校领导班子其他成员提出、校长综合考虑后确定。重要议题校长应当在会前听取党委书记意见，意见不一致的议题应暂缓上会。集体决定重要事项前，党委书记、校长和有关领导班子成员要个别酝酿、充分沟通。

凡属学校行政领导班子成员自身职权范围内决定的事项，一般不提交校长办公会议研究讨论。

第十条 校长办公会议应当健全决策咨询机制，对拟研究讨论的重要事项，议题相关单位应深入开展调查研究，充分听取各方面意见，进行合法合规性审查和风险评估。对专业性、技术性较强的重要事项，应经过专家评估及技术、政策、法律咨询，涉及学术事务的重要事项，应充分听取学术委员会等学术组织意见；对事关师生员工切身利益的重要事项，应通过教职工代表大会或其他方式，广泛听取师生员工的意见。

第十一条 校长办公会议议题实行一事一报制度，议题相关材料应提前提交至学校办公室（或党政办公室，以下同），学校办公室应提前将会议议题及相关材料送达有关参会人员。

第十二条 校长办公会议按既定议程逐项进行。无特殊情况或未经会议主持人同意，一般不临时动议议题。

第十三条 校长办公会议议题由分管校领导或相关单位负责人汇报。出席人员应当充分讨论，对决策建议明确表示同意、不同意或缓议的意见，并说明理由。未到会领导班子成员的意见可以书面形式表达。校长应当最后表态。

第十四条 校长办公会议研究讨论议题时，校长应当广泛听取与会人员意见建议，在此基础上对研究讨论的事项作出决定。如对重要问题发生较大意见分歧，一般应当暂缓作出决定。

第十五条 紧急情况下不能及时提交校长办公会议研究讨论的事项，可由校长与分管校领导共同商议临机处置，事后应及时向校长办公会议通报。

第十六条 校长办公会议审议议题时应当通知相关单位负责人到会，听取意见，回答问询。

第十七条 校长办公会议议题涉及与会人员本人及其亲属的，本人必须回避。

第十八条 校长办公会议作出的决定，适合公开的应当依据有关规定及时公开。对需保密的会议内容和尚未正式公布的会议决定，参会人员应当遵守保密规定。

四、议定事项执行与监督

第十九条 校长办公会议讨论决定的事项，由学校分管领导或相关单位负责组织实施。执行情况应当及时向校长或校长办公会议汇报。明确由相关单位负责的，由学校党政办公室负责传达和督促检查。

学校将建立健全督查、评估和反馈机制，确保决策落实。

第二十条 校长办公会议讨论决定的事项，学校行政领导班子成员、相关单位和个人应当及时执行；对执行不力的，应当依照有关规定问责追责；决策执行过程中需作重大调整的，应当提交校长办公会议决定；需要复议的，按照第九条规定重新提交议题。

五、附则

第二十一条 学校党政办公室负责校长办公会议的会务工作，主要包括：收集议题，印发会议材料，通知参会人员，做好会议记录，编发会议纪要，分送校领导和有关部门，归档会议材料。

第二十二条 本规则由学校校长办公会议负责解释，具体工作由学校党政办公室承担。

第二十三条 本规则自发布之日起施行。原《华北电力大学校长办公会议制度》同时废止。

2019 年 12 月 19 日

重要文件

Important Articles

关于成立华北电力大学先进飞轮储能技术研究中心的通知

华电校人〔2019〕8 号

校直各单位：

为进一步聚焦科学前沿领域、促进学科交叉融合，服务学校“双一流”建设，根据《华北电力大学科研机构管理办法》（华电校科〔2017〕18 号）文件规定，经学校科研机构建设领导小组研究决定，成立华北电力大学先进飞轮储能技术研究中心。

先进飞轮储能技术研究中心依托能源动力与机械工程学院建设，主要研究方向为：MW 级飞轮储能系统关键技术研发；先进储能系统关键设备制造技术研发；针对中国实际的先进飞轮储能监控、储能单元管理、隔离/升压变压器及 PCS 辅助系统研发；科学、安全、绿色环保及集约化飞轮储能系统设计；MW 级飞轮储能系统工程示范研究；交通、UPS 电源等其他领域的研究开发。

研究中心为非实体校级科研机构，实行主任负责制，采取专兼职结合的方式，由固定人员和流动人员组成。中心根据研究方向聘任若干学术带头人及技术支撑人员为固定人员，流动人员以任务为牵引进行组建。研究中心业务指导部门为科学技术研究院。

2019 年 1 月 11 日

关于调整华北电力大学第五届学位评定委员的通知

华电校学位〔2019〕1 号

校直各单位：

因学校处级领导干部调整，根据《华北电力大学学位授予工作细则（2018 年版）》（华电校学位〔2018〕5 号）文件精神和学位工作需要，经 2019 年第 1 次校长办公会议审议通过，对华北电力大学第五届学位评定委员会进行调整，调整后的组成名单如下（按姓氏笔画排序）：

名誉主席：刘吉臻　杨奇逊

主　　席：杨勇平

副 主 席：王增平　律方成

委　　员：王祥科　王聚芹　卢占会　包小勇　毕天姝
刘云鹏　米增强　李　伟　李彦斌　张尚弘
陆道纲　苑英科　范孝良　房　方　赵玉闪
柳长安　徐进良　郭宝珠　戚银城　崔　翔
韩中合　戴松元

秘　　书：沈剑飞　张晓宏　张淑莉　顾雪平

2019 年 1 月 16 日

关于校领导工作分工的通知

华电党〔2019〕4 号

直属各党委（党总支、党支部）、校直各单位：

根据工作需要，经研究决定，校领导工作分工如下：

周坚同志：主持党委全面工作，负责组织工作。

杨勇平同志:主持行政全面工作,负责审计工作。

何华同志:负责党的纪律检查、监察、意识形态、宣传思想、文化建设、教师思想政治、"两课"建设、老干部工作,协助校长负责审计监察工作;分管纪委办公室、监察处、审计处、党委宣传部、新闻中心、党委教师工作部、离退休工作办公室、校史馆;联系人文与社会科学学院、马克思主义学院、法政系、马克思主义学院(保定)。何华同志与郝英杰同志互为工作AB角。

李双辰同志:负责政策法规、财务、资产管理、实验室管理、招标采购、工会、高等教育研究工作;分管政策法规研究室、计划财务处、资产管理处、招标中心、校工会、高等教育研究所;联系数理学院、数理系。李双辰同志与孙忠权同志互为工作AB角。

郝英杰同志:兼任党委组织部部长。负责党建、党校、校企合作、校地合作、理事会、校友会、基金会、扶贫、继续教育、产业管理、信访、保密工作,协助书记负责组织工作;分管党政办公室、党校、对外联络与合作部、教育基金工作办公室、继续教育学院、资产经营公司;联系控制与计算机工程学院、外国语学院、英语系。

孙忠权同志:负责安全稳定、学生思想政治、学生教育管理、招生就业、共青团、艺术教育、校园规划、基本建设、后勤管理及服务、安全保卫、信息化建设、档案、医疗卫生、附属学校管理工作;分管党委学生工作部、党委研究生工作部、党委武装部、党委保卫部、学生处、保卫处、校团委、就业指导中心、学生资助管理中心、学业辅导中心、艺术教育中心、基建处、校园规划办公室、后勤管理处、后勤服务集团、网络与信息化办公室、附属学校建设与管理办公室、档案馆、校医院;联系核科学与工程学院、自动化系。

王增平同志:负责本科生及研究生的教育教学工作、留学生的教学与日常管理工作、学位工作、国际交流与合作、港澳台交流与合作、工程实践教育、群众体育工作;分管教务处、卓越工程师教育培养办公室、研究生院、学位办公室、国际合作处、港澳台办公室、国际教育学院、孔子学院、体育教学部、图书馆、教师教学发展中心;联系电气与电子工程学院、电力工程系、电子与通信工程系、校团委、工程训练中心、工程实践中心、金工实训中心、学业辅导中心。王增平同志与檀勤良同志互为工作AB角。

汪庆华同志:挂职任新疆维吾尔自治区克拉玛依市副市长。

郭孝锋同志:负责统战、保定校区党建、日常党务与安全稳定工作;分管党委统战部;联系经济与管理学院、经济管理系、计算机系。郭孝锋同志与律方成同志互为工作AB角。

律方成同志:负责学科建设、保定校区日常行政管理工作。分管学科建设办公室、"双一流"建设办公室;联系能源动力与机械工程学院、动力工程系、机械工程系。

檀勤良同志:负责教师队伍建设、人事人才、科学研究、基地平台建设、大学科技园、期刊出版工作;分管人事处、人才工作办公室、博士后管理办公室、科学技术研究院、期刊出版部、现代电力研究院、国家能源发展研究院、异地研究院、国家大学科技园、国家重点实验室、国家工程实验室、国家工程技术研究中心、省部级科研基地平台等单位;联系可再生能源学院、环境科学与工程学院、环境科学与工程系。

2019年1月18日

关于成立华北电力大学先进能源利用技术研究中心的通知

华电校人〔2019〕14号

校直各单位:

为构建面向先进能源领域重大任务的承接平台,推动学科交叉融合,培育科研团队,服务学校"双一流"建设,根据《华北电力大学科研机构管理办法》(华电校科〔2017〕18号)文件规定,经学校科研机构建设领导小组研究决定,成立华北电力大学先进能源利用技术研究中心。

先进能源利用技术研究中心主要研究方向为:多能互补分布式系统能量传输与转化机理与相互制约关系;能量高效转化技术,如热管技术、超低温热泵技术、PVT光热电转化技术、露点空调技术等;基于大数据云计算的智慧能源系统优化设计及变工况性能的主动调控技术;不同尺度区域的可再生能源高效技术及系统应用。

先进能源利用技术研究中心依托动力工程系建设,采取专兼职结合的方式。研究中心根据研究方向聘任若干学术带头人及技术支撑人员为专职人员,兼职人员则以任务为牵引进行组建。研究中心业务由科学技术研究院按照《华北电力大学科研机构管理办法》相关规定统筹管理。

2019年5月7日

关于成立华北电力大学全面深化改革领导小组的通知

华电党〔2019〕20号

直属各党委(党总支、党支部)、校直各单位:

为更好适应新形势下党和国家对高等教育的新要求,全面落实第二次党代会确立的发展目标和战略部署,积极破解学校发展中的重大问题,进一步完善现代大学治理体系,加快"双一流"建设,如期完成"十三五"规划的各项目标任务,推进特色鲜明高水平研究型大学建设持续迈上新的台阶,决定成立华北电力大学全面深化改革领导小组(以下简称"深改组")。

一、工作职责

深改组是学校议事机构,其主要职责是统筹谋划学校全面深化改革的总体方案;研究提出拟提交党委常委会审议的学校深化改革任务事项,确定专项改革任务组及其人员组成;审议专项改革方案;听取改革任务事项推进落实情况汇报等。

二、人员组成

组　长:周　坚　杨勇平

副组长:李双辰

成　员:何　华　王增平　郭孝锋　檀勤良

领导小组下设办公室,挂靠政策法规研究室,负责领导小组日常工作。办公室主任由政策法规研究室主任兼任。

附件

华北电力大学2019年深化改革重点任务及专项组分工

一、教育教学改革

组　长:王增平

副组长:律方成　米增强

成　员:教务处、研究生院等相关部门主要负责人

二、人事人才改革

组　长:李双辰

副组长:律方成　檀勤良

成　员:人事处、人才办等相关部门主要负责人

三、校内机构改革

组　长:李双辰

副组长:郝英杰　郭孝锋

成　员:人事处、党委组织部、学科办等相关部门主要负责人

四、"三全育人"改革

组　长:何　华

副组长:孙忠权　王增平　郭孝锋

成　员:党政办公室、党委宣传部、党委教师工作部、学工部、研工部、马克思主义学院等相关部门主要负责人

五、校院二级管理改革

组　长:李双辰

副组长:郝英杰　律方成

成　员:政策法规研究室、党政办公室、人事处、高等教育研究所等相关部门主要负责人

2019年6月5日

关于校领导工作分工的通知

华电党〔2019〕26 号

直属各党委(党总支、党支部)、校直各单位:

根据工作需要,经 2019 年 5 月 30 日党委常委会会议研究,决定对校领导工作做如下分工:

周坚同志:主持党委全面工作,负责组织工作。

杨勇平同志:主持行政全面工作,负责审计工作。

何华同志:负责党的纪律检查、监察、意识形态、宣传思想、文化建设、教师思想政治、“两课”建设、老干部工作,协助校长负责审计监察工作;分管纪委办公室、监察处、审计处、党委宣传部、新闻中心、党委教师工作部、离退休工作办公室、校史馆;联系人文与社会科学学院、马克思主义学院、法政系、马克思主义学院(保定)。何华同志与郝英杰同志互为工作 AB 角。

李双辰同志:负责教师队伍建设、人事人才、政策法规、财务、工会、高等教育研究工作;分管人事处、人才工作办公室、博士后管理办公室、政策法规研究室、计划财务处、校工会、高等教育研究所;联系可再生能源学院、数理学院、数理系。李双辰同志是王增平同志工作 B 角。

郝英杰同志:兼任党委组织部部长。负责党建、党校、校企合作、校地合作、理事会、校友会、基金会、资产管理、实验室管理、招标采购、扶贫、继续教育、产业管理、信访、保密工作,协助书记负责组织工作;分管党政办公室、党校、对外联络与合作部、教育基金工作办公室、资产管理处、招标中心、继续教育学院、资产经营公司;联系控制与计算机工程学院、外国语学院、英语系。

孙忠权同志:负责安全稳定、学生思想政治、学生教育管理、招生就业、共青团、艺术教育、校园规划、基本建设、后勤管理及服务、安全保卫、信息化建设、档案、医疗卫生、附属学校管理工作;分管党委学生工作部、党委研究生工作部、党委武装部、党委保卫部、学生处、保卫处、校团委、就业指导中心、学生资助管理中心、学业辅导中心、艺术教育中心、基建处、校园规划办公室、后勤管理处、后勤服务集团、网络与信息化办公室、附属学校建设与管理办公室、档案馆、校医院;联系核科学与工程学院、自动化系。孙忠权同志是李双辰同志工作 B 角。

王增平同志:负责本科生及研究生的教育教学工作、留学生的教学与日常管理工作、学位工作、国际交流与合作、港澳台交流与合作、工程实践教育、群众体育工作;分管教务处、卓越工程师教育培养办公室、研究生院、学位办公室、国际合作处、港澳台办公室、国际教育学院、孔子学院、体育教学部、图书馆、教师教学发展中心;联系电气与电子工程学院、电力工程系、电子与通信工程系、校团委、工程训练中心、工程实践中心、金工实训中心、学业辅导中心。王增平同志是孙忠权同志工作 B 角。

汪庆华同志:挂职任新疆维吾尔自治区克拉玛依市副市长。

郭孝锋同志:负责统战、保定校区党建、党务与安全稳定工作;分管党委统战部;联系经济与管理学院、经济管理系、计算机系。郭孝锋同志与律方成同志互为工作 AB 角。

律方成同志:负责学科建设、科学研究、基地平台建设、大学科技园、期刊出版、保定校区日常行政管理工作。分管学科建设办公室、“双一流”建设办公室、科学技术研究院、期刊出版部、现代电力研究院、国家能源发展研究院、异地研究院、国家大学科技园、国家重点实验室、国家工程实验室、国家工程技术研究中心、省部级科研基地平台等单位;联系能源动力与机械工程学院、环境科学与工程学院、动力工程系、机械工程系、环境科学与工程系。

檀勤良同志:挂职任教育部科学技术司副司长。

2019 年 7 月 10 日

关于调整、成立和撤销学校部分领导小组(委员会)的通知

华电党〔2019〕27 号

直属各党委(党总支、党支部)、校直各单位:

根据最新校领导分工和实际工作需要,对学校部分领导小组(委员会)及其组成人员进行调整。领导小组组成人员因工

作变动需调整的，由接任工作的负责同志自动接替。

现将本次调整、成立和撤销名单通知如下：

一、调整后的领导小组(委员会)

1. 华北电力大学学生军训领导小组

组　长：孙忠权　郭孝锋

成　员：党委武装部、教务处负责人，各院系党委(党总支)副书记

办公室设在党委武装部，主任由党委武装部主要负责人担任。

2. 华北电力大学学生工作委员会

主　任：周　坚

副主任：孙忠权　郭孝锋

委　员：党政办公室、党委组织部、党委宣传部、党委教师工作部、党委学生工作部、党委研究生工作部、党委保卫部、校团委、计划财务处、财务与资产管理处、教务处、研究生院、后勤管理处、网络与信息化办公室、对外合作与联络部、图书馆、体育教学部、艺术教育中心、教育基金工作办公室等单位主要负责人及各院系党委(党总支)书记

办公室设在党委学生工作部，主任由党委学生工作部部长担任。

3. 华北电力大学征兵工作领导小组

组　长：周　坚

副组长：孙忠权　郭孝锋

成　员：党政办公室、党委宣传部、党委武装部、党委保卫部、校团委、计划财务处、财务与资产管理处、教务处、研究生院、后勤管理处主要负责人

办公室设在党委武装部，主任由党委武装部主要负责人担任。

4. 华北电力大学大学生就业创业工作领导小组

组　长：杨勇平

副组长：郝英杰　王增平　孙忠权　郭孝锋

成　员：党政办公室、学生处、就业指导中心、党委研究生工作部、校团委、教务处、国际教育学院、研究生院、对外合作与联络部、教育基金会主要负责人、各院系就业工作领导小组组长

办公室设在学生处，主任由学生处主要负责人担任。

5. 华北电力大学安全稳定工作委员会

主　任：周　坚　杨勇平

副主任：何　华　李双辰　郝英杰　孙忠权　王增平　汪庆华　郭孝锋　律方成　檀勤良

成　员：党政办公室、党委组织部、党委统战部、党委宣传部、党委保卫部、保卫处、党委学生工作部、学生处、研究生院、网络与信息化办公室、党委教师工作部、人事处、校团委、党委研究生工作部、财务与资产管理处、资产管理处、校工会、离退休工作办公室主要负责人，各院系主要负责人

办公室设在党政办公室，主任由党政办公室主要负责人担任。

二、新成立的领导小组(委员会)

华北电力大学(保定)防汛工作领导小组

组　长：郭孝锋　律方成

成　员：保定校区党政办公室、后勤管理处、财务与资产管理处、保卫处、基建处、学生处、研究生院、国际教育学院等部门负责人

办公室设在后勤管理处，主任由后勤管理处负责人担任。

三、撤销的领导小组(委员会)

华北电力大学(保定)安全稳定与综合治理工作委员会

四、继续保留不予撤销的领导小组(委员会)

华北电力大学保定校区“优化管理服务”活动领导小组

2019年7月10日

关于成立国家电网—华北电力大学能源互联网学院的通知

华电校人〔2019〕28号

校直各单位：

为促进校企深入合作、产教深度融合，加快推进学校“双一流”建设，经学校2019年第12次校长办公会研究通过，决定同国家电网公司联合成立“国家电网—华北电力大学能源互联网学院”(以下简称学院)。

学院作为学校综合改革的试验田和创新发展的特区，通过利用国家电网公司在能源行业龙头企业的作用和学校在多学科基础研究、高端人才密集的优势，积极建设研究型、交叉型、开放型为一体，开展高水平科学研究和高质量人才培养的“三型两高”学院，使其成为代表国家水平的创新联合体、国际一流水平的能源互联网自主创新国家队、高水平人才培养基地和具有重要影响的高端智库。学院主要研究方向为泛在电力物联网、新能源电力系统和综合能源系统。

学院为非独立法人教学科研机构，隶属学校管理，先期依托电气与电子工程学院进行建设，控制与计算机工程学院、能源动力与机械工程学院、经济与管理学院、国家电网公司及所属中国电力科学研究院(能源互联网技术研究院)、国网北京经济技术研究院、国网能源研究院(能源互联网经济研究院)等共同参与建设。学院研究人员采取专兼职结合的方式，由固定人员和流动人员组成。学院根据研究方向聘任若干学术带头人及技术支撑人员为固定人员，流动人员由任务为牵引进行组建。校内教师受聘学院期间，其人事隶属关系、组织关系不变，仍归原单位管理，取得的业绩和成果纳入原单位考核。

2019年9月23日

关于成立华北电力大学人工智能学院的通知

华电校人〔2019〕29号

校直各单位：

为进一步响应国家人工智能战略，围绕“能源电力科学与工程”一流学科建设，加快我校计算机及其相关学科发展，经学校2019年第12次校长办公会研究通过，决定成立“华北电力大学人工智能学院”(以下简称学院)。

学院将按照教育部《高等学校人工智能创新行动计划》设置人工智能学科方向，推进人工智能领域一级学科建设；创新科学的教学体系，合理设置课程；建设人工智能专业群；推行新工科，超前制定人工智能与能源电力相结合的培养方案。学院的主要研究方向为大数据与智能计算、群体智能与协同优化、人工智能安全、智能机器人与无人系统、智能发电技术与系统。

学院为非独立法人教学科研机构，隶属学校管理，先期依托控制与计算机工程学院进行建设。学院研究人员采取专兼职结合的方式，由固定人员和流动人员组成。学院根据研究方向聘任若干学术带头人及技术支撑人员为固定人员，流动人员由任务为牵引进行组建。校内教师受聘学院期间，其人事隶属关系、组织关系不变，仍归原单位管理，取得的业绩和成果纳入原单位考核。

2019年9月23日

关于调整人才工作办公室工作职能的通知

华电校人〔2019〕33号

校直各单位：

为进一步加强学校人才队伍建设，使人才工作办公室的工作重心集中到人才的引进、培养和服务上，经学校2019年第13次党委常委会审议通过，决定对人才工作办公室工作职能进行调整。

一、调整后的人才工作办公室职能

(一)负责人才的引进工作。

(二)负责高层次人才的服务、考核工作。
(三)负责各类人才项目的遴选、申报和组织协调。
(四)完成学校交办的其他各项任务。

二、人才工作办公室原有其他职能调整至人事处

(一)博士后管理办公室挂靠人事处,其职能保持不变。
(二)其他人员招聘工作。
(三)国家留学基金委员会资助项目的出国人员选拔与派出工作。
(四)各类兼职教师的聘任与管理工作。

2019 年 10 月 15 日

华北电力大学 2019 年文件目录

(党发文件)

文号	文 件 标 题	发文日期
华电党组〔2019〕1 号	关于印发《华北电力大学院(系)党政联席会议制度(试行)》的通知	1 月 9 日
华电党组〔2019〕2 号	关于印发《华北电力大学院(系)党组织 会议制度(试行)》的通知	1 月 9 日
华电党组〔2019〕3 号	关于印发《华北电力大学院(系)党委(党总支)换届选举工作办法》的通知	1 月 24 日
华电党组〔2019〕4 号	关于印发《华北电力大学处级领导干部 任职试用期管理办法》的通知	1 月 24 日
华电党组〔2019〕5 号	关于戴松元免职的通知	3 月 28 日
华电党组〔2019〕6 号	关于印发《华北电力大学 2018 年度处级领导 班子及处级干部考核工作方案》的通知	3 月 29 日
华电党组〔2019〕7 号	关于孟明免职的通知	5 月 10 日
华电党组〔2019〕8 号	关于房方同志任职的通知	5 月 17 日
华电党组〔2019〕9 号	关于房方任职的通知	5 月 17 日
华电党组〔2019〕10 号	关于陈溪等试用期满正式任职的通知	5 月 17 日
华电党组〔2019〕11 号	关于公布 2018 年度处级领导班子 及处级干部考核结果的通知	6 月 17 日
华电党组〔2019〕12 号	关于牛风雷等任职的通知	6 月 18 日
华电党组〔2019〕13 号	关于成立国际教育学院党委、环境科学 与工程学院党委的通知	7 月 2 日
华电党组〔2019〕17 号	关于印发 2018 年度民主评议党员结果的通知	7 月 17 日
华电党组〔2019〕18 号	关于王吉飞免职的通知	7 月 17 日
华电党组〔2019〕19 号	关于郭宝珠任职的通知	9 月 11 日
华电党组〔2019〕20 号	关于王素华任职的通知	9 月 11 日
华电党组〔2019〕21 号	关于马博等试用期满正式任职的通知	11 月 15 日
华电党组〔2019〕22 号	关于鲁斌等延长试用期的通知	11 月 15 日
华电党〔2019〕3 号	关于调整学校保密委员会的通知	1 月 18 日
华电党〔2019〕4 号	关于校领导工作分工的通知	1 月 18 日
华电党〔2019〕5 号	中共华北电力大学委员会关于同意召开 第七届教职工代表大会暨第九次 工会会员代表大会的批复	1 月 24 日
华电党〔2019〕7 号	关于印发校党委书记周坚同志在第七届教代会 暨第九次工代会闭幕会上的讲话的通知	3 月 21 日
华电党〔2019〕10 号	关于印发周坚书记在 2019 年全面从严治党 工作会议上的讲话和何华副书记所作报告的通知	4 月 26 日
华电党〔2019〕15 号	关于开展 2019 年校内巡察工作的通知	5 月 23 日
华电党〔2019〕17 号	关于成立我校所属企业体制改革 领导小组和工作组的通知	5 月 23 日

续表

文号	文 件 标 题	发文日期
华电党〔2019〕18 号	关于调整华北电力大学人才工作领导小组的通知	5 月 28 日
华电党〔2019〕20 号	关于成立华北电力大学全面深化 改革领导小组的通知	6 月 5 日
华电党〔2019〕21 号	关于印发《2019 年学校全面从严治党工作任务 节点目标安排表》的通知	6 月 20 日
华电党〔2019〕26 号	关于校领导工作分工的通知	7 月 10 日
华电党〔2019〕27 号	关于调整、成立和撤销学校部分 领导小组(委员会)的通知	7 月 10 日
华电党〔2019〕34 号	关于印发《华北电力大学开展"不忘初心、牢记使命"主题教育工作方案》的通知	9 月 17 日
华电党〔2019〕36 号	关于印发《中共华北电力大学委员会贯彻落实 实施方案》的通知	10 月 9 日
华电党〔2019〕37 号	关于成立华北电力大学扶贫工作 领导小组的通知	10 月 22 日
华电党〔2019〕38 号	关于印发《华北电力大学 2019 年全员全过程 全方位育人综合改革重点工作任务》的通知	10 月 25 日
华电党〔2019〕43 号	关于印发《中共华北电力大学委员会常务委员 会会议议事规则》《华北电力大学校长办公 会议议事规则》的通知	12 月 19 日
华电党〔2019〕44 号	关于印发《中共华北电力大学委员会 一线规则工作实施方案》的通知	12 月 19 日
华电党〔2019〕45 号	关于调整华北电力大学人才工作领导小组 组成人员的通知	12 月 25 日
华电党纪〔2019〕1 号	关于对学校形式主义、官僚主义问题 开展集中整治工作的通知	1 月 10 日
华电党纪〔2019〕2 号	关于对"暑期粉刷学生公寓有关问题" 调查处理情况的通报	1 月 23 日
华电党纪〔2019〕3 号	关于对 2018 年落实党风廉政建设 责任制情况进行考核的通知	3 月 13 日
华电党纪〔2019〕4 号	关于印发《华北电力大学 2019 年党风廉政 建设和纪检监察工作要点》的通知	5 月 15 日
华电党纪〔2019〕5 号	关于开展 2019 年党风廉政建设 宣传教育月活动的通知	6 月 20 日
华电纪检〔2019〕1 号	关于严肃整治领导干部利用名贵特产类特殊资源谋取私利问题的通知	1 月 10 日
华电党宣〔2019〕2 号	关于学习宣传习近平总书记在学校 思政课教师座谈会上重要讲话精神的通知	4 月 1 日
华电党宣〔2019〕3 号	关于印发《庆祝新中国成立 70 周年"我和我的 祖国"爱国主义教育活动方案》的通知	5 月 11 日
华电党宣〔2019〕4 号	关于印发《2019 年党委理论学习中心组 专题学习重点内容安排》的通知	5 月 20 日
华电党宣〔2019〕5 号	关于认真学习宣传贯彻 党的十九届四中全会精神的通知	11 月 26 日
华电党教〔2019〕2 号	关于开展 2019 年师德建设月活动的通知	9 月 2 日

(校 发 文 件)

文号	文 件 标 题	发文日期
华电校人〔2019〕8 号	关于成立华北电力大学先进飞轮储能技术研究中心的通知	1 月 11 日
华电校人〔2019〕9 号	关于对荣获 2017－2018 年度社会奖教金人员进行表彰的决定	1 月 15 日
华电校人〔2019〕11 号	关于印发 2017－2018 学年度 教职工考核结果的通知	1 月 23 日
华电校人〔2019〕12 号	关于聘任新能源电力系统国家重点实验室 固定研究人员的通知	3 月 21 日
华电校人〔2019〕13 号	关于贾科等 110 名同志专业技术职务评聘的通知	4 月 29 日
华电校人〔2019〕14 号	关于成立华北电力大学 先进能源利用技术研究中心的通知	5 月 7 日
华电校人〔2019〕27 号	关于表彰 2019 年青年教师 教学基本功比赛获奖人员的决定	9 月 3 日
华电校人〔2019〕28 号	关于成立国家电网—华北电力大学能源 互联网学院的通知	9 月 23 日
华电校人〔2019〕29 号	关于成立华北电力大学人工智能学院的通知	9 月 23 日
华电校人〔2019〕30 号	关于 2018—2019 学年教职工考核工作的通知	9 月 24 日
华电校人〔2019〕31 号	关于做好专业技术岗位人员聘期 中期检查工作的通知	9 月 24 日
华电校人〔2019〕32 号	关于对夏世威等 41 名同志进行首聘期考核的通知	10 月 14 日

续表

文号	文 件 标 题	发文日期
华电校人〔2019〕33 号	关于调整人才工作办公室工作职能的通知	10 月 15 日
华电校人〔2019〕34 号	关于成立华北电力大学乐清智能电气与产业创新研究中心的通知	10 月 22 日
华电校人〔2019〕40 号	关于姬濯宇等 8 名同志专业技术职务评聘的通知	11 月 21 日
华电校人〔2019〕41 号	关于公布崔帅等 41 名同志首聘期考核结果的通知	11 月 21 日
华电校人〔2019〕42 号	关于印发《华北电力大学人员招聘规程(试行)》的通知	11 月 22 日
华电校人〔2019〕43 号	关于公布教学为主型副教授和思想政治理论课教师标志性成果评聘条件的通知	11 月 22 日
华电校人〔2019〕44 号	关于印发《华北电力大学新进人员思想政治素质及师德师风考察细则(试行)》的通知	11 月 22 日
华电校人〔2019〕52 号	关于 2019 年专业技术职务评聘工作的通知	12 月 11 日
华电校人〔2019〕53 号	关于成立华北电力大学"'一带一路'能源语言服务研究中心"的通知	12 月 17 日
华电校人〔2019〕55 号	关于印发 2018—2019 学年度教职工考核结果的通知	12 月 31 日
华电工〔2019〕1 号	关于第七届教代会征集提案的通知	1 月 16 日
华电工〔2019〕6 号	关于举办 2019 年度青年教师教学基本功比赛的通知	4 月 17 日
华电校学位〔2019〕1 号	关于调整华北电力大学第五届学位评定委员的通知	1 月 16 日
华电校学位〔2019〕3 号	华北电力大学第五届学位评定委员会第七次会议纪要	4 月 22 日
华电校学位〔2019〕4 号	关于印发《华北电力大学授予全日制来华留学生学位试行办法》的通知	5 月 27 日
华电校学位〔2019〕5 号	华北电力大学第五届学位评定委员会第八次会议纪要	7 月 12 日
华电校学位〔2019〕9 号	华北电力大学 2019 年 9 月 25 日学位授予决定	9 月 25 日
华电校研〔2019〕1 号	关于印发《华北电力大学博士研究生招生指标分配办法》的通知	1 月 17 日
华电校研〔2019〕3 号	关于授予吕良等 181 名研究生"二〇一九届春季优秀毕业研究生"称号的决定	4 月 2 日
华电校研〔2019〕7 号	关于印发《华北电力大学博士、硕士研究生业务费管理规定》的通知	6 月 10 日
华电校研〔2019〕8 号	关于授予张衡等 20 名研究生"二〇一九届夏季优秀毕业研究生"称号的决定	6 月 26 日
华电校研〔2019〕9 号	关于对 2019 年研究生学术"创优"奖学金获奖学生予以表彰的决定	7 月 17 日
华电校研〔2019〕10 号	关于印发《华北电力大学攻读博士学位研究生培养工作规定(2019 年修订)》的通知	8 月 28 日
华电校研〔2019〕18 号	关于印发《华北电力大学硕士研究生招生工作实施细则》的通知	10 月 31 日
华电校研〔2019〕20 号	关于印发《华北电力大学外聘研究生指导教师选聘及管理办法》的通知	12 月 6 日
华电校研〔2019〕21 号	关于对荣获 2019—2020 学年学业奖学金的研究生予以表彰的决定	12 月 9 日
华电校研〔2019〕22 号	关于对 2018—2019 学年度研究生先进个人和先进集体予以表彰的决定	12 月 9 日
华电校研〔2019〕23 号	关于对 2019 年优秀博士奖学金获奖学生予以表彰的决定	12 月 9 日
华电校研〔2019〕24 号	关于对 2019 年研究生国家奖学金获奖学生予以表彰的决定	12 月 9 日
华电校研〔2019〕26 号	关于对荣获 2018—2019 学年度研究生社会奖学金的学生予以表彰的决定	12 月 12 日
华电校科〔2019〕1 号	关于印发《华北电力大学科技成果转移转化实施细则(试行)》的通知	1 月 18 日
华电校科〔2019〕2 号	关于印发《华北电力大学科技成果转移转化管理办法(试行)》的通知	1 月 18 日
华电校科〔2019〕3 号	关于陆强等同志聘任的通知	1 月 18 日
华电校科〔2019〕4 号	关于成立可再生能源重大科技基础设施建设领导小组、组建筹建办公室的通知	1 月 18 日
华电校科〔2019〕5 号	关于印发《华北电力大学学术道德委员会工作规程(试行)》的通知	3 月 1 日
华电校科〔2019〕6 号	关于同意各分学术委员会选举结果的批复	3 月 11 日
华电校科〔2019〕7 号	关于聘任崔翔担任第四届学术委员会学术道德专委会主任的决定	3 月 11 日
华电校科〔2019〕8 号	关于 2019 年度中央高校基本科研业务费项目(第一批)批准立项的通知	4 月 9 日
华电校继〔2019〕3 号	华北电力大学关于授予刘孟辉等 16 名学生优秀毕业生称号的决定	1 月 18 日

续表

文号	文件标题	发文日期
华电校继〔2019〕6号	关于表彰2018年度成人高等教育优秀教学站及教学站优秀管理工作者的决定	7月11日
华电校监〔2019〕1号	关于印发《华北电力大学本科招生监察工作实施办法》的通知	1月17日
华电党政办〔2019〕2号	关于调整、撤销学校部分领导小组(委员会)的通知	1月16日
华电党政办〔2019〕1号	关于成立、调整、撤销学校部分领导小组(委员会)的通知	1月16日
华电党政办〔2019〕4号	关于印发《华北电力大学校长信箱管理办法》的通知	7月15日
华电党政办〔2019〕5号	关于印发《华北电力大学校级会议管理办法(试行)》的通知	7月15日
华电政研〔2019〕1号	关于印发《华北电力大学合同管理办法(试行)》的通知	1月24日
华电校资〔2019〕4号	关于印发《华北电力大学固定资产处置实施细则(修订)》的通知	1月24日
华电校资〔2019〕5号	关于印发《华北电力大学国有资产管理办法(修订)》的通知	1月24日
华电校资〔2019〕9号	关于印发《华北电力大学2019年度实验室安全检查工作方案》的通知	4月28日
华电校资〔2019〕11号	关于成立华北电力大学放射防护与辐射安全工作小组的通知	11月15日
华电校资〔2019〕13号	关于印发《华北电力大学实验室危险化学品安全专项治理工作方案》的通知	12月31日
华电校〔2019〕1号	关于印发《华北电力大学关于全面提升本科人才培养质量的实施意见》的通知	2月25日
华电校〔2019〕2号	关于印发第七届教代会暨第九次工代会学校工作报告和大会决议的通知	3月20日
华电校〔2019〕3号	关于印发《2019年学校工作报告任务节点目标安排表》的通知	4月18日
华电校〔2019〕5号	华北电力大学关于进一步简化科研经费报销流程的通知	4月22日
华电校〔2019〕6号	关于印发《华北电力大学挂职(借调)人员管理暂行办法》的通知	5月23日
华电团〔2019〕2号	关于表彰"小我融入大我、青春告白祖国"主题社会实践活动先进集体、优秀指导教师和先进个人的决定	
华电团〔2019〕3号	关于谢昂均张冬月同志任职的通知	
华电(保定)团〔2019〕1号	关于开展2018—2019学年团员教育评议及团内五四评优工作的通知	3月14日
华电(保定)团〔2019〕2号	关于开展"青春心向党·建功新时代"主题团日活动的通知	3月20日
华电(保定)团〔2019〕3号	关于表彰2019年寒假社会实践先进的决定	4月12日
华电(保定)团〔2019〕4号	关于表彰先进集体和个人的决定	4月24日
华电(保定)团〔2019〕5号	关于做好2019—2020年度大学生志愿服务西部计划招募工作的通知	5月10日
华电(保定)团〔2019〕6号	关于表彰2019年"青春心向党建功新时代"主题社会实践先进的决定	11月14日
华电校信〔2019〕2号	关于印发《华北电力大学数据管理办法(试行)》的通知	3月19日
华电校信〔2019〕1号	关于印发《华北电力大学校园网络服务管理办法》的通知	3月18日
华电校教〔2019〕8号	关于印发《华北电力大学教学委员会工作章程》的通知	3月22日
华电校教〔2019〕10号	关于公布华北电力大学第一届教学委员会成员名单的通知	4月3日
华电校教〔2019〕17号	关于对获得2018—2019学年教学优秀奖教师进行表彰的决定	8月20日
华电校教〔2019〕18号	关于印发《华北电力大学推荐优秀应届本科毕业生免试攻读硕士学位研究生工作实施办法(2019年修订)》的通知	8月28日
华电校教〔2019〕19号	关于印发《华北电力大学本科生校际交流学习学分认定管理办法》的通知	8月28日
华电校教〔2019〕20号	关于印发《华北电力大学本科课堂教学质量综合评价实施办法(试行)》的通知	8月28日
华电校教〔2019〕21号	关于印发《华北电力大学教学事故认定及处理办法(2019年修订)》的通知	8月28日
华电校教〔2019〕22号	关于印发《华北电力大学优质课程标准及认定办法(试行)》的通知	8月26日
华电校教〔2019〕23号	关于印发《华北电力大学课程质量标准与管理办法(试行)》的通知	8月28日
华电校教〔2019〕37号	关于公布华北电力大学2019年本科教育教学改革立项项目的通知	12月31日
华电校财〔2019〕7号	关于规范学生活动费支出管理的通知	4月19日

续表

文号	文　件　标　题	发文日期
华电校学〔2019〕1号	关于印发华北电力大学少数民族预科班学生管理有关文件的通知	1月23日
华电校学〔2019〕55号	关于授予高蕙雯等515名学生二〇一九届校级优秀毕业生称号的决定	6月21日
华电校学〔2019〕62号	关于给予二〇一九届北京市优秀毕业生通报表扬的决定	6月25日
华电校学〔2019〕63号	关于表彰2019届到基层工作毕业生的决定	6月25日
华电校学〔2019〕64号	关于表彰赴新疆、西藏地区基层工作毕业生的决定	6月26日
华电校学〔2019〕73号	关于印发《华北电力大学家庭经济困难学生认定管理办法(2019年修订)》的通知	7月17日
华电校学〔2019〕79号	关于表彰2019级新生入学成绩优秀奖获得者的决定	9月3日
华电校学〔2019〕80号	关于表彰2018－2019学年十佳班主任和优秀班主任的决定	9月9日
华电校学〔2019〕93号	关于组织评选2018－2019学年国家奖学金、国家励志奖学金的通知	9月30日
华电校学〔2019〕101号	关于对参加庆祝中华人民共和国成立七十周年相关活动学生予以立功和表彰奖励的决定	11月22日
华电校学〔2019〕102号	关于给予常宇等4624名学生国家助学金的决定	11月22日
华电校学〔2019〕103号	关于对2018—2019学年学生先进集体、先进个人予以表彰的决定	12月9日
华电校学〔2019〕104号	关于对2018—2019学年企业专项奖助学金获得者予以表彰的决定	12月9日
华电校学〔2019〕105号	关于对2018—2019学年学生综合奖学金、单项奖学金获得者予以表彰的决定	12月9日
华电校学〔2019〕106号	关于对2018—2019学年校长奖学金获得者予以表彰的决定	12月9日
华电(保)校教〔2019〕1号	关于公布2019年教师教学支持计划项目入选教师名单的通知	7月8日
华电校学科〔2019〕1号	关于能源互联网等三个自主设置目录外二级学科或交叉学科通过国家备案的通知	7月17日
华电校学科〔2019〕2号	关于近代物理与核科学自主设置目录外二级学科通过国家备案的通知	12月10日
华电校继〔2019〕5号	华北电力大学关于授予孙建华等105名学生优秀毕业生称号的决定	7月10日
华电教发〔2019〕1号	华北电力大学"不忘初心、牢记使命"主题教育学习方案	9月20日
华电教发〔2019〕2号	华北电力大学开展"不忘初心、牢记使命"主题教育调研工作方案	9月20日
华电教发〔2019〕3号	华北电力大学"不忘初心、牢记使命"主题教育检视整改工作方案	9月20日
华电教发〔2019〕4号	华北电力大学"不忘初心、牢记使命"主题教育宣传工作方案	9月24日
华电教发〔2019〕5号	关于印发《华北电力大学关于开展落实立德树人根本任务"大学习、大讨论、大落实"活动方案》的通知	11月4日
华电教发〔2019〕6号	关于印发《关于开展"凝聚干事创业共识，践行华电精神，弘扬奋进文化"活动的实施方案》的通知	11月26日

（王振华）

统计报表与附录资料

Statistics and Appendixes

学生基本数据情况表

华北电力大学2019年硕士研究生分专业学生数

专业名称	毕业生数	授予学位数	招生数		在校生数					
			合计	其中：应届毕业生	合计	一年级	二年级	三年级	四年级	五年级及以上
硕士研究生	2254	2254	3792	2383	10350	3792	3207	3351	0	0
其中：女	1027	1027	1632	987	4413	1632	1387	1394	0	0
学术学位硕士	1217	1217	1337	1078	3896	1337	1298	1261	0	0
其中：女	577	577	565	442	1554	565	569	420	0	0
全日制学术学位非定向硕士	1190	1190	1321	1069	3814	1321	1279	1214	0	0
国际法学（含：国际公法、国际私法、国际经济法）	0	0	0	0	0	0	0	0	0	0
法学学科	0	0	10	4	20	10	10	0	0	0
马克思主义理论学科	0	0	8	6	15	8	7	0	0	0
管理科学与工程学科	11	11	9	4	25	9	9	7	0	0
公共管理学科	0	0	5	4	10	5	5	0	0	0
公共管理学科	0	0	1	1	1	1	0	0	0	0
会计学	9	9	10	10	29	10	10	9	0	0
计算机软件与理论	5	5	0	0	6	0	0	6	0	0
供热、供燃气、通风及空调工程	10	10	15	13	42	15	15	12	0	0
流体机械及工程	5	5	0	0	6	0	0	6	0	0
运筹学与控制论	2	2	0	0	3	0	0	3	0	0
计算机系统结构	4	4	0	0	4	0	0	4	0	0
技术经济及管理	19	19	28	21	74	28	25	21	0	0
英语语言文学	6	6	0	0	0	0	0	0	0	0
思想政治教育	4	4	0	0	0	0	0	0	0	0
热能工程	38	38	2	0	36	2	2	32	0	0
马克思主义中国化研究	4	4	0	0	0	0	0	0	0	0
产业经济学	4	4	0	0	4	0	0	4	0	0
机械工程学科	26	26	27	17	77	27	25	25	0	0
动力机械及工程	7	7	0	0	5	0	0	5	0	0
计算数学	2	2	0	0	2	0	0	2	0	0
应用数学	3	3	0	0	3	0	0	3	0	0
外国语言文学学科	0	0	11	8	39	11	14	14	0	0
物理学学科	0	0	10	10	21	10	11	0	0	0
数学学科	0	0	8	5	12	8	4	0	0	0

续表

专业名称	毕业生数	授予学位数	招生数		在校生数					
			合计	其中：应届毕业生	合计	一年级	二年级	三年级	四年级	五年级及以上
数量经济学	5	5	0	0	3	0	0	3	0	0
控制科学与工程学科	2	2	0	0	0	0	0	0	0	0
控制科学与工程学科	2	2	0	0	0	0	0	0	0	0
控制科学与工程学科	0	0	55	43	110	55	55	0	0	0
控制科学与工程学科	0	0	1	1	1	1	0	0	0	0
金融学(含:保险学)	4	4	0	0	3	0	0	3	0	0
光学	3	3	0	0	5	0	0	5	0	0
民商法学(含:劳动法学、社会保障法学)	2	2	0	0	3	0	0	3	0	0
诉讼法学	3	3	0	0	2	0	0	2	0	0
法学学科	0	0	6	3	11	6	5	0	0	0
法学学科	0	0	1	1	1	1	0	0	0	0
马克思主义理论学科	0	0	11	8	31	11	10	10	0	0
应用经济学学科	0	0	8	6	15	8	7	0	0	0
企业管理(含:财务管理、市场营销、人力资源管理)	11	11	3	2	18	3	7	8	0	0
运筹学与控制论	5	5	0	0	6	0	0	6	0	0
材料学	0	0	0	0	0	0	0	0	0	0
流体机械及工程	2	2	0	0	3	0	0	3	0	0
供热、供燃气、通风及空调工程	4	4	4	3	12	4	4	4	0	0
水工结构工程	6	6	0	0	13	0	7	6	0	0
思想政治教育	6	6	0	0	7	0	0	7	0	0
热能工程	60	60	0	0	53	0	1	52	0	0
产业经济学	5	5	0	0	4	0	0	4	0	0
计算数学	10	10	0	0	10	0	0	10	0	0
机械设计及理论	0	0	0	0	0	0	0	0	0	0
动力机械及工程	8	8	0	0	9	0	0	9	0	0
机械工程学科	0	0	0	0	0	0	0	0	0	0
数量经济学	3	3	0	0	0	0	0	0	0	0
数学学科	0	0	26	17	52	26	26	0	0	0
物理学学科	0	0	14	13	29	14	15	0	0	0
化学工程与技术学科	0	0	0	0	0	0	0	0	0	0
电气工程学科	0	0	205	173	398	205	193	0	0	0
电子科学与技术学科	11	11	9	8	26	9	17	0	0	0
信息与通信工程学科	26	26	28	22	57	28	29	0	0	0
控制科学与工程学科	0	0	67	60	131	67	64	0	0	0
计算机科学与技术学科	0	0	52	40	96	52	44	0	0	0
核科学与技术学科	0	0	44	38	118	44	37	37	0	0

续表

专业名称	毕业生数	授予学位数	招生数		在校生数					
			合计	其中：应届毕业生	合计	一年级	二年级	三年级	四年级	五年级及以上
农业电气化与自动化	0	0	0	0	0	0	0	0	0	0
环境科学与工程学科	0	0	33	29	64	33	31	0	0	0
软件工程学科	0	0	0	0	8	0	8	0	0	0
管理科学与工程学科	29	29	32	28	89	32	31	26	0	0
公共管理学科	13	13	11	9	30	11	12	7	0	0
水利工程学科	0	0	36	30	36	36	0	0	0	0
电气工程学科	0	0	2	2	2	2	0	0	0	0
动力工程及工程热物理学科	0	0	1	0	1	1	0	0	0	0
控制科学与工程学科	0	0	1	0	1	1	0	0	0	0
计算机科学与技术学科	0	0	2	2	2	2	0	0	0	0
核科学与技术学科	0	0	1	1	1	1	0	0	0	0
高电压与绝缘技术	11	11	0	0	10	0	0	10	0	0
电气工程学科	0	0	128	100	251	128	123	0	0	0
农业电气化与自动化	7	7	4	3	15	4	6	5	0	0
环境科学与工程学科	0	0	17	13	37	17	20	0	0	0
英语语言文学	2	2	4	2	13	4	4	5	0	0
理论物理	5	5	0	0	5	0	0	5	0	0
计算机应用技术	26	26	0	0	28	0	2	26	0	0
模式识别与智能系统	8	8	0	0	8	0	0	8	0	0
系统工程	6	6	0	0	7	0	0	7	0	0
工业催化	4	4	0	0	2	0	0	2	0	0
动力工程及工程热物理学科	2	2	0	0	2	0	0	2	0	0
动力工程及工程热物理学科	0	0	52	40	100	52	48	0	0	0
制冷及低温工程	1	1	0	0	2	0	0	2	0	0
工程热物理	6	6	0	0	5	0	0	5	0	0
机械工程学科	12	12	15	14	45	15	14	16	0	0
材料科学与工程学科	17	17	18	14	56	18	20	18	0	0
动力工程及工程热物理学科	0	0	84	77	161	84	77	0	0	0
计算机科学与技术学科	0	0	36	30	72	36	36	0	0	0
检测技术与自动化装置	8	8	0	0	8	0	0	8	0	0
环境与资源保护法学	0	0	0	0	0	0	0	0	0	0
教育经济与管理	0	0	0	0	0	0	0	0	0	0
企业管理(含:财务管理、市场营销、人力资源管理)	9	9	14	13	37	14	14	9	0	0
化学工程	1	1	3	2	8	3	2	3	0	0
社会保障	0	0	0	0	0	0	0	0	0	0
环境工程	15	15	0	0	14	0	0	14	0	0

续表

专业名称	毕业生数	授予学位数	招生数		在校生数					
			合计	其中：应届毕业生	合计	一年级	二年级	三年级	四年级	五年级及以上
环境科学	5	5	0	0	8	0	0	8	0	0
电机与电器	10	10	0	0	9	0	0	9	0	0
软件工程学科	7	7	0	0	7	0	0	7	0	0
通信与信息系统	0	0	0	0	0	0	0	0	0	0
水文学及水资源	9	9	0	0	39	0	19	20	0	0
电力系统及其自动化	119	119	0	0	131	0	1	130	0	0
核能科学与工程	32	32	0	0	2	0	0	2	0	0
电路与系统	0	0	0	0	0	0	0	0	0	0
水利水电工程	5	5	0	0	17	0	9	8	0	0
电工理论与新技术	10	10	0	0	9	0	0	9	0	0
电子科学与技术	0	0	0	0	16	0	0	16	0	0
可再生能源与清洁能源	35	35	35	32	102	35	34	33	0	0
高电压与绝缘技术	15	15	0	0	21	0	0	21	0	0
信号与信息处理	0	0	0	0	0	0	0	0	0	0
信息与通信工程	0	0	0	0	30	0	0	30	0	0
控制理论与控制工程	25	25	0	0	32	0	0	32	0	0
电力电子与电力传动	14	14	0	0	14	0	0	14	0	0
机械电子工程	0	0	0	0	0	0	0	0	0	0
理论物理	3	3	0	0	4	0	0	4	0	0
模式识别与智能系统	15	15	0	0	14	0	0	14	0	0
计算机应用技术	35	35	0	0	38	0	1	37	0	0
电磁场与微波技术	0	0	0	0	0	0	0	0	0	0
系统工程	5	5	0	0	5	0	0	5	0	0
机械制造及其自动化	0	0	0	0	0	0	0	0	0	0
工程热物理	10	10	0	0	9	0	0	9	0	0
化工过程机械	1	1	0	0	1	0	0	1	0	0
制冷及低温工程	2	2	0	0	2	0	0	2	0	0
应用经济学学科	0	0	10	8	20	10	10	0	0	0
统计学	0	0	0	0	5	0	0	5	0	0
诉讼法学	0	0	0	0	0	0	0	0	0	0
应用数学	12	12	0	0	10	0	0	10	0	0
金融学(含:保险学)	3	3	0	0	2	0	0	2	0	0
法学	11	11	0	0	9	0	0	9	0	0
行政管理	2	2	0	0	3	0	1	2	0	0
化学工程	1	1	0	0	1	0	0	1	0	0
环境工程	12	12	0	0	14	0	0	14	0	0
环境科学	2	2	0	0	1	0	0	1	0	0

续表

专业名称	毕业生数	授予学位数	招生数		在校生数					
			合计	其中：应届毕业生	合计	一年级	二年级	三年级	四年级	五年级及以上
电机与电器	6	6	0	0	5	0	0	5	0	0
电子科学与技术	5	5	6	4	15	6	5	4	0	0
社会保障	2	2	0	0	3	0	0	3	0	0
电工理论与新技术	16	16	0	0	15	0	0	15	0	0
应用化学	3	3	0	0	6	0	0	6	0	0
化学工程与技术学科	0	0	9	6	11	9	2	0	0	0
电力系统及其自动化	81	81	2	0	76	2	3	71	0	0
信息与通信工程学科	36	36	36	25	108	36	36	36	0	0
信息与通信工程学科	0	0	1	0	1	1	0	0	0	0
电力电子与电力传动	11	11	0	0	10	0	0	10	0	0
控制理论与控制工程	30	30	0	0	27	0	0	27	0	0
检测技术与自动化装置	15	15	0	0	13	0	0	13	0	0
应用化学	0	0	0	0	0	0	0	0	0	0
农业电气化与自动化	0	0	0	0	0	0	0	0	0	0
车辆工程	0	0	0	0	0	0	0	0	0	0
工业催化	0	0	0	0	0	0	0	0	0	0
马克思主义中国化研究	0	0	0	0	0	0	0	0	0	0
控制科学与工程学科	0	0	0	0	0	0	0	0	0	0
控制科学与工程学科	0	0	0	0	0	0	0	0	0	0
光学	0	0	0	0	0	0	0	0	0	0
民商法学(含:劳动法学、社会保障法学)	0	0	0	0	0	0	0	0	0	0
光学	0	0	0	0	0	0	0	0	0	0
民商法学(含:劳动法学、社会保障法学)	0	0	0	0	0	0	0	0	0	0
材料科学与工程学科	0	0	0	0	0	0	0	0	0	0
管理科学与工程学科	0	0	0	0	0	0	0	0	0	0
管理科学与工程学科	0	0	0	0	0	0	0	0	0	0
公共管理学科	0	0	0	0	0	0	0	0	0	0
凝聚态物理	8	8	0	0	10	0	0	10	0	0
行政管理	1	1	0	0	0	0	0	0	0	0
辐射防护及环境保护	1	1	0	0	0	0	0	0	0	0
会计学	8	8	8	8	25	8	9	8	0	0
计算机软件与理论	0	0	0	0	0	0	0	0	0	0
外国语言学及应用语言学	12	12	11	8	42	11	18	13	0	0
技术经济及管理	27	27	31	28	85	31	25	29	0	0
计算机系统结构	9	9	0	0	6	0	0	6	0	0
全日制学术学位定向硕士	27	27	16	9	82	16	19	47	0	0

续表

专业名称	毕业生数	授予学位数	招生数		在校生数					
			合计	其中：应届毕业生	合计	一年级	二年级	三年级	四年级	五年级及以上
产业经济学	0	0	0	0	2	0	0	2	0	0
电气工程学科	0	0	0	0	1	0	0	1	0	0
企业管理(含:财务管理、市场营销、人力资源管理)	1	1	0	0	3	0	2	1	0	0
公共管理学科	6	6	0	0	2	0	0	2	0	0
会计学	2	2	1	1	4	1	0	3	0	0
技术经济及管理	1	1	1	1	7	1	4	2	0	0
英语语言文学	0	0	0	0	1	0	0	1	0	0
热能工程	0	0	0	0	3	0	0	3	0	0
应用数学	0	0	0	0	1	0	0	1	0	0
法学学科	1	1	0	0	2	0	0	2	0	0
电力系统及其自动化	3	3	0	0	12	0	0	12	0	0
控制理论与控制工程	0	0	0	0	2	0	0	2	0	0
水利水电工程	0	0	0	0	1	0	1	0	0	0
马克思主义理论学科	0	0	0	0	1	0	1	0	0	0
动力工程及工程热物理学科	0	0	0	0	2	0	2	0	0	0
电气工程学科	0	0	3	1	5	3	2	0	0	0
管理科学与工程学科	1	1	0	0	1	0	1	0	0	0
法学学科	0	0	1	0	1	1	0	0	0	0
计算机科学与技术学科	0	0	1	1	1	1	0	0	0	0
电气工程学科	2	2	1	1	1	1	0	0	0	0
系统工程	0	0	0	0	1	0	0	1	0	0
环境科学与工程学科	0	0	1	0	1	1	0	0	0	0
电气工程学科	0	0	1	1	1	1	0	0	0	0
控制理论与控制工程	0	0	0	0	3	0	0	3	0	0
电力系统及其自动化	1	1	0	0	2	0	0	2	0	0
电工理论与新技术	0	0	0	0	1	0	0	1	0	0
社会保障	0	0	0	0	1	0	0	1	0	0
电子科学与技术学科	1	1	0	0	1	0	0	1	0	0
企业管理(含:财务管理、市场营销、人力资源管理)	0	0	0	0	1	0	0	1	0	0
应用经济学学科	0	0	1	0	4	1	3	0	0	0
法学学科	0	0	1	1	1	1	0	0	0	0
诉讼法学	0	0	0	0	2	0	0	2	0	0
民商法学(含:劳动法学、社会保障法学)	1	1	0	0	0	0	0	0	0	0
控制科学与工程学科	0	0	0	0	1	0	1	0	0	0
数量经济学	0	0	0	0	1	0	0	1	0	0

续表

专业名称	毕业生数	授予学位数	招生数		在校生数					
			合计	其中：应届毕业生	合计	一年级	二年级	三年级	四年级	五年级及以上
机械工程学科	1	1	0	0	0	0	0	0	0	0
产业经济学	1	1	0	0	0	0	0	0	0	0
马克思主义中国化研究	1	1	0	0	0	0	0	0	0	0
思想政治教育	1	1	0	0	0	0	0	0	0	0
英语语言文学	1	1	0	0	0	0	0	0	0	0
会计学	1	1	2	0	2	2	0	0	0	0
行政管理	1	1	0	0	1	0	0	1	0	0
公共管理学科	0	0	2	2	4	2	2	0	0	0
管理科学与工程学科	0	0	0	0	1	0	0	1	0	0
专业学位硕士	1037	1037	2455	1305	6454	2455	1909	2090	0	0
其中:女	450	450	1067	545	2859	1067	818	974	0	0
全日制专业学位非定向硕士	988	988	1222	893	3329	1222	1152	955	0	0
资源与环境	26	26	36	31	93	36	32	25	0	0
能源动力	62	62	72	60	211	72	76	63	0	0
能源动力	86	86	100	76	298	100	105	93	0	0
会计	0	0	2	0	2	2	0	0	0	0
工程管理	0	0	5	0	10	5	5	0	0	0
应用统计	27	27	29	23	84	29	27	28	0	0
工程	152	152	171	150	477	171	157	149	0	0
工程	40	40	39	28	120	39	42	39	0	0
工程	104	104	130	112	362	130	127	105	0	0
工程	27	27	35	26	115	35	38	42	0	0
工程	22	22	28	24	82	28	32	22	0	0
工程	19	19	21	13	61	21	21	19	0	0
工程	34	34	37	26	102	37	32	33	0	0
工程	44	44	57	44	169	57	58	54	0	0
工程	12	12	9	6	27	9	9	9	0	0
工程	17	17	24	20	77	24	30	23	0	0
工商管理	74	74	43	0	111	43	68	0	0	0
公共管理	12	12	0	0	21	0	10	11	0	0
会计	13	13	38	30	103	38	28	37	0	0
工程管理	4	4	17	0	42	17	25	0	0	0
工程	0	0	18	12	42	18	17	7	0	0
资产评估	0	0	0	0	1	0	0	1	0	0
法律	0	0	14	4	14	14	0	0	0	0
法律	0	0	10	1	10	10	0	0	0	0

续表

专业名称	毕业生数	授予学位数	招生数		在校生数					
			合计	其中：应届毕业生	合计	一年级	二年级	三年级	四年级	五年级及以上
金融	0	0	4	3	4	4	0	0	0	0
翻译	10	10	12	10	12	12	0	0	0	0
工程	0	0	1	1	1	1	0	0	0	0
工程	0	0	5	4	5	5	0	0	0	0
工程	0	0	1	1	1	1	0	0	0	0
工商管理	0	0	1	0	1	1	0	0	0	0
会计	0	0	5	5	5	5	0	0	0	0
工程	0	0	3	2	3	3	0	0	0	0
工程	0	0	3	2	3	3	0	0	0	0
工程	0	0	7	6	7	7	0	0	0	0
工程	0	0	2	2	2	2	0	0	0	0
电子信息	0	0	1	1	1	1	0	0	0	0
电子信息	0	0	2	0	2	2	0	0	0	0
资源与环境	0	0	2	2	2	2	0	0	0	0
工程管理	0	0	1	1	1	1	0	0	0	0
工程管理	0	0	1	1	1	1	0	0	0	0
电子信息	0	0	1	0	1	1	0	0	0	0
英语口译	3	3	0	0	1	0	0	1	0	0
能源动力	0	0	1	0	2	1	1	0	0	0
能源动力	0	0	1	1	1	1	0	0	0	0
英语笔译	9	9	0	0	0	0	0	0	0	0
英语笔译	0	0	8	2	8	8	0	0	0	0
公共管理	3	3	2	0	8	2	2	4	0	0
工程管理	8	8	7	7	24	7	9	8	0	0
工程管理	6	6	0	0	1	0	0	1	0	0
工程管理	14	14	15	9	49	15	18	16	0	0
会计	7	7	14	9	39	14	14	11	0	0
工商管理	1	1	0	0	0	0	0	0	0	0
法律	0	0	4	2	4	4	0	0	0	0
法律	0	0	4	2	4	4	0	0	0	0
法律	0	0	1	0	1	1	0	0	0	0
资产评估	2	2	0	0	0	0	0	0	0	0
应用统计	2	2	8	6	24	8	12	4	0	0
金融	0	0	5	2	5	5	0	0	0	0
电子信息	1	1	0	0	0	0	0	0	0	0
电子信息	37	37	41	30	120	41	40	39	0	0

续表

专业名称	毕业生数	授予学位数	招生数		在校生数					
			合计	其中：应届毕业生	合计	一年级	二年级	三年级	四年级	五年级及以上
电子信息	46	46	53	38	154	53	51	50	0	0
电子信息	26	26	29	26	81	29	27	25	0	0
电子信息	13	13	12	11	36	12	12	12	0	0
机械	25	25	29	20	80	29	27	24	0	0
机械	0	0	1	1	1	1	0	0	0	0
全日制专业学位定向硕士	49	49	29	22	108	29	26	53	0	0
工程	1	1	12	12	27	12	9	6	0	0
工程	0	0	1	0	1	1	0	0	0	0
工程	0	0	0	0	1	0	0	1	0	0
工程	0	0	0	0	5	0	3	2	0	0
工程	0	0	0	0	0	0	0	0	0	0
工程	0	0	0	0	1	0	0	1	0	0
工商管理	35	35	0	0	9	0	1	8	0	0
公共管理	7	7	0	0	10	0	2	8	0	0
会计	3	3	5	5	26	5	4	17	0	0
工程管理	1	1	1	0	3	1	0	2	0	0
工程	0	0	0	0	0	0	0	0	0	0
工商管理	0	0	0	0	0	0	0	0	0	0
工程	0	0	1	1	1	1	0	0	0	0
金融	0	0	1	1	1	1	0	0	0	0
翻译	1	1	1	1	1	1	0	0	0	0
应用统计	0	0	1	0	1	1	0	0	0	0
公共管理	0	0	2	0	5	2	2	1	0	0
工程管理	0	0	0	0	2	0	0	2	0	0
电子信息	0	0	0	0	1	0	1	0	0	0
电子信息	0	0	0	0	1	0	0	1	0	0
电子信息	0	0	3	1	5	3	1	1	0	0
电子信息	0	0	0	0	1	0	1	0	0	0
英语笔译	0	0	0	0	1	0	0	1	0	0
能源动力	0	0	1	1	4	1	1	2	0	0
能源动力	0	0	0	0	1	0	1	0	0	0
工程管理	1	1	0	0	0	0	0	0	0	0
非全日制专业学位非定向硕士	0	0	1096	385	2581	1096	625	860	0	0
工程	0	0	123	47	310	123	73	114	0	0
工程	0	0	31	13	52	31	9	12	0	0
工程	0	0	10	4	21	10	5	6	0	0

续表

专业名称	毕业生数	授予学位数	招生数		在校生数					
			合计	其中：应届毕业生	合计	一年级	二年级	三年级	四年级	五年级及以上
工程	0	0	15	6	42	15	7	20	0	0
工程	0	0	0	0	1	0	0	1	0	0
工程	0	0	0	0	0	0	0	0	0	0
工商管理	0	0	53	0	153	53	52	48	0	0
会计	0	0	277	111	636	277	92	267	0	0
工程管理	0	0	29	0	63	29	17	17	0	0
工程	0	0	21	12	50	21	7	22	0	0
工程	0	0	105	40	156	105	22	29	0	0
工程	0	0	30	12	52	30	9	13	0	0
公共管理	0	0	7	0	26	7	7	12	0	0
应用统计	0	0	24	12	37	24	7	6	0	0
工程	0	0	0	0	2	0	2	0	0	0
工程	0	0	0	0	1	0	1	0	0	0
法律	0	0	1	0	1	1	0	0	0	0
法律	0	0	8	1	8	8	0	0	0	0
工程	0	0	8	2	8	8	0	0	0	0
金融	0	0	22	12	22	22	0	0	0	0
翻译	0	0	8	5	8	8	0	0	0	0
工程管理	0	0	18	0	47	18	18	11	0	0
电子信息	0	0	27	13	29	27	1	1	0	0
资源与环境	0	0	2	0	13	2	5	6	0	0
工程管理	0	0	11	5	20	11	4	5	0	0
公共管理	0	0	21	0	32	21	9	2	0	0
会计	0	0	76	20	379	76	182	121	0	0
电子信息	0	0	8	5	36	8	9	19	0	0
电子信息	0	0	37	14	49	37	6	6	0	0
电子信息	0	0	18	11	45	18	8	19	0	0
能源动力	0	0	14	3	40	14	7	19	0	0
能源动力	0	0	55	24	175	55	56	64	0	0
金融	0	0	5	5	5	5	0	0	0	0
应用统计	0	0	6	3	12	6	1	5	0	0
法律	0	0	14	3	14	14	0	0	0	0
法律	0	0	1	0	1	1	0	0	0	0
英语笔译	0	0	3	0	3	3	0	0	0	0
机械	0	0	8	2	32	8	9	15	0	0
非全日制专业学位定向硕士	0	0	108	5	436	108	106	222	0	0

续表

专业名称	毕业生数	授予学位数	招生数		在校生数					
			合计	其中：应届毕业生	合计	一年级	二年级	三年级	四年级	五年级及以上
工程	0	0	0	0	1	0	1	0	0	0
工程	0	0	0	0	0	0	0	0	0	0
工程管理	0	0	4	0	13	4	3	6	0	0
会计	0	0	7	0	24	7	11	6	0	0
公共管理	0	0	3	0	14	3	7	4	0	0
工程管理	0	0	1	0	2	1	0	1	0	0
电子信息	0	0	1	0	2	1	1	0	0	0
电子信息	0	0	0	0	5	0	1	4	0	0
电子信息	0	0	3	1	5	3	1	1	0	0
电子信息	0	0	0	0	1	0	1	0	0	0
英语笔译	0	0	0	0	1	0	0	1	0	0
能源动力	0	0	1	1	4	1	1	2	0	0
能源动力	0	0	0	0	1	0	1	0	0	0
工程管理	1	1	0	0	0	0	0	0	0	0
非全日制专业学位非定向硕士	0	0	1096	385	2581	1096	625	860	0	0
工程	0	0	123	47	310	123	73	114	0	0
工程	0	0	31	13	52	31	9	12	0	0
工程	0	0	10	4	21	10	5	6	0	0
工程	0	0	15	6	42	15	7	20	0	0
工程	0	0	0	0	1	0	0	1	0	0
工程	0	0	0	0	0	0	0	0	0	0
工商管理	0	0	53	0	153	53	52	48	0	0
会计	0	0	277	111	636	277	92	267	0	0
工程管理	0	0	29	0	63	29	17	17	0	0
工程	0	0	21	12	50	21	7	22	0	0
工程	0	0	105	40	156	105	22	29	0	0
工程	0	0	30	12	52	30	9	13	0	0
公共管理	0	0	7	0	26	7	7	12	0	0
应用统计	0	0	24	12	37	24	7	6	0	0
工程	0	0	0	0	2	0	2	0	0	0
工程	0	0	0	0	1	0	1	0	0	0
法律	0	0	1	0	1	1	0	0	0	0
法律	0	0	8	1	8	8	0	0	0	0
工程	0	0	8	2	8	8	0	0	0	0
金融	0	0	22	12	22	22	0	0	0	0
翻译	0	0	8	5	8	8	0	0	0	0

续表

专业名称	毕业生数	授予学位数	招生数		在校生数					
			合计	其中：应届毕业生	合计	一年级	二年级	三年级	四年级	五年级及以上
工程管理	0	0	18	0	47	18	18	11	0	0
电子信息	0	0	27	13	29	27	1	1	0	0
资源与环境	0	0	2	0	13	2	5	6	0	0
工程管理	0	0	11	5	20	11	4	5	0	0
公共管理	0	0	21	0	32	21	9	2	0	0
会计	0	0	76	20	379	76	182	121	0	0
电子信息	0	0	8	5	36	8	9	19	0	0
电子信息	0	0	37	14	49	37	6	6	0	0
电子信息	0	0	18	11	45	18	8	19	0	0
能源动力	0	0	14	3	40	14	7	19	0	0
能源动力	0	0	55	24	175	55	56	64	0	0
金融	0	0	5	5	5	5	0	0	0	0
应用统计	0	0	6	3	12	6	1	5	0	0
法律	0	0	14	3	14	14	0	0	0	0
法律	0	0	1	0	1	1	0	0	0	0
英语笔译	0	0	3	0	3	3	0	0	0	0
机械	0	0	8	2	32	8	9	15	0	0
非全日制专业学位定向硕士	0	0	108	5	436	108	106	222	0	0
工程	0	0	0	0	1	0	1	0	0	0
工程	0	0	0	0	0	0	0	0	0	0
工程管理	0	0	4	0	13	4	3	6	0	0
会计	0	0	7	0	24	7	11	6	0	0
公共管理	0	0	3	0	14	3	7	4	0	0
工程管理	0	0	1	0	2	1	0	1	0	0
电子信息	0	0	1	0	2	1	1	0	0	0
电子信息	0	0	0	0	5	0	1	4	0	0
电子信息	0	0	0	0	1	0	0	1	0	0
能源动力	0	0	19	1	158	19	39	100	0	0
机械	0	0	1	0	2	1	0	1	0	0
能源动力	0	0	2	0	2	2	0	0	0	0
工程	0	0	32	2	85	32	17	36	0	0
工程	0	0	2	0	7	2	0	5	0	0
工程	0	0	2	0	2	2	0	0	0	0
工程	0	0	2	0	3	2	1	0	0	0
工程	0	0	0	0	1	0	0	1	0	0
工程	0	0	0	0	1	0	0	1	0	0

续表

专业名称	毕业生数	授予学位数	招生数		在校生数					
			合计	其中：应届毕业生	合计	一年级	二年级	三年级	四年级	五年级及以上
工商管理	0	0	11	0	37	11	11	15	0	0
会计	0	0	10	2	30	10	1	19	0	0
工程管理	0	0	7	0	18	7	7	4	0	0
工程	0	0	2	0	5	2	1	2	0	0
公共管理	0	0	0	0	0	0	0	0	0	0
公共管理	0	0	2	0	22	2	4	16	0	0
应用统计	0	0	0	0	0	0	0	0	0	0
工程	0	0	0	0	1	0	1	0	0	0

（网络与信息化办公室　牛辰昊　提供）

华北电力大学 2019 年博士研究生分专业学生数

专业名称	毕业生数	授予学位数	招生数		在校生数						预计毕业生数
			合计	其中：应届毕业生	合计	一年级	二年级	三年级	四年级	五年级及以上	
博士研究生	195	192	250	202	1122	250	236	208	428	0	195
其中：女	39	39	63	48	319	63	80	59	117	0	39
学术学位博士	195	192	250	202	1122	250	236	208	428	0	195
其中：女	39	39	63	48	319	63	80	59	117	0	39
全日制学术学位非定向博士	143	143	231	200	817	231	205	166	215	0	143
动力工程及工程热物理学科	5	5	0	0	15	0	4	5	6	0	5
动力工程及工程热物理学科	8	8	23	20	87	23	24	17	23	0	8
动力工程及工程热物理学科	0	0	55	45	103	55	48	0	0	0	0
化工过程机械	3	3	0	0	5	0	0	2	3	0	3
工程热物理	4	4	0	0	13	0	0	7	6	0	4
水利工程学科	0	0	9	7	9	9	0	0	0	0	0
检测技术与自动化装置	3	3	0	0	10	0	4	2	4	0	3
电气工程学科	14	14	13	11	70	13	16	18	23	0	14
电气工程学科	41	41	68	64	190	68	65	0	57	0	41
电气工程学科	0	0	2	2	2	2	0	0	0	0	0
电气工程学科	1	1	0	0	0	0	0	0	0	0	1
电气工程学科	0	0	0	0	77	0	0	56	21	0	0
动力机械及工程	4	4	0	0	13	0	0	7	6	0	4
核科学与技术学科	0	0	8	7	8	8	0	0	0	0	0
控制理论与控制工程	8	8	0	0	29	0	15	7	7	0	8
模式识别与智能系统	3	3	0	0	5	0	2	1	2	0	3

续表

专业名称	毕业生数	授予学位数	招生数		在校生数						预计毕业生数
			合计	其中：应届毕业生	合计	一年级	二年级	三年级	四年级	五年级及以上	
管理科学与工程学科	1	1	0	0	8	0	0	5	3	0	1
管理科学与工程学科	0	0	0	0	3	0	0	2	1	0	0
管理科学与工程学科	3	3	0	0	3	0	0	2	1	0	3
管理科学与工程学科	3	3	14	12	27	14	13	0	0	0	3
工商管理学科	1	1	0	0	9	0	2	2	5	0	1
工商管理学科	0	0	15	11	15	15	0	0	0	0	0
会计学	0	0	0	0	1	0	0	1	0	0	0
流体机械及工程	3	3	0	0	3	0	0	1	2	0	3
技术经济及管理	5	5	0	0	19	0	6	7	6	0	5
热能工程	16	16	0	0	54	0	0	20	34	0	16
控制科学与工程学科	3	3	0	0	4	0	1	2	1	0	3
控制科学与工程学科	0	0	0	0	6	0	3	1	2	0	0
控制科学与工程学科	0	0	24	21	24	24	0	0	0	0	0
企业管理(含:财务管理、市场营销、人力资源管理)	0	0	0	0	5	0	2	1	2	0	0
电工理论与新技术	1	1	0	0	0	0	0	0	0	0	1
电力系统及其自动化	10	10	0	0	0	0	0	0	0	0	10
高电压与绝缘技术	3	3	0	0	0	0	0	0	0	0	3
全日制学术学位定向博士	52	49	19	2	305	19	31	42	213	0	52
检测技术与自动化装置	0	0	0	0	1	0	0	0	1	0	0
工程热物理	0	0	0	0	2	0	0	0	2	0	0
化工过程机械	0	0	0	0	3	0	0	0	3	0	0
模式识别与智能系统	0	0	0	0	5	0	1	2	2	0	0
动力工程及工程热物理学科	1	1	0	0	5	0	1	1	3	0	1
动力工程及工程热物理学科	4	3	0	0	17	0	2	3	12	0	4
动力工程及工程热物理学科	0	0	4	0	7	4	3	0	0	0	0
控制理论与控制工程	4	4	0	0	19	0	1	4	14	0	4
企业管理(含:财务管理、市场营销、人力资源管理)	1	1	0	0	12	0	3	1	8	0	1
核科学与技术学科	0	0	1	0	1	1	0	0	0	0	0
电气工程学科	1	1	0	0	19	0	4	3	12	0	1
电气工程学科	0	0	3	0	27	3	6	0	18	0	0
电气工程学科	0	0	2	0	2	2	0	0	0	0	0
电气工程学科	0	0	2	0	2	2	0	0	0	0	0
电气工程学科	1	1	0	0	0	0	0	0	0	0	1
电气工程学科	10	10	0	0	0	0	0	0	0	0	10
电气工程学科	0	0	0	0	34	0	0	8	26	0	0

续表

专业名称	毕业生数	授予学位数	招生数		在校生数						预计毕业生数
			合计	其中：应届毕业生	合计	一年级	二年级	三年级	四年级	五年级及以上	
电气工程学科	1	1	0	0	0	0	0	0	0	0	1
电气工程学科	2	2	0	0	0	0	0	0	0	0	2
动力机械及工程	3	3	0	0	18	0	0	3	15	0	3
控制科学与工程学科	0	0	0	0	2	0	1	1	0	0	0
控制科学与工程学科	1	1	0	0	3	0	0	1	2	0	1
控制科学与工程学科	0	0	3	0	3	3	0	0	0	0	0
控制科学与工程学科	0	0	1	0	1	1	0	0	0	0	0
热能工程	8	7	0	0	21	0	0	4	17	0	8
技术经济及管理	11	10	0	0	50	0	3	3	44	0	11
流体机械及工程	0	0	0	0	2	0	0	0	2	0	0
会计学	0	0	0	0	2	0	2	0	0	0	0
工商管理学科	0	0	0	0	13	0	0	3	10	0	0
工商管理学科	0	0	3	2	3	3	0	0	0	0	0
管理科学与工程学科	0	0	0	0	9	0	0	1	8	0	0
管理科学与工程学科	0	0	0	0	8	0	0	2	6	0	0
管理科学与工程学科	2	2	0	0	10	0	0	2	8	0	2
管理科学与工程学科	2	2	0	0	4	0	4	0	0	0	2
检测技术与自动化装置	0	0	0	0	1	0	0	0	1	0	0
工程热物理	0	0	0	0	2	0	0	0	2	0	0
化工过程机械	0	0	0	0	3	0	0	0	3	0	0
模式识别与智能系统	0	0	0	0	5	0	1	2	2	0	0
动力工程及工程热物理学科	1	1	0	0	5	0	1	1	3	0	1
动力工程及工程热物理学科	4	3	0	0	17	0	2	3	12	0	4
动力工程及工程热物理学科	0	0	4	0	7	4	3	0	0	0	0
控制理论与控制工程	4	4	0	0	19	0	1	4	14	0	4
企业管理(含:财务管理、市场营销、人力资源管理)	1	1	0	0	12	0	3	1	8	0	1
核科学与技术学科	0	0	1	0	1	1	0	0	0	0	0
电气工程学科	1	1	0	0	19	0	4	3	12	0	1
电气工程学科	0	0	3	0	27	3	6	0	18	0	0
电气工程学科	0	0	2	0	2	2	0	0	0	0	0
电气工程学科	0	0	2	0	2	2	0	0	0	0	0
电气工程学科	1	1	0	0	0	0	0	0	0	0	1
电气工程学科	10	10	0	0	0	0	0	0	0	0	10
电气工程学科	0	0	0	0	34	0	0	8	26	0	0
电气工程学科	1	1	0	0	0	0	0	0	0	0	1
电气工程学科	2	2	0	0	0	0	0	0	0	0	2

续表

专业名称	毕业生数	授予学位数	招生数 合计	其中：应届毕业生	在校生数 合计	一年级	二年级	三年级	四年级	五年级及以上	预计毕业生数
动力机械及工程	3	3	0	0	18	0	0	3	15	0	3
控制科学与工程学科	0	0	0	0	2	0	1	1	0	0	0
控制科学与工程学科	1	1	0	0	3	0	0	1	2	0	1
控制科学与工程学科	0	0	3	0	3	3	0	0	0	0	0
控制科学与工程学科	0	0	1	0	1	1	0	0	0	0	0
热能工程	8	7	0	0	21	0	0	4	17	0	8
技术经济及管理	11	10	0	0	50	0	3	3	44	0	11
流体机械及工程	0	0	0	0	2	0	0	0	2	0	0
会计学	0	0	0	0	2	0	2	0	0	0	0
工商管理学科	0	0	0	0	13	0	0	3	10	0	0
工商管理学科	0	0	3	2	3	3	0	0	0	0	0
管理科学与工程学科	0	0	0	0	9	0	0	1	8	0	0
管理科学与工程学科	0	0	0	0	8	0	0	2	6	0	0
管理科学与工程学科	2	2	0	0	10	0	0	2	8	0	2
管理科学与工程学科	2	2	0	0	4	0	4	0	0	0	2

（网络与信息化办公室　牛辰昊　提供）

华北电力大学2019年普通本科分专业学生数

专业名称	毕业生数	授予学位数	招生数 合计	其中：应届毕业生	春季招生	预科生转	在校生数 合计	一年级	二年级	三年级	四年级	五年级及以上
普通本科生	5294	5241	6046	5622	0	94	23950	6061	6159	6180	5550	0
其中：女	1851	1848	1879	1755	0	27	7656	1883	2038	1968	1767	0
高中起点本科	5294	5241	6046	5622	0	94	23950	6061	6159	6180	5550	0
计算机科学与技术	49	43	0	0	0	0	180	0	58	69	53	0
计算机科学与技术	76	76	0	0	0	0	204	0	0	119	85	0
电子信息工程	55	54	0	0	0	0	154	0	51	53	50	0
机械设计制造及其自动化	85	85	0	0	0	0	177	0	0	87	90	0
信息安全	29	29	0	0	0	0	85	0	0	59	26	0
信息安全	59	58	0	0	0	0	157	0	53	56	48	0
电子信息类专业	0	0	206	184	0	6	389	211	178	0	0	0
电子信息类专业	0	0	176	167	0	0	176	176	0	0	0	0
通信工程	82	82	0	0	0	0	218	0	0	126	92	0
通信工程	65	64	0	0	0	0	240	0	90	79	71	0
电子科学与技术	26	26	0	0	0	0	77	0	25	27	25	0

续表

专业名称	毕业生数	授予学位数	招生数				在校生数					
			合计	其中：应届毕业生	其中：春季招生	其中：预科生转	合计	一年级	二年级	三年级	四年级	五年级及以上
物联网工程	27	27	0	0	0	0	82	0	25	29	28	0
网络工程	51	51	0	0	0	0	106	0	0	48	58	0
机械工程	33	32	58	57	0	0	230	58	57	56	59	0
机械工程	103	103	0	0	0	0	158	0	0	88	70	0
新能源材料与器件	29	29	0	0	0	0	89	0	32	34	23	0
经济学类专业	0	0	56	51	0	1	116	56	60	0	0	0
经济学类专业	0	0	87	84	0	1	87	87	0	0	0	0
金融学	27	27	0	0	0	0	153	0	58	66	29	0
数学类专业	0	0	96	89	0	1	243	95	148	0	0	0
法学类专业	0	0	61	54	0	2	124	61	63	0	0	0
广告学	27	27	0	0	0	0	91	0	33	31	27	0
汉语言文学	0	0	0	0	0	0	38	0	14	0	24	0
经济学	22	22	0	0	0	0	80	0	0	56	24	0
经济学	33	33	0	0	0	0	77	0	30	20	27	0
法学	60	58	45	43	0	2	184	45	40	55	44	0
法学	33	33	0	0	0	0	96	0	0	68	28	0
国际经济与贸易	25	25	0	0	0	0	20	0	0	0	20	0
社会工作	28	28	0	0	0	0	76	0	0	47	29	0
应用化学	52	52	0	0	0	0	162	0	58	57	47	0
应用化学	51	51	0	0	0	0	116	0	0	63	53	0
物理学类专业	0	0	56	53	0	0	56	56	0	0	0	0
翻译	25	25	0	0	0	0	68	0	0	41	27	0
翻译	20	20	0	0	0	0	69	0	26	22	21	0
能源与动力工程	285	284	0	0	0	0	670	0	0	335	335	0
能源与动力工程	334	329	323	311	0	2	1265	323	315	322	305	0
应用物理学	23	22	27	26	0	0	88	27	21	18	22	0
应用物理学	21	21	0	0	0	0	56	0	0	29	27	0
软件工程	52	47	0	0	0	0	166	0	55	64	47	0
软件工程	59	59	0	0	0	0	124	0	0	60	64	0
测控技术与仪器	104	102	0	0	0	0	338	0	118	115	105	0
测控技术与仪器	72	72	0	0	0	0	193	0	0	103	90	0
计算机类专业	0	0	223	209	0	3	223	223	0	0	0	0
计算机类专业	0	0	332	308	0	6	643	333	310	0	0	0
环境工程	54	54	0	0	0	0	111	0	0	61	50	0
机械类专业	0	0	361	329	0	9	710	361	349	0	0	0
能源动力类专业	0	0	324	290	0	8	656	325	331	0	0	0

续表

专业名称	毕业生数	授予学位数	招生数	其中：			在校生数					
			合计	应届毕业生	春季招生	预科生转	合计	一年级	二年级	三年级	四年级	五年级及以上
过程装备与控制工程	29	29	0	0	0	0	82	0	0	51	31	0
自动化	163	161	0	0	0	0	455	0	149	154	152	0
自动化	144	144	0	0	0	0	323	0	0	160	163	0
英语	39	39	0	0	0	0	83	0	0	44	39	0
英语	38	38	0	0	0	0	103	0	29	34	40	0
辐射防护与核安全	20	19	0	0	0	0	103	0	29	34	40	0
自动化类专业	0	0	285	252	0	9	561	285	276	0	0	0
自动化类专业	0	0	259	248	0	0	259	259	0	0	0	0
电气类专业	0	0	418	395	0	2	418	418	0	0	0	0
电气类专业	0	0	504	460	0	10	1145	506	639	0	0	0
建筑环境与能源应用工程	29	26	26	26	0	0	108	26	29	29	24	0
建筑环境与能源应用工程	46	46	0	0	0	0	119	0	0	58	61	0
电子信息科学与技术	52	52	0	0	0	0	112	0	0	50	62	0
机械电子工程	60	59	0	0	0	0	175	0	0	90	85	0
市场营销	43	43	0	0	0	0	93	0	24	30	39	0
物流管理	22	22	0	0	0	0	35	0	8	0	27	0
工商管理类专业	0	0	248	239	0	2	248	248	0	0	0	0
工商管理类专业	0	0	146	136	0	3	241	146	95	0	0	0
信息管理与信息系统	23	23	0	0	0	0	90	0	0	64	26	0
信息管理与信息系统	22	22	0	0	0	0	149	0	62	61	26	0
工业工程	26	26	0	0	0	0	80	0	0	51	29	0
产品设计	44	44	0	0	0	0	89	0	0	44	45	0
公共事业管理	24	24	0	0	0	0	105	0	0	70	35	0
公共事业管理	26	25	0	0	0	0	64	0	21	21	22	0
工程管理	62	62	0	0	0	0	310	0	118	121	71	0
土木类专业	0	0	63	57	0	1	121	64	57	0	0	0
设计学类专业	0	0	44	38	0	0	88	46	42	0	0	0
工商管理	23	23	0	0	0	0	73	0	0	43	30	0
工商管理	29	29	0	0	0	0	92	0	31	32	29	0
管理科学与工程类专业	0	0	113	103	0	6	113	113	0	0	0	0
管理科学与工程类专业	0	0	154	140	0	4	363	158	205	0	0	0
电子商务	23	22	0	0	0	0	20	0	0	0	20	0
人力资源管理	26	25	0	0	0	0	93	0	32	32	29	0
工程造价	64	64	0	0	0	0	153	0	0	94	59	0
会计学	61	61	0	0	0	0	171	0	59	54	58	0
会计学	68	68	0	0	0	0	167	0	0	99	68	0

续表

专业名称	毕业生数	授予学位数	招生数				在校生数					
			合计	其中：			合计	一年级	二年级	三年级	四年级	五年级及以上
				应届毕业生	春季招生	预科生转						
财务管理	61	60	0	0	0	0	173	0	53	62	58	0
工业工程类专业	0	0	61	57	0	1	119	61	58	0	0	0
劳动与社会保障	28	28	0	0	0	0	29	0	0	0	29	0
公共管理类专业	0	0	119	110	0	2	236	119	117	0	0	0
公共管理类专业	0	0	119	115	0	2	119	119	0	0	0	0
智能电网信息工程	86	84	0	0	0	0	260	0	100	79	81	0
水文与水资源工程	25	25	0	0	0	0	70	0	25	25	20	0
核工程与核技术	119	115	0	0	0	0	354	0	130	115	109	0
能源化学工程	55	55	0	0	0	0	93	0	0	41	52	0
环境科学	28	28	0	0	0	0	85	0	0	60	25	0
水利水电工程	55	55	0	0	0	0	174	0	63	57	54	0
环境科学与工程类专业	0	0	115	112	0	0	115	115	0	0	0	0
环境科学与工程类专业	0	0	252	236	0	5	510	252	258	0	0	0
电气工程及其自动化	512	506	0	0	0	0	1507	0	426	543	538	0
电气工程及其自动化	518	518	0	0	0	0	1327	0	0	689	638	0
核工程类专业	0	0	144	134	0	0	144	144	0	0	0	0
水利类专业	0	0	89	83	0	0	89	89	0	0	0	0
农业电气化	57	57	0	0	0	0	62	0	0	0	62	0
行政管理	62	62	0	0	0	0	154	0	51	55	48	0
新能源科学与工程	159	158	207	198	0	3	714	207	172	179	156	0
信息与计算科学	47	47	55	53	0	0	218	55	62	51	50	0
信息与计算科学	53	53	0	0	0	0	138	0	0	87	51	0
材料科学与工程	47	44	58	55	0	1	213	58	55	54	46	0
外国语言文学类专业	0	0	78	68	0	2	164	78	86	0	0	0
外国语言文学类专业	0	0	58	52	0	0	58	58	0	0	0	0

（网络与信息化办公室　牛辰昊　提供）

华北电力大学 2019 年在职人员攻读硕士学位分专业(领域)学生数

专业名称	授予学位数	招生数	在校生数			
			合计	一年级	二年级	三年级及以上
硕士学位学生	1133	0	2129	0	0	2129
其中:女	327	0	438	0	0	438
专业学位硕士	1133	0	2129	0	0	2129
专业学位硕士其中:女	327	0	438	0	0	438
工程管理	14	0	73	0	0	73

续表

专业名称	授予学位数	招生数	在校生数			
			合计	一年级	二年级	三年级及以上
工程管理	46	0	23	0	0	23
工程管理	96	0	137	0	0	137
工程管理	25	0	39	0	0	39
工程管理	39	0	149	0	0	149
工程管理	2	0	2	0	0	2
工商管理	30	0	167	0	0	167
电子信息	21	0	47	0	0	47
电子信息	55	0	104	0	0	104
电子信息	47	0	44	0	0	44
电子信息	24	0	76	0	0	76
电子信息	51	0	18	0	0	18
电子信息	56	0	193	0	0	193
机械	3	0	28	0	0	28
资源与环境	10	0	14	0	0	14
能源动力	194	0	346	0	0	346
能源动力	72	0	70	0	0	70
能源动力	284	0	506	0	0	506
能源动力	64	0	93	0	0	93

（网络与信息化办公室　牛辰昊　提供）

华北电力大学2019年成人本科分专业学生数

专业名称	授予学位数	招生数	在校生数						
			合计	一年级	二年级	三年级	四年级	五年级	六年级及以上
成人本科生	565	3443	6049	3443	2411	71	54	70	0
其中：女	214	1179	2014	1179	797	13	8	17	0
函授本科	445	2221	3910	2221	1539	63	39	48	0
其中：女	165	654	1082	654	397	12	7	12	0
高中起点本科	21	191	431	191	90	63	39	48	0
会计学	0	22	24	22	2	0	0	0	0
电气工程及其自动化	21	77	295	77	73	63	36	46	0
计算机科学与技术	0	17	20	17	3	0	0	0	0
通信工程	0	2	3	2	1	0	0	0	0
机械设计制造及其自动化	0	0	1	0	1	0	0	0	0
能源与动力工程	0	11	17	11	1	0	3	2	0
环境工程	0	2	3	2	1	0	0	0	0
市场营销	0	0	0	0	0	0	0	0	0

续表

专业名称	授予学位数	招生数	在校生数						
			合计	一年级	二年级	三年级	四年级	五年级	六年级及以上
工商管理	0	55	58	55	3	0	0	0	0
人力资源管理	0	0	0	0	0	0	0	0	0
工程造价	0	5	10	5	5	0	0	0	0
专科起点本科	424	2030	3479	2030	1449	0	0	0	0
电气工程及其自动化	360	1336	2369	1336	1033	0	0	0	0
会计学	3	108	145	108	37	0	0	0	0
智能电网信息工程	0	0	0	0	0	0	0	0	0
能源化学工程	0	9	11	9	2	0	0	0	0
建筑环境与能源应用工程	0	12	19	12	7	0	0	0	0
工程造价	0	58	73	58	15	0	0	0	0
社会工作	0	3	4	3	1	0	0	0	0
软件工程	0	12	13	12	1	0	0	0	0
人力资源管理	0	0	1	0	1	0	0	0	0
工商管理	4	124	248	124	124	0	0	0	0
市场营销	0	0	0	0	0	0	0	0	0
物流管理	0	0	0	0	0	0	0	0	0
信息管理与信息系统	0	0	0	0	0	0	0	0	0
工业工程	0	2	3	2	1	0	0	0	0
公共事业管理	0	10	13	10	3	0	0	0	0
工程管理	0	4	10	4	6	0	0	0	0
环境工程	0	24	30	24	6	0	0	0	0
能源动力类专业	0	9	11	9	2	0	0	0	0
英语	0	0	1	0	1	0	0	0	0
能源与动力工程	55	131	275	131	144	0	0	0	0
机械设计制造及其自动化	0	22	32	22	10	0	0	0	0
通信工程	0	17	17	17	0	0	0	0	0
网络工程	0	3	4	3	1	0	0	0	0
经济学	0	20	24	20	4	0	0	0	0
法学	0	45	46	45	1	0	0	0	0
国际经济与贸易	0	0	1	0	1	0	0	0	0
计算机科学与技术	2	81	129	81	48	0	0	0	0
业余本科	120	1222	2139	1222	872	8	15	22	0
其中:女	49	525	932	525	400	1	1	5	0
高中起点本科	10	426	673	426	202	8	15	22	0
会计学	4	69	92	69	22	0	1	0	0
电气工程及其自动化	4	63	172	63	65	8	14	22	0
计算机科学与技术	1	71	92	71	21	0	0	0	0

续表

专业名称	授予学位数	招生数	在校生数						
			合计	一年级	二年级	三年级	四年级	五年级	六年级及以上
国际经济与贸易	0	0	0	0	0	0	0	0	0
工商管理	1	223	316	223	93	0	0	0	0
人力资源管理	0	0	1	0	1	0	0	0	0
专科起点本科	110	796	1466	796	670	0	0	0	0
电气工程及其自动化	70	281	558	281	277	0	0	0	0
会计学	9	58	129	58	71	0	0	0	0
人力资源管理	0	81	136	81	55	0	0	0	0
工商管理	30	186	391	186	205	0	0	0	0
计算机科学与技术	0	190	252	190	62	0	0	0	0
能源与动力工程	1	0	0	0	0	0	0	0	0
电气类专业	0	0	0	0	0	0	0	0	0

（网络与信息化办公室　牛辰昊　提供）

华北电力大学2019年外国留学生情况

项目		编号	毕(结)业生数	授予学位数	招生数		在校生数					
					合计	其中:春季招生	合计	第一年	第二年	第三年	第四年	第五年及以上
总计		1	218	130	483	10	940	480	213	182	51	14
其中:女		2	36	13	86	2	177	86	44	35	10	2
按学历分	小计	3	130	130	366		823	363	213	182	51	14
	专科	4										
	本科	5	29	29	226		324	224	65	26	7	2
	硕士研究生	6	84	84	106		337	105	116	105	11	
	博士研究生	7	17	17	34		162	34	32	51	33	12
培训		8	88		117	10	117	117				
按大洲分	亚洲	9	124	82	298	1	622	296	160	130	30	6
	非洲	10	50	42	139	2	254	139	44	47	17	7
	欧洲	11	5	2	2	2	15	2	6	3	4	
	北美洲	12	5	3	6	5	8	5	1	1		1
	南美洲	13			3		6	3	2	1		
	大洋洲	14	34	1	35		35	35				
按经费来源分	国际组织资助	15										
	中国政府资助	16	201	124	466	2	917	463	213	177	51	13
	本国政府资助	17										
	学校间交换	18	7		7		7	7				
	自费	19	10	6	10	8	16	10		5		1

（网络与信息化办公室　牛辰昊　提供）

华北电力大学2019年学生组织社团一览表

（北 京 校 部）

序号	社团名称	社团负责人	所在班级
1	晨星文学社	唐赛锋	能材1701
2	融媒体编辑中心	孟书瑜	行管1701
3	融媒体采访中心	黄文荻	建环1701
4	融媒体技术中心	王容洲	电网1703
5	融媒体运营中心	古丽扎提	公共1601
6	大学生调研中心	张竞哲	电气1702
7	大学生通讯社	陈正梁	国教1702
8	中外学生友好交流协会	李　婧	自动1704
9	公共行政研究会	杨　芸	行管1702
10	教学信息中心	白靖宇	工管1704
11	习近平新时代中国特色社会主义思想学习研究会	施博文	工商1701
12	争流网站管理委员会	曹馨月	能动1811
13	知行读书会	袁新月	研思政
14	绿色电力协会	施博文	工商1701
15	财会协会	张　德	信管1701
16	法学会	李胡谦怡	法学1702
17	和之日语社	刘乾稚	水电1701
18	金融协会	王　成	能动1703
19	创益青年社团	张海婧	国教1801
20	蓝色网络计算机联盟	张博闻	金融1702
21	能源发展研究室	闫路遥	研动1817
22	校史电力史研究会	海玉霞	财务1601
23	星野天文社	王一名	核电1702
24	英语协会	张富澳	电信1807
25	致远留学社	陈　瑞	研外国语1740
26	创业协会	王润岩	信息1701
27	职业发展协会	王晨宇	电气1712
28	《华电小报》杂志社	周浩田	电气1702
29	棒垒协会	靳　燚	电气1712
30	辩论队	王　振	财务1701
31	大学生艺术团	李可歆	能科1704
32	惦鹤创意手工社	皇甫俊凡	电气1808
33	动漫社	武　斌	信息1702
34	飞跃滑板社	王奥宇	能动1804
35	风庄推理社	闫　辰	核电1704
36	广播台	邱　天	翻译1701
37	户外运动协会	李家璇	材料1601

续表

序号	社团名称	社团负责人	所在班级
38	毽绳协会	任劲菘	电气 1802
39	金色旋律口琴社	冶永成	能动 1804
40	篮球裁判协会	董崇武	电气 1709
41	礼仪队	尚　蕊	广告 1601
42	楼兰协会	迪力夏提・多力坤	公共 1803
43	迷音吉他社	宋华炜	电网 1703
44	摩登舞协会	赵　情	新能源 1806
45	魔方社	王　弋	物联 1701
46	健身协会	齐志平	研经管 1728
47	墨友书画社	马建源	电气 1812
48	凌云社	邱杨棣	能动 1706
49	排球协会	房罗鑫	公共 1701
50	乒乓球裁判协会	王远慧	机械 1601
51	乒乓球协会	黄朝俊	能科 1705
52	网球协会	何泽林	电气 1806
53	清风轮滑社	刘　骏	能动 1704
54	摄影协会	李行昊	能材 1701
55	时尚艺术团	黄　橙	能动 1707
56	台球协会	王　鑫	信息 1802
57	太极拳协会	朱钊仑	能动 1809
58	武术协会	沈钧炜	能动 1709
59	小火柴人电影协会	黄阳运	电气 1806
60	雪莲花文化交流协会	洛桑旦巴	物联 1801
61	阳光跆拳道协会	葛　懿	金融 1701
62	一笑堂	杨　岩	测控 1701
63	瑜伽和普拉提健身协会	邓　丹	测控 1803
64	羽毛球协会	林芳向	水电 1702
65	长跑协会	叶尔森・革命龙	能科 1702
66	昭华古风社	宋佳宇	电信 1807
67	征途自行车协会	王　宇	计算 1701
68	自媒体发展协会	孟书瑜	行管 1701
69	逐影双节棍协会	张育靖	能科 1703
70	足球协会	刘勇涛	金融 1702
71	海峡西岸实践交流协会	何馨雨	金融 1701
72	蓝之焰青年志愿者协会	于懿兰	电气 1701
73	三晋能源发展促进协会	李欣芝	能科 1702
74	微光志愿社	李茂辉	能科 1703
75	希望手语社	展小涛	能材 1701

续表

序号	社团名称	社团负责人	所在班级
76	小动物保护协会	蒲怡伽	信息 1701
77	红十字会	宫少宽	能科 1702
78	校友工作志愿者协会	黎高桥	能动 1706
79	大学生治安服务队	李亦然	电信 1702
80	大学生自我服务委员会	李俊龙	信管 1701
81	大学生自我管理委员会	李　响	材料 1701
82	国旗护卫队	赵启栋	电气 1807
83	迷彩青春社团	邹路华	会计 1701
84	心理学社	李明阳	会计 1701
85	自强社	张馨予	法学 1702

(保　定　校　区)

序号	社团名称	社团负责人	所在班级
1	校学生会	吴雨泽	自动化 1705
2	校研究生会	梁玮轩	硕计 181
3	大学生自我服务委员会	寇自阳	应化 1701
4	大学生自律委员会	王志鹏	能动 1609
5	大学生自我教育委员会	郝玲靖	电气 1715
6	法律协会	张诗婧	法学 1702
7	青马知行研究会	李姿雨	硕马院班
8	团委报刊社	高瑞斯	应化 1701
9	先锋协会	张文琦	硕电力 191
10	校 MMD 协会	池俊武	机械 1704
11	BIM 俱乐部	陈威君	造价 1703
12	大数据与哲学社会科学研究会	魏家璇	自动化 1702
13	大学生科学技术协会	马采妮	环工 1701
14	机器人俱乐部	李　童	能化 1601
15	计算机视频与图像设计协会	江开铭	建环 1701
16	技术猫编程俱乐部	尹铭浩	网络 1801
17	历史研究协会	薛鹏川	通信 1704
18	CAD 制图协会	汪盈杉	电气 1808
19	创业协会	刘力挺	能动 1706
20	大学生职业发展协会	崔雪薇	电子 1602
21	飞行协会	吴迪阳	信息 1702
22	共益青年团队	宋志鹏	信管 1701
23	华电百科俱乐部	侯绍妍	能动 1707
24	虚拟仿真俱乐部	张开元	信安 1601
25	工程训练俱乐部	吴　堉	输电 1701
26	IKB 绘画者联盟	李莹发	软件 1702

续表

序号	社团名称	社团负责人	所在班级
27	《大学·新语》杂志社	王逢元	计算机 1801
28	C-Wing 动漫社	王傲儿	电气 1715
29	KM 跑步协会	廖亚特	造价 1801
30	Unsleep 街舞协会	林师俊	电气 1801
31	大学生艺术团	黄霜欣	社工 1702
32	光影华电摄影协会	徐源子	信管 1706
33	国标舞协会	王欣宇	环科 1801
34	国学社	陈艺瑄	公管 1701
35	滑板协会	马岩博	电气 1705
36	极·坐标话剧团	曾　毅	应化 1701
37	极限飞盘社	陈贻超	机械 1701
38	健美操啦啦操协会	赵天放	电气 1807
39	健身协会	马铁铮	电信 1805
40	篮球协会	杨东方	环境 1808
41	轮滑协会	温德凡	电气 1707
42	魔术协会	杨植善	环科 1702
43	排球协会	高嘉崃	机械 1710
44	乒乓球协会	刘　哲	环科 1702
45	书画协会	吴雨欣	公管 1801
46	台球协会	明　成	工程 1802
47	跆拳道协会	任长铭	会计 1703
48	推理爱好者协会	陈逸飞	法学 1802
49	网球协会	赖逸洋	电力英 1602
50	武术协会	周　天	能动 1705
51	星韵文学社	李英晟	机械 1702
52	奕轩棋牌社	欧阳昊	软件 1702
53	音乐协会	郑逸飞	翻译 1701
54	羽毛球协会	刘逸凡	电气 1712
55	粤语社	谭铭谦	软件 1702
56	自行车协会	李鸿儒	工程 1702
57	自由搏击俱乐部	岳智辉	能动 1701
58	足球协会	李嘉荣	电气 1714
59	爱心社	李怡童	环境 1802
60	大学生安全保卫委员会	李勐跃	造价 1703
61	大学生管理协会	边浩宇	造价 1701
62	大学生国防社	陶学志	电气 1705
63	大学生青年志愿者协会	田明霞	公管 1702
64	读者协会	严福强	电气 1715
65	二校广播台	田佳乐	会计 1701

续表

序号	社团名称	社团负责人	所在班级
66	一校广播台	高盎然	硕电力 184
67	礼仪队	齐　晴	能化 1701
68	模拟联合国协会	石众诚	英语 1702
69	青年记者站	杨宇帆	信息 1701
70	山鹰户外俱乐部	王基旭	能动 1709
71	手工协会	杨粤湘	会计 1702
72	外语协会	王思祎	英语 1702
73	网络管理协会	李　腾	电力英 1703
74	校报记者团	王佳璐	公管 1702
75	校红十字会	张骞予	法学 1702
76	校友工作志愿者协会	张竣豪	测控 1703
77	校园电视台	连若琪	公管 1702
78	心理协会	牛剑锋	电气 1601
79	新媒体研究会	李慧君	信息 1701
80	演讲与口才协会	苏奕帆	计科 1703
81	英辩社	詹鹤千	英语 1802
82	指尖新媒体	乔建申	电气 1710
83	主持人协会	朱　越	电信 1702

（校团委　提供）

毕业生名单

华北电力大学 2019 年授予博士学位名单

北京校部:27 人(授予日期:2019 年 4 月 2 日)

姓名	性别	专业名称	学位类别	姓名	性别	专业名称	学位类别
李　威	男	电力系统及其自动化	工学博士学位	DANISH KHAN	男	可再生能源与清洁能源	工学博士学位
严　宇	男	电力系统及其自动化	工学博士学位	TAHIR IQBAL	男	可再生能源与清洁能源	工学博士学位
石雨鑫	男	电气工程	工学博士学位	任英科	男	可再生能源与清洁能源	工学博士学位
陈　彬	男	电气工程	工学博士学位	刘明浩	男	可再生能源与清洁能源	工学博士学位
韩晓雪	女	化工过程机械	工学博士学位	陈海彬	男	可再生能源与清洁能源	工学博士学位
隋子峰	男	化工过程机械	工学博士学位	陈　菲	女	热能工程	工学博士学位
郭　森	男	检测技术与自动化装置	工学博士学位	余雄江	男	热能工程	工学博士学位
童国炜	男	检测技术与自动化装置	工学博士学位	陈　亮	男	热能工程	工学博士学位
段志强	男	可再生能源与清洁能源	工学博士学位	杨　新	男	热能工程	工学博士学位
周建强	男	可再生能源与清洁能源	工学博士学位	HASAN IZHAR KHAN	男	热能工程	工学博士学位
王少杰	男	可再生能源与清洁能源	工学博士学位	高　澈	男	技术经济及管理	管理学博士学位

续表

姓名	性别	专业名称	学位类别	姓名	性别	专业名称	学位类别
洪 烽	男	控制理论与控制工程	工学博士学位	崔建勇	男	技术经济及管理	管理学博士学位
贾文波	男	能源环境工程	工学博士学位	李建锋	男	技术经济及管理	管理学博士学位
刘 吉	男	可再生能源与清洁能源	工学博士学位				

北京校部:182 人 （授予日期:2019 年 6 月 25 日）

姓名	性别	专业名称	学位类别	姓名	性别	专业名称	学位类别
涂菁菁	女	电机与电器	工学博士学位	马明晗	男	电气工程	工学博士学位
唐晓骏	男	电力系统及其自动化	工学博士学位	曾璐琨	男	电气工程	工学博士学位
蔡婷婷	女	电力系统及其自动化	工学博士学位	杨 超	男	电气工程	工学博士学位
王桂兰	女	电气信息技术	工学博士学位	王泽森	男	电气工程	工学博士学位
徐 扬	女	电气信息技术	工学博士学位	郑晓明	男	电气工程	工学博士学位
高大明	男	热能工程	工学博士学位	叶 茂	男	电气工程	工学博士学位
田海军	男	热能工程	工学博士学位	张龙艳	女	工程热物理	工学博士学位
姜 锐	男	动力机械及工程	工学博士学位	白子为	男	工程热物理	工学博士学位
齐 翼	男	动力机械及工程	工学博士学位	高宇航	男	工程热物理	工学博士学位
朱宽军	男	动力机械及工程	工学博士学位	张 衡	男	热能工程	工学博士学位
周长玉	女	能源环境工程	工学博士学位	刘月超	男	热能工程	工学博士学位
吴桂英	女	可再生能源与清洁能源	工学博士学位	高满达	男	热能工程	工学博士学位
刘文彦	男	管理科学与工程	管理学博士学位	席中亚	男	热能工程	工学博士学位
陈利民	男	技术经济及管理	管理学博士学位	赵世飞	男	热能工程	工学博士学位
程 俊	男	技术经济及管理	管理学博士学位	卫慧敏	男	热能工程	工学博士学位
万有为	男	技术经济及管理	管理学博士学位	李 超	男	热能工程	工学博士学位
程海燕	女	控制理论与控制工程	工学博士学位	刘 芸	女	热能工程	工学博士学位
段新会	男	控制理论与控制工程	工学博士学位	刘炳含	男	热能工程	工学博士学位
赵录兴	男	电力系统及其自动化	工学博士学位	豆龙江	男	动力机械及工程	工学博士学位
刘 梅	女	热能工程	工学博士学位	尹文良	男	动力机械及工程	工学博士学位
吴殿法	男	热能工程	工学博士学位	祝 健	女	流体机械及工程	工学博士学位
张 磊	男	信息管理工程	管理学博士学位	叶昭良	男	流体机械及工程	工学博士学位
汪 涛	男	技术经济及管理	管理学博士学位	孙 杰	男	能源环境工程	工学博士学位
刘 健	男	技术经济及管理	管理学博士学位	袁 博	男	能源环境工程	工学博士学位
赵巧芝	女	技术经济及管理	管理学博士学位	赵晓辉	男	能源环境工程	工学博士学位
刘卫亮	男	控制理论与控制工程	工学博士学位	谢佳林	男	能源环境工程	工学博士学位
赵大伟	男	电力系统及其自动化	工学博士学位	火 灿	女	能源环境工程	工学博士学位
姚蜀军	男	电力系统及其自动化	工学博士学位	谭立强	男	能源环境工程	工学博士学位
杨国生	男	电力系统及其自动化	工学博士学位	刘会成	男	管理科学与工程	管理学博士学位
肖卓楠	女	热能工程	工学博士学位	杨 乐	男	技术经济及管理	管理学博士学位
姜铁骝	男	热能工程	工学博士学位	王运虎	男	能源管理	管理学博士学位
赵 峰	男	管理科学与工程	管理学博士学位	俞洪杰	男	可再生能源与清洁能源	工学博士学位
张晓虎	男	技术经济及管理	管理学博士学位	崔 鹏	男	可再生能源与清洁能源	工学博士学位

续表

姓名	性别	专业名称	学位类别	姓名	性别	专业名称	学位类别
李士哲	男	控制理论与控制工程	工学博士学位	邵振州	男	可再生能源与清洁能源	工学博士学位
丛　聪	男	控制理论与控制工程	工学博士学位	曾祥太	男	可再生能源与清洁能源	工学博士学位
李　菁	女	电力系统及其自动化	工学博士学位	陈　晶	女	可再生能源与清洁能源	工学博士学位
李静宇	男	电力系统及其自动化	工学博士学位	赵云淦	男	核电与动力工程	工学博士学位
史佳琪	男	电力系统及其自动化	工学博士学位	马栋梁	男	核电与动力工程	工学博士学位
陈　晨	男	电力系统及其自动化	工学博士学位	汤建楠	男	核电与动力工程	工学博士学位
荣经国	男	电力系统及其自动化	工学博士学位	席嫣娜	女	控制理论与控制工程	工学博士学位
岳　雷	男	电力系统及其自动化	工学博士学位	崔靖涵	女	控制理论与控制工程	工学博士学位
李景一	男	电力系统及其自动化	工学博士学位	潘　岩	男	控制理论与控制工程	工学博士学位
姜　斌	男	电力系统及其自动化	工学博士学位	谷丽君	男	模式识别与智能系统	工学博士学位
董　哲	男	电力系统及其自动化	工学博士学位	张　攀	男	信息安全	工学博士学位
苏田宇	男	电力系统及其自动化	工学博士学位	陈琳琳	女	系统分析、运筹与控制	工学博士学位
任必兴	男	电力系统及其自动化	工学博士学位	金世举	男	系统分析、运筹与控制	工学博士学位
陈政琦	男	电力系统及其自动化	工学博士学位	公延飞	男	电气工程	工学博士学位
荆永明	男	高电压与绝缘技术	工学博士学位	李　岩	男	电气工程	工学博士学位
戴佺民	男	高电压与绝缘技术	工学博士学位	李志伟	男	电气工程	工学博士学位
田　源	男	高电压与绝缘技术	工学博士学位	刘　炜	男	电气工程	工学博士学位
王东来	男	电工理论与新技术	工学博士学位	裴少通	男	电气工程	工学博士学位
赵妙颖	女	电气信息技术	工学博士学位	许　鹏	男	电气工程	工学博士学位
薛　媛	女	工程热物理	工学博士学位	易文飞	男	电气工程	工学博士学位
耿　直	男	热能工程	工学博士学位	翟俊义	男	电气工程	工学博士学位
赵鹏程	男	热能工程	工学博士学位	张鹏宁	男	电气工程	工学博士学位
任会来	男	流体机械及工程	工学博士学位	王建星	男	热能工程	工学博士学位
程　杰	男	化工过程机械	工学博士学位	杨维结	男	热能工程	工学博士学位
郭军红	男	能源环境工程	工学博士学位	曹正锋	男	动力机械及工程	工学博士学位
伊　茹	女	管理科学与工程	管理学博士学位	张　雄	男	动力机械及工程	工学博士学位
孙宝军	男	信息管理工程	管理学博士学位	顾鹏程	女	能源环境工程	工学博士学位
毕平平	女	企业管理	管理学博士学位	邱尤丽	女	能源环境工程	工学博士学位
罗开颜	男	技术经济及管理	管理学博士学位	任领志	男	管理科学与工程	管理学博士学位
卫　东	男	可再生能源与清洁能源	工学博士学位	辛　禾	女	工程与项目管理	管理学博士学位
张君霞	女	核电与动力工程	工学博士学位	李小鹏	男	信息管理工程	管理学博士学位
狄尊燕	女	核电与动力工程	工学博士学位	蔺帅帅	男	信息管理工程	管理学博士学位
刘　帅	男	控制理论与控制工程	工学博士学位	徐方秋	女	信息管理工程	管理学博士学位
李　健	男	模式识别与智能系统	工学博士学位	李　荣	女	技术经济及管理	管理学博士学位
杨亚奇	男	电气工程	工学博士学位	梁　毅	男	技术经济及管理	管理学博士学位
陈鹏伟	男	电气工程	工学博士学位	谭清坤	男	技术经济及管理	管理学博士学位
刘　涛	男	电气工程	工学博士学位	陈义忠	男	可再生能源与清洁能源	工学博士学位
袁之康	男	电气工程	工学博士学位	郭　强	男	可再生能源与清洁能源	工学博士学位
陈　宁	男	电气工程	工学博士学位	张　亮	男	核电与动力工程	工学博士学位

续表

姓名	性别	专业名称	学位类别	姓名	性别	专业名称	学位类别
廖坤玉	男	电气工程	工学博士学位	高耀岿	男	控制理论与控制工程	工学博士学位
李　帅	男	电气工程	工学博士学位	张　维	女	控制理论与控制工程	工学博士学位
黄世龙	男	电气工程	工学博士学位	周琬婷	女	检测技术与自动化装置	工学博士学位
汪洋子	男	电气工程	工学博士学位	綦　晓	男	模式识别与智能系统	工学博士学位
翟冬玲	女	电气工程	工学博士学位	腾　飞	女	系统分析、运筹与控制	工学博士学位
葛　扬	男	电气工程	工学博士学位	ABDULLA AHMED MOHMMED ELAMIN AHMED	男	电气工程	工学博士学位
周莹坤	男	电气工程	工学博士学位	HASHIM HASABELRASUL ABDALLAH HAMID	男	电气工程	工学博士学位
付鹏宇	男	电气工程	工学博士学位	GIRMAW TESHAGER BITEW	男	电气工程	工学博士学位
南思博	男	电气工程	工学博士学位	SARMAD MAJEED MALIK	男	电气工程	工学博士学位
刘　方	男	电气工程	工学博士学位	ADAM MOHAMED AHMED ABDO	男	电气工程	工学博士学位
高超飞	男	电气工程	工学博士学位	ABUBAKAR SIDDIQUE	男	电气工程	工学博士学位
于泽邦	男	电气工程	工学博士学位	WASEEM ASLAM	男	电气工程	工学博士学位
周志宇	男	电气工程	工学博士学位	SHARJEEL RIAZ	男	电气工程	工学博士学位
李　忍	男	电气工程	工学博士学位	LAWRENCE BIBAYA	男	电力系统及其自动化	工学博士学位
朱丹丹	女	电气工程	工学博士学位	AYUB KHAN	男	能源环境工程	工学博士学位
张　慧	女	电气工程	工学博士学位	MUNIR AHMAD	男	管理科学与工程	管理学博士学位
朱佳佳	女	电气工程	工学博士学位	ABDELMONIM MOHAMMED YAHYA NAWAY	男	信息安全	工学博士学位
甄自竞	男	电气工程	工学博士学位	GANKHULEG MAJIG	男	可再生能源与清洁能源	工学博士学位
傅　昊	男	电气工程	工学博士学位	URFA RASOOL	女	核电与动力工程	工学博士学位

（研究生院　白娜　提供）

华北电力大学 2019 年授予硕士学位名单

学术硕士

北京校部:721 人(授予日期:2019 年 4 月 2 日)

姓名	性别	专业名称	学位类别	姓名	性别	专业名称	学位类别
马振涛	男	热能工程	工学硕士学位	李玲闻樱	女	管理科学与工程	工学硕士学位
龙伟迪	男	电力系统及其自动化	工学硕士学位	秦　磊	男	管理科学与工程	工学硕士学位
钱　勇	男	电力系统及其自动化	工学硕士学位	林晓珊	女	管理科学与工程	工学硕士学位
于　凯	男	电力系统及其自动化	工学硕士学位	张一凡	女	管理科学与工程	工学硕士学位
梁文龙	男	热能工程	工学硕士学位	刘　蕾	女	管理科学与工程	工学硕士学位
张东梅	女	管理科学与工程	工学硕士学位	于英姿	女	管理科学与工程	工学硕士学位
何丹丹	女	管理科学与工程	工学硕士学位	赵晓阳	女	管理科学与工程	工学硕士学位
夏　宇	女	会计学	管理学硕士学位	李　健	男	管理科学与工程	工学硕士学位
朱　琳	女	会计学	管理学硕士学位	张文宁	女	管理科学与工程	工学硕士学位

续表

姓名	性别	专业名称	学位类别	姓名	性别	专业名称	学位类别
李　倩	女	法学	法学硕士学位	宿慧芳	女	管理科学与工程	工学硕士学位
冯赢东	男	法学	法学硕士学位	范　森	女	管理科学与工程	工学硕士学位
焦　洋	女	公共管理	管理学硕士学位	曾　颖	女	管理科学与工程	工学硕士学位
闫建星	男	公共管理	管理学硕士学位	张文文	女	管理科学与工程	工学硕士学位
王冀超	女	公共管理	管理学硕士学位	向宇伟	男	管理科学与工程	工学硕士学位
刘美香	女	公共管理	管理学硕士学位	陈　琳	女	管理科学与工程	工学硕士学位
贺　凯	男	可再生能源与清洁能源	工学硕士学位	吴梦雅	女	管理科学与工程	工学硕士学位
苏　琳	女	可再生能源与清洁能源	工学硕士学位	张逸飞	男	管理科学与工程	工学硕士学位
张泽龙	男	可再生能源与清洁能源	工学硕士学位	姬少宇	男	管理科学与工程	工学硕士学位
黄海波	男	模式识别与智能系统	工学硕士学位	陈凯凯	男	管理科学与工程	工学硕士学位
肖洪晟	男	思想政治教育	法学硕士学位	张嘉慧	女	管理科学与工程	工学硕士学位
赵　航	男	思想政治教育	法学硕士学位	朱丽娜	女	管理科学与工程	工学硕士学位
曾秋红	女	思想政治教育	法学硕士学位	孙建波	男	管理科学与工程	工学硕士学位
FAHAD IQBAL KHAN	男	电力系统及其自动化	工学硕士学位	郭小菱	女	管理科学与工程	工学硕士学位
王　卉	女	电力系统及其自动化	工学硕士学位	王　璟	女	管理科学与工程	工学硕士学位
赵亚龙	男	环境工程	工学硕士学位	高　琳	女	管理科学与工程	工学硕士学位
林宜涛	男	环境工程	工学硕士学位	靳春旭	女	管理科学与工程	工学硕士学位
蔡梦婷	女	环境工程	工学硕士学位	么　峻	女	管理科学与工程	工学硕士学位
张少君	男	环境工程	工学硕士学位	王盛煜	女	会计学	管理学硕士学位
任　珊	女	环境工程	工学硕士学位	潘哲煜	女	会计学	管理学硕士学位
刘　欣	女	环境工程	工学硕士学位	叶陈丹	女	会计学	管理学硕士学位
苏　帅	男	环境工程	工学硕士学位	胡诗仪	女	会计学	管理学硕士学位
潘垚如	女	环境工程	工学硕士学位	刘亚龙	男	会计学	管理学硕士学位
王明远	女	环境工程	工学硕士学位	陈思楠	女	会计学	管理学硕士学位
朱　全	男	环境工程	工学硕士学位	原　源	女	会计学	管理学硕士学位
王利群	女	环境工程	工学硕士学位	单宜思	女	会计学	管理学硕士学位
吴楠楠	女	环境工程	工学硕士学位	朱心慈	女	企业管理	管理学硕士学位
袁亚男	女	环境工程	工学硕士学位	孙　爽	女	企业管理	管理学硕士学位
康　博	男	环境工程	工学硕士学位	武　敏	女	企业管理	管理学硕士学位
陈　晨	男	环境工程	工学硕士学位	李　锐	男	企业管理	管理学硕士学位
王　涛	男	电机与电器	工学硕士学位	李梦媛	女	企业管理	管理学硕士学位
郭　栋	男	电机与电器	工学硕士学位	邹儒懿	男	企业管理	管理学硕士学位
马宁博	女	电机与电器	工学硕士学位	郭　宇	男	企业管理	管理学硕士学位
王宇飞	男	电机与电器	工学硕士学位	白思莹	女	企业管理	管理学硕士学位
张振东	男	电机与电器	工学硕士学位	姜林池	男	企业管理	管理学硕士学位
孔侃侃	男	电机与电器	工学硕士学位	戴舒羽	女	技术经济及管理	管理学硕士学位
胡一平	男	电机与电器	工学硕士学位	刘　洋	女	技术经济及管理	管理学硕士学位
马立博	男	电机与电器	工学硕士学位	孟雅儒	女	技术经济及管理	管理学硕士学位

续表

姓名	性别	专业名称	学位类别	姓名	性别	专业名称	学位类别
孙　哲	男	电机与电器	工学硕士学位	赵伟博	男	技术经济及管理	管理学硕士学位
邹　乐	男	电机与电器	工学硕士学位	隆竹寒	女	技术经济及管理	管理学硕士学位
邓忻依	女	电力系统及其自动化	工学硕士学位	孟诗语	女	技术经济及管理	管理学硕士学位
赵鹏飞	男	电力系统及其自动化	工学硕士学位	丁毅宏	男	技术经济及管理	管理学硕士学位
田　恬	女	电力系统及其自动化	工学硕士学位	窦金月	女	技术经济及管理	管理学硕士学位
林瑶琦	女	电力系统及其自动化	工学硕士学位	罗筱莹	女	技术经济及管理	管理学硕士学位
康文博	男	电力系统及其自动化	工学硕士学位	王　梦	女	技术经济及管理	管理学硕士学位
项晓强	男	电力系统及其自动化	工学硕士学位	陈寒钰	女	技术经济及管理	管理学硕士学位
郑宇航	男	电力系统及其自动化	工学硕士学位	吴杨琰	女	技术经济及管理	管理学硕士学位
张滋行	女	电力系统及其自动化	工学硕士学位	徐尔丰	男	技术经济及管理	管理学硕士学位
徐雅惠	女	电力系统及其自动化	工学硕士学位	康　辉	女	技术经济及管理	管理学硕士学位
范文杰	女	电力系统及其自动化	工学硕士学位	陈蓉珺	女	技术经济及管理	管理学硕士学位
吕　良	女	电力系统及其自动化	工学硕士学位	张　潜	男	技术经济及管理	管理学硕士学位
李欣蔚	女	电力系统及其自动化	工学硕士学位	焦　哲	女	技术经济及管理	管理学硕士学位
贺宜恒	男	电力系统及其自动化	工学硕士学位	刘明光	男	技术经济及管理	管理学硕士学位
蔡雪瑄	女	电力系统及其自动化	工学硕士学位	涂传英	女	技术经济及管理	管理学硕士学位
曾梓鹏	男	电力系统及其自动化	工学硕士学位	王海潮	男	技术经济及管理	管理学硕士学位
马洪宇	男	电力系统及其自动化	工学硕士学位	荣梦蕾	女	技术经济及管理	管理学硕士学位
胡丽萍	女	电力系统及其自动化	工学硕士学位	鲁延辉	男	技术经济及管理	管理学硕士学位
姜　涵	女	电力系统及其自动化	工学硕士学位	陈　倩	女	技术经济及管理	管理学硕士学位
郑筱星	女	电力系统及其自动化	工学硕士学位	孙　泽	女	技术经济及管理	管理学硕士学位
朱思丞	男	电力系统及其自动化	工学硕士学位	张　曼	女	技术经济及管理	管理学硕士学位
陈嘉敏	女	电力系统及其自动化	工学硕士学位	张予燮	女	技术经济及管理	管理学硕士学位
葛良军	男	电力系统及其自动化	工学硕士学位	高婧瑶	女	技术经济及管理	管理学硕士学位
王　磊	男	电力系统及其自动化	工学硕士学位	王瑜芳	女	法学	法学硕士学位
郭　斌	男	电力系统及其自动化	工学硕士学位	郑雯婷	女	法学	法学硕士学位
张　涛	男	电力系统及其自动化	工学硕士学位	岳光照	男	法学	法学硕士学位
周钰童	女	电力系统及其自动化	工学硕士学位	陈　恩	女	法学	法学硕士学位
姚春晓	女	电力系统及其自动化	工学硕士学位	李卉雯	女	法学	法学硕士学位
冯家欢	男	电力系统及其自动化	工学硕士学位	行　倩	女	法学	法学硕士学位
陈　蕊	女	电力系统及其自动化	工学硕士学位	于家琪	女	法学	法学硕士学位
罗　瑾	女	电力系统及其自动化	工学硕士学位	冯　然	女	法学	法学硕士学位
赵夏瑶	女	电力系统及其自动化	工学硕士学位	石安琪	女	法学	法学硕士学位
曾文伟	男	电力系统及其自动化	工学硕士学位	许　晗	女	法学	法学硕士学位
郭兆蕊	女	电力系统及其自动化	工学硕士学位	吉柯宇	男	公共管理	管理学硕士学位
李瀛澜	女	电力系统及其自动化	工学硕士学位	刘明慧	女	公共管理	管理学硕士学位
张冠群	女	电力系统及其自动化	工学硕士学位	梁晓彤	女	公共管理	管理学硕士学位
范思远	女	电力系统及其自动化	工学硕士学位	臧传奇	男	公共管理	管理学硕士学位
费宏运	男	电力系统及其自动化	工学硕士学位	万田宇	女	公共管理	管理学硕士学位

续表

姓名	性别	专业名称	学位类别	姓名	性别	专业名称	学位类别
张传云	男	电力系统及其自动化	工学硕士学位	黄琳程	女	公共管理	管理学硕士学位
彭逸轩	男	电力系统及其自动化	工学硕士学位	陈　垚	男	公共管理	管理学硕士学位
殷子寒	女	电力系统及其自动化	工学硕士学位	马梦纯	女	公共管理	管理学硕士学位
李永通	男	电力系统及其自动化	工学硕士学位	刘　千	女	公共管理	管理学硕士学位
李　盈	女	电力系统及其自动化	工学硕士学位	麦尔哈巴·赛莱	女	公共管理	管理学硕士学位
全璐瑶	女	电力系统及其自动化	工学硕士学位	张云瀚	男	公共管理	管理学硕士学位
张　迁	男	电力系统及其自动化	工学硕士学位	高思遥	女	公共管理	管理学硕士学位
徐　轩	男	电力系统及其自动化	工学硕士学位	范婷婷	女	公共管理	管理学硕士学位
徐丹蕾	女	电力系统及其自动化	工学硕士学位	徐　欢	女	英语语言文学	文学硕士学位
吉雅坤	女	电力系统及其自动化	工学硕士学位	葛　俏	女	英语语言文学	文学硕士学位
苏丽莎	女	电力系统及其自动化	工学硕士学位	柯蔚出	女	外国语言学及应用语言学	文学硕士学位
苏国贇	男	电力系统及其自动化	工学硕士学位	王宇婷	女	外国语言学及应用语言学	文学硕士学位
张　帆	男	电力系统及其自动化	工学硕士学位	张　婷	女	外国语言学及应用语言学	文学硕士学位
刘洁苇	女	电力系统及其自动化	工学硕士学位	陶帅诚	男	外国语言学及应用语言学	文学硕士学位
周光东	男	电力系统及其自动化	工学硕士学位	陈　怡	女	外国语言学及应用语言学	文学硕士学位
关金萍	女	电力系统及其自动化	工学硕士学位	郭曼瑞	女	外国语言学及应用语言学	文学硕士学位
张朋宇	男	电力系统及其自动化	工学硕士学位	马　静	女	外国语言学及应用语言学	文学硕士学位
张栗楠	女	电力系统及其自动化	工学硕士学位	王　珂	女	外国语言学及应用语言学	文学硕士学位
何知遥	女	电力系统及其自动化	工学硕士学位	李　鑫	女	外国语言学及应用语言学	文学硕士学位
丰江波	男	电力系统及其自动化	工学硕士学位	张思楚	女	外国语言学及应用语言学	文学硕士学位
崔笑菲	女	电力系统及其自动化	工学硕士学位	王晨玺	女	外国语言学及应用语言学	文学硕士学位
陶　冀	女	电力系统及其自动化	工学硕士学位	李小录	女	计算数学	理学硕士学位
张怡冰	女	电力系统及其自动化	工学硕士学位	水涓涓	女	计算数学	理学硕士学位
谢国超	男	电力系统及其自动化	工学硕士学位	蔡志飞	女	计算数学	理学硕士学位
解力也	女	电力系统及其自动化	工学硕士学位	蔡晓宁	女	计算数学	理学硕士学位
王华倩	女	电力系统及其自动化	工学硕士学位	辛　乐	女	计算数学	理学硕士学位
盛　慧	女	电力系统及其自动化	工学硕士学位	肖炳环	男	计算数学	理学硕士学位
井　皓	女	电力系统及其自动化	工学硕士学位	王　静	女	计算数学	理学硕士学位
赵禹辰	男	电力系统及其自动化	工学硕士学位	邵　京	女	计算数学	理学硕士学位
王旭阳	女	电力系统及其自动化	工学硕士学位	李　鑫	女	计算数学	理学硕士学位
凌博文	男	电力系统及其自动化	工学硕士学位	孙晓曼	女	计算数学	理学硕士学位
刘鑫滢	女	电力系统及其自动化	工学硕士学位	靖红青	女	应用数学	理学硕士学位
张科科	男	电力系统及其自动化	工学硕士学位	肖美擎	女	应用数学	理学硕士学位
权　超	男	电力系统及其自动化	工学硕士学位	范雅婧	女	应用数学	理学硕士学位
毛梦婷	女	电力系统及其自动化	工学硕士学位	吴晓菲	女	应用数学	理学硕士学位
王愿达	男	电力系统及其自动化	工学硕士学位	焦立帅	男	应用数学	理学硕士学位
彭　畅	男	电力系统及其自动化	工学硕士学位	张俊霞	女	应用数学	理学硕士学位
张明远	男	电力系统及其自动化	工学硕士学位	张庆云	女	应用数学	理学硕士学位
梁　宁	男	电力系统及其自动化	工学硕士学位	谢　婷	女	应用数学	理学硕士学位

续表

姓名	性别	专业名称	学位类别	姓名	性别	专业名称	学位类别
代　悦	女	电力系统及其自动化	工学硕士学位	陈伟强	男	应用数学	理学硕士学位
王　源	女	电力系统及其自动化	工学硕士学位	刘　巧	女	应用数学	理学硕士学位
杨艺宁	女	电力系统及其自动化	工学硕士学位	韩晓茜	女	应用数学	理学硕士学位
郝永康	男	电力系统及其自动化	工学硕士学位	李　萍	女	应用数学	理学硕士学位
李　斌	男	电力系统及其自动化	工学硕士学位	程华姬	女	运筹学与控制论	理学硕士学位
刘　进	男	电力系统及其自动化	工学硕士学位	李勇辉	男	运筹学与控制论	理学硕士学位
张　敏	女	电力系统及其自动化	工学硕士学位	马永柳	女	运筹学与控制论	理学硕士学位
赵锡正	男	电力系统及其自动化	工学硕士学位	刘　旋	男	运筹学与控制论	理学硕士学位
王凌飞	男	电力系统及其自动化	工学硕士学位	常惠华	女	运筹学与控制论	理学硕士学位
李家壮	男	电力系统及其自动化	工学硕士学位	李　皓	男	理论物理	理学硕士学位
李永光	男	电力系统及其自动化	工学硕士学位	郭芬芬	女	理论物理	理学硕士学位
王之龙	男	电力系统及其自动化	工学硕士学位	李秀飞	男	理论物理	理学硕士学位
曹　硕	男	电力系统及其自动化	工学硕士学位	陈一鸣	男	凝聚态物理	理学硕士学位
唐松浩	男	电力系统及其自动化	工学硕士学位	康　举	男	凝聚态物理	理学硕士学位
胡一丹	女	电力系统及其自动化	工学硕士学位	康智林	女	凝聚态物理	理学硕士学位
肖欣荣	男	电力系统及其自动化	工学硕士学位	张建江	男	凝聚态物理	理学硕士学位
李　论	男	电力系统及其自动化	工学硕士学位	吴玉倩	女	凝聚态物理	理学硕士学位
郭　虎	男	电力系统及其自动化	工学硕士学位	李　群	女	凝聚态物理	理学硕士学位
宋成铭	男	电力系统及其自动化	工学硕士学位	高中亮	男	凝聚态物理	理学硕士学位
李嘉贤	男	电力系统及其自动化	工学硕士学位	宋　茜	女	凝聚态物理	理学硕士学位
王　炎	女	电力系统及其自动化	工学硕士学位	闫肖蒙	女	可再生能源与清洁能源	工学硕士学位
屠聪为	女	电力系统及其自动化	工学硕士学位	王朝阳	男	可再生能源与清洁能源	工学硕士学位
贾占磊	男	电力系统及其自动化	工学硕士学位	庞辉庆	男	可再生能源与清洁能源	工学硕士学位
刘明闯	男	电力系统及其自动化	工学硕士学位	吕国良	男	可再生能源与清洁能源	工学硕士学位
韩赛赛	男	电力系统及其自动化	工学硕士学位	栾继程	男	可再生能源与清洁能源	工学硕士学位
杨　丹	女	电力系统及其自动化	工学硕士学位	温　源	男	可再生能源与清洁能源	工学硕士学位
王童辉	男	电力系统及其自动化	工学硕士学位	路　宏	男	可再生能源与清洁能源	工学硕士学位
汪梦寒	男	电力系统及其自动化	工学硕士学位	张慧娟	女	可再生能源与清洁能源	工学硕士学位
邓卓俊	男	电力系统及其自动化	工学硕士学位	杨运家	男	可再生能源与清洁能源	工学硕士学位
胡　强	男	电力系统及其自动化	工学硕士学位	武　英	女	可再生能源与清洁能源	工学硕士学位
崔　鑫	男	电力系统及其自动化	工学硕士学位	窦尚轶	男	可再生能源与清洁能源	工学硕士学位
门向阳	男	电力系统及其自动化	工学硕士学位	曹如水	女	可再生能源与清洁能源	工学硕士学位
倪润年	男	电力系统及其自动化	工学硕士学位	高　洋	男	可再生能源与清洁能源	工学硕士学位
陈　浩	男	电力系统及其自动化	工学硕士学位	陆灵骅	男	可再生能源与清洁能源	工学硕士学位
吴　杨	男	电力系统及其自动化	工学硕士学位	许盛添	男	可再生能源与清洁能源	工学硕士学位
刁智伟	男	电力系统及其自动化	工学硕士学位	周世界	男	可再生能源与清洁能源	工学硕士学位
王川陵	男	电力系统及其自动化	工学硕士学位	李锦艳	女	可再生能源与清洁能源	工学硕士学位
李　晨	男	电力系统及其自动化	工学硕士学位	连魏魏	男	可再生能源与清洁能源	工学硕士学位
张　暖	女	高电压与绝缘技术	工学硕士学位	杨秀钰	女	可再生能源与清洁能源	工学硕士学位

续表

姓名	性别	专业名称	学位类别	姓名	性别	专业名称	学位类别
王世杰	男	高电压与绝缘技术	工学硕士学位	王诚雨	女	可再生能源与清洁能源	工学硕士学位
肖　伊	女	高电压与绝缘技术	工学硕士学位	郭彦焦	女	可再生能源与清洁能源	工学硕士学位
汪宜航	男	高电压与绝缘技术	工学硕士学位	张路娜	女	可再生能源与清洁能源	工学硕士学位
李亚波	男	高电压与绝缘技术	工学硕士学位	宋　元	男	可再生能源与清洁能源	工学硕士学位
王　琪	女	高电压与绝缘技术	工学硕士学位	徐甲然	女	可再生能源与清洁能源	工学硕士学位
王雨濛	女	高电压与绝缘技术	工学硕士学位	韩　丹	女	可再生能源与清洁能源	工学硕士学位
郭小凡	女	高电压与绝缘技术	工学硕士学位	赵晨旭	男	可再生能源与清洁能源	工学硕士学位
王　鹏	男	高电压与绝缘技术	工学硕士学位	石兴文	男	可再生能源与清洁能源	工学硕士学位
姜义虎	男	高电压与绝缘技术	工学硕士学位	罗　弼	男	可再生能源与清洁能源	工学硕士学位
邹涵宇	女	高电压与绝缘技术	工学硕士学位	张　航	男	可再生能源与清洁能源	工学硕士学位
舒　想	男	高电压与绝缘技术	工学硕士学位	谢华珣	女	可再生能源与清洁能源	工学硕士学位
杜诗悦	女	高电压与绝缘技术	工学硕士学位	刘朝彤	女	可再生能源与清洁能源	工学硕士学位
蒋　达	男	高电压与绝缘技术	工学硕士学位	麻冰云	女	可再生能源与清洁能源	工学硕士学位
周非凡	男	高电压与绝缘技术	工学硕士学位	吴志学	男	可再生能源与清洁能源	工学硕士学位
郭抒颖	女	电力电子与电力传动	工学硕士学位	王若愚	男	可再生能源与清洁能源	工学硕士学位
张馨月	女	电力电子与电力传动	工学硕士学位	邱　颖	女	水文学及水资源	工学硕士学位
黄闻而达	男	电力电子与电力传动	工学硕士学位	赵洪海	男	水文学及水资源	工学硕士学位
周昕炜	男	电力电子与电力传动	工学硕士学位	刘　佳	女	水文学及水资源	工学硕士学位
于世游	男	电力电子与电力传动	工学硕士学位	李建昌	男	水文学及水资源	工学硕士学位
林　挚	男	电力电子与电力传动	工学硕士学位	梁晓倩	女	水文学及水资源	工学硕士学位
张少谦	男	电力电子与电力传动	工学硕士学位	段正达	男	水文学及水资源	工学硕士学位
刘河林	男	电力电子与电力传动	工学硕士学位	王华林	男	水文学及水资源	工学硕士学位
魏文思	女	电力电子与电力传动	工学硕士学位	李扬松	男	水文学及水资源	工学硕士学位
王福源	男	电力电子与电力传动	工学硕士学位	李文达	男	水文学及水资源	工学硕士学位
赵　强	男	电力电子与电力传动	工学硕士学位	汪陆斌	男	水工结构工程	工学硕士学位
王　哲	女	电力电子与电力传动	工学硕士学位	邓丹平	女	水工结构工程	工学硕士学位
郭婉华	女	电力电子与电力传动	工学硕士学位	穆孟婧	女	水工结构工程	工学硕士学位
王欣竹	女	电力电子与电力传动	工学硕士学位	祝二浩	男	水工结构工程	工学硕士学位
李鸿达	男	电工理论与新技术	工学硕士学位	宋佳星	男	水利水电工程	工学硕士学位
魏宇宁	男	电工理论与新技术	工学硕士学位	李贵博	男	水利水电工程	工学硕士学位
戴念亲	男	电工理论与新技术	工学硕士学位	陈　俊	男	水利水电工程	工学硕士学位
李雪珊	女	电工理论与新技术	工学硕士学位	吴　杨	男	水利水电工程	工学硕士学位
闫　磊	男	电工理论与新技术	工学硕士学位	许贵彬	男	水利水电工程	工学硕士学位
冯启琨	男	电工理论与新技术	工学硕士学位	杨安霞	女	核能科学与工程	工学硕士学位
郭庆峰	男	电工理论与新技术	工学硕士学位	赵　阳	女	核能科学与工程	工学硕士学位
王浩宇	男	电工理论与新技术	工学硕士学位	欧阳斌	男	核能科学与工程	工学硕士学位
杨　泉	男	电工理论与新技术	工学硕士学位	高　尚	女	核能科学与工程	工学硕士学位
张传辉	男	电工理论与新技术	工学硕士学位	刘宏达	男	核能科学与工程	工学硕士学位
李　艺	男	电子科学与技术	工学硕士学位	孔　飚	男	核能科学与工程	工学硕士学位

续表

姓名	性别	专业名称	学位类别	姓名	性别	专业名称	学位类别
郭楠伟	男	电子科学与技术	工学硕士学位	李亚林	男	核能科学与工程	工学硕士学位
曹占国	男	电子科学与技术	工学硕士学位	刘佳艺	男	核能科学与工程	工学硕士学位
王　晖	男	电子科学与技术	工学硕士学位	李景太	男	核能科学与工程	工学硕士学位
范宗皓	男	电子科学与技术	工学硕士学位	元高才	男	核能科学与工程	工学硕士学位
徐　鹏	男	电子科学与技术	工学硕士学位	申靖文	女	核能科学与工程	工学硕士学位
孔玲丽	女	电子科学与技术	工学硕士学位	韩金盛	男	核能科学与工程	工学硕士学位
卢　莹	女	电子科学与技术	工学硕士学位	刘　军	男	核能科学与工程	工学硕士学位
曹正春	男	电子科学与技术	工学硕士学位	王剑举	男	核能科学与工程	工学硕士学位
陈星彤	女	电子科学与技术	工学硕士学位	石　涛	男	核能科学与工程	工学硕士学位
刘利亚	女	信息与通信工程	工学硕士学位	庞　博	女	核能科学与工程	工学硕士学位
石　墨	女	信息与通信工程	工学硕士学位	赵　颖	女	核能科学与工程	工学硕士学位
李淑贤	女	信息与通信工程	工学硕士学位	刘　超	女	核能科学与工程	工学硕士学位
张　璐	女	信息与通信工程	工学硕士学位	田晓瑞	男	核能科学与工程	工学硕士学位
王文韬	女	信息与通信工程	工学硕士学位	韩丞智	男	核能科学与工程	工学硕士学位
夏　露	女	信息与通信工程	工学硕士学位	纪　珂	男	核能科学与工程	工学硕士学位
卢　超	男	信息与通信工程	工学硕士学位	徐梦霞	女	核能科学与工程	工学硕士学位
孟　杰	女	信息与通信工程	工学硕士学位	李文强	男	核能科学与工程	工学硕士学位
冯小伟	男	信息与通信工程	工学硕士学位	包博宇	男	核能科学与工程	工学硕士学位
韩　笑	女	信息与通信工程	工学硕士学位	赵好强	男	核能科学与工程	工学硕士学位
孙宁姚	男	信息与通信工程	工学硕士学位	侯荣彬	男	核能科学与工程	工学硕士学位
冯俊豪	男	信息与通信工程	工学硕士学位	郑　皓	男	核能科学与工程	工学硕士学位
解鹏飞	男	信息与通信工程	工学硕士学位	袁　航	男	核能科学与工程	工学硕士学位
陈志敏	男	信息与通信工程	工学硕士学位	张　奎	男	核能科学与工程	工学硕士学位
翟天一	女	信息与通信工程	工学硕士学位	王嘉瑞	男	核能科学与工程	工学硕士学位
杨　洋	男	信息与通信工程	工学硕士学位	王　悦	女	核能科学与工程	工学硕士学位
宋楚琦	女	信息与通信工程	工学硕士学位	梁　烨	男	辐射防护及环境保护	工学硕士学位
陈雅琳	女	信息与通信工程	工学硕士学位	孙　玥	女	控制理论与控制工程	工学硕士学位
王新宇	男	信息与通信工程	工学硕士学位	朱仲晏	男	控制理论与控制工程	工学硕士学位
田　洁	女	信息与通信工程	工学硕士学位	严国栋	男	控制理论与控制工程	工学硕士学位
张艳玲	女	信息与通信工程	工学硕士学位	郑艳秋	女	控制理论与控制工程	工学硕士学位
任美娜	女	信息与通信工程	工学硕士学位	杨娜云	女	控制理论与控制工程	工学硕士学位
张　洁	女	信息与通信工程	工学硕士学位	彭　范	女	控制理论与控制工程	工学硕士学位
王进帅	男	信息与通信工程	工学硕士学位	王明宇	女	控制理论与控制工程	工学硕士学位
吴万旭	男	信息与通信工程	工学硕士学位	金凯琪	女	控制理论与控制工程	工学硕士学位
王成建	男	信息与通信工程	工学硕士学位	江泽铭	男	控制理论与控制工程	工学硕士学位
郭振华	女	机械工程	工学硕士学位	张效宁	男	控制理论与控制工程	工学硕士学位
李　帅	男	机械工程	工学硕士学位	陈　喆	男	控制理论与控制工程	工学硕士学位
徐万昆	男	机械工程	工学硕士学位	张　纲	男	控制理论与控制工程	工学硕士学位
张文一	男	机械工程	工学硕士学位	邹武俊	男	控制理论与控制工程	工学硕士学位

续表

姓名	性别	专业名称	学位类别	姓名	性别	专业名称	学位类别
张　峻	男	机械工程	工学硕士学位	王奕枫	男	控制理论与控制工程	工学硕士学位
修长开	男	机械工程	工学硕士学位	孙　阳	男	控制理论与控制工程	工学硕士学位
李正心	男	机械工程	工学硕士学位	许杨旸	男	控制理论与控制工程	工学硕士学位
韩　琛	男	机械工程	工学硕士学位	田　啸	男	控制理论与控制工程	工学硕士学位
孔令行	男	机械工程	工学硕士学位	叶洁敏	女	控制理论与控制工程	工学硕士学位
周　鑫	男	机械工程	工学硕士学位	刘　帅	男	控制理论与控制工程	工学硕士学位
武怡帆	男	机械工程	工学硕士学位	周广飞	男	控制理论与控制工程	工学硕士学位
李　振	男	机械工程	工学硕士学位	田若璇	女	控制理论与控制工程	工学硕士学位
马小山	男	机械工程	工学硕士学位	刘培德	男	控制理论与控制工程	工学硕士学位
龚　燕	女	材料科学与工程	工学硕士学位	刘瑞杰	男	控制理论与控制工程	工学硕士学位
谭　晖	男	材料科学与工程	工学硕士学位	韩文杰	女	控制理论与控制工程	工学硕士学位
孙　倩	女	材料科学与工程	工学硕士学位	杨雷雷	男	控制理论与控制工程	工学硕士学位
王　帅	男	材料科学与工程	工学硕士学位	吴诗彤	女	检测技术与自动化装置	工学硕士学位
钱俊雯	女	材料科学与工程	工学硕士学位	艾瑶瑶	女	检测技术与自动化装置	工学硕士学位
石　果	男	材料科学与工程	工学硕士学位	马　雪	女	检测技术与自动化装置	工学硕士学位
莫嘉纬	男	材料科学与工程	工学硕士学位	赵　清	男	检测技术与自动化装置	工学硕士学位
张亚静	女	材料科学与工程	工学硕士学位	付　果	男	检测技术与自动化装置	工学硕士学位
孙有美	女	材料科学与工程	工学硕士学位	何洋洋	男	检测技术与自动化装置	工学硕士学位
郭亚茹	女	材料科学与工程	工学硕士学位	程旭峰	男	检测技术与自动化装置	工学硕士学位
李　博	男	材料科学与工程	工学硕士学位	郭　格	女	检测技术与自动化装置	工学硕士学位
刘志恒	男	材料科学与工程	工学硕士学位	陈　思	女	检测技术与自动化装置	工学硕士学位
廖　凯	男	材料科学与工程	工学硕士学位	邓晓宇	男	检测技术与自动化装置	工学硕士学位
成浩然	男	材料科学与工程	工学硕士学位	陈　桐	男	检测技术与自动化装置	工学硕士学位
裴欣彤	女	材料科学与工程	工学硕士学位	邓星星	男	检测技术与自动化装置	工学硕士学位
周　磊	男	材料科学与工程	工学硕士学位	沈　阳	男	检测技术与自动化装置	工学硕士学位
董喆喆	男	材料科学与工程	工学硕士学位	杨　鑫	男	检测技术与自动化装置	工学硕士学位
田鹏路	女	工程热物理	工学硕士学位	刘　琳	女	检测技术与自动化装置	工学硕士学位
周　震	男	工程热物理	工学硕士学位	李少鹏	男	系统工程	工学硕士学位
张　良	男	工程热物理	工学硕士学位	吕　晨	男	系统工程	工学硕士学位
王　鸽	女	工程热物理	工学硕士学位	花　硕	女	系统工程	工学硕士学位
赵珏榛	女	工程热物理	工学硕士学位	邱　实	男	系统工程	工学硕士学位
吴新明	男	工程热物理	工学硕士学位	谭传玉	女	模式识别与智能系统	工学硕士学位
何兆禹	男	工程热物理	工学硕士学位	闫　东	男	模式识别与智能系统	工学硕士学位
沈明海	男	工程热物理	工学硕士学位	张　涛	男	模式识别与智能系统	工学硕士学位
张莉娟	女	工程热物理	工学硕士学位	柳　娜	女	模式识别与智能系统	工学硕士学位
姚军军	男	工程热物理	工学硕士学位	张楠霞	女	模式识别与智能系统	工学硕士学位
晋若男	女	热能工程	工学硕士学位	成梦喆	女	模式识别与智能系统	工学硕士学位
徐巧变	女	热能工程	工学硕士学位	张松涛	男	模式识别与智能系统	工学硕士学位
冯书勤	女	热能工程	工学硕士学位	余哲明	男	模式识别与智能系统	工学硕士学位

续表

姓名	性别	专业名称	学位类别	姓名	性别	专业名称	学位类别
袁梦迪	女	热能工程	工学硕士学位	王健兴	男	模式识别与智能系统	工学硕士学位
叶　超	女	热能工程	工学硕士学位	王海洋	男	模式识别与智能系统	工学硕士学位
张　夏	女	热能工程	工学硕士学位	杨永昌	男	模式识别与智能系统	工学硕士学位
郑雅文	女	热能工程	工学硕士学位	朱　赟	男	模式识别与智能系统	工学硕士学位
宋晓玮	女	热能工程	工学硕士学位	艾徐华	男	模式识别与智能系统	工学硕士学位
谭天宇	男	热能工程	工学硕士学位	张天阳	男	模式识别与智能系统	工学硕士学位
袁金斗	男	热能工程	工学硕士学位	吴紫微	女	计算机系统结构	工学硕士学位
尚　炜	女	热能工程	工学硕士学位	张天铭	女	计算机系统结构	工学硕士学位
林司晅	男	热能工程	工学硕士学位	刘　波	男	计算机系统结构	工学硕士学位
高楚霖	女	热能工程	工学硕士学位	王　嵘	男	计算机系统结构	工学硕士学位
曹　琦	女	热能工程	工学硕士学位	杜　婧	女	计算机系统结构	工学硕士学位
茹　宇	男	热能工程	工学硕士学位	陈权贺	男	计算机系统结构	工学硕士学位
杨晓茹	女	热能工程	工学硕士学位	陈科桦	男	计算机系统结构	工学硕士学位
胡晓天	男	热能工程	工学硕士学位	段　然	女	计算机系统结构	工学硕士学位
张　豪	男	热能工程	工学硕士学位	王　睿	女	计算机应用技术	工学硕士学位
张亚亚	女	热能工程	工学硕士学位	蔡子强	男	计算机应用技术	工学硕士学位
黄吉光	男	热能工程	工学硕士学位	王艺萌	女	计算机应用技术	工学硕士学位
罗　耿	男	热能工程	工学硕士学位	荆舒煬	女	计算机应用技术	工学硕士学位
肖　瑶	女	热能工程	工学硕士学位	尚青兰	女	计算机应用技术	工学硕士学位
苏逸峰	男	热能工程	工学硕士学位	曾　婧	女	计算机应用技术	工学硕士学位
杨永明	男	热能工程	工学硕士学位	杨普海	男	计算机应用技术	工学硕士学位
王　宇	男	热能工程	工学硕士学位	杜　硕	男	计算机应用技术	工学硕士学位
董小波	男	热能工程	工学硕士学位	郑浩楠	男	计算机应用技术	工学硕士学位
蒋子标	男	热能工程	工学硕士学位	罗孝蓉	女	计算机应用技术	工学硕士学位
张　政	男	热能工程	工学硕士学位	周　磊	男	计算机应用技术	工学硕士学位
许继东	男	热能工程	工学硕士学位	徐京京	女	计算机应用技术	工学硕士学位
张　凯	男	热能工程	工学硕士学位	程鼎铉	男	计算机应用技术	工学硕士学位
宋家胜	男	热能工程	工学硕士学位	李　瑞	女	计算机应用技术	工学硕士学位
王建冲	男	热能工程	工学硕士学位	宋瑞宵	女	计算机应用技术	工学硕士学位
黄争灿	男	热能工程	工学硕士学位	庆亚敏	女	计算机应用技术	工学硕士学位
李　樑	男	热能工程	工学硕士学位	郑世强	男	计算机应用技术	工学硕士学位
庞　硕	女	热能工程	工学硕士学位	平林艳	女	计算机应用技术	工学硕士学位
陈裕辉	男	热能工程	工学硕士学位	党　佩	女	计算机应用技术	工学硕士学位
潘信宇	男	热能工程	工学硕士学位	万玉婷	女	计算机应用技术	工学硕士学位
翟　刚	男	热能工程	工学硕士学位	李宝强	男	计算机应用技术	工学硕士学位
许　超	男	热能工程	工学硕士学位	胡梓民	男	计算机应用技术	工学硕士学位
李柯润	男	热能工程	工学硕士学位	程瑞营	女	计算机应用技术	工学硕士学位
张增明	男	热能工程	工学硕士学位	赵　康	男	计算机应用技术	工学硕士学位
王　群	男	热能工程	工学硕士学位	高宇豆	女	计算机应用技术	工学硕士学位

续表

姓名	性别	专业名称	学位类别	姓名	性别	专业名称	学位类别
漆　聪	男	热能工程	工学硕士学位	王　喆	男	计算机应用技术	工学硕士学位
张树晓	男	热能工程	工学硕士学位	曲金梦	女	计算机应用技术	工学硕士学位
代　超	男	热能工程	工学硕士学位	唐　骞	男	计算机应用技术	工学硕士学位
田春晓	女	热能工程	工学硕士学位	张家铭	男	计算机应用技术	工学硕士学位
潘新远	男	热能工程	工学硕士学位	邬　林	男	计算机应用技术	工学硕士学位
王建业	男	热能工程	工学硕士学位	梁　妍	女	计算机应用技术	工学硕士学位
陈卉瑶	女	热能工程	工学硕士学位	赵晋川	男	计算机应用技术	工学硕士学位
徐媛媛	女	热能工程	工学硕士学位	东　昀	女	计算机应用技术	工学硕士学位
朱吉锋	男	热能工程	工学硕士学位	孙　科	男	软件工程	工学硕士学位
何　洁	女	热能工程	工学硕士学位	白盛楠	女	软件工程	工学硕士学位
孙远志	男	热能工程	工学硕士学位	周　潮	男	软件工程	工学硕士学位
张　强	男	热能工程	工学硕士学位	李　青	女	软件工程	工学硕士学位
林　冲	男	热能工程	工学硕士学位	魏　博	男	软件工程	工学硕士学位
孙　婧	女	热能工程	工学硕士学位	朱震东	男	软件工程	工学硕士学位
江清凌	女	动力机械及工程	工学硕士学位	许　雪	女	软件工程	工学硕士学位
韦佳娣	女	动力机械及工程	工学硕士学位	赵锦锦	女	思想政治教育	法学硕士学位
何雪程	女	动力机械及工程	工学硕士学位	千　金	女	思想政治教育	法学硕士学位
王立健	男	动力机械及工程	工学硕士学位	王蔷蔷	女	思想政治教育	法学硕士学位
葛　臣	男	动力机械及工程	工学硕士学位	项春哲	女	思想政治教育	法学硕士学位
桂伽伽	女	动力机械及工程	工学硕士学位	李姊威	女	思想政治教育	法学硕士学位
邓梦妍	女	动力机械及工程	工学硕士学位	刘书锋	女	思想政治教育	法学硕士学位
潘雪梅	女	动力机械及工程	工学硕士学位	李　星	男	环境科学	工学硕士学位
丁　林	男	流体机械及工程	工学硕士学位	杨　帆	男	环境科学	工学硕士学位
孟照鑫	男	流体机械及工程	工学硕士学位	鄞　铃	女	环境科学	工学硕士学位
崔佳旺	男	制冷及低温工程	工学硕士学位	陈欣峰	男	环境科学	工学硕士学位
陈羿姿	女	制冷及低温工程	工学硕士学位	刘　素	男	环境科学	工学硕士学位
郑逸飞	男	化工过程机械	工学硕士学位	LARIK ALI RAZA	男	电力系统及其自动化	工学硕士学位
朱茂川	男	供热、供燃气、通风及空调工程	工学硕士学位	GNUITOH KOKOUVI AMENYONA	男	计算机应用技术	工学硕士学位
张　超	男	供热、供燃气、通风及空调工程	工学硕士学位	KAMARA GIBRILLA	男	电力系统及其自动化	工学硕士学位
张志超	男	供热、供燃气、通风及空调工程	工学硕士学位	HAMAD HAIDAR	男	核科学与技术	工学硕士学位
刘　博	女	供热、供燃气、通风及空调工程	工学硕士学位	MUHAMMAD TAYYAB	男	核科学与技术	工学硕士学位
宋庆媛	女	化学工程	工学硕士学位	HAFIZ MUHAMMAD WAQAR SHARIF	男	核科学与技术	工学硕士学位
苏　颖	女	金融学	经济学硕士学位	IBRAHIM ELRAYAH IBRAHIM MOHAMED	男	核科学与技术	工学硕士学位
于鑫芳	男	金融学	经济学硕士学位	DAVID CECIL CHARAD SYLBERT	男	电力系统及其自动化	工学硕士学位
钱　进	男	金融学	经济学硕士学位	SARAN ZEB	男	电力系统及其自动化	工学硕士学位

续表

姓名	性别	专业名称	学位类别	姓名	性别	专业名称	学位类别
魏　震	男	产业经济学	经济学硕士学位	ZULQAR NAIN	男	可再生能源与清洁能源	工学硕士学位
殷商莹	女	产业经济学	经济学硕士学位	ANEEQ	男	热能工程	工学硕士学位
余新旋	女	产业经济学	经济学硕士学位	ABDUL MATEEN LIAQAT	男	电力系统及其自动化	工学硕士学位
黄　果	男	产业经济学	经济学硕士学位	EBTIHAL MOHAMMED HAMID ABDELKARIEM	女	核科学与技术	工学硕士学位
张源峰	男	数量经济学	经济学硕士学位	庞东泽	男	电力系统及其自动化	工学硕士学位
焦彦华	女	数量经济学	经济学硕士学位				

北京校部:94 人(授予日期:2019 年 6 月 25 日)

姓名	性别	专业名称	学位类别	姓名	性别	专业名称	学位类别
陈红艳	女	企业管理	管理学硕士学位	SANA NOOR	女	电力系统及其自动化	工学硕士学位
于东立	男	电力系统及其自动化	工学硕士学位	AAMIR NAZIR	男	电力系统及其自动化	工学硕士学位
李文莉	女	电力系统及其自动化	工学硕士学位	MUHAMMAD ATHAR	男	电力系统及其自动化	工学硕士学位
魏一汀	男	电力系统及其自动化	工学硕士学位	MUSTAFA MOHAMED ABDALLA SEEDAHMED	男	电力系统及其自动化	工学硕士学位
王凡嵩	男	电子科学与技术	工学硕士学位	KABDOLLIN ABAY	男	电力系统及其自动化	工学硕士学位
蔡海帆	女	热能工程	工学硕士学位	KOSHERBAYEV ULYKPAN	男	电力系统及其自动化	工学硕士学位
余裕璞	男	热能工程	工学硕士学位	NIYIGENA JEANNE BAPTISTE	女	企业管理	管理学硕士学位
邢瑾哲	女	热能工程	工学硕士学位	SYEDA DURE-FISHAN	女	企业管理	管理学硕士学位
宋四明	男	热能工程	工学硕士学位	UMAIR BIN ZAFAR MALIK	男	企业管理	管理学硕士学位
范吉成	男	产业经济学	经济学硕士学位	SHEHERYAR ZAFAR CHOUDRI	男	企业管理	管理学硕士学位
王　伟	男	数量经济学	经济学硕士学位	SHAHZAD ALI	男	控制理论与控制工程	工学硕士学位
阮　亮	男	管理科学与工程	工学硕士学位	HAMMAD TARIQ	男	控制理论与控制工程	工学硕士学位
施　敬	男	技术经济及管理	管理学硕士学位	BILAL KHALID	男	控制理论与控制工程	工学硕士学位
蒋　音	女	公共管理	管理学硕士学位	POESE TOOMATA	男	计算机应用技术	工学硕士学位
邱　晨	女	行政管理	管理学硕士学位	MAZIN YOUSIF AHMED MOHAMMED	男	计算机应用技术	工学硕士学位
王晓辉	女	外国语言学及应用语言	文学硕士学位	DESI PURWATI	女	计算机应用技术	工学硕士学位
彭小俊	男	水工结构工程	工学硕士学位	AMMAR SIKANDER	男	计算机应用技术	工学硕士学位
李志雨	男	水工结构工程	工学硕士学位	USMAN ANWAR	男	计算机应用技术	工学硕士学位
莫　丹	男	核能科学与工程	工学硕士学位	SYED JAWAD ALI SHAH	男	可再生能源与清洁能源	工学硕士学位
洪　嘉	男	系统工程	工学硕士学位	SAJIDA RIFFAT LARAIB	女	可再生能源与清洁能源	工学硕士学位
陈奎廷	男	计算机系统结构	工学硕士学位	ADNAN SAEED	男	可再生能源与清洁能源	工学硕士学位
李　翔	男	计算机应用技术	工学硕士学位	ZULFIQAR ALI	男	可再生能源与清洁能源	工学硕士学位
刘思平	女	计算机应用技术	工学硕士学位	FARHAN ULLAH	男	可再生能源与清洁能源	工学硕士学位
陈溢依	女	公共管理	管理学硕士学位	RAMEEZ MUSHTAQ	男	可再生能源与清洁能源	工学硕士学位
RYCHAGOVA ELENA	女	电力系统及其自动化	工学硕士学位	MUHAMMAD SHOAIB MARWAT	男	可再生能源与清洁能源	工学硕士学位

续表

姓名	性别	专业名称	学位类别	姓名	性别	专业名称	学位类别
IVANOV NIKITA	男	电力系统及其自动化	工学硕士学位	MOHAN MENGHWAR	男	可再生能源与清洁能源	工学硕士学位
PHETSALAPHONE DOUANGNGUEN	女	电力系统及其自动化	工学硕士学位	KHURAM HAYAT	男	可再生能源与清洁能源	工学硕士学位
TESEMA AMANUEL ASRAT	男	电力系统及其自动化	工学硕士学位	NIRINGIYIMANA EMILE	男	可再生能源与清洁能源	工学硕士学位
SUHAIB SAJID	男	电力系统及其自动化	工学硕士学位	SADEQ MOHAMMED QAID AL-FAKIH	男	可再生能源与清洁能源	工学硕士学位
BIKORIMANA SEFU	男	电力系统及其自动化	工学硕士学位	BILAL AHMAD	男	核科学与技术	工学硕士学位
NDAYISHIMIYE VEDASTE	男	电力系统及其自动化	工学硕士学位	HASEEB SHAFAQAT	男	核科学与技术	工学硕士学位
MD MASUD RANA	男	电力系统及其自动化	工学硕士学位	MAMOON UR RASHEED	男	核科学与技术	工学硕士学位
FAREED ULLAH	男	电力系统及其自动化	工学硕士学位	NOFAL KHAN	男	核科学与技术	工学硕士学位
MUHAMMAD AWAIS	男	电力系统及其自动化	工学硕士学位	SULTAN ABDUL WASAY	男	核科学与技术	工学硕士学位
ABDUL REHMAN	男	电力系统及其自动化	工学硕士学位	HAMZA ILYAS	男	核科学与技术	工学硕士学位
MOHAMED ABDELAZIM SULIMAN ABDELWAHID	男	电力系统及其自动化	工学硕士学位	MUHAMMAD ABDUS SAMAD	男	核科学与技术	工学硕士学位
ASHOK ADHIKARI	男	电力系统及其自动化	工学硕士学位	MUHAMMAD NAVEED ANJUM	男	核科学与技术	工学硕士学位
MOHAMED RAMADAN BAH	男	电力系统及其自动化	工学硕士学位	MARYAM ZAFAR CHOUDRI	女	核科学与技术	工学硕士学位
RAWEH EZZALDDEN AHMED ABDULJABBAR	男	电力系统及其自动化	工学硕士学位	WAJAHAT AFSAR	男	核科学与技术	工学硕士学位
MUSUNGU RICHARD AMARI	男	电力系统及其自动化	工学硕士学位	MOHANNED KHALID MOHAMMED ABDULLAH	男	核科学与技术	工学硕士学位
ARMAN ALI	男	电力系统及其自动化	工学硕士学位	MOHAMMED IBRAHEM ABDALLA MUSA	男	核科学与技术	工学硕士学位
IJAZ AHMAD	男	电力系统及其自动化	工学硕士学位	IDRIS KHALIL IDRIS ALI	男	核科学与技术	工学硕士学位
ADIL HUSSAIN	男	电力系统及其自动化	工学硕士学位	ABDELGADER ELHUSSAIN ELSHAREEF ABDALLAH	男	核科学与技术	工学硕士学位
ABUOGO JAMES OPONDO	男	电力系统及其自动化	工学硕士学位	AHMED ABDELSALAM AHMED OSMAN	男	核科学与技术	工学硕士学位
DUSHIMIMANA GIOVANNI	男	电力系统及其自动化	工学硕士学位	KHALID HAJNOUR OSMAN ABDELWAHID	男	核科学与技术	工学硕士学位
MUHAMMAD RIZWAN MUSHTAQ	男	电力系统及其自动化	工学硕士学位	MOHMMED YOUSIF ELHAJ AHMED MOHMMED	男	核科学与技术	工学硕士学位
SOHAIB REHMAN KHAN	男	电力系统及其自动化	工学硕士学位	BARROSO DIAZ WILSON	男	公共管理	管理学硕士学位

续表

保定校区:461 人(授予日期:2019 年 4 月 2 日)

姓名	性别	专业名称	学位类别	姓名	性别	专业名称	学位类别
铁成梁	男	动力机械及工程	工学硕士学位	惠永琦	男	控制理论与控制工程	工学硕士学位
王欢歌	女	企业管理	管理学硕士学位	李亚玲	女	控制理论与控制工程	工学硕士学位
黄江浩	男	电机与电器	工学硕士学位	李雅雯	女	控制理论与控制工程	工学硕士学位
马倩倩	女	电机与电器	工学硕士学位	孟令虎	男	控制理论与控制工程	工学硕士学位
郭晋才	男	电机与电器	工学硕士学位	李海森	男	控制理论与控制工程	工学硕士学位
丁　其	男	电机与电器	工学硕士学位	武志勇	男	控制理论与控制工程	工学硕士学位
张轩睿	男	电机与电器	工学硕士学位	李　晓	男	控制理论与控制工程	工学硕士学位
曹久辉	男	电机与电器	工学硕士学位	罗雨颋	男	控制理论与控制工程	工学硕士学位
韩思聪	男	电力系统及其自动化	工学硕士学位	李美华	女	控制理论与控制工程	工学硕士学位
蒋　畅	女	电力系统及其自动化	工学硕士学位	胡沛涛	男	控制理论与控制工程	工学硕士学位
李东旭	男	电力系统及其自动化	工学硕士学位	王小坡	男	控制理论与控制工程	工学硕士学位
胡　灿	男	电力系统及其自动化	工学硕士学位	李　浩	男	控制理论与控制工程	工学硕士学位
许英强	男	电力系统及其自动化	工学硕士学位	李敏霞	女	控制理论与控制工程	工学硕士学位
张瑞雪	男	电力系统及其自动化	工学硕士学位	李晓杰	男	控制理论与控制工程	工学硕士学位
刘　佳	女	电力系统及其自动化	工学硕士学位	蒋栋奇	男	控制理论与控制工程	工学硕士学位
吴若冰	女	电力系统及其自动化	工学硕士学位	李应琪	男	控制理论与控制工程	工学硕士学位
李演达	男	电力系统及其自动化	工学硕士学位	白国梁	男	控制理论与控制工程	工学硕士学位
黄馨仪	女	电力系统及其自动化	工学硕士学位	吕正鑫	男	控制理论与控制工程	工学硕士学位
张　科	男	电力系统及其自动化	工学硕士学位	宋亚杰	男	控制理论与控制工程	工学硕士学位
董圣孝	男	电力系统及其自动化	工学硕士学位	李倩倩	女	控制理论与控制工程	工学硕士学位
李新军	男	电力系统及其自动化	工学硕士学位	李　涛	男	控制理论与控制工程	工学硕士学位
张雪原	男	电力系统及其自动化	工学硕士学位	张一可	男	控制理论与控制工程	工学硕士学位
刘婧妍	女	电力系统及其自动化	工学硕士学位	姚吉行	男	控制理论与控制工程	工学硕士学位
邹培根	女	电力系统及其自动化	工学硕士学位	王　青	女	控制理论与控制工程	工学硕士学位
施凯伦	男	电力系统及其自动化	工学硕士学位	张然然	女	检测技术与自动化装置	工学硕士学位
王晓丹	女	电力系统及其自动化	工学硕士学位	魏晓东	男	检测技术与自动化装置	工学硕士学位
张新宗	男	电力系统及其自动化	工学硕士学位	张　扬	男	检测技术与自动化装置	工学硕士学位
薛英杰	男	电力系统及其自动化	工学硕士学位	王如蓓	女	检测技术与自动化装置	工学硕士学位
姚　然	男	电力系统及其自动化	工学硕士学位	张　楷	男	检测技术与自动化装置	工学硕士学位
黄　敏	女	电力系统及其自动化	工学硕士学位	秦旭刚	男	检测技术与自动化装置	工学硕士学位
白聪聪	女	电力系统及其自动化	工学硕士学位	周琪琪	女	检测技术与自动化装置	工学硕士学位
董　玥	女	电力系统及其自动化	工学硕士学位	黄　璞	女	检测技术与自动化装置	工学硕士学位
闫　亮	男	电力系统及其自动化	工学硕士学位	高　颖	女	系统工程	工学硕士学位
李　想	女	电力系统及其自动化	工学硕士学位	徐珮宸	男	系统工程	工学硕士学位
张　颖	女	电力系统及其自动化	工学硕士学位	张　钦	男	系统工程	工学硕士学位
朱　墨	男	电力系统及其自动化	工学硕士学位	贾毅喆	女	系统工程	工学硕士学位
张婧婷	女	电力系统及其自动化	工学硕士学位	秦京建	男	系统工程	工学硕士学位
畅　达	男	电力系统及其自动化	工学硕士学位	刘海喆	女	系统工程	工学硕士学位

续表

姓名	性别	专业名称	学位类别	姓名	性别	专业名称	学位类别
付浩川	男	电力系统及其自动化	工学硕士学位	张　乐	男	模式识别与智能系统	工学硕士学位
霍启敬	女	电力系统及其自动化	工学硕士学位	丁续达	男	模式识别与智能系统	工学硕士学位
张　慧	女	电力系统及其自动化	工学硕士学位	彭　浩	男	模式识别与智能系统	工学硕士学位
刘　帅	男	电力系统及其自动化	工学硕士学位	高思琪	女	模式识别与智能系统	工学硕士学位
李佳佳	女	电力系统及其自动化	工学硕士学位	刘业鹏	男	模式识别与智能系统	工学硕士学位
姜　烁	女	电力系统及其自动化	工学硕士学位	张　琨	男	模式识别与智能系统	工学硕士学位
李晓航	男	电力系统及其自动化	工学硕士学位	吕同兴	男	模式识别与智能系统	工学硕士学位
邓畅宇	男	电力系统及其自动化	工学硕士学位	马立奇	男	模式识别与智能系统	工学硕士学位
王　鑫	女	电力系统及其自动化	工学硕士学位	牛博通	男	信息安全	工学硕士学位
贾中豪	男	电力系统及其自动化	工学硕士学位	张华英	女	信息安全	工学硕士学位
王江伟	男	电力系统及其自动化	工学硕士学位	张沛尧	男	系统分析、运筹与控制	工学硕士学位
陈　宇	男	电力系统及其自动化	工学硕士学位	强　硕	男	系统分析、运筹与控制	工学硕士学位
郑雅男	女	电力系统及其自动化	工学硕士学位	刘晓敏	女	计算数学	理学硕士学位
董叶叶	女	电力系统及其自动化	工学硕士学位	安　晟	男	计算数学	理学硕士学位
苗子颖	女	电力系统及其自动化	工学硕士学位	张晨红	女	应用数学	理学硕士学位
汤善发	男	电力系统及其自动化	工学硕士学位	周晓旭	女	应用数学	理学硕士学位
胡志伟	男	电力系统及其自动化	工学硕士学位	胡　康	男	应用数学	理学硕士学位
程子玮	男	电力系统及其自动化	工学硕士学位	郝雅云	女	运筹学与控制论	理学硕士学位
庞帅杰	男	电力系统及其自动化	工学硕士学位	刘　鑫	男	运筹学与控制论	理学硕士学位
米师农	男	电力系统及其自动化	工学硕士学位	任媛媛	女	理论物理	理学硕士学位
李国杰	男	电力系统及其自动化	工学硕士学位	葛　坤	男	理论物理	理学硕士学位
高雯曼	女	电力系统及其自动化	工学硕士学位	周子舒	男	理论物理	理学硕士学位
晋志明	男	电力系统及其自动化	工学硕士学位	魏珠萍	女	理论物理	理学硕士学位
张　斌	男	电力系统及其自动化	工学硕士学位	宋利黎	男	理论物理	理学硕士学位
汪新康	男	电力系统及其自动化	工学硕士学位	郑　宁	女	光学	理学硕士学位
张婷婷	女	电力系统及其自动化	工学硕士学位	宋　欢	女	光学	理学硕士学位
高怡擘	男	电力系统及其自动化	工学硕士学位	袁春琪	女	光学	理学硕士学位
魏石磊	男	电力系统及其自动化	工学硕士学位	李崇烨	男	金融学	经济学硕士学位
林立乾	男	电力系统及其自动化	工学硕士学位	李雨桐	女	金融学	经济学硕士学位
林子健	男	电力系统及其自动化	工学硕士学位	刘　晖	女	金融学	经济学硕士学位
工嘉琦	男	电力系统及其自动化	工学硕士学位	张红豆	女	金融学	经济学硕士学位
解　赛	男	电力系统及其自动化	工学硕士学位	辛　迪	女	产业经济学	经济学硕士学位
马永强	男	电力系统及其自动化	工学硕士学位	李春香	女	产业经济学	经济学硕士学位
尹相龙	男	电力系统及其自动化	工学硕士学位	史红吉	女	产业经济学	经济学硕士学位
邱　昊	男	电力系统及其自动化	工学硕士学位	苑林妹	女	产业经济学	经济学硕士学位
韩丹慧	女	电力系统及其自动化	工学硕士学位	杨莉坤	女	产业经济学	经济学硕士学位
魏　哲	男	电力系统及其自动化	工学硕士学位	王丽雪	女	数量经济学	经济学硕士学位
宋兆鑫	男	电力系统及其自动化	工学硕士学位	赵海蕊	女	数量经济学	经济学硕士学位
苏怀波	男	电力系统及其自动化	工学硕士学位	张汝可	女	数量经济学	经济学硕士学位

续表

姓名	性别	专业名称	学位类别
初文奇	女	电力系统及其自动化	工学硕士学位
郭世枭	男	电力系统及其自动化	工学硕士学位
孙志攀	男	电力系统及其自动化	工学硕士学位
孙　星	男	电力系统及其自动化	工学硕士学位
陈　静	女	电力系统及其自动化	工学硕士学位
张　腊	女	电力系统及其自动化	工学硕士学位
连攀杰	男	电力系统及其自动化	工学硕士学位
李宝国	男	电力系统及其自动化	工学硕士学位
朱继鹏	男	电力系统及其自动化	工学硕士学位
王云佳	女	高电压与绝缘技术	工学硕士学位
张　霞	女	高电压与绝缘技术	工学硕士学位
步雅楠	女	高电压与绝缘技术	工学硕士学位
高　婷	女	高电压与绝缘技术	工学硕士学位
韩启隆	男	高电压与绝缘技术	工学硕士学位
阚宇强	男	高电压与绝缘技术	工学硕士学位
刘　晗	男	高电压与绝缘技术	工学硕士学位
贺　鹏	男	高电压与绝缘技术	工学硕士学位
程祥瑞	男	高电压与绝缘技术	工学硕士学位
王　坚	男	电力电子与电力传动	工学硕士学位
王艳娟	女	电力电子与电力传动	工学硕士学位
石天宇	女	电力电子与电力传动	工学硕士学位
郑泽慧	女	电力电子与电力传动	工学硕士学位
魏　怡	女	电力电子与电力传动	工学硕士学位
李梦媛	女	电力电子与电力传动	工学硕士学位
张　帅	男	电力电子与电力传动	工学硕士学位
陈　波	男	电力电子与电力传动	工学硕士学位
郭嘉宇	男	电力电子与电力传动	工学硕士学位
刘玉芹	女	电力电子与电力传动	工学硕士学位
朱国林	男	电力电子与电力传动	工学硕士学位
刘利珍	女	电工理论与新技术	工学硕士学位
田　阳	男	电工理论与新技术	工学硕士学位
焦羽丰	男	电工理论与新技术	工学硕士学位
岳慧清	女	电工理论与新技术	工学硕士学位
范紫微	女	电工理论与新技术	工学硕士学位
霍晓燕	女	电工理论与新技术	工学硕士学位
齐　拯	男	电工理论与新技术	工学硕士学位
赵锦涛	男	电工理论与新技术	工学硕士学位
杜展鑫	男	电工理论与新技术	工学硕士学位
王　波	男	电工理论与新技术	工学硕士学位
胡圣洁	女	数量经济学	经济学硕士学位
张　睿	女	管理科学与工程	工学硕士学位
郑　强	男	管理科学与工程	工学硕士学位
安常乐	男	管理科学与工程	管理学硕士学位
严　斐	男	管理科学与工程	管理学硕士学位
张　欣	女	管理科学与工程	管理学硕士学位
黄琳琳	女	管理科学与工程	管理学硕士学位
周庆伟	男	管理科学与工程	管理学硕士学位
赵倖一	女	管理科学与工程	管理学硕士学位
高国帅	女	管理科学与工程	管理学硕士学位
吴　甜	女	管理科学与工程	管理学硕士学位
祝邑尧	女	会计学	管理学硕士学位
牛晶磊	女	会计学	管理学硕士学位
梁一景	女	会计学	管理学硕士学位
倪　宁	女	会计学	管理学硕士学位
赵安策	男	会计学	管理学硕士学位
靳迎华	女	会计学	管理学硕士学位
王　震	男	会计学	管理学硕士学位
李小宁	女	会计学	管理学硕士学位
王　珮	女	会计学	管理学硕士学位
何　叶	女	会计学	管理学硕士学位
李　潇	女	企业管理	管理学硕士学位
武　鑫	女	企业管理	管理学硕士学位
晋红媛	女	企业管理	管理学硕士学位
邢丹丹	女	企业管理	管理学硕士学位
杜　红	女	企业管理	管理学硕士学位
李学永	男	企业管理	管理学硕士学位
成超凡	女	企业管理	管理学硕士学位
张晓彤	女	企业管理	管理学硕士学位
杨珺婕	女	企业管理	管理学硕士学位
杨　帆	女	技术经济及管理	管理学硕士学位
王皓月	女	技术经济及管理	管理学硕士学位
张雪婷	女	技术经济及管理	管理学硕士学位
彭伟松	男	技术经济及管理	管理学硕士学位
沈　磊	男	技术经济及管理	管理学硕士学位
何晓博	男	技术经济及管理	管理学硕士学位
刘立果	男	技术经济及管理	管理学硕士学位
王彩飞	女	技术经济及管理	管理学硕士学位
张延伍	男	技术经济及管理	管理学硕士学位

续表

姓名	性别	专业名称	学位类别	姓名	性别	专业名称	学位类别
邵鹏程	男	电工理论与新技术	工学硕士学位	丁　一	女	技术经济及管理	管理学硕士学位
沈　颖	女	电工理论与新技术	工学硕士学位	王雨薇	女	技术经济及管理	管理学硕士学位
郝家玮	男	电工理论与新技术	工学硕士学位	吴　凡	男	技术经济及管理	管理学硕士学位
任红昕	男	电子科学与技术	工学硕士学位	王　琪	女	技术经济及管理	管理学硕士学位
罗　定	男	农业电气化与自动化	工学硕士学位	杜　磊	男	技术经济及管理	管理学硕士学位
吴昭延	男	工程热物理	工学硕士学位	杨一飞	女	技术经济及管理	管理学硕士学位
施宏波	男	工程热物理	工学硕士学位	赵　天	男	技术经济及管理	管理学硕士学位
叶闻杰	男	工程热物理	工学硕士学位	李　伟	女	技术经济及管理	管理学硕士学位
郭良丹	女	工程热物理	工学硕士学位	田亚亚	女	技术经济及管理	管理学硕士学位
李明晖	女	工程热物理	工学硕士学位	何佳楠	女	民商法学	法学硕士学位
李超凡	男	热能工程	工学硕士学位	尤誉颖	女	民商法学	法学硕士学位
巴星原	男	热能工程	工学硕士学位	张懿颖	女	民商法学	法学硕士学位
刘雪莹	女	热能工程	工学硕士学位	白　静	女	诉讼法学	法学硕士学位
王学欣	男	热能工程	工学硕士学位	么冬霞	女	诉讼法学	法学硕士学位
朱　路	女	热能工程	工学硕士学位	胡　蝶	女	行政管理	管理学硕士学位
李明兰	女	热能工程	工学硕士学位	王静思	女	行政管理	管理学硕士学位
原　辉	男	热能工程	工学硕士学位	邢　璐	女	行政管理	管理学硕士学位
马　洁	女	热能工程	工学硕士学位	李文畅	女	社会保障	管理学硕士学位
郭　辉	男	热能工程	工学硕士学位	高　婷	女	英语语言文学	文学硕士学位
但娅茹	女	热能工程	工学硕士学位	朱旭晗	女	英语语言文学	文学硕士学位
孙　尧	女	热能工程	工学硕士学位	屈朋影	女	英语语言文学	文学硕士学位
王　珊	女	热能工程	工学硕士学位	王馨悦	女	英语语言文学	文学硕士学位
于兴宝	男	热能工程	工学硕士学位	孙善玉	女	英语语言文学	文学硕士学位
曹保鑫	男	热能工程	工学硕士学位	王梦娜	女	英语语言文学	文学硕士学位
刘啸东	男	热能工程	工学硕士学位	罗　燕	女	英语语言文学	文学硕士学位
王博恒	男	热能工程	工学硕士学位	李阿楠	女	计算机系统结构	工学硕士学位
孙　岑	男	热能工程	工学硕士学位	马　标	男	计算机系统结构	工学硕士学位
朱　楼	男	热能工程	工学硕士学位	赵健伟	男	计算机系统结构	工学硕士学位
陈士磊	男	热能工程	工学硕士学位	孙晓震	女	计算机系统结构	工学硕士学位
敬　赛	男	热能工程	工学硕士学位	李明洁	女	计算机软件与理论	工学硕士学位
米　行	男	热能工程	工学硕士学位	杜　群	男	计算机软件与理论	工学硕士学位
许旭斌	男	热能工程	工学硕士学位	杨韵洁	女	计算机软件与理论	工学硕士学位
赵　霖	男	热能工程	工学硕士学位	王　敏	女	计算机软件与理论	工学硕士学位
黎孟焜	男	热能工程	工学硕士学位	郭鹤旋	女	计算机应用技术	工学硕士学位
严雪南	男	热能工程	工学硕士学位	马利洁	女	计算机应用技术	工学硕士学位
张尚彬	男	热能工程	工学硕士学位	王春明	女	计算机应用技术	工学硕士学位
王召鹏	男	热能工程	工学硕士学位	张超坤	男	计算机应用技术	工学硕士学位
张开顺	男	热能工程	工学硕士学位	左　川	男	计算机应用技术	工学硕士学位
戎　旭	男	热能工程	工学硕士学位	桑　菁	女	计算机应用技术	工学硕士学位

续表

姓名	性别	专业名称	学位类别	姓名	性别	专业名称	学位类别
滕昭钰	男	热能工程	工学硕士学位	安明明	女	计算机应用技术	工学硕士学位
昝永超	男	热能工程	工学硕士学位	刘　莉	女	计算机应用技术	工学硕士学位
付　静	女	热能工程	工学硕士学位	王元凯	男	计算机应用技术	工学硕士学位
郭森闯	男	热能工程	工学硕士学位	仝卜匀	女	计算机应用技术	工学硕士学位
闫　洁	女	热能工程	工学硕士学位	沈哲吉	男	计算机应用技术	工学硕士学位
梅中恺	男	热能工程	工学硕士学位	高永琳	男	计算机应用技术	工学硕士学位
朱栋琦	男	热能工程	工学硕士学位	吉晓琼	女	计算机应用技术	工学硕士学位
郜　坤	男	动力机械及工程	工学硕士学位	黄梦莹	女	计算机应用技术	工学硕士学位
陈　笑	男	动力机械及工程	工学硕士学位	郑森森	男	计算机应用技术	工学硕士学位
兰万里	男	动力机械及工程	工学硕士学位	王　东	男	计算机应用技术	工学硕士学位
李旭扬	男	动力机械及工程	工学硕士学位	李　妍	女	计算机应用技术	工学硕士学位
刘宏凯	男	动力机械及工程	工学硕士学位	赵雪云	女	计算机应用技术	工学硕士学位
杨　杰	男	动力机械及工程	工学硕士学位	崔　敏	女	计算机应用技术	工学硕士学位
于　越	女	流体机械及工程	工学硕士学位	张齐齐	男	计算机应用技术	工学硕士学位
范福伟	男	流体机械及工程	工学硕士学位	李卫东	男	计算机应用技术	工学硕士学位
陈　坤	男	流体机械及工程	工学硕士学位	严　海	男	计算机应用技术	工学硕士学位
房聚刚	男	流体机械及工程	工学硕士学位	杜　沛	男	计算机应用技术	工学硕士学位
张　健	男	流体机械及工程	工学硕士学位	周　理	男	计算机应用技术	工学硕士学位
薛晓东	男	制冷及低温工程	工学硕士学位	王蕾蕾	女	计算机应用技术	工学硕士学位
李　岩	男	可再生能源与清洁能源	工学硕士学位	王　恺	男	计算机应用技术	工学硕士学位
孙　磊	男	可再生能源与清洁能源	工学硕士学位	张彩端	女	化学工程	工学硕士学位
王　佳	女	供热、供燃气、通风及空调工程	工学硕士学位	张　丽	女	应用化学	工学硕士学位
武　静	女	供热、供燃气、通风及空调工程	工学硕士学位	张金瑶	男	应用化学	工学硕士学位
张争争	女	供热、供燃气、通风及空调工程	工学硕士学位	于婉琳	女	应用化学	工学硕士学位
郭真真	女	供热、供燃气、通风及空调工程	工学硕士学位	李宗红	男	工业催化	工学硕士学位
毛杭倩媛	女	供热、供燃气、通风及空调工程	工学硕士学位	向亚军	男	工业催化	工学硕士学位
王会拴	男	供热、供燃气、通风及空调工程	工学硕士学位	刘德庆	男	工业催化	工学硕士学位
邹小全	男	供热、供燃气、通风及空调工程	工学硕士学位	曹玉萍	女	工业催化	工学硕士学位
刘　兆	男	供热、供燃气、通风及空调工程	工学硕士学位	李　超	女	环境科学	工学硕士学位
高亭亭	女	供热、供燃气、通风及空调工程	工学硕士学位	漆　丹	女	环境科学	工学硕士学位
田　雨	男	供热、供燃气、通风及空调工程	工学硕士学位	张艺峰	女	环境工程	工学硕士学位
陈　文	男	电子科学与技术	工学硕士学位	霍立敬	女	环境工程	工学硕士学位
张子忠	男	电子科学与技术	工学硕士学位	王玉龙	男	环境工程	工学硕士学位
陈飞飞	男	电子科学与技术	工学硕士学位	王　涵	男	环境工程	工学硕士学位

续表

姓名	性别	专业名称	学位类别
罗业宽	男	电子科学与技术	工学硕士学位
沈　青	女	信息与通信工程	工学硕士学位
谢沈阳	男	信息与通信工程	工学硕士学位
郝成成	男	信息与通信工程	工学硕士学位
王　晶	女	信息与通信工程	工学硕士学位
张　靖	女	信息与通信工程	工学硕士学位
刘建梁	男	信息与通信工程	工学硕士学位
姚源斌	男	信息与通信工程	工学硕士学位
王　宁	男	信息与通信工程	工学硕士学位
胡佩佩	女	信息与通信工程	工学硕士学位
黄文婵	女	信息与通信工程	工学硕士学位
吕亚波	男	信息与通信工程	工学硕士学位
吴　艳	女	信息与通信工程	工学硕士学位
李　红	女	信息与通信工程	工学硕士学位
郭浩然	女	信息与通信工程	工学硕士学位
黄尔杰	男	信息与通信工程	工学硕士学位
姜忠昊	男	信息与通信工程	工学硕士学位
廉启旺	男	信息与通信工程	工学硕士学位
李梦辉	男	信息与通信工程	工学硕士学位
张景芝	女	信息与通信工程	工学硕士学位
安　妙	女	信息与通信工程	工学硕士学位
丁伟曼	女	信息与通信工程	工学硕士学位
李昀展	女	信息与通信工程	工学硕士学位
景一方	女	信息与通信工程	工学硕士学位
杜丽群	女	信息与通信工程	工学硕士学位
杨　蓉	女	信息与通信工程	工学硕士学位
闫晓然	女	信息与通信工程	工学硕士学位
高晗星	女	信息与通信工程	工学硕士学位
雷艳旭	女	信息与通信工程	工学硕士学位
张铭昭	男	信息与通信工程	工学硕士学位
张春秀	女	信息与通信工程	工学硕士学位
宋丽翠	女	信息与通信工程	工学硕士学位
崔娟平	女	信息与通信工程	工学硕士学位
李　亚	女	信息与通信工程	工学硕士学位
崔雅萍	女	信息与通信工程	工学硕士学位
王　爽	女	信息与通信工程	工学硕士学位
任　林	女	控制理论与控制工程	工学硕士学位
任国俊	男	控制理论与控制工程	工学硕士学位
陈　瑞	女	控制理论与控制工程	工学硕士学位
曾韵洁	女	环境工程	工学硕士学位
何　宽	男	环境工程	工学硕士学位
李　丹	女	环境工程	工学硕士学位
张晓茹	女	环境工程	工学硕士学位
褚玉幸	女	环境工程	工学硕士学位
杨东昱	男	环境工程	工学硕士学位
徐芸菲	女	环境工程	工学硕士学位
贾明静	女	环境工程	工学硕士学位
赵星驰	男	机械工程	工学硕士学位
吴　炅	男	机械工程	工学硕士学位
张国英	女	机械工程	工学硕士学位
马昊坤	女	机械工程	工学硕士学位
孙尚飞	男	机械工程	工学硕士学位
祝志磊	男	机械工程	工学硕士学位
夏　雪	女	机械工程	工学硕士学位
王　政	男	机械工程	工学硕士学位
张钰阳	女	机械工程	工学硕士学位
韩月朋	男	机械工程	工学硕士学位
张伯麟	男	机械工程	工学硕士学位
赵朋朋	男	机械工程	工学硕士学位
陈湘阳	男	机械工程	工学硕士学位
刘　豆	女	机械工程	工学硕士学位
曹应平	男	机械工程	工学硕士学位
尹孟然	男	机械工程	工学硕士学位
田　甜	女	机械工程	工学硕士学位
张　悦	女	机械工程	工学硕士学位
郭曦煜	男	机械工程	工学硕士学位
王金袖	男	机械工程	工学硕士学位
李世广	男	机械工程	工学硕士学位
陈佳楠	男	机械工程	工学硕士学位
李　聪	女	机械工程	工学硕士学位
党长春	男	机械工程	工学硕士学位
任书娴	女	机械工程	工学硕士学位
黎　莉	女	马克思主义中国化研究	法学硕士学位
王　静	女	马克思主义中国化研究	法学硕士学位
王曼曼	女	马克思主义中国化研究	法学硕士学位
杜宝彪	男	马克思主义中国化研究	法学硕士学位
史梦瑶	女	思想政治教育	法学硕士学位
潘阳红	女	思想政治教育	法学硕士学位

续表

姓名	性别	专业名称	学位类别	姓名	性别	专业名称	学位类别
张凤南	女	控制理论与控制工程	工学硕士学位	康　超	男	思想政治教育	法学硕士学位
姚民康	男	控制理论与控制工程	工学硕士学位	张　彤	女	思想政治教育	法学硕士学位
张璐遥	女	控制理论与控制工程	工学硕士学位				

保定校区:31 人(授予日期:2019 年 6 月 25 日)

姓名	性别	专业名称	学位类别	姓名	性别	专业名称	学位类别
杨　漂	女	马克思主义中国化研究	法学硕士学位	周　翀	男	机械工程	工学硕士学位
罗丽娟	女	思想政治教育	法学硕士学位	梁　宁	男	计算机软件与理论	工学硕士学位
律　磊	男	诉讼法学	法学硕士学位	黄丽娜	女	农业电气化与自动化	工学硕士学位
刘　超	男	电工理论与新技术	工学硕士学位	王文浩	男	农业电气化与自动化	工学硕士学位
汤铠铭	男	电工理论与新技术	工学硕士学位	王艳飞	男	农业电气化与自动化	工学硕士学位
杨舒曼	女	电工理论与新技术	工学硕士学位	张旭泽	男	农业电气化与自动化	工学硕士学位
陈思佳	男	电力系统及其自动化	工学硕士学位	赵旭阳	男	农业电气化与自动化	工学硕士学位
高章鹏	男	电力系统及其自动化	工学硕士学位	朱云静	女	农业电气化与自动化	工学硕士学位
何雪燕	女	电力系统及其自动化	工学硕士学位	耿　晓	女	热能工程	工学硕士学位
刘力铭	男	电力系统及其自动化	工学硕士学位	王敬双	女	热能工程	工学硕士学位
肖　帆	女	电子科学与技术	工学硕士学位	史上乐	男	信息与通信工程	工学硕士学位
刘　超	男	高电压与绝缘技术	工学硕士学位	赵　晨	男	技术经济及管理	管理学硕士学位
阮浩鸥	男	高电压与绝缘技术	工学硕士学位	段　铭	女	企业管理	管理学硕士学位
韩　建	男	工程热物理	工学硕士学位	郭少云	男	社会保障	管理学硕士学位
高树彬	男	管理科学与工程	工学硕士学位	武瑞瑞	女	数量经济学	经济学硕士学位
张益国	男	机械工程	工学硕士学位				

专业学位硕士

北京校部:833 人(授予日期:2019 年 4 月 2 日)

姓名	性别	专业名称	学位类别	姓名	性别	专业名称	学位类别
吕冬春	男	电气工程	工程硕士专业学位	隋璐捷	女	电子与通信工程	工程硕士专业学位
马超群	男	电气工程	工程硕士专业学位	张善辉	女	电子与通信工程	工程硕士专业学位
王　晨	男	电气工程	工程硕士专业学位	高　红	女	电子与通信工程	工程硕士专业学位
王　炯	男	电气工程	工程硕士专业学位	张　桐	男	电子与通信工程	工程硕士专业学位
吴昌唯	男	电气工程	工程硕士专业学位	韩　秀	女	电子与通信工程	工程硕士专业学位
吴志鹏	男	电气工程	工程硕士专业学位	熊申铎	男	电子与通信工程	工程硕士专业学位
许乐芳	女	电气工程	工程硕士专业学位	郑　田	女	电子与通信工程	工程硕士专业学位
田建明	男	动力工程	工程硕士专业学位	郭亚榕	女	电子与通信工程	工程硕士专业学位
闫建伟	男	动力工程	工程硕士专业学位	林声锦	男	电子与通信工程	工程硕士专业学位
张晓东	男	动力工程	工程硕士专业学位	张德平	男	电子与通信工程	工程硕士专业学位
黄　浩	男	动力工程	工程硕士专业学位	叶秋子	女	电子与通信工程	工程硕士专业学位
李　璐	女	动力工程	工程硕士专业学位	鲁俊良	男	电子与通信工程	工程硕士专业学位
刘青松	男	动力工程	工程硕士专业学位	吴　瑶	女	电子与通信工程	工程硕士专业学位

续表

姓名	性别	专业名称	学位类别	姓名	性别	专业名称	学位类别
罗维祺	男	动力工程	工程硕士专业学位	王碧霄	男	电子与通信工程	工程硕士专业学位
严海川	男	动力工程	工程硕士专业学位	宋欣桐	女	电子与通信工程	工程硕士专业学位
杨　智	男	动力工程	工程硕士专业学位	李文昱	男	电子与通信工程	工程硕士专业学位
祁子靖	男	工业工程	工程硕士专业学位	高鹏翔	男	电子与通信工程	工程硕士专业学位
秦　峰	男	工业工程	工程硕士专业学位	宋雪莹	女	电子与通信工程	工程硕士专业学位
武春云	男	物流工程	工程硕士专业学位	李欣怡	女	电子与通信工程	工程硕士专业学位
马志国	男	工商管理	工商管理硕士专业学位	何承瑜	女	电子与通信工程	工程硕士专业学位
熊佳丽	女	控制工程	工程硕士专业学位	曲　尧	男	电子与通信工程	工程硕士专业学位
赵昱如	男	控制工程	工程硕士专业学位	肖　惠	女	电子与通信工程	工程硕士专业学位
马卓斌	女	计算机技术	工程硕士专业学位	李泽坤	男	电子与通信工程	工程硕士专业学位
张冠群	男	计算机技术	工程硕士专业学位	斛晋璇	男	电子与通信工程	工程硕士专业学位
张　杨	男	计算机技术	工程硕士专业学位	杨山河	男	电子与通信工程	工程硕士专业学位
曹松钱	男	电气工程	工程硕士专业学位	冯禹清	男	电子与通信工程	工程硕士专业学位
陈海涛	男	电气工程	工程硕士专业学位	李岩峰	男	电子与通信工程	工程硕士专业学位
储乾旭	男	电气工程	工程硕士专业学位	章淳建	男	机械工程	工程硕士专业学位
杜剑楠	男	电气工程	工程硕士专业学位	王　伟	男	机械工程	工程硕士专业学位
耿兆旺	男	电气工程	工程硕士专业学位	刘一鸣	男	机械工程	工程硕士专业学位
胡　博	男	电气工程	工程硕士专业学位	罗嗣棂	男	机械工程	工程硕士专业学位
黄　炜	女	电气工程	工程硕士专业学位	罗森森	男	机械工程	工程硕士专业学位
黄　瑶	男	电气工程	工程硕士专业学位	穆文雄	男	机械工程	工程硕士专业学位
焦　阳	男	电气工程	工程硕士专业学位	曹　顶	男	机械工程	工程硕士专业学位
李弘毅	男	电气工程	工程硕士专业学位	李　威	男	机械工程	工程硕士专业学位
李　磊	男	电气工程	工程硕士专业学位	陈　鑫	男	机械工程	工程硕士专业学位
林　杰	男	电气工程	工程硕士专业学位	刘　青	女	机械工程	工程硕士专业学位
孟凡才	男	电气工程	工程硕士专业学位	陈　贺	男	机械工程	工程硕士专业学位
莫志华	男	电气工程	工程硕士专业学位	刘鲁欢	男	机械工程	工程硕士专业学位
沈　鹏	男	电气工程	工程硕士专业学位	高　迪	女	机械工程	工程硕士专业学位
孙冬冬	男	电气工程	工程硕士专业学位	丁　鹏	男	机械工程	工程硕士专业学位
王　琦	男	电气工程	工程硕士专业学位	郝锐楠	男	机械工程	工程硕士专业学位
吴　磊	男	电气工程	工程硕士专业学位	郑吉锋	男	机械工程	工程硕士专业学位
袁静伟	男	电气工程	工程硕士专业学位	丁亮亮	男	机械工程	工程硕士专业学位
张　申	男	电气工程	工程硕士专业学位	丁　宁	男	机械工程	工程硕士专业学位
张亚琦	男	电气工程	工程硕士专业学位	晁　流	男	机械工程	工程硕士专业学位
张　铮	男	电气工程	工程硕士专业学位	梅冬钱	男	动力工程	工程硕士专业学位
郑　浩	男	电气工程	工程硕士专业学位	陈礼敏	女	动力工程	工程硕士专业学位
朱玲艳	女	电气工程	工程硕士专业学位	谢　天	男	动力工程	工程硕士专业学位
邹　瑾	女	电气工程	工程硕士专业学位	赵　飞	男	动力工程	工程硕士专业学位
王浩轩	男	电子与通信工程	工程硕士专业学位	李　享	男	动力工程	工程硕士专业学位
代景明	女	动力工程	工程硕士专业学位	熊亚民	男	动力工程	工程硕士专业学位

续表

姓名	性别	专业名称	学位类别	姓名	性别	专业名称	学位类别
胡　博	男	动力工程	工程硕士专业学位	杨佐勋	男	动力工程	工程硕士专业学位
姜　波	男	动力工程	工程硕士专业学位	丁世兴	男	动力工程	工程硕士专业学位
孙德计	男	动力工程	工程硕士专业学位	罗　宁	男	动力工程	工程硕士专业学位
孙树春	男	动力工程	工程硕士专业学位	刘旭辉	男	动力工程	工程硕士专业学位
王　力	男	动力工程	工程硕士专业学位	张新宇	男	动力工程	工程硕士专业学位
吴晋亚	男	动力工程	工程硕士专业学位	程喜仁	男	动力工程	工程硕士专业学位
苑咸光	男	动力工程	工程硕士专业学位	高亚驰	女	动力工程	工程硕士专业学位
邓　洁	女	工业工程	工程硕士专业学位	岳仁兵	男	动力工程	工程硕士专业学位
曹小转	女	项目管理	工程硕士专业学位	易思泽	男	动力工程	工程硕士专业学位
刘晓航	男	项目管理	工程硕士专业学位	王鹏凯	男	动力工程	工程硕士专业学位
潘祺龙	男	项目管理	工程硕士专业学位	刘玉磊	男	动力工程	工程硕士专业学位
宋　洁	女	项目管理	工程硕士专业学位	李国庆	男	动力工程	工程硕士专业学位
孙永清	男	项目管理	工程硕士专业学位	郭　芳	女	动力工程	工程硕士专业学位
汪　奇	男	项目管理	工程硕士专业学位	李晓东	男	动力工程	工程硕士专业学位
王海涛	男	项目管理	工程硕士专业学位	刘皓文	男	动力工程	工程硕士专业学位
王茗祺	女	项目管理	工程硕士专业学位	杨尚东	男	动力工程	工程硕士专业学位
徐法璐	男	项目管理	工程硕士专业学位	贺之豪	男	动力工程	工程硕士专业学位
赵光兴	男	项目管理	工程硕士专业学位	于佳文	男	动力工程	工程硕士专业学位
朱　静	女	项目管理	工程硕士专业学位	常海兵	男	动力工程	工程硕士专业学位
张楠梓	女	物流工程	工程硕士专业学位	陆紫君	女	动力工程	工程硕士专业学位
张　瑶	女	物流工程	工程硕士专业学位	颜松岸	男	动力工程	工程硕士专业学位
周　爽	女	物流工程	工程硕士专业学位	文　琪	女	动力工程	工程硕士专业学位
丁晨滔	男	工商管理	工商管理硕士专业学位	魏　萌	女	动力工程	工程硕士专业学位
王　峰	女	控制工程	工程硕士专业学位	崔　浩	男	动力工程	工程硕士专业学位
蔡涌琛	男	电气工程	工程硕士专业学位	付家兴	男	动力工程	工程硕士专业学位
代旭锋	男	电气工程	工程硕士专业学位	阳　超	男	动力工程	工程硕士专业学位
丁旦健	男	电气工程	工程硕士专业学位	王晓宁	女	动力工程	工程硕士专业学位
胡皓杰	男	电气工程	工程硕士专业学位	王光宇	男	动力工程	工程硕士专业学位
黄东升	男	电气工程	工程硕士专业学位	任云丰	男	动力工程	工程硕士专业学位
贾宪勇	男	电气工程	工程硕士专业学位	宋学博	男	动力工程	工程硕士专业学位
李　超	男	电气工程	工程硕士专业学位	姚子寒	男	动力工程	工程硕士专业学位
李　明	男	电气工程	工程硕士专业学位	刘　烨	男	动力工程	工程硕士专业学位
林　超	女	电气工程	工程硕士专业学位	杨江毅	男	动力工程	工程硕士专业学位
刘宝成	男	电气工程	工程硕士专业学位	王　鹏	男	动力工程	工程硕士专业学位
刘　瑞	男	电气工程	工程硕士专业学位	乔　越	男	动力工程	工程硕士专业学位
毛海波	男	电气工程	工程硕士专业学位	张　鹏	男	动力工程	工程硕士专业学位
潘成程	男	电气工程	工程硕士专业学位	杨雨默	男	动力工程	工程硕士专业学位
宋启金	男	电气工程	工程硕士专业学位	包塞纳	男	动力工程	工程硕士专业学位
王　恺	男	电气工程	工程硕士专业学位	王佳乐	男	动力工程	工程硕士专业学位

续表

姓名	性别	专业名称	学位类别	姓名	性别	专业名称	学位类别
王龙年	男	电气工程	工程硕士专业学位	王　迪	男	动力工程	工程硕士专业学位
王　展	女	电气工程	工程硕士专业学位	刘　东	男	动力工程	工程硕士专业学位
吴　鸣	男	电气工程	工程硕士专业学位	张思瑞	男	动力工程	工程硕士专业学位
薛继斌	男	电气工程	工程硕士专业学位	王英豪	男	动力工程	工程硕士专业学位
严　玲	女	电气工程	工程硕士专业学位	杨春笋	男	动力工程	工程硕士专业学位
张　栋	男	电气工程	工程硕士专业学位	张慧帅	男	动力工程	工程硕士专业学位
张　伟	女	电气工程	工程硕士专业学位	张志宇	男	动力工程	工程硕士专业学位
张　颖	女	电气工程	工程硕士专业学位	许雅苹	女	动力工程	工程硕士专业学位
赵金虎	男	电气工程	工程硕士专业学位	李　琼	女	动力工程	工程硕士专业学位
王　憧	男	电子与通信工程	工程硕士专业学位	吴　昊	男	动力工程	工程硕士专业学位
霍艳丽	女	动力工程	工程硕士专业学位	王修荣	男	动力工程	工程硕士专业学位
李　鑫	男	动力工程	工程硕士专业学位	银文军	男	动力工程	工程硕士专业学位
李　铮	男	动力工程	工程硕士专业学位	李　松	男	动力工程	工程硕士专业学位
廖海燕	女	动力工程	工程硕士专业学位	王　琛	女	动力工程	工程硕士专业学位
刘伟光	女	动力工程	工程硕士专业学位	邬智宇	男	动力工程	工程硕士专业学位
苏皓昱	男	动力工程	工程硕士专业学位	唐志文	男	动力工程	工程硕士专业学位
孙　伟	女	动力工程	工程硕士专业学位	刘小龙	男	动力工程	工程硕士专业学位
王　斌	男	动力工程	工程硕士专业学位	王　振	男	动力工程	工程硕士专业学位
辛志强	男	动力工程	工程硕士专业学位	许克珂	女	动力工程	工程硕士专业学位
杨　龙	男	动力工程	工程硕士专业学位	杨　晖	男	动力工程	工程硕士专业学位
张明琨	男	动力工程	工程硕士专业学位	李　昂	男	动力工程	工程硕士专业学位
张笑华	男	动力工程	工程硕士专业学位	张　聪	男	动力工程	工程硕士专业学位
郑松松	男	动力工程	工程硕士专业学位	徐漠北	男	动力工程	工程硕士专业学位
赵　斌	男	工商管理	工商管理硕士专业学位	吴瑞鹏	男	动力工程	工程硕士专业学位
车　晓	女	工业工程	工程硕士专业学位	马晓丽	女	动力工程	工程硕士专业学位
刘海波	男	工业工程	工程硕士专业学位	方胤杰	男	资产评估	资产评估硕士专业学位
刘慧君	女	工业工程	工程硕士专业学位	潘堉祺	女	资产评估	资产评估硕士专业学位
刘　玥	女	工业工程	工程硕士专业学位	刘录清	男	资产评估	资产评估硕士专业学位
俞一帆	男	工业工程	工程硕士专业学位	郝玉娇	女	资产评估	资产评估硕士专业学位
张　颖	女	工业工程	工程硕士专业学位	董厚琦	男	工业工程	工程硕士专业学位
郭王朋	男	项目管理	工程硕士专业学位	彭文静	女	工业工程	工程硕士专业学位
何福娟	女	项目管理	工程硕士专业学位	何慢慢	女	工业工程	工程硕士专业学位
胡　琨	男	项目管理	工程硕士专业学位	马徐宁	女	工业工程	工程硕士专业学位
柯春琴	女	项目管理	工程硕士专业学位	李智豪	男	工业工程	工程硕士专业学位
李江燕	女	项目管理	工程硕士专业学位	吴南南	女	工业工程	工程硕士专业学位
李星瑶	女	项目管理	工程硕士专业学位	陈　琳	女	工业工程	工程硕士专业学位
梁文元	男	项目管理	工程硕士专业学位	杜瑞婷	女	工业工程	工程硕士专业学位
宁　倩	女	项目管理	工程硕士专业学位	窦熙皓	男	工业工程	工程硕士专业学位
苏　宁	男	项目管理	工程硕士专业学位	吕善磊	男	工业工程	工程硕士专业学位

续表

姓名	性别	专业名称	学位类别	姓名	性别	专业名称	学位类别
王云飞	男	项目管理	工程硕士专业学位	赵佳伟	女	工业工程	工程硕士专业学位
张　波	男	项目管理	工程硕士专业学位	胡会文	女	工业工程	工程硕士专业学位
周小乾	女	项目管理	工程硕士专业学位	黄玉晶	男	工业工程	工程硕士专业学位
朱柯力	男	项目管理	工程硕士专业学位	于海洋	男	工业工程	工程硕士专业学位
王宗娇	女	物流工程	工程硕士专业学位	郭远征	男	工业工程	工程硕士专业学位
赵　耀	男	物流工程	工程硕士专业学位	苗越虹	女	工业工程	工程硕士专业学位
林　琳	女	控制工程	工程硕士专业学位	黄　康	男	工业工程	工程硕士专业学位
刘　超	男	控制工程	工程硕士专业学位	黄　晗	女	工业工程	工程硕士专业学位
刘红岩	女	控制工程	工程硕士专业学位	常　彦	男	工业工程	工程硕士专业学位
万信书	男	控制工程	工程硕士专业学位	张亚红	女	工业工程	工程硕士专业学位
李依琳	女	电气工程	工程硕士专业学位	葛思凡	女	工业工程	工程硕士专业学位
周芮冰	男	电气工程	工程硕士专业学位	尹传根	男	工业工程	工程硕士专业学位
杨林满	女	电子与通信工程	工程硕士专业学位	张　帅	男	工业工程	工程硕士专业学位
黄玉洁	女	机械工程	工程硕士专业学位	李戴玉	女	工业工程	工程硕士专业学位
刘金焕	女	工商管理	工商管理硕士专业学位	孙　洋	女	工业工程	工程硕士专业学位
赵茂均	女	工商管理	工商管理硕士专业学位	杨进文	男	工业工程	工程硕士专业学位
王晓洁	女	工商管理	工商管理硕士专业学位	石金旭	男	工业工程	工程硕士专业学位
赵　阳	女	工商管理	工商管理硕士专业学位	卢静静	女	物流工程	工程硕士专业学位
霍　乐	男	工商管理	工商管理硕士专业学位	杨晓宇	女	物流工程	工程硕士专业学位
陆　明	女	工商管理	工商管理硕士专业学位	杨梦诗	女	物流工程	工程硕士专业学位
斯琴卓娅	女	会计	会计硕士专业学位	王　珊	女	物流工程	工程硕士专业学位
宋　薇	女	会计	会计硕士专业学位	黄　雪	女	物流工程	工程硕士专业学位
魏铭岐	女	会计	会计硕士专业学位	赵贝贝	女	物流工程	工程硕士专业学位
罗亚玲	女	英语笔译	翻译硕士专业学位	李　莹	女	物流工程	工程硕士专业学位
白　瑜	男	电气工程	工程硕士专业学位	刘逸群	男	物流工程	工程硕士专业学位
陈晓婷	女	电气工程	工程硕士专业学位	王学杰	男	物流工程	工程硕士专业学位
陈　兴	男	电气工程	工程硕士专业学位	周鹏程	男	物流工程	工程硕士专业学位
丁奎平	男	电气工程	工程硕士专业学位	童胜昌	男	物流工程	工程硕士专业学位
杜　鑫	男	电气工程	工程硕士专业学位	张倩玉	女	物流工程	工程硕士专业学位
范劲宇	男	电气工程	工程硕士专业学位	李　娜	女	物流工程	工程硕士专业学位
范闻迪	男	电气工程	工程硕士专业学位	郭小草	女	物流工程	工程硕士专业学位
韩　旭	男	电气工程	工程硕士专业学位	刘宇婷	女	物流工程	工程硕士专业学位
何文昭	女	电气工程	工程硕士专业学位	张健搏	男	物流工程	工程硕士专业学位
纪云博	男	电气工程	工程硕士专业学位	纪　宇	男	物流工程	工程硕士专业学位
贾胜陶	男	电气工程	工程硕士专业学位	胡正茂	男	工商管理	工商管理硕士专业学位
句欣欣	女	电气工程	工程硕士专业学位	孙慧敏	女	工商管理	工商管理硕士专业学位
李　敏	男	电气工程	工程硕士专业学位	海　日	女	工商管理	工商管理硕士专业学位
李　智	男	电气工程	工程硕士专业学位	于联卫	男	工商管理	工商管理硕士专业学位
梁　涛	男	电气工程	工程硕士专业学位	殷　宇	男	工商管理	工商管理硕士专业学位

续表

姓名	性别	专业名称	学位类别	姓名	性别	专业名称	学位类别
刘继鹏	男	电气工程	工程硕士专业学位	郭俊杰	女	工商管理	工商管理硕士专业学位
刘　曦	男	电气工程	工程硕士专业学位	郇凯丽	女	工商管理	工商管理硕士专业学位
刘星宏	男	电气工程	工程硕士专业学位	张家郡	男	工商管理	工商管理硕士专业学位
刘艺智	男	电气工程	工程硕士专业学位	李宇航	男	工商管理	工商管理硕士专业学位
马彦聪	男	电气工程	工程硕士专业学位	邓明明	女	工商管理	工商管理硕士专业学位
王明帅	男	电气工程	工程硕士专业学位	张　伟	男	工商管理	工商管理硕士专业学位
魏　巍	女	电气工程	工程硕士专业学位	于　洋	女	工商管理	工商管理硕士专业学位
杨春红	男	电气工程	工程硕士专业学位	苗雪丰	男	工商管理	工商管理硕士专业学位
杨　洋	男	电气工程	工程硕士专业学位	张　涛	男	工商管理	工商管理硕士专业学位
殷占全	男	电气工程	工程硕士专业学位	钟　飞	男	工商管理	工商管理硕士专业学位
张　瑾	女	电气工程	工程硕士专业学位	于洪利	男	工商管理	工商管理硕士专业学位
张明哲	男	电气工程	工程硕士专业学位	王　婧	女	工商管理	工商管理硕士专业学位
张　松	男	电气工程	工程硕士专业学位	吕　刚	男	工商管理	工商管理硕士专业学位
张　铮	男	电气工程	工程硕士专业学位	王艳茹	女	工商管理	工商管理硕士专业学位
张子露	男	电气工程	工程硕士专业学位	卞春燕	女	工商管理	工商管理硕士专业学位
赵秉欣	女	电气工程	工程硕士专业学位	叶静娴	女	工商管理	工商管理硕士专业学位
赵嘉旺	男	电气工程	工程硕士专业学位	薛午霞	女	工商管理	工商管理硕士专业学位
赵乾明	女	电气工程	工程硕士专业学位	侯　骏	男	工商管理	工商管理硕士专业学位
周俊丞	男	电气工程	工程硕士专业学位	黄　存	男	工商管理	工商管理硕士专业学位
朱　健	女	电气工程	工程硕士专业学位	毛达峰	男	工商管理	工商管理硕士专业学位
戴悦婷	女	电子与通信工程	工程硕士专业学位	延晓敏	女	工商管理	工商管理硕士专业学位
郭赵高杨	女	电子与通信工程	工程硕士专业学位	张　楠	女	工商管理	工商管理硕士专业学位
韩红刚	男	电子与通信工程	工程硕士专业学位	武东宽	男	工商管理	工商管理硕士专业学位
侯佩佩	女	电子与通信工程	工程硕士专业学位	安　弟	男	工商管理	工商管理硕士专业学位
姜之栋	男	电子与通信工程	工程硕士专业学位	阿拉坦沙	男	工商管理	工商管理硕士专业学位
李　峤	男	电子与通信工程	工程硕士专业学位	姜丽娇	女	工商管理	工商管理硕士专业学位
李　尤	男	电子与通信工程	工程硕士专业学位	谢东伟	男	工商管理	工商管理硕士专业学位
刘慧敏	女	电子与通信工程	工程硕士专业学位	刘金剑	男	工商管理	工商管理硕士专业学位
马路豪	男	电子与通信工程	工程硕士专业学位	吴　琼	女	工商管理	工商管理硕士专业学位
莫增海	男	电子与通信工程	工程硕士专业学位	杨正文	男	工商管理	工商管理硕士专业学位
孙小斌	男	电子与通信工程	工程硕士专业学位	乔宏毅	男	工商管理	工商管理硕士专业学位
王　昊	女	电子与通信工程	工程硕士专业学位	梁　宁	女	工商管理	工商管理硕士专业学位
王知昊	男	电子与通信工程	工程硕士专业学位	刘伟斌	男	工商管理	工商管理硕士专业学位
张轩瑜	男	电子与通信工程	工程硕士专业学位	张　文	女	工商管理	工商管理硕士专业学位
郑　琪	女	电子与通信工程	工程硕士专业学位	王漠男	女	工商管理	工商管理硕士专业学位
朱亚洲	男	电子与通信工程	工程硕士专业学位	褚　婷	女	工商管理	工商管理硕士专业学位
呼思乐	男	动力工程	工程硕士专业学位	葛　蕊	女	工商管理	工商管理硕士专业学位
雷鸣洋	男	动力工程	工程硕士专业学位	傅晓晴	女	工商管理	工商管理硕士专业学位
戚静波	女	动力工程	工程硕士专业学位	樊　华	男	工商管理	工商管理硕士专业学位

续表

姓名	性别	专业名称	学位类别	姓名	性别	专业名称	学位类别
杨 志	男	动力工程	工程硕士专业学位	石昭君	女	工商管理	工商管理硕士专业学位
张 岩	女	动力工程	工程硕士专业学位	张 峰	男	工商管理	工商管理硕士专业学位
吕 茜	女	工业工程	工程硕士专业学位	邓 宇	男	工商管理	工商管理硕士专业学位
聂县会	女	工业工程	工程硕士专业学位	王 松	男	工商管理	工商管理硕士专业学位
张冬梅	女	工业工程	工程硕士专业学位	郭宏磊	男	工商管理	工商管理硕士专业学位
张 军	男	工业工程	工程硕士专业学位	刘春征	男	工商管理	工商管理硕士专业学位
伯裕丰	男	工商管理	工商管理硕士专业学位	李一帆	女	工商管理	工商管理硕士专业学位
董普阳	男	工商管理	工商管理硕士专业学位	阚学奔	男	工商管理	工商管理硕士专业学位
龚仕琦	女	工商管理	工商管理硕士专业学位	李 遵	男	工商管理	工商管理硕士专业学位
何 霂	女	工商管理	工商管理硕士专业学位	朱宇佳	女	会计	会计硕士专业学位
何玉强	男	工商管理	工商管理硕士专业学位	周子娴	女	会计	会计硕士专业学位
景 磊	男	工商管理	工商管理硕士专业学位	祝雨歆	女	会计	会计硕士专业学位
李 朗	女	工商管理	工商管理硕士专业学位	何 晶	女	会计	会计硕士专业学位
刘丹丹	女	工商管理	工商管理硕士专业学位	何诗璇	女	会计	会计硕士专业学位
刘国营	男	工商管理	工商管理硕士专业学位	林 凡	女	会计	会计硕士专业学位
刘兴革	男	工商管理	工商管理硕士专业学位	丹二丽	女	会计	会计硕士专业学位
王 川	男	工商管理	工商管理硕士专业学位	陈 磊	女	会计	会计硕士专业学位
王 群	女	工商管理	工商管理硕士专业学位	陈 晨	女	会计	会计硕士专业学位
杨富刚	男	工商管理	工商管理硕士专业学位	周钰莹	女	会计	会计硕士专业学位
朱燕艳	女	工商管理	工商管理硕士专业学位	莫中正	男	会计	会计硕士专业学位
刘 晗	男	项目管理	工程硕士专业学位	石 弟	女	会计	会计硕士专业学位
柳润才	男	项目管理	工程硕士专业学位	贠佩宏	女	会计	会计硕士专业学位
鲁秦圣	男	项目管理	工程硕士专业学位	李丰耘	男	工程管理	工程管理硕士专业学位
穆 超	男	项目管理	工程硕士专业学位	石 磊	男	工程管理	工程管理硕士专业学位
唐 晓	女	项目管理	工程硕士专业学位	白立晨	男	工程管理	工程管理硕士专业学位
田 新	男	项目管理	工程硕士专业学位	张峥税	女	工程管理	工程管理硕士专业学位
汪 晔	女	项目管理	工程硕士专业学位	鞠文杰	男	工程管理	工程管理硕士专业学位
王 静	女	项目管理	工程硕士专业学位	徐重阳	男	公共管理	公共管理硕士专业学位
姚金国	男	项目管理	工程硕士专业学位	杨殷瑛	女	公共管理	公共管理硕士专业学位
伊 敏	男	项目管理	工程硕士专业学位	张心悦	女	公共管理	公共管理硕士专业学位
赵 琳	男	项目管理	工程硕士专业学位	陈小银	女	公共管理	公共管理硕士专业学位
张 翼	女	工业工程	工程硕士专业学位	王 凡	女	公共管理	公共管理硕士专业学位
孙德玉	男	工商管理	工商管理硕士专业学位	孙 鑫	女	公共管理	公共管理硕士专业学位
耿 苗	女	计算机技术	工程硕士专业学位	韩寿兵	男	公共管理	公共管理硕士专业学位
何 卓	男	计算机技术	工程硕士专业学位	崔 帅	男	公共管理	公共管理硕士专业学位
刘 腾	女	计算机技术	工程硕士专业学位	韩 炜	女	公共管理	公共管理硕士专业学位
刘一琛	男	计算机技术	工程硕士专业学位	王 健	男	公共管理	公共管理硕士专业学位
郝建强	男	控制工程	工程硕士专业学位	郭金星	男	公共管理	公共管理硕士专业学位
刘琦楠	男	控制工程	工程硕士专业学位	赵宗亚	男	公共管理	公共管理硕士专业学位

续表

姓名	性别	专业名称	学位类别	姓名	性别	专业名称	学位类别
卢建旺	男	控制工程	工程硕士专业学位	吴　慧	女	公共管理	公共管理硕士专业学位
任　野	男	控制工程	工程硕士专业学位	白雪冬	男	公共管理	公共管理硕士专业学位
王文君	女	控制工程	工程硕士专业学位	武　迎	女	公共管理	公共管理硕士专业学位
朱建在	男	控制工程	工程硕士专业学位	巩力锐	女	公共管理	公共管理硕士专业学位
朱书睿	男	控制工程	工程硕士专业学位	朱璐佼	女	公共管理	公共管理硕士专业学位
焦　阔	男	环境工程	工程硕士专业学位	谢永珍	女	英语笔译	翻译硕士专业学位
王晓蕾	女	环境工程	工程硕士专业学位	方仕柳	女	英语笔译	翻译硕士专业学位
郭颖颖	女	环境工程	工程硕士专业学位	段红丽	女	英语笔译	翻译硕士专业学位
杨正山	男	环境工程	工程硕士专业学位	谢　静	女	英语笔译	翻译硕士专业学位
龚奂彰	男	环境工程	工程硕士专业学位	杨亚青	女	英语笔译	翻译硕士专业学位
洪永远	男	环境工程	工程硕士专业学位	杨沛沛	女	英语笔译	翻译硕士专业学位
李昀桓	男	环境工程	工程硕士专业学位	王汝佳	女	英语笔译	翻译硕士专业学位
褚振华	女	环境工程	工程硕士专业学位	丁一青	女	英语笔译	翻译硕士专业学位
刘海霞	女	环境工程	工程硕士专业学位	金书玮	女	英语笔译	翻译硕士专业学位
王　佳	男	环境工程	工程硕士专业学位	刘　静	女	英语笔译	翻译硕士专业学位
张　鑫	男	环境工程	工程硕士专业学位	吕滨汐	女	英语口译	翻译硕士专业学位
陈　皓	男	环境工程	工程硕士专业学位	王时禹	男	英语口译	翻译硕士专业学位
王青宽	男	环境工程	工程硕士专业学位	翟禹佳	女	应用统计	应用统计硕士专业学位
赵妍鋆	女	环境工程	工程硕士专业学位	孙青青	女	应用统计	应用统计硕士专业学位
裴　鑫	男	电气工程	工程硕士专业学位	张　爽	女	应用统计	应用统计硕士专业学位
韩乃峥	女	电气工程	工程硕士专业学位	孙　琛	女	应用统计	应用统计硕士专业学位
李　玲	女	电气工程	工程硕士专业学位	孟天祥	男	应用统计	应用统计硕士专业学位
王煜晗	男	电气工程	工程硕士专业学位	李　玥	女	应用统计	应用统计硕士专业学位
李翔宇	女	电气工程	工程硕士专业学位	程　若	女	应用统计	应用统计硕士专业学位
张蒙蒙	女	电气工程	工程硕士专业学位	郑颖慧	女	应用统计	应用统计硕士专业学位
张　婧	女	电气工程	工程硕士专业学位	李欣芮	女	应用统计	应用统计硕士专业学位
吴　雨	男	电气工程	工程硕士专业学位	杜　嘉	女	应用统计	应用统计硕士专业学位
宫　琦	男	电气工程	工程硕士专业学位	杨雪梅	女	应用统计	应用统计硕士专业学位
杜洁茹	女	电气工程	工程硕士专业学位	邢金璐	女	应用统计	应用统计硕士专业学位
李佳琪	女	电气工程	工程硕士专业学位	王　鹏	男	应用统计	应用统计硕士专业学位
童　明	男	电气工程	工程硕士专业学位	栾　晶	女	应用统计	应用统计硕士专业学位
曹宇平	男	电气工程	工程硕士专业学位	高　迪	女	应用统计	应用统计硕士专业学位
张璐路	女	电气工程	工程硕士专业学位	王　珂	女	应用统计	应用统计硕士专业学位
李一铮	男	电气工程	工程硕士专业学位	刘金迪	女	应用统计	应用统计硕士专业学位
黄　培	女	电气工程	工程硕士专业学位	史丽丽	女	应用统计	应用统计硕士专业学位
宋旭帆	男	电气工程	工程硕士专业学位	李顺子	女	应用统计	应用统计硕士专业学位
李旭东	女	电气工程	工程硕士专业学位	郭　鑫	男	应用统计	应用统计硕士专业学位
胡　鑫	男	电气工程	工程硕士专业学位	丛雪冰	女	应用统计	应用统计硕士专业学位
黄梦庆	女	电气工程	工程硕士专业学位	许　瑶	女	应用统计	应用统计硕士专业学位

续表

姓名	性别	专业名称	学位类别	姓名	性别	专业名称	学位类别
于一鸣	男	电气工程	工程硕士专业学位	杨　坤	男	应用统计	应用统计硕士专业学位
刘姝嫔	女	电气工程	工程硕士专业学位	陈梓欣	女	应用统计	应用统计硕士专业学位
李金迪	女	电气工程	工程硕士专业学位	罗春蕾	女	应用统计	应用统计硕士专业学位
王　珊	女	电气工程	工程硕士专业学位	李祎琳	女	应用统计	应用统计硕士专业学位
董文妍	女	电气工程	工程硕士专业学位	马圣楠	女	应用统计	应用统计硕士专业学位
陈晗文	男	电气工程	工程硕士专业学位	曲炯辉	女	动力工程	工程硕士专业学位
李　佳	女	电气工程	工程硕士专业学位	耿长昕	男	动力工程	工程硕士专业学位
徐佳敏	女	电气工程	工程硕士专业学位	唐诗洁	女	动力工程	工程硕士专业学位
王　杰	女	电气工程	工程硕士专业学位	乔延辉	男	动力工程	工程硕士专业学位
张瀚驰	男	电气工程	工程硕士专业学位	崔孝洋	男	动力工程	工程硕士专业学位
赵　煜	女	电气工程	工程硕士专业学位	郭浩强	男	动力工程	工程硕士专业学位
常　帅	男	电气工程	工程硕士专业学位	陈玉林	男	动力工程	工程硕士专业学位
孙浩男	男	电气工程	工程硕士专业学位	王　讯	男	动力工程	工程硕士专业学位
谢宗奎	男	电气工程	工程硕士专业学位	燕旭辉	男	动力工程	工程硕士专业学位
崔洋振	男	电气工程	工程硕士专业学位	贺　越	女	动力工程	工程硕士专业学位
韩天轮	男	电气工程	工程硕士专业学位	李　蕾	女	动力工程	工程硕士专业学位
陈　杰	男	电气工程	工程硕士专业学位	徐迎雪	女	动力工程	工程硕士专业学位
赵蒙蒙	男	电气工程	工程硕士专业学位	崔梦其	女	动力工程	工程硕士专业学位
张夏澂	男	电气工程	工程硕士专业学位	翟绍雄	男	动力工程	工程硕士专业学位
杨广华	男	电气工程	工程硕士专业学位	金　昱	男	动力工程	工程硕士专业学位
张正卫	男	电气工程	工程硕士专业学位	杨　博	男	动力工程	工程硕士专业学位
张义涛	男	电气工程	工程硕士专业学位	彭　立	男	动力工程	工程硕士专业学位
徐　龙	男	电气工程	工程硕士专业学位	王建业	男	动力工程	工程硕士专业学位
马宪伟	男	电气工程	工程硕士专业学位	曹善桥	男	动力工程	工程硕士专业学位
朱双静	女	电气工程	工程硕士专业学位	胡健斌	男	动力工程	工程硕士专业学位
赵翠宇	女	电气工程	工程硕士专业学位	金胜利	男	动力工程	工程硕士专业学位
王　鑫	女	电气工程	工程硕士专业学位	朱腾飞	男	动力工程	工程硕士专业学位
焦雁秋	女	电气工程	工程硕士专业学位	李　兵	男	动力工程	工程硕士专业学位
武　琦	女	电气工程	工程硕士专业学位	李文哲	男	动力工程	工程硕士专业学位
葛　婷	女	电气工程	工程硕士专业学位	张晓露	女	动力工程	工程硕士专业学位
李　真	女	电气工程	工程硕士专业学位	陈明轩	男	动力工程	工程硕士专业学位
周　圆	男	电气工程	工程硕士专业学位	刘凤鸣	女	动力工程	工程硕士专业学位
岳　帅	男	电气工程	工程硕士专业学位	保广栋	男	动力工程	工程硕士专业学位
汪　坤	男	电气工程	工程硕士专业学位	杨梦灵	女	动力工程	工程硕士专业学位
肖　林	女	电气工程	工程硕士专业学位	张　瑜	男	动力工程	工程硕士专业学位
蒋　雯	女	电气工程	工程硕士专业学位	毛子岳	男	动力工程	工程硕士专业学位
郭大鹏	男	电气工程	工程硕士专业学位	刘　洋	女	控制工程	工程硕士专业学位
李隐飞	男	电气工程	工程硕士专业学位	张自超	男	控制工程	工程硕士专业学位
李　蕾	女	电气工程	工程硕士专业学位	王梦圆	女	控制工程	工程硕士专业学位

续表

姓名	性别	专业名称	学位类别	姓名	性别	专业名称	学位类别
喻湄霁	女	电气工程	工程硕士专业学位	贾　平	女	控制工程	工程硕士专业学位
宣振文	男	电气工程	工程硕士专业学位	郭　琦	男	控制工程	工程硕士专业学位
王晓雪	女	电气工程	工程硕士专业学位	黄文渊	男	控制工程	工程硕士专业学位
王恬月	女	电气工程	工程硕士专业学位	吕鸿浩	女	控制工程	工程硕士专业学位
何　腾	男	电气工程	工程硕士专业学位	韦　杰	男	控制工程	工程硕士专业学位
王雨薇	女	电气工程	工程硕士专业学位	刘　珊	女	控制工程	工程硕士专业学位
赵国瑾	女	电气工程	工程硕士专业学位	贾　斌	男	控制工程	工程硕士专业学位
赵　娜	女	电气工程	工程硕士专业学位	梁宇博	男	控制工程	工程硕士专业学位
王红梅	女	电气工程	工程硕士专业学位	吕德坤	男	控制工程	工程硕士专业学位
扈梦玥	女	电气工程	工程硕士专业学位	郭雅迪	女	控制工程	工程硕士专业学位
张文扬	男	电气工程	工程硕士专业学位	曲淑婷	女	控制工程	工程硕士专业学位
李海冰	男	电气工程	工程硕士专业学位	黎星华	男	控制工程	工程硕士专业学位
田建南	男	电气工程	工程硕士专业学位	王彦蕴	女	控制工程	工程硕士专业学位
袁　冰	女	电气工程	工程硕士专业学位	邹东霖	男	控制工程	工程硕士专业学位
陈杏林	男	电气工程	工程硕士专业学位	穆士才	男	控制工程	工程硕士专业学位
张嘉琴	女	电气工程	工程硕士专业学位	卢　炼	男	控制工程	工程硕士专业学位
宋宇博	男	电气工程	工程硕士专业学位	潘军军	男	控制工程	工程硕士专业学位
徐劲松	男	电气工程	工程硕士专业学位	刘春尧	男	控制工程	工程硕士专业学位
蔡晓宇	女	电气工程	工程硕士专业学位	何　瞳	男	控制工程	工程硕士专业学位
戴　明	男	电气工程	工程硕士专业学位	于少远	男	控制工程	工程硕士专业学位
熊雯婷	女	电气工程	工程硕士专业学位	徐灵杰	女	控制工程	工程硕士专业学位
秦　晓	男	电气工程	工程硕士专业学位	陈　曦	男	控制工程	工程硕士专业学位
薛儒涛	男	电气工程	工程硕士专业学位	赵慧敏	女	控制工程	工程硕士专业学位
陈　晔	女	电气工程	工程硕士专业学位	刘　瑞	女	控制工程	工程硕士专业学位
吴国栋	男	电气工程	工程硕士专业学位	王梦翼	女	控制工程	工程硕士专业学位
王子豪	男	电气工程	工程硕士专业学位	高兴林	男	控制工程	工程硕士专业学位
任晋伟	男	电气工程	工程硕士专业学位	乔依林	男	控制工程	工程硕士专业学位
丛明一	男	电气工程	工程硕士专业学位	周　琦	女	控制工程	工程硕士专业学位
赵　剑	男	电气工程	工程硕士专业学位	杨　琼	女	控制工程	工程硕士专业学位
吴家俊	男	电气工程	工程硕士专业学位	张　榆	女	控制工程	工程硕士专业学位
胡　江	女	电气工程	工程硕士专业学位	熊中浩	男	控制工程	工程硕士专业学位
张盛梅	女	电气工程	工程硕士专业学位	席亚菲	女	控制工程	工程硕士专业学位
孙华凯	男	电气工程	工程硕士专业学位	宋　超	男	控制工程	工程硕士专业学位
刘昱均	女	电气工程	工程硕士专业学位	苏坤林	男	控制工程	工程硕士专业学位
郑淑婷	女	电气工程	工程硕士专业学位	刘幸幸	女	控制工程	工程硕士专业学位
李　威	男	电气工程	工程硕士专业学位	王桂松	男	控制工程	工程硕士专业学位
杨志超	男	电气工程	工程硕士专业学位	李金泽	男	控制工程	工程硕士专业学位
成　毅	男	电气工程	工程硕士专业学位	邹　奔	男	控制工程	工程硕士专业学位
陈学琨	男	电气工程	工程硕士专业学位	刘　伟	女	控制工程	工程硕士专业学位

续表

姓名	性别	专业名称	学位类别	姓名	性别	专业名称	学位类别
邹唯薇	女	电气工程	工程硕士专业学位	黄朝晖	男	控制工程	工程硕士专业学位
郭玉威	女	电气工程	工程硕士专业学位	刘　单	女	控制工程	工程硕士专业学位
逄　飞	男	电气工程	工程硕士专业学位	王海威	男	计算机技术	工程硕士专业学位
张　天	男	电气工程	工程硕士专业学位	田驰	男	计算机技术	工程硕士专业学位
郝夏婧	女	电气工程	工程硕士专业学位	林海明	男	计算机技术	工程硕士专业学位
刘　洋	男	电气工程	工程硕士专业学位	严人宁	男	计算机技术	工程硕士专业学位
赵　宸	男	电气工程	工程硕士专业学位	张　腾	男	计算机技术	工程硕士专业学位
高晨光	女	电气工程	工程硕士专业学位	王冬冬	男	计算机技术	工程硕士专业学位
王　贤	男	电气工程	工程硕士专业学位	王笑涵	男	计算机技术	工程硕士专业学位
于寒霄	男	电气工程	工程硕士专业学位	张　月	女	计算机技术	工程硕士专业学位
赵雨山	男	电气工程	工程硕士专业学位	徐美娇	女	计算机技术	工程硕士专业学位
邱　爽	男	电气工程	工程硕士专业学位	李　岩	男	计算机技术	工程硕士专业学位
朱亚天	男	电气工程	工程硕士专业学位	翟清云	女	计算机技术	工程硕士专业学位
赵银雷	男	电气工程	工程硕士专业学位	孙建刚	男	计算机技术	工程硕士专业学位
付昱玮	男	电气工程	工程硕士专业学位	黄栩鉴	男	计算机技术	工程硕士专业学位
王文秀	男	电气工程	工程硕士专业学位	宋　丹	女	计算机技术	工程硕士专业学位
王宏旭	男	电气工程	工程硕士专业学位	胡　然	女	计算机技术	工程硕士专业学位
何　日	女	电气工程	工程硕士专业学位	高雅弟	女	计算机技术	工程硕士专业学位
赵　越	女	电气工程	工程硕士专业学位	张鹏飞	男	计算机技术	工程硕士专业学位
李　璟	男	电气工程	工程硕士专业学位	王金睿	女	计算机技术	工程硕士专业学位
李欣宁	女	电气工程	工程硕士专业学位	刘重阳	男	计算机技术	工程硕士专业学位
张　静	女	电气工程	工程硕士专业学位	柴晓亮	男	计算机技术	工程硕士专业学位
苏　敏	女	电气工程	工程硕士专业学位	李梦雪	女	计算机技术	工程硕士专业学位
陈逸飞	男	电气工程	工程硕士专业学位	周雅爽	女	计算机技术	工程硕士专业学位
张程莉	女	电气工程	工程硕士专业学位	王　婧	女	计算机技术	工程硕士专业学位
胡逸帆	女	电气工程	工程硕士专业学位	赵丽娟	女	计算机技术	工程硕士专业学位
李鹏飞	男	电气工程	工程硕士专业学位	何　鹏	男	计算机技术	工程硕士专业学位
王神玉	男	电气工程	工程硕士专业学位	熊智林	男	计算机技术	工程硕士专业学位
沈　昊	男	电气工程	工程硕士专业学位	胡　松	男	计算机技术	工程硕士专业学位
俞秦博	男	电气工程	工程硕士专业学位	田　璐	女	计算机技术	工程硕士专业学位
黄　迅	男	电气工程	工程硕士专业学位	赵晓宇	女	计算机技术	工程硕士专业学位
林耀煜	男	电气工程	工程硕士专业学位	王　豪	男	计算机技术	工程硕士专业学位
朱思宇	男	电气工程	工程硕士专业学位	刘　洋	男	计算机技术	工程硕士专业学位
谭锦文	男	电气工程	工程硕士专业学位	马建杰	男	计算机技术	工程硕士专业学位
蒋华婷	女	电气工程	工程硕士专业学位	王增辉	男	软件工程	工程硕士专业学位
杨　帅	男	电气工程	工程硕士专业学位	张玮珑	男	软件工程	工程硕士专业学位
李　跃	男	电气工程	工程硕士专业学位	王　飞	男	软件工程	工程硕士专业学位
曾靖茹	女	电气工程	工程硕士专业学位	王明伟	男	软件工程	工程硕士专业学位
俞永增	男	电气工程	工程硕士专业学位	郭智超	男	软件工程	工程硕士专业学位

续表

姓名	性别	专业名称	学位类别	姓名	性别	专业名称	学位类别
庄舒仪	女	电气工程	工程硕士专业学位	王 宁	男	软件工程	工程硕士专业学位
朱毓凝	女	电气工程	工程硕士专业学位	汪 澄	男	软件工程	工程硕士专业学位
周泊宇	男	电气工程	工程硕士专业学位	周 鹏	男	软件工程	工程硕士专业学位
崔 婧	女	电气工程	工程硕士专业学位	史泽宇	男	软件工程	工程硕士专业学位
丁国强	男	电气工程	工程硕士专业学位	周克旻	男	软件工程	工程硕士专业学位
邓子龙	男	电子与通信工程	工程硕士专业学位	王思雨	女	软件工程	工程硕士专业学位
潘 祯	女	电子与通信工程	工程硕士专业学位	张晨璐	女	环境工程	工程硕士专业学位
熊 飞	男	电子与通信工程	工程硕士专业学位	管梦爽	女	环境工程	工程硕士专业学位
谭尧木	男	电子与通信工程	工程硕士专业学位	余 龙	男	环境工程	工程硕士专业学位
栾晓玮	女	电子与通信工程	工程硕士专业学位	岳 季	女	环境工程	工程硕士专业学位
罗安琴	女	电子与通信工程	工程硕士专业学位	柳 杨	女	环境工程	工程硕士专业学位
马茹昕	女	电子与通信工程	工程硕士专业学位	侯田鑫	女	环境工程	工程硕士专业学位
王 欣	女	电子与通信工程	工程硕士专业学位	杜 珂	男	环境工程	工程硕士专业学位
于志鹏	男	电子与通信工程	工程硕士专业学位				

北京校部:441 人(授予日期:2019 年 6 月 25 日)

姓名	性别	专业名称	学位类别	姓名	性别	专业名称	学位类别
郝翠甜	女	电气工程	工程硕士专业学位	李 员	男	动力工程	工程硕士专业学位
郑 博	男	工商管理	工商管理硕士专业学位	刘 亮	男	动力工程	工程硕士专业学位
何文鹏	男	工商管理	工商管理硕士专业学位	彭 强	男	动力工程	工程硕士专业学位
郝 洁	女	工商管理	工商管理硕士专业学位	齐 帅	男	动力工程	工程硕士专业学位
李 燕	女	工商管理	工商管理硕士专业学位	史向渠	男	动力工程	工程硕士专业学位
赵 辛	女	工商管理	工商管理硕士专业学位	田海波	男	动力工程	工程硕士专业学位
任国宏	男	工商管理	工商管理硕士专业学位	王立鹏	男	动力工程	工程硕士专业学位
宗宇翔	男	公共管理	公共管理硕士专业学位	王 宁	男	动力工程	工程硕士专业学位
田沙沙	女	公共管理	公共管理硕士专业学位	张树强	男	动力工程	工程硕士专业学位
李吉喆	女	环境工程	工程硕士专业学位	张晓亮	男	动力工程	工程硕士专业学位
王家慧	女	电气工程	工程硕士专业学位	张 银	男	动力工程	工程硕士专业学位
许 慧	女	电气工程	工程硕士专业学位	张志明	男	动力工程	工程硕士专业学位
韩秋波	男	电气工程	工程硕士专业学位	白雅贺	男	动力工程	工程硕士专业学位
仝翠芝	女	电气工程	工程硕士专业学位	曹 泉	男	动力工程	工程硕士专业学位
温帅召	男	电气工程	工程硕士专业学位	程正洋	男	动力工程	工程硕士专业学位
于 雷	男	电气工程	工程硕士专业学位	胡志健	男	动力工程	工程硕士专业学位
王海青	男	电气工程	工程硕士专业学位	梁庆峰	男	动力工程	工程硕士专业学位
邓 敏	男	电气工程	工程硕士专业学位	刘 晗	男	动力工程	工程硕士专业学位
丁 闯	男	电子与通信工程	工程硕士专业学位	刘孝平	男	动力工程	工程硕士专业学位
孙 晨	男	电子与通信工程	工程硕士专业学位	魏建青	男	动力工程	工程硕士专业学位
陈 欣	男	电子与通信工程	工程硕士专业学位	姚丽峰	男	动力工程	工程硕士专业学位
刘 璐	女	动力工程	工程硕士专业学位	贾晓风	男	工业工程	工程硕士专业学位

续表

姓名	性别	专业名称	学位类别	姓名	性别	专业名称	学位类别
宫逸飞	男	动力工程	工程硕士专业学位	刘　义	男	工业工程	工程硕士专业学位
王玉明	男	动力工程	工程硕士专业学位	王　涛	男	工业工程	工程硕士专业学位
张梓祎	男	资产评估	资产评估硕士专业学位	王印泰	男	工业工程	工程硕士专业学位
黄柳新	女	资产评估	资产评估硕士专业学位	杨丰超	男	工业工程	工程硕士专业学位
李瑞静	女	工商管理	工商管理硕士专业学位	张跃新	男	工业工程	工程硕士专业学位
徐柔柔	女	工商管理	工商管理硕士专业学位	郑丹彤	女	工业工程	工程硕士专业学位
艾洪磊	男	工商管理	工商管理硕士专业学位	姜昺蔚	男	工业工程	工程硕士专业学位
贺睿婷	女	工商管理	工商管理硕士专业学位	李　潇	男	工业工程	工程硕士专业学位
郝佳荣	女	工商管理	工商管理硕士专业学位	袁　柳	女	工业工程	工程硕士专业学位
陈洪博	男	工商管理	工商管理硕士专业学位	丰五强	男	工业工程	工程硕士专业学位
何万里	男	工商管理	工商管理硕士专业学位	韩　冰	男	工业工程	工程硕士专业学位
郝　鹏	男	工商管理	工商管理硕士专业学位	冷钊漪	女	工业工程	工程硕士专业学位
吴湘婕	女	工商管理	工商管理硕士专业学位	李荣超	男	工业工程	工程硕士专业学位
张壮志	男	工商管理	工商管理硕士专业学位	逯　畅	男	工业工程	工程硕士专业学位
周书仁	男	工商管理	工商管理硕士专业学位	王　迈	女	工业工程	工程硕士专业学位
王　荣	女	工商管理	工商管理硕士专业学位	夏　凡	男	工业工程	工程硕士专业学位
狄　凡	女	工商管理	工商管理硕士专业学位	鄢雯璨	女	工业工程	工程硕士专业学位
邱双稳	女	工商管理	工商管理硕士专业学位	杨　剑	男	工业工程	工程硕士专业学位
马蒙利	男	工商管理	工商管理硕士专业学位	于景阳	男	工业工程	工程硕士专业学位
吴秀峰	男	工商管理	工商管理硕士专业学位	于丽楠	女	工业工程	工程硕士专业学位
王　华	女	工商管理	工商管理硕士专业学位	赵　悦	女	工业工程	工程硕士专业学位
闫世珍	女	工商管理	工商管理硕士专业学位	曹　铭	男	工业工程	工程硕士专业学位
周彩云	女	计算机技术	工程硕士专业学位	董高静	女	工业工程	工程硕士专业学位
刘小轩	男	计算机技术	工程硕士专业学位	康晓伟	男	工业工程	工程硕士专业学位
谢凤昱	男	软件工程	工程硕士专业学位	刘孟涵	女	工业工程	工程硕士专业学位
邓　鹏	男	工商管理	工商管理硕士专业学位	邹　禹	男	工业工程	工程硕士专业学位
杜　伟	男	工商管理	工商管理硕士专业学位	郭宇骢	男	工业工程	工程硕士专业学位
李继鹏	男	工商管理	工商管理硕士专业学位	贾懿妮	女	工业工程	工程硕士专业学位
李　林	男	工商管理	工商管理硕士专业学位	刘路川	男	工业工程	工程硕士专业学位
李畔畔	女	工商管理	工商管理硕士专业学位	刘　文	女	工业工程	工程硕士专业学位
李晓龙	男	工商管理	工商管理硕士专业学位	张人龙	男	工业工程	工程硕士专业学位
刘　彪	男	工商管理	工商管理硕士专业学位	李　波	男	项目管理	工程硕士专业学位
刘颖杰	女	工商管理	工商管理硕士专业学位	聂　峥	男	项目管理	工程硕士专业学位
刘珠慧	女	工商管理	工商管理硕士专业学位	王　旭	男	项目管理	工程硕士专业学位
马海妮	女	工商管理	工商管理硕士专业学位	张慧锋	男	项目管理	工程硕士专业学位
裴　婧	女	工商管理	工商管理硕士专业学位	陈盛君	男	项目管理	工程硕士专业学位
乔　婧	女	工商管理	工商管理硕士专业学位	高　洁	女	项目管理	工程硕士专业学位
秦苻珂	男	工商管理	工商管理硕士专业学位	顾庆华	女	项目管理	工程硕士专业学位
宋福丹	女	工商管理	工商管理硕士专业学位	刘　奇	男	项目管理	工程硕士专业学位

续表

姓名	性别	专业名称	学位类别	姓名	性别	专业名称	学位类别
孙旺利	男	工商管理	工商管理硕士专业学位	任鹏飞	男	项目管理	工程硕士专业学位
孙兆阳	女	工商管理	工商管理硕士专业学位	苏一飞	女	项目管理	工程硕士专业学位
王　震	男	工商管理	工商管理硕士专业学位	汪　蓬	男	项目管理	工程硕士专业学位
相　倩	女	工商管理	工商管理硕士专业学位	徐　林	男	项目管理	工程硕士专业学位
许洁辉	男	工商管理	工商管理硕士专业学位	张风强	男	项目管理	工程硕士专业学位
于安妮	女	工商管理	工商管理硕士专业学位	张光成	男	项目管理	工程硕士专业学位
于俊超	女	工商管理	工商管理硕士专业学位	张　华	男	项目管理	工程硕士专业学位
张　雄	男	工商管理	工商管理硕士专业学位	郑雪辉	男	项目管理	工程硕士专业学位
张雅璐	女	工商管理	工商管理硕士专业学位	周　莹	女	项目管理	工程硕士专业学位
赵云飞	男	工商管理	工商管理硕士专业学位	邹丰蕾	女	项目管理	工程硕士专业学位
郑红刚	男	工商管理	工商管理硕士专业学位	陈冠楠	男	项目管理	工程硕士专业学位
周仁重	男	工商管理	工商管理硕士专业学位	陈俊廷	男	项目管理	工程硕士专业学位
郭文杰	男	电气工程	工程硕士专业学位	陈　巍	男	项目管理	工程硕士专业学位
沈蕴华	女	电气工程	工程硕士专业学位	杜燕雄	男	项目管理	工程硕士专业学位
孙伟斌	男	电气工程	工程硕士专业学位	高　崇	男	项目管理	工程硕士专业学位
王　迪	男	电气工程	工程硕士专业学位	谷程程	女	项目管理	工程硕士专业学位
王　谦	男	电气工程	工程硕士专业学位	韩　冰	男	项目管理	工程硕士专业学位
杨明蔚	女	电气工程	工程硕士专业学位	李　坚	男	项目管理	工程硕士专业学位
张金玉	男	电气工程	工程硕士专业学位	李美玲	女	项目管理	工程硕士专业学位
安　乐	男	电气工程	工程硕士专业学位	李　琦	男	项目管理	工程硕士专业学位
陈国松	男	电气工程	工程硕士专业学位	刘　晔	女	项目管理	工程硕士专业学位
单宋佳	男	电气工程	工程硕士专业学位	任　玺	男	项目管理	工程硕士专业学位
邓　涛	男	电气工程	工程硕士专业学位	谭玉梅	女	项目管理	工程硕士专业学位
高世超	男	电气工程	工程硕士专业学位	肖逸飞	男	项目管理	工程硕士专业学位
古天松	男	电气工程	工程硕士专业学位	于承璐	女	项目管理	工程硕士专业学位
侯会杰	男	电气工程	工程硕士专业学位	张安琪	女	项目管理	工程硕士专业学位
金　彬	男	电气工程	工程硕士专业学位	张聪钰	女	项目管理	工程硕士专业学位
金鑫盛	女	电气工程	工程硕士专业学位	张　达	男	项目管理	工程硕士专业学位
李小斌	男	电气工程	工程硕士专业学位	张建炜	男	项目管理	工程硕士专业学位
刘晓岑	男	电气工程	工程硕士专业学位	张明斌	男	项目管理	工程硕士专业学位
刘雨飞	男	电气工程	工程硕士专业学位	张　芮	女	项目管理	工程硕士专业学位
吕　洁	女	电气工程	工程硕士专业学位	张　振	男	项目管理	工程硕士专业学位
马金义	男	电气工程	工程硕士专业学位	赵　沐	女	项目管理	工程硕士专业学位
马克伟	男	电气工程	工程硕士专业学位	陈忠意	男	项目管理	工程硕士专业学位
毛以平	男	电气工程	工程硕士专业学位	高得莲	女	项目管理	工程硕士专业学位
苗亮亮	男	电气工程	工程硕士专业学位	郭海东	男	项目管理	工程硕士专业学位
倪玉伟	男	电气工程	工程硕士专业学位	韩若璧	女	项目管理	工程硕士专业学位
全思平	男	电气工程	工程硕士专业学位	韩书军	男	项目管理	工程硕士专业学位
沈翔宇	男	电气工程	工程硕士专业学位	胡少猛	男	项目管理	工程硕士专业学位

续表

姓名	性别	专业名称	学位类别	姓名	性别	专业名称	学位类别
孙泰龙	男	电气工程	工程硕士专业学位	黄晨雨	女	项目管理	工程硕士专业学位
肖　珩	男	电气工程	工程硕士专业学位	黄　楠	女	项目管理	工程硕士专业学位
严传标	男	电气工程	工程硕士专业学位	李　烨	女	项目管理	工程硕士专业学位
于　洋	男	电气工程	工程硕士专业学位	李紫嘉	女	项目管理	工程硕士专业学位
朱银龙	男	电气工程	工程硕士专业学位	梁洪杰	男	项目管理	工程硕士专业学位
祝扬林	男	电气工程	工程硕士专业学位	刘乐桃	女	项目管理	工程硕士专业学位
曹真义	男	电气工程	工程硕士专业学位	刘　冉	男	项目管理	工程硕士专业学位
陈　瑞	男	电气工程	工程硕士专业学位	刘婷婷	女	项目管理	工程硕士专业学位
陈　翔	男	电气工程	工程硕士专业学位	刘　旭	男	项目管理	工程硕士专业学位
程光影	女	电气工程	工程硕士专业学位	马　腾	男	项目管理	工程硕士专业学位
戴　敏	女	电气工程	工程硕士专业学位	王　辉	男	项目管理	工程硕士专业学位
冯　渊	男	电气工程	工程硕士专业学位	王　强	男	项目管理	工程硕士专业学位
耿雅静	女	电气工程	工程硕士专业学位	越　江	男	项目管理	工程硕士专业学位
顾程辉	男	电气工程	工程硕士专业学位	张亚晨	男	项目管理	工程硕士专业学位
顾水平	女	电气工程	工程硕士专业学位	贾东阳	男	物流工程	工程硕士专业学位
管钧斌	男	电气工程	工程硕士专业学位	李　靖	男	物流工程	工程硕士专业学位
郭慧芝	男	电气工程	工程硕士专业学位	李旻钊	男	物流工程	工程硕士专业学位
贺　研	女	电气工程	工程硕士专业学位	刘一帆	男	物流工程	工程硕士专业学位
侯贤琴	女	电气工程	工程硕士专业学位	余　菲	女	物流工程	工程硕士专业学位
金晨星	男	电气工程	工程硕士专业学位	付　雨	女	物流工程	工程硕士专业学位
阚　拓	男	电气工程	工程硕士专业学位	秦　燕	女	物流工程	工程硕士专业学位
刘　康	男	电气工程	工程硕士专业学位	苏　谌	男	物流工程	工程硕士专业学位
楼汉宁	男	电气工程	工程硕士专业学位	冯来富	男	工商管理	工商管理硕士专业学位
逯宝宏	男	电气工程	工程硕士专业学位	冯哲峰	男	工商管理	工商管理硕士专业学位
王书璋	男	电气工程	工程硕士专业学位	冯　炳	男	工商管理	工商管理硕士专业学位
王　骁	男	电气工程	工程硕士专业学位	蔡重凯	男	工商管理	工商管理硕士专业学位
吴　琼	女	电气工程	工程硕士专业学位	李京凌	男	工商管理	工商管理硕士专业学位
徐　省	男	电气工程	工程硕士专业学位	连文超	男	工商管理	工商管理硕士专业学位
杨旭林	男	电气工程	工程硕士专业学位	梁晓琼	女	工商管理	工商管理硕士专业学位
袁　铭	男	电气工程	工程硕士专业学位	王军慧	男	工商管理	工商管理硕士专业学位
曾　伟	男	电气工程	工程硕士专业学位	王　凌	男	工商管理	工商管理硕士专业学位
张世君	男	电气工程	工程硕士专业学位	赵一帆	男	工商管理	工商管理硕士专业学位
章文立	男	电气工程	工程硕士专业学位	汪臻毅	男	工商管理	工商管理硕士专业学位
曹彦娜	女	电气工程	工程硕士专业学位	邹家阳	男	工商管理	工商管理硕士专业学位
常晓龙	男	电气工程	工程硕士专业学位	刘　博	男	控制工程	工程硕士专业学位
丁同臻	男	电气工程	工程硕士专业学位	吴诗奇	男	控制工程	工程硕士专业学位
杜　伟	男	电气工程	工程硕士专业学位	郑　磊	男	控制工程	工程硕士专业学位
房兆华	男	电气工程	工程硕士专业学位	陈龙瑾	男	控制工程	工程硕士专业学位
高　山	男	电气工程	工程硕士专业学位	符传福	男	控制工程	工程硕士专业学位

续表

姓名	性别	专业名称	学位类别	姓名	性别	专业名称	学位类别
苟永耀	男	电气工程	工程硕士专业学位	韩绍祖	男	控制工程	工程硕士专业学位
韩　磊	男	电气工程	工程硕士专业学位	黄凌霄	女	控制工程	工程硕士专业学位
韩　亮	男	电气工程	工程硕士专业学位	刘　婕	女	控制工程	工程硕士专业学位
何　英	女	电气工程	工程硕士专业学位	彭　丹	女	控制工程	工程硕士专业学位
侯裕洋	女	电气工程	工程硕士专业学位	王鸿飞	男	控制工程	工程硕士专业学位
胡乐德	男	电气工程	工程硕士专业学位	王治武	男	控制工程	工程硕士专业学位
计梦瑶	女	电气工程	工程硕士专业学位	吴伟超	男	控制工程	工程硕士专业学位
季亚飞	女	电气工程	工程硕士专业学位	伊　琳	女	控制工程	工程硕士专业学位
李冰冰	女	电气工程	工程硕士专业学位	张辰源	男	控制工程	工程硕士专业学位
李国武	男	电气工程	工程硕士专业学位	张宏伟	男	控制工程	工程硕士专业学位
李思朴	女	电气工程	工程硕士专业学位	周　琼	女	控制工程	工程硕士专业学位
李振宇	男	电气工程	工程硕士专业学位	戴　维	男	控制工程	工程硕士专业学位
骆　欣	男	电气工程	工程硕士专业学位	方　舟	男	控制工程	工程硕士专业学位
马慧君	女	电气工程	工程硕士专业学位	郝剑宇	男	控制工程	工程硕士专业学位
马　璐	女	电气工程	工程硕士专业学位	解赞冉	女	控制工程	工程硕士专业学位
任建新	男	电气工程	工程硕士专业学位	经慧英	女	控制工程	工程硕士专业学位
任一帆	男	电气工程	工程硕士专业学位	李昕其	女	控制工程	工程硕士专业学位
沈明学	男	电气工程	工程硕士专业学位	李星儒	男	控制工程	工程硕士专业学位
史红江	男	电气工程	工程硕士专业学位	廖　路	男	控制工程	工程硕士专业学位
宋擎琨	女	电气工程	工程硕士专业学位	莫　宇	男	控制工程	工程硕士专业学位
王巍俊	男	电气工程	工程硕士专业学位	王　聪	男	控制工程	工程硕士专业学位
王雅媚	女	电气工程	工程硕士专业学位	王　钎	男	控制工程	工程硕士专业学位
王　震	男	电气工程	工程硕士专业学位	王　帅	女	控制工程	工程硕士专业学位
夏周武	男	电气工程	工程硕士专业学位	王雯靓	女	控制工程	工程硕士专业学位
许雷宁	男	电气工程	工程硕士专业学位	魏文昌	男	控制工程	工程硕士专业学位
闫循平	男	电气工程	工程硕士专业学位	杨　晨	男	控制工程	工程硕士专业学位
杨　磊	男	电气工程	工程硕士专业学位	杨立宾	男	控制工程	工程硕士专业学位
杨　壮	男	电气工程	工程硕士专业学位	杨秀晨	男	控制工程	工程硕士专业学位
叶金橙	男	电气工程	工程硕士专业学位	张　鹏	男	控制工程	工程硕士专业学位
尹柏祥	男	电气工程	工程硕士专业学位	张玉泽	男	控制工程	工程硕士专业学位
袁　骁	男	电气工程	工程硕士专业学位	赵拓东	男	控制工程	工程硕士专业学位
张　俊	男	电气工程	工程硕士专业学位	赵子岩	男	控制工程	工程硕士专业学位
张立波	女	电气工程	工程硕士专业学位	贾忱灏	男	计算机技术	工程硕士专业学位
张文强	男	电气工程	工程硕士专业学位	贾　森	男	计算机技术	工程硕士专业学位
张　勇	男	电气工程	工程硕士专业学位	解　璐	女	计算机技术	工程硕士专业学位
张珍芬	女	电气工程	工程硕士专业学位	李婷婷	女	计算机技术	工程硕士专业学位
赵　耀	男	电气工程	工程硕士专业学位	刘　伟	男	计算机技术	工程硕士专业学位
戴岩鹏	男	电子与通信工程	工程硕士专业学位	孙镜尧	男	计算机技术	工程硕士专业学位
陈　亮	男	电子与通信工程	工程硕士专业学位	徐少飞	男	计算机技术	工程硕士专业学位

续表

姓名	性别	专业名称	学位类别	姓名	性别	专业名称	学位类别
李良祎	女	电子与通信工程	工程硕士专业学位	杨雨欣	女	计算机技术	工程硕士专业学位
刘　鑫	男	电子与通信工程	工程硕士专业学位	赵　飞	男	计算机技术	工程硕士专业学位
王安东	男	电子与通信工程	工程硕士专业学位	程智鹏	男	计算机技术	工程硕士专业学位
吴骁威	男	电子与通信工程	工程硕士专业学位	段文超	男	计算机技术	工程硕士专业学位
张金强	男	电子与通信工程	工程硕士专业学位	冯德志	男	计算机技术	工程硕士专业学位
陈子豪	男	电子与通信工程	工程硕士专业学位	付浩然	男	计算机技术	工程硕士专业学位
傅弘亚	男	电子与通信工程	工程硕士专业学位	高　岚	女	计算机技术	工程硕士专业学位
傅思伟	男	电子与通信工程	工程硕士专业学位	高乙丹	女	计算机技术	工程硕士专业学位
郭原湖	男	电子与通信工程	工程硕士专业学位	韩业飞	男	计算机技术	工程硕士专业学位
胡　可	女	电子与通信工程	工程硕士专业学位	黄　莉	女	计算机技术	工程硕士专业学位
胡雨时	女	电子与通信工程	工程硕士专业学位	黄晓乐	男	计算机技术	工程硕士专业学位
霍　琦	女	电子与通信工程	工程硕士专业学位	解云涵	男	计算机技术	工程硕士专业学位
贾忱然	男	电子与通信工程	工程硕士专业学位	李家琛	男	计算机技术	工程硕士专业学位
贾润泽	男	电子与通信工程	工程硕士专业学位	李　龙	男	计算机技术	工程硕士专业学位
兰　澜	女	电子与通信工程	工程硕士专业学位	李　琦	女	计算机技术	工程硕士专业学位
李云宸	男	电子与通信工程	工程硕士专业学位	李雪源	女	计算机技术	工程硕士专业学位
李至蕙	女	电子与通信工程	工程硕士专业学位	李运硕	男	计算机技术	工程硕士专业学位
梁静宇	女	电子与通信工程	工程硕士专业学位	李　喆	女	计算机技术	工程硕士专业学位
刘　鑫	男	电子与通信工程	工程硕士专业学位	廖海志	男	计算机技术	工程硕士专业学位
石凯元	男	电子与通信工程	工程硕士专业学位	刘　伟	男	计算机技术	工程硕士专业学位
吴　阳	女	电子与通信工程	工程硕士专业学位	刘　宇	男	计算机技术	工程硕士专业学位
杨　沛	女	电子与通信工程	工程硕士专业学位	刘之扬	男	计算机技术	工程硕士专业学位
张　晶	男	电子与通信工程	工程硕士专业学位	刘志凯	男	计算机技术	工程硕士专业学位
张媛媛	女	电子与通信工程	工程硕士专业学位	吕跃总	男	计算机技术	工程硕士专业学位
赵建伟	男	电子与通信工程	工程硕士专业学位	骆子超	男	计算机技术	工程硕士专业学位
赵石岱	男	电子与通信工程	工程硕士专业学位	马鹏飞	男	计算机技术	工程硕士专业学位
赵宗耀	男	电子与通信工程	工程硕士专业学位	曲良霄	男	计算机技术	工程硕士专业学位
段立国	男	动力工程	工程硕士专业学位	石　宪	男	计算机技术	工程硕士专业学位
胡瑞清	男	动力工程	工程硕士专业学位	隋海平	女	计算机技术	工程硕士专业学位
吴国瑞	男	动力工程	工程硕士专业学位	卫子正	男	计算机技术	工程硕士专业学位
严　明	男	动力工程	工程硕士专业学位	夏　雨	男	计算机技术	工程硕士专业学位
柴宏思	男	动力工程	工程硕士专业学位	许国栋	男	计算机技术	工程硕士专业学位
陈玮超	男	动力工程	工程硕士专业学位	薛雅倩	女	计算机技术	工程硕士专业学位
都业尹	男	动力工程	工程硕士专业学位	杨文超	男	计算机技术	工程硕士专业学位
段飞飞	男	动力工程	工程硕士专业学位	张楚堃	女	计算机技术	工程硕士专业学位
郝晋儒	男	动力工程	工程硕士专业学位	张　佳	男	计算机技术	工程硕士专业学位
魏　樱	女	动力工程	工程硕士专业学位	赵家声	男	计算机技术	工程硕士专业学位
谢宇辉	男	动力工程	工程硕士专业学位	赵　婧	女	计算机技术	工程硕士专业学位
赵　峰	男	动力工程	工程硕士专业学位	赵星宇	男	计算机技术	工程硕士专业学位

续表

姓名	性别	专业名称	学位类别	姓名	性别	专业名称	学位类别
韩李阳	男	动力工程	工程硕士专业学位	朱广亚	男	计算机技术	工程硕士专业学位
黄继文	男	动力工程	工程硕士专业学位	朱　健	男	计算机技术	工程硕士专业学位
黄瑞芳	女	动力工程	工程硕士专业学位	左　宇	男	计算机技术	工程硕士专业学位
李冬来	男	动力工程	工程硕士专业学位				

保定校区:595 人(授予日期:2019 年 4 月 2 日)

姓名	性别	专业名称	学位类别	姓名	性别	专业名称	学位类别
蔡建宇	男	电气工程	工程硕士专业学位	王子光	男	动力工程	工程硕士专业学位
曹文君	女	电气工程	工程硕士专业学位	王雅倩	女	动力工程	工程硕士专业学位
陈　默	男	电气工程	工程硕士专业学位	薛正昂	男	动力工程	工程硕士专业学位
陈音昊	男	电气工程	工程硕士专业学位	杨长根	男	动力工程	工程硕士专业学位
成　杰	男	电气工程	工程硕士专业学位	高韬深	男	动力工程	工程硕士专业学位
崔　宇	男	电气工程	工程硕士专业学位	崔婧格	女	动力工程	工程硕士专业学位
丁羽冉	女	电气工程	工程硕士专业学位	吴思翰	男	动力工程	工程硕士专业学位
甘宇明	男	电气工程	工程硕士专业学位	田舜尧	男	动力工程	工程硕士专业学位
高斯琴	女	电气工程	工程硕士专业学位	彭行行	男	动力工程	工程硕士专业学位
姜　诺	女	电气工程	工程硕士专业学位	谢兴运	男	动力工程	工程硕士专业学位
李吉林	男	电气工程	工程硕士专业学位	庄绪增	男	动力工程	工程硕士专业学位
李　凯	男	电气工程	工程硕士专业学位	王　凯	男	动力工程	工程硕士专业学位
刘江伟	男	电气工程	工程硕士专业学位	董学会	男	动力工程	工程硕士专业学位
刘金秀	女	电气工程	工程硕士专业学位	郭志城	男	动力工程	工程硕士专业学位
马秣然	男	电气工程	工程硕士专业学位	魏　言	男	动力工程	工程硕士专业学位
时寒香	女	电气工程	工程硕士专业学位	梁胜莹	女	动力工程	工程硕士专业学位
孙荣旗	男	电气工程	工程硕士专业学位	李　猛	男	动力工程	工程硕士专业学位
孙　哲	男	电气工程	工程硕士专业学位	高燊甫	男	动力工程	工程硕士专业学位
汪志祥	男	电气工程	工程硕士专业学位	闫　闯	男	动力工程	工程硕士专业学位
王　崇	男	电气工程	工程硕士专业学位	向金茅	男	动力工程	工程硕士专业学位
王鑫陶	男	电气工程	工程硕士专业学位	姜　拓	男	动力工程	工程硕士专业学位
王宗耀	男	电气工程	工程硕士专业学位	唐　敏	女	动力工程	工程硕士专业学位
杨春静	女	电气工程	工程硕士专业学位	侯栋楠	男	动力工程	工程硕士专业学位
杨　鉴	男	电气工程	工程硕士专业学位	吕天成	男	电子与通信工程	工程硕士专业学位
宇文静	女	电气工程	工程硕士专业学位	付　凯	男	电子与通信工程	工程硕士专业学位
岳扬卓	女	电气工程	工程硕士专业学位	吕　兵	男	电子与通信工程	工程硕士专业学位
张　鹏	男	电气工程	工程硕士专业学位	郭英喆	女	电子与通信工程	工程硕士专业学位
赵　晨	女	电气工程	工程硕士专业学位	韩丛林	女	电子与通信工程	工程硕士专业学位
赵　翔	男	电气工程	工程硕士专业学位	刘思佳	女	电子与通信工程	工程硕士专业学位
周　玲	女	电气工程	工程硕士专业学位	霍　然	女	电子与通信工程	工程硕士专业学位
肖世钊	男	动力工程	工程硕士专业学位	刘　然	女	电子与通信工程	工程硕士专业学位
张清清	男	动力工程	工程硕士专业学位	李　特	男	电子与通信工程	工程硕士专业学位

续表

姓名	性别	专业名称	学位类别	姓名	性别	专业名称	学位类别
李思阳	男	控制工程	工程硕士专业学位	张　权	男	电子与通信工程	工程硕士专业学位
马　冲	女	控制工程	工程硕士专业学位	朱成诚	男	电子与通信工程	工程硕士专业学位
张　学	女	控制工程	工程硕士专业学位	吴玲玲	女	电子与通信工程	工程硕士专业学位
郭淑娟	女	工业工程	工程硕士专业学位	刘　娜	女	电子与通信工程	工程硕士专业学位
吴雨浓	女	工业工程	工程硕士专业学位	仝师伟	男	电子与通信工程	工程硕士专业学位
牛璐杰	男	项目管理	工程硕士专业学位	郭新瑶	女	电子与通信工程	工程硕士专业学位
田　元	女	项目管理	工程硕士专业学位	王晓波	男	电子与通信工程	工程硕士专业学位
王寒冰	男	计算机技术	工程硕士专业学位	黄　珊	女	电子与通信工程	工程硕士专业学位
张敏卓	女	计算机技术	工程硕士专业学位	赵　萌	女	电子与通信工程	工程硕士专业学位
李　钊	男	工商管理	工商管理硕士专业学位	李胜利	男	电子与通信工程	工程硕士专业学位
陈　敏	男	电气工程	工程硕士专业学位	郑宏达	男	电子与通信工程	工程硕士专业学位
仇　建	男	电气工程	工程硕士专业学位	卢　兵	男	电子与通信工程	工程硕士专业学位
崔克非	男	电气工程	工程硕士专业学位	贾艺璇	女	电子与通信工程	工程硕士专业学位
杜　超	男	电气工程	工程硕士专业学位	邢博为	男	电子与通信工程	工程硕士专业学位
冯　洋	男	电气工程	工程硕士专业学位	孙光祖	男	电子与通信工程	工程硕士专业学位
郭　顺	男	电气工程	工程硕士专业学位	靳梦莉	女	电子与通信工程	工程硕士专业学位
胡强华	女	电气工程	工程硕士专业学位	高智慧	女	电子与通信工程	工程硕士专业学位
李国英	女	电气工程	工程硕士专业学位	曹宏沛	女	电子与通信工程	工程硕士专业学位
李天翼	男	电气工程	工程硕士专业学位	张湘雨	女	电子与通信工程	工程硕士专业学位
刘焕然	男	电气工程	工程硕士专业学位	王佳静	女	电子与通信工程	工程硕士专业学位
陆翠丽	女	电气工程	工程硕士专业学位	李茂伟	男	电子与通信工程	工程硕士专业学位
吕　辉	男	电气工程	工程硕士专业学位	马元桐	女	电子与通信工程	工程硕士专业学位
马新超	男	电气工程	工程硕士专业学位	刘　叶	女	电子与通信工程	工程硕士专业学位
秦泽熙	男	电气工程	工程硕士专业学位	王　畅	男	电子与通信工程	工程硕士专业学位
邵常亮	男	电气工程	工程硕士专业学位	王　琰	女	电子与通信工程	工程硕士专业学位
石　欣	女	电气工程	工程硕士专业学位	梁　杰	男	电子与通信工程	工程硕士专业学位
孙佳琪	女	电气工程	工程硕士专业学位	胡雨婷	女	电子与通信工程	工程硕士专业学位
孙玉杰	男	电气工程	工程硕士专业学位	孟令民	男	控制工程	工程硕士专业学位
王　芳	女	电气工程	工程硕士专业学位	王艳阳	男	控制工程	工程硕士专业学位
王柯尧	男	电气工程	工程硕士专业学位	沈　婷	女	控制工程	工程硕士专业学位
王　雷	男	电气工程	工程硕士专业学位	刘　霜	女	控制工程	工程硕士专业学位
王龙龙	男	电气工程	工程硕士专业学位	郑树辉	男	控制工程	工程硕士专业学位
王晓波	男	电气工程	工程硕士专业学位	蒋玉虎	男	控制工程	工程硕士专业学位
魏　坤	男	电气工程	工程硕士专业学位	张金帅	男	控制工程	工程硕士专业学位
吴　迪	男	电气工程	工程硕士专业学位	王文成	男	控制工程	工程硕士专业学位
徐润萍	女	电气工程	工程硕士专业学位	冷　辉	女	控制工程	工程硕士专业学位
徐天宇	女	电气工程	工程硕士专业学位	周志刚	男	控制工程	工程硕士专业学位
徐伟刚	男	电气工程	工程硕士专业学位	张中华	女	控制工程	工程硕士专业学位
许　清	女	电气工程	工程硕士专业学位	周亚月	女	控制工程	工程硕士专业学位

续表

姓名	性别	专业名称	学位类别	姓名	性别	专业名称	学位类别
闫　韬	男	电气工程	工程硕士专业学位	臧雨佳	男	控制工程	工程硕士专业学位
杨伯弢	男	电气工程	工程硕士专业学位	杨　儒	女	控制工程	工程硕士专业学位
杨　峰	男	电气工程	工程硕士专业学位	汪向硕	男	控制工程	工程硕士专业学位
曾一杰	男	电气工程	工程硕士专业学位	杨　堃	女	控制工程	工程硕士专业学位
张春晖	女	电气工程	工程硕士专业学位	田琪林	男	控制工程	工程硕士专业学位
张旭萌	女	电气工程	工程硕士专业学位	张仁义	男	控制工程	工程硕士专业学位
张渊花	女	电气工程	工程硕士专业学位	任军帅	男	控制工程	工程硕士专业学位
陈　鹏	男	动力工程	工程硕士专业学位	贾　涛	男	控制工程	工程硕士专业学位
郭璞维	男	动力工程	工程硕士专业学位	刘冠甫	男	控制工程	工程硕士专业学位
谭鹏飞	男	动力工程	工程硕士专业学位	王泽辉	男	控制工程	工程硕士专业学位
邢　超	男	动力工程	工程硕士专业学位	毛求福	男	控制工程	工程硕士专业学位
张　帅	男	动力工程	工程硕士专业学位	顾　浩	男	控制工程	工程硕士专业学位
曲舒杨	男	动力工程	工程硕士专业学位	葛世文	男	控制工程	工程硕士专业学位
任博文	男	动力工程	工程硕士专业学位	王　朔	男	控制工程	工程硕士专业学位
张喜岩	男	电子与通信工程	工程硕士专业学位	孙到位	男	控制工程	工程硕士专业学位
廉　波	男	控制工程	工程硕士专业学位	苏婉婉	女	控制工程	工程硕士专业学位
马　丹	女	控制工程	工程硕士专业学位	贺　震	男	控制工程	工程硕士专业学位
刘冠铮	男	工业工程	工程硕士专业学位	袁雪峰	男	控制工程	工程硕士专业学位
乔燕宸	男	工业工程	工程硕士专业学位	袁　洪	女	控制工程	工程硕士专业学位
王　熙	男	计算机技术	工程硕士专业学位	周　雷	男	控制工程	工程硕士专业学位
李　岩	女	工业工程	工程硕士专业学位	苏创世	男	控制工程	工程硕士专业学位
刘亚楠	男	工业工程	工程硕士专业学位	王　乾	男	控制工程	工程硕士专业学位
许霖霖	女	工业工程	工程硕士专业学位	韩德鹏	男	控制工程	工程硕士专业学位
杨晓婧	女	工业工程	工程硕士专业学位	姚　伟	男	控制工程	工程硕士专业学位
张晓庄	男	工业工程	工程硕士专业学位	潘　瑞	女	控制工程	工程硕士专业学位
刘　鑫	男	电气工程	工程硕士专业学位	张文涛	男	控制工程	工程硕士专业学位
刘晓东	男	动力工程	工程硕士专业学位	鹿竹叶	女	控制工程	工程硕士专业学位
勾新月	女	软件工程	工程硕士专业学位	徐　阳	女	控制工程	工程硕士专业学位
包旭东	男	电气工程	工程硕士专业学位	杜　鹏	男	控制工程	工程硕士专业学位
陈振宇	男	电气工程	工程硕士专业学位	刘春雨	男	控制工程	工程硕士专业学位
段巨龙	男	电气工程	工程硕士专业学位	骆东阳	男	控制工程	工程硕士专业学位
段欲圆	男	电气工程	工程硕士专业学位	郝俊腾	男	控制工程	工程硕士专业学位
郭新龙	男	电气工程	工程硕士专业学位	饶成成	男	控制工程	工程硕士专业学位
韩靖淞	男	电气工程	工程硕士专业学位	薛西岳	女	控制工程	工程硕士专业学位
郝彦甲	男	电气工程	工程硕士专业学位	苏　雯	女	应用统计	应用统计硕士专业学位
贺　天	男	电气工程	工程硕士专业学位	李　鑫	男	应用统计	应用统计硕士专业学位
姜　雨	男	电气工程	工程硕士专业学位	王小勇	男	资产评估	资产评估硕士专业学位
李桐旭	男	电气工程	工程硕士专业学位	辛玫瑾	女	资产评估	资产评估硕士专业学位
李争虎	男	电气工程	工程硕士专业学位	杜　鑫	女	工业工程	工程硕士专业学位

续表

姓名	性别	专业名称	学位类别	姓名	性别	专业名称	学位类别
梁　良	男	电气工程	工程硕士专业学位	于学超	男	工业工程	工程硕士专业学位
刘东丽	女	电气工程	工程硕士专业学位	陈　增	男	工业工程	工程硕士专业学位
刘　柳	女	电气工程	工程硕士专业学位	蔡　薇	女	工业工程	工程硕士专业学位
刘　颖	男	电气工程	工程硕士专业学位	于江浩	男	工业工程	工程硕士专业学位
刘　哲	男	电气工程	工程硕士专业学位	靳宝玲	女	工业工程	工程硕士专业学位
马天昊	男	电气工程	工程硕士专业学位	张冲冲	男	工业工程	工程硕士专业学位
马　霄	女	电气工程	工程硕士专业学位	谭　鑫	男	工业工程	工程硕士专业学位
孟志杰	男	电气工程	工程硕士专业学位	张鸣晗	女	物流工程	工程硕士专业学位
穆欢乐	男	电气工程	工程硕士专业学位	李　倩	女	物流工程	工程硕士专业学位
饶　望	男	电气工程	工程硕士专业学位	张国兴	男	物流工程	工程硕士专业学位
史海亭	男	电气工程	工程硕士专业学位	聂旭远	男	物流工程	工程硕士专业学位
史萌萌	女	电气工程	工程硕士专业学位	陈　曲	女	物流工程	工程硕士专业学位
王　彬	男	电气工程	工程硕士专业学位	张刘进	男	物流工程	工程硕士专业学位
吴子衿	男	电气工程	工程硕士专业学位	周　颖	女	物流工程	工程硕士专业学位
相　楠	女	电气工程	工程硕士专业学位	赵雅馨	女	物流工程	工程硕士专业学位
杨　蕊	女	电气工程	工程硕士专业学位	宁慧娜	女	会计	会计硕士专业学位
尹婧娇	女	电气工程	工程硕士专业学位	檀晓云	女	会计	会计硕士专业学位
袁庆贺	男	电气工程	工程硕士专业学位	温若帆	女	会计	会计硕士专业学位
张　帆	男	电气工程	工程硕士专业学位	马梦婷	女	会计	会计硕士专业学位
张宏鹏	男	电气工程	工程硕士专业学位	郑　丽	女	会计	会计硕士专业学位
张　磊	男	电气工程	工程硕士专业学位	曹　扬	女	会计	会计硕士专业学位
张　裕	男	电气工程	工程硕士专业学位	于金玉	女	会计	会计硕士专业学位
赵　俊	女	电气工程	工程硕士专业学位	许　泓	男	工程管理	工程管理硕士专业学位
赵晓燕	女	电气工程	工程硕士专业学位	梁　策	男	工程管理	工程管理硕士专业学位
赵　岩	男	电气工程	工程硕士专业学位	陈红光	男	工程管理	工程管理硕士专业学位
周海山	男	电气工程	工程硕士专业学位	王亚宁	女	英语笔译	翻译硕士专业学位
侯广利	男	动力工程	工程硕士专业学位	张文斌	男	英语笔译	翻译硕士专业学位
李艳龙	男	动力工程	工程硕士专业学位	林娇娇	女	英语笔译	翻译硕士专业学位
梁言凯	男	动力工程	工程硕士专业学位	王　欣	女	英语笔译	翻译硕士专业学位
麦　雷	男	动力工程	工程硕士专业学位	王营营	女	英语笔译	翻译硕士专业学位
唐　麟	男	动力工程	工程硕士专业学位	李孟夏	女	英语笔译	翻译硕士专业学位
王珊珊	女	动力工程	工程硕士专业学位	杨佩嘉	女	英语笔译	翻译硕士专业学位
吴铭治	男	动力工程	工程硕士专业学位	陆晓婉	女	英语笔译	翻译硕士专业学位
吴万键	男	动力工程	工程硕士专业学位	张翠梅	女	英语笔译	翻译硕士专业学位
徐宪龙	男	动力工程	工程硕士专业学位	郁振山	男	英语口译	翻译硕士专业学位
杨铁强	男	动力工程	工程硕士专业学位	牛　芊	女	英语口译	翻译硕士专业学位
叶中华	男	动力工程	工程硕士专业学位	杜孝文	男	英语口译	翻译硕士专业学位
于　洋	男	动力工程	工程硕士专业学位	纪　旭	男	计算机技术	工程硕士专业学位
袁　欣	女	动力工程	工程硕士专业学位	王莉鑫	女	计算机技术	工程硕士专业学位

续表

姓名	性别	专业名称	学位类别	姓名	性别	专业名称	学位类别
张宇鹏	男	动力工程	工程硕士专业学位	顾江鹏	男	计算机技术	工程硕士专业学位
敦大位	男	电子与通信工程	工程硕士专业学位	李云霞	女	计算机技术	工程硕士专业学位
刘春龙	男	电子与通信工程	工程硕士专业学位	魏　冰	男	计算机技术	工程硕士专业学位
佟壮壮	女	电子与通信工程	工程硕士专业学位	陈　兴	男	计算机技术	工程硕士专业学位
朱学云	男	电子与通信工程	工程硕士专业学位	杨旭辉	女	计算机技术	工程硕士专业学位
常　健	男	控制工程	工程硕士专业学位	李晓晗	女	计算机技术	工程硕士专业学位
董博英	女	控制工程	工程硕士专业学位	孟亚云	女	计算机技术	工程硕士专业学位
冯明楠	女	控制工程	工程硕士专业学位	张文倩	女	计算机技术	工程硕士专业学位
付旭辉	男	控制工程	工程硕士专业学位	程鹏志	男	计算机技术	工程硕士专业学位
胡宁宁	男	控制工程	工程硕士专业学位	李仲游	男	计算机技术	工程硕士专业学位
刘　鹿	女	控制工程	工程硕士专业学位	毕　淏	男	计算机技术	工程硕士专业学位
苗　羚	男	控制工程	工程硕士专业学位	谭夕柳	男	计算机技术	工程硕士专业学位
宋文骏	女	控制工程	工程硕士专业学位	米琛浩	男	计算机技术	工程硕士专业学位
杨界天	女	控制工程	工程硕士专业学位	高　亭	女	计算机技术	工程硕士专业学位
杨凯麟	男	控制工程	工程硕士专业学位	窦宗杰	男	计算机技术	工程硕士专业学位
尹梓瑞	男	控制工程	工程硕士专业学位	赵　宁	男	计算机技术	工程硕士专业学位
张桦楠	男	控制工程	工程硕士专业学位	郑腾飞	男	计算机技术	工程硕士专业学位
赵志楠	男	控制工程	工程硕士专业学位	张　博	男	计算机技术	工程硕士专业学位
庄国庆	男	控制工程	工程硕士专业学位	王　帅	男	计算机技术	工程硕士专业学位
常　琳	女	工业工程	工程硕士专业学位	王　强	男	计算机技术	工程硕士专业学位
金大伟	男	工业工程	工程硕士专业学位	刘　彬	男	计算机技术	工程硕士专业学位
刘　姗	女	工业工程	工程硕士专业学位	郝鹏海	男	计算机技术	工程硕士专业学位
刘生龑	男	工业工程	工程硕士专业学位	侯泽鹏	男	计算机技术	工程硕士专业学位
李　剑	男	项目管理	工程硕士专业学位	陈金凤	女	计算机技术	工程硕士专业学位
刘廷丽	女	项目管理	工程硕士专业学位	黄沛烁	男	计算机技术	工程硕士专业学位
赵梦璐	女	项目管理	工程硕士专业学位	杨　恺	男	软件工程	工程硕士专业学位
惠天雨	女	计算机技术	工程硕士专业学位	柳智权	男	软件工程	工程硕士专业学位
吴春阳	男	计算机技术	工程硕士专业学位	呼静雅	女	软件工程	工程硕士专业学位
李　洋	男	环境工程	工程硕士专业学位	王新会	女	软件工程	工程硕士专业学位
王　佳	男	环境工程	工程硕士专业学位	黄奕敏	男	软件工程	工程硕士专业学位
徐志鹏	男	环境工程	工程硕士专业学位	刘　梦	女	软件工程	工程硕士专业学位
石伟超	男	工业工程	工程硕士专业学位	祝玲玉	女	软件工程	工程硕士专业学位
周海妮	女	工业工程	工程硕士专业学位	黄　康	男	软件工程	工程硕士专业学位
尹梦雪	女	电气工程	工程硕士专业学位	江依诺	女	软件工程	工程硕士专业学位
刘　怡	女	电气工程	工程硕士专业学位	李　扬	男	软件工程	工程硕士专业学位
裴继坤	男	电气工程	工程硕士专业学位	景　森	男	软件工程	工程硕士专业学位
梁少栋	男	电气工程	工程硕士专业学位	张宏毅	男	软件工程	工程硕士专业学位
宋佳佳	女	电气工程	工程硕士专业学位	田玉雪	女	环境工程	工程硕士专业学位
赵霁晴	女	电气工程	工程硕士专业学位	李喜妹	女	环境工程	工程硕士专业学位

续表

姓名	性别	专业名称	学位类别	姓名	性别	专业名称	学位类别
胡文婧	女	电气工程	工程硕士专业学位	张利平	男	环境工程	工程硕士专业学位
樊云龙	男	电气工程	工程硕士专业学位	檀龙辉	男	环境工程	工程硕士专业学位
胡小宝	男	电气工程	工程硕士专业学位	马慧巧	女	环境工程	工程硕士专业学位
朱惠君	女	电气工程	工程硕士专业学位	岳鹏飞	男	环境工程	工程硕士专业学位
王　翠	女	电气工程	工程硕士专业学位	武亚雄	男	环境工程	工程硕士专业学位
郝丽丽	女	电气工程	工程硕士专业学位	王光友	男	环境工程	工程硕士专业学位
杨荆宜	女	电气工程	工程硕士专业学位	王哲伦	男	环境工程	工程硕士专业学位
许占科	男	电气工程	工程硕士专业学位	王　倩	女	环境工程	工程硕士专业学位
缪世琴	女	电气工程	工程硕士专业学位	王晓慧	女	环境工程	工程硕士专业学位
郭雪薇	女	电气工程	工程硕士专业学位	樊　林	女	环境工程	工程硕士专业学位
姜楠楠	女	电气工程	工程硕士专业学位	姚　远	男	环境工程	工程硕士专业学位
马明珠	女	电气工程	工程硕士专业学位	沈　耀	男	环境工程	工程硕士专业学位
张　现	男	电气工程	工程硕士专业学位	武　凯	男	环境工程	工程硕士专业学位
石甜静	女	电气工程	工程硕士专业学位	刘鹏乐	女	环境工程	工程硕士专业学位
冯翠香	女	电气工程	工程硕士专业学位	陈建猛	男	环境工程	工程硕士专业学位
郑苗苗	女	电气工程	工程硕士专业学位	杨志远	男	环境工程	工程硕士专业学位
刘达然	男	电气工程	工程硕士专业学位	杨海宽	男	环境工程	工程硕士专业学位
臧二彬	男	电气工程	工程硕士专业学位	张　晓	女	环境工程	工程硕士专业学位
田　潮	男	电气工程	工程硕士专业学位	王　浩	男	环境工程	工程硕士专业学位
冉自强	男	电气工程	工程硕士专业学位	苑明君	男	环境工程	工程硕士专业学位
蔡波冲	男	电气工程	工程硕士专业学位	徐梦楠	女	环境工程	工程硕士专业学位
马志梅	女	电气工程	工程硕士专业学位	李旭东	男	环境工程	工程硕士专业学位
梁博通	男	电气工程	工程硕士专业学位	马　楠	女	环境工程	工程硕士专业学位
张　熹	男	电气工程	工程硕士专业学位	陈　曦	女	机械工程	工程硕士专业学位
吴煜寰	男	电气工程	工程硕士专业学位	王耀福	男	机械工程	工程硕士专业学位
吴景梅	女	电气工程	工程硕士专业学位	赵　婷	女	机械工程	工程硕士专业学位
刘　颖	女	电气工程	工程硕士专业学位	高　媛	女	机械工程	工程硕士专业学位
孙立鹏	男	电气工程	工程硕士专业学位	张新合	男	机械工程	工程硕士专业学位
魏楠楠	女	电气工程	工程硕士专业学位	胡振鹏	男	机械工程	工程硕士专业学位
周晓洁	女	电气工程	工程硕士专业学位	张　旺	男	机械工程	工程硕士专业学位
王欣浩	男	电气工程	工程硕士专业学位	尹　涛	男	机械工程	工程硕士专业学位
贾深禹	女	电气工程	工程硕士专业学位	白云灿	男	机械工程	工程硕士专业学位
齐士杰	男	电气工程	工程硕士专业学位	孔浏阳	男	机械工程	工程硕士专业学位
申宏威	女	电气工程	工程硕士专业学位	刘梦凡	女	机械工程	工程硕士专业学位
闫　旭	男	电气工程	工程硕士专业学位	刘　佳	女	机械工程	工程硕士专业学位
李　雪	女	电气工程	工程硕士专业学位	李　琛	男	机械工程	工程硕士专业学位
马艳军	女	电气工程	工程硕士专业学位	王　鹏	男	机械工程	工程硕士专业学位
李　允	女	电气工程	工程硕士专业学位	姜　海	男	机械工程	工程硕士专业学位
赵　策	男	电气工程	工程硕士专业学位	李泽仁	男	机械工程	工程硕士专业学位

续表

姓名	性别	专业名称	学位类别	姓名	性别	专业名称	学位类别
张艺驰	女	电气工程	工程硕士专业学位	周晨光	男	机械工程	工程硕士专业学位
王超硕	女	电气工程	工程硕士专业学位	徐运生	男	机械工程	工程硕士专业学位
黄青青	女	电气工程	工程硕士专业学位	姜文涛	男	机械工程	工程硕士专业学位
袁可为	男	电气工程	工程硕士专业学位	贺宁宁	女	机械工程	工程硕士专业学位
王　宁	男	电气工程	工程硕士专业学位	赵　军	男	机械工程	工程硕士专业学位
张佳佳	女	电气工程	工程硕士专业学位	孟庆发	男	机械工程	工程硕士专业学位
褚　茜	女	电气工程	工程硕士专业学位	黄申申	男	机械工程	工程硕士专业学位
高佳程	男	电气工程	工程硕士专业学位	王　强	男	机械工程	工程硕士专业学位
杨小龙	男	电气工程	工程硕士专业学位	李赛赛	男	工业工程	工程硕士专业学位
李　泽	男	电气工程	工程硕士专业学位	陈玉召	男	工业工程	工程硕士专业学位
马　冲	男	电气工程	工程硕士专业学位	崔佳宁	女	工业工程	工程硕士专业学位
胡韵婷	女	电气工程	工程硕士专业学位	李先超	男	工业工程	工程硕士专业学位
甘汶艳	女	电气工程	工程硕士专业学位	刘世雄	男	工业工程	工程硕士专业学位
李冬雪	男	电气工程	工程硕士专业学位	杨　俊	男	工业工程	工程硕士专业学位
陈家玉	男	电气工程	工程硕士专业学位	白晶晶	女	电气工程	工程硕士专业学位
尹渠凯	男	电气工程	工程硕士专业学位	代海建	男	电气工程	工程硕士专业学位
高玉峰	男	电气工程	工程硕士专业学位	刁孟琦	男	电气工程	工程硕士专业学位
杜　鹏	男	电气工程	工程硕士专业学位	高　珊	女	电气工程	工程硕士专业学位
李　杰	男	电气工程	工程硕士专业学位	郭志彬	男	电气工程	工程硕士专业学位
刘亚维	女	电气工程	工程硕士专业学位	蔺　刚	男	电气工程	工程硕士专业学位
胡　婷	女	电气工程	工程硕士专业学位	刘　松	男	电气工程	工程硕士专业学位
姜晓磊	男	电气工程	工程硕士专业学位	马育飞	男	电气工程	工程硕士专业学位
边华跃	女	电气工程	工程硕士专业学位	孟　威	男	电气工程	工程硕士专业学位
边子轩	男	电气工程	工程硕士专业学位	穆　萍	女	电气工程	工程硕士专业学位
俞伊丽	女	电气工程	工程硕士专业学位	宁　亮	女	电气工程	工程硕士专业学位
庞　硕	男	电气工程	工程硕士专业学位	庆　卉	女	电气工程	工程硕士专业学位
赵亚杰	男	电气工程	工程硕士专业学位	沙伟燕	女	电气工程	工程硕士专业学位
张展耀	男	电气工程	工程硕士专业学位	尚　莹	女	电气工程	工程硕士专业学位
王　泽	男	电气工程	工程硕士专业学位	宋　岩	男	电气工程	工程硕士专业学位
顾峻羽	女	电气工程	工程硕士专业学位	孙泽佳	男	电气工程	工程硕士专业学位
李秋佳	女	电气工程	工程硕士专业学位	王　鹏	女	电气工程	工程硕士专业学位
范本壮	男	电气工程	工程硕士专业学位	王子奇	男	电气工程	工程硕士专业学位
韩赛飞	男	电气工程	工程硕士专业学位	武利敏	男	电气工程	工程硕士专业学位
陈其飘	男	电气工程	工程硕士专业学位	谢富治	男	电气工程	工程硕士专业学位
关文山	女	动力工程	工程硕士专业学位	徐海博	男	电气工程	工程硕士专业学位
程　凯	男	动力工程	工程硕士专业学位	许明哲	女	电气工程	工程硕士专业学位
李　珂	男	动力工程	工程硕士专业学位	许云清	男	电气工程	工程硕士专业学位
段聪聪	女	动力工程	工程硕士专业学位	姚琪琦	女	电气工程	工程硕士专业学位
王广涛	男	动力工程	工程硕士专业学位	张　莹	女	电气工程	工程硕士专业学位

续表

姓名	性别	专业名称	学位类别	姓名	性别	专业名称	学位类别
吕玉珍	女	动力工程	工程硕士专业学位	朱小超	男	电气工程	工程硕士专业学位
刘　哲	男	动力工程	工程硕士专业学位	常龙辉	男	动力工程	工程硕士专业学位
陈海文	男	动力工程	工程硕士专业学位	姜　哲	男	动力工程	工程硕士专业学位
甄　猛	男	动力工程	工程硕士专业学位	李秋皓	男	动力工程	工程硕士专业学位
孙雁宇	女	动力工程	工程硕士专业学位	齐河亮	男	动力工程	工程硕士专业学位
杨静洁	女	动力工程	工程硕士专业学位	杨　程	男	动力工程	工程硕士专业学位
蒋奎振	男	动力工程	工程硕士专业学位	赵　锐	男	动力工程	工程硕士专业学位
王志峰	男	动力工程	工程硕士专业学位	朱光闪	男	动力工程	工程硕士专业学位
蔡小刚	男	动力工程	工程硕士专业学位	代泽荟	男	电子与通信工程	工程硕士专业学位
曹煜轩	女	动力工程	工程硕士专业学位	宦晓超	女	电子与通信工程	工程硕士专业学位
郭石琪	女	动力工程	工程硕士专业学位	孟　颖	女	电子与通信工程	工程硕士专业学位
马倩倩	女	动力工程	工程硕士专业学位	窦　玮	女	控制工程	工程硕士专业学位
杨昊泽	男	动力工程	工程硕士专业学位	郭晨锋	男	控制工程	工程硕士专业学位
郑鹏宇	男	动力工程	工程硕士专业学位	王　园	女	控制工程	工程硕士专业学位
蔡文琦	男	动力工程	工程硕士专业学位	谢雅倩	女	控制工程	工程硕士专业学位
张亚昭	男	动力工程	工程硕士专业学位	赵一轩	男	控制工程	工程硕士专业学位
万　宇	男	动力工程	工程硕士专业学位	朱　军	男	控制工程	工程硕士专业学位
张　猛	男	动力工程	工程硕士专业学位	吉增强	男	工业工程	工程硕士专业学位
王朝阳	男	动力工程	工程硕士专业学位	刘桂轩	男	项目管理	工程硕士专业学位
谷青峰	男	动力工程	工程硕士专业学位	王　浩	男	项目管理	工程硕士专业学位
张泽灏	男	动力工程	工程硕士专业学位	张文博	女	项目管理	工程硕士专业学位
张湘珊	女	动力工程	工程硕士专业学位	赵　晶	女	项目管理	工程硕士专业学位
周桂山	男	动力工程	工程硕士专业学位	马越峰	男	计算机技术	工程硕士专业学位
夏　露	女	动力工程	工程硕士专业学位	张　鑫	男	计算机技术	工程硕士专业学位
王聖齐	男	动力工程	工程硕士专业学位	甄　浩	男	计算机技术	工程硕士专业学位
王傲男	男	动力工程	工程硕士专业学位	武　威	男	环境工程	工程硕士专业学位
栗国鸿	男	动力工程	工程硕士专业学位	俞姗姗	女	环境工程	工程硕士专业学位
刘亿鑫	男	动力工程	工程硕士专业学位	李洪伟	女	工业工程	工程硕士专业学位
徐江鑫	男	动力工程	工程硕士专业学位	王　晖	女	工业工程	工程硕士专业学位
焦　松	男	动力工程	工程硕士专业学位	笪龙刚	男	机械工程	工程硕士专业学位
郑　直	男	动力工程	工程硕士专业学位	于　淼	男	机械工程	工程硕士专业学位
王文阳	男	动力工程	工程硕士专业学位				

保定校区:310 人(授予日期:2019 年 6 月 25 日)

姓名	性别	专业名称	学位类别	姓名	性别	专业名称	学位类别
寇博绰	男	电气工程	工程硕士专业学位	张皓月	女	电气工程	工程硕士专业学位
卢佳丽	女	电气工程	工程硕士专业学位	赵海潇	男	电气工程	工程硕士专业学位
牛乐乐	女	电气工程	工程硕士专业学位	赵启会	男	电气工程	工程硕士专业学位
王亚楠	女	电气工程	工程硕士专业学位	赵亚男	女	电气工程	工程硕士专业学位

续表

姓名	性别	专业名称	学位类别	姓名	性别	专业名称	学位类别
杨 熙	男	电气工程	工程硕士专业学位	赵 媛	女	电气工程	工程硕士专业学位
张 姗	女	电气工程	工程硕士专业学位	郑舒文	男	电气工程	工程硕士专业学位
张 冉	女	电子与通信工程	工程硕士专业学位	郑 璐	女	电气工程	工程硕士专业学位
王 锟	男	动力工程	工程硕士专业学位	钟元辰	男	电气工程	工程硕士专业学位
安雪飞	女	环境工程	工程硕士专业学位	周 航	女	电气工程	工程硕士专业学位
易莹鑫	男	机械工程	工程硕士专业学位	周金戈	男	电气工程	工程硕士专业学位
牛洪杰	男	工程管理	工程管理硕士专业学位	周 静	女	电气工程	工程硕士专业学位
王 宁	男	工程管理	工程管理硕士专业学位	周士林	男	电气工程	工程硕士专业学位
尹东兴	男	工程管理	工程管理硕士专业学位	周正健	男	电气工程	工程硕士专业学位
张 涛	男	工程管理	工程管理硕士专业学位	朱 越	男	电气工程	工程硕士专业学位
马秀雅	女	公共管理	公共管理硕士专业学位	朱 麟	男	电气工程	工程硕士专业学位
孙义娟	女	公共管理	公共管理硕士专业学位	闫胜男	女	电气工程	工程硕士专业学位
赵新光	男	公共管理	公共管理硕士专业学位	万朝峰	男	电气工程	工程硕士专业学位
安跃东	男	电气工程	工程硕士专业学位	仇 婧	女	电子与通信工程	工程硕士专业学位
白丽娜	女	电气工程	工程硕士专业学位	董 默	男	电子与通信工程	工程硕士专业学位
白全新	男	电气工程	工程硕士专业学位	冯大轩	男	电子与通信工程	工程硕士专业学位
曹子鑫	女	电气工程	工程硕士专业学位	郭 彤	女	电子与通信工程	工程硕士专业学位
陈宝生	男	电气工程	工程硕士专业学位	韩一鸣	男	电子与通信工程	工程硕士专业学位
陈郸静	女	电气工程	工程硕士专业学位	赫青松	男	电子与通信工程	工程硕士专业学位
陈国瑞	男	电气工程	工程硕士专业学位	贾 斌	男	电子与通信工程	工程硕士专业学位
陈清华	女	电气工程	工程硕士专业学位	江 帆	女	电子与通信工程	工程硕士专业学位
陈学民	男	电气工程	工程硕士专业学位	刘芳峤	女	电子与通信工程	工程硕士专业学位
成义新	男	电气工程	工程硕士专业学位	马家骏	男	电子与通信工程	工程硕士专业学位
丁冠西	男	电气工程	工程硕士专业学位	万 强	男	电子与通信工程	工程硕士专业学位
杜 鹏	男	电气工程	工程硕士专业学位	王 丹	女	电子与通信工程	工程硕士专业学位
杜韦华	男	电气工程	工程硕士专业学位	王志鹏	男	电子与通信工程	工程硕士专业学位
段海超	男	电气工程	工程硕士专业学位	杨鑫媛	女	电子与通信工程	工程硕士专业学位
冯小宁	男	电气工程	工程硕士专业学位	殷一丹	女	电子与通信工程	工程硕士专业学位
高 峰	男	电气工程	工程硕士专业学位	赵 帆	男	电子与通信工程	工程硕士专业学位
耿 亮	男	电气工程	工程硕士专业学位	卜卫宾	男	动力工程	工程硕士专业学位
龚 键	男	电气工程	工程硕士专业学位	丁 凯	男	动力工程	工程硕士专业学位
关潇濛	女	电气工程	工程硕士专业学位	冯 贺	男	动力工程	工程硕士专业学位
郭步丞	男	电气工程	工程硕士专业学位	韩博书	男	动力工程	工程硕士专业学位
郭昱宏	男	电气工程	工程硕士专业学位	黄杰锋	男	动力工程	工程硕士专业学位
郭 炜	男	电气工程	工程硕士专业学位	江国兵	男	动力工程	工程硕士专业学位
国大勇	男	电气工程	工程硕士专业学位	靳志翔	男	动力工程	工程硕士专业学位
韩天华	男	电气工程	工程硕士专业学位	荆 贺	男	动力工程	工程硕士专业学位
韩 旭	女	电气工程	工程硕士专业学位	廖 远	男	动力工程	工程硕士专业学位
郝 鹏	男	电气工程	工程硕士专业学位	刘 磊	男	动力工程	工程硕士专业学位

续表

姓名	性别	专业名称	学位类别
贺永龙	男	电气工程	工程硕士专业学位
胡 浩	男	电气工程	工程硕士专业学位
胡 楠	女	电气工程	工程硕士专业学位
黄 晖	男	电气工程	工程硕士专业学位
纪 庆	男	电气工程	工程硕士专业学位
贾广清	男	电气工程	工程硕士专业学位
姜丹丹	女	电气工程	工程硕士专业学位
姜子亮	男	电气工程	工程硕士专业学位
金宏业	男	电气工程	工程硕士专业学位
金坎明	男	电气工程	工程硕士专业学位
李宝存	男	电气工程	工程硕士专业学位
李 波	男	电气工程	工程硕士专业学位
李 超	男	电气工程	工程硕士专业学位
李晨政	男	电气工程	工程硕士专业学位
李丹宁	女	电气工程	工程硕士专业学位
李浩鹏	男	电气工程	工程硕士专业学位
李剑鹰	男	电气工程	工程硕士专业学位
李俊鹏	男	电气工程	工程硕士专业学位
李 郡	男	电气工程	工程硕士专业学位
李 黎	男	电气工程	工程硕士专业学位
李 森	男	电气工程	工程硕士专业学位
李天赐	男	电气工程	工程硕士专业学位
李文宇	男	电气工程	工程硕士专业学位
李晓鑫	女	电气工程	工程硕士专业学位
李笑煜	女	电气工程	工程硕士专业学位
李 杨	男	电气工程	工程硕士专业学位
李振江	男	电气工程	工程硕士专业学位
李懿生	男	电气工程	工程硕士专业学位
林 原	男	电气工程	工程硕士专业学位
刘辰遐	女	电气工程	工程硕士专业学位
刘国峰	男	电气工程	工程硕士专业学位
刘国夫	男	电气工程	工程硕士专业学位
刘怀卫	男	电气工程	工程硕士专业学位
刘慧娴	女	电气工程	工程硕士专业学位
刘墨然	女	电气工程	工程硕士专业学位
刘 平	女	电气工程	工程硕士专业学位
刘 伟	男	电气工程	工程硕士专业学位
刘雪松	男	电气工程	工程硕士专业学位
刘 宇	男	电气工程	工程硕士专业学位
刘士勖	男	动力工程	工程硕士专业学位
刘志奇	男	动力工程	工程硕士专业学位
马亚亮	男	动力工程	工程硕士专业学位
曲洋辰	男	动力工程	工程硕士专业学位
唐 奇	男	动力工程	工程硕士专业学位
王胜军	男	动力工程	工程硕士专业学位
王 振	男	动力工程	工程硕士专业学位
武震兴	男	动力工程	工程硕士专业学位
徐立平	男	动力工程	工程硕士专业学位
许素强	男	动力工程	工程硕士专业学位
杨泰嘉	男	动力工程	工程硕士专业学位
杨玉群	男	动力工程	工程硕士专业学位
张福萍	女	动力工程	工程硕士专业学位
张 贺	男	动力工程	工程硕士专业学位
张立权	男	动力工程	工程硕士专业学位
张 鹏	男	动力工程	工程硕士专业学位
张玉鹏	男	动力工程	工程硕士专业学位
张昱舟	男	动力工程	工程硕士专业学位
赵朝峰	男	动力工程	工程硕士专业学位
赵 丰	男	动力工程	工程硕士专业学位
赵 亮	男	动力工程	工程硕士专业学位
赵志广	男	动力工程	工程硕士专业学位
甄志广	男	动力工程	工程硕士专业学位
周海波	男	动力工程	工程硕士专业学位
边振华	男	工业工程	工程硕士专业学位
崔丹丹	女	工业工程	工程硕士专业学位
葛 皓	女	工业工程	工程硕士专业学位
李鹏飞	男	工业工程	工程硕士专业学位
李 伟	男	工业工程	工程硕士专业学位
李 艳	女	工业工程	工程硕士专业学位
李 颖	女	工业工程	工程硕士专业学位
吕灵芝	女	工业工程	工程硕士专业学位
任 帅	男	工业工程	工程硕士专业学位
史建涛	男	工业工程	工程硕士专业学位
王海彭	男	工业工程	工程硕士专业学位
王小伟	男	工业工程	工程硕士专业学位
王志刚	男	工业工程	工程硕士专业学位
吴锦江	男	工业工程	工程硕士专业学位
于 红	女	工业工程	工程硕士专业学位

续表

姓名	性别	专业名称	学位类别
刘 哲	女	电气工程	工程硕士专业学位
刘哲琦	男	电气工程	工程硕士专业学位
刘 鑫	男	电气工程	工程硕士专业学位
卢 彬	男	电气工程	工程硕士专业学位
卢泳晓	女	电气工程	工程硕士专业学位
卢志涛	男	电气工程	工程硕士专业学位
路立仁	男	电气工程	工程硕士专业学位
马 东	男	电气工程	工程硕士专业学位
马永超	女	电气工程	工程硕士专业学位
马原原	女	电气工程	工程硕士专业学位
孟 岩	女	电气工程	工程硕士专业学位
牟大勇	男	电气工程	工程硕士专业学位
庞鹏飞	男	电气工程	工程硕士专业学位
朴香泉	女	电气工程	工程硕士专业学位
齐 兴	男	电气工程	工程硕士专业学位
秦 昆	男	电气工程	工程硕士专业学位
任娜娜	女	电气工程	工程硕士专业学位
沈小勇	男	电气工程	工程硕士专业学位
石 松	男	电气工程	工程硕士专业学位
宋晓青	女	电气工程	工程硕士专业学位
宋 尧	男	电气工程	工程硕士专业学位
苏国成	男	电气工程	工程硕士专业学位
孙晓磊	男	电气工程	工程硕士专业学位
田佳雨	女	电气工程	工程硕士专业学位
万祥光	男	电气工程	工程硕士专业学位
王 珺	女	电气工程	工程硕士专业学位
王 超	女	电气工程	工程硕士专业学位
王 川	男	电气工程	工程硕士专业学位
王代远	男	电气工程	工程硕士专业学位
王 佳	女	电气工程	工程硕士专业学位
王秋实	女	电气工程	工程硕士专业学位
王嗣钊	男	电气工程	工程硕士专业学位
王晓旭	男	电气工程	工程硕士专业学位
王艳芳	女	电气工程	工程硕士专业学位
王逸涵	女	电气工程	工程硕士专业学位
王 勇	男	电气工程	工程硕士专业学位
王再兴	男	电气工程	工程硕士专业学位
王振平	男	电气工程	工程硕士专业学位
王忠丽	女	电气工程	工程硕士专业学位
张顺伟	男	工业工程	工程硕士专业学位
张 媛	女	工业工程	工程硕士专业学位
张 璐	女	工业工程	工程硕士专业学位
张 昊	男	工业工程	工程硕士专业学位
周晓宇	男	工业工程	工程硕士专业学位
朱宝森	男	工业工程	工程硕士专业学位
范志中	男	环境工程	工程硕士专业学位
商明昊	男	环境工程	工程硕士专业学位
唐博婷	女	环境工程	工程硕士专业学位
徐顺翔	男	环境工程	工程硕士专业学位
朱志伟	男	环境工程	工程硕士专业学位
孙建丽	女	机械工程	工程硕士专业学位
顾 玥	男	计算机技术	工程硕士专业学位
刘传华	女	计算机技术	工程硕士专业学位
刘 丹	女	计算机技术	工程硕士专业学位
史 旸	男	计算机技术	工程硕士专业学位
树 童	男	计算机技术	工程硕士专业学位
王 霄	女	计算机技术	工程硕士专业学位
王亚南	女	计算机技术	工程硕士专业学位
王 睿	男	计算机技术	工程硕士专业学位
武珍珍	女	计算机技术	工程硕士专业学位
张宁宁	男	计算机技术	工程硕士专业学位
张硕凯	男	计算机技术	工程硕士专业学位
张雪青	女	计算机技术	工程硕士专业学位
赵芳初	女	计算机技术	工程硕士专业学位
陈丹丹	女	控制工程	工程硕士专业学位
党 琼	女	控制工程	工程硕士专业学位
刁若凡	女	控制工程	工程硕士专业学位
董龙纪	男	控制工程	工程硕士专业学位
董思涵	女	控制工程	工程硕士专业学位
段 然	男	控制工程	工程硕士专业学位
耿 彪	男	控制工程	工程硕士专业学位
郭志召	男	控制工程	工程硕士专业学位
韩天培	男	控制工程	工程硕士专业学位
贾 涵	男	控制工程	工程硕士专业学位
蒋巧玲	女	控制工程	工程硕士专业学位
兰云峰	男	控制工程	工程硕士专业学位
李佳旺	男	控制工程	工程硕士专业学位
李振宇	男	控制工程	工程硕士专业学位

续表

姓名	性别	专业名称	学位类别	姓名	性别	专业名称	学位类别
王淇锋	男	电气工程	工程硕士专业学位	司瑞娜	女	控制工程	工程硕士专业学位
魏　赛	男	电气工程	工程硕士专业学位	孙　迪	男	控制工程	工程硕士专业学位
魏　伟	男	电气工程	工程硕士专业学位	孙腾飞	男	控制工程	工程硕士专业学位
魏占猛	男	电气工程	工程硕士专业学位	孙竹玮	男	控制工程	工程硕士专业学位
魏占宁	男	电气工程	工程硕士专业学位	王建伟	男	控制工程	工程硕士专业学位
魏　玮	女	电气工程	工程硕士专业学位	杨宏亮	男	控制工程	工程硕士专业学位
吴　达	女	电气工程	工程硕士专业学位	杨盛琪	男	控制工程	工程硕士专业学位
吴瑜平	男	电气工程	工程硕士专业学位	杨茜茹	女	控制工程	工程硕士专业学位
许小帆	男	电气工程	工程硕士专业学位	叶亚坤	男	控制工程	工程硕士专业学位
杨鹏燕	女	电气工程	工程硕士专业学位	张　栋	男	控制工程	工程硕士专业学位
杨　乾	男	电气工程	工程硕士专业学位	张之涵	男	控制工程	工程硕士专业学位
杨世博	男	电气工程	工程硕士专业学位	赵玉涛	男	控制工程	工程硕士专业学位
杨小龙	男	电气工程	工程硕士专业学位	庄国喜	男	控制工程	工程硕士专业学位
杨　治	男	电气工程	工程硕士专业学位	闫念平	男	控制工程	工程硕士专业学位
于　飞	男	电气工程	工程硕士专业学位	闫永利	男	控制工程	工程硕士专业学位
于　欢	男	电气工程	工程硕士专业学位	闵建秋	女	控制工程	工程硕士专业学位
于佳申	男	电气工程	工程硕士专业学位	刘　淼	男	物流工程	工程硕士专业学位
吁　鹏	男	电气工程	工程硕士专业学位	赵　伟	男	物流工程	工程硕士专业学位
袁佳俊	男	电气工程	工程硕士专业学位	陈　阳	男	项目管理	工程硕士专业学位
苑旭楠	男	电气工程	工程硕士专业学位	李　明	男	项目管理	工程硕士专业学位
展　奕	男	电气工程	工程硕士专业学位	路　瑶	男	项目管理	工程硕士专业学位
张晨扬	男	电气工程	工程硕士专业学位	吕云彤	男	项目管理	工程硕士专业学位
张光伟	男	电气工程	工程硕士专业学位	蒙雪俏	女	项目管理	工程硕士专业学位
张海波	男	电气工程	工程硕士专业学位	王景睿	男	项目管理	工程硕士专业学位
张佳鑫	男	电气工程	工程硕士专业学位	王首位	女	项目管理	工程硕士专业学位
张克宇	男	电气工程	工程硕士专业学位	王　烁	男	项目管理	工程硕士专业学位
张　磊	男	电气工程	工程硕士专业学位	王　婷	女	项目管理	工程硕士专业学位
张　宁	男	电气工程	工程硕士专业学位	邢满江	男	项目管理	工程硕士专业学位
张　乾	男	电气工程	工程硕士专业学位	杨　硕	男	项目管理	工程硕士专业学位
张　强	女	电气工程	工程硕士专业学位	张冬亮	男	项目管理	工程硕士专业学位
张兴飞	男	电气工程	工程硕士专业学位	张雨酌	男	项目管理	工程硕士专业学位
张兴萍	女	电气工程	工程硕士专业学位	赵丽莉	女	项目管理	工程硕士专业学位
张旭东	男	电气工程	工程硕士专业学位	赵燕红	女	项目管理	工程硕士专业学位
张　郁	女	电气工程	工程硕士专业学位	周　婷	女	项目管理	工程硕士专业学位

同等学力硕士

保定校区:1 人(授予日期:2019 年 4 月 2 日)

姓名	性别	专业名称	学位类别
田志杰	男	环境科学与工程	工学硕士学位

(研究生院　白娜　提供)

华北电力大学 2019 年本科毕业生名单

（北京校部）

电气与电子工程学院

付　淦	张宇潇	王泽瑞	杨玲玲	李贞钰	苗双前
宋远见	张芷馨	王子威	禹文韬	凌子涵	彭睿卿
梁梓昭	钟　悍	温晓宇	赵福山	沈　硕	彭　鑫
李雪莹	吕文轩	谢　聪	支铿颖	王昊坤	舒凌云
汪钦枢	虞宋楠	张淳珍	周子涵	王家伦	宋　羽
王子涵	杨方琦	张毅飞	李钰洋	韦舒婷	苏晓明
康静雅	彭　意	周晓娟	刘　越	魏　颖	孙立新
温亦浔	程夏杰	朱怡洁	刘中建	袁　帅	孙桐霖
尹　晨	段丹阳	陈叶智	钱胡胜	张爱京	谭洪涛
林泽川	鄂　霖	乔登科	丁　雪	张敬之	童乐文
邵寿甲恒	郭笑丛	李睿智	辛浩杰	张晓旭	辛亚楠
任春频	江　翔	段　钰	富梦迪	赵婉竹	辛芷嫣
陈继开	孔德才	吴思航	刘新文	钟安祥	姚喜莹
郭陟峰	李　霁	郁　媛	王恩东	戴博文	白　杨
刘学林	李睿智	陈映学	陈政达	黄朝进	蔡　鑫
彭娇阳	李智慧	刘承洞	邓伟成	黄利民	常雨晨
朱晶菁	林良沛	朱银羿	邓翔文	王天佑	陈啟苑
王宗扬	刘照飞	麦子健	付文启	张晏铭	胡亚杰
张家铭	罗慧达	应阳玲	郭佳奇	陈　旭	黄鑫恺
周国锋	罗　鑫	罗钰娇	韩　颖	陈　雨	李方正
谌牧晨	毛宇洋	毕晓毅	何　睿	次仁白吉	李慧阗
邵昱铭	舒　畅	杜本一	胡　莹	次仁多布杰	李　社
肖昕岩	王嘉宁	符寿军	黄红凯	崔　昊	李思旗
张茗洋	王李思涵	高　佳	姬玉婷	丁茂国	隆　豪
张顺禹	王韦玉	胡家华	匡子文	胡　玮	吕佳鹏
宋　淼	王元新	吉庆庆	李　彬	李程善	马博文
康　璐	叶　慧	蒋泽源	李万隆	李冀南	梅嘉容
车雨琦	岳星辰	解道洲	刘　创	李知芮	王秉宸
陈俊宏	赵万兆	柯淦宝	王浩意	刘　琦	王天一
崔志远	赵志军	李东明	王粟斌	卢进莹	王巍彭
葛浩浩	郑金钊	李　彤	王新月	盛儒智	曾　琴
蒋纯冰	周　淳	刘　衡	王则文	王　归	张　硕
李洪裕	朱　聪	刘佳颖	夏　禹	王津港	张逸凡
李虹仪	朱　婧	罗　易	杨　鑫	王　瑞	杨晓伟

续表

李赵晶	郁淑婕	沙雨飞	张　浩	尹贺然	陈　璐
凌富龙	董占翔	滕敬德	张　悦	张丽敏	迟嘉诚
刘　晨	杜容天	田颖池	赵福平	张思佳	丁睿婷
刘东岭	胡昊彬	肖旭东	雷泓宇	张笑睿	方　星
刘书弟	姜之强	许春晖	陈雨甜	赵曜华	李冬研
马喜欢	兰　枫	杨擎柱	丁宏伟	赵怡萌	李思成
孟士翔	雷　智	于欢昌	黄曼茜	邹汉华	李筱风
倪兆林	李靖怡	张一鸣	孙　博	褚仕灵	林昱达
欧明强	李秀芬	张泽宇	李公伟	宋昕怡	刘　坤
王佳浩	赛志成	赵伊琳	邓诗语	张皓晨	陆佳伦
王姝彦	仝　义	郑巧珏	田伟稼	李文格	吕鑫泷
王　瑶	王晨光	郑　伟	陈勃宇	李跃川	罗文婷
王子谋	王彦伦	周义雄	陈泓佚	俸楷文	庞思颜
徐晟尊	韦　明	朱悦榕	邓于可	洪　霄	钱庆炜
许　松	许　力	郇政林	丁　亮	黄　赛	田宾一
杨海潮	张　菁	杨鑫慧	何旭圆	李国成	王泉水
姚丛霄	张　龙	时天元	侯　喆	刘媛媛	王子杰
张素苗	张明晨	张广毅	黄欢归	牛明杰	吴尧初
张煜苒	张　宁	蒋　凯	黄建成	邱纪恩	徐慧琳
赵　伟	张　琦	唐　叶	霍　睿	宋　朋	杨超伟
朱　钊	张体露	鲍国栋	李博阳	孙冰曼	杨沛瑾
陈　天	赵紫璇	程　磊	李万雄	孙　霖	余开媛
吴　婵	周精斌	池屿璠	刘中硕	童炜玥	张博洲
李　志	蒿　翰	旦增曲珍	罗华宝	王　懋	张丽诗
曹家振	黄惠娟	韩家豪	彭清源	王　罂	张伟秋
柴　华	翟一贤	黄海平	孙得栋	闫一凡	张烜嘉
陈国勇	高晨祥	黄丽格	王　艳	姚丽娟	张泽锋
陈豪杰	刘家豪	蓝松阳	翁启明	尤　兰	赵怡晴
陈　健	于晏浙	李俊欣	吴阳晨	于汇琳	加依达尔·加尔恒
池海御	韩释瑶	李毅辰	杨东俊明	张　萍	黄昭焕
段文滔	陈国庆	梁予惠	杨　昊	周　波	潘　超
范成豪	陈弈甫	柳　逍	张永鑫	周　正	刘雪涛
蒋光祥	丛成龙	罗津航	张泽稷	左荣基	艾鹏飞
焦天予	戴雯菊	茅庭瑞	章栩华	罗金京	陈楠楠
李满东	邓盈盈	苗　森	朱育莹	刘培磊	丁海成
李　叶	杜科翰	孙　金	宋绪鹏	蔡秉涛	丁　杰

续表

梁沁雯	韩世杰	王炳文	李卓耘	陈 恺	方 楠
刘 畅	林芳婷	武倩钰	郭以重	陈明昊	郭凌霄
刘晓伟	刘永强	谢 天	李 轩	陈亚鹏	国宏宇
刘笑丽	吕 霸	谢文杰	吴 昊	邓少飞	何海峰
马孟昊	牛宇昆	辛天傲	高天初	高抗抗	洪梓鑫
潘思宇	全贞淳	余秋萍	余少琪	郭枳邑	贾增睿
任健鹏	石 岩	张国政	刘雨佳	胡纯瑾	蒋天伦
沈俊言	石张磊	张金强	何伟严	黄奎霖	李 超
童晓威	孙 闯	张 楠	龚 衡	阚文硕	廖海君
拓一博	覃林生	张玉田	徐 涛	李东昊	廖雯林
王帅源	唐伟琦	元海霞	李雨莹	刘邦宁	刘祖良
肖月凡	王树冬	张 宇	颜文婷	刘丁涛	马建军
徐浩宸	王晓凡	曹靖伟	林晗星	马法土麦	庞博涵
徐炤宗	王 杨	陈昶宇	王若兰	施又丹	孙紫伊
赵世康	文鑫瑞	陈泳希	闫天乐	宋俊元	王 志
陈思瀚	夏永康	陈忠纤	蔡靖杰	宋阳杨	王子钰
赵艳涛	殷鑫磊	丁守福	龚莉凌	同 嘎	杨佳轩
林 欣	禹小同	格桑曲珍	徐立敏	王懿泱	杨子仪
安 麒	张文悦	胡温静	牛纪伟	赵 鉴	张 南
陈子徽	张泽群	李 放	汤承龙	赵 颖	张榆浠
褚 璐	周碧天	李佳谦	汪云涛	宗 哲	章步琦
胡家亮	冯 斌	刘俊陶	宋明樾	乌力吉	陶云春
贾京韬	高晶晶	刘睿松	孙国威	陈明和	王 玥
蒋超逸	计远帆	马宇坤	张 胤	陈锦华	蔡国权
黎家豪	马丽雅	毛非池	郑颖宣	陈心怡	陈其来
李 阳	龙思好	潘郑楠	陈 倩	方铭毅	陈智毅
孟祥坤	陈刘东	秦舒然	韩泽萱	黄 宇	鄂 涛
佟宇晶	万博文	王 硕	蒋思雯	蓝 天	冯一鸣
王鹤淇	陈璐颖	韦建征	王 晨	李源晖	林惠孚
王绍丞	崔海轩	武 超	林伟聪	刘佳言	林晓萱
王印琳	李晨晨	闫书赫	王 东	秦健旭	刘鹏乾
王玥棋	李华东	侯天昊	杨光照	孙乾皓	严海宁
许明旺	李 影	胡秦宇	曾 汉	孙圣洁	叶翰靖
杨 涛	李竹青	匡奇康	张文璟	孙文彬	原 琪
杨昀龙	刘晓博	赖威豪	章家欢	谭 露	张显扬
尹 航	马 铭	李长圆	罗 臻	田思聪	张雨洁
余梓靖	牟宇梁	陈斯林	叶蕴霞	王婧雯	仲 潍

续表

袁　博	王长宇	次仁卓玛	阿旺扎西	王　奕	周婧茹
张铠渲	王骁龙	付成洁	柴晓康	王泽昭	魏泽文
陈浩男	王　鑫	高怀玉	陈德创	韦丁瑜	

核科学与工程学院

赵泽武	白涵	梅　兵	舒　凯	潘　鑫	鹿一鸣
方　婕	陈秋香	莫晨枫	宿　阳	彭心富	丘梓辰
何佳欣	陈志伟	漆　天	王健飞	任彦昊	曲昱铮
胡　馗	符精品	孙增渊	王　琳	史昊鹏	唐　彬
金昊昱	付建龙	谭方泉	王　威	唐大中	王　兵
李　童	黄思灏	王　耀	王兴军	王潇莘	王　彧
梁江涛	金　路	翁诗宝	王　旭	王译锋	吴　双
刘玉强	李显文	伍日月	王泽强	吴应杰	袁　璐
罗　敏	刘昱中	张　亮	王政辉	向仕昭	张铭麟
尚自强	柳若琦	朱剑文	翁名辉	熊正强	赵嘉奇
宋　岩	彭泽辉	符　真	伍　璇	杨　威	周谢阳
唐学正	石子宸	卜仁越	赵学思	张华夏	郭可蓉
肖　越	王禹周	陈小冬	郑　宸	张旖旎	林俊杰
杨　爵	许　言	陈子佳	李锐捷	周　健	朱琳琳
尹　馨	于　倩	董佳伟	刘兴文	周　婷	纪振基
余　亳	张　浩	高嘉伟	张少东	朱新培	李思宇
曾茜蕾	张浩宇	海希龙	黄晓倩	王家垚	刘朋杰
卓祥林	张　云	蒋秉夏	吴　星	董　源	沈　聪
邹利泽	陈　超	李　伟	陈龙江	杜永琪	陈晓星
袁守宁	韩子健	李丰容	郭东原	蓝文鸿	高　峰
李雨来	胡超琪	廖东鸿	洪　尧	李　臻	杨夏童
田志钦	刘郅为	吕海铭	姜再轩	钱宇瑞	尤俊栋
施华川	卢世雄	罗　成	李宏宇	王舜琦	秦天骄
刘泽坤					

经济与管理学院

曹媛媛	夏鲁峰	唐　勇	武怡君	高　源	王冠然
陈艺丹	叶梦茹	金俊达	夏　旭	郭佳楠	王佳勇
丁　瑶	张本铃	冯雨晴	荀　健	王　鑫	徐　鸣
高　欣	张　帆	奉伊琳	姚　博	胡梦婷	张美娟
高云鹤	张　硕	高蕙雯	袁　洁	胡　琴	周国伟
邓　超	张思思	郭晓璐	曾　菊	纪正森	周雨凝
贺永林	夏　精	何佳逸	张露丹	林晓寒	吴　仿
黄婉晴	张　乐	贾寰宇	郑清怡	刘　一	王　檬

续表

焦 飞	陈雅轩	康海鹏	朱冬冬	刘悦滨	李航旗
靳惠哲	彭 蓬	李超男	洪仁艳	任虹宇	白 煜
李媛媛	陈代青	刘 畅	韩晶晶	孙文博	巴登次仁
梁美玲	次旦仓决	刘江薇	胡紫婷	谭再洪	鲍 迪
刘 月	黄 恺	刘诗韵	黄信诚	王明智	才巴多吉
刘紫莹	李思媛	刘文洁	黄意津	王少宁	曹端启
罗佳慧	刘鹏鑫	刘 瑶	贾云扬	王泽坤	李亦彭
马 晗	刘心仪	刘泽强	廖雁翎	王子学	李玉冰
庞泓婧	孟之绪	陆 野	刘 慧	吴 玲	刘洁琼
乔子燕	宁浩然	吕 媛	刘鹏程	武文睿	潘 阳
唐 晓	牛彭锐	徐子彤	刘 文	徐文溢	彭 莎
童梅君	裴昌举	祁芸杰	刘子璐	许泽宇	邱燕妮
涂 旭	任家豪	苏风宇	陆 彤	闫洪硕	孙天一
王 今	童子豪	田竹肖	栾婷婷	伊良骏	王佳艺
王雅文	吴钟明	汪伟业	钱 妆	袁雅琦	王 凯
魏仪谨	席思雨	王玲湘	唐淑玉	扎西尼玛	王 星
徐成珍	许 洋	王 燊	田海梅	张洁瑜	王子昊
易小榆	杨城昌	吴健伟	王美楠	赵海超	席新科
于 芳	杨宇涛	尹 哲	王晓榆	赵 赫	许迎曦
余秋蓉	杨雨佳	张 梅	吴 靖	郑 宸	杨婧怡
张少聪	姚旻昕	赵 铭	熊梓涵	周雨桥	张子厚
张语桐	于思琪	郑宇辉	熊梓杉	朱嘉琦	赵嘉欣
赵彩萍	张 彪	朱彦恺	许毓敏	邹碧霞	周奕全
赵宁致	张豆豆	张洪敏	杨华庆	居 祝	陈凯凯
迟博文	郑 锦	董若琪	于益民	巴桑旺姆	丁志勇
何 川	周亚梦	敖 洁	张雅琴	陈雪洁	杜亚男
付梦瑶	管信俣	郭小龙	赵雅倩	次仁旺姆	顾孟于文
龚培锫	程晓彬	韩 煦	赵雨晗	次仁永宗	韩金鑫
郭锡康	张 通	胡淑然	周泯含	丁明咪	康世伟
侯亚男	张国权	胡 洋	周紫欣	葛馨璟	刘思彤
黄亚迪	陈 蕊	吉 滇	杨 阳	郭纳言	卢宇茜
柯 巍	方唯杰	黎文缙	刘洪帅	黄 静	马建福
孔璐瑶	付雅芮	李嘉琪	陈晓东	惠钰雯	饶传凯
林逸妍	高铭蔚	林露露	陈兴鑫	金 柳	吴春野
刘 琪	黄菲菲	马美媛	次卓嘎	刘子诚	吴 怡
罗 纳	贾克勤	邵一馨	郭晓慧	马 玲	薛 帆
尼玛仓决	李玉龙	盛家琛	和宇恒	任紫芸	余婧歆

续表

钱亦聪	厉松芮	谭艺浩	金芷葳	宋存娟	张宇航
唐筱仪	刘吉力	吴淑慧	郎加曲珍	苏滢璇	赵　艳
王笑晴	马占雨	徐　饶	李城城	孙江南	朱　明
王新乐	孟琪琛	许牧林	李明钰	佟佳颖	朱晓宏
吴兰兰	阮仕欢	叶欢欢	李　浦	王如初	启　蒙
吴　雨	宋　岩	曾俊元	李文珏	王思雅	玉山・牙生
伍碧雯	王斐然	张思雨	刘　苑	王雪儿	陈恩泽
徐嘉兵	王　俊	张天鹏	马　堃	魏　策	成润坤
闫潇晴	王文浩	张　钰	马　阳	杨家进	程小萌
阎璐璐	喜　琼	赵梦凡	孟令睿	余　琴	董建强
杨　瑞	夏锦康	赵云龙	孙浩文	张曦月	樊若璇
杨瑞慈	许一诺	张景厚	汪川涵	周玮玮	樊伟光
于苏清	姚佳伟	曾　锋	王启恒	田雪娇	方　程
袁雅云	余　敏	卢　欢	谢昕仪	黄振辉	甘　裕
赵　然	周　锰	左名皓	吴　帮	刘　成	黄家玮
郑童心	朱浩然	陈茹莹	闫　成	曹可如	雷应龙
白振奇	朱衍磊	符雨萌	张健愈	曹　曦	李婉莹
蔡文豪	刘洁凝	黄　菊	张文斌	陈姝兰	刘军权
董　佳	苗　晋	李晓宁	张文硕	冯乃文	彭　川
霍继坤	邓忠清	李雨晴	杨　光	高玉琦	石　林
贾子莹	李　华	刘佳琪	魏思蒙	耿世平	苏　琦
李　栋	何飞扬	刘振华	白云龙	何沚金	王　鹏
李　明	詹丰睿	刘孜贺	次旺班觉	乐　天	王　月
李雪佳	张精宁	潘　青	李明慧	刘　阳	吴　睿
李悦琳	张天骄	平措卓玛	刘云天	刘雨萌	杨　猛
梁钰晨	张玉祺	宋兴娜	吕思妤	吕天卫	叶梦霞
刘尚奇	仲思宇	孙晗冰	门　洋	伦　珠	张婷婷
吕欣荣	邹晗琪	唐寒琪	施沁琳	马泽香	朱俊岑
王永呈	王宏杨	王睿杰	孙司祺	尚元元	陈健忠
滕　云	王雨飞	王思慧	汪洋帆	谭彩霞	沙拉穆・马木提
穆合塔尔江・克依木	萨恒迪克・木拉提	艾尼亚尔・塔西买买提	巴力根・巴合提	哈斯也提・木合亚特	依木然・玉素甫
努尔叶古丽・热吾甫	土努克・阿扎提	阿力木江・图尔苏	叶丽娜・哈布沙买提	牙哈甫江・依不拉音	阿依多斯・黑勒木汗

可再生能源学院

班典伦珠	吴连飞	刘伟伟	赵田田	田　秘	乔佳伟
陈献友	吴　鹏	马　晶	朱广博	汪伟辰	沈　忱
崔耀启	闫琳琳	庞　策	许可依	王昕鑫	唐　超

续表

戴怀建	杨蕙菱	乔庆元	郑明杨	王正忠	王　祺
黄永松	杨明慧	孙明哲	王新澜	邢家瑞	吴　添
拉巴平措	于　强	唐栋斌	马星辰	杨成福	吴亚昌
李　思	张林卓	王冰馨	吴　琦	杨　晶	杨　森
李　鑫	张玮玮	吴多杰	刘　燊	杨　清	袁　园
李　鑫	赵正阳	向婧婷	陈珏汐	伊菊霞	曾庆汝
李宇星	钟　伟	杨康宁	陈添翼	张振宁	曾渝钦
刘　菲	蔡　斌	杨丽颖	杜博文	赵　挺	张　峰
刘　豪	陈首志	翟福霖	樊必冲	周冠达	郑　兴
刘　磊	多吉朗吉	张来豫	郭鹏飞	王　正	周新越
马　琦	范佳境	张笑鸣	侯汝印	旦增央吉	周一凡
石星羽	高艳宁	郑有哲	靳丹阳	韩智康	庄峻杰
韦文盛	韩礼博	周　奇	郎　强	何　悦	高天欣
吴国华	黄　磊	朱康乐	李林晏	李卓芯	陈秉宣
谢天宝	蒋之凡	宗德春	梁彬彬	李子瑛	陈心浓
张　佳	蒯升阳	薛晓峰	梁　袁	梁　越	次仁玉珍
张良伟	林小楠	常斯语	吕雪纯	刘昆昊	高　强
张　敏	洛松益西	陈　卓	马玉鹏	刘泽胜	贾铠郡
张　榕	孙凤玲	成思凡	卿志豪	刘紫东	焦立国
张紫菱	汪　涛	邓奇蓉	覃梓真	龙嘉琳	李钧灏
郑汉钰	王晋京	方建驹	唐　玮	潘晶娜	李卓言
周裕林	王哲宇	付子安	王航宇	钱锐锋	梁　蕊
周志坤	吴彬瑞	李　贝	谢生义	孙　涛	刘　欢
于　静	吴传森	李明翰	薛畅	汤　洋	卢昕昱
蔡爱玲	肖　倩	李　硕	杨根本	王瓯敏	罗来星
程　曦	效文静	李征宇	杨昊泽	王汝梦	罗　鸣
戴冰清	谢华晶	刘光萌	张　策	谢海军	马志彬
旦　增	杨玺艳	刘一辰	张永蕊	杨　阳	孟　阳
邓　浩	姚礼双	龙　琦	章　宇	雍海鹏	潘世九
高从容	张　超	马康睿	折宝娜	詹智超	沈军衡
郭明业	张方博	毛　飞	左峥瑜	张　旭	铁奎福
胡　港	张志鸿	屈　昊	戴逸雯	钟镜宇	王　鼎
黄文焕	陈秉初	苏　豪	刘　宇	周　杭	谢文銮
兰泽龙	陈晓东	万永江	方达民	张雨菲	徐珍瑶
李墨轩	陈煜华	巫明妍	管晓彤	蔡　锜	许振洋
刘　皓	贾骁阳	吴广大	韩　飞	黄金辉	杨　璇
刘梓蕤	蒋　喆	吴泽浩	洪云飞	焦　炜	赵家琪

续表

吕志浩	李奕成	徐舒晨	李圣涛	阚童利	赵泽衡
石梁征	李 泽	于海洋	李豫川	寇 斐	赛 冉
孙 欣	刘本玉	于越聪	刘青松	刘力博	刘天华
王乾勇	刘金鑫	余 鑫	刘雪薇	南东宏	欧阳昊东
阿力合尔·夏热甫	阿巴拜克力·艾力肯	阿尔根·沙依甫	阿衣安·哈吉克力木		

人文与社会科学学院

车芮颉	阿旺卓玛	马光荃	高思颖	李嘉雯	崔美娜
陈铭妍	陈以力	白玛玉珍	瞿 杨	李 想	范雪峰
措 姆	旦增土登	杜昊昊	李一平	李晓萱	郭镌灿
邓 丽	郭钰楷	郭懿萱	李毅豪	李 宇	蒋美佳
丁 静	禾泽寰	金发福	刘苏雯	梁靖华	李 蕾
李 洁	胡苏婷	郎岗次仁	刘文钰	刘文雅	李琳源
李 文	金伟军	李嘉慧	毛恺强	罗丹奇	李筱颖
刘 玥	靳宇晖	李清苹	莫 瀚	马应兰	梁童童
路广鹏	林家睿	吕慧雯	欧 敏	任心怡	吕曼青
罗宏涛	林子叶	罗 园	孙 峥	沈令音	吕奚若
饶 臻	刘嘉蕙	马 欢	夏子棋	苏会超	马 倩
宋莎莎	马成臣	马楷琰	谢宗好	孙萌凡	米玛卓玛
孙 晶	马 蓉	马 涛	徐 鹏	王 静	牛栋锐
王品雪	马鑫阳	潘 悦	薛 睿	邬希娅	齐 琳
王 茹	马伊博	宋汉元	杨厚杰	邓颖聪	邬玲芳
温桂玲	彭 晴	孙超跃	尹雪燕	杨爱婷	吴 叶
邬雨岑	史舒榕	王 佳	虞心怡	杨 帆	萧滋芝
杨 涵	宋嘉豪	温 倩	张静茹	鱼 帅	杨博涵
杨忠来	苏 洁	吴 璇	张静仪	翟晗玉	杨 锡
姚 贝	孙含梅	晏 婧	张欣悦	赵 璨	袁秋实
于 悦	王胜男	杨文华	赵 辰	周 琳	张 萌
俞嘉诚	邢淑雅	原靖凯	刘陶语童	朱晓宁	张湘宜
张琳茂	杨晓慧	张嘉宝	王鹏飞	陈凯莉	张 莹
衷天尧	张琳溪雨	张 瑞	王安旭	白 瑜	朱茜茜
周铁林	张敏露	常铃敏	白 宁	孙扬皓	蒋良竹
朱欣悦	张思雨	蔡泽仪	陈诗苗	白玛曲珍	黎 想
邹佳邑	张鑫森	艾 婷	程梦思	白玛曲珍	方 萱
李甜甜	张艺莹	陈振虹	高鹤桐	白玛旺堆	黄晔峰
阿依达娜·加尔肯	胡希塔尔江·吾期坤	海尔古丽·努尔买买提	尼格热木·阿不都克衣木	阿依丁·阿斯哈提	谢日古丽·麦合木提
朱小雅					

续表

数理学院

白雨溪	谭诗玥	成　磊	王　菁	刘重阳	宋子杰
戴凤展	涂佳敏	戴　晨	王　前	祁　泽	李　广
符佳宏	王　翔	董治新	张齐莹	时发银	梁伟豪
何函芮	魏志金	段一航	周远卓	王　雷	张　壮
衡浩东	吴　昊	官　威	邹恒超	吴翰翔	安斌芳
李　晨	徐宇石	侯天赐	柏爽爽	吴琦辉	包尔泰
李　从	荀港益	姬赛霜	陈　攀	吴思晗	罗　琦
李晓东	杨冰雪	姜礼淞	封瑞泽	吴瑜茜	毛润鸿
鲁桦瑞	张汇君	蒋子诚	符大卫	杨晨龙	邱健珲
陆君洁	张　错	刘航尔	付建斌	杨　昊	蒋　攀
米　乐	张亚宁	刘铭宇	胡应临	张家瑞	晋一航
韶　峰	师佳媛	周甄聪	兰天宇		

外国语学院

田子玄	钱　丽	徐雯钰	陆天祥	陈宇桐	韦克阳
陈可馨	田雨晨	张正哲	冉维维	甘锦兰	许瀚文
范嘉尧	汪春燕	陈　敏	申戴维	高彦涵	于雅蒙
郭　妍	王琳筠	邓　璐	杨　婕	关　欣	余念梓
何梦心	辛莞晴	董黛莹	游仕超	郭　然	张宵玮
胡　丹	曾　义	高新慧	袁艺维	李琳娜	张伊凡
胡雨昕	张斯桐	黄静怡	张素蓉	农一平	张义利
赖雨漫	张文竹	姜红燕	张子祎	史小妹	朱　音
李文婧	张雯婷	蓝秀梅	周　杉	唐菀笛	王子建
林夏轩	赵　晶	李依璇	陈　思		

控制与计算机工程学院

刘　玮	柴晓萱	张　弦	苏兆辉	余浩洋	毕建宇
梅伟鑫	陈　锋	赵小涵	吴天智	赵银君	陈佳茗
陈　杰	陈嘉欣	夏林路	肖伟红	卓　见	冯兴乐
陈诗琳	陈建杞	桂子轩	邢　威	谌文澜	龚家鑫
洪振鹏	邓红珍	巴　桑	许光华	李　鑫	胡　昊
黄一航	范智浩	常宇清	杨璐宇	王佳宇	黄　浩
李　晨	冯　宇	崔晋铭	姚奕伸	黄　媛	黄泽峰
梁寒玉	顾　静	丁文皓	俞智铭	赵依琴	李广泽
林实宇	关正健	董哲宇	张凌瑞	蔡　玮	李　珍
凌艺源	黄　辉	盖宇翔	张文默	范雅倩	梁　璐
刘　栋	黎经纬	韩斌慧	张子扬	曾姝婕	梁仪宇
罗卓童	李　姣	黄伟鑫	卓　玛	林毓健	刘　菡

续表

撒金钊	李明君	康海锋	王奕彬	刘　草	刘　天
汤　薇	刘玉珍	李燕双	白　薇	万丽萍	潘　畅
万祀洋	刘泽宇	李　莹	曹　方	谢　衍	沈　瑞
王安元	蒲　阳	林孟群	陈婧菲	周鹏威	王传玺
王瑞琪	漆　涛	罗锦锋	陈　墨	李　晋	王　芳
王小东	史雨薇	罗　兴	范勋峰	逄　法	吴红蕊
杨元清	孙　飞	马文松	冯雪菱	相天麟	闫星成
扎西平措	王　粲	毛晨宇	郭　超	周壮颖	姚泽胜
钟　蓓	武金凤	阮景晴	郝天晴	郭　磊	应春达
李　斌	武鸣鹤	邵博文	李繁菀	孙国栋	永青巴珍
白　旭	修兵凯	史小龙	李海川	万　旺	赵鹏飞
崔向阳	易煊承	王宇航	李浩东	王启雄	郑益欣
邓子琦	张　彬	张家峰	刘　明	王恩东	周　涛
范海东	张雨思	张甲焜	刘彦志	姚美枭	钟智超
冯泱僖	种阳阳	赵富有	陆　锐	王　亮	刘昱和
高　乾	朱守贤	张　楠	芮垚源	邓　开	常有为
郭国江	王炫力	陈怡安	剡振业	孙贵飞	陈涵煜
何梓野	瑞特	曹　洪	王雪阳	余照国	陈　源
贺林轩	蔡宛瑾	丹增多吉	王尧天	操菁瑜	冯士贤
简睿妮	鲍喜妮	丁晨晨	夏　涵	陈　豹	付　政
李　康	陈　强	冯红阳	邢胜川	丁国明	可　寅
廖东宇	韩逸舟	郭楠楠	徐小航	董　浩	邝昌根
刘思渠	李志圆	韩永宾	许培鑫	窦松石	刘远彬
普剑辉	刘　楷	金相臣	张　袆	范金相	龙克键
施岱睿	刘展赫	黎　睿	张懿婷	冯翰宇	吕方超
宋淑婕	倪　卿	刘　鹏	赵易如	李凯铭	罗　允
汪昊典	潘江浩	毛润菲	郑智文	李晓坤	马樱珊
肖春龙	彭丽朝	聂　鑫	周启航	娄旭春	马永华
杨汝非	曲克童	彭浚桓	祝　甜	孟　中	孙晓晴
杨淑仙	时若岩	陶　准	王啸松	宋　强	唐瑜璐
杨天宇	孙明雨	任　琪	艾　鸣	苏　填	汪　琪
杨宇辰	唐逸文	宋天立	陈　卓	王鹏皓	王　聪
杨　泽	王保松	唐晨轩	冯一展	王诗岳	王浩宇
袁永峰	王金成	王孟德	郝天偶	肖　尧	王晓逸
张粹玲	吴帆帆	王小龙	郝仰轩	徐　蓓	吴冠宏
张艺佳	闫晋凯	魏育坤	李　洁	闫析昊	吴昊天
郑晓媛	余超航	吴赛欣	李林城	杨祥飞	肖万兴

续表

才旭健	袁佳昕	阎 硕	李 彤	禹建芳	谢凌云
陈长春	张楚斌	杨 尚	梁钊珲	张 镪	余 双
崔养浩	张曼祺	杨钟沥	林 端	张 强	张 琛
方 旭	王晓茂	尤天宏	刘 辉	张玉莹	张 丽
劳泓杰	李 智	袁珂欣	刘家铭	赵雪芸	张利沙
雷 萌	赵 龙	郑 铭	刘思远	卓文琦	朱 政
李林怡	宋 雪	仲伟昭	卢楠滟	陈 彪	蓝星宇
李彦宁	李友焜	常亨谦	马叶桐	方静宜	卢清文
林欣欣	曹 野	陈品东	尼 玛	龚梅芳	朱生辉
刘骅骐	程相鑫	陈希然	潘俊廷	何林刚	陈崇德
刘济源	单天宇	陈晰颖	潘 玥	金飞虎	陈 佩
石财祥	党明月	陈震宇	盛凌波	李 孜	董利鹏
万 倪	董珈良	代邦成	苏青青	历泽维	范好好
谢锐彪	何 喆	丁永恺	王 潇	刘博宇	冯 鹏
谢昱卓	廖 异	韩 墨	王潇淇	刘佳豪	高 雨
闫世霄	刘金鑫	焦向明	向祉屹	刘银余	郭 健
杨丽莹	马一丹	梁 远	肖 遥	刘 悦	贺宝成
杨 潇	汪新宇	林奇森	徐逍君	罗芗泽	黄 琪
杨英东	王 昕	林怡静	叶佳宁	苏惠琳	李 凌
杨 雨	王欣煜	刘凯知	姚路锦	田悦琼	林泓锦
苑传夫	杨尚锦	宋 旺	余泽文	王成浩	林晋宇
张佳男	杨智俊	杨凯峰	张荣彬	王铭辉	毛乃新
张睿娇	宇文天悦	章郁桐	张 岩	王 璇	庞 珍
张若木	扎西曲珍	周成顺	朱英杰	王雨桐	浦东明
赵英卓	张萌辉	周帅宇	郭淑敏	王 哲	唐忻月
朱 斌	张 力	字莉萍	许树港	吴仲获	阿依多斯·杰恩斯
法如克·吐尔逊	海拉提·恰凯	阿尤普·托合提	热甫哈提·阿不都热西提		

能源动力与机械工程学院

姜 超	杨余锋	管浩然	甘银莎	元师弘	吴宇涛
陈俊嘉	叶家辉	韩健民	黄淦彩	张浩然	邢江江
杜思远	张佳宝	金新智	蒋炎飞	张思卿	薛逢皇
郭胜洋	张子良	李生鹏	景增明	张湘晴	袁泽鹏
胡生民	赵丁丁	刘 赫	李昕耀	张业成	张天岳
怀 雷	赵佳帅	罗 玮	梁 永	周 磊	周 硕
黄 意	代一鸣	秦 天	刘东昱	周席良	杨 帆
李 萌	李晓辉	冉保成	马 钰	周昀熠	陈柏旭

续表

梁晨宇	梁元臣	王　帆	聂椿明	白　希	陈　淦
刘　上	聂亚洲	王伟平	欧阳思琪	陈浩哲	丁敏轩
马春玲	曹文静	王义函	沈　轶	陈万伟	杜衍飞
马金旭	陈　卓	王艺澎	石君安	陈　曦	高云飞
倪瑞昊	胡　昊	吴　超	孙　浩	高建辉	贺耀淇
齐英男	霍　成	徐菲阳	孙伟嘉	葛仕贤	李天雄
谭川茜	霍　达	于　涵	王博民	何承文	马梦茹
王鹤潼	姜伯炜	赵建宇	王家晟	贾歆羡	胡文帅
叶骁勇	蒋鑫杰	朱震庭	王明博	黎宇航	毛语瞳
张所超	雷大平	马金秀	王玉亭	李立坚	梅炜光
赵　植	李思奇	王景龙	许懿婧	刘　涛	潘　慧
白正阳	李志林	郭翼泽	姚凤娇	刘宇浩	邵凌宇
殷林瀚	刘　成	华　瑞	尤明阳	吕冠涛	孙天一
阿旺强巴	马世财	黄宇箴	余济民	吕来权	孙小翔
曹　悦	秦亚炳	李宗尚	赵　洋	任政钢	唐浩文
董霄鹏	宋波文	刘　倩	周海南	唐鹤群	王奕洽
杜　鹏	王远喆	刘希宇	安　琪	王　鑫	温蕴泽
何　炜	王子晗	唐家彧	邓越文	王亚欣	徐兴源
姜源也	吴璟瑜	脱晨雨	董　瑞	杨雅琨	羊如玮
康岚峥	熊丽姗	王凯晨	付海伦	于博旭	曾渝森
孔钦可	余　丹	肖　逸	郭　桐	于晨阳	周锡山
李保坤	袁　晨	谢柏森	李佳伟	赵春昊	张冬翔
李金黎	岳热力	徐文龙	刘彤宇	郑力潇	包兴农
李天天	张晨宇	杨申鋆	龙安躍	董杨斌	陈泽宇
刘宏雄	张　驰	杨双铭	欧阳明子	王　晨	高　特
马元通	张斯源	曾质彬	彭诗程	郭　柳	郭学伯
孟　潇	张子昊	张天宇	乔　琨	杨瀚文	郝博伦
彭　博	袁　虎	张霄翔	王才谦	冯一帆	胡家灏
彭思琦	耿俊杰	张云涛	王镛赫	何镜棚	黄梦媛
孙守伟	李　丹	郑文禹	文　良	滑　豪	刘念一
王京南	魏邦吉	朱钰龙	谢　亮	赖智晨	卢俊霖
杨　帆	黄廷恩	虎　煜	杨丽波	李佳兴	吕欣婷
余龙辉	李镓睿	许家鸣	杨　瑞	李　娟	孟含笑
臧思朦	张秋磊	黄　超	张登科	梁德华	慕佳鹏
张椿淇	程怡玮	张浩然	张若琛	罗　毅	乔宇同
张书铜	刘　聚	李梦璇	甄　诚	陶江涵	沈　园
张　伟	许汇锋	卢家辉	钟伟海	王　洋	王　柯

续表

张言平	杨 董	丁琰妍	白辉辉	王一鸣	王日成
赵 兴	于凡晶	方 浩	陈志董	吴 彤	吴 昊
刘伟宏	袁 亮	海正刚	金凤雏	吴小云	修宏旭
白 浩	陈子禾	何林轩	李大川	闫正宇	张 天
陈元立	李文俊	黄小芬	李 俊	杨万平	张 雨
次 仁	钱奕然	李 斌	李宇旸	张志鸿	赵 杰
戴笃猛	杨鹤	李 丁	李子良	赵 爽	周 闯
高峻泽	斯楞戈	李宜蔚	梁开宇	赵 馨	朱嘉钰
耿宝多	陈 锐	刘 岩	刘庞安	周敬楠	任裕松
管杰祥	刘宇桐	鲁维皆	马柏海	付维鹏	岑栋梁
黄柏砚	霍天祎	任天顺	牟浩源	陈兰鑫	代佳豪
黄 东	牛 本	万红信	王溪源	陈 旭	丁 岩
贾明鑫	王 晨	王江昊	王雪叶	吉世川	杜 南
黎 睿	杨文楷	王彦辉	魏宇琨	焦佳龙	冯推祥
黎曦琳	魏 赫	王 者	杨天一	李建东	甘园园
李飞扬	仵雪鑫	文钟毅	谢宇琛	连有江	高柔芸
李 旭	刘 衵	行金朝	杨澳港	梁振燊	谷文宇
吕东瑞	马书豪	杨 熙	林园铖	刘 祥	韩诗若
马林平	阿尔曼	张文宇	林楚杰	祁玮珍	韩翔宇
彭曙鹏	陈浩杰	周港宝	冯旭铮	司起步	何鑫玉
宋中辉	程睿翔	单诗剑	王鑫雨	孙鹏华	黄英铭
孙 哲	孔帅皓	卢 艺	张艺晨	孙中宙	李文志
王东东	陆树银	宋 旋	王鸣浩	唐 尧	乔方禹
王利民	王笑语	程 媛	吴昀辉	田 园	孙 宁
王强林	张馨元	盖忠睿	王轶男	王 鹏	吴鸿晖
王泽星	刘政昊	方传宇	刁浩楠	肖永弘	陈鏐漪
夏和民	毛铁英	文筱峤	陈亚丹	周晓慧	董星彤
谢立斌	王上佳	杨文昕	聂雅琴	林淳宇	艾尼·阿布拉
阿依健·叶尔波	麦尔哈巴·西尔麦麦提	阿尔法特·托力很江	阿布莱·阿达克		

国际教育学院

王宛晶	王 闯	白 鑫	徐健峰	李黛睿	张天宇
文星雅	刘清越	文泽兆	张 静	王文楠	牛妍舒
张星宇	何俊妍	杨麒琨	李禹萱	钟楚丛	徐子隆
周华杰	蒲 悦	林晓宇	侯勃言	刘昕宇	杜津名
陆 州	黄朝晖	段立昊	陆婷怡	马嘉昊	胡 峥
夏田园	王 哲	陈劭瀚	姚 珂	陈 琳	王枢雨

续表

张　哲	李昕栋	田梦园	王　昊	艾恪帆	郭文宇
李志显	吴智颢	张　琪	刘耕铭	陈滟妮	周瑀涵
陈帅江	李绩良	陈熙琳	孟　洁	孙衍昊	沈达威
朱美婷	梁嘉伟	李鹏翎	龙泓凌	袁笑寒	王佳伟
李笑宇	刘逸兴	罗宇轩	郭今冉	张莞嘉	肖　懿
张家萁	赵若冰	冀晓旭	谢广润	张培儒	刘云瀚
陈明亮	邱逸然	尹伟辰	王　淳	倪　渭	宋英杰
刘广航	刘洪君	李　洋	郭逸豪	李舒伟	王傲阳
汪士尧					

环境科学与工程学院

陈科场	马吉静	张恩耀	胡宇鹏	母鸿斌	刘雪薇
纪　涵	聂　恒	张康杰	黄珺琛	蒲曾鑫	张淞林
江士波	彭贤强	张鹏辉	蒋文博	史　威	张翔宇
金佳人	任建霖	赵志伟	李光涛	王春杰	辛尚龙
柯振雄	孙远哲	邹英桐	李　淇	王纪元	张安睿
兰婉莹	唐　昊	薛晶元	李　欣	王　静	许颖钒
李仕为	王天生	陈嘉昊	李元伟	王路瑶	冯小星
刘　伟	魏　旭	陈微微	罗致钊	韦犇犇	高　天
孟凡颖	谢生钰	梅　鹏	吴亚洲		

（保定校区）

电力工程系

刘晨阳	钱　途	杨　昭	赵霁恺	陈艳丽	付　裕
蔡佳豪	王国荣	张晓宁	蔡广燚	马子儒	柯　松
李雨桐	宋嘉湄	徐利棚	甘萌莹	李海鹏	邓嘉明
梅家葆	朱鹏琦	李贺楠	林钰芳	张　梁	贾起越
李东阳	邵泓铭	孙兴宇	王　利	陈颖晖	白玛央宗
鲍　晴	常　珂	陈鸿铬	傅嘉威	高　丹	巩文洁
辜再宇	关世荣	贾以静	景昭淇	刘晓杰	尚观远
宋　瑞	陶柳妃	田胜轩	王超逸	王一翔	伍俊衡
徐祯祥	颜　清	张雨航	赵　岭	周儒畅	高　勇
林博铿	孔凡滢	杨子江	周　涛	安子豪	黄啟茹
黄　强	李　郡	李　憬	刘　灿	刘　昊	刘　艳
刘宇玮	马文强	任晓阳	史泽南	覃　宇	田海福
王　赫	吴若伟	张仲祥	朱立超	姚常志	徐　哲
李晨曦	刘　瑄	陈思宇	张子龙	王志伟	沈文奇
白　玉	蔡文韬	陈力绪	陈思宇	仇丽航	迪力亚尔·阿扎提

续表

官佳源	郭　浩	李士远	林宇航	吕江东	乔　鑫
王佳雪	卫　卓	谢凤林	郑逍然	陈慕华	舒垣开
刘　尧	李耀阳	李靖雯	管西燕	吴伟赳	马茗婕
缪　庆	阿地力·吐拉麦提	陈　森	邓星浩	何　巍	何　岩
霍旭阳	巨略谋	廖松麟	刘　浩	刘西娅	孟　凡
莫　珉	牛海涛	谢敏智	闫　语	杨美颖	殷国尧
张　柳	张　硕	赵　芳	赵政洲	郑裕鹏	左浩栻
赵晓君	华文桓	王大禹	王雅琪	阿怀军	陈　悦
龚静毅	郭锡钊	侯来运	黄明发	孔维震	李　沙
梁吴仁杰	刘乃源	卢亚飞	苏　俊	童晓文	王孝华
杨　铃	杨真缪	姚珍玉	张　东	张　曼	张雨桐
赵　晨	姜　苑	张　正	李斌奇	肖钟秀	杜梦凡
邹　玥	蔡海鹏	曹志鹏	岑有奎	崔浩然	邓　飞
高浩冉	贡振华	郭雨桐	胡嘉璇	黄志巍	李克难
李智奇	刘恩宏	刘洪良	刘力铭	宋雪彬	苏　铮
孙　晨	田晓东	王天瑞	谢家荣	张加霖	左雅琳
刘嘉硕	李欣宜	姜　倩	边　博	安笑言	曹丽霞
陈颖桢	陈泳均	程琦琪	龚阳智	桂雨可	金建澎
李绍利	李周辉	刘殊君	刘腾飞	王利峰	王雨辰
徐星宇	薛文龙	杨志国	章　晶	赵　瑞	朱惟哲
刘招成	曾子文	蔡榕斌	曹朗清	陈媛媛	韩璐泽
何宇成	李梦婷	李舒宁	刘明康	聂峰远	涂子荆
王加浩	徐龙伯	闫俊朝	杨金茹	曾　汉	张怡蒙
朱广秀源	倪政泽	刘振山	王　瑶	严昌龙	晏　赟
高凯麟	康玉婵	朱　媛	童厚杰	包　彤	陈　强
谷　丰	胡明曜	黄逸帆	接铭庆	刘睿韬	佘振墉
石月明	舒一楠	苏朝阳	孙钊栋	田佳正	王嘉乐
杨浩锐	杨景文	郑雪梅	周靖敏	张　茹	韩　栩
邹　明	廖芷燕	谢子豪	史石峰	宋　琳	温修齐
郁　琦	白紫晗	鲍彦文	陈浩杰	陈　宁	崔　智
葛续涛	郭志博	郝　育	侯赟艺	黎承新	李国锋
刘　静	卢英杰	马　婷	潘举键	任晓钰	陶金龙
王欣蕊	王新刚	王逸晖	杨敏雪	张思敏	张翔秋
汤木易	冯舒婷	李金融	平佳伟	闫泽辉	陈麒睿
安文宇	蔡馨雅	蔡衍麒	陈冲冲	董学正	李承泽
李金博	卢风景	罗盼娜	倪良伟	汪子琪	王俊成
王子怡	夏　寒	项　颀	鄢家佳	杨　宣	张基钊

续表

张 睿	周 伟	朱耿强	刘星阳	秦 开	刘 霞
张灵山	韩朋雨	贾云天	白 韬	柏 荷	毕 坤
陈西婷	范 文	付宇航	胡凯杰	姬锦波	刘立港
秦 伟	施明慧	田麦阳	王禹琪	王喻玺	吴静羽
吴子远	肖兆杭	熊远博	荀佳萌	杨宜霖	张 凯
张龙涛	张永旭	张子璇	张宗玮	杨舒惠	汪 欣
曹润广	仇 昊	邓艳玲	方 爽	顾 泽	胡亚凡
李 戎	李镇宇	李知蔚	连金达	林威辰	孟乡占
苏 锐	田 野	吴明凯	谢 珍	杨秀明	张钊凡
赵欣艳	罗鸿翔	常小强	吕 品	徐华伟	刘承晔
曹晓亮	吴良坤	蔡少植	倪献棋	何明岩	黄秭鸣
孙易洲	吴远桥	陈梦圆	陈志杰	郝林杰	胡康生
罗佳佳	马浩原	马世豪	穆鹏飞	邵梦雨	孙逸坤
谭涵丹	滕正伟	王 克	王征迪	魏文通	项梦雅
杨淑润	杨雨熹	岳宇鑫	张 衡	张泽乐	周 婧
俞 可	陈 扬	陈 喆	王 欢	王浩沣	苏乾男
党友乾	王佳宝	吴 拯	段云贵	郝恩光	叶 林
廖泽华	韩启涛	付靖博	蔡子默	朱宏达	丁 筱
邱志聪	任佳欣	戈田平	韩羞草	刘明杰	谭棕宝
徐鑫森	何海宁	李朋飞	裴志文	佟以鑫	叶书荣
张文昕	李皓天	谭鑫巧	袁复兴	黄铕浠	马国荣
张沛然	张子琦	林仲钦	陈 燕	冷崇明	穆华林
叶华辉	林自勉	梁白雪	韦博耀	陈 俊	丛富宇
崔竞文	邓香胜	狄晓栋	高 扬	葛旭瑞	贾 蓓
李 达	李凯伦	李培源	刘宇杰	莫莉娜	彭 畅
齐佳敏	惹格石洛	时 铭	宋文文	田晓旭	王立仁
王 权	翁 昊	吴健伟	吴俊宏	张沛乐	张馨予
赵立航	周建港	周帅杰	王瑞轩	易小杰	程 杨
顾栋豪	顾 楠	何欣悦	李嘉靓	李经纬	李奕威
刘东杰	刘 垠	马艺瑄	宋方辰	唐雅妮	王敖翔
王权圣	王少康	魏宸明	谢 鑫	徐 晴	阎瑞雪
杨久慧	张凯芋	张燕荣	张 瑜	赵泽星	朱嘉彬
裘森悦					

动力工程系

陈 烁	邓淑芬	黄光宇	姜亦凡	李保民	刘逸群
陆帅伉	马成学	马渝钊	马雨新	门 飘	田鲜英
王海鹏	王怡文	王泽昊	杨 崇	于慧颖	张沛雯

续表

张亚奎	张 岩	赵志龙	陈芳芳	董佳俊	杜双庆
海曦瑞	郝静晨	侯玉菡	黄永鑫	简惠远	姜 森
赖媛媛	郎咸祥	李子栋	李梓聪	刘跃登	马俊涛
彭祝权	施中悦	孙德康	王欣怡	吴 达	颜方玉
陈晰君	何 涛	刘 鑫	于云聪	李铁奇	赵宇波
刘 续	宋沁杨	刘辰龙	潘 宇	崔 皓	朱家伟
曹宇扬	傅 佳	童嘉铭	吴宇浩	俞志国	曹艺怀
见端杰	吴雪峰	杨 龙	陈 磊	何 睿	马一鸣
杜立文	梁晓欣	赵 健	柴杰明	陈希之	刘 阳
刘意淳	石孟策	李凡一	于佳琦	林啸龙	戚子豪
宋 蕾	唐 潇	铁 渊	赵娅楠	单梦圆	郝东震
李 月	王耀南	杨依依	朱铃峰	王俊杰	黄晓明
王亚松	袁粱粢	周 威	顾雨梦	郭泽峰	张志伟
陈睿琳	胡鸿飞	刘欣璐	杨 帆	何 跃	王茗其
方心骑	景禹淇	邱玉龙	孙 璇	臧 宇	庄文佳
康 忠	谢千山	高群翔	王晓慧	张春阳	张紫薇
陈志斌	李 硕	邬宝成	张程辉	耿世福	梅书雪
谭刘钢	陈 鹏	黄志豪	李泽希	赵 庆	赵宇昊
吕金潮	王志成	赵泓伍	敖 意	吴鏄言	王振伟
葛 鹏	杜增晖	俎 岩	刘险锋	马 越	朱成才
韩 晓	孙瑞霖	韦 琛	卓毓铭	张 航	吕 营
杨 欢	张京伟	曹正鑫	戴江涛	孙德灿	蔚 冉
张佳新	邓 海	李剑烽	刘海涛	明荷菁	杨振宇
张 磊	白 杨	许子倩	薛飞宇	陈 鑫	秦嘉锡
隋晓东	龚德锋	桂兆中	陈彦锟	陈永聪	何 莹
胡伟光	李梦杰	盛家豪	孙坤燕	夏辉	邓国彬
李雨鑫	宋 标	苏浩哲	郭亭山	司万斌	孙靖武
崔永赫	林子博	陈宇航	王皓毅	王鑫喆	章 鑫
刘 飒	蒙亦欢	彭世彬	范孟婷	孙向阳	吴 翔
朱 波	周 理	贺博言	高 峰	黎迎晖	邱桂文
李健杰	李俊杨	王秋实	张浩源	张浩儒	刘雨松
王宇轩	冯奇凡	刘铭礼	冉 颖	周浩祖	曹友泽
姜 辉	史博文	王中瑞	肖 雄	徐 彪	唐苓芸
魏 清	石 杰	丁 佳	黄 迈	李 岳	刘正洋
梁登甲	韩 冰	穆启弦	杨 晨	荣 堂	闫 锋
姚 勇	高光亚	沈芷琪	王 崴	吾布力卡斯木·吾斯曼	赵冠宇

续表

杨美晴	李　荣	萨迪尔·喀迪尔	孙鹏程	邹佳瑶	方可可
秦江龙	邢婉婷	刘若光	周雨杰	傅卓胜	罗　诺
雷欢欣	韦虹宇	毕　治	杨世宇	张宇淞	刘攀笏
杨森皓	陈思远	丁于倬	李振慧	张德斌	殷志斌
张　杰	安波涛	王仲昱	张贺彦	陈天燕	陈雨萧
梁奥林	张洪生	冉庆强	田家铭	张文婷	张玉洁
梁　钊	吕二飞	李奎杰	王　勐	吴　颖	徐　栋
赵金良	陈思帆	龚子铭	吴　勇	周琼阳	崔宏伟
任豫北	祁富志	沈小虎	田　妮	张宇超	邓书港
黄振森	马永昱	秦玉涛	唐鹏飞	王建斌	吴婉婷
郭庭誉	省　鹏	李勇亮	王俊杰	董竹雨	刘晨颖
刘鑫亮	孙舸洵	冯斯隆	陈其岳	田浩男	王好男
王凯轩	吴亚东	王昌欣	何剑潇	郭子豪	裴王真君
朱　萌	韩　雪	刘雪萌	陶军威	轩梓灏	杜　彪
莫生福	郭富强	吕　品	孙欣阳	祁明冬	舒　文
张　超	潘宣伯	许金亮	周向明	刘　丹	秦伟潮
孙浩泽	文思洞	殷计垚	刘万博	刘　赟	蒋子愚
杨　洋	计泳安				

电子与通信工程系

蔡巧巧	胡晓东	黄流远	黄天宇	姜凤民	荆　森
廖至健	刘人铨	刘　彤	刘泽通	聂海情	努尔艾力·艾山
秦锦桦	屈　尧	田斯劼	王国灵	王洪菠	王　锐
王天佑	吴志鹏	许智军	杨　帆	袁子凡	张道朴
张国鑫	朱　杰	邹　瑶	陈　雪	范新宇	付晓霞
高宇明	杭新宇	郎舒豪	李金川	李孟儒	李天北
李鑫宁	刘保阔	刘嘉豪	刘瑞璋	王海翔	魏银红
夏新雨	徐宏鑫	杨承镇	曾德安	曾少雄	张宏媛
张凯菲	赵祖翌	布尔列尼·恩塔勒	皇朝彪	王玉祥	边礼善
单亮亮	冯晓晗	冯雪莲	果婉璐	韩晓滢	贾浩松
江亚美	焦　阳	李　东	李逸凡	刘　旭	龙剑钧
罗中霖	马　军	潘俊姚	秦胤峰	石　磊	宋祥宇
孙一然	王瑞仪	王雨绚	吴超群	赵晨哲	赵积山
谭懿璇	李　义	纪　宁	巴燕·塔斯恒	曹康辉	陈婧文
陈佩茹	陈　泉	冯惠晨	高建晔	耿宇佳	郭昊嵩
韩　松	季　翔	毛吉提·阿不都艾尼	莫　滨	谯渊源	司淙岳
司福强	谭嘉豪	王　莉	王鹏媛	王云帆	吴苇锶

续表

吴应臻	杨　勇	张丹妮	周　盼	周　扬	鲍芸谕
陈东旭	陈　坚	邸继伟	高　超	高奕宁	高　源
何思豪	李静雅	李俊宇	李盼盼	李　响	林琪添
马延瑞	孟凡越	秦永鑫	史天浩	谈黎明	覃捷睿
王　鹏	王　政	肖　峰	燕艺薇	赵　蓓	李晶晶
吴　昊	卡力比努尔·阿里木	刘明欣			

法政系

巴久怡琳	曹曼文	陈昊天	陈文健	陈兴华	高　越
关天赐	龙　昊	马　萍	钱　蕙	沈　玉	孙柳琳
孙文慧	王迪一	王敬宇	王敏娟	王思宇	王彦佳
吴槿薇	吴康杰	吴　越	先　敏	薛鸿宇	杨　澜
杨孟颖	杨　祺	粘艺萱	张昌仪	张骥韬	张祺晗
张诗润	朱瑞康	苗振钢	陈明强	高天虹	贾洁茹
姜　珊	李　浩	李　墨	李元飞	刘　艳	马晓东
史惠卿	史旭潇	田　鑫	王　惠	王正玉	王子贝利
吴　琳	吴　怡	吴　优	袁卓娅	张　薇	张文昕
张笑颜	张玉萤	张云荣	陈　堃	方　志	古明城
官　欣	何泳佳	蒋浩琛	金凯莉	李　婧	李斯斯
刘　萍	刘效江	卢钊华	毛　珊	欧阳旖旎	祁缨缨
石海轩	史文韬	孙　悦	王　楠	王莎莎	王雅琪
夏　露	谢　璇	幸萍楠	翟馨语	张佳欣	张琳悦
周盛盛					

国际教育学院

陈庆伟	马英乔	马志明	徐重政	林　敏	曾　卓
张雨萌	邓仁毅	姚婧玥	方　伟	黄华斌	高雪倩
郭春力	徐圣霖	邓　鑫	谢宛均	周　易	李佳欣
马　婕	邵鹏程	张笑怡	李信哲	李智俐	曹　昂
杨惠雯	刘泽一	杨浩楠	杨维嘉	程文修	李　聪
马天行	王罗宇	李金雨	曾蕴睿	刘兆宸	吴　比
谢学通	迟庆宇	孟浩荣	匡　也	唐　语	罗　聪
李思佳	马国爽	石泽灏	黄之笛	沈　畅	江潇远
王柯柯	徐　昕	李　泽	赵子辰	文　玮	杨天驰
刘伯恩	张启桐	周海坤	吴汶栖	许桐浩	王钊婧
张博航	成思源	彭程凯	凌恒壮	冯鑫苗	徐　颖
宋晨铭	郭孟凌	刘祎恺	江晨露	李锐博	刘雪莹
陆晓星	高　健	李玉川	王亦琛	展晓婷	张煊宇
方妮南	石纯琦	曹广宇	赵国荣	赵潞文	

续表

环境科学与工程系

巴忠团	白金玄	常 昊	陈若希	何 旭	黄倩晖
李尚禹	刘博闻	刘雁蓉	刘子晗	罗益辰	马 晨
马慧宁	马 昭	钱 真	热依沙·阿布里孜	王楷民	王治茹
谢承鹏	徐海山	尹蓝凝	张旦堃	张逸轩	赵 旭
吕 白	陈远梦	付 豪	高雨森	顾霖赟	韩泽宇
郝保玖	户家宝	李佳叡	李琨淼	刘子为	柳 恒
柳 滢	鹿朝霞	任悦绮	万松琪	王 晨	王晶丽
王书慧	吴 博	谢生成	姚凌翔	叶卓丰	于彰淇
张逸凡	张紫微	赵朴臻	谢林森	薛宪起	崔雪健
白 晨	白光福	曹先柯	丁 都	郭潇涵	何雪晴
黄钰坪	金 森	李超群	李 源	梁旭阳	梁钟友
刘坤源	刘松尧	龙勇驰	牛胜利	秦耀辉	王思成
魏可馨	夏国巍	徐 帆	徐 妍	徐一剑	杨 帆
杨 柳	袁炳灵	张 慧	张睿哲	陈 港	陈雨生
高 敏	韩云凤	华 睿	黄 珊	黄思浩	李文昊
林 璇	刘春景	刘立夫	刘昕阳	苏新鸣	孙远利
涂 起	韦一可	邢雅鑫	徐 佳	严卓青	晏周飞
张鹤年	张 健	张利鑫	赵宇翔	仲晓雨	祝 赫
才轶名	曹 萱	陈 珏	代天睿	冯小荷	管泰博
姜继良	蒋家炜	蒋志钢	李海辉	李红喜	李 静
梁宇豪	陆悦江	罗永盛	任增强	苏 联	王柏鑫
王立钺	王 玥	向港华	杨笑培	杨有航	姚仁平
曾丽娟	张晨旭	张 磊	张 政	朱华清	哈地力·塞比哈力木
周佩锦	阿卜杜日依木·阿布力米提	张世红	陈赞铭	樊泽薇	费柯华
胡 婷	荆润秋	景晓云	鞠鹏飞	李 聪	李鸿安
林兴华	刘吉祥	刘 洁	刘雨时	龙林宏	马家民
慕蓉赫	唐仁豪	王好影	王 哲	吴富忠	张 枢
郑明朕	钟 斌	钟 毅	陈思源	陈向阳	崔赟鹏
单 睿	狄 杰	胡广国	金宇凡	李 晗	李瑞萱
廖思成	刘道宽	刘子祎	孟 恙	孙业财	万恒伟
韦召勇	吴昌南	肖智勇	谢松松	杨沐菲	杨雅萍
岳子渊	张天阔	周李宸	相 肯	路其琛	

机械工程系

薄如玉	常 浩	常颖雪	陈雪雪	董乐丹	冯 烁
葛 妍	韩 坤	李 程	李家翘	李 璐	马铭泽

续表

马占杰	钱嘉琦	孙　聪	王孝艺	王娅宁	邢轶男
徐华苑	于靖靖	赵天宇	郑国庆	陈鸣卓	程云杰
韩　晴	胡爱英	李豪博	李明浩	刘晨旭	刘　彤
龙游江	沈宇浩	孙　悦	王胡儒	王佳佳	王　静
王文蓉	王　雪	王　源	魏昊冉	夏　婕	徐　敏
于大慧	郑昕桥	常曼茹	高晋利	刘依林	吕　昊
马皓璨	马　昕	冉林冲	邵常焜	石　琳	田翰霖
王丽莹	王　宁	王梓荣	魏双双	吴清华	辛侠云
杨岚琦	杨　萱	杨钰洁	易杨美芝	张栌文	张裕婷
赵佳伟	赵子旭	杜伟涛	吕　梁	程　钢	鲍其先
符明恒	付小宇	付晓辉	付　瑜	贾迎香	李海明
李　乐	李文成	李翔弘	梁凯琪	刘天霁	刘宗源
马鹏谋	潘亚琪	彭宏志	邵继杰	王　磊	王　洋
温文胜	肖　凯	许舒鹏	颜　锐	阳庆林	张博剑
张　璇	钟钰轩	王思敏	王　林	陈定粮	陈　曼
陈　莫	非云祥	侯翔开	蓝煜文	李泽根	刘　鹏
马　龙	米尔扎提·阿布都许库尔	潘景涛	潘立宝	祁朋园	苏　浩
孙旭辉	王　凤	王俊泽	王鹏飞	王　拓	徐　浩
叶泽华	张　琛	张昊聪	张兴宇	张雨菁	张云鹏
朱玉龙	张金录	杨煜晟	冯晨宇	韩乐源	黄和钧
黄　恬	贾东亮	靳文龙	李超凡	李书豪	李　唐
李毅铭	梁明鑫	林相臣	刘世鹏	刘学东	陆海宁
马子瑜	孙程斌	王　博	王凌飞	王雪羽	王亚光
许士杰	杨焜焜	杨　帅	叶斯木汗·哈吾安	喻　皓	曾秀妹
张松洋	张　越	赵家佑	李嘉季	李志华	张　浩
牛嘉怡	陈　鹏	陈　旭	陈志强	戴　鑫	范东宇
黄旺旺	惠　泽	李安琪	李晓龙	李泳标	梁　旭
龙九龙	马建青	孟　阳	牛　旭	庞景轩	邵天肃
童　爽	王　京	王茂政	王志旭	王致远	杨　曦
翟　越	张璟文	张　民	张仁博	张　跃	钟乐鸣
宗方蕊	刘东兵	岑添添	马　扬	曹国迅	杜　晓
郭展鹏	韩竞魁	郝洪策	李伟健	梁洪源	刘晓燕
龙　潘	吕泽鎏	牛立勇	孙亮亮	王黎伟	王田雨
王昱博	王子健	徐鹏雷	薛中正	闫嘉霖	杨冠杰
杨谨铭	杨双舟	杨志新	叶雨春	张　波	张世冠
周鲁阳	朱绍成	陈添鹏	郑　哲	陈伟康	李丽娜

续表

伍宏军	车晓钰	范好雨	高瑞鑫	胡泽明	姬雅晴
李　洁	李金洺	刘明龙	刘堂艳	吕海龙	苗宏彬
任子昱	孙宇晨	王国栋	王　浩	肖　骁	谢枫铭
徐镇涛	严　庆	杨　昊	杨泽国	杨　卓	尹海超
于米提·尼加提	余梓涵	曾海理	张鹏飞	张云浩	赵飞亚
曾宇田	赵伊恒	陈　曦	佟　伟	李思言	李建杰
庞小朋	刘　鑫	李荣杰	熊　鑫	陈　靖	陈俊浩
邓人玮	董天文	黄　湛	焦自嘉	李诗康	李威峰
梁景冬	刘　星	马子皓	蒙　城	欧耀权	强小春
石雪松	覃顺一	王　臣	王同贺	吾什但	武江民
杨　涛	余函文	张超贤	张　潇	赵常青	赵晨旭
甄宏亮	周鸣瑞	朱泽行	訾　帅	吴　昊	王荣垲
王天亮	陈　闯	丁锃霖	高宏宇	侯长余	靳晓忠
李俊伟	李龙军	刘鹏辉	刘帅男	钱济东	钱星宇
秦海勇	权凯军	石小雨	宋福强	苏发宇	唐嘉杭
王　璐	王一彪	吴　舍	谢健宁	谢素娴	张安虎
张军韬	张　宁	赵子健	肖海波	曹万贵	陈文龙
池亚达	樊　怡	郭昭涵	何泓樟	华剑男	孔垂刚
李　钰	刘志华	马善意	孟明明	乔　傲	屈梦叶
孙敬滨	徐　靖	张丹霞	张青松	张宇宏	周建设
周仕雄	朱智斌	张鹏杰	罗　元		

计算机系

陈剑水	陈泽坤	旦增顿珠	董朝晖	方蔚金	付彦铎
苟启智	李凯宇	李祥兴	廖里红	林　健	刘　冬
司冰茹	孙　阳	王可欣	王　希	王小玉	西艾里·热依木江
徐敏夫	杨　杰	于年鑫	袁辰雨	张　冉	朱云佳
蔡建颖	邓晋宇	宫　婷	郭　浩	韩伟鹏	贾中翔
赖颢文	李东初	李佳琛	李君杰	李思琪	李宣佚
马文凯	毛帅男	石凯迪	王臣厚	王健兴	韦凤梅
吴泽妃	杨书城	叶新宇	岳建任	张世伟	张　鑫
赵东东	程经纬	崔宝京	段刚强	段西宁	贺秋萍
黄　靖	李秋颖	蔺子卿	刘　聪	刘志强	蒙铭钊
曲洪泽	权盼盼	田吴子健	肖宇宸	姚承熙	尹　泰
张璐珈	张小童	张益川	赵雨青	郑训杰	周　侠
周晓伟	朱良杰	朱依依	赵沛先	代益江	丁　菲
胡安东	胡萌洋	蒋　榕	李晨阳	李　成	李　达
李普阳	李依宾	刘　畅	刘逸东	宋佳昊	覃文杰

续表

王日昱	王瑞琦	王玉琰	王子渊	魏定宁	吴莎莎
徐 威	杨承龙	杨皓琪	杨铮恺	张诗琦	张亚飞
周 彪	明 曦	边立瑶	杜张宝	耿芳东	贾泽辉
焦晓岩	康嘉晨	李官兵	李金铄	李俊威	李姝琦
吕晓松	罗一凡	马志远	孟竞赛	申昕仪	石 超
宋姝慧	苏泽梅	王 迪	向 东	许 磊	许王哲
张浩楠	张经才	张顺生	张跃敏	赵 杰	周 辉
周靖淞	朱兆珩	冯子龙	张再鸣	张 恒	陈得恩
陈 歌	陈文聪	陈胤达	董英帅	付利祥	葛云洁
郭英芸	黄宇佳	黄振菊	霍丽娟	李保辉	李朝霞
李培桢	李 仰	刘天阳	龙潇宇	毛雨杨	牛 聪
覃珏斐	王 凯	王 雨	夏鹏勇	杨丹旭	杨正田
于 弈	张子钊	朱亚强	陈开举	陈文新	杜 阳
樊冬颖	金佚钟	来 雪	李林阳	林 浩	凌振栩
梅 鹏	苏 鹏	王俊生	王武韵	魏君洋	吴 诚
肖阳光	谢东磊	杨孟范	杨 霞	张 帅	张 尧
张宇辉	郑凯玄	陈鸿雁	陈 智	方 鸿	郭尚文
郭树一	韩明学	刘林彬	罗 茜	马建文	马金瑞
孟庆宇	潘建华	彭 伟	宋 婧	孙 远	唐泉生
王 存	王 辉	王阳阳	魏丹妮	吴语玺	杨岑达
杨张妍	袁 思	张 策	张凝皓	郑文洁	钟 杏
朱智光					

经济管理系

胡香华	艾斐冉·波拉提	曹雨微	崔子薇	杜沛霖	冯姝婷
冯雪飞	龚国飞	郭亚宁	黄菁菁	贾钦婷	江丽媛
李天潇	李 田	廖树格	林 瑾	卢梦雨	马楚健
米金辉	秦照良	孙敬文	田 诗	仝 庆	王 伟
王小宇	王晓晴	王 者	伍振鹏	夏博文	张 昊
张金行	张 帅	陈莹莹	孙宇星	杜攀红	李若晰
陈浩翔	党建荣	杜德超	杜禹成	樊恒为	方 宁
高佳玉	郭金亮	黄景怡	李朗云	陆浩然	吕 筱
马红媛	乔新娜	任伊琳	荣 壮	宋丹丹	王国忠
王婧妍	王可昕	王廉茹	胥智溢	徐 欣	杨晓燕
叶鹏飞	张 杨	周静涵	周利易	陈攀宇	韩 婷
郝亚男	胡文虎	李 恺	梁玉杰	沈佳彬	孙金婷
田 璐	汪晓萱	魏海燕	吴晴雯	徐志炜	杨秋霞
姚文佳	尤先进	张德民	张海凤	张宏烨	张佳珏

续表

赵凤群	周　盛	周小洁	邹梦瑶	郑顺元	陈　琳
边　烁	邓璨明	高瑞清	郭怡然	洪　阳	黄根若
李高旻	李　昊	李睿玲	李思佳	李思卓	李　莹
梁　岳	刘家琦	栾　雪	潘继璇	石佳硕	唐金婵
汪子君	汪子璇	王博文	王祯祥	武　斌	徐士雅
杨佳钰	伊帕尔克孜·艾买提	张一雪	赵　鹏	朱易珍	白　月
陆梦迎	李路阳	张雯静	郑佳佳	陈金映	董泽源
陈静远	陈　珂	陈诗婷	邓若晖	丁义政	谷　悦
韩菲菲	胡梦蝶	吉春霖	李洁清	李孟珏	刘诗涵
刘晓宇	刘增来	马琪薇	孟繁玉	彭丹梅	秦洁玉
田兆颀	王梦宇	王盈盈	熊婉琦	徐浩楠	杨丰宁
战馨雨	张英璐	祝建梅	程勇杰	唐旭东	周海轩
戴鸿熙	何俊逸	黄晨怡雪	江佳文	姜浩臻	康　宁
李　菲	陆君闻	罗　兰	马　喆	倪永俊	宁　静
祁　楠	王　晶	王　明	吴皓月	谢金玉	杨秀棋
曾梓豪	张健修	赵玲清	赵美齐	陈大可	冯凌姝雅
伏圣章	关天宇	侯丹凤	冀　艳	李嘉星	李晓亮
刘　谦	刘梓帆	苏　程	孙　启	王梦圆	王　维
王子铭	肖铁城	邢志豪	杨浩娟	易梦馨	扎西区批
赵　强	周成秀	周静鑫			

数理系

陈胤川	邓　彬	杜　婧	高　勇	郭倩颖	胡思佳
黄　松	李睿轩	李逸鸿	刘江涛	任晓琛	陶鸿园
王齐奇	王双坤	王欣月	王雨薇	韦财金	魏道鑫
徐　舒	袁婧婕	张瀚铭	张泽路	赵云鹏	郑　文
傅宏斌	范婷婷	高铭鸿	高　然	衡九阳	胡　倩
黄佳新	黄俊雄	姜　力	蓝贵才	李婷婷	刘常安
倪　珉	史雨蔚	宋永康	苏琦然	谭　彬	谭有为
王亚娟	王之艺	杨宗霖	于心悦	张丽楠	张洛雨
张燕茹	支链钦	周　雪	朱夏阳	祝旭栋	车　惠
程文宇	方　溢	付邵春	何德刚	黄宝强	黄新宁
姜腾腾	解佳腾	李昭鹏	林俊哲	刘海富	刘星辰
刘泽宇	彭锦锦	谭佳璐	王亭鸥	王志腾	张冰晔
张红杨	张　雨	赵娴英			

英语系

顾雨帆	郭珊彤	郭晓曼	郭雪文	何慧梅	胡慧娴

续表

李君怡	刘洪泽	刘诗琦	刘思琦	邱乐杰	申　园
孙永美	谭　斌	唐爱媛	涂懿桓	温雅文	武昕瑜
闫　莉	阎龙霞	杨瑾瑜	张红玲	张云婷	周冰倩
左小杭	程紫琦	韩雅琪	何林佳	李　玉	林昀姗
刘友月	邱思月	王佳璐	王　婷	韦　鼐	吴其俊
吴梓伟	于　颖	张晶晶	张晓芙	张颖超	赵　霜
周若帆	朱娇阳	冯健航	高　珊	金艳洁	李　聪
李迪博	廖艳秋	刘逸舟航	刘园园	龙文慧	吕高翀
罗　珊	马玉梅	王玮康	王　怡	吴禹涵	吴玉雪
徐亚丽	杨莉媛	张思萌	周文琮		

自动化系

阿地力江·买吐送	保万荣	陈集思	陈兴琛	郜明川	巩　磊
郭佳跃	黄蕾嘉	匡南宇	刘　康	刘玉洁	龙雅芸
乔进富	田　路	屠志杰	王亚松	文　淏	辛博睿
姚　链	张倩怡	张书瑶	赵　蕾	晏　勇	巴代·巴亥
保书棋	崔茗帅	冯雪凯	付尚琦	何金宇	李　磊
李媛媛	刘璐璐	罗熙薪	汪　康	王　琪	王哲胜
吴　震	徐家凯	杨　春	杨　旭	张　晨	张国斌
赵柏霖	赵一帆	赵　晶	阿不都拉·肉孜	程　鑫	崔博琳
崔琳琳	旦增贡布	冯　媛	伏春辉	侯　哲	黄元铿
江晶焱	解千智	亢美琪	梁　波	林凡太	牟含笑
裴月猛	冉启波	陶松毅	韦建亨	魏聂童	徐鹏斌
乙　辰	原智杰	张艳超	母润宏	李　渤	舒湘杰
袁　野	朱　宇	达娃土旦	胡晓旭	高天姿	陈　锐
郭勇进	何　平	江　柳	栗锐遥	廖祎涵	吕　涛
曲金磊	王梦珺	王　伟	魏梦扬	谢志邦	熊　镭
徐晓宇	徐一平	杨正宇	杨紫藤	张天成	张　旭
周　天	陈　婕	陈时壮	邓梓鹏	关　健	郭亚舟
靳浩元	雷宏胤	李　帆	李　荣	刘雅欣	马靖宁
邱梦雅	田　庆	许梦凡	闫世昕	杨　昊	叶燎野
张鹏涛	周子琪	诸葛雪迎	郭海通	丁梦婷	冯文瑞
高　醇	郭　辉	郭　强	何婷婷	何珍谊	黄明伦
李　凯	刘艳艳	麦麦提江·阿布力克木	任端福	商　聪	谭紫璇
涂金棚	王聪慧	谢文清	于发印	张　丙	张皓楠
张　强	郭绮心	柏云春	包端华	陈佳政	崔慧英
郭腾飞	胡正中	李广亭	李俊辰	李祺祺	刘　可

续表

马天雨	牟甜鸽	吴庆泽	吴　潇	谢康佳	张林茹
赵　欣	朱聪迪	朱珂言	刘汇仁	蔡国源	陈舒曼
刘雪菲	陈　柯	崔雨小	代　浩	范文迪	贺东旭
孔　硕	李春云	李　亮	李韶璇	梁　航	梁天堡
林雨轩	刘金明	刘　淇	刘　岳	牟亚雪	田晨雨
姚　葭	于广勤	于闻歌	赵　斌	郑茗友	周天宇
朱宇翔	徐万雄	王　前	冯大宽	张春雪	王卓群
王　琳	李亚南	凌奥骅	彭羽瑞	石嘉豪	卫星光
谢　镇	孙皓钧	王文钦	王　旭	郭迈豪	秦任健
任昱杰	石　轲	王子杰	徐筱萌	张琮委	丁　鹏
史德金	史逸雪	王宇涛	郭晓阳	黄安可	刘振宇
龙　鑫	徐　健	朱富明	汤香誉	徐兴明	

（教务处　提供）

奖励与表彰

华北电力大学2019届省市级优秀毕业生名单

（北　京　市）

电气与电子工程学院（共35人）

唐　叶	陈　倩	王姝彦	蒋纯冰	李钰洋	宋明樾	陈刘东
李晨晨	李竹青	虞宋楠	刘　晨	刘家豪	高晨祥	刘雪涛
陈心怡	韩释瑶	吴思航	刘中建	张文璟	林　欣	彭　意
冯　斌	石　岩	谭　露	乔登科	郇政林	余少琪	何伟严
洪　霄	方　楠	朱晶菁	吴　婵	任春频	余开媛	元海霞

能源动力与机械工程学院（共23人）

丁　岩	于晨阳	刁浩楠	方　浩	司起步	刘彤宇	刘宏雄
齐英男	许汇锋	许家鸣	孙　哲	李文志	杨瀚文	吴昀辉
吴鸿晖	陈　锐	林园铖	赵　兴	聂亚洲	海正刚	韩翔宇
景增明	文　良					

经济与管理学院（共23人）

王思雅	曹可如	张豆豆	刘洪帅	陈艺丹	程晓彬	高蕙雯
刘振华	马　堃	伊良骏	邵一馨	董　佳	葛馨璟	李婉莹
吕思妤	张美娟	陈雅轩	杨　阳	付雅芮	周泯含	邓忠清
黄　菊	贾寰宇					

续表

控制与计算机工程学院(共22人)

梁寒玉	张艺佳	谢锐彪	刘玉珍	李晓坤	余照国	方静宜
苏惠琳	钟智超	周帅宇	周鹏威	蔡　玮	谌文澜	唐逸文
阮景晴	郭楠楠	赵易如	范勋峰	李　彤	陈品东	林怡静
宇文天悦						

可再生能源学院(共13人)

许可依	苏　豪	吴　琦	王昕鑫	钱锐锋	焦立国	谢文銮
张　佳	程　曦	戴冰清	郭明业	张　超	刘本玉	

人文与社会科学学院(共9人)

蒋美佳	吕曼青	邓　丽	饶　臻	靳宇晖	郭懿萱	潘　悦
刘苏雯	李甜甜					

外国语学院(共2人)

田雨晨	朱　音

数理学院(共3人)

符佳宏	邱健珲	柏爽爽

核科学与工程学院(共6人)

张华夏	陈秋香	刘朋杰	王　彧	王潇萃	李雨来

国际教育学院(共4人)

周瑀涵	李黛睿	田梦园	王　闯

环境科学与工程学院(共2人)

王路瑶	吴亚洲

(河　北　省)

电力工程系

余小梦	梁芷睿	王蔚卿	李凤丽	齐小涵	张煌竟	陈思佳
林安妮	白雪儿	李奕颖	赵文天	王枭枭	胡怡霜	白　阳
杨　斌	张　玉	马云凤	马　显	徐　媛	任　斌	尹钧毅
张　欣	陈濛迪	杨依睿	张晓磊	赵一名	李　梦	宋美琪

电子与通信工程系

徐晓禹	王　浩	付玲枝	安茜雯	韩　竞	郭子裕	汪莞乔

动力工程系

孙　琦	孟　冲	刘　洋	董　宁	牛广硕	宋佳桐	李依霖
朱烨璇	牛　凡	李树伟	刘明恺	杨　锟	李济东	费　龙
刘　贝	管逸鹏	于泽田	张　蓓			

法政系

高　婕	庄　冉	艾丽娜	郑翩翩	杜涵蕾

续表

环境科学与工程系

李丹阳	王云阳	张　贺	蒙俊霖	李颖雪	孙晓慧	邢　磊
陈承涛	翁小玉					

机械工程系

田艺琼	朱天陆	闫保如	邓泽奇	黄旺旺	朱　丹	孙悦欣
柳　喆	季倩倩	张　斌	李志向	冯文韬	陈佳莉	王科登
史烨禾	李　闻					

计算机系

李晓珊	李辉年	李承阳	张瑞祥	刘建春	孟　欢	钟昊文
金　祥	任清清	张奥博				

经济管理系

王琪雅	韩　凝	闫佳堃	余兴锦	许　彪	林垚钰	王雯敏
裴天韵	徐小东	金　易				

数理系

霍晨鹏	牛　犇	纪春洋	王祥念

英语系

白　雪	苗蕊蕊

自动化系

李雅晶	张　玲	王安琪	刘　浪	李欣格	宋　悦	高旋畅
王　萃	柴佳能	田思佳	姜　炜	邵　丁		

（学生处　提供）

华北电力大学2019届校级优秀毕业生名单
（北　京　校　部）

电气与电子工程学院(68人)

唐　叶	陈　倩	王姝彦	蒋纯冰	李钰洋	宋明樾
陈刘东	李晨晨	李竹青	虞宋楠	刘　晨	刘家豪
高晨祥	刘雪涛	陈心怡	韩释瑶	吴思航	刘中建
张文璟	林　欣	彭　意	冯　斌	石　岩	谭　露
乔登科	郇政林	余少琪	何伟严	洪　霄	方　楠
朱晶菁	吴　婵	任春频	余开媛	元海霞	施又丹
张广毅	陈雨甜	刘佳言	章家欢	李　志	康静雅
李卓耘	蒿　翰	王子涵	富梦迪	葛浩浩	梁沁雯
周子涵	李睿智	杨光照	陈明昊	韩泽萱	闫书赫
李华东	杨鑫慧	郁　媛	张茗洋	李洪裕	马丽雅
王子钰	黄惠娟	蒋　凯	计远帆	郭以重	王秉宸
郭陟峰	褚　璐				

续表

能源动力与机械工程学院(44 人)

丁　岩	于晨阳	习浩楠	方　浩	司起步	刘彤宇
刘宏雄	齐英男	许汇锋	许家鸣	孙　哲	李文志
杨瀚文	吴昀辉	吴鸿晖	陈　锐	林园铖	赵　兴
聂亚洲	海正刚	韩翔宇	景增明	丁琰妍	王鹤潼
文　良	叶家辉	吕来权	刘政昊	孙　宁	李　丹
李　斌	杨　董	沈　园	张天宇	周锡山	孟含笑
胡生民	秦　天	耿俊杰	黄廷恩	黄淦彩	曹文静
葛仕贤	霍　达				

经济与管理学院(46 人)

王思雅	曹可如	张豆豆	刘洪帅	陈艺丹	程晓彬
高蕙雯	刘振华	马　堃	伊良骏	邵一馨	董　佳
葛馨璟	李婉莹	吕思好	张美娟	陈雅轩	杨　阳
付雅芮	周泯含	邓忠清	黄　菊	贾寰宇	朱彦恺
任紫芸	贾克勤	胡淑然	谭彩霞	徐成珍	卢　欢
张　帆	樊伟光	潘　阳	李　浦	付梦瑶	朱冬冬
厉松芮	吴淑慧	黄意津	刘吉力	王　星	徐嘉兵
荀　健	郭纳言	朱衍磊	周雨凝		

控制与计算机工程学院(44 人)

梁寒玉	张艺佳	谢锐彪	刘玉珍	李晓坤	余照国
方静宜	苏惠琳	钟智超	周帅宇	周鹏威	蔡　玮
谌文澜	唐逸文	阮景晴	郭楠楠	赵易如	宇文天悦
范勋峰	李　彤	陈品东	林怡静	邓子琦	宋淑婕
张粹玲	张睿娇	赵英卓	漆　涛	操菁瑜	禹建芳
卓文琦	王雨桐	冯士贤	唐瑜璐	朱　政	马永华
可　寅	章郁桐	庞　珍	邓　开	袁佳昕	刘　辉
马叶桐	陈晰颖				

可再生能源学院(26 人)

刘本玉	马　晶	苏　豪	王新澜	许可依	马星辰
吴　琦	左峥瑜	王昕鑫	伊菊霞	张振宁	钱锐锋
周新越	焦立国	梁　蕊	谢文銮	徐珍瑶	张　佳
蔡爱玲	程　曦	戴冰清	郭明业	张玮玮	赵正阳
林小楠	张　超				

人文与社会科学学院(16 人)

蒋美佳	吕曼青	邓　丽	饶　臻	靳宇晖	郭懿萱
潘　悦	刘苏雯	朱晓宁	蒋良竹	常铃敏	杨忠来
金伟军	黎　想	原靖凯	艾　婷		

续表

外国语学院(4人)

田雨晨	朱　音	王琳筠	许瀚文		

数理学院(7人)

符佳宏	邱健珲	柏爽爽	王　翔	侯天赐	王　雷
荀港益					

核科学与工程学院(12人)

张华夏	陈秋香	刘朋杰	王　彧	王潇萃	李雨来
刘昱中	张旖旎	彭心富	李聿容	梁江涛	蓝文鸿

国际教育学院(8人)

周瑀涵	李黛睿	田梦园	王　闯	张星宇	刘昕宇
牛妍舒	陈熙琳				

环境科学与工程学院(4人)

吴亚洲	王路瑶	蒲曾鑫	张恩耀		

(保　定　校　区)

电力工程系(57人)

蔡广燚	周儒畅	刘明杰	甘萌莹	李朋飞	柯　松
马子儒	黄　强	王禹琪	刘招成	张燕荣	杨美颖
陶柳妃	闫泽辉	吕　品	韩　栩	王　克	史泽南
黄逸帆	刘嘉硕	陈　喆	徐　哲	管西燕	乔　鑫
侯来运	赵晓君	朱　媛	肖钟秀	侯赟艺	李欣宜
王加浩	宋嘉湄	裘森悦	王权圣	李嘉靓	廖芷燕
马茗婕	陈　悦	肖兆杭	秦　开	安文宇	张　正
李梦婷	夏　寒	陈媛媛	郭志博	汪　欣	张泽乐
高　勇	鲍　晴	刘恩宏	孙钊栋	李克难	吴若伟
官佳源	傅嘉威	李　沙			

电子与通信工程系(11人)

荆　森	范新宇	杨　勇	李盼盼	李静雅	李晶晶
燕艺薇	许智军	魏银红	韩　松	吴志鹏	

动力工程系(30人)

刘　续	李凡一	杜立文	王茗萁	宋　蕾	赵娅楠
高群翔	孙向阳	李俊杨	王建斌	耿世福	刘攀笏
周琼阳	崔永赫	许子倩	章　鑫	韦虹宇	韩　雪
梁晓欣	朱家伟	傅　佳	陈睿琳	铁　渊	郭泽峰
张志伟	陆帅伉	谢千山	王　崴	吴　翔	刘正洋

法政系(10人)

张骥韬	杨　澜	吴　越	吴康杰	史惠卿	刘　艳
蒋浩琛	何泳佳	苗振钢	张琳悦		

续表

国际教育学院(10 人)

李佳欣	马　婕	张雨萌	李　泽	刘兆宸	李金雨
宋晨铭	陆晓星	周　易	高雪倩		

环境科学与工程系(16 人)

户家宝	于彰淇	才铁名	徐　帆	王柏鑫	梁宇豪
王治茹	高　敏	陆悦江	刘　洁	荆润秋	张紫微
胡　婷	赵朴臻	黄倩晖	景晓云		

机械工程系(30 人)

王娅宁	孙　悦	邵常焜	王凌飞	赵家佑	陈　靖
董天文	李诗康	王　臣	何泓樟	岑添添	王茂政
杜　晓	姬雅晴	李　洁	赵伊恒	符明恒	张博剑
张　跃	刘东兵	李金洺	王国栋	李　程	赵佳伟
郝洪策	祁朋园	苏　浩	权凯军	孙敬滨	阳庆林

计算机系(16 人)

司冰茹	李依宾	马志远	郑凯玄	朱亚强	刘林彬
李宣佚	贾中翔	刘　畅	刘　聪	葛云洁	夏鹏勇
李思琪	刘天阳	杨正田	郭树一		

经济管理系(21 人)

孟繁玉	战馨雨	张英璐	韩菲菲	倪永俊	易梦馨
方　宁	陈莹莹	乔新娜	张宏烨	陆梦迎	刘家琦
王梦宇	杨丰宁	赵美齐	李若晰	吴晴雯	郝亚男
王晓晴	赵玲清	孙宇星			

数理系(8 人)

高　勇	范婷婷	刘常安	黄宝强	王欣月	袁婧婕
胡　倩	张燕茹				

英语系(7 人)

周冰倩	赵　霜	李　聪	刘思琦	刘逸舟航	周若帆
林昀姗					

自动化系(20 人)

杨　旭	梁天堡	张书瑶	彭羽瑞	徐兴明	吕　涛
江　柳	崔慧英	蔡国源	原智杰	诸葛雪迎	刘雅欣
胡潇如	王梦珺	杨紫藤	冯　媛	牟含笑	亢美琪
靳浩元	李　荣				

(学生处　提供)

华北电力大学2019年优秀博士学位论文名单

序号	姓名	学科	导师	论文题目	备注
1	陈鹏伟	电气工程	肖湘宁	新能源配电网不确定性潮流区间分析方法研究	
2	袁之康	电气工程	屠幼萍	高湿环境下复合绝缘子材料劣化特性及机理	
3	葛　扬	电气工程	苑津莎	冲击电压下纳米改性变压器油中电荷输运机理的研究	
4	付鹏宇	电气工程	崔　翔	压接型IGBT器件子模组封装的放电特性及机制研究	
5	张鹏宁	电气工程	李　琳	复杂工况下软磁材料磁致伸缩特性与电力设备铁心振动研究	
6	陈　晨	电力系统及其自动化	王海风	并网DFIG风电场引发电力系统次同步振荡开环模式谐振机理	
7	王东来	电工理论与新技术	卢铁兵	高压直流输电线路邻近复杂物体时的离子流场特性研究	
8	张　衡	热能工程	陈海平	聚光光伏/光热一体化三联供系统开发与应用研究	
9	刘月超	热能工程	姜根山	炉内管阵列中的泄漏源声辐射与传播特性研究	
10	杨维结	热能工程	阎维平	碳基单原子铁催化剂催化氧化燃煤烟气NO和HgO的研究	
11	尹文良	动力机械及工程	芮晓明	差动调速型风力发电系统的传动特性与控制策略研究	
12	曹正锋	动力机械及工程	夏延秋	导电润滑剂的制备及其载流摩擦机理研究	
13	任领志	管理科学与工程	赵新刚	基于共同利益博弈的绿色证书交易策略行为与契约设计	
14	杨　乐	技术经济及管理	闫庆友	不完全竞争市场下企业技术创新与技术许可策略研究	
15	梁　毅	技术经济及管理	牛东晓	京津冀地区电能替代潜力预测及优化管理研究	
16	刘卫亮	控制理论与控制工程	刘长良	家居型风光储微电网能量管理优化与运行控制技术研究	
17	崔　鹏	可再生能源与清洁能源	李美成	钙钛矿材料自掺杂特性及器件设计研究	
18	狄尊燕	核电与动力工程	王志刚	标量和赝标隐粲四夸克态以及其它相关强子质量谱的研究	
19	陈　彬	电气工程	李　琳	高压大容量高频变压器电磁特性与优化设计方法	
20	陈　亮	热能工程	王春波	循环流化床锅炉炉内石灰石同时煅烧硫化的反应特性研究	
21	洪　烽	控制理论与控制工程	刘吉臻	基于蓄能深度利用的循环流化床机组动态优化控制	
22	刘　吉	可再生能源与清洁能源	董长青	煤热解生成NO_x污染物前驱体的机理研究	
23	刘慧敏	动力工程及工程热物理	王春波	煤粉恒温燃烧砷挥发特性及一种新的砷化合物反应动力学参数确定方法	河北省优秀博士学位论文
24	孙玉巍	电气工程	刘教民	级联式电力电子变压器控制技术研究	河北省优秀博士学位论文

华北电力大学2019年优秀硕士学位论文名单

北京校部:58篇

序号	姓名	学科	导师	论文题目
1	杨　泉	电工理论与新技术	皮　伟	10KV三相同轴高温超导电缆的绝缘研究
2	孔伉伉	电机与电器	詹　阳	水轮发电机阻尼绕组横向漏电流分析
3	朱思丞	电力系统及其自动化	赵成勇	含故障限流装置动作的柔性直流电网故障保护协调配合策略
4	张　涛	电力系统及其自动化	董　雷	基于电力电子变压器的交直流混合配电网互补优化
5	殷子寒	电力系统及其自动化	郭春义	LCC-MMC型混合直流输电系统的小信号稳定性研究
6	赵锡正	电力系统及其自动化	齐　磊	500KV直流断路器半导体组件杂散电感影响及优化研究
7	胡一丹	电力系统及其自动化	王银顺	类比特高温超导磁体多脉冲场磁通泵励磁研究
8	宫　琦	电气工程	王志强	主动配电CPS可靠性评估
9	曹宇平	电气工程	徐衍会	风电次同步振荡机理研究
10	董文妍	电气工程	王　伟	基于分子动力学的变压器油纸间水分迁移研究
11	李隐飞	电气工程	卢铁兵	交直流并行导线电晕电流耦合特性分析
12	李海冰	电气工程	卞星明	导线表面细颗粒物积聚的模型及实验研究
13	赵　剑	电气工程	郭春义	混合双馈入直流输电系统的小信号稳定性研究
14	庄舒仪	电气工程	齐　郑	基于母线注入信号的混合配电网单相接地故障精确定位方法
15	李泽坤	电子与通信工程	孙　毅	计及需求侧柔性负荷资源的电力系统低频减载策略研究
16	刘利亚	信息与通信工程	祁　兵	面向非侵入监测的居民负荷建模与分解技术研究
17	卢　超	信息与通信工程	李　彬	基于预置圈的电力通信网生存性研究
18	冯俊豪	信息与通信工程	周振宇	基于终端直通通信的内容分发研究
19	杨　洋	信息与通信工程	唐良瑞	基于级联失效的复杂网络可靠性分析
20	孙　倩	材料科学与工程	吕玉珍	纳米TiO_2形貌与表面修饰对陷阱态的影响规律研究
21	裴欣彤	材料科学与工程	陈克丕	高熵氧化物的制备与性能
22	李国庆	动力工程	何　青	先进压缩空气储能系统动态建模仿真与运行控制研究
23	何兆禹	工程热物理	杜小泽	斜温层相变蓄热实验研究
24	罗　耿	热能工程	杨勇平	定日镜控制策略和方法的理论研究与实验分析
25	茹　宇	热能工程	肖海平	燃煤烟气中碱性金属硫酸盐对SO_3生成的影响
26	晋若男	热能工程	杨立军	机械通风直接空冷系统流动及传热性能优化
27	黄吉光	热能工程	陈海平	聚光光伏/温差(PV/TEG)一体化发电系统热电性能研究
28	黄玉晶	工业工程	王永利	基于需求响应的区域综合能源系统能量优化管理与控制
29	何丹丹	管理科学与工程	刘吉成	风电-储能价值链节点优化选择与利益分配模型研究
30	李玲闻樱	管理科学与工程	乌云娜	海上光伏发电项目投资风险分析及评估模型构建
31	王　璟	管理科学与工程	乌云娜	低碳视角下垃圾焚烧发电项目选址决策研究
32	戴舒羽	技术经济及管理	牛东晓	基于数据挖掘的电网投资需求预测模型研究
33	赵伟博	技术经济及管理	牛东晓	京津冀协同发展下的区域电网负荷特性分析及预测研究
34	徐尔丰	技术经济及管理	刘敦楠	基于A3C强化学习的电力市场发电商报价策略研究

续表

序号	姓名	学科	导师	论文题目
35	杨晓宇	物流工程	郭晓鹏	北京市焚烧发电垃圾"收-储-运"系统优化研究
36	张　月	计算机技术	关志涛	能源互联网中数据隐私保护方法研究与应用
37	王艺萌	计算机应用技术	李元诚	具有隐私保护的深度学习人脸识别研究
38	马　雪	检测技术与自动化装置	杨锡运	马尔可夫链法及其在风电功率概率性预测中的应用
39	程旭峰	检测技术与自动化装置	闫　勇	基于静电法和超声法的流化床内湿度和流体动态特性测量
40	王彦蕴	控制工程	王震宇	基于深度学习的跨视角步态识别研究
41	梁宇博	控制工程	韩晓娟	分布式储能系统优化控制方法研究
42	席亚菲	控制工程	钱殿伟	多机器人系统的微分积分终端滑模编队控制研究
43	张效宁	控制理论与控制工程	房　方	区域光伏功率概率预测方法研究
44	孙　阳	控制理论与控制工程	王　玮	热电联产机组快速变负荷控制研究
45	王奕枫	控制理论与控制工程	张文广	风力机智能叶片气动性能仿真研究
46	李少鹏	系统工程	师瑞峰	含分布式能源与 V2G 的微网鲁棒优化调度研究
47	郭浩强	动力工程	陆　强	基于 HZSM-5 分子筛催化剂催化裂解生物质制备单环芳烃的研究
48	ZULQAR NAIN	可再生能源与清洁能源	戴松元	溶剂工程辅助技术制备低温钙钛矿薄膜
49	武　英	可再生能源与清洁能源	刘永前	风电机组尾流二维解析模型研究
50	梁　烨	辐射防护及环境保护	吴　英	低能正负电子致 Pb 和 Bi 的 M 壳层特征 X 射线产生截面的测量研究
51	刘　军	核能科学与工程	马　雁	小型堆安全壳冷却水池的流动传热研究
52	褚振华	环境工程	李　鱼	兼具低雌激素活性与环境友好型的 PBDEs 的分子修饰与机理研究
53	张晨璐	环境工程	王祥科	模板制备的介孔材料对铀的吸附性能研究
54	陈　怡	外国语言学及应用语言学	李丽君	欧亨利短篇小说的主位及主位推进模式的汉译研究
55	李　萍	应用数学	王　雷	非线性 Schrodinger 型方程中调制不稳定性分析与非线性波激发模式
56	张俊霞	应用数学	杨晓忠	时间分数阶反应一扩散方程若干差分方法的数值分析
57	马圣楠	应用统计	张化永	基于耦合网络的离散捕食系统斑图和复杂动力学研究
58	ZULFIQAR ALI	可再生能源与清洁能源	陆　强	燃煤电厂商用 SCR 催化剂重金属中毒研究

保定校区:41 篇

序号	姓名	学科	导师	论文题目	备注
1	齐　拯	电工理论与新技术	梁贵书	三元次分数阶电路的多变量域无源综合方法研究	
2	晋志明	电力系统及其自动化	赵小军	非正弦激励下变压器非线性电磁场的频域算法研究	
3	胡　灿	电力系统及其自动化	王　毅	直流配电网中 MMC 的控制技术研究	
4	黄　敏	电力系统及其自动化	戴志辉	环状直流配电网的继电保护方案研究	
5	刘　佳	电力系统及其自动化	马燕峰	大规模风电接入的电力系统小干扰稳定及控制方法研究	
6	蔡波冲	电气工程	武玉才	无刷励磁机旋转整流系统典型故障的在线检测方法研究	
7	张展耀	电气工程	王　飞	基于深度学习理论的光伏功率短期预测研究	
8	梁少栋	电气工程	谢　庆	环氧树脂及其纳米复合材料结构与热力学特性的 MD 模拟	
9	甘汶艳	电气工程	谢　庆	纳秒脉冲驱动下表面介质阻挡放电特性研究	

续表

序号	姓名	学科	导师	论文题目	备注
10	高　婷	高电压与绝缘技术	梁　英	复合绝缘子用硅橡胶在电场和温度作用下的微观结构演化进程研究	
11	姚源斌	信息与通信工程	李保罡	无线通信中主动式合法监听方法研究	
12	张湘珊	动力工程	叶学民	加热表面上液滴三相接触线的动态特性	
13	徐江鑫	动力工程	杨薛明	超临界 $H_2O/CO_2/H_2$ 混合工质粘度性质的计算模拟研究	
14	李明晖	工程热物理	高正阳	飞灰中未燃尽碳及氧化钙表面吸附砷的机理研究	
15	曹应平	机械工程	张新春	架空导线表面损伤特征及其对电晕特性的影响	
16	梅中恺	热能工程	韩中合	基于变透平效率的有机朗肯循环多目标优化	
17	李明兰	热能工程	叶学民	表面弹性和分离压协同作用下的垂直液膜排液过程研究	
18	郭森闯	热能工程	韩中合	先进绝热压缩空气储能系统运行特性分析及优化	
19	张冲冲	工业工程	孙　薇	基于 LSTM 深度网络和改进核极限学习机的短期电力负荷预测	
20	安常乐	管理科学与工程	李　伟	基于多 Agent 模型的碳交易机制对企业减排影响仿真研究	
21	张延伍	技术经济及管理	李　伟	可再生能源政策对发电行业的影响分析	
22	王雨薇	技术经济及管理	孙　薇	基于混沌理论和改进人工神经网络的短期风速预测研究	
23	李春香	产业经济学	武群丽	中国工业行业低碳政策效应及其比较研究	
24	郑腾飞	计算机技术	张少敏	基于可信计算的智能电表信息安全研究	
25	王　恺	计算机应用技术	张少敏	智能电网中奖励需求响应下需求侧隐私保护方法的研究	
26	高永琳	计算机应用技术	程晓荣	基于区块链的安全技术研究	
27	黄　璞	检测技术与自动化装置	姚万业	智能路径规划策略研究及应用	
28	刘　霜	控制工程	王印松	火电机组大型风机特性分析与优化控制研究	
29	陈　瑞	控制理论与控制工程	翟永杰	基于航拍图像的输电线路关键部件故障识别方法	
30	宋亚杰	控制理论与控制工程	张立峰	电容层析成像图像重建算法及流型辨识研究	
31	丁续达	模式识别与智能系统	金秀章	燃煤机组 SCR 系统入口氮氧化物含量软测量方法研究	
32	向亚军	工业催化	马双忱	高盐废水水泥化固定技术实验研究	
33	武　凯	环境工程	马双忱	梯级利用电厂烟气废热实现脱硫废水零排放技术的研究	
34	张晨红	应用数学	张亚刚	基于风速数据预处理的风电预测新方法	
35	康　超	思想政治教育	屈朝霞	近二十年思想政治教育对象、内容、方法的研究中心及其演变——基于 CSSCI 期刊文献的数据分析	
36	阮浩鸥	高电压与绝缘技术	律方成	纳米 Al_2O_3 与 TiO_2 及其氟化处理对环氧树脂表面绝缘特性的影响	
37	高树彬	管理科学与工程	李　伟	基于集成智能算法中国重工业碳排放达峰路径优化研究	
38	王　琛	电气工程	王　毅	直流配电网的分散自律控制研究	河北省优秀硕士学位论文
39	郑　冰	信息与通信工程	韩东升	面向 5G 无线通信系统的能量域资源分配方法研究	河北省优秀硕士学位论文
40	韩鹏飞	电气工程	李　鹏	含高密度可再生能源的交直流混合微网不确定优化运行	河北省优秀硕士学位论文
41	高　楠	机械工程	向　玲	风力发电机齿轮传动系统非线性动力学研究	河北省优秀硕士学位论文

华北电力大学2019届基层工作毕业生名单

序号	姓名	学院	专业	学号	签约单位	奖励类别
1	钱　勇	电气与电子工程学院	电气工程及其自动化	1152201093	国网宁夏电力有限公司	西部就业
2	旦增曲珍	电气与电子工程学院	电力系统及其自动化	1151180904	国网西藏拉萨检修公司	西部就业
3	于　凯	电气与电子工程学院	电力系统及其自动化	1152201094	内蒙古电力集团有限责任公司	西部就业
4	周芮冰	电气与电子工程学院	电气工程	1152201371	呼和浩特供电局	西部就业
5	王　磊	电气与电子工程学院	电力系统及其自动化	1162201044	内蒙古电力科学研究院	西部就业
6	赵夏瑶	电气与电子工程学院	电力系统及其自动化	1162201053	内蒙古电力科学研究院	西部就业
7	何知遥	电气与电子工程学院	电力系统及其自动化	1162201088	国家电网成都供电公司	西部就业
8	代　悦	电气与电子工程学院	电力系统及其自动化	1162201109	国网四川省电力公司检修公司	西部就业
9	刘　进	电气与电子工程学院	电力系统其自动化	1162201116	广西电网有限责任公司南宁供电局	西部就业
10	张　敏	电气与电子工程学院	电力系统及其自动化	1162201117	国网兰州供电公司	西部就业
11	胡一丹	电气与电子工程学院	电力系统及其自动化	1162201125	国网重庆市供电公司永川供电分公司	西部就业
12	魏一汀	电气与电子工程学院	电力系统及其自动化	1162201133	国网重庆市电力公司	西部就业
13	汪梦寒	电气与电子工程学院	电力系统及其自动化	1162201140	四川省成都市供电公司	西部就业
14	吴　杨	电气与电子工程学院	电力系统及其自动化	1162201147	贵州电网有限责任公司电力调度控制中心	西部就业
15	刁智伟	电气与电子工程学院	电力系统及其自动化	1162201148	国网新疆电力有限公司乌鲁木齐供电公司	西部就业
16	赵　强	电气与电子工程学院	电力电子与电力传动	1162201189	国网陕西省电力公司西咸新区供电公司	西部就业
17	戴念亲	电气与电子工程学院	电工理论与新技术	1162201195	国网陕西电力公司物资公司	西部就业
18	曹占国	电气与电子工程学院	电子科学与技术	1162201205	云南电网有限责任公司电力科学研究院	西部就业
19	徐　鹏	电气与电子工程学院	电子科学与技术	1162201209	国网甘肃省电力公司信息通信公司	西部就业
20	夏　露	电气与电子工程学院	信息与通信工程专业	1162201226	广西电网有限责任公司柳州供电局	西部就业
21	杨　洋	电气与电子工程学院	信息与通信工程	1162201236	国网四川省电力公司信息通信公司	西部就业
22	王恬月	电气与电子工程学院	电气工程	1162201314	成都供电公司	西部就业
23	徐劲松	电气与电子工程学院	电气工程	1162201328	国网宁夏电力公司银川供电公司	西部就业
24	胡　江	电气与电子工程学院	电气工程	1162201341	贵州电网电网规划研究中心	西部就业
25	李　威	电气与电子工程学院	电气工程	1162201346	贵州电网公司贵阳供电局	西部就业
26	王文秀	电气与电子工程学院	电气工程	1162201365	国网陕西省电力公司咸阳供电公司	西部就业
27	苏　敏	电气与电子工程学院	电气工程	1162201372	广西电网有限责任公司南宁供电局	西部就业
28	杨　帅	电气与电子工程学院	电气工程	1162201387	贵州电网有限责任公司电力调度控制中心	西部就业
29	俞永增	电气与电子工程学院	电气工程	1162201391	国网兰州供电公司	西部就业
30	潘　祯	电气与电子工程学院	电子与通信工程	1162201398	贵州电网公司电力调度控制中心	西部就业

续表

序号	姓名	学院	专业	学号	签约单位	奖励类别
31	谭尧木	电气与电子工程学院	电子与通信工程	1162201400	国网四川省电力公司信息通信公司	西部就业
32	何承瑜	电气与电子工程学院	电子与通信工程	1162201426	广西电网有限责任公司电网规划研究中心	西部就业
33	杨山河	电气与电子工程学院	电子与通信工程	1162201433	西安西电电气研究院有限责任公司	西部就业
34	李雨来	核科学与工程学院	核工程与核技术	1131440113	新疆克州基层公务员	新疆专项
35	陈志伟	核科学与工程学院	核工程与核技术	1151440103	中国核动力研究设计院	西部就业
36	海希龙	核科学与工程学院	核工程与核技术	1151440308	核动力院一所	西部就业
37	陈龙江	核科学与工程学院	核工程与核技术	1151440401	中国核动力研究院第一研究所	西部就业
38	朱新培	核科学与工程学院	核工程与核技术	1151440430	中国核动力研究院第一研究所	西部就业
39	欧阳斌	核科学与工程学院	核能科学与工程	1162212003	中国核动力研究设计院	西部就业
40	刘佳艺	核科学与工程学院	核能科学与工程	1162212008	中国核动力研究设计院	西部就业
41	申靖文	核科学与工程学院	核能科学与工程	1162212010	中物院高性能数值模拟软件中心成都分中心(四川中锐信息技术有限公司)	西部就业
42	田晓瑞	核科学与工程学院	核能科学与工程	1162212021	中国核动力研究设计院	西部就业
43	徐梦霞	核科学与工程学院	核能科学与工程	1162212024	中核四〇四有限公司	西部就业
44	李文强	核科学与工程学院	核能科学与工程	1162212025	中核四〇四有限公司	西部就业
45	侯荣彬	核科学与工程学院	核能科学与工程	1162212029	中国核动力研究设计院	西部就业
46	袁　航	核科学与工程学院	核能科学与工程	1162212031	中国核动力研究设计院	西部就业
47	王嘉瑞	核科学与工程学院	核能科学与工程	1162212033	中国核动力研究设计院	西部就业
48	刘凤鸣	核科学与工程学院	动力工程	1162212041	百色新铝电力有限公司	西部就业
49	保广栋	核科学与工程学院	动力工程	1162212042	中核四〇四有限公司	西部就业
50	刘洪帅	经济与管理学院	金融学	1141030109	简致科技(北京)有限公司	自主创业
51	次旦仓决	经济与管理学院	工程管理	1151320103	国网西藏电力有限公司山南供电公司	西部就业
52	王　凯	经济与管理学院	市场营销	1151340120	云南电网有限责任公司普洱供电局	西部就业
53	田海梅	经济与管理学院	会计学	1151350216	宁夏宝丰能源有限公司	西部就业
54	王晓榆	经济与管理学院	会计学	1151350218	乌鲁木齐经济技术开发区(头屯河区)	西部就业
55	黄玉晶	经济与管理学院	工业工程	1162206032	内蒙古电力(集团)有限责任公司	西部就业
56	李　娜	经济与管理学院	物流工程	1162206060	中核四〇四有限公司	西部就业
57	李玲闻樱	经济与管理学院	管理科学与工程	1162206065	国家开发银行四川分行	西部就业
58	范　森	经济与管理学院	管理科学与工程	1162206077	陕西省引汉济渭工程建设有限公司	西部就业
59	曾　颖	经济与管理学院	管理科学与工程	1162206078	国网四川省电力公司绵阳供电公司	西部就业
60	靳春旭	经济与管理学院	管理科学与工程	1162206093	长江三峡设备物资有限公司	西部就业
61	隆竹寒	经济与管理学院	技术经济及管理	1162206122	国网四川省电力公司经济技术研究院	西部就业
62	郭明业	可再生能源学院	水利水电工程	1151420208	西藏自治区党委组织部	西藏专项
63	次仁玉珍	可再生能源学院	新能源科学与工程	1151590603	国网西藏电力有限公司羊八井地热发电公司	西部就业

续表

序号	姓名	学院	专业	学号	签约单位	奖励类别
64	张泽龙	可再生能源学院	可再生能源与清洁能源	1152211032	国网宁夏电力公司	西部就业
65	闫肖蒙	可再生能源学院	可再生能源与清洁能源	1162211001	内蒙古电力经济技术研究院	西部就业
66	温　源	可再生能源学院	可再生能源与清洁能源	1162211007	东方电气集团国际合作有限公司	西部就业
67	高　洋	可再生能源学院	可再生能源与清洁能源	1162211014	国网陕西电力公司渭南供电局	西部就业
68	陆灵骅	可再生能源学院	可再生能源与清洁能源	1162211017	贵州电网有限责任公司遵义供电局	西部就业
69	王建业	可再生能源学院	动力工程	1162211086	中国电建集团西北勘测设计研究院工程建设公司	西部就业
70	马春玲	能源动力与机械工程学院	材料科学与工程	1151130113	中国铁塔股份有限公司宁夏回族自治区分公司－吴忠市分公司	西部就业
71	马金秀	能源动力与机械工程学院	能源与动力工程	1151170131	国家电投宁夏能源铝业有限公司	西部就业
72	文　良	能源动力与机械工程学院	能源动力与工程	1151170520	中共拉萨市委组织部	西藏专项
73	李立坚	能源动力与机械工程学院	能源与动力工程	1151170712	广西防城港核电有限公司	西部就业
74	吴小云	能源动力与机械工程学院	能源与动力工程	1151170822	国电浙能宁东发电有限公司	西部就业
75	孙天一	能源动力与机械工程学院	能源与动力工程	1151170919	特变电工新疆天池能源有限责任公司	西部就业
76	杨万平	能源动力与机械工程学院	能源动力工程	1151171125	国家电投宁夏能源铝业公司	西部就业
77	武怡帆	能源动力与机械工程学院	机械工程	1162202013	中国电力工程顾问集团西北电力设计院有限公司	西部就业
78	晋若男	能源动力与机械工程学院	热能工程	1162202045	中国电力工程顾问集团西北电力设计院有限公司	西部就业
79	苏逸峰	能源动力与机械工程学院	热能工程	1162202068	西安热工研究院有限公司	西部就业
80	王　群	能源动力与机械工程学院	热能工程	1162202090	国家开发银行四川省分行	西部就业
81	代　超	能源动力与机械工程学院	热能工程	1162202093	西南电力设计院	西部就业
82	朱茂川	能源动力与机械工程学院	供热、供燃气、通风及空调工程	1162202120	中国电建集团昆明勘测设计研究院有限公司	西部就业
83	宋庆媛	能源动力与机械工程学院	化学工程	1162202124	西安新捷成世纪信息科技有限公司	西部就业
84	张新宇	能源动力与机械工程学院	动力工程	1162202158	国家开发银行宁夏回族自治区分行	西部就业
85	杨尚东	能源动力与机械工程学院	动力工程	1162202170	中国大唐集团科学技术研究院有限公司西北电力试验研究院	西部就业
86	常海兵	能源动力与机械工程学院	动力工程	1162202173	中船重工（重庆）西南装备研究院有限公司	西部就业
87	乔　越	能源动力与机械工程学院	动力工程	1162202190	中国大唐集团科学技术研究院有限公司西北电力试验研究院	西部就业
88	吴　昊	能源动力与机械工程学院	动力工程	1162202206	中国大唐集团科学技术研究院有限公司西北电力试验研究院	西部就业
89	王修荣	能源动力与机械工程学院	动力工程	1162202207	中国电力工程顾问集团西北电力设计院	西部就业
90	马晓丽	能源动力与机械工程学院	动力工程	1162202223	神华宁夏煤业集团有限责任公司	西部就业
91	刘美香	人文学院	公共管理	1152207024	柳州银行	西部就业
92	马梦纯	人文学院	公共管理	1162207021	甘肃省武威市人力资源和社会保障局	西部就业
93	范婷婷	人文学院	公共管理	1162207028	嘉峪关市发展与改革委员会	西部就业

(保　定　校　区)未找到数据

序号	姓名	院系	专业	学号	签约单位
1	朱思琦	电力工程系	电气工程及其自动化	201601210110	国网四川省电力公司内江供电公司
2	韩　强	电力工程系	电气工程及其自动化	201401000506	内蒙古电力(集团)有限责任公司
3	刘宇豪	电力工程系	电气工程及其自动化	201401001413	国网四川省电力公司南充供电公司
4	吴　敌	电力工程系	电气工程及其自动化	201301001120	贵州电网有限责任公司兴义供电局
5	张天宇	电力工程系	电气工程及其自动化	201301320429	国网四川省电力公司内江供电公司
6	郭东阳	电力工程系	电气工程及其自动化	201401000103	内蒙古电力(集团)有限责任公司
7	李伟杰	电力工程系	电气工程及其自动化	201401000109	国网四川省电力公司资阳供电公司
8	王丙辛	电力工程系	电气工程及其自动化	201401000116	中煤西安设计工程有限公司
9	张天娇	电力工程系	电气工程及其自动化	201401000126	国网陕西省电力公司西安供电公司
10	田昊欣	电力工程系	电气工程及其自动化	201404430121	内蒙古电力(集团)有限责任公司
11	唐兴鑫	电力工程系	电气工程及其自动化	201301000225	贵州电网有限责任公司遵义供电局
12	陈文军	电力工程系	电气工程及其自动化	201401000203	国网宁夏电力有限公司
13	阚梦蝶	电力工程系	电气工程及其自动化	201401000209	国网四川省电力公司眉山供电公司
14	王青越	电力工程系	电气工程及其自动化	201401000218	国网新疆电力有限公司乌鲁木齐供电公司
15	张　浩	电力工程系	电气工程及其自动化	201401000224	国网四川省电力公司南充供电公司
16	陈　稷	电力工程系	电气工程及其自动化	201401000302	国网陕西省电力公司西咸新区供电公司
17	刘宏财	电力工程系	电气工程及其自动化	201401000309	国网青海省电力公司检修公司
18	刘首昂	电力工程系	电气工程及其自动化	201401000311	国网内蒙古东部电力有限公司科尔沁区供电分公司
19	刘晓丰	电力工程系	电气工程及其自动化	201401000312	雅砻江流域水电开发有限公司
20	鲁依娜	电力工程系	电气工程及其自动化	201401000314	国网四川省电力公司凉山供电公司
21	颜冲强	电力工程系	电气工程及其自动化	201401000320	云南电网有限责任公司曲靖供电局
22	叶尔肯别克·阿合力别克	电力工程系	电气工程及其自动化	201401000321	国网新疆电力有限公司阿勒泰供电公司
23	尹兵欣	电力工程系	电气工程及其自动化	201401000322	国网内蒙古东部电力有限公司赤峰供电公司
24	张亚云	电力工程系	电气工程及其自动化	201401000327	中国能源建设集团甘肃省电力设计院有限公司
25	黄　鑫	电力工程系	电气工程及其自动化	201401000405	广西电网有限责任公司贵港供电局
26	李浩然	电力工程系	电气工程及其自动化	201401000407	国网四川省电力公司自贡供电公司
27	林晨浩	电力工程系	电气工程及其自动化	201401000409	国网新疆电力有限公司乌鲁木齐供电公司
28	刘富州	电力工程系	电气工程及其自动化	201401000410	国网四川省电力公司眉山供电公司
29	刘曼琳	电力工程系	电气工程及其自动化	201401000411	国网西宁供电公司
30	努尔夏提·沙塔尔	电力工程系	电气工程及其自动化	201401000415	国网新疆电力有限公司吐鲁番供电公司
31	庞宇琦	电力工程系	电气工程及其自动化	201401000416	四川航天长征装备制造有限公司
32	田　昊	电力工程系	电气工程及其自动化	201401000419	内蒙古电力(集团)有限责任公司
33	张成磊	电力工程系	电气工程及其自动化	201401000424	国网青海省电力公司电力科学研究院
34	张　坤	电力工程系	电气工程及其自动化	201401000425	内蒙古电力(集团)有限责任公司
35	赵其云	电力工程系	电气工程及其自动化	201401000427	云南电网有限责任公司大理供电局
36	张　骁	电力工程系	电气工程及其自动化	201301000528	云南电网有限责任公司玉溪供电局
37	李文庭	电力工程系	电气工程及其自动化	201401000511	广西电网有限责任公司河池供电局

续表

序号	姓名	院系	专业	学号	签约单位
38	李子成	电力工程系	电气工程及其自动化	201401000512	云南电网有限责任公司曲靖供电局
39	王鹏成	电力工程系	电气工程及其自动化	201401000518	国网青海省电力公司西宁供电公司
40	张娟霞	电力工程系	电气工程及其自动化	201401000527	国网宁夏电力有限公司
41	才　文	电力工程系	电气工程及其自动化	201401000601	国网新疆电力有限公司巴州供电公司
42	韩昕彤	电力工程系	电气工程及其自动化	201401000606	广西电网有限责任公司南宁供电局
43	马玉婷	电力工程系	电气工程及其自动化	201401000611	国网宁夏电力有限公司
44	牛生云	电力工程系	电气工程及其自动化	201401000613	国网青海省电力公司西宁供电公司
45	闫　阳	电力工程系	电气工程及其自动化	201401000622	国网甘肃省电力公司平凉供电公司
46	朱云涛	电力工程系	电气工程及其自动化	201401000628	国网四川省电力公司德阳供电公司
47	邓发图	电力工程系	电气工程及其自动化	201401000701	国网白银供电公司
48	姜辅国	电力工程系	电气工程及其自动化	201401000706	贵州电网有限责任公司兴义供电局
49	李　晴	电力工程系	电气工程及其自动化	201401000711	国网新疆电力有限公司乌鲁木齐供电公司
50	李延昕	电力工程系	电气工程及其自动化	201401000712	国网青海省电力公司西宁供电公司
51	罗宇星	电力工程系	电气工程及其自动化	201401000715	广西电网有限责任公司南宁供电局
52	田　兵	电力工程系	电气工程及其自动化	201401000719	云南电网有限责任公司昆明供电局
53	喻　婷	电力工程系	电气工程及其自动化	201403020130	国网四川省电力公司眉山供电公司
54	李星耀	电力工程系	电气工程及其自动化	201401000806	广西电网有限责任公司柳州供电局
55	陆安志	电力工程系	电气工程及其自动化	201401000809	云南电网有限责任公司昭通供电局
56	舒星智	电力工程系	电气工程及其自动化	201401000813	贵州电网有限责任公司贵阳小河供电局
57	孙　瑞	电力工程系	电气工程及其自动化	201401000814	国网青海省电力公司西宁供电公司
58	杨　帆	电力工程系	电气工程及其自动化	201401000822	国网新疆电力有限公司昌吉供电公司
59	杨　田	电力工程系	电气工程及其自动化	201401000823	贵州电网有限责任公司凯里供电局
60	赵皓东	电力工程系	电气工程及其自动化	201401000829	国网白银供电公司
61	蔡　钧	电力工程系	电气工程及其自动化	201401000901	国网四川省电力公司南充供电公司
62	陈子和	电力工程系	电气工程及其自动化	201401000903	成都地铁运营有限公司
63	江　杰	电力工程系	电气工程及其自动化	201401000906	国网宁夏电力有限公司
64	李　伟	电力工程系	电气工程及其自动化	201401000909	国网武威供电公司
65	刘才文	电力工程系	电气工程及其自动化	201401000912	酒泉钢铁(集团)有限责任公司
66	刘　璐	电力工程系	电气工程及其自动化	201401000913	云南电网有限责任公司玉溪供电局
67	刘曦阳	电力工程系	电气工程及其自动化	201401000914	贵州电网有限责任公司铜仁供电局
68	许泽昊	电力工程系	电气工程及其自动化	201401000926	云南电网有限责任公司昆明供电局
69	杜若兰	电力工程系	电气工程及其自动化	201401001002	云南电网有限责任公司物流服务中心
70	李迎春	电力工程系	电气工程及其自动化	201401001009	广西防城港核电有限公司
71	罗　鑫	电力工程系	电气工程及其自动化	201401001012	贵州电网有限责任公司兴义供电局
72	罗　宗	电力工程系	电气工程及其自动化	201401001013	国网西藏电力有限公司拉萨供电公司
73	王志祥	电力工程系	电气工程及其自动化	201401001022	国网新疆电力有限公司乌鲁木齐供电公司
74	魏敬涵	电力工程系	电气工程及其自动化	201401001023	国网四川省电力公司成都供电公司
75	杨　楠	电力工程系	电气工程及其自动化	201401001025	国网宁夏电力有限公司
76	李占春	电力工程系	电气工程及其自动化	201401001111	新疆电力工程监理有限责任公司

续表

序号	姓名	院系	专业	学号	签约单位
77	廖祖江	电力工程系	电气工程及其自动化	201401001112	贵州电网有限责任公司安顺供电局
78	刘　策	电力工程系	电气工程及其自动化	201401001113	雅砻江流域水电开发有限公司
79	陆静毅	电力工程系	电气工程及其自动化	201401001114	国网宁夏电力有限公司
80	任浩天	电力工程系	电气工程及其自动化	201401001213	国网宁夏电力有限公司
81	王守强	电力工程系	电气工程及其自动化	201401001217	国网白银供电公司
82	肖陈橙	电力工程系	电气工程及其自动化	201401001220	国网四川省电力公司绵阳供电公司
83	徐家将	电力工程系	电气工程及其自动化	201401001221	中国南方电网有限责任公司超高压输电公司昆明局
84	翟文辉	电力工程系	电气工程及其自动化	201401001226	国网新疆电力有限公司乌鲁木齐供电公司
85	杨欣伟	电力工程系	电气工程及其自动化	201201000726	国网四川省电力公司广元供电公司
86	马　爽	电力工程系	电气工程及其自动化	201401001312	国网宁夏电力有限公司
87	钟文博	电力工程系	电气工程及其自动化	201401001325	国网新疆电力有限公司电力科学研究院
88	蓝丽丽	电力工程系	电气工程及其自动化	201401001407	广西电网有限责任公司柳州供电局
89	宋翔宇	电力工程系	电气工程及其自动化	201401001419	国网陕西省电力公司西安供电公司
90	杨康乐	电力工程系	电气工程及其自动化	201401001425	广西电网有限责任公司柳州供电局
91	张亚当	电力工程系	电气工程及其自动化	201401001428	贵州电网有限责任公司遵义供电局
92	唐论语	电力工程系	电气工程及其自动化	201301320315	国网四川省电力公司广元供电公司
93	王浩然	电力工程系	电气工程及其自动化	201402440119	内蒙古电力(集团)有限责任公司
94	谭智馨	电力工程系	电气工程及其自动化	201406040120	国网四川省电力公司成都供电公司
95	张诗维	电力工程系	电气工程及其自动化	201401000726	中国水利水电第十工程局有限公司
96	申晓畅	电力工程系	电气工程及其自动化	201201000822	云南电网有限责任公司昭通供电局
97	王假行	电力工程系	电气工程及其自动化	201401000422	广西防城港核电有限公司
98	叶　全	电力工程系	电气工程及其自动化	201401000725	雅砻江流域水电开发有限公司
99	武自彪	电力工程系	电气工程及其自动化	201401001119	国网白银供电公司
100	郭雅欣	电力工程系	农业电气化	201401400105	国网四川省电力公司成都供电公司
101	韩青俊	电力工程系	农业电气化	201401400106	国网青海省电力公司西宁供电公司
102	侯蛟翔	电力工程系	农业电气化	201401400108	国网陕西省电力公司铜川供电公司
103	黄中涛	电力工程系	农业电气化	201401400109	国网四川省电力公司成都供电公司
104	康安良	电力工程系	农业电气化	201401400110	国网宁夏电力有限公司
105	刘　纬	电力工程系	农业电气化	201401400117	中国市政工程西北设计研究院有限公司
106	张　磊	电力工程系	农业电气化	201401400129	内蒙古电力(集团)有限责任公司
107	周铭鑫	电力工程系	农业电气化	201401400132	贵州电网有限责任公司毕节供电局
108	谌杨春	电力工程系	农业电气化	201403010203	国网四川省电力公司成都供电公司
109	金宇鹏	电力工程系	农业电气化	201401400208	国网新疆电力有限公司乌鲁木齐供电公司
110	李创新	电力工程系	农业电气化	201401400210	国网新疆电力有限公司乌鲁木齐供电公司
111	田嘉尧	电力工程系	农业电气化	201401400222	国网陕西省电力公司汉中供电公司
112	王伊帆	电力工程系	农业电气化	201401400225	云南电网有限责任公司楚雄供电局
113	魏亮霞	电力工程系	农业电气化	201401400227	国网新疆电力有限公司乌鲁木齐供电公司
114	杨凌典	电力工程系	农业电气化	201401400228	贵州电网有限责任公司都匀供电局
115	朱跃熹	电力工程系	农业电气化	201401400234	国网四川省电力公司眉山供电公司

续表

序号	姓名	院系	专业	学号	签约单位
116	甘振恒	电子与通信工程系	电子信息科学与技术	201403020102	中国移动通信集团广西有限公司玉林分公司
117	贾欲胜	电子与通信工程系	电子信息科学与技术	201403020104	中国电信集团有限公司内蒙古分公司
118	黄炎榆	电子与通信工程系	电子信息科学与技术	201403020206	中国移动通信集团广西有限公司南宁分公司
119	田茂涌	电子与通信工程系	电子信息科学与技术	201403020221	中国移动通信集团贵州有限公司
120	王宇航	电子与通信工程系	电子信息科学与技术	201403020222	中国电信股份有限公司乌鲁木齐分公司
121	牙生·买买提	电子与通信工程系	电子信息科学与技术	201403020226	中国铁塔股份有限公司喀什分公司
122	杨立兵	电子与通信工程系	电子信息科学与技术	201403020228	特变电工西安电气科技有限公司
123	叶俊宏	电子与通信工程系	电子信息科学与技术	201403020230	广西电网有限责任公司玉林供电局
124	管雁彬	电子与通信工程系	通信工程	201403010103	云南电网有限责任公司楚雄供电局
125	贺　鑫	电子与通信工程系	通信工程	201403010106	国网四川省电力公司成都供电公司
126	卡美江·阿里甫	电子与通信工程系	通信工程	201403010109	新疆库尔勒市教育局
127	李威霖	电子与通信工程系	通信工程	201403010113	中国移动通信集团广西有限公司贵港分公司
128	张建凯	电子与通信工程系	通信工程	201403010129	大唐青海能源开发有限公司新能源分公司
129	张震宇	电子与通信工程系	通信工程	201403010130	国网新疆电力有限公司昌吉供电公司
130	李兴瑞	电子与通信工程系	通信工程	201403010209	中国移动通信集团甘肃有限公司酒泉公司
131	刘明哲	电子与通信工程系	通信工程	201403010211	陕西省地方电力(集团)有限公司
132	马碧莹	电子与通信工程系	通信工程	201403010212	云南电网有限责任公司红河供电局
133	马英栋	电子与通信工程系	通信工程	201403010213	中国移动通信集团宁夏有限公司
134	努尔苏里旦·波拉提江	电子与通信工程系	通信工程	201403010214	中移铁通有限公司新疆分公司
135	余开杰	电子与通信工程系	通信工程	201403010229	贵州万峰电力股份有限公司
136	孜比奴尔·奴麦麦提	电子与通信工程系	通信工程	201403010234	新疆阿克苏地区新和县人民政府教育督导委员会
137	代嘉菱	电子与通信工程系	通信工程	201403010302	中国电信股份有限公司昌吉分公司
138	付　丹	电子与通信工程系	通信工程	201403010304	中国南方电网有限责任公司超高压输电公司
139	李克键	电子与通信工程系	通信工程	201403010307	广西电网电力调度控制中心
140	李泰锐	电子与通信工程系	通信工程	201403010308	中国电信股份有限公司昆明分公司
141	张君宇	电子与通信工程系	通信工程	201403010329	神华包神铁路集团有限责任公司
142	覃翌晨	电子与通信工程系	通信工程	201303010219	广西水利电力建设集团有限公司
143	龙啸霖	动力工程系	建筑环境与能源应用工程	201402440111	贵州黔能企业有限责任公司
144	和中辉	动力工程系	建筑环境与能源应用工程	201402440210	国家电投集团黄河上游水电开发有限责任公司
145	林益民	动力工程系	建筑环境与能源应用工程	201402440213	中建一局集团安装工程有限公司
146	向　鹏	动力工程系	建筑环境与能源应用工程	201402440228	中国电建集团青海省电力设计院有限公司
147	王玉川	动力工程系	能源与动力工程	201402400621	广西防城港核电有限公司
148	单天波	动力工程系	能源与动力工程	201404420203	绵阳京东方光电科技有限公司
149	刘思言	动力工程系	能源与动力工程	201402400209	四川省电力工业调整试验所
150	罗　成	动力工程系	能源与动力工程	201402400117	四川川锅锅炉有限责任公司
151	王乾龙	动力工程系	能源与动力工程	201402400522	内蒙古大唐国际托克托发电有限责任公司
152	夏洪锋	动力工程系	能源与动力工程	201402400622	宁夏东部热电股份有限公司

续表

序号	姓名	院系	专业	学号	签约单位
153	邢振国	动力工程系	能源与动力工程	201402400624	内蒙古大唐国际托克托发电有限责任公司
154	韦晨阳	动力工程系	能源与动力工程	201402400823	广西防城港核电有限公司
155	马明鑫	动力工程系	能源与动力工程	201402400916	中国工商银行股份有限公司青海省分行
156	姬禹杰	动力工程系	能源与动力工程	201402400109	广西防城港核电有限公司
157	马金孝	动力工程系	能源与动力工程	201402400118	内蒙古大唐国际托克托发电有限责任公司
158	周星宇	动力工程系	能源与动力工程	201402400130	广西壮族自治区公务员局
159	康金栋	动力工程系	能源与动力工程	201402400310	国电浙能宁东发电有限公司
160	刘宗博	动力工程系	能源与动力工程	201402400515	北方联合电力有限责任公司
161	万文博	动力工程系	能源与动力工程	201402400519	北方联合电力有限责任公司
162	谭术均	动力工程系	能源与动力工程	201402400819	广西防城港核电有限公司
163	刘少韬	动力工程系	能源与动力工程	201402401013	贵州省粤黔电力有限责任公司
164	魏炜力	动力工程系	能源与动力工程	201402400125	中电(普安)发电有限责任公司
165	杨旭浩	动力工程系	能源与动力工程	201402400324	陕西商洛发电有限公司
166	何　福	动力工程系	能源与动力工程	201402400507	内蒙古大唐国际托克托发电有限责任公司
167	王　维	动力工程系	能源与动力工程	201402400922	新特能源股份有限公司
168	谢成欣	动力工程系	能源与动力工程	201402400924	国投钦州发电有限公司
169	翟　耀	动力工程系	能源与动力工程	201402400127	内蒙古大唐国际托克托发电有限责任公司
170	张　昕	动力工程系	能源与动力工程	201402400228	大唐青海能源开发有限公司新能源分公司
171	宋朋达	动力工程系	能源与动力工程	201402400317	内蒙古大唐国际托克托发电有限责任公司
172	董　睿	动力工程系	能源与动力工程	201402400504	中国民用航空中南地区空中交通管理局广西分局
173	罗　爽	动力工程系	能源与动力工程	201402400915	国网新疆电力有限公司阿克苏供电公司
174	李嘉鹏	动力工程系	能源与动力工程	201402401008	昆明航空有限公司
175	林　枫	动力工程系	能源与动力工程	201402401012	内蒙古大唐国际托克托发电有限责任公司
176	陶延宏	动力工程系	能源与动力工程	201402401017	国家电投集团黄河上游水电开发有限责任公司
177	李　繁	动力工程系	能源与动力工程	201402400111	内蒙古大唐国际托克托发电有限责任公司
178	魏铭均	动力工程系	能源与动力工程	201402400321	四川中电福溪电力开发有限公司
179	张李斯奇	动力工程系	能源与动力工程	201402400727	通辽市万华物业服务有限公司
180	苏星兵	动力工程系	能源与动力工程	201402400919	国家电投集团黄河上游水电开发有限责任公司
181	张钧铁	动力工程系	能源与动力工程	201402400928	广西防城港核电有限公司
182	张志文	动力工程系	能源与动力工程	201402400229	国家电投集团黄河上游水电开发有限责任公司
183	樊　勇	动力工程系	能源与动力工程	201402400505	广西防城港核电有限公司
184	哈斯铁尔·艾列西	动力工程系	能源与动力工程	201402400506	国电克拉玛依发电有限公司
185	刘　江	动力工程系	能源与动力工程	201402400614	新疆天池能源有限责任公司
186	胡海明	动力工程系	能源与动力工程	201402400904	内蒙古大唐国际托克托发电有限责任公司
187	曹植博	动力工程系	能源与动力工程	201402400102	大唐青海能源开发有限公司新能源分公司
188	买吾如甫·买买提江	动力工程系	能源与动力工程	201402400119	国网新疆电力有限公司阿克苏供电公司
189	陈　磊	动力工程系	能源与动力工程	201402400202	大唐彬长发电有限责任公司
190	覃　行	动力工程系	能源与动力工程	201402400219	广西百顺建设有限公司

续表

序号	姓名	院系	专业	学号	签约单位
191	奎生强	动力工程系	能源与动力工程	201402400809	大唐青海能源开发有限公司新能源分公司
192	李圆旭	动力工程系	能源与动力工程	201402400811	中公教育云南分公司
193	曹　磊	动力工程系	能源与动力工程	201402400101	大唐新疆发电有限公司
194	卢　奎	动力工程系	能源与动力工程	201402400116	昆明京东方显示技术有限公司
195	张　琛	动力工程系	能源与动力工程	201402400327	陕西商洛发电有限公司
196	林大森	动力工程系	能源与动力工程	201402400714	国网四川省电力公司资阳供电公司
197	李　师	动力工程系	能源与动力工程	201402401010	国投钦州发电有限公司
198	吴沛良	法政系	法学	201305040120	中国电建集团贵阳勘测设计研究院有限公司
199	何兴材	法政系	法学	201408010107	云南龙源风力发电有限公司
200	袁　杰	法政系	法学	201408010126	云南电网有限责任公司昆明供电局
201	张宸锐	法政系	法学	201408010127	内蒙古电力(集团)有限责任公司
202	张　威	法政系	公共事业管理	201408020129	中国水利水电第十四工程局有限公司
203	胡　群	法政系	社会工作	201408030106	贵州电网有限责任公司六盘水供电局
204	马　阳	法政系	社会工作	201408030110	宁夏同心县就业创业和人才服务局
205	宋羽双	法政系	社会工作	201408030115	中航物业管理有限公司成都分公司
206	张志超	法政系	社会工作	201408030127	新疆特变电工集团有限公司
207	赵治钦	环境科学与工程系	环境工程	201405010131	云南电网有限责任公司建设分公司
208	陈美妙	环境科学与工程系	环境工程	201405010202	广西投资集团方元电力股份有限公司来宾电厂
209	张嘉宸	环境科学与工程系	环境工程	201405010232	国家电投集团黄河上游水电开发有限责任公司
210	张　莘	环境科学与工程系	环境工程	201405010233	中电(普安)发电有限责任公司
211	彭莉晴	环境科学与工程系	环境科学	201405030117	乐山电力股份有限公司
212	田家雒	环境科学与工程系	环境科学	201405030122	贵州同成沁溢水务环境有限公司
213	常国琪	环境科学与工程系	能源化学工程	201405040101	内蒙古大唐国际托克托发电有限责任公司
214	孙　康	环境科学与工程系	能源化学工程	201405040118	国家电投集团黄河上游水电开发有限责任公司
215	吴一飞	环境科学与工程系	能源化学工程	201405040120	大唐陕西发电有限公司渭河热电厂
216	余　涛	环境科学与工程系	能源化学工程	201405040124	中国共产党青藏铁路公安局政治部
217	黄彦恒	环境科学与工程系	能源化学工程	201405040213	广西投资集团方元电力股份有限公司来宾电厂
218	吕　薇	环境科学与工程系	能源化学工程	201405040222	酒泉钢铁(集团)有限责任公司
219	李　臣	环境科学与工程系	能源化学工程	201405040215	中国共产党呼伦贝尔市海拉尔区委组织部
220	虢俞萱	环境科学与工程系	应用化学	201405020103	大唐韩城第二发电有限责任公司
221	李文军	环境科学与工程系	应用化学	201405020109	特变电工股份有限公司新疆变压器厂
222	卯声敏	环境科学与工程系	应用化学	201405020114	云南电网有限责任公司红河供电局
223	吴定亮	环境科学与工程系	应用化学	201405020123	贵州省电网有限责任公司铜仁供电局
224	张　杰	环境科学与工程系	应用化学	201405020131	内蒙古大唐国际托克托发电有限责任公司
225	梁　昊	环境科学与工程系	应用化学	201405020214	北方联合电力有限责任公司
226	蒙　强	环境科学与工程系	应用化学	201405020217	大唐新疆发电有限公司
227	夏　亮	环境科学与工程系	应用化学	201405020223	新特能源股份有限公司
228	保善彤	机械工程系	工业工程	201404060101	青海益和检修安装有限公司
229	刘礤航	机械工程系	工业工程	201404060108	成都京东方光电科技有限公司

续表

序号	姓名	院系	专业	学号	签约单位
230	陆文婷	机械工程系	工业工程	201404060110	广西路建工程集团有限公司
231	伍星秀	机械工程系	工业工程	201404060120	贵州电网有限责任公司铜仁供电局
232	杨彦乐	机械工程系	工业工程	201404060123	宁夏东部热电股份有限公司
233	杨永超	机械工程系	工业工程	201404060124	中国电信股份有限公司新疆长途传输局
234	罗茂波	机械工程系	过程装备与控制工程	201404430115	广西柳州特种变压器有限责任公司
235	杨　帅	机械工程系	过程装备与控制工程	201404430127	宁夏银星发电有限责任公司
236	张　强	机械工程系	过程装备与控制工程	201404430131	新疆生产建设兵团红星发电有限公司
237	关生栋	机械工程系	过程装备与控制工程	201304430105	中广核新能源投资(深圳)有限公司青海分公司
238	耿永凯	机械工程系	机械电子工程	201404420106	国家电投集团黄河上游水电开发有限责任公司
239	罗　皓	机械工程系	机械电子工程	201404420116	攀钢集团有限公司
240	马　珍	机械工程系	机械电子工程	201404420118	宁夏东部热电股份有限公司
241	覃珏铭	机械工程系	机械电子工程	201404420122	柳州长虹航天技术有限公司
242	王　涛	机械工程系	机械电子工程	201404420124	酒泉钢铁(集团)有限责任公司
243	吴海庆	机械工程系	机械电子工程	201404420128	内蒙古电力(集团)有限责任公司
244	冯芷黔	机械工程系	机械电子工程	201404420208	成都京东方光电科技有限公司
245	黄燕龙	机械工程系	机械电子工程	201404420210	华电内蒙古能源有限公司土默特发电分公司
246	全亚飞	机械工程系	机械电子工程	201404420222	宁夏东部热电股份有限公司
247	宋京升	机械工程系	机械电子工程	201404420224	新疆生产建设兵团红星发电有限公司
248	包婉琪	机械工程系	机械工程	201404400102	内蒙古电力(集团)有限责任公司
249	高文元	机械工程系	机械工程	201404400107	国网陕西省电力公司检修公司
250	寇　玺	机械工程系	机械工程	201404400113	国网陕西省电力公司检修公司
251	李金龙	机械工程系	机械工程	201404400114	内蒙古电力勘测设计院有限责任公司
252	梁彦新	机械工程系	机械工程	201404400118	内蒙古电力勘测设计院有限责任公司
253	林　勇	机械工程系	机械工程	201404400119	国网新疆电力有限公司昌吉供电公司
254	马沛阳	机械工程系	机械工程	201404400122	中国电建集团青海省电力设计院有限公司
255	蒲星雨	机械工程系	机械工程	201404400123	国网四川省电力公司检修公司
256	吴圆波	机械工程系	机械工程	201404400128	云南电网有限责任公司昆明供电局
257	永浩杰	机械工程系	机械工程	201404400129	国网新疆电力有限公司和田供电公司
258	张梦纯	机械工程系	机械工程	201404400132	贵州电网有限责任公司六盘水供电局
259	刘　津	机械工程系	机械工程	201402400813	云南电网有限责任公司昆明供电局
260	毕　伟	机械工程系	机械工程	201404400202	云南电网有限责任公司曲靖供电局
261	陈一鸣	机械工程系	机械工程	201404400204	广西电网有限责任公司崇左供电局
262	刘　洋	机械工程系	机械工程	201404400215	内蒙古电力(集团)有限责任公司
263	唐宁宁	机械工程系	机械工程	201404400219	青海省电力设计院
264	王童童	机械工程系	机械工程	201404400221	陕西国华锦界能源有限责任公司
265	夏跃赟	机械工程系	机械工程	201404400223	云南送变电工程有限公司
266	张宸嘉	机械工程系	机械工程	201404400226	云南送变电工程有限公司
267	张海川	机械工程系	机械工程	201404400227	国网新疆电力有限公司乌鲁木齐供电公司
268	邹权林	机械工程系	机械工程	201404410133	中国南方电网有限责任公司超高压输电公司

续表

序号	姓名	院系	专业	学号	签约单位
269	黄一迅	机械工程系	机械工程	201404400310	广西电网有限责任公司南宁供电局
270	姬雨婷	机械工程系	机械工程	201404400311	内蒙古电力(集团)有限责任公司
271	康　伟	机械工程系	机械工程	201404400312	内蒙古电力(集团)有限责任公司
272	帕肉合·阿力木	机械工程系	机械工程	201404400317	国网新疆电力有限公司乌鲁木齐供电公司
273	赵　港	机械工程系	机械工程	201404400330	中国南方电网有限责任公司超高压输电公司
274	朱兴强	机械工程系	机械工程	201404400332	云南电网有限责任公司曲靖供电局
275	吴　瑶	机械工程系	机械工程	201404430126	国网陕西省电力公司检修公司
276	刘　磊	机械工程系	机械设计制造及其自动化	201404410108	内蒙古大唐国际托克托发电有限责任公司
277	白　云	机械工程系	机械设计制造及其自动化	201404410201	内蒙古大唐国际托克托发电有限责任公司
278	康甜甜	机械工程系	机械设计制造及其自动化	201404410209	陕西华达科技股份有限公司
279	谭广亮	机械工程系	机械设计制造及其自动化	201404410223	中国水利水电第四工程局有限公司
280	陶　洋	机械工程系	机械设计制造及其自动化	201404410225	贵州省航天电器股份有限公司
281	王文亮	机械工程系	机械设计制造及其自动化	201404410230	新疆天池能源有限责任公司
282	张克强	机械工程系	机械设计制造及其自动化	201404410233	中国水利水电第四工程局有限公司
283	衡建雄	机械工程系	机械设计制造及其自动化	201404410309	国网新疆电力有限公司阿克苏供电公司
284	刘　键	机械工程系	机械设计制造及其自动化	201404410313	广西防城港核电有限公司
285	汪钟才	机械工程系	机械设计制造及其自动化	201404410319	国家电投集团黄河上游水电开发有限责任公司
286	杨　洪	机械工程系	机械设计制造及其自动化	201404410327	东方电气集团东方电机有限公司
287	曹　峰	计算机系	计算机科学与技术	201409010103	北京中油瑞飞信息技术有限责任公司西安分公司
288	娄红红	计算机系	计算机科学与技术	201409010113	贵州电网有限责任公司六盘水供电局
289	易景贵	计算机系	计算机科学与技术	201409010125	广西储备物资管理局七三二处
290	康志龙	计算机系	计算机科学与技术	201409010212	甘肃省公路航空旅游投资集团有限公司
291	王　颖	计算机系	计算机科学与技术	201409010221	贵州电网有限责任公司贵阳供电局
292	丁群峰	计算机系	计算机科学与技术	201409010306	贵州电网有限责任公司信息中心
293	梁育龙	计算机系	计算机科学与技术	201409010312	国网陕西省电力公司铜川供电公司
294	王宇宁	计算机系	软件工程	201409020223	内蒙古电力集团蒙电信息通信产业有限责任公司
295	翁芳芳	计算机系	软件工程	201409020225	中国移动通信集团广西有限公司钦州分公司
296	林正悦	计算机系	网络工程	201309030110	广西北港建设开发有限公司
297	梁瑞杰	计算机系	网络工程	201409030113	中疆物流有限责任公司
298	庞　晓	计算机系	网络工程	201409030118	中国移动通信集团广西有限公司贵港分公司
299	陈　林	计算机系	网络工程	201409030202	绵阳京东方光电科技有限公司
300	刘　鹏	计算机系	网络工程	201409030210	国网宁夏电力有限公司
301	童　歆	计算机系	网络工程	201409030214	国网四川省电力公司德阳供电公司
302	王　盾	计算机系	网络工程	201409030215	国家税务局攀枝花市税务局
303	韦　恒	计算机系	网络工程	201409030218	广西电网有限责任公司物流(招标)服务中心
304	杨旭颖	计算机系	网络工程	201409030223	云南电网有限责任公司物流服务中心
305	张靖生	计算机系	网络工程	201409030227	云南省地方电力实业开发公司
306	刘大元	计算机系	信息安全	201409040114	西部矿业集团有限公司

续表

序号	姓名	院系	专业	学号	签约单位
307	田　钺	计算机系	信息安全	201409040121	贵州电网有限责任公司信息中心
308	刘俊杰	经济管理系	工程造价	201406080108	贵州电网有限责任公司贵阳供电局
309	刘勇博	经济管理系	工程造价	201406080112	中建二局第一建筑工程有限公司陕西分公司
310	陶媛媛	经济管理系	工程造价	201406080117	国网新疆电力有限公司乌鲁木齐供电公司
311	杨心怡	经济管理系	工程造价	201406080123	国网陕西省电力公司咸阳供电局
312	殷建华	经济管理系	工程造价	201406080126	国网宁夏电力有限公司
313	张东辉	经济管理系	工程造价	201406080129	云南电网有限责任公司大理供电局
314	邹佳艺	经济管理系	工程造价	201406080131	成都先胜科技有限公司
315	杜　霞	经济管理系	工程造价	201406080202	国网新疆电力有限公司塔城供电公司
316	刘李见	经济管理系	工程造价	201406080213	云南电网有限责任公司玉溪供电局
317	隋　缘	经济管理系	工程造价	201406080223	国网新疆电力有限公司乌鲁木齐供电公司
318	谭方伦	经济管理系	工程造价	201406080224	中国水利水电第十四工程局有限公司
319	徐　曼	经济管理系	工程造价	201406080228	国网四川省电力公司凉山供电公司
320	冯雅儒	经济管理系	工商管理	201406010105	宁夏国华宁东发电有限公司
321	尹　杰	经济管理系	工商管理	201406010131	招商银行昆明分行
322	李星佳	经济管理系	会计学	201406060112	国网四川省电力公司宜宾供电公司
323	齐瑞霞	经济管理系	会计学	201406060121	国网新疆电力有限公司昌吉供电公司
324	周文婉	经济管理系	会计学	201406060131	云南中云电新能源有限责任公司
325	陈　玲	经济管理系	会计学	201406060204	中国水利水电第四工程局有限公司
326	康群苑	经济管理系	会计学	201406060212	中国水利水电第四工程局有限公司
327	任海歌	经济管理系	会计学	201406060224	贵州电网有限责任公司铜仁供电局
328	张　沛	经济管理系	会计学	201406060228	大唐陕西发电有限公司渭河热电厂
329	赵志洋	经济管理系	会计学	201406060231	通辽发电总厂
330	吕思斯	经济管理系	经济学	201406020117	中国光大银行股份有限公司昆明分行
331	马晓军	经济管理系	经济学	201406020119	中国工商银行股份有限公司青海省分行
332	潘宇航	经济管理系	经济学	201406020120	特变电工西安电气科技有限公司
333	滕兴权	经济管理系	经济学	201406020124	兴业银行股份有限公司昆明分行
334	陈智龙	经济管理系	信息管理与信息系统	201406040104	新疆天池能源有限责任公司
335	黄莉栖	经济管理系	信息管理与信息系统	201406040109	中国共产党巴马瑶族自治县委员会
336	徐升营	经济管理系	信息管理与信息系统	201406040124	绵阳京东方光电科技有限公司
337	侯　鹏	数理系	信息与计算科学	201410010104	国家电投集团黄河上游水电开发有限责任公司
338	余丽芳	数理系	信息与计算科学	201410010127	贵州电网有限责任公司毕节供电局
339	李小斌	数理系	信息与计算科学	201410010211	陕西汽车控股集团有限公司
340	李宗昊	数理系	应用物理学	201411010111	中国工商银行股份有限公司新疆区分行
341	谭皓丰	数理系	应用物理学	201411010120	象州县不动产登记中心
342	潘平路	自动化系	测控技术与仪器	201402030123	贵州电网有限责任公司凯里供电局
343	张　猛	自动化系	测控技术与仪器	201402030134	贵州电网有限责任公司贵安供电局
344	申书豪	自动化系	测控技术与仪器	201402030217	宁夏隆基宁光仪表股份有限公司

续表

序号	姓名	院系	专业	学号	签约单位
345	唐伟钢	自动化系	测控技术与仪器	201402030218	广西投资集团方元电力股份有限公司桥巩水电站分公司
346	王航宇	自动化系	测控技术与仪器	201402030219	云南电网有限责任公司红河供电局
347	王鹏远	自动化系	测控技术与仪器	201402030221	鄂尔多斯市源盛光电有限责任公司
348	王子琦	自动化系	测控技术与仪器	201402030223	宁夏隆基宁光仪表股份有限公司
349	杨圣杰	自动化系	测控技术与仪器	201402030227	贵州电网有限责任公司铜仁供电局
350	张　龙	自动化系	测控技术与仪器	201402030232	云南电网有限责任公司昆明供电局
351	张　羿	自动化系	测控技术与仪器	201402030233	贵州电网有限责任公司贵阳供电局
352	白　鹤	自动化系	测控技术与仪器	201402030302	内蒙古电力(集团)有限责任公司
353	陈宇涵	自动化系	测控技术与仪器	201402030305	国网四川省电力公司资阳供电公司
354	黄黎琳	自动化系	测控技术与仪器	201402030311	贵州电网有限责任公司贵安供电局
355	赵　城	自动化系	测控技术与仪器	201402030333	北京飞机维修工程有限公司
356	陈睿锐	自动化系	自动化	201302020105	北方联合电力有限责任公司
357	李显燕	自动化系	自动化	201302020211	云南省烟草公司昭通市公司
358	张　秘	自动化系	自动化	201302020430	国网四川省电力公司南充供电公司
359	白佳鹏	自动化系	自动化	201402020101	宁夏银星发电有限责任公司
360	李继业	自动化系	自动化	201402020110	雅砻江流域水电开发有限公司
361	祁煜海	自动化系	自动化	201402020119	兰州西固热有限责任公司
362	杨　柳	自动化系	自动化	201402020125	贵州航天电器股份有限公司
363	浦绍防	自动化系	自动化	201402020218	国电电力云南新能源开发有限公司
364	张经纬	自动化系	自动化	201402020225	国网四川会理县供电有限责任公司
365	李海磊	自动化系	自动化	201402020307	陕西清水川能源股份有限公司
366	李　乾	自动化系	自动化	201402020308	国电宁夏石嘴山发电有限责任公司
367	伍　冬	自动化系	自动化	201402020323	雅砻江流域水电开发有限公司
368	龙燕雨	自动化系	自动化	201402020412	贵州电网有限责任公司铜仁供电局
369	田　国	自动化系	自动化	201402020417	宁夏马莲台发电厂
370	吴桃丽	自动化系	自动化	201402020423	国家电投集团宁夏能源铝业有限公司
371	晏合鑫	自动化系	自动化	201402020426	红云红河集团曲靖卷烟厂
372	练　煜	自动化系	自动化	201411010112	广西防城港核电有限公司
373	丁宇翔	自动化系	自动化	201402020504	国网新疆电力有限公司哈密供电公司
374	刘树力	自动化系	自动化	201402020508	广西防城港核电有限公司
375	马建伟	自动化系	自动化	201402020513	国网新疆电力有限公司电力科学研究院
376	孙　适	自动化系	自动化	201402020516	国家电网公司运行分公司锡盟管理处
377	辛　鑫	自动化系	自动化	201402020523	绵阳京东方光电科技有限公司
378	杨鸿松	自动化系	自动化	201402020524	贵州电网有限责任公司六盘水供电局
379	赵　伟	自动化系	自动化	201402020528	云南驰宏锌锗股份有限公司
380	周　浩	自动化系	自动化	201402020130	雅砻江流域水电开发有限公司
381	田亚猛	自动化系	自动化	201402020517	内蒙古大唐国际托克托发电有限责任公司
382	魏　瑶	电力工程系	电工理论与新技术	2152213129	国网四川省电力公司成都供电公司

续表

序号	姓名	院系	专业	学号	签约单位
383	杨智翔	电力工程系	电工理论与新技术	2152213132	国网四川省电力公司内江供电公司
384	徐乾杰	电力工程系	电机与电器	2152213006	国网四川省电力公司建设管理中心
385	张　凡	电力工程系	电力系统及其自动化	2152213054	中国电力工程顾问集团西北电力设计院有限公司
386	李伟光	电力工程系	电力系统及其自动化	2152213035	内蒙古电力(集团)有限责任公司
387	姜　詠	电力工程系	电力系统及其自动化	2152213065	云南电网有限责任公司
388	罗玲童	电力工程系	电力系统及其自动化	2152213068	国网四川省电力公司达州供电公司
389	杨　浩	电力工程系	电力系统及其自动化	2152213090	国网宁夏电力有限公司
390	刘会强	电力工程系	电气工程	2152213157	内蒙古电力(集团)有限责任公司
391	王永茂	电力工程系	电气工程	2152213215	内蒙古电力(集团)有限责任公司
392	田圣双	电力工程系	电气工程	2152213224	国网陕西省电力公司检修公司
393	袁珩迪	电力工程系	电气工程	2152213156	内蒙古电力(集团)有限责任公司
394	马　吉	电力工程系	电气工程	2152213165	国网宁夏电力有限公司
395	李雅红	电力工程系	电气工程	2152213190	国网陕西省电力公司榆林供电公司
396	李林蔚	电力工程系	电气工程	2152213195	国网四川省电力公司绵阳供电公司
397	林　海	电力工程系	农业电气化与自动化	2152213138	广西电网有限责任公司南宁供电局
398	赵可为	电力工程系	农业电气化与自动化	2152213142	内蒙古自治区教育厅
399	倪　超	电子与通信工程系	电子科学与技术	2152215002	西安奕斯伟硅片技术有限公司
400	陈莉佳	电子与通信工程系	电子与通信工程	2152215046	国网新疆电力有限公司经济技术研究院
401	代晓成	电子与通信工程系	电子与通信工程	2152215064	内蒙古电力(集团)有限责任公司
402	马　超	电子与通信工程系	电子与通信工程	2152215074	深圳市汇顶科技股份有限公司成都分公司
403	王　明	电子与通信工程系	信息与通信工程	2152215021	云南电网有限责任公司玉溪供电局
404	刘　薇	电子与通信工程系	信息与通信工程	2152215020	国网青海省电力公司信息通信公司
405	王　磊	电子与通信工程系	信息与通信工程	2152215034	内蒙古电力(集团)有限责任公司
406	杨浩楠	动力工程系	动力工程	2152214096	国电浙能宁东发电有限公司
407	王　帅	动力工程系	动力工程	2152214113	中国能源建设集团西北电力试验研究院有限公司
408	李　京	动力工程系	动力工程	2152214137	陕西鼓风机(集团)有限公司
409	步绍湛	动力工程系	动力工程	2152214131	西安热工研究院有限公司
410	陈元金	动力工程系	动力工程	2152214132	国家开发银行青海省分行
411	张　然	动力工程系	工程热物理	2152214002	西安贵谦知识产权代理有限公司
412	李　丹	动力工程系	供热、供燃气、通风及空调工程	2152214077	绿地集团韩城置业有限公司
413	李玉平	动力工程系	热能工程	2152214033	东方电气集团东方锅炉股份有限公司
414	任忠强	动力工程系	热能工程	2152214057	中国建设银行新疆区分行
415	杨　雪	动力工程系	热能工程	2152214055	陕西鼓风机(集团)有限公司
416	李　超	动力工程系	热能工程	2152214029	贵州电力设计研究院
417	冯　雪	环境科学与工程系	环境工程	2152223012	中国航天科工集团第十研究院
418	陈玉强	环境科学与工程系	环境工程	2152223013	西安热工研究院有限公司
419	王　芳	环境科学与工程系	环境工程	2152223019	中国电建集团贵阳勘测设计研究院有限公司

续表

序号	姓名	院系	专业	学号	签约单位
420	李玉凯	环境科学与工程系	环境工程	2152223021	贵州众蓝科技有限公司
421	康少鑫	环境科学与工程系	环境工程	2152223024	西安热工研究院有限公司
422	王生起	环境科学与工程系	环境工程	2152223037	中国电建集团青海省电力设计院有限公司
423	李小燕	环境科学与工程系	应用化学	2152223006	国网新疆电力有限公司电力科学研究院
424	包润民	机械工程系	工业工程	2152224056	中国共产党内蒙古自治区委员会组织部
425	张军磊	机械工程系	工业工程	2152224057	成都京东方光电科技有限公司
426	郭鹏飞	机械工程系	机械电子工程	2152224017	北京天润新能投资有限公司
427	张　星	机械工程系	机械电子工程	2152224021	国网新疆电力有限公司建设分公司
428	唐法庆	机械工程系	机械工程	2152224035	成都京东方光电科技有限公司
429	刘圣西	机械工程系	机械设计及理论	2152224026	中航飞机股份有限公司
430	方　涛	机械工程系	机械制造及其自动化	2152224006	贵阳铝镁设计研究院有限公司
431	王亚南	计算机系	计算机技术	2152221045	国网新疆电力有限公司信息通信公司
432	柯行思	计算机系	计算机技术	2152221049	国网四川省电力公司客户服务中心
433	徐永峰	计算机系	计算机技术	2152221050	内蒙古电力(集团)有限责任公司
434	于中亚	计算机系	计算机技术	2152221056	内蒙古电力(集团)有限责任公司
435	侯若英	计算机系	计算机技术	2152221058	广西电网电力调度控制中心
436	张　颖	计算机系	计算机软件与理论	2152221005	招商银行股份有限公司银川分行
437	高伟鹏	计算机系	计算机系统结构	2152221002	云南电网有限责任公司昆明供电局
438	张　鹏	计算机系	计算机应用技术	2152221011	内蒙古电力(集团)有限责任公司
439	黄　堰	计算机系	计算机应用技术	2152221024	四川电力设计咨询有限责任公司
440	周永博	计算机系	计算机应用技术	2152221027	国网甘肃省电力公司信息通信公司
441	杨　舰	计算机系	计算机应用技术	2152221029	北京趣拿软件科技有限公司
442	朱万意	计算机系	计算机应用技术	2152221031	中国南方电网有限责任公司超高压输电公司柳州局
443	刘桂华	计算机系	计算机应用技术	2152221032	广西电网电力调度控制中心
444	张　骁	经济管理系	工业工程	2152218022	华润电力投资有限公司北方分公司
445	李国扬	经济管理系	会计	2152218087	国网陕西省电力公司物资公司
446	常晓辉	经济管理系	会计学	2152218043	国网四川省电力公司凉山供电公司
447	李树林	经济管理系	技术经济及管理	2152218076	中国电力工程顾问集团西南电力设计院有限公司
448	侍剑峰	经济管理系	技术经济及管理	2152218077	中国电力工程顾问集团西北电力设计院有限公司
449	宋佳音	经济管理系	技术经济及管理	2152218082	内蒙古安正税务师事务所有限公司
450	张汝佳	经济管理系	技术经济及管理	2152218083	内蒙古电力(集团)有限责任公司
451	李　乔	经济管理系	企业管理	2152218052	国网青海省电力公司海东供电公司
452	席　晶	经济管理系	企业管理	2152218057	新疆维吾尔自治区教育厅
453	邓安琪	政教部	马克思主义中国化研究	2152229005	贵州省教育厅
454	林子琳	政教部	思想政治教育	2152229007	广西机电职业技术学院
455	王　潇	政教部	思想政治教育	2152229010	陕西国际商贸学院
456	魏子辉	自动化系	控制工程	2152216070	中国电子科技集团公司第二十研究所

续表

序号	姓名	院系	专业	学号	签约单位
457	王立国	自动化系	控制工程	2152216074	内蒙古电力(集团)有限责任公司
458	王晓亮	自动化系	控制工程	2152216105	特变电工西安电气科技有限公司
459	王　舜	自动化系	控制工程	2152216060	中国核动力研究设计院
460	周璐洁	自动化系	控制工程	2152216068	陕西能源售电有限公司
461	石　乐	自动化系	控制工程	2152216076	电信科学技术第十研究所
462	梁　殷	自动化系	控制工程	2152216096	中国大唐集团科学技术研究院有限公司西北分公司
463	李　轩	自动化系	控制工程	2152216061	内蒙古电力(集团)有限责任公司
464	焦　阳	自动化系	控制工程	2152216093	内蒙古电力(集团)有限责任公司
465	吴延群	自动化系	控制理论与控制工程	2152216004	中国核动力研究设计院
466	田　瑶	自动化系	控制理论与控制工程	2152216024	中国电力工程顾问集团西北电力设计院有限公司
467	汪森依泉	自动化系	控制理论与控制工程	2152216013	中国农业银行股份有限公司陕西省分行
468	张　强	自动化系	信息安全	2152216056	国网新疆电力有限公司电力科学研究院

(学工部　李哲雅　提供)

华北电力大学2018—2019学年度校长奖学金获得者名单

(北京校部)

电气与电子工程学院

李君洛 | 郑安然 | 李康平

能源动力与机械工程学院

万洁颖

控制与计算机工程学院

甘雨丰 | 许佳妮

可再生能源学院

胡　斌

核科学与工程学院

谢箫阳

环境科学与工程学院

庞宏伟

(保定校区)

电力工程系

刘　槟 | 赖曦文

动力工程系

周永戬 | 陈玉柱

计算机系

孟　松

法政系

彭政涛

华北电力大学2019级新生入学成绩优秀奖获得者名单

（北　京　校　部）

生源地	姓名	性别	科类
安徽	郭晓康	男	理工类
	吴　怡	女	文史类
	陈心玥	女	文史类
	童　婳	女	文史类
	丁小雅	女	文史类
北京	霍　达	男	理工类
	李泽鍪	女	文史类
福建	陈毅恒	男	理工类
	方齐泓	男	理工类
	许可儿	女	文史类
甘肃	张心仪	女	理工类
	郑瑾凡	女	文史类
广东	郑一鸣	男	理工类
	江子琳	女	文史类
广西	卢桂星	男	理工类
	刘　浅	女	文史类
贵州	王　檀	男	理工类
	黎　丹	女	文史类
海南	饶杨佳	女	理工类
	余创明	男	文史类
河北	于浚嫦	女	理工类
	赵肖宇	男	文史类
河南	代明格	女	理工类
	张　莹	女	文史类
黑龙江	毕　然	男	理工类
	张　帆	女	文史类
湖北	祝敬华	女	理工类
	易磊华	男	文史类
湖南	何　展	男	理工类
	徐　睿	女	文史类
江苏	喻胜航	男	理工类
	许怀文	女	文史类
	孙娇娇	女	文史类
吉林	陈祥瑞	男	理工类
	千智渊	女	文史类
江西	汤　敏	男	理工类
	罗柳真	女	文史类
辽宁	于雯琦	女	理工类
	葛　瑶	女	文史类
	田欣宜	女	文史类
内蒙古	张佳乐	女	理工类
	高家艳	女	文史类
宁夏	马彬扬	男	理工类
	沈虹汛	女	文史类
	吴浩文	女	文史类
青海	刘　明	女	理工类
	韩　军	男	文史类
山东	刘浩田	男	理工类
	刘　宇	女	文史类
山西	樊一达	男	理工类
	徐建慧	女	文史类
陕西	解雅雯	女	理工类
	赵子哲	男	文史类
	宁易坤	女	文史类
上海	沈睿阳	男	综合改革
四川	帅涵文	男	理工类
	杜仲星	男	理工类
	何怡况	女	文史类
天津	张馨月	女	理工类
	张辛元	女	文史类
西藏	谢俊宇	男	理工类
	杨瀚一	男	文史类
新疆	李天翔	男	理工类
	郝陆娇子	女	文史类
	巩　越	女	文史类
云南	王宇航	男	理工类
	李宏燕	女	文史类
重庆	曾俊棚	男	理工类
	谭梓琪	女	理工类
	竹君若兰	女	文史类
浙江	吕懿澎	男	综合改革

（保　定　校　区）

生源地	姓名	性别	科类	生源地	姓名	性别	科类
安徽省	吴孟婷	女	理工	江西省	牛华超	男	理工
	刘　佳	女	文史		姚少杰	男	理工
北京市	王沛涵	男	理工		黄徽徽	女	文史
	闫文浩	女	文史	辽宁省	吴炜林	男	理工
福建省	陈思航	男	理工		李卓洋	男	理工
	林楚彤	女	文史		姜晓晗	女	文史
甘肃省	王思雨	女	理工	内蒙古	银浩添	男	理工
	王　婧	女	文史		张佳乐	男	文史
广东省	黄军源	男	理工	宁夏区	刘延东	男	理工
	张嘉纯	女	文史		陈　媛	女	文史
广西区	方伊婷	女	理工	青海省	张成钰	男	理工
	黄韵鸣	女	文史		宋晓楠	女	文史
贵州省	岑昊宇	男	理工	山东省	薛　懿	男	理工
	李欢欢	女	文史		王心怡	女	文史
海南省	梁凯硕	男	理工		徐文成	男	文史
河北省	肖泽康	男	理工	山西省	陈　一	男	理工
	刘艺菲	女	文史		张宇浩	男	文史
河南省	邓凯潇	男	理工	陕西省	李佳蓉	女	理工
	吴月明	女	文史		曹佩媛	女	文史
黑龙江	鄢美怡	女	理工	上海市	马至诚	男	综合改革
	杨　蕊	女	文史	四川省	何青桐	女	理工
	许馨桐	女	文史		付浩林	男	理工
湖北省	吴俊坤	男	理工		陈梦吉	男	理工
	詹京霖	女	文史		米润琪	女	文史
湖南省	许子成	男	理工	天津市	李怡辰	女	理工
	刘怡君	女	文史		谷昊阳	男	文史
吉林省	马璽研	女	理工	西藏区	苗宗博	男	理工
	刘祺馨格	女	文史	新疆区	汪苏扬	男	理工
江苏省	田　野	女	理工		申　璇	女	文史
	袁果弋	女	文史	云南省	王　旭	男	理工
重庆市	葛　浩	男	理工		高　麟	女	文史
	李渝倩	女	文史	浙江省	李秉桢	男	综合改革

华北电力大学2019年学生参加科技竞赛获奖情况一览表

（北　京　校　部）

竞赛名称	获奖级别	获奖等级	获奖团队
中国“互联网＋”大学生创新创业大赛 课外学术科技作品竞赛	省部级	二等奖	1
		三等奖	12

续表

竞赛名称	获奖级别	获奖等级	获奖团队
全国大学生数学建模与计算机应用竞赛	国家级	二等奖	1
	省部级	一等奖	18
		二等奖	18
全国大学生电子设计竞赛	国家级	二等奖	1
	省部级	二等奖	5
		三等奖	7
全国大学生节能减排社会实践与科技竞赛	国家级	二等奖	1
		三等奖	5
首届北京市大学生节能节水低碳减排社会实践与科技竞赛	省部级	特等奖	1
		二等奖	4
		三等奖	6
全国大学生电子商务“创新、创意及创业”挑战赛	省部级	一等奖	2
		二等奖	1
		三等奖	3
全国大学生能源经济学术创意大赛	国家级	二等奖	3
		三等奖	5
国际大学生 iCAN 创新创业大赛	国家级	一等奖	1
中国工程机器人大赛	国家级	特等奖	1
		一等奖	1
		二等奖	1
		三等奖	3
“核＋X”全国大学生创意大赛	国家级	三等奖	1
中国可再生能源学会大学生优秀科技作品竞赛	国家级	一等奖	5
		二等奖	4
		三等奖	7
全国大学生水利创新设计大赛	国家级	二等奖	1

（保　定　校　区）

竞赛名称	获奖级别	获奖等级	获奖团队
第五届中国“互联网＋”大学生创新创业大赛	国家级	二等奖	1
		三等奖	2
	省部级	一等奖	5
		二等奖	6
		三等奖	26
第十二届全国大学生节能减排社会实践与科技竞赛	国家级	一等奖	1
		二等奖	2
		三等奖	5

续表

竞赛名称	获奖级别	获奖等级	获奖团队
2019年“挑战杯”大学生课外学术科技作品竞赛	国家级	二等奖	1
	省部级	特等奖	4
		一等奖	5
		二等奖	9
		三等奖	6
第十八届全国大学生机器人大赛机器人创业赛	国家级	一等奖	1
		二等奖	2
		三等奖	1
第四届中国青年志愿服务公益创业赛	国家级	三等奖	1
	省部级	二等奖	1
		三等奖	1
2019年中国国际飞行器设计挑战赛	国家级	二等奖	3
		三等奖	4
	省部级	一等奖	3
		二等奖	1
		三等奖	4
第十八届(2019)全国MBA培养院校企业竞争模拟大赛	国家级	一等奖	1
		二等奖	2
2019“创新创业”管理决策模拟大赛	国家级	一等奖	1
	省部级	一等奖	4
		二等奖	2
第十届(2019)全国高等院校企业竞争模拟大赛	国家级	一等奖	1
第22届“外研社 国才杯”全国大学生英语辩论赛华北地区总决赛	省部级	三等奖	1
2018—2019年度河北省大学生“调研河北”社会调查活动	省部级	特等奖	2
		一等奖	3
		二等奖	2
		三等奖	11
第八届中国(河北)青年创业创新大赛暨第八届“创青春”中国青年创新创业大赛(河北赛区)	省部级	一等奖	1

(校团委 提供)

华北电力大学 2019 年学生学科竞赛获奖情况一览表

（北 京 校 部）

获奖项目	获奖等级	获奖队数	姓名	班级	姓名	班级	姓名	班级	指导教师
全国大学生数学建模与计算机应用竞赛	国家二等奖	1	王绍宇	电气 1709	侯育杰	能动 1709	程 肯	工管 1704	曹艳华
	北京市一等奖	18	董慧娟	计算 1801	焦辰玥	计算 1801	孙 璐	计科 1802	曹艳华
			张辰飏	能动 1803	胡 杨	吴仲华 1801	上官佩洁	能动 1803	冯兰兰
			范溢文	贯通电 1701	张博诚	电气 1705	张 理	电网 1702	邱启荣
			李子源	信息 1702	路帅超	电网 1701	刘博涵	信息 1701	王 雷
			许鑫宇	计科 1702	张润琳	计科 1701	刘 虎	工管 1701	任晓霞
			万海洋	贯通电 1701	余 烁	电气 1703			冯兰兰
			杨佳泽	贯通电 1801	朱艺颖	电气 1806 班	王烁哲	贯通电 1801 班	李 敏
			黄子豪	自动 1703	赵祖欣	自动 1703	曹恩铜	自动 1703	陈学刚
			姚 琪	吴仲华 1701	王明远	机械 1702 班			魏军强
			张 巧	测控 1703	杨丽婷	测控 1703	张大智	测控 1703	侯居跃
			薛宇航	电网 1701	董浩云	贯通电 1701	牟岩松	电气 1710	邱启荣
			冯一尧	计科 1702	徐颖哲	信管 1702	周新纪	金融 1802	马德香
			王一峰	吴仲华 1701	倪莹城	电气 1702	邸俊杰	能动 1711	马德香
			刘 准	电气 1705	林中东	电气 1705			吴立飞
			廖炜铖	能动 1712	戚安平	能动 1712	方 宇	吴仲华 1701	潘 志
			王雅琪	自动化 1804	黄华杨	自动化 1804	尤康泽	自动化 1804	何书松
			于阔海	电气 GJ1802	曹书豪	电气 GJ1801	裴霁雪	电气 GJ1802	李 敏
			冯定腾	贯通电 1701	程 东	电气 1707	邓雪凝	电气 1706	潘 志
	北京市二等奖	18	陈富豪	能科 1701	刘沐霖	电气 1711			雍雪林
			田富豪	电气 1708	赵欣雨	能科 1702	夏仕伟	电气 GJ1703	王小英
			姜志强	计科 1701	温子威	计科 1701	邓福友	计科 1703	石万林
			李 劲	电气 GJ1703	梁胡林	电气 GJ1703	贾天宇	电气 GJ1702	王小英
			曲文涛	计算 1702	曾令鸿	自动 1702	郭 鑫	测控 1702	侯居跃
			孟宇煌	计科 1702	邓雅文	贯通电 1701	武艺姝	计科 1702	王 雷
			张 权	电气 1703	王 岳	电气 1703	曾国强	电网 1702	赵红涛
			华有龙	机械 1802	崔佳蕙	工管 1801	侯晨晨	自动化 1802	甄亚欣
			辛秀丽	自动化 1705	赖淑婷	测控 1704	吴泽宇	自动 1705	周继泉
			韩 辉	信安 1702	闫凤霄	机械 1702	洪 博	信安 1702	甄亚欣
			赵凡舒	自动化 1704	甘繁欣	电气 1712	杨梦缘	自动化 1703	叶振军
			陆红旭	信安 1801	曹鸿亮	计算 1802	王子轩	软件 1801	王 雷
			申翊辰	工管 1704	董昊鑫	工管 1703	李欣怡	电气 1709	周继泉
			左凌峰	水文 1801	张海婧	国教 1801	喻舒悦	水电 1802	孟会贤
			张汉松	计科 1702	耿 嘉	计科 1701	王 典	计科 1701	陈学刚
			葛翰臣	电气 1701	史 钊	电气 1703			何书松
			谢纪康	计科 1801	杨易明	计科 1802	曹誉凡	计科 1801	张可铭
			钱一萱	电气 1807	王其伟	电气 1802	唐梦媛	电气 1802	黄晔辉

续表

获奖项目	获奖等级	获奖队数	姓名	班级	姓名	班级	姓名	班级	指导教师
美国大学生数学建模竞赛	一等奖	2	万海洋	电气 1703	张敬星	电气 1708	余　烁	电气 1703	冯兰兰
			陈维勤	能动 1612	谢箫阳	核电 1604	吕乃航	创新电 1601	王　雷
	二等奖	8	冯定腾	电气 1706	程　东	电气 1707	邓雪凝	电气 1706	余　丹
			陈　琪	电气 GJ1801	李茂辉	能科 1703	陆艺宇		苑　静
			李泓鸣	会计 1801	刘丁溟	会计 1801	李旭	吴仲华 1801	魏军强
			刘昊霖	电气 1706	马浩天	创新电 1601	于佳欣	电气 1703	韩励佳
			冯一尧	计科 1702	周新纪	经济 1803	刘英俊	经济 1803	韩励佳
			姜炎霖	电气 1709	孙逸萌	电气 1710	张天宜	电气 1712	赵引川
			赵　薇	电气 1708	张璐瑶	电气 1708	王鑫艳	电气 1707	雍雪林
			张心怡	核电 1604	项维灿	能动 1601	薛笑峰	能动 1601	吴立飞
全国大学生电子设计竞赛	全国二等奖	1	许佳妮	测控 1602	杨明传	自动 1603	张炜杰	测控 1702	孙淑艳
	省部级二等奖	5	王馨杉	自动 1703	徐　斐	软件 1701	倪旖旎	自动 1704	刘　晋
			张　理	电网 1702	赵炳卓	电网 1703	孙霄羽	信息 1701	赵　东
			刘　严	自动 1702	黄琳焱	测控 1703	唐铭泽	自动 1702	赵　东
			吴奕霖	电气 1711	杨　太	贯通电 1701	梁策	自动 1705	柳　赟
			吴昇阳	电气 1710	王玥瑶	电气 1710	夏浩然	夏浩然	李月乔
	省部级三等奖	7	潘继良	自动 1701	李　博	自动 1701	纪文童	自动 1702	刘向军
			杨　阳	自动 1704	李卓勇	自动 1704	杨睿鹏	测控 1703	文亚凤
			黄子豪	自动 1703	赵祖欣	自动 1703	陈思奇	测控 1703	刘　晋
			严加贝	信息 1601	吴雨欣	信息 1601	蔡　松	信息 1601	李月乔
			姚　祺	自动 1701	李坤森	电网 1703	白世鹏	自动 1702	王　赟
			乔淑祺	测控 1602	胡欣欣	测控 1602	刘　烨	软件 1601	刘春颖
			刘晓波	信息 1702	刘思远	电气 1706	陈佳瑶	电气 1812	黄晓明
全国大学生节能减排社会实践与科技竞赛	国家级二等奖	1	薛凯丽	吴仲华 1701	王文慧	建环 1701			陈海平、张　衡
	国家级三等奖	5	高宇康	电气 1607	蔡　洲	电气 1701	蔡泽仪	公共 1601	唐志国
			许　萌	电气 1601	蔡　松	信息 1601	黄廷恩	创动 1501	陈海平
			平安安	计科 1601	庞　博	电气 1601			靳　周
			李雪梅	机械 1701	战俊楠	吴仲华 1701	吕子可	电气 1707	宋玉旺
			秦婷婷	能动 1609	付裕恒	电气 1707			
			令狐桐雯	电气 1601	蔡梦路	能科 1601	弓雪雅	自动 1605	梁光胜
			黄依平	能材 1601					
首届北京市大学生节能节水低碳减排社会实践与科技竞赛	北京市特等奖	1	覃　硕	创新动 1601	吕书航	创新动 1601	司子一	创新动 1601	张　辉
			陆　尧	创新动 1601					
	北京市二等奖	4	阿克见·巴合提	能科 1603	柳志晗	能科 1603	晋美班典	能科 1603	古丽米娜
			吴嫣然	新能源 1801	何彦飞	能科 1603			
			黄　橙	能动 1707	张永庆	能动 1710	李东懋	吴仲华 1701	巨　星
			戴吾然江·萨迪尔	能动 1710					
			郑思奇	能动 1710	杨宇航	吴仲华 1701	吴奕霖	电气 1711	段立强

续表

获奖项目	获奖等级	获奖队数	姓名	班级	姓名	班级	姓名	班级	指导教师
首届北京市大学生节能节水低碳减排社会实践与科技竞赛	北京市二等奖	4	崔　灏	水利1803	杨亚宁	水利1803	刘渝斌	自动化1807	张　志
			张春晓	自动化1809	王丁一	自动化1809	张高远	研动1814	
	北京市三等奖	6	林志鸿	行管1701	袁浚程	公共1701	岳浩东	行管1701	刘妮娜、崔　灿
			俎楠楠	行管1701					
			蔡孟玥	自动1602	秦瑞钧	测控1604			张建华
			许佳妮	测控1602	林佳祺	自动化1808	魏兰懿	自动化1803	胡永辉
			石梁征	水电1502	徐子涵	新能源1807			
			王　洋	能动1704	桂承誉	能动1702	周金庆	能动1708	王艳娟
			张靓亮	信管1701					
			萧灿琳	电气1601	廖雪洁	经贸1601	何小龙	能动1605	张　志
			陈　盛	能科1603					陈海平
周培源力学竞赛	国家级三等奖	1	何明明	机械1602					何　青
中国"互联网+"大学生创新创业大赛北京赛区	北京市二等奖	1	赵月悦	电气GJ1601	张　露	财务1601	王怡暄	通信1602	皮　伟
	北京市三等奖	12	林志鸿	行管1701	张　潇	广告1701	岳浩东	公共1701	刘妮娜
			吴兆东	公共1701	张利乐	行管1601	张展鹏	信息1601	
			赵星宇	电气1701	张海婧	国教1801	邢凌敏	电气1706	王　鹏
			邓雅文	电气1703	吴昇阳	电气1710	周瑞丰	能动1812	
			马源培	信管1701	杨卓璇	财务管理1701	朱　烨	工管1701	李乐明
			王德贤	能动1703	袁欣雨	电气1702			
			王　霄	能动1702	战俊楠	吴仲华1701	李欣怡	能动1702	张　伟
			游晨宇	能动1702					
			张鹏辉	研1825	赵凡舒	自动1704	陈诗彦	自动1705	师瑞峰
			张　巧	测控1703	杨梦缘	自动1703	甘繁欣	电气1712	
			蔡　松	信息1601	严加贝	信息1601	李虎军	信息1601	武　昕
			余　波	研控计1725	张怡松	研控计1826	赵泽宇	能科1702	刘俊承
			王　哲	测控1601	谢亚婕	测控1601			
			赵亚菲	创自1601	唐琴	电子商务1601	王　伟	物联1601	师瑞峰
			冯燕菲	电网1601	黄飞洋	物联1601	王燕川	物联1601	
			王晓伟	创自1601	刘一卓	自动1602	刘中一	自动1701	吴　华
			张　虎	创自1601	宋佳鑫	自动1604	贺　哲	测控1602	
			刘应琦	英语1702	朱荣赫	法学1702	陈锦辉	电气1701	王　硕
			王昊宇	电气1702					
			高　煜	电气GJ1603	陈端盈	财务1601	林可硕	电气GJ1702	赵　东
			徐超群	电气1702	郭天昊	电气1702	王思予	会计1701	张　戈
全国大学生广告艺术大赛	全国三等奖	1	陈　超	电气1604	谢沁园	电气1603			陈　玲
	北京市一等奖	3	田雨千	广告1701					庞　涛
			杨佳妃	广告1701	豆　琰	广告1701	惠梦婕	广告1701	庞　涛
			韩俊梦	广告1701					庞　涛、陈　玲

续表

获奖项目	获奖等级	获奖队数	姓名	班级	姓名	班级	姓名	班级	指导教师
全国大学生广告艺术大赛	北京市二等奖	4	韩俊梦	广告 1701	宋贝贝	广告 1701			庞　涛
			马心悦	广告 1701					庞　涛
			彭思雨	广告 1701					庞　涛
			廖若晨	广告 1701					庞　涛
	北京市三等	9	胡沁蓉	广告 1701					庞　涛
			高晓杰	广告 1601					陈　波
			董熠晗	广告 1701	李洁锐	广告 1701			庞　涛
			于海波	广告 1801					张　勤
			安予嘉	广告 1701	高童童	行管 1601			庞　涛
			谢　华	营销 1701					张　勤
			高　涵	广告 1801					张　勤
			安予嘉	广告 1701					庞　涛
			娜迪热尼加提	广告 1701					庞　涛
蓝桥杯全国软件和信息技术专业人才大赛	国家一等奖	2	任佳义	计算 1602	李聿琛	计算 1601			李剑侠、马　炜
	国家级二等奖	12	邓福友	计科 1702	陈太钦	软件 1602	成其伟	信安 1601	马　炜、李剑侠 贾静平
			王子豪	计算 1602	谢沅伯	计算 1807	陆红旭	计算 1804	贾静平、苏林萍
			高　歌	核工 1702	李孔源	电气 1609	迟慧璇	计算 1701	谢　萍、李　为
			曲文涛	计算 1702	刘　金	计算 1601	刘　胜	核电 1601	李　为、谢　瑜
	国家级三等奖	2	李文俊	计算 1602	刘根浩	计算 1803			荆振宇
国际大学生 iCAN 创新创业大赛	国家级一等奖	1	赵　鑫	软件 1702	刘　金	计算 1601	朱岩松	自动 1602	琚　赟
全国大学生英语竞赛	特等奖	2	吴昇阳	电气 1710	孙圣澍	电气 1802			王　欣、郑蓉颖
	一等奖	6	王宸隆	新能源 1806	易昕怡	创新电 1601	徐润岑	工管 1701	杨春红、王皎皎 张志远
			赵耘鹤	信管 1601	卢俞帆	电气 1702	薛宇航	电网 1701	张　倩、赵燕飞 宋晓漓
	二等奖	41	梁卓航	电气 1609	陶皓晨	电气 GJ1802	江志森	电气 GJ1802	
			朱元斌	电气 1609	陈嘉珺	公共 1801	陈世萍	创新电 1601	
			朱玥荣	电气 1707	曾　仪	电信 1808	王一梦	经济 1802	
			黄武杰	中文 1601	王　淼	电网 1603	杜瑜铃	电气 GJ1603	
			邓森森	能动 1603	刘柏佳	计算机 1805	汤孝天	材料 1601	
			吴媛媛	电信 1803	赵耸薇	吴仲华 1701	刘洁妮	财会 1803	
			丘芷梦	财务 1602	杨　露	水文 1601	李启航	电气 1711	
			许佳妮	测控 1602	陈品卓	创新动 1601	尤宏森	电气 GJ1603	
			郝睿恒	电气 1811	孙宇泽	经济 1802	胡晨欣	电气 GJ1703	
			刘扬扬	电气 1709	陈锦辉	电气 1701	卿正恒	电气 GJ1601	
			于　群	创新电 1601	文　婧	电气 GJ1602	陈沛蓥	自动化 1705	
			陈远航	公共 1804	徐可琪	电气 1607	朱艺颖	电气 1806	
			张富澳	电信 1807	张霁月	电气 GJ1601	陈舸禹	电气 GJ1602	
			郭庆旭	自动化 1806	孙士棋	电气 1801			

续表

获奖项目	获奖等级	获奖队数	姓名	班级	姓名	班级	姓名	班级	指导教师
全国大学生英语竞赛	三等奖	69	马　婧	电气1604	刘书棋	创新电1601	宋　晨	电信1803	
			于阔海	电气GJ1802	孙梓源	电气GJ1601	赵　艺	财会1804	
			刘兰岭	新能源1807	甘雨丰	物联1601	陈　英	材料1601	
			许弈飞	创新电1601	史凯昕	电气1803	李清秀	工管1702	
			史元钧	计算1702	蔡孟玥	自动1602	王正之	法学1601	
			薛忠沂	电气1707	郭　琳	电气1607	陆季平	电气GJ1701	
			赵鹏飞	1801班	魏德林	工管1602	孙　耐	新能源1804	
			薛莲婷	物联1601	吴思怡	公共1804	林可硕	电气GJ1702	
			张　楠	电气GJ1601	钱煜婷	会计1602	厉　豪	信息安全1602	
			赵璟天	自动化1802	曹鸿亮	计算机1804	马如双	能动1611	
			于佳慧	能动1604	张欣仪	建环1701	李相宜	公共1801	
			李婧茹	管理1806	唐梦媛	电气1802	王玮泽	水利1803	
			黎汶杰	自动化1806	曲鸿妍	电气1606	董浩云	电气1709	
			聂启亮	核工1802	王彬璐	化学1801	刘丁溟	财会1803	
			程苏冉	财会1803	张佳成	财务1602	任　澜	能科1603	
			王文涛	新能源1804	朱晨飞	数理1801	蒋闰润	公共1601	
			刘　淼	电气1709	李雪晴	电气1610	李嘉毅	电信1802	
			李君洛	电气1608	喻　译	电信1808	叶子欣	工管1702	
			徐　宁	电气1812	娄云天	电气1611	何音奇	电气GJ1703	
			刘天放	核电1703	黄丽钦	应用化学1602	肖　雅	工管1701	
			尹梦琳	财会1804	李东方	资源1601	许树颖	软件1601	
			刘婧源	能动1711	陈思齐	电气1612	石秀雨	公共1802	
			杜建成	电气GJ1702	张嘉祺	工商1701	王艺蓉	电气1806	
北京市大学生数学竞赛	北京市一等奖	12	曹鸿亮	计算机1804	梁　欢	金融1802	尹　薇	电气1810	彭武安指导小组
			杜厚贤	电气1802	马浩天	创新电1601	张懿晨	电气GJ1801	
			胡仙楠	电气1802	齐晟一	电气1801	朱凌锋	能动1809	
			黄茜茜	经济1703	王一梦	金融1802	朱艺颖	电气1806	
	北京市二等奖	12	金　璇	电气1811	梁晓航	电气1805	王子轩	计算机1804	
			李尔超	机械1801	林　旭	电气1803	张富澳	电网1801	
			李冠霖	电信1804	孙士棋	电气1801	张　军	电气1805	
			李金龙	电网1802	王宸隆	能科1801	祝皓楠	会计1801	
	北京市三等奖	12	陈佳琦	电气1806	刘　准	电气1705	吴清宇	电气1806	
			李国召	能动1803	罗　欢	工管1801	徐心竹	电气1810	
			刘鸿海	电气1801	王　凤	电气1804	张　宁	电气1803	
			刘徐怡	电气1811	王佳旭	电气1801	张小倩	电气1811	
全国部分地区大学生物理竞赛	省部级一等奖	2	徐志远	电气J1801	姚宇樑	能科1804			吕亮球指导小组
	省部级二等奖	12	林中东	电气1809	隋岩君	贯通电1801	芦文泽	自动1804	
			张舒文	电气1803	胡尊浩	能材1801	杨润璞	自动1804	
			魏进磊	贯通电1801	杜厚贤	贯通电1801	王春成	机械1802	
			刘康琪	电气J1801	张富澳	贯通电1801	朱振宇	电气1803	

续表

获奖项目	获奖等级	获奖队数	姓名	班级	姓名	班级	姓名	班级	指导教师
全国部分地区大学生物理竞赛	省部级三等奖	19	齐琳达	电气 1802	许奕晞	计算 1802	孟凡奇	电气 1803	吕亮球指导小组
			李俊良	计算 1801	王宸隆	贯通电 1801	李时泰	贯通电 1801	
			刘　涛	电气 1809	侯鸿飞	贯通电 1801	唐梓航	电网 1803	
			杨成帅	自动 1802	周　佳	自动 1803	陈　迪	能科 1802	
			宁华清	材料 1801	钱一萱	电气 1807	王　晋	能科 1802	
			王润翔	自动 1804	王佳旭	电气 1801	黎红平	水电 1801	
			梅文洁	软件 1801					
北京市大学生物理实验竞赛	北京市二等奖	1	张　理	电网 1702					张　昭
“核＋X”全国大学生创意大赛	国家级三等奖	1	冯佳琪	核电 1702	蔡　洲	电气 1701	陈若晨	能科 1603	张钰浩
			张雅洁	能科 1701					
全国“尖峰时刻”商业模拟大赛	省部级二等奖	2	钱煜婷	会计 1602	谭星星	会计 1602	郝　创	会计 1602	张琪
			沈　晶	电气 1606	张捷萌	电气 1707			张　琪
	省部级三等奖	12	朱元斌	电气 1609	柳乐怡	电气 1606	王　岚	电气 1707	史富莲
			张　露	财务 1601	何珂珂	财务 1602	苟帅宇	营销 1601	史富莲
			张佳迎	会计 1601	岳柏帆	创自 1601	王　义	财务 1602	李艳玲
			朱恩东	金融 1601	许艺珊	会计 1602	曹新雅	会计 1601	李艳玲
			刘昊霖	电气 1706	魏　冉	工管 1704	叶子欣	工管 1702	钱　锐
			王梦钰	财务 1702	刘志琪	经济 1701	张忠冉	工管 1703	钱　锐
			赵凯新	物流 1601	张阳	物流 1601	王　俊	物流 1601	李冬妍
			王宇鹭	计科 1601	刘昱中	核电 1501	李李宇	公共 1801	李冬妍
			张　健	金融 1701	刘　虎	工管 1701	张凯文	金融 1702	李冬妍
			朱荣赫	法学 1702	孟祥龙	能科 1604	褚银浦	电子 1601	李冬妍
			胡　杨	工商 1701	韩莹竹	工商 1701	张嘉祺	工商 1701	张莉萍
			闫　旭	能科 1602	姚园鑫	电网 1703	孙晨皓	电气 1602	张莉萍
全国大学生能源经济学术创意大赛	国家级二等奖	3	赵军军	工管 1602					袁家海
			梁家豪	工商 1601					刘敦楠
			张　露	财务 1601					张兴平
	国家级三等奖	5	乔　智	会计 1702	史帅杰	会计 1702	蓝柳涵	工商 1701	张　妍
			蒋李义	会计 1702	谢际览	会计 1702			
			刘英俊	经济 1803	周新纪	经济 1803	冯一尧	计科 1702	焦　扬
			黄茜茜	金融 1701					
			赵嘉欣	营销 1501	林佳敏	电气 1703	游达源	机械 1602	曾　博
			刘昊霖	电气 1706					李学宝
			李欣芝	能科 1702	巴桑多吉	会计 1602			马卫华
全国大学生电子商务“创新、创意及创业”挑战赛	省部级一等奖	2	李　达	商务 1601	刘　伟	社保 1601	刘心妍	经济 1601	董福贵
			王姝月	工管 1701	周学龙	信管 1701			
			杨雨欣	能科 1602	陈若晨	能科 1603	吴雨欣	信息 1601	田惠英、靳　周
			钱卓誉	资源 1701					

续表

获奖项目	获奖等级	获奖队数	姓名	班级	姓名	班级	姓名	班级	指导教师
全国大学生电子商务“创新、创意及创业”挑战赛	省级二等奖	1	黄绮煜	会计 1601	汪星辰	自动 1801	谢沅伯	信安 1802	梁春燕
	省部级三等奖	3	尚志浩	金融 1701	郎佰卓	能科 1702	范泽硕	经济 1701	田惠英、王　钇
			刘志强	信管 1702	徐颖哲	信管 1702	俞露稼	信管 1701	刘　谊、田惠英
			王瀚甫	营销 1701	薛俊豪	财务 1702			
			赵　航	法学 1701	白靖宇	工管 1704	王　娜	英语 1702	杨淑霞
			禚心如	计算 1701	姚海龙	物流 1801			
北京市大学生 ERP 管理会计应用决策大赛	北京市三等奖	1	钱煜婷	会计 1602	卢　欢	会计 1501	刘振华	会计 1501	孙　哲
			许艺珊	会计 1602					
中国工程机器人大赛	全国特等奖	1	王月莹	软件 1702	谢沅伯	计算 1807	崔乐然	自动化 1801	夏延秋
	国家一等奖	1	张炜杰	测控 1702	甘繁欣	电气 1712	陈昭鸿	自动化 1807	马　腾
	国家二等奖	1	江多斯·于苏甫江	预科 1801	徐子涵	新能源 1807	林佳祺	自动化 1808	吴　浩
	国家三等奖	3	蒙　康	机械 1601	梁　考	机械 1601	闫凤霄	机械 1702	马　腾
			黄子豪	自动 1703	赵祖欣	自动 1703	付裕恒	电气 1707	胡金光
			杨岱鑫	自动化 1604	刘　金	计算机 1601	宋　森	自动化 1804	马美倩
北京市大学生工程训练综合能力竞赛	北京市一等奖	1	王　洋	能动 1704	刘　成	能动 1704	王宇航	能动 1704	冯　欣
	北京市二等奖	2	张家庆	能动 1602	张丽萍	能动 1602	王　娟	能动 1602	夏延秋
			坝天宇	机械 1701	赵培然	机械 1702	李雪梅	机械 1701	吴　浩
	北京市三等奖	6	田若菡	能科 1601	段文静	能科 1601	李运舟	能科 1601	马美倩
			付裕恒	能动 1704	郑叶杰	能动 1704	李恬晨	能动 1704	张亦楠
			张炜杰	测控 1702	陈思奇	测控 1703	黄子豪	自动化 1703	胡金光
			杨向飞	机械 1602	魏超政	机械 1602			吴礼宁
			付裕恒	能动 1704	王　洋	能动 1704	张丽萍	能动 1602	吴礼宁
			刘泽华	机械 1701	冯宇雷	机械 1701	杨宝川	机械 1701	张亦楠
“博创杯”全国大学生嵌入式设计大赛	全国一等奖		刘晨曦	电气 1604	堵佳玥	电子 1601			梁光胜
“外研社杯”全国英语写作大赛	省部级二等奖		刘扬扬	电气 1709					王皎皎
	省部级三等奖		江志森	电气 GJ1802					司　微
“外研社杯”全国英语阅读大赛	省部级一等奖		江志森	电气 GJ1802					司　微
	省部级二等奖		李珏菲	自动化 1802					王　欣
“外研社杯”全国英语演讲大赛	省部级三等奖		何雨蒙	行管 1702					高晓微
第五届大学生工程设计表达竞赛	省部级一等奖	1	孙泽宁	机械 1802	刘新春	机械 1801	华有龙	机械 1802	张　志、杨志凌
			姜明川	机械 1802	许　瑶	吴仲华 1801			
	省部级二等奖	2	刘秋洋	机械 1802	崔跃龙	吴仲华 1801	黄博航	机械 1802	杨志凌、张　志
			李尔超	吴仲华 1801	刘铭楷	机械 1802			
			盛世杰	吴仲华 1801	陈　陟	化学 1701	宁华清	材料 1801	郑　凯、冯　欣
			李俊成	机械 1702	王明远	机械 1702			

续表

获奖项目	获奖等级	获奖队数	姓名	班级	姓名	班级	姓名	班级	指导教师
第六届全国大学生水利创新设计大赛	国家级二等奖	1	蔡常鑫	水文 1601	杨晓宇	能科 1601	杨向飞	机械 1602	李继清
ACM-国际大学生程序竞赛	省部级铜牌	1	谢沅伯	计算 1807	邓福友	计科 1702	曲文涛	计算 1702	马　炜
中国可再生能源学会大学生优秀科技作品竞赛	国家级一等奖	5	林　灏	电气 1607	秦瑞钧	测控 1604	韩　雪	测控 1604	靳　周、陈海平
			李潇飞	能动 1702	刘　严	自动化 1702	彭佳霖	电网 1601	
			高宇康	电气 1607	蔡洲	电气 1701			唐志国
			黄　橙	能动 1707	戴吾然江·萨迪尔	能动 1710	张永庆	能动 1710	巨　星
			李东懋	吴仲华 1701					
			潘雅卿	能科 1605	刘坤卓	翻译 1601	刘一卓	自动 1602	王体朋
			李茂辉	能科 1703					柳　赟
	国家级二等奖	5	龚巧彬	应用化学 1602	唐书浪	能科 1606			靖仕寅
			刘昊霖	电气 1706					颜湘武
			李雪梅	机械 1701	战俊楠	吴仲华 1701	吕子可	电气 1707	宋玉旺
			秦婷婷	能动 1607	付裕恒	电气 1701	杨瀚文	机械 1501	
			穆希桢	电气 1709	马家宁	能科 1706	何思远	软件 1701	
			王思予	会计 1701	刘　晞	电气 1707			朱永强
			王晓婷	电气 1607	岳　涵	能动 1612			陈海平
	国家级三等奖	7	杨雨欣	能科 1602	陈若晨	能科 1603	吴雨欣	信息 1601	靳　周
			杨　乐	物理 1601					
			许　萌	电气 1601	黄廷恩	创新动 1501			徐进良
			张基龙	能科 1606	赵嘉琪	能科 1605	王妍妍	营销 1801	程桂石
			刘兰岭	能科 1805	姜　鑫	信安 1801	康　领	能科 1702	
			庞　博	电气 1601	平安安	计科 1601			靳　周
			蔡梦路	能科 1601	令狐桐雯	电气 1601	弓雪雅	自动 1605	梁光胜
			黄依平	能材 1601					
			杨泽洲	能科 1603	杨晶晶	能科 1603	宗黎明	能科 1603	古丽米娜
			任　澜	能科 1603	陈　盛	能科 1603			
北京市大学生模拟法庭竞赛	北京市二等奖	1	颜砾瑶	法学 1602	潘　雨	法学 1602	高薇婷	法学 1602	王春波
			王正之	法学 1601	关媛馨	法学 1601	刘　莎	法学 1601	

（保　定　校　区）

竞赛名称	获奖级别	获奖等级	获奖队数
第六届全国大学生工程训练综合能力大赛	国家级	特等奖	1
		一等奖	1
		三等奖	4

续表

竞赛名称	获奖级别	获奖等级	获奖队数
第六届全国大学生工程训练综合能力大赛河北赛区	省部级	一等奖	8
		三等奖	3
第十四届“恩智浦杯”全国大学生智能汽车竞赛	国家级	一等奖	1
		二等奖	1
第十四届“恩智浦杯”全国大学生智能汽车竞赛华北赛区	省部级	一等奖	4
		二等奖	2
		三等奖	1
2019年全国大学生数学建模竞赛	国家级	一等奖	3
		二等奖	4
2019年全国大学生数学建模竞赛河北赛区	省部级	一等奖	9
		二等奖	19
第十二届周培源全国大学生力学竞赛	国家级	三等奖	22
第十二届周培源全国大学生力学竞赛河北赛区	省部级	一等奖	22
		二等奖	33
		三等奖	49
2019年美国国际大学生数学建模竞赛	国际级	一等奖	22
		二等奖	45
2019年全国大学生英语竞赛	国家级	特等奖	7
		一等奖	10
		二等奖	86
		三等奖	142
第十届全国大学生数学竞赛	国家级	三等奖	1
2019中国工程机器人大赛暨国际公开赛	国家级	特等奖	1
		一等奖	2
		二等奖	3
		三等奖	7
2019年“西门子杯”中国智能制造挑战赛	国家级	二等奖	2
2019年“西门子杯”中国智能制造挑战赛河北赛区	省部级	特等奖	1
		一等奖	1
		二等奖	1
		三等奖	2
2019年第十届蓝桥杯全国软件和信息技术专业人才大赛	国家级	三等奖	1
2019年第十届蓝桥杯全国软件和信息技术专业人才大赛河北赛区	省部级	一等奖	2
		二等奖	8
		三等奖	16
2019年“深圳杯”数学建模挑战赛河北区	省部级	一等奖	1
2019年全国大学生电子设计竞赛河北赛区	省部级	一等奖	1
		二等奖	1
		三等奖	2

续表

竞赛名称	获奖级别	获奖等级	获奖队数
第九届全国大学生电子商务“创新、创意及创业”挑战赛河北赛区	省部级	一等奖	1
		二等奖	1
		三等奖	5
第十二届全国大学生先进成图技术与产品信息建模创新大赛	省部级	一等奖	2
		二等奖	3
		三等奖	5
第十一届全国大学生数学竞赛全国河北赛区	省部级	一等奖	58
		二等奖	30
		三等奖	37
2019 年“外研社杯”全国大学生英语辩论赛华北赛区	省部级	三等奖	1
第四届河北省大学生创新创业年会	省部级	一等奖	1
		二等奖	2
		三等奖	2
2019 年河北省高校制图与构型能力大赛和河北省高校三维设计大赛	省部级	特等奖	2
		一等奖	3
		二等奖	3
		三等奖	2
2019 年国际水中机器人大赛	省部级	二等奖	1
		三等奖	6
2019 年全国高校 BIM 毕业设计作品大赛和招投标竞赛	省部级	二等奖	2
		三等奖	5
2019 年京津冀高校暖通空调工程设计实践大赛	省部级	一等奖	1
		二等奖	1

（教务处　提供）

华北电力大学 2019 年获国家奖学金学生名单

（北京校部）

一、 电气与电子工程学院:23 人

李君洛　王晨欣　林　灏　吴雨欣　李　杰　史锐博　李　岩　康诗奇
陈锦辉　吴奕霖　孙逸萌　杨　太　贾璐瑞　刘晓波　黄　威　朱艺颖
孙士棋　杨佳泽　唐梦媛　赵海宇　张富澳　胡铁婕　冯思远

二、能源动力与机械工程学院:16 人

孙　雪　万洁颖　吕书航　李雷红　何明明　吴广园　侯育杰　王　洋
杜佳蔚　赵培然　孔崇滔　王文慧　刘　倩　徐墨赛　李志远　魏进磊

三、控制与计算机工程学院:15 人

吴浩驰　蔡孟玥　曾清扬　甘雨丰　许佳妮　刘　严　李卓勇　迟慧璇
刘子轩　黄琳焱　汪星辰　王家文　赵泓辰　王子轩　姚鹏飞

四、经济与管理学院:16 人

张　露　朱　瑾　侯遇柱　谭星星　宫　雨　王书晴　王　越　于靖萱

徐颖哲	李淇琪	黄茜茜	任家轩	孙雅茹	李绍泽	周新纪	尹梦琳

五、可再生能源学院:10 人

杨泽洲	熊　喆	侯加浩	杨雨欣	赵　微	杨　露	李茂辉	齐文闯
王　涵	张文明						

六、核科学与工程学院:5 人

谢箫阳	江　卓	王小文	高德扬	马安祥

七、环境科学与工程学院:2 人

龚巧彬	刁卓凡

八、数理学院:3 人

平安安	叶　澄	熊伟辰

九、人文与社会科学学院:6 人

蒋闰润	周倩颖	刘佳莹	何浩天	韩俊梦	李　彤

十、外国语学院:2 人

王堂钰	谢琳灵

十一、国际教育学院:3 人

张　楠	窦子啸	江志森

(保定校区)

一、电力工程系

本科:20 人

陈佳毅	杨文杰	陈为佳	杨佳航	尹佳庆	沙致远	曾世胤	甄　谦
薛霖	武晨煜	张竞月	黄一洪	席旺旺	谢　菁	刘耀文	俞世远
朱欣艺	韩文煊	杨若嘉	谭昊宇				

二、电子与通信工程系

本科:6 人

王　杰	曹文涛	梁文亮	胡旭梅	杨　兵	汤　俊

三、动力工程系

本科:14 人

张成宇	蒋霆	刘岚珺	陈家希	冯印帅	魏一梦	刘书涵	杨　硕
刘　颖	唐晓宇	张洪泰	罗昀昊	王若冰	刘金鹤		

四、机械工程系

本科:15 人

王啸尘	马鹏程	任　汀	张宏博	朱婧怡	张梦佳	张淑宝	李　智
范贺宁	陈　丁	黄定滔	汪盈杉	温凯俊	杨　洋	朱凯源	

五、自动化系

本科:10 人

高　卓	秦鸿圣	张亚辉	刘　越	宋治星	冀介文	陈　琼	陈健东
曾德智	项　倜						

六、计算机系

本科:10 人

熊歆昀　胡伟业　孟　松　赵建军　张元开　黄　艳　李季凡　张方缘
张嘉然　邓紫臻

七、经济管理系

本科:11 人

陈佳颖　王珍艳　李玉莹　卫卓群　李筱笛　郭雅欣　吴佳勉　郑欣怡
陈静宇　赵　洁　方舒琪

八、环境科学与工程系

本科:8 人

孙少波　梁　珺　马　淼　郑思行　张　晟　周　权　张焱杰　刘　琦

九、法政系

本科:5 人

张诗婧　程　达　郭昕睿　李　彦　张敬婷

十、数理系

本科:4 人

经若楠　王　璐　田诗艳　强浩然

十一、英语系

本科:3 人

颜政清　左梓诺　杨昕妤

十二、国际教育学院

本科:3 人

冯永杰　李木子　鞠家鑫

(学生处 提供)

华北电力大学 2018—2019 学年度国家励志奖学金获奖学生名单

(北　京　校　部)

一、电气与电子工程学院:56 人

陈良炯　赵　薇　任相霖　马文帅　朱保奎　何佳琳　李恩泽　赵博宇
张铭哲　田富豪　马润鹏　方　明　魏大才　魏胜楠　路帅超　张　凯
何志昊　蔡　洲　彭　雨　张晓楠　谈文睿　徐李清　曹　兴　李　昊
李贵苹　孟肖戈　罗旸凡　刘朋矩　夏赞阳　丁振柯　张金壮　李　琰
汪丽伟　曹洪铭　裴　皓　董　晴　陈　悦　杨子民　杨　锐　陈　超
陈佳琦　陈启瑞　孟凡奇　林　旭　王　凤　陈科达　张志鹏　路企源
何佳鑫　陈佳瑶　王贺石　汪　霞　宋　晨　安志杰　郑　睿　喻　译

二、能源动力与机械工程学院:60 人

汤孝天　李家璇　杨向飞　魏超政　孙宇宏　田儒剑　黄贤斌　李林飞
项维灿　张玉浩　张玉峰　段　茵　许宏宇　苏亚虎　高桥东　王　娜
王　娟　李　壮　易天保　王　娟　李　超　杨泽一　王俊杰　陈婷钰
王　颖　李　锋　王　玲　安旭刚　杨正军　叶文力　邱卫平　李潇飞
王霄焕　方　宇　战俊楠　张欣仪　李雪梅　闫凤霄　柴　潇　覃温翔
刘　鑫　刘　毅　刘永健　宋孟泽　陆新龙　常艳茹　姜明川　许　瑶
钟金红　张恒瑞　刘玲玲　胡朝翔　颜文欣　何芝飞　张　磊　郭彩玲

杨卯生	张　娜	杨　钦	胡仙楠

三、控制与计算机工程学院:52 人

李俊良	刘根浩	董慧娟	魏兰懿	张舒文	王玥蘅	张含颖	周　佳
黄华杨	白彦刚	窦永坤	刘志勇	王　栋	张若男	赵祖欣	岑永洁
陈怡凤	杨丽婷	赵进喜	白　锐	张　红	李梦蝶	程　璇	雷文媛
方可乐	张　达	陈　洁	刘世梁	王雨璇	韩卓婷	徐明扬	曹梦凡
甘　雨	班　成	徐　亮	李　宁	刘超波	李春波	唐英博	王晓伟
曹婉莹	马骞骞	杨明传	陈　鹤	黄欣欣	石　鎏	金艳方	张泽茹
李文俊	王乃玉	郭可蓉	胡柳静				

四、经济与管理学院:57 人

郝宇霞	陈　丽	陈思佳	付　林	古纪湘	韩烨楚	廖丽珍	刘晓彩
刘言言	田冰颖	王楚蓉	魏德林	张树兰	党嘉璐	张　悦	张家华
雍星楷	朱　岗	申翊辰	刘志琪	蒋李文	李怡菲	欧阳含露	戴佳丽
岳方茹	邓芝芝	李陈旭	奚　悦	吴若彤	章业成	何馥彤	王振邦
南　超	张雅妮	王　然	郑　浩	王亚波	王雨璇	阮泽锋	杜星洁
兰　澜	侯　赛	李　娜	朱知觉	嵇史君	王泓人	冯欣雨	郭丽宣
崔佳蕙	赵珍珠	卞紫祥	武美琪	吴思洁	杜恽杰	李传梅	罗　欢
姜晓静							

五、可再生能源学院:47 人

鹿希雨	任澜	陈若晨	贺　宇	陈国金	梁春慧	田若菡	潘雅卿
唐书浪	熊军超	黄依平	迟　旭	余甜甜	吴　松	施雨欣	邹　刚
安佳媛	李敦智	李远峰	杨伟宇	张　凯	张育靖	郝宏伟	刘　瑜
刘　鑫	张　璇	金靖林	伍恢健	杨开端	李宏伟	杨德铭	任双庆
周煜人	戴试贤	宋沛锐	张　攀	陈　迪	陈思佚	张星宇	韩　雪
刘　涛	姬海雯	殷小净	蔡倩倩	赵渔亨	幸艳玲	康嘉洁	

六、核科学与工程学院:7 人

邢芳菲	马欣洁	刘艳芳	马亚朋	王紫薇	刘晓晓	岳仪凡

七、环境科学与工程学院:15 人

王友朋	王金海	李天元	李灵康	高　涛	邓文浩	魏振予	刘　枭
林曼娇	陆文怡	张振洋	魏场超	马进武	汪泽涛	张廷伟	

八、数理学院:9 人

管庆丰	胡铮然	吴柏想	孟宇煌	张润琳	曾洪文	刘泰兴	段坤宇
郝嘉敏							

九、人文与社会科学学院:18 人

王晓楠	张利乐	杨海艳	刘美玲	关媛馨	潘　雨	组楠楠	梁嘉玲
李　蔓	林志鸿	李萌晨	杨颖芳	王银春	李雨婷	吴思怡	丁　钰
李相宜	黄崇雪						

十、外国语学院:4 人

王梓萌	罗秋白	龙　婷	李　明

（保定校区）

一、电力工程系:66 人

谢虎林	朱思宇	孙慧强	王德帅	康世佳	曹　赛	叶宇鑫	唐思佳
姜　磊	高成龙	胡万君	陈宇航	卜仙雅	朱　艳	孙　鹏	丁邦坤
赵建博	文　森	熊　阳	卢　洁	李　航	宋金历	韩　创	赵丽娜
宋智玲	张颖哲	魏子文	冯天娇	陈旭彬	焦乾明	左安邦	吕天舒
薛田田	王小妞	安亚楠	王东旭	孙朝阳	郭　燕	马梓宸	吴梦焓
马　琴	张峻华	吴　超	肖秋瑶	董　磊	牛芳龙	吕慧敏	覃一皎
赵雨菲	王达奇	孙章林	曲紫瑜	张行远	王佳禄	陈　龙	胡　湞
董晓强	余　芮	丁　可	范慧玲	李洋洋	刘心怡	杨丁苏	侯小青
成宇琛	张寅标						

二、电子与通信工程系:21 人

崔康佳	季延凯	唐东星	刘玉鹏	袁国庆	陈锋彬	朱敏捷	张晓波
冯睿智	张景化	刘程辉	高佳琪	邵烽智	刘超凡	王源伟	褚淑美
谌　佩	李甜甜	赵　涌	陈晶威	占凯超			

三、动力工程系:46 人

柳　灿	安琪伟	罗　林	龚弟鑫	莫开春	吴志远	李　诺	周子莜
刘　伟	刘　余	李　顺	张　涛	胡佳君	孙栎洋	魏万磊	张　跃
刘　伟	郭金发	袁　焱	成　辉	韩　辉	陈金森	李青松	谢行远
张俊伟	路　昌	苏丽弘	雷　隆	梁颖琦	邓洪达	秦立山	张兴宇
林科洪	于敬禄	刘　哲	王　楠	孙　琼	易文文	陈博锐	李昊岳
贺泓博	车福龙	张京伟	姚艳秋	段振强	周玉龙		

四、机械工程系:48 人

石家桥	辛菲菲	路蕤恺	张佳祥	刘　鹏	杨少琪	蒋成达	王思琦
侯　毅	徐庆文	荀振宇	余盛灿	田文博	朱艺璇	肖庆彪	唐路捷
罗益鑫	刘　帆	尹啸笛	吴　堉	阮景怡	叶永鑫	张　昊	姚青陶
孙泽宇	卜雪松	安延禄	李天元	吕政华	韩鹏程	杜翔宇	单玉楠
蒋佳俊	李舒涵	刘　岩	王博远	王天乐	王颖颖	杨　超	张富泽
张家源	陈思宏	邓坤盈	吴挺卫	张靖星	彭毓图	梁妍滢	周焕东

五、自动化系:31 人

张紫薇	陈国柳	王瑞昌	吕兴强	李高萍	张　抖	李　媛	董新超
罗　燕	闫　鑫	杨凌燕	鲁若楠	展　元	张　莹	黄　冰	张鹏宇
王科奥	杨承昱	田雯雯	王世周	首世珍	帅博文	畅　晗	王淅炀
郭厚旭	白怡宁	孙燕姿	黄　琛	张倩倩	沈纳昊	李恒跃	

六、计算机系:33 人

吕　银	聂　淼	李静秋	卫新凯	张　晴	任雪莹	薛　烁	解小宇
吴官清	童烨虹	黄艺龙	荆宝加	张钰婧	张靖晗	闫　晗	龙云飞
刘艳平	曾　旺	汪　珂	刘　锴	张　旭	徐克磊	梁钦宇	张　琦
林　锴	阴立强	田兴聪	吴　莹	白举霞	雷　轩	张官正	李鹏熙
郭晨贺							

七、经济管理系:37 人

罗红霞	李佳轩	蒋　浩	李　欣	罗澍宇	张文隽	刘伟晗	朱　迪

宋明浩	李建荣	任丽艳	陈虹宇	曾剑峰	张龙兵	孙玉敏	季洁艳
江韩雪	程　强	王少彦	张爔月	朱金铭	刘辰熙	湛丽娟	王卓恒
陆宇含	叶宝琳	武　煜	赵云龙	雷凯雁	张　晶	袁凌玲	李称心
邢红烨	郭艺璇	余　芳	李玉涛	张雨桐			

八、环境科学与工程系:26 人

王雨洁	袁绍雨	袁从学	高　志	庞蔚莹	程文浩	梁维青	席争辉
马采妮	薛立旭	高　翀	郭恒恒	刘智远	陈金钰	王红秀	侯　颖
吴壹强	戴泽涛	王　智	杨钰莹	马骏洲	姚琬颖	李　涵	刘　添
张二太	尹庭威						

九、法政系:18 人

曾　萱	陈　红	耿玲玲	黄娅婷	蒋　薇	景莉莉	李建芳	刘洪婷
刘军萍	刘丽华	刘娅楠	潘盛龙	蒲思倩	王佳璐	韦　钰	徐　颖
杨文材	杨雅婷						

十、数理系:13 人

周少康	李　勇	唐静静	杨胜坤	穆兴悦	陈怡行	王晋芳	王育志
尧　甜	李　倩	郭慧玲	古珊珊	童成杰			

十一、英语系:9 人

刘晓祯	李小莉	王　旭	孙静文	沈亦夫	胡　婧	唐　澜	石春宇
杨　彤							

（学生处　提供）

教　育　教　学

华北电力大学 2019 年本科专业设置一览表

北京校部			保定校区		
工学	电气类	智能电网信息工程	工学	电气信息类	电气工程及其自动化
		电气工程及其自动化		电子信息类	通信工程
	电子信息类	电子科学与技术			电子信息科学与技术
		电子信息工程		机械类	机械工程及自动化
		通信工程			机械工程(输电线路工程)
	机械类	机械工程			机械电子工程
	能源动力类	能源与动力工程			过程装备与控制工程
		新能源科学与工程		能源动力类	热能与动力工程
	土木类	建筑环境与能源应用工程		农业工程类	农业电气化
	材料类	材料科学与工程		土木类	建筑环境与能源应用工程
		新能源材料与器件		仪器类	测控技术与仪器
	水利类	水利水电工程		自动化类	自动化
		水文与水资源工程		环境科学与工程类	环境工程
	核工程类	辐射防护与核安全		化学类	应用化学
		核工程与核技术		化工与制药类	能源化学工程

续表

北京校部		
工学	仪器类	测控技术与仪器
	自动化类	自动化
	计算机类	计算机科学与技术
		软件工程
		物联网工程
		信息安全
管理学	工商管理类	财务管理
		物流管理
		工商管理
		会计学
		人力资源管理
		市场营销
	管理科学与工程类	工程管理
		信息管理与信息系统
	公共管理类	公共事业管理
		行政管理
经济学	金融学类	金融学
	经济学类	经济学
理学	数学类	信息与计算科学
	物理学类	应用物理学
	化学类	应用化学
文学	外国语言文学类	英语
	新闻传播学类	翻译
	中国语言文学类	广告学
		汉语言文学
法学	法学类	法学

保定校区		
工学	计算机类	计算机科学与技术
		软件工程
		网络工程
		信息安全
		智能科学与技术
管理学	工商管理类	工商管理
		会计学
	公共管理类	公共事业管理
	工业工程类	工业工程
	管理科学与工程类	信息管理与信息系统
		工程造价
经济学	经济学类	经济学
理学	数学类	信息与计算科学
	物理学类	应用物理学
	环境科学与工程类	环境科学
文学	外国语言文学类	英语
		翻译
法学	社会学类	社会工作
	法学类	法学
艺术学	设计学类	产品设计

华北电力大学 2019 年全日制学术学位授权学科一览表

学科门类	一级学科名称	授权点层次		
		一级学科	博士点	硕士点
经济学	应用经济学	√		√
法学	法学	√		√
	马克思主义理论	√		√
文学	外国语言文学	√		√
理学	数学	√		√
	物理学	√		√

续表

学科门类	一级学科名称	授权点层次		
		一级学科	博士点	硕士点
工学	核科学与技术	√	√	√
	机械工程	√		√
	材料科学与工程	√		√
	动力工程及工程热物理	√	√	√
	电气工程	√	√	√
	电子科学与技术	√		√
	信息与通信工程	√		√
	控制科学与工程	√	√	√
	计算机科学与技术	√		√
	土木工程	√		√
	水利工程	√	√	√
	化学工程与技术	√		√
	软件工程	√		√
	农业工程			农业电气与自动化二级学科(082804)授权点
	环境科学与工程	√		√
管理学	管理科学与工程	√	√	√
	工商管理	√	√	√
	公共管理	√		√

(研究生院　提供)

华北电力大学2019年全日制专业学位授权类别及领域

序号	专业学位类别名称	专业学位类别代码	专业学位领域名称	专业学位领域代码
1	金融硕士	0251		
2	应用统计硕士	0252		
3	法律硕士	0351	法律(法学)	035101
			法律(非法学)	035202
4	翻译硕士	0551	英语笔译	055101
			英语口译	055102
5	电子信息硕士	0854		
6	机械硕士	0855		
7	材料与化工硕士	0856		
8	资源与环境硕士	0857		
9	能源动力硕士	0858		
10	工商管理硕士	1251		
11	公共管理硕士	1252		
12	会计硕士	1253		

续表

序号	专业学位类别名称	专业学位类别代码	专业学位领域名称	专业学位领域代码
13	工程管理硕士	1256	工程管理	125601
			工业工程与管理	125603
			物流工程与管理	125604

（研究生院　提供）

华北电力大学2019年博士后流动站一览表

审批时间(年/月/日)	设站学科	批准文号
2001.03.26	电气工程	人发〔2001〕28号
2003.10.23	工商管理	国人部发〔2003〕38号
2007.08.14	动力工程及工程热物理	国人部发〔2007〕110号
2009.09.4	管理科学与工程	人社部发〔2009〕107号
2012.08.29	控制科学与工程	人社部发〔2012〕48号
2019.09.27	核科学与技术	人社部发〔2019〕105号

（人才办　提供）

华北电力大学2019年本科各省市招生执行情况一览表

（北　京　校　部）

生源地		北京	天津	河北	山西	内蒙古	辽宁	吉林	黑龙江	江苏	安徽	福建	江西	山东	河南	湖北	上海
理工类	当地重点线	527	551	502	507	477	512	530	477	345	496	493	522	514	502	505	本科线
	录取最高分	643	648	653	612	635	647	641	627	399	630	623	625	647	638	630	403
	录取最低分	627	623	627	576	589	619	584	601	381	603	580	599	611	606	607	最高分
	录取平均分	631	631	636	586	607	629	606	610	384	608	589	604	619	612	613	557
	最低分高出重点线	100	72	125	69	112	107	54	124	36	107	87	77	97	104	102	最低分
	平均分高出重点线	104	80	134	79	130	117	76	133	39	112	96	82	105	110	108	519
文史类	当地重点线	559	500	549	542	522	564	544	500	339	550	550	558	542	536	542	平均分
	录取最高分	620	594	626	582	610	616	584	584	365	604	597	605	603	599	591	528
	录取最低分	614	579	620	577	590	613	577	580	363	603	590	597	595	591	585	最低分高出本科线
	录取平均分	616	583	622	579	597	615	580	582	363	604	593	599	598	596	587	116
	最低分高出重点线	55	79	71	35	68	49	33	80	24	53	40	39	53	55	43	平均分高出本科线
	平均分高出重点线	57	83	73	37	75	51	36	82	24	54	43	41	56	60	45	125

续表

生源地		湖南	广东	广西	海南	重庆	四川	贵州	云南	西藏（汉）	西藏（藏）	陕西	甘肃	青海	宁夏	新疆	浙江
理工类	当地重点线	500	495	509	539	525	547	470	535	425	325	468	470	407	457	450	一段线
	录取最高分	624	604	650	754	628	661	627	650	642	392	646	598	574	608	607	595
	录取最低分	593	563	605	691	604	641	576	618	617	375	595	570	519	556	558	最高分
	录取平均分	600	571	618	708	611	646	585	627	627	384	621	584	534	573	583	662
	最低分高出重点线	93	68	96	152	79	94	106	83	194	50	127	100	112	99	108	最低分
	平均分高出重点线	100	76	109	169	86	99	115	92	202	59	153	114	127	116	133	639
文史类	当地重点线	553	546	521	593	545	540	542	560	420	350	518	519	488	538	510	平均分
	录取最高分	616	584	588	735	592	598	617	619	587	394	610	575	542	595	586	650
	录取最低分	609	577	580	729	568	594	603	611	587	394	604	572	499	593	580	最低分高出一段线
	录取平均分	611	580	585	732	582	596	609	614	587	394	607	574	521	594	583	44
	最低分高出重点线	56	31	59	136	23	54	61	51	167	44	86	53	11	55	70	平均分高出一段线
	平均分高出重点线	58	34	64	139	37	56	67	54	167	44	89	55	33	56	73	55

（保　定　校　区）

省份		安徽	北京	福建	甘肃	广东	广西	贵州	海南	河北	河南	黑龙江	湖北	湖南	吉林	江苏	江西
理工类/综合改革	当地重点线	496	423	493	470	495	509	470	539	502	502	477	525	500	530	345	522
	录取最高分	612	632	611	590	594	628	610	722	645	624	629	619	610	630	390	612
	录取最低分	593	610	571	561	553	598	568	675	612	598	592	590	586	582	375	591
	录取平均分	600	619	583	568	565	608	576	699	622	605	611	596	592	599	380	602
	最低分高出重点线	97	209	78	91	58	89	98	136	110	96	115	65	86	52	30	69
	平均分超出重点线	104	218	90	98	70	99	106	160	120	103	134	71	92	69	35	80
文史类	当地重点线	550	480	550	519	546	521	542		549	536	500	542	553	544	339	558
	录取最高分	596	587	590	575	581	606	602		622	586	570	590	606	575	362	594
	录取最低分	587	579	582	566	562	562	567		600	580	562	580	594	562	357	586
	录取平均分	590	583	587	569	567	584	592		611	582	567	581	597	567	359	590
	最低分高出重点线	37	99	32	47	16	41	25		51	44	62	38	41	22	18	28
	平均分超出重点线	40	103	37	50	21	63	50		62	46	7	39	44	27	20	32

续表

省份		辽宁	内蒙古	宁夏	青海	山东	山西	陕西	上海	四川	天津	新疆	云南	浙江	重庆	西藏（汉）	西藏（藏）
理工类/综合改革	当地重点线	517	477	457	407	514	507	468	503	547	428	450	535	595	525	425	325
	录取最高分	640	614	586	539	633	598	615	525	654	641	577	632	654	651	616	359
	录取最低分	601	573	542	493	600	570	572	515	633	614	552	608	629	588	609	350
	录取平均分	612	594	557	510	609	578	596	520	639	623	559	616	638	602	612	353
	最低分高出重点线	84	96	85	86	86	63	104	12	86	186	102	73	34	63	184	25
	平均分超出重点线	95	117	100	103	95	71	128	17	92	195	109	81	43	77	187	28
文史类	当地重点线	564	522	538	488	542	542	518		540	400	510	560		545		
	录取最高分	605	596	593	531	591	573	585		591	578	564	605		585		
	录取最低分	597	584	583	523	587	567	577		584	563	560	596		567		
	录取平均分	599	589	588	526	589	570	580		587	568	562	601		576		
	最低分高出重点线	33	62	45	35	45	25	59		44	163	50	36		22		
	平均分超出重点线	35	67	50	38	47	28	62		47	168	52	41		31		

说明：合并本科批次的省份使用的重点线为自主招生控制线。

（学生处提供）

教职工及师资情况

华北电力大学 2019 年教职工情况表

单位：人

	编号	教职工数									聘请校外教师	离退休人员
		合计	校本部教职工					科研机构人员	校办企业职工	其他附设机构人员		
			计	专任教师	行政人员	教辅人员	工勤人员					
总　计	1	2985	2969	1962	499	373	135		16		432	1191
其中：女	2	1211	1209	774	204	200	31		2		91	542
正高级	3	453	452	426	13	13			1		199	262
副高级	4	1017	1009	712	151	146			8		142	295
中　级	5	1214	1208	740	283	185			6		75	
初　级	6	150	150	80	42	28					6	
未定职级	7	151	150	4	10	1	135		1		10	

（网络与信息化办公室　牛辰昊　提供）

华北电力大学2019年研究生指导教师情况表

单位:人

		编号	合计	29岁及以下	30～34岁	35～39岁	40～44岁	45～49岁	50～54岁	55～59岁	60～64岁	65岁及以上
总　计		1	1305	3	89	201	241	270	250	212	34	5
其中:女		2	399	1	26	61	85	91	78	53	4	
按专业技术职务分	正高级	3	515			3	25	118	169	163	32	5
	副高级	4	566		31	119	155	132	78	49	2	
	中级	5	224	3	58	79	61	20	3			
按指导关系分	博士导师	6										
	其中:女	7										
	硕士导师	8	1012	3	86	198	210	193	142	169	11	
	其中:女	9	354	1	25	59	80	79	63	46	1	
	博士、硕士导师	10	293		3	3	31	77	108	43	23	5
	其中:女	11	45		1	2	5	12	15	7	3	

(网络与信息化办公室　牛辰昊　提供)

华北电力大学2019年人才接收与引进一览表

北京校部:78人

序号	姓名	部门	性别	出生日期	年龄	编制标志	学历	学位	毕业院校	所学专业
1	肖　峰	水利与水电工程学院	男	1980.01.20	40	教学	博士研究生毕业	博士学位	香港大学	环境工程
2	廖志荣	能源动力与机械工程学院	男	1988.08.02	31	教学	博士研究生毕业	博士学位	中国科学院大学	电工理论与新技术
3	崔　柳	能源动力与机械工程学院	女	1988.01.29	32	教学	博士研究生毕业	博士学位	北京科技大学	动力工程及工程热物理
4	孙振丽	环境科学与工程学院	女	1988.04.09	32	教学	博士研究生毕业	博士学位	中国科学院大学	环境科学
5	刘　冰	人文与社会科学学院	女	1986.03.16	34	教学	博士研究生毕业	博士学位	中国政法大学	经济法
6	程　鹏	能源电力创新研究院	男	1988.09.18	31	实验研究	博士研究生毕业	博士学位	浙江大学	电气工程
7	王昱淇	马克思主义学院	男	1989.08.02	30	教学	博士研究生毕业	博士学位	中国人民大学	史学理论及史学史
8	李栋栋	控制与计算机工程学院	女	1993.05.16	27	辅导员	硕士研究生毕业	硕士学位	美国乔治华盛顿大学	电气工程
9	李　竹	党委政策研究室发展规划处	女	1989.02.18	31	行政	博士研究生毕业	博士学位	北京师范大学	法学理论
10	曹丹丹	环境科学与工程学院	女	1978.07.01	42	教学	博士研究生毕业	博士学位	中国科学技术大学	环境科学
11	方霞琴	新能源学院	女	1975.11.11	44	实验	大学本科毕业	硕士学位	天津科技大学	控制工程

续表

序号	姓名	部门	性别	出生日期	年龄	编制标志	学历	学位	毕业院校	所学专业
12	许晓敏	经济与管理学院	女	1989.07.01	31	教学	博士研究生毕业	博士学位	华北电力大学	技术经济及管理
13	赵莹彤	新能源学院	女	1994.06.01	26	辅导员	硕士研究生毕业	硕士学位	北京航空航天大学	生物医学工程
14	沈华玉	经济与管理学院	男	1982.11.30	37	教学	博士研究生毕业	博士学位	厦门大学	财务学
15	冯　莹	团委(艺术教育中心)	女	1992.11.13	27	教学	硕士研究生毕业	硕士学位	纽约长岛大学	低音提琴
16	刘　雨	核科学与工程学院	男	1990.03.20	30	教学	博士研究生毕业	博士学位	华北电力大学	核电与动力工程
17	王　欣	电气与电子工程学院	女	1997.05.20	23	辅导员	硕士研究生毕业	硕士学位	华北电力大学	电子与通信工程
18	王　悦	能源动力与机械工程学院	女	1994.05.14	26	辅导员	硕士研究生毕业	硕士学位	华北电力大学	核能科学与工程
19	洪　烽	控制与计算机工程学院	男	1991.03.30	29	教学	博士研究生毕业	博士学位	华北电力大学	控制理论与控制工程
20	赵后剑	核科学与工程学院	男	1989.05.13	31	教学	博士研究生毕业	博士学位	清华大学	核科学与技术
21	高淑蓉	能源电力创新研究院	女	1989.03.11	31	教学	博士研究生毕业	博士学位	北京化工大学	化学工程与技术
22	谢　剑	能源动力与机械工程学院	男	1990.08.09	29	教学	博士研究生毕业	博士学位	华北电力大学	可再生能源与清洁能源
23	孟　航	新能源学院	男	1990.01.20	30	教学	博士研究生毕业	博士学位	加拿大滑铁卢大学	风力发电
24	王剑晓	电气与电子工程学院	男	1992.05.24	28	教学	博士研究生毕业	博士学位	清华大学	电气工程
25	任晓霞	数理学院	女	1987.09.06	32	教学	博士研究生毕业	博士学位	北京大学	基础数学
26	孟会贤	数理学院	女	1984.09.25	35	教学	博士研究生毕业	博士学位	陕西师范大学	基础数学
27	路凌云	能源动力与机械工程学院	男	1993.01.15	27	辅导员	硕士研究生毕业	硕士学位	中国农业大学	车辆工程
28	郭笑妍	控制与计算机工程学院	女	1992.01.22	28	辅导员	硕士研究生毕业	硕士学位	首都师范大学	课程与教学论
29	王毬有	党委学生工作部党委武装部学生处	男	1993.02.15	27	辅导员	硕士研究生毕业	硕士学位	北京体育大学	思想政治教育
30	孙文博	财务处	男	1993.09.30	26	教辅	硕士研究生毕业	硕士学位	中国矿业大学(北京)	会计专业
31	朱忠亮	能源动力与机械工程学院	男	1987.01.08	33	教学	博士研究生毕业	博士学位	华北电力大学	热能工程
32	丁　贺	经济与管理学院	男	1989.04.06	31	教学	博士研究生毕业	博士学位	中国人民大学	人力资源管理
33	陈锡航	体育教学部	男	1993.08.22	26	教学	硕士研究生毕业	硕士学位	北京体育大学	运动训练
34	许祎萍	核科学与工程学院	女	1990.12.12	29	教学	博士研究生毕业	博士学位	北京航空航天大学	粒子物理与原子核物理
35	徐　颖	人文与社会科学学院	女	1990.06.08	30	教学	博士研究生毕业	博士学位	中国人民大学	刑法学

续表

序号	姓名	部门	性别	出生日期	年龄	编制标志	学历	学位	毕业院校	所学专业
36	杨　光	新能源学院	男	1992.02.17	28	辅导员	硕士研究生毕业	硕士学位	北京化工大学	工商管理
37	孙　智	电气与电子工程学院	男	1994.07.23	25	辅导员	硕士研究生毕业	硕士学位	国际关系学院	国际关系与国际法
38	刘　斌	外国语学院	男	1990.09.25	29	教学	硕士研究生毕业	硕士学位	北京外国语大学	英汉同声传译
39	韩　嫣	外国语学院	女	1989.08.08	30	教学	博士研究生毕业	博士学位	北京外国语大学	德语语言文学
40	王　歌	经济与管理学院	男	1995.02.08	25	教学	博士研究生毕业	博士学位	中国石油大学(北京)	管理科学与工程
41	刘玮玮	马克思主义学院	女	1975.04.25	45	教学	博士研究生毕业	博士学位	中国人民大学	伦理学
42	彭　飞	国际合作处 港澳台办公室	男	1993.03.25	27	行政	硕士研究生毕业	硕士学位	首都师范大学	英语笔译
43	聂建军	数理学院	男	1984.02.08	36	教学	博士研究生毕业	博士学位	清华大学	基础数学
44	魏　波	控制与计算机工程学院	男	1987.02.18	33	教学	博士研究生毕业	博士学位	哈尔滨工业大学	控制科学与工程
45	杨　霄	电气与电子工程学院	男	1992.07.20	27	教学	博士研究生毕业	博士学位	清华大学	电气工程
46	郝俊红	能源动力与机械工程学院	男	1988.09.14	31	教学	博士研究生毕业	博士学位	清华大学	工程热物理
47	李巧欣	数理学院	女	1984.09.10	35	教学	博士研究生毕业	博士学位	中国工程物理研究院	基础数学
48	姬濯宇	环境科学与工程学院	男	1979.09.06	40	教学	博士研究生毕业	博士学位	中国科学院化学研究所	物理化学
49	李　艺	能源动力与机械工程学院	女	1993.04.19	27	辅导员	硕士研究生毕业	硕士学位	中央民族大学	中国少数民族艺术
50	孟长青	水利与水电工程学院	女	1988.11.23	31	教学	博士研究生毕业	博士学位	华中科技大学	水利水电工程
51	魏　兵	能源动力与机械工程学院	女	1966.10.19	53	教学	博士研究生毕业	博士学位	华北电力大学	热能工程
52	爱迪娜·阿斯卡尔	党委学生工作部 党委武装部 学生处	女	1993.06.25	27	辅导员	硕士研究生毕业	硕士学位	美国宾夕法尼亚州州立大学	对外英语教学
53	王胜辉	电气与电子工程学院	男	1977.10.12	42	教学	博士研究生毕业	博士学位	华北电力大学	高电压与绝缘技术
54	郝一丹	党委学生工作部 党委武装部 学生处	女	1994.10.15	25	教学	博士研究生毕业	硕士学位	华东师范大学	应用心理
55	石万林	数理学院	女	1988.12.24	31	教学	博士研究生毕业	博士学位	北京师范大学	概率论与数理统计
56	牛珊珊	马克思主义学院	女	1988.08.17	31	教学	博士研究生毕业	博士学位	中国人民大学	马克思主义中国化研究
57	谢　婧	体育教学部	女	1990.02.03	30	教学	硕士研究生毕业	硕士学位	东北师范大学	体育教育训练
58	王　轩	新能源学院	女	1996.05.17	24	辅导员	硕士研究生毕业	硕士学位	新加坡南洋理工大学	科技创新创业
59	王　乐	水利与水电工程学院	男	1985.04.03	35	教学	博士研究生毕业	博士学位	Heriot. Watt University	河流动力学

续表

序号	姓名	部门	性别	出生日期	年龄	编制标志	学历	学位	毕业院校	所学专业
60	王梦娇	教务处	女	1986.04.24	34	实验	博士研究生毕业	博士学位	华北电力大学	热能工程
61	李　辉	数理学院	男	1986.11.05	33	教学	博士研究生毕业	博士学位	澳大利亚卧龙岗大学	泛函分析
62	张颖敏	外国语学院	女	1983.07.11	36	行政	硕士研究生毕业	硕士学位	云南师范大学	广播电视艺术学
63	王　弋	水利与水电工程学院	女	1977.02.28	43	教学	博士研究生毕业	博士学位	日本爱媛大学	水文水资源
64	赵桂霞	环境科学与工程学院	女	1987.10.02	32	教学	博士研究生毕业	博士学位	中国科学院大学合肥物质研究所	催化材料
65	邱雄辉	环境科学与工程学院	男	1986.04.29	34	教学	博士研究生毕业	博士学位	清华大学	环境工程
66	贺　琛	数理学院	男	1989.10.21	30	教学	博士研究生毕业	博士学位	美国东北大学	数学
67	魏天雨	党委学生工作部 党委武装部　学生处	男	1990.09.08	29	行政	大学本科教育	学士学位	武警沈阳指挥学院	武警指挥
68	杨　海	马克思主义学院	男	1974.04.22	46	教学	博士研究生毕业	博士学位	中共中央党校	马克思主义哲学
69	茆　胜	能源动力与机械工程学院	男	1969.05	51	教学	博士研究生毕业	博士学位	加州大学伯克利分校	能源科学与技术
70	盖立涛	马克思主义学院	男	1984.07.10	35	教学	博士研究生毕业	博士学位	中国人民大学	中国哲学
71	周　密	能源动力与机械工程学院	男	1985.01.07	35	教学	博士研究生毕业	博士学位	斯图加特大学	反应堆热工水力
72	高　睿	财务处	女	1995.11.03	24	教辅	硕士研究生毕业	硕士学位	香港科技大学	会计学
73	王　晓	人文与社会科学学院	女	1980.12.27	39	教学	博士研究生毕业	博士学位	重庆大学	民事诉讼法学
74	任秀英	图书馆	女	1971.07.30	48	图书	硕士研究生毕业	硕士学位	苏州大学	比较文学与世界文学
75	朱安博	外国语学院	男	1972.02.16	48	教学	博士研究生毕业	博士学位	苏州大学	比较文学与世界文学
76	吉　莉	能源电力创新研究院	女	1981.01.29	39	实验研究	博士研究生毕业	博士学位	中国科学院大学	电力电子与电力传动
77	刘道庆	新能源学院	男	1988.09.06	31	教学	博士研究生毕业	博士学位	哈尔滨工业大学	电化学工程
78	倪振杰	环境科学与工程学院	男	1986.05.31	34	教学	博士研究生毕业	博士学位	法国马赛中央理工	化学

保定校区:48 人

序号	姓名	部门	性别	出生日期	年龄	编制标志	学历	学位	毕业院校	所学专业
1	潘卓洪	电力工程系	男	1982.06.02	38	教师	博士研究生毕业	博士	武汉大学	高电压与绝缘技术
2	何旺龄	电力工程系	男	1988.08.30	32	教师	博士研究生毕业	博士	华中科技大学	高电压与绝缘技术
3	吕天成	经济管理系	男	1991.07.12	29	辅导员	硕士研究生毕业	硕士	华北电力大学	电子与通信工程

续表

序号	姓名	部门	性别	出生日期	年龄	编制标志	学历	学位	毕业院校	所学专业
4	谷青峰	动力工程系	男	1993.04.11	27	辅导员	硕士研究生毕业	硕士	华北电力大学	动力工程
5	李先超	机械工程系	男	1992.07.22	28	辅导员	硕士研究生毕业	硕士	华北电力大学	工业工程
6	陈　曦	环境科学与工程系	女	1994.08.20	26	辅导员	硕士研究生毕业	硕士	华北电力大学	机械工程
7	李晓航	电力工程系	男	1993.06.26	27	辅导员	硕士研究生毕业	硕士	华北电力大学	电力系统及其自动化
8	孙尚飞	电子与通信工程系	男	1994.05.16	26	辅导员	硕士研究生毕业	硕士	华北电力大学	机械工程
9	曹　扬	电力工程系	女	1994.12.27	25	辅导员	硕士研究生毕业	硕士	华北电力大学	会计
10	胡　蝶	组织部	女	1994.02.15	26	辅导员	硕士研究生毕业	硕士	华北电力大学	行政管理
11	赵安策	英语系	男	1993.06.09	27	辅导员	硕士研究生毕业	硕士	华北电力大学	会计学
12	夏米斯亚·卡米力江	财务与资产管理处	女	1990.03.21	30	教辅	硕士研究生毕业	硕士	新疆财经大学	中国少数民族经济学
13	贾文波	环境科学与工程系	男	1990.04.14	30	教师	博士研究生毕业	博士	华北电力大学	能源环境工程
14	陈　亮	动力工程系	男	1989.03.18	31	教师	博士研究生毕业	博士	华北电力大学	热能工程
15	刘　梦	数理系	女	1987.10.22	32	教师	博士研究生毕业	博士	上海交通大学	物理学
16	李　萍	环境科学与工程系	女	1989.11.13	30	教师	博士研究生毕业	博士	天津大学	工业催化
17	田景峰	数理系	男	1976.10.3	43	教师	硕士研究生毕业	硕士	河北大学	基础数学
18	祁松林	马克思主义学院（保定）	男	1979.06.03	41	教师	博士研究生毕业	博士	吉林大学	马克思主义哲学
19	段　铭	经济管理系	女	1992.07.25	28	辅导员	硕士研究生毕业	硕士	华北电力大学	企业管理
20	郭少云	动力工程系	男	1992.05.6	28	辅导员	硕士研究生毕业	硕士	华北电力大学	社会保障
21	姬建伟	电子与通信工程系	男	1991.10.3	28	辅导员	硕士研究生毕业	硕士	中国矿业大学（北京）	英语笔译
22	杨　东	计算机系	男	1992.10.28	27	辅导员	硕士研究生毕业	硕士	华中科技大学	现代教育技术
23	苏　瑾	计算机系	女	1992.12.4	27	辅导员	硕士研究生毕业	硕士	兰州大学	课程与教学论
24	刘昶志	体育教学部	男	1993.11.22	26	教师	硕士研究生毕业	硕士	北京体育大学	体育教学训练学
25	樊围国	经济管理系	男	1989.02.14	31	教师	博士研究生毕业	博士	北京师范大学	自然资源
26	左　思	法政系	女	1990.01.13	30	教师	博士研究生毕业	博士	外交学院	外交学
27	马　冉	法政系	女	1992.11.20	27	教师	博士研究生毕业	博士	对外经济贸易大学	财政学

续表

序号	姓名	部门	性别	出生日期	年龄	编制标志	学历	学位	毕业院校	所学专业
28	王　祝	自动化系	男	1991.08.02	29	教师	博士研究生毕业	博士	北京理工大学	航空宇航科学与技术
29	周彩凤	数理系	女	1988.05.07	32	教师	博士研究生毕业	博士	天津大学	管理科学与工程
30	宋杨凡	动力工程系	男	1990.11.24	30	教师	博士研究生毕业	博士	重庆大学	动力工程及工程热物理
31	张　雄	机械工程系	男	1990.05.10	30	教师	博士研究生毕业	博士	华北电力大学	动力机械及工程
32	豆龙江	机械工程系	男	1988.03.20	32	教师	博士研究生毕业	博士	华北电力大学	动力机械及工程
33	杨维结	动力工程系	男	1990.08.22	30	教师	博士研究生毕业	博士	华北电力大学	热能工程
34	狄尊燕	数理系	女	1990.01.28	30	教师	博士研究生毕业	博士	华北电力大学	核电与动力工程
35	刘　帅	自动化系	男	1990.05.19	30	教师	博士研究生毕业	博士	华北电力大学	控制理论与控制工程
36	袁　博	环境科学与工程系	男	1992.04.07	28	教师	博士研究生毕业	博士	华北电力大学	能源环境工程
37	裴少通	电力工程系	男	1990.06.01	30	教师	博士研究生毕业	博士	华北电力大学	电气工程
38	马明晗	电力工程系	男	1990.10.8	29	教师	博士研究生毕业	博士	华北电力大学	电气工程
39	黄世龙	电力工程系	男	1992.05.24	28	教师	博士研究生毕业	博士	华北电力大学	电气工程
40	谢家乐	自动化系	男	1987.03.27	33	教师	博士研究生毕业	博士	哈尔滨工业大学	控制科学与工程
41	刘月超	数理系	男	1987.01.17	33	教师	博士研究生毕业	博士	华北电力大学	热能工程
42	吴　培	马克思主义学院（保定）	女	1992.02.10	28	教师	博士研究生毕业	博士	中国社会科学院研究生院	政治经济学
43	李志伟	电力工程系	男	1989.12.10	30	教师	博士研究生毕业	博士	华北电力大学	电气工程
44	王金星	动力工程系	男	1985.10.28	34	教师	博士研究生毕业	博士	华中科技大学	热能工程
45	闫　飞	环境科学与工程系	男	1990.03.26	30	教师	博士研究生毕业	博士	天津大学	工业催化
46	王　曦	法政系	女	1985.03.23	35	教师	博士研究生毕业	博士	北京大学	宪法与行政法学
47	王媛媛	艺术教育中心	女	1982.04.16	38	教师	大学毕业	硕士	河北大学	音乐学
48	刘　晨	体育教学部	男	1992.07.04	28	教师	硕士研究生毕业	硕士	北京体育大学	运动训练

（人事处　王璐　提供）

科研产业与校企合作情况

华北电力大学2019年度“中央高校基本科研业务费专项资金”项目资助情况一览表

（单位：万元）

序号	项目编号	项目名称	负责人	所在单位	资助类别	申请领域	资助金额
1	2019MS001	高压大功率IGBT器件老化耦合机理研究	邓二平	电气与电子工程学院	面上项目	理工类	10
2	2019MS002	地区电网风电消纳能力分析与评估方法研究	葛丹丹	电气与电子工程学院	面上项目	理工类	10
3	2019MS003	500KV直流断路器大电流关断空间电磁骚扰研究	焦重庆	电气与电子工程学院	面上项目	理工类	10
4	2019MS004	广域需求响应无风险预置资源配置技术研究	李　彬	电气与电子工程学院	面上项目	理工类	10
5	2019MS005	基于LED可见光通信的室内定位系统的研究	柳　赟	电气与电子工程学院	面上项目	理工类	10
6	2019MS006	GIS局部放电声发射高性能光纤传感方法研究	马国明	电气与电子工程学院	面上项目	理工类	10
7	2019MS007	风光水火储多源系统互补优化运行研究	夏世威	电气与电子工程学院	面上项目	理工类	10
8	2019MS008	基于PMU的新能源电力系统频率稳定控制研究	胥国毅	电气与电子工程学院	面上项目	理工类	10
9	2019MS009	数据驱动型终端协作通信的关键技术研究	许　晨	电气与电子工程学院	面上项目	理工类	10
10	2019MS010	舰船推进用高效低振动噪声感应电机设计基础	赵海森	电气与电子工程学院	面上项目	理工类	10
11	2019MS011	复合电场作用下导线起晕规律研究	卞星明	电气与电子工程学院	面上项目	理工类	10
12	2019MS012	钨颗粒增强钛基复合材料制备及强化机理研究	任　宇	能源动力与机械工程学院	面上项目	理工类	10
13	2019MS013	基于可听声技术的蒸汽湿度在线监测方法研究	张世平	能源动力与机械工程学院	面上项目	理工类	10
14	2019MS014	集成太阳能的低阶煤气化及联产系统性能研究	许　诚	能源动力与机械工程学院	面上项目	理工类	10
15	2019MS015	锅炉高温受热面多参量一体化在线监测技术研究	李鸿源	能源动力与机械工程学院	面上项目	理工类	10
16	2019MS016	磁控溅射导电薄膜的制备与性能研究	吴　浩	能源动力与机械工程学院	面上项目	理工类	10
17	2019MS017	PV/T纳米流体分频器件的数值和实验研究	巨　星	能源动力与机械工程学院	面上项目	理工类	10
18	2019MS018	固体氧化物燃料电池电堆集成技术研究	熊星宇	能源动力与机械工程学院	面上项目	理工类	10
19	2019MS019	火电厂智能运行监测及智能预警研究	高明明	控制与计算机工程学院	面上项目	理工类	10
20	2019MS020	能源互联网中用户数据隐私保护方法研究	关志涛	控制与计算机工程学院	面上项目	理工类	10

续表

序号	项目编号	项目名称	负责人	所在单位	资助类别	申请领域	资助金额
21	2019MS021	基于声学传感器的生物质堆垛温度测量研究	胡永辉	控制与计算机工程学院	面上项目	理工类	10
22	2019MS022	大型压水堆负荷跟踪自抗扰控制	刘玉燕	控制与计算机工程学院	面上项目	理工类	10
23	2019MS023	融合多传感器的喷射气固多相流流态测量	钱相臣	控制与计算机工程学院	面上项目	理工类	10
24	2019MS024	基于大数据分析的风电智能化运行关键技术研究	胡　阳	控制与计算机工程学院	面上项目	理工类	10
25	2019MS025	新型宽光谱响应钙钛矿/聚合物集成太阳电池	白一鸣	可再生能源学院	面上项目	理工类	10
26	2019MS026	高效率2D/3D钙钛矿太阳电池的材料设计与稳定性机理研究	蔡墨朗	可再生能源学院	面上项目	理工类	10
27	2019MS027	基于吡啶的钙钛矿太阳电池空穴传输材料研究	刘雪朋	可再生能源学院	面上项目	理工类	10
28	2019MS028	长期再生水灌区地下水地球化学过程演变研究	尹世洋	可再生能源学院	面上项目	理工类	10
29	2019MS029	生物质热解产物基础特性NIRS快速检测	薛俊杰	可再生能源学院	面上项目	理工类	10
30	2019MS030	复杂输配水系统高效调度控制及响应特性研究	张　成	可再生能源学院	面上项目	理工类	10
31	2019MS031	考虑滞时的梯级水电站调度风险分析研究	张验科	可再生能源学院	面上项目	理工类	10
32	2019MS032	含盐废渣热解燃烧特性及在串行流化床中气化实验研究	赵　莹	可再生能源学院	面上项目	理工类	10
33	2019MS033	絮体动态膜构建及与超滤膜协同作用机制	肖　峰	可再生能源学院	面上项目	理工类	10
34	2019MS034	辐照/LBE腐蚀协同作用下MAX相材料性能演化研究	朱卉平	核科学与工程学院	面上项目	理工类	10
35	2019MS035	PWR乏燃料棒束间液膜耦合效应对冷却效果的影响研究	曹　琼	核科学与工程学院	面上项目	理工类	10
36	2019MS036	大型钠冷快堆自抗扰复合控制策略研究	周世梁	核科学与工程学院	面上项目	理工类	10
37	2019MS037	基于蒙特卡罗方法的物理一热工耦合新方法研究	刘仕倡	核科学与工程学院	面上项目	理工类	10
38	2019MS038	高精度粒子输运模拟方法研究	张斌	核科学与工程学院	面上项目	理工类	10
39	2019MS039	海洋核动力堆舱安全关键技术研究	郭张鹏	核科学与工程学院	面上项目	理工类	10
40	2019MS040	贵金属多元复合纳米结构构效优化与高价重金属离子光催化机制研究	方　明	环境科学与工程学院	面上项目	理工类	10
41	2019MS041	铌掺杂石墨相氮化碳在可见光下的杀菌性能	郑茂盛	环境科学与工程学院	面上项目	理工类	10
42	2019MS042	全氟己烷磺酸及其前体物的大气污染特征研究	吴　婧	环境科学与工程学院	面上项目	理工类	10
43	2019MS043	基于时空数据挖掘的空气污染传输路径解析	胡冬梅	环境科学与工程学院	面上项目	理工类	10
44	2019MS044	纳米零价铁材料对重金属离子的去除机理研究	陈中山	环境科学与工程学院	面上项目	理工类	10

续表

序号	项目编号	项目名称	负责人	所在单位	资助类别	申请领域	资助金额
45	2019MS045	核电站废水中核素对水生生物的毒性效应研究	侯　静	环境科学与工程学院	面上项目	理工类	10
46	2019MS046	3D 石墨烯复合材料在铀分离中的应用研究	王　哲	环境科学与工程学院	面上项目	理工类	10
47	2019MS047	限域空间内多元催化体系的构筑及环境中的应用	陈　哲	环境科学与工程学院	面上项目	理工类	10
48	2019MS048	不确定图和不确定网络的研究及其应用	高　欣	数理学院	面上项目	理工类	10
49	2019MS049	超临界输流管系统的非线性动力学行为研究	甄亚欣	数理学院	面上项目	理工类	10
50	2019MS050	基于达布协变理论的非自治可积系统研究	雍雪林	数理学院	面上项目	理工类	10
51	2019MS051	二维卤化物钙钛矿稳定性及 CVD 法制备的研究	王文杰	数理学院	面上项目	理工类	10
52	2019MS052	非贵金属催化剂催化氧化 CO 的微观机理研究	李　巍	数理学院	面上项目	理工类	10
53	2019MS053	基于载流子输运机制的半导体热电机理研究	孟境辉	工程热物理研究中心	面上项目	理工类	10
54	2019MS054	电动汽车充电定价和需求管理方法研究	丁肇豪	现代电力研究院	面上项目	理工类	10
55	2019MS055	不同碳减排政策下的发电企业交易策略研究	张金良	经济与管理学院	面上项目	哲学社会科学类	8
56	2019MS056	能源互联网用户需求响应行为仿真研究	张　硕	经济与管理学院	面上项目	哲学社会科学类	8
57	2019MS057	多要素城市资源环境系统综合承载力动态评价	周　茜	经济与管理学院	面上项目	哲学社会科学类	8
58	2019MS058	当前我国市场化交易环境下发电企业多电源组合交易策略研究	马同涛	经济与管理学院	面上项目	哲学社会科学类	8
59	2019MS059	全球气候治理与我国低碳能源法律政策发展研究	沈　磊	人文与社会科学学院	面上项目	哲学社会科学类	8
60	2019MS060	能源、环境治理能力与体系的现代化研究	赵旭光	人文与社会科学学院	面上项目	哲学社会科学类	8
61	2019MS061	中国城乡互助式社区照顾服务体系研究	刘妮娜	人文与社会科学学院	面上项目	哲学社会科学类	8
62	2019MS062	丝绸之路上的中国古毯资料补遗与整理研究	庞　涛	人文与社会科学学院	面上项目	哲学社会科学类	8
63	2019MS063	高校网络育人机制研究——新媒体矩阵建设的视角	崔　灿	人文与社会科学学院	面上项目	哲学社会科学类	8
64	2019MS064	习近平中华民族共同体思想研究	黄晓霓	马克思主义学院	面上项目	哲学社会科学类	8
65	2019MS065	“概论”课与行业发展史教育相结合的初步探索	王旭琰	马克思主义学院	面上项目	哲学社会科学类	8
66	2019MS066	国外中国特色社会主义研究的分析及回应	骆小平	马克思主义学院	面上项目	哲学社会科学类	8
67	2019MS067	建设现代化经济体系基本理论问题研究	宁　阳	马克思主义学院	面上项目	哲学社会科学类	8
68	2019MS068	德国能源转型及可持续发展研究	周轶欧	外国语学院	面上项目	哲学社会科学类	8

续表

序号	项目编号	项目名称	负责人	所在单位	资助类别	申请领域	资助金额
69	2019MS069	20世纪初法国象征主义诗学在中国的译介研究	桑　瑞	外国语学院	面上项目	哲学社会科学类	8
70	2019MS070	基于评价理论的人物报道文本研究	王皎皎	外国语学院	面上项目	哲学社会科学类	8
71	2019MS071	基于虚拟发电厂的多能互补系统建模研究	唐宁宁	能源动力与机械工程学院	面上项目	理工类	10
72	2019MS072	中国传统音乐在高校艺术教育中的传承研究	肖　姝	校团委 艺教中心	面上项目	哲学社会科学类	8
73	2019MS073	华北电力大学分析测试中心平台运行规划研究及功能区域布局调研	陆　强	生物质发电成套设备国家工程实验室	面上项目	理工类	20
74	2019QN001	高性能电解质及其柔性固态锂电池研究	刘乐浩	可再生能源学院	青年培养项目	理工类	2
75	2019QN002	核桃壳选择性热解制备富酚类生物油	马善为	可再生能源学院	青年培养项目	理工类	2
76	2019QN003	深度氧分级燃料氮析出机理试验研究	徐明新	可再生能源学院	青年培养项目	理工类	2
77	2019QN004	基于“TIME”模式的新能源企业核心能力构建研究	张初晴	经济与管理学院	青年培养项目	哲学社会科学类	2
78	2019QN005	基于IOT技术的CO_2地质封存环境监测及预警技术研究	侯　瑞	经济与管理学院	青年培养项目	哲学社会科学类	2
79	2019QN006	新电改背景下以输配电价改革为导向基于LCC的配电网资产管理研究	李韩房	经济与管理学院	青年培养项目	哲学社会科学类	2
80	2019QN007	我国绿色证书交易市场机制研究	张　培	经济与管理学院	青年培养项目	哲学社会科学类	2
81	2019QN008	区域内多能协同优化利用管理研究	宋雪莹	经济与管理学院	青年培养项目	哲学社会科学类	2
82	2019QN009	直流微电网稳定与控制研究	郑凯元	新能源国家重点实验室	青年培养项目	理工类	1
83	2019QN010	槽塔结合的太阳能辅助燃煤发电集成机理研究	刘洪涛	能源动力与机械工程学院	青年培养项目	理工类	1
84	2019QN011	凝结对燃煤电厂颗粒物测试及控制影响机理	彭　越	能源动力与机械工程学院	青年培养项目	理工类	1
85	2019QN012	基于等离子改性生物炭脱汞机理研究	张慧聪	能源动力与机械工程学院	青年培养项目	理工类	1
86	2019QN013	基于降维和深度学习方法的温度分布重建	陈敏鑫	能源动力与机械工程学院	青年培养项目	理工类	1
87	2019QN014	碳烟反应动力学模型的优化模拟	谢欣容	能源动力与机械工程学院	青年培养项目	理工类	1
88	2019QN015	液滴撞击壁面流动与换热特性研究	王一博	能源动力与机械工程学院	青年培养项目	理工类	1
89	2019QN016	多级真空膜蒸馏蒸发过程的优化研究	张　恒	能源动力与机械工程学院	青年培养项目	理工类	1
90	2019QN017	超临界二氧化碳流动传热数值模拟研究	闫晨帅	能源动力与机械工程学院	青年培养项目	理工类	1
91	2019QN018	多相传热相分离原理及在热管中的应用	郭　浩	能源动力与机械工程学院	青年培养项目	理工类	1
92	2019QN019	燃煤电厂典型重金属迁移转化与富集特性研究	刘　轩	能源动力与机械工程学院	青年培养项目	理工类	1

续表

序号	项目编号	项目名称	负责人	所在单位	资助类别	申请领域	资助金额
93	2019QN020	煤及其燃烧产物中汞形态赋存规律和稳定化研究	苏银皎	能源动力与机械工程学院	青年培养项目	理工类	1
94	2019QN021	座头鲸胸鳍增效机理及在风电叶片上应用研究	李魏魏	能源动力与机械工程学院	青年培养项目	理工类	1
95	2019QN022	风光储多能互补系统集成与运行调控研究	张　强	能源动力与机械工程学院	青年培养项目	理工类	1
96	2019QN023	基于相变传热的锂离子电池组热管理技术研究	杨　悦	能源动力与机械工程学院	青年培养项目	理工类	1
97	2019QN024	复合膜法燃煤烟气水分脱除机理研究	程　超	能源动力与机械工程学院	青年培养项目	理工类	1
98	2019QN025	槽式太阳能与燃煤机组互补发电系统仿真研究	张　楠	能源动力与机械工程学院	青年培养项目	理工类	1
99	2019QN026	空气重量比拟压差的风电叶片设计理论及应用研究	Aqeel Muhammad	能源动力与机械工程学院	青年培养项目	理工类	1
100	2019QN027	高温燃气辐射条件下叶片表面气膜冷却的多物理场耦合研究	张润生	能源动力与机械工程学院	青年培养项目	理工类	1
101	2019QN028	风光互补系统集成设计及容量优化	丁泽宇	能源动力与机械工程学院	青年培养项目	理工类	1
102	2019QN029	基于风电预测随机性的供热出力研究	张雨檬	能源动力与机械工程学院	青年培养项目	理工类	1
103	2019QN030	激光熔覆制备高性能镍基熔覆层的研究	刘从从	能源动力与机械工程学院	青年培养项目	理工类	1
104	2019QN031	中高温相变储热技术及传热强化研究	任云秀	能源动力与机械工程学院	青年培养项目	理工类	1
105	2019QN032	管径对超临界CO2流动传热影响机理研究	张海松	能源动力与机械工程学院	青年培养项目	理工类	1
106	2019QN033	微纳液滴动力学特性的研究	何　鑫	能源动力与机械工程学院	青年培养项目	理工类	1
107	2019QN034	大型风力机气动特性与流固耦合数值模拟研究	陈子文	能源动力与机械工程学院	青年培养项目	理工类	1
108	2019QN035	电场作用下微纳液滴润湿特性与强化传热机理研究	刘　润	能源动力与机械工程学院	青年培养项目	理工类	1
109	2019QN036	相变储热材料对太阳能供暖系统的实际优化作用分析	王　刚	能源动力与机械工程学院	青年培养项目	理工类	1
110	2019QN037	微纳复合超高温陶瓷增强难熔金属基础研究	高　远	能源动力与机械工程学院	青年培养项目	理工类	1
111	2019QN038	风电机组机会维修策略研究	王达梦	能源动力与机械工程学院	青年培养项目	理工类	1
112	2019QN039	电力复合脂的性能测试及其接触电阻分析计算	吴礼宁	能源动力与机械工程学院	青年培养项目	理工类	1
113	2019QN040	类金刚石膜的制备及其固液润滑机理研究	曹亚楠	能源动力与机械工程学院	青年培养项目	理工类	1
114	2019QN041	Application of Robust Economic Nonlinear Model-Predictive Control in Wind Energy Generation Systems	Mohamed Abdelkarim Mohamed Abdelbaky	控制与计算机工程学院	青年培养项目	理工类	1
115	2019QN042	鲁棒迭代预测控制在电力生产过程中的应用	马乐乐	控制与计算机工程学院	青年培养项目	理工类	1
116	2019QN043	燃烧器火焰的静电检测机理与方法研究	吴佳丽	控制与计算机工程学院	青年培养项目	理工类	1

续表

序号	项目编号	项目名称	负责人	所在单位	资助类别	申请领域	资助金额
117	2019QN044	抗静电式电容层析成像系统研发	郭鸿博	控制与计算机工程学院	青年培养项目	理工类	1
118	2019QN045	多传感器融合的机器人导航与定位算法研究	孙长浩	控制与计算机工程学院	青年培养项目	理工类	1
119	2019QN046	基于特征投影分解的降阶时空有限元法研究	羊　静	控制与计算机工程学院	青年培养项目	理工类	1
120	2019QN047	火电机组低负荷工况建模与控制算法研究	杜　鸣	控制与计算机工程学院	青年培养项目	理工类	1
121	2019QN048	基于机器学习的空冷阵列系统建模与优化控制	罗智凌	控制与计算机工程学院	青年培养项目	理工类	1
122	2019QN049	分布式多能互补系统协同控制方法	于松源	控制与计算机工程学院	青年培养项目	理工类	1
123	2019QN050	线性自抗扰控制参数整定及应用	李　健	控制与计算机工程学院	青年培养项目	理工类	1
124	2019QN051	火电机组低负荷锅炉燃烧系统优化研究	康俊杰	控制与计算机工程学院	青年培养项目	理工类	1
125	2019QN052	大数据背景下利用多标签间关系进行特征选择	车晓雅	控制与计算机工程学院	青年培养项目	理工类	1
126	2019QN053	设计金属纳米粒子排列增强太阳电池光俘获	Theogene Bimenyi-mana	可再生能源学院	青年培养项目	理工类	1
127	2019QN054	变化环境下三峡水库水生态效应研究	荆　柱	可再生能源学院	青年培养项目	理工类	1
128	2019QN055	含硫化合物薄膜太阳电池器件研究	李吉红	可再生能源学院	青年培养项目	理工类	1
129	2019QN056	水库群多目标调度风险传递与决策研究	李宁宁	可再生能源学院	青年培养项目	理工类	1
130	2019QN057	金属配合物材料在聚合物太阳电池中的应用	刘　昊	可再生能源学院	青年培养项目	理工类	1
131	2019QN058	原位生长的低维钙钛矿发光二极管的研究	王志斌	可再生能源学院	青年培养项目	理工类	1
132	2019QN059	锌离子电池正极材料的结构设计及其电化性能研究	吴云召	可再生能源学院	青年培养项目	理工类	1
133	2019QN060	新型钙钛矿太阳电池工艺及性能优化	纪　军	可再生能源学院	青年培养项目	理工类	1
134	2019QN061	新能源电力项目群资源优化配置方法及模型研究	柯毅明	经济与管理学院	青年培养项目	哲学社会科学类	1
135	2019QN062	基于多能互补的大规模新能源消纳机制研究	储　瀚	经济与管理学院	青年培养项目	哲学社会科学类	1
136	2019QN063	PPP模式下充电设施项目主体利益协调与优化	赵振利	经济与管理学院	青年培养项目	哲学社会科学类	1
137	2019QN064	基于区域电力系统优化及综合排放控制的双层模型研究	刘　源	经济与管理学院	青年培养项目	哲学社会科学类	1
138	2019QN065	环境会计信息披露内容与方法研究	宋沂邈	经济与管理学院	青年培养项目	哲学社会科学类	1
139	2019QN066	我国可再生能源消纳对策研究	卜银河	经济与管理学院	青年培养项目	哲学社会科学类	1
140	2019QN067	配电网资产综合绩效分级评价及诊断技术研究	德格吉日夫	经济与管理学院	青年培养项目	哲学社会科学类	1

续表

序号	项目编号	项目名称	负责人	所在单位	资助类别	申请领域	资助金额
141	2019QN068	谷电入京供给电采暖可行性分析和环境效益评估	蒲　雷	经济与管理学院	青年培养项目	哲学社会科学类	1
142	2019QN069	能源互联网发展背景下电网企业商业模式研究	王雅娴	经济与管理学院	青年培养项目	哲学社会科学类	1
143	2019QN070	大气污染防治对京津冀电力发展的影响研究	王雨晴	经济与管理学院	青年培养项目	哲学社会科学类	1
144	2019QN071	电网信息物理系统灾变风险传递研究	刘　定	经济与管理学院	青年培养项目	哲学社会科学类	1
145	2019QN072	考虑储能的风电价值链协同决策研究	韦秋霜	经济与管理学院	青年培养项目	哲学社会科学类	1
146	2019QN073	光伏储能价值链效益分析及协同优化模型研究	于　晶	经济与管理学院	青年培养项目	哲学社会科学类	1
147	2019QN074	能源互联网下多种能源发电的协同发展研究	任东方	经济与管理学院	青年培养项目	哲学社会科学类	1
148	2019QN075	能源革命中火电企业的战略管理变革研究	李　真	经济与管理学院	青年培养项目	哲学社会科学类	1
149	2019QN076	大型电力工程项目实施状态诊断方法研究	王　毅	经济与管理学院	青年培养项目	哲学社会科学类	1
150	2019QN077	储能在电力系统中多重应用的综合价值研究	陆　昊	经济与管理学院	青年培养项目	哲学社会科学类	1
151	2019QN078	新常态下中国电力能源的消费特征解析	光峰涛	经济与管理学院	青年培养项目	哲学社会科学类	1
152	2019QN079	售电侧放开下零售电价价格政策研究及应用	王美艳	经济与管理学院	青年培养项目	哲学社会科学类	1
153	2019QN080	氮化碳基光催化体系设计及构效关系研究	张　塞	环境科学与工程学院	青年培养项目	理工类	1
154	2019QN081	Yolk/shell 纳米反应器的制备及其在环境中的应用研究	王维雪	环境科学与工程学院	青年培养项目	理工类	1
155	2019QN082	席夫类有机共价键框架材料的制备及其应用研究	卫冬丽	环境科学与工程学院	青年培养项目	理工类	1
156	2019QN083	催化氧化法同时脱硫脱硝脱汞机理研究	李　钊	环境科学与工程学院	青年培养项目	理工类	1
157	2019QN084	基于 QSAR 与 IV 逸度模型的环境友好型多氯萘(PCNs)衍生物设计及其风险评价	顾雯雯	环境科学与工程学院	青年培养项目	理工类	1
158	2019QN085	轻稀土基(RE)REAlGe 外尔半金属的磁电响应	王　泰	环境科学与工程学院	青年培养项目	理工类	1
159	2019QN086	城市群能源代谢分析	翟梦瑜	环境科学与工程学院	青年培养项目	理工类	1
160	2019QN087	基于观测数据的臭氧来源解析及减排模拟	李如梅	环境科学与工程学院	青年培养项目	理工类	1
161	2019QN088	多同位素联用的大气颗粒物来源解析方法研究	王　成	环境科学与工程学院	青年培养项目	理工类	1
162	2019QN089	基于硫同位素的大气颗粒物中硫酸盐来源解析	徐　扬	环境科学与工程学院	青年培养项目	理工类	1
163	2019QN090	双信号探针构建及其对 H_2S/NO 的识别研究	葛宏伟	环境科学与工程学院	青年培养项目	理工类	1
164	2019QN091	低温脱硝催化剂的实验研究	孙中豪	环境科学与工程学院	青年培养项目	理工类	1

续表

序号	项目编号	项目名称	负责人	所在单位	资助类别	申请领域	资助金额
165	2019QN092	不确定条件下区域能源环境系统优化	龚靖雯	环境科学与工程学院	青年培养项目	理工类	1
166	2019QN093	颗粒态活化腐蚀产物产生与输运机理研究	郭庆洋	核科学与工程学院	青年培养项目	理工类	1
167	2019QN094	钠冷快堆单体组件流动特性实验研究	秦亥琦	核科学与工程学院	青年培养项目	理工类	1
168	2019QN095	LOCA后杂质在燃料组件内堆积现象的研究	王　达	核科学与工程学院	青年培养项目	理工类	1
169	2019QN096	基于CFD的钠冷快堆组件水力特性研究	王　雨	核科学与工程学院	青年培养项目	理工类	1
170	2019QN097	堆芯物理设计群常数库的制作开发及验证	肖　向	核科学与工程学院	青年培养项目	理工类	1
171	2019QN098	离子流场中介质薄膜荷电特性影响因素研究	陈　博	电气与电子工程学院	青年培养项目	理工类	1
172	2019QN099	冲击电场下油纸绝缘空间电荷运动行为研究	单秉亮	电气与电子工程学院	青年培养项目	理工类	1
173	2019QN100	直流断路器半导体组件杂散电感优化设计方法	东野忠昊	电气与电子工程学院	青年培养项目	理工类	1
174	2019QN101	考虑VSC控制差异的风电场动态等值方法研究	董文凯	电气与电子工程学院	青年培养项目	理工类	1
175	2019QN102	基于模型设计的同步电机对控制系统研究	谷昱君	电气与电子工程学院	青年培养项目	理工类	1
176	2019QN103	电力物联网高效频谱共享与终端接入方法研究	呼海林	电气与电子工程学院	青年培养项目	理工类	1
177	2019QN104	低温环境下准各向同性高温超导股线热稳定性研究	阚常涛	电气与电子工程学院	青年培养项目	理工类	1
178	2019QN105	直流偏磁下特高压变压器的振动噪声研究	李　冰	电气与电子工程学院	青年培养项目	理工类	1
179	2019QN106	含多微电网的主动配电网负荷预测与优化调度	李翔宇	电气与电子工程学院	青年培养项目	理工类	1
180	2019QN107	基于换相序技术的电力系统紧急控制方法研究	李轶凡	电气与电子工程学院	青年培养项目	理工类	1
181	2019QN108	基于深度强化学习的精准化需求响应关键技术研究	刘　迪	电气与电子工程学院	青年培养项目	理工类	1
182	2019QN109	面向能源互联网的电力骨干通信网优化研究	刘　林	电气与电子工程学院	青年培养项目	理工类	1
183	2019QN110	基于边缘稀疏编码的非侵入式负荷态势估计研究	刘耀先	电气与电子工程学院	青年培养项目	理工类	1
184	2019QN111	面向弹性配电系统的恢复优化与运行控制	马　良	电气与电子工程学院	青年培养项目	理工类	1
185	2019QN112	相变冷却介质复合相态下绝缘特性的研究	莫申扬	电气与电子工程学院	青年培养项目	理工类	1
186	2019QN113	高频应力下固体介质中的空间电荷现象研究	任瀚文	电气与电子工程学院	青年培养项目	理工类	1
187	2019QN114	基于活化能表征的绝缘子老化评估方法研究	任　鹏	电气与电子工程学院	青年培养项目	理工类	1
188	2019QN115	新能源/交直流电网自组织临界动力演化建模	王方雨	电气与电子工程学院	青年培养项目	理工类	1

续表

序号	项目编号	项目名称	负责人	所在单位	资助类别	申请领域	资助金额
189	2019QN116	张北四端直流电网小干扰稳定性研究	王　烨	电气与电子工程学院	青年培养项目	理工类	1
190	2019QN117	以用户为中心的能源供需互动管理与实践	王愈轩	电气与电子工程学院	青年培养项目	理工类	1
191	2019QN118	新能源电力系统广域源一荷协同优化方法	夏　鹏	电气与电子工程学院	青年培养项目	理工类	1
192	2019QN119	中压直流配用电系统特性分析与优化控制	谢文强	电气与电子工程学院	青年培养项目	理工类	1
193	2019QN120	高压电力电子器件封装材料绝缘特性研究	项佳宇	电气与电子工程学院	青年培养项目	理工类	1
194	2019QN121	考虑源荷双侧不确定性的风险调度研究	殷加玞	电气与电子工程学院	青年培养项目	理工类	1
195	2019QN122	高温超导磁体的电磁特性研究	袁　茜	电气与电子工程学院	青年培养项目	理工类	1
196	2019QN123	智能配电网多能源协同调度与控制策略研究	张丙旭	电气与电子工程学院	青年培养项目	理工类	1
197	2019QN124	基于深度学习的电力变压器态势预测研究	张　鹏	电气与电子工程学院	青年培养项目	理工类	1
198	2019QN125	考虑输电断面动态限额的发输电协调调度方法	张雨薇	电气与电子工程学院	青年培养项目	理工类	1
199	2019FR001	基于京津冀协同发展下的三区域能源互联网构建机制研究	刘　琳	经济与管理学院	繁荣计划专项项目	哲学社会科学类	15
200	2019FR002	产业升级视角下基于大数据分析的北京市清洁取暖供需平衡策略研究	郭晓鹏	经济与管理学院	繁荣计划专项项目	哲学社会科学类	15
201	2019FR003	配额制对新能源产业影响机理分析及新能源发展战略研究	董福贵	经济与管理学院	繁荣计划专项项目	哲学社会科学类	15
202	2019FR004	基于能源消费大数据的我国产业结构调整和三新产业培育监测预测研究	刘　达	经济与管理学院	繁荣计划专项项目	哲学社会科学类	15
203	2019FR005	企业信用评级理论及方法研究	何平林	经济与管理学院	繁荣计划专项项目	哲学社会科学类	15
204	2019FR006	中国传统文化的现代化路径研究	王　伟	人文与社会科学学院	繁荣计划专项项目	哲学社会科学类	15
205	2019FR007	环境行政治理法治化研究	李红枫	人文与社会科学学院	繁荣计划专项项目	哲学社会科学类	15
206	2019FR008	基于市场化运作的高校科技成果转化管理机制研究	张　娟	高等教育研究所	繁荣计划专项项目	哲学社会科学类	15
207	2019FR009	大数据应用于马克思主义理论学科的方法与实践研究	王建红	马克思主义学院(保定)	繁荣计划专项项目	哲学社会科学类	15
208	2019FR010	全域旅游理念下雄安及周边语言景观生态翻译研究	商　静	英语系	繁荣计划专项项目	哲学社会科学类	15
209	2019MS074	直流电网的虚拟电容控制及稳定运行研究	孟建辉	电力工程系	面上项目	理工类	10
210	2019MS075	级联型电力电子变压器多尺度非线性控制研究	孙玉巍	电力工程系	面上项目	理工类	10
211	2019MS076	三维电磁场、流体场和温度场强耦合问题高效计算方法研究及有效性验证	刘　刚	电力工程系	面上项目	理工类	10
212	2019MS077	直流配电系统电压-功率协调控制策略研究	王　琛	电力工程系	面上项目	理工类	10

续表

序号	项目编号	项目名称	负责人	所在单位	资助类别	申请领域	资助金额
213	2019MS078	谐波激励下高频高磁感软磁材料磁性能测量与数值模拟方法研究	赵小军	电力工程系	面上项目	理工类	10
214	2019MS079	多能互补新能源调度与小干扰稳定评估控制	周一辰	电力工程系	面上项目	理工类	10
215	2019MS080	分数阶建模与控制在柔性输电技术中的应用	马　龙	电力工程系	面上项目	理工类	10
216	2019MS081	网络模式下中压配电网载波通信阻抗匹配研究	王　艳	电力工程系	面上项目	理工类	10
217	2019MS082	考虑荷载及环境影响的复合横担 FRP/RPUF 界面缺陷多源无损诊断方法研究	谢　军	电力工程系	面上项目	理工类	10
218	2019MS083	直流/脉冲电场下填料特性对 EP 闪络影响研究	谢　庆	电力工程系	面上项目	理工类	10
219	2019MS084	复杂云况影响下的光伏电站功率特性建模研究	甄　钊	电力工程系	面上项目	理工类	10
220	2019MS085	光纤分布式传感的快速测量方法研究	徐志钮	电力工程系	面上项目	理工类	10
221	2019MS086	一种无需扫频的单端 BOTDA 传感方法研究	张立欣	电子与通信工程系	面上项目	理工类	10
222	2019MS087	变压器振动特性及其故障诊断方法研究	孙　娜	电子与通信工程系	面上项目	理工类	10
223	2019MS088	电力线与无线混合组网中资源联合优化分配	陈智雄	电子与通信工程系	面上项目	理工类	10
224	2019MS089	配网数据的无线安全接入与边缘资源协同理论	李保罡	电子与通信工程系	面上项目	理工类	10
225	2019MS090	基于少模光纤的布里渊分布式传感技术研究	赵丽娟	电子与通信工程系	面上项目	理工类	10
226	2019MS091	基于分时原理的气液两相流体均匀分配理论与实验研究	张炳东	动力工程系	面上项目	理工类	10
227	2019MS092	汽轮机内湿蒸汽凝结流动损失机理及控制方法	韩　旭	动力工程系	面上项目	理工类	10
228	2019MS093	燃煤烟气砷在铁基吸附剂表面的氧化—吸附机理	张　月	动力工程系	面上项目	理工类	10
229	2019MS094	基于 SDP 与深度学习的风机故障诊断研究	许小刚	动力工程系	面上项目	理工类	10
230	2019MS095	椰壳光化学热解及资源化研究	杜亚荣	动力工程系	面上项目	理工类	10
231	2019MS096	非线性动态系统质量相关的故障诊断方法研究	王　光	自动化系	面上项目	理工类	10
232	2019MS097	事件驱动的多船舶协同编队容错控制研究	焦建芳	自动化系	面上项目	理工类	10
233	2019MS098	一类复杂流体网络建模方法研究	张　悦	自动化系	面上项目	理工类	10
234	2019MS099	具有时/空相依结构的多风机风速预测方法	张　妍	自动化系	面上项目	理工类	10
235	2019MS100	融合虚拟储能的住宅型光储微电网优化控制技术	李　静	自动化系	面上项目	理工类	10
236	2019MS101	分子结构在相变溶剂脱碳中的动力学作用机制	安山龙	环境科学与工程系	面上项目	理工类	10

续表

序号	项目编号	项目名称	负责人	所在单位	资助类别	申请领域	资助金额
237	2019MS102	表面修饰纳米多孔不锈钢光催化材料开发	梁可心	环境科学与工程系	面上项目	理工类	10
238	2019MS103	多元自由基发生体系构建及脱硫脱硝反应机理	郝润龙	环境科学与工程系	面上项目	理工类	10
239	2019MS104	磁性 Fe-Cu-Co 复合材料构筑及催化氧化脱汞性能研究	马宵颖	环境科学与工程系	面上项目	理工类	10
240	2019MS105	表面修饰纳米多孔硅材料吸附烟气中 NO_x 的研究	王　涵	环境科学与工程系	面上项目	理工类	10
241	2019MS106	新型醇胺捕集 CO_2 过程的吸收和传质特性研究	王乐萌	环境科学与工程系	面上项目	理工类	10
242	2019MS107	有机纳米孔管束材料的离子热合成及 CO_2 吸附性能调控机理研究	郭天祥	环境科学与工程系	面上项目	理工类	10
243	2019MS108	铈基材料构建及其卤代芳烃催化氧化性能研究	刘　洁	环境科学与工程系	面上项目	理工类	10
244	2019MS109	多功能重金属吸附剂的制备及构一效关系研究	李　明	环境科学与工程系	面上项目	理工类	10
245	2019MS110	基于催化型相变溶剂的烟气 CO_2 捕集技术研究	王茹洁	环境科学与工程系	面上项目	理工类	10
246	2019MS111	基于深度学习的容性设备介损角辨识方法研究	王晓辉	计算机系	面上项目	理工类	10
247	2019MS112	融合 SCADA 数据和深度学习的风机关键部件故障预警技术研究	王桂兰	计算机系	面上项目	理工类	10
248	2019MS113	面向盲解卷积的模糊核与隐含图像先验建模	姜小磊	计算机系	面上项目	理工类	10
249	2019MS114	车辆自组织网络全局动态路由算法的研究	蔡　震	计算机系	面上项目	理工类	10
250	2019MS115	随机关联势诱发内禀摩擦的微观机制研究	胡　濛	数理系	面上项目	理工类	10
251	2019MS116	二合一的视觉图像共享方案研究	李　鹏	数理系	面上项目	理工类	10
252	2019MS117	基于消费者行为的绿色供应链定价策略	朱亚茹	数理系	面上项目	理工类	10
253	2019MS118	特异表面中双结构单元的电磁波调控特性研究	刘　洋	数理系	面上项目	理工类	10
254	2019MS119	分布式新能源接入的配电网多目标优化研究	赵会超	数理系	面上项目	理工类	10
255	2019MS120	基于自相似子 $2\mu m$ 波段超短高能脉冲的研究	杨　光	数理系	面上项目	理工类	10
256	2019MS121	Banach 空间中联合可逼近集的性质研究	孙龙发	数理系	面上项目	理工类	10
257	2019MS122	SCR 烟气脱硝系统建模及控制系统的优化研究	平玉环	科技学院	面上项目	理工类	10
258	2019MS123	风力机自适应叶片拉一弯一扭耦合机理研究	周邢银	科技学院	面上项目	理工类	10
259	2019MS124	非稀土氧空位型发光材料制备及发光调控	赵　妙	科技学院	面上项目	理工类	10
260	2019MS125	插层水滑石去除废水中重金属的性能及机制研究	杨丽娟	科技学院	面上项目	理工类	10

续表

序号	项目编号	项目名称	负责人	所在单位	资助类别	申请领域	资助金额
261	2019MS126	多视图缺失数据的概率生成模型与应用研究	王洪梅	科技学院	面上项目	理工类	10
262	2019MS127	基于 Hadoop 的智能电网信息处理技术研究	麻丽娜	科技学院	面上项目	理工类	10
263	2019MS128	新型导电膜脱硫废水脱盐除汞应用基础研究	齐　萌	科技学院	面上项目	理工类	10
264	2019MS129	微电网飞轮储能技术研究	王建沣	科技学院	面上项目	理工类	10
265	2019MS130	基于有机工质特性的朗肯循环系统经济性研究	范　伟	科技学院	面上项目	理工类	10
266	2019MS131	电力市场下冷热电联供能量管理优化模型研究	王玉玮	经济管理系	面上项目	哲学社会科学类	8
267	2019MS132	中国行业间协同碳减排潜力测度及对策研究	李艳红	经济管理系	面上项目	哲学社会科学类	8
268	2019MS133	考虑时空差异的电网发展路径及量化体系研究	于海泳	经济管理系	面上项目	哲学社会科学类	8
269	2019MS134	低碳约束下发电行业激励性规制机制研究	张　欢	经济管理系	面上项目	哲学社会科学类	8
270	2019MS135	我国刑事检察监督制度研究	陈　奎	法政系	面上项目	哲学社会科学类	8
271	2019MS136	近代西方人格权的继受与本土化研究	苗春刚	法政系	面上项目	哲学社会科学类	8
272	2019MS137	我国养老服务人才建设研究	栾文敬	法政系	面上项目	哲学社会科学类	8
273	2019MS138	新时代背景下工业文化推动社会治理研究	孟亚男	法政系	面上项目	哲学社会科学类	8
274	2019MS139	外媒眼中的“雄安新区”	王乐洋	英语系	面上项目	哲学社会科学类	8
275	2019MS140	清末民国时期翻译史研究	魏月红	英语系	面上项目	哲学社会科学类	8
276	2019MS141	“一带一路”视域下的国家能源话语能力提升研究	王亚南	英语系	面上项目	哲学社会科学类	8
277	2019MS142	英语口译教学中笔记法建构和支撑作用研究	汪　越	英语系	面上项目	哲学社会科学类	8
278	2019MS143	迈阿密达德学院孔子学院文化推广模式研究	苏雷江	英语系	面上项目	哲学社会科学类	8
279	2019MS144	比利时奇幻文学中超自然世界的构建	侯　楠	英语系	面上项目	哲学社会科学类	8
280	2019MS145	语料库语言学在法语教学中的应用研究	高瑞凤	英语系	面上项目	哲学社会科学类	8
281	2019MS146	基于互动协同的大学英语教学模式研究	韩佳玲	英语系	面上项目	哲学社会科学类	8
282	2019MS147	能源话语建构的术语分析路径研究	高　然	英语系	面上项目	哲学社会科学类	8
283	2019MS148	生态学与可持续发展理念普及软件开发	刘志博	电力工程系	面上项目	哲学社会科学类	8
284	2019MS149	建设一流大学的设计通识教育	邓小姝	机械工程系	面上项目	哲学社会科学类	8

续表

序号	项目编号	项目名称	负责人	所在单位	资助类别	申请领域	资助金额
285	2019MS150	基于整体教学观的阅读与跨文化能力培养的研究	杨　宁	科技学院	面上项目	哲学社会科学类	8
286	2019MS151	教育信息化下大学英语混合式教学模式的研究	吴杰荣	科技学院	面上项目	哲学社会科学类	8
287	2019MS152	计算机辅助翻译在英语教学中的探索研究	冉　倩	科技学院	面上项目	哲学社会科学类	8
288	2019MS153	图式理论在大学英语听力教学中的应用	刘宝惠	科技学院	面上项目	哲学社会科学类	8
289	2019MS154	福柯疯癫视阈下的格非小说人物研究	靳亚开	科技学院	面上项目	哲学社会科学类	8
290	2019MS155	京津冀协同发展视角下的基本公共服务均等化研究	贺湘硕	科技学院	面上项目	哲学社会科学类	8
291	2019MS156	美国经典华裔文学作品中的中国形象研究	张　侦	科技学院	面上项目	哲学社会科学类	8
292	2019MS157	语域语类视域下大学英语阅读教学模式探讨	王爱会	科技学院	面上项目	哲学社会科学类	8
293	2019MS158	产出导向型大学英语翻转课堂教学模式研究	顾臻臻	科技学院	面上项目	哲学社会科学类	8
294	2019MS159	音乐素质教育对大学生心理健康促进作用研究	刘潇潇	艺术教育中心	面上项目	哲学社会科学类	8
295	2019QN126	特高压并联电抗器本体质量提升技术研究	郭佳熠	电力工程系	青年培养项目	理工类	1
296	2019QN127	混煤燃烧机理及 NO_x 生成机理研究	岳　爽	动力工程系	青年培养项目	理工类	1
297	2019QN128	汽车尾气中非常规排放污染物的脱除机理研究	吕春旺	动力工程系	青年培养项目	理工类	1
298	2019QN129	长柔导线在局部激励下微风振动波特性研究	陈晓娟	机械工程系	青年培养项目	理工类	1
299	2019QN130	基于多刚体动力学理论的导线风偏机理研究	胡　鑫	机械工程系	青年培养项目	理工类	1
300	2019QN131	基于振动信号的滚动轴承故障诊断方法研究	彭　勃	机械工程系	青年培养项目	理工类	1
301	2019QN132	混沌理论在旋转机械早期故障诊断的应用研究	闫晓丽	机械工程系	青年培养项目	理工类	1
302	2019QN133	风力机叶片结构颤振特性概率方法研究	张　颖	机械工程系	青年培养项目	理工类	1
303	2019QN134	电站 SCR 脱硝系统建模与控制策略研究	马　宁	自动化系	青年培养项目	理工类	1
304	2019QN135	火电机组流体网络建模方法研究	门玉涵	自动化系	青年培养项目	理工类	1
305	2019QN136	基于声波作用的流体传热传质特性研究	于　森	数理系	青年培养项目	理工类	1

华北电力大学2019年纵向科研项目立项情况一览表

单位:(万元)

序号	项目名称	经费	负责人	项目编号	项目来源
1	高灵敏紫外成像仪研制及应用开发	2959	律方成	2018YFF010119	国家科技部
2	张家口水源涵养区山水林田湖综合数据库建设和数据挖掘技术研究	100	杨晓忠	2017ZX07101001-01	国家科技部
3	大型压水堆破损燃料检测及性状分析技术研究	131.36	马　雁	2019ZX06004009-002-002	国家科技部
4	源项和屏蔽类软件数据标准规范开发	50.25	张　斌	2019ZX06005001	国家科技部
5	核动力厂安全分析用计算机软件评估基准题及共享平台开发子课题5	52.94	张　斌	2019ZX06005001	国家科技部
6	基于国际通用基准数据的源项软件评估基准题开发	74.68	张竟宇	2019ZX06005001	国家科技部
7	热工水利与事故分析类软件数据需求分析联合研究报告	37.9	隋丹婷	2019ZX06005001	国家科技部
8	面向可再生能源消纳的灵活性电热泵供热系统及电热综合调控技术研究	730	房　方	2018YFE0106600	国家科技部
9	面向控申信息的过滤、校核、分类与集中管控	1514	马应龙	2018YFC0830605	国家科技部
10	宽带隙钙钛矿材料设计与稳定性机理研究	224	蔡墨朗	2018YFB1500101	国家科技部
11	基于紫外检测的高压设备缺陷性质判断、故障严重程度智能评估和诊断软件开发	356	王胜辉	2018YFF01011903	国家科技部
12	大型海上风电机组及关键部件优化设计及批量化制造、安装调试与运行关键技术	1399	田　德	2018YFB1501304	国家科技部
13	高灵敏紫外成像仪集成研制	515	刘云鹏	2018YFF01011901	国家科技部
14	耦合系统的快速调频技术	779	张建华	2019YFB1505402	国家科技部
15	动态排放清单构建及其排放管控研究	253	吴　婧	2019YFC0214501	国家科技部
16	汾河平原典型区域大气细颗粒物精细化来源解析(国拨)	289	彭　林	2019YFC0214202	国家科技部
17	风电场选址风资源评估软件和风电机组台风风险评估软件的应用验证方法研究	83	李　莉	2018YFB1501105-02	国家科技部
18	检察业务协同信息栅格的资源集成、服务动态发现和数据管理技术	175	李国栋	2018YFC0831404	国家科技部
19	700℃超超临界锅炉高温受热面运行安全研究	60	徐　鸿	2018YFB060440205	国家科技部
20	严重事故下堆芯熔融物行为与现象研究	36	隋丹婷	2018YFB1900103	国家科技部
21	可逆储氢材料的吸/放氢双向动力学调控及循环稳定性	79.03	薛志勇	2018YFB1502102	国家科技部
22	液态金属锂基本物理研究	90.87	郝祖龙		国家科技部
23	台风影响下的风电场CFD模式建模与算法研究	117	张晓东	2018YFB1501102	国家科技部
24	基于界面调控的纳米技术污染阻断机理与方法	55	王祥科	2018YFC1900105	国家科技部
25	基于界面调控的纳米技术污染阻断机理与方法	60	文　涛	2018YFC1900105	国家科技部
26	基于DNA自组装复合纳米孔技术的生物大分子检测	70	杨　静	2017YFE0130600	国家科技部
27	高效稳定大面积钙钛太阳电池关键技术及成套技术研发	73	潘家鸿	2019YFB1503200	国家科技部

续表

序号	项目名称	经费	负责人	项目编号	项目来源
28	新型海洋核反应堆技术	100	刘　芳	无	国家科技部
29	新能源汽车充电设施检定和型式评价方法和标准化研究	19	李彦斌	无	国家科技部
30	微纳液滴动力学特性及操控液滴强化热质传递的基础研究	300	王晓东	51936004	国家自然科学基金委
31	生物质选择性热转化	130	陆　强	51922040	国家自然科学基金委
32	高频电力变压器复合绝缘介质改性设计与电气性能综合调控研究	180	王忠东 李庆民	51929701	国家自然科学基金委
33	人工光合作用中的原位协同思想及流型调控增效机理	76.6	刘国华	51576002	国家自然科学基金委
34	等离子体物理中几类非线性发展方程的数学研究	50	韩励佳	11971166	国家自然科学基金委
35	高能X射线光子作用下的分子反冲效应及相关X射线谱研究	62	刘纪彩	11974108	国家自然科学基金委
36	相对论连续准粒子无规位相近似方法及其应用研究	60	曹李刚	11975096	国家自然科学基金委
37	强非均匀性复杂几何的深穿透中子输运模拟方法研究	60	张斌	11975097	国家自然科学基金委
38	高性能蓝光量子点电致发光器件中的能级匹配和载流子输运调控研究	65	王福芝	21975071	国家自然科学基金委
39	基于多种同位素联用的大气颗粒物来源解析技术研究	66	彭林	21976053	国家自然科学基金委
40	二氧化钛基材料对水系中铀酰的还原移除与机制研究	65	赵桂霞	21976054	国家自然科学基金委
41	杂原子掺杂的类石墨烯碳材料对关键放射性核素的快速高效去除及机理研究	65	陈　哲	21976055	国家自然科学基金委
42	微生物菌群预处理强化玉米秆定向热解制备4-乙烯基苯酚的基础研究	58	王体朋	31971793	国家自然科学基金委
43	温度场和电场作用下铁基非晶中Cu团簇演变规律及对非晶纳米晶化和软磁性能的影响	60	薛志勇	51971092	国家自然科学基金委
44	基于团簇基因理论的高Bs低矫顽力铁基非晶合金性能调控研究	60	董帮少	51971093	国家自然科学基金委
45	钙钛矿同质结太阳电池结构设计及稳定性机理研究	60	李美成	51972110	国家自然科学基金委
46	环境友好的连续凝胶共混法制备粘土/橡胶纳米复合材料的研究	61	何少剑	51973057	国家自然科学基金委
47	非圆形巷道(隧洞)锚杆力学分析的解析方法	60	吕爱钟	51974124	国家自然科学基金委
48	基于高速摄影技术的颗粒与空化泡相互作用机制研究及机理分析	62	张宇宁	51976056	国家自然科学基金委
49	基于气固两相温度场检测的乙烯扩散火焰中碳烟动力学研究	58	郑　树	51976057	国家自然科学基金委
50	非均匀时变能流下熔融盐吸热器热输运特性与光热耦合调控机制研究	63	徐二树	51976058	国家自然科学基金委
51	混合式高压直流断路器大电流分断的杂散参数作用机制	60	齐　磊	51977073	国家自然科学基金委
52	综合能源系统通用建模与多系统协同规划研究	57	刘自发	51977074	国家自然科学基金委
53	πFBGs局部放电感知灵敏度提升方法与单光纤分布式高频自适应解调拓扑研究	61	马国明	51977075	国家自然科学基金委

续表

序号	项目名称	经费	负责人	项目编号	项目来源
54	浸油纸板电树枝空间分形特征与局部放电序列混沌特性关联机制研究	60	程养春	51977076	国家自然科学基金委
55	系统灾变条件下双轴励磁汽轮发电机持续并网运行的关键技术研究	59	许国瑞	51977077	国家自然科学基金委
56	类比特高温超导磁体磁通泵励磁机理及其闭环运行关键技术研究	63	王银顺	51977078	国家自然科学基金委
57	基于模型实验与二维水动力并行计算的城市洪涝特性研究	60	张尚弘	51979105	国家自然科学基金委
58	基于用户需求感知的5G异构网络无线资源管理关键技术研究	57	周振宇	61971189	国家自然科学基金委
59	面向能源互联网电力交易的数据安全访问控制方法研究	60	关志涛	61972148	国家自然科学基金委
60	数据驱动的超超临界机组协调控制系统全工况节能优化研究	63	黄从智	61973112	国家自然科学基金委
61	动态CCS条件下管道输送二氧化碳质量流量的在线测量	60	闫　勇	61973113	国家自然科学基金委
62	基于智能分群的风电场扇区分布式协同调控方法及应用研究	60	林忠伟	61973114	国家自然科学基金委
63	基于声学层析成像的生物质堆垛温度分布测量研究	58	胡永辉	61973115	国家自然科学基金委
64	新能源冷热电联供系统状态估计研究	59	张建华	61973116	国家自然科学基金委
65	基于视觉群智感知的大范围区域空气质量精细化测量与透彻感知	61	王震宇	61976090	国家自然科学基金委
66	考虑电力供需双侧不确定性的电化学储能系统综合价值测度及激励机制研究	48	赵会茹	71973043	国家自然科学基金委
67	基于区块链的分布式能源能量管理系统研究	50.5	张　妍	71974055	国家自然科学基金委
68	基于采样的异步多智能体系统协同控制研究	65.8	肖　峰	61873074	国家自然科学基金委
69	空气稳定的柔性单分子层自组装场效应晶体管的制备及性能研究	73.8	姬濯宇	61674167	国家自然科学基金委
70	混凝-超滤膜复合污染模式识别及絮体控制机制	75	肖　峰	51578529	国家自然科学基金委员
71	基于形貌参数对高效卫星状SERS基底材料的理性设计与机制研究	28.36	孙振丽	21707077	国家自然科学基金委
72	基于连续变化介质中子输运与统计的蒙卡热工耦合方法研究	24	刘仕倡	11905060	国家自然科学基金委
73	碳点复合材料的制备及其对铀的分离去除性能研究	26	王　哲	21906051	国家自然科学基金委
74	功能化纳米零价铁的构筑及其对放射性核素238U(VI)的去除性能和机理研究	26	于淑君	21906052	国家自然科学基金委
75	浮游生物物种多样性对生物量稳定性的影响及机制研究	24	田　旺	31901146	国家自然科学基金委
76	变化环境下嘉陵江流域水循环及极端水文事件多尺度定量表达及预估	26	孟长青	41901028	国家自然科学基金委
77	怒江大峡谷(云南段)对高密度泥石流堰塞坝群的河流地貌响应	26	吕立群	41907229	国家自然科学基金委
78	面向高效清洁供热的复杂电热系统综合建模与协同调控研究	23	胡　阳	51906064	国家自然科学基金委
79	太阳能粒子吸热器光热耦合动态热输运特性与调控机制研究	26	孔艳强	51906065	国家自然科学基金委

续表

序号	项目名称	经费	负责人	项目编号	项目来源
80	改性活性炭同源催化纤维素热解反应机理及定向调控机制	25	李　凯	51906066	国家自然科学基金委
81	风电机组内叶展多涡耦合机理与涡尾迹模型研究	25	戴丽萍	51906067	国家自然科学基金委
82	极端与复杂物性对近壁区湍流标量场影响研究	22	赵后剑	51906068	国家自然科学基金委
83	多孔蒸汽射流冷凝传热与压力振荡的机理及模型研究	25	张钰浩	51906069	国家自然科学基金委
84	面向共享电动汽车的充电定价和负荷时空管理机理研究	20	丁肇豪	51907063	国家自然科学基金委
85	基于动态可行域聚合的虚拟电厂市场运行理论与方法	26	王剑晓	51907064	国家自然科学基金委
86	非线性约束下多智能体系统事件驱动控制设计与分析	24	魏　波	61903140	国家自然科学基金委
87	钙钛矿太阳电池中具有界面钝化功能的小分子空穴传输材料的设计、合成及性能研究	25	刘雪朋	61904053	国家自然科学基金委
88	微能源网群多能分层互补及协同递进优化模型研究	20	鞠立伟	71904049	国家自然科学基金委
89	量子匿名密码协议的设计与分析	25.9	王庆乐	61801126	国家自然科学基金委
90	基于深度氧分级解耦的富氧燃烧 NO_x 生成特性及控制机理研究	28.8	徐明新	51806220	国家自然科学基金委
91	基于火积理论的超临界 CO_2 传热特性及系统的热量输运规律研究	25.2	郝俊红	51806119	国家自然科学基金委
92	某些非线性分数阶偏微分方程的定性研究	29.52	李巧欣	11801552	国家自然科学基金委
93	高维图的自相似群作用	30	李　辉	11801176	国家自然科学基金委
94	低温等离子体与微波强化污泥低热值煤流化床气化制合成燃气及残灰制地聚物固化重金属	257	张　锴	U1910215	国家自然科学基金委
95	基于大数据技术的雅砻江流域水电站安全研究	50	张宇宁	U1965106	国家自然科学基金委
96	工业炉窑燃烧场重构及能效优化控制	72	曾德良	61833011	国家自然科学基金委员
97	超临界二氧化碳作为先进核能系统工质的热工流体力学关键基础问题研究	50	郭张鹏	U1867218	国家自然科学基金委员
98	电力变压器多参量自适应保护与安全运行基础研究	296	齐　波	U1866603	国家自然科学基金委
99	中英可持续电力研究研讨会	1.5	毕天姝	51981230300	国家自然科学基金委
100	维度工程调控钙钛矿材料提升太阳电池稳定性研究	33	戴松元	51961165106	国家自然科学基金委
101	群体服装动画方法研究	30.5	石　敏	61972379	国家自然科学基金委
102	微等离子体电极在熔盐电解及在线分析中的应用研究	24.2	王　哲	21976104	国家自然科学基金委
103	北京市科技成果转化平台建设专项	160.6	杜小泽		北京市科学技术委员会
104	膜分离-变压吸附协同捕集延期低浓度 CO_2 工艺研究	300	林千果	Z181100005118017	北京市科学技术委员会
105	基于电力大数据平台的多源异构数据采集、存储和只能分析技术研究	300	李建彬	Z181100005118016	北京市科学技术委员会
106	基于一体化载波通信芯片光伏组件级监控系统研制	200	刘　松	Z181100005118015	北京市科学技术委员会

续表

序号	项目名称	经费	负责人	项目编号	项目来源
107	导电杂化滤膜的多孔结构构筑以及光电自清洁机理研究	30	潘家鸿	L182040	北京市自然科学基金委
108	北京市可再生能源资源时空分异特征对分布式能源建设的适应度研究	20	赵振宇	8192043	北京市自然科学基金委
109	无机水合盐相变材料稳定过冷蓄能与触发凝固释能机理及方法研究	20	周国兵	3192034	北京市自然科学基金委
110	再淹没过程碳化硅燃料包壳的热-力耦合行为与失效评价研究	20	郝祖龙	1192016	北京市自然科学基金委
111	直流GIL绝缘子纳米复合涂层对微粒吸附及界面电荷的调控理论与方法	19	王　健	3192036	北京市自然科学基金委
112	基于三维增材技术的跨尺度结构表面临界沸腾换热机理研究	20	钟达文	3192035	北京市自然科学基金委
113	低能X射线照射下固体介质内气隙放电起始机制及调控方法	20	郑书生	3192037	北京市自然科学基金委
114	C_3F_7CN/CO_2 气体放电分解路径及产物形成机理	20	王　璁	3192038	北京市自然科学基金委
115	带跳的集值随机微分(积分)方程理论及其应用研究	20	张金平	1192015	北京市自然科学基金委
116	拉应力对超临界水中铁素体-马氏体钢氧化行为的影响机理	10	朱忠亮	2194085	北京市自然科学基金委
117	面向弱交流电网的双馈风电机组自趋优控制研究	10	程　鹏	3184062	北京市自然科学基金委
118	推进电力交易机构独立规范运行研究	12	刘敦楠	2019BJ0093	国家能源局
119	电力辅助服务市场机制研究	20	张粒子	2019BJ0098	国家能源局
120	垄断行业成本监管约束和激励机制国际比较研究	20	张粒子	2019BJ0103	国家能源局
121	加入GPA背景下依法规范配售电业务专题研究	12	王　鹏	2019BJ0100	国家能源局
122	基于加入GPA和新电改背景下电网投资行为监管研究	16	李彦斌	2019BJ0080	国家能源局
123	《电力法(修订)》立法审查问题研究	11	杨卫东	2019BJ0184	国家能源局
124	电力市场运行分析和监管实践研究	29.8	王　鹏	2019BJ0074	国家能源局南方监管局
125	推进增量配电业务改革试点问题障碍和体制机制的研究	10	王　鹏	2019BJ0069	国家发展和改革委员会
126	中国数据中心行业绿色低碳发展项目	59.1432	张素芳	2019BJ0025	世界绿色和平组织
127	先进胺溶液基础项目	7.1981	翟融融	2019BJ0083	CSIRO(澳洲联邦研究机构)
128	了解使用CCS技术降低燃煤和燃气发电厂用水量的成本	2.4	翟融融	2019BJ0089	CSIRO(澳洲联邦研究机构)
129	中德电力系统灵活性定量比较研究	6.1	李庚银	83338992	德国国际合作机构
130	英国电力市场设计经验对福建电力现货市场建设的借鉴	18.9	张粒子	2019BJ0024	英国驻华大使馆
131	农村生活垃圾能源化与资源化清洁利用技术及装备	30	陆　强	2019B110209003	广东省科技厅
132	《能源生产与消费革命战略(2016-2030)》修编咨询研究	100	刘吉臻	2019-XZ-1	中国工程院
133	山西打造“示范区”“排头兵”“新高地”的实现路径、主要举措及战略研究	100	刘吉臻		中国工程院

续表

序号	项目名称	经费	负责人	项目编号	项目来源
134	海上风电支撑我国能源转型发展战略研究	240	刘吉臻	2019-ZD-15	中国工程院
135	学术会议评价指标体系设计	15	朱晓红	2019BJ0001	北京科技社团服务中心
136	2019年北京市社会组织等级评估指标修订项目	8.1	张绪刚	2019BJ0050	北京市社会团体管理办公室
137	北京市居民销售电价改革研究	30	张　洪	2019BJ0058	北京市发展和改革委员会
138	水利改革与发展研究—典型地区水利建设基金筹集使用做法与经验总结	20	丁晓雯	DRCYSWT (2019)35	水利部发展研究中心
139	节能评估现状及经验借鉴	20	丁晓雯	水资源〔2019〕第23号	水利部水资源管理中心
140	小水电工程生态流量下泄保障措施研究	20	丁晓雯	管财〔2019〕第172号	水利部水资源管理中心
141	煤电灵活性运行政策研究	8	刘敦楠	2019BJ0268	中国电力企业联合会
142	填料改性技术在输电装备复合绝缘中的应用研究	30	卞星明	SGGR0000DWJS 1800529	企事业委托科技项目
143	基于机器学习的润滑脂识别方法研究	6	冯　欣	重点基金 LSL-1814	企事业委托科技项目
144	饮用水理化预警检测系统研发及应用	50	肖　峰		企事业委托科技项目
145	含柔性直流的交直流系统电气振荡与控制策略研究技术开发合同	30	刘崇茹	1500002019030101 FZ00022	企事业委托科技项目
146	改性纳米填料在GIL环氧复合绝缘材料中的应用基础研究	15	何少剑		企事业委托科技项目
147	基于数据驱动的城市交通分析和预测模型研究	5	胡冬梅	KF-X18002	企事业委托科技项目
148	空化泡-颗粒相互作用微观机理研究	10	张宇宁	2018KFKT-12	企事业委托科技项目
149	多层次高效智能优化算法在反应堆堆芯及屏蔽设计中的应用研究	1	刘仕倡		企事业委托科技项目
150	功能化纳米零价铁对含铀废水的高效去除	5	于淑君	2017B030314182	企事业委托科技项目
151	多种可再生能源互补的冷热电联供系统优化调度理论和应用研究	12	许　野		企事业委托科技项目
152	基于深度学习的间歇性有效载荷性能退化预测方法	10	滕　伟	CSU-WX-I-2019-029	企事业委托科技项目
153	交直流并行导线电晕放电耦合特性研究	3	李学宝	2019KXL02	企事业委托科技项目
154	新时代法治型国家治理研究	20	梁　平	19BFX006	2019年国家社会科学基金一般项目
155	习近平总书记关于新时代青年担当的重要论述研究	10	魏彤儒	19YJA710038	2019年度教育部人文社会科学研究规划基金项目
156	金·斯坦利·罗宾逊的生态乌托邦诗学研究	8	王　珊	19YJC752032	2019年度教育部人文社会科学研究青年基金项目
157	基于大数据的社会主要矛盾变化教学研究	10	王建红	19JDSZK085	2019年度教育部高校示范马克思主义学院和优秀教学科研团队建设项目(一般选题)
158	高校思政课教师评价机制研究	12	王建红	19JGWT0025	2019年教育部综合改革司教育综合改革课题研究项目
159	计生特殊家庭社会保障问题与对策研究	20	石兵营		国家卫生健康委员会人口监测与家庭发展司委托项目
160	京津冀协同发展中北京核心城市的政府职能定位与能力提升研究	8	曹丽媛	19ZGC011	2019年北京市社会科学基金项目
161	中国科协优秀中外青年交流计划项目	5	王睿坤		2019年中国科协组织人事部优秀中外青年交流计划项目

续表

序号	项目名称	经费	负责人	项目编号	项目来源
162	加强和创新我省社会治理研究	20	梁　平	ZFWZZ007	2019年中共河北省委政法委重大委托课题
163	数字环境下档案信息传播模式创新研究	0.7	谢海洋	HB19TQ006	2019年河北省社会科学基金项目一般项目
164	河北省生物质发电产业效率提升路径与政策选择研究	0.7	闫丽萍	HB19YJ010	2019年河北省社会科学基金项目一般项目
165	基于共享经济模式的雄安新区综合能源利用体系研究	0.7	陈　娟	HB19YJ011	2019年河北省社会科学基金项目一般项目
166	从“v1v2”和“v1得v2”看汉语的谓语和补语之辨	0.7	王亚南	HB19YY006	2019年河北省社会科学基金项目青年项目
167	河北贫困山区留守儿童补偿教育信息化治理模式创新研究	0.7	陈　静	HB19JY020	2019年河北省社会科学基金项目一般项目
168	社会组织参与雄安新区基层社区治理模式比较与优化研究	0.7	夏　珑	HB19SH007	2019年河北省社会科学基金项目一般项目
169	企业参与“一带一路”建设的法律保障研究	0.7	石可涵	HB19FX004	2019年河北省社会科学基金项目青年项目
170	开放数据环境下Altmetrics在科研成果评价中的应用研究	0.7	于会萍	HB19TQ005	2019年河北省社会科学基金项目一般项目
171	新时代高校大学生思想政治教育话语体系创新研究	0.7	李　东	HB19JY021	2019年河北省社会科学基金项目一般项目
172	《保定市河道管理条例》立法问题研究	28	梁　平		2019年保定市水利局委托项目
173	秦皇岛市公共法律服务调研	5	梁　平	Qsfj001	2019年秦皇岛市司法局委托项目
174	乡村治理与司法工作创新机制研究	5	梁　平		2019年保定市中级人民法院委托项目
175	一乡一庭参与社会治理体系可行性研究	4	梁　平		2019年安平法院委托课题
176	路径与创新:事业单位信用体系建设研究		冯　静	ZJ2019010	2019年河北省行政体制改革及机构编制管理研究课题
177	河北省从事经营活动事业单位改革有关人员安置和社会保障衔接政策治理研究		陈　雷	ZJ2019009	2019年河北省行政体制改革及机构编制管理研究课题
178	幼儿园编制管理创新与教育能力提升:以贫困流动儿童学前教育的城乡链接式服务为例		陈　静	ZJ2019008	2019年河北省行政体制改革及机构编制管理研究课题
179	京津冀协同发展战略背景下雄安新区行政管理体制创新研究		曹丽媛	ZJ2019007	2019年河北省行政体制改革及机构编制管理研究课题
180	河北传统家训文本研究与大数据分析		张乃芳	0020190013	2019年河北省传统文化教育科学研究课题
181	基于布里渊动态光栅和多场耦合的光电复合海缆全寿命状态监测方法研究	10	徐志钮	E2019502177	2019年河北省自然科学基金面上项目
182	面向冲击负荷的新型复合材料涡簧储能系统关键技术研究	10	余　洋	E2019502163	2019年河北省自然科学基金面上项目
183	基于深度学习的输电线路绝缘子紫外成像检测污秽度评估研究	10	刘云鹏	E2019502150	2019年河北省自然科学基金面上项目
184	计及源端动态特性的VSG多机并列分布式发电技术研究	10	张　波	E2019502119	2019年河北省自然科学基金面上项目
185	模块化多电平换流器自阻型子模块拓扑构造方法及冗余容错技术研究	10	张建坡	E2019502123	2019年河北省自然科学基金面上项目
186	高灵敏度磁光晶体光纤传感系统及其电力物联网应用开发	12	王胜辉	19212109D	河北省重点研发计划新能源与智能电网技术创新专项
187	高渗透率下光伏发电的无功电压自主控制技术研究		张　波	Z2017132	河北省高等学校科学研究计划项目

续表

序号	项目名称	经费	负责人	项目编号	项目来源
188	基于分布式光纤传感的变压器温度监测与绕组变形故障诊断	80	刘云鹏		2019 年河北省重点研发计划项目
189	基于磁-弹特性的间隙铁心电抗器振动行为模拟及实验验证	5	赵小军	EERIKF2018011	省部共建电工装备可靠性与智能化国家重点实验室开放课题
190	电气设备分数阶建模中的电路综合方法研究	20	梁贵书	3192039	北京市自然科学基金面上项目
191	考虑资源关联性的风电/光伏超短期功率预测技术	120.53	王　飞		国家重点研发计划子课题
192	面向交直流互联电网弹性提升的主动抗扰恢复策略研究	6	李少岩	E2019502195	2019 年河北省自然科学青年基金项目
193	交直流混合电力电子变压器非线性控制方法研究	6	孙玉巍	E2019502172	2019 年河北省自然科学青年基金项目
194	高海拔环境下交流电晕放电机理及其空间无线电干扰特征研究	27	何旺龄	51907065	2019 年国家自然科学基金青年项目
195	面向配电物联网的无线安全接入与边缘资源协同理论	53	李保罡	61971190	2019 年国家自然科学基金面上项目
196	中压 MIMO 电力线通信信道特性及编码技术研究	6	曹旺斌	E2019502186	2019 年河北省自然科学青年基金项目
197	面向海量螺栓表面缺陷检测的深度视觉感知和认知模型研究	20	赵振兵	4192055	北京市自然科学基金面上项目
198	基于微波微扰法自补偿圆柱腔内壁水膜厚度测量方法的研究	10	张淑娥	E2019502039	2019 年河北省自然科学基金面上项目
199	基于 BOTDA 偏振/增益/频移 3D 矢量分析法的电力海缆监测方法研究	10	尚秋峰	E2019502179	2019 年河北省自然科学基金面上项目
200	基于频移键控的单端快速 BOTDA 传感方法研究	6	张立欣	F2019502112	2019 年河北省自然科学青年基金项目
201	深度学习框架下风力机传动系统振动特征表示及状态识别方法研究	6	朱霄珣	E2019502080	2019 年河北省自然科学青年基金项目
202	地形/尾流耦合作用下风电场协同控制策略研究	10	高晓霞	E2019502072	2019 年河北省自然科学基金面上项目
203	蒸汽机系统提升燃煤机组供热能力技术研究及示范应用	4	王春波	19944506G	中央引导地方科技发展专项
204	循环流化床燃煤机组重金属耦合控制强化技术研究及工程示范	6	张　月	201803D31027	山西省重点研发计划项目
205	直流电场与微重力场耦合作用下单汽泡核态沸腾的机理研究	6	王　太	E2019502151	2019 年河北省自然科学青年基金项目
206	不同润湿性表面闪蒸喷雾的传热特性和汽泡动力学行为研究	10	刘　璐	E2019502183	2019 年河北省自然科学基金面上项目
207	青藏高寒地区被动式超低能耗建筑能源系统适宜性评价研究	3.8	靳光亚	KLKF-2018-001	青海省高原绿色建筑与生态社区重点实验室开放基金
208	烤箱均温性和热效率提升关键技术研究	17	刘志坚	ACSKL2019KT12	空调设备及系统运行节能国家重点实验室开放课题
209	超临界 H_2O/CO_2 混合工质输运特性预测及实验研究	10	杨薛明	E2019502138	2019 年河北省自然科学基金面上项目
210	海上风能应用(Offshore Wind Power Generation)	28.9987	高晓霞		香港可持续发展研究院委托项目
211	燃煤烟气中 As_2O_3 在铁基吸附剂表面的预氧化-吸附反应机理	25	张　月	51906070	2019 年国家自然科学基金青年项目
212	燃煤流化床炉内烟气中 H_2O 对石灰石同时煅烧/硫化反应作用机理研究	58	王春波	51976059	2019 年国家自然科学基金面上项目

续表

序号	项目名称	经费	负责人	项目编号	项目来源
213	医院手术环境动态行为模式下生物粒子传播机理与健康效应	61	刘志坚	41977368	2019年国家自然科学基金面上项目
214	回收型镁法脱硫 S(IV)氧化催化/重金属吸附剂制备关键技术及工艺	50	汪黎东	E2019502199	2019年河北省自然科学基金重点项目
215	铜基/还原态氧化石墨烯活化 PS 高效脱除燃煤烟气中单质汞的过程参数优化及机理研究	10	马宵颖	B2019502059	2019年河北省自然科学基金面上项目
216	金属陶瓷电极多场协同脱除烟气污染物的机制	10	齐立强	B2019502067	2019年河北省自然科学基金面上项目
217	河北省燃煤电站烟气多污染物协同控制重点实验室后补助经费	20	付　东		重点实验室项目
218	纤维素基荧光响应型汞 Hg (II)吸附剂的制备及吸附机理研究	26	李　明	21906053	2019年国家自然科学基金青年项目
219	张家口水源生态涵养区山水林田湖综合数据库建设和数据挖掘技术研究	50	张玉玲	2017ZX07101001-01	国家科技重大专项子课题
220	SWAT 与 WASP 模型耦合模拟流域非点源污染及水环境总量控制研究	6	张玉玲	IWHR-SKL-201912	流域水循环模拟与调控国家重点实验室开放基金
221	AAILs-醇胺水溶液捕集 CO_2 过程中的氧化降解和腐蚀特性研究	10	张　盼	3194060	北京市自然科学青年基金项目
222	基于交流阻抗的热障涂层实机运行温度下劣化过程无损检测方法研究	20	檀　玉	2192051	北京市自然科学基金面上项目
223	中国电机工程学会“青年人才托举工程”	2	郝润龙	J2B-2019-109	青年人才托举工程
224	燃煤及其产物中砷、硒、铅形态分析方法	64.75	苑春刚	2018YFB0605101-2	国家重点研发计划专项子课题
225	具有阵列微孔表面结构的金属纤维的制备及在 PCBs 固相微萃取中的应用	66	李保会	21974043	2019年国家自然科学基金面上项目
226	微波-紫外协同催化氧化体系构建及烟气多污染物协同控制机理	60	郝润龙	51978262	2019年国家自然科学基金面上项目
227	基于凹凸棒土催化剂的燃煤电厂烟气逃逸氨/单质汞协同控制机理研究	59	陈传敏	51976060	2019年国家自然科学基金面上项目
228	二维氧化镁微纳结构的可控制备及其超疏水绝缘子防治绿藻附生的研究	59	王　鹏	51977079	2019年国家自然科学基金面上项目
229	应用石墨烯的防覆冰新技术系统研究	2	王　鹏	JLB-2018-101	“青年人才托举工程”2017-2019年度项目
230	增材制造内部缺陷的形成机理及其无损检测关键技术研究	12	杨化动	614220206021807	国防科技重点实验室基金
231	考虑风剪切和塔影效应的风力发电机组传动链故障特征分析	10	万书亭	E2019502064	2019年河北省自然科学基金面上项目
232	烟气元素汞光学精密校准质量评价系统的研究	10	郑海明	E2019502089	2019年河北省自然科学基金面上项目
233	保定市电力新材料制备及应用重点实验室后补助经费	10	范孝良		重点实验室项目
234	铜熔体中自生反应合成 TiC 组织控制研究	6	柳　青	E2019502057	2019年河北省自然科学青年基金项目
235	基于裂纹动态生存机理的风机转盘轴承损伤评估及寿命预测研究	6	王晓龙	E2019502047	2019年河北省自然科学青年基金项目
236	非化学计量比 TiCx 储氢性能研究	10	丁海民	E2019502060	2019年河北省自然科学基金面上项目
237	供需突变不对称信息下供应链知情委托人激励模型及契约机制	4	张　欢	G2019502154	2019年河北省自然科学青年基金项目
238	核电站蒸汽发生器传热管破裂的超声辐射特性与定位方法	3	姜根山		声场声信息国家重点实验室开放课题

续表

序号	项目名称	经费	负责人	项目编号	项目来源
239	核电站蒸汽发生器换热管破裂的声辐射特性与定位方法	10	姜根山	A2019502160	2019 年河北省自然科学基金面上项目
240	基于局域表面等离激元反馈的有机半导体随机激光的研究	10	李松涛	A2019502044	2019 年河北省自然科学基金面上项目
241	基于中国地区 GNSS 观测的电离层 TEC 研究	10	熊　波	D2019502010	2019 年河北省自然科学基金面上项目
242	两类视觉图像共享方案的融合研究	10	李　鹏	F2019502173	2019 年河北省自然科学基金面上项目
243	若干非线性薛定谔系统的可积湍流现象及畸形波产生机制研究	25	解西阳	11905061	2019 年国家自然科学基金青年项目
244	空间随机关联势诱发内禀摩擦的微观机制研究	24	胡　濛	11905062	2019 年国家自然科学基金青年项目
245	数据驱动非线性动态过程质量相关的故障根原因诊断与分析方法研究	20	王　光	4192056	北京市自然科学基金面上项目
246	基于事件驱动的船舶协调编队控制研究	6	焦建芳	F2019502143	2019 年河北省自然科学青年基金项目
247	复杂动态系统质量相关的故障诊断与分析方法研究	6	王　光	F2019502185	2019 年河北省自然科学青年基金项目
248	河北省发电过程仿真与优化控制工程技术研究中心运行绩效后补助经费	80	董　泽		重点实验室项目
249	基于状态估计模型的质量相关故障诊断与故障预测方法研究	57	王　光	61973117	2019 年国家自然科学基金面上项目
250	基于声学层析成像的生物质堆垛温度分布测量研究	8.7	张立峰	61973115	2019 年国家自然科学基金面上项目

（科学研究院　提供）

华北电力大学 2019 年度科研项目完成情况一览表

序号	项目名称	立项时间	负责人	项目来源
1	高精度反应堆中微子能谱研究	2013	马续波	国家自然科学基金委
2	铱氧化合物自旋轨道耦合体系中的关联效应	2015	陈　亮	国家自然科学基金委
3	反钙钛矿结构 Mn_3Co_1-xM_xN(M=Zn、Ag 等)化合物的磁结构及关联物性研究	2015	褚立华	国家自然科学基金委
4	超重核转动性质的研究	2015	张振华	国家自然科学基金委
5	基于目标导向的角度自适应射线效应消除方法研究	2015	张　斌	国家自然科学基金委
6	基于 GaN 材料的脉冲辐射探测技术研究	2015	刘　洋	国家自然科学基金委
7	应用于天基探测粒子分辨的四阈值过阈时间-波形甄别(QuadTOT-PSD)方法研究	2015	程晓磊	国家自然科学基金委
8	针对气相氮氧自由基和臭氧及其相互作用的荧光分析方法研究	2014	王素华	国家自然科学基金委
9	纳米粒子对变压器油纸绝缘中电荷传输的影响机理	2013	李成榕	国家自然科学基金委
10	溶氧超临界水环境镍基合金应力腐蚀开裂裂尖扩展的微观机理研究	2014	张乃强	国家自然科学基金委
11	二氧化钛纳米粒子对变压器油耐水分劣化性的影响机制	2014	吕玉珍	国家自然科学基金委
12	全断面岩石掘进机刀盘振动机理研究	2014	张照煌	国家自然科学基金委
13	燃煤发电系统烟气热利用与污染物脱除一体化集成机理	2014	徐　钢	国家自然科学基金委

续表

序号	项目名称	立项时间	负责人	项目来源
14	适应复杂环境风场和风机气动性能的大尺度空冷传热表面构建及风场主动诱导调控	2014	杨立军	国家自然科学基金委
15	燃煤电站多污染物脱除过程的耦合机制研究	2014	程伟良	国家自然科学基金委
16	非均匀润湿性微纳复合结构强化沸腾换热机理研究	2014	张　伟	国家自然科学基金委
17	褐煤密相输运床气化过程流动反应特性及放大规律	2014	常　剑	国家自然科学基金委
18	高压大电流 IGBT 模块内部多物理场分析与拓扑优化研究	2014	赵志斌	国家自然科学基金委
19	基于多物理场分析的双轴励磁汽轮发电机运行能力基础研究	2014	罗应立	国家自然科学基金委
20	新能源电力系统多时间尺度动力学特性及其暂态稳定机理研究	2014	薛安成	国家自然科学基金委
21	高频电力变压器高频绝缘特性与强电-热效应耦合作用机理研究	2014	李庆民	国家自然科学基金委
22	直流电场下油纸绝缘界面电荷产生机制及影响因素的研究	2014	齐　波	国家自然科学基金委
23	基于涂层导体高温超导股线的电磁和机械特性以及稳定性研究	2014	王银顺	国家自然科学基金委
24	冲击波致微结构演化对钛合金力学性能的影响	2015	任　宇	国家自然科学基金委
25	类石墨烯碳材料在层状硅酸盐受限空间内的可控制备与性能研究	2015	陈　哲	国家自然科学基金委
26	基于泡间相互作用的空化模型研究及实验验证	2015	张宇宁	国家自然科学基金委
27	系统大扰动过程中汽轮发电机转子本体阻尼作用及相关参数辨识研究	2015	许国瑞	国家自然科学基金委
28	兼具换相失败抑制和直流故障穿越能力的新型混合直流输电系统	2015	郭春义	国家自然科学基金委
29	智能配电网下主动负荷与可再生能源发电的稳健交互机制及鲁棒集成方法研究	2015	曾　博	国家自然科学基金委
30	智慧型风电场频率优化控制方法研究	2015	胥国毅	国家自然科学基金委
31	考虑双网级联失效的复杂大电网 ICS 可靠性研究	2015	吴润泽	国家自然科学基金委
32	二氧化钛/氮掺杂石墨烯气凝胶的可控制备及电吸附脱盐性能研究	2015	张一梅	国家自然科学基金委
33	多场耦合热质传输	2015	徐　超	国家自然科学基金委
34	纳米复合电介质在电-热耦合应力下的高频气-固界面特性及调控方法	2016	王忠东	国家自然科学基金委
35	声子波粒二象双控的纳米网导热性能调控机制	2017	崔　柳	国家自然科学基金委
36	中瑞可再生能源、生物技术会议研讨会	2018	李庆民	国家自然科学基金委
37	输变电工程广域全态电磁环境信息时空建模与可视化研究	2014	李　薇	国家自然科学基金委
38	基于无线传感器网络的风电场在线监测和动态风速预测	2015	滕　婧	国家自然科学基金委
39	基于零模间色散双芯光子晶体光纤的飞秒脉冲全光孤子开关研究	2015	李　敏	国家自然科学基金委
40	消纳大规模间歇性可再生能源对智能电网脆弱性的影响研究	2014	李彦斌	国家自然科学基金委
41	区域电网冰冻灾害中的电力线路覆冰预测管理理论研究	2014	牛东晓	国家自然科学基金委
42	基于相关性的大数据分类理论与方法研究	2014	陈德刚	国家自然科学基金委

续表

序号	项目名称	立项时间	负责人	项目来源
43	我国电动汽车充放电策略优化及协同机制研究	2014	张兴平	国家自然科学基金委
44	能源革命下区域电力供需系统时空协同演化机理与承载力分析理论研究	2015	刘金朋	国家自然科学基金委
45	贵金属单原子催化剂活化和转化甲烷的机理研究	2015	丁迅雷	国家自然科学基金委
46	硅基高效 GaInP\GaInAs\Ge 三结太阳电池研究	2015	陈诺夫	北京市自然科学基金委
47	Mo 单晶焊缝杂晶形成的理论机理和实验研究	2016	马　雁	北京市自然科学基金委
48	高热流密度冷凝管的仿生构建及性能研究	2016	程永攀	北京市自然科学基金委
49	先进再热布雷顿循环气体燃料预混湍流燃烧与排放特性研究	2016	付忠广	北京市自然科学基金委
50	基于静电法和超声法的流化床干燥过程固体颗粒湿度和流动参数测量方法研究	2016	张文彪	北京市自然科学基金委
51	高温超导直流电缆在柔性直流系统中应用的理论与实验研究	2016	刘宏伟	北京市自然科学基金委
52	直流 GIL 金属微粒荷电机制与运动时空特性及抑制技术研究	2017	李庆民	北京市自然科学基金委
53	融合电动汽车充放电与优质供电的高利用率电力电子变压器研究	2017	徐永海	北京市自然科学基金委
54	新能源电力系统概率暂态稳定评估与协调控制方法研究	2017	夏世威	北京市自然科学基金委
55	单图像超分辨率技术与应用	2016	周登文	北京市自然科学基金委
56	基于移动用户情景感知的绿色 D2D 通信技术研究	2017	周振宇	北京市自然科学基金委
57	一步式硝化菌在污水处理系统中的丰度及氨氧化贡献研究	2017	郑茂盛	北京市自然科学基金委
58	大型建设工程项目实施状态诊断方法及其关键应用技术研究	2016	侯学良	北京市自然科学基金委
59	民办非企业单位调研课题委托协议书	2017	朱晓红	北京市社会团体管理办公室
60	融资策划师职业能力研究	2010	牛东晓	中国电力企业联合会
61	基于内容感知的 D2D 异构网络资源分配技术	2016	周振宇	南京信息工程大学研究中心
62	能源行政管理职能优化调整问题研究	2015	王　鹏	国家能源局
63	“中发 9 号文”框架下促进发电公司稳定收入健康发展的制度保障	2015	王　鹏	国家能源局
64	市场调查分析师职业能力研究	2010	牛东晓	中国电力企业联合会
65	火电厂能效项目评估与推广	2011	牛东晓	财政部
66	火电机组供电煤耗率构成分析技术导则－基于热力学第二定律方法	2012	周少祥	国家能源局
67	中国工业低碳和绿色增长	2010	牛东晓	国务院发展研究中心
68	2019 年北京市社会组织等级评估指标修订	2019	张绪刚	北京市社会团体管理办公室
69	OPLC 缆中光纤耐热特性研究	2016	许　刚	智能电网技术与装备
70	司法权力在河北省乡村的运行现状及研究	2014	刘宇晖	2014 河北省社会科学基金项目
71	社会共治视域下政府购买居家养老服务模式研究	2015	陈　静	2015 河北省社会科学基金项目
72	引入倒逼机制的河北省节能降耗创新思路研究	2015	李艳梅	2015 河北省社会科学基金项目
73	低碳经济下河北省能源消费结构的转换和升级路径研究	2015	王新利	2015 河北省社会科学基金项目
74	东方社会视域下中印俄治国理政经验教训研究	2016	王聚芹	2016 河北省社会科学基金项目

续表

序号	项目名称	立项时间	负责人	项目来源
75	直隶文化遗产的档案式保护和数字化传承与传播策略研究	2017	谢海洋	2017 河北省社会科学基金项目
76	京津冀产业生态系统特征与重构研究	2016	武群丽	2016 河北省社会科学基金项目
77	京津冀城市群"第三极"发展对策研究	2017	孟祥林	2017 河北省社会科学基金项目
78	孔子生命担当精神的现代转化与中国梦的实现	2015	张乃芳	2015 河北省社会科学基金项目
79	生态翻译学视阈下河北省旅游景区公示语翻译的研究	2017	商　静	2017 河北省社会科学基金项目
80	从小做起，建设美丽中国-能源知识与节能环保教育读本	2016	夏　珑	2016 河北省科技计划项目
81	关于保定"中关村"建设规划的研究	2013	黄元生	2013 河北省科技计划项目
82	河北城镇化发展对能源消费和供应影响研究	2014	齐　玮	2014 河北省科技计划项目
83	河北省农村地区生物质能替代的实现路径及发展战略研究	2016	李艳梅	2016 河北省科技计划项目
84	能源经济发展战略研究	2012	黄元生	2012 河北省科技计划项目
85	能源消费总量约束下实现河北省经济增长目标的经济发展路径	2014	李　伟	2014 河北省科技计划项目
86	京津冀低碳技术协同创新系统构建及其运行机制研究	2018	崔和瑞	2018 河北省科技计划项目
87	河北省区域科技创新指数构建及评价研究	2015	苑秀娥	2015 河北省科技计划项目
88	总体国家安全观视域下高校学生国家安全意识与行为研究	2017	贺运政	2017 河北省社会发展研究课题
89	社会养老服务体系研究	2015	栾文敬	2015 河北省社会科学发展研究课题
90	社会共治视域下政府购买居家养老服务模式研究	2015	陈　静	2015 河北省社会科学发展研究课题
91	京津冀协同发展中的能源互联网建设政策支持系统研究	2016	夏　珑	2016 北京市社会科学基金项目
92	便携式模块化永磁风力发电机的机理研究	2017	王艾萌	2017 年北京市自然科学基金
93	拉胀多胞材料冲击响应的微结构效应及能量吸收可控性设计方法	2017	张新春	2017 年度河北省自然科学基金面上项目
94	焦化废水与煤制备废水水煤浆的成浆机理及燃烧 NOx 排放特性研究	2017	王睿坤	2017 年度河北省自然科学基金项目
95	新型软磁复合材料的特性及其在永磁电机中的应用研究	2017	王艾萌	2017 年度河北省自然科学基金面上项目
96	风光火多源并网场景下光伏系统次同步振荡行为研究	2017	赵书强	2017 年度河北省自然科学基金面上项目
97	大规模风电接入的电力系统低频振荡抑制方法研究	2017	马燕峰	2017 年度河北省自然科学基金面上项目
98	基于"模拟-真实"平行结构的航拍图像绝缘子目标识别方法研究	2017	翟永杰	2017 年度河北省自然科学基金面上项目
99	废水净化用新型纤维素薄膜荧光传感器的制备和机理研究	2017	李　檬	2017 年度河北省自然科学青年科学基金项目
100	通风空调管道内三种表征形式"积尘伴生真菌"生长及释放规律研究	2017	刘志坚	2017 年度河北省自然科学青年科学基金项目
101	复杂配电网工况下分布式电源主动电能质量综合治理策略研究	2017	李建文	2017 年度河北省自然科学青年科学基金项目
102	基于混合衰落和脉冲噪声的非对称双向中继系统中物理层网络编码关键技术研究	2017	陈智雄	2017 年度河北省自然科学青年科学基金项目
103	环糊精类超分子材料 CO_2 吸附性能调控及机理研究	2018	郭天祥	2018 年北京市自然科学基金青年科学基金项目

（科学研究院　提供）

华北电力大学2019年科研成果及奖励情况一览表

序号	获奖日期	获奖项目	所获奖项	获奖等级	级别	获奖人
1	2019.12.18	新型多温区SCR脱硝催化剂与低能耗脱硝技术及应用	国家科学技术进步奖	二等奖	国家级	杨勇平1、陆　强2、董长青5、赵　莉6
2	2019.12.18	千万千瓦级风光电集群源网协调控制关键技术及应用	国家科学技术进步奖	二等奖	国家级	刘文颖7
3	2019.09.11	热电联产能量梯级利用与高效灵活供热技术开发与应用	河北省科学技术进步奖	一等奖	省部级	杨勇平1、戈志华2、韩中合3、杜小泽4
4	2019.03.01	网荷协调的供电质量精细化评估与控制关键技术及应用	山西省科学技术奖	一等奖	省部级	徐永海5
5	2019.10.23	面向规模化新能源消纳的智能发电关键技术及应用	吉林省科学技术奖	一等奖	省部级	林忠伟5
6	2019.12.10	配用电“信息-能量”协同调控理论与方法	高等学校科学研究优秀成果奖(科学技术)自然科学奖	二等奖	省部级	刘　念1、周振宇2、张建华3
7	2019.12.10	电能质量分析与控制关键技术及核心装备研发应用	高等学校科学研究优秀成果奖(科学技术)科技进步奖	二等奖	省部级	肖湘宁1、徐永海3、陶　顺4、袁　敞8、齐林海9
8	2019.01.02	先进核辐射探测材料及反腐蚀技术研究及应用	河北省技术发明奖	二等奖	省部级	牛风雷1、刘　芳2、马　雁4
9	2019.05.10	创业教育与专业教育融合研究——创业型工程人才培养模式的建构	北京市第十五届哲学社会科学优秀成果奖	二等奖	省部级	白逸仙
10	2019.03.29	生物质高效清洁能源化利用技术与装备及应用	安徽省科学技术奖科技进步类	二等奖	省部级	陆　强3
11	2019.02.14	智能配电网态势感知与灾害应对关键技术及应用	辽宁省科学技术奖	二等奖	省部级	王增平3
12	2019.01.03	考虑动力电池梯次利用的多类型储能系统关键技术与设备研发及应用	河北省科学技术奖	二等奖	省部级	杨锡运3
13	2019.11.04	膜水界面调控及膜法净水效率提升技术与应用	环境保护科学技术奖	二等奖	省部级	肖　锋5
14	2019.03.19	自主虚拟化平台可靠与高效关键技术研究及示范	新疆维吾尔自治区科技进步奖	二等奖	省部级	李国栋5
15	2019.01.14	大型风光电基地交直流协调控制关键技术及应用	甘肃省科技进步奖	二等奖	省部级	刘文颖6
16	2019.03.01	气体绝缘金属封闭开关设备状态多维度监测及诊断关键技术	广东省科技进步奖	二等奖	省部级	马国明7
17	2019.01.02	环境风影响下直接空冷凝汽器的性能研究及空冷岛加装防风网的实践	河北省科学技术进步奖	三等奖	省部级	陈海平1、安连锁3、沈国清5
18	2019.04.01	通辽分布式电源接入对配电网双向潮流及可靠性的影响研究	内蒙古自治区科学技术奖	三等奖	省部级	黄　伟2
19	2019.01.14	基于荷-网-源协调控制的电力节能关键技术研究与应用	甘肃省科技进步奖	三等奖	省部级	刘文颖3
20	2019.08.05	新能源场站集中防孤岛保护控制关键技术	宁夏回族自治区科学技术奖	三等奖	省部级	郑　涛3
21	2019.09.30	灵活互动的再电气化支撑技术及其在智慧社区中的应用	江西省科学技术进步奖	三等奖	省部级	孙　毅4
22	2019.11.01	光伏发电核心装备关键技术及户外实证测试平台研发与应用	电力科技创新大奖	一等奖	社会力量奖	李美成1

续表

序号	获奖日期	获奖项目	所获奖项	获奖等级	级别	获奖人
23	2019.01.30	基于水动力学模型的内河船舶航行安全预警关键技术	中国航海科技奖	一等奖	社会力量奖	张　成 1
24	2019.03.15	直流送端系统次同步振荡监测与抑制技术及应用	中国电工技术学会科学技术奖	一等奖	社会力量奖	毕天姝 1、张　鹏 4、刘　灏 5
25	2019.11.29	多能互补可再生能源微电网协调控制关键技术及工程示范	中国电力科技创新奖	一等奖	社会力量奖	张建华 5
26	2019.03.20	海上风电场交流并网稳定运行关键技术及应用	中国电工技术学会科学技术奖	一等奖	社会力量奖	李　莉 8
27	2019.04.08	能源互联网中能源路由器的控制方法、关键技术与工程应用	天津市科学技术进步奖	二等奖	社会力量奖	赵志斌 1
28	2019.03.15	基于南疆发展稳定的环塔 750KV 工程援疆综合能效评估及应用	国家电网有限公司软科学成果奖	二等奖	社会力量奖	檀勤良 2、魏咏梅 9
29	2019.03.20	多源协同的主动配电网规划运行关键技术及应用	中国电工技术学会科学技术奖	二等奖	社会力量奖	董　雷 5、孙英云 10
30	2019.07.24	洁能源多形态多层次接入的电网高效规划关键技术及应用	国家电网有限公司科学技术进步奖	三等奖	社会力量奖	刘文霞 2
31	2019.11.12	分散式风电开发建设运营管理	国网冀北公司科技进步奖能源创新奖	三等奖	社会力量奖	刘敦楠 2
32	2019.10.25	重介质混凝污水深度处理耦合工艺智能成套设备	中国机械工业科学技术奖	三等奖	社会力量奖	肖　锋 3
33	2019.11.12	交直流混联电网多级协调控制及故障处置辅助决策关键技术	国网冀北公司科技进步奖能源创新奖	三等奖	社会力量奖	刘敦楠 3
34	2019.12.01	大规模新能源容量价值评估系统研发与应用	中国产学研合作创新成果奖	三等奖	社会力量奖	闫庆友 5
35	2019.12.01	储能系统在电网中的应用价值和商业模式	中国能源研究会能源创新奖	二等奖	社会力量奖	王　鹏 1、丁肇豪 2、王雁凌 3
36	2019.11.29	气体绝缘金属封闭开关设备局部放电特高频检测技术规范等系列标准	中国电力科技创新奖	二等奖	社会力量奖	唐志国 9
37	2019.11.20	复合绝缘子老化状态精细评估和寿命预测关键技术及应用	中国电力科学技术进步奖	三等奖	社会力量奖	屠幼萍 1、王　璁 2、金　花 3
38	2019.11.01	增量配电试点项目业主市场化优选方案	中国电力科技创新奖	一等奖	社会力量奖	王　鹏 1
39	2019.06.06	企业运营监测多维量化分析关键技术及应用	国家电网有限公司科学技术进步奖	三等奖	社会力量奖	闫庆友 3
40	2019	复杂干扰源电力谐波高效治理关键技术创新及应用	2018 年度广西省科技进步奖	三等奖	省级	华回春 5
41	2019	低温条件下输电铁塔塔材性能研究及应用	2018 年度内蒙古科技进步奖	三等奖	省级	江文强 2、安利强 9
42	2019	海底电缆实时在线监测关键技术及应用	2018 年度福建省科技进步奖	一等奖	省级	赵丽娟 2、李永倩 8
43	2019	具有经济性分析功能的多等级大型火电机组仿真系统	2018 年度吉林省科技进步奖	三等奖	省级	刘长良 3
44	2019	交流输电系统电磁环境控制技术及应用	2019 年度中国电力科技进步奖	一等奖	省级	刘云鹏 3、何旺龄 6
45	2019	光储微电网灵活高效自主运行关键技术与装备	2019 年度中国电力科技进步奖	一等奖	省级	颜湘武 9

续表

序号	获奖日期	获奖项目	所获奖项	获奖等级	级别	获奖人
46	2019	超特高压变压器和GIS关键原材料检测新技术及工程应用	2019年度中国电力科技进步奖	二等奖	省级	王永强 7
47	2019	大量新能源接入下电力系统柔性及灵活性资源优化规划关键技术	2019年度中国电力科技进步奖	二等奖	省级	王　毅 5
48	2019	基于抽蓄与供热机组调峰性能优化的新能源消纳技术研究及应用	山西省科学技术进步奖	三等奖	省级	张学镭 9
49	2019	基于多光谱成像和旋翼飞行器的输电线路巡检关键技术及其应用	2019年度河北省科技进步奖	一等奖	省级	刘云鹏 1、律方成 2、赵振兵 3、王胜辉 5、徐志钮 6、裴少通 9
50	2019	大数据驱动的电力信息网安全态势感知、识别与预警关键技术及应用	2019年度河北省科技进步奖	二等奖	省级	高会生 5
51	2019	电网二次设备高可靠性运维关键技术及装备	2019年度河北省科技进步奖	二等奖	省级	戴志辉 2
52	2019	基于分布式多参量光纤传感的海底电缆状态监测关键技术及应用	2019年度河北省科技进步奖	二等奖	省级	李永倩 1、吕安强 2、赵丽娟 3、张立欣 4、杨　志 5、尚秋峰 6、姚国珍 7、李星蓉 8、孙景芳 9、潘德锋 10
53	2019	源网荷多能互补条件下清洁能源消纳技术应用	2019年度河北省科技进步奖	三等奖	省级	刘英培 1
54	2019	基于多模通信融合技术的智能电量感测技术及应用	2019年度河北省科技进步奖	三等奖	省级	谢志远 1
55	2019	基于无线传感的电容器同步相量在线监测与状态诊断技术	2019年度河北省科技进步奖	三等奖	省级	王晓辉 1、翟学明 2、张东阳 3、闫　蕾 6、郭　军 8
56	2019	机电交叉耦合下发电机复杂故障的监测与识别	2019年度河北省科技进步奖	三等奖	省级	何玉灵 1、唐贵基 2
57	2019	面向复杂干扰源的电力谐波分析及治理关键技术与应用	中国南方电网公司科技进步奖	三等奖	社会力量奖励	华回春 5
58	2019	热带省域电网输电线路抵御雷电、台风、污秽灾害技术研究及应用	中国南方电网公司科技进步奖	三等奖	社会力量奖励	安利强 10
59	2019	深度调峰与配煤掺烧下超临界机组AGC控制系统优化研究及应用	2018年度电力创新奖	一等奖	社会力量奖励	董　泽 4
60	2019	金属形态分析、识别与示踪方法及其应用	中国分析测试协会科学技术奖	一等奖	社会力量奖励	苑春刚 2
61	2019	基于抽蓄与供热机组调峰性能优化的新能源消纳技术研究与应用	2018年度电力创新奖	二等奖	社会力量奖励	张学镭 9
62	2019	1000MW二次再热机组关键控制技术研究及应用	电力工程科技进步奖	一等奖	社会力量奖励	刘长良 7
63	2019	超特高压绝缘子不停电状态诊断及维护关键技术及应用	国家电网公司科学技术进步奖	三等奖	社会力量奖励	赵振兵

（科学技术研究院　提供）

华北电力大学2019年科研工作各院系贡献情况一览表

(北　京　校　部)

单位	成果获奖			专利				学术论文和学术著作				
	国家级	省部级	合计	发明	实用新型	外观设计	合计	SCI	EI	CSSCI	著作	合计
电气与电子工程学院	1	12	13	156	15	0	171	205	130	0	4	339
能源动力与机械工程学院	1	2	3	33	48	0	81	172	42	0	5	219
控制与计算机工程学院	0	2	2	31	2	0	33	100	24	1	8	133
经济与管理学院	0	0	0	5	0	0	5	144	22	8	11	185
可再生能源学院	0	2	2	8	4	0	12	127	15	0	3	145
核科学与工程学院	0	1	1	9	12	0	21	32	9	0		41
环境科学与工程学院	0	0	0	2	0	0	2	95	4	0	1	100
数理学院	0	0	0	1	0	0	1	50	1	0	1	52
外国语学院	0	0	0	0	0	0	0	4	0	1	2	7
人文与社会科学学院	0	0	0	0	0	0	0	1	0	6	8	15
马克思主义学院	0	0	0	0	0	0	0	0	0	0	3	3
国际教育学院	0	0	0	2	1	0	3	0	0	0	1	1
继续教育学院	0	0	0	0	1	0	1	0	0	0	0	0
党委学工部 学生处	0	0	0	1	0	0	1	0	0	0	0	0
现代电力研究院	0	0	0	2	0	0	2	0	0	0	0	0
学科建设办公室	0	0	0	1	1	0	0	0	0	0	0	0
其他	0	1	1	22	82	60	144	18	0	4	2	24
合计	2	20	22	273	166	60	499	948	247	20	49	1264

注:表中SCI数据包括SCI、SSCI

(保　定　校　区)

单位	成果获奖			专利				学术论文和学术著作				
	国家级	省部级	合计	发明	实用新型	外观设计	合计	SCI	EI	CSSCI	著作	合计
电力工程系	0	7	7	55	21	20	96	88	79	0	4	171
电子与通信工程系	0	4	4	16	6	1	23	15	16	0	6	37
动力工程系	0	2	2	14	37	2	53	58	14	1	1	74
机械工程系	0	2	2	11	3	21	35	25	15	0	3	43
自动化系	0	1	1	11	12	4	27	15	6	0	0	21
计算机系	0	1	1	10	4	14	28	6	13	0	2	21
经济管理系	0	0	0	0	1	1	2	49	6	7	4	66
英语系	0	0	0	0	0	0	0	0	0	0	24	24
数理系	0	1	1	6	3	4	13	43	5	1	1	50

续表

单位	成果获奖			专利				学术论文和学术著作				
	国家级	省部级	合计	发明	实用新型	外观设计	合计	SCI	EI	CSSCI	著作	合计
法政系	0	0	0	0	0	0	0	0	0	2	4	6
马克思主义学院(保定)	0	0	0	0	0	0	0	0	0	1	0	1
其他	0	0	0	6	5	17	28	24	5	0	13	0
合计	0	18	18	137	96	92	325	395	173	12	64	602

（科学技术研究院　提供）

华北电力大学2018年度出版著作情况一览表

序号	著作名称	作者	类别	出版单位	出版时间	ISBN	总字数（万字）
1	Proper Orthogonal Decomposition Methods for Partial Differential Equations	罗振东	专著	Academic Press of Elsevier	2018.12	978-0-1281-6798-4	28
2	华北电力大学年鉴(2019卷)	孙忠权	编著	中国电力出版社	2018.12	978-7-5198-2392-4	140
3	突变理论在水资源管理中的应用	李继清	专著	中国水利水电出版社	2018.12	978-7-5170-7252-2	21
4	全国学会会员工作实用手册	朱晓红	编著	中国科技出版社	2018.12	978-7-5046-8199-7	25
5	国际清洁能源产业发展报告(2018)："一带一路"背景下中国与大洋洲国家清洁能源合作	刘喜梅	皮书/发展报告	世界知识出版社	2018.12	978-7-5012-5897-0	12
6	生物燃料手册	李继红	译著	中国水利水电出版社	2018.12	978-7-5170-6125-0	63
7	Communications and Networking: Perspectives, Opportunities and Challenges	梁　庚	专著	Nova Science Publishers	2018.11	978-1-5361-3858-0	20
8	我国清洁能源综合利用途径设计及优化模拟模型研究	鞠立伟	专著	科学出版社	2018.11	978-7-0305-9573-7	25
9	新能源类专业建设及行业人才需求调查与研究	杨世关	专著	中国水利水电出版社	2018.11	978-7-5170-7096-2	21
10	中国食品行业追溯体系发展报告(2017-2018)	何继红	编著	中国财富出版社	2018.11	978-7-5047-6779-0	31
11	乒乓球运动文化健身的发展与方法研究	许淑萍	专著	中国书籍出版社	2018.10	978-7-5335-4322-8	21
12	唐代藩镇与唐五代小说	苑汝杰	专著	天津教育出版社	2018.10	978-7-5309-6674-7	34
13	Hierarchical Protection for Smart Grids	马　静	专著	Wiley-IEEE Press	2018.10	978-1-1193-0480-7	42
14	Power system wide-area stability analysis and control	马　静	专著	Wiley-IEEE Press	2018.10	978-1-1193-0484-5	45
15	老年人运动与体适能健身研究	李文忠	编著	中国水利水电出版社	2018.10	978-7-5170-7128-0	21
16	Nitrogen Removal Characteristics of Aerobic Denitrifying Bacteria and Their Applications in Nitrogen	郑茂盛	专著	Springer	2018.09	978-9-8113-2432-1	4
20	大数据技术在大规模储能系统中的应用	李相俊	专著	中国电力出版社	2018.09	978-7-5198-1609-4	33
21	会计财务管理	李　炜	编著	延边大学出版社	2018.09	978-7-5688-5770-3	33
22	智慧售电市场中的信息化实务	马同涛	编著	机械工业出版社	2018.09	978-7-1116-0572-0	19

续表

序号	著作名称	作者	类别	出版单位	出版时间	ISBN	总字数（万字）
23	Hydrogen-Air PEM Fuel Cell	钱殿伟（第二作者）	专著	De Gruyter	2018.08	978-3-1106-0113-8	30
24	电力系统宽频振荡开环模式谐振原理与分析方法	杜文娟	专著	科学出版社	2018.08	978-7-0305-8112-9	35
25	商业银行金融同业业务研究	吴忠群	专著	知识产权出版社	2018.08	978-7-5130-5732-5	22
26	Small-Signal Stability Analysis of Power Systems Integrated with Variable Speed Wind Generators	杜文娟	专著	Springer	2018.08	978-3-3199-4167-7	40
27	电力终端接入网规划与运维技术	闫江毓	专著	清华大学出版社	2018.08	978-7-3025-0131-2	47
28	电子商务物流配送：车辆路径方案的智能生成方法	黄敏芳	专著	电子工业出版社	2018.08	978-7-1213-4906-5	15
29	电站锅炉运行特性	刘彤	编著	中国电力出版社	2018.08	978-7-5198-1676-6	37
30	电网企业运营管理模型及应用	成敬周	专著	中国电力出版社	2018.08	978-7-5198-2253-8	26
31	电网企业购售电管理模型及应用	成敬周	专著	中国电力出版社	2018.08	978-7-5198-2222-4	26
32	污染物多介质环境行为模拟及风险评估	李鱼	专著	辽宁教育出版社	2018.07	978-7-3012-6064-7	23
33	区域水体限制排污总量与污染物总量控制数字化信息耦合系统研究	李鱼	专著	辽宁教育出版社	2018.07	978-7-5549-1798-5	33
34	痕量甾体雌激素的检测方法及其吸附/解吸、生物降解机理研究	李鱼	专著	辽宁教育出版社	2018.07	978-7-5549-1797-8	40
35	京津冀多种能源低碳协同发展研究	郭晓鹏	专著	中国水利水电出版社	2018.07	978-7-5170-6715-3	13
36	机械工程测试技术基础	熊诗波	编著	机械工业出版社	2018.07	978-7-1115-9610-3	48
37	信号与系统分析习题解答	宗伟	编著	中国电力出版社	2018.07	978-7-5198-2304-7	32
38	领导学教程	贾江华	编著	北京邮电大学出版社	2018.07	978-7-3001-9581-0	48
39	区域资源-经济-环境可持续发展与能源互联网研究——以京津冀为例	申晓留	专著	科学出版社	2018.06	978-7-0305-7411-4	61
40	Field Effect Transistors - Materials, Fabrication and Application	邓二平	编著	IntechOpen	2018.06	978-9-5351-6177-6	7
41	储能原理与技术	程桂石	编著	中国水利水电出版社	2018.06	978-7-5170-6542-5	49
42	临床营养学	孙晶	编著	江苏大学出版社	2018.06.01	987-7-5684-0596-6	64
43	新能源发电过程的动态建模、仿真和控制	周蓉	译著	机械工业出版社	2018.06	978-7-1115-9726-1	37
44	秦晋豫新出墓志搜佚三编	张永华	编著	国家图书馆出版社	2018.06	978-7-5013-6555-5	56
45	潜供电弧物理特性与抑制技术	李庆民	专著	科学出版社	2018.06	978-7-0305-7591-3	27
46	超级电容器建模,特性及应用	韩晓娟	译著	机械工业出版社	2018.06	978-7-1115-9903-6	39
47	老龄蓝皮书 2018——中国城乡老年人生活状况调查报告	党俊武	皮书/发展报告	社会科学文献出版社	2018.05	978-7-5201-2098-2	42
48	内部控制学	夏宁	编著	立信会计出版社	2018.04	978-7-3012-7942-7	44
49	中国电力工业 CO_2 排放量与减排量研究(1949-2015)	王世昌	专著	北京航空航天大学出版社	2018.04	978-7-5124-2679-5	47
50	北京能源发展研究报告	王伟	皮书/发展报告	中国经济出版社	2018.04	978-7-5136-5116-5	29

续表

序号	著作名称	作者	类别	出版单位	出版时间	ISBN	总字数（万字）
51	中国科协全国学会发展报告(2017)	刘兴平	皮书/发展报告	中国科学技术出版社	2018.04	978-7-5046-7963-5	28
52	北京能源发展研究报告 2017	王　伟	编著	中国经济出版社	2018.04	978-7-5136-5116-5	29
53	北京能源消费问题研究	姚建平	编著	中国经济出版社	2018.04	978-7-0305-2396-9	29
54	老龄化背景下中国养老保险体系的长寿风险管理理论研究	高建伟	专著	清华大学出版社	2018.04	978-7-3024-9536-9	26
56	"一带一路"绿色电力合作研究	袁家海	专著	中国水利水电出版社	2018.03	978-7-5201-2439-3	30
57	全国学会内部治理研究(编著)	朱晓红	编著	中国科学技术出版社	2018.03	978-7-5046-7995-6	15
58	公共管理专业英语阅读精选	王　伟	编著	中国经济出版社	2018.03	978-7-5136-5007-6	19
59	Adaptive Control：Methods，Applications and Research	钱殿伟	编著	Nova Science Publishers	2018.03	978-1-5361-3118-5	30
60	热力发电厂	陈海平	编著	中国电力出版社	2018.02	978-7-5198-1635-3	61
61	能量系统分析的热经济学方法概论	穆永强	专著	中国电力出版社	2018.02	978-7-5198-1535-6	19
62	中国国际工程承包—数据、模型与决策	赵振宇	专著	清华大学出版社	2018.02	978-7-3024-9473-7	19
63	Networked Control Systems with Their Application in Industry	梁　庚	专著	Nova Science Publishers	2018.01	978-1-5361-3528-2	21
64	能量系统分析的热经济学方法概论	穆永强	编著	中国电力出版社	2018.01	978-7-5198-1535-6	19
65	电动汽车充放电模式及策略优化	饶　娆	专著	中国经济出版社	2018.01	978-7-5136-4856-1	18
66	Aux champs de bataille pour la civilisation	张诗卉	译著	五洲传播出版社	2018.01	978-7-5085-3607-1	10
67	幸福生活与美的追求	赵玉闪	译著	中华工商联合出版社	2018.01	978-7-5158-2162-7	11
68	文明的灯塔	赵玉闪	译著	中华工商联合出版社	2018.01	978-7-5158-2162-7	12
69	货币政策约束下中国影子信贷市场融资搜寻模型研究	田光宁	编著	兰州大学出版社	2018.01	978-7-3110-5274-4	10
70	交直流混合输电系统运行特性分析	刘崇茹	专著	科学出版社	2018.01	978-7-0305-5104-7	40
71	Anti-Sway Control for Cranes	钱殿伟	专著	De Gruyter	2018.01	978-3-1105-1936-5	40
72	大学生体育与健康	曹烨程	编著	吉林大学出版社	2018.12	978-7-5692-3875-4	40
73	基于 SDN 的智能变电站网络优化技术	姚建国	专著	科学出版社	2018.12	978-7-0305-9987-2	31
74	保定文化故事	陈　华	编著	河北人民出版社	2018.12	978-7-2021-3534-1	36
75	从英语学习动机衰退看当今大学英语课程与教学	魏红华	专著	河北人民出版社	2018.12	978-7-202-13639-3	18
76	基于多元文献计量指标的大学学术竞争力研究	于会萍	专著	吉林大学出版社	2018.11	978-7-5692-4032-0	35
77	语块理论下的大学英语听说教学研究	高玲慧	专著	吉林大学出版社	2018.11	978-7-5692-4146-4	17
78	强制执行法的实践考察与理论研究	刘宇晖	专著	河北人民出版社	2018.11	978-7-2021-3624-9	22
79	高校学生教育管理中的细节教育	边晓玲	专著	吉林文史出版社	2018.11	978-7-5472-5693-0	31
80	重复性项目调度理论与实践	邹　鑫	专著	中国电力出版社	2018.11	978-7-5198-2663-5	16
81	电力设备监测大数据分析方法	宋亚奇	编著	中国电力出版社	2018.10	978-7-5198-2236-1	20

续表

序号	著作名称	作者	类别	出版单位	出版时间	ISBN 号	总字数（万字）
82	航模无人机微型涡轮喷气发动机结构与设计	王庆五	编著	延边大学出版社	2018.10	978-7-5688-6203-5	20
83	风电运营收益管理	张　谦	专著	吉林大学出版社	2018.09	978-7-5692-3550-0	21
84	病理学诊断与技术	孙玉满	编著	天津出版传媒集团天津科学技术出版社	2018.09	978-7-5576-5748-0	98
85	环境生态学	李　富	专著	吉林出版集团	2018.09	978-7-5581-5275-7	39
86	产出导向法与翻译教学研究（补登）	赵　洁	专著	北京工业大学出版社	2018.09	978-7-5639-6294-5	20
87	绿色蜂窝与多跳网络设计	李保罡	专著	人民邮电出版社	2018.09	978-7-1154-1241-6	26
88	我的校园没烦恼之爱发脾气怎么办	储　艳	译著	云南出版集团晨光出版社	2018.09	978-7-5414-9603-5	5
89	我的校园没烦恼之学习压力大怎么办	储　艳	译著	云南出版集团晨光出版社	2018.09	978-7-5414-9578-6	4
90	人脸检测与识别研究	张　宁	专著	吉林大学出版社	2018.09	978-7-5692-4492-2	20
91	高校法制的运行机制与优化路径研究	姜　波	专著	科学出版社	2018.09	978-7-0305-5053-8	33
92	The Economics and Politics of China's Energy Security Transition	张　莉	译著	Academic Press of Elsevier	2018.09	978-0-1281-5152-5	20
93	赢在制度　胜在执行　谈中国机械制造学科创新人才的培养	贺运政	专著	煤炭工业出版社	2018.09	978-7-5020-6903-2	21
94	电力通信网可靠性分析与评估	高会生	专著	人民邮电出版社	2018.09	978-7-1154-8793-3	29
95	四六级考试背景下大学英语课堂气氛的提高	顾臻臻	专著	西安交通大学出版社	2018.08	978-7-5693-0987-4	23
96	基于决策者偏好的区间数多属性决策方法研究	慈铁军	专著	吉林大学出版社	2018.08	978-7-5692-2939-4	21
97	数据结构与算法 Java 语言描述	李新叶	译著	中国电力出版社	2018.08	978-7-5198-2194-4	20
98	对校园欺凌说不	宋一辰	译著	中国轻工业出版社	2018.08	978-7-5184-1920-3	6
99	电气设备及运行技术	胡志光	编著	中国电力出版社	2018.08	978-7-5198-2079-4	56
100	多模态语篇研究	韩佳玲	专著	吉林大学出版社	2018.07	978-7-5692-2919-6	13
101	治愈悲伤	张　莉	译著	上海人民出版社	2018.07	978-7-2081-4795-9	14
102	储能技术及应用	张建成	编著	化学工业出版社	2018.07	978-7-1221-2496-8	134
103	同步发电机转子绕组匝间短路及诊断方法	武玉才	编著	中国电力出版社	2018.07	978-7-5198-2131-9	26
104	在跨文化教学中培养学生的思辨能力	王少凡	专著	电子科技大学出版社	2018.06	978-7-5647-6365-7	22
105	电力数据仓库系统建设与应用	孙　娜	编著	中国电力出版设社	2018.06	978-7-5158-2125-8	18
106	贫困家庭儿童养育策略视角下城市低保制度探析	栾文敬	专著	首都经济贸易大学出版社	2018.06	978-7-5638-2813-5	24
107	人力资源管理新视角	景勤娟	专著	吉林大学出版社	2018.05	978-7-5692-1977-7	22
108	需求与定位:校本大学英语教学改革	刘　洋	编著	吉林大学出版社	2018.05	978-7-5692-2295-1	20
109	大学英语词汇学习策略研究	张　侦	专著	吉林教育出版社	2018.05	978-7-5553-5855-8	22
110	困境儿童分类保障制度研究	孟亚男	专著	人民出版社	2018.05	978-7-0101-8688-7	12

续表

序号	著作名称	作者	类别	出版单位	出版时间	ISBN	总字数（万字）
111	变压器故障的多参数智能诊断方法	朱永利	专著	科学出版社	2018.05	978-7-0305-6636-2	26
112	蜘蛛的耐心	张　莉	译著	新华出版社	2018.04	978-7-5166-3973-3	15
113	偷零食的贼	张　莉	译著	新华出版社	2018.04	978-7-5166-3972-6	17
114	陶工之地	张　莉	译著	新华出版社	2018.04	978-7-5166-3926-9	16
115	丁达利之旅	张　莉	译著	新华出版社	2018.04	978-7-5166-3715-9	16
116	教育管理理念与思维创新	阮艳花	编著	汕头大学出版社	2018.04	978-7-5658-3584-1	40
117	硅橡胶复合绝缘子：材料、设计及应用	刘云鹏	译著	机械工业出版社	2018.03	978-7-1115-8321-9	48
118	系统功能语言学角度下的中英语法隐喻对比研究	王爱会	专著	吉林大学出版社	2018.03	978-7-5692-1942-5	16
119	纸月亮	张　莉	译著	新华出版社	2018.03	978-7-5166-3848-4	16
120	水的形状	张　莉	译著	新华出版社	2018.03	978-7-5166-3847-7	11
121	沙子跑道	张　莉	译著	新华出版社	2018.03	978-7-5166-3716-6	16
122	八月炙热	张　莉	译著	新华出版社	2018.03	978-7-5166-3714-2	16
123	思维的方式	郭　喆	译著	新华出版社	2018.03	978-7-5166-3484-4	12
124	危机中的呐喊与追寻：朱利安・巴恩斯小说的生态批判及建构	李　静	专著	中国海洋大学出版社	2018.03	978-7-5670-1696-5	15
125	隐性说服力	宋一辰	译著	中国轻工业出版社	2018.02	978-7-5184-1761-2	8
126	研究生联合培养机制与创新研究	李　林	专著	电子科技大学出版社	2018.02	978-7-5647-5743-4	17
127	理智胜过情感	宋一辰	译著	中国轻工业出版社	2018.02	978-7-5184-1650-9	20
128	能源电力翻译理论与实践	高　然	编著	天津科学技术出版社	2018.01	978-7-5576-4579-3	31
129	高校翻译教学与翻译能力培养研究	赵　洁	专著	天津科学技术处出版社	2018.01	978-7-5576-4404-8	20
130	夜的味道	张　莉	译著	新华出版社	2018.01	978-7-5166-3779-1	12
131	天蛾之翼	张　莉	译著	新华出版社	2018.01	978-7-5166-3780-7	15
132	变色海岸线	张　莉	译著	新华出版社	2018.01	978-7-5166-3781-4	15
133	悲伤的小提琴	张　莉	译著	新华出版社	2018.01	978-7-5166-3713-5	16
134	静态接触角模型及算法	徐志钮	专著	中国电力出版社	2018.01	978-7-5198-1019-1	27
135	数理统计及其应用	苏　岩	专著	科学出版社	2018.01	978-7-0305-5837-4	32

（科学技术研究院　提供）

华北电力大学 2019 年度已授权专利情况一览表

序号	名称	发明人	专利类型	申请日期	授权日期	申请号
1	一种进行窗门开度辨识的采暖末端温控装置	徐宝萍、王　锡、刘月康	实用新型	2019.06.27	2019.12.20	201921015885.7
2	声能收集发电装置	李新丽、申亚南	实用新型	2019.06.04	2019.11.19	201920831566.7
3	票据架	李婧婕	外观设计	2019.05.09	2019.08.06	201930222750.7

续表

序号	名称	发明人	专利类型	申请日期	授权日期	申请号
4	鼠标垫	姜　媛	外观设计	2019.05.06	2019.09.24	201930214427.5
5	一种具有连接提示功能的插接式电路实验板	秦源辰、成梁成、王新瑞、王淑娴、梁光胜	实用新型	2019.04.24	2019.12.24	201920569446.4
6	自助服务机	王润华	外观设计	2019.04.23	2019.09.24	201930189701.8
7	电动汽车的互充装置	崔学深、李成泽、刘其辉、王宇桐	实用新型	2019.04.15	2019.10.15	201920503500.5
8	压接型IGBT器件芯片电流在线测量系统	邓二平、傅　实、张一鸣、任　斌、赵志斌、崔　翔	实用新型	2019.04.15	2019.12.17	201920500961.7
9	电吹风	龚巧彬	外观设计	2019.04.12	2019.08.16	201930167333.7
10	电源开关	易昕怡	外观设计	2019.04.10	2019.07.30	201930160931.1
11	一种智能识别座椅	蔡梦路、令狐桐雯、冯一展、张玉辉、梁光胜	实用新型	2019.04.04	2019.05.21	201820605020.5
12	一种便于安装的小型风力发电设备固定架	李欣芝	实用新型	2019.04.02	2019.11.05	201920439076.2
13	一种小型风力发电设备	李欣芝	实用新型	2019.04.02	2019.11.08	201920438281.7
14	户外光伏阳伞	陈　盛	外观设计	2019.03.29	2019.06.21	201930137031.5
15	一种面向可中断/可转移负荷的需求响应控制结构	孙　毅、刘昌利、刘　迪、黄　婷	实用新型	2019.03.28	2019.09.24	201920405176.3
16	一种螺杆膨胀机与热泵综合应用的供暖装置	顾煜炯、耿　直、刘浩晨、肖官和、赵文博	实用新型	2019.03.28	2019.12.31	201920403943.7
17	控制柜(数控机床)	贺　哲、陈运启	外观设计	2019.03.27	2019.07.30	201930130891.6
18	游戏鼠标	王润华	外观设计	2019.03.27	2019.07.30	201930130940.6
19	机械臂	赵亚菲	外观设计	2019.03.27	2019.07.30	201930130892.0
20	户外光伏阳伞	陈　盛	实用新型	2019.03.26	2019.12.17	201920396855.9
21	轮式移动机器人	袁雷栋	外观设计	2019.03.25	2019.07.30	201930124655.3
22	一种风光水多能互补综合利用装置	李继清、蔡常鑫、杨晓宇、杨向飞	实用新型	2019.03.25	2019.11.12	201920378089.3
23	配电柜	李君洛	外观设计	2019.03.22	2019.08.02	201930121238.3
24	自动化设备面板	魏　玮、许宏宇	外观设计	2019.03.22	2019.08.13	201930120613.2
25	风光互补新能源路灯	魏　玮、许宏宇	外观设计	2019.03.22	2019.08.13	201930120614.7
26	热能表	许宏宇、魏　玮	外观设计	2019.03.22	2019.08.13	201930120608.1
27	热能泵	许宏宇、魏　玮	外观设计	2019.03.22	2019.08.13	201930120607.7
28	一种压接型功率半导体器件内部压力分布测量系统	张一鸣、邓二平、傅　实、任　斌、赵志斌、崔　翔	实用新型	2019.03.22	2019.08.30	201920369339.7
29	一种压接型半导体器件内部温度分布的接触式测温系统	邓二平、张一鸣、傅　实、任　斌、赵志斌、黄永章	实用新型	2019.03.22	2019.09.10	201920369577.8
30	一种基于波浪运动的放射性核素海洋收集器	周　涛、丁锡嘉、张家磊、陈　娟、李子超、周蓝宇	实用新型	2019.03.21	2019.12.10	201920367490.7
31	水龙头(即温型)	刘晨曦	外观设计	2019.03.20	2019.12.17	201930115884.9
32	一种螺旋式超临界水细颗粒物离心脱除装置	周　涛、张家磊、丁锡嘉、任爱群、陈　娟	实用新型	2019.03.19	2019.12.31	201920347893.5
33	一种改善焊接型碳化硅功率模块电热性能的封装结构	柯俊吉、蔡雨萌、孙　鹏、赵志斌、崔　翔	实用新型	2019.03.14	2019.08.27	201920320415.5

续表

序号	名称	发明人	专利类型	申请日期	授权日期	申请号
34	一种超临界水颗粒物可视化测量实验装置	周　涛、朱亮宇、冯　祥、丁锡嘉、马栋梁、李　兵	实用新型	2019.03.13	2019.11.19	201920316120.0
35	画笔筒	邹芃蓥	外观设计	2019.03.11	2019.07.16	201930097179.0
36	可见光通信装置及系统	张　楠、柳赟	实用新型	2019.03.11	2019.08.06	201920308871.8
37	电池组	邹芃蓥	外观设计	2019.03.08	2019.08.02	201930094015.2
38	一种超临界双螺旋自然循环系统装置	周　涛、冯　祥、张家磊、周蓝宇、马栋梁、秦雪猛	实用新型	2019.03.08	2019.11.15	201920295475.6
39	液态金属静态腐蚀实验样品架	朱卉平、常宝琛、赵云淦、芮　恒、牛风雷、马　雁	实用新型	2019.03.08	2019.11.26	201920295817.4
40	城市座椅	蒋闰润	外观设计	2019.03.05	2019.12.06	201930087405.7
41	音响	李君洛	外观设计	2019.03.04	2019.08.09	201930085778.0
42	一种新能源微电网的线路阻抗矫正装置	刘昊霖	发明	2019.02.28	2019.12.24	201910149987.6
43	锂离子电池自放电一致性自动测试装置	郭　琳、聂泽阳、李思稼、王子钰	实用新型	2019.02.27	2019.10.01	201920250525.9
44	花瓶	郭诗璠	外观设计	2019.02.25	2019.07.19	201930074283.8
45	一种电气自动化夹具	石　鎏	实用新型	2019.02.22	2019.11.08	201920224576.4
46	一种钠冷快堆中间回路非能动事故余热排出系统	陆道纲、吕思宇、隋丹婷	实用新型	2019.02.22	2019.12.24	201920223010.X
47	一种便于取放商品的购物推车	石　鎏	实用新型	2019.02.21	2019.11.08	201920220602.6
48	台灯	吴沁莹	外观设计	2019.02.14	2019.07.30	201930063367.1
49	一种通信工程用光纤交换箱	吴沁莹	实用新型	2019.02.14	2019.08.06	201920194910.6
50	一种电气自动化配电柜	卿正恒	实用新型	2019.02.14	2019.08.30	201920197545.4
51	一种一体式智能节能便携冲泡壶	贺　哲、肖　岩	实用新型	2019.02.14	2019.12.03	201920196751.3
52	废旧锂电池梯次利用检测仪	刘昊霖	实用新型	2019.01.30	2019.04.23	201920177321.7
53	一种基于无源无线测温技术的开关柜	陈世萍	实用新型	2019.01.30	2019.10.22	201920164988.3
54	一种压接型IGBT的封装结构	邓二平、任　斌、李安琦、张一鸣、赵志斌、黄永章	实用新型	2019.01.29	2019.08.13	201920151824.7
55	一种枣子采摘收集一体化装置	高青风、周　婷、史昊鹏、彭心富、向仕昭	实用新型	2019.01.29	2019.12.10	201920158565.0
56	一种集成太阳能甲烷干式重整的富氧燃烧发电系统	许　诚、辛团团、李少奎、陈远杭、王　敏	实用新型	2019.01.28	2019.11.05	201920141948.7
57	保险盒(多路)	陈世萍	外观设计	2019.01.24	2019.06.07	201930041910.8
58	一种新型多旋翼无人机机架	丁文杰	实用新型	2019.01.21	2019.09.24	201920091324.9
59	具有双重显示的新型航空警示球	齐文闯、何佳琳、朱　博	实用新型	2019.01.18	2019.10.22	201920086300.4
60	阶梯迷宫型节流件	陆道纲、宋　怡、宋英杰、周培德、周志伟、刘光耀、钟达文	实用新型	2019.01.18	2019.11.26	201920083721.1
61	一种基于混合式换热器的空湿冷凝汽设备耦合节能系统	徐　钢、薛　凯、李　斌、姚健男、刘文毅	实用新型	2019.01.08	2019.10.08	201920027304.5
62	一种基于表面式换热器的空湿冷凝汽设备耦合节能系统	徐　钢、薛　凯、李　斌、邸树帅	实用新型	2019.01.08	2019.10.11	201920026929.X
63	一种基于机炉耦合的一、二次风分级加热系统	徐　钢、陈　桥、齐　震、代礼豪、陈　衡	实用新型	2019.01.08	2019.10.11	201920025223.1

续表

序号	名称	发明人	专利类型	申请日期	授权日期	申请号
64	一种基于汽水系统耦合的垃圾与燃煤集成发电系统	徐　钢、张美妍、姚贤槐、齐　震、刘　彤、陈宏刚	实用新型	2019.01.08	2019.12.06	201920025222.7
65	一种多内胎的泄气保用轮胎	段娅欣、唐　彬	实用新型	2019.01.07	2019.12.10	201920020702.4
66	可调式电力控制柜	乔淑祺	实用新型	2019.01.04	2019.08.02	201920013223.X
67	无碳车(小型)	张家庆	外观设计	2019.01.02	2019.07.30	201930000935.3
68	智能家居系统	冯定腾、程　东、丘艺昕、阎　洁	实用新型	2018.12.29	2019.08.30	201822275811.9
69	下导轴承降温装置及发电系统	杜瑜铃	实用新型	2018.12.28	2019.09.27	201822244877.1
70	一种基于无线射频技术的电力电缆隧道作业人员保护系统	周　景、穆昭玺、王宇航	实用新型	2018.12.21	2019.07.26	201822168614.7
71	一种基于卫星遥感的电网微气象监测预警平台	周　景、穆昭玺、王宇航	实用新型	2018.12.21	2019.10.22	201822168706.5
72	集成垃圾焚烧锅炉与燃煤锅炉的联合发电系统	徐　钢、姚贤槐、刘金鑫、齐　震、刘文毅、陈宏刚	实用新型	2018.12.18	2019.10.11	201822122254.7
73	燃煤锅炉与垃圾焚烧炉分段耦合的燃煤发电系统	徐　钢、张美妍、赵晋辉、代礼豪、陈　衡、刘　彤	实用新型	2018.12.18	2019.12.06	201822122287.1
74	数学教用多功能尺	周　圆	外观设计	2018.12.17	2019.04.19	201830731326.0
75	一种暂态电击模拟测量系统	卢铁兵、李雪珊、王东来、黎长青、张远航、白　斌、陈　博、李学宝	实用新型	2018.12.14	2019.09.27	201822100514.0
76	一种用于断路器的二极管桥低感模块	齐　磊、刘珂鑫、东野忠昊、张晓青、马江江、沈　弘	发明	2018.12.14	2019.10.01	201811529957.X
77	立体自行车停放装置	孙　雪、周　雨、余昊杨	外观设计	2018.12.13	2019.06.04	201830722635.1
78	风力发电机叶轮	岳　坤	外观设计	2018.12.11	2019.04.23	201830715755.9
79	锂电池	岳　坤	外观设计	2018.12.11	2019.05.10	201830716067.4
80	电站模型	钱禹丞	外观设计	2018.12.10	2019.04.12	201830712540.1
81	核电厂模型	钱禹丞	外观设计	2018.12.10	2019.04.16	201830712544.X
82	变压器实时运行状态监控调节系统	张泽坤	实用新型	2018.12.05	2019.06.18	201822036776.5
83	多功能变电箱	张泽坤	实用新型	2018.12.05	2019.07.19	201822036697.4
84	基于智能接地的中低压配电网绝缘防护装备和系统	齐　郑、薛　融	实用新型	2018.12.05	2019.09.06	201822036969.0
85	智能定位车铃	黄依平	外观设计	2018.12.04	2019.04.16	201830696435.3
86	宠物窝	于　吉	外观设计	2018.12.04	2019.04.19	201830697071.0
87	光伏光热槽式高倍聚光器	张丽萍、余勇铮、喻晓静	外观设计	2018.12.04	2019.05.24	201830695995.7
88	风力海水结合发电设备	孙　雪、祁梦瑶、段　茵	外观设计	2018.12.04	2019.06.04	201830694968.8
89	投喂器	于　吉	外观设计	2018.12.04	2019.07.12	201830697066.X
90	笔压测试系统	张展宇、于明凯、尉佳文、金晨妤、王亚伟、王莉丽	实用新型	2018.11.30	2019.03.05	201821998576.1
91	气动压机	史一博	外观设计	2018.11.30	2019.04.02	201830687492.5
92	宣传栏(经济方面)	郑世鹏	外观设计	2018.11.30	2019.04.09	201830687458.8
93	经济刊物放置架	郑世鹏	外观设计	2018.11.30	2019.07.05	201830687334.X
94	一种室外机柜内的分布式动环监测系统装置	胡泽升、葛峻杉、陆　俊、苏　畅、龚钢军	实用新型	2018.11.27	2019.10.15	201821958410.7

续表

序号	名称	发明人	专利类型	申请日期	授权日期	申请号
95	一种双向防丢失与激光定点指示的无线鼠标装置	蔡　鹏、王浩吉、陆　俊、苏　畅、龚钢军	实用新型	2018.11.27	2019.12.03	201821958159.4
96	自动运输小车(AGV)	史一博	外观设计	2018.11.26	2019.03.29	201830673328.9
97	充电宝	刘坤卓	外观设计	2018.11.22	2019.04.02	201830666434.4
98	鼠标	刘坤卓	外观设计	2018.11.22	2019.07.12	201830666965.3
99	风力发电机	曹洪铭	外观设计	2018.11.21	2019.03.26	201830662103.3
100	智能无线环境监测机器人	徐可琪、郭和玥、祁文豪、高峻泽	外观设计	2018.11.21	2019.04.05	201830662101.4
101	一种重力式超临界水细颗粒热泳脱除装置	周　涛、朱亮宇、石　顺、陈　娟、张家磊、丁锡嘉	实用新型	2018.11.21	2019.10.01	201821922412.0
102	一种温差发电动力车和传送系统	夏赞阳	实用新型	2018.11.21	2019.12.10	201821929770.4
103	一种乘客安全保护系统及汽车	张　权	实用新型	2018.11.20	2019.06.28	201821916065.0
104	一种回收低温多效海水淡化工作蒸汽余压的水电联产系统	徐　钢、徐　帅、古　雨、郑福豪	实用新型	2018.11.20	2019.10.11	201821907406.8
105	一种风能和波浪能联合发电装置	曹洪铭	实用新型	2018.11.19	2019.07.16	201821895257.8
106	座椅(坐躺两用)	姜　媛	外观设计	2018.11.15	2019.04.30	201830649996.8
107	一种抽水蓄能电站用电机缓冲架	庞　博、平安安	实用新型	2018.11.14	2019.07.19	201821874621.2
108	一种用于家用家电的静电除尘装置	薛忠沂	实用新型	2018.11.14	2019.08.09	201821874610.4
109	一种太阳能驱动煤气化的超临界二氧化碳零排放发电系统	许　诚、辛团团、许宏宇	实用新型	2018.11.12	2019.08.20	201821859265.7
110	一种利用太阳能驱动二氧化碳热分解的零排放发电系统	许　诚、辛团团、刘　鑫、李少奎	实用新型	2018.11.12	2019.11.01	201821853836.6
111	高压岸电电源滤波装置	张艺迪、吴新刚、田　阳、程志国	实用新型	2018.11.07	2019.06.21	201821825852.4
112	一种宿舍方便开关灯的辅助装置	弓雪雅	实用新型	2018.11.06	2019.04.23	201821819654.7
113	一种具备充电保护功能的充电宝	弓雪雅	实用新型	2018.11.06	2019.04.30	201821820696.2
114	组合式智能电网控制柜	李　杰	实用新型	2018.11.06	2019.04.30	201821815340.X
115	一种基于AR技术的证书读取支架	徐　亮、吴扬波、马晨晨、万　欣、赵靖东、杨天明	实用新型	2018.11.05	2019.06.21	201821813646.1
116	一种改进的齿轮范成仪	尹志华	实用新型	2018.11.05	2019.09.10	201821807580.5
117	一种海水淡化系统	万洁颖、岳　涵、陈海平	实用新型	2018.11.05	2019.09.13	201821810437.1
118	台灯	李君洛	外观设计	2018.10.31	2019.03.15	201830612549.5
119	一种小孔数量统计规	周　圆	实用新型	2018.10.31	2019.05.10	201821782151.7
120	智能无线环境监测机器人	徐可琪、郭和玥、祁文豪、高峻泽	实用新型	2018.10.31	2019.07.16	201821782157.4
121	一种带电作业用绝缘垫电气性能检测装置	李卫国、高泽盟、杨洪达、黄晓义、陈　艳	实用新型	2018.10.31	2019.08.13	201821780715.3
122	高空水果采摘器	杨　晨、马如双、王文涛、李　岩、戈立宁	实用新型	2018.10.30	2019.06.21	201821776136.1
123	一种可控制手机与电脑的手势控制人机交互式智能戒指	李　杰	实用新型	2018.10.26	2019.04.02	201821747517.7
124	一种热效率高的火力发电机用高压缸	段　茵	实用新型	2018.10.26	2019.07.09	201821747554.8

续表

序号	名称	发明人	专利类型	申请日期	授权日期	申请号
125	一种节能型火力发电烟气净化处理设备	段　茵	实用新型	2018.10.26	2019.08.27	201821747548.2
126	一种电力电子器件绝缘试验装置	文　腾、付鹏宇、马　浩、赵志斌、李学宝、崔　翔	发明	2018.10.26	2019.12.17	201811255092.2
127	太阳能发电装置	黄　菁	外观设计	2018.10.24	2019.03.12	201830596391.7
128	一种运货车及运输系统	刘　金、丁文杰、李　菱	实用新型	2018.10.22	2019.05.14	201821713820.5
129	一种高压断路器及包含高压断路器的电力测量系统	陈　博、卢铁兵、张远航、黎长青、王东来	发明	2018.10.20	2019.12.17	201811225077.3
130	一种太阳能发电用光伏板防护装置	杨雨欣	实用新型	2018.10.19	2019.04.19	201821701746.5
131	一种智能安防用防盗猫眼	薛宇航	实用新型	2018.10.19	2019.10.18	201821700757.1
132	水果采摘器(高空)	王文涛、马如双、杨　晨、戈立宁、李　岩	外观设计	2018.10.17	2019.02.05	201830579163.9
133	可自动控制液位的水箱	李虎军	实用新型	2018.10.17	2019.03.22	201821683891.5
134	一种智能交互电力柜	于炜昊	实用新型	2018.10.17	2019.05.24	201821684133.5
135	一种具有抗电磁干扰的电气柜	尹俊杰	实用新型	2018.10.17	2019.09.13	201821683175.7
136	一种具有弹性快拆结构的NFC智能手环	李虎军	实用新型	2018.10.17	2019.09.20	201821688305.6
137	风力发电机	黄　菁	外观设计	2018.10.16	2019.02.12	201830576770.X
138	一种集成太阳能水分解制氢的蒸汽动力循环发电系统	许　诚、辛团团、刘　鑫	实用新型	2018.10.16	2019.07.12	201821669441.0
139	一种新型太阳能分级辅助火力发电系统	许　诚、李少奎、辛团团	实用新型	2018.10.16	2019.07.12	201821669752.7
140	一种用于石油测井的新型锂玻璃闪烁体冷、热中子探测器	张小东、何锦成	实用新型	2018.10.16	2019.07.30	201821673744.X
141	一种脱硫废水浓缩装置	吴浩驰	实用新型	2018.10.12	2019.06.11	201821652230.6
142	一种节能净化通风装置	田若菡、陈国金、陈晔雯	实用新型	2018.10.10	2019.06.14	201821640368.4
143	一种环形通道的液泛实验研究实验台架	陈子佳、王政辉、白　涵、洪　尧、王升飞	实用新型	2018.10.09	2019.05.21	201821633539.0
144	菠萝剪切器	李肖飞	外观设计	2018.09.30	2019.01.22	201830553685.1
145	控制器(农业节水灌溉)	周　雨	外观设计	2018.09.30	2019.06.25	201830554272.5
146	一种菠萝剪切装置	李肖飞	实用新型	2018.09.30	2019.07.09	201821607504.X
147	一种受热面防磨蚀的水冷壁用管及含有该水冷壁用管的水冷壁	曲作鹏、陈　威、叶怀宇、张军战、刘宗德、王　磊、周建军、唐红雨、陈大智、李晓娅	实用新型	2018.09.29	2019.09.17	201821604618.9
148	一种受热面防磨蚀的膜式水冷壁	曲作鹏、陈　威、叶怀宇、张军战、何　跃、王永田、李志胜、唐红雨、陈大智、李晓娅	实用新型	2018.09.29	2019.09.17	201821604638.6
149	一种用于人力资源的多功能文件夹	宋雨倩	实用新型	2018.09.28	2019.07.19	201821591891.2
150	一种冰箱断电保护器	于炜昊	实用新型	2018.09.25	2019.03.19	201821562753.1
151	一种智能化节电插线板	杨可文	实用新型	2018.09.25	2019.05.21	201821560266.1

续表

序号	名称	发明人	专利类型	申请日期	授权日期	申请号
152	农业灌溉喷头(节水可调节式)	周慧洁	外观设计	2018.09.21	2019.02.26	201830532423.7
153	运货车(智能现场无人运货车)	刘　金、李　菱、马永华、罗卓童	外观设计	2018.09.21	2019.03.22	201830534992.5
154	一种自助图书回收与出售箱	石逸雯、何碧涛	实用新型	2018.09.19	2019.07.26	201821536261.5
155	脱硫废水零排放装置(节能型)	吴浩驰	外观设计	2018.09.18	2019.02.19	201830522895.4
156	一种等温压缩空气储能系统及高效发电方法	姜　彤、韩宗耀	发明	2018.09.17	2019.10.11	201811081441.3
157	一种计算机防尘机箱	徐　亮	实用新型	2018.09.14	2019.04.12	201821507698.6
158	立体车库	许　萌	外观设计	2018.09.13	2019.01.25	201830515896.6
159	立体车库	许　萌	外观设计	2018.09.13	2019.01.25	201830516344.7
160	一种智能控制屏幕启停装置	于炜昊	实用新型	2018.09.11	2019.03.12	201821482130.3
161	集成太阳能的低阶煤水热提质与发电联合系统	许　诚、辛团团、李潇洒、李少奎、徐　钢、刘文毅	实用新型	2018.09.07	2019.07.12	201821462133.0
162	一种集成太阳能的原煤预干燥和制冷联合系统	许　诚、李潇洒、辛团团、刘　鑫、徐　钢、刘文毅	实用新型	2018.09.07	2019.07.12	201821461702.X
163	一种适用于处理脱硫废水的节能型系统	吴浩驰、宋玉旺	实用新型	2018.09.06	2019.04.19	201821451384.9
164	一种超高温非共沸工质热泵机组	孙　健、戈志华、杜小泽、杨勇平、董小波、刘靖宇	实用新型	2018.09.06	2019.09.10	201821454821.2
165	用于无人图书回收贩卖柜的图书回收整理装置	董浩云、何碧涛、刘梓鑫、石逸雯、陈克晟	实用新型	2018.09.01	2019.03.01	201821432542.6
166	集成外置式蒸汽冷却器和回热式汽轮机的二次再热系统	段立强、孙　婧	实用新型	2018.08.15	2019.07.19	201821318723.6
167	废水处理设备	李林泽、尹志华	外观设计	2018.08.10	2019.03.29	201830442219.6
168	一种瑜伽辅助练习器	许维瑄、曾　晔、杜　珂	实用新型	2018.08.03	2019.06.18	201821243636.9
169	立体循环联合式停车库	王艺澎、于　涵	实用新型	2018.08.01	2019.05.14	201821227921.1
170	风电叶片、风轮及风电叶片弦长的确定方法	张照煌、王　磊、宋玉旺	发明	2018.07.26	2019.09.03	201810841263.3
171	一种基于ORC的压水堆核电站核安全系统	谢　剑、徐进良、尚　炜、雷　蕾	实用新型	2018.07.25	2019.05.21	201821183887.2
172	一种MMC数字仿真通用设备机柜	刘崇茹、王　宇、侯延琦	实用新型	2018.07.24	2019.02.26	201821175799.8
173	一种MMC数字仿真通用设备的接线装置	刘崇茹、王宇、侯延琦	实用新型	2018.07.24	2019.02.26	201821176492.X
174	超临界CO_2和燃煤电站脱碳集成及余热利用的发电系统	许　诚、李潇洒、高亚驰、陈　锐、徐　钢	实用新型	2018.07.18	2019.05.31	201821141214.0
175	集成锅炉烟气余热、脱碳废热与吸收式热泵燃煤发电系统	许　诚、高亚驰、张　强、陈　锐、徐　钢	实用新型	2018.07.18	2019.07.12	201821137973.X
176	可见光室内定位装置及系统	花赟玥、张　楠、郑力涛	实用新型	2018.07.16	2019.01.04	201821120758.9
177	一种基于物联网的停车场管理系统	高宇康、刘一卓、段斐彬、陈品卓、刘奕彤	实用新型	2018.07.12	2019.03.08	201821109026.X
178	一种具备快速安装连接的风电发电用连接基座	蔡梦路	实用新型	2018.07.10	2019.01.22	201821086582.X
179	一种利用太阳能光热技术处理燃煤电厂脱硫废水的系统	陈海平、郭欣欣、张　衡	实用新型	2018.07.10	2019.12.24	201821082990.8

续表

序号	名称	发明人	专利类型	申请日期	授权日期	申请号
180	一种基于机炉耦合技术的新型调温风加热系统	陈 衡、齐 震、李 斌、徐 钢	实用新型	2018.07.06	2019.02.15	201821063288.7
181	智能开关	戴明浩	外观设计	2018.06.29	2019.01.11	201830342516.3
182	磁场热处理炉	薛志勇、任 宇	实用新型	2018.06.29	2019.01.15	201821020922.9
183	蓄能 ORC 制氢系统	谢 剑、徐进良、尚 炜、李 享、雷 蕾	实用新型	2018.06.29	2019.02.26	201821029664.0
184	以汽轮机抽汽作加热汽源的多模式海水淡化系统	徐 钢、徐 帅、许继东、许同川、刘文毅、刘 彤	实用新型	2018.06.29	2019.02.26	201821020926.7
185	一种智能晾衣架及智能晾衣系统	卞潇颖	实用新型	2018.06.28	2019.02.01	201821009100.0
186	一种基于河流动力的抽水灌溉装置	陈维勤、徐婉莹、傅益丹	实用新型	2018.06.28	2019.02.01	201821012064.3
187	一种用于线性自抗扰控制器 LADRC 参数的鲁棒整定方法	李 健、谭 文、张彬文	发明	2018.06.28	2019.05.07	201810691164.1
188	基于 PXI 控制器的钠冷快堆功率自抗扰控制系统	刘凤鸣、周世梁、刘玉燕	实用新型	2018.06.26	2019.05.31	201820990450.3
189	一种基于槽式太阳能燃气联合循环分布式发电系统及方法	付忠广、王树成、张高强、张天清	发明	2018.06.26	2019.12.17	201810669201.9
190	一种适合于超临界锅炉低负荷灵活性运行的中间联箱	庞力平、易思泽、段立强、杨勇平	实用新型	2018.06.22	2019.01.22	201820963810.0
191	一种利用汽轮机低压抽汽替代高压抽汽的供热系统	徐 钢、张 拓、肖 瑶、刘晓乐、雷 兢、刘 彤	实用新型	2018.06.22	2019.02.15	201820967295.3
192	一种半导体器件的功率循环测试系统	邓二平、陈 杰、郭楠伟、赵志斌、黄永章	发明	2018.06.22	2019.08.06	201810651955.1
193	一种半导体器件的功率循环测试方法及测试系统	邓二平、赵雨山、郭楠伟、赵志斌、黄永章	发明	2018.06.22	2019.09.03	201810652147.7
194	一种针对高粘度流体的微结构换热器	栗永利、杨春笋、张 辉、吕良忠、张 锴、杜小泽、杨勇平	实用新型	2018.06.21	2019.04.02	201820958463.2
195	一种针对高粘度油相的乳化器	栗永利、杨春笋、张 辉、张振明、张 锴、杜小泽、杨勇平	实用新型	2018.06.21	2019.04.02	201820960835.5
196	一种分段余热回收及冷凝的微结构装置	栗永利、刘一晨、董 鹏、张振明、潘家鸿、吕良忠、张 锴、杜小泽、杨勇平	实用新型	2018.06.20	2019.04.02	201820950026.6
197	一种 3D 打印的具有强化混合功能的微反应器和合成系统	栗永利、董 鹏、刘一晨、张振明、吕良忠、张 辉、张 锴、杜小泽、杨勇平	实用新型	2018.06.20	2019.04.02	201820950783.3
198	一种 3D 打印的用于气体膜分离的补水微结构以及系统	栗永利、董 鹏、刘一晨、张振明、赵珏榛、吕良忠、张 锴、杜小泽、杨勇平	实用新型	2018.06.20	2019.04.02	201820951409.5
199	一种基于 3D 打印的分段式微反应器组合装置	栗永利、刘一晨、张振明、董 鹏、吕良忠、张 锴、杜小泽、杨勇平	实用新型	2018.06.20	2019.04.02	201820950785.2
200	一种新型微混合器	栗永利、杨春笋、张振明、张 仪、吕良忠、张 辉、张 锴、杜小泽、杨勇平	实用新型	2018.06.20	2019.04.02	201820951388.7
201	一种具有余热回收利用功能 3D 打印式高效微反应器系统	栗永利、刘一晨、董 鹏、张振明、潘家鸿、吕良忠、张 锴、杜小泽、杨勇平	实用新型	2018.06.20	2019.06.07	201820951389.1
202	一种基于 3D 打印的防沉降式微反应器以及合成系统	栗永利、杨春笋、张振明、张 仪、吕良忠、张 辉、张 锴、杜小泽、杨勇平	实用新型	2018.06.20	2019.06.07	201820950781.4

续表

序号	名称	发明人	专利类型	申请日期	授权日期	申请号
203	一种具有余热利用功能的膜基气体吸收装置和系统	粟永利、董 鹏、刘一晨、张振明、吕良忠、张 辉、张 锴、杜小泽、杨勇平	实用新型	2018.06.20	2019.06.07	201820950027.0
204	一种结合导流板的空冷凝汽器喷雾增湿降温系统	徐 钢、李 兵、赵晋辉、代礼豪、张 锴	实用新型	2018.06.15	2019.02.12	201820929100.6
205	一种基于能量梯级利用的吸收式热泵供热系统	徐 钢、张 拓、刘晓乐、肖 瑶、雷 兢、刘 彤	实用新型	2018.06.15	2019.02.15	201820926930.3
206	连接件	钟 妍	外观设计	2018.06.15	2019.04.12	201830308261.9
207	一种直接空冷单元内的拱形方孔导流装置	徐 钢、赵晋辉、代礼豪、李 兵、刘 彤、张 锴	实用新型	2018.06.15	2019.04.26	201820929463.X
208	一种基于吸收式制冷技术降低空冷岛背压的抽真空系统	徐 钢、李 斌、齐 震、肖 瑶	实用新型	2018.06.15	2019.05.17	201820926945.X
209	通信电力逆变器	王晓晴、冯小安、周宝宁	外观设计	2018.06.13	2019.02.01	201830301138.4
210	一种基于十字探针的轴流风机流量测量装置	罗智凌、刘吉臻、冯鹏远、邓 慧	实用新型	2018.06.08	2019.01.04	201820888825.5
211	一种非接触式光伏逆变器故障诊断设备	史丽鹏、高雪莲、王熙乾、孔玲丽、田欣然	实用新型	2018.06.04	2019.01.29	201820849486.X
212	一种数据自动上传的非接触式光伏逆变器故障诊断设备	史丽鹏、高雪莲、王熙乾、孔玲丽、田欣然	实用新型	2018.06.04	2019.06.25	201820849487.4
213	一种变电站母线工频电压测量装置	卢斌先、廖思卓	发明	2018.06.04	2019.08.27	201810562803.4
214	一种适用于输电线路的电压测量装置及方法	卢斌先、廖思卓	发明	2018.06.04	2019.12.06	201810563109.4
215	一种协同太阳能与风能的海水淡化装置	李继清、任道迪	实用新型	2018.06.01	2019.06.21	201820841352.3
216	多功能流体分层教学演示台架	童一鸣、张晓航、胡桐林、曹伟伟、谢箫阳、王升飞	实用新型	2018.05.31	2019.08.13	201820827488.9
217	一种电热联产模块	陈子钰	实用新型	2018.05.30	2019.04.12	201820822462.5
218	一种新型电加热棒	陆道纲、王 雨、韩一丹、曹 琼、王 汉	实用新型	2018.05.29	2019.01.01	201820813815.5
219	燃煤电站锅炉压缩空气雾化钙基浆液脱除SO的装置	肖海平、豆朝宗	实用新型	2018.05.25	2019.02.26	201820789611.2
220	基于热线风速感测原理的轴流风机流量测量装置	罗智凌、刘吉臻、冯鹏远、邓 慧	实用新型	2018.05.24	2019.01.04	201820784939.5
221	一种用于观察纳米颗粒微观运动的实验装置	姜家宗、吴昊天、张 松、刘 雷	实用新型	2018.05.24	2019.02.05	201820778995.8
222	一种改善燃煤结渣性能的钙镁添加剂添加装置	肖海平、程齐勇、朱雨勋	实用新型	2018.05.17	2019.01.22	201820737744.5
223	一种高效回热与优化抽汽的二次再热系统	张思瑞、李惊涛、魏 萌	实用新型	2018.05.02	2019.01.01	201820637889.8
224	应用于柔性直流输电系统的限流器及装置	许 军、张慧媛、刘宏伟	发明	2018.05.02	2019.07.02	201810412731.5
225	超临界二氧化碳密封及可视化试验件	王 汉、陆道纲、郭张鹏	实用新型	2018.04.27	2019.01.01	201820614283.2
226	一种增压流化床锅炉S-CO循环发电系统及方法	孙恩慧、徐进良、雷 蕾、胡 涵	发明	2018.04.26	2019.07.05	201810384686.7
227	一种燃烧压力脉动的测量装置	付忠广、席中亚、胡晓天、姜一博	实用新型	2018.04.25	2019.01.01	201820601214.8
228	一种集成太阳能的煤基甲醇合成与发电联产系统	许 诚、辛团团、李潇洒、刘文毅、徐 钢、杨勇平	实用新型	2018.04.25	2019.01.01	201820600524.8

续表

序号	名称	发明人	专利类型	申请日期	授权日期	申请号
229	一种用于高低温试验箱的多器件并行测试夹具	徐　鹏、柯俊吉、邹　琦、谢宗奎、孙　鹏、黄华震、蔡雨萌、赵志斌、崔　翔	发明	2018.04.24	2019.08.30	201810369674.7
230	一种凝结水与低温烟气协同加热空气的机炉耦合余热利用系统	陈　衡、齐　震、许继东、包塞纳、徐　钢	实用新型	2018.04.17	2019.01.11	201820540510.1
231	一种太阳能辅助多级热泵、多级空冷耦合的干燥系统	孙　健、戈志华、杜小泽、杨勇平	实用新型	2018.04.17	2019.09.24	201820540548.9
232	一种新型多适应性电机支架	杨岱鑫	实用新型	2018.04.11	2019.03.29	201820549856.8
233	一种气/液双状态的大型压缩空气储能系统的控制方法	何　青、王立健、杜冬梅、刘文毅	发明	2018.03.29	2019.08.06	201810276098.1
234	一种提高LAES系统效率和响应速度的方法和系统	何　青、王立健、刘文毅、杜冬梅	发明	2018.03.29	2019.08.06	201810273022.3
235	一种气/液双状态的大型压缩空气储能系统	何　青、王立健、杜冬梅、刘文毅	发明	2018.03.29	2019.08.06	201810271577.4
236	一种基于高背压与蓄热罐结合的热电解耦辅助系统	徐　钢、姚贤槐、张慧帅、孙　杨、陈宏刚	实用新型	2018.03.26	2019.02.12	201820407420.5
237	一种集成蒸汽冷却器的吸收式热泵高效电站供热系统	徐　钢、许继东、张　拓、徐　帅、刘　彤	实用新型	2018.03.26	2019.04.26	201820407341.4
238	超薄热管吸液芯的制造方法	徐进良、刘昌泉	发明	2018.03.26	2019.11.12	201810250884.4
239	一种基于抽汽引射器的多热源高背压供热系统	徐　钢、刘晓乐、张　拓、肖　瑶、刘　彤	实用新型	2018.03.22	2019.01.11	201820390030.1
240	同步发电机的VBR电磁暂态仿真模型的建立方法及系统	姚蜀军、汪　燕、韩民晓、占　鹏、黄闻而达	发明	2018.03.21	2019.03.15	201810233831.1
241	一种输电线路的电磁暂态仿真方法及系统	姚蜀军、汪　燕、韩民晓、张　硕、郭婉华	发明	2018.03.21	2019.04.09	201810233814.8
242	超临界水防烧干系统装置	周　涛、冯　祥、马栋梁、周蓝宇、朱亮宇、石　顺	实用新型	2018.03.14	2019.02.19	201820346681.0
243	基于模糊数学的柔性直流配电系统单端量保护方法	贾　科、朱　瑞、毕天姝、王聪博、宣振文、赵其娟	发明	2018.03.09	2019.10.25	201810196039.3
244	穿戴式隐形空气净化器	蔡孟玥	实用新型	2018.02.27	2019.01.04	201820310413.3
245	风力发电叶片桨矩角的确定方法	张照煌、李魏魏、王　磊、宋玉旺	发明	2018.01.25	2019.10.22	201810074567.1
246	风力发电叶片翼型线的确定方法	张照煌、穆罕默德阿珂、王　磊、宋玉旺	发明	2018.01.25	2019.10.22	201810074040.9
247	高压直流输电系统谐波阻抗扫描方法和装置	马为民、徐　轩、郭春林、杨　琳	发明	2018.01.22	2019.12.24	201810058456.1
248	吸尘器	王姝彦	外观设计	2018.01.11	2019.11.19	201830013160.9
249	一种大电流关断特性测试方法	齐　磊、李鸿达、东野忠昊、沈　弘	发明	2017.12.26	2019.08.02	201711427171.2
250	一种脉动压力驱动的液态导电工质发电系统及发电方法	张　伟、刘广林、徐进良、邬智宇、孙远志、于俊杰	发明	2017.12.26	2019.09.10	201711432314.9
251	一种半导体组件性能测试系统	齐　磊、李鸿达、东野忠昊、王　鑫	发明	2017.12.26	2019.09.27	201711427174.6
252	电力通信网络模型中节点影响力判断值确定方法及装置	吴润泽、李　莉、吴万旭、朱全友、聂文海、赵庆凯、何　慧、秦砺寒、于　冉、史智萍、周　洁、王旭冉、张　嵩、刘志雄、宇文丽敏、门宝霞、张　楠、樊　冰、唐良瑞	发明	2017.12.14	2019.06.11	201711340061.2

续表

序号	名称	发明人	专利类型	申请日期	授权日期	申请号
253	利用液体温差发电的系统及其发电方法	姜彤、权超、崔岩、傅昊、陈紫薇、张璐路	发明	2017.12.12	2019.06.07	201711321533.X
254	一种含镉生物质厌氧发酵的方法	张化永、田永兰、韩晓茜、郝和、王中玉、黄海	发明	2017.12.05	2019.05.03	201711267086.4
255	一种集成运放交流开环放大倍数测试系统	田恬、肖仕武	发明	2017.12.05	2019.09.27	201711265855.7
256	一种基于绝缘液体驱动的高电位送能系统及其组建方法	崔翔、张适宜、张升、齐磊、孙泽来、刘远	发明	2017.12.05	2019.10.01	201711267753.9
257	一种集成运放开环幅频特性测试系统	田恬、肖仕武	发明	2017.12.05	2019.12.13	201711265871.6
258	一种开关器件筛选系统及方法	孙鹏、柯俊吉、邹琦、黄华震、赵志斌、崔翔	发明	2017.12.04	2019.12.06	201711260643.X
259	超临界CO布雷顿循环燃煤发电尾部高温烟气余热利用系统	徐进良、孙恩慧、雷蕾	发明	2017.11.29	2019.05.31	201711228111.8
260	超临界CO_2布雷顿循环燃煤发电锅炉的CO_2工质分流减阻系统	徐进良、孙恩慧、雷蕾	发明	2017.11.29	2019.05.31	201711227980.9
261	超临界CO_2布雷顿循环燃煤发电系统工质及烟气的工作流程	徐进良、孙恩慧、雷蕾	发明	2017.11.29	2019.10.29	201711227860.9
262	变厚度全断面岩石掘进机刀盘	张照煌、王磊、高青风	发明	2017.11.27	2019.01.22	201711204764.2
263	输液报警器及输液报警系统	刘雪涛、柳赟	实用新型	2017.11.23	2019.04.19	201721586562.4
264	一种超临界循环流化床机组主蒸汽压力预测系统及方法	高明明、洪烽、刘吉臻、严国栋、陈峰、李玉红、伯运鹤	发明	2017.11.21	2019.10.01	201711167292.8
265	一种功率半导体模块内部并联芯片筛选方法及系统	柯俊吉、黄华震、孙鹏、邹琦、赵志斌、崔翔	发明	2017.11.21	2019.11.08	201711166334.6
266	改变刀盘面板厚度降低TBM施工振动的方法及其刀盘	张照煌	发明	2017.11.20	2019.09.03	201711160972.7
267	借助压缩空气改变水头调节抽蓄机组功率的系统及方法	姜彤、仝璐瑶、傅昊、崔岩	发明	2017.11.17	2019.10.11	201711147102.6
268	一种模块化多电平换流阀损耗确定方法及简化方法	高剑剑、齐磊、仝翠芝、王鑫、易荣、岳伟	发明	2017.11.15	2019.10.01	201711131795.X
269	具有图案化浸润性表面的冷凝管制备方法	谢剑、徐进良、李亨、尚炜	发明	2017.11.08	2019.06.11	201711093682.5
270	基于MMC子模块拓扑的直流侧故障保护系统及方法	马静、项晓强、康文博、李沛	发明	2017.11.08	2019.11.12	201711091438.5
271	基于时空对称性的感应电机转子电磁量的快速分离方法	詹阳、李冰、赵海森、许国瑞、王涛	发明	2017.11.07	2019.05.03	201711086814.1
272	基于拼接法的感应电机转子侧电磁量谐波的快速分离方法	詹阳、李冰、赵海森、许国瑞、马立博	发明	2017.11.07	2019.10.22	201711084958.3
273	一种实现双面散热和压力均衡的功率器件	赵志斌、范思远、倪筹帷、崔翔	发明	2017.10.31	2019.08.27	201711040631.6
274	一种减少失配损失的密集聚光光伏电池阵列	巨星、潘信宇、徐超、周逸挺、袁梦迪、杜小泽、杨勇平	发明	2017.10.25	2019.11.12	201711008267.5
275	一种零功率压缩空气等密度变温迁移装置及运行方法	姜彤、李斌、傅昊、崔岩、陈紫薇	发明	2017.10.19	2019.07.12	201710978975.5
276	基于与或逻辑的识别HBSM－MMC内部短路故障的方法	郑涛、张滋行、李跃、祁欢欢	发明	2017.10.16	2019.12.03	201710958904.9
277	磁性相变微胶囊往返冷热端运动式设计方法及散热装置	纪献兵、周冬冬、徐进良	发明	2017.09.30	2019.06.28	201710939231.2

续表

序号	名称	发明人	专利类型	申请日期	授权日期	申请号
278	一种简易施压的通用式压接型 IGBT 夹具	莫申扬、袁文迁、赵志斌、崔　翔	发明	2017.09.19	2019.07.23	201710845853.9
279	一种齿轮箱故障诊断建立方法及装置	黄从智、李　岩、侯国莲、张建华	发明	2017.09.18	2019.09.20	201710840087.7
280	基于柔性控制的节能式电饭锅	蒋纯冰、付成洁、梁光胜	实用新型	2017.09.11	2019.05.24	201721152845.8
281	光伏组件串列的双向共模差模 EMI 滤波器及其设计方法	孙凤杰、范杰清	发明	2017.09.05	2019.11.01	201710791491.X
282	一种硼化物陶瓷颗粒增强铌钛基复合材料及其制备方法	刘宗德、高远、孙有美	发明	2017.08.29	2019.04.02	201710758321.1
283	一种带有尾缘襟翼的大型变桨风力机控制系统及控制方法	张文广、韩　越、刘瑞杰、刘吉臻、曾德良、牛玉广、房　方、杨婷婷、胡　勇	发明	2017.08.23	2019.06.18	201710729885.2
284	一种饮水机	可　寅	实用新型	2017.08.21	2019.03.01	201721049576.2
285	一种考虑区域自治能力的主动配电网全局优化调度方法	孙英云、孟繁星、范士雄	发明	2017.08.18	2019.12.10	201710711849.3
286	基于 Markov 跳变规律的风力发电系统控制的方法	林忠伟、陈振宇、孟洪民、牛玉广、高明明	发明	2017.08.15	2019.05.21	201710696878.7
287	一种视频信息加密与视频终端安全认证方法	吴克河、张晓良、李宝强、李梦雪、程　瑞	发明	2017.08.14	2019.11.29	201710692351.7
288	一种压力容器外部冷却试验系统和方法	钟达文、孟继安	发明	2017.08.09	2019.06.18	201710675976.2
289	一种半桥模块和封装方法	柯俊吉、谢宗奎、孙　鹏、魏昌俊、赵志斌、崔　翔	发明	2017.08.08	2019.07.05	201710671883.2
290	双馈风机控制参数的次同步稳定域控制方法和控制器	杨　琳、于　钊、庞承宗、肖湘宁、许　涛、贺静波、张剑云、王　超、张　怡、常喜强、李　渝、张　锋、郭小龙、王　衡、陈　龙	发明	2017.08.02	2019.05.28	201710652977.5
291	光伏逆变器控制参数的次同步稳定域控制方法和控制器	杨　琳、于　钊、庞承宗、肖湘宁、许　涛、贺静波、张剑云、王　超、何　飞、常喜强、李　渝、张　锋、郭小龙、王　衡、陈　龙	发明	2017.08.02	2019.05.28	201710653466.5
292	基于直流电抗器电压的多端柔性直流电网边界保护方法	赵成勇、周家培、李承昱、许建中、安　婷、周　啸、韩丛达、范　征	发明	2017.08.01	2019.01.15	201710647340.7
293	一种恒温装置温度的调节方法及调节系统	邓二平、陈　杰、赵志斌、郭楠伟、黄永章	发明	2017.08.01	2019.05.21	201710646098.1
294	一种大型风力机尾缘襟翼结构参数寻优及多目标襟翼优化控制方法	张文广、白雪剑、王奕枫、刘吉臻、曾德良、牛玉广、房　方、杨婷婷、胡　勇	发明	2017.07.27	2019.08.27	201710623573.3
295	适用于T接多频系统的失步和振荡中心定位系统及其方法	马　静、宋宇博、王江天、李　沛	发明	2017.07.27	2019.11.12	201710624889.4
296	多频振荡场景下距离保护振荡闭锁及再开放系统及其方法	马　静、李　沛、张涌新、张嘉鑫	发明	2017.07.18	2019.05.31	201710585953.2
297	一种直流母排	柯俊吉、谢宗奎、张希蔚、徐　鹏、赵志斌、崔　翔	发明	2017.07.12	2019.02.12	201710563804.6
298	一种基于全电流量的柔性直流线路方向纵联保护方法	贾　科、李　猛、毕天姝、康少朋、李晨曦、王聪博、朱　瑞	发明	2017.07.10	2019.01.15	201710556622.6

续表

序号	名称	发明人	专利类型	申请日期	授权日期	申请号
299	一种基于能量频段的柔性直流线路电流差动保护方法	贾　科、李　猛、毕天姝、王聪博、康少朋、李晨曦、朱　瑞	发明	2017.07.10	2019.05.14	201710557216.1
300	一种双通道卷积神经网络的单图像超分辨率计算方法	李春平、贾慧秒、周登文	发明	2017.07.10	2019.12.03	201710556581.0
301	一种计算开孔矩形屏蔽体内部场分布的分区解析模型的方法	焦重庆、何　日、胡逸帆	发明	2017.06.27	2019.09.20	201710530340.9
302	一种基于信号识别的自适应同步相量测量方法	刘　灏、李　珏、毕天姝	发明	2017.06.23	2019.08.06	201710487612.1
303	一种基于量测相量数据的间谐波分量还原方法	毕天姝、许苏迪、刘　灏	发明	2017.06.23	2019.12.27	201710487613.6
304	一种多功能陶罐过滤装置及其制作方法	黄　敬、黄国和、安春江、何　源、张　鹏、陈秀娟、郑如秉、宋　沛、沈　聚	发明	2017.06.22	2019.05.31	201710481649.3
305	抗差输电线路正序参数辨识方法	薛安成、徐劲松、苏大威、张琦兵、卢　敏、游宏宇、徐立中、冯树海、徐飞阳、刘　俊、王治华、沈豪栋	发明	2017.06.12	2019.10.15	201710439913.7
306	一种适应对象运动特性的互相关测速方法	钱相臣、吴诗彤、闫　勇	发明	2017.05.27	2019.10.01	201710390272.0
307	一种具有交错锯齿型肋壁的微通道蒸发器	张　伟、赵亚东、邹智宇、孙远志、徐进良	发明	2017.05.23	2019.03.01	201710369845.1
308	混合双馈入直流系统中柔性直流稳态运行区域的计算方法	郭春义、陆　翌、童　凯、赵成勇、刘　炜	发明	2017.05.17	2019.12.27	201710348347.9
309	一种非单向中间热点保护的自循环高效热管	陈宏霞	发明	2017.05.09	2019.02.05	201710320389.1
310	一种二级加热容积式太阳能空气接收器	魏高升、王　刚、刘　烨、黄平瑞、徐　超、杜小泽	发明	2017.05.09	2019.05.31	201710320089.3
311	一种超薄平板热管及其制造方法	徐进良、刘昌泉、赵举贵	发明	2017.04.28	2019.05.31	201710294325.9
312	高频变压器电压、电流传输比的精细化设计方法	齐　磊、刘　晨、崔　翔、东野忠昊、张科科、刘婷婷、康　伟	发明	2017.04.24	2019.04.02	201710270496.8
313	一种基于GA-Elman的储能电池软故障诊断方法	韩晓娟、徐寿臣、王春玲	发明	2017.04.21	2019.08.13	201710266471.0
314	基于视觉感知的自适应服装动画建模方法	石　敏、刘亚宁、李　昊、毛天露	发明	2017.04.18	2019.10.18	201710253360.6
315	一种突发污染事故下利用流速阈值的分级预警方法	丁晓雯、康　博、翟爱丰	发明	2017.04.17	2019.03.12	201710248685.5
316	一种含高比例分布式电源的孤网频率控制方法	袁　敞、丁雨霏、谢佩琳、赵天扬、郝　毅	发明	2017.04.10	2019.04.02	201710230322.9
317	基于同步发电机五阶数学模型的虚拟同步机建模方法	袁　敞、谢佩琳、丁雨霏、赵天扬、郝　毅、肖湘宁	发明	2017.04.10	2019.08.02	201710229902.6
318	基于相差实时调整的虚拟同步发电机自同步控制方法	袁　敞、赵天扬、郝　毅、丁雨霏、谢佩琳、肖湘宁	发明	2017.04.10	2019.12.10	201710230340.7
319	一种交直流混合微电网协同保护配合方法	许　阔、王婉君、李翔宇、朱永强、贾利虎、夏瑞华	发明	2017.04.06	2019.01.22	201710219386.9
320	一种基于电压源换流器的直流故障限流模块的保护方法	许　阔、王婉君、赵　娜、朱永强、贾利虎、夏瑞华	发明	2017.04.06	2019.01.22	201710219393.9

续表

序号	名称	发明人	专利类型	申请日期	授权日期	申请号
321	一种高载能负荷参与调节消纳受阻风电的控制方法	吕　良、刘文颖、王维洲、朱丹丹、梁　琛、吕思琦、杨列銮、郭红林、景乾明、蔡万通、秦　睿、夏　鹏、郑　伟、张雨薇、王方雨、田　浩、智　勇、李宛齐、拜润卿、姚春晓、曾文伟、王　贤、郭　虎、许春蕾、张尧翔	发明	2017.04.06	2019.05.14	201710220168.7
322	一种基于有序充放电的储能电池优化调度方法	朱永强、王甜婧、郝嘉诚、唐　萁	发明	2017.04.06	2019.06.28	201710219416.6
323	基于概率统计的组合储能容量配置方法	朱永强、王甜婧、郝嘉诚、唐　萁	发明	2017.04.06	2019.07.02	201710219406.2
324	一种功率器件	赵志斌、倪筹帷、范思远	发明	2017.04.01	2019.03.29	201710211990.7
325	模块化多电平换流器子模块局部杂散电感提取方法及系统	齐　磊、高剑剑、沈致远、崔　翔、蔡林海、赵国亮、杨增辉、余沸颖	发明	2017.03.31	2019.04.26	201710206592.6
326	基于组件的循环流化床锅炉风烟设备故障监测方法及装置	房　方、陈丽雪、李　昭、刘吉臻	发明	2017.03.29	2019.08.23	201710195134.7
327	非合作博弈视角的光伏充电站网络分布式能量管理方法	刘　念、成敏杨	发明	2017.03.29	2019.09.27	201710198815.9
328	基于泄露电缆的风机塔架避雷引线阻值的探测装置及方法	俊　承、张自超、姬　栋、高　峰、刘燕欣	发明	2017.03.24	2019.11.29	201710181491.8
329	一种基于 DNA Origami 的 DNA 分子逻辑门及其构建方法	杨　静、张　成、吴燃峰、宋智超	发明	2017.03.23	2019.11.12	201710176055.1
330	适用于同轴结构高压导体的工频高电压植入式测量装置	斌　先、郭庆峰	发明	2017.03.22	2019.05.03	201710174836.7
331	一种基于微流体惯性冲击器原理的气溶胶过滤器	牛风雷、张　薇、郭张鹏、易明强、齐厚博、赵云淦	发明	2017.03.20	2019.02.05	201710167723.4
332	网络流量负载变化时的网络中心机房节能优化方法	白　焰、谷丽君	发明	2017.03.15	2019.07.30	201710152316.6
333	一种低压缸末级排汽焓测量装置及计算方法	曾德良、王耀函、陈彦桥	发明	2017.03.13	2019.05.28	201710147609.5
334	一种热水器及其温度控制方法	黄从智、张天阳、朱红路	发明	2017.03.10	2019.05.07	201710144401.8
335	基于高载能负荷参与调节的无功补偿装置配置方法	朱丹丹、刘文颖、王维洲、吕　良、梁　琛、郭红林、李福潮、吕思琦、郑晶晶、李慧勇、史玉杰、李宛齐、彭　晶、蔡万通、禄启龙、夏　鹏、张雨薇、田　浩、王　贤、姚春晓、曾文伟、郭　虎、许春蕾、张尧翔	发明	2017.03.10	2019.06.04	201710142691.2
336	电力设备局部放电故障的识别方法、装置及系统	唐志国、陶亦然、王竹晓、唐铭泽、张连根、邱　凯、王　倩	发明	2017.03.10	2019.08.20	201710141963.7
337	一种熔融物堆内滞留压力容器外部冷却试验台架	陆道纲、高　尚、王　汉	发明	2017.03.09	2019.03.01	201710139067.7
338	一种建立在单相 GIS 罐体封闭端的母线电压测量装置	卢斌先、孙洪宇	发明	2017.03.09	2019.08.20	201710135922.7
339	一种建立在低压罐体侧表面的 GIS 母线电压测量装置	卢斌先、孙洪宇	发明	2017.03.09	2019.08.23	201710137042.3

续表

序号	名称	发明人	专利类型	申请日期	授权日期	申请号
340	一种建立在三相一体GIS罐体封闭端的母线电压测量装置	卢斌先、孙洪宇	发明	2017.03.09	2019.10.01	201710135921.2
341	一种风电场等值模型的建立方法	毕天姝、李威仁、刘素梅、贾　科、杨奇逊	发明	2017.02.20	2019.06.25	201710090073.8
342	双馈式风力发电机组的控制方法和系统	刘其辉、毛　未	发明	2017.01.25	2019.09.13	201710057127.0
343	基于绝缘分域组合法的棒一板结构放电电流测量装置	卢斌先、孙洪宇	发明	2017.01.22	2019.10.01	201710048784.9
344	基于时序分析的变桨距风机多模态运行优化控制装置及运行方法	房　方、陈丽雪、李　昭	发明	2017.01.20	2019.05.10	201710045585.2
345	模块化多电平全桥谐振型电力电子变压器拓扑	徐永海、张雪垠、周廷冬、肖湘宁	发明	2017.01.16	2019.02.05	201710033847.3
346	一种基于火焰多图像特征的锅炉燃烧稳定性监测方法	刘　禾、翁　燃、杨国田、刘建松、于　磊、李新利	发明	2017.01.11	2019.09.10	201710017831.3
347	一种太阳能电池板温度调控装置	魏高升、王　刚、徐　超、杜小泽、杨勇平	发明	2017.01.06	2019.02.05	201710012259.1
348	一种附加型导流式风电机组主动偏航控制器	王晓东、丁　林、尹佐明、刘文秀、刘漫川	发明	2017.01.05	2019.05.03	201710007626.9
349	一种基于叶片参数自学习的风电机组功率曲线获取方法	邓　英、田　德、庞辉庆、杨志伟	发明	2017.01.05	2019.12.17	201710006787.6
350	电厂并行的太阳能电池板降温与海水换热的方法	张玉琢、左　艺、赵新刚、王　玲	发明	2017.01.04	2019.04.05	201710004630.X
351	一种基于三相电流幅值分析的配电网故障定位方法	齐　郑、庄舒仪、郑宇航	发明	2016.12.30	2019.04.16	201611251346.4
352	气液两相联合储能发电系统及其储能发电方法	姜　彤、陈紫薇	发明	2016.12.28	2019.02.01	201611238777.7
353	一种无人值守式有机朗肯循环孤网发电监控系统及方法	徐进良、刘秀龙、曹　泷、苗　政、戚风亮	发明	2016.12.27	2019.09.20	201611225360.7
354	考虑新电改政策影响的分布式电源和微电网运营互动方法	曾　鸣、韩　旭、李源非、李　冉、刘海涛、于　辉、屈高强	发明	2016.12.19	2019.07.02	201611176937.X
355	一种废弃SCR脱硝催化剂的循环再利用方法	陆　强、唐　昊、李　慧、杨江毅、李文艳、杨勇平	发明	2016.12.16	2019.05.17	201611165982.5
356	一种源网协同的电力系统低频振荡防治方法	徐衍会、李　真、伍双喜、杨银国	发明	2016.12.13	2019.08.13	201611144844.9
357	固态吸附剂碘改性装置及改性方法和碘改性固态吸附剂	李文瀚、戴美林、薛小军、林吕荣、钟隆春、宋　娜、张　月、刘慧敏	发明	2016.12.09	2019.07.30	201611129040.1
358	一种超临界循环流化床锅炉机组快速变负荷控制方法	高明明、洪　烽、刘吉臻、杨婷婷、陈　峰	发明	2016.12.08	2019.03.01	201611123931.6
359	一种亚临界循环流化床锅炉机组快速变负荷控制方法	高明明、洪　烽、刘吉臻、杨婷婷、林再法、李丞亮	发明	2016.12.08	2019.04.19	201611123933.5
360	一种基于电流信号分离的居民负荷用电识别方法	武　昕、韩　笑、王　震	发明	2016.12.02	2019.02.05	201611100280.9
361	一种MMC-HVDC交流侧不对称故障诊断方法	姜斌、龚雁峰	发明	2016.11.28	2019.05.17	201611072690.7
362	采用光纤光栅应变传感器的变压器绕组变形在线监测系统	王　伟、刘世远、高超飞、王　鹏、宋　树、童中宇	发明	2016.11.28	2019.07.02	201611064561.3

续表

序号	名称	发明人	专利类型	申请日期	授权日期	申请号
363	一种基于晶闸管全桥模块主断路开关型的混合高压直流断路器	郭春义、李　帅、赵成勇	发明	2016.11.28	2019.10.18	201611059313.X
364	特高压直流换流阀塔阀层集成宽频等效电路模型的建模方法	齐　磊、唐　义、李小萌、崔　翔、欧阳文敏、杨　俊、王高勇、纪　锋	发明	2016.11.24	2019.06.18	201611050295.9
365	一种提高质子交换膜中杂多酸稳定性的改性纳米材料及其制备方法	林　俊、刘山新、翟绍雄、白福军、郑慧娜、何少剑	发明	2016.11.24	2019.06.18	201611050818.X
366	风电接入电网的单元控制降损方法	郭红林、刘文颖、王维洲、朱丹丹、杨列銮、李慧勇、景乾明、吕思琦、梁　琛、郭　鹏、秦　睿、李亚龙、郑　伟、叶湖芳、智　勇、吕　良、蔡万通、拜润卿、夏　鹏、张建华、王方雨、张雨薇、彭　晶、姚春晓、曾文伟、郭　虎、王　贤、许春蕾、张尧翔、李宛齐	发明	2016.11.22	2019.03.12	201611046336.7
367	油色谱传感器有效性的评估方法及装置	齐　波、张　鹏、荣智海、王昊月、李成榕、杨　祎、李程启、马　艳、鞠　屹	发明	2016.11.22	2019.07.23	201611036247.4
368	一种考虑无功源响应特性的配电网无功电压分区方法	张　军、赵晓东、张　爽、刘宝柱、石冰珂、梁　剑、李　峰、焦　龙	发明	2016.11.11	2019.06.18	201611042174.X
369	一种高温超导电缆端部连接结构及连接方法	张　瀚、王银顺、皮　伟、王　蒙、薛济萍	发明	2016.11.07	2019.11.08	201610978452.6
370	一种小型多功能的电容芯子的卷绕装置	齐　波、戴佺民、潘齐方、卓　然、傅明利、刘　通、李成榕	发明	2016.11.02	2019.01.11	201610945946.4
371	风电 T 接线路的接地故障整定方法	郑　涛、赵裕童、李　菁、魏旭辉、王增平、陈　璨、吴林林、刘　辉	发明	2016.11.02	2019.02.05	201610945792.9
372	一种输电线路的缩尺等效物理实验方法	汪　贝、焦重庆、李昱蓉、孙谊媊、于永军、戴朝波、孔　飞	发明	2016.11.02	2019.08.09	201610947206.4
373	基于载波移相的模块化多电平换流器MMC 热冗余策略	刘崇茹、徐东旭、王　宇、王洁聪、王　頔、朱承治	发明	2016.10.31	2019.08.20	201610931866.3
374	一种并联电容器监测系统及其方法	王增平、林一峰、马　静、王　桐、孙吕祎	发明	2016.10.31	2019.11.12	201610968124.8
375	一种交直流混合微电网解列与重组时序控制方法	朱永强、贾利虎、唐　萁	发明	2016.10.28	2019.04.09	201610956614.6
376	一种考虑热耦合的压接 IGBT 模块稳态结温预测模型	齐　磊、魏　昕、李静怡、崔　翔	发明	2016.10.27	2019.09.27	201610955468.5
377	预测多端直流系统接入后电力系统机电振荡模式的方法	杜文娟、付　强、张　琰、王海风	发明	2016.10.26	2019.05.28	201610950694.4
378	一种宽输出范围 LLC 变流器的控制方法	徐恒山、黄永章	发明	2016.10.20	2019.08.30	201610917820.6
379	模块化多电平换流器对直流短路故障的桥臂旁路保护电路	郭晓茜、崔　翔、齐　磊、蔡林海、杨增辉	发明	2016.10.18	2019.04.02	201610909236.6
380	光伏光热组件辅助燃煤机组碳捕集发电系统	陈海平、张　衡、卜跃刚	发明	2016.10.13	2019.12.24	201610892157.9
381	电力铁塔防攀爬装置	徐立敏、王莉丽	发明	2016.10.11	2019.07.30	201610885743.0
382	一种电阻型直流超导限流器	姜　喆、王银顺、皮　伟、张　瀚、阚常涛、付　瑜	发明	2016.09.27	2019.01.15	201610857349.6

续表

序号	名称	发明人	专利类型	申请日期	授权日期	申请号
383	一种三相笼型异步电动机转子断裂导条数目的诊断方法	许伯强、关　涛、孙丽玲、寿海明、冀路明、冀　欣、王艳武、回志澎	发明	2016.09.22	2019.02.01	201610843049.2
384	一种三相笼型异步电动机转子断裂导条数目的诊断方法	许伯强、关　涛、孙丽玲、王艳武、回志澎、寿海明、冀　欣、冀路明	发明	2016.09.22	2019.06.21	201610843046.9
385	一种基于风电机组和同步发电机控制频率的方法及装置	胥国毅、龙云波、葛丹丹	发明	2016.09.21	2019.02.01	201610840141.3
386	一种表面减反自清洁结构的制备方法	王　简、梁光胜、唐　悦、燕富超、闫永恒	发明	2016.09.21	2019.03.08	201610840117.X
387	一种减载变速风电机组的系统频率控制方法及装置	胥国毅、龙云波、葛丹丹	发明	2016.09.21	2019.03.26	201610840428.6
388	一种富含三价钛缺陷的二氧化钛材料的制备方法	李美成、吴高翔、宋　歌、陈杰威、郭彦焦、曹如水	发明	2016.09.13	2019.02.15	201610817168.0
389	一种输电线路绝缘子带电检测方法	程养春、段博涛、刘　飞、孟鹤立、潘晓华、张振亮、刘　洋	发明	2016.09.08	2019.01.11	201610808169.9
390	一种主动短路式高压直流断路器	赵成勇、李　帅、许建中	发明	2016.09.08	2019.01.25	201610809219.5
391	基于SCADA数据的风电机组偏航控制参数优化方法	高　峰、吕跃刚、郭　鹏、凌新梅、刘　强	发明	2016.09.05	2019.02.05	201610804207.3
392	一种智能变电站频域时延优化的时间同步方法	陆　俊、张　旭、徐志强	发明	2016.09.05	2019.03.29	201610801280.5
393	一种VSC－HVDC系统类同步机控制器设计方法	陈艳波、颛孙旭、朱岸明、陶　帅、马　进	发明	2016.09.05	2019.04.02	201610804241.0
394	一种聚合物薄膜及其制备方法与应用	谭占鳌、王雅萍、史珍珍	发明	2016.08.31	2019.05.03	201610796856.3
395	一种稳定梯级水电站发电流量波动的方法	张粒子、刘　方、唐成鹏	发明	2016.08.31	2019.11.12	201610796801.2
396	一种流域梯级水电站优化调度的方法	张粒子、刘　方、唐成鹏	发明	2016.08.31	2019.11.12	201610796987.1
397	一种电力系统故障录波数据突变时刻检测方法及系统	张海波、卢圣财、赵俊越、王胜尧	发明	2016.08.30	2019.03.29	201610777271.7
398	集成二次碳化过程氧化钙循环脱碳系统的燃煤电站系统	段立强、冯　涛、谢　坤	发明	2016.08.26	2019.02.05	201610739657.9
399	一种信息量自适应的保护转换机制及其使用方法	王增平、马　静、王　桐	发明	2016.08.25	2019.01.15	201610726174.5
400	全断面岩石掘进机刀盘支撑半径及刀具数量的确定方法	张照煌、龚国芳、高青风、孙　飞	发明	2016.08.25	2019.09.20	201610726572.7
401	一种化学链燃烧过程金属载氧体检测装置及方法	张文彪、闫　勇、何宇婷	发明	2016.08.22	2019.07.16	201610703448.9
402	一种基于矩形波导的材料电场屏蔽效能测试系统和方法	焦重庆、李顺杰	发明	2016.08.19	2019.10.18	201610694929.8
403	一种模拟汽轮发电机转子导电槽楔结构及其阻尼作用的模型机	许国瑞、张伟华、刘晓芳、罗应立	发明	2016.08.18	2019.05.03	201610685954.X
404	一种电力系统振荡识别系统及其方法	马　静、张润峰、项晓强	发明	2016.08.02	2019.03.01	201610626040.6
405	一种基于L-I曲线的特高压变压器空载直流偏磁快速计算方法	王泽忠、邓　涛、谭瑞娟、杨箫箫	发明	2016.08.01	2019.04.02	201610621444.6
406	一种基于决策图与稀疏表示的多聚焦图像融合方法	廖　斌、磨　唯	发明	2016.07.29	2019.09.27	201610605703.6
407	用于高压电气设备局部放电检测的光纤方向传感器	王　伟、高超飞、刘　晗、商　超、刘　旭	发明	2016.07.28	2019.01.15	201610607733.0

续表

序号	名称	发明人	专利类型	申请日期	授权日期	申请号
408	一种实现气体恒压存储的压缩空气储能装置	姜　彤、孟　琛、谭明甜	发明	2016.07.28	2019.03.29	201610606049.0
409	一种阻断 HVDC 控制回路中次同步频率分量的方法	肖湘宁、马为民、张　剑、李亚男、曹澄沙、罗　超、杨　琳	发明	2016.07.28	2019.06.18	201610607387.6
410	一种液体热量回收装置	姜　彤、谭明甜、张毓颖	发明	2016.07.28	2019.07.12	201610606037.8
411	电动热泵和蓄热装置联用的热电联产机组及其调峰方法	孙　健、戈志华、杨勇平、陈　浩、谈　政	发明	2016.07.28	2019.08.30	201610609125.3
412	混压同塔双回线单相跨单相的跨电压故障电流计算方法	郑　涛、吴　丹、罗美玲、王小立	发明	2016.07.28	2019.11.12	201610607499.1
413	一种大型能源基地风火孤岛直流输电计划的制定方法	张海波、张　森	发明	2016.07.28	2019.12.10	201610609324.4
414	一种基于权重负荷等效模型的三相不平衡责任溯源方法	陶　顺、姚黎婷、廖坤玉、肖湘宁、李鹏飞	发明	2016.07.27	2019.08.02	201610603314.X
415	基于实例的虚拟试衣方法	石　敏、王俊铮、毛天露	发明	2016.07.27	2019.10.18	201610603275.3
416	考虑参数随机性的双馈风电机组仿真系统及其搭建方法	马　静、郭　鹏、邱　扬、张伟波	发明	2016.07.26	2019.03.08	201610596619.2
417	基于丝网静电传感器的火焰监测装置及方法	葛　红、闫　勇、胡永辉、钱相臣、卢　钢、张文彪、王丽娟、黄孝彬	发明	2016.07.25	2019.06.18	201610592425.5
418	基于转子电流动态特性的双馈风电场机群聚合方法及系统	郑　涛、魏旭辉、李　菁、赵裕童、陈　璨、吴林林、刘　辉	发明	2016.07.15	2019.03.01	201610562618.6
419	一种消纳新能源受阻功率的荷源协调控制滚动修正方法	朱丹丹、刘文颖、李慧勇、王维洲、李亚龙、杨列銮、郭　鹏、景乾明、叶湖芳、秦　睿、耿　然、梁　琛、吕思琦、郑　伟、牛　健、郭红林、智　勇、蔡万通、拜润卿、吕　良	发明	2016.07.08	2019.01.08	201610538525.X
420	带有蓄热装置的热电联产机组及其调峰方法	戈志华、钱怡洁、杜小泽、杨勇平、张飞宇	发明	2016.07.06	2019.11.26	201610528383.9
421	一种风电场次同步频率等值建模方法	徐衍会、宫晓珊	发明	2016.07.01	2019.03.01	201610515963.4
422	基于连续潮流的含 VSC 系统最大输电能力计算方法	陈艳波、颛孙旭、朱岸明、邬捷龙、于普瑶、马　进	发明	2016.07.01	2019.04.02	201610515992.0
423	一种用于判断抽油机电动机是否使用断续供电的方法	王义龙、赵海森、葛苏鞍、帕尔哈提·阿布都克里木、詹阳、许国瑞、葛永广	发明	2016.06.29	2019.02.05	201610497911.9
424	保护用电隐私且带有容错机制的用电数据采集方法及系统	关志涛、司冠林	发明	2016.06.23	2019.06.18	201610466095.5
425	一种直流电网双极短路故障电流计算方法	赵成勇、李承昱、许建中、姬煜轲	发明	2016.06.22	2019.10.15	201610451196.5
426	基于 SST 的测量设备	屠幼萍、王劭鹤、徐　硕、赵　超、王景春、王　璁、秦司晨、汪宜航	发明	2016.06.17	2019.02.12	201610440249.3
427	超临界水窄通道自然循环实验装置及方法	周　涛、齐　实、陈柏旭、马栋梁、宋明强、李精精	发明	2016.06.16	2019.04.19	201610428743.8
428	一种配电网单相接地故障行波波头的计算方法	齐　郑、林健雄、郑宇航、庄舒仪	发明	2016.06.15	2019.04.16	201610424490.7
429	一种含虚拟惯量控制的双馈风电机组降阶仿真系统及方法	马　静、邱　扬、郭　鹏	发明	2016.06.14	2019.05.31	201610423554.1

续表

序号	名称	发明人	专利类型	申请日期	授权日期	申请号
430	变电站气体绝缘开关设备管道支架的等效电路建模方法	曹书云、焦重庆	发明	2016.06.13	2019.02.05	201610420926.5
431	一种脉冲电流传感器的宽频带精密标定方法和装置	张　强、郑书生、李成榕、程养春、唐志国	发明	2016.06.06	2019.02.22	201610394047.X
432	一种非侵入式家用电器辨识方法	祁　兵、韩　璐、武　昕、董　超、孙　毅、李　彬	发明	2016.06.02	2019.01.15	201610389361.9
433	一种直流换流站多控制方式无扰动切换方法	杜文娟、付　强、张　琰、王海风	发明	2016.06.02	2019.02.05	201610389961.5
434	钳位双子模块型 MMC 电磁暂态等效方法	刘崇茹、徐东旭、王嘉钰、王洁聪、钱　康、康晓华、张小敏、韩续衫、马彦宏	发明	2016.05.23	2019.02.05	201610344111.3
435	一种提高 MMC 高效电磁暂态模型仿真精度的方法	刘崇茹、王嘉钰、徐东旭、王　宇、钱　康、康晓华、张小敏、韩续衫、马彦宏	发明	2016.05.23	2019.04.02	201610346273.0
436	一种二维步进移动的电场分布扫描测量装置	齐　波、赵晓林、张书琦、高春嘉、李金忠、李　鹏、李成榕	发明	2016.05.10	2019.02.05	201610306247.5
437	一种甲烷催化还原 NO 的工艺和催化剂	陆　强、马　帅、董长青、仇志超、蔺卓玮、唐　昊	发明	2016.04.27	2019.03.01	201610268637.8
438	基于图像技术的锅炉燃烧器入炉煤粉扩散角测量方法	于　磊、胡叙畅、杨国田、刘　禾、刘建松、李新利	发明	2016.04.27	2019.04.02	201610270213.5
439	基于调度的三端柔性环网装置的建模方法	赵国鹏、何彦良、韩民晓、黄仁乐、蒲天骄、王　伟	发明	2016.04.20	2019.07.26	201610245478.X
440	超级电容组储能均压充放电控制系统及荷电状态估计方法	李岩松、刘　君	发明	2016.04.19	2019.02.05	201610244893.3
441	基于静电传感器的精密排种器工作性能在线检测装置	钱相臣、师登鹏、闫　勇	发明	2016.04.12	2019.02.05	201610225335.2
442	核电厂点线面体组合的复合辐射源强逆推方法及系统	陈义学、贺淑相、臧启勇、王梦琪、张　涵	发明	2016.04.12	2019.12.24	201610224072.3
443	核电厂点源体源组合的复合辐射源强逆推方法及系统	陈义学、贺淑相、臧启勇、张　涵、王梦琪	发明	2016.04.12	2019.12.24	201610223769.9
444	非晶合金定子铁芯与电机机座或冷却水套的固定方法	刘明基、蔡中勤、薛志勇、康一鸣、杨倩倩、仵雪鑫、张伟华、宋天心	发明	2016.04.11	2019.05.10	201610222210.4
445	一种基于高温超导材料的各向同性 CICC 导体	姜　喆、王银顺、皮　伟、戴少涛、滕玉平、朱志芹	发明	2016.04.07	2019.01.15	201610214051.3
446	一种基于网络自动构建地名数据集的方法	张　莹、何　慧、马苗苗、王竹晓、刘少文、李超鹏、杜立明、文　丰	发明	2016.04.07	2019.11.08	201610214120.0
447	微网储能系统定容方法	曾　鸣、陈清贵、段金辉、李　蓓、刘家亮、武　赓、刘英新、王丽华	发明	2016.03.30	2019.08.02	201610191030.4
448	基于需求响应的空调分时调度的方法	樊　玮、周　楠、刘　念、郭　斌、张建华	发明	2016.03.25	2019.01.15	201610178672.0
449	一种计及环境高程的山火点与输电线路距离优化算法	周　景、穆昭玺	发明	2016.03.16	2019.12.17	201610150707.X
450	一种厕所废水处理工艺	杨　兰、黄国和、李泽晖、安春江、郑如秉	发明	2016.02.26	2019.03.01	201610109092.6
451	光学电流互感器的信号处理和监控装置及其方法	李岩松、刘　君	发明	2016.02.02	2019.01.15	201610074523.X

续表

序号	名称	发明人	专利类型	申请日期	授权日期	申请号
452	一种限流式高压直流断路器	赵成勇、李　帅、许建中、郭春义	发明	2016.01.25	2019.05.31	201610044842.6
453	三拐点U型管实现气体体积扩张自触发延时等压迁移装置	姜　彤、张毓颖、郑祥常、傅　昊	发明	2016.01.25	2019.06.21	201610047434.6
454	无需均压控制的双向DC-DC变换器	许建中、赵成勇、刘　航	发明	2016.01.25	2019.07.05	201610047396.4
455	无需均压控制的DC-DC自耦变换器	许建中、赵成勇、刘　航	发明	2016.01.25	2019.10.18	201610047401.1
456	无需均压控制的电气隔离双向DC-DC变换器	许建中、赵成勇、刘　航	发明	2016.01.25	2019.10.18	201610047397.9
457	无需均压控制的电气隔离单向DC-DC变换器	许建中、赵成勇、刘　航	发明	2016.01.25	2019.10.18	201610047398.3
458	无需均压控制的单向DC-DC变换器	许建中、赵成勇、刘　航	发明	2016.01.25	2019.10.18	201610047400.7
459	核电厂线源面源组合的复合辐射源强逆推方法及系统	陈义学、贺淑相、臧启勇、王梦琪、张　涵	发明	2016.01.20	2019.10.29	201610037532.1
460	核电厂点源面源组合的复合辐射源强逆推方法及系统	陈义学、贺淑相、臧启勇、张　涵、王梦琪	发明	2016.01.20	2019.10.29	201610038853.3
461	核电厂面源辐射源强逆推方法及面源辐射源强逆推系统	陈义学、贺淑相、臧启勇、张　涵、王梦琪	发明	2016.01.20	2019.12.24	201610038879.8
462	一种启发式的配电网状态估计量测位置快速优化方法	焦润海、李土高、杨雅兰、李玉莹	发明	2016.01.11	2019.12.03	201610015040.2
463	模拟启堆时堆芯流道内冷却剂温度变化的新型计算方法	黄　美、赵媛媛、欧阳晓平、汤建楠、张志俭	发明	2016.01.05	2019.01.22	201610001360.2
464	一种发电机动态状态估计方法	毕天姝、刘　灏、袁东泽、陈　亮、薛安成、杨奇逊	发明	2015.12.22	2019.04.12	201510973903.2
465	一种半导体氧化物改性的导电滤膜及其制备方法和应用	潘家鸿、戴松元、张　兵、姚建曦	发明	2015.12.08	2019.02.05	201510898003.6
466	一种混合整数二次规划形式的抗差状态估计方法	陈艳波、韩子娇、马　进、张　璞、董鹤楠、于普瑶、韩　通	发明	2015.11.27	2019.01.15	201510850199.1
467	核电厂点源辐射源强逆推方法及点源辐射源强逆推系统	陈义学、贺淑相、臧启勇	发明	2015.11.27	2019.03.15	201510848627.7
468	电力系统状态的双曲余弦型最大指数平方抗差估计方法	陈艳波、张　籍、晋文杰、马　进、谢瀚阳、刘　洋	发明	2015.11.27	2019.05.03	201510850198.7
469	核电厂线源辐射源强逆推方法及线源辐射源强逆推系统	陈义学、贺淑相、臧启勇	发明	2015.11.27	2019.05.14	201510848833.8
470	基于混沌搜索和人工免疫算法的路由优化方法	樊　冰、吴润泽、闫江毓、唐良瑞	发明	2015.11.20	2019.02.15	201510809677.4
471	一种异构网络接入选择方法	唐良瑞、季石宇、樊　冰、闫江毓、吴润泽	发明	2015.11.20	2019.03.05	201510809679.3
472	基于网络分裂法的双边交易网损分摊方法	周　明、王　霄、严　宇、李庚银、耿　建、杨争林、龙苏岩、程海花、薛必克、郑亚先、邵　平、郭艳敏、陈爱林	发明	2015.11.20	2019.04.02	201510811581.1
473	一种模块化多电平换流器临界仿真步长的计算方法	赵成勇、熊　岩、许建中	发明	2015.11.16	2019.09.03	201510776971.X
474	一种基于反并联晶闸管全桥子模块换流器的电网换相换流器结构	郭春义、蒋碧松、赵成勇、李春华	发明	2015.10.16	2019.02.26	201510665100.0
475	交流导线表面粗糙度的预测方法及系统	卞星明、刘　琳、颛孙旭、焦重庆、张　旭、齐　昕、许菲菲	发明	2015.10.16	2019.08.16	201510673107.7

续表

序号	名称	发明人	专利类型	申请日期	授权日期	申请号
476	一种固体表面低沸点工质浸润性测试装置和方法	谢　剑、徐进良、程　愉	发明	2015.09.24	2019.04.02	201510618033.7
477	复合绝缘子老化状态分级及判别方法	屠幼萍、王　璁、李天福、龚　博、张　辉、佟宇梁	发明	2015.09.09	2019.08.02	201510570741.8
478	一种基于核极限学习机模型的功率区间预测方法	杨锡运、关文渊、任　杰、刘玉奇	发明	2015.08.25	2019.04.02	201510525036.6
479	基于电气参量传输增益匹配关系的配电网反窃电方法	鲍　海	发明	2015.06.25	2019.05.03	201510359334.2
480	多工况电力系统稳定性分析方法及装置	马　静、闫　新、刘　畅、郭　鹏	发明	2015.06.12	2019.02.05	201510325515.3
481	一种基于时域量化分析间歇性能源协同效应的方法	赵冬梅、尹颢涵、王建峰、张　虹、金小明、张东辉、魏国清、胡剑琛、祁永福、吴　峰	发明	2015.06.03	2019.01.15	201510300842.3
482	一种混合模块化多电平换流器的可靠性分析和冗余配置计算方法	许建中、赵成勇、赵鹏豪、袁艺嘉	发明	2015.05.26	2019.04.19	201510272888.9
483	电力系统分布式并行计算管理方法	张海波、朱存浩	发明	2015.05.12	2019.01.15	201510239699.1
484	用于同业对标的数据处理方法和装置	王志强、戴天泽、夏宝亮、张洪奎、梁　颖、单晓东	发明	2015.05.06	2019.02.15	201510226886.6
485	工程项目中利用潜在反关键工序进行项目工期优化的方法	张立辉、邹　鑫、乞建勋、熊　俊、邵利洁	发明	2015.05.06	2019.04.02	201510227469.3
486	基于全息投影技术的人机交互系统与方法	吴　华、张怡冰、余裕璞、王旭阳、许克珂、龚彦豪、毛政中	发明	2015.04.27	2019.01.15	201510204584.9
487	一种混合直流输电受端弱电网频率协同控制方法	郭春义、印永华、刘　炜、赵成勇、孙　栩、吴军华、卢　萍	发明	2015.04.17	2019.01.25	201510184604.0
488	一种纳秒级高压陡脉冲发生器	齐　波、高春嘉、孙泽来、李成榕	发明	2015.03.27	2019.01.15	201510142185.4
489	一种液体电介质空间电场快速测量装置及方法	齐　波、赵晓林、奚超超、李成榕	发明	2015.02.11	2019.02.05	201510073187.2
490	一种燃煤电站飞灰吸附剂一体化改性及喷射脱汞系统	张永生、王树民、顾永正、李文瀚、王家伟、刘　钊、潘伟平	发明	2015.02.09	2019.06.18	201510065290.2
491	直驱风力发电机模拟试验台与状态监测装置	滕　伟、姜　锐、李　状、柳亦兵	发明	2015.02.02	2019.02.01	201510050436.6
492	一种基于虚拟阻抗的 MMC 直流侧故障电流抑制方法	赵成勇、张　帆、苑　宾、许建中	发明	2015.01.30	2019.01.29	201510046240.X
493	一种基于虚拟阻抗的 MMC 交流侧故障电流抑制方法	赵成勇、张　帆、许建中	发明	2015.01.30	2019.01.29	201510046269.8
494	一种基于虚拟电阻的 MMC 环流抑制控制方法	许建中、苑　宾、赵成勇	发明	2015.01.30	2019.02.26	201510046268.3
495	一种架空输电线路巡检飞行机器人的视点优选方法	吴　华、董蕊芳、柳长安、刘春阳、杨国田、吕　敏	发明	2014.09.16	2019.04.02	201410471551.6
496	可调锅炉水冷取样枪装置及取样方法	张永生、滕　阳、吴国强、王家伟、曹　晏	发明	2014.06.11	2019.03.29	201410261940.6
497	一种原位修复土壤中重金属污染物的装置及其修复方法	何　理、申　婧、李振通、张嘉琪	发明	2014.04.28	2019.07.12	201410171864.X
498	一种压缩感知的用电能效监测方法	孙　毅、许　鹏、王　琦、李　子、陆　俊、武　昕、祁　兵、龚钢军	发明	2014.03.28	2019.10.25	201410123311.7

续表

序号	名称	发明人	专利类型	申请日期	授权日期	申请号
499	一种电压波动和闪变发生装置	尹忠东、单任仲、朱永强、徐永海、郭春林、肖湘宁	发明	2008.08.20	2019.10.25	200810118722.1
500	一种旋风湿式静电除尘器	齐立强、崔少平	发明	2013.12.20	2019.01.01	201310755492.0
501	一种电压源型换流站的保护系统、保护控制系统和保护办法	王 毅、付 媛、张紫光	发明	2016.06.28	2019.01.01	201610478748.1
502	一种模块化多电平换流器冗余容错控制方法	刘英培、杨海悦、梁海平	发明	2016.11.23	2019.01.01	201611039766.6
503	一种非节流增湿增焓的绝热压缩空气储能系统	冉 鹏、庄绪增、高建强、王亚瑟、李 政、刘 培	发明	2017.03.08	2019.01.04	201710133395.6
504	一种光纤超声阵列传感器的阵列信号去噪方法	谢 庆、吴 晗、亓彦珣、张彩芹、张建涛、张 莹、律方成	发明	2017.11.07	2019.01.04	201711085085.8
505	一种玻璃绝缘子掉串故障检测算法	翟永杰、程海燕、王 迪、张木柳	发明	2016.04.28	2019.01.08	201610278200.2
506	MEES中永磁同步电机反推自适应直接转矩控制方法	米增强、郑晓明、余 洋、畅 达、李晓龙、孙辰军、魏明磊	发明	2017.01.18	2019.01.08	201710046457.X
507	一种检测电气设备局部放电的宽带平面螺旋天线及其设计方法	王永强、李长元、李建芳、胡芳芳、张晓霞、欧阳宝龙	发明	2015.06.16	2019.01.11	201510332510.3
508	一种非稀土离子激活的黄色荧光粉及其制备方法	赵 妙	发明	2015.07.02	2019.01.11	201510380425.4
509	一种太阳能地源热泵的换热器	郑国忠、王雅静、卜文涛、李 珂、吕玉珍	发明	2018.03.29	2019.01.11	201820515685.7
510	一种非稀土离子激活的发黄绿光的荧光粉及其制备方法	赵 妙	发明	2015.07.02	2019.01.15	201510380460.6
511	可逆数据隐藏方法	项洪印	发明	2015.11.12	2019.01.15	201510776008.1
512	基于储能电量价值评估的交直流混合微网实时经济调度法	李 鹏、华浩瑞、陈安伟、周国华、韩鹏飞、周金辉、赵 波	发明	2016.07.28	2019.01.18	201610605072.8
513	一种非侵入式空调负荷监测方法	王 飞、李康平、苏 适、严玉廷、陆 海、刘力铭	发明	2016.05.25	2019.01.22	201610351374.7
514	一种基于行为树的分布式系统仿真分析工具的实现方法	熊海军、朱永利、张 琦、王晓辉	发明	2016.06.20	2019.01.22	201610441100.7
515	一种太阳能蓄热式被动太阳房	刘志坚、高钰琛、李思佳	发明	2016.11.03	2019.01.22	201610952060.2
516	一种Sr-Bi-C纳米材料、制备方法及其应用	韩颖慧、刘云鹏、李 雪、宋利黎、李 乐、齐小涵	发明	2016.11.04	2019.01.22	201610972959.0
517	一种利用马格努斯圆柱驱动器的海流能发电装置	程友良、赵洪嵩、汪 辉、杜尚任	发明	2016.04.17	2019.01.25	201610237975.5
518	一种电站锅炉蒸汽温度的智能计算预测控制方法	王东风、李 玲、张 妍	发明	2016.11.21	2019.01.29	201611039592.3
519	一种基于参数辨识的机械弹性储能用PMSG控制方法	余 洋、郭旭东、米增强、郑小江、孙辰军	发明	2016.07.12	2019.02.05	201610540777.6
520	可逆数据隐藏方法以及恢复方法	项洪印	发明	2015.11.12	2019.02.12	201510778642.9
521	一种用于通风管内的积尘浓度无线检测装置及检测方法	刘志坚、常小强、李俊杨	发明	2016.11.07	2019.02.12	201610974255.7
522	一种多扰动下的微网电压跟踪控制方法	李 鹏、郭天宇、陈安伟、连攀杰	发明	2017.04.17	2019.02.12	201710255457.0
523	一种风力发电用塔筒安装支撑装置	高晓霞、刘志坚	发明	2017.04.26	2019.02.12	201710283990.8

续表

序号	名称	发明人	专利类型	申请日期	授权日期	申请号
524	一种用于高压线自动喷涂装置的驱动装置	李永华、王学欣	发明	2017.06.14	2019.02.12	201710447722.5
525	一种奶油蛋糕3D打印机	康　辉、王娅宁、王　勇	发明	2016.11.15	2019.02.15	201611003746.3
526	基于路由表节点能量的无线传感器网络路由方法	苑津莎、赵　曼、孔英会、陈智雄	发明	2015.11.05	2019.02.22	201510747431.9
527	一种带反冲洗功能的跨临界二氧化碳空气源热泵系统	靳光亚、李子栋、李健杰、杜伟彪、刘志坚	发明	2017.03.16	2019.02.22	201710157464.7
528	一种全桥逆变电路激光器驱动电路	李松涛、张晓宏、张贵银	发明	2016.04.20	2019.02.26	201610264836.1
529	可调阻抗式分布式光伏发电集群谐振抑制系统及抑制方法	李　鹏、于　航、夏　曼、付　强、黄仁乐、孙　健、常乾坤、王存平	发明	2016.07.28	2019.02.26	201610604425.2
530	一种二价汞转化零价汞的还原装置	郑海明、李长朝	发明	2015.12.22	2019.03.01	201510973399.6
531	一种基于Radon变换的数字图像角点检测方法	王旭光、苏　杰、张　楠	发明	2015.12.24	2019.03.01	201510991950.X
532	一种血管内光声图像的时间反演重建方法	孙　正、韩朵朵、马　真、毛　娟	发明	2016.01.20	2019.03.01	201610038718.9
533	一种单端反激电路激光器驱动电路	任　芝、张　硕	发明	2016.04.20	2019.03.01	201610264796.0
534	一种钛铝碳与碳化钛复合储氢材料及其制备方法	柳　青、丁海民、王进峰、石　玉	发明	2016.08.29	2019.03.01	201610735959.9
535	单交叉口信号灯的二级泛逻辑智能控制方法及控制系统	刘　丽	发明	2016.11.14	2019.03.01	201610999730.6
536	白泥湿法烟气脱硫稳定运行的方法	马双忱、荀全发、华继洲、严天元、陈公达、文晓春	发明	2016.09.12	2019.03.05	201610815534.9
537	一种模块化电力电子变压器运行综合效率优化控制方法	付　超、孙玉巍、刘教民、王　毅	发明	2016.10.19	2019.03.05	201610907080.8
538	交直流混合微网潮流控制器的分散协调控制方法	李　鹏、连攀杰、陈安伟、郭天宇、汪乐天	发明	2017.07.18	2019.03.05	201710583868.2
539	电厂烟气中蒸汽潜热与水回收系统及其回收方法和控制方法	马双忱、向亚军、陈嘉宁、武　凯	发明	2017.12.13	2019.03.05	201711323505.1
540	一种基于文化基因算法的交直流混合微网优化运行方法	李　鹏、郑苗苗、陈安伟、余　杰、顾一丰、韩建沛	发明	2017.12.15	2019.03.05	201711359910.9
541	一种点阵型蚀刻不锈钢纤维的制备方法及其应用	李保会、李小燕、杨晓丹、张　琳、张秀敏、张楚璇	发明	2016.12.15	2019.03.08	201611161856.2
542	一种基于相量分析的改进阻抗性有源配电网故障测距算法	戴志辉、王　旭、陈冰研、严思齐	发明	2016.11.02	2019.03.08	201610946283.8
543	一种计及光伏集群接入的交直潮流断面协调最优控制方法	李　鹏、李鑫明、陈安伟、汪乐天、周国华	发明	2017.03.29	2019.03.08	201710199927.6
544	一种基于状态观测器的动态系统建模方法	董　泽、尹二新、李兴如	发明	2016.04.20	2019.03.08	201610247941.4
545	一种复合绝缘子老化程度的快速评估方法	梁　英、靳　哲、张君成	发明	2016.06.28	2019.03.12	201610485019.9
546	新能源电力系统小干扰稳定状态紧急控制方法	周一辰、李永刚、于德水、刘伟东	发明	2016.12.09	2019.03.12	201611128450.4
547	绝缘包裹机器人	房　静、王一迪、吴　鹏	发明	2018.10.29	2019.03.12	201830604327.9
548	一种变压器绕组变形带电测试系统及其测试方法	刘云鹏、田　源、张重远、耿江海、程槐号、李昊鸾、胡　焕	发明	2016.10.28	2019.03.15	201610969575.3

续表

序号	名称	发明人	专利类型	申请日期	授权日期	申请号
549	平衡差动式金属探测传感器及绝缘纸检测装置	王永强、仲　钊、谢　军、王云佳、李金忠、张书琦、汪　可、高　飞、程焕超	发明	2016.12.08	2019.03.15	201611119780.7
550	基于深度神经元响应模式的绝缘子红外图像特征表达方法	赵振兵、徐国智、范晓晴	发明	2016.09.14	2019.03.19	201610822147.8
551	一种建筑制冷与制热新风系统	刘志坚、李依霖、王欣怡	发明	2016.06.03	2019.03.22	201610392267.9
552	一种电气设备局放源测向装置	谢　庆、王　涛、张　莹、刘　丹、刘绪英、徐玉琴、律方成	发明	2016.04.28	2019.03.26	201610284817.5
553	攀爬机器人移动控制系统恢复方法	廖尔崇、柳长安、邵绪强、姜丽梅、房　静	发明	2017.02.13	2019.03.26	201710075737.3
554	一种竖直导轨泵浦双向受激散射同时发生增强装置及方法	任　芝、闫泽辉	发明	2015.12.18	2019.03.29	201510968207.2
555	一种水平导轨泵浦双向受激散射同时发生增强装置及方法	李松涛、张晓宏	发明	2015.12.18	2019.03.29	201510968088.0
556	一种光伏并网逆变器接触漏电流检测方法	李松涛、任　芝、张晓宏、黄　敏、鲍迎娣、王　亮	发明	2016.05.31	2019.03.29	201610372925.8
557	一种发电机定子绕组匝间短路故障位置和故障程度检测方法	何玉灵、邓玮琪、唐贵基	发明	2016.06.17	2019.03.29	201610431826.2
558	一种换流变压器电磁场－流体－温度耦合计算方法	刘　刚、张翰方、靳艳娇、池　骋、李　琳、李慧奇	发明	2016.07.14	2019.03.29	201610554283.3
559	一种新型直流电压的多级闭环控制方法	朱晓荣、豆林林	发明	2015.07.10	2019.04.02	201510401261.9
560	一种火电机组发电成本最低的配煤方案获取方法	王春波、杨枨钧、陈　亮、郭　泰、成上月	发明	2015.07.17	2019.04.02	201510422764.4
561	一种锅炉烟气的处理装置及其处理方法	杨丽娟、朱洪涛	发明	2016.10.31	2019.04.02	201610972153.1
562	一种考虑风电爬坡特性的电力系统调度方法	马燕峰、陈　磊、刘会强、蒋云涛、俞人楠、赵书强	发明	2016.12.01	2019.04.02	201611085895.9
563	一种基于自抗扰控制的光伏电站抑制电网低频振荡的方法	马燕峰、蒋云涛、刘会强、陈　磊、俞人楠、赵书强	发明	2016.12.01	2019.04.02	201611086086.X
564	一种 Ti_5Si_3 金属间化合物微纳米线及其制备方法	丁海民、王贤龙、柳　青、石　玉	发明	2017.05.31	2019.04.02	201710400515.4
565	一种用于异构网络中的用户选择算法	韩东升、车辚辚、尼俊红	发明	2015.09.22	2019.04.05	201510606379.5
566	基于主从博弈模型的交直流混合微电网优化运行方法	李　鹏、韩鹏飞、陈安伟、张　斌、周国华	发明	2017.03.29	2019.04.05	201710199928.0
567	一种互联网＋可调度负荷综合调度系统	米增强、吴广磊、梅华威	发明	2015.10.13	2019.04.09	201510668671.X
568	基于三维壳有限元－梁模型的风力机叶片位移计算方法	周邢银、安利强	发明	2016.05.26	2019.04.16	201610356352.X
569	一种四进制差分空间调制方法	高　强、范丽敏、余　萍	发明	2016.06.08	2019.04.19	201610404860.0
570	一种 DC/DC 双向换流器稳定直流母线电压最优控制方法	李　鹏、李鑫明、李继红、张　亮、王　敏	发明	2017.08.24	2019.04.19	201710741509.5
571	一种提高直流微电网电压稳定的控制方法	朱晓荣、蔡　杰	发明	2015.05.06	2019.04.23	201510228790.3
572	一种基于分层模型的大数据可信性度量方法	程晓荣、李天琦、赵惠兰	发明	2015.09.30	2019.04.26	201510632818.X
573	一种基于自适应扩展卡尔曼滤波的 ECT 图像重建方法	张立峰	发明	2016.07.21	2019.04.30	201610575305.4
574	一种 PM2.5 吸附剂及制备方法	杨丽娟、李蔷薇、张可刚、王永杰	发明	2016.11.11	2019.04.30	201611005334.3

续表

序号	名称	发明人	专利类型	申请日期	授权日期	申请号
575	一种用作湿式电除尘器极板的微孔金属陶瓷及制备方法	齐立强、姚　远、徐　珺、陈凤桥、杨慧轸	发明	2017.05.22	2019.04.30	201710387380.2
576	一种风电机组健康状态实时评估方法	李　刚、张建付、刘　丽、郭晓红、于长海、宋　雨	发明	2016.09.20	2019.05.03	201610834211.4
577	一种基于“荷电水雾”的工地综合抑尘系统	周庆国、刘江山、胡家伟、何安恩、周儒畅、顾雨梦、刘明浩	发明	2017.06.19	2019.05.03	201710465465.8
578	微网中多微源并列运行的惯量匹配方法	颜湘武、张　波、曲　伟、任亚龙、董　洁、谷建成	发明	2016.07.22	2019.05.07	201610583277.0
579	宽输入的直流变换器拓扑及其前馈型平均电流控制方法	颜湘武、王　杨、葛小凤、张　波、徐恒波、刘正男、任亚龙	发明	2016.09.23	2019.05.07	201610846426.8
580	一种热力系统故障的模糊最近邻融合诊断方法	王晓霞、马良玉	发明	2015.08.26	2019.05.10	201510532354.5
581	一种适用于交直流混合电网的直流电压保护方法	戴志辉、朱慧君、马明珠、张　程	发明	2017.11.23	2019.05.10	201711182489.9
582	一种功冷联供系统	杨先亮、黄文辉、时国华	发明	2015.01.28	2019.05.14	201510053445.0
583	电站锅炉热工参数预测监控系统与方法	王东风、李　玲、王　彪	发明	2016.11.21	2019.05.14	201611045920.0
584	自冷变压器过热应急冷却装置及其控制方法	王永强、王巨伟、姜晓磊	发明	2017.05.25	2019.05.14	201710375881.9
585	一种风电场次同步振荡抑制方法和系统	赵书强、张学伟、宋瑞华、杨大业、李　忍、高本峰、孙辰军、魏明磊	发明	2016.03.08	2019.05.21	201610127088.2
586	一种云平台下的分布式系统行为仿真分析系统的实现方法	熊海军、朱永利、张　琦、宋亚奇	发明	2016.06.20	2019.05.21	201610441113.4
587	基于穿心螺杆的汽轮发电机转子绕组匝间短路诊断方法	武玉才、徐乾杰、马倩倩、马明晗、袁浚峰	发明	2016.12.15	2019.05.21	201611156432.7
588	一种可重复使用的临时地下基础桩	张新春、韩春雨、白云灿	发明	2017.03.03	2019.05.24	201710124598.9
589	输电铁塔主材角钢次弯矩的测量方法	安利强、张海威、江文强、刘圣西、王烨迪	发明	2017.04.10	2019.05.24	201710228832.2
590	基于电流特征量的特高压直流输电线路故障识别方法	戴志辉、严思齐、朱惠君、苏怀波	发明	2017.07.10	2019.05.28	201710556596.7
591	基于励磁阶跃法的发电机转子匝间短路诊断装置及方法	武玉才、王逸仙、徐乾杰、李永刚	发明	2016.11.10	2019.05.31	201610987231.5
592	一种光纤在变压器内部的布线方法	范晓舟、刘云鹏、田　源、步雅楠、王博闻、姜　硕、贺　鹏、刘博闻	发明	2017.09.06	2019.05.31	201710795145.9
593	一种基于目标建议算法的航拍图像绝缘子识别算法	翟永杰、伍　洋、王　迪、李　冰	发明	2015.09.21	2019.06.04	201510603397.8
594	一种基于红外和紫外成像法的零值绝缘子检测方法	王胜辉、廖一帆、詹振宇、张天翼、谢志新	发明	2016.06.27	2019.06.04	201610478358.4
595	基于消弧线圈接入控制短时异态信号的小电流接地选线和调谐方法	梁志瑞、牛胜锁、林　海、陈　旭	发明	2016.11.04	2019.06.04	201610963026.5
596	一种复合式电缆绝缘性能测试装置	刘云鹏、钟　平、刘贺晨、李演达、裴少通、周广洋、王江伟	发明	2017.05.23	2019.06.04	201710367676.8
597	一种基于自抗扰控制的双馈风机抑制电网低频振荡的方法	马燕峰、刘海航	发明	2016.01.18	2019.06.07	201610029004.1
598	一种基于聚碳酸酯的耐磨性超疏水涂层的制备方法	王　鹏、范孝良、孙　博	发明	2017.07.13	2019.06.07	201710571725.X

续表

序号	名称	发明人	专利类型	申请日期	授权日期	申请号
599	一种孤岛直流微电网的协调控制方法	孟建辉、王　琛、王　毅	发明	2016.12.19	2019.06.11	201611179210.7
600	基于穿心螺杆的水轮发电机转子绕组匝间短路诊断方法	武玉才、马倩倩、蔡波冲	发明	2016.12.15	2019.06.18	201611156365.9
601	基于检测线圈的汽轮发电机转子匝间短路诊断装置及方法	武玉才、马明晗、董晨晨、李永刚	发明	2016.12.15	2019.06.18	201611156443.5
602	基于间接距离角直方图空间关系表示模型的图形符号识别方法	张　珂、陈　奇、刘　涛	发明	2015.12.19	2019.06.25	201510957924.5
603	17型车钩结构改进方法	花广如、李文浩、王雨辰	发明	2016.05.24	2019.07.02	201610348923.5
604	一种多层可配置足式攀爬机器人移动控制系统	廖尔崇、柳长安、姜丽梅、邵绪强、房　静	发明	2017.02.13	2019.07.05	201710075677.5
605	拉线塔主柱刚度测量实验系统及方法	杨文刚、陈湘阳	发明	2016.10.13	2019.07.09	201610891175.5
606	基于双线圈的同步发电机转子绕组匝间短路诊断方法	武玉才、王逸仙、蔡波冲、马倩倩	发明	2016.12.15	2019.07.09	201611156381.8
607	基于检测线圈的水轮发电机转子绕组匝间短路诊断方法	武玉才、马倩倩、徐乾杰、王逸仙	发明	2016.12.15	2019.07.09	201611156461.3
608	含高密度间歇性能源的交直流微电网不确定优化运行方法	李　鹏、韩鹏飞、陈安伟、张　斌、郑苗苗	发明	2017.03.29	2019.07.16	201710205341.6
609	一种直流母线故障的比率制动式电流差动保护方法	戴志辉、苏怀波、朱惠君、寇博绰、杨　熙	发明	2017.10.31	2019.07.16	201711049769.2
610	一种可模拟人肠胃液环境的反应效果检测装置	苑春刚、解姣姣、申一文	发明	2017.02.09	2019.07.23	201710071894.7
611	一种基于表面振动分析的变压器在线监测方法	孙　娜、李　中、张卫华、宋天慧	发明	2016.11.11	2019.07.26	201611040125.2
612	一种电力系统网架重构方法和装置	刘　艳、焦　洁、陈　帅、孙小强	发明	2017.08.31	2019.07.30	201710774209.7
613	MMC换流器的混合调制方法	王　毅、胡　灿、付　媛	发明	2017.11.08	2019.07.30	201711087624.1
614	基于移动终端的电力信息系统构建方法	张少敏、解　元、王保义	发明	2016.08.31	2019.08.02	201610792801.5
615	一种面向云存储的智能电网负荷完整性攻击检测方法	张少敏、赵　庆、王保义	发明	2016.11.02	2019.08.02	201610943338.X
616	异构网络中基于分组的用户选择算法	韩东升、郝聪慧、陈智雄	发明	2016.08.03	2019.08.06	201610628280.X
617	一种电力广域通信网多业务QoS路由选择方法	贾惠彬、郑宏达、苏思岚	发明	2017.02.17	2019.08.06	201710088255.1
618	家电控制方法及系统、智能总机	张超峰、梁伟平	发明	2015.11.06	2019.08.06	201510753768.0
619	一种火电机组协调控制系统的智能计算预测控制方法	王东风、李　玲、张　妍	发明	2016.11.21	2019.08.09	201611039433.3
620	大型凸极发电机定子单相接地故障的定位方法	贾文超	发明	2017.01.23	2019.08.09	201710058783.2
621	光储直流微网变惯性控制下虚拟电容的确定方法及系统	付　媛、白聪聪、张祥宇	发明	2018.07.19	2019.08.09	201810796711.2
622	一种基于链路动态负载的光纤网络均衡路由方法	李　中、刘　涛、于　浩、卓文合、王　伟	发明	2016.11.11	2019.08.13	201610996061.7
623	一种吸收剂及其制备方法和除汞方法	马宵颖、赵　毅、许佩瑶、刘永春	发明	2016.07.27	2019.08.16	201610598946.1
624	纳晶热电材料的制备方法	刘英光	发明	2017.09.01	2019.08.16	201710777149.4
625	一种短路故障下变压器绕组的动态受力分析方法	王　雪、吴　涛	发明	2017.01.17	2019.08.20	201710030289.5

续表

序号	名称	发明人	专利类型	申请日期	授权日期	申请号
626	一种原位沉积纳米 Pt 的表面改性不锈钢及其应用	梁可心、檀　玉	发明	2018.06.25	2019.08.20	201810662015.2
627	一种电力广域通信网多业务 QoS 路由选择方法	贾惠彬、郑宏达、苏思岚	发明	2017.02.17	2019.08.23	201710085085.1
628	一种贴壁式超声传感器布置结构	范晓舟、刘博闻、田　源、刘云鹏、姜　烁、王博闻、步雅楠、贺　鹏	发明	2018.01.23	2019.08.23	201810061291.3
629	电力线 MIMO 通信中基于能效的波束成形方法	李　中、赵　伟、于　浩、王　伟、柏思瑶	发明	2016.10.18	2019.10.15	201610906830.X
630	一种异构网络中边缘用户小区选择算法	韩东升、牛伟娇、赵振东	发明	2015.08.31	2019.10.18	201510548347.4
631	一种基于光纤传感的海水温探剖面测量系统	张　静、李永倩、尚秋峰、杨　志、姚国珍、王绍龙、孙东波	发明	2018.02.28	2019.10.29	201810164410.8
632	一种与无人机配合投放小物资的定点投放装置	何玉灵、谌星宇	发明	2019.01.29	2019.10.29	201920157230.7
633	一种智能用热管理系统及其管理方法	黄　宇、李　丹、王　苹、李雅雯	发明	2017.01.09	2019.11.01	201710027417.0
634	多端柔性直流系统故障情况下暂态量的计算方法	付　媛、刘婧妍、徐　岩	发明	2017.11.03	2019.11.05	201711067582.5
635	一种处理富营养化水体的水处理剂	尹倩倩	发明	2017.03.31	2019.11.08	201710210485.0
636	一种电容层析成像系统及其成像方法	张立峰、宋亚杰	发明	2017.10.23	2019.11.22	201710991068.4
637	一种高低压配电柜	曹雨含	实用新型	2017.12.26	2018.06.29	201721841299.0
638	一种多功能配电试验接线盒	曹雨含	实用新型	2017.12.26	2018.06.29	201721841061.6
639	一种强化有机废水发酵产气装置	赵争辉、朱　楼、王睿坤、尹倩倩	实用新型	2018.02.02	2018.10.02	201820186328.0
640	一种芦苇收割机	范晓舟、李　展、雍东升、倪彪、杜　晓、祁朋园	实用新型	2018.04.16	2018.11.13	201820539451.6
641	密闭空间检修人员定位与信息监测装置	仝卫国、李敏霞、朱赓宏、刘　震	实用新型	2018.05.22	2018.12.11	201820768489.0
642	一种可控温度可调气氛的粉尘比电阻测试装置	齐立强、姚　远、李锦涛、滕　菲、韩天义、胡言午、袁绍雨、李语瞳、龚意邦	实用新型	2018.04.08	2019.01.15	201820534421.6
643	一种基于逆压电效应的气力输送管道疏通装置	齐立强、高　志、赵　宇、孙俊豪	实用新型	2018.04.08	2019.01.18	201820534085.5
644	一种配网故障选线用七次谐波提取装置	侯思祖、郭　威	实用新型	2018.07.28	2019.01.22	201821239043.0
645	一种太阳能地源热泵系统	郑国忠、王雅静、卜文涛、李　珂、吕玉珍	实用新型	2018.04.18	2019.02.18	201820606133.7
646	高精度海水温度测量装置	范寒柏、宋文妙、张淑娥	实用新型	2018.09.11	2019.03.08	201821480918.0
647	一种用于变电站检修的智能安措系统	赖曦文、李　胤、寰房静	实用新型	2018.08.23	2019.03.15	201821360095.8
648	一种无人机盘煤遥控器	杨耀权、彭　蹦、靳渤文、张明浩、江鹏宇	实用新型	2018.06.20	2019.03.29	201820955490.4
649	一种基于树莓派的无人货柜	刘书刚、袁和金、刘　丽、王会月、李佳锦、高靖智、王鸣纯	实用新型	2018.08.01	2019.03.29	201821229749.3
650	一种新型水箱水位远程预警装置	樊振萍、郑晓坤	实用新型	2018.10.09	2019.04.02	201821633563.4
651	一种多功能交通信号灯	彭湘泽	实用新型	2018.07.23	2019.04.02	201821202916.5

续表

序号	名称	发明人	专利类型	申请日期	授权日期	申请号
652	一种新型的用于电力系统电力输送杆塔上的去除鸟巢机器人	黄智文、莫　姝	实用新型	2018.09.29	2019.04.02	201821601339.7
653	一种多功能控制器电路	王文广、王　朔、程　琳、赵文杰	实用新型	2018.09.20	2019.04.05	201821562484.9
654	一种风电叶片根部法兰用辅助组装装置	李晓静、李雨鑫	实用新型	2018.09.12	2019.04.09	201821490142.0
655	一种用于混合氮气与臭氧的气体混合装置	郑海明、刘　佳、王金袖、赵朋朋、姜　海	实用新型	2018.06.11	2019.04.12	201820898917.1
656	一种复合高级氧化水处理反应器	高慧颖、张梦瑶、张桢如	实用新型	2018.07.17	2019.04.12	201821132014.9
657	一种振动信号检测探头	崔婷立、韩翔宇、范晓舟	实用新型	2018.10.11	2019.04.12	201821645656.9
658	智能插座	王子欣、陈俊杰	实用新型	2018.07.20	2019.04.16	201821159771.5
659	一种便携式可调温电动汽车智能充馈电装置	张明洋	实用新型	2018.07.11	2019.04.23	201821093017.6
660	流量测量系统	仝卫国、朱赓宏、刘　震、庞雪纯、顾　浩、翟永杰、金秀章	实用新型	2018.10.31	2019.04.23	201821779557.X
661	一种基于单片机的电脑底座散热系统	刘书刚、王会月、李佳锦、高靖智	实用新型	2018.11.08	2019.04.23	201821836925.X
662	一种涡卷流体装置的新型固定涡卷	靳光亚、吴迪	实用新型	2018.09.10	2019.04.26	201821475227.1
663	一种空气净化装置	刘志坚、侯玉菡	实用新型	2018.09.03	2019.04.26	201821434523.7
664	一种用于被动式太阳房房顶安装使用的太阳能集热器	刘志坚、鲍　威	实用新型	2018.08.20	2019.04.26	201821341631.X
665	一种水箱液位控制系统	姚万业、杨　光、杨明玉	实用新型	2018.11.15	2019.04.30	201821879984.5
666	一种射流净化空气幕	靳光亚、张玉佳、何安妮、韦生风	实用新型	2018.05.11	2019.05.03	201820739716.7
667	一种直接空冷机组空冷岛热风回收系统	高建强、危日光、杜少东、庄绪增、董　晴、杨东江、郭天翔、梁泽曦	实用新型	2018.06.22	2019.05.03	201820971144.5
668	多燃料化学链燃烧装置	陈鸿伟、张　巍、刘　拓、张志远、贾建东、徐继法、麻哲瑞	实用新型	2018.07.13	2019.05.03	201821105873.9
669	一种基于振动的变压器在线监测装置	唐东星、冯玉挺、刘津钊	实用新型	2018.11.07	2019.05.03	201821823568.3
670	一种环保型锅炉	刘志坚、侯玉菡	实用新型	2018.09.03	2019.05.03	201821434144.8
671	一种石料切割机除尘系统	牟高扬、王思霖、高　冲	实用新型	2018.10.12	2019.05.07	201821658155.4
672	一种防微生物气溶胶污染的消毒装置	刘志坚	实用新型	2018.09.10	2019.05.10	201821474252.8
673	一种用于热工自动化仪器的检修工具箱	姚万业、王增科	实用新型	2018.10.25	2019.05.21	201821735128.2
674	新型焦化废水制水煤浆用的废水收集装置	王睿坤、高群翔	实用新型	2018.09.07	2019.05.24	201821464815.5
675	一种焦化废水制水煤浆用的焦粉筛分装置	王睿坤、王建斌、赵争辉	实用新型	2018.09.06	2019.05.24	201821457222.6
676	一种高效陶瓷打磨装置	李　非、盛家豪	实用新型	2018.09.06	2019.05.24	201821457224.5
677	一种基于图像识别的太阳能电池板污染监测及清理系统	高舒慈、王　栋	实用新型	2018.10.19	2019.05.24	201821699254.7
678	一种多孔介质材料的切割装置	孙　玮、杨丽娟	实用新型	2018.09.27	2019.05.28	201821651101.5
679	一种处理电厂含盐废水的多效蒸发结晶系统	时国华、王　佳、唐敏杨、林　棣	实用新型	2018.03.07	2019.05.31	201820312430.0

续表

序号	名称	发明人	专利类型	申请日期	授权日期	申请号
680	一种用于多孔介质材料铸造的引锭杆	孙　玮、杨丽娟	实用新型	2018.09.27	2019.05.31	201821646866.X
681	一种热工自动化用送料装置	姚万业、王增科	实用新型	2018.10.19	2019.05.31	201821698789.2
682	基于Android的无线蓝牙靶机控制器	刘书刚、李佳锦、王会月、高靖智	实用新型	2018.12.10	2019.05.31	201822064142.0
83	一种虚拟同步发电机	赖逸洋、陈荣发、洪　然	实用新型	2018.11.21	2019.05.31	201821925466.2
684	一种便携式永磁同步电机	王艾萌、郭嘉宇	实用新型	2018.10.16	2019.06.04	201821675757.0
685	高浓度有机废水光催化处理器	张敬红、王治茹、赵朴臻、张　晓、李瑞萱、王淑琴	实用新型	2018.09.14	2019.06.04	201821506964.3
686	基于有机朗肯循环的排气余热回收发电装置	叶妮娜、冯晶森、杨浩昱	实用新型	2018.06.25	2019.06.04	201820980171.9
687	一种换热管	闫顺林、李永华、于兴宝、曹保鑫、韩　建、张　莎	实用新型	2018.08.03	2019.06.07	201821248107.8
688	一种基于光电转换的双极性冲击局部放电检测装置	韩家峻、张　悦、赵　涛、刘云鹏	实用新型	2018.11.01	2019.06.07	201821792780.8
689	一种盒状可变形太阳能充电装置	郑　玉、冰孟明	实用新型	2018.10.09	2019.06.11	201821634550.9
690	一种基于安卓显示的便携式数字示波器	石家桥	实用新型	2018.10.30	2019.06.11	201821770366.7
691	一种基于精细化因素分析的电力供需预测装置	刘子嫣、梁海峰	实用新型	2018.11.12	2019.06.11	201821853861.4
692	一种便于安装使用的高效太阳能蓄热器	刘志坚、楚嘉琪	实用新型	2018.08.13	2019.06.14	201821297613.6
693	一种共享用车位显示器	段松召、雷世豪、范晓舟	实用新型	2018.12.10	2019.06.18	201822058765.7
694	模拟烟气含量对三氧化硫浓度影响的实验装置	李加护、王小涛、高　硕、张　猛、提梦桃、谢英柏	实用新型	2018.11.06	2019.06.21	201821818809.5
695	一种压缩空气的余热回收装置	韩　旭、安琪伟	实用新型	2018.11.12	2019.06.28	201821850652.4
696	一种基于UWB定位的室内服务机器人系统	姚万业、刘彤宇、杨明玉	实用新型	2018.11.15	2019.07.05	201821878322.6
697	一种车载轮胎气压管理系统	姚万业、冯涛明、杨明玉	实用新型	2018.11.15	2019.07.05	201821878545.2
698	一种储能式健身车电磁阻尼器实验装置	孟　明、严昌龙、陈媛媛、康玉婵	实用新型	2018.07.23	2019.07.09	201821165153.1
699	一种暖气用单向自动控制阀	毛杨坤	实用新型	2018.11.23	2019.07.09	201821936946.9
700	一种气体压缩机用降噪装置	刘博想、李晓静	实用新型	2018.12.12	2019.07.09	201822079743.9
701	一种容积式新型压缩机	刘博想、李晓静	实用新型	2018.12.12	2019.07.09	201822079742.4
702	一种烟气水分收集装置	钱江波、张子玉、孔祥灿、谷青峰、姚　灏、于　越	实用新型	2018.09.12	2019.07.09	201821492048.9
703	一种减震效果好的膨胀机	刘博想、李晓静	实用新型	2018.12.12	2019.07.12	201822080226.3
704	一种锅炉管路污染检测爬行车	高舒慈	实用新型	2018.11.19	2019.07.12	201821902278.8
705	一种变电站警示装置	王海洋	实用新型	2018.10.23	2019.07.16	201821715566.2
706	一种预测室内空气微生物污染潜在性的热湿响应装置	柳　灿	实用新型	2018.11.07	2019.07.19	201821828084.8
707	一种用于多孔介质材料铸造的牵引装置	孙　玮、杨丽娟	实用新型	2018.09.26	2019.07.23	201821639317.X
708	一种智能建筑配电控制系统	王　瑜、王玉鑫、刘　钢、靳　松	实用新型	2018.12.06	2019.07.23	201822036179.2
709	起倒靶控制系统	刘书刚、高靖智、王会月、李佳锦	实用新型	2018.12.10	2019.07.23	201822063287.9

续表

序号	名称	发明人	专利类型	申请日期	授权日期	申请号
710	一种蓄热单元	闫顺林、李永华、曹保鑫、韩　建、于兴宝、张　莎	实用新型	2018.08.07	2019.07.26	201821265327.1
711	一种凝汽器清洗系统及凝汽器	闫顺林、李永华、韩　建、于兴宝、曹保鑫、张　莎	实用新型	2018.08.07	2019.07.26	201821265912.1
712	发电厂辅助运输工具	范晓舟、左安邦、李振钊	实用新型	2018.12.25	2019.07.26	201822187080.2
713	发电厂专用运输托架	李振钊、左安邦、范晓舟	实用新型	2018.12.25	2019.07.26	201822185855.2
714	一种新型红外室内定位装置	姚万业、马立奇、李金平、杨明玉	实用新型	2018.11.15	2019.07.30	201821879982.6
715	一种室外采暖装置	赵　娜、范新宇	实用新型	2017.09.25	2019.08.02	201821475874.2
716	一种无人机用加强型螺旋桨	薛　霖	实用新型	2018.10.18	2019.08.02	201821691261.2
717	一种笔记本电脑外设散热器	朱明昱	实用新型	2018.12.03	2019.08.06	201822015168.6
718	大吨位供热用水混合器	危日光、程　凯、陈鸿伟、高建强	实用新型	2018.05.07	2019.08.09	201820670629.0
719	一种用于测量工件表面粗糙度的实验装置	王进峰、范珈诚、陈　凯、乐商正	实用新型	2018.09.04	2019.08.13	201821509729.1
720	一种老年人防摔骨折保护裤	冯永杰	实用新型	2018.11.28	2019.08.13	201821975432.4
721	一种用于净化室内空气的微生物处理装置	周　亮	实用新型	2018.11.22	2019.08.16	201821928292.5
722	一种用于手术室的换气通风装置	刘志坚、庄文宾、戎　瑞	实用新型	2018.12.24	2019.08.20	201822176441.3
723	一种程控可变接地电阻的直流接地电树枝试验系统	刘云鹏、张铭嘉、刘贺晨、徐晓彬、刘爱静	实用新型	2018.12.07	2019.08.30	201822046842.7
724	一种全自动气力输送管道疏通装置	齐立强、高　志、吴　勃	实用新型	2018.10.16	2019.09.06	201821716421.4
725	一种巡逻车的人脸识别启动装置	李超雄、黄建国、潘海亮、李永健	实用新型	2018.12.22	2019.09.10	201822165607.1
726	一种单容水箱液位 PID 控制实验装置	秦志明	实用新型	2019.02.01	2019.09.10	201920198046.7
727	一种节能热水联产的烟气消白技术	李永华、王文轩、李美军	实用新型	2018.11.07	2019.10.08	201821826557.0
728	一种轴承检测装置	孙群丽	实用新型	2018.05.04	2019.10.08	201721491401.7
729	一种基于 ZIGBEE 通信的便携式模电实验教学系统	张　宁、郭以贺、皇朝彪、刘振兴	实用新型	2018.08.20	2019.10.18	201821342520.0
730	一种基于 ZIGBEE 通信的嵌入式教学装置	张　宁、黄怡然	实用新型	2018.08.20	2019.10.18	201821343326.4
731	可以高温自吹扫且防堵防腐的空气预热器	危日光、高建强、杜少东、陈　丽、张乔波、曹　浩	实用新型	2019.01.09	2019.10.25	201920034769.3
732	一种用于季节性冻土地区的防融沉自冷钢管螺旋桩	张新春、朱　昂	实用新型	2018.11.01	2019.11.12	201821795541.8
733	电网巡线除冰无人机	邹文珏	外观设计	2018.08.31	2019.01.01	201830489420.X
734	隔离开关	赖曦文	外观设计	2018.09.19	2019.01.01	201830528478.0
735	电动汽车充电故障诊断装置	盛玉倩、张志远、占志刚	外观设计	2018.09.10	2019.01.01	201830507344.0
736	椅子（“古风客宾”）	张天懿、包洪源、宋子豪、张钰淇、孙尚飞	外观设计	2018.09.21	2019.01.15	201830565589.9
737	城市新能源清洁车	张天懿、阮景怡、宋子豪、张钰淇、李先超	外观设计	2018.09.21	2019.01.15	201830565588.4
738	无人机支架（红外拍摄型）	李金姝	外观设计	2018.07.24	2019.01.22	201830399108.1

续表

序号	名称	发明人	专利类型	申请日期	授权日期	申请号
739	智能居家药盒	万　磊	外观设计	2018.10.12	2019.01.22	201830571202.0
740	便携式汽车充电桩	万　磊	外观设计	2018.10.13	2019.01.22	201830571538.7
741	镭射琴	牟　芮、房　静	外观设计	2018.10.17	2019.01.25	201830579869.5
742	户外防雨火车票取票机	张天懿、包洪源、宋子豪、张钰淇、李先超	外观设计	2018.09.21	2019.01.29	201830565587.X
743	变压器	段兆岳、房　静、袁　帅	外观设计	2018.09.29	2019.02.01	201830550287.4
744	风机叶片全自动清洗装置	邹文珏	外观设计	2018.10.16	2019.02.01	201830576929.8
745	仿生抽水车（“鲸鱼”）	张天懿、董鑫晨、闫　睿、张钰淇	外观设计	2018.10.17	2019.02.15	201830607210.6
746	半DIY餐饮服务平台	姚　宇	外观设计	2018.10.11	2019.02.15	201830567476.2
747	智能衣物烘干机	张天懿、宋子豪、吕兴立、张钰淇	外观设计	2018.10.17	2019.02.22	201830607142.3
748	智能体感代步车	吕鹏瑞、李林春、黄小伟、万书亭	外观设计	2018.10.26	2019.02.26	201830618420.5
749	智能取物车（仓储物品）	房　静、杨家骏	外观设计	2018.11.07	2019.03.08	201830626462.3
750	倒走安全监测仪	熊赋志	外观设计	2018.10.22	2019.03.08	201830589468.8
751	底座	马　帅、王　怡	外观设计	2018.11.07	2019.03.08	201830627754.9
752	配电监测终端（便携型）	李金殊	外观设计	2018.11.05	2019.03.08	201830622338.X
753	包裹机	赵建军、邹文珏、熊歆昀、孟　松、吴　鹏	外观设计	2018.11.07	2019.03.08	201830627761.9
754	自助智能书柜	宋风珊	外观设计	2018.11.09	2019.03.15	201830634753.7
755	酒精检测仪	甄　谦、雷　轩、马世祥、牛为华、李　天	外观设计	2018.11.09	2019.03.15	201830634752.2
756	手机红外热成像仪	周盛源、王鸣纯、胡伟业、王新颖、牛为华	外观设计	2018.10.25	2019.03.19	201830597297.3
757	人脸识别智能考勤机	雷轩　、陈至桓、韩时超、刘永馨、刘　丽、翟清剑	外观设计	2018.11.09	2019.03.19	201830635353.8
758	屋顶光伏计量监测装置	李　媛、赵路佳	外观设计	2018.09.28	2019.03.22	201830548824.1
759	直流电流源	徐之乐	外观设计	2018.11.05	2019.03.22	201830622857.6
760	智能药箱（1）	宣朋羽	外观设计	2018.10.25	2019.03.22	201830599354.1
761	智能药箱（2）	卢　凌、盖立童、宣朋羽、庞春江、李　天	外观设计	2018.10.25	2019.03.22	201830598607.3
762	智能药箱（3）	盖立童、卢　凌、王新颖、牛为华	外观设计	2018.10.25	2019.03.22	201830598598.9
763	修复机	孟　松、赵建军	外观设计	2018.11.07	2019.03.22	201830627479.0
764	太阳能跟踪器	杜徐东	外观设计	2018.11.01	2019.03.22	201830615402.1
765	风力发电机	杜徐东	外观设计	2018.11.01	2019.03.22	201830615405.5
766	智能椭圆健身车	张天懿、秦海勇、周永戬、康　辉、孙尚飞	外观设计	2018.09.21	2019.03.29	201830565586.5
767	履带式巡检车（电缆隧道）	马家璇、房　静	外观设计	2018.09.14	2019.03.29	201830517314.8
768	实验装置（供热测温）	尹鹏辉	外观设计	2018.10.26	2019.03.29	201830602777.4

续表

序号	名称	发明人	专利类型	申请日期	授权日期	申请号
769	避雷器	张元开、黄　艳、肖秋瑶、段兆岳、袁　帅、刁子腾、邹文珏、房　静	外观设计	2018.10.09	2019.03.29	201830561131.6
770	车载酒精传感报警装置外壳	胡伟业、马世祥、魏天鸿	外观设计	2018.10.30	2019.03.29	201830608406.7
771	无人机无线充电平台	张明洋	外观设计	2018.11.16	2019.03.29	201830650970.5
772	餐盒(无袋提拉式循环)	左安邦	外观设计	2018.10.09	2019.03.29	201830561171.0
773	升降装置	栾　琨	外观设计	2018.11.07	2019.04.02	201830627477.1
774	裂缝检测机器人(风力发电机扇叶)	房　静、陈荣发	外观设计	2018.11.20	2019.04.05	201830658910.8
775	智能外卖无人机	张天懿、阮景怡、宋子豪、张钰淇、李先超	外观设计	2018.09.21	2019.04.09	201830565559.8
776	智能外卖电车	张天懿、任　汀	外观设计	2018.10.17	2019.04.09	201830607226.7
777	无人机(风力发电机用)	胡哲东	外观设计	2018.11.16	2019.04.12	201830653090.3
778	气象站(微型)	谢洪鑫	外观设计	2018.10.23	2019.04.12	201830592267.3
779	红外热成像检测仪	谢洪鑫	外观设计	2018.10.23	2019.04.12	201830592128.0
780	聊天机器人	杨少梅、王　婷	外观设计	2018.06.29	2019.04.16	201830352052.4
781	座椅(异形)	刘　渊、邹文珏	外观设计	2018.07.27	2019.04.23	201830411520.0
782	搬运机器人(智能型)	唐东星	外观设计	2018.12.10	2019.04.23	201830714271.2
783	图书盘点整架设备	李　媛	外观设计	2018.09.14	2019.04.26	201830517761.3
784	智能插座	薛　霖、张竞月、熊歆昀、李松涛	外观设计	2018.11.06	2019.04.30	201830625844.4
785	车位检测器(无线)	周盛源	外观设计	2018.11.13	2019.04.30	201830642566.3
786	交通指示灯	赵路佳、熊赋志	外观设计	2018.10.22	2019.05.07	201830589965.8
787	雾霾发生器(模拟)	周天宇	外观设计	2019.01.07	2019.05.07	201930007522.8
788	浇水装置(智能)	周文轩	外观设计	2018.11.29	2019.05.07	201830684679.X
789	鼻用空气过滤器	韩静怡、张书玮	外观设计	2018.12.29	2019.05.17	201830772809.5
790	泡沫金属新型化油器	王　颖	外观设计	2018.11.30	2019.05.24	201830690072.2
791	数字视频光端机	彭　洁	外观设计	2018.10.18	2019.05.24	201830581545.5
792	音频解码器	彭　洁	外观设计	2018.10.17	2019.05.31	201830578661.1
793	轨道清洁卫士	刘　渊、孙玮然	外观设计	2019.01.18	2019.06.04	201930028810.1
794	立体车库智能梳齿搬运器	刘　渊、朱天陆	外观设计	2019.01.18	2019.06.04	201930027801.0
795	轨道交通拧紧机	刘　渊、邹文珏	外观设计	2019.01.18	2019.06.04	201930028809.9
796	风力发电机	谢　菁	外观设计	2019.02.25	2019.06.07	201930075059.0
797	老年智能收音机	张天懿、李　桓	外观设计	2018.09.21	2019.06.11	201830565560.0
798	试验控制台	姚　宇	外观设计	2018.11.08	2019.06.14	201830630988.9
799	太阳能路灯	李小倩	外观设计	2018.10.30	2019.07.02	201830609645.4
800	变电站测控通讯一体机	袁　琰	外观设计	2018.12.10	2019.07.05	201830712834.4
801	集成外壳(GNSS 接收机板卡与工控机)	焦冰洁	外观设计	2018.12.08	2019.07.09	201830709640.9
802	理疗仪	宋治星	外观设计	2019.01.23	2019.07.09	201930037246.X
803	智能穿戴设备	原晟淇	外观设计	2018.11.19	2019.07.09	201830656751.8

续表

序号	名称	发明人	专利类型	申请日期	授权日期	申请号
804	智能行李箱	曹　越、张　言	外观设计	2019.04.08	2019.07.09	201930155128.9
805	磁性便签座(小鸭)	刘　静、张宏博	外观设计	2019.01.18	2019.07.12	201930027041.3
806	户外灯	马　帅、王　怡	外观设计	2018.11.07	2019.07.16	201830627464.4
807	数字万用表	耿江海、韩静怡	外观设计	2019.01.18	2019.07.16	201930027659.X
808	智能手环	盖立童	外观设计	2019.04.08	2019.07.19	201930155737.4
809	太阳能电池板清洗机器人	刘　洋	外观设计	2019.03.15	2019.07.19	201930108118.X
810	拐杖(智能报警)	朱玫盈、李　聪、郝霄瀚	外观设计	2018.12.18	2019.08.02	201830734665.4
811	曝气外端	李天翔	外观设计	2018.12.21	2019.08.02	201830745050.1
812	便携式广域相量测量装置的手持设备(基于GPS及STM32F4)	黄一洪、张绍栋、赵路佳	外观设计	2019.03.22	2019.08.02	201930120977.0
813	便携式广域相量测量装置(基于GPS和STM32F4)	黄一洪、张绍栋、赵路佳	外观设计	2019.03.22	2019.08.02	201930120978.5
814	光伏电池板(带有自动清扫装置)	马宇威	外观设计	2019.03.15	2019.08.02	201930108016.8
815	水体曝气平台	李天翔	外观设计	2018.12.21	2019.08.16	201830744837.6
816	移动病床	刘　渊、朱天陆、王子轩	外观设计	2018.12.30	2019.08.23	201830773378.4
817	超市收银门	朱天陆、刘渊、刘凤民、雷腾飞	外观设计	2018.12.30	2019.08.23	201830773382.0
818	砧板(防溢水型)	姚小清	外观设计	2019.01.25	2019.08.23	201930044745.1
819	超级电容器	谌可炜	外观设计	2019.03.26	2019.08.27	201930130071.7
820	超级电容器外壳	谌可炜	外观设计	2019.03.26	2019.08.27	201930129506.6
821	智能旋转式双层停车库	刘　洋	外观设计	2019.03.15	2019.08.30	201930108116.0
822	汽车后保险杠	张新春、沈振峰、朱天陆	外观设计	2019.06.27	2019.10.01	201930336947.3
823	跑车外壳模型	张新春、沈振峰、朱天陆	外观设计	2019.06.27	2019.10.25	201930336875.2
824	读书椅	姚小清	外观设计	2019.01.25	2019.11.22	201930044744.7
825	一种多壁纳米碳管催化剂及其制备方法和应用	汪黎东、杨　玉、许佩瑶	发明(日本)	2015.08.12	2019.03.15	6495470
826	A renewable energy-based hybrid bi-directionally interactive DC traction power system	孟　明、刘　剑、王喜平	发明(美国)	2014.07.26	2019.06.04	US10308140B2
827	一种能源高效利用装置	韩中合、刘志坚、吴　迪	发明(日本)	2018.05.03	2019.08.16	6571241

(截至2019年12月31日有效专利数据　科学技术研究院　提供)

华北电力大学2019年校企(地、校)合作情况一览表

序号	合作单位	合作时间	合作领域
1	北京市计量检测科学研究院	2019年4月16日	根据协议,双方将建设高水平实验室,共同开展科技成果转化和人才培养
2	中国电力建设企业协会	2019年5月7日	根据协议,双方将开展课题调研、产教融合等方面合作
3	国家高速列车技术创新中心	2019年5月11日	根据协议,双方将在新能源与轨道交通融合发展的模式与趋势以及新能源与轨道交通融合发展的应用场景、解决方案和创新任务等方面合作
4	国家电网有限公司	2019年5月16日	根据协议,共建能源互联网学院,构建国际一流的"三型两网"科研创新平台,打造适应"三型两网"建设需要的高质量人才培养基地

续表

序号	合作单位	合作时间	合作领域
5	上海曼恒公司	2019 年 5 月 23 日	根据协议,通过全方位合作,使 VR 技术服务领域向电力行业扩展延伸,助力学校人才培养和教育教学质量提升,助力华电"双一流"大学建设
6	国家电网节能服务公司	2019 年 7 月 11 日	根据协议,共建综合能源创新技术联合实验室
7	中国综合能源服务产业创新发展联盟协议书	2019 年 9 月 4 日	根据协议,我校正式加入中国综合能源服务产业创新发展联盟
8	盐城市人民政府、盐城工学院	2019 年 9 月 7 日	根据关于共同培育新能源产业高质量发展战略合作框架协议,将遵循"产教融合、深度合作,项目推进、务实合作,互利共赢、长期合作"的原则,进行人才培养、科技创新和新能源产业人才继续教育培训等合作,构筑政产学研协同创新网络,助推新能源产业高质量发展
9	中国核电工程有限公司	2019 年 9 月 12 日	根据协议,双方将面向国家战略和行业需求,大力推进科研合作,联合培养高水平、多层次的核工程技术和管理人才,积极促进资源和成果的共建共享,促进学校、企业共同发展,推动我国核电与新能源事业的发展
10	中国可再生能源学会	2019 年 9 月	根据协议,双方拟重点开展人才培训、学术交流、战略咨询、科技成果转化和特色智库建设等合作
11	中国电力企业联合会、中国国际工程咨询协会	2019 年 10 月 18 日	根据协议,中国电力企业联合会、华北电力大学与中国国际工程咨询协会建立战略合作关系,以中国电力国际产能合作企业联盟、华电"一带一路"能源学院、中国国际工程咨询协会国别咨询委员会为依托,搭建能源电力行业"一带一路"建设的人才培养、科学研究和能源智库平台
12	华能海上风电技术创新联盟	2019 年 12 月 9 日	根据协议,我校正式加入华能海上风电技术创新联盟,促进联盟合作,加强联盟成员之间的技术结合、信息沟通,促进产学研合作,实现资源共享和优势互补

(对外联络与合作部　梁玉超　提供)

华北电力大学 2019 年理事会成员单位名单

序号	单位名称	备注
1	国家电网有限公司	理事长单位
2	中国南方电网有限责任公司	副理事长单位
3	中国华能集团有限公司	
4	中国大唐集团有限公司	
5	中国华电集团有限公司	
6	国家能源投资集团有限责任公司	
7	国家电力投资集团有限公司	
8	中国长江三峡集团有限公司	
9	中国广核集团有限公司	
10	中国电力建设集团有限公司	
11	中国能源建设集团有限公司	
12	广东省能源集团有限公司	
13	中国电力企业联合会	
14	华北电力大学	

(对外联络与合作部　梁玉超　提供)

华北电力大学2019年企业名录

序号	公司名称	成立时间	注册资本（万元）	所占股比	地址	主要产品
1	北京华电天德资产经营有限公司	1993.03.05	1429.49	100.00%	北京市昌平区朱辛庄北农路2号华北电力大学56#	资产经营管理
2	北京华电天德科技园有限公司	2007.01.26	200.00	100.00%	北京市昌平区朱辛庄华北电力大学教四楼	技术开发、咨询、服务、电力技术培训；销售电力设备、电子设备
3	北京华电之星科学技术发展有限公司	2000.08.10	100.00	90.00%	北京市昌平区朱辛庄北农路2号	在电力、能源、环保、机械、建筑、计算机等工程技术领域从事科技开发、设计、加工制作、产品代理、销售和咨询等业务
4	北京四方立德保护控制设备有限公司	1999.04.27	1000.00	20.00%	北京市海淀区上地创业中路32号	电力系统继电保护和自动化装置、变电站综合自动化系统及故障录波装置
5	北京华电天仁电力控制技术有限公司	2003.04.17	14382.31	10.00%	北京市海淀区西四环中路16号院1号楼	电力辅助设备、仪器仪表、电子装置及电子标签，计算机硬件，网络安全设备、系统集成及装置等
6	北京华电卓越国际技术培训有限责任公司	2005.06.13	321.45	20.00%	北京市昌平区朱辛庄北农路2号华北电力大学	国际电力仪器仪表技术开发、咨询、培训、服务、交流
7	北京华电纳鑫科技有限公司	2003.09.23	350.00	15.00%	北京市昌平区马池口镇上念头村北	微纳米表面技术开发、应用、生产，新型耐磨材料技术应用、生产。
8	北京华电辰能科技发展有限公司	1999.12.14	100.00	10.00%	北京市海淀区中关村东路123号1号楼1701号	技术开发、服务、转让、咨询；销售开发后的产品、计算机软硬件及外围设备、电力发配电设备、环保节能设备
9	北京华电大通环保科技有限公司	2004.08.19	37.5万美元	16.00%	北京市海淀区太平路甲18号西南写字楼311室	开发环保技术，研制、生产环保产品；提供技术咨询服务
10	北京华电杰德科技有限公司	2007.03.29	100.00	20.00%	北京市丰台区科学城海鹰路8号2号楼405室（园区）	火电厂仿真系统、电厂自动控制设备
11	北京华电光大新能源环保技术有限公司	2012.09.17	447.50	20.00%	北京市昌平区科技园区超前路37号16号楼2层C1001	新能源技术开发、技术转让、技术咨询、技术服务；投资管理等
12	华电智连科技（北京）有限公司	2015.04.30	150.00	33.34%	北京市昌平区回龙观镇朱辛庄北农路2号第四行政楼C座502室	宽带电力线载波通信模块的研发及销售，智能母线综合解决方案，智能家居综合解决方案，软件的研发和销售
13	北京华电恒锐科技有限公司	2017.06.08	500.00	20.00%	北京市昌平区回龙观镇朱辛庄北农路2号主楼D座15楼东区79号	节能技术的技术推广、技术服务、技术开发、技术转让、技术咨询
14	北京华电能源互联网研究院有限公司	2017.11.30	1000.00	20.00%	北京市昌平区回龙观镇朱辛庄北农路2号主楼D座15楼东区95号	能源互联网、增量配网规划设计、合同能源管理、电力系统自动化和信息化
15	北京华电新能源电工材料研究院有限公司	2017.12.11	1050.00	20.00%	北京市昌平区科技园区超前路37号院16号楼2层B0264室	新材料、新材料电机
16	华电银河科技有限公司	2018.02.26	10000.00	30.00%	珠海市高新区唐家湾镇港湾大道科技一路10号主楼第六层604房H单元	商务服务业

续表

序号	公司名称	成立时间	注册资本（万元）	所占股比	地址	主要产品
17	珠海华大泰能智慧能源有限公司	2018.09.07	2000.00	10.00%	珠海市横琴新区宝华路6号105室-57840	研发、制造和销售新能源设备：电能充、放、储系列产品及服务、光伏微网设备及服务、电动汽车交直流充电设备及服务
18	北京华电伊创科技有限公司	2014.04.25	500.00	20.00%	北京市昌平区科技园区超前路37号院16号楼2层C2283号	技术开发、技术转让、技术推广、技术咨询、技术服务；销售计算机、软件及辅助设备、专业设备；工程技术咨询；货物进出口、技术进出口；工程勘察；工程设计
19	北京华电锐拓科技有限公司	2019.06.19	200.00	20.00%	北京市昌平区科技园区超前路37号院16号楼8层8030号	技术交流、技术转让、技术推广、技术服务、技术咨询、技术开发；软件开发；应用软件服务（不含医疗软件）；计算机系统服务
20	北京华电天创智能控制技术有限公司	2019.12.12	500.00	20.00%	北京市昌平区龙泽园街道回南路9号院28层2层C202-02	主营业务为燃煤发电过程智能化分析、诊断及优化控制
21	保定华电配电设备有限公司	2002.04.15	95.00	79.10%	河北省保定市华电路3号华电二校内	高低压开关柜
22	保定华电科源电气有限公司	2000.08.16	200.00	63.33%	河北省保定市青年路204号	微机综合自动化系统、变电站模拟系统、电网故障信息管理系统、微机保护装置、微机故障录波器
23	保定华电天德科技园有限公司	2008.05.22	200.00	51.00%	河北省保定市复兴西路118号	电力设备、电子设备、通信设备、太阳能及风能设备、输变电及控制设备、计算机及外部设备、仪器仪表制造销售、电力工程设计、计算机软件技术开发、技术咨询、技术服务
24	保定华电电力设计研究院有限公司	2004.02.05	600.00	43.91%	河北省保定市高开区竞秀街677号火炬产业园	乙级资质范围内的发电、送变电工程设计、三级及以下等级工业与民用建筑设计
25	保定华仿科技股份有限公司	1993.11.24	3377.90	22.71%	河北省保定市向阳北大街2811号	大型火电机组全仿真机、电网及变电站全仿真机、航天载人飞船飞行训练模拟器
26	保定市毅格通信自动化有限公司	1998.06.04	6000.00	14.32%	河北省保定市高开区竞秀街677号火炬产业园2号楼	电力通信网监控管理系统、远动通道监测装置、电力企业管理与运营信息自动化、网络集成与管理等
27	保定锐腾电力科技有限公司	2008.09.03	100.00	20.00%	河北省保定市北二环路大学科技园5号楼202-1	电网调度自动化、配电网自动化、变电站自动化、继电保护及自动化装置、仪器仪表等输变电设备，以及从二次设备到一次设备的配套产品及服务
28	保定电谷大学科技园有限公司	2012.12.31	200.00	9.80%	河北省保定市高新区北二环路5699号	高新技术企业服务
29	四方电气（集团）股份有限公司	1999.04.19	7098.80	7.89%	北京市海淀区上地信息产业基地四街9号（北京市海淀区农大南路1号院6号楼	变电站综合自动化系统等微机保护产品
30	北京华电能达科技有限责任公司	2002.03.18	150.00	22.00%	北京市昌平区科技园永安路47号	计算机及配套产品、软件开发、环保节能产品的开发、销售

续表

序号	公司名称	成立时间	注册资本（万元）	所占股比	地址	主要产品
31	保定华电综合服务中心	1999.03.03	10.00	100.00%	河北省保定市永华北大街619号	主营中型餐馆，兼营招待所、会议接待
32	北京市华星电力电子新技术开发公司	1992.10.12	30.00	100.00%	北京市大兴区兴政街3号	小电流接地选线综合装置、微机直流接地综合选线装置及继电保护装置、变电站综合自动化系统
33	北京思达星电力自动化有限公司	1996.10.03	50.00	16.00%	北京市大兴区兴政街3号	小电流接地选线综合装置、直流系统绝缘在线检测装置、远程监控系统
34	苏州华电科技创业园管理有限公司	2011.09.23	120.00	北京科技园公司持股100%	江苏省苏州工业园区独墅湖高教区仁爱路188号	高科技企业创业孵化、管理；销售：电力设备、电子设备并提供技术开发、技术咨询、技术服务

（北京华电天德资产经营有限公司　班莹梅　提供）

人　　物

华北电力大学2019年教授名录

崔　翔　王泽忠　李成榕　黄少锋　李庚银　米增强　艾　欣　李　琳
韩民晓　孙凤杰　王　伟　李庆民　刘晓芳　郝建红　徐玉琴　许　刚
刘文颖　赵冬梅　鲍　海　赵成勇　徐永海　王银顺　卢铁兵　姜　彤
唐良瑞　张东英　黄　伟　王　鹏　尹忠东　屠幼萍　祁　兵　张卫东
程养春　文　俊　孙　毅　赵雄文　赵志斌　翟明岳　黄永章　张满红
张海波　卢斌先　龚雁峰　齐　磊　刘崇茹　刘文霞　郭春林　李岩松
刘春明　马　静　薛安成　刘自发　郑　涛　王增平　律方成　张粒子
秦立军　毕天姝　张天兴　胡三高　安连锁　芮晓明　孙保民　周少祥
刘宗德　徐　鸿　付忠广　柳亦兵　杨勇平　徐进良　顾煜炯　董兴辉
夏延秋　张　锴　刘东雨　何　青　张照煌　刘　彤　郭民臣　陈宏刚
李文艳　陈海平　郭永权　梁双印　程伟良　刘衍平　杜冬梅　刘　忠
庞力平　魏　兵　陈克丕　杨立军　段立强　冼海珍　刘国华　徐　超
周国兵　周乐平　戈志华　李宝让　魏高升　刘文毅　程永攀　徐　钢
侯宏娟　张永生　张乃强　王晓东　刘吉臻　牛玉广　谭　文　杨国田
吴克河　张建华　刘向杰　刘　禾　侯国莲　谢　力　陆会明　罗　毅
刘　石　李元诚　黄　仙　肖　峰　石润华　曾德良　段泉圣　李　为
郑　玲　郭　鹏　周登文　房　方　杨锡运　袁桂丽　韩晓娟　马应龙
梁　庚　李建彬　徐茹枝　杜小泽　沈剑飞　曾　鸣　牛东晓　熊敏鹏
余顺坤　李存斌　乌云娜　李　涛　赵会茹　谭忠富　闫庆友　谢传胜
董　军　杨淑霞　何永秀　张兴平　赵振宇　李彦斌　夏　宁　侯学良
高建伟　刘吉成　张素芳　赵新刚　吴忠群　庞南生　张立辉　李泓泽

袁家海	罗国亮	李星梅	宋晓华	赵洱崇	檀勤良	纪昌明	陈诺夫
吕爱钟	田德	王丽萍	戴松元	马峻峰	李美成	张华	姚凯文
林俊	姚建曦	董长青	刘永前	何理	杨少霞	李继清	张尚弘
彭杨	门宝辉	陆强	宋记锋	蔡墨朗	陆道纲	陈义学	张小东
蔡军	牛风雷	黄美	刘滨	吴英	玉宇	马续波	赵毅
王祥科	李鱼	彭林	李薇	潘家鸿	丁晓雯	谭小丽	张化永
邱启荣	孙淑珍	罗振东	王佩琼	何凤霞	杨晓忠	邢棉	石玉英
陈德刚	吕蓬	陈雷	张娟	李忠艳	董瑾	陈学刚	马德香
黄海	丁迅雷	卢占会	刘宗歧	火月丽	李金全	苑英科	姚建平
方仲炳	张绪刚	杜波	周凤翱	李英	朱晓红	王学棉	王伟
赵旭光	李双辰	张艳	蔡利民	张月想	郭正秋	汪庆华	郭孝锋
赵玉闪	陈惠良	李新	国防	吕亮球	曾玉华	胡秀娟	任金锁
王飞	李慧奇	梁贵书	颜湘武	赵书涛	许伯强	李永刚	任惠
李俊卿	周明	栗然	李鹏	赵书强	刘艳	盛四清	刘云鹏
焦彦军	赵洪山	张重远	任建文	王艾萌	谢庆	王毅	苑津莎
尚秋峰	高会生	谢志远	孔英会	侯思祖	戚银城	李永倩	孙正
阎维平	高建强	韩中合	田松峰	李永华	陈鸿伟	程友良	李永华
李春曦	杨薛明	王春波	叶学民	李慧君	沈长月	梁平	甄增水
王淑勤	杨实俊	吕建燚	陈传敏	马双忱	许佩瑶	张胜寒	齐立强
付东	汪黎东	苑春刚	葛永庆	胡爱军	唐贵基	王璋奇	万书亭
范孝良	向玲	崔彦彬	康辉	甄成刚	朱永利	程晓荣	郑顾平
王保义	张少敏	赵文清	朱有产	张栾英	张晓宏	李伟	张彩庆
孙薇	何永贵	黄元生	温磊	李泽红	周建国	孔峰	武群丽
李永臣	崔和瑞	宋玮	丁常富	魏彤儒	孟祥林	王聚芹	屈朝霞
姜根山	杨玉华	王福海	谷根代	马新顺	关荣华	尹增谦	白占武
曹春梅	张贵银	阎占元	刘洋	王志刚	云欣	房游光	高强
顾雪平	刘彦丰	吴乐为	张莉	郭雷	史玮璇	陈红平	董天
马永光	马良玉	林永君	马平	刘长良	董泽	姚万业	王印松
李大中	杨耀权	孙建平	王东风	苏杰	魏乐		

【新增教授名录】

贾科	齐波	孙英云	王江江	翟永杰	肖显斌	赵莉	汪建军
张一梅	刘念	周振宇	张磊	王喜平	肖峰	栗永利	赵桂霞
姬濯宇	王爱平	高霄	刘玮玮	杨海	朱安博		

（人事处　田赞梅　提供）

华北电力大学2019年教学名师名单

级别	序号	姓名	学院(部)	获奖项目	获奖时间
国家级	1	崔　翔	电气与电子工程学院	第五届国家级教学名师奖	2009
省部级	1	罗应立	能源动力与机械工程学院	第二届北京市高等学校教学名师奖	2006
	2	乌云娜	经济与管理学院	第三届北京市高等学校教学名师奖	2007
	3	崔　翔	电气与电子工程学院	第四届北京市高等学校教学名师奖	2008
	4	白　焰	控制与计算机工程学院	第五届北京市高等学校教学名师奖	2009
	5	付忠广	能源动力与机械工程学院	第六届北京市高等学校教学名师奖	2010
	6	王增平	电气与电子工程学院	第六届北京市高等学校教学名师奖	2010
	7	刘连光	电气与电子工程学院	第七届北京市高等学校教学名师奖	2011
	8	王修彦	能源动力与机械工程学院	第八届北京市高等学校教学名师奖	2012
	9	王泽忠	电气与电子工程学院	第九届北京市高等学校教学名师奖	2013
	10	林碧英	控制与计算机工程学院	第九届北京市高等学校教学名师奖	2013
	11	杜冬梅	能源动力与机械工程学院	第十届北京市高等学校教学名师奖	2014
	12	王学棉	人文与社会科学学院	第十届北京市高等学校教学名师奖	2014
	13	李　英	人文与社会科学学院	第十一届北京市高等学校教学名师奖	2015
	14	李彦斌	经济与管理学院	第十二届北京市高等学校教学名师奖	2016
	15	张　娟	数理学院	第十三届北京市高等学校教学名师奖	2017
	16	赵洱岽	经济与管理学院	首届北京市高等学校青年教学名师奖	2017
	17	陈　雷	数理学院	第十四届北京市高等学校教学名师奖	2018
	18	李　红	能源动力与机械工程学院	第二届北京市高等学校青年教学名师奖	2018
	19	王翠茹	计算机系	第一届河北省高等学校教学名师奖	2003
	20	李　琳	电力工程系	第一届河北省高等学校教学名师奖	2003
	21	卢占会	数理系	第二届河北省高等学校教学名师奖	2006
	22	高　强	电子与通信工程系	第二届河北省高等学校教学名师奖	2006
	23	牛东晓	经济管理系	第三届河北省高等学校教学名师奖	2007
	24	律方成	电力工程系	第四届河北省高等学校教学名师奖	2008
	25	戴庆辉	机械工程系	第五届河北省高等学校教学名师奖	2009
	26	李永刚	电力工程系	第六届河北省高等学校教学名师奖	2010
	27	黄元生	电力工程系	第七届河北省高等学校教学名师奖	2011
	28	张晓宏	数理系	第七届河北省高等学校教学名师奖	2011
	29	谢志远	电子工程系	河北省高等学校(本科)教学名师奖	2017
	30	杨世关	新能源学院	第十五届北京市高等学校教学名师类	2019
	31	刘向杰	控制与计算机工程学院	第十五届北京市高等学校教学名师类	2019

(教务处　提供)

华北电力大学2019年优秀教学团队名单

级别	团队名称	团队负责人	评选年度
国家级	自动化专业教学团队	刘吉臻	2008
	工程项目管理教学团队	乌云娜	2010
北京市级	热能与动力工程专业教学团队	安连锁	2007
	电磁场教学团队	崔　翔	2007
	自动化专业教学团队	刘吉臻	2008
	电力市场教学团队	曾　鸣	2008
	继电保护专业教学团队	王增平	2009
	工程项目管理教学团队	乌云娜	2009
	电机学教学团队	罗应立	2010
河北省级	电气工程专业基础课教学团队	李和明	2007

（教务处　提供）

华北电力大学2019年来访情况一览表

序号	来访时间	国家（地区）/单位	来访人物	接待领导	来访事宜
1	1月	新加坡	新加坡国家眼科研究中心首席科学家 Liu Jiang		讲座报告
2	2月21日	中央网信办	中央网信办网络安全局副局长李爱东等	檀勤良	调研座谈
3	3月13日	中国石油大学（北京）	中国石油大学（北京）党委副书记、纪委书记韩克飞等	何　华	交流座谈
4	3月31日	英国	爱丁堡大学工程学院院长 Tom Bruce	王增平	教育合作和学术交流
5	4月13日	德国	德国德累斯顿理工大学的四位教授及22名学生	可再生能源学院刘永前、国际合作处段春明	学术交流活动
6	4月15日	英国	曼彻斯特大学 英国皇家工程院院士 Robin Smith	王增平	学术交流
7	4月19日	英国	利兹大学电子与电气工程学院院长 Robert W Kelsall 教授	控制与计算机工程学院房方	学术交流
8	4月29日	中国传媒大学	中国传媒大学副校长刘守训等	孙忠权	调研座谈
9	5月	英国	英国皇家学会院士、爱丁堡皇家学会 院士、欧洲科学院院士 Fan Wenfei		学术交流、讲座报告
10	5月10日	德国	斯图加特大学代表团	王增平、可再生能源学院刘永前、国际合作处赵了健	学术交流活动
11	5月16日	上海电力大学	上海电力大学党委副书记、副校长徐凯等	孙忠权	调研座谈
12	5月22日	北京知识产权运营管理有限公司	北京知识产权运营管理有限公司董事长邵顺昌等	郝英杰	签署战略合作框架协议
13	5月23日	美国	瓦尔普莱索大学室内管弦乐团	国际合作处	演出交流
14	5月27日	美国过滤集团（Filtration Group Corporation）	首席执行官 Tim McCarty 和南京丹恒科技有限公司总经理岳立毅	律方成及党政办、教育基金会、环工系负责人	交流会谈
15	5月30日	科技部高新司	科技部高新司能源与交通处处长武平等	杨勇平	调研座谈
16	6月	美国	加州大学伯克利分校诺贝尔奖获得者 Daniel Kammen		学术交流

续表

序号	来访时间	国家(地区)/单位	来访人物	接待领导	来访事宜
17	6月14日	法国	高等工程技术大学 Clénet Stéphane 教授	电磁所李琳	讲座报告
18	6月18日	团中央直属机关党委	团中央直属机关党委常务副书记王阳	周　坚、孙忠权	调研座谈
19	7月	美国	弗吉尼亚理工大学美国工程院院士 ArunG. Phadke		学术交流
20	7月	美国	伦斯勒理工大学 美国工程院院士 Joe H. Chow		学术交流
21	7月1日—7月20日	台湾地区	台南大学、台湾清华大学、中原大学、勤益科技大学、台湾科技大学、淡江大学的37名带队教授 及优秀学生	港澳台办公室	学术交流
22	7月2日	华能集团	清洁能源技术研究院董事长许世森等	杨勇平、郝英杰	
23	7月2日	教育部财务司	教育部财务司司长郭鹏等	周　坚、杨勇平、李双辰	交流座谈
24	7月2日—7月21日	巴基斯坦	O&M Solutions 公司 Muhammad Ali Afzal	继续教育学院	培训
25	7月2日—7月21日	巴基斯坦	Fauji Fertilizer Company Limited 公司 Hasan Hameed Malik	继续教育学院	培训
26	7月2日—7月21日	巴基斯坦	巴基斯坦国家科技大学 Mariam Mahmood	继续教育学院	培训
27	7月2日—7月21日	俄罗斯	国立研究大学 莫斯科动力工程学院 Petr Shurkalov	继续教育学院	培训
28	7月2日—7月21日	蒙古国	蒙古乌兰巴托 MUST 动力工程学院 Sarangerel Khayankhyarvaa	继续教育学院	培训
29	7月2日—7月21日	蒙古国	Bumbiin Shovkh 公司 Munkhtuya Erdenebat	继续教育学院	培训
30	7月2日—7月21日	蒙古国	Mmse LLC 公司 Nomindari Jargalsaikhan	继续教育学院	培训
31	7月2日—7月21日	蒙古国	MyMonSource LLC 公司 Nomin Erdene Ganbold	继续教育学院	培训
32	7月2日—7月21日	蒙古国	蒙古国家调度中心 Munkh Erdene Chimedtseren	继续教育学院	培训
33	7月2日—7月21日	蒙古国	Darkhan Selenge 配电网 JSC 公司 Gerelt-od Tumurbaatar	继续教育学院	培训
34	7月2日—7月21日	蒙古国	蒙古能源国家调度中心 Tserenbat Batbold	继续教育学院	培训
35	7月2日—7月21日	塔吉克斯坦	塔吉克斯坦共和国能源和水资源部 Abdulloi Maqsudi	继续教育学院	培训
36	7月2日—7月21日	塔吉克斯坦	OSHC "Barqi Tojik" 公司 Firuz Nurov	继续教育学院	培训
37	7月11日	国家电网节能服务有限公司	国家电网节能服务有限公司董事长任伟理等	杨勇平、孙忠权	合作洽谈签署共建协议
38	7月16日	北京市委统战部	北京市委统战部副部长祁金利等	周　坚、郭孝锋	调研座谈
39	7月20日	新西兰	奥塔哥大学副校长 Helen Nicholson 教授、国际事务部主任 Jason Cushen、商学院项目执行主任 Ian Lafferty、MBA 学术带头人 Tony Garry	王增平、国际合作处段春明	教育合作和学术交流
40	8月8日	山西省柳林县	山西柳林县委书记赵建喜等	杨勇平、李双辰	交流走访
41	8月16日	加拿大	麦吉尔大学土木工程与应用力学系 Ghyslaine McClure 教授及其团队成员	机械工程系	学术交流

续表

序号	来访时间	国家(地区)/单位	来访人物	接待领导	来访事宜
42	9月4日	美国	华盛顿州立大学、美国工程院院士 Anjan Bose		讲座报告
43	9月	韩国	韩国浦项科技大学环境科学与工程学院韩国科学院院士 Wonyong Choi		讲座报告
44	9月	美国	美国辛辛那提大学、欧洲科学院院士 Dionysios D. Dionysiou		讲座报告
45	9月	加拿大	滑铁卢大学加拿大工程院院士 Shen Xuemin		学术交流
46	9月18日	智利	智利国家电力协调委员会电力传输最高执行秘书胡安·卡洛斯·阿拉内达、智利圣地亚哥大学罗莎·穆尼奥斯	杨勇平	教育合作和学术交流
47	9月24日	巴基斯坦	真纳大学校长穆罕默德·阿里教授	杨勇平	教育合作和学术交流,签署合作伙伴协议
48	9月27日	瑞典	皇家工学院(KTH)电气工程与计算机科学学院副院长兼电力与能源系统系主任 Lars Nordstrom 教授	电气与电子工程学院	讲座报告
49	9月30日	伊朗	塔布里兹大学 Mahdi Jalali 博士、Manizheh Alipour 博士和伊朗德黑兰建筑工程组织 Vahid Hosseinnezhad 博士	电力工程系王飞	讲座报告
50	10月	澳大利亚	西澳大学、澳大利亚技术科学与工程院院士 Zhang Dongke		讲座报告
51	10月9日	美国	肯塔基州教育者工作代表团	杨勇平、王增平	教育合作和学术交流
52	10月14	英国	苏塞克斯大学教授 Benjamin K. Sovacool 教授	经济与管理学院牛东晓	讲座报告
53	10月14日	丹麦、韩国等	丹麦哥本哈根大学教授 Peter Abrahamson 教授、韩国崇实大学 JiYoung KIM 与 Woong-Ki PARK 教授、中欧社会保障项目第三部分常驻专家 Marzena BREZA 博士	人文与社会科学学院	学术交流
54	10月17日	国家电网有限公司	国家电网有限公司总经理、党组副书记辛宝安等	周　坚、杨勇平、郝英杰、律方成	出席国家电网-华北电力大学能源互联网学院揭牌仪式活动
55	10月18日	上海合作组织大学成员校领导	俄罗斯新西伯利亚国立技术大学、塔吉克斯坦国立技术大学以及蒙古科技大学校领导	李双辰	交流会谈
56	10月20日	法国	尼斯大学 Cédric Richard 教授	控制与计算机工程学院、国际合作处	学术交流
57	10月23日	欧洲风能技术与创新平台(ETIP-Wind)	执行委员会主席 Aidan Cronin	电气与电子工程学院、可再生能源学院	讲座报告
58	10月24日	北京市委组织部	北京市委常委、组织部部长魏小东等	周　坚、杨勇平、何　华、李双辰、郝英杰	调研座谈
59	10月28日	中国	美中绿色能源促进会代表团	杨勇平、王增平	学术交流活动
60	10月29日	瑞士	瑞士联邦政府科技文化中心执行主任 Felix Moesner 博士	杨勇平	培训
61	10月30日	意大利	佛罗伦萨政策学院校长 Jcan－Michel Glachant	王增平	教育合作和学术交流
62	11月12日	加拿大	加拿大环境部何嵩士副研究员	环境科学与工程系	学术交流、讲座报告
63	11月19日	荷兰	代尔夫特理工大学副校长 Peter Wieringa 教授	王增平	教育合作和学术交流

续表

序号	来访时间	国家(地区)/单位	来访人物	接待领导	来访事宜
64	11月20日	保信集团	保信集团总裁姚义纯等	周坚、杨勇平、郝英杰、律方成	合作洽谈
65	11月21日	意大利	萨勒诺大学 Pierluigi Siano 教授	电力工程系王飞	讲座报告
66	11月22日	雅典	雅典国家技术大学 Nikos Hatziargyriou 教授	电气与电子工程学院徐衍会、刘灏副	讲座报告
67	12月	美国	三菱电机研究所高级首席研究科学家 Sun Hongbo	电力工程系王飞	讲座报告
68	12月3日	教育部	教育部党组书记、部长陈宝生等	周坚、杨勇平、何华、李双辰、郝英杰、孙忠权、王增平、郭孝锋、律方成	参加"不忘初心、牢记使命"主题教育专题民主生活会
69	12月18日	中央教育工作领导小组秘书组秘书局	中央教育工作领导小组秘书组秘书局副局长范绪锋等	周坚、何华、王增平	调研座谈
70	12月26日	教育部	教育部党组成员、副部长翁铁慧等	周坚、杨勇平、何华、李双辰、孙忠权、王增平、郭孝锋、律方成	调研座谈

(国际合作处　赵子健　阮艳花　党政办　刘振增　提供)

其　他

2019年媒体报道索引

序号	标　题	媒体	时间
1	华北电力大学师生热议习近平主席新年贺词	中国教育电视台	2019.01.08
2	新春访牧骑,唱响新时代——华北电力大学"学习会"成员调研察右后旗乌兰牧骑	人民网	2019.03.04
3	华北电力大学法政系"无声星球,为爱发声"志愿服务项目	江西广播电视台	2019.03.05
4	华北电力大学志愿活动从服务到项目的华丽转身	河北工人日报	2019.03.14
5	华北电力大学"学习会"组织学习全国两会精神	人民网	2019..3.20
6	"保定责任"公益活动走进华北电力大学	新华网	2019.03.21
7	北京卫视报道控计学院学生党支部红色"1+1"共建活动	北京卫视	2019.04.04
8	让团支部书记动起来、火起来 ——记华北电力大学"青春有我,'团'聚留华"团支书风采大赛	人民网	2019.04.23
9	华北电力大学一马列教师把思政课堂搬进了校史馆	人民网	2019.04.26
10	华北电力大学学子深情告白:我爱你中国!	光明日报	2019.05.05
11	打造最适合学生的思政课 ——华北电力大学教师创新教学方式推动思政课深入学生内心	中国教育报	2019.05.05
12	引导广大青年勇立潮头争做时代先锋	中国教育报	2019.05.05
13	静水深流 育人润心——华北电力大学党建引领培育担当民族复兴大任的时代新人	中国电力报	2019.05.14
14	练就过硬本领 绽放青春光彩	科技日报	2019.05.20

续表

序号	标　　题	媒体	时间
15	国家电网有限公司与华北电力大学签署合作协议 共建能源互联网学院	国家电网报	2019.05.20
16	报道我校组织留学生观看亚洲文明对话大会开幕式直播	中国教育电视台	2019.05.20
17	华北电力大学与国网共建能源互联网学院	中国电力报	2019.05.21
18	华北电力大学:志愿优先遵循志愿	光明日报	2019.06.15
19	用绿色电力点亮祖国每一寸土地——记华北电力大学绿色电力协会负责人、博士生张衡	光明日报	2019.06.17
20	华北电力大学校长杨勇平:将责任理念融入人生血脉	人民网	2019.06.28
21	华北电力大学新增人工智能专业	中央电视台	2019.07.01
22	华北电力大学新增人工智能专业	学习强国	2019.07.01
23	华北电力大学校长杨勇平:将责任理念融入人生血脉	人民网	2019.07.01
24	报道我校召开第二届大数据与哲学社会科学研讨会	光明网	2019.07.08
25	报道我校召开第二届大数据与哲学社会科学研讨会	今日头条	2019.07.08
26	华北电力大学开展暑期社会实践活动“不忘初心 爱助扶贫”	河北新闻网	2019.07.24
27	华北电力大学公益行开启孩子创意之门	环球网	2019.07.24
28	华北电力大学宣讲团讲党建	中国电力报	2019.08.16
29	华北电力大学:师生宣讲团带来别开生面的暑假“公开课”	人民网	2019.08.16
30	学生开展别样社会实践,教师走进课堂“充电”—— 这个暑假留下了哪些印记	中国教育报	2019.08.27
31	这个暑假,广袤乡村来了一群建设者	中国教育新闻网	2019.08.27
32	周坚:有的放矢 把总要求贯穿主题教育全过程	人民网	2019.08.29
33	高校在暑期社会实践中发挥科研与人才优势服务乡村振兴——这个暑假,大学生扮靓“美丽乡村”	人民网	2019.08.29
34	直播报道我校新学期新气象	中国教育电视台	2019.09.03
35	华北电力大学校长杨勇平:为学以严成大器	人民网	2019.09.05
36	报道我校“开学第一课”活动	科技日报	2019.09.09
37	珠峰脚下的十年之约	中国电力报	2019.09.11
38	交通银行北京分行走进华北电力大学进行《开学第一课》	新华网	2019.09.20
39	“这一刻,和祖国母亲的心紧密相连”	人民网	2019.10.02
40	中国的明天必将更加美好——习近平总书记在庆祝中华人民共和国成立七十周年大会上的重要讲话在广大知识分子和青年学生中引起热烈反响	人民网	2019.10.07
41	重温那一刻的荣光	中国科学报	2019.10.09
42	报道我校学子社会实践优秀事迹——珠峰脚下的十年之约	中国科学报	2019.10.10
43	习近平总书记在庆祝中华人民共和国成立70周年大会上的重要讲话在广大知识分子和青年学生中引起热烈反响	新华网	2019.10.12
44	“这一刻,和祖国母亲的心紧密相连”	光明日报	2019.10.12
45	“百年未有之大变局与中国共产党的领导”学术研讨会召开	光明网	2019.10.12
46	华北电力大学“八学”让理论学习“燃”起来	光明日报	2019.10.17
47	周坚:打造思政“金课”培育时代新人	人民网	2019.10.20
48	周坚:打造思政“金课”培育时代新人	人民日报	2019.10.21

续表

序号	标　题	媒体	时间
49	华北电力大学“八学”让理论学习“燃”起来	人民网	2019.10.21
50	华北电力大学将爱国主义教育融入主题教育中	中国科技网	2019.10.22
51	华北电力大学结合国庆庆典活动培植师生爱国情报国志	学习强国	2019.10.24
52	就煤电定价机制市场化改革采访我校张粒子教授	中央电视台	2019.10.28
53	用一场分享，再次点燃爱校爱国情——华北电力大学“我和我的祖国”学生党员教育活动侧记	中国科学报	2019.10.30
54	中国首套智能发电运行控制系统研发及应用项目通过技术鉴定	人民网	2019.10.31
55	华北电力大学做好主题教育调查研究基本功	学习强国	2019.11.07
56	华北电力大学主题教育工作	中国教育报	2019.11.08
57	华北电力大学服务保障国庆活动宣讲活动在海南举行	学习强国	2019.11.11
58	华北电力大学“身边榜样”讲述“责任之思”受欢迎	中国教育新闻网	2019.11.14
59	华北电力大学启动“百生百社”活动积极服务回天地区	人民网	2019.11.17
60	“回天”治理有了大学智囊团	北京晚报	2019.11.18
61	我校在主题教育中用榜样的力量激发干事创业激情	学习强国	2019.11.18
62	华北电力大学“百生百社”社会实践活动启动	中国科技网	2019.11.19
63	华北电力大学启动“百生百社”活动积极服务回天地区	人民网	2019.11.19
64	华北电力大学启动“百生百社”社会实践活动	光明网	2019.11.22
65	参与“回天计划”，高校也开始行动了！	北京日报	2019.11.25
66	“回天”治理引入高校外脑	北京日报	2019.11.26
67	华北电力大学：助力基层发展 打造大型社区治理样板	中国教育电视台	2019.11.29
68	“回天治理”有了大学智囊团	昌平报	2019.11.29
69	华北电力大学：“助”你人生出彩	中国教育新闻网	2019.11.29
70	华北电力大学：推动主题教育整改工作落地见效	光明网	2019.12.01
71	陈宝生指导华北电力大学专题民主生活会	中国教育新闻网	2019.12.10
72	陈宝生指导华北电力大学专题民主生活会 确保主题教育不留死角	中国教育报	2019.12.13

（宣传部　朱慧花　提供）

华北电力大学2019年学术刊物名单

序号	学术刊物名称	期刊周期
1	华北电力大学学报（自然科学版）	双月刊
2	华北电力大学学报（社会科学版）	双月刊
3	现代电力	双月刊
4	电力科学与工程	月刊

（期刊出版部　杜红琴　提供）

索　引

Special Edition

使 用 说 明

一、本索引采用主题分析索引法编制。年鉴中有实质检索意义的内容均予以标引,以供检索使用。

二、本索引基本上按汉语拼音音序排列。具体排列方法如下:以数字开头的标目,排在最前面;以英文字母打头的标目,列于其次;汉字标目则按首字的音序、音调依次排列。首字相同时则以第二个字排序,依此类推。

三、索引标目后的数字,表示检索内容所在的年鉴正文页码。年鉴正文中的栏别,从左至右分别以 a、b 来表示。年鉴中以表格形式反映的内容,则在索引标目后用括号注明(表)字,以区别于文字标目。

0~9

A~Z

A

B

C

D

F

G

H

J

K

O

P

Q

R

S

T

W

Z